KB137958

제5판

토질역학

이상덕 저

머 리 말

현대에 이르러 과학기술과 산업이 고도로 발달함에 따라 산업시설이 대형화되고 그 기능이 정밀해져서 이들을 건설해야 하는 기술자들에게 점점 더 높은 수준의 기술이 요구되고 있다. 과거에는 주로 소규모의 구조물을 양호한 지반에 건설하였으므로 상부구조에 대한 기술이 주가 되었다. 그러나 현재에는 불리한 지반조건을 극복하고 구조물을 건설해야 하는 경우가 많아져서 하부구조에 대한 높은 수준의 기술이 요구되고 있다. 다행히 시대적 요구에 부응하여 지반공학이 급속히 발달하고 이러한 구조물에 적합한 재료들이 계속 개발되고 있다.

지반은 댐, 제방, 터널 등과 같은 구조체나 건설재료 그리고 구조물을 지지하는 기초지반으로 이용하고 있다. 흙지반은 흙 입자와 물 및 공기로 이루어지고 흙 입자들이 서로 결합되어 있지 않고 쌓여 있는 상태이어서 그 역학적 거동이 너무 복잡하여 이를 해석하는 것이 불가능할 경우도 있다. 흙지반은 이해하기가 어려운 복잡한 재료이지만 최근에 이르러 지반공학의 가장 핵심인 토질역학이 눈부시게 발달하여 그 성질과 거동을 어느 정도 예측할 수 있게 되었다.

지반공학의 단순한 내용만을 나열하면 흙의 전체적인 거동을 이해하고 체계화하기가 매우 어렵다. 따라서 본 서에서는 상세한 설명을 통하여 흙의 전체적인 거동을 체계적으로 이해할 수 있게 하였다. 이로 인하여 책의 분량이 다소 많은 감이 있으나 지반공학을 파악하기에는 오히려 도움이 되리라 믿는다.

최근에 세계화의 추세에 따라 국내외의 교류가 잦아지면서 선진 외국기술을 접할 수 있는 기회가 많아짐에 따라 지반공학 분야의 국내외 기술 격차가 심하게 느껴진다. 따라서 본 서에서는 앞으로 세계의 지반기술을 주도해 나갈 수 있는 건설 기술자가 되기 위해서 알아야 할 가장 기본적인 내용과 앞으로의 발전 방향을 제시하였다. 본 서의 내용이 어렵게 느껴질수록 더욱 매진해야 할 것이다.

고급 기술자로서 필수적으로 알아야 할 정도 높은 내용들은 앞으로 발간할 「고급토질역학」에서 다룰 것이다.

본 서가 이 정도나마 모양을 갖추는 데에는 동기를 부여해 주고 이끌어 주신 여러 스승님들과 선후배 기술자들의 가르침 덕택임을 밝힌다. 특히 지반공학에 대한 눈을 뜨게 해주신 정인준 교수님과 지반공학자로서의 열정을 깨쳐 주신 Smoltczyk 교수님 그리고 Gussmann 교수님 전에 부끄러움과 함께 형언할 수 없는 고마움을 느낀다.

또한, 오랜 시간을 오로지 인내로 지켜온 성은, 민선, 륜정, 원희에게는 작은 선물이 될 수 있기를 바랄 뿐이다.

끝으로 본 서가 나오기까지 온갖 고생을 감수하고 좋은 책이 될 수 있도록 애써 준 도서출판 새론의 한민석 사장님과 관계자에게 감사의 마음을 표시하고 싶다.

1998년 2월 굴봉을 바라보며 月城後人 李相德

초판이 나온 이후에 많은 조언과 질책을 받으면서 빠른 시일 내에 개정판을 내기로 약속하고, 다짐해 왔지만 이제야 뜻을 이루게 되었다.

처음에는 중요도가 떨어지는 내용들을 과감하게 삭제하고 새로운 내용들을 대폭 추가하고자 하였으나, 생각하면 할수록 중요하지 않은 것이 없고 추가할 것들은 많아서 고민 끝에 오늘에 이르렀다.

이론적인 『토질역학』과 이를 응용하는 『지반공학』을 구분하는 선진외국에 비하면 본 서의 내용이 다소 애매할지 모르지만, 고급 지반공학을 전공하지 않는 대부분의 기술자들에게 도움이 될 수 있도록 국내사정을 감안하여 본 서의 내용을 수정하였다. 그러나 토질역학 이론에 좀 더 치중하였으므로 제목을 『토질역학』으로 그대로 두기로 하였다.

그동안 초판을 통해 이루어진 많은 인연들께 보답하고 이 시대를 사는 기술자로서 미력이나마 지반공학 기술발전에 기여하고자 노력하였다.

2005년 6월 月城後人 李相德

재판을 출간한 후에 오히려 부끄러운 마음이 더해져서 몸 둘 곳을 모르던 차에 주위의 여러 동지들이 부족한 부분을 지적해 주고 격려해 주어서 다시 용기를 내게 되었다.

이제 와서야 어렴풋하게 토질역학의 이치를 느끼게 되어 본인의 우둔함이 한탄스럽게 느껴질 뿐이나 이나마도 도움이 될 수 있는 곳에 다 내어주고 싶어서 본 판을 시작하였다. 판이 거듭 나올수록 내용을 이해하기가 더 쉽고 토질역학에 대한 관심이 더 생기더라는 평을 듣고 싶은 마음으로 본 판을 준비하였다. 진리를 탐구함에 서로 앞서고자 하는 마음과 청출어람의 아름다움을 느끼고 싶어서 본 판을 마무리하였다.

본 서를 접한 후에 이심전심으로 환희심을 느끼는 독자가 많이 생긴다면 더 없는 영광이 될 것이다.

그동안 초판과 재판을 통해 이루어진 많은 인연들께 조금이라도 보답이 되고 토질역학을 이해하는 기술자들이 더 늘어나서 지반공학이 발전하는 데에 보탬이 되고자 노력하였다.

2010년 2월 月城後人 李相德

애초에 판이 거듭되면 우쭐해질 줄 알았으나
마음이 더 무거워지는 것은 일말의 양심일라나..

조금이라도 편하게 읽을 수 있고, 읽으면 머리에 남을 수 있도록
함초롬하게 다듬고 싶었지만, 한량없는 부끄럼만 재탕한 것 아닐라나

대화하고 싶은 간절한 마음으로 여태까지 흙을 바라보며 살아왔지만
백발을 느낄 나이에도 흙은커녕
바람에 날리는 희뿌연 무진만 스쳐보았을 뿐이니….

그런데도 믿고 읽어주는 이들이 있어 용기 내어 나신으로 섰으니.
치부도 자주 드러내면 부끄럼이 없어진다 할라나...

역시 여러 인연들의 헌신 덕택에 4판을 낼 수 있게 되었지만
갈수록 보답할 일은 더 만드는 것 같아 송구스럽고,
전달하고 싶은 것이 많아져서 주책스럽지만,
경외하고 감사하는 마음은 깊어질 뿐이다. 어찌 갚을라나...

2014년 1월 沃湛齋에서 月城後人 李相德

4판을 출간한 후에 이제는 마무리하고 마음을 비우겠다는 생각으로 톱과 끌 등 연장을 들어 나무를 깎고 다듬어서 沃潭齋에 思源室과 思源門을 건립하였다.

그러는 와중에도 오자와 탈자는 물론 길어서 지루하거나 애매한 표현들이 눈에 들어와서 습관처럼 교정 작업을 계속하였고, 주위의 많은 이들의 지속적인 지적과 격려 덕분에 부족한 부분들이 채워지고 완성도가 점점 더 높아지는 것이 느껴져서 용기를 내어 판을 올리게 되었다. 그런데 판이 거듭될수록 부담과 두려움이 더불어 매우 커지지만, 부족한 내용에 대한 아쉬움은 더욱 큰 몸체로 다가와서 움츠러진 나를 재촉하였다.

좀 더 많은 내용을 담으려고 계속해서 보충하였고, 내용이 더욱 쉽게 이해될 수 있도록 수정하려고 노력하였다. 또한, 저자는 한 번 출간으로 끝나지 않고, 끊임없이 읽고 또 읽으면서 내용을 되새김하며, 독자의 입장으로 이해하려고 노력하고 수정하고 있음을 독자들에게 알리고 싶기도 하였다.

성자들의 말씀은 간결하고 분명하지만, 그것을 전달하는 성직자들의 설명은 지루하도록 길수밖에 없음은 잘 알려진 사실이다. 그래서 책은 판이 거듭될수록 조금씩 커지는 것이라고 할 수 있다.

제5판에서는 최근 관심이 계속 높아지고 있는 근접시공에 의해 생기는 3차원 토압과 지하수 흐름에 대한 내용을 보충하고 체계화하였다. 3차원 토압에 대해서는 과한 느낌이 들 정도로 완전히 체계화하였다. 또한, 땅 꺼짐이 지반의 내부 침식에 의해 발생하는 것임을 원리적으로 이해할 수 있도록 지하수 흐름을 상세하게 설명하였다.

본 서를 접한 독자가 토질역학을 더욱 쉽게 이해하여 친근감을 느끼는 데 도움이 되고, 나아가서 흙 지반의 거동에 의해 발생되는 다양한 문제들을 해결할 수 있는 능력을 키울 계기가 된다면 저자에게는 더 없는 즐거움이 될 것이다.

그동안 수많은 인연들의 원력에 의해 지속적으로 완성도가 높아져 왔고, IGUA의 산물로 오늘의 모습이 되어서 제5판으로 나오게 되었음을 밝힌다. 그리고 이 책을 통해 토질역학을 이해해서 지반공학의 발전에 기여할 수 있는 우리 기술자가 많아진다면 저자에게는 더 없는 보람과 영광이 될 것이다.

2017년 7월 沃湛齋 思源室에서 月城後人 李相德

목 차

제1장 흙과 공학

1.1 흙의 정의

흙은 암석이 풍화되어서 크기가 작은 입자 (직경 100 mm 미만) 로 부스러진 후에 서로 결합되지 않고 쌓여 있는 입적체이다. 흙은 현재에도 풍화작용이 진행되는 즉, 점점 더 작은 입자로 변하고 있는 과정에 있다.

흙 입자 사이의 공간 (**간극**) 은 물이나 공기로 채워져 있다. 따라서 흙은 고체 (흙 입자) 와 액체 (**간극수**) 및 기체 (**간극공기**) 의 삼상으로 이루어진 **입적체** 이고, 흙의 거동은 (일반적인 연속체 재료와 다르게) 흙 입자나 간극수 또는 간극공기의 복합거동이다.

조립토 (모래, 자갈) 는 입자가 크고 서로 접촉된 상태로 특정한 구조골격을 이루고 있기 때문에 그 거동이 주로 입자의 모양과 배열 및 접촉상태에 의해 결정된다. 역학적 거동이 주로 입자 모양이나 배열상태에 따라 달라지는 흙을 **자갈** (gravel) 이라 한다. 입자 형상을 구 (球) 로 대체할 수 있어서 역학적 거동특성이 입자 배열상태의 영향을 받지 않고 주로 입자간 접촉상태 (입자간 접촉면의 마찰) 에 의해 결정되는 흙을 **모래** (sand) 라 한다.

세립토 (실트, 점토, 콜로이드) 는 입자크기가 작고 입자 주위를 **흡착수** (absorbed water, 제 2.3.4 절 참조) 가 둘러싸고 있어서 입자들이 접촉되지 못하고 전기적 힘으로 결합되어 있다. **전기적 결합력**은 흙 입자간 거리가 멀수록 (간극을 채우고 있는 물이 많아 함수량이 클수록) 작아진다. 따라서 세립토 거동특성은 흡착수 또는 간극수의 상태나 특성에 따라 달라진다.

흙은 암석이 풍화되어 작은 입자로 부스러져서 **생성 (1.2 절)** 되며, 현재도 풍화작용이 진행되고 있다. **흙의 공학적 특성** (강도, 변형성, **1.3 절**) 은 입자의 역학적 특성 보다 구조골격에 의해 결정된다. 흙은 탄성재료가 아니고 불균질한 비등방성 재료이며, 응력뿐만 아니라 시간에 의해 거동이 결정되므로 흙과 관련된 공학적 문제 (지지력, 침하, 사면안정, 흙막이 구조물의 안정, 댐의 안정, 지반개량, 지반침식, 특수지반처리, 매립장안정 등) 는 해결하기가 어렵다.

1.2 흙의 생성

흙은 **암석이 풍화** (1.2.1 절) 되어 크기가 작은 입자로 쪼개져서 원위치에 잔류하거나 침식·운반·퇴적되어서 생성된 연성지반이며, 현재도 풍화가 진행되어 점점 더 작은 입자로 쪼개져 가는 풍화과정 중에 있다.

따라서 흙의 특성은 풍화가 시작되기 전 **모암의 특성** (1.2.2 절) 과 풍화·침식·운반·퇴적되는 과정 즉, **생성과정** (1.2.3 절) 에 따라 다르다.

1.2.1 암석의 풍화

흙은 암석이 풍화되어서 생성된 후에 원래 위치에 있는 경우도 있겠으나, 생성된 후에 바람, 물, 빙하, 중력 등에 의해 침식·운반·퇴적되어 현재 위치에 존재하게 된 것들도 많이 있다. 그리고 흙은 현재에도 점점 더 작은 입자로 변화하는 과정에 있다. 즉, 풍화가 진행 중이다.

암석이 물리적 또는 화학적 작용에 의해 더 작은 입자로 쪼개지거나 성질이 변화하는 현상 즉, **풍화작용** (weathering) 은 그림 1.1 과 같이 등급을 나눈다.

1) 물리적 풍화작용

암석이 외력, 온도, 습도, 물, 바람 등 물리적 힘에 의해서 파쇄 (disintegration) 되거나 마모되면 그 결정이 분리되어서 작은 입자가 되는데, 이를 **물리적 풍화작용** (physical weathering) 이라고 한다. 암석은 팽창성이 서로 다른 조암광물로 구성되어서 온도가 변하면 서로 다르게 팽창·수축하여 균열되고 분리되며, 균열은 침투한 물이 동결되거나 광물이 침적되면 부피가 팽창되고 확산된다. 이렇게 형성된 흙은 구성광물이 변하지 않아서 모암 성질을 그대로 유지한다.

2) 화학적 풍화작용

물에 함유된 성분에 의해서 용해작용, 대기작용, 생물작용, 화학작용 등이 일어나면, 암석을 구성하는 **조암광물**이 변성되고 **세분화** (decomposition) 되어서 흙이 형성되는데, 이를 **화학적 풍화작용** (chemical weathering) 이라고 한다.

조암광물이 지하수나 빗물 속에 함유된 탄산, 황산, 암모니아 등에 의해서 용해되거나, 조암광물과 물이 **수화작용** (hydration) 을 일으켜서 암석이 분해되면 흙이 된다.

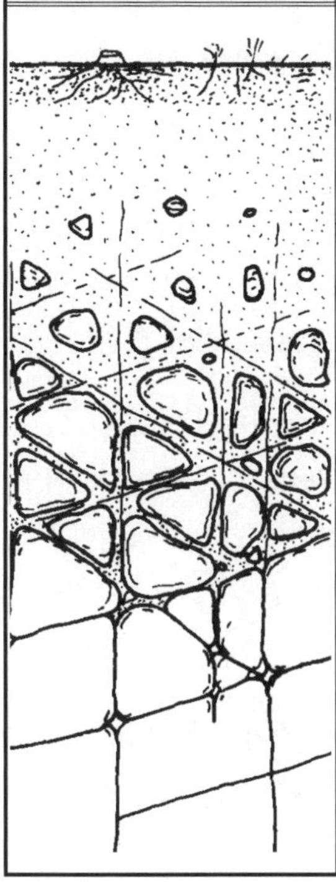

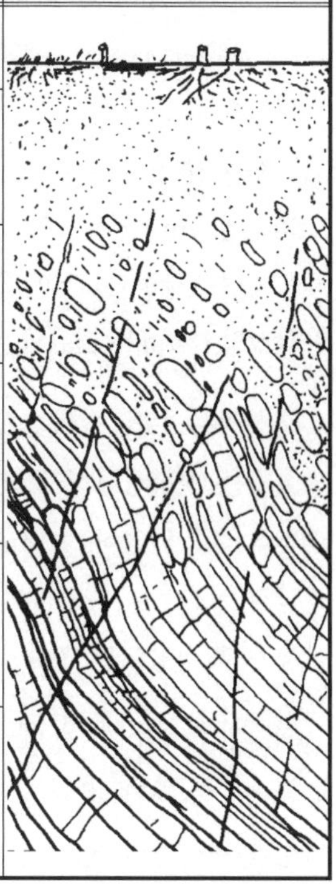

절리 있는 화성암	풍화 상태	지반 상태	풍화 등급	기초지반 적합성	굴착 방법	퇴 적 암
	표토	유기물포함 압축성	VI	부적합	굴착	
	완전 풍화	완전분해 모암특성 약간	V	토질시험 후 평가	굴착	
	심한 풍화	부분풍화 암석보다 흙이 많음	IV	상태다양 판정하기 어려움	굴착	
	보통 풍화	부분풍화 흙보다 암석이많음	III	대체로 소형 구조물에 적합	리핑	
	약간 풍화	절리증가 광물산화	II	대형댐제외 모든 구조물에 적합	발파	
	신선암	신선한 암석상태	I	모든 구조물에 적합	발파	

그림 1.1 암석의 풍화등급

카올리나이트 (kaolinite), 일라이트 (illite), 몬트 모릴로나이트 (montmorillonite) 등의 **점토 광물**은 이런 과정을 통해 생성된다. 또한, 생물의 유해가 부패한 유기산에 의해 암석이 분해될 수 있다. 화학적 풍화작용에 의해서 형성된 흙은 성질이 모암과 다르며, 간극이 커서 그 구조가 충격이나 외력에 의해 쉽게 파괴되어 압축성이 크다.

3) 용해작용

기후가 온난하거나 다습한 지역에 존재하는 흙에서는 물 등의 용매에 의해서 암석에 함유된 가용성 광물이 용해되어 용매와 함께 유출되는 경우가 자주 발생하며, 이때에 용해되지 않은 광물은 잔류하여 흙이 된다.

석회암지역에서 분포하는 **테라로사** (terra rossa) 라고 부르는 흙은 석회암에서 석회성분은 물에 의해 용해되어 유출되고 불순물이 잔류되어서 생긴 흙이며, 잔류물의 주성분이 산화철인 경우에는 붉은 색을 띈다.

1.2.2 모암에 따른 흙의 특성

암석은 생성원인에 따라 화성암, 퇴적암, 변성암으로 구분하며, 이들 암석이 풍화되어 흙이 생성되기 때문에 흙은 모암의 성질을 그대로 이어 받아서 모암에 따라 특성이 다르다.

1) 화성암

화성암(igneous rock)은 마그마가 지하의 깊은 곳이나 지중 또는 지표에서 굳어서 생성된 암석이며, 결정이 크고 뚜렷하게 형성된 **심성암**(plutonic rock)과 결정이 절반 쯤만 형성된 **반심성암**(hypabyssal rock) 및 결정이 형성되지 않은 **분출암**(effusive rock)이 있다.

화성암은 주로 **석영**(quartz)과 **장석**(feldspar) 및 **운모**(biotite)로 이루어져 있고, 이러한 광물들은 팽창성이 서로 달라서 온도가 변하면 쉽게 분리되어서 물리적으로 풍화된다. **석영**은 화학적으로 안정하기 때문에 물리적 풍화작용(파쇄)에 의해서 자갈이나 모래가 된 이후에도 화학적 성질은 변하지 않는다. 반면에 **운모**와 **장석**은 화학적으로 다소 불안정하여 화학적 풍화작용(**수화작용**이나 **가수분해** 등)이 일어나면 화학적 성질이 완전히 다른 점토가 된다.

화강암(granite)은 풍화되면 대체로 투수성이 큰 사질토가 되고, **휘석**이나 **각섬석**을 많이 함유하는 **섬록암**(diorite)이나 **안산암**(andesite)은 풍화된 후에는 투수성이 작고 구조골격이 치밀한 점성토가 된다.

2) 퇴적암

퇴적암(sedimentary rock)은 퇴적방법에 따라 다양한 특성을 갖는다. **화산회**(volcanic ash)는 명확한 층리가 없는 실트질 흙이 되며, **응회암**(tuff)은 화산회나 모래 등이 물속에서 퇴적되어 고결된 연한 암석이므로 풍화되면 실트질 점토가 된다.

혈암(shale)은 점토가 물속에서 퇴적된 후에 고결되어 생성된 연한 암석이다. 혈암이 풍화되면 투수성이 낮은 점토가 되어 하부암석을 보호하기 때문에 심부풍화가 저지되어 풍화층이 얇게 형성되는 특징이 있다.

사암(sandstone)은 모래가 수중에서 퇴적되어 고결된 암석으로 고결물질에 따라서 강성이 다양하다. 고결물질이 석회질이면 암질이 취약하여 물리적 풍화가 용이하게 일어나고, 점토나 철분이 고결물질일 때에는 다소 견고하여 풍화된 후에는 대체로 안정된 흙이 된다.

석회암(limestone)은 암질이 견고하여 물리적 풍화는 거의 일어나지 않고, 주로 용해작용에 의해 석회성분이 유실되고 불순물이 남아서 실트질 흙 등이 생성된다.

3) 변성암

변성암 (metamorphic rock) 은 (**점판암**, **천매암**, **편암** 등처럼) 강력한 압력을 받아서 생성된 **동력변성암** (dynamo metamorphic rock) 과 (**대리석**이나 **편마암** 등처럼) 마그마의 열을 받아서 생성된 **접촉변성암** (contact metamorphic rock) 및 강력한 열과 압력을 동시에 받아서 생성된 **광역변성암** (regional metamorphic rock) 이 있다.

점판암 (slate) 은 혈암이 압력을 받아 변성되어서 얇은 **층리**가 형성된 견고한 암석으로 풍화 초창기에는 특유의 판상세편으로 분리되지만, 풍화가 진행되면 미세한 점토가 된다.

편마암 (gneiss) 은 암반에 마그마가 관입될 때 주변의 기존암석이 열 변성되어 **편마구조**가 생성된 암석이며, 그 조직이 거칠어서 쉽게 풍화된다.

편암 (schist) 은 강한 압력을 받아서 광물이 재결정되어 생성되므로 **편리**가 잘 발달되어서 풍화초기에는 판상 세편으로 분리되고 완전하게 풍화되는데 많은 시간이 소요된다.

규암 (quartzite) 은 **차돌**이라고도 하며, 사암이 규산에 의해 강하게 고결되어서 형성된 암석으로 쉽게 풍화되지 않고 물리적으로 풍화되어 사질토가 된다.

1.2.3 생성과정에 따른 흙의 특성

흙은 암석이 풍화되어 생성된 후에 생성 위치에 잔존하거나 (잔적토) 물, 바람, 빙하, 중력 등에 의해서 침식된 후 다른 곳으로 운반·퇴적되어 (운적토) 현재의 상태론 존재한다. 따라서 흙은 생성과정에 겪은 상태에 따라 그 특성이 각기 다르다. 따라서 현재 존재하는 흙의 특성을 정확하게 이해하려면 그 생성과정과 하중재하이력을 알아야 한다.

1) 잔적토

잔적토는 생성된 후 다른 곳으로 운반되지 않고 원래의 생성위치에 그대로 잔류하는 흙이며, 대체로 지층이 두껍고 모암에 존재하던 절리나 전단면 등이 그대로 존재한다 (Tounsend, 1985).

생성된 이후에 유실되지 않고 원래의 위치에 부분적으로 남아 있는 흙은 **잔적토** (residual soil) 라고 하며, 생성된 후에 전혀 유실되지 않고 모암과 같이 있는 흙을 **정적토** (sedentary soil) 라고 한다.

2) 운적토

생성된 후에 물, 바람, 빙하 등에 의해서 침식되고 다른 곳으로 운반되어 퇴적된 흙을 **운적토**(transported soil)라고 한다. 운반방법에 따라 다음과 같이 구분한다.

(1) 물에 의해 운반

충적토(alluvial soil)는 물에 의해 운반·퇴적되어서 생성된 흙이며, 물의 수량과 유속에 따라 입자 크기별로 나뉘어져서 위치에 따라 다른 크기로 퇴적된다.

즉, 유속이 빠른 상류에서는 큰 입자가 퇴적되고, 유속이 느린 하류로 갈수록 작은 크기의 입자가 퇴적된다. 크기가 아주 작은 입자들은 유속이 느린 하류에서도 퇴적되지 않고 바다에 유입되며, 바닷물에 포함된 이온의 전기적 힘에 의해 서로 결합되어서 무거워지면 가라앉아 **해성점토**를 형성한다. 해성점토는 구조가 느슨하여 대개 연약하다.

(2) 바람에 의해 운반

풍적토(aeolian soil)는 바람에 의해서 날린 흙 입자가 바람의 세기나 풍향 및 지형에 따라 일정한 형태로 쌓여 생성된다. **황토**(loess) 또는 사막이나 해안에 있는 **사구**(sand dune) 등이 여기에 속한다. 풍적토는 바람에 의해서 운반된 이후에 퇴적되기 때문에 대체로 입도가 균등하고 운반거리가 멀수록 크기가 작은 입자가 퇴적된다.

황토는 바람이 잔잔한 상태에서 실트크기의 입자가 퇴적되어서 생성 되며, 입자의 배열이 느슨하고 간극이 크기 때문에 포화되거나 외부에서 충격이 가해지면 흙 입자의 배열이 흐트러지면서 침하가 갑작스럽게 발생될 수 있다(Gibbs/Holland, 1960).

(3) 빙하에 의해 운반

빙적토(glacial deposit)는 빙하의 주변에 있는 흙이나 암괴 등이 빙하에 묻혀서 같이 이동하다가 기후가 온난해짐에 따라 해빙되어서 물은 흘러서 나가고 흙이나 암괴만 남아서 생성된 지반이다. 빙하에 의해 퇴적된 흙은 입자의 크기별 분류과정이 없기 때문에 직경이 10 m 이상 큰 암괴부터 입경이 0.001 mm 미만인 콜로이드까지 다양한 입도분포를 나타낸다(Legget, 1976). 빙적토는 빙하 자중에 의한 압력을 받기 때문에 단단하게 퇴적되어 있는 경우가 많다.

(4) 중력에 의해 운반

붕적토(colluvial soil)는 절벽이나 급경사지에서 암반이 풍화되어 중력에 의해 절벽이나 경사면 아래로 떨어져 쌓여 생성된 지반이다. 대개 간극이 크고 투수성이 큰 특징이 있다.

1.3 흙의 공학적 특성

흙은 모양과 구성광물 및 크기가 다양한 흙 입자와 간극수 및 공기로 이루어진 다공체이며, 흙 입자와 간극수는 비압축성이고 공기는 압축성인 반면에 간극수와 공기는 유동성이다.

또한, 흙 입자는 입자 모양과 배열상태에 따라 일정 형상의 **구조골격**(soil skeleton, 제 2.3.5 절 참조)을 이루기 때문에 강도나 역학적 특성이 입자의 역학적 특성보다는 구조골격에 의해 결정된다. 그렇기 때문에 큰 입자로 구성된 **조립토**와 작은 입자로 구성된 **세립토**의 공학적인 특성은 서로 다르다.

큰 입자로 구성된 **조립토**는 입자들이 서로 접촉되어 있어서 거동특성이 흙의 조밀한 정도(**상대밀도**)와 입도분포와 입자모양 및 입자간 마찰에 의해 결정된다.

세립토는 흙 입자의 주변을 흡착수가 둘러싸고 있어서 입자들이 직접 접촉되어 있지 않고 전기적 힘에 의해서 결합되어 있다. 따라서 세립토의 거동특성은 입자간의 **전기적 힘**에 의해 결정된다. 세립토에서 입자 상호간에 작용하는 전기적 힘은 입자간의 거리에 따라서 결정되고, 입자간의 거리는 함수비에 따라 달라진다. 결국 세립토의 거동특성은 입자간의 전기적 힘 즉, 함수비에 의존하여 결정된다.

흙 입자는 비록 크기는 작지만 암석조각이어서 압축강도가 크기 때문에 일상적인 하중레벨에서는 압축파괴되지 않는다. 따라서 흙에 일상적 외력이 작용하면 흙 입자는 압축파괴 되거나 변형되지 않는 대신에 배열상태가 흐트러지며 공기는 압축되고 간극수는 유동·유출되어서 흙의 부피가 변화된다. 이러한 부피변화는 회복될 수 없으므로 소성변위가 발생된다.

흙의 공학적 거동특성은 다음과 같이 요약할 수 있다.

① 흙은 탄성재료가 아니다.
즉, 흙은 작용하중을 제거해도 원래 형상으로 돌아가지 않는다.

② 흙은 불균질하고 비등방성인 재료이다.
즉, 흙의 물리적 성질과 공학적 성질은 위치와 방향에 따라 다르다.

③ 흙의 공학적 거동은 응력뿐만 아니라 시간과 환경에 의해서도 영향을 받는다.

그러나 위의 특성을 고려해서 해석하기가 매우 어렵기 때문에 대체로 실무에서는 흙을 균질하고 등방성인 탄성체로 가정하여 해석하고 있다. 따라서 이러한 가정이 부적합한 경우에는 여러 가지 실제 상황을 고려하여 재해석해야 한다.

1.4 흙과 관련된 공학적 문제

인간이 건설하는 구조물은 대부분 지표면 위에 설치되며, 필요에 따라 지반을 굴착하고 설치하거나 일정한 높이로 성토하고 그 위에 설치한다. 자연 지반은 계속 풍화되어 더 작은 입자로 변하는 과정에 있고 침식·운반·퇴적되어 지형이 지속적으로 변화되므로, 이러한 현상을 예측하여 구조물을 건설해야 한다.

과거에는 양호한 지반을 찾아 제한된 규모로 구조물을 건설하였다. 그렇지만 최근에는 자연을 극복하고자 하는 인간의 끊임없는 노력에 의해 지반의 거동을 예측하고 공학적 특성을 개선할 수 있는 방법은 물론 재료와 기술이 고도로 발달됨에 따라서 공학적으로 불리한 지반이어도 목적에 맞게 개량한 후 구조물을 설치하는 것이 가능하게 되었다.

흙의 역학적 특성을 다루는 **토질역학**(soil mechanics)과 이를 실제 문제를 해결하는데 적용하는 **지반공학**(geotechnical engineering)이 비약적으로 발달하여 그 응용분야가 점점 더 넓어져 있고, 수치해석 기법과 컴퓨터 기술이 크게 발달하였기 때문에 경계조건이 매우 복잡한 문제라도 해석이 가능하게 되어서, 이제는 처음 경험하는 구조물이라도 자신감을 갖고 건설할 수 있게 되었다.

일반적으로 지반공학을 적용하면 다음과 같은 **흙과 관련된 역학적 문제**를 해결할 수 있다.

- 지지력과 침하
- 흙 비탈면(사면)의 안정
- 옹벽과 흙막이 벽의 안정
- 댐의 안정
- 지반개량
- 지반침식
- 특수지반 처리
- 터널 및 지하공간의 안정
- 쓰레기 매립장의 안정

제2장 흙의 물리적 성질

2.1 개 요

흙은 **경성지반**(암 지반)의 상대적 개념으로 표현하면 **연성지반**이다. 흙은 암석이 풍화되어 작은 입자로 쪼개져서 형성되며, 현재도 풍화가 진행되어 더 작은 입자로 변하는 과정에 있다.

흙은 생성된 위치에 남아 있거나, 물, 바람, 빙하 등에 의해 운반·퇴적되어 현재의 지층을 이루며, 생성과 운반 및 퇴적과정에서 형상과 구성이 다양하게 변한다. 또한, 흙은 서로 다른 물질, 즉 흙 입자와 물 및 공기로 이루어져 있어서 거동특성이 매우 복잡하다.

본 장에서는 **흙의 구성상태**를 나타내는 물리적 성질 즉, **흙의 기본물성**을 설명한다. **흙의 공학적 물성**은 차후에 여러 장에서 즉, **흙의 응력 - 변형거동**과 침투특성(제 5 장), 압축특성(제 6 장), 전단강도(제 7 장), 다짐특성(제 8 장)을 설명한다.

흙의 기본물성(2.2 절)은 흙을 구성하는 흙 입자와 물 및 공기의 구성상태를 나타내는 지표이며, **현장지반상태**를 나타낼 수 있는 기본적인 물리적 성질이다.

흙의 구조골격(2.3 절)은 생성과정과 생성 후 환경에 따라서 일정한 형상을 이루고 있다. 조립토의 역학적 거동은 조밀한 정도 즉, **상대밀도**에 의해 결정되고, 세립토의 거동은 **흡착수**에 의한 전기적 힘에 의해 결정되므로 함수비의 영향이 크다. 모든 흙 입자는 몇 가지 **점토광물**로 구성되어 있고, 특히 세립토는 그 역학적 거동이 대표 **점토광물**에 따라 크게 달라진다.

흙의 입도분포(2.4 절)는 흙의 공학적 성질을 결정짓는 중요한 인자이며, 조립토는 체분석, 세립토는 비중계분석, 혼합토는 체분석과 비중계분석을 병행·실시하여 구한다. 흙의 간극을 통해 흐르는 물은 간극의 크기와 형태 및 분포에 따라서 흐름특성이 달라지며, **흙의 투수성(2.5 절)**의 척도인 **투수계수**는 Darcy **의 법칙**으로 정의한다. 점성토의 형상이 고체 - 반고체 - 소성체 - 유동체로 변하는 경계 함수비 즉, **아터버그 한계**를 이용해서 **흙의 소성성(2.6 절)**을 나타낼 수 있고, **흙의 연경상태** 및 **점토의 활성도**를 판정할 수 있다.

2.2 흙의 기본물성

흙은 서로 상이한 상태의 물질(흙 입자와 물 및 공기)로 구성되는데, 흙 입자는 **비압축성 고체**이며 입자 간에는 결속력이 없고, 물(액체)은 **비압축성 유동체**이고, 공기(기체)는 **수용성인 압축성 유동체**이므로, 상태가 매우 다양하고 거동이 복잡하다.

흙의 기본물성은 **흙의 구성상태(2.2.1 절)**를 나타내는 지표이며, 이를 이용하면 **현장 지반 상태(2.2.2 절)**를 나타낼 수 있는 기본적인 물리적 성질이다.

2.2.1 흙의 구성상태를 나타내는 기본물성

흙 입자와 물 및 공기의 구성상태는 흙의 성질을 판단하는 중요한 기준이 된다. 완전하게 포화된 흙은 흙 입자와 물, 그리고 완전히 건조된 흙은 흙 입자와 공기로 구성된 상태이다.

흙의 구성상태는 흙 입자와 물 및 공기 각각의 부피와 무게를 기준으로 나타낸다.

- 부피기준 : 간극비, 간극률, 포화도
- 무게기준 : 함수비
- 무게와 부피 : 밀도, 단위중량, 비중

1) 부피기준

흙 입자 사이 공간을 **간극**(void)이라고 하며, 흙 입자 배열이나 구조골격상태를 간접적으로 판단할 수 있는 근거가 된다. 그림 2.1은 흙을 구성하는 흙 입자와 물 및 공기의 구성상태를 나타낸다. 여기에서 간극의 부피 V_v는 흙 입자의 부피 V_s나 (간극비 e) 흙 시료의 전체부피 V를 기준으로 하여 (간극률 n) 나타낼 수 있다.

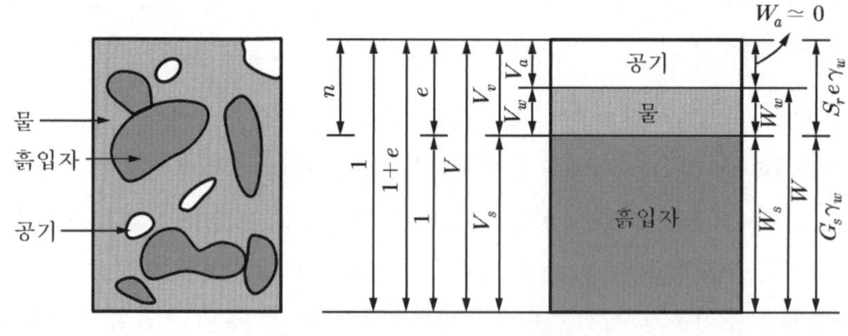

그림 2.1 흙의 구성상태

흙 시료의 부피 V는 시료를 액체에 담근 채 무게를 측정해서 부력을 계산하여 부피로 환산하거나, 시료를 수은에 담가서 대체되는 부피를 측정하여 간접적으로 구한다.

간극 부피 V_v 는 흙의 전체부피 V에서 흙 입자의 부피 V_s 를 뺀 $V_v = V - V_s$ 이다.

(1) 간극비 e

간극비 e (void ratio) 는 간극부피 V_v 의 흙 입자 부피 V_s 에 대한 비로 정의한다.

$$e = \frac{V_v}{V_s} \tag{2.1}$$

(2) 간극률 n

간극률 n (porosity) 은 흙의 전체 부피 V에 대해서 간극의 부피 V_v 가 차지하는 비율을 나타내는 말이다.

$$n = \frac{V_v}{V} \tag{2.2}$$

(3) 간극비와 간극률 관계

간극비 e 와 간극률 n 은 각각의 정의로부터 상호관계를 구할 수 있다.

$$n = \frac{V_v}{V} = \frac{V_v}{V_s + V_v} = \frac{V_v / V_s}{1 + V_v / V_s} = \frac{e}{1+e} \tag{2.3a}$$

$$e = \frac{V_v}{V_s} = \frac{V_v}{V - Vv} = \frac{V_v / V}{1 - V_v / V} = \frac{n}{1-n} \tag{2.3b}$$

(4) 포화도 S_r

간극이 물로 완전히 가득 차 있으면 **포화상태** (saturated) 라고 하고, 일부분만 물로 채워져 있으면 **불포화 상태** (unsaturated) 라고 한다. 간극이 완전히 건조되어서 물이 없으면 **건조상태** (dried) 라고 한다.

흙의 포화도 S_r (degree of saturation) 는 간극의 전체부피 V_v 에서 물이 차지하는 부피 V_w 를 백분율로 나타낸 값이고, 포화상태에서 $S_r = 100\,\%$ 이고, 건조상태에서 $S_r = 0\%$ 이다.

$$S_r = \frac{V_w}{V_v} \times 100 = \frac{V_w}{nV} \times 100 \;\; [\%] \tag{2.4}$$

2) 무게기준

흙을 구성하는 흙 입자와 물 및 공기 중에서 공기는 무게가 없는 것으로 간주한다.

(1) 함수비 w

함수비 w (water content)는 물 무게 W_w 와 흙 입자 무게 W_s 의 비를 백분율로 한 값이다.

$$w = \frac{W_w}{W_s} \times 100 \ [\%] \tag{2.5}$$

함수비는 보통 흙을 110±5°C인 **건조로**에서 24시간 동안 **노건조**하여 측정한다. 건조로의 온도를 너무 높게 하면 흙 입자의 성질이 달라질 수가 있다. 고온에서 결정수를 잃는(석회를 함유한) 흙이나 고온에서 산화되는(유기질을 함유한) 흙은 저온(80°C)에서 장시간 건조시켜 함수비를 측정한다.

그밖에 여러 가지 **함수량 신속 시험방법**을 이용하면, 건조로를 사용하지 않고도 현장에서 신속하게 함수비를 구할 수 있다. 그러나 세립토 성분이 많을수록 신속 함수량 시험법에 의한 결과와 노건조 시험에 의한 결과가 큰 차이를 보일 수 있으므로 항상 대조해서 확인해야 한다.

함수비는 대체로 세립토 함량에 의존하고 표 2.1의 값을 가지며, 유기질 흙이나 피트(peat)에서는 함수비가 100% 이상인 경우도 있다.

표 2.1 흙의 종류에 따른 함수비

흙의 종류	함수비 [%]	흙의 종류	함수비 [%]
깨끗한 자갈	3 ~ 8	실트	15 ~ 40
깨끗한 모래	5 ~ 20	유기질 실트·점토	20 ~ 150
점토질 실트 (중간 이하 소성)	15 ~ 35	피트	30 ~ 1000
점토 (높은 소성)	20 ~ 70		

(2) 함수비·포화도·간극비의 상호관계

흙의 비중을 알면 함수비의 정의로부터 함수비와 포화도 및 간극비의 관계를 구할 수 있다.

$$w = \frac{W_w}{W_s} = \frac{\gamma_w S_r V_v}{\gamma_w V_s G_s} = \frac{S_r V_v / V_s}{G_s} = \frac{e S_r}{G_s} \tag{2.6}$$

$$\therefore \ w G_s = e S_r \tag{2.7}$$

【예제】 무게가 28.8 g 인 캔에 포화된 점토시료를 넣고 무게를 재어보니 94.2 g 이었다. 노건조후 무게가 68.5 g 일 때, 다음을 구하시오. (단, 흙의 비중은 2.65 이다).
① 함수비 ② 간극률

【풀이】 ① 식 (2.5)에서

$$w = \frac{W_w}{W_s} \times 100 = \frac{94.2 - 68.5}{68.5 - 28.8} \times 100 = \frac{25.7}{39.7} \times 100 = 64.74\,\%$$

② 식 (2.7)에서 $$e = \frac{w\, G_s}{S_r} = \frac{(64.74)(2.65)}{100} = 1.72$$

식 (2.3a)에서 $$n = \frac{e}{1+e} = \frac{1.72}{1+1.72} = 0.63$$ ///

3) 무게와 부피기준

(1) 비중 G_s

포화상태 흙은 흙 입자와 물로 이루어지므로 흙입자의 **비중 G_s** (specific gravity) 는 흙을 포화시켜서 측정한다. 물체의 비중은 온도 4° C 를 기준으로 같은 부피의 물의 무게이지만 흙에서는 온도 15° C 를 기준으로 한다. 흙의 비중은 대개 $G_s = 2.6 \sim 2.7$ 의 값을 가진다.

흙의 비중은 부피를 알고 있는 용기 (**피크노미터**) 로 흙입자 부피 V_s 를 측정하여 구한다. 즉, 무게 W_s 의 노건조 시료를 피크노미터에 넣고 포화시킨 후에 물을 추가하여 가득 채운 무게 W_{pws} (시료 + 물 + 피크노미터) 를 측정하고, 동일한 피크노미터를 물로 채워서 무게 W_{pw} (물 + 피크노 미터) 를 측정하면 흙입자가 대체하는 물의 무게 W_w 를 알 수 있다.

흙입자가 대체하는 물의 부피 즉, 흙 입자 부피 V_s 는 $W_w = \gamma_w V_s$ 관계로부터 구할 수 있다 (그림 2.2).

임의의 온도 T℃ 에서 흙입자의 비중 G_{s_T} 은 다음과 같다.

$$G_{s_T} = \frac{\gamma_s}{\gamma_w} = \frac{W_s}{W_w} = \frac{\gamma_s\, V_s}{\gamma_w\, V_w} = \frac{W_s}{W_s + W_{pw} - W_{pws}} \tag{2.8}$$

이렇게 측정한 비중 G_{s_T} 는 온도 15° C 에 대한 비중 G_s 로 환산한다.

$$G_s = \text{보정계수} \times G_{s_T} \tag{2.9}$$

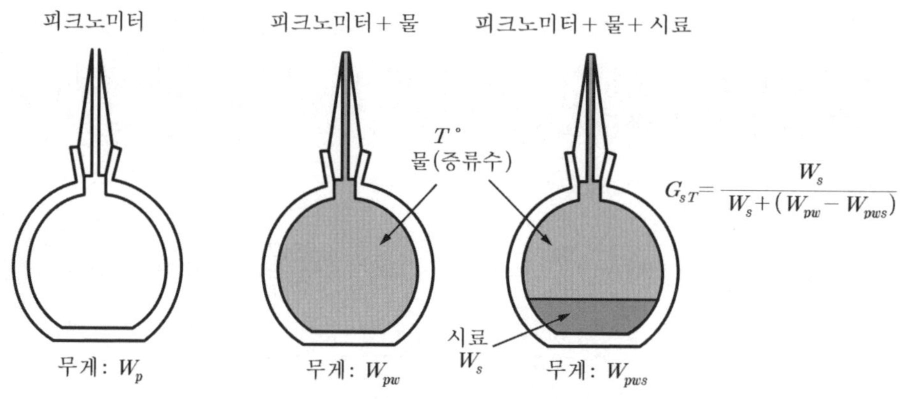

그림 2.2 비중측정

표 2.2 광물과 흙의 밀도

광 물	밀 도 [g/cm³]	흙	밀 도 [g/cm³]
석영(quartz)	2.65		
방해석(calcite)	2.72	사질토	2.58 ~ 2.72
백운석(dolomite)	2.85		
칼리장석	2.54 ~ 2.57	약 점성토	2.60 ~ 2.74
바이오타이트	2.80 ~ 3.20		
일라이트	2.60 ~ 2.86	강 점성토	2.66 ~ 2.82
몬트모릴로나이트	2.75 ~ 2.80		

(2) **흙의 밀도와 단위중량** γ

물체의 **밀도** ρ (density) 는 단위 부피당의 질량 m 이며, **단위중량** γ (unit weight) 는 단위 부피당의 무게를 나타낸다. 흙 입자의 밀도 ρ 는 **흙 입자 비중** G_s 로부터 계산할 수 있다. 대개 흙의 단위중량 γ 를 구하기 위해서는 흙 입자와 간극수 및 간극 공기의 부피를 알아야 한다. 흙 시료의 부피 V 는 공시체의 칫수를 측정하거나 부피를 알고 있는 용기를 지반에 삽입하여 시료를 채취해서 구한다.

$$\rho = m / V \quad [\mathrm{g/cm^3}] \tag{2.10}$$

$$\gamma = W / V \quad [\mathrm{gf/cm^3}] \tag{2.11}$$

여기에서 m 은 흙의 질량 [g], W 는 흙의 무게 [gf] 를 나타낸다. 토질역학에서는 **밀도** (density) 와 **단위중량** (unit weight) 이 같은 의미로 쓰이는 경우도 있다.

흙은 흙 입자와 물 및 공기로 이루어져 있고 그 구성상태가 다양하다. 따라서 단위부피당 무게를 단위중량 γ 로 정의하고, 습윤·건조·포화·수중 단위중량으로 구분한다.

① **습윤단위중량 γ_t**

흙입자와 물 및 공기가 모두 포함된 상태에서 흙의 단위부피당 무게를 **습윤단위중량** γ_t (total wet unit weight) 라고 한다.

$$\begin{aligned}\gamma_t &= \frac{W_t}{V} = \frac{W_w + W_s}{V} \\ &= \frac{V_v S_r \gamma_w + V_s \gamma_w G_s}{V_s + V_v} = \frac{S_r V_v / V_s + G_s}{1 + V_v / V_s}\gamma_w \\ &= \frac{S_r e + G_s}{1+e}\gamma_w = \frac{1+w}{1+e} G \gamma_w \ [\text{kN/m}^3]\end{aligned} \tag{2.12}$$

② **건조단위중량 γ_d**

흙이 완전하게 건조되어 흙 입자와 공기로만 구성된 상태에서 단위 부피당 무게를 **건조단위중량 γ_d** (dry unit weight) 라고 하며, 이는 포화도 $S_r = 0$ 인 상태의 습윤 단위중량과 같다.

$$\gamma_d = \frac{W_s}{V} = \frac{G_s}{1+e}\gamma_w = \frac{\gamma_s}{1+e} = (1-n)\gamma_s = \frac{\gamma_t}{1+w} \quad [\text{kN/m}^3] \tag{2.13}$$

습윤 단위중량 γ_t 와 건조 단위중량 γ_d 는 다음 관계를 갖는다.

$$\gamma_t = \gamma_d + S_r n \gamma_w \tag{2.14}$$

③ **포화단위중량 γ_{sat}**

흙이 완전히 포화되어 간극이 전부 물로 채워진 상태에서 단위부피 당 무게를 **포화단위중량 γ_{sat}** (saturated unit weight) 이라고 하며, 포화도 $S_r = 100\,\%$ 일 때의 습윤 단위중량과 같다.

$$\gamma_{sat} = \frac{G_s + e}{1+e}\gamma_w \quad [\text{kN/m}^3] \tag{2.15}$$

④ **수중단위중량** γ_{sub}

흙의 간극이 완전히 물로 채워져 있는 포화상태에서 부력을 고려한 단위부피당 흙의 (유효) 무게를 흙의 **수중단위중량** γ_{sub} (submerged unit weight) 이라 한다.

$$\gamma_{sub} = \gamma_{sat} - \gamma_w = \frac{G_s + e}{1+e}\gamma_w - \gamma_w = \frac{G_s - 1}{1+e}\gamma_w \,[\text{kN/m}^3] \tag{2.16}$$

흙의 기본성질 즉, 함수비 w , 간극률 n , 간극비 e , 포화단위중량 γ_{sat}, 습윤단위중량 γ_t , 건조단위중량 γ_d , 비중 G_s , 포화도 S_r 들은 각각의 정의에 의거하여 표 2.3 과 같이 서로 환산된다. 여기에서 γ_w 는 물의 단위중량을 나타낸다.

표 2.3 흙의 기본물성 환산표

	흙 입자 단위중량 γ_s	습윤 단위중량 γ_t	건조 단위중량 γ_d	간극률 n	간극비 e	함수비 w
흙 입자 단위 중량 γ_s	γ_s	$\frac{\gamma_t}{(1+w)(1-n)}$	$\frac{\gamma_d}{1-n}$	$\frac{\gamma_d}{1-n}$	$\gamma_d(1+e)$	
습윤 단위 중량 γ_t	$\gamma_s(1-n)(1+w)$	γ_t	$\gamma_d(1+w)$	$\gamma_s(1-n)(1+w)$	$\frac{\gamma_s(1+w)}{1+e}$	
건조 단위 중량 γ_d	$\gamma_s(1-n)$	$\frac{\gamma_t}{1+w}$	γ_d	$\gamma_s(1-n)$	$\frac{\gamma_s}{1+e}$	$\frac{\gamma_t}{1+w}$
간극률 n	$\frac{\gamma_s-\gamma_d}{\gamma_s}$	$1-\frac{\gamma_t}{\gamma_s(1+w)}$	$\frac{\gamma_s-\gamma_d}{\gamma_s}$	n	$\frac{e}{1+e}$	$1-\frac{\gamma_t}{\gamma_s(1+w)}$
간극비 e	$\frac{\gamma_s-\gamma_d}{\gamma_d}$	$\frac{\gamma_s(1+w)}{\gamma_t}-1$	$\frac{\gamma_s-\gamma_d}{\gamma_d}$	$\frac{n}{1-n}$	e	$\frac{\gamma_s(1+w)}{\gamma_t}-1$
함수비 w	$\frac{\gamma_t}{\gamma_s(1-n)}-1$	$\frac{\gamma_t-\gamma_d}{\gamma_d}$	$\frac{\gamma_t-\gamma_d}{\gamma_d}$	$\frac{\gamma_t}{\gamma_s(1-n)}-1$	$\frac{\gamma_t(1+e)}{\gamma_s}-1$	w
포화도 S_r	$\frac{w\gamma_s(1-n)}{n\gamma_w}$	$\frac{w\gamma_t}{n(1+w)\gamma_w}$	$\frac{w\gamma_d}{n\gamma_w}$	$\frac{w\gamma_d}{n\gamma_w}$	$\frac{w\gamma_s}{e\gamma_w}$	$\frac{w\gamma_s}{e\gamma_w}$

【예제】 간극률이 40 % 이고 비중이 2.65 인 모래에서 다음을 구하시오.

① 간극비 e ② 건조단위중량 γ_d ③ 포화도 40 % 때의 습윤단위중량 γ_t

【풀이】 ① 식 (2.3b)에서 $e = \dfrac{n}{1-n} = \dfrac{0.4}{1-0.4} = 0.67$

② 식 (2.13)에서 $\gamma_d = \dfrac{G_s}{1+e}\gamma_w = \dfrac{2.65}{1+0.67}10 = 15.9\,[\mathrm{kN/m^3}]$

③ 식 (2.12)에서

$$\gamma_t = \frac{S_r\,e + G_s}{1+e}\gamma_w = \frac{(0.4)(0.67) + 2.65}{1+0.67}10 = 17.5\,[\mathrm{kN/m^3}] \qquad ///$$

2.2.2 현장 지반상태를 나타내는 기본물성

현장 흙 지반의 상태는 함수비 w 와 비중 G_s 및 단위중량 γ_t 로 나타낼 수 있다.

1) 함수비 w

함수비 w (water content) 는 현장의 지반상태를 판단할 수 있는 중요한 기준이며, 지반에 따라 대체로 다음 표 2.4 의 값을 갖는다.

표 2.4 현장지반의 함수비

흙 의 종 류	함 수 비 [%]
깨끗한 자갈	3 ~ 8
깨끗한 모래	5 ~ 20
점토질 실트 (중간이하 소성)	15 ~ 35
점토 (높은 소성)	20 ~ 70
유기질 흙	다양함 (100 % 이상도 있음, 표 2.1참조)

2) 단위중량 γ

완전히 건조되거나 포화되지 않은 상태에서 흙의 **단위중량 γ** (unit weight) 은 습윤 단위중량이며 대체로 19~22kN/m^3 정도가 된다.

3) 비중 G_s

흙 입자의 **비중 G_s** (specific gravity) 은 대개 2.6~2.7 정도이지만 입자의 크기가 작을수록 크고, 흙 입자 구성광물의 종류에 따라 다소 다를 수 있다.

2.3 흙의 구조골격

흙은 암석이 풍화되어서 **흙 입자의 최대 입경** (한국산업규격 100.0 mm, 미국재료협회 75.0 mm, 유럽 60.0 mm) 보다 더 작게 부스러진 후 쌓여 있는 상태이다. 흙은 입자크기가 **기준입경** (한국산업규격 0.05 mm, 미국재료협회 0.075 mm, 유럽 0.06 mm) 보다 더 크다면 **조립토**라고 하고, 기준입경 보다 더 작으면 **세립토**라고 한다.

흙의 구조골격 (2.3.1 절) 은 생성과정과 생성 후 환경에 따라 다양한 형상을 이룬다. **조립토의 상대밀도 (2.3.2 절)** 는 흙 입자 배열의 조밀한 정도를 나타내며 흙의 역학적 거동에 결정적 영향을 미친다. **세립토의 흡착수 (2.3.3 절)** 로 인한 전기적 힘은 함수비에 따라서 달라지므로 세립토의 거동은 함수비에 의해 결정된다. 모든 흙 입자는 몇 가지 **점토광물 (2.3.4 절)** 로 구성되어 있으며, 대표 점토광물에 따라 세립토의 역학적 거동특성이 달라진다.

2.3.1 흙의 구조

조립토 (모래와 자갈) 에서는 입자간 접촉면적이 무시할 정도로 작기 때문에 입자들이 접촉면에서 상대변위를 일으키더라도 점착력은 거의 작용하지 않고 마찰력만 작용한다.

반면 세립토 (실트와 점토 및 콜로이드) 입자들은 흡착수에 의해 둘러 싸여 있으므로 직접 접촉되지 못하고 각 흡착수 표면에서만 접하며, 흡착수 접촉면에서는 마찰력이 작용하지 않고 전기적 힘이 작용한다. 이러한 전기적 힘은 거리에 따라 다르고 세립토의 입자간격은 함수비에 따라 다르므로 세립토의 역학적 특성은 함수비에 따라 달라진다.

입자간 반발력이 인력보다 더 커서 입자들이 서로 떨어져 있는 경우에는 전단강도가 작으나 대체로 구조가 안정되어 압축성이 작다 (**분산구조**). 반면에 입자간의 인력이 커서 입자의 **면** (face) 과 **끝** (edge) 이 접촉되어있는 경우 (face-to-edge) 에 전기적 결합력은 크지만 구조가 불안정하므로 외력이 작용하면 구조가 흐트러지면서 강도가 급격하게 저하된다 (**면모구조**).

세립토가 퇴적될 당시에 형성된 일차구조 (분산구조, 면모구조) 는 퇴적 후 건조되거나 외력재하 또는 염류손실로 인해 구조가 변화하여 이차구조를 형성한다. 과거에 빙하 등에 의해 큰 하중을 받아 입자간격이 가까워 졌던 흙은 하중이 제거된 현재에도 입자간격이 벌어지지 않고 가까운 상태를 유지하여 매우 큰 강성을 갖는 경우도 있다.

흙은 암석이 풍화되어 생성된 다양한 크기의 입자들이 모여 있는 상태이므로 역학적 특성이 흙입자와 간극상태에 따라 결정된다. 흙 입자들은 서로 결합되어 있지 않고 단순하게 접촉되어 있고 접촉점에서는 압축력과 전단력만 전달되므로 그 모양이 마치 골격을 이루고 있는 것과 같다. 따라서 흙 입자들의 이와 같은 배열상태를 **흙의 구조골격**(soil skeleton)이라 하며 흙의 생성과정과 생성 후 영향에 따라 일정한 형상을 나타낸다.

1) 조립토의 구조

(1) 단립구조

조립토는 크기가 다른 입자들이 구조골격을 이루지 않고 단순하게 쌓여져 있는 상태이며, 그 역학적 거동이 주로 입자의 형상과 접촉상태 및 마찰에 의해 결정된다. 이런 구조를 **단립구조**(single-grained structure)라고 한다(그림 2.3a).

단립구조 흙에서는 입자간 접촉면적이 매우 작으므로 점착력을 무시하고 마찰력만 작용한다고 할 수 있다. 이런 흙은 진동으로만 다질 수 있다. 이러한 구조를 갖는 흙은 입자의 형상과 배열상태 그리고 입도분포와 촘촘한 정도(**상대밀도**)에 따라 강도특성과 압축특성이 결정된다. 크고 작은 입자들이 완전하게 접촉된 가장 조밀한 상태에서는 전단강도가 매우 크고 압축성이 작은 양호한 기초지반이 된다.

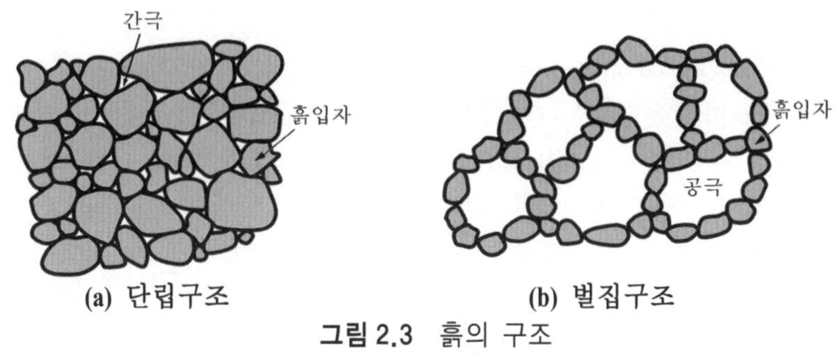

(a) 단립구조　　(b) 벌집구조

그림 2.3 흙의 구조

(2) 벌집구조

고요한 물 등에서 흙 입자가 느슨하게 퇴적되면 입자 크기보다 큰 간극이 형성되며, 이런 상태에서는 그 모양이 벌집과 같아서 **벌집구조**(honeycomb structure)라 한다. 이러한 흙은 간극이 매우 커서 미소한 외부 충격에도 구조골격이 흐트러지고 일정한 크기 이상으로 외력이 작용하면 갑작스럽게 압축되기 때문에 매우 불안정하며, 현장 건조단위중량이 매우 작기 때문에 존재를 쉽게 확인할 수 있다.

실트 크기 입자가 바람 등에 운반되어 고요하게 퇴적된 흙에서도 입자 모두가 접촉되어 있지 않고 일부 입자들만 접촉되어 있어서 지반 내에 많은 공극이 존재하는 벌집구조가 나타난다 (그림 2.3b).

(3) **접착구조**

깨끗한 조립토는 입자들이 단순히 접촉된 상태이지만 지하수에 포함된 석회나 각종 염류가 접촉부에 침적되면 입자들이 서로 접착되어 매우 안정된 구조골격을 이루는데 이런 구조를 **접착구조** (bonding structure) 라 한다. 이런 구조를 갖는 흙은 전단강도가 매우 크며 (미세한 간극들이 막혀 있어서) 투수계수가 대단히 작다. 석회암지대에 퇴적된 모래나 자갈에서 쉽게 볼 수 있다.

2) 세립토의 구조

세립토 (보통 직경 0.074 mm 이하) 는 흙 입자가 흡착수로 둘러 싸여져 있고 입자 사이에는 흡착수에 의한 **반발력**과 Van der Waals 힘에 의한 인력이 작용하므로 입자들이 가까울수록 크고 멀수록 급격히 감소한다. 아주 가까운 거리에서는 인력이 반발력보다 훨씬 크다.

세립토는 입자간의 전기적 힘에 의해서 특정한 형태의 구조골격을 이루며 점착력을 가지고 있다. 특히 바닷물에서 퇴적되어 형성된 세립토는 바닷물에 있는 염기의 영향을 받아 간극이 큰 형태의 구조골격을 이루고 있다 (그림 2.4).

(1) **이산구조**

이산구조 (dispersed structure) 는 대체로 담수에서 퇴적되어 형성된 세립지반에서 나타나는 구조이며 입자간 거리가 멀어 반발력이 인력보다 큰 상태에서 개개의 입자가 분리된 채로 침강하여 형성되므로 서로 평행한 구조를 이룬다. 이산구조는 **분산구조**라고도 하며, 이산구조 흙은 압축성과 투수성이 작지만, 물을 흡수하면 쉽게 팽창하게 된다 (그림 2.4a).

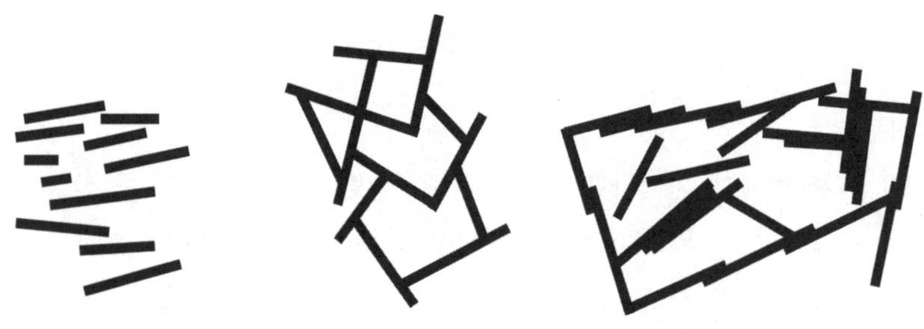

(a) 이산구조 (b) 비염기성 면모구조 (c) 염기성 면모구조

그림 2.4 수중 퇴적점토의 구조

(2) 면모구조

면모구조(flocculent structure)는 이온이 풍부한 바닷물에서 퇴적되는 세립토에서 나타난다. 세립토는 입자모양이 대개 판이나 막대 모양이므로 끝부분은 양전하를 띠고 중간부분은 음전하를 띤다. 이 때에는 양전하를 띤 입자 끝(edge)과 음전하를 띤 다른 입자 면(face)이 결합하여 입자들이 뭉쳐 있거나 접촉되어 있지 않고 일정한 간격을 유지하며 성긴 구조를 나타내며, 생긴 모양이 목화의 솜(면모)과 같다하여 **면모구조**라 한다(그림 2.4b). 면모구조의 흙은 간극이 커서 투수성과 압축성이 크다.

물속에 염기가 있으면 입자간의 반발력이 감소되고 인력이 커져서 부분적으로 결합하여 겹쳐진 상태가 되고, 이들이 다시 면부분과 끝부분이 결합하여 **염기성 면모구조**가 형성된다(그림 2.4c).

면모구조 지반이 융기한 후 오랜 시간이 지나 담수에 의해 이온이 씻겨지면 입자간 전기적 결합력이 거의 상실되어서 미소한 충격이 가해져도 입자간의 결합이 풀어져서 액체상태가 되어 매우 불안정해지는 **퀵클레이**(quick clay)가 된다. 해저에서 생성되고 지각변동에 의하여 융기된 후에 오랜 시간이 경과된 스칸디나비아 등에 분포되어 있는 흙이 이 부류에 속한다. 이런 흙 중에 겉으로 보기에는 단단하지만 잘 반죽하면 액체상태가 되고, 액체상태 흙에 소금 등을 첨가하고 혼합하면 다시 단단한 상태가 되는 것도 있다(Skempton/Northey, 1952).

3) 혼합토의 구조

혼합토는 세립토 뿐만 아니라 중립토와 조립토를 포함하고 있어서 이들의 혼합비에 따라서 그 거동이 다르다. 그림 2.5a와 같이 세립토가 우세할 때에는 조립토가 세립토에 둘러싸여서 유동하므로 흙의 거동특성이 세립토에 의해서 결정된다. 반면에 그림 2.5b와 같이 조립토가 우세한 경우에는 입자들이 구조골격을 이루고 있으므로 그 거동특성이 조립토에 의해서 결정된다. 이러한 흙은 입도분포로부터 확인할 수 있다.

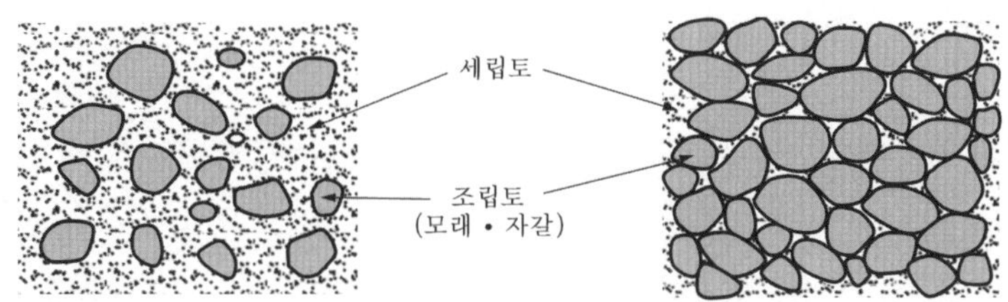

(a) 조립이 접촉되지 않은 혼합토 (b) 조립이 접촉되어 구조골격을 이룬 혼합토

그림 2.5 혼합토의 구조

2.3.2 조립토의 상대밀도

흙은 간극이 전혀 없는 상태로는 존재할 수 없으며, 흙 입자들이 서로 접촉되어 있는 조건에서는 더 이상 작거나 (가장 조밀, $e_{\min}$ 나 $n_{\min}$) 크게 (가장 느슨, $e_{\max}$ 나 $n_{\max}$) 할 수 없는 간극의 한계치가 있고, 이는 그 기준을 평면상태나 공간상태로 함에 따라 다를 수 있다.

크기가 같은 **원** (그림 2.6a) 은 간극률과 간극비가 가장 느슨한 상태에서 $n_{\max} = 0.215$, $e_{\max} = 0.273$ 이고 가장 조밀한 상태에서 $n_{\min} = 0.116$, $e_{\min} = 0.132$ 이다. 그러나 크기가 같은 **구** (그림 2.6b) 는 간극률과 간극비가 가장 느슨한 상태에서 $n_{\max} = 0.476$, $e_{\max} = 0.910$ 이고 가장 조밀한 상태에서 $n_{\min} = 0.259$, $e_{\min} = 0.350$ 이다.

흙 입자를 크기가 같은 구 (반경 R) 라고 가정하는 경우에는, 그림 2.6a 와 같이 1 개의 구가 6 개의 구와 접하면서 구성하는 구체배열은 **가장 느슨한 상태**로 존재할 수 있는 구체배열이다. 이런 상태에서는 **단위 입방체 요소** (그림 2.6b, 측면 길이 $2R$, 부피 $8R^3$) 가 구 (부피 $\frac{4}{3}\pi R^3$) 한 개를 포함하므로 간극비는 다음이 되고, 이는 구체의 **최대 간극비 $e_{\max}$** 이다.

$$e_{\max} = \frac{V_v}{V_s} = \frac{V - V_s}{V_s} = \frac{8R^3 - (4/3)\pi R^3}{(4/3)\pi R^3} = 0.91 \tag{2.17}$$

따라서 구체의 간극비는 가장 느슨한 상태에서 최대 $e_{\max} = 0.91$ 이다.

그렇지만 그림 2.6b 와 같이 4 개 구 사이에 상층의 구가 오도록 피라미드형으로 정렬하면, **가장 조밀한 상태**로 존재할 수 있는 구체배열이 된다. 이때 **단위 입방체 요소** (그림 2.6b, 측면 길이 $2\sqrt{2}R$) 는 6 개 반구와 8 개의 팔분구 즉, 총 4 개의 구로 이루어져서 부피가 $16\sqrt{2}R^3$ 이므로, 간극비는 다음이 되고, 이는 구체의 **최소 간극비 $e_{\min}$** 이다.

$$e_{\min} = \frac{V_v}{V_s} = \frac{V - V_s}{V_s} = \frac{16\sqrt{2}R^3 - 4\left(\frac{4}{3}\pi R^3\right)}{4\left(\frac{4}{3}\pi R^3\right)} = 0.35 \tag{2.18}$$

따라서 구체의 간극비는 가장 조밀한 상태에서 최소 $e_{\min} = 0.35$ 이다.

입도가 균등 (poor graded) 한 흙에서 최대 및 최소 간극비는 불균등한 흙의 값보다 작다. **입도분포가 양호** (well graded) 한 흙에서는 최대 간극비 $e_{\max}$ 와 최소 간극비 $e_{\min}$ 의 차이가 크다.

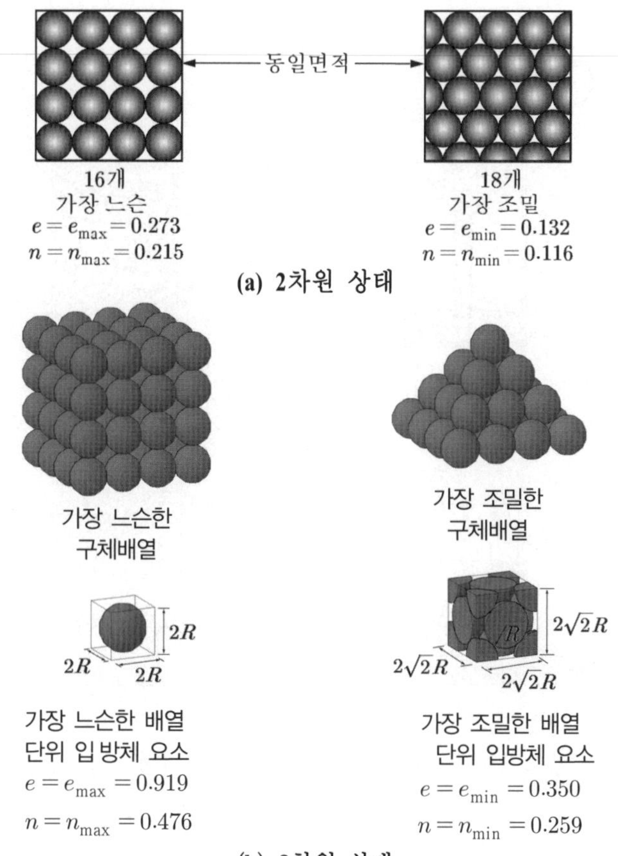

그림 2.6 가장 느슨한 상태와 가장 조밀한 상태(균등한 흙)

조립토의 역학적 거동은 어느 정도 조밀한가에 따라서 다르며, 지반의 조밀한 정도는 **상대밀도 D_r** (relative density)로 나타낸다.

상대밀도는 입자들이 모두 접촉되어 있는 상태에서 가장 촘촘한 배열이면 '100'이고 가장 느슨한 배열이면 '0'으로 나타낸다. 비점착성 흙 지반 즉, 사질토의 역학적 특성은 입자배열의 촘촘한 정도에 따라 결정되고, 촘촘한 정도는 간극률 n (또는 간극비 e)으로 판정한다.

상대밀도 D_r 은 간극률 $n\,(D_{rn})$ 이나 간극비 $e\,(D_{re})$ 또는 건조단위중량 γ_d 로부터 정의하며, 서로 환산할 수 있다. 대체로 **간극비로 정의한 상대밀도 D_{re}** 를 사용하는데 건조단위중량으로부터 구하면 다음 식이 된다($0 \leq D_{re} \leq 100$).

$$D_{re} = \frac{e_{max} - e}{e_{max} - e_{min}} \times 100 = \frac{\gamma_{d\,max}}{\gamma_d}\,\frac{\gamma_d - \gamma_{d\,min}}{\gamma_{d\,max} - \gamma_{d\,min}} \times 100\,[\%] \tag{2.19}$$

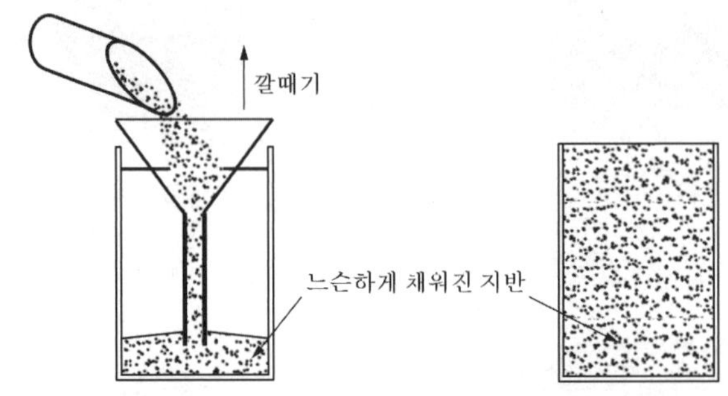

(a) 최소 건조단위중량시험

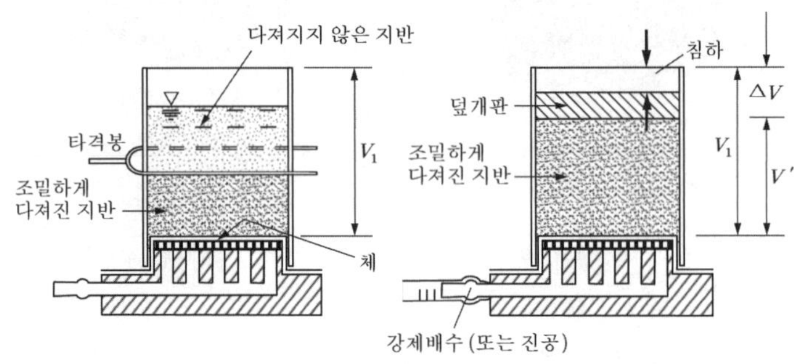

(b) 최대 건조단위중량시험

그림 2.7 최대·최소 건조단위중량 시험

동일한 상태의 흙에 대해서 **간극률로 정의한 상대밀도** D_{rn} 과 **간극비로 정의한 상대밀도** $\boldsymbol{D_{re}}$ 는 서로 다르며 다음과 같이 환산할 수 있다.

$$D_{rn} = \frac{1 + e_{\min}}{1 + e} D_{re} \tag{2.20}$$

입도분포가 양호 (well graded, 제 2.4.3 절 참조) 한 흙은 최대 간극률 $n_{\max}$ 와 최소 간극률 $n_{\min}$ 의 차이가 크다.

조립토의 지반상태는 상대밀도 값에 따라 다음 표 2.5 와 같이 구분한다.

표 2.5 상대밀도와 지반상태

지 반 상 태	매우 느슨	느슨	보통	조밀
상대밀도 $\boldsymbol{D_{re}}$	-	0 ~ 33	33 ~ 67	67 ~ 100

2.3.3 세립토의 흡착수

물 분자는 한 개 산소원자와 두 개의 수소원자가 105° 를 이루면서 결합되어 있어서 수소원자 쪽의 끝은 양(+)극 산소원자 쪽의 끝은 음(-)극을 띠는 **쌍극분자**(双極分子, dipolar molecule)이다(그림 2.8).

따라서 물분자는 점토입자 표면의 음전하와 결합하거나 점토입자 주변의 물에 분산되어 있는 양이온과 결합한다. 또한 물의 양극이 점토입자내의 산소를 공유하는 형태로 물과 점토입자가 결합하게 된다. 이렇게 점토표면에 일정한 두께의 물이 흡착하게 되는데 이 물을 **흡착수**(absorbed water) 라고 한다.

점토 입자는 입자표면의 알루미늄이나 규소가 원자가가 낮은 원자로 **동형치환**되거나, 알칼리성($pH>7$) 용액 내에서 점토입자가 산화되면서 발생되는 수소이온에 의해 음전하를 띠어 불균형 상태에 있다.

그렇지만 점토에 물이 가해지면 입자의 표면에 교환성 **양**이온이 부착되어 결국 점토입자의 주변을 물이 둘러싸고 주위에 **양**이온과 **음**이온이 표류하는데 점토입자에서 가까운 곳에는 **양**이온이 많고 **음**이온이 적으며 점토 입자에서 멀리 떨어질수록 **양**이온 농도가 감소하고 **음**이온의 농도는 증가한다.

점토입자의 표면으로부터 양이온과 음이온의 농도가 같아져서 중성상태가 되는 위치까지를 **확산이중층**(dispersed double layer) 이라고 하며, 이 영역에서는 점토입자와 물속의 이온이 서로 영향을 미친다. 확산이중층 내에 있는 물이 이루는 얇은 수막을 **흡착수막**(absorbed water layer) 이라 부르며, 확산 이중층은 흡착수막의 경계가 된다(그림 2.9).

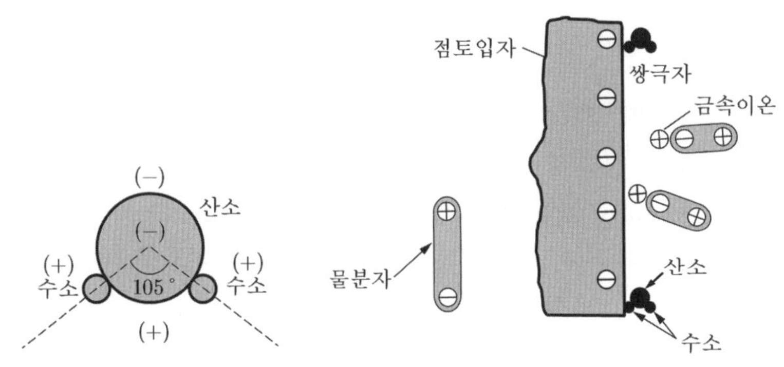

(a) 물의 양극성　　(b) 흡착수막 내 물과 점토입자의 결합

그림 2.8 흡착수의 형성

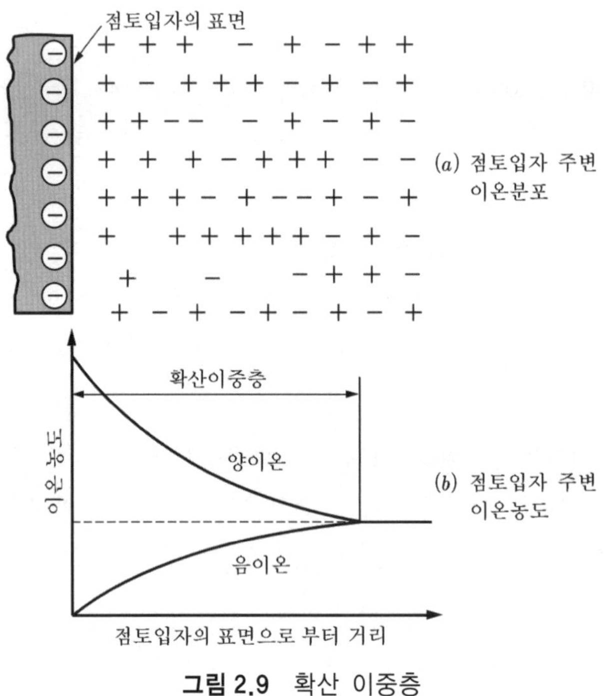

그림 2.9 확산 이중층

흡착수는 매우 강력한 힘(최고 10,000 bar)에 의해서 점토입자의 표면에 고체상으로 흡착하여, 상온에서 증발되지도 얼지도 않고 점성이 강하다.

점성토의 점착력은 주로 흡착수의 전기적 결합력에 의해 발생된다. 흡착수의 역할은 건조한 점토분말을 물이나 알콜과 섞어서 반죽해 보면 알 수 있다. 즉, **쌍극자 구조**인 물과 반죽하면 점착력이 큰 반면에 **무극자 구조**인 알콜 등에 섞어서 반죽한 흙은 점착력이 없다.

2.3.4 점토광물

흙 입자들은 몇 가지 점토광물로 이루어지고, 대표 점토광물에 의해 흙의 거동특성이 달라진다. 점성토의 입자들은 서로 직접 접촉되어 있지 않고 전기적 힘에 의해 결합되어 있어서 점성토의 역학적 거동특성은 점성토를 구성하는 **점토광물**(clay mineral)에 의해 큰 영향을 받는다. 근래에는 전자현미경이나 X-선 회절기법 등으로 점토광물 구조를 직접 볼 수 있게 되어 점토광물에 대한 많은 사실들이 밝혀졌다(Sides/Barden, 1971).

점토광물은 다양하지만 주로 3대 기본광물(표 2.6)로 이루어지고, 그 기본단위는 **실리카 정사면체**(silica tetrahedron)와 **알루미나 정팔면체**(alumina octahedron)이다(그림 2.10).

표 2.6 점토광물

점 토 광 물	입경[mm]	형상	흡수성	투수성	점착성	비표면적 [m^2/g]	분자식
카올리나이트	0.02~0.001	비늘모양	小	大	小	15	$Al_2O_32SiO_22H_2O$
일라이트	0.02~0.001	비늘모양	中	中	中	80	$K_n(Al_2O_34SiO_2H_2O)_2$
몬트모릴로나이트	0.002~0.0005	비늘모양	大	小	大	800	$Al_2O_34SiO_2H_2O$

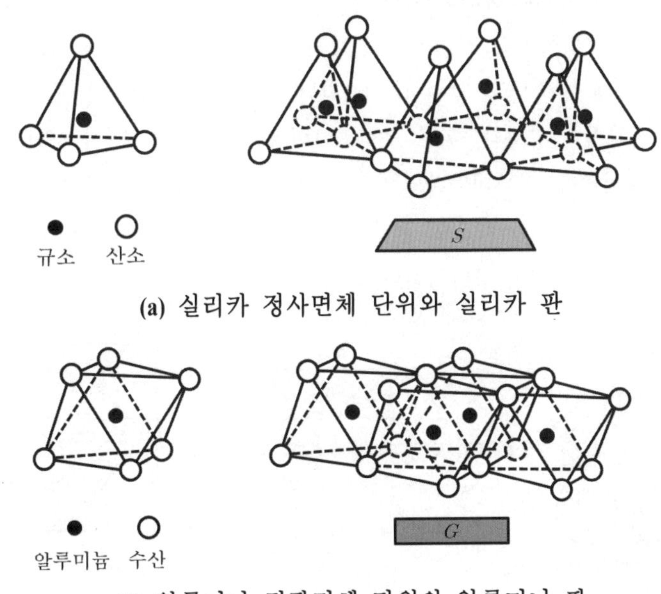

(a) 실리카 정사면체 단위와 실리카 판

(b) 알루미나 정팔면체 단위와 알루미나 판

그림 2.10 점토광물의 기본단위

실리카 정사면체는 한 개 규소원자가 4개의 산소원자와 결합한 형태이며, 여러 개가 결합하여 판모양을 이룬 것을 **실리카 판**(silica sheet)이라 하고 사다리꼴 기호로 표시한다. 알루미나 정팔면체는 한 개의 알루미늄 원자가 6개 수산기와 결합한 형태이며, 여러 개가 모여서 **알루미나 판**(alumina sheet)을 형성하고 직사각형 기호로 표시한다.

점토광물은 실리카 정사면체와 알루미나 정팔면체가 여러 가지 조합으로 결합한 형태이며, 가장 대표적인 점토광물인 카올리나이트(kaolinite)와 일라이트(illite) 및 몬트 모릴로나이트(montmorillonite)의 구조는 그림 2.11과 같다(Grim, 1966).

1) 카올리나이트 (kaolinite)

카올리나이트는 장석이 분해되어 생성된 흰색의 점토광물이며 다공질이고 철분을 함유하면 적황색이 된다. 이온의 흡착성이나 물의 흡수력은 낮은 편이다. 국내에서 자연상태에서 생산되는 흰색 카올리나이트가 주성분인 흙을 **고령토**라 한다. 카올리나이트는 실리카판 한 개와 알루미나 판 한 개가 수소 결합하여 매우 안정된 구조를 이룬다. 따라서 팽창수축이 없고 활성이 적으며 (표 2.15), 입경은 약 0.001~0.02 mm 정도이다 (그림 2.11a).

2) 몬트모릴로나이트 (montmorillonite)

몬트 모릴로나이트는 휘석이나 각섬석이 풍화되어 형성되고, 철이나 마그네슘을 많이 포함하며, 건조되면 심하게 수축되고 함수비가 커지면 현저하게 팽창하며 투수성이 낮고 카올리나이트에 비해서 점착성이 강하다. 몬트 모릴로나이트는 두 실리카판의 사이에 알루미나판 한 개가 끼어 있는 상태이지만 알루미나판의 알루미늄이 마그네슘으로 치환되고 각층이 물분자나 **치환성 양이온** (exchangeable cation) 으로 결합되어 있기 때문에 결합력이 아주 약하여 판 사이에 물이 침투하면 부피가 팽창되어 불안정하다 (그림 2.11c).

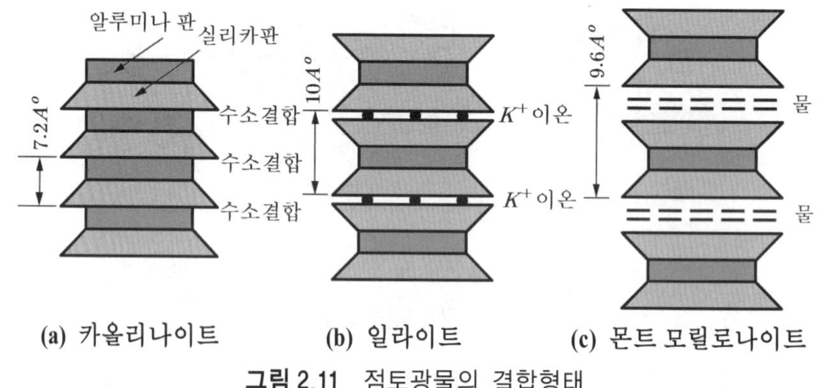

(a) 카올리나이트 (b) 일라이트 (c) 몬트 모릴로나이트

그림 2.11 점토광물의 결합형태

3) 일라이트 (illite)

일라이트는 수화작용에 의해 운모가 변하여 생성되며, 운모에 비해 결정수가 많다. 투수성과 점착성 및 안정성이 카올리나이트나 몬트 모릴로나이트의 중간정도이다. 일라이트는 몬트모릴로나이트와 같이 실리카판 두 개 사이에 알루미나판이 한 개가 끼어 있는 상태이며 알루미나 판의 알루미늄이 마그네슘이나 철, 실리카판의 규소가 알루미늄으로 부분적으로 **동형치환** (isomorphous substitution) 되어 음전하를 띠고 있다. 각 층은 칼륨이온으로 결합되어 카올리나이트와 몬트 모릴로나이트의 중간 정도로 합력을 보유한다 (그림 2.11b).

2.4 흙의 입도분포

흙을 재료로 사용하는 구조물(흙 댐이나 제방, 도로 또는 비행장의 활주로 등)에서는 흙의 공학적인 성질을 파악하는데 흙입자의 크기와 그 입도분포가 매우 중요한 자료이다.

흙은 **입자의 크기**에 따라서 자갈, 모래, 실트, 점토, 콜로이드로 **구분**(2.4.1 **절**) 한다. 흙의 입도분포는 흙의 종류에 따라서 **체분석**(2.4.2 **절**) 하거나 **비중계분석**(2.4.3 **절**) 하여 구한다. 즉, 조립토는 체분석하고 세립토는 비중계 분석하며, 혼합토는 체분석과 비중계 분석을 병행하여 **입도분포곡선**(2.4.4 **절**) 을 구한다. 흙의 입도시험에 대한 상세한 내용들은 '**토질시험법**' (이 상덕, 2014) 을 참조한다.

2.4.1 입자크기에 따른 흙의 구분

흙은 암석이 풍화되어 생성되고 그 생성시기와 구성광물이 제각기 다르며 운반 및 퇴적되는 과정에서 깨어지고 마모되고 분류되어서 현재의 상태를 나타낸다. 따라서 흙 입자는 공 모양 블록모양, 판모양, 막대모양 등 매우 다양한 모양을 나타낸다.

흙은 입자 크기에 따라서 표 2.7 과 같이 **자갈**, **모래**, **실트**, **점토**, **콜로이드**로 구분하며, 그 경계가 되는 입자크기는 국가별로 기준이 다르다.

자갈과 모래는 입자들 끼리 직접 접촉되어 있고, 접촉면에서 마찰력이 작용하기 때문에, 그 역학적 거동이 입자들의 접촉상태 즉, 촘촘한 정도 즉, **상대밀도**에 따라 달라지는데 이러한 흙을 **조립토**(coarse grained soil) 라 한다. 조립토는 압축성이 작고 불포화 상태에서 **겉보기 점착력**이 있다.

반면에 실트, 점토, 콜로이드는 입자들이 **흡착수**에 의하여 둘러 싸여 있기 때문에, 입자들이 서로 직접 표면에서 접촉되지 못하고 흡착수 표면에서 접하며, 흡착수 접촉면에서는 마찰력이 작용하지 않고 오직 전기적인 힘만 작용한다.

이러한 흙을 **세립토**(fine grained soil) 라 하며, 입자간 간격에 따라 **전기적 결합력**이 변화하므로 세립토의 역학적 거동은 입자간 간격을 결정하는 함수비에 따라 달라진다.

조립토와 세립토를 명확하게 구분하기는 어렵지만 대체로 50 ~ 75 μm 체로 가름한다.

표 2.7 흙 입자의 크기에 따른 분류

입경 d [mm]	0.001	0.01	0.1	1.0	10	100
한국산업규격	콜로이드 / 점토 / 실트	모래	자갈			
KS F2301	0.001 0.005 0.05 4.76 100					
미국 통일분류법	세립토 / 모래 / 자갈 / Cobbles					
USCS	0.074 4.76 75					
미국재료기준	점토 / 실트 / 모래 / 자갈					
ASTM	0.002 0.074 4.76					
미국도로국	점토 / 실트 / 모래 / 자갈 / Boulders					
AASHTO	0.002 0.05 2.0 75					
일본 통일분류법	콜로이드 / 점토 / 실트 / 모래 / 자갈					
	0.001 0.005 0.074 2.0 75					
영국	점토 / 실트 / 모래 / 자갈					
BS5930	0.002 0.06 2.0 60					
독일	점토 / 실트 / 모래 / 자갈					
DIN 4022	0.002 0.06 2.0 60					
비교크기	완두콩 도토리 계란					

2.4.2 체분석

흙 입자의 크기와 그 분포는 네모 눈을 가진 체를 **체 눈**의 크기 순서대로 포갠 후에 노건조한 흙을 부어 넣고 흔들어 체를 통과한 흙의 무게를 재어서 알아낸다. 일반적으로 사용하는 체의 번호와 체 눈의 크기는 표 2.8 과 같다.

표 2.8 체 번호와 눈의 크기 (ASTM Designation)

체 번 호	4	10	16	40	60	100	200
체 눈 [mm]	4.75	2.0	1.19	0.42	0.25	0.149	0.074

【예제】 다음은 100 g 의 시료를 이용하여 체분석한 결과이다. 가적통과율을 구하시오.

체 번 호 체 눈 [mm]	# 20 0.85	# 40 0.42	# 60 0.25	# 140 0.106	# 200 0.074	0.074 미만
잔류시료량 [g]	0.6	1.1	1.4	15.0	21.7	22.2

【풀이】 잔류시료의 총무게 : 0.6 + 1.1 + 1.4 + 15.0 + 21.7 + 22.2 = 62 g

가적통과율의 표를 작성하면 다음과 같다.

체 눈 [mm]	잔류시료무게 [g]	잔류율 [%]	가적잔류율 [%]	가적통과율 [%]
0.85	0.6	1.0	1.0	99.0
0.42	1.1	1.8	2.8	97.2
0.25	1.4	2.2	5.0	95.0
0.106	15.0	24.2	29.2	71.8
0.074	21.7	35.0	64.2	35.8
세립토	22.2	35.8	100	

///

2.4.3 비중계 분석

No. 200 체를 통과한 미세 입자가 많으면(약 10% 이상) 체분석만으로는 흙의 입도분포를 파악하기에 부족하다. 이때는 No. 200 체 통과분에 대해 **비중계 분석** (hydrometer analysis) 을 수행하여 입도분포를 간접적으로 구한다.

흙 입자가 섞여져 있는 현탁액에서는 시간이 경과하면서 흙 입자가 크기 순서대로 가라앉기 때문에 현탁액 농도 즉, 비중이 달라진다. 따라서 일정한 시간간격으로 현탁액의 비중을 측정하면 흙의 입경과 그 분포를 알 수 있다. 주로 실트와 점토로 이루어진 흙에서는 비중계 분석만으로 입도분포곡선을 구한다.

비중계 분석에서는 입자가 **면모화**되어서 빨리 침강하지 않도록 각각의 입자들을 분리시키는 **분산제**를 사용한다. 분산제는 규산나트륨 ($Na_2SiO_3 \cdot 9H_2O$) 약 20 g 을 20 °C 의 증류수 100 cc 에 용해시켜 만들고, 규산나트륨용액은 15 °C 에서 비중이 1.023 이어야 한다.

1) 현탁액 상태의 흙입자의 크기

물에 현탁되어 있는 흙 입자의 최대지름은 **Stokes 의 법칙**에 따라 다음 식으로 계산한다.

$$D = \sqrt{\frac{30\,\eta}{980\,(G_s - G_w)\gamma_w}} \times \sqrt{\frac{L}{t}}\ [\mathrm{mm}] \qquad (2.21)$$

여기서, D : 흙입자의 최대지름 [mm]

η : 물의 점성계수 [poise]

L : 유효길이(흙입자가 일정한 시간 동안에 침강한 거리) [mm]

t : 침강시간 [min] G_s : 흙입자의 비중 G_w : 물의 비중

따라서 온도에 따른 물의 비중 G_w 와 점성계수 η 및 흙 입자의 비중 G_s 를 알면 비중계 시험에서 구한 **유효침강길이** L 로부터 흙 입자의 직경 D 를 구할 수 있다.

유효침강길이 L 은 다음 식으로 계산한다.

$$L = Z - V_b/2A = L_1 + 0.5(L_2 - V_b/A) \ \ [\mathrm{cm}] \tag{2.22}$$

여기서, Z : 현탁액 수면에서 비중계 구부 중심까지 거리(침강 깊이) [cm]

L_1 : 현착액 수면에서 비중계 구부 위 끝까지 거리 [cm]

L_2 : 비중계 구부의 길이 [cm]

V_b : 비중계 구부의 부피 [cm^3]

A : 메스실린더의 단면적 [cm^2]

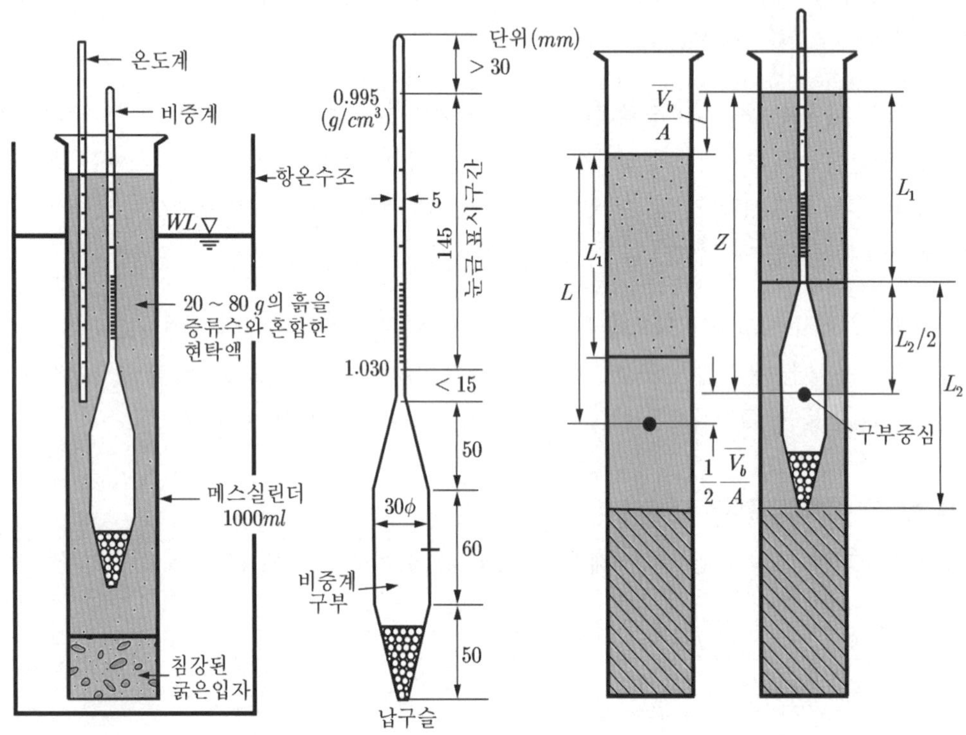

(a) 비중계 측정 (b) 비중계 칫수 (DIN 18 123) (c) 비중계 측정

그림 2.12 비중계 분석

2) 현탁되어 있는 흙의 가적 통과율

비중계의 각 측정치에 대해서 **유효침강길이** L 에 대해 현탁액 1 ㎖ 중에 현탁되어 있는 흙의 중량백분율 P (**가적 통과율**) 는 다음 식으로 구한다.

$$P = \frac{100}{W_s} \times \frac{G_s}{G_s - G_w}(\gamma' + F)\gamma_w \ [\%] \tag{2.23}$$

여기서, W_s : 현탁액 1 ㎖ 에 들어있는 시료의 건조중량

γ' : 비중계 측정치의 소수부분 (메니스커스에 대해 보정한 것)

$\gamma' = \gamma - \gamma_w + C_m$

F : 온도에 대한 보정계수

C_m : 메니스커스 보정 (0.5)

【예제】 다음은 수온 15°C 의 항온수조에서 100 g 의 시료로 비중계 시험한 결과이다. 수온 15°C 에서 물의 비중은 $G_w = 0.999$, 점성계수는 $\eta = 0.01145$ 일 때 다음을 구하시오.

① 최대입경 ② 현탁되어 있는 흙의 백분율

경과시간 [min]	1	2	5	15	30	60	240	1,440
비중계 읽음 (메니스커스보정후)	1.0240	1.0150	1.0120	1.0110	1.0105	1.0100	1.0085	1.0060

【풀이】 ① 식 (2.21)에서 $D = \sqrt{\frac{30\,\eta}{980\,(G_s - G_w)\gamma_w}} \times \sqrt{\frac{L}{t}}$ [mm]

이를 계산하면 다음 표와 같다(단, 유효길이 L 은 식 (2.22) 를 적용하여 계산한다).

경과시간 [min]	비중계 읽음	유효침강 길이 L[cm]	L/t [cm/min]	$\sqrt{L/t}$	$\sqrt{\frac{30\,\eta}{980\,(G_s - G_w)\gamma_w}}$	D [mm]
1	1.0240	11.4	11.4	3.38	0.0145	0.0490
2	1.0150	15.2	7.6	2.76	0.0145	0.0400
5	1.0120	16.4	3.28	1.81	0.0145	0.0260
15	1.0110	16.8	1.12	1.06	0.0145	0.0153
30	1.0105	17.1	0.57	0.75	0.0145	0.0109
60	1.0100	17.3	0.29	0.54	0.0145	0.0078
240	1.0085	17.9	0.075	0.27	0.0145	0.0039
1440	1.0060	19.0	0.013	0.11	0.0145	0.0016

② 현탁되어 있는 흙의 백분율

식 (2.23) 에서 $P = \frac{100}{W_s} \cdot \frac{G_s}{G_s - G_w}(\gamma' + F)\gamma_w$ [%] ///

경과시간 [min]	비중계 읽음	수온 [°C]	비중계측정치 소수부분 γ'	보정계수 F	$\gamma' + F$	가적통과율 P
1	1.0240	15	0.0240	0	0.0240	38.52
2					0.0150	24.08
5	1.0120	15	0.0120	0	0.0120	19.26
15					0.0110	17.66
30	1.0105	15	0.0105	0	0.0105	16.85
60					0.0100	16.05
240	1.0085	15	0.0085	0	0.0085	13.64
1440			0.0060	0	0.0060	9.63

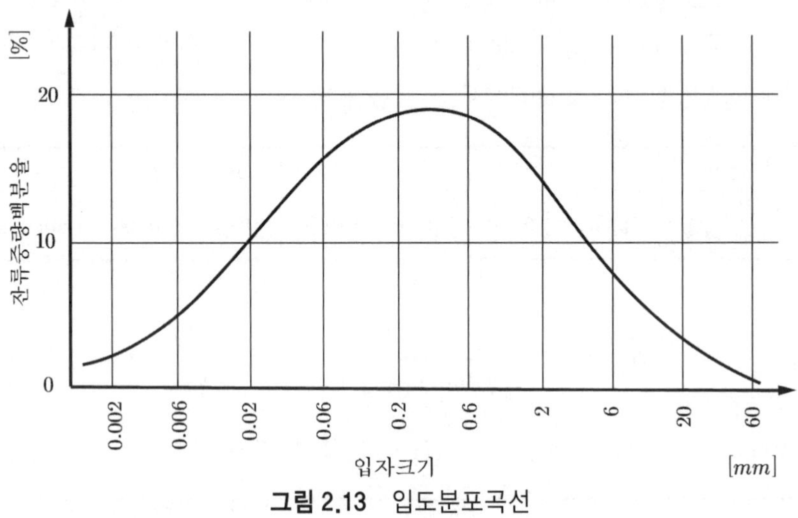

그림 2.13 입도분포곡선

2.4.4 입도분포곡선

지반공학에서 가로축을 입자 크기로 하고 세로축을 잔류중량백분율로 하여 흙의 입도분포를 나타낸 곡선을 **입도분포곡선** (grain size distribution curve) 이라 한다 (그림 2.13).

가로 축을 입자 크기로 정하고 세로 축에 누적 통과량을 나타내면 지반을 분류하거나 공학적 특성을 예측하는데 중요한 지침이 되는 곡선 (그림 2.14) 이 되며, 이 곡선을 **입경가적곡선** (grain size accumulation curve) 이라 하며, 그림 2.13 의 입도분포곡선과 의미가 다르다.

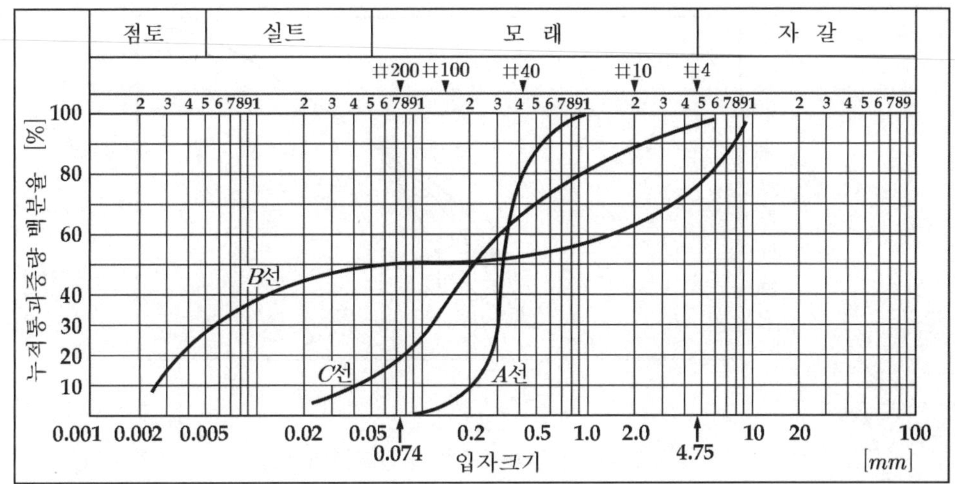

그림 2.14 입경가적곡선

입경가적곡선은 흙의 공학적 특성을 파악하기에 유리하여 자주 사용하기 때문에 일반적으로 말하는 입도분포곡선은 곧, 입경가적곡선을 의미할 때가 많다.

입경가적곡선은 지반이 균등한 크기 입자로 구성되면 연직선(그림 2.14 에서 A선)이 되고, 특정한 크기의 입자가 결여된 경우에는 결핍입도 구간에서 수평선(그림 2.14 에서 B선)으로 나타난다. 입도분포가 양호하여 공학적으로 유리한 흙이면 입경가적곡선이 거의 대각선(그림 2.14 에서 C 선)이 된다.

입도분포곡선은 흙의 공학적 특성을 판정하는데 매우 중요하며 60 % 통과입경 D_{60} 과 10 % 통과입경 D_{10} 으로부터 **균등계수 C_u** (uniformity coefficient)를 정의하여 그 모양을 개략적으로 수치화할 수 있다. 균등계수는 흙 지반의 분류와 다짐성의 판단기준이 된다.

$$C_u = \frac{D_{60}}{D_{10}} \tag{2.24}$$

균등계수가 모래에서 $C_u > 6$, 자갈에서 $C_u > 4$ 이면 공학적으로 유리한 지반이므로 **입도분포가 양호**(well graded)하다 하고, 모래에서 $C_u \le 6$, 자갈에서 $C_u \le 4$ 이면 입자크기가 균등하여 공학적으로 불리한 지반이므로 **입도분포가 불량**(poorly graded)하다고 한다.

자갈, 풍화토, 빙적토 등에서 $C_u > 15$ 일 때에는 **입도분포가 매우 불균등**하다고 말한다.

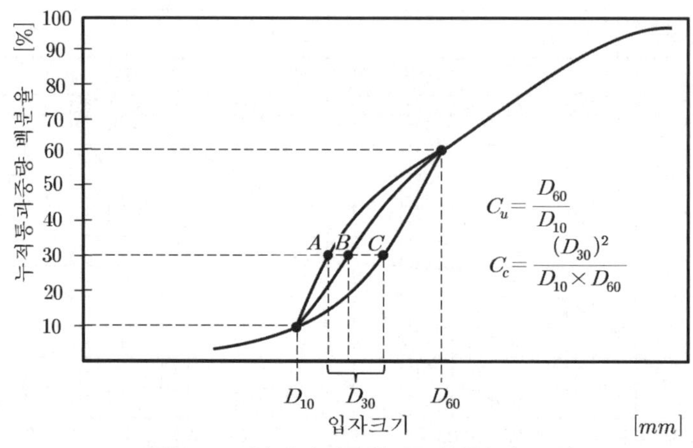

그림 2.15 입경가적곡선 중간부분의 모양

입도분포곡선 중간부분 (D_{10} 과 D_{60} 사이) 의 모양을 더욱 분명히 표현하기 위해 30 % 통과입경 D_{30} 을 고려하는 **곡률계수** C_c (coefficient of curvature) 를 정의한다 (그림 2.15).

$$C_c = \frac{D_{30}^2}{D_{10} \times D_{60}} \tag{2.25}$$

입도분포가 양호한 지반의 곡률계수는 $1 < C_c < 3$ 의 범위에 속한다. 균등계수와 곡률계수를 이용하면 흙 지반의 입도분포를 객관적으로 표현할 수 있다.

입도분포곡선에서 특히 D_{10} 은 **유효입경** (effective size) 이라 하며 지반의 간극상태를 나타내기 때문에 지반의 투수성을 경험적으로 판정하는 기준이 된다.

【예제】 그림 2.14 의 C 곡선에서 다음을 구하시오.
① 균등계수 ② 곡률계수

【풀이】 C 곡선에서 $D_{60} = 0.32$ mm, $D_{30} = 0.12$ mm, $D_{10} = 0.043$ mm
① 균등계수 : 식 (2.24) 에서 $C_u = D_{60}/D_{10} = 0.32/0.043 = 7.44$
② 곡률계수 : 식 (2.25) 에서

$$C_c = \frac{D_{30} \times D_{30}}{D_{10} \times D_{60}} = \frac{0.12 \times 0.12}{0.043 \times 0.32} = 1.05$$

$C_u = 7.44$, $C_c = 1.05$ 이므로 입도 양호 (well graded) ///

2.5 흙의 투수성

물이 흙의 간극을 통해서 흐르는 동안에 간극의 크기와 형상에 따라 흐름특성이 달라지며 **투수계수 k** (coefficient of permeability)는 이런 흐름특성의 척도이다. 투수계수는 Darcy 의 법칙에 따라 침투유속 v 와 동수경사 i 의 비례상수로 정의한다.

$$v = ki \tag{2.26}$$

여기에서 **침투유속 v** 는 유량 Q 를 전체 **침투면적** A 로 나누어서 (즉, $v = Q/A$) 정의한 가상의 값이다. 이때에 침투면적은 A 는 간극과 흙입자를 모두 포함한 면적이며 실제의 침투면적 보다 큰 값이다. 따라서 간극을 흐르는 물의 실제 유속은 위 식에서 정의한 침투유속 v 보다 크며, 간극의 배열이 매우 불규칙하기 때문에 실제유속도 일정하지 않다.

지반 내 침투수의 **동수경사 i** (hydraulic gradient)는 단위침투길이 당 수두차 즉, 수두차 h 를 침투길이 L 로 나눈 값 $i = h/L$ 로 정의한다. 투수계수 k 는 단위동수경사에 대한 유속으로 속도 차원 (cm/s) 이다. 투수계수는 지반에 따라 편차가 크고 표 2.9 의 값을 갖는다.

표 2.9 지반에 따른 투수계수

지 반 의 종 류	투 수 계 수 k [cm/s]
깨끗한 자갈	1.0×10^{1} ~ 1.0×10^{-2}
깨끗한 모래	1.0×10^{0} ~ 1.0×10^{-3}
실 트	1.0×10^{-3} ~ 1.0×10^{-6}
중간 미만 소성인 점토질 실트	1.0×10^{-5} ~ 1.0×10^{-8}
점토 또는 중간 이상 소성인 실트	1.0×10^{-4} ~ 1.0×10^{-9}

보통 투수계수가 $k = 1.0 \times 10^{-3} \sim 1.0 \times 10^{-4}$ cm/s 보다 크면 **투수성이 양호**한 지반이고, $k = 1.0 \times 10^{-4} \sim 1.0 \times 10^{-6}$ cm/s 이면 **투수성이 불량**하며, 투수계수가 10^{-6} cm/s 보다 더 작으면 **불투성**에 가깝다. 투수계수는 지반의 종류와 상대밀도에 따라 다르고 간극비 e 에 비례한다. 점토질 또는 실트질 모래나 자갈은 깨끗한 모래나 자갈보다 투수계수가 작다.

입도분포와 간극비 등으로부터 투수계수를 추정하는 경험적 방법들이 다수 제시되어 있고, 그 중에서 대표적인 방법이 다음 **Hazen 공식** (1892) 이다.

$$k \simeq 100\, D_{10}^2 \ [\mathrm{cm/s}] \tag{2.27}$$

이 식에서 투수계수의 단위는 [cm/s] 이고 유효입경 D_{10} 의 단위는 [cm] 이므로 좌변은 [cm/s], 우변은 [cm^2] 가 되어 차원이 맞지 않는다.

그러나 Hazen 의 공식은 점성토에는 적용하기가 곤란하며, 균등하지 않은 지반에서는 균등계수 C_u (제 2.4 절) 를 이용하여 보정한다.

$$k \simeq 100\, D_{10}^2 / C_u \quad [\mathrm{cm/s}] \tag{2.28}$$

2.6 흙의 소성특성

흙 지반이 **고체 또는 반고체 상태**일 때는 강도가 크고 압축성이 작으므로 구조물 기초지반으로 양호하다. 그렇지만 흙이 **유동상태**이면 외력이 작용하지 않아도 자중에 의해 변형되기 때문에 구조물의 기초지반이 될 수 없다.

자연의 흙은 대개 액체에 가까운 **소성상태**이어서 함수비가 조금만 변해도 역학적 특성 (강도 특성과 압축특성) 이 급격히 변한다. 소성상태 흙은 외력이 작으면 기초지반으로 양호하더라도 외력이 크면 기초지반으로 불량하게 판정될 수 있다. 기초지반으로 불량한 흙은 양호한 지반으로 치환하거나 개량해야 한다. 따라서 토질역학에서 공학적으로 관심과 연구의 대상이 되는 흙은 소성상태 흙이다. 인천공항 등은 유동상태 흙을 양호한 소성상태로 개량하여 구조물을 건설한 예이다.

점성토는 함수비에 따라 그 형상이 **고체-반고체-소성체-유동체**로 달라지며, 형상이 변하는 경계 함수비를 **아터버그 한계** (2.6.1 절) 라고 한다. 아터버그 한계로부터 **점성토의 소성성** (2.6.2 절) 과 **연경상태** (2.6.3 절) 및 **점토의 활성도** (2.6.4 절) 를 판정할 수 있다.

2.6.1 아터버그 한계

점성토는 흙 입자를 감싸고 있는 물 (흡착수) 에 의해 전기적 힘이 작용하므로 함수비에 따라 형상과 성질이 달라진다. 함수비가 크면 입자간격이 커서 전기적 결합력이 작다.

1) 점성토의 형상

점성토는 함수비가 작을 때는 흙 입자 간 거리가 가까워서 결합력이 강하여 고체 상태이지만 함수비가 커지면 흙 입자 간 거리가 멀어져 결합력이 약화되고, 함수비가 아주 크면 흙 입자 간 결합력이 소멸되어 흙 입자가 액체와 같이 자유로이 유동하는 유동체가 된다.

이와 같이 **점성토의 형상**은 함수비에 따라 고체 - 반고체 - 소성체 - 유동체로 변화한다.

- **고 체** : 부피가 변하지 않으며 외력에 의하지 않고는 변형이 일어나지 않고 취성 파괴가 일어난다.
- **반고체** : 함수비의 변화에 따라 부피는 약간 변화하나 소성성이 없다. 취성에 가까운 파괴가 일어난다. 전단력이 작용하면 변형되지 않고 부스러진다.
- **소성체** : 외력에 의하여 소성변형하며 함수비 변화에 따라 부피가 변한다.
- **유동체** : 외력이 작용하지 않아도 자중에 의하여 스스로 변형되는 액체상태이다.

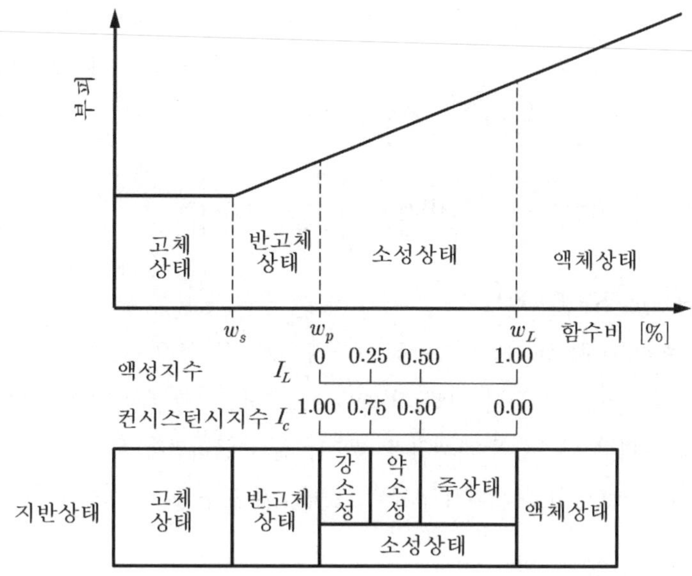

그림 2.16 점성토의 컨시스턴시

2) 아터버그 한계

점성토의 형상은 그림 2.16 과 같이 함수비에 따라 달라지며 이러한 현상을 발견한 Atterberg (1913) 의 이름을 따서 점성토 형상의 경계가 되는 함수비를 **아터버그 한계** (Atterberg limit) 라고 정의한다. 아터버그 한계는 Casagrande (1932) 에 의해 그 실험방법이 정립되었고, No. 40 체 통과시료를 사용하여 실험한다.

- 액성한계 w_L : 유동상태와 소성상태의 경계함수비
- 소성한계 w_P : 소성상태와 반고체상태의 경계함수비
- 수축한계 w_s : 반고체상태와 고체상태의 경계함수비

(1) 수축한계 w_s : KS F 2305

건조한 점성토에 물을 가하면 처음에는 부피가 변화하지 않다가 일정한 함수량 부터 함수비에 비례하여 부피가 팽창한다. **수축한계 w_s** (shrinkage limit) 는 건조한 점성토가 물을 흡수하여 그 부피가 팽창하기 시작할 때의 함수비로 정의한다. 수축한계는 부피가 일정한 용기에 시료를 채우고 공기 건조하여 더 이상 부피가 감소되지 않을 때 함수비를 측정하여 구한다. No. 40 체 통과시료를 액성한계의 약 1.1 배 정도 함수비로 묽게 반죽하여 부피 V_o 인 용기에 넣고 무게를 잰 후 상온의 그늘에서 공기건조 시킨다.

시료의 부피가 더 이상 줄어들지 않고 밝은 색이 되면 105 °C 온도에서 노건조하고 무게 m_d 를 측정하여 함수비 w_t 를 구한다. 노건조 시료의 부피 V_d 는 수은을 이용하여 측정한다. 수축한계 w_s 는 다음과 같이 계산한다.

$$w_s = w_t - \left[\frac{V_o - V_d}{m_d}\gamma_w \times 100\right] = \left[\frac{V_d}{m_d} - \frac{1}{G_s}\right]\gamma_w \times 100 \tag{2.29}$$

(2) **소성한계 w_P : KS F 2304**

소성한계 w_P (plastic limit) 는 흙을 직경 3 mm 로 뭉칠 수 있는 최소 함수비로 정의한다. 이런 상태를 만들기 위해 직경 3 mm 로 국수가락 형상을 조성하여 우윳빛 유리판에 놓고 손바닥으로 힘이 가해지지 않도록 살살 굴리면서 체온으로 수분을 증발시킨다. 이를 계속하는 동안 부스러지기 시작하는 순간의 함수비가 소성한계이다.

(3) **액성한계 w_L : KS F 2303**

액성한계 w_L (liquid limit) 는 경사 60 °, 높이 8 mm 인 인공사면 (그림 2.17) 을 조성하여 측정한다 (**동적방법**). 즉, 인공사면을 낙하고 1 cm 로 낙하시키면 사면 내의 물이 사면선단으로 몰리고 낙하횟수가 많아질수록 인공사면 선단의 함수비가 점점 커져서 함수비가 일정한 크기에 도달되면 인공사면이 유동하기 시작한다.

액성한계는 25 회 낙하로 인공사면 일부가 유동되어서 약 1.5 cm 정도 서로 접촉하게 될 때 함수비로 정의한다. 그런데 25 회를 정확하게 맞추기가 어렵기 때문에 함수비를 변화시키면서 낙하횟수가 25 회 미만인 경우를 2 회 이상 그리고 25 회 초과하는 경우를 2 회 이상 시험하여 낙하횟수-함수비 관계를 반대수로 표시한 직선 (**유동곡선**) 에서 낙하횟수 $N = 25$ 에 해당하는 함수비 (즉, 액성한계) 를 구한다.

근래에 끝 점이 예리한 표준 콘 (선단각도 30°, 무게 80 gf, 길이 30 mm) 이 일정한 깊이 (20 mm) 로 관입될 때의 함수비를 측정하여 액성한계를 정하는 **정적 방법**을 사용하기도 한다 (BS 1377/1975).

표 2.10 점성도에 따른 액·소성한계

점성도	w_L [%]	w_P [%]
약 점성	0 ~ 20	0 ~ 20
중 점성	20 ~ 35	
강 점성	35 ~ 50	20 ~ 40

표 2.11 점토광물의 액·소성한계

점토광물	w_L [%]	w_P [%]
몬트모릴로나이트	400 ~ 700	55 ~ 100
일라이트	95 ~ 120	45 ~ 60
카올리나이트	40 ~ 55	27 ~ 32

3) 비화작용

점토가 물을 흡수하여 고체→반고체→소성체→유동체 변화과정을 거치지 않고 급격히 붕괴되는 현상을 **비화작용** (slaking) 이라고 하며 노상토의 안정성과 관련된다. 이런 현상이 나타나는 흙은 불안정하여 기초지반으로 부적합하다.

【예제】 수축한계에 도달한 시료의 무게가 12.38 g 이고, 부피가 5.98 cm^3 일 때 시료의 수축한계를 구하시오. 단 시료의 비중은 2.65 이다.

【풀이】 식 (2.29) 에서

$$w_s = \left(\frac{V_d}{m_d} - \frac{1}{G_s}\right)\gamma_w \times 100$$
$$= \left(\frac{5.98}{12.38} - \frac{1}{2.65}\right) \times 1 \times 100 = 10.57\,(\%)$$

///

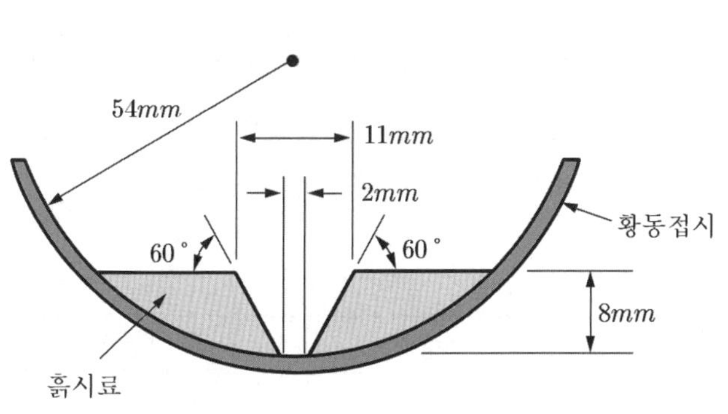

(a) 인공사면

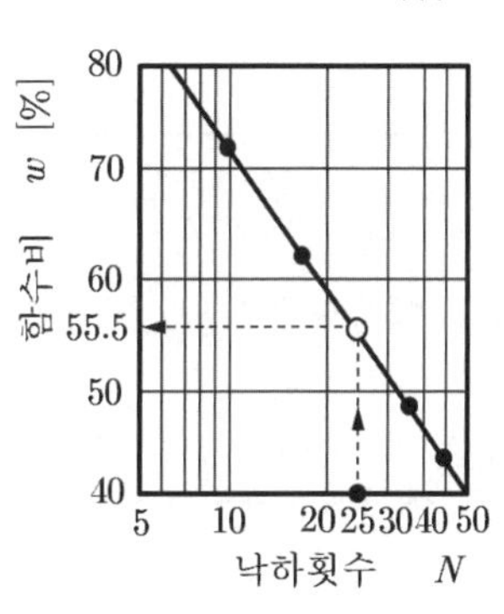

(b) 유동곡선

그림 2.17 액성한계시험의 인공사면과 유동곡선

2.6.2 흙의 소성성

흙의 소성성은 흙의 친수성으로 나타내며, 세립토만 충분한 친수성을 가지기 때문에 세립토 또는 세립토를 많이 포함하는 혼합토에서 주로 거론한다.

흙의 소성성은 흙을 분류하고 공학적 특성을 판정하는 데 필요하다. 아터버그 한계를 이용하여 흙의 소성성을 판정할 수 있는 여러 가지 기준들이 제시되어 있다.

- 소성지수 I_P
- 액성지수 I_L
- 컨시스턴시 지수 I_c

1) 소성지수 I_P

흙이 소성상태로 존재할 수 있는 함수비 범위를 **소성지수 I_P** (plastic index) 라고 하며 흙의 액성한계 w_L 과 소성한계 w_P 의 차이로 정의한다. 소성지수는 점성토의 공학적 성질을 추정하는 데 중요한 자료이다.

$$I_P = w_L - w_P \tag{2.30}$$

점성토는 소성지수에 따라 표 2.12 와 같이 지반상태를 판단한다.

표 2.12 점성토의 상태와 소성지수 (Förster, 1996)

지 반 상 태	I_P
약 점 성 (실트, 뢰스)	2 ~ 10
중간점성	10 ~ 20
강 점 성	20 ~ 30
고 점 성	30 이상

소성지수가 작은 흙은 함수비에 따라서 컨시스턴시가 급변하는 특성을 갖는다. 따라서 소성지수와 액성한계로부터 지반의 침식위험성을 표 2.13 과 같이 판단할 수 있다.

표 2.13 지반의 침식 위험성 (Förster, 1996)

지 반	I_P	w_L	침식 위험성
균등한 모래	0	0	매우 큼
실트, 뢰스	2 ~ 10	〈 35	큼
롬, 연성 점토	8 ~ 25	〈 35	중간 - 큼
실트질 점토	10 ~ 38	〈 35	중간 - 적음

2) 액성지수 I_L

액성지수 I_L (liquidity index)는 흙이 액성상태에 어느 정도 근접한가를 나타내는 척도이며, 자연상태의 함수비 w와 소성한계 w_P의 차이($w-w_P$)를 소성지수 I_P로 나눈 값으로 정의한다.

$$I_L = \frac{w - w_P}{I_P} \tag{2.31}$$

액성지수가 '**영**'보다 작으면(즉, $I_L < 0$), 반고체나 고체상태이므로 안정한 지반이고, 액성지수가 1보다 크면($I_L > 1$) 액체상태가 되어 유동하므로 불안정한 지반이다(그림 2.16).

3) 컨시스턴시 지수 I_c

흙의 **컨시스턴시 지수 I_c** (consistency index)는 흙의 컨시스턴시를 나타내는 척도이며, 액성한계 w_L과 자연함수비 w의 차이($w_L - w$)를 소성지수 I_P로 나눈 값으로 정의한다.

$$I_c = \frac{w_L - w}{I_P} \tag{2.32}$$

컨시스턴시 지수가 클수록 고체상태에 가깝고 소성한계에서 $I_c = 1.0$이고 액성한계에서 $I_c = 0$이며 액체상태에서는 '영'보다 작아진다. 컨시스턴시 지수가 0.5 미만이면 외력에 의해 지반이 유동할 수 있으므로 구조물의 기초지반으로 부적합하며, 0.75 이상이면 대개 안정한 기초지반이다. 컨시스턴시 지수에 따른 지반상태는 표 2.14와 같다.

【예제】 점토의 현장함수비를 측정한 결과 36% 이었다. 이 시료의 액성한계가 40%, 소성한계가 20%일 때에 다음을 구하시오.

① 소성지수 ② 액성지수 ③ 컨시스턴시 지수 ④ 컨시스턴시

【풀이】 ① 식(2.30)에서 $I_P = w_L - w_P = 40 - 20 = 20\%$

② 식(2.31)에서 $I_L = \dfrac{w - w_P}{I_P} = \dfrac{36-20}{20} = 0.80$

③ 식(2.32)에서 $I_c = \dfrac{w_L - w}{I_P} = \dfrac{40-36}{20} = 0.20$

④ 그림 2.16과 표 2.12로부터 판단하면 '죽상태의 중간 점성점토' ///

표 2.14 점성토 지반의 상태와 컨시스턴시지수 I_c 및 액성지수 I_L

<table>
<tr><th>지 반 상 태</th><th>컨시스턴시지수 I_c</th><th>액성지수 I_L</th><th colspan="2">연 경 도</th></tr>
<tr><td>유동성</td><td>$I_c \le 0$</td><td>$1.00 \le I_L$</td><td colspan="2">액체</td></tr>
<tr><td>액성한계 w_L</td><td>$I_c = 0$</td><td>$I_L = 1.0$</td><td colspan="2"></td></tr>
<tr><td>손으로 움켜쥐면
손가락사이로 흘러나옴</td><td>$0 < I_c \le 0.50$</td><td>$0.50 \le I_L < 1.00$</td><td>죽상태</td><td rowspan="3">소성체</td></tr>
<tr><td>쉽게 반죽 가능</td><td>$0.50 < I_c \le 0.75$</td><td>$0.25 \le I_L < 0.50$</td><td>약소성</td></tr>
<tr><td>반죽 어려움</td><td>$0.75 < I_c \le 1.00$</td><td>$0 \le I_L < 0.25$</td><td>강소성</td></tr>
<tr><td>소성한계</td><td>$I_c = 1.0$</td><td>$I_L = 0$</td><td colspan="2"></td></tr>
<tr><td>3 mm 보다 두껍게
덩어리 만들 수 있음</td><td>$1.00 < I_c$</td><td>$I_L < 0$</td><td colspan="2">반고체</td></tr>
<tr><td>마른 상태, 밝은색</td><td></td><td></td><td colspan="2">고체</td></tr>
</table>

2.6.3 흙의 연경상태

액성지수 I_L 과 컨시스턴시지수 I_c 는 흙의 무르고 단단한 정도(**연경도,** soil consistency)를 자연 함수비 w 로부터 판정할 수 있는 기준이 되는 값이며 흙의 상태에 따라 표 2.14 와 같다.

0.5 mm 보다 큰 입자는 표면에 수막이 거의 형성되지 않으므로 그 함수비를 '0'으로 할 수 있다. 따라서 0.5 mm 보다 큰 입자를 함유하는 지반에서 함수비 w 와 소성특성을 직접 관련시키기 위해서는 함수비를 수정해야 한다.

수정함수비 $\boldsymbol{w^*}$ 는 0.5 mm 보다 **큰 입자의 함유율** $\boldsymbol{p}$ 에 따라 다음의 식으로 구한다.

$$w^* = \frac{G_s w}{(1-p)\,G_s} = \frac{w}{1-p} \tag{2.33}$$

외력에 의해 지반이 전단되면서 물이 밖으로 흘러나오면 액성지수가 작아지고 강도가 증가한다. 반대로 지반이 전단되면서 흐트러지면 물을 흡수하여 액성지수가 더 커지고 강도가 감소한다. 그러나 대부분의 포화 세립토는 전단 중에 입자배열이 흐트러지더라도 물을 흡수하기가 어렵다. 과압밀 점토(6 장 참조)는 전단 중에 부피가 팽창한다.

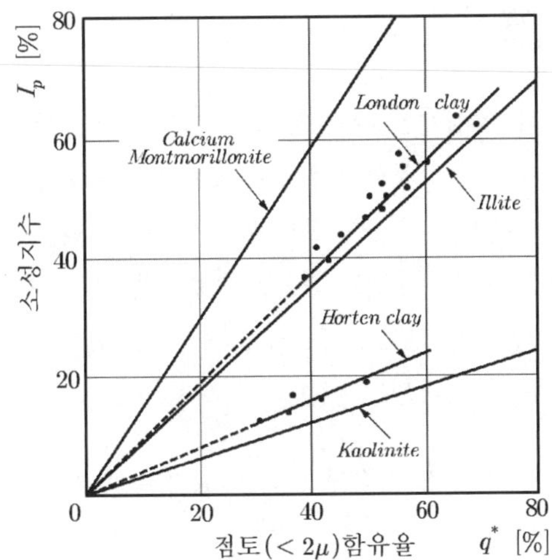

그림 2.18 점토 함유율 – 소성지수관계

2.6.4 점토의 활성도

흙 입자는 크기가 작을수록 **비표면적** (단위무게 당 표면적 $[m^2/g]$) 이 커서 흡착수가 많아진다. 따라서 입자크기가 작을수록 비표면적이 커서 **팽창성**이 크다. Skempton (1953) 은 한 가지 점토광물에서 소성지수는 흙속의 점토성분 함유량과 직선적으로 비례한다고 하고, 비례상수 (직선 기울기)를 **활성도**로 정의하였다 (그림 2.18). 활성도는 표 2.15 와 같이 점토광물의 종류에 따라 다르므로 활성도로부터 점토를 구성하는 점토광물을 추정할 수 있다.

점토의 **활성도 I_A** (activity) 는, 소성지수 I_P 와 **점토함유율 q^*** (%) 로부터 구한다.

$$I_A = I_P / q^* \tag{2.34}$$

점토함유율 q^* 은 최대입경이 일정한 크기 (스위스 0.5 mm, DIN 18122 0.4 mm) 보다 작은 시료 (대체로 No. 40 체 (0.42 mm) 통과시료) 를 사용하여 시험한다.

소성지수 $I_P = 20\ \%$ 이고, 0.42 mm 미만 입자 함유율 $p = 80\ \%$ 이며, 점토 함유율 10 % 이면, 점토함유량은 $q^* = 10/80 = 12.5\,\%$ 이고, 활성도는 위 식 (2.34) 에서 $I_A = 20/12.5 = 1.6$ 이 되어 **활성인 흙**이다.

표 2.15 점토광물과 활성도

활 성 도 I_A	0.75	1.25	2.0	
활 성	비활성	보 통	활 성	매우 활성
점토광물 (활성도)	칼사이트(0.18) 카올리나이트 (0.33~0.46)	일라이트 (0.90)	칼슘 몬트모릴로나이트 (1.50)	나트륨 몬트모릴로나이트 (벤토나이트) (7.20)

2.7 흙의 분류 및 표시

지반은 경성지반(암반)과 연성지반 (흙 지반) 으로 분류하며, 물에 용해되지는 않으나 입자가 결합되어 있지 않아서 수중에서 연화되어 풀어지는 지반을 **연성지반**이라 하고 그렇지 않은 지반을 **경성지반**이라 한다. 자연에 다양한 상태로 존재하는 지반을 역학적 거동이 유사한 것들끼리 모아서 몇 개의 지반그룹으로 나누는 작업을 **지반분류** (soil classfication) 라고 한다.

현재에는 미공병단 **통일분류법** (USCS : Unified Soil Classification System) 을 근간으로 하는 **공학적 지반분류법**이 널리 통용되고 있다.

흙 지반은 다음과 같은 여러 가지 관점에 따라 분류할 수 있다.

- **입자의 크기 (2.7.1 절)**
- **입자의 형상 (2.7.2 절)**
- **구성성분 (2.7.3 절)**
- **소성성 (2.7.4 절)**
- **공학적 특성 (2.7.5 절)**

지반공학에서는 흙지반의 공학적 특성을 고려한 **USCS 분류법**을 적용하며, 미국 도로국 (U.S. Public Road Administration) 에서는 주로 도로공사용으로 흙지반 분류법을 개발하여 사용하고 있으며 이를 **AASHTO 분류법 (2.7.6 절)** 이라고 한다.

2.7.1 입자의 크기에 따른 분류

흙의 역학적 거동은 흙입자의 크기에 의해 큰 영향을 받는다. 일반적으로 흙은 입자의 크기에 따라 표 2.6 과 같이 분류하며 조립토와 세립토로 분류한다.

크기가 다양한 입자가 혼합된 상태의 흙은 전체 무게의 40 % 이상을 차지하면서 가장 양이 많은 흙으로 대표명칭을 붙인다. 그러나 두 가지 흙이 모두 40 % 이상이면 함량이 많은 순서대로 두 이름을 나란히 붙인다 (예, 모래-자갈). 전체에 대한 함량이 5~15 %이면 - '**성**' 30~40 % 이면 - '**질**' 등으로 표시하면 편리하다 (예, 자갈 4 %, 모래 36 %, 실트 45 %, 점토 15 % 인 흙은 '**점토성 모래질 실트**'로 표시).

그 밖에 흙을 입도에 따라 분류하는 방법으로 그림 2.19 의 **삼각도법** (triangular soil classification chart system) 이 있으나 단순히 입자의 크기만으로 지반을 분류하기 때문에 공학적인 의미가 적어서 지반공학에서는 잘 이용하지 않는다.

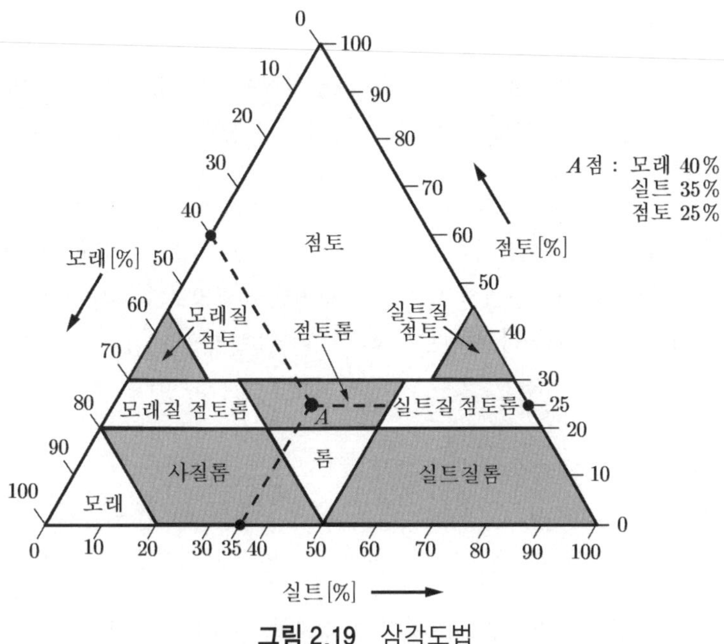

그림 2.19 삼각도법

2.7.2 입자의 형상에 따른 분류

흙입자의 형상은 구성광물의 결정형태와 퇴적 전 운반경로에 따라 다르다. 즉, 석영과 같은 **육방정계광물**로 구성된 흙 입자의 형상은 대체로 정육면체나 공 모양이며, 강도가 비등방성인 광물로 구성된 흙 입자는 형상이 막대기나 판모양이다. 충적토는 물에 의해 운반되는 과정에서 흙입자의 모서리가 깨어지고 표면이 마모되기 때문에 운반거리가 멀고 흐름속도가 커서 동력에너지가 클수록 입자의 크기가 균일하고 표면이 매끄럽다.

조립토는 입자들이 서로 접촉되어 있어서 그 거동특성이 입자배열상태와 접촉형상에 따라 크게 영향을 받는다. 즉, 입자가 둥근 모양이면 입자간의 마찰만으로 외력에 대해 저항하며, 입자가 모나고 울퉁불퉁한 모양이면 마찰저항 외에도 입자간 맞물림에 의한 저항이 가능해져서 외력에 대한 저항이 증가한다. 따라서 입자형상을 고려하여 흙을 분류하려는 시도가 있었으나 흙입자 형상이 다양해서 이를 고려하는 흙 분류법이 아직 일반화되어 있지 않다. Schulze/Muhs (1967)는 **입자 표준형상**을 정하여 조립토를 분류하였다(그림 2.20).

(a) 날카로운 (b) 모 난 (c) 울퉁불퉁한 (d) 둥 근 (e) 구 형

그림 2.20 흙 입자 표준형상(Schulze / Muhs, 1967)

2.7.3 흙의 구성성분에 따른 분류

흙에는 광물입자 외에도 유기질이나 석회 등 다른 물질이 섞여 있는 경우도 있다. 늪지대나 흐름이 완만한 하천 등에서 퇴적되어 동식물의 잔해가 포함된 흙을 **유기질 흙** (organic soil)이라 하며 대체로 함수비가 크다.

흙 속에 포함된 유기질은 동식물의 잔해가 아직 완전하게 부패되지 않고 미생물 분해작업이 이루어지고 있는 상태에서부터 완전히 탄화된 상태까지 부패정도가 다양하다. 유기질은 증발접시에서 가열하면 산화되므로, 이 방법으로 흙속 유기질 함량을 실험적으로 구할 수 있다. 흙의 유기질 포함 여부는 과산화수소 (H_2O_2) 반응시험으로 알 수 있다. 즉, 유기질이 포함되어 있으면 과산화수소에서 거품이 일어난다.

유기질 함유율 (organic matter content) 은 흙 속에 포함된 유기질의 건조 흙에 대한 중량 백분율로 사질토에서 35 % 이상, 점성토에서 55 % 이상이면 유기질 흙이라 한다 (DIN 4022).

석회성분이 많이 포함된 흙은 점성이 커서 그 강도가 함수비에 따라 급격히 변화한다. 즉, **점성력**은 건조한 상태에서는 매우 크더라도 물로 포화되면 소멸된다. 그러나 **점착력**은 물의 존재 여부와는 무관하므로 지하수위의 위나 아래에서 일정한 값을 유지한다. 따라서 이러한 점성력을 점착력으로 착각하여 지반의 강도특성을 오판할 가능성이 크다.

흙 전체 건조무게에서 석회성분이 차지하는 비율을 **석회 함유율** (lime content) 이라 한다.

석회함유여부는 염산반응시험으로 알 수 있다. 즉, 석회함유율이 1 % 미만이면 반응이 발생하지 않으며 석회 함유율이 1~4 %에서는 염산을 떨어뜨리면 거품이 발생한다. 석회 함유율이 5 % 이상이면 심하게 거품이 발생되어 끓는 것처럼 보이는데, 이런 상태를 '**석회함유율이 매우 높다**' 라고 말한다.

표 2.16 점성토의 컨시스턴시

흙의 상태	컨시스턴시 지수 I_c
액성	$I_c < 0$
죽 상 태	$0 < I_c < 0.50$
연성	$0.50 < I_c < 0.75$
강성	$0.75 < I_c < 1.00$
반 고 체	$1.00 < I_c$

2.7.4 흙의 소성성에 따른 분류

점성토의 공학적 거동은 입도분포보다는 오히려 소성특성에 의하여 더 크게 영향을 받는다. **점성토의 소성특성**은 함수비에 따라서 다르므로, 현장 점성토의 공학적 거동특성을 알기 위해서는 현장 함수비를 알아야만 한다. 흙 지반의 소성성은 소성지수 I_P 를 이용해서 정량적으로 표현할 수 있다 (제 2.6.3 절 참조). 사질토는 소성성이 없는$(I_P = 0)$ 지반이며, 실트는 소성성이 낮고 $(I_P < 4\%)$, 점토는 소성이 큰 $(I_P > 7\%)$ 지반이다.

점성토의 소성성은 소성지수 I_P 에 따라서 다르지만, 소성지수만으로 표현하기가 어려워서 **컨시스턴시 지수 I_c** (consisteney index) 로 표현한다 (제 2.6.3 절 참조). 컨시스턴시 지수 I_c 는 $0 < I_c < 1.0$ 의 값을 가지며 클수록 강성도가 큰 지반이다. 컨시스턴시 지수에 따른 흙의 실제 상태는 표 2.14 및 표 2.16 과 같다.

지반 소성특성은 점토함유량과 관계되어 활성도 I_A 로 나타낼 수 있다. Casagrande (1947) 는 소성지수와 액성한계의 상호관계로부터 **소성도표** (plasticity chart) 를 제시하였다 (그림 2.21). 소성도표에서 경계가 되는 2 개의 직선 **A 선**과 **U 선**은 다음과 같이 정의하며, U 선 위쪽 흙은 존재하지가 않고, A 선은 점토와 실트 (또는 유기질토) 의 경계선이다. 액성한계가 $w_L > 50\%$ 이면 고소성 (H) 이고 $w_L \leq 50\%$ 이면 저소성 (L) 흙이다.

$$\text{A 선 : } I_P = 0.73(w_L - 20)$$
$$\text{U 선 : } I_P = 0.9(w_L - 8) \qquad (2.35)$$

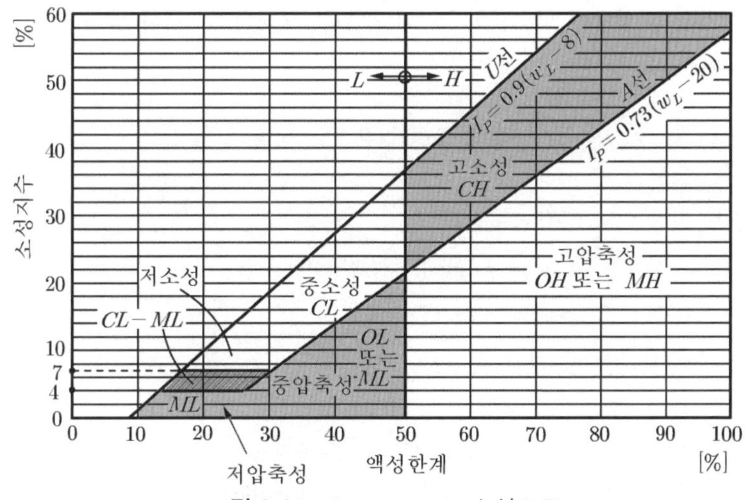

그림 2.21 Casagrande 소성도표

2.7.5 흙의 공학적 성질에 따른 분류

흙의 공학적 분류방법은 미국의 **통일분류법** (USCS : Unified Soil Classification System) 이 대표적이다 (Wagner, 1957). 미국 통일분류법 (USCS) 은 Casagrande (1947) 가 미군 공병단을 위하여 개발하였고, 미국의 개척국 (U.S Bureau of Reclamation) 과 공동으로 수정하여 현재 널리 사용되고 있다.

그 후에 우리나라를 포함하여 여러 나라에서 보완하여 적용하고 있다.

흙을 알파베트 2 글자로 나타내며, **첫째 글자**는 함유량이 가장 많은 흙 입자의 크기를 나타낸다. **둘째 글자**는 세립토의 함량뿐만 아니라 「**흙의 공학적 성질**」 (입도분포, 소성성 등) 을 나타낸다.

첫째 글자 : 함량이 가장 많은 흙입자를 나타낸다.

G : 자갈 (Gravel) : 자갈 (No.4 체 잔류량) 50 % 초과

S : 모래 (Sand) : 모래 50 % 초과

M : 실트 (Silt) : 소성도표 A 선 아래, 또는 A 선 위이면서 소성지수 $I_P < 4$

C : 점토 (Clay) : 소성도표 A 선 위이면서 소성지수 $I_P > 7$

O : 유기질토 (Organic Soil) : 유기질 포함

P_t : 이탄 (Peat)

둘째 글자 : 세립토 함량에 따라 네 가지의 부류로 구분하고, **흙의 공학적 성질** (입도분포, 소성성 등) 을 나타낸다.

세립토 (No. 200 체 통과분) 의 함량에 따라 다음의 의미를 갖는다.

(1) 세립토 함량 0~5 % **(5 %미만)**

W : 입도분포 양호 (well graded) : 〈GW, SW〉

자갈 : $C_u > 4$, $3 > C_c > 1$

모래 : $C_u > 6$, $3 > C_c > 1$

P : 입도분포 불량 (poorly graded) : 〈GP, SP〉

W(입도분포 양호) 의 조건을 만족하지 못하는 경우

(2) 세립토 함량 5~12 % **(5 % 이상 12 % 미만)**

이중기호 : 〈**GW-GM, SW-SC**〉

(3) 세립토 함량 12~50 % **(12 % 이상 50 % 미만)**

M : 소성성 없는 세립토 (non-plastic fines) 함유 : 〈**GM, SM**〉

소성도표 A 선 아래, 또는 A 선 위이면서 소성지수 $I_P < 4$

C : 소성성 있는 세립토 (plastic fines) 함유 : 〈**GC, SC**〉

소성도표 A 선 위이면서 소성지수 $7 < I_P$

이중기호 : 소성도표 A 선 위이면서 소성지수 $4 \le I_P \le 7$: 〈**GM-GC, SM-SC**〉

(4) 세립토 함량 50~100 % **(50 % 이상)**

L : 소성성 낮은 세립토 (low plasticity) : 〈**ML, CL, ML-CL**〉

액성한계 $w_L < 50$

A 선 위이면서 소성지수 $7 < I_P$: 〈**CL**〉

A 선 위이면서 소성지수 $4 \le I_P \le 7$: 〈**ML - CL**〉

A 선 아래 또는 A 선 위이면서 소성지수 $I_P < 4$: 〈**ML- OL**〉

H : 소성성 높은 세립토 (high plasticity) : 〈**MH, CH**〉

액성한계 $w_L > 50$

A 선위 : 〈**CH**〉

A 선아래 : 〈**MH, OH**〉

【예제】 입도분포시험을 위하여 체분석 시험을 수행한 결과 No. 4 체의 통과백분율이 90 % 이었고, No.10 체의 통과백분율이 50 % 이었며, No.200 체의 통과백분율이 4 % 이었다. 이 흙을 공학적으로 분류하시오.

【풀이】 No.4 체의 잔류율이 10 % 이고, No.200 체의 통과율이 4 % 이기 때문에 자갈이 10 % 이고, 모래가 86 % 이며, 세립토가 4 % 인 흙이다.

따라서 이 흙은 **입도분포가 양호한 모래**, 즉 'SW' 이다. ///

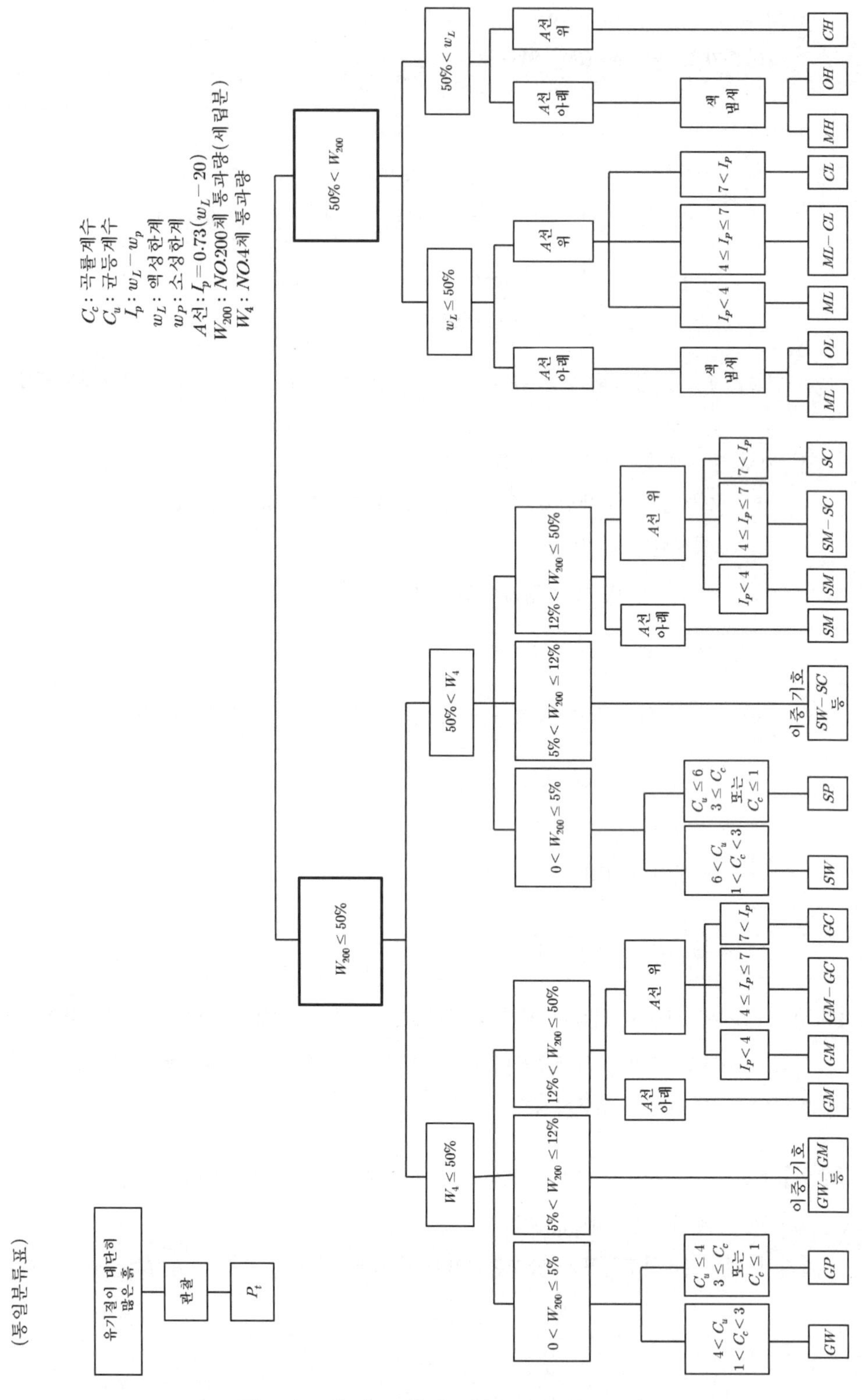

그림 2.22 흙의 공학적 분류표 (통일분류표)

2.7.6 AASHTO 분류법

아쉬토 분류법(AASHTO)은 미국 도로국(U.S. Public Road Administration)에서 주로 도로 공사용으로 개발한 흙 지반 분류법이며 흙의 입도분포, 아터버그 한계 및 **군지수**(GI : Group Index)를 근거로 흙 지반을 A-1에서 A-7까지 분류한다(표 2.17).

노상토로 적합한 흙은 군지수가 4 미만(즉, $GI < 4$)인 A-1, A-2, A-3 지반이며 세립토를 많이 함유하는 실트질 흙(A-4, A-5) 또는 점토질 흙(A-6, A-7)은 노상토로 부적합하다.

군지수 GI는 다음과 같이 정의한다.

$$GI = 0.2a + 0.005ac + 0.01bd \tag{2.36}$$

여기서, a : [No. 200 체 통과백분율 − 35]
$0 \le a \le 40$ 의 정수만 취한다($a < 0$ 이면 $a = 0$, $a > 40$ 이면 $a = 40$).
b : [No. 200 체 통과백분율 − 15]
$0 \le b \le 40$ 의 정수만 취한다($b < 0$ 이면 $b = 0$, $b > 40$ 이면 $b = 40$).
c : [액성한계 − 40]
$0 \le c \le 20$ 의 정수만 취한다($c < 0$ 이면 $c = 0$, $c > 20$ 이면 $c = 20$).
d : [소성지수 − 10]
$0 \le d \le 20$ 의 정수만 취한다($d < 0$ 이면 $d = 0$, $d > 20$ 이면 $d = 20$).

표 2.17 AASHTO 분류법

일반적 분류	조립토(No. 200체 통과율 ≤ 35 %)							세립토(No. 200체통과율>35 %)			
분류기호	A-1		A-3	A-2				A-4	A-5	A-6	A-7
	A-1-a	A-1-b		A-2-4	A-2-5	A-2-6	A-2-7				A-7-5 A-7-6
체분석, 통과백분율 No. 10체	50이하										
No. 40체	30이하	50이하	51이상								
No. 200체	15이하	25이하	10이하	35이하	35이하	35이하	35이하	36이상	36이상	36이상	36이상
No. 40체 통과분의 성질 액성한계				40이하	41이상	40이하	41이상	40이하	41이상	40이하	41이상
소성지수	6이하		※N. P	10이하	10이하	11이상	11이상	10이하	10이하	11이상	11이상
군지수	0		0	0		4이하		8이하	12이하	16이하	20이하
주요구성재료	석편,자갈,모래		세사	실트질 또는 점토질 자갈 모래				실트질 흙		점토질 흙	
노상토로서의 일반적 등급	"우" 또는 "양"							"가" 또는 "불가"			

※ A-7-5 그룹 $I_P \le w_L - 30$, A-7-6 그룹 $I_P > w_L - 30$

【예제】 도로를 건설하기 위해 현장에서 재료를 취하여 시험한 결과 No. 200 체 통과율이 60.5 % 이었다. 그런데 액성한계와 소성한계가 다음과 같을 때에 지반의 군지수 GI 를 구하고, AASHTO 법으로 지반을 분류하시오.

① 액성한계 $w_L = 35.5\%$, 소성한계 $w_P = 30\%$

② 액성한계 $w_L = 35.5\%$, 소성한계 $w_P = 15\%$

【풀이】 $a = 60.5 - 35 = 25.5$ $\therefore\ a = 25$ (정수)

$b = 60.5 - 15 = 45.5 > 40$ $\therefore\ b = 40$

1) 지반 ① 인 경우 :

소성지수 $I_P = w_L - w_P = 35.5 - 30 = 5.5$: 식 (2.30)

$c = w_L - 40 = 35.5 - 40 = -4.5 < 0$ $\therefore\ c = 0$

$d = I_P - 10 = 5.5 - 10 = -4.5 < 0$ $\therefore\ d = 0$

군지수 : 식 (2.36)

$$GI = 0.2a + 0.005ac + 0.01bd$$
$$= (0.2)(25) + (0.005)(25)(0) + (0.01)(40)(0) = 5$$

표 2.17 에서 No. 200 체 통과량 > 35 %, $w_L = 35.5 < 40$

$I_P = 5.5 < 10$, $GI = 5 < 8$

따라서 **A-4 지반**이고, **실트질 흙**이다.

2) 지반 ② 인 경우 :

소성지수 $I_P = w_L - w_P = 35.5 - 15.0 = 20.5$: 식 (2.30)

$c = w_L - 40 = 35.5 - 40 = -4.5 < 0$ $\therefore\ c = 0$

$d = I_P - 10 = 20.5 - 10 = 10.5 = 10$ $\therefore\ d = 10$

군지수 : 식 (2.36)

$$GI = 0.2a + 0.005ac + 0.01bd$$
$$= (0.2)(25) + (0.005)(25)(0) + (0.01)(40)(10) = 9$$

표 2.17 에서 No. 200 체 통과량 > 35 %, $w_L = 35.5 < 40$

$I_P = 20.5 > 11$, $GI = 9 < 20$

따라서 **A-7 지반**이고, **점토질 흙**이다. ///

◈ 연 습 문 제 ◈

【문 2.1】 다음은 암석이 풍화되어 생성된 흙이다. 생성과정과 특성에 대해 설명하시오.
① 잔적토 ② 퇴적토 ③ 충적토 ④ 빙적토 ⑤ 풍적토

【문 2.2】 다음은 가장 대표적인 점토광물이다. 그 생성과정과 구조적 특성을 설명하시오.
① Kaolinite ② Illite ③ Montmorillonite

【문 2.3】 다음의 용어에 대해 설명하시오.
① 브라운운동 ② 비표면적 ③ 쌍극자 ④ 삼층구조 점토광물

【문 2.4】 다음의 구조를 갖는 흙의 공학적 특성을 설명하시오.
① 단립구조 ② 봉소구조 ③ 면모구조 ④ 분산구조

【문 2.5】 다음의 직경을 갖는 흙입자의 비표면적을 구하시오.
① 1 mm ② 0.1 mm ③ 0.01 mm ④ 0.001 mm

【문 2.6】 물분자가 쌍극분자가 되는 이유에 대해서 설명하시오.

【문 2.7】 다음의 점토광물을 크기 순서대로 나열하시오.
① Kaolinite ② Illite ③ Na-Montmorillonite ④ Ca-Montmorillonite

【문 2.8】 다음은 흙의 단위중량을 나타낸다. 각각 설명하시오.
① 습윤단위중량 ② 건조단위중량 ③ 포화단위중량 ④ 수중단위중량

【문 2.9】 다음은 흙의 연경도에서 구해지는 지수들이다. 각각 설명하시오.
① 소성지수 ② 액성지수 ③ 컨시스턴시지수

【문 2.10】 간극비가 0.67 이고 비중이 2.65 인 모래에서 다음을 구하시오.
① 간극률 ② 건조단위중량 ③ 포화도 40% 때의 단위중량
④ 포화도 100 % 때의 단위중량

【문 2.11】 보링공에서 채취한 직경 8.0 cm 높이 25 cm 비교란 시료의 무게가 2371.0 g 이었다. 105 °C 에서 노건조한 후 무게가 1948.0 g 이고 비중이 $G_s = 2.72$ 일 때에 다음을 구하시오.
① 함수비 ② 습윤 단위중량 ③ 건조단위중량 ④ 포화단위중량
⑤ 수중단위중량 ⑥ 간극비 ⑦ 간극률 ⑧ 포화도

【문 2.12】 공시체에 대해 측정한 결과 $\gamma_t = 19.3\ \text{kN/m}^3$, $\gamma_d = 16.2\ \text{kN/m}^3$, $\gamma_{\text{sub}} = 10.0\ \text{kN/m}^3$이었다. 다음을 결정하시오.

① 함수비 ② 흙입자의 단위중량 ③ 간극률 ④ 간극비

【문 2.13】 부피가 $1200\ \text{cm}^3$인 시료의 습윤상태 무게가 2300 g 이고, 노건조후의 무게가 2050 g 이었다. 비중이 2.65 일 때 다음의 값을 구하시오.

① 습윤단위중량 ② 건조단위중량 ③ 간극비 ④ 함수비 ⑤ 간극률
⑥ 포화도 ⑦ 공기함유율

【문 2.14】 건조단위중량이 $\gamma_d = 17.0\ \text{kN/m}^3$인 시료에서 비중이 2.65 일 때에 간극률과 간극비를 구하시오.

【문 2.15】 포화 점토의 함수비가 60 % 이고, 포화단위중량이 $16.5\ \text{kN/m}^3$ 이다. 이 흙의 비중과 간극비를 구하시오.

【문 2.16】 수축한계 시험한 시료가 노건조 무게가 12.0 g 이었고, 이때의 부피가 $6.0\ \text{cm}^3$이었다. 이 시료의 비중이 2.65 일 때에 수축한계를 구하시오.

【문 2.17】 간극비 0.8 인 흙 $6000\ \text{m}^3$를 다졌더니 부피가 $5000\ \text{m}^3$가 되었다. 다진 흙의 간극비를 구하시오.

【문 2.18】 본문중 그림 2.14 의 A 곡선과 B 곡선에서 다음을 구하시오.

① No. 200 체 통과량 ② 균등계수 ③ 곡률계수 ④ 공학적 분류

【문 2.19】 입도시험결과 No. 4 체 통과율 80 %, No. 10 체 통과율 50 %, No. 200 체 통과율 15 % 이었다. 입도분포가 불량할 때 이 흙을 공학적으로 분류하시오.

【문 2.20】 No.200 체 통과율이 55 % 이고, 액성한계 $w_L = 30\ \%$, 소성한계 $w_P = 30\ \%$ 인 흙을 AASHTO 법으로 분류하시오.

【문 2.21】 소성지수 $I_P = 25\ \%$ 이고, 0.5 mm 보다 큰 입자가 15 % 이며, 점토함유율이 15 % 인 흙의 활성도를 구하시오.

【문 2.22】 습윤상태인 시료의 무게가 2280 g 이고, 부피가 $1200\ \text{cm}^3$ 이었다. 이 시료를 노건조한 무게가 2030 g 일 때에 다음을 구하시오. 단, 이 흙의 비중은 2.65 이었다.

① 단위중량 ② 함수비 ③ 간극비 ④ 간극률 ⑤ 포화도 ⑥ 공기함유율

제3장 지반응력

3.1 개 요

흙 지반은 흙 입자(고체)들이 결합되어 있지 않은 채 쌓여 있고 입자사이 공간(**간극**)을 물(액체)이나 공기(기체)가 채우고 있는 재료이므로, 외력은 입자 간 접촉점의 접촉압력과 간극 내 수압에 의해 지지된다.

흙의 구조골격과 간극수는 압축력만 지지할 수 있고 인장력은 지지할 수 없어서 지반은 인장에 저항하지 못한다. 따라서 지반공학에서는 압축력을 **양**(+)으로 인장력을 **음**(-)으로 나타낸다.
수중에서 물의 자중에 의해 정수압이 작용하는 것처럼 지반 내에는 지반의 자중에 의한 힘이 작용하고, 지하수면 아래에서는 수압이 추가로 작용하고, 지하수가 흐르는 조건에서는 침투압이 작용한다.

지반응력(3.2 절) 은 덮개 지반의 자중과 외력에 의해 발생되는데, 지반을 균질한 반무한 등방 탄성체로 간주하고 구한다. 제3장에서는 **덮개지반의 자중에 의한 지반응력**을 다루고, 제4장에서는 **외력에 의한 지반응력**을 취급한다. **수평 지반응력**은 **연직 지반응력**에 토압계수를 곱한 크기이다. 지반 내 임의 점의 응력은 힘의 평형으로부터 구한다.

지반응력은 **유효응력과 간극수압(3.3 절)** 의 합이며, 배수가 진행되면서 **유효응력**의 비율이 커진다. **유효응력**은 흙의 구조골격이 부담하고, 유효응력에 의해서 흙 구조골격이 압축되거나 전단저항력이 유발된다. 간극수압은 흙 입자 사이를 채우고 있는 간극수(**간극수압**)나 간극공기(**간극공기압**)가 부담한다. 불포화 지반에서는 간극수압과 간극공기압이 같고, 간극공기가 압축되거나 용해 또는 유출되면 **간극수압**이 달라진다.

지반응력은 과거 **응력이력(3.4 절)** 이나 **모세관현상(3.5 절)** 등에 의해 영향을 받으며, **지층성상과 지하수(3.6 절)** 에 의해 결정된다.

3.2 지반응력

지반응력은 지반을 균질한 반무한 등방 탄성체로 간주하고 구한다. 무한히 넓은 수평지반 내 한 점의 **수평 지반응력** (3.2.1 절) 은 덮개 흙의 자중 즉, 연직응력에 토압계수를 곱한 크기이다. 수평 지표면에 등분포 하중이 작용하면 등분포 하중에 토압계수를 곱한 크기만큼 지반 내 수평응력이 전체 깊이에서 균등하게 증가한다.

지반 내 임의 점의 응력 (3.2.2 절) 즉, 수직응력과 전단응력은 힘의 평형으로부터 구한다.

3.2.1 수평 지반응력

일반적으로 지반응력을 구할 때는 지반을 **균질한 반무한 등방 탄성체**로 가정한다. 그림 3.1 과 같이 무한히 넓은 수평지반 내 한 점 (깊이 z) 의 **연직응력** σ_z (vertical stress) 는 덮개 흙의 자중이고, 아주 큰 외력이 작용하지 않는 한 자중에 의한 연직응력이 최대주응력 σ_1 이고, 수평응력 ($\sigma_x = \sigma_y$) 이 중간 및 최소 주응력 σ_2 및 σ_3 이다.

$$\sigma_z = \sigma_1 = \gamma z$$
$$\sigma_y = \sigma_z = \sigma_2 = \sigma_3 \tag{3.1}$$

반무한 등방 탄성체에서는 지반응력이 연직축에 대해 대칭 ($\sigma_x = \sigma_y = \sigma_2 = \sigma_3$) 으로 발생하고, 수평방향 변형이 발생하지 않아서 ($\epsilon_x = \epsilon_y = \epsilon_2 = \epsilon_3 = 0$), **수평 지반응력**은 σ_0 로 일정하다.

$$\sigma_0 = \sigma_x = \sigma_y \tag{3.2}$$

수평방향 변형률이 '**영**' (0) 이므로 Hooke **의 탄성이론**을 적용하면 다음이 된다.

$$\epsilon_x = \frac{1}{E}\left[\sigma_x - \nu(\sigma_y + \sigma_z)\right] = 0 \tag{3.3}$$

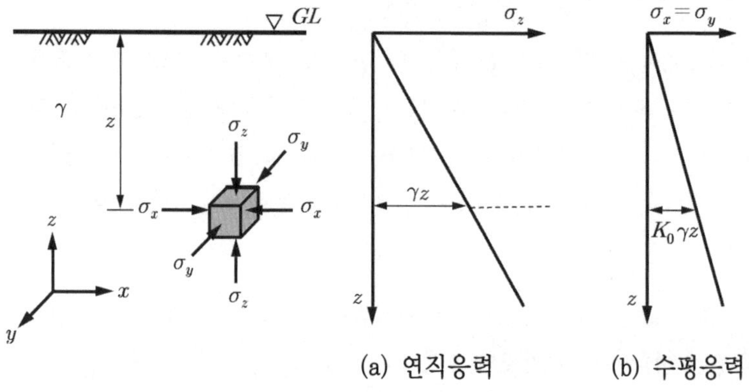

그림 3.1 반무한 탄성체 내 응력상태 (자중)

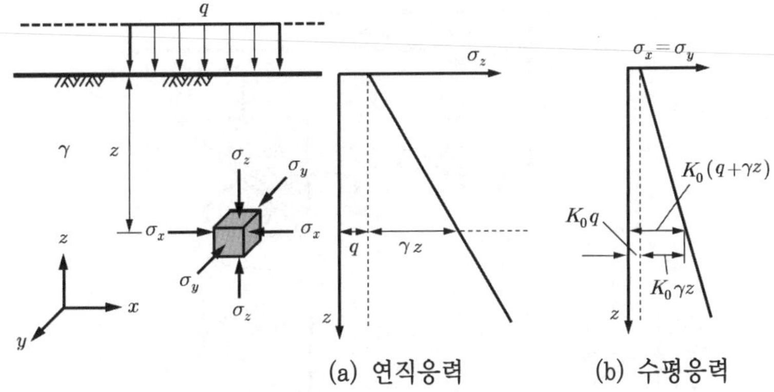

그림 3.2 반무한 탄성체 내 응력상태 (자중 + 등분포 상재하중)

그런데 지반 탄성계수는 '**영**'이 아니므로 ($E \neq 0$), 위 식이 성립되려면 큰 괄호안의 값이 '**영**'이어야 하며, 여기에 수평응력 σ_0 (식 3.2) 를 대입하면 다음이 되고 (ν 는 Poisson 의 비),

$$\sigma_0 - \nu\,(\sigma_z + \sigma_0) = 0$$

결국 수평변형이 발생하지 않을 때의 수평응력 σ_0 와 연직응력 σ_z 의 관계가 구해진다.

$$\sigma_0 = \frac{\nu}{1-\nu}\sigma_z = K_0\,\sigma_z \qquad (3.4)$$

여기에서 K_o 는 **정지토압계수** (coefficient of earth presser at rest : 9 장 참조) 라 한다.

그림 3.2 와 같이 수평지반의 지표에서 무한히 넓은 면적으로 등분포 상재하중 q 가 작용하면 **연직 지반응력**은 q 만큼 증가하고, **수평 지반응력**은 $K_o\,q$ 만큼 증가한다.

$$\sigma_z = \gamma\,z + q$$
$$\sigma_x = K_o\,\sigma_z = K_o(\gamma\,z + q) \qquad (3.5)$$

3.2.2 지반 내 임의점의 응력

그림 3.3 과 같이 수평에 대해 α 만큼 경사진 임의 평면에 작용하는 **수직응력** σ_α (normal stress) 와 **전단응력** τ_α (shear stress) 는 힘의 평형식으로부터 구할 수 있고, 임의 평면의 경사 α 에 따라 다르고, 그림 3.4 의 응력타원으로 표현할 수 있다.

$$\sigma_\alpha = \sigma_z \cos^2\alpha + \sigma_x \sin^2\alpha = \frac{1}{2}(\sigma_z + \sigma_x) + \frac{1}{2}(\sigma_z - \sigma_x)\cos 2\alpha$$
$$\tau_\alpha = (\sigma_z - \sigma_x)\sin\alpha\,\cos\alpha = \frac{1}{2}(\sigma_z - \sigma_x)\sin 2\alpha \qquad (3.6)$$

이때 전단응력 τ_α 의 최대치 τ_{max} (최대전단응력) 는 **지반의 전단강도** (shear strength) 이다.

$$\tau_{max} = \frac{1}{2}(\sigma_z - \sigma_x) = \frac{1}{2}(1 - K_o)\sigma_z = \frac{1}{2}(1 - K_o)\gamma\,z \qquad (3.7a)$$

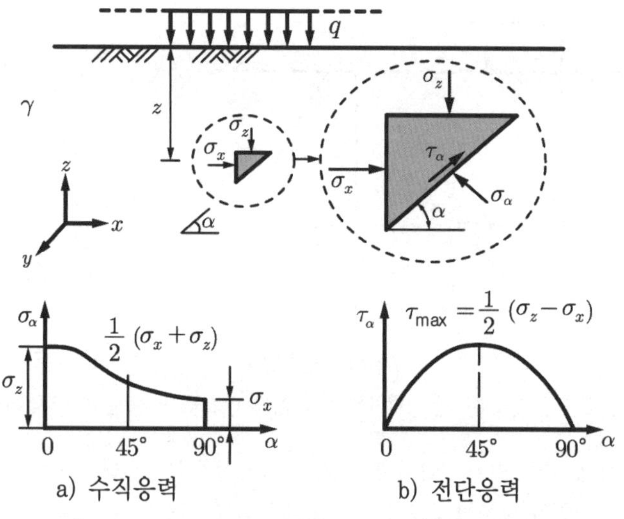

그림 3.3 지반 내 임의평면 (각도 α) 상의 응력상태

또한, **최대 전단응력** τ_{max} 는 지표에 작용하는 등분포 하중 (크기 q) 의 영향을 받는다.

$$\tau_{max} = \frac{1}{2}(1 - K_0)(\gamma z + q) \tag{3.7b}$$

정지토압계수 K_o 는 실내에서 지반을 조성하고 시험하여 구할 수 있다. 그러나 현장응력은 (현실적으로 알기가 불가능한) 지반 생성과정의 응력이력을 알아야만 구할 수 있으므로, 현장 정지토압계수는 구하기가 매우 어렵다 (실제로 불가능하다).

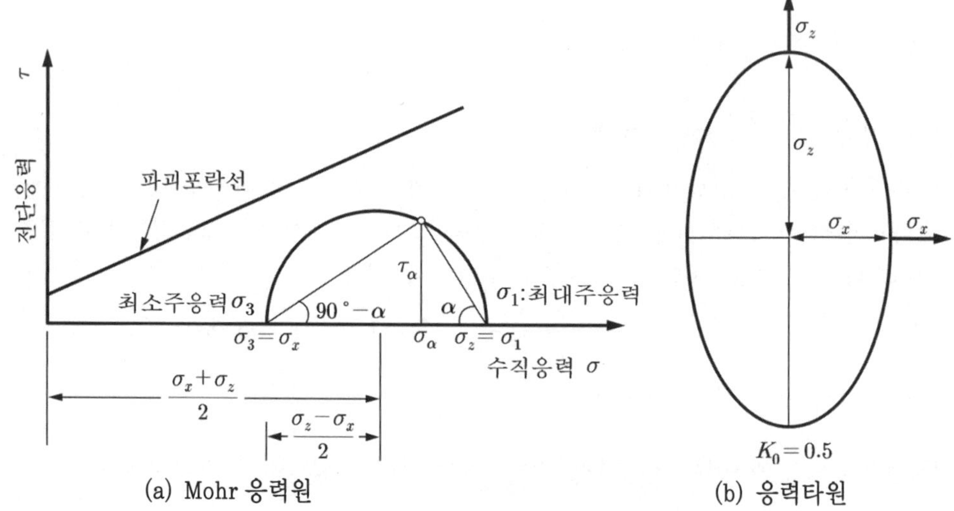

그림 3.4 Mohr 응력원과 응력타원

3.3 유효응력과 간극수압

흙은 흙 입자가 결합되지 않고 쌓여 구조골격을 구성하고 그 사이 간극을 물이나 공기가 채워져 있어서 포화 지반에 작용하는 외력은 흙의 구조골격과 **간극수**(3.3.2 절)가 나누어 지지하며, 배수가 진행되면 구조골격의 분담비율(**유효응력** 3.3.1 절)이 높아진다. 불포화 지반에서는 간극공기가 압축되거나 용해 또는 유출되면 **간극수압**(3.3.3 절)이 달라진다.

3.3.1 유효응력

중력만 작용하는 지반에서 지하수면 아래로 깊이 z_w 인 지점에 작용하는 간극수압은 모든 방향에서 크기가 동일($u = \gamma_w z_w$)하다(γ_w는 물의 단위중량). 간극수는 모세관 현상에 의해 지하수면 상부에도 존재하는데, 지하수면 상부의 간극수는 '**부**'(minus)의 압력상태이다.

그림 3.5와 같이 지하수면 하부 포화상태 지반 내 미소 지반요소 A의 내부단면(즉, n개 흙 입자의 접촉점을 연결하는 단면 $b-b$)에서 지반응력을 구할 수 있다. 단면 $b-b$는 간극과 입자 접촉점으로 이루어지고, 실제로는 곡면이지만 미소 지반요소는 크기가 작기 때문에 평면으로 간주해도 무방하다.

미소 지반요소 A에 작용하는 연직응력 σ_z는 흙 입자와 물의 무게를 합한 **전응력**(total stress)이다.

$$\sigma_z = \gamma z + u = \gamma z + \gamma_w z_w \tag{3.8}$$

흙 입자 접촉점의 면적은 a_1, a_2, $\cdots$, a_n이고, 접촉점에 작용하는 접촉력은 F_1, F_2, $\cdots$, F_n이다. 그림 3.5c에서 흙 입자 접촉점 총면적은 $\sum a_i$이고, 간극 면적은 $1-\sum a_i$이다.

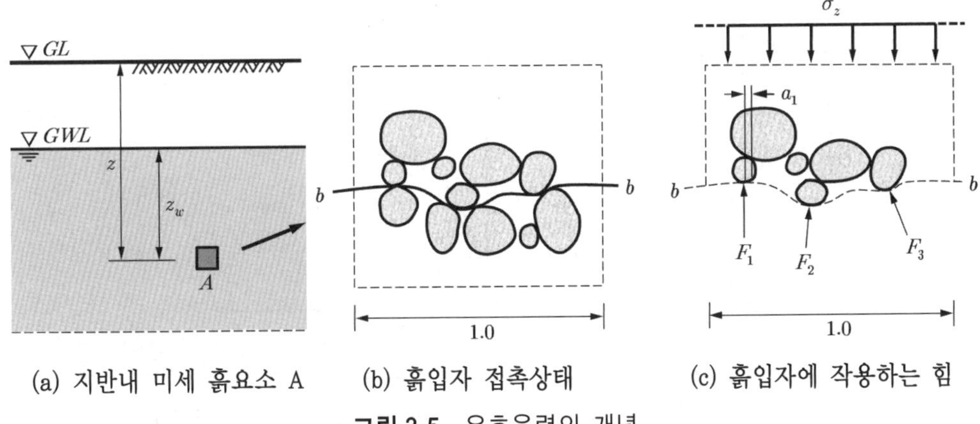

그림 3.5 유효응력의 개념

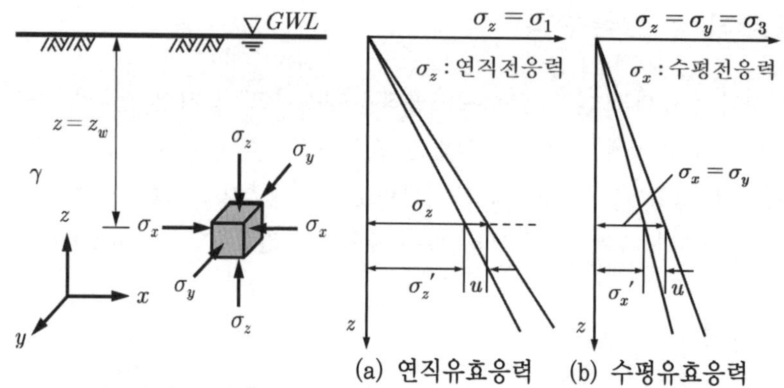

(a) 연직유효응력 (b) 수평유효응력

그림 3.6 포화지반 내 응력상태 (자중 + 간극수압)

단면 $b-b$ 의 간극에는 간극수압 u 가 작용하고, 입자간 접촉점에는 접촉력 F_i 가 작용하며, 이 힘들의 연직성분은 $\Sigma F_i + (1-\Sigma a_i)u$ 이고, 이는 미소 지반요소의 경계에 작용하는 연직력과 힘의 평형을 이룬다. 따라서 다음 식이 성립된다.

$$\Sigma\sigma_z = \Sigma F_i + (1-\Sigma a_i)\,u \quad (\text{또는, } \sigma_z = \sigma'_z + (1-\Sigma a_i)\,u) \tag{3.9}$$

그런데 흙 입자의 접촉면적은 매우 작으므로 (즉, $\Sigma a_i \simeq 0$), 위 식은 다음이 된다.

$$\sigma_z = \sigma_z' + u \tag{3.10}$$

여기에서 σ_z'는 흙의 구조골격이 부담하는 **유효응력** (effective stress) 이며 (Skempton, 1960), u 는 간극수압이다. 흙 입자는 압축되지 않으므로 흙 구조골격의 변형은 유효응력의 변화에 의해서 발생된다 (**유효응력의 원리**).

그림 3.6 과 같이 지하수위가 지표와 일치하면 지반 내 한 점 (깊이 z) 에 작용하는 **연직 및 수평방향 유효응력** σ_z' 및 σ_x' 은 다음이 된다 (Bishop, 1960 ; Skempton, 1961).

$$\begin{aligned}\sigma_z' &= \sigma_z - u = (\gamma_{sat} - \gamma_w)\,z = \gamma'\,z \\ \sigma_x' &= \sigma_x - u = K_0\,\sigma_z' = K_0\,\gamma'\,z\end{aligned} \tag{3.11}$$

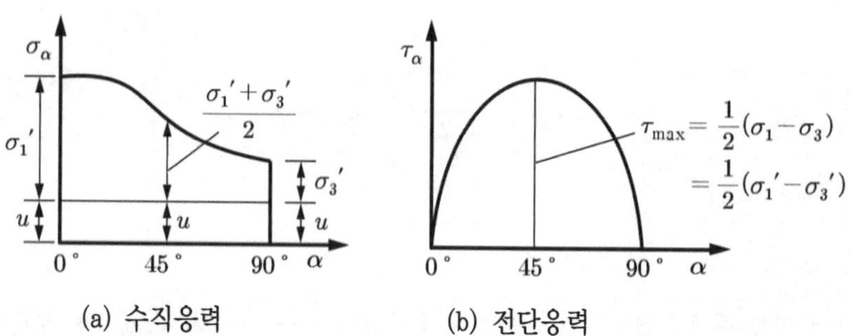

(a) 수직응력 (b) 전단응력

그림 3.7 지반 내 임의 평면 (각도 α) 의 응력상태와 Mohr 응력원 (계속)

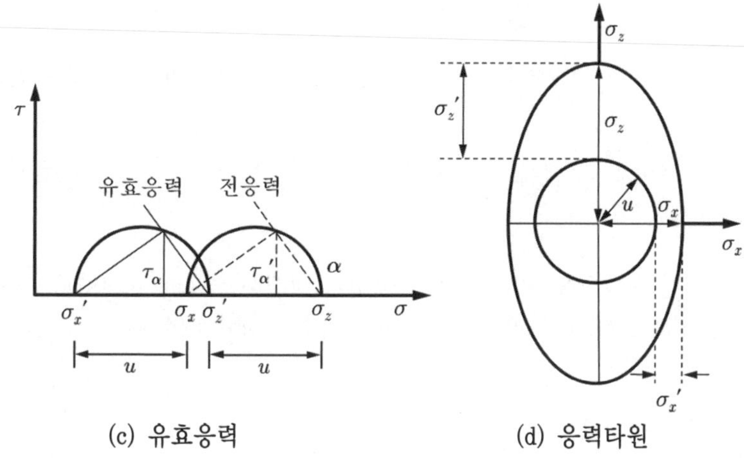

(c) 유효응력 (d) 응력타원

그림 3.7 지반 내 임의 평면 (각도 α) 의 응력상태와 Mohr 응력원 (계속)

무한히 넓은 수평지반에서 연직응력 σ_z 가 최대주응력 σ_1 이고 수평응력 σ_x 는 최소주응력 σ_3 일 때 **임의 평면 (경사 α) 의 응력상태**는 그림 3.7 과 같고, **수직응력 σ_α'** 은 다음이 된다.

$$\sigma_\alpha = \sigma_\alpha' + u \tag{3.12}$$

흙 구조골격에는 정수압만 작용하여 $\tau_\alpha = \tau_\alpha'$ 이고, 흐르는 물은 구조골격에 침투력을 가한다.

그림 3.6 의 조건 (지하수면이 지표) 에서 지표에 등분포 하중 q 가 추가로 작용하는 경우 (그림 3.8) 에 **지반응력 σ_z 및 σ_x** 는 간극수압과 등분포 하중의 영향을 모두 포함하는 값이다.

$$\begin{aligned} \sigma_z &= \gamma z + q + u \\ \sigma_x &= K_0 (\gamma z + q) + u \end{aligned} \tag{3.13}$$

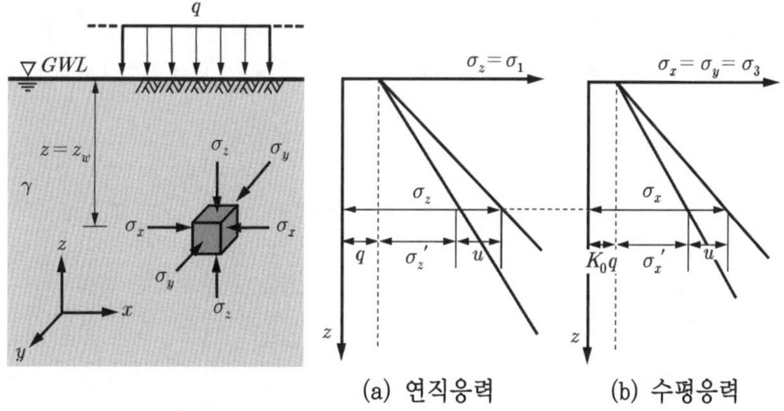

(a) 연직응력 (b) 수평응력

그림 3.8 포화지반 내 응력상태 (자중 + 상재하중 + 간극수압)

3.3.2 포화 지반의 간극수압

포화상태인 등방성 탄성 지반에서 등분포 상재하중 q가 작용하면 지반 내 응력이 $\Delta\sigma$ 만큼 증가하고 **과잉간극수압 Δu** (excess pore water pressure)가 발생된다. 따라서 지반 내 간극수압 u는 중력에 의한 간극수압 u_g와 외력에 의한 과잉 간극수압 Δu를 합한 크기이다.

$$u = u_g + \Delta u \tag{3.14}$$

등방성 지반에서는 등방압에 의한 과잉간극수압이 발생하고(Bishop, 1954), 비등방성 지반에서는 등방압에 의한 과잉간극수압에 축차응력에 의한 과잉간극수압이 추가된다.

1) 등방성 지반

등방압에 의한 과잉간극수압 Δu는 등방압력 $(\Delta\sigma_1 = \Delta\sigma_2 = \Delta\sigma_3 = \Delta\sigma)$에 비례하며, 그 비례상수를 **등방압에 의한 간극수압계수 B** (coefficient of pore water pressure)라 한다.

$$\Delta u = B\Delta\sigma \tag{3.15}$$

부피 V_o인 흙 지반(간극률 n)에서 유효응력 $\Delta\sigma'$에 의한 **흙 구조골격 압축량 ΔV_s**는 지반의 초기부피 V_o와 **체적압축계수 K** (coefficient of compressibility)로부터 구할 수 있다.

$$\Delta V_s = \frac{1}{K}\Delta\sigma' V_o = \frac{1}{K}(\Delta\sigma - \Delta u) V_o \tag{3.16}$$

과잉간극수압 Δu에 의한 **간극수의 부피변화 ΔV_w**는 초기 간극부피 $n V_o$와 물의 체적압축계수 K_w로부터 계산할 수 있다.

$$\Delta V_w = \frac{1}{K_w}\Delta u\, n V_o \tag{3.17}$$

그런데 흙 입자는 압축되지 않으므로, 지반의 부피변화 ΔV는 지반 구조골격의 압축량 ΔV_s이고, 포화 지반에서는 간극수 부피변화 ΔV_w와 같다 $(\Delta V = \Delta V_s = \Delta V_w)$.

따라서 위 식(3.16)과 (3.17)로부터,

$$\Delta V = \frac{1}{K}(\Delta\sigma - \Delta u) V_o = \frac{1}{K_w}\Delta u\, n V_o = \Delta V_w \tag{3.18}$$

이고, 이 식을 정리하면 등방압 $\Delta\sigma$와 과잉간극수압 Δu의 관계식이 된다.

$$\Delta u = \frac{1}{1 + \dfrac{nK}{K_w}}\Delta\sigma = B\Delta\sigma \tag{3.19}$$

따라서 **등방압에 의한 간극수압계수 B** 를 구할 수 있다.

$$B = \frac{1}{1+\dfrac{nK}{K_w}} \tag{3.20}$$

비배수 상태에서 등방압력에 의한 간극수압계수 B 는 **물의 체적압축계수 K_w** 와 **지반의 체적압축계수 K** 및 지반의 간극률 n 에 의해 결정된다. 그런데 물의 체적압축계수는 $K_w \fallingdotseq 2500\,MPa$ 이고, 지반에서 체적압축계수는 $K \simeq (2 \sim 200)\,MPa$ 이고, 지반 간극률이 $n \fallingdotseq (0.3 \sim 0.4)$ 이므로, 비배수 상태에서는 등방압력에 의한 간극수압계수는 $B \fallingdotseq 1$ 이 된다.

포화지반에 상재하중이 작용하면 지반 내 응력이 $\Delta\sigma$ 만큼 증가한다. 그런데 하중재하 직후 간극수가 배수되기 전(비배수 상태일 때)에 간극수압계수가 $B=1$ 이면, **간극수압**은 지반응력의 증가량과 동일한 크기로 증가($\Delta u = B\Delta\sigma = \Delta\sigma$)하지만, **유효응력**은 변하지 않는다. 따라서 상재하중의 재하 직후 비배수 상태일 경우에는 유효응력이 변하지 않아서 지반이 변형되지 않고 지반의 전단강도 또한 변하지 않는다.

그러나 시간이 흐름에 따라 간극수가 배수되면, 과잉간극수압 Δu 가 소산되면서 유효응력이 증가하므로 지반이 변형(**흙의 구조골격이 압축**)되고 전단강도가 증가한다.

지반에서 투수계수가 작고 배수거리가 멀수록 과잉간극수압의 소산속도가 작아서 과잉간극수압이 완전히 소산되는데 많은 시간이 소요된다.

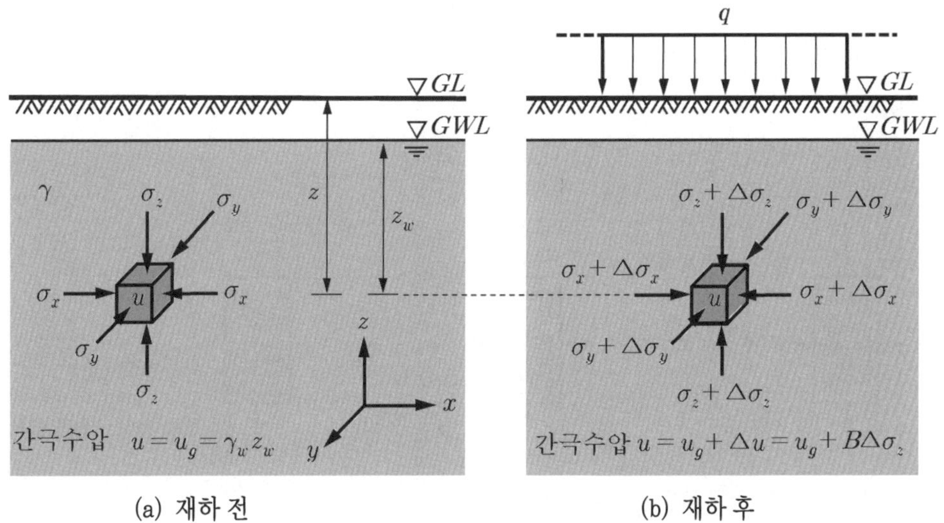

(a) 재하 전 (b) 재하 후

그림 3.9 등방성 지반의 재하 전·후 응력상태

【예제】 간극률이 0.33 인 포화된 등방성 지반이 비배수 상태일 때 상재하중에 의해 연직 지반응력이 $\Delta\sigma = 10\ kPa$ 만큼 증가할 때 발생되는 과잉간극수압을 구하시오. 단, 물의 압축계수는 $K_w = 2500\ MPa$, 지반의 압축계수는 $K = 100\ MPa$ 이다.

【풀이】 식 (3.15) 와 같이 등방압에 의해 과잉간극수압은 $\Delta u = B\Delta\sigma_z$ 만큼 증가한다. 간극수압계수 B 는 식 (3.20) 에서 구할 수 있다.

$$\Delta u = B\Delta\sigma_z = \frac{\Delta\sigma_z}{1+nK/K_w} = \frac{10}{1+(0.33)(100000)/2500000} = 9.87\ kPa//$$

2) 비등방성 지반

비등방성 지반에서 지반응력은 등방압과 축차응력의 형태로 발생하므로 (그림 3.10), 과잉 간극수압 Δu 는 **등방압 $\Delta\sigma_3$ 에 의한 과잉 간극수압 Δu_a** 와 **축차응력 $\Delta\sigma_1 - \Delta\sigma_3$ 에 의한 과잉 간극수압 Δu_d** 의 합이다.

$$\Delta u = \Delta u_a + \Delta u_d \tag{3.21}$$

등방압에 의한 과잉 간극수압 Δu_a 는 식 (3.15) 이고, 비례상수 B 는 등방압에 의한 간극수압 계수이다. **축차응력에 의한 과잉 간극수압 Δu_d** 는 축차응력 $\Delta\sigma_1 - \Delta\sigma_3$ 와 선형비례관계이며, 지반의 전단 중 부피변화와 관계된다.

$$\Delta u_d = A(\Delta\sigma_1 - \Delta\sigma_3) \tag{3.22}$$

위의 비례상수 A 는 **축차응력에 의한 간극수압계수** (coefficient of pore water pressure) 이다 (Skempton, 1954). 등방성 연약 점토에서는 $A \fallingdotseq 1$ 이므로 연직방향의 전응력 증가량 $\Delta\sigma$ 의 크기로 과잉간극수압이 발생된다 ($\Delta\sigma = \Delta u$).

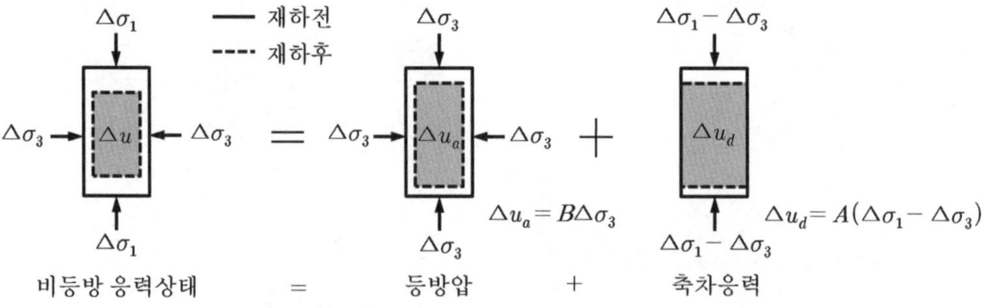

그림 3.10 비등방 지반의 응력상태

3.3.3 불포화 지반의 간극수압

완전 포화 지반 (포화도 $S_r = 1$, 그림 3.11 a) 에 상재하중이 작용해서 지반응력이 $\Delta\sigma$ 만큼 증가하면, 과잉간극수압은 $\Delta u = B\Delta\sigma$ 이 된다. 그런데 비배수 상태이면 지반의 종류에 상관없이 $B \fallingdotseq 1$ 이므로 과잉간극수압은 지반응력과 같은 크기로 발생된다 ($\Delta u \fallingdotseq \Delta\sigma$).

불포화 지반 ($0 < S_r < 1$) 에서는 그림 3.11 c 와 같이 간극 속에 물과 공기가 공존하는데, 간극의 물 즉, 간극수 (비압축성 유동체) 는 비배수 상태이면 압축되지 않지만, 공기 (물에 용해되는 압축성 유동체) 는 압축되고, 공기가 많을수록 압축성이 크다. 간극 내의 공기는 압력의 크기에 비례하여 물에 용해되고 (**Henry 법칙**), 압력이 일정한 값 이상 커지면 모든 공기가 물에 용해되어서 포화상태 ($S_r = 1$) 가 된다 (그림 3.11 e).

대기압 p_0 상태에서 부피가 V_0 인 불포화 지반에서 간극의 부피가 V_{p0} (즉, 흙입자의 부피 $V_0 - V_{p_0}$) 일 때에 (그림 3.11 c), 압력이 p 로 증가하면 흙 입자는 (비압축성이어서) 부피가 변하지 않지만, 간극 내 공기는 압축되거나 물에 용해되어 ΔV_p 만큼 감소하여 간극의 부피는 V_p 로 된다. 따라서 지반의 부피는 $\Delta V_p = V_{p0} - V_p$ 만큼 감소된다.

간극 내 공기의 부피와 압력의 관계는 **보일의 법칙** (Boil's law) 으로 설명할 수 있다.

$$p_0 V_{p0} = p V_p \tag{3.23}$$

위에서 공기의 부피감소량은 $V_p = V_{p0}\, p_0/p$ 이고, 이로부터 간극의 부피변화량 ΔV_p 를 구할 수 있다.

$$\Delta V_p = V_{p0} - V_p = -V_{p0}(p_0/p - 1) \tag{3.24}$$

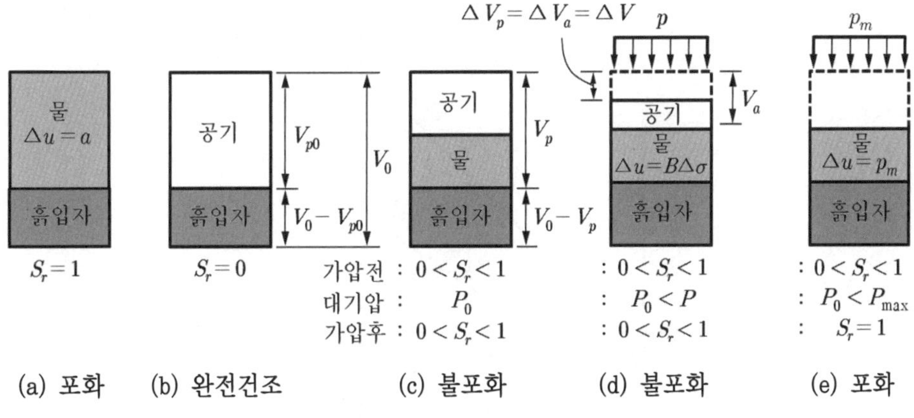

그림 3.11 불포화 지반상태

압력 p 에서 포화도 S_r 인 불포화 지반 내 공기량은 물에 용해된 공기량과 잔류하는 공기량을 합한 분량이다. 공기량(부피) V_{ap} 에서 물에 용해된 공기량(부피)은 $S_r V_P H$ 이 되고, 물에 용해되지 않고 남아 있는 공기량(부피)은 $(1-S_r)V_p$ 이다. 이때 H 는 Henry **계수**이고, 물에 용해된 공기량(부피)을 나타내며, 20 °C 에서 $H \fallingdotseq 0.02$ 이다.

$$V_{ap} = S_r V_p H + (1 - S_r) V_p = V_p (1 - S_r + S_r H) \tag{3.25}$$

압력이 p_0 에서 p 로 변할 때 **간극공기의 부피변화량 ΔV_a** 는 위 식에서 구할 수 있다.

$$\Delta V_a = V_{ap0} - V_{ap} = (1 - S_r + S_r H)(V_{p0} - V_p) \tag{3.26}$$

위 식의 $V_{p0} - V_p$ 를 간극의 부피변화량 ΔV_p (식 3.24)로 대체하고, 초기 간극부피 V_{p0} 를 초기 전체부피 V_0 로 나눈 초기 간극률 $n = V_{p0}/V_0$ 로 대체하면 다음이 된다.

$$\Delta V_a = (1 - S_r + S_r H)(-V_{p0})\left(\frac{p_0}{p} - 1\right) \tag{3.27a}$$

$$= -V_{p0}(1 - S_r + S_r H)\left(\frac{p_0}{p} - 1\right) \tag{3.27b}$$

$$= -n V_0 (1 - S_r + S_r H)\left(\frac{p_0}{p} - 1\right) \tag{3.27c}$$

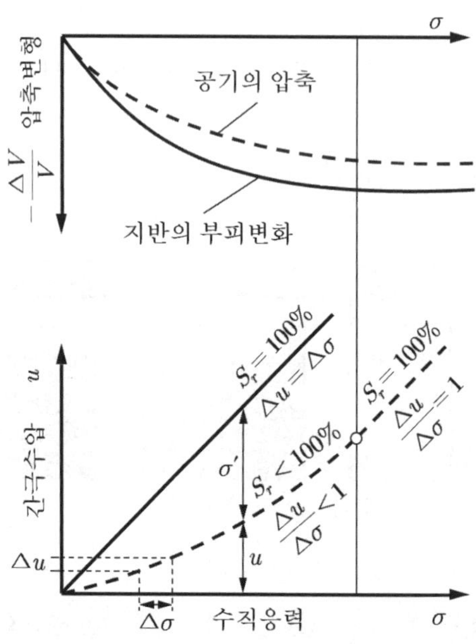

그림 3.12 불포화토의 비배수 조건에서 전응력과 유효응력의 관계

그런데 공기는 압축성이고 흙 입자와 물은 비압축성이므로, 간극의 압력이 p_0 에서 p 로 변할 때 발생되는 **지반의 부피변화 ΔV** 는 간극의 부피변화 ΔV_p 이고, 이는 간극공기의 부피변화 ΔV_a 가 된다.

$$\Delta V = \Delta V_p = \Delta V_a \tag{3.28}$$

식 (3.27c) 의 양변을 V_0 로 나누고 위 식을 적용하면,

$$\frac{\Delta V_a}{V_0} = \frac{\Delta V}{V_0} = -n(1-S_r+S_r H)\left(\frac{p_0}{p}-1\right) \tag{3.29}$$

이고, $p = p_0 + \Delta p$ 을 대입하고,

$$\frac{\Delta V}{V_0} = -n(1-S_r+S_r H)\frac{-\Delta p}{p_0+\Delta p} \tag{3.30}$$

이 식을 정리하면 다음식이 된다.

$$\frac{\Delta p}{p_0} = \frac{\Delta V/V_0}{n(1-S_r+S_r H)-\Delta V/V_0} \tag{3.31}$$

따라서 지반의 부피변화는 초기 간극수압 $u_o = p_0$ 과 간극수압의 변화 $\Delta u = \Delta p$ 와 포화도 S_r 및 간극률 n 에 의해서 결정된다.

위 식은 간극수에 용해되지 않은 공기가 간극에 남아 있는 불포화 상태 (즉, $S_r < 1$) 의 지반에만 적용된다. 이 잔류공기는 장차 압력이 높아지면 간극수에 용해된다.

불포화 지반의 잠재부피변화량 즉, 장차 압력이 변화되면 용해될 가능성이 있는 **잔류공기의 부피** ΔV 는 식 (3.25) 에서 $\Delta V = (1-S_r)V_p$ 이고, 이를 초기 전체부피 V_0 로 나누면 다음이 된다 (단, $n = V_p/V_o$).

$$\frac{\Delta V}{V_0} = (1-S_r)\frac{V_p}{V_0} = (1-S_r)n \tag{3.32}$$

위 식을 식 (3.31) 에 대입하면 **압력의 변화량 Δp** 와 포화도 S_r 의 관계식이 된다.

$$\Delta p = \frac{1-S_r}{S_r H}p_0 \tag{3.33}$$

포화된 ($S_r = 1$) 흙 지반이 비배수 상태이면 외력이 작용하더라도 유효응력이 변하지 않기 때문에 구조골격이 압축되지 않아서 부피가 변하지 않는다. 그러나 **불포화** (포화도 S_r) 흙 지반은 비배수 상태에서도 구조골격이 압축되고 간극수압이 $\Delta u = \Delta p$ 만큼 변한다.

불포화 지반의 간극수압 변화 Δu 는 식 (3.33) 에서 압력 변화량을 대체하는 포화도 S_r 과 초기압력 p_0 에 의해 결정된다.

$$\Delta u = \frac{1 - S_r}{S_r H} p_0 \tag{3.34}$$

위 식에서 H 는 물에 용해되는 공기량 (부피) 을 나타내는 **Henry 계수**이며, 20 °C 에서 $H \fallingdotseq 0.02$ 이다.

불포화상태 흙 지반이 포화되는 데 필요한 압력은 그림 3.13 에서 구할 수 있다. 불포화 흙 지반을 완전한 포화상태로 만드는 데 필요한 압력을 구할 수 있다.

대기압 (100 kPa) 상태에서 포화도 90 % 인 흙 지반 (온도 20 °C, Henry 계수 $H = 0.02$) 을 포화시키는데 필요한 압력은 그림 3.13 에서 구할 수 있다. 즉, 그림 3.13 에서 포화도 $S_r = 90\,\%$ 일 때 $\Delta u / p_o = 5.6$ 이므로, $\Delta u = 5.6\, p_o = (5.6)(100) = 560\ kPa$ 이 된다.

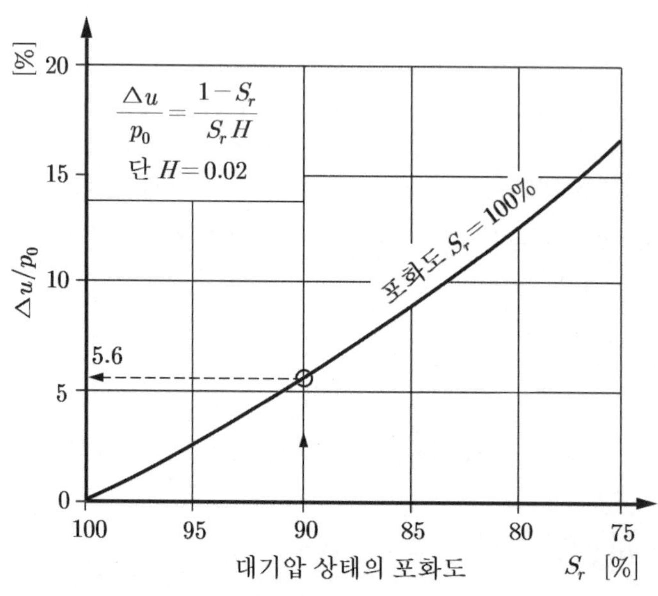

그림 3.13 포화에 필요한 간극수압

3.4 지반굴착에 따른 연직응력의 변화

정지상태 수평지반을 굴착하면 굴착저면 하부지반에서는 연직응력이 (굴착한 지반의 자중만큼 감소되므로) 굴착깊이에 비례하여 감소한다. 그러나 수평토압은 변화 없이 그대로 존속하므로 지반을 굴착하면 굴착저면 하부지반에서는 정지토압계수 K_o 가 크게 증가한다.

깊이 z_1 인 지반 내 한 지점에서 지반굴착 전에 연직응력은 $\sigma_{z1} = \gamma z_1$ 이고, 수평응력은 $\sigma_h = K\sigma_{z1} = \sigma_o$ 이다. 굴착 전의 응력상태는 그림 3.14 의 요소 ⓐ 와 같다. 지반을 깊이 z_o 로 굴착하면, 상부 덮개 지반 자중이 γz_o 로 감소되며, 연직응력은 $\sigma_{z2} = \gamma z_2 = \gamma (z_1 - z_0)$ 가 잔류하고, 수평응력은 $\sigma_h = \sigma_o$ 이고 굴착 전후에 변화가 없다. 굴착 후 응력상태는 그림 3.14 의 요소 ⓑ 와 같다. **굴착 전과 후의 토압계수**는 다음이 된다.

$$K_{o1} = \frac{\sigma_h}{\sigma_{z1}} = \frac{\sigma_o}{\gamma z_1} \quad \text{(굴착 전)} \tag{3.35}$$

$$K_{o2} = \frac{\sigma_h}{\sigma_{z2}} = \frac{\sigma_o}{\gamma z_2} = \frac{\sigma_o}{\gamma (z_1 - z_0)} > K_{o1} \quad \text{(굴착 후)}$$

굴착 후와 전의 정지토압계수 K_{o2} 와 K_{o1} 의 비는 **굴착에 의한 토압계수 변화**를 나타낸다.

$$K_{o2}/K_{o1} = \frac{\sigma_o/\{\gamma(z_1 - z_o)\}}{\sigma_o/(\gamma z_1)} = \frac{z_1}{z_1 - z_o} = \frac{1}{1 - z_o/z_1} \tag{3.36}$$

깊이가 $z_1 = 10.0\ m$ 인 지점의 상부 $z_o = 9.0\ m$ 를 굴착하면, $z_o/z_1 = 9.0/10.0 = 0.9$ 이 되므로 $K_{o2}/K_{o1} = 1/(1 - 0.9) = 10.0$ 이 되어서 정지토압계수는 10 배 증가한다.

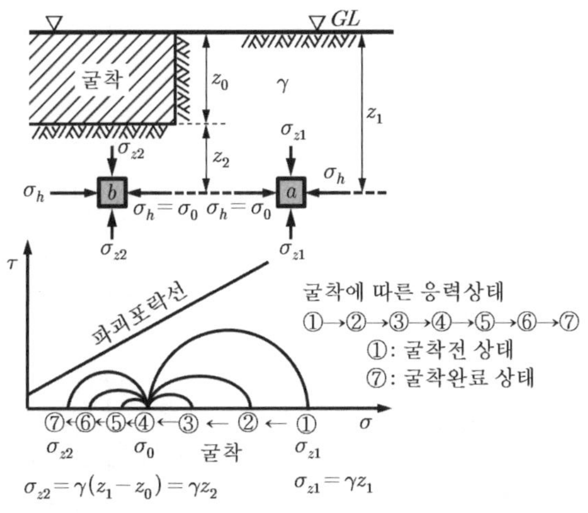

그림 3.14 지반굴착에 따른 연직응력의 변화

3.5 모세관 현상에 의한 응력

흙의 간극은 불규칙하고 크기가 작지만 서로 연결되어 있어서 지하수가 모세관 현상에 의해 지하수면 위로 상승한다 (5.2 절 참조). 상승된 물 (**모관수**) 은 '**부**'의 압력상태이어서 세립토에 인장강도가 존재하고, 그 크기는 상승한 높이 즉, **모관 상승고** (capillary height) 에 비례한다.

모세관 현상은 **물의 표면장력** (surface tension) 에 의해 발생된다. 물의 **표면장력**은 물과 접촉하는 재료에 따라 작용방향이 다르므로, 유리표면과 접촉각이 예각인 물은 표면장력에 의해 상승하고, 접촉각이 둔각인 수은은 표면장력에 의해 하강한다.

내경 d (cm) 인 유리관 (그림 3.15a) 에서 모세관 현상으로 인해 상승한 물기둥 무게는 유리관 내 물의 표면장력의 연직분력 S_v 와 같다. 물과 유리관 표면의 접촉각은 약 $\theta \fallingdotseq 9°$ 이다.

$$S_v = S\pi d\cos\theta = \frac{1}{4}\pi d^2 h_k \gamma_w \tag{3.37}$$

모관 상승고 h_k 는 물의 **표면장력**이 $S = 75\ \mu N/mm$ (75 dyn/cm) 이므로 다음이 된다.

$$h_k = \frac{4S}{\gamma_w d} cos\,\theta \simeq \frac{0.3}{d} cos\,\theta \tag{3.38}$$

모세관 직경이 지반 **유효입경** D_{10} 과 같을 때 ($d = D_{10}$), 물의 접촉각이 흙 입자와 유리에서 $\theta \fallingdotseq 9°$ 로 서로 같으면 $\cos\theta \simeq 1.0$ 이므로 모관 상승고는 $h_k = 0.3\cos\theta / D_{10}\ [cm]$ 이 된다. 즉, 유효입경이 $D_{10} = 0.004\ cm$ 이면 모관 상승고는 $h_k \fallingdotseq (0.3)(1.0)/0.004 = 75.0\ cm$ 이다.

모세관현상에 의한 '**부**'의 간극수압은 모관 상승고 h_k 에 해당하는 수압이다 (그림 3.15b).

$$u = -h_k \gamma_w \tag{3.39}$$

'**부**'의 간극수압에 의한 인장력 때문에 점성토가 건조되면 부피감소와 균열이 발생된다.

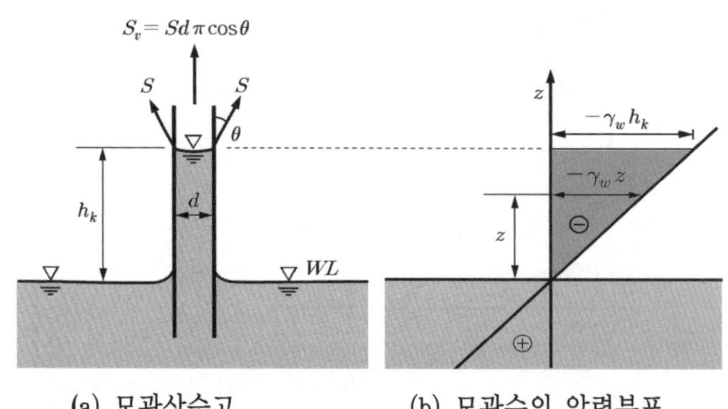

(a) 모관상승고 (b) 모관수의 압력분포

그림 3.15 모세관 현상

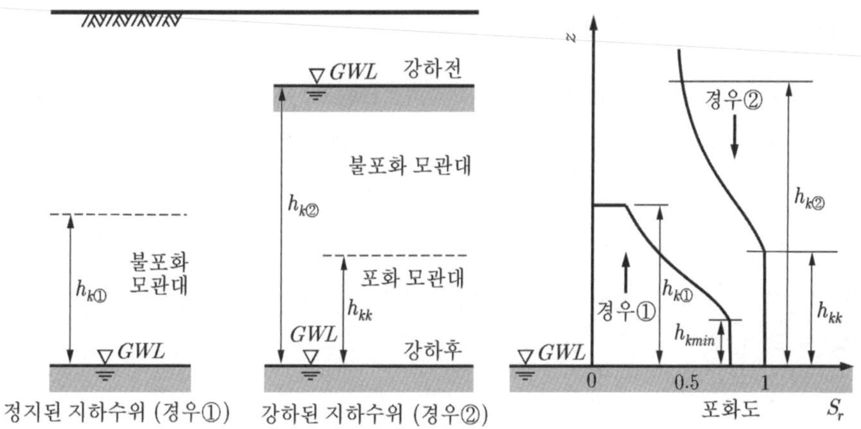

그림 3.16 모관 상승고

모세관현상에 의한 '**부**'의 간극수압은 지반이 건조되거나 포화되면 소멸된다. 모관 상승고는 지하수위가 정지된 때 (그림 3.16 의 경우 ①) 보다 지하수위가 강하할 때 (그림 3.16 의 경우 ②) 에 더 크다 ($h_{k\,①} < h_{k\,②}$). 현장에서 시료를 채취하면 대개 지하수위가 강하될 경우와 동일한 상황이다. 지하수위가 정지된 경우에는 모관영역에서 지반이 불포화 상태이지만, 지하수위가 강하될 경우에는 모관영역의 일부 (높이 h_{kk}) 가 지반이 포화되어 있다.

입자 간의 접촉점에서는 표면장력의 작용 면적이 넓기 때문에 모관력에 의한 '**부**'의 간극수압보다 더 큰 인장력이 발생될 수도 있다 (그림 3.17). 이때는 모관수가 모관상승고보다 더 높게 상승하고, 이러한 현상은 점토보다 모래에서 더 뚜렷하다.

온도 15 °C 인 물에 세운 유리관 (직경 0.002 m) 에서 **모관 상승고**는 물과 유리의 접촉각이 $\theta = 9^o$ 이면, 식 (3.38) 에서 $h_k = \frac{4S}{\gamma_w d}\cos\theta = \frac{(4)(0.00765)}{(1000)(0.002)}\cos 9^o = 0.0153\,m$ 이 된다. 그리고, 약식으로 계산 (식 3.38) 하면 $h_k = (0.3/d)\cos\theta = (0.3/0.2)\cos 9^o = 1.5\,cm$ 가 된다 (단, 물의 단위중량 $\gamma_w = 1000\,kg/m^3$, 표면장력이 $S = 0.00765\,kgf/m$).

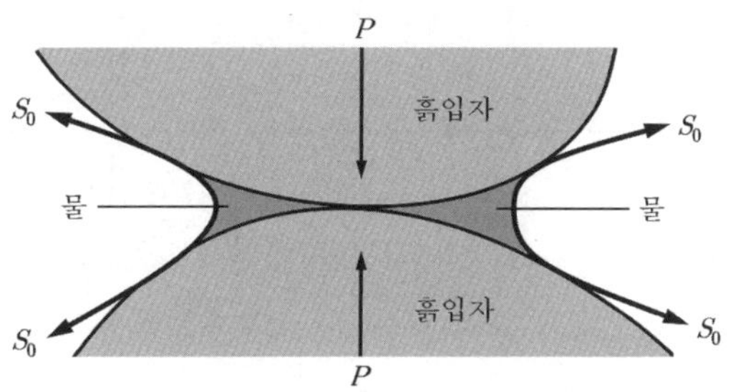

그림 3.17 흙 입자 간 모관력

3.6 층상 지반의 지반응력

여러 개 수평지층으로 구성된 층상지반에서 (간극수압은 지층의 형상에 무관하므로) 지반의 응력상태 즉, 연직 전응력 σ_{zo} 와 간극수압 u_o 및 연직 유효응력 σ_{zo}' 은 지하수위를 알면 구할 수 있다.

$$
\begin{aligned}
\sigma_{z0} &= \Sigma \gamma_i z_i = \gamma_1 z_1 + \gamma_2 z_2 + \cdots \\
u_0 &= z_w \gamma_w \\
\sigma_{z0}' &= \Sigma \gamma_i' z_i \\
&= \gamma_1' z_1 + \gamma_2' z_2 + \cdots
\end{aligned} \tag{3.40}
$$

그림 3.18 과 같이 2 개의 지층으로 이루어진 층상 지반에서 지하수위가 상부지층의 중간에 위치한 경우를 생각한다.

지표로부터 하부로 깊이가 z_4 이고, 지하수면 하부로 깊이가 z_w 인 곳에 위치한 미소 지반요소의 응력상태 (연직 전응력 σ_{zo} 과 간극수압 u_o 및 연직 유효응력 σ_{zo}') 는 지하수면이 상부지층의 중간에 있으므로 ($z_4 > z_w > z_3$) 다음이 된다.

$$
\begin{aligned}
\sigma_{z0} &= \Sigma \gamma_i z_i = \gamma_1 z_1 + \gamma_{sat1} z_2 + \gamma_{sat2} z_3 \\
u_0 &= \gamma_w z_w = \gamma_w (z_2 + z_3) \\
\sigma_{z0}' &= \Sigma \gamma_i' z_i \\
&= \gamma_1 z_1 + (\gamma_{sat1} - \gamma_w) z_2 + (\gamma_{sat2} - \gamma_w) z_3 \\
&= \gamma_1 z_1 + \gamma_1' z_2 + \gamma_2' z_3
\end{aligned} \tag{3.41}
$$

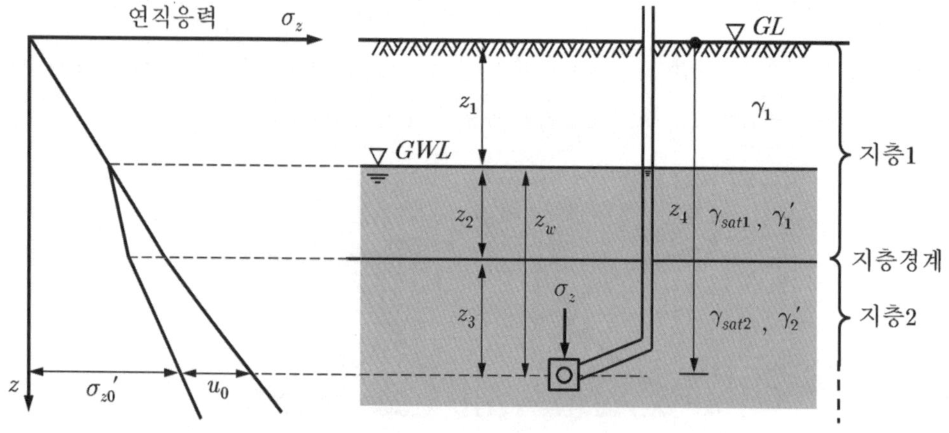

그림 3.18 수평 층상 지반의 응력상태 (자중)

그림 3.19 는 2 개의 수평지층으로 이루어진 층상지반의 지표에 등분포 하중 q 가 작용하는 경우이며, 그림 3.18 과 같이 지하수위는 상부지층의 중간에 위치한다.

지표로부터 하부로 깊이가 z_4 이고, 지하수면으로부터 하부로 깊이가 z_w 인 곳에 위치하는 미소 흙 요소를 생각한다.

지표에 상재하중 q 가 작용하면 미소 흙 요소에 작용하는 연직방향 전응력은 $\Delta\sigma = q$ 만큼 증가하고 미소 지반 요소의 응력상태 (즉, 연직 전응력 σ_z 과 간극수압 u 및 연직 유효응력 σ_z') 는 지하수면이 상부 지층의 중간에 있으므로 다음이 된다.

$$\begin{aligned} \sigma_z &= \sigma_{z0} + \Delta\sigma \\ u &= u_0 + \Delta u \\ \sigma_z' &= \sigma_z - u = \sigma_{z0} - u_0 + \Delta\sigma - \Delta u \\ &= \sigma_{z0}' + \Delta\sigma - \Delta u \end{aligned} \tag{3.42}$$

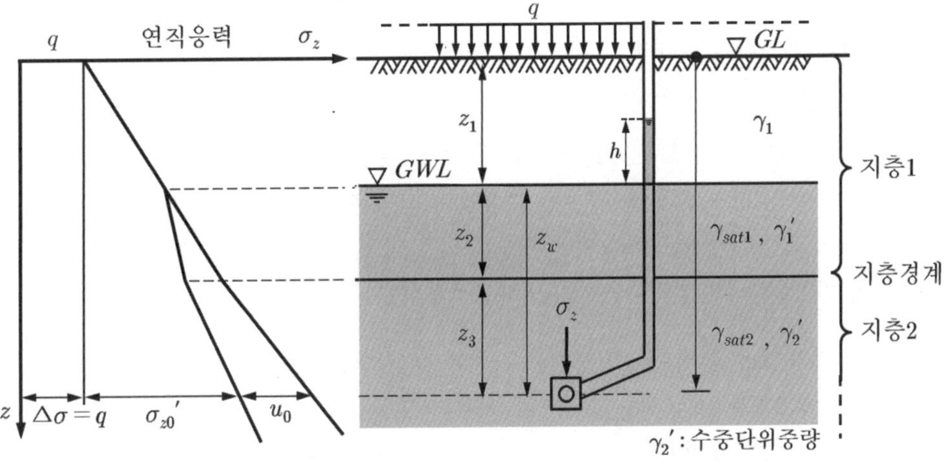

그림 3.19 수평 층상 지반의 응력상태 (자중 + 상재하중)

◈ 연 습 문 제 ◈

【문 3.1】 유효응력 σ' 는 전응력 σ 에서 간극수압 u 를 뺀 값, 즉, $\sigma' = \sigma - u$ 이다. 이런 관계식 (3.10) 을 유도하시오.

【문 3.2】 등방압에 의한 간극수압계수 B 를 구하는 식 (3.18)을 유도하시오.

【문 3.3】 모세관 현상에 의해 유리관을 상승하는 모관 상승고를 구하는 식을 유도하시오.

【문 3.4】 온도가 낮은 곳과 높은 곳에서 모관상승고가 더 높은 곳을 말하고 그 이유를 설명하시오.

【문 3.5】 축차응력에 의한 간극수압계수 A 의 의미와 적용대상을 설명하시오.

【문 3.6】 12.0 m 두께의 자갈층이 수평으로 분포되어 있다. 지하수위가 지표아래 6.0 m에 있고, 자갈층의 단위중량이 지하수위 상부에서 $\gamma_t = 17.0\ \mathrm{kN/m^3}$ 이고, 지하수의 아래에서는 $\gamma_{sat} = 19.0\ \mathrm{kN/m^3}$ 이다. 깊이 6.0 m, 12.0 m 에 있는 점에서 다음을 구하시오. 단, 자갈층의 점착력은 없다고 간주한다.

① 전연직응력 ② 간극수압 ③ 유효연직응력

【문 3.7】 두께가 10 m 인 점토층의 하부에 조밀한 모래층이 분포되어 있다. 지하수위가 지표에서 4.0 m 깊이에 있으나, 모세관 현상에 의하여 지표까지 포화되어 있을 때에 다음을 구하시오. 단, 간극비는 0.65 이고 비중은 2.70 이다.

① 전 연직응력 ② 간극수압 ③ 연직 유효응력

【문 3.8】 두께 3.0 m 인 점토층이 모래층 사이에 끼어 있으며 지하수위는 지표아래 3.0 m 에 있다. 상부모래층은 두께가 3 m 이고, 하부 조밀한 모래층은 두께 3 m 이고 그 아래에는 자갈층이 분포되어 있다. 모래층의 습윤단위중량은 16 kN/m^3, 포화단위중량은 19 kN/m^3 이고, 점토층의 포화단위중량은 19 kN/m^3 일 때에 다음의 물음에 답하시오.

① 깊이에 따른 전연직응력, 간극수압, 유효연직응력의 분포를 구하시오.

② 지표에 $q = 50\ \mathrm{kPa}$ 의 등분포 상재하중이 순간적으로 가해졌을 때, 깊이에 따른 전연직응력, 간극수압, 유효연직응력의 분포를 구하시오.

【문 3.9】 일반적인 모래지반에서 정지토압계수의 범위를 정하시오. 단, 가장 느슨한 상태에서 내부마찰각은 $\phi = 30^\circ$ 이고 가장 조밀한 내부마찰각은 $\phi = 45^\circ$ 이며 점착력은 없다고 가정한다.

제4장 외력에 의한 지반응력

4.1 개 요

자중에 의한 지반응력이 힘의 평형을 이루고 변형이 정지된 상태의 지반에서 기초 등을 통해 외력이 가해지면 지중응력이 증가되고 이로 인해 지반이 변형된다.

외력이 크지 않으면 **탄성평형상태** (elastic equilibrium state) 가 유지되며, 외력이 한계치 (극한하중) 에 도달되면 **극한평형상태** (limit equilibrium state) 가 되어 외력에 의한 지반응력이 더 이상 증가하지 않거나 변형이 급격히 증가 (지반이 전단파괴) 된다. 이때의 하중이 **극한하중** (ultimate load) 이고, 안전율로 나누어 기초 **설계하중** (design load) 으로 한다.

지하수위가 변하거나 외력 등이 작용하여 지반응력이 증가되면 지반이 변형되어 **지반침하** (settlement) 가 발생되며, 지반변형의 연직 성분을 특별히 지반침하라고도 한다. 지표침하는 외력으로 인해 증가된 지중응력에 의해 각 하부지층에서 발생되는 압축변형의 합이다.

지반응력은 지반 자중은 물론 외력에 의해서도 발생된다. **지반 자중에 의한 지반응력**은 깊이에 선형 비례 증가하므로 지반의 단위중량과 깊이만 알면 쉽게 구할 수 있다. 그러나 **외력에 의한 지반응력 (4.2 절)** 은 탄성체 모델이나 입적체 모델 또는 경험치나 수치해석 결과로부터 판정한다. Skopek (1961) 은 기초의 근입깊이를 고려하여 지반응력을 구하였고, Fadum (1948) 은 균질한 등방성 반무한 탄성지반에서 지반응력을 구하였다.

무한히 넓은 등분포하중 (4.3 절) 에 의한 지반응력은 깊이에 무관하게 일정한 크기로 발생되며, 지반을 탄성체로 간주하고 계산한다. **절점 하중 (4.4 절)** 에 의한 지반응력은 연직절점하중이면 Boussinesq 이론으로 계산하고, 수평절점하중이면 Cerruti 이론으로 계산한다.

선하중 (4.5 절), **띠하중 (4.6 절)**, **단면하중 (4.7 절)** 등에 의한 지반응력은 절점하중에 의한 지반응력을 적분하여 구하며, 일부 지반영역에 집중되고 활동파괴선 형성에도 영향을 미친다.

4.2 외력에 의한 지반응력 판정

외력에 의한 지반응력은 Boussinesq 의 **탄성식** (4.2.1 절) 이나 **입적체 모델** (4.2.2 절) 또는 경험치 및 유한요소법 (FEM) 과 유한차분법 (FDM) 등 **수치해석법** (4.2.3 절) 으로 구한다.

4.2.1 탄성식

각종 외력에 의한 지반응력은 지반을 완전 탄성체로 가정하고, Boussinesq (1885) 의 **연직 절점하중**에 대한 식과 Cerutti (1888) 의 **수평절점하중**에 대한 식으로 구할 수 있다. 이때에 지반이 선형 탄성거동한다는 가정은 실제와 거리가 멀지만, 그동안 경험을 통해 해석결과가 실제와 상당히 유사한 것이 확인되었다. 일반적으로 정량화하기 어려운 경계조건에 의해서 발생되는 오차가 계산방법에 따른 오차보다도 더 크다.

지반이 탄성거동하면 **겹침의 원리**가 적용되므로, 연직력 V 와 수평력 H 및 모멘트 M 에 의한 지반응력을 각각에 대해 구한 후 중첩해서 총 지반응력을 구할 수 있다 (그림 4.1).

4.2.2 입적체 모델

외력에 의한 지반응력의 증가양상은 그림 4.2 와 같은 **입적체 모델**로 설명할 수 있다. 즉, 강성 공 (球) 이 층상으로 쌓여서 형성된 영역이 무한히 넓으면 공과 공의 접촉면에서 수직 압축력만 전달되므로 지표 선 하중에 의한 **지반 내 연직응력** σ_z 는 Gauss **정규분포**가 된다.

$$\sigma_z = \frac{h}{z\sqrt{\pi}}\, e^{-h^2 \frac{x^2}{z^2}} \tag{4.1}$$

그런데 실제 지반의 흙 입자들은 공모양이 아니고 크기도 다양해서 입자 간에 수직응력은 물론 전단응력이 전달되므로 지반 내의 연직응력의 분포는 Gauss 정규분포와 차이가 있다. 그런데 지반응력은 (전단응력보다) 주로 수직응력에 의해 결정되며, 깊어질수록 응력분포가 넓게 확산되고, 압축응력의 분포는 일정한 범위에 국한된다. 이러한 현상은 실험적으로 확인되었으므로 (Kögler/Scheidig, 1927, 1929), 입적체 모델로 지중응력을 계산할 수 있다.

4.2.3 경험치 및 수치해석 결과

지반 내 응력은 직접 측정하거나 경험 또는 수치해석을 통해 구할 수 있다. 최근에는 FEM 등 수치해석 방법이 자주 이용된다. 그러나 탄성계수나 Poisson 비 등 정량화가 어려운 재료상수를 적용해야 하는 어려움과 단점이 있다.

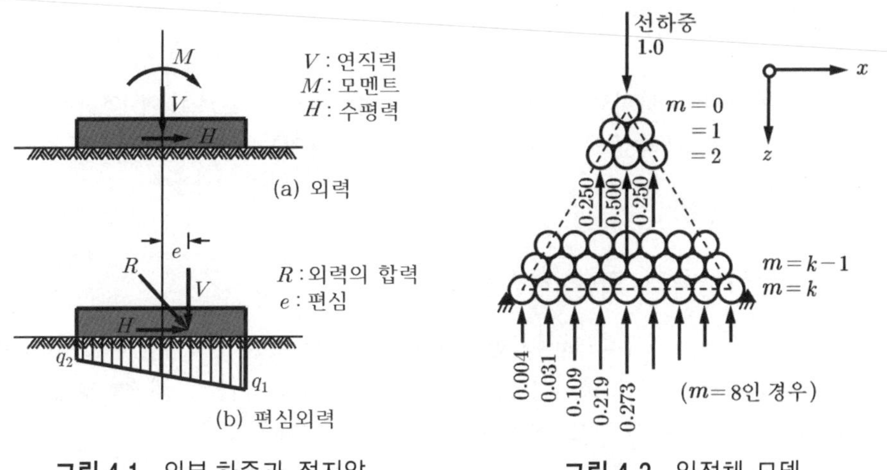

그림 4.1 외부 하중과 접지압

그림 4.2 입적체 모델

4.3 무한히 넓은 등분포 연직하중에 의한 지반응력

무한히 넓은 수평지반에서 지반 내 수평응력 σ_h 은 연직응력 σ_v 에 토압계수 K 를 곱한 크기이다. 지표에 등분포 연직하중 q 가 작용하면 연직 지반응력이 연직하중 q 만큼 증가하며, **수평응력증가분 $\Delta\sigma_h{}'$** 은 연직응력 증가분 $\Delta\sigma_v{}' = q$ 에 **토압계수 K** 를 곱한 값이다.

$$\Delta\sigma_h{}' = qK \tag{4.2}$$

지표에 작용하는 등분포 연직 하중 q 는 높이 h' 인 지반의 자중으로 대체 (즉, 지표면을 실제보다 h' 만큼 더 높은 **가상 지표면**으로 대체) 하여 지반응력을 계산할 수 있다. 또한, 가상 지표면 (높이 $h + h'$) 에 대해서 **도해법**으로 지반응력을 구할 수도 있다.

등분포 연직하중 q 에 의한 **대체높이 h'** 와 **연직 및 수평응력의 증가량 $\Delta\sigma_v$** 및 **$\Delta\sigma_h$** 는

$$\begin{aligned} h' &= q/\gamma \\ \Delta\sigma_v &= \gamma\, h' \\ \Delta\sigma_h &= K\,\Delta\sigma_v = K\,\gamma\, h' \end{aligned} \tag{4.3}$$

이고, **지반 내 연직 및 수평응력 σ_v** 및 **σ_h** 는 다음이 된다.

$$\begin{aligned} \sigma_v &= \sigma_{vo} + \Delta\sigma_v = \gamma\,(h + h') \\ \sigma_h &= \sigma_{ho} + \Delta\sigma_h = K\gamma\,(h + h') \end{aligned} \tag{4.4}$$

지반의 자중과 등분포 연직하중의 영향을 동시에 받는 경우에 지반응력은 각각 별도로 계산하여 중첩한다. 지반이 느슨하면 내부마찰각이 작아서 토압계수가 커지고, 토압계수에 비례하여 등분포 연직하중의 영향이 커진다.

4.4 절점하중에 의한 지반응력

반무한 탄성지반의 수평지표에 작용하는 **연직 절점하중** (4.4.1 절) 에 의한 지반응력은 Boussinesq (1885) 가 구하였으며, **수평 절점하중** (4.4.2 절) 에 의한 지반응력은 Cerruti (1888) 가 구하였다.

4.4.1 연직 절점하중에 의한 지반응력

Boussinesq (1885) 는 **반무한 탄성지반**의 지표면에 작용하는 **연직 절점하중**에 의해 발생되는 지반응력을 구하는 식을 제시하였으며, 이를 위해 다음과 같이 가정하였다.

- 절점하중 p 는 반무한 체 (half space) 의 표면에 작용한다.
- 지반은 탄성체이다.
- 지반은 균질하고 등방성이다.
- 지반은 인장응력을 지지할 수 있다.
- 절점하중 작용 전에는 반무한체에 어떤 응력도 작용하지 않는다 (지반은 무게가 없다).

Boussinesq 가 구한 지반응력을 **극좌표**로 나타내면 다음과 같다 (그림 4.3).

$$\begin{aligned}
\sigma_z &= \frac{3P}{2\pi}\frac{z^3}{R^5} = \frac{3P}{2\pi z^2}\cos^5\theta \\
\sigma_r &= \frac{P}{2\pi}\left[\frac{3zr^2}{R^5} - \frac{1-2\nu}{R(R+z)}\right] = \frac{P}{2\pi R^2}\left[3\sin^2\theta\cos\theta - \frac{1-2\nu}{1+\cos\theta}\right] \\
\sigma_\theta &= \frac{P(1-2\nu)}{2\pi}\left[\frac{1}{R(R+z)} - \frac{z}{R^3}\right] = -\frac{P}{2\pi z^2}(1-2\nu)\left[\cos\theta - \frac{1}{1+\cos\theta}\right] \\
\tau_{rz} &= \frac{3P}{2\pi z^2} sin\,\theta\cos^4\theta = \frac{3P}{2\pi R^2}\cos^3\theta
\end{aligned} \tag{4.5}$$

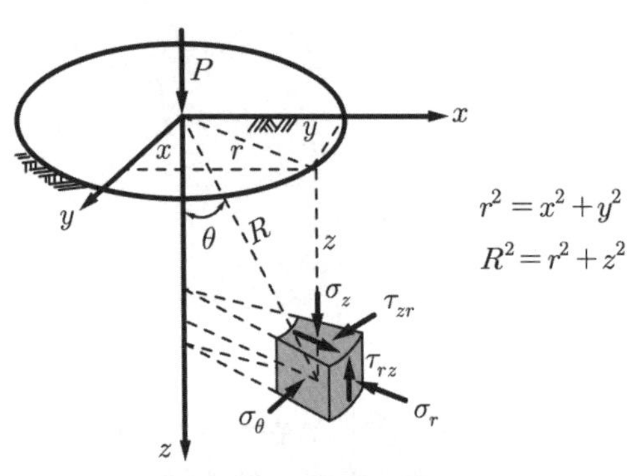

그림 4.3 연직절점하중에 의한 지반응력 (극좌표)

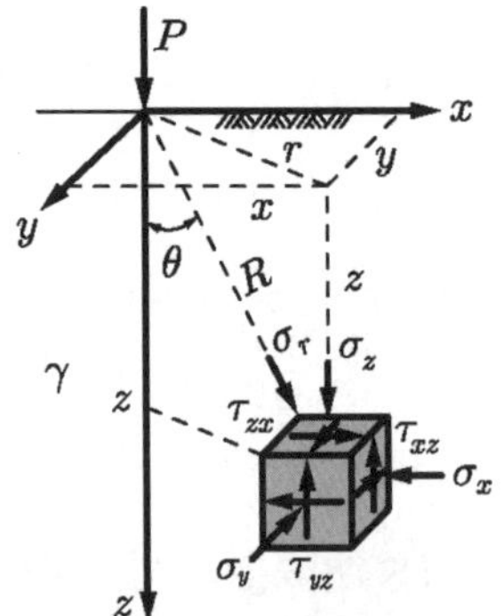

그림 4.4 연직 절점하중에 의한 지반응력 (직각좌표)

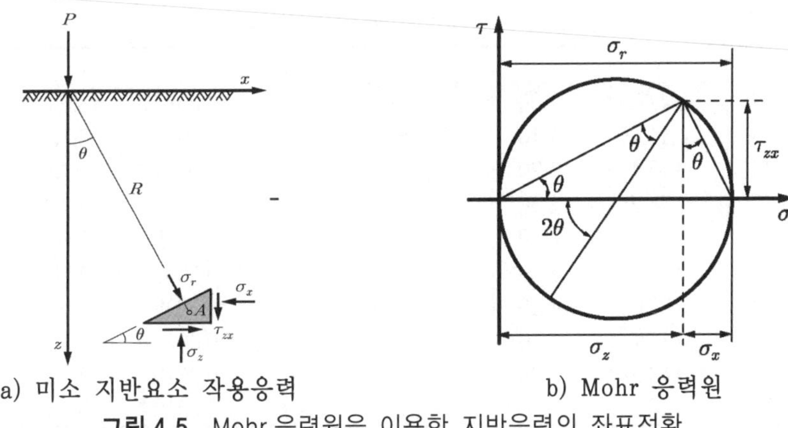

a) 미소 지반요소 작용응력 b) Mohr 응력원

그림 4.5 Mohr 응력원을 이용한 지반응력의 좌표전환

위 σ_θ 에 대한 식에서 '–' 부호는 인장응력을 의미하고 ν 는 Poisson 비이다. $\nu = 0.5$ 이면 부피가 변하지 않은 상태이고, 이때는 σ_θ 가 없어져서 주응력 상태가 된다.

Boussinesq 지반응력 (식 4.5) 을 직각좌표로 나타내기 위해 그림 4.3 의 극좌표 응력과 그림 4.4 의 직각좌표 응력의 관계 (그림 4.5a) 를 Mohr 응력원 (그림 4.5b) 에서 구하고,

$$\begin{aligned} \sigma_z &= \sigma_r \cos^2\theta \\ \sigma_x &= \sigma_r \sin^2\theta \\ \tau_{zx} &= \sigma_r \cos\theta \sin\theta \end{aligned} \tag{4.6}$$

이를 적용하면 그림 4.4 의 **직각좌표 응력**은 다음이 된다.

$$\begin{aligned} \sigma_z &= \frac{3P}{2\pi}\frac{z^3}{R^3} = \frac{3}{2\pi}\frac{P}{z^2}\left\{\frac{1}{(x/z)^2+1}\right\}^{5/2} \\ \sigma_x &= \frac{3P}{2\pi}\left\{\frac{x^2 z}{R^5} + \frac{1-2\nu}{3}\left[\frac{1}{R(R+z)} - \frac{(2R+z)x^2}{R^3(R+z)^2} - \frac{z}{R^3}\right]\right\} \\ \sigma_y &= \frac{3P}{2\pi}\left\{\frac{y^2 z}{R^5} + \frac{1-2\nu}{3}\left[\frac{1}{R(R+z)} - \frac{(2R+z)y^2}{R^3(R+z)^2} - \frac{z}{R^3}\right]\right\} \\ \tau_{zx} &= \frac{3P}{2\pi}\frac{xz^2}{R^5} \\ \tau_{yz} &= \frac{3P}{2\pi}\frac{yz^2}{R^5} \\ \tau_{xy} &= \frac{3P}{2\pi}\left\{\frac{xyz}{R^5} - \frac{1-2\nu}{3}\frac{(2R+z)xy}{R^3(R+z)^2}\right\} \end{aligned} \tag{4.7}$$

여기에서 연직응력 σ_z 는 Poisson 의 비 ν 에 무관하므로, 일상적인 경우에는 지반의 Poisson 의 비를 $\nu = 0.5$ 로 하여도 큰 지장이 없다.

표 4.1 연직 절점하중에 대한 연직 지반응력의 영향계수 i_{Pz}

r/z	i_{Pz}	r/z	i_{Pz}	r/z	i_{Pz}	r/z	i_{Pz}
0.00	0.4775	1.00	0.0844	2.00	0.0085	3.00	0.0015
0.10	0.4657	1.10	0.0658	2.10	0.0070	3.10	0.0013
0.20	0.4329	1.20	0.0513	2.20	0.0061	3.20	0.0011
0.30	0.3849	1.30	0.0402	2.30	0.0048	3.30	0.0010
0.40	0.3294	1.40	0.0317	2.40	00043	3.40	0.0009
0.50	0.2733	1.50	0.0251	2.50	0.0034	3.50	0.0007
0.60	0.2214	1.60	0.0200	2.60	0.0028	3.60	0.0007
0.70	0.1762	1.70	0.0160	2.70	0.0024	3.70	0.0006
0.80	0.1386	1.80	0.0129	2.80	0.0020	3.80	0.0005
0.90	0.1083	1.90	0.0105	2.90	0.0018	3.90	0.0005

식 (4.7) 에서 연직응력 σ_z 에 대한 식은 다음과 같고, Poisson 의 비 ν 에 무관하다.

$$\sigma_z = \frac{3P}{2\pi z^2}\left[\frac{1}{1+(r/z)^2}\right]^{5/2} = \frac{P}{z^2} i_{Pz} \tag{4.8}$$

$$i_{Pz} = \frac{3}{2\pi}\left[\frac{1}{1+(r/z)^2}\right]^{5/2}$$

여기에서 i_{Pz} 는 지표에 작용하는 연직 절점하중에 의해 발생되는 지반 내 연직응력에 대한 하중 영향계수이며, r/z 에 따라 결정되고 표 4.1 의 값을 갖는다.

지표하중의 영향은 깊을수록 감소하여 어느 깊이 이상이면 거의 없어지며, 하중 중심선에서 가장 크고 하중의 중심에서 멀수록 감소하며 어느 거리 이상이 되면 거의 없어진다. 연직 절점하중에 의해서 발생되는 지반 내 **압력구근**은 그림 4.6 과 같고, 연직 절점하중의 작용면에 발생되는 수평응력과 수평면에 발생되는 연직응력의 분포는 그림 4.7 과 같다.

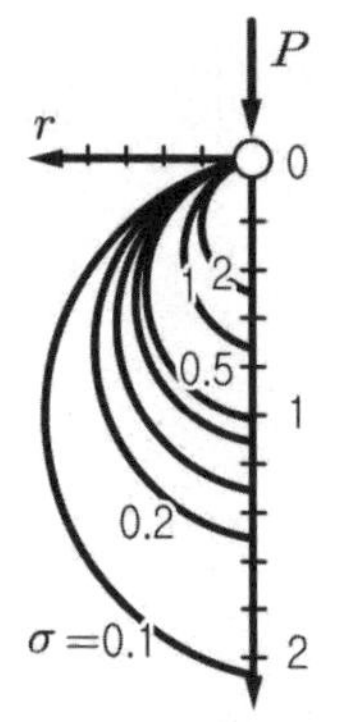

그림 4.6 연직 절점하중에 의한 압력구근

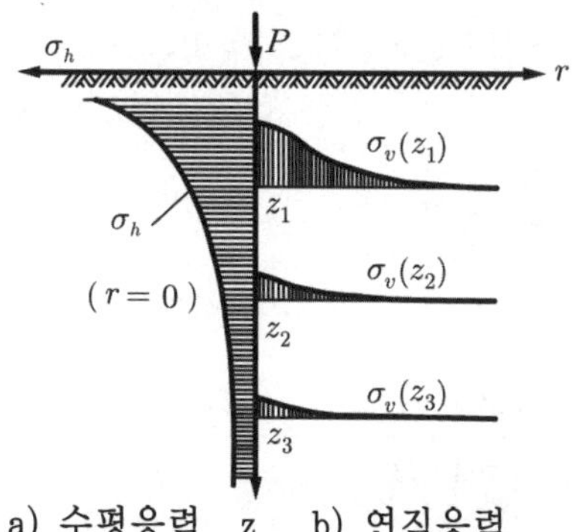

그림 4.7 연직 절점하중에 의한 연직 및 수평응력 분포

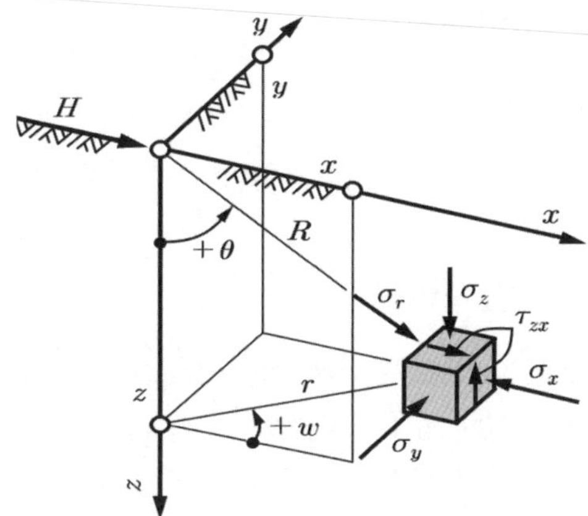

그림 4.8 수평력 H에 의한 지반응력

4.4.2 수평 절점하중에 의한 지반응력

반무한 탄성지반의 지표면에 **수평 절점하중 H**가 작용하면, 그림 4.8과 같이 지반응력이 증가하며, 이로 인해 발생되는 연직 지반응력 σ_z는 Cerruti (1888)가 구하였고, Poisson 비가 $\nu = 0.5$ 일 때에 다음이 된다.

$$\sigma_z = \frac{3H}{2\pi z^2} \cos\omega \sin\theta \cos^4\theta \tag{4.9}$$

수평 절점하중이 작용하는 평면 ($\omega = 0$) 즉, $x - z$ 평면에서 발생되는 지반 내 응력은 다음과 같다.

$$\begin{aligned} \sigma_r &= \frac{3H}{2\pi R^2} \sin\theta \\ \sigma_z &= \frac{3H}{2\pi R^2} \sin\theta \cos^2\theta \\ \tau_{xz} &= \frac{3H}{2\pi R^2} \sin^2\theta \cos\theta \\ \sigma_x &= \frac{3H}{2\pi R^2} \sin^3\theta \end{aligned} \tag{4.10}$$

수평력 H가 작용하는 전방 (x 축의 '**양**'의 방향) 은 지반이 압축상태이며, 그 반대면 (x 축의 '**음**'의 방향) 은 지반이 인장상태이다.

4.5 선하중에 의한 지반응력

연직 선하중 (4.5.1 절) 이나 **수평 선하중** (4.5.2 절) 에 의해서 발생되는 지반응력은 연직 또는 수평 절점하중에 의한 지반응력을 선하중의 길이에 대해 적분하여 구할 수 있다.

4.5.1 연직 선하중에 의한 지반응력

연직 선하중에 의해 발생되는 지반응력은 Boussinesq 식 (식 4.7) 을 적분하여 구할 수 있다. 그밖에 연직 선하중을 삼각형 분포하중으로 대체 (Jenne, 1973) 하거나 (제 9.3.2 절 참조), 도해법 (Culmann, 1866 ; 제 9.4.2 절 참조) 을 적용하여 지반응력을 구할 수 있다.

무한히 긴 연직 선하중 q 에 의한 지반응력은 **연직 절점하중 P** 에 의한 Boussinesq (1885) 의 지반응력을 선 하중의 길이방향으로 적분해서 구한다. 그림 4.9 와 같이 선하중의 길이방향으로 미소요소의 길이가 dy 이면, 선하중의 크기는 $dP = q\,dy$ 이며, 이를 $y = +\infty$ 에서 $y = -\infty$ 까지 적분하면 다음이 된다.

$$\sigma_z = \frac{2q}{\pi R^4} z^3 = \frac{2q}{\pi} \frac{z^3}{(x^2+z^2)^2} = \frac{2q}{\pi z} \left\{ \frac{z^2}{x^2+z^2} \right\}^2 = \frac{q}{z} i_{Lz}$$

$$\sigma_x = \frac{q}{\pi} \frac{z}{R^2} = \frac{2q}{\pi} \frac{x^2 z}{(x^2+z^2)^2} = \frac{2q}{\pi z} \left\{ \frac{xz}{x^2+z^2} \right\}^2$$

$$\tau_{xz} = \frac{2q}{\pi R^4} x z^2 = \frac{2q}{\pi} \frac{x z^2}{(x^2+z^2)^2} = \frac{2q}{\pi x} \left\{ \frac{xz}{x^2+z^2} \right\}^2 \tag{4.11}$$

위 식에서 연직응력 σ_z 식의 i_{Lz} 는 **연직 선하중의 영향계수**이고, 크기가 표 4.2 와 같다.

$$i_{Lz} = \frac{2}{\pi} \left[\frac{1}{1+(x/z)^2} \right]^2 \tag{4.12}$$

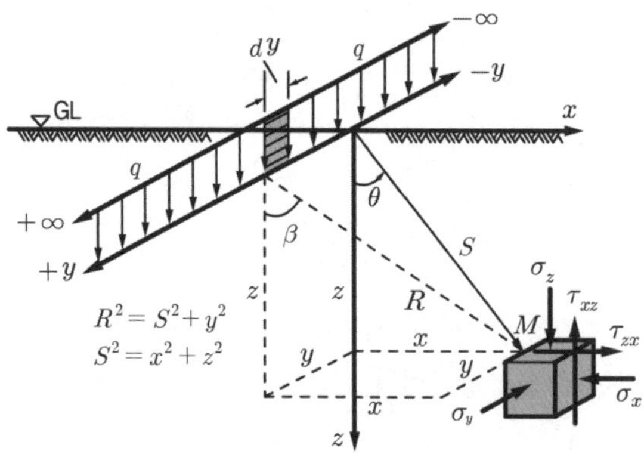

그림 4.9 연직선하중에 의한 지반응력

표 4.2 연직 선하중에 의한 지반응력 영향계수 i_{Lz}

x/z	i_{Lz}	x/z	i_{Lz}	x/z	i_{Lz}
0.0	0.637	1.0	0.159	2.2	0.019
0.1	0.624	1.1	0.133	2.4	0.014
0.2	0.589	1.2	0.111	2.6	0.011
0.3	0.536	1.3	0.092	2.8	0.008
0.4	0.473	1.4	0.075	3.0	0.006
0.5	0.408	1.5	0.060	3.5	0.004
0.6	0.343	1.6	0.050	4.0	0.002
0.7	0.287	1.7	0.041	4.5	0.0014
0.8	0.238	1.8	0.034	5.0	0.0009
0.9	0.194	1.9	0.029	10.0	0.0001
1.0	0.159	2.0	0.025	∞	0.0

4.5.2 수평 선하중에 의한 지반응력

지표에 **수평 선하중 w** 가 그림 4.10 과 같이 x 축에 직각방향 (즉, y 축 방향) 으로 작용할 경우에 발생되는 지반응력은 Cerruti (1888) 의 수평 절점하중에 의한 지반응력 (식 4.10) 을 적분한 다음 식으로 계산한다.

$$\sigma_x = \frac{2w}{\pi z}\sin^3\theta\cos\theta = \frac{2w}{\pi}\frac{x^3}{(x^2+z^2)^2} = \frac{2w}{\pi x}\left\{\frac{x^2}{x^2+z^2}\right\}^2$$

$$\sigma_z = \frac{2w}{\pi z}\sin\theta\cos^3\theta = \frac{2w}{\pi}\frac{xz^2}{(x^2+z^2)^2} = \frac{2w}{\pi x}\left\{\frac{xz}{x^2+z^2}\right\}^2$$

$$\tau_{xz} = \frac{2w}{\pi z}\sin^2\theta\cos^2\theta = \frac{2w}{\pi}\frac{x^2 z}{(x^2+z^2)^2} = \frac{2w}{\pi z}\left\{\frac{xz}{x^2+z^2}\right\}^2 \qquad (4.13)$$

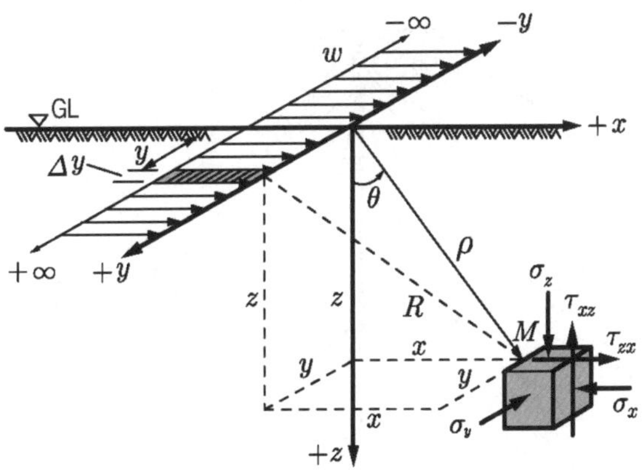

그림 4.10 수평 선하중에 의한 지반응력

수평하중이 작용하면 하중의 전방에 있는 지반은 압축상태가 되어 지반 내에 압축응력이 발생하고, 후방지반은 인장상태가 되어 지반 내에 인장응력이 발생된다. 그런데 지반은 입자들이 결합되지 않고 쌓여만 있는 입적체이므로 인장상태를 해석하기가 매우 어렵다.

지표에 작용하는 수평 선하중 w 의 작용점이 원점이고 작용방향이 x 축 '양'의 방향이면, 수평 선하중에 의해 지반 내에 발생되는 수평 및 연직 응력의 분포는 그림 4.11과 같다.

지반 내 수평응력 σ_h 는 그림 4.11a 와 같이 x 축 '양' 의 영역에서는 **압축응력**이고, x 축 '음' 의 영역에서는 **인장응력**이 되며, 압축영역과 인장영역은 z 축에 대해 대칭이다. 한편, **지반 내 연직응력** σ_v 는 그림 4.11b 와 같이 x 축 '양'의 영역과 x 축 '음'의 영역의 구근이 연직 축에 대칭이다. 이때에 압력구근의 대칭축은 '양'의 x 축(수평)에 대해 x 축 '양' 의 영역에서는 54.8^o 로 경사진 직선이고, x 축 '음'의 영역에서는 125.2^o 로 경사진 직선이며, 두 개의 대칭축은 연직축(z 축)에 대칭이다.

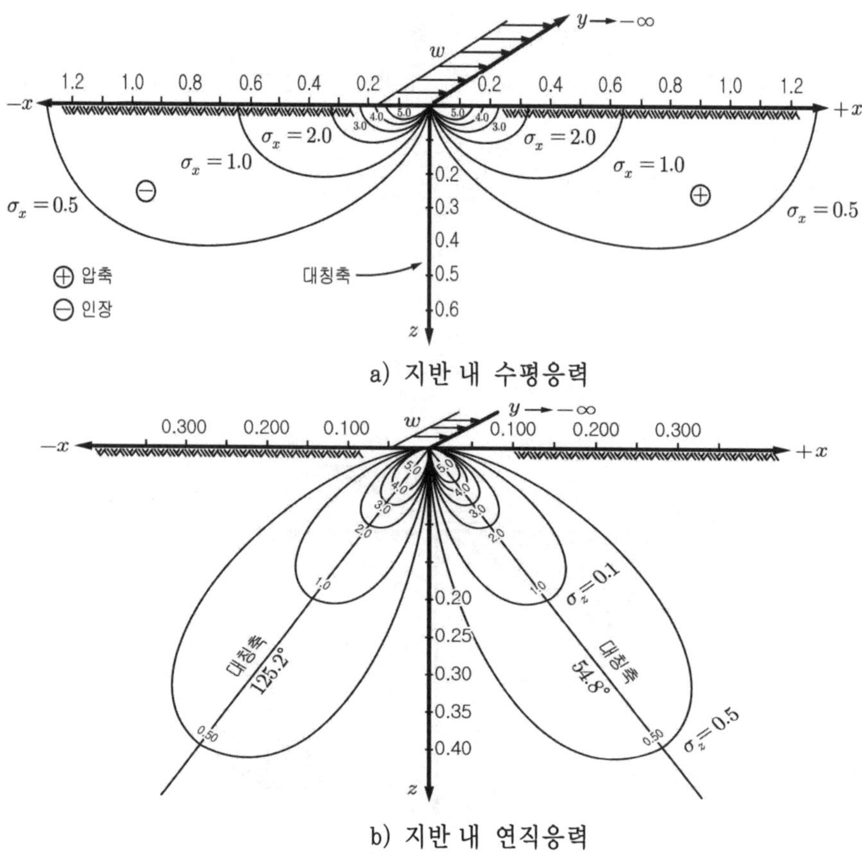

그림 4.11 수평 선하중에 의한 지반 내 응력

4.6 띠하중에 의한 지반응력

무한히 긴 **연직 띠하중** (4.6.1 절) 또는 **수평 띠하중** (4.6.2 절) 에 의한 지반응력은 연직 선 하중이나 수평 선 하중에 의한 지반응력을 띠 하중의 폭에 대해 적분하여 구할 수 있다.

4.6.1 연직 띠하중에 의한 지반응력

연직 띠하중에 의해 발생되는 지반응력은 연직 띠 하중이 **등분포**이거나 **삼각형 분포** 또는 **사다리꼴 분포**일 경우에 대해 구할 수 있다.

1) 등분포 연직 띠하중에 의한 지반응력

등분포 연직 띠하중에 의한 지반응력은 연직 절점하중 P 에 의한 Boussinesq (1885) 의 지반응력 (식 4.7) 을 띠 하중 폭 B 와 길이 (∞) 에 대해 적분하거나, 연직 선하중에 의한 지반응력 (식 4.11) 을 폭 B 에 대해 적분하여 구한다. 그밖에 **개략적 방법** (Jenne, 1973; 제 9.3.2 절) 이나 **도해법** (Culmann, 1866; 제 9.4.2 절) 으로 구할 수도 있다.

수평지표에 작용하는 무한히 긴 등분포 연직 띠하중 (폭 B, 크기 q) 에 의한 지반 내 (깊이 z) 응력은 연직 선하중에 의한 지반응력 (식 4.11) 을 폭 B 에 대해 적분하여 구한다.

$$\sigma_z = \int_{\beta_1}^{\beta_2} d\sigma_z = \int_{\beta_1}^{\beta_2} \frac{2q}{\pi R} \cos^3\beta \, dx = \frac{q}{\pi}(\epsilon + \sin\epsilon \cos\psi)$$

$$\sigma_x = \frac{q}{\pi}\{\beta_2 - \sin\beta_2 \cos\beta_2\}$$

$$\tau_{xz} = \frac{q}{\pi} \sin\epsilon \sin\psi \tag{4.14}$$

여기에서 $\epsilon = \beta_2 - \beta_1$, $\psi = \beta_1 + \beta_2$ 이다.

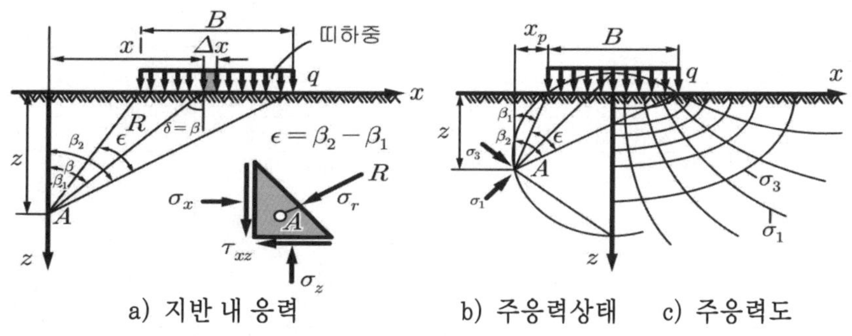

그림 4.12 등분포 연직 띠하중에 의한 지반응력과 주응력

위 식을 변환하여 최대 및 최소 주응력 σ_1 및 σ_3 를 구하면 다음이 되고, 주응력 상태는 그림 4.12b 와 같고, **주응력의 분포** 즉, 주응력도는 그림 4.12c 와 같다.

$$\sigma_{1,3} = \frac{q}{\pi}(\epsilon \pm \sin\epsilon) \tag{4.15}$$

띠하중 양 끝점의 하부지반 내 깊이 z 인 지점 $(x=0)$ 에 발생되는 지반응력 σ_z 및 σ_x 는 위 식 (4.14) 에 $\beta_1 = 0$ 을 대입하면 구할 수 있다.

$$\sigma_z = \frac{q}{\pi}\{\beta_2 + \sin\beta_2 \cos\beta_2\} = q\, i_{Sz}$$

$$\sigma_x = \frac{q}{\pi}\{\beta_2 - \sin\beta_2 \cos\beta_2\} = q\, i_{Sx} \tag{4.16}$$

위 식에서 i_{Sx} 및 i_{Sz} 는 **등분포 연직 띠 하중에 의한 하중영향계수**이며, 크기는 깊이에 따라 표 4.3 과 같다 (Steinbrenner, 1934).

$$i_{Sz} = \frac{1}{\pi}\{\beta_2 + \sin\beta_2 \cos\beta_2\}$$

$$i_{Sx} = \frac{1}{\pi}\{\beta_2 - \sin\beta_2 \cos\beta_2\} \tag{4.17}$$

위 식 (4.16) 을 이용하면 띠 하중에 근접한 위치에서 하부의 지반응력을 구할 수 있다. 즉, 폭 B 인 띠하중의 한 쪽 끝에서 x_1 만큼 이격된 위치에서 깊이 z 인 지점의 지반응력은 폭이 $B+x_1$ 인 띠하중 끝의 하부지반 내 지반응력에서 폭이 x_1 인 띠하중 끝의 하부지반 내 지반응력을 빼서 구할 수 있다.

표 4.3 등분포 연직 띠하중의 x 및 z 방향 지반응력에 대한 영향계수 i_{Sx} 와 i_{Sz}

x/z	영향계수		x/z	영향계수		x/z	영향계수	
	i_{Sx}	i_{Sz}		i_{Sx}	i_{Sz}		i_{Sx}	i_{Sz}
0.0	0.500	0.250	1.0	0.091	0.205	2.2	0.016	0.128
0.1	0.437	0.250	1.1	0.076	0.197	2.4	0.014	0.120
0.2	0.376	0.249	1.2	0.065	0.189	2.6	0.012	0.113
0.3	0.320	0.248	1.3	0.055	0.181	2.8	0.009	0.106
0.4	0.269	0.245	1.4	0.045	0.174	3.0	0.007	0.099
0.5	0.225	0.240	1.5	0.040	0.167	3.5	0.005	0.086
0.6	0.188	0.235	1.6	0.035	0.160	4.0	0.003	0.076
0.7	0.156	0.229	1.7	0.030	0.154	4.5	0.002	0.068
0.8	0.130	0.221	1.8	0.025	0.148	5.0	0.0015	0.062
0.9	0.109	0.213	1.9	0.022	0.142	10.0	0	0.032
1.0	0.091	0.205	2.0	0.020	0.137	∞	0	0

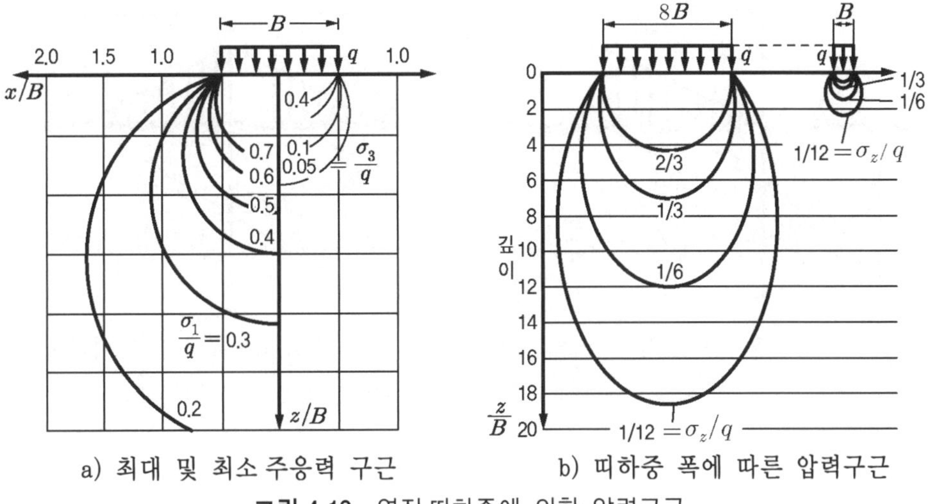

a) 최대 및 최소 주응력 구근 b) 띠하중 폭에 따른 압력구근

그림 4.13 연직 띠하중에 의한 압력구근

외력에 의해 발생되는 지반응력이나 주응력의 크기 (즉, 영향) 가 동일한 점을 연결하면 외력의 동일영향권이 구근형상으로 나타내며, 이를 **압력구근** (pressure bulb) 이라 한다. 외력의 영향권은 기초의 크기 즉, 띠 하중 폭이 클수록 깊어지고, 이에 따라 압축 영향권이 커져서 침하량도 커진다.

그림 4.13 은 등분포 연직 띠 하중이 폭이 다르지만 동일한 크기로 작용할 경우에 지반내에 발생되는 연직응력의 분포를 나타내는 압력구근이다. 이때에 띠 하중의 폭이 클수록 영향권이 깊다.

2) 삼각형분포 연직 띠하중에 의한 지반응력

폭이 한정된 **삼각형 분포 연직 띠 하중**에 의해 발생되는 지반응력은 절점하중에 의한 지반응력에 대한 Boussinesq 식을 적분하거나 간략해법으로 구할 수 있다.

Jumikis (1965) 는 지표에 위치한 무한히 긴 띠 형상의 단면 (폭 a) 에 크기가 '**영**' 부터 p_o 까지 분포하는 **직각 삼각형 분포 연직 띠 하중** (그림 4.14a) 에 의한 지반응력을 구하였다. 폭 $2a$ 이고 무한히 긴 **이등변 삼각형 분포 연직 띠 하중** (그림 4.14b) 에 의한 지반응력은 폭 a 인 직각 삼각형 분포 연직 띠 하중에 의한 지반응력을 중첩하여 계산할 수 있다.

수평지표에 작용하는 **좌우 비대칭 삼각형 분포 띠하중**에 의해 인접한 연직벽체에 발생하는 수평토압은 삼각형 분포하중을 삼각형 토체로 대체하여 즉, 수평지표에 삼각형의 토체를 올려놓은 형상의 굴절형 지표에 대한 개략적 방법으로 구할 수 있다 (제 9.3.2 절 참조).

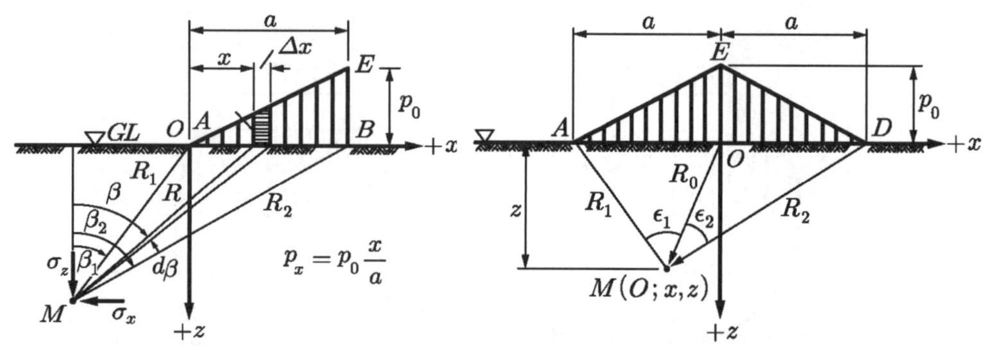

a) 직각 삼각형 분포 연직 띠하중 b) 이등변 삼각형 분포 연직 띠하중

그림 4.14 삼각형 분포 연직 띠하중에 의한 수평토압

(1) 직각 삼각형분포 연직 띠하중

폭 a 이고 무한히 긴 띠 형상 단면에 '영' 부터 p_o 까지 선형비례 분포하는 **직각 삼각형 분포 연직 띠하중** (그림 4.14a) 에 의한 지반응력은 다음 식으로 계산한다 (Jumikis, 1965).

$$\sigma_x = \frac{p_o z}{\pi a}\left\{(\cos^2\beta_2 - 2\ln\cos\beta_2 - \cos^2\beta_1 + 2\ln\cos\beta_1) - \tan\beta_1(\beta_2 - \frac{1}{2}\sin 2\beta_1)\right\}$$

$$\sigma_z = \frac{p_o z}{\pi a}\left\{\sin^2\beta_2 - \sin^2\beta_1 - \tan\beta_1\left(\beta_2 + \frac{1}{2}\sin 2\beta_2 - \beta_1 - \frac{1}{2}\sin 2\beta_1\right)\right\}$$

$$\tau_{xz} = \frac{p_o z}{2\pi a}\{\sin 2\beta_2 - \sin 2\beta_1 + 2(\beta_1 - \beta_2) - \tan\beta_1(\cos 2\beta_2 - \cos 2\beta_1)\} \tag{4.18}$$

(2) 이등변 삼각형분포 연직 띠하중

폭 $2a$ 이고 무한히 긴 **이등변 삼각형 분포 연직 띠하중** (그림 4.14b) 에 의한 지반응력은 다음 식으로 계산하거나, 폭 a 인 직각 삼각형 분포 연직 띠하중에 의한 지반응력 (식 4.18) 을 중첩 · 적용해서 계산할 수 있다. 이등변 삼각형 분포 하중은 중심에서 p_o 로 가장 크다.

$$\sigma_x = \frac{p_o}{\pi a}\left\{a(\epsilon_1 + \epsilon_2) + x(\epsilon_1 - \epsilon_2) - 2z\ln\frac{R_1 R_2}{R_o^2}\right\}$$

$$\sigma_z = \frac{p_o}{\pi a}\{a(\epsilon_1 + \epsilon_2) + x(\epsilon_1 - \epsilon_2)\}$$

$$\tau_{xz} = -\frac{p_o}{\pi a}(\epsilon_1 - \epsilon_2) \tag{4.19}$$

3) 사다리꼴분포 연직 띠하중에 의한 지반응력

제방이나 흙 댐 등과 같이 무한히 긴 **사다리꼴 분포 연직 띠하중**은 이등변 삼각형 분포 연직 띠하중에 의한 지반응력 (식 4.19) 을 적용하거나, 직각 삼각형 분포 연직 띠하중에 의한 지반응력 (식 4.18) 을 중첩 적용해서 나타낼 수 있다.

사다리꼴 띠 하중 (저변 $2a+2b$, 윗변 $2b$, 높이 q) 의 **중심선에서 x 만큼 이격된 지점**에서 **사다리꼴 연직 띠 하중에 의한 연직응력 σ_z** 은 다음 식 (Kezdi, 1964) 으로 계산할 수 있다.

$$\sigma_z = \frac{q}{\pi}\{\overline{\beta} + (1+b/a)(\overline{\alpha_1} + \overline{\alpha_2}) - (x/a)(\overline{\alpha_1} - \overline{\alpha_2})\} = q\, i_T \tag{4.20}$$

$$i_T = \frac{1}{\pi}\{\overline{\beta} + (1+b/a)(\overline{\alpha_1} + \overline{\alpha_2}) - (x/a)(\overline{\alpha_1} - \overline{\alpha_2})\}$$

위 식의 부호는 그림 4.15a 와 같고, **i_T 는 사다리꼴 연직 띠 하중에 의한 영향계수**이다.

사다리꼴 띠 하중 중심선 상 지반응력은 위 식에 $x=0$ 을 대입하여 구할 수 있다. 그런데 사다리꼴 (저변 $2a+2b$, 윗변 $2b$, 높이 q) 은 사다리꼴과 저변이 같은 이등변 삼각형 (저변 $2a+2b$, 높이 $(1+b/a)q$) 에서 사다리꼴의 윗변이 저변인 이등변 삼각형 (저변 $2b$, 높이 qb/a) 을 제거한 모양이므로, **사다리꼴 띠 하중에 의한 연직응력 σ_z** 은 이등변 삼각형 하중에 대한 식 (4.19) 를 적용하여 구할 수 있다 (Osterberg, 1957).

$$\sigma_z = \frac{q}{\pi}\{(1+b/a)\,\theta_a - (b/a)\theta_b\} = q\, i_{Stz} \tag{4.21}$$

$$i_{Stz} = \frac{1}{\pi}\{(1+b/a)\,\theta_a - (b/a)\theta_b\}$$

위 식에서 **i_{Stz} 는 사다리꼴 연직 띠 하중에 의한 영향계수** (그림 4.15c) 이다.

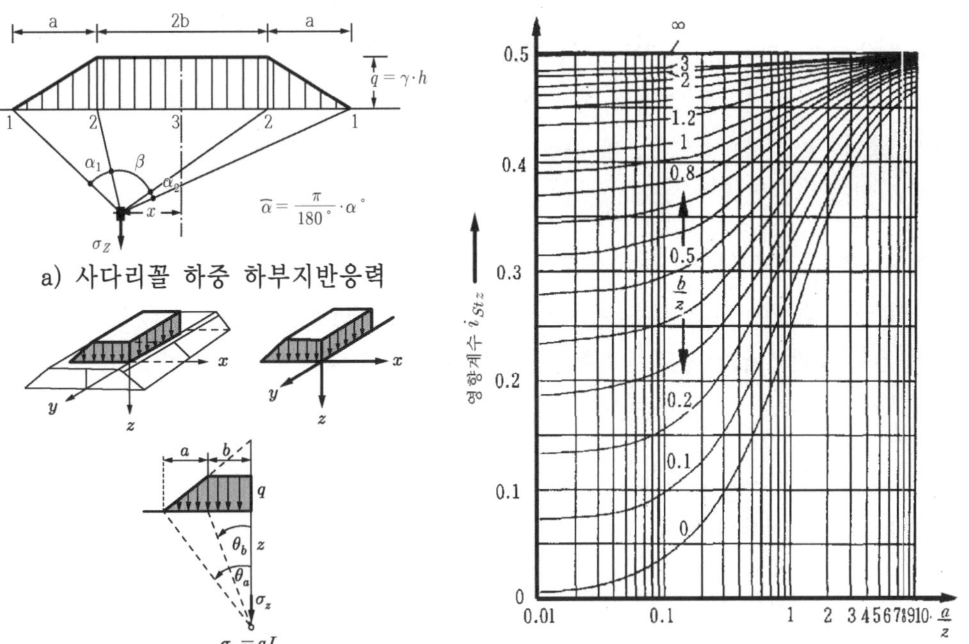

그림 4.15 사다리꼴 연직 띠하중에 의한 지반 내 연직응력 (Osterberg, 1957)

4.6.2 수평 띠하중에 의한 지반응력

폭이 한정되고 무한히 긴 연속기초의 바닥면에 작용하는 전단응력 등과 같은 **수평 띠하중**이 **등분포**이거나 **사다리꼴 분포**인 경우에도 이에 의해 발생되는 지반응력을 계산할 수 있다. Siemer (1971) 는 강성기초에서 수평하중에 의한 지반응력과 침하를 구하였다.

1) 등분포 수평 띠하중에 의한 지반응력

폭이 B 이고 무한히 긴 **등분포 수평 띠하중** w' 에 의한 지반응력은 (등분포 연직 띠하중의 경우와 마찬가지로) 수평 선하중에 의한 지반응력을 띠하중의 폭 B 에 대해 적분하여 구할 수 있다. 이때의 지반 내 연직응력 σ_z 는 다음과 같다.

$$\sigma_z = \frac{w'}{\pi} \sin\epsilon \sin^2\epsilon \tag{4.22}$$

연직벽체에 인접한 지표면에 수평 띠 하중 (바닥의 전단력 등) 이 작용하면, 벽체에는 수평응력이 증가한다. 그러나 수평력은 연직력의 20 % 를 초과 ($H > 0.2\,V$) 할 경우에만 고려한다.

2) 사다리꼴 분포 수평 띠하중에 의한 지반응력

연직벽체에 인접한 연속기초에 경사하중 (연직력 V 와 수평력 H) 이 작용하는 경우에는, 연속기초 바닥에서는 경사하중의 수평분력 때문에 수직응력과 전단응력이 모두 사다리꼴 형태로 발생된다.

경사하중의 수평성분 하중에 의해서 연속기초 바닥면의 수직응력은 선형비례 분포 (즉, 사다리꼴) 띠 하중이 발생된다. 이로 인해 발생되는 지반응력은 선형비례 분포 수직응력을 **등분포 수직응력**과 **직각 삼각형 분포 수직응력** 으로 나누어서 계산한 후에 그 결과를 중첩하여 구한다.

연속기초 바닥면에서 부착력과 마찰에 의하여 발생되는 전단응력은 폭이 연속기초와 동일한 수평 띠 하중이 된다.

이와 같이 **전단응력에 의해 유발된 사다리꼴 분포 수평 띠 하중**에 의해서 벽체에 발생되는 응력은 개략적인 방법 (Jenne, 1973 ; 제 9.3.2 절) 또는 도해법 (Culmann, 1866 ; 제 9.4.2 절) 으로 구할 수 있다.

4.7 단면하중에 의한 지반응력

제한된 크기의 단면 즉, **원형**(4.7.1 절)과 **직사각형**(4.7.2 절) 및 **임의 형상**(4.7.3 절)에 작용하는 분포하중에 의해 발생되는 지반응력은 Boussinesq 식을 적분하여 계산한다.

4.7.1 원형 단면하중에 의한 지반응력

원형단면(반경 R)에 작용하는 등분포 또는 삼각형 분포 하중에 의해서 지반 내에 발생되는 응력은 Boussinesq 식을 적분하여 구할 수 있다.

1) 등분포 원형 단면하중에 의한 지반응력

그림 4.16 과 같은 등분포 원형단면하중 q 에 의해서 지반 내 깊이 z 인 지점에 발생되는 지반응력은 크기가 q 인 절점하중에 의해 발생된 지반응력(식 4.8)을 (길이 R, 360° 회전) 이중·적분하여 구할 수 있다(Foster/Ahlvin, 1954).

$$d\sigma_z = \frac{3q}{2\pi}\frac{z^3}{(r^2+z^2)^{5/2}}\, r\, d\theta\, dr$$

$$\sigma_z = \int_0^{2\pi}\int_0^R d\sigma_z = \int_0^{2\pi}\int_0^R \frac{3q}{2\pi}\frac{z^3}{(r^2+z^2)^{5/2}}\, r\, d\theta\, dr$$

$$= q\left[1-\left\{\frac{1}{(R/z)^2+1}\right\}^{3/2}\right] = q\, i_{Ccz} \tag{4.23}$$

$$i_{Ccz} = 1-\left\{\frac{1}{(R/z)^2+1}\right\}^{3/2}$$

위 i_{Ccz} 는 등분포 원형 단면하중에 의한 중심점 하부 지반응력을 나타내는 **하중영향계수**이며, Grasshoff(1959)는 **등분포 원형 단면하중에 의한 하중영향계수**를 위치 별로 그림 4.17 에 나타내었고, 원형단면의 중심점(① 점)과 주변점(⑥ 점)의 값은 표 4.4 와 같다.

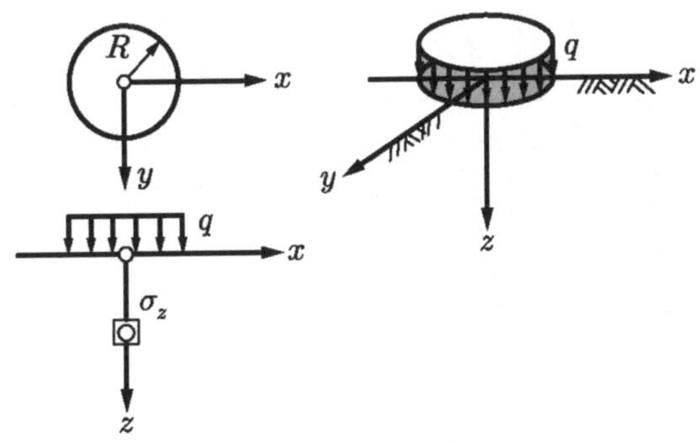

그림 4.16 등분포 원형 단면하중

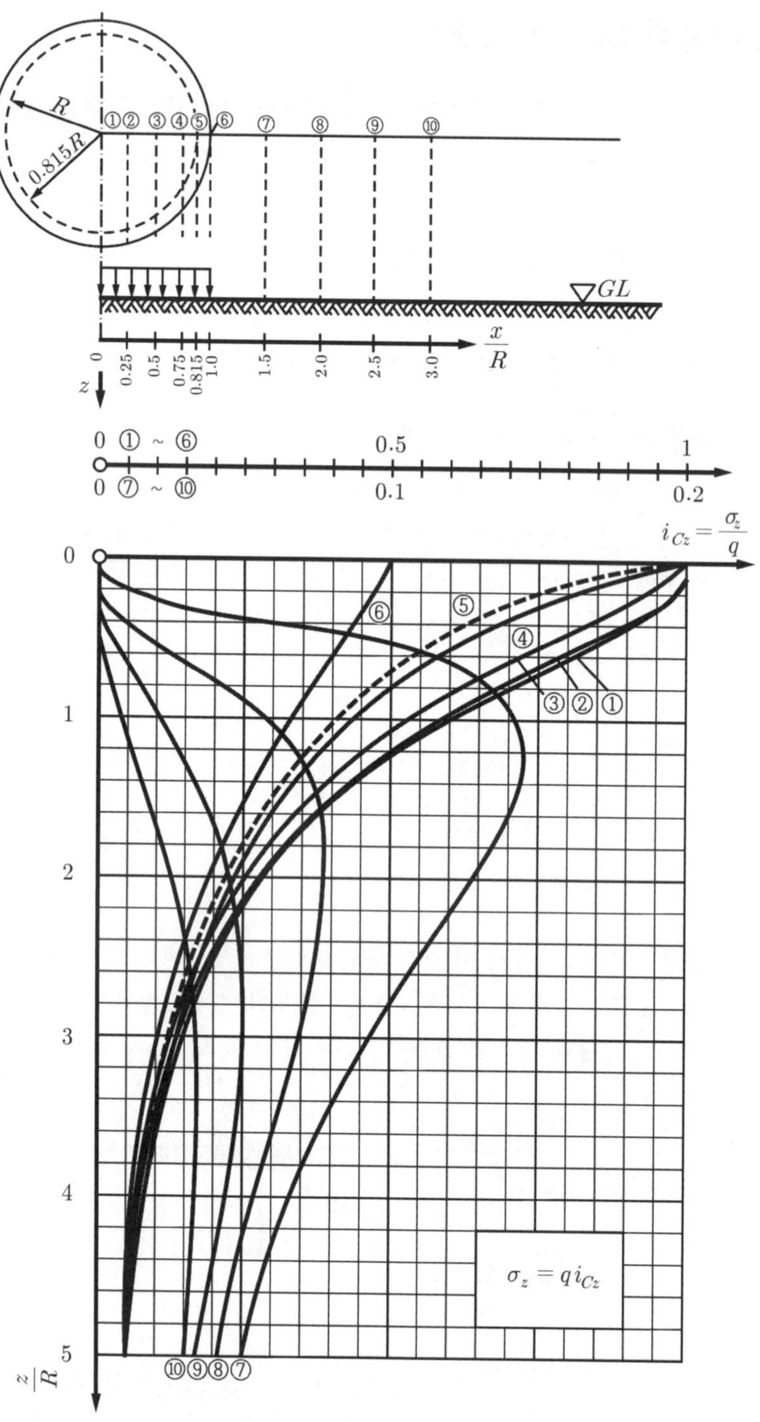

그림 4.17 등분포 원형하중에 의한 지중연직응력 (Grassholf, 1959)

표 4.4 등분포 원형 단면하중에 의한 하중영향계수 i_{Cez} (주변, ⑥ 점) 및 i_{Ccz} (중심, ① 점)

R/z	영향계수		R/z	영향계수		R/z	영향계수	
	i_{Cez}	i_{Ccz}		i_{Cez}	i_{Ccz}		i_{Cez}	i_{Ccz}
0.00	0.500	1.000	1.00	0.329	0.646	2.20	0.176	0.246
0.10	0.490	0.999	1.10	0.313	0.595	2.40	0.158	0.216
0.20	0.470	0.990	1.20	0.298	0.547	2.60	0.143	0.187
0.30	0.450	0.975	1.30	0.282	0.503	2.80	0.131	0.167
0.40	0.430	0.949	1.40	0.268	0.461	3.00	0.118	0.146
0.50	0.412	0.911	1.50	0.254	0.423	3.50	0.096	0.111
0.60	0.395	0.864	1.60	0.241	0.390	4.00	0.077	0.087
0.70	0.378	0.812	1.70	0.229	0.361	4.50	0.064	0.072
0.80	0.362	0.756	1.80	0.217	0.332	5.00	0.052	0.057
0.90	0.346	0.700	1.90	0.205	0.305	10.00	0.015	0.015
1.00	0.329	0.646	2.00	0.195	0.284	∞	0	0

2) 삼각형 분포 원형 단면하중에 의한 지반응력

원형 단면에 삼각형 분포 하중이 작용하는 경우에 원형 단면 양쪽 끝점 (그림 4.18 의 최소 하중위치 A 점 및 최대 하중 위치 B 점) 의 하부지반에 발생되는 연직 지반응력은 Lorenz/Neumeuer (1953) 가 **삼각형분포 원형 단면하중의 하중 영향계수** i_{CD} 를 구하였다.

$$\sigma_p = q\, i_{CD} \tag{4.24}$$

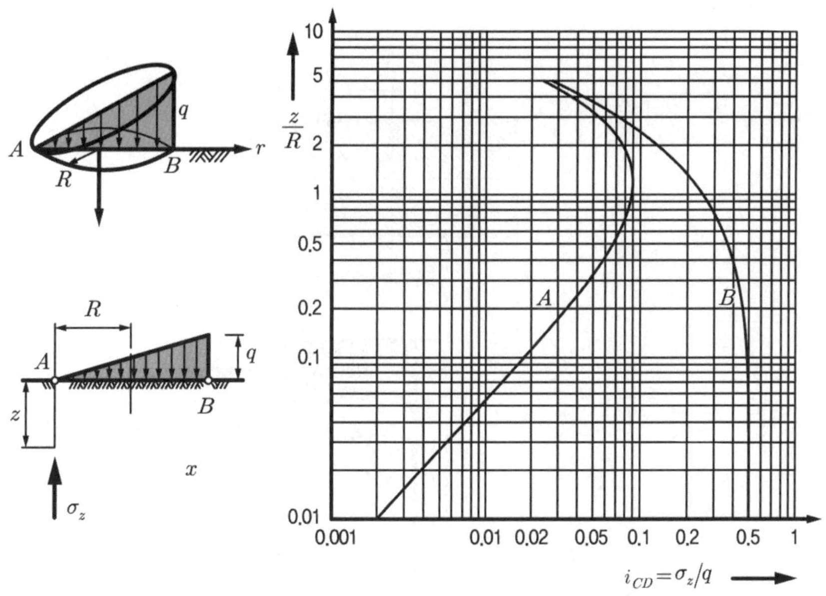

a) 삼각형 분포하중 b) 영향계수 i_{CD}

그림 4.18 삼각형분포 원형하중에 의한 연직응력 (Lorenz/Neumer, 1953)

4.7.2 직사각형 단면하중에 의한 지반응력

직사각형 단면에 작용하는 등분포 또는 삼각형 분포 하중에 의해 발생되는 지반응력은 Boussinesq 식을 직사각형 단면의 폭과 길이에 대해 적분하여 구할 수 있다.

1) 등분포 직사각형 단면하중에 의한 지반응력

직사각형 단면에 작용하는 등분포 하중에 의한 지반응력은 Love (1928) 가 Boussineq 식을 적분하여 구하였으며, Steinbrenner (1934) 는 **하중영향계수**를 도식화하였다.

(1) Love 의 해

그림 4.19 와 같이 직사각형 단면 (폭 B, 길이 L) 에 작용하는 등분포 하중 q 에 의한 지반응력 σ_p 는 Love (1928) 의 식으로 구할 수 있다. 여기에서는 **연직응력** σ_{zp} 에 대한 식 만을 제시한다 (단, $x_1 = B/2$, $y_1 = L/2$, $x_m = x + x_i$, $y_m = y + y_i$, $z_m = z + z_i$ 이다).

그림 4.19b 는 $B/L = 0.4$ 인 기초에 대한 **Love 의 해**를 나타낸다.

$$\sigma_{zp} = q\frac{BL}{2\pi}\sum_{i=1}^{4}(-1)^i\left[\frac{x_m y_m z}{R_i}\left(\frac{1}{x_m^2+z^2}+\cdot\cdot\cdot\cdot+\frac{1}{y_m^2+z^2}\right)+\arctan\frac{x_m y_m}{zR_i}\right]$$

$$R_i^2 = x_m^2 + y_m^2 + z^2 \tag{4.25}$$

x　$\frac{L}{2}$

$(x = -\frac{L}{2},\ y = \frac{B}{2})$ $i=2$　　$i=3$ $(x = \frac{L}{2},\ y = \frac{B}{2})$

B　y

$(x = -\frac{L}{2},\ y = -\frac{B}{2})$ $i=1$　　$i=4$ $(x = \frac{L}{2},\ y = -\frac{B}{2})$

a) 평면도

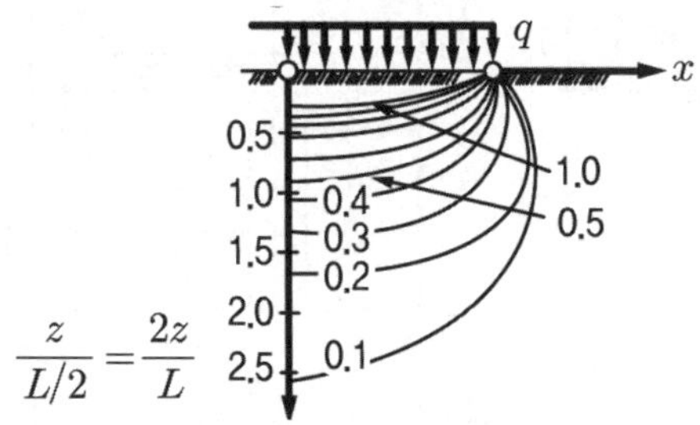

b) 연직응력분포 (단, $B/L = 0.4$)

그림 4.19 등분포 직사각형 하중에 의한 연직응력 (Love, 1928)

(2) Steinbrenner 의 해

Steinbrenner (1934) 는 직사각형 모서리 하부 점 (깊이 z) 의 지반응력에 대한 Love (1928) 의 해로부터 직사각형 하부 임의 위치의 지반응력을 구하는 그래프 (그림 4.20) 를 제시하였다.

등분포하중 q 가 작용하는 연성 직사각형 기초 (폭 B, 길이 L, $B < L$) 의 모서리 아래로 깊이 z 인 지점의 지반응력 σ_{zp} 는 z/B 와 B/L 의 함수이다.

$$\sigma_{zp} = f(z/B; L/B) \tag{4.26}$$

이 관계를 식으로 표시하면 다음과 같다 ($r = \sqrt{B^2 + L^2 + z^2}$).

$$\sigma_{zp} = \frac{q}{2\pi}\left[\arcsin\frac{BL}{\sqrt{B^2+L^2}\sqrt{B^2+z^2}} + \frac{BLz(r^2+z^2)}{r(r^2z^2+B^2L^2)}\right] = q\, i_{Rgz} \tag{4.27}$$

위의 식에서 i_{Rgz} 는 **등분포 직사각형 단면하중에 의한 하중영향계수**이며, 직사각형 단면의 길이와 폭의 비 L/B 및 깊이와 폭의 비 z/B 에 의존하고, 이를 도시하면 그림 4.28 과 같고, 크기는 표 4.5 와 같다.

$$i_{Rgz} = \frac{1}{2\pi}\left[\arcsin\frac{BL}{\sqrt{B^2+L^2}\sqrt{B^2+z^2}} + \frac{BLz(r^2+z^2)}{r(r^2z^2+B^2L^2)}\right] \tag{4.28}$$

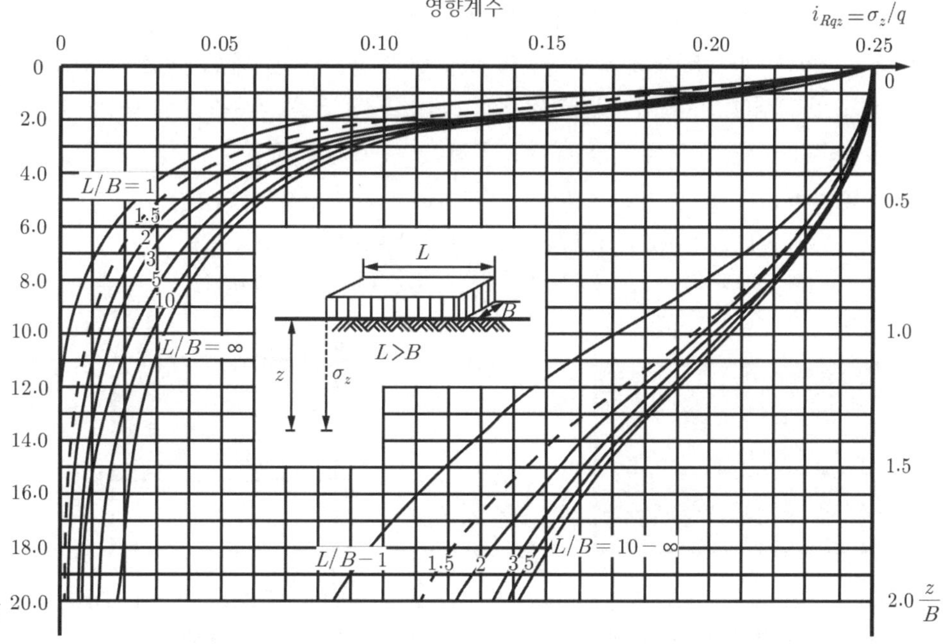

그림 4.20 등분포 하중 작용 직사각형 모서리 하부 연직지중응력 (Steinbrenner, 1934)

표 4.5 등분포 직사각형 단면하중의 하중영향계수 i_{Raz} (Steinbrenner, 1934)

깊이	직사각형 a/b					연속기초
z/b	0.5	1.5	2.0	3.0	5.0	$\rightarrow \infty$
0	0.250	0.250	0.250	0.250	0.250	0.250
0.1	0.249	0.249	0.249	0.249	0.250	0.250
0.2	0.247	0.248	0.248	0.249	0.249	0.249
0.3	0.243	0.245	0.246	0.248	0.248	0.248
0.4	0.239	0.242	0.243	0.245	0.245	0.245
0.5	0.233	0.238	0.239	0.240	0.240	0.240
0.6	0.223	0.232	0.234	0.235	0.235	0.235
0.8	0.200	0.214	0.217	0.219	0.221	0.221
1.0	0.175	0.194	0.200	0.203	0.205	0.205
1.2	0.152	0.174	0.181	0.187	0.189	0.189
1.4	0.131	0.155	0.164	0.172	0.174	0.174
1.6	0.113	0.137	0.149	0.158	0.160	0.160
1.8	0.097	0.121	0.134	0.145	0.148	0.148
2.0	0.084	0.107	0.120	0.132	0.136	0.137
2.4	0.065	0.084	0.099	0.111	0.118	0.120
3.0	0.045	0.061	0.073	0.086	0.096	0.099
4.0	0.027	0.038	0.048	0.060	0.071	0.076
5.0	0.018	0.025	0.032	0.042	0.054	0.062
10.0	0.005	0.007	0.009	0.013	0.020	0.032
∞	0	0	0	0	0	0

Steinbrenner의 식에 **겹침의 원리**를 적용하면, 등분포 하중이 작용하는 직사각형 단면의 내부 점이나 외부 점 아래의 지반응력을 구할 수 있다. 즉, **내부 점**(A 점) 하부의 지반응력 σ_{zp}는 그림 4.21a 처럼 직사각형 단면 $abcd$를 A 점을 기준으로 4등분하여 각각의 영향을 식 (4.27)로 구하여 합한다. **외부 점**(F 점) 하부 지반응력 σ_{zp}는 그림 4.21b 처럼 직사각형 단면 $abcd$를 F 점을 기준으로 4등분하여 각 영향을 식 (4.27)로 구하여 겹친다.

$$\sigma_{zp} = \sigma_{zp}(Ahae) + \sigma_{zp}(Aebf) + \sigma_{zp}(Afcg) + \sigma_{zp}(Agdh)$$
$$\sigma_{zp} = \sigma_{zp}(FEcA) - \sigma_{zp}(FEbB) - \sigma_{zp}(FDdA) + \sigma_{zp}(FDaB) \quad (4.29)$$

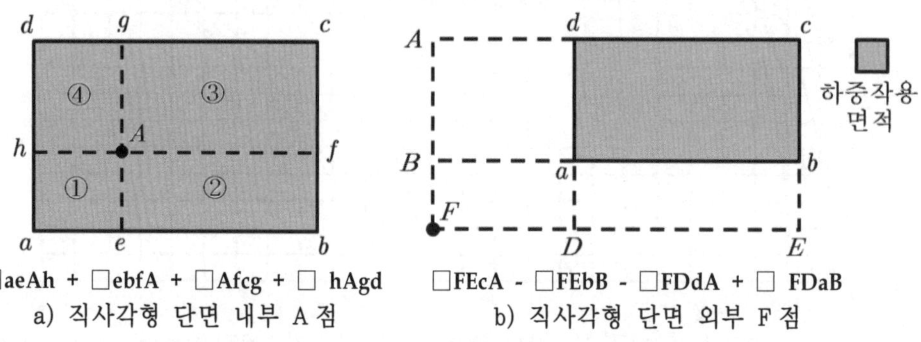

a) 직사각형 단면 내부 A 점 b) 직사각형 단면 외부 F 점

그림 4.21 직사각형 단면하중에 의한 지중응력 계산

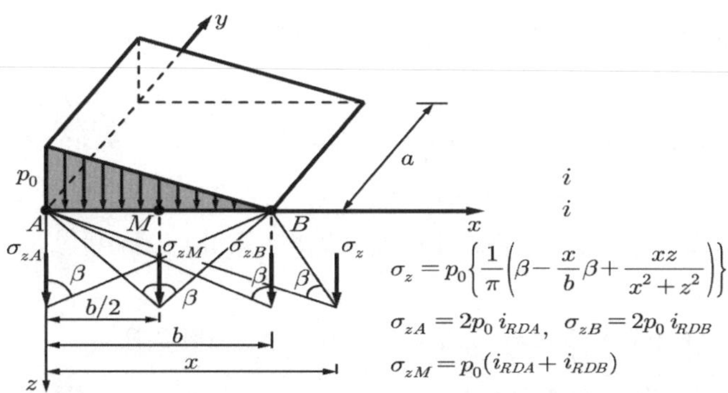

그림 4.22 직각삼각형 분포 직사각형 단면하중에 의한 토압

2) 직각 삼각형 분포 직사각형 단면하중에 의한 지반응력

직사각형 단면에 **직각 삼각형 분포 연직하중** (그림 4.22) 이 작용할 때 지반응력을 구할 수 있는 영향계수는 Jelinek (1949) 이 구하였다 (Kezdi, 1962 ; Giroud, 1970). 표 4.6 은 하중 (폭 b, 길이 a) 의 양단 즉, A 점 (최대 p_o) 과 B 점 (최소 0) 의 하부 지반에서 **하중영향계수** i_{RD} 이다.

직사각형 기초의 양단과 이루는 각도가 β 인 지점 (위치 x, z) 의 **연직지반응력** σ_z 는,

$$\sigma_z = p_o\left\{\frac{1}{\pi}\left(\beta - \frac{x}{b}\beta + \frac{xz}{x^2+z^2}\right)\right\} \tag{4.30}$$

이고, 깊이 z 점의 연직응력 σ_{zA} 와 σ_{zB} 는 각 **영향계수** i_{RDA} 와 i_{RDB} 로부터 계산한다.

$$\begin{aligned} \sigma_{zA} &= p_o(\beta/\pi) = 2p_o i_{RDA} \\ \sigma_{zB} &= (p_o/\pi)\sin\beta\cos\beta = 2p_o i_{RDB} \\ \sigma_{zM} &= p_o\frac{1}{2}\left\{\frac{1}{\pi}(\beta + \sin\beta\cos\beta)\right\} = p_o(i_{RDA} + i_{RDB}) \end{aligned} \tag{4.31}$$

표 4.6 삼각형 하중 양단 점 하부지반 하중영향계수 i_{RD} Jelinek (1949)

깊이 z/b	최대하중 재하점 A 점 i_{RDA}				최소하중 재하점 B 점 i_{RDB}			
	직사각형 a/b			연속기초	직사각형 a/b			연속기초
	0.5	1.0	2.0	≥ 5	0.5	1.0	2.0	≥ 5
0	0.250	0.250	0.250	0.250	0	0	0	0
0.2	0.215	0.216	0.217	0.217	0.032	0.032	0.032	0.032
0.4	0.173	0.186	0.190	0.190	0.047	0.053	0.054	0.055
0.6	0.128	0.157	0.164	0.165	0.051	0.066	0.070	0.070
1.0	0.076	0.108	0.123	0.125	0.045	0.067	0.077	0.080
1.4	0.047	0.076	0.094	0.099	0.034	0.056	0.070	0.075
1.7	0.035	0.059	0.077	0.085	0.027	0.046	0.062	0.069
2.0	0.026	0.046	0.065	0.073	0.022	0.038	0.055	0.063
2.5	0.019	0.033	0.052	0.063	0.017	0.030	0.047	0.056
3.0	0.012	0.023	0.038	0.050	0.011	0.021	0.035	0.047
5.0	0.005	0.009	0.017	0.027	0.005	0.009	0.016	0.027
10.0	0.002	0.003	0.005	0.010	0.002	0.003	0.005	0.010

4.7.3 임의 형상 단면하중에 의한 지반응력

임의 형상 단면에서도 등분포 하중이 작용하는 경우에는 지반 내 응력을 구할 수 있다. Newmark 은 불규칙 형상의 단면을 여러 개 미소 요소로 나누고 각 미소 요소의 작용하중에 의한 지반응력을 합하여 불규칙 단면하중에 의한 지반응력을 구했다. 실제에서는 불규칙 단면을 **원형**이나 **직사각형**으로 단순화시켜 지반응력을 구하는 개략방식을 적용할 때가 많다.

1) 임의 형상 단면에 작용하는 등분포하중에 의한 지반응력

임의 형상의 단면에 (그림 4.23) 작용하는 등분포 하중에 의해 발생되는 지반 내 응력은 먼저 미소 면적요소 dA 에 작용하는 하중 $dp = q\,dA$ 에 의한 지반응력 $d\sigma_z$ 를 구한 후에 전체면적에 대해 적분하여 계산한다.

등분포 상재하중 q 가 지표상 미소 면적요소 dA 에 작용하여 생긴 하중 dp 로 인해 지반 내 점 A (좌표 x, y, z) 에 발생하는 지반응력 $d\sigma_z$ 은 다음 관계로 나타낼 수 있고,

$$dp = q\,dA = f_{(x,y)}\,dx\,dy \tag{4.32}$$

위 식에서 $f_{(x,y)}$ 는 지표에 작용하는 상재하중에 의한 지반응력의 분포함수이며, 등분포이면 $f_{(x,y)} = const.$ 이다.

등분포 상재하중 q 에 의해 지반 내 임의 점 A 에 발생하는 연직응력 σ_z 는 다음이 되어,

$$\sigma_z = \frac{3z^3}{2\pi}\int_{x_1}^{x_2}\int_{y_1}^{y_2}\frac{f_{(x,y)}}{(x^2+y^2+z^2)^{5/2}}\,dx\,dy \tag{4.33}$$

임의 형상 단면에 등분포하중이 작용할 때 지반 내에 발생되는 응력을 구할 수 있다.

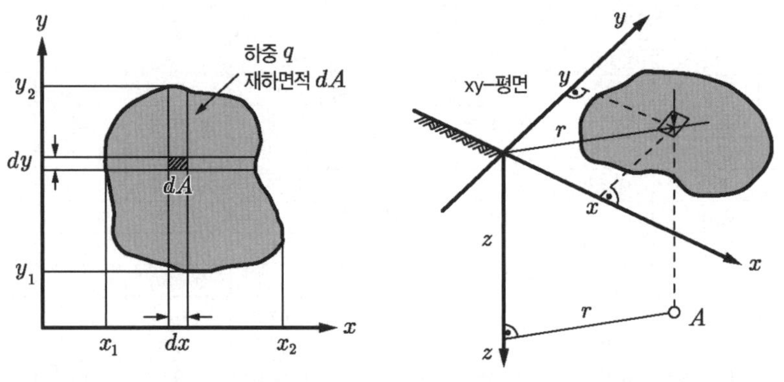

a) 임의 형상하중 재하면 b) 임의 형상하중 하부의 지반 내 점

그림 4.23 등분포 임의 형상하중에 의한 지중응력

2) 불규칙 형상 단면에 작용하는 등분포하중에 의한 지반응력

불규칙 형상 단면에 작용하는 등분포 하중에 의해 지반 내에 발생되는 연직응력 σ_z 는 Newmark (1935, 1942) 의 방법으로 구할 수 있다.

그림 4.24 의 미소요소 (면적 dA) 에 작용하는 등분포 하중 q 에 의해 지반 내 임의 점 A (깊이 z) 에 발생되는 지중응력 $d\sigma_z$ 는 Boussinesq 식 (식 4.8) 로부터 다음이 된다.

$$d\sigma_z = \frac{3q}{2\pi}\frac{1}{z^2}\left[\frac{1}{1+(r/z)^2}\right]^{5/2} dA \tag{4.34}$$

등분포 하중 q 가 작용하는 반경 r 인 원형단면 기초 중심점 A' 의 아래로 깊이 z 인 A 점의 지중응력 σ_z 는 위 식을 적분하면 (식 4.22),

$$\sigma_z = q\left[1-\left\{\frac{1}{1+(r/z)^2}\right\}^{\frac{3}{2}}\right] \tag{4.35}$$

이고, 이를 변형하면 다음과 같다.

$$\frac{r}{z} = \left[\{1-(\sigma_z/q)\}^{-\frac{2}{3}}-1\right]^{\frac{1}{2}} \tag{4.36}$$

위 식에서 지중응력 σ_z 의 상재하중 q 에 대한 비율이 일정한 크기 즉, $\sigma_z/q = const.$ 가 되는 r/z 를 구할 수 있다. 예를 들어 지표 위 한 점 A' 의 하부 지반 내 점 A (깊이 z) 에서 연직응력 σ_z 가 지표하중 q 의 10% (즉, $\sigma_z/q = 0.1$) 로 발생되는 r/z 값 즉, 원형 재하단면 (중심점 A') 의 반경 r 이 정해지며, 이 반경은 점 A 의 깊이 z 가 클수록 (깊을수록) 커진다.

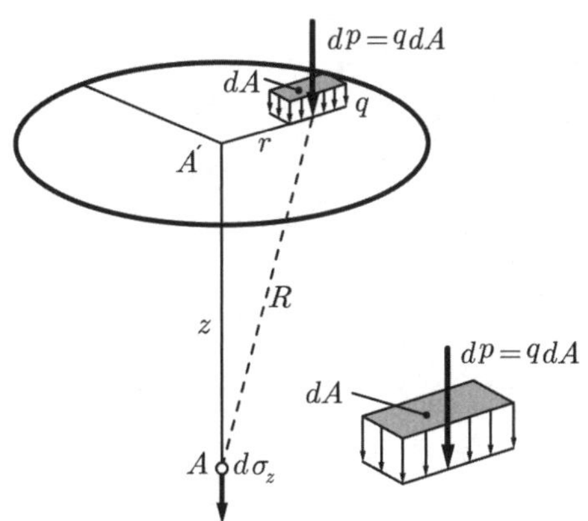

그림 4.24 미소 면적 등분포하중에 의한 지반응력

등분포 상재하중에 의해 증가된 지반 내 연직응력 σ_z 이 상재하중 q 의 10%, 20%, …, 90%, 100% (즉, $\sigma_z/q = 0.1, 0.2, \cdots, 0.9, 1.0$) 가 되는 10 개 원형단면의 반경 r 을 구하여 r/z 로 무차원화한 후 겹쳐서 10 개의 동심원을 그리면, 지반 내 응력의 증가량이 등분포 상재하중 q 의 10 % (즉, $\sigma_z/q = 1/10$) 가 되는 10 개 원형고리가 구해진다.

이렇게 구한 10 개 원형고리를 다시 방사방향으로 m 등분하면 전체 $M = (10)(m)$ 개의 미소 영향요소로 이루어진 **Newmark 의 영향도표** (그림 4.25) 가 된다.

Newmark 의 영향도표를 구성하는 각 미소 영향요소의 크기는 도표 중심부에서는 작고 외곽부는 크지만 (즉, 면적이 다르지만), 동심원 중심점 하부의 지반 내 응력상태에 미치는 영향은 동일하다. 따라서 Newmark 의 영향도표는 M 개의 영향요소로 구성되고, 각각의 영향은 동일하다.

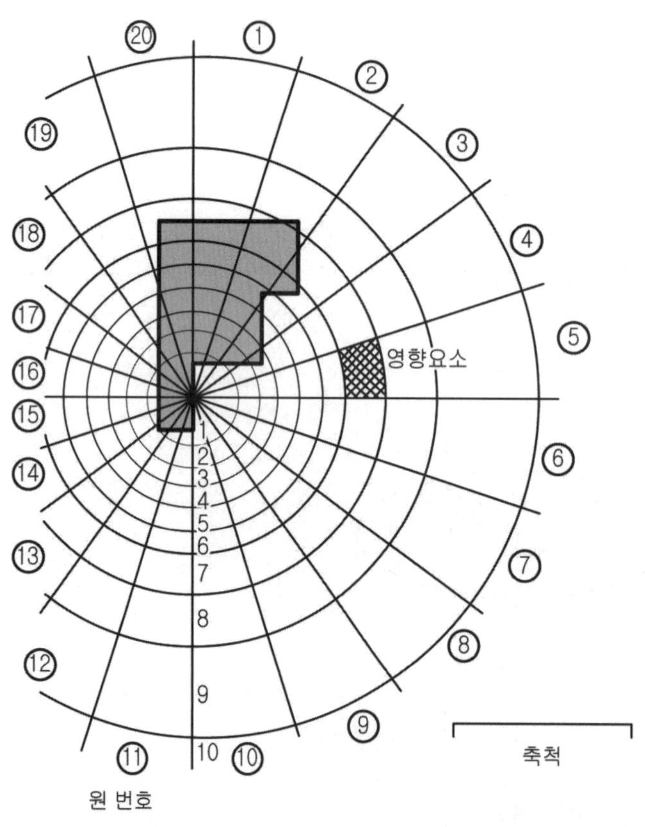

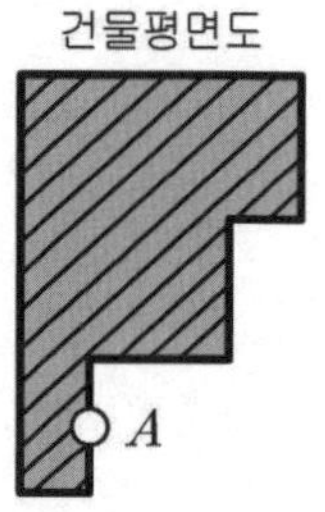

그림 4.25 Newmark 의 영향도표

각 영향요소에 같은 크기 분포하중이 작용하면 동심원 중심의 하부지반에서 증가되는 연직응력의 크기도 동일하다.

10 개 링을 방사방향으로 $m = 20$ 등분하면, 전체 미소 영향요소는 $M = (10)(20) = 200$ 개가 된다. 따라서 한 개 미소 영향요소는 전체가 받는 영향의 $1/M = 1/200 = 0.005$ 에 해당하는 영향을 받는다.

특정한 위치에서 깊이 z 인 점의 지반 내 응력을 구하려면, 먼저 M 개 미소 영향요소로 이루어진 Newmark 의 영향도표에 (지중응력을 구하고자 하는 점의 지표로부터의 깊이를 기준축척으로 하여) 구조물의 평면을 그려 넣는다. 그리고 지반 내 응력을 구하고자 하는 지점을 Newmark 영향도표의 중심에 일치시킨다.

구조물에 포함되는 미세영향요소 개수가 n 이면 구조물 하중 q 에 의해 발생되는 지반 내 연직응력 σ_z 는 다음 식으로 구할 수 있다.

$$\sigma_z = n\frac{q}{M} \tag{4.37}$$

그림 4.25 와 같은 평면형상으로 건설된 구조물에 등분포하중이 작용하는 경우에 한 점 A 의 하부로 깊이 t 인 점의 응력상태는 다음 순서에 따라 구할 수 있다.

① Newmark 의 영향도표를 준비하고 총 영향요소 개수 M 으로부터 각 영향요소의 영향정도 $1/M$ 을 구한다 (그림 4.25 에서는 총 영향요소의 개수가 $M = 200$ 이므로 영향요소 한 개의 영향정도는 $1/M = 0.005$ 가 된다).

② 영향도표의 기준 축척이 깊이 t 와 같도록 구조물의 치수를 정한다. 이때에 t 가 크면 구조물이 그만큼 크게 표현되므로 영향이 크다.

③ 지반 내 응력을 구하려는 A 점을 영향도표의 중심점에 일치시켜 구조물을 그린다. 지반 내 응력을 구하려는 위치가 깊으면 (즉, t 가 크면) 구조물이 작게 표현되므로 영향을 작게 받는다.

④ 영향도표에서 구조물이 차지하는 미소 영향요소의 개수 n 을 구한다.

⑤ 영향요소 개수 n 을 위 식 (4.37) 에 적용하여 지반 내 연직응력 σ_z 를 구한다 (그림 4.25 의 구조물에서는 $\sigma_z = 0.005\, n q$ 이다).

$$\sigma_z = n\frac{q}{M}$$

◈ 연 습 문 제 ◈

【문 4.1】 다음을 설명하시오.

① Boussinesq 기본가정 ② Gauss 정규분포 ③ 탄성평형상태 ④ 극한평형상태
⑤ 절점하중 ⑥ 선하중 ⑦ 연직 띠하중 ⑧ 수평 띠하중 ⑨ 하중영향계수
⑩ 외력에 의해 지중응력이 발생되는 원리 ⑪ Newmark 의 영향원

【문 4.2】 Boussinesq 식을 실제에 적용할 때에 주의해야 할 내용을 설명하시오.

【문 4.3】 대칭인 'ㄱ' 자형 건물에서 응력이 가장 크게 집중되는 위치를 구하시오.

【문 4.4】 외력에 의해 지중에 발생되는 지중응력을 정리하여 표를 만드시오.

【문 4.5】 폭 10.0 m 인 띠하중의 크기가 10 MPa 이고 지표에 있다. 다음 위치에서 깊이 2 m, 4 m, 6 m, 8 m, 10 m, 12 m, 14 m, 16 m 인 점의 응력상태와 주응력 및 최대 전단응력을 구하시오.

① 중심 ② 모서리 ③ 중심과 모서리의 중간부분

【문 4.6】 높이 6 m 를 성토하여 정점부가 10 m 되게 좌우대칭인 사다리꼴의 제체를 건설한다. 측면의 경사를 1 : 1.5 로 할 때에 다음의 위치에서 깊이 3.0 m, 6.0 m, 9.0 m 에 있는 상수도 배관이 받는 연직응력을 구하시오 (단, 흙의 단위중량은 $\gamma_t = 18$ kN/m^3 로 한다.).

① 제체의 중심
② 제체의 정점부 모서리
③ 제체 선단부
④ 제체 선단에서 수평으로 3.0 m 떨어진 위치

【문 4.7】 폭 20 m 이고 길이 100 m 인 직사각형 단면의 구조물이 있다. 이 구조물 접지압이 등분포하중이고 그 크기가 30 kPa 이라고 할 때에 다음의 값을 구하시오.

① 건물 중앙위치에서 연직선상에서 각각 깊이 5 m, 20 m 깊이까지 연직응력
② 건물 모서리에서 연직선상에서 각각 깊이 5 m, 20 m 깊이까지 연직응력
③ 건물과 평행하게 지나가는 지하철 터널의 정점부에 작용하는 연직응력
(단, 지하철 정점부는 건물에서 20 m 떨어진 거리에서 깊이 20 m 에 있다.)

제5장 흙속의 물

5.1 개 요

흙 속에는 다양한 형태의 물이 존재한다. 즉, 흐르지 않고 흙입자에 흡착되어 있으면서 흙의 역학적 거동에 영향을 미치는 물(흡착수)과 간극의 일정한 공간을 채우고 있지만 흐르지 않는 물(모관수, 지층수)이 있고, 서로 연결된 간극을 따라 중력에 의해 자유로이 흐르는 물(지하수)이 있다.

그밖에도 절리나 지하공동 등 불규칙한 틈을 따라서 흐르기 때문에 흐름거동을 거의 예측할 수 없는 물(절리수)이 있다. 여기에서는 흐름을 예측할 수 있는 지하수의 거동을 다룬다.

흙속에 있는 물의 거동은 많은 대가들이 정리하였으나, 여기에서는 안수한(1976), Steinfeld(1951), Szechy(1959), Harr(1962), Cedegren(1977) Dracos(1980)를 많이 참조하였다.

흙 속에 물(5.2 절)이 존재하면 **모세관 현상**(5.3 절)과 **물의 흐름특성**(5.4 절)에 기인하여 흙의 역학적 거동이 달라진다. 또한, 지하수면 하부에 있는 구조물에는 간극수압이 작용하며, **물의 흐름**에 의한 침투력이 작용한다.

지하수에 의한 압력(5.5 절) 즉, 흙 댐이나 제방 그리고 하부 구조물의 저부지반에서는 물의 침투거동에 의해서 지반침식이나 지반파괴가 일어나고, 지하수위의 하부로 지반을 굴착하면 유효응력이 변화하고 침투가 발생되어 여러 가지 **지하수 관련 문제**(5.6 절)들이 발생된다. 그 밖에 지하수의 결빙에 의한 지반동결이 문제가 되며, 지반동결특성을 역으로 이용한 **동결공법**(5.7 절)이 개발되어 실무에 적용되고 있다.

5.2 흙속의 물

흙 속의 지하수면 위에는 모관대가 존재하고 대개 포화되어 있으며, 모관대의 상부에는 불포화대가 있다.

흙 속의 물 (5.2.1 절) 은 지하수면 상부에서는 중력에 의해 흐르지만, 지하수면 상부 포화 모관대에 있는 물은 표면장력에 의해 유지되기 때문에 중력에 무관하고 흐르지 않는다. 흙의 흙 구조골격에는 정수압이 작용하고, 지하수는 흐르면서 침투압을 가하며, 구조물은 부력을 받는다. **지하수에 의한 힘** (5.2.2 절) 은 지하수가 정지상태이면 정수압이 작용하고, 흐르는 상태이면 침투압이 작용한다.

5.2.1 흙속의 물

유수나 강우 또는 지표수 등이 지반에 유입되면 중력에 의해서 수두가 낮은 방향으로 흘러 들어가서 **포화대**에 도달된다. 간극이 모두 물로 채워진 포화대 상부표면이 **지하수면** (ground water level) 이며, 지형 등 영향으로 항상 수평을 이루지는 않고 그 높이도 유입 수량에 따라서 수시로 변한다.

지표면에 가까운 지반에는 흙 입자와 물 및 공기가 공존하는 **불포화대**가 있고, 그 아래로는 모세관 현상에 의해 상승된 모관수가 간극을 부분적으로 채우고 있는 **모관대**가 있다. 모관대 상부는 대개 불포화상태 (**불포화 모관대**) 이고, 하부는 완전 포화상태 (**포화 모관대**) 이다. 모관대는 하부로 갈수록 포화도가 증가하며, 하부는 완전 포화되어 있다. 따라서 그림 5.1 처럼 지표부터 지표면 → 불포화대 → 불포화 모관대 → 포화 모관대 → 지하수면→포화대로 구분된다.

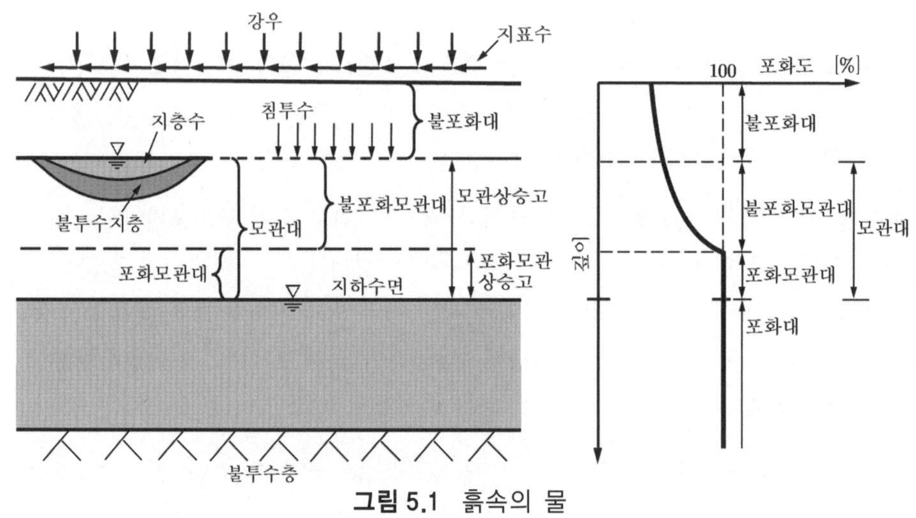

그림 5.1 흙속의 물

흙 속의 물은 그 생성원인과 지반내 존재상태에 따라 다음과 같이 구분한다.

- **지하수** : 일정한 수위를 유지하면서 연결된 간극을 따라 중력에 의하여 흐르는 물로 흐름을 예측할 수 있는 물
- **흡착수** : 흙입자를 둘러싸고 있고 지반의 역학적 거동에 영향을 미치며 노건조 하여도 마르지 않고 저온에서도 얼지 않는 물
- **침투수** : 강우 등의 지표수가 유입되어 흙속에서 압력 없이 흐르는 물
- **지층수** : 렌즈형 지층과 같이 형상이 특이한 불투수 지층에 수평으로 고여 있는 물
- **모관수** : 모세관 현상에 의하여 상승되거나 간극사이에 갇혀서 지하수면 위쪽의 간극에 존재하는 물
- **절리수** : 침투에 의해 불연속 지반에 유입되어 절리를 따라 흐르는 물
- **간극수** : 기타 여러 가지 원인에 의하여 흙속의 간극에 존재하는 물

일반적으로 지반공학에서 취급하는 지하수는 지반 내의 간극 내에서 수평수위를 유지하고 수두차가 발생되면 중력에 의해 간극을 따라 흐르기 때문에 그 흐름을 예측할 수 있는 물을 말한다.

렌즈형상의 불투수층에 고여 있거나 (지층수) 폐쇄공간에 갇혀서 (간극수) 자유로이 흐를 수 없는 물 등은 그 흐름거동을 예측할 수 없어서 공학적으로 취급하지 않는다.

5.2.2 지하수에 의한 힘

흙 속의 물이 정체상태인 경우에는 흙 입자에 **정수압** (hydrostatic pressure) 이 작용하여 유효응력에 직접적인 영향을 미친다. 반면에 흙속의 물이 수두차에 의해 흐르는 경우에는 정수압 이외에도 물의 흐름방향으로 **침투력** (seepage force) 이 흙 입자에 추가로 작용하여 지반 안정에 영향을 미친다.

흙 속의 물에 의하여 흙의 구조골격이 받는 힘은 다음과 같은 것들이 있다 (5.3 절 참조).

- **정수압** : 면에 수직으로 작용하며 물의 단위중량 γ_w 에 수두 h 를 곱한 크기이다.
- **침투압** : 물이 지반 내 간극을 흐르면서 흙입자에 가하는 압력을 말한다. 단위부피당 침투압의 크기는 동수경사 i 에 물의 단위중량 γ_w 를 곱한 값이다.
- **간극수압** : 지반내의 간극수에 의한 정수압을 말하며 피에조미터 등으로 측정한다.
- **부력** : 지하수면의 아래에 있는 구조물이 받는 상향력이며, 배제한 부피만큼의 물의 무게에 해당하는 크기이다.

5.3 흙속의 모세관 현상

흙속의 간극에 있는 물의 **표면장력**(5.3.1절)에 의한 **모세관 현상**(5.3.2절) 때문에 물이 지하수면 위로 상승되며, 상승 높이를 **모관상승고**(5.3.3절)라 하고 **모세관 시험**(5.3.4절)을 통해 측정할 수 있다.

5.3.1 표면장력

액체의 내부에 있는 액체분자들은 모든 방향에서 같은 크기의 분자인력을 받아서 힘의 평형을 이루고 있다. 그러나 액체표면 얇은 층(약 1.0×10^{-6} mm)에 있는 분자들은 힘의 평형을 이루지 못하고 내부로 향하는 힘을 받는다(그림 5.2). 따라서 액체의 표면은 수축하려는 경향이 있으며, 그 결과 액체표면을 따라 인장력이 생겨서 액체방울이 공모양을 나타낸다.

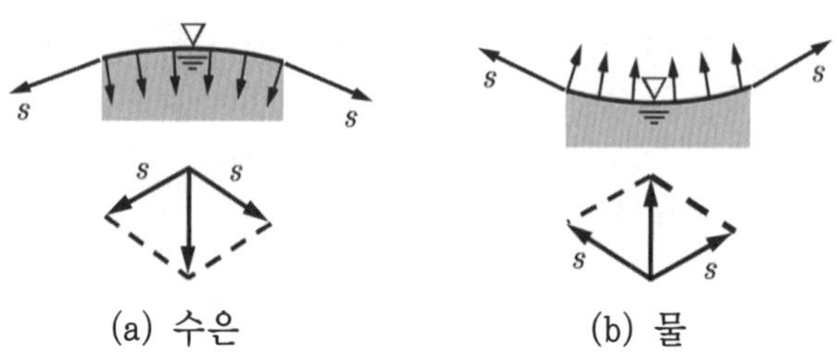

그림 5.2 액체표면의 표면장력

곡면형상의 액체표면을 따라 생기는 인장력을 **표면장력**(surface tension)이라고 하며 표면 단위길이 당 힘 [$dyne/cm$]으로 나타낸다. 표면장력은 액체의 종류에 따라서 표 5.1에서 제시한 크기를 갖는다.

표 5.1 액체의 표면장력(20°C)

액 체		표면장력(dyne/cm)
물		72.2
수은	공기중	514.6
	진공	486.8
에틸알콜		23.4
벤젠		28.9
올리브유		32.0
글리세린		63.4
윤 활 유		36.6

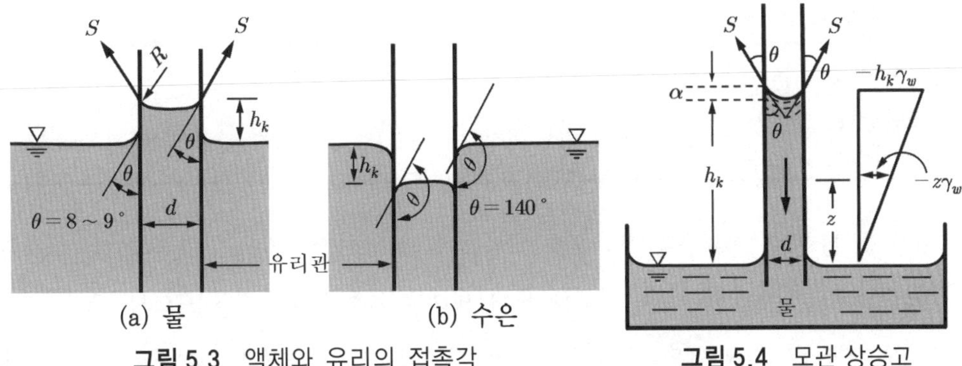

그림 5.3 액체와 유리의 접촉각

그림 5.4 모관 상승고

5.3.2 모세관 현상

액체표면이 고체와 접할 때 액체표면과 고체표면이 이루는 **접촉각** (angle of contact) 은 물질에 따라 일정하며 물과 유리 사이는 약 $8\sim9^o$ 이고 수은과 유리사이는 약 140° 정도 이다 (그림 5.3). 만일 유리표면이 이상적으로 매끈하면 접촉각은 0° 이다.

물 속에 가느다란 유리관을 세우면 물과 유리관이 접촉각 $8\sim9^o$ 를 이루어 위로 오목한 곡면이 생기고 물과 유리관 내벽 사이 부착력이 물의 응집력보다 크기 때문에 유리관 내의 수면은 상승하게 된다.

반면에 수은과 유리관 사이의 부착력은 수은의 응집력보다 작으므로 수은에 유리관을 세우면 관내 수면이 외부수면보다 낮아 진다 (그림 5.3). 이같이 액체와 고체표면 사이의 부착력과 액체분자간의 응집력에 의하여 모세관 내 액체표면이 주변보다 높아지거나 낮아지는 현상을 **모세관 현상** (capillary phenomenon) 이라고 한다.

5.3.3 모관 상승고

물속에 가느다란 유리관을 세우면 (그림 5.4) 유리관 내 물이 접촉각 θ 만큼 위로 오목한 곡면을 이루고 물의 표면장력 S가 접촉각 θ 만큼 상향으로 작용하여 유리관 내 물을 끌어 올려서 물기둥이 생성된다. 이와 같이 모세관 현상에 의하여 상승된 물기둥의 높이를 **모관 상승고 h_k** (capillary rise) 라 한다. 그런데 직경 d 인 유리관 내부에서 표면장력의 크기는 $S\pi d$ 이고, 그 연직분력 $S\pi d\cos\theta$ 가 상승한 물기둥 무게 $\gamma_w\,(\pi d^2/4)\,h_k$ 를 지탱하므로 모관상승고 h_k 를 다음과 같이 계산할 수 있다.

$$S\pi d\cos\theta = \gamma_w \frac{\pi}{4} d^2\, h_k$$

$$h_k = \frac{4\,S\cos\theta}{\gamma_w\, d} \tag{5.1}$$

표 5.2 물의 표면장력 (1000 dyne/cm = 1N/m)

온도 [℃]	0	10	15	20	25	30	40
표면장력 [dyn/cm]	76.64	74.22	73.49	72.15	71.97	71.18	69.56

여기서 γ_w 는 물의 단위중량이며 온도에 따른 물의 표면장력 S는 표 5.2 와 같다. 모관상승고는 입경이 작을수록 크며, 지반에 따라 대체로 표 5.3 의 크기를 갖는다.

흙 속의 간극(모세관 단면)은 불규칙하기 때문에 모관상승고가 위치마다 달라지므로 모관대의 수면상태는 매우 불규칙하다.

흙의 모관상승고는 도로의 동상방지를 위한 설계 등에 적용된다. 지하수위가 동결심도로부터 최소한 모관상승고 만큼 아래에 위치하도록 노상이나 노반재료를 선택해야 지하수의 동결에 의한 지반의 융기현상이 일어나지 않는다.

지하수면 위쪽으로 모관상승고 범위 내에 있는 흙입자는 모세관 현상에 의하여 **부압력** (suction)을 받게 되며 이를 **모세관 압력** p (capillary pressure)라 하고, 그 크기는 모관상승고 h_k 에 물의 단위중량 γ_w 를 곱한 크기가 된다(3.5절 참조).

$$p = -\gamma_w h_k \tag{5.2}$$

이러한 모관압력에 의해 모래는 **겉보기 점착력** (apparent cohesion)이 발생되고 점토에서는 건조수축 시에 균열이 발생된다.

표 5.3 지반의 종류에 따른 모관 상승고 (Simmer, 1980)

지 반	모 관 상 승 고 h_k
조립 모래	~ 3 cm
중립 모래	20 ~ 40 cm
세립 모래	40 ~ 80 cm
실 트	1 ~ 수 m
점 토	수 m 이상 (100 m 이상인 경우도 있음)

【예제】 다음은 흙의 모세관 현상에 대한 설명이다. 옳지 않은 것을 찾으시오.

① 모래는 모관상승속도가 느리고, 모관상승고가 매우 낮다.
② 점토는 모관상승속도가 느리고, 모관상승고는 시간에 따라 거의 무한정이다.
③ 흙의 모관상승고는 간극비에 반비례한다.
④ 흙의 모관상승고는 유효입경에 비례한다.
⑤ 흙의 모관상승고는 흙입자의 모양과 표면상태에 관계된다.
⑥ 흙의 유효입경이 작으면 모관상승고는 증가한다.
⑦ 모관상승부분의 압력은 부압이 된다.
⑧ 모관포텐셜은 항상 높은 곳에서 낮은 곳으로 물이 이동한다.
⑨ 모관수에 염류용해량이 많을수록 그리고 온도가 낮을수록 저포텐셜이 된다.
⑩ 흙의 입경과 함수량이 작을수록 저포텐셜이 된다.
⑪ 모세관 현상으로 지표까지 포화되면 지표면의 유효응력은 영이 아니다.
⑫ 모세관 현상이 있을 때 지하수위란 간극수압이 영인 면이다.
⑬ 모관상승이 있는 부분은 간극수압이 크게 발생하여 유효응력이 감소한다.

【풀이】

① 모래는 모관상승고가 낮은 대신에 모관상승속도는 빠르다.
④ 모관상승고는 유효입경에 반비례한다.
⑬ 모관상승이 있는 부분은 부의 간극수압이 발생하여 유효응력이 증가한다. ///

5.3.4 모세관 시험

자연상태 지반에는 모세관 현상에 의해서 지하수면보다 위쪽에 있는 지반의 간극 내에 물이 존재하는데 그 생성원인에 따라서 두 가지 형태로 구분할 수 있다. 즉, 지표로부터 침투하거나 지하수위 강하 시에 같이 내려가지 못하고 지하수면 위쪽의 간극에 갇혀있는 **수동모세관현상** (passive capillarity) 에 의한 물과, 모세관 현상에 의해 지하수면으로부터 상승하여 지하수면 위쪽의 간극에 머무르는 **주동모세관 현상** (active capillarity) 에 의한 물이 있다.

모관상승고는 시험적으로 구할 수 있다. 모래 등의 모관상승고는 수위가 일정하게 유지되는 용기에 건조시료를 채운 관을 약 1 cm 정도 잠기도록 놓고 모세관 현상에 의해 물이 상승한 높이를 측정하여 구할 수 있다. 모세관 현상에 의해 물이 상승하여 젖은 부분은 색이 어둡게 변하므로 모관상승고를 직접 관측할 수 있다. 이때의 모관상승고를 **주동모관상승고** h_{ka} (active capillary rise) 라고 한다 (그림 5.5).

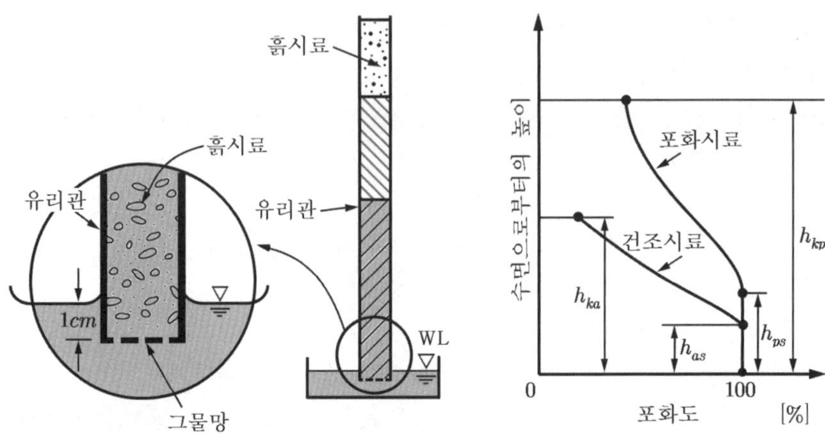

그림 5.5 모관상승고의 측정

관속 시료를 완전히 포화시켰다가 시험하면 시료속 물이 중력에 의해 배수되고 일정한 시간이 경과한 후에는 평형상태가 되어서 건조시료를 사용한 경우보다 큰 모관상승고가 측정된다. 이때의 모관 상승고를 **수동 모관상승고** h_{kp} (passive capillary rise) 라고 한다. 일반적으로 수동모관상승고가 주동모관상승고 보다 크다 ($h_{kp} > h_{ka}$). 또한 시료가 완전히 포화된 **수동포화모관상승고** h_{ps} 가 **주동포화모관상승고** h_{as} 보다 크다.

세립토에서는 그림 5.6 이나 그림 5.7 과 같은 모세관 시험기를 이용하여 측정한다. 즉, 포화시료에 압축공기를 가하여 물을 밀어내거나 (**가압형 모세관 시험기**, 그림 5.6) 부압 (suction)을 가하고 물을 빨아 내어서 (**감압형 모세관 시험기**, 그림 5.7) 모세관 현상을 측정한다.

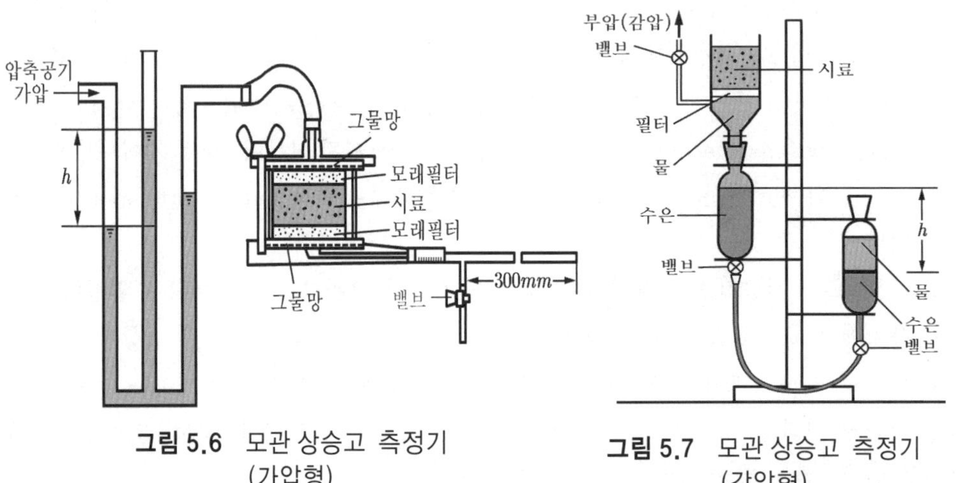

그림 5.6 모관 상승고 측정기 (가압형)

그림 5.7 모관 상승고 측정기 (감압형)

5.4 흙 속의 물의 흐름

흙 속에서 물의 흐름특성을 나타내는 가 중요한 성질인 **투수계수** (5.4.1 절) 는 영향을 미치는 요소를 알고 결정해야 한다. 흙 속 물에 대한 **침투방정식** (5.4.2 절) 을 풀어서 **유선망** (5.4.3 절) 을 작성하면 **지층경계면** (5.4.4 절) 과 **비등방성 지반** (5.4.5 절) 및 **층상지반** (5.4.6 절) 의 침투특성은 물론 **흙댐** (5.4.7 절) 과 **널말뚝 주변지반** (5.4.8 절) 의 침투특성을 알 수 있다.

5.4.1 흙의 투수계수

흙 속의 연결된 간극을 따라 수두가 높은 곳에서 낮은 곳으로 물이 흐르는 성질을 **투수성** (permeability) 이라고 한다. 일반적으로 흙 속의 간극은 매우 작고 서로 불규칙하게 연결되어 있으며 단면변화가 심하여 물이 흐르기가 쉽지 않은 구조이다.

따라서 지반 내 물의 흐름은 대부분 **레이놀즈 수** (Reynolds Number) 가 Re< 2000 인 **층류** (laminar flow) 이다.

흙 속에서 **난류** (turbulent flow) 흐름은 특수한 때만 예상된다 (그림 5.8).

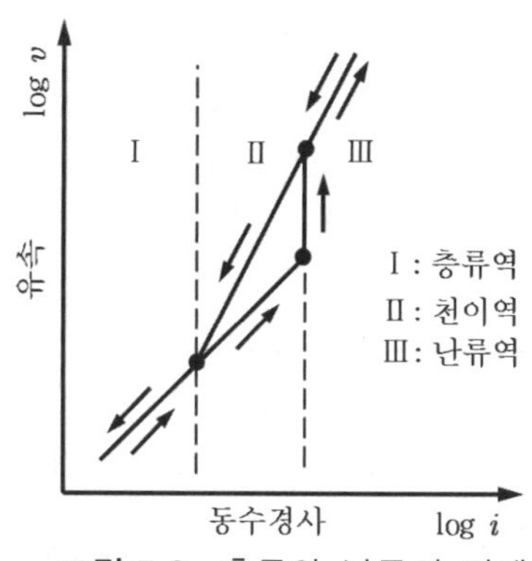

그림 5.8 층류와 난류의 경계

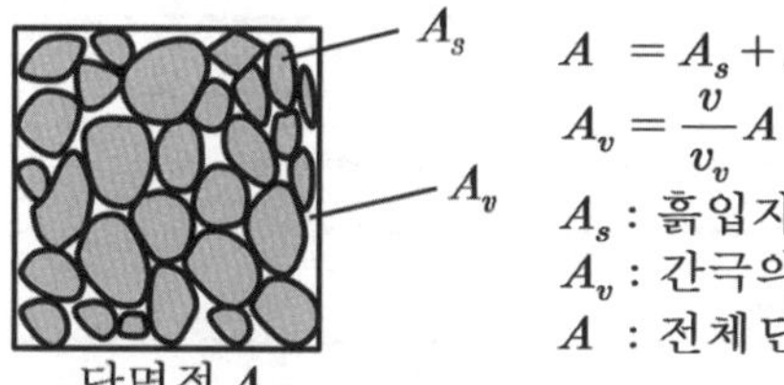

그림 5.9 지하수 통수단면

1) 투수계수 정의

물이 지반 내로 흐르는 동안에 에너지 손실(수두손실)이 발생하며, 물이 지반에서 단위거리를 흐르는 동안에 발생된 수두차를 **동수경사 i** (hydraulic gradient) 라고 한다.

거리 L을 흐르는 동안에 h만큼의 수두차가 발생되면 **동수경사 i**는 단위길이 당 수두차이므로 다음과 같다.

$$i = h/L \tag{5.3}$$

흙 속을 흐르는 물이 층류일 때 단면적 A 인 지반을 흐르는 단위시간당 유량 q는 동수경사 i에 선형비례한다. 그런데 **유량 q**는 단면적에 속도를 곱한 크기($q = vA$)이므로 침투속도 v와 동수경사 i 사이에는 선형 비례관계가 성립된다(Darcy, 1863).

$$q = k\,i\,A \qquad \therefore v = k\,i \tag{5.4}$$

이를 **Darcy 의 법칙** (Darcy's law) 이라 하며 이때에 기울기를 **투수계수 k** (coefficient of permeability) 라고 한다. 따라서 지반의 투수계수는 단위동수경사 i 일 때 단위면적을 흐르는 물의 **접근유속 v**이며, 속도 차원 $[LT^{-1}]$이고 지반에 따라서 일정한 값을 갖는다 (그림 5.10). 단위시간당 침투유량 q는 연속의 법칙으로부터 구할 수 있다.

$$q = v\,A = k\,i\,A \tag{5.5}$$

여기에서 A는 흙 입자와 간극을 포함한 전체의 단면적이고 v는 접근유속이다. 그런데 간극률은 $n < 1$ 이므로 실제 유로 즉, 간극 **통수단면적 A_v**는 전체단면적 A 보다 작으므로 연속의 법칙을 적용하여 계산하면 실제의 **침투유속 v_v**는 접근유속 v 보다 크다 (그림 5.9).

$$v_v = v\,\frac{A}{A_v} = \frac{v}{n} = \frac{k\,i}{n} > v \tag{5.6}$$

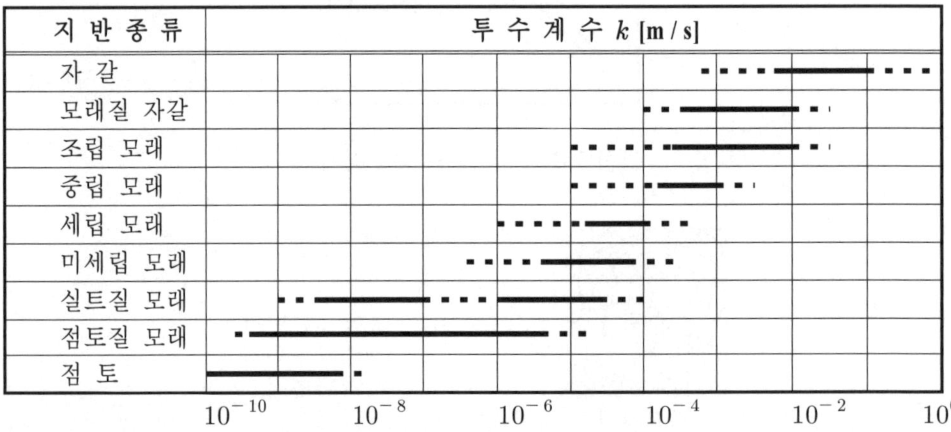

지 반 종 류	투 수 계 수 k [m/s]
자 갈	
모래질 자갈	
조립 모래	
중립 모래	
세립 모래	
미세립 모래	
실트질 모래	
점토질 모래	
점 토	

10^{-10} 10^{-8} 10^{-6} 10^{-4} 10^{-2} 10^{0}

그림 5.10 지반에 따른 투수계수

2) 투수계수 영향요소

흙의 투수계수는 지하수의 물리적 성질(점성계수)은 물론 지반의 구성상태와 구조골격(흙 입자 크기, 포화도, 간극배열상태, 간극비)에 의하여 영향을 받는다.

(1) 물의 성질

지반내부를 흐르는 침투수의 흐름특성은 그 점성에 의해 큰 영향을 받고 물의 점성은 온도에 반비례 한다(표 5.4). 온도가 높으면 점성이 작아져서 투수계수가 커지고, 온도가 낮으면 투수계수가 작아진다.

한국 산업규격(KS F 2322)에서는 지반 투수계수를 15^oC를 기준으로 정의하였으므로, 온도 T^oC에서 측정한 투수계수 k_T를 온도 15^oC에 대한 투수계수 k_{15}로 환산해야 한다.

$$k_{15} = k_T \frac{\mu_T}{\mu_{15}} \tag{5.7}$$

여기서 μ_T와 μ_{15}는 각각 온도 T^oC와 15^oC에서의 **물의 점성계수**이다.

표 5.4 물의 점성계수 [단위 mm poise]

T^oC	0	1	2	3	4	5	6	7	8	9
0	17.94	17.32	16.74	16.19	15.68	15.19	14.73	14.29	13.87	13.48
10	13.10	12.74	12.39	12.06	11.75	11.45	11.16	10.88	10.60	10.34
20	10.09	9.84	9.61	9.38	9.16	8.95	8.75	8.55	8.36	8.18
30	8.00	7.83	7.67	7.51	7.36	7.21	7.06	6.92	6.79	6.66

(단, 1 poise = 1 dyne·sec/m^2 = 0.1 N·sec/m^2)

(2) 흙 입자의 크기

흙 속에서 물은 간극을 따라 이동하므로 흙의 투수계수는 간극의 크기와 배열상태에 상관이 있다. 흙 입자 모양을 구형이라고 가정하면 간극의 크기는 **유효입경** D_{10}과 밀접한 관계가 있다.

Hazen(1911)은 유효입경으로부터 투수계수를 근사적으로 구하는 식을 제시하였다.

$$k = 100\,D_{10}^2 \qquad (\text{단, } D_{10} : \text{cm}) \tag{5.8}$$

(3) 지반의 포화도

지반이 불포화상태이면 간극 내에 있는 기포가 물의 흐름을 방해하여 투수계수가 포화상태일 때 보다 작아진다. 불포화 지반의 투수계수는 포화도에 따라 다르며, 포화상태를 기준으로 **상대투수계수**를 정의하여 나타낸다. **지반의 포화도**가 커지면 물의 이동통로가 확대되어 투수계수도 커진다 (그림 5.11).

(4) 간극의 배열상태

물이 흐르는 통로 즉, 지반 내 유로는 간극의 크기와 배열 (즉, **흙의 구조골격**) 에 따라 다르므로 투수계수가 이들에 의해서 영향을 받는다. 그러나 간극의 크기와 배열은 워낙 불규칙하여 이를 수학적으로 표현할 수 있는 방법이 아직까지 제시되어 있지 않기 때문에 투수계수와 이들을 관련짓기가 매우 어렵다.

점성토에서는 분산구조보다 면모구조를 갖는 지반에서 유로가 커서 투수계수도 크다. 사질토는 입자의 형상과 배열에 따라 투수계수의 차이가 크다.

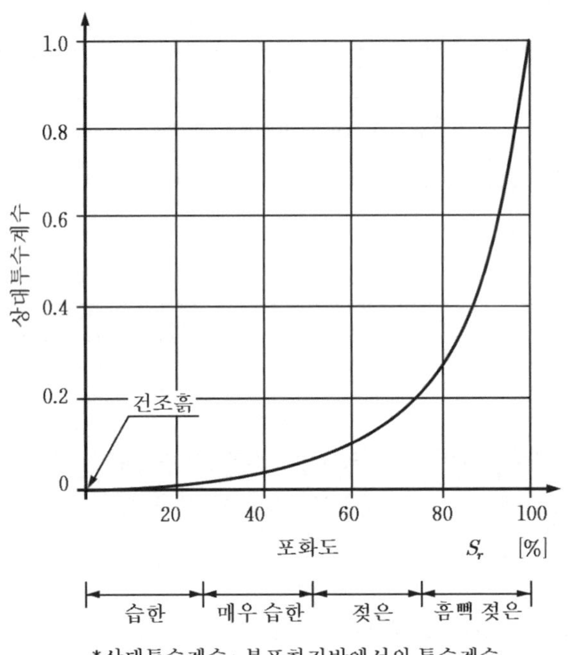

그림 5.11 포화도와 상대투수계수 관계 (Henth/Arndts, 1994)

(5) 간극비

지반의 투수계수는 간극비와 상관이 있으며 투수계수 - 간극비 관계를 규명하기 위한 시도가 많이 이루어져 왔다. 그 결과 대개 $k-\dfrac{e^3}{1+e}$ 관계(그림 5.12a)와 $\log k-e$ 관계(그림 5.12b)는 선형적 비례관계를 나타낸다(Lambe/Whitman, 1982).

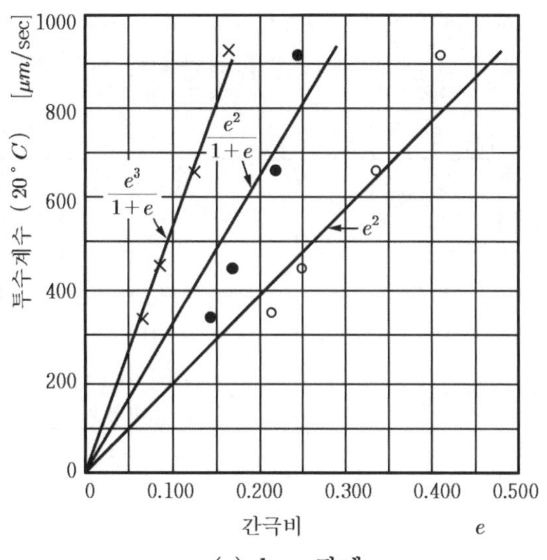

(a) $k-e$관계

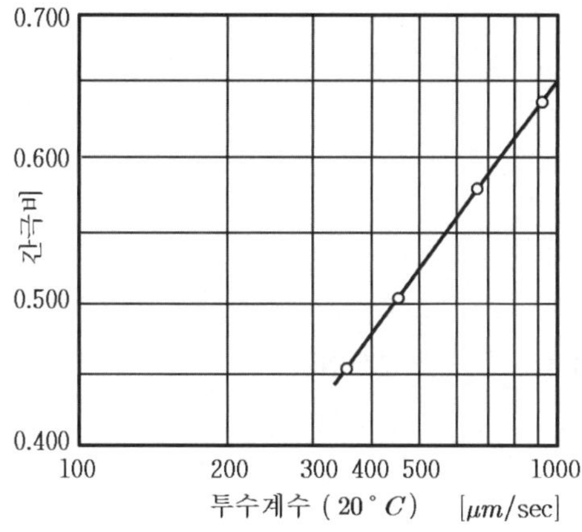

(b) $\log k-e$관계

그림 5.12 투수계수와 간극비 관계 (Lambe / Whitman, 1982)

3) 투수계수 결정

지반의 투수계수는 흙댐, 하천제방, 간척지제방 등 제체 내 물 흐름과 수로 및 지하수위 아래에 있는 구조물의 침투거동 및 양압력 등을 밝히기 위하여 구한다.

투수계수를 구할 수 있는 만족할만한 이론식이 아직 없어서 주로 실험결과나 경험치에 의존한다. 그러나 지반의 투수계수는 흙의 간극상태(구조골격)에 의해 절대적으로 영향을 받기 때문에 실내투수시험으로부터 현장 적용성이 있는 값을 구하기 매우 어렵다. 반면에 현장투수시험은 많은 시간과 비용이 소요되므로 특수한 경우가 아니면 실시하기 어렵다. 따라서 투수계수를 구할 수 있는 합리적 방법을 찾기 위해 많은 연구들이 진행되고 있다.

표 5.5 지반에 따른 투수 계수

지 반	투 수 계 수 [m/sec]
거친 모래	$(0.5 \sim 1.0) \times 10^{-2}$
미세한 모래	$(1.0 \sim 3.0) \times 10^{-3}$
매우 미세한 모래	$(1.0 \sim 2.0) \times 10^{-4}$
롬질 흙	$(0.1 \sim 1.0) \times 10^{-6}$
점토	$(0.02 \sim 2.0) \times 10^{-8}$
벤토나이트	$0.0033\ [mm/year]$

투수계수는 대개 실험이나 이론 또는 경험적 방법으로 구하며, 실제지반의 투수계수를 결정하기 위해서는 고도의 전문지식과 경험이 필요하다.

*** 실험적 방법**

- 실내투수시험
  - · 정수두 투수시험
  - · 변수두 투수시험
  - · 기타 실내 투수시험(압밀시험, 삼축시험)
- 현장투수시험
  - · 양수시험
  - · 주수시험
  - · 보링공 내 수위 강하 또는 상승시험
  - · 패커시험

*** 이론적 방법**

- 압밀이론
- 관수로 흐름이론

*** 경험적 방법**

- Hazen 의 경험식
- Kozeny 의 경험식

(1) 실험적 방법

① 실내 투수시험

투수계수는 실내에서 정수두 투수시험이나 변수두 투수시험으로 구할 수 있고, 그밖에도 압밀시험이나 삼축시험을 실시해서 구할 수 있다.

i) 정수두 투수시험 (constant head test)

일정 크기 (단면적 A, 길이 L) 의 시료에 수두차 h 를 일정하게 유지하면서 일정시간 동안 침투한 유량 Q 를 측정하여 Darcy의 법칙으로부터 투수계수 k 를 결정하는 시험이며 (그림 5.13a), 단위길이 당 수두차 h/L (즉, **동수경사** i) 는 일정하다. **정수두 투수시험**은 투수성이 비교적 큰 조립토에 적합하며, **투수계수 k** 는 다음 식으로 계산한다.

$$k = \frac{Q}{iAt} = \frac{QL}{hAt} \ [\mathrm{cm/s}] \tag{5.9}$$

여기서 t : 측정시간 [sec]

Q : t 시간동안 침투한 유량 [cm^3]

L : 물이 통과한 거리 [cm]

A : 시료의 단면적 [cm^2]

h : 수두차 [cm]

【예제】 단면적 30 cm^2, 길이 20 cm 인 시료에 대해 정수두 투수시험을 실시하였다. 50 cm 수두에서 2 분 동안 200 cm^3 가 유출되었을 경우의 투수계수를 구하시오.

【풀이】 식 (5.9) 에서 $k = \dfrac{QL}{hAt} = \dfrac{(200)(20)}{(50)(30)(120)} = 0.022 \ [\mathrm{cm/s}]$ ///

ii) 변수두 투수시험 (variable head test)

투수성이 중간 이하로 작은 지반에서는 침투속도와 침투유량이 작아서 정수두 투수시험을 실시하기에 너무 많은 시간이 소요되거나 아예 불가능할 수 있다. 이러한 지반에서는 단면적이 일정한 스탠드 파이프를 사용해서 흙 속으로 자유롭게 물이 흐를 수 있게 하고 시간 경과에 따라서 수위강하를 측정하는 **변수두 투수시험**을 실시하여 **투수계수 k** 를 결정할 수 있다 (그림 5.13b).

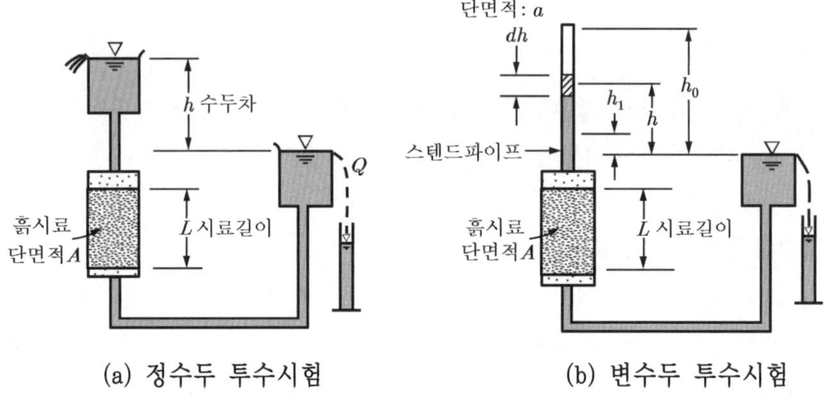

(a) 정수두 투수시험 (b) 변수두 투수시험

그림 5.13 실내 투수시험

단면적 a 인 스탠드 파이프의 수위가 dt 시간 동안에 dh 만큼 변하면 시료를 통해 흘러들어가는 **단위시간당 유입수량 Δq_{in}** 은

$$\Delta q_{in} = -a \frac{dh}{dt} \tag{5.10}$$

이며, 부(minus)의 기호는 스탠드파이프의 수위가 강하되는 것을 의미한다.

시료를 통해 흘러나간 **단위시간당 유출수량 Δq_{out}** 은 시료의 단면적 A 와 수두차 h 및 물이 통과한 시료길이 L 을 알고 있으므로 다음과 같다.

$$\Delta q_{out} = k i A = k \frac{h}{L} A \tag{5.11}$$

그런데 유입수량과 유출수량이 같으므로(즉, $\Delta q_{\rm in} = \Delta q_{\rm out}$)

$$-a \frac{dh}{dt} = k \frac{h}{L} A \tag{5.12a}$$

이고, 투수계수 k 는 다음과 같다.

$$k = -a \frac{L}{Adt} \frac{dh}{h} \tag{5.12b}$$

측정시간 t_0, t_1 에 대한 스탠드 파이프의 측정수위가 각각 h_0, h_1 이므로 이 식을 적분하고 정리하여 상용로그로 바꾸면 투수계수에 대한 식이 된다.

$$k = 2.3 \frac{aL}{A(t_1 - t_0)} log \frac{h_0}{h_1} \text{ [cm/s]} \tag{5.13}$$

【예제】 직경 10 cm, 길이 20 cm 인 시료에 대해서 변수두 시험을 실시하였다. 직경 1.0 cm 의 스탠드파이프의 초기수위가 30 cm 이었는데 10 분만에 15 cm 가 되었다. 실내온도가 15°C 일 때 투수계수를 구하시오.

【풀이】 식 (5.13)에서

$$k = 2.3\frac{aL}{A(t_1 - t_0)}\log_{10}\frac{h_o}{h_1} = 2.3\frac{\frac{\pi 1.0^2}{4}20}{\frac{\pi 10^2}{4}600}\log\frac{30}{15} = 1.81\times10^{-4}\ [\mathrm{cm/sec}]$$

iii) **기타 실내 투수시험**

지반의 투수계수는 압밀시험기를 이용하여 현장지반의 압력상태와 압밀도에 따라 구할 수 있으며, 삼축압축시험기를 이용하여 현장의 압력상태와 등방 또는 비등방압력 상태를 재현하여 측정할 수 있다.

② 현장 투수시험

지반의 투수성은 흙 구조골격에 의해 큰 영향을 받는다. 그러나 시료를 비교란 상태로 채취하기가 거의 불가능할 뿐만아니라 비교란 시료를 취급 및 시험하는 중에 어느 정도 교란이 불가피하다. 따라서 실내투수시험으로는 현장지반의 실제 투수계수를 구하기가 매우 어렵다.

사질토는 비교란 상태로 시료를 채취하기가 거의 불가능하기 때문에 현장 시험을 통해서만 교란되지 않은 원위치 지반에 대한 신뢰성 있는 투수계수를 구할 수 있다. 그러나 현장 투수시험을 수행하는 데에는 많은 시간과 비용이 소요되기 때문에 부득이한 경우에 한해 실시하고 있다.

현장 투수시험은 지하수위가 높은 곳에서는 양수시험이 적합하고, 지하수위가 낮은 곳에서는 주수시험이 적합하다. 지하수의 흐름상태에 따라 정상상태시험과 비정상상태 시험으로 구분하여 실시한다.

현장에서 수행하는 현장투수시험은 시험우물과 관측정을 현장에 설치하고 시험우물에서 양수하면서 우물주변 관측정의 수위를 측정하여 투수계수를 구하는 **양수시험**과 지하수위가 낮아서 시험우물에 주수하고 시험우물과 관측정의 수위를 측정하여 지반의 투수계수를 구하는 **주수시험**이 가장 대표적이다.

i) **양수 시험** (well pumping test)

균질한 조립 지반에서 투수계수 측정에 적합하며 **시험우물** (양수정 또는 보링공) 을 불투수층까지 굴착하여 시험우물의 측벽에서만 물이 유입되는 **완전우물**조건에서 수행한다. 불투수층까지 굴착하지 않아서 우물의 바닥에서도 물이 유입되는 우물을 **불완전우물**이라고 한다 (그림 5.14).

양수시험에서는 양수 유량을 조절하면서 일정한 유량을 양수하여 시험우물의 수위와 양수량이 일정하게 유지되는 상태에서 주변 관측정의 수위를 관찰하여 투수계수 k 를 구하는 **정상상태 양수시험** (steady state) 과 일정한 유량으로 양수하며 시간경과에 따른 시험우물과 주변관측정의 수위변화를 측정하여 투수계수를 구하는 **비정상상태 양수시험** (unsteady state) 이 있다.

정상상태의 양수시험에서 투수계수 k 는 다음과 같이 구한다 (그림 5.15).

시험우물의 측벽을 통해 시험우물로 유입되는 유량 q 는

$$q = k\,i\,A = ki\,2\pi r h \tag{5.14}$$

이때에 시험우물로 유입되면서 지하수위가 변하고 그 기울기가 곧 동수경사

$$i = dh/dr \tag{5.15}$$

이며, 이를 식 (5.14) 에 대입하면

$$q = k\frac{dh}{dr}2\pi rh \qquad \text{즉,}\ \frac{dr}{r} = \frac{2\pi k}{q}hdh \tag{5.16}$$

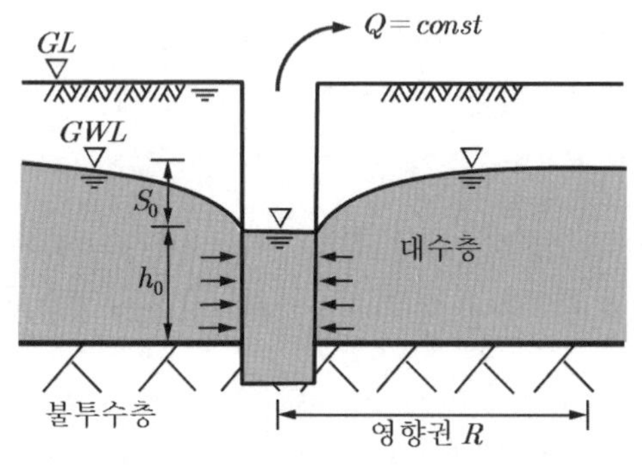

(a) 완전 우물

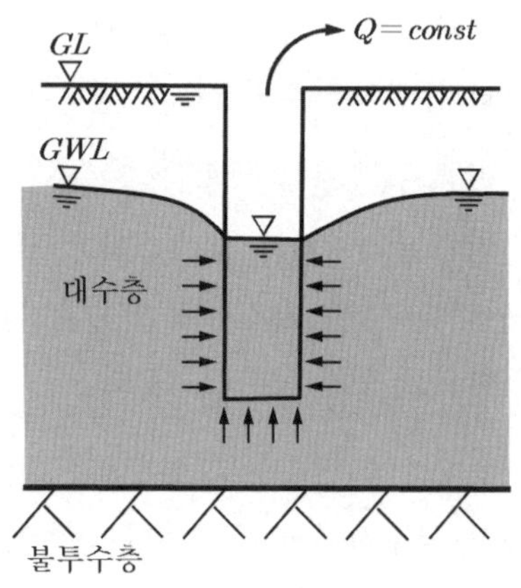

(b) 불완전 우물

그림 5.14 완전우물과 불완전우물

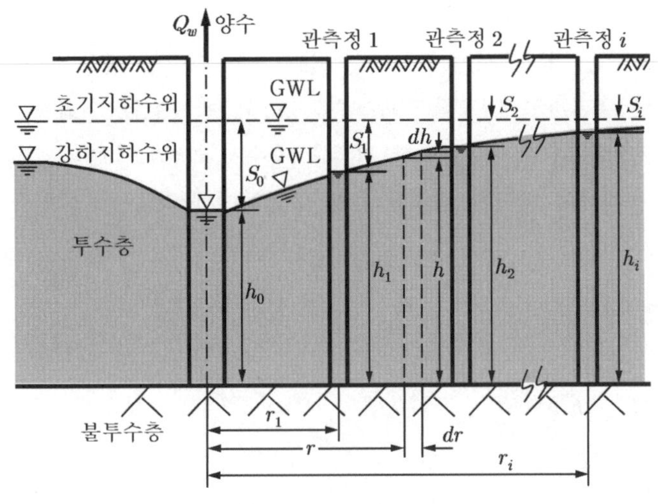

그림 5.15 양수시험

이 식을 적분하고 시험우물로부터 r_1, r_2 떨어진 관측정의 수위 h_1, h_2를 대입한 후에 투수계수에 대해서 정리하고 상용로그로 바꾸면 다음 식이 된다.

$$k = \frac{2.3\,q}{\pi(h_2^2 - h_1^2)} \log_{10} \frac{r_2}{r_1} \tag{5.17}$$

완전우물에서 **가능 양수량 Q**는 Sichhardt (1927)가 다음과 같이 제안하였다.

$$Q = 2\pi r_0 h_0 \frac{\sqrt{k}}{15} \tag{5.18}$$

【예제】 현장에서 양수시험을 실시한 결과 매초 1000 cm^3를 양수할 때 10 m 떨어진 관측정의 수위는 29.4 m이고 20 m 떨어진 관측정의 수위는 39.8 m이었다. 현장 지반의 투수계수를 구하시오.

【풀이】 식 (5.17)에서

$$k = \frac{2.3\,q}{\pi(h_2^2 - h_1^2)} \log \frac{r_2}{r_1}$$

$$= \frac{(2.3)\,(1000)}{\pi\,(3980^2 - 2940^2)} \log \frac{2000}{1000} = 3.06 \times 10^{-5}\ [\mathrm{cm/s}]$$

///

ii) 주수 시험

지하수위가 낮은 지반에서는 지하수를 양수하는 대신에 물을 시험우물에 주입하여 일정한 수두를 유지하면서 (그림 5.16) 주수량 q 와 관측정의 수위를 측정하여 지반의 투수계수를 결정할 수 있다. 이러한 시험을 **주수시험**이라고 한다. 지하수가 오염되는 것을 방지하기 위하여 반드시 청정한 물을 주입해야 한다.

주수시험에서 투수계수는 양수시험에 대한 식 (5.17)에서 관측정 수위 h_1 과 h_2 를 바꾸기만 하면 된다. 즉,

$$k = \frac{2.3q}{\pi(h_1^2 - h_2^2)} \log \frac{r_2}{r_1} \tag{5.17a}$$

【예제】 현장지반의 지하수위가 낮아서 주수시험을 실시하였다. 깨끗한 물을 매초 5,000 cm^{3}를 주입한 결과 10 m 떨어진 관측정의 수위는 39.8 m 이고 20 m 떨어진 관측정의 수위는 29.4 m 이었다. 현장지반의 투수계수를 구하시오.

【풀이】 식 (5.17a) 에서

$$k = \frac{2.3q}{\pi(h_1^2 - h_2^2)} \log \frac{r_2}{r_1}$$
$$= \frac{(2.3)\,(5{,}000)}{\pi\,(3{,}980^2 - 2{,}940^2)} \log \frac{2{,}000}{1{,}000} = 1.53 \times 10^{-4}\ [\mathrm{cm/s}]$$

///

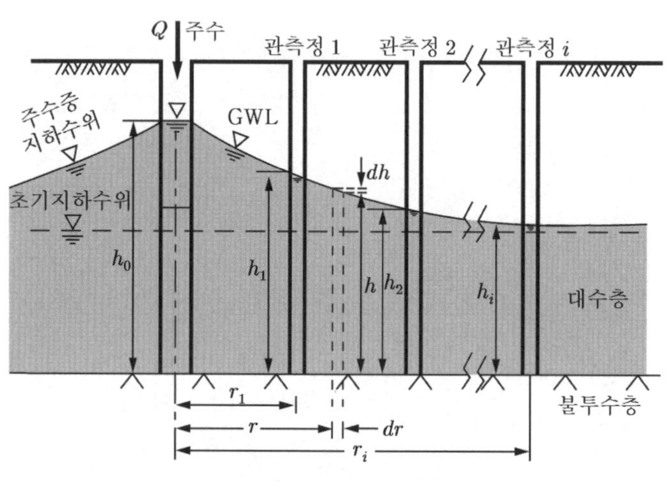

그림 5.16 주수시험

(2) 이론적 방법

지반의 투수계수는 지반의 구성과 구조골격 및 지하수의 물리적 성질 등에 의해 결정되므로 완벽한 비교란 상태의 현장시료에서만 구할 수 있다.

그러나 현실적으로 이런 시료를 채취하여 실험하는 것이 거의 불가능하고, 현장투수시험에는 많은 비용과 시간이 소요되기 때문에 시험에 의하지 않고도 지반의 투수계수를 다음 같이 이론적으로 계산하는 경우도 있다.

① 압밀이론

Terzaghi 의 압밀이론 (6.3 절 참조)에서 지반의 압밀계수 C_v는 투수계수 k 와 관계가 있기 때문에 압밀시험 결과로부터 지반의 투수계수를 간접적으로 구할 수 있다.

$$k = C_v m_v \gamma_w = C_v \frac{a_v}{1+e} \gamma_w = \frac{T_v \gamma_w}{t \Delta\sigma} \frac{\Delta e}{1+e} H^2 \text{ [cm/s]} \tag{5.19}$$

여기에서, t : 시간,

$\Delta\sigma$: 증가하중,

Δe : 간극비 변화,

H : 배수거리

C_v : 지반의 압밀계수[cm^2/sec]

m_v :지반의 체적변화계수[cm^2/gf]

γ_w : 물의 단위중량[gf/cm^3]

T_v : 시간계수

a_v : 지반의 압축계수[cm^2/gf]

【예제】 간극비가 0.5 인 시료를 압밀시험한 결과에서 압축계수가 $a_v = 0.0003 \text{ cm}^2/\text{gf}$ 이고 압밀계수가 $C_v = 2.5 \times 10^{-3} \text{ cm}^2/\text{s}$ 이었다. 이 시료의 투수계수를 구하시오.

【풀이】 식 (5.19) 에서

$$k = C_v \frac{a_v}{1+e} \gamma_w$$
$$= (2.5 \times 10^{-3}) \frac{0.0003}{1+0.5} \times 1.0 = 5.0 \times 10^{-7} \text{ [cm/s]}$$

///

② **관수로 흐름이론**

지하수 흐름을 불규칙한 단면을 갖는 **관수로 흐름**으로 간주하고 해석하여 투수계수를 구할 수 있다. 그런데 지반 내 유로는 지반의 구성과 구조골격에 따라 결정되고 흐름 속도는 물의 성질에 따라서 영향을 받으므로 이를 고려하여 이론적으로 투수계수를 구할 수 있다. 보통 **Taylor 식**과 **Kozeny-Carman 식**이 자주 이용된다.

i) **Taylor 식**

Taylor (1948) 는 흙의 형상과 평균 입경 D_s 와 간극비 e 및 물의 점성 μ 를 고려하여 투수계수를 구하는 식을 제시하였다.

$$k = {D_s}^2 \frac{\gamma_w}{\mu} \frac{e^3}{1+e} c \tag{5.20}$$

여기서 D_s : 모든 흙입자에 대한 부피/표면적의 비에 해당하는 평균입경 [cm]

μ : 물의 점성계수 [g cm/cm²sec]

c : 입자의 형상계수

ii) **Kozeny - Carman 식**

반면 Kozeny (1927, 1953)-Carman (1956) 은 Taylor 의 식에서 흙의 평균입경 대신 지하수 실제 유로와 흙입자 비표면적을 고려하여 좀 더 이론화된 식으로 투수계수를 계산하였다 (Lambe/Whitman, 1982 ; Das, 1983).

$$k = \frac{1}{K_0 S^2} \frac{\gamma_w}{\mu} \frac{e^3}{1+e} = \frac{1}{C_s {T_0}^2 S^2} \frac{\gamma_w}{\mu} \frac{e^3}{1+e} \tag{5.21}$$

여기서, $T_0 = ds/dx$: 유로의 굽은 정도 (자갈에서 $T_0 \fallingdotseq \sqrt{2}$)

dx : 평균흐름방향 유로 길이

K_0 : 간극의 형상과 유로에 의존하는 계수

ds : 실제 유로 길이

S : 흙입자의 비표면적

(입자단위체적당 입자의 표면적 = 입자표면적/입자체적)

(직경 D 인 구에서 $S = 6/D$)

C_s : 형상계수 (자갈에서 $C_s \fallingdotseq 2.5$)

(3) 경험적 방법

지반의 투수계수는 정확히 구하기 매우 어렵고 시간과 비용이 많이 들기 때문에 경험을 바탕으로 개략적으로 구할 수 있는 여러 가지 식이 제시되어 있으나 편차가 심하다.

① Hazen 식

Hazen (1911) 은 균등계수가 5 이하이고 크기가 0.1~3 mm 인 깨끗한 모래 지반에서 투수계수가 유효입경 D_{10} [cm]의 제곱에 비례하는 것을 알고 다음 같은 경험식을 제시하였으며, 이 식을 **Hazen 식**이라고 한다. 그러나 이 식은 필터용 모래에 대한 경험적 수치이고 차원이 맞지 않는 식이므로 투수계수를 개략적으로 구할 때에만 적용한다.

$$k = 116\, D_{10}{}^2(0.7+0.03t) \fallingdotseq CD_{10}{}^2 = (100\sim150)D_{10}{}^2\,[\mathrm{cm/s}] \tag{5.22}$$

여기서, t 는 수온이고 C 는 입자 형상을 나타내는 상수이다 (구형입자에서 C =150).

【예제】 유효입경 D_{10} = 1.0mm 이고 입자가 둥근 모래의 투수계수를 구하시오.

【풀이】 식 (5.22) 에서 둥근 입자는 C= 150 이므로

$$k = (100\sim150)\,D_{10}{}^2 = (150)\,(0.1)^2 = 1.5\,[\mathrm{cm/s}]$$ ///

② Kozeny 식

Kozeny (1927) 는 유효입경 대신 입도분포를 고려한 대체입경 D 와 간극률 n 을 적용하여 지반의 투수계수를 구하는 경험식 (**Kozeny 식**) 을 제시하였다.

$$k = c_3\frac{n^3}{(1-n)^2}D^2[\mathrm{cm/s}] \tag{5.23}$$

여기서 c_3 : 입자의 형상에 따른 합성형상계수이며, 다음과 같다.

모난 석영 모래 : c_3= 75
모난 석영 및 석회암 모래 : c_3= 180
유리구슬 : c_3= 400

D : 입도분포 고려한 입경으로 다음과 같이 정의한다.

$$\frac{1}{D} = \sum\frac{\Delta}{D_{12}} \tag{5.23a}$$

단, Δ는 체크기 D_1 과 D_2 사이 시료량의 전체 시료량에 대한 비이고 D_{12} 는 다음과 같이 구한다.

$$\frac{1}{D_{12}} = \frac{1}{3}\left(\frac{1}{D_1}+\frac{2}{D_1+D_2}+\frac{1}{D_2}\right) \tag{5.23b}$$

5.4.2 침투방정식

1) 침투방정식

균질한 지반을 흐르는 지하수의 흐름은 지반을 다음과 같이 가장 단순한 형태로 가정하여 그 기본식 즉, **침투방정식**을 유도하여 적용하고 해석할 수 있다.

기본가정 : · Darcy 의 법칙이 유효하다.
· 흙은 균질하고 등방성이다.
· 흙은 완전히 포화되어 있다. 모세관 현상은 무시한다.
· 흙은 비압축성이다. 즉, 물이 흐르는 동안 흙은 압축되거나 팽창되지 않는다.

먼저 x, y, z 방향으로 각각 dx, dy, dz 의 크기를 갖는 미소요소 (그림 5.17) 를 생각한다. 물은 x, y, z **'양'**의 방향으로만 흐르며, 이때 물의 흐름 즉, 유선은 서로 섞이지 않고, 유입된 물은 그 방향으로만 흘러서 유출된다.

그림 5.17 의 미소요소에 대해 각 흐름방향 (x, y, z 방향) 의 **동수경사 i_x, i_y, i_z** 를 구하면 다음이 된다.

$$i_x = \frac{\partial h}{\partial x}$$

$$i_y = \frac{\partial h}{\partial y}$$

$$i_z = \frac{\partial h}{\partial z} \tag{5.24}$$

따라서 Darcy (1863) 의 법칙과 연속의 법칙을 적용하여 계산하면, 이 미소요소에 **유입된 유량 q_{in}** 은 다음과 같다.

$$q_{in} = v_x\, dy\, dz + v_y\, dx\, dz + v_z dx\, dy \tag{5.25}$$

위 식에서 dx, dy, dz 는 각각 미소요소에서 x, y, z 방향 지하수 유입부의 단면적이다.

그런데 미소요소를 흐르는 동안에 유속이 변하므로, 유출부에서는 유출속도가 x, y, z 방향으로 각각 $\frac{\partial v_x}{\partial x}dx$, $\frac{\partial v_y}{\partial y}dy$, $\frac{\partial v_z}{\partial z}dz$ 만큼 변한 상태이다.

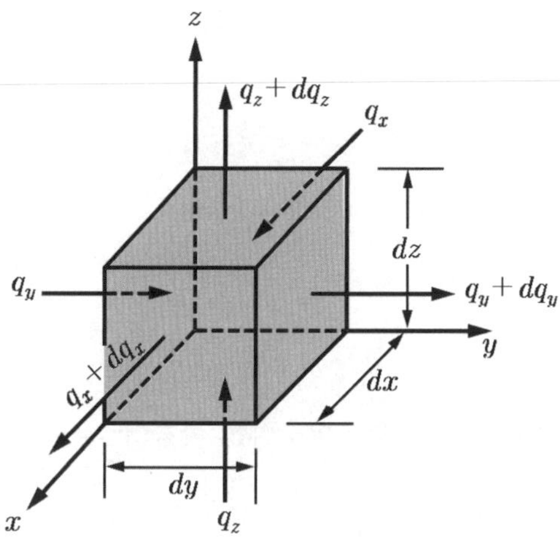

그림 5.17 미소 요소의 침투

따라서 미소요소에서 **유출수량** q_{out} 은 다음과 같다.

$$q_{out} = \left(v_x + \frac{\partial v_x}{\partial x}dx\right)dy\,dz + \left(v_y + \frac{\partial v_y}{\partial y}dy\right)dx\,dz + \left(v_z + \frac{\partial v_z}{\partial z}dz\right)dx\,dy \tag{5.26}$$

기본가정에서 물이 흐르는 동안에 부피변화가 발생하지 않으므로, 미소 지반요소에서 유입수량 q_{in} 과 유출수량 q_{out} 은 같다 (즉, $q_{in} = q_{out}$).

$$v_x dydz + v_y dxdz + v_z dxdy \tag{5.27}$$

$$= \left(v_x + \frac{\partial v_x}{\partial x}dx\right)dydz + \left(v_y + \frac{\partial v_y}{\partial y}dy\right)dxdz + \left(v_z + \frac{\partial v_z}{\partial z}dz\right)dxdy$$

이 식을 정리하면 **3차원 연속방정식** (equation of continuity) 이 구해진다.

$$\frac{\partial v_x}{\partial x} + \frac{\partial v_y}{\partial y} + \frac{\partial v_z}{\partial z} = 0 \tag{5.28}$$

식 (5.24) 의 동수경사를 Darcy 의 법칙에 적용하면 다음이 된다.

$$v_x = k_x i_x = k_x \frac{\partial h}{\partial x}$$

$$v_y = k_y i_y = k_y \frac{\partial h}{\partial y}$$

$$v_z = k_z i_z = k_z \frac{\partial h}{\partial z} \tag{5.29}$$

위 식을 연속방정식에 대입하기 위하여 미분하면,

$$\frac{\partial v_x}{\partial x} = k_x \frac{\partial^2 h}{\partial x^2}$$
$$\frac{\partial v_y}{\partial y} = k_y \frac{\partial^2 h}{\partial y^2}$$
$$\frac{\partial v_z}{\partial z} = k_z \frac{\partial^2 h}{\partial z^2} \quad (5.30)$$

이므로 결국 식(5.28)의 3차원 연속방정식은 다음이 되어

$$k_x \frac{\partial^2 h}{\partial x^2} + k_y \frac{\partial^2 h}{\partial y^2} + k_z \frac{\partial^2 h}{\partial z^2} = 0 \quad (5.31)$$

3차원 침투방정식(equation of seepage)이 된다.

그런데 등방성지반에서는 x, y, z방향 투수계수가 모두 같아서 $k_x = k_y = k_z = k$이 되기 때문에 위의 식 즉, **등방성지반의 3차원 침투방정식**은 투수계수가 소거되어서 다음과 같이 단순해지고, 이는 등방성 다공체 내에서 3차원적으로 물이 흐를 때 **위치**(x, y, z)**에 따른 수두 변화율**을 나타낸다.

$$\frac{\partial^2 h}{\partial x^2} + \frac{\partial^2 h}{\partial y^2} + \frac{\partial^2 h}{\partial z^2} = 0 \quad (5.32)$$

2차원 흐름에서는 x와 z 방향으로만 침투가 발생하므로 식(5.31)은 다음과 같이 **2차원 침투방정식**이 된다.

$$k_x \frac{\partial^2 h}{\partial x^2} + k_z \frac{\partial^2 h}{\partial z^2} = 0 \quad (5.33)$$

그런데 등방성지반에서는 x, z방향 투수계수가 모두 같아서 $k_x = k_z = k$ 이 되기 때문에 위 식 즉, **등방성지반의 2차원 침투방정식**은 투수계수가 소거되어서 다음과 같이 단순해지고, 이는 등방성 다공체 내에서 2차원적으로 물이 흐를 때 **위치**(x, z)**에 따른 수두 변화율**을 나타낸다.

$$\frac{\partial^2 h}{\partial x^2} + \frac{\partial^2 h}{\partial z^2} = 0 \quad (5.34)$$

2) 침투방정식의 해

지반 내 모든 점에서 수두를 알고 있으면 이로부터 동수경사를 구하여 유속을 계산할 수 있으므로 침투문제를 해결할 수 있다. 수두는 주어진 경계조건에 대해서 식 (5.34) 를 적분하여 구할 수 있다.

그림 5.18 에서 단면이 일정하고 길이 L 이 되는 등방성 다공체를 통해 물이 흐르면서 수두가 Δh 만큼 손실되었으며, 물은 시료 길이방향 (x 방향)으로만 흐르고 z 방향으로는 흐르지 않는다고 가정하면, 식 (5.34) 는 다음과 같이 된다.

$$\frac{\partial^2 h}{\partial x^2} = 0 \tag{5.35}$$

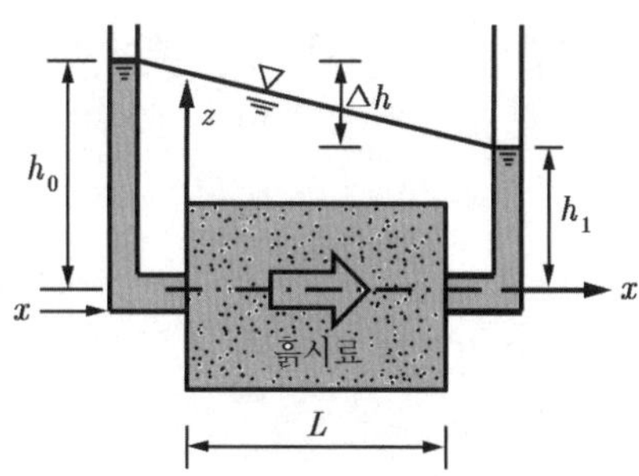

그림 5.18 지반 내 물의 흐름에 의한 수두손실

이 식을 적분하면 다음이 되며,

$$h = c_1 x + c_2 \tag{5.36}$$

여기서 c_1 과 c_2 는 적분상수이고 경계조건으로부터 결정할 수 있다. 그런데 유입부 (즉, $x = 0$) 에서 수두 h 는 초기수두 h_0 이고 ($h = h_0$), 유출부 $x = L$ 에서 수두는 $h = h_1$ 이 되므로 식 (5.36) 에 적용하여 적분상수 c_1 과 c_2 를 구할 수 있다.

$$c_1 = -\frac{h_0 - h_1}{L} = -\frac{\Delta h}{L}, \quad c_2 = h_0 \tag{5.37}$$

따라서 식 (5.36) 의 해는 다음이 된다.

$$h = -\frac{\Delta h}{L} x + h_0 \tag{5.38}$$

위 식에서 지하수가 길이 L 인 시료를 통해 흐르면서 수두 h 는 일정 비례로 감소하며, 흐름속도는 $\frac{dh}{dx}$ 에 비례하므로 그림 5.18 의 시료 내에서 흐름속도가 일정함을 알 수 있다.

5.4.3 유선망

침투가 일어나는 흙에서 침투방정식 (식 5.31) 의 해를 구하면 흙속 모든 점에서 수두를 알 수 있다. 수두가 같은 점을 연결한 곡선을 **등수두선** (equipotential line) 이라고 하며, 등수두선 상 모든 점에서 최대 동수경사는 등수두선과 직교하므로 침투수 흐름은 등수두선에 직각인 방향으로 일어난다. 물이 흐르는 경로를 **유로** (flow channel) 라고 하며 유로의 경계선이 **유선** (flow line) 이다. 등수두선과 유선은 서로 직교하며 이들로 이루어진 망상을 **유선망** (flow net) 이라 한다. 유선망을 이용하면 지반 내 물의 흐름특성을 구할 수 있다.

1) 유선망의 작도

유선망은 침투방정식을 주어진 경계조건에 대해 풀어서 구한다. 그 밖에 전기적 실험 또는 모형실험 (그림 5.19) 에 의하거나 Forchheimer (1930) 가 제안한 도해법을 적용하여 구할 수 있다.

그림 5.20 은 널말뚝 벽체에서 발생되는 침투현상을 **유선망**으로 작성한 것으로 실선은 유선이며 점선은 등수두선이다. 여기에서 침투에 대한 경계조건은 다음과 같다.

① 널말뚝면 *BEC*는 가장 위쪽의 유선이다.
② 불투수층 경계 *FG*는 가장 아래 쪽의 유선이다.
③ 상류측 지표 *AB*는 등수두선이다.
④ 하류측 지표 *CD*는 등수두선이다.

이렇게 경계조건이 결정되면 유선과 등수두선의 직교관계를 고려해서 시행착오법 (trial and error) 을 적용하여 대체로 정사각형에 가깝게 **유선망**을 작도한다.

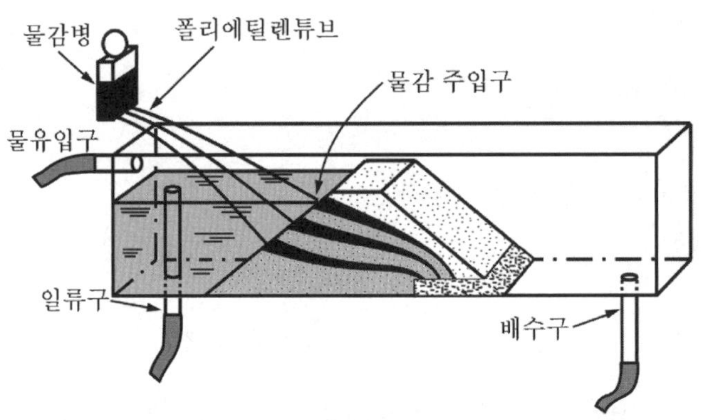

그림 5.19 모형투수시험

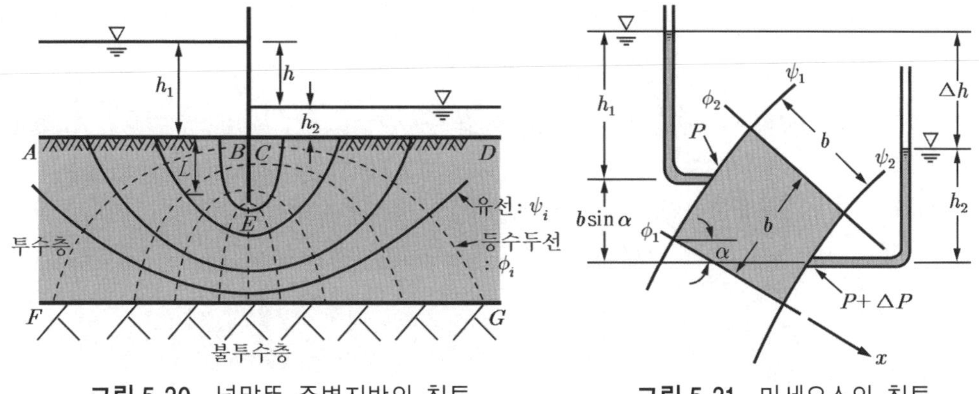

그림 5.20 널말뚝 주변지반의 침투

그림 5.21 미세요소의 침투

흙이 균질하고 등방성이면 유선망은 다음과 같은 특성을 나타낸다.

① 인접한 두 유선사이 즉, 유로를 흐르는 침투수량은 동일하다.

② 인접한 두 등수두선 사이의 수두손실 즉, 수두차는 같다.

③ 유선과 등수두선은 직교한다.

④ 유선망은 정사각형이다. 즉, 내접원을 갖는다.

⑤ 침투유속과 동수경사는 유선망 폭에 반비례한다.

2) 유선망의 활용

유선망이 작성되면 이로부터 흙 속을 흐르는 침투유량과 간극수압 및 동수경사는 물론 침투력을 구할 수 있고 분사현상(quick sand) 등의 발생가능성을 판단할 수 있다.

(1) 침투유량 계산

유선망에서 인접한 두 개의 유선 ϕ_1 및 ϕ_2 와 등수두선 ψ_1 및 ψ_2 로 이루어진 한 변의 길이 b 인 정사각형 요소(그림 5.21)를 통해 물이 흐르는 경우에 유량은 한 개의 유로를 통해 흐르는 유량 Δq 이며, 손실수두는 한 개 등수두선을 흐르는 동안에 발생되는 손실수두 Δh 가 된다.

그런데 등수두선 사이에서 손실수두가 일정하므로, **등수두선 사이의 수두차 Δh** 는 전체 수두차 h 를 등수두 구간의 갯수 N_d 로 나눈 크기이다.

$$\Delta h = h / N_d \tag{5.39}$$

정사각형요소를 통해 흐르는 침투유량 Δq의 침투단면적은 $A = b \cdot 1 = b$ 이고, 길이 b를 흐르는 동안 수두차가 Δh 이므로 다음과 같이 계산한다.

$$\Delta q = k\,i\,A = k\frac{\Delta h}{b}\,b = k\,\Delta h = k\,\frac{h}{N_d} \tag{5.40}$$

따라서 전체 **침투유량** q는 유로가 N_f 개 이므로 다음과 같다.

$$q = N_f\,\Delta q = k\,h\frac{N_f}{N_d} \tag{5.41}$$

(2) 간극수압 계산

지반 내 임의 점에서 **전수두 h_t** (total head)는 Bernoulli 정리에서 **위치수두 h_e** (elevation head), **압력수두 h_p** (pressure head), **속도수두 h_v** (velocity head)의 합이다.

$$h_t = h_e + h_p + h_v = h_e + \frac{u}{\gamma_w} + \frac{v^2}{2g} \tag{5.42}$$

그런데 흙 속을 흐르는 물의 속도 v는 대단히 작고, 속도수두는 속도를 제곱하여 구하므로 일상적인 계산에서는 무시할 수 있다. 따라서 식 (5.42)는 다음과 같이 된다.

$$h_t \simeq h_e + h_p = h_e + \frac{u}{\gamma_w} \tag{5.43}$$

여기에서 위치수두는 임의 기준면에서 측정위치까지 높이이므로, 지반 내 위치별로 전체 수두는 다르더라도 전체수두의 차이는 항상 일정하다.

간극수압 u에 의한 수두는 압력수두이며 식 (5.43)에서 그 위치에서 전체수두에서 위치수두를 뺀 수두차 $(h_t - h_e)$에 물의 단위중량 γ_w를 곱한 크기이다.

$$u = (h_t - h_e)\,\gamma_w \tag{5.44}$$

그런데 측정위치에서 전체수두와 위치수두의 차 $h_t - h_e$는 곧, 유선망에서 상류에서부터 측정위치까지 등수두 구간의 개 수 N_i에 등수두선 한 개당의 수두차 Δh를 곱한 값이 된다.

따라서 위 식은 다음과 같이 된다.

$$u = N_i\,\Delta h\,\gamma_w \tag{5.45}$$

여기에서 N_i : 하류측으로부터 측정위치까지 등수두선 개수
Δh : 등수두선 한 개 당 손실수두 $(\Delta h = h/N_d)$

(3) 동수경사의 결정

동수경사 i (hydraulic gradient)는 물이 흐르는 유로에서 단위길이당 손실수두이므로 유선망에서 두 점 사이의 등수두선 갯수가 m이면 동수경사 i는 등수두선 한 개당의 손실수두 $\Delta h = h/N_d$에 등수두선의 갯수 m을 곱하여 구한 두 지점간의 수두차(즉, $\mathrm{m}\Delta h$)를 두 점사이의 거리 l로 나누어서 구한다.

$$i = \frac{\mathrm{m}\Delta h}{l} = \frac{\mathrm{m}h}{N_d\, l} \tag{5.46}$$

등수두선 사이에서 손실수두가 동일하므로 등수두선 간격이 좁을수록 동수경사가 급하다. 또한, **Darcy의 법칙**에 따르면 유속 v는 동수경사 i에 비례하여 증가($v = ki$)하기 때문에 등수두선의 간격이 좁을수록 유속이 커진다. 동수경사는 파이핑 현상의 발생가능성을 판단하거나 침투력을 계산하는데 사용한다.

(4) 침투력 계산

물이 흙 속을 흐르면서 흙 입자에 가하는 힘 즉, **침투력** f (seepage force)는 단위 부피를 기준으로 하며, 동수경사 i에 물의 단위중량 γ_w를 곱한 크기이다.

$$f = i\,\gamma_w \tag{5.47}$$

단면적이 A이고 두께가 Z (즉, 부피 $V = AZ$)인 지반에 작용하는 침투력은 $F = fV$이며 유선망에서 동수경사 i를 구하여 다음 식으로 계산한다.

$$F = fV = i\gamma_w AZ = \frac{h\,m}{N_d l}\gamma_w AZ \tag{5.48}$$

상향 침투에서 침투력 F가 흙의 수중무게 $W = \gamma_{sub} V$보다 더 크면($F > W$) 분**사현상** 또는 **파이핑 현상**(5.3.10절 참조)이 일어난다.

【예제】 그림 5.20의 널말뚝에서 투수층의 투수계수가 $k = 1.0 \times 10^{-5}$ m/s이고, 상류의 수심이 4 m, 하류수심이 1 m일 때에 유선망을 이용하여 다음을 구하시오. 단, 널말뚝은 2 m 관입되어 있다.

① 1일 침투유량 ② 널말뚝 선단의 간극수압

【풀이】 ① 그림 5.20의 유선망에서 유로의 갯수는 $N_f = 5$, 등수두선의 개수는 $N_d = 10$이므로 식(5.41)에서 q를 구하여 1일 침투유량 Q로 환산한다.

$$q = kh\frac{N_f}{N_d} = (1.0\times10^{-5})(3.0)\frac{5}{10} = 1.5\times10^{-5}\ [\mathrm{m^3/s}]$$
$$Q = 24\times60\times60\,q \fallingdotseq 0.013\ [\mathrm{m^3/day}] = 13.0\ [\ell/\mathrm{day}]$$

② 널말뚝선단에서 $N_i = 5$ 이므로, 간극수압은 식(5.45)를 적용하면 다음과 같다.

$$u = N_i \Delta h \gamma_w = (5)\frac{3.0}{10}(10.0) = 15.0\ \mathrm{kPa}$$
$$-2.0\,m \text{ 위치 : } u = (3.0\,m)(10.0\,kN/m^3) = 30.0\,kN/m^2 = 30.0\,kPa$$
$$\therefore u = 15.0 + 30.0 = 45.0\,kPa$$
///

3) 여러 가지 구조물의 유선망

토목구조물은 주로 지하수가 있는 지반에 설치되므로 지반 내 침투문제를 해결해야 할 경우가 많다. 이런 구조물로는 널말뚝, 흙댐, 콘크리트댐, 옹벽 등이 있고, 지하수 배수를 위한 우물이나 암거 또는 배수로 등에서도 유선망을 작성하여 침투문제를 해결할 수 있다.

(1) 물막이

그림 5.22 a,b 는 저수목적으로 수저면이나 수저지반에 근입설치한 **물막이 주변지반의 유선망**을 나타낸다. 이때에 상류와 하류의 수면이 수두경계가 되며, 물막이의 표면과 하부 불투수층이 유선 경계가 된다. 그림 5.22c 는 콘크리트 등 불투수성 물체를 수저지반에 설치한 흙막이 벽이다. 널말뚝은 하부의 불투수층까지 관입되어 있으면 대체로 불투수성 차수벽으로 간주한다. 이때는 널말뚝에 정수압만 작용한다.

(2) 댐

콘크리트 댐에서는 댐체가 불투수성이므로 기초지반으로 침투가 발생하며, 하부지반 상태에 따라 댐의 형상이 다양하고 이에 따라 유선망의 형상이 달라진다. 그림 5.23 은 **콘크리트댐 기초지반**의 유선망을 나타낸다.

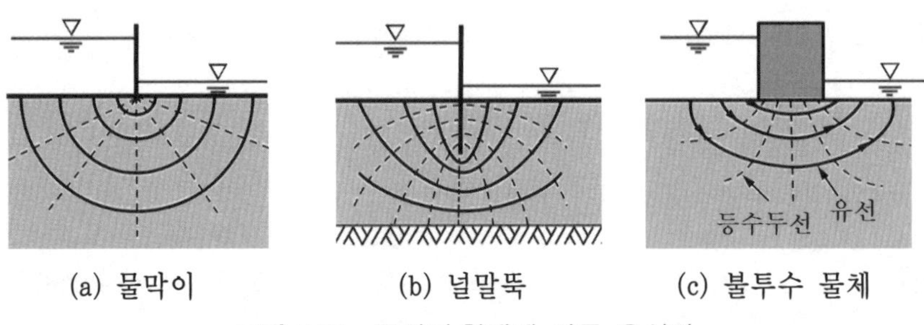

그림 5.22 물막이 형태에 따른 유선망

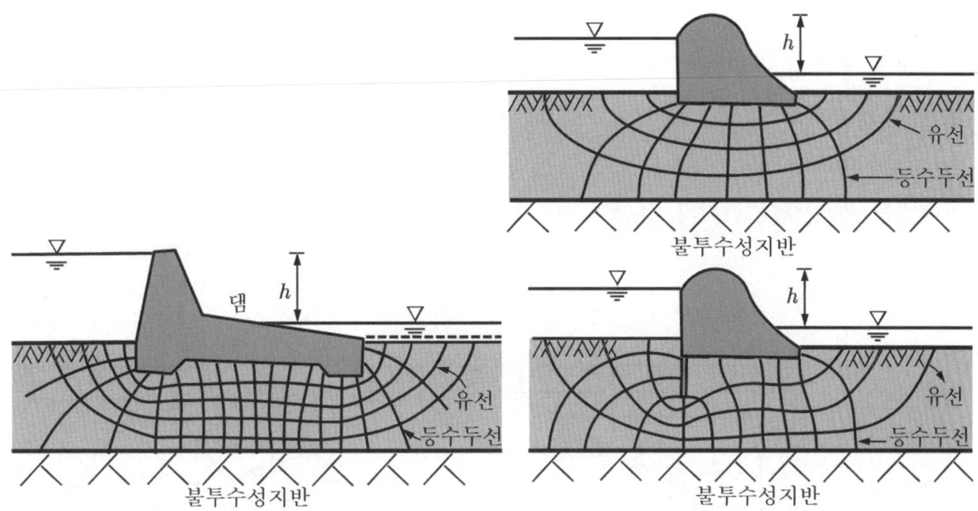

그림 5.23 콘크리트댐 기초지반의 유선망

흙댐의 댐체는 불투수성이 아니어서 댐체 내에서 침투가 발생되며, 댐체 중앙에 차수 목적의 점토 코어나 널말뚝을 설치하고 하류에는 필터 층을 설치하므로 설계 및 시공에서 침투해석을 정확하게 실시해야 한다. 흙댐의 침투문제는 제 5.3.9 절에서 다룬다.

(3) 우물

배수를 위한 우물에서는 주변 지반으로부터 우물내로 침투가 발생한다. 따라서 우물의 양수량과 주변지반의 지하수위 변화 등을 알기 위해 침투해석이 필요하다. 그림 5.24 는 **연직 및 수평 우물주변의 유선망**을 나타낸다.

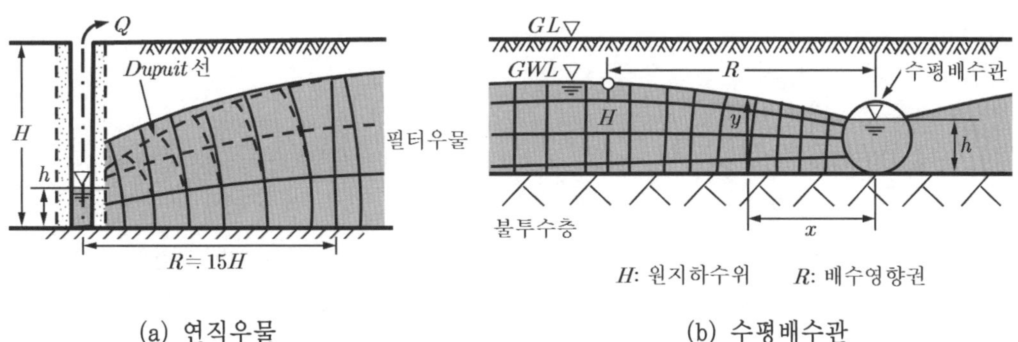

(a) 연직우물　　(b) 수평배수관

그림 5.24 우물 주변지반의 유선망

(4) 옹벽

옹벽은 수압이 작용하지 않도록 건설하며, 이를 위해서 뒷채움 지반에 필터층을 설치하고 뒷채움 바닥에 배수암거 그리고 벽체에는 배수공을 설치한다. 옹벽에서는 배면에 수압 작용여부에 따라 안전성이 크게 영향을 받으므로 반드시 필터층을 설치해야 하며, 이때에는 필터층의 위치와 형상에 따라서 그림 5.25와 같이 **옹벽 배후지반의 유선망**이 달라진다.

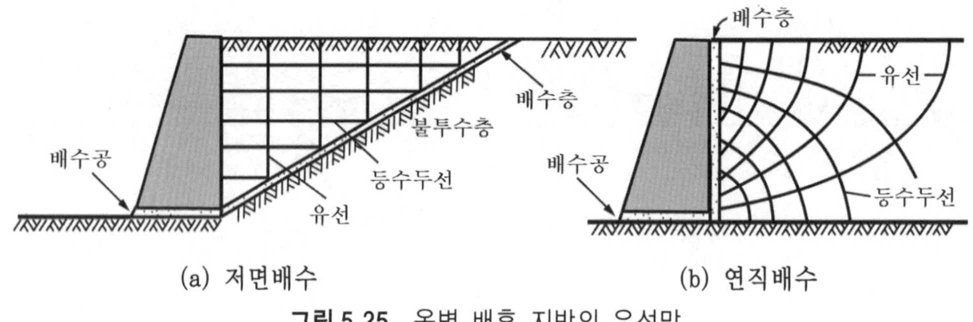

(a) 저면배수 (b) 연직배수

그림 5.25 옹벽 배후 지반의 유선망

(5) 기타

그 밖에 수평우물이나 배수로(그림 5.24b), 진공우물, 피압상태 우물, 저수지 등에서도 유선망을 작성하여 침투문제를 해결 한다.

5.4.4 지층 경계면의 침투

투수성이 상이한 여러 개 이질지층으로 이루어진 다층 지반에서는 지층의 경계면에서 흐름이 달라진다.

1) 지층 경계면에 수직인 흐름

투수성이 다른 두 지층의 경계면에 수직으로 물이 흐르면 유선은 지층경계면에서 굴절되지 않고 지층경계면을 수직으로 통과하므로 두 지층에서 흐름 단면적은 일정하다(그림 5.26). **지층경계면에 수직인 흐름**일 때 각 지층에서 유속은 다르지만 인접한 유선 사이 즉, 유로를 흐르는 유량 q는 일정하므로 이 사실을 이용하여 흐름을 해석할 수 있다.

인접한 두 **유선사이의 침투유량 q**는 다음과 같다.

$$q = k_1 i_1 A = k_2 i_2 A \qquad (5.49)$$

그런데 그림 5.26 에서 각 층의 **동수경사** i_1 과 i_2 는

$$i_1 = \frac{\Delta h}{l_1},\ i_2 = \frac{\Delta h}{l_2} \tag{5.50}$$

이므로, 이를 식 (5.49) 에 대입하여 정리하면 동수경사와 투수계수의 관계가 구해진다.

$$q = k_1 \frac{\Delta h}{l_1} A = k_2 \frac{\Delta h}{l_2} A$$

$$\therefore\ \frac{k_1}{l_1} = \frac{k_2}{l_2} \Rightarrow \frac{l_2}{l_1} = \frac{k_2}{k_1} \tag{5.51}$$

이 식으로부터 두 개 지층에서 수두차 Δh 가 같아지는 길이 l_1 과 l_2 의 비 $l_1 : l_2$ 는 각각 지층의 투수계수의 비 $k_1 : k_2$ 와 같음을 알 수 있다.

2) 지층 경계면에 경사진 흐름

그림 5.27 과 같이 투수성이 서로 다른 두 지층의 경계면에 대해 경사지게 물이 흐르는 경우에는 유선이 지층의 경계면에서 일정한 각도로 굴절된다.

지층 경계면에 경사진 흐름일 경우에 각 지층에서는 유속이 다르지만 인접한 유선이 이루는 유로에서 침투유량 q 는 일정하다는 사실을 이용하여 지하수의 흐름을 해석할 수 있다.

그림 5.27 에서 인접한 **유선 사이를 흐르는 침투유량** q 는 다음이 된다.

$$q = k_1 \frac{\Delta h}{\overline{CA}} b_1 = k_2 \frac{\Delta h}{\overline{BD}} b_2 \tag{5.52}$$

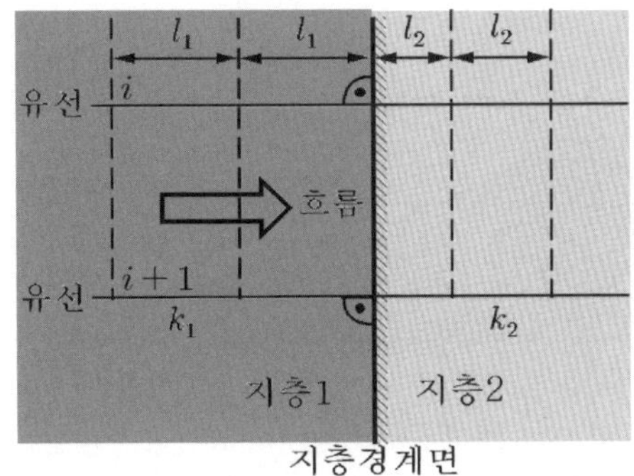

그림 5.26 지층경계면에 수직인 흐름

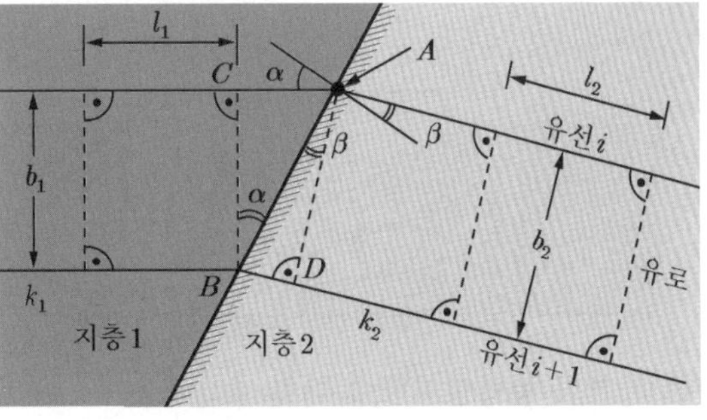

그림 5.27 지층경계면에 경사진 흐름

그런데 $\overline{CA} = b_1 \tan\alpha$, $\overline{BD} = b_2 \tan\beta$ 이므로 위 식은 다음이 된다.

$$\frac{k_1}{\tan\alpha} = \frac{k_2}{\tan\beta} \qquad \therefore \ \frac{k_1}{k_2} = \frac{\tan\alpha}{\tan\beta} \tag{5.53}$$

따라서 지하수가 지층 경계면에 일정한 각도로 경사지게 유입될 경우에는 유선이 인접 지층의 투수계수의 비에 해당하는 각도로 유선이 굴절되는 것을 알 수 있다.

5.4.5 비등방성 지반의 침투

자연상태 퇴적지반은 퇴적 당시의 자연환경에 따라 다른 크기의 흙입자가 퇴적되므로 수평투수계수 k_x 가 연직투수계수 k_z 보다 큰 ($k_x > k_z$) 비등방성 (anisotropy) 을 나타내는 경우가 많다.

투수계수가 큰 자갈질 모래층 사이에 투수계수가 상대적으로 작은 얇은 모래질 실트층이 끼어 있는 경우에는 전체적 흐름거동은 자갈질 모래층에 의해서 결정되지만 얇은 모래질 실트 층의 영향으로 비등방성 거동을 나타낸다.

반대로 투수계수가 작은 점토층 사이에 투수계수가 상대적으로 큰 실트질 모래층이 얇게 끼어 있는 경우에도 마찬가지로 비등방성 침투거동을 보인다. 이런 (비등방성) 침투거동은 중간 이상 거친 사질 지반에 투수계수가 작은 지층이 있는 경우에 두드러진다.

비등방성 지반의 2차원 침투방정식은 수평 및 연직방향의 투수계수가 같지 않으므로 (즉, $k_x \neq k_z$) 다음과 같이 되어 Laplace 방정식이 성립되지 않는다.

$$k_x \frac{\partial^2 h}{\partial x^2} + k_z \frac{\partial^2 h}{\partial z^2} = 0 \tag{5.54}$$

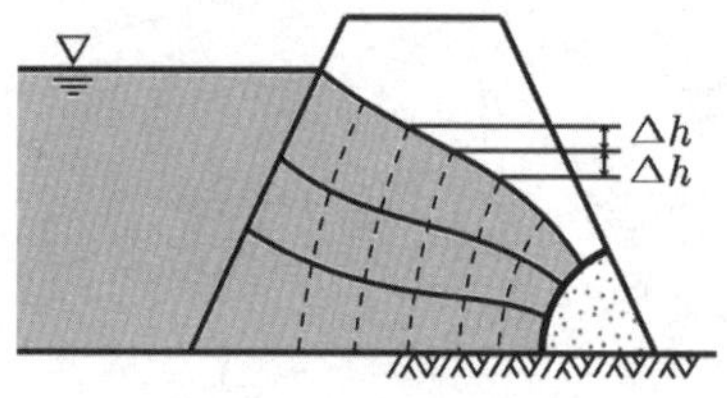

(a) 가상의 등방성지반에 대한 유선망

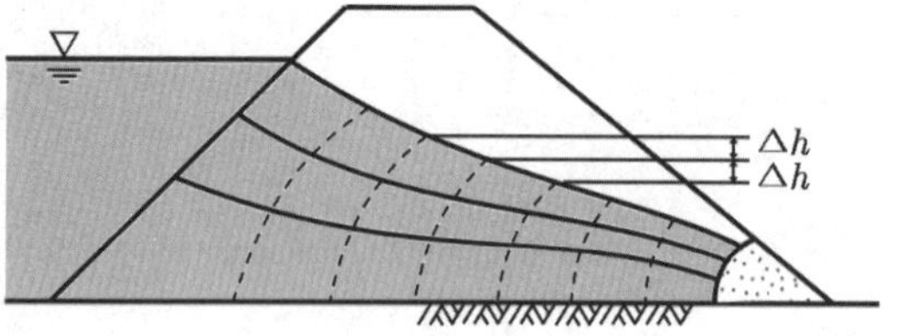

(b) 실제 유선망

그림 5.28 비등방성 흙댐의 유선망 작성

그러나 이 식을 다음과 같이 변환하고,

$$\frac{\partial^2 h}{\left(\frac{k_z}{k_x}\right)\partial x^2}+\frac{\partial^2 h}{\partial z^2}=0 \tag{5.55}$$

새로운 좌표계 $x_t = x\ \sqrt{k_z/k_x}$ 를 생각하여 식(5.54)를 고쳐 쓰면, **비등방성 침투영역**을 **등방성 침투영역**으로 변환시킬 수 있고,

$$\frac{\partial^2 h}{\partial x_t^2}+\frac{\partial^2 h}{\partial z^2}=0 \tag{5.56}$$

이는 Laplace **침투방정식**이 되므로 유선망을 작성할 수 있다. 즉, x 방향에 대해서 $\sqrt{k_z/k_x}$ 를 곱하여 축소된 축척을 써서 가상의 등방성 지반에 대한 유선망을 작성한 후에 원래의 축척으로 환원하면 실제의 유선망이 된다. 이 경우에 실제의 유선망은 정사각형이 아니고 직사각형 형태이다(그림 5.28).

이와 같이 실제 비등방성 침투영역을 가상적인 등방성 침투영역으로 변환시켰을 경우에 변환영역 내의 **등가투수계수 k_a**는 x 방향 유속으로부터 다음과 같이 구한다.

x 방향 유속을 구하면 다음이 되고,

$$v_x = k_a\frac{\partial h}{\partial x_t} = k_x\frac{\partial h}{\partial x} \tag{5.57}$$

여기에 $\frac{\partial h}{\partial x_t}=\frac{\partial h}{\sqrt{k_z/k_x}\ \partial x}$ 의 관계를 대입하면 **등가투수계수 k_a** (equivalent coefficient of permeability)는 다음과 같다.

$$k_a = k_x\sqrt{\frac{k_z}{k_x}} = \sqrt{k_x\ k_z}$$

$$\therefore k_a = \sqrt{k_x\ k_z} \tag{5.58}$$

침투유량 식에서 투수계수 k대신에 등가투수계수 k_a 를 대입하면, 비등방성 지반에서의 침투수량을 구할 수 있다. 비등방성 지반에서의 유선망은 그림 5.28과 같다.

【예제】 수평방향 투수계수가 $k_h = 4.5 \times 10^{-4}$ cm/s, 연직투수계수가 $k_v = 1.6 \times 10^{-4}$ cm/s 인 균질하고 비등방인 흙댐에 대해서 유선망을 그린 결과 유로수가 4 개이고 등수두선 간격수가 18 이었다. 댐의 상·하류 수두차가 20 m 일 때 댐의 단위길이 당 침투유량을 구하시오.

【풀이】 식 (5.41)에서 $q = kh\dfrac{N_f}{N_d} = (2.68 \times 10^{-6})(20)(4)/(18) = 1.19 \times 10^{-5}\,[\mathrm{m^3/s}]$

비등방지반의 등가투수계수는 식 (5.58)에서 $k_a = \sqrt{k_h k_v} = 2.68 \times 10^{-4}\,[\mathrm{cm/s}]$

///

5.4.6 층상 지반의 침투

대개의 자연 퇴적지반은 생성당시의 자연환경에 따라 입도가 다른 수평지층으로 이루어진 층상구조를 나타내며 지층의 구성상태에 따라 투수성이 달라진다.

특히 그림 5.29 와 같이 투수성이 다른 여러 개 수평지층으로 이루어진 층상지반에서는 수평방향과 연직방향의 등가투수계수를 구하여 현장투수계수로 간주하고 설계해야 한다. 여기에서 전체두께가 H인 지층을 이루고 있는 각 지층은 균질하고 등방성이며 두께가 각각 $H_1, H_2, \cdots\cdots H_n$ 이고 투수계수는 각각 $k_1, k_2, \cdots\cdots k_n$ 이다.

1) 수평방향 등가 투수계수 k_{bh}

투수성이 다른 여러 개 수평지층으로 이루어진 높이 H의 지반에서 수평방향으로 물이 흐를 때 전체지반을 균질한 단일 지층으로 가정하여 **수평방향 등가투수계수**를 k_{bh} 라 하고 수평방향의 동수경사를 i_x 라고 하면 수평방향 유량 q_b 는 다음과 같다.

$$q_b = k_{bh}\, i_x\, H \tag{5.59}$$

그런데 각 지층에서 동수경사 i_x 는 동일하지만 유량은 각각 다르며 전체유량 q 는 각 지층을 흐른 유량의 합이다.

$$\begin{aligned} i_x &= i_1 = i_2 = \cdots\cdots = i_n \\ q &= q_1 + q_2 + \cdots\cdots + q_n = (k_1 i_1 H_1 + k_2 i_2 H_2 + \cdots\cdots + k_n i_n H_n) \\ &= \sum_{j=1}^{n} k_j\, i_j\, H_j = i_x \sum_{j=1}^{n} k_j\, H_j \end{aligned} \tag{5.60}$$

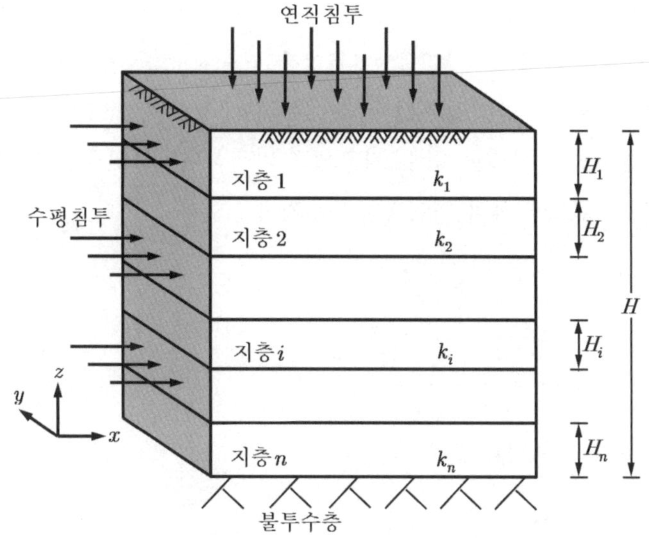

그림 5.29 다층 지반의 침투

실제로 각 지층을 흐른 유량의 합과 균질한 단일 지층으로 가정하여 구한 유량은 같으므로 위의 식 (5.59) 과 (5.60) 로부터 **수평방향 등가투수계수 k_{bh}** 를 구하면 다음과 같다.

$$\therefore\ k_{bh} = \frac{1}{H}\sum_{j=1}^{n} k_j H_j \tag{5.61}$$

일반적으로 투수성은 다르지만 두께가 비슷한 여러 지층으로 구성된 다층지반에서는 수평방향의 투수성은 투수성이 가장 큰 지층 (l 층) 에 의하여 결정된다. 이러한 경우에 수평방향 등가투수계수 k_{bh} 는 위의 식 (5.60) 으로부터 개략적으로 구할 수 있다.

$$k_{bh} \fallingdotseq \frac{1}{H} k_l\ h_l \tag{5.62}$$

또한, 지층의 두께가 큰 차이를 나타낼 경우에는 두께가 가장 두꺼운 지층 (m 층) 으로 가장 많은 유량이 흐르므로 수평방향 등가투수계수 k_{bh} 는 식 (5.60) 으로부터 개략적으로 구할 수 있다.

$$k_{bh} \fallingdotseq \frac{1}{H} k_m\ h_m \tag{5.63}$$

2) 연직방향 등가 투수계수 k_{bv}

투수성이 다른 다수의 수평지층으로 이루어진 다층지반을 통해서 물이 연직방향으로 흐를 때는 층별로 수두손실 Δh_i 가 다르게 발생되지만 유량이 일정하므로 각 지층의 유출속도가 같다. 전체지반을 균질한 단일 지층으로 가정하여 그 연직방향유속을 v_z 라 하고 **연직방향 투수계수**를 k_{bv} 라 하며 연직방향 동수경사를 i_z 라고 한다.

각각의 지층에서 유출속도가 같으므로

$$v_z = v_1 = v_2 = \cdot\cdot\cdot = v_n$$

$$k_{bv}\, i_z = k_1 i_1 = k_2 i_2 = \cdot\cdot\cdot = k_n i_n \tag{5.64}$$

이고, 각 지층의 동수경사 i_i 는

$$i_1 = \frac{k_{bv}}{k_1} i_z\, , i_2 = \frac{k_{bv}}{k_2} i_z, \cdot\cdot\cdot , i_n = \frac{k_{bv}}{k_n} i_z \tag{5.65}$$

이다. n 개 지층으로 이루어지고 두께 H 인 지반을 물이 연직방향으로 흐르는 동안에 총 수두손실은 $i_z H$ 이며, 이는 각각의 지층에서 손실된 수두의 합이다. 즉,

$$\begin{aligned} i_z H &= i_1 H_1 + i_2 H_2 + \cdot\cdot\cdot + i_n H_n \\ &= k_{bv} i_z \left(\frac{H_1}{k_1} + \frac{H_2}{k_2} + \cdot\cdot\cdot + \frac{H_n}{k_n} \right) \\ &= k_{bv}\, i_z \sum_{j=1}^{n} \frac{H_j}{k_j} \end{aligned} \tag{5.66}$$

따라서 **연직방향 등가투수계수 k_{bv}** 는 위 식으로부터 다음과 같다.

$$k_{bv} = \frac{H}{\dfrac{H_1}{k_1} + \dfrac{H_2}{k_2} + \cdot\cdot\cdot + \dfrac{H_n}{k_n}}$$

$$\therefore\ k_{bv} = \frac{H}{\displaystyle\sum_{j=1}^{n} \frac{H_j}{k_j}} \tag{5.67}$$

수평지층으로 구성된 다층지반에서 연직방향 투수특성을 판가름하는 지층은 투수성이 가장 작은 지층(l 층) 이므로 **연직방향 등가투수계수 k_{bv}** 는 개략적으로 다음과 같다.

$$k_{bv} \fallingdotseq \frac{H}{\dfrac{H_l}{k_l}} \tag{5.68}$$

3) 투수성의 상대성

그림 5.30 과 같이 두께가 H_1, H_2, H_3 이고 투수계수가 $k_1 > k_2 > k_3$ 인 3 개 수평지층으로 이루어진 지반에서 폭 B, 길이 L 인 단면을 통해 연직방향으로 물이 흐르면서 발생되는 총 손실수두는 $\Delta h = \Delta h_1 + \Delta h_2 + \Delta h_3$ 이다.

따라서 **각 지층의 손실수두 $\Delta h_1, \Delta h_2, \Delta h_3$** 는,

$$\Delta h_1 = q\frac{H_1}{k_1},\ \Delta h_2 = q\frac{H_2}{k_2},\ \Delta h_3 = q\frac{H_3}{k_3} \tag{5.69}$$

이고, **연직방향 등가투수계수 k_{bv}** 는 식 (5.67) 으로부터 다음과 같다.

$$k_{bv} = \frac{H}{\frac{H_1}{k_1} + \frac{H_2}{k_2} + \frac{H_3}{k_3}} \tag{5.70}$$

그런데 지층 3 의 투수계수가 가장 작으므로 실제 물의 흐름은 지층 3 에 의해 판정된다. 동수경사는 투수계수가 가장 작은 지층 3 에서 가장 크므로 전체 손실 수두 Δh 중에서 Δh_3 가 차지하는 비중이 가장 크며, 이는 각 층의 투수계수가 일정한 배율로 차이가 나는 경우에 수두의 손실을 비교하면 알 수 있다.

표 5.6 은 각각 지층의 투수계수가 2 배 (경우 1) 와 10 배 (경우 2) 및 100 배 (경우 3) 씩 차이 날 경우에 각 지층에서의 수두손실을 계산한 결과이다.

경우 1 : $k_1 = 2k_2 = 4k_3$

경우 2 : $k_1 = 10k_2 = 100k_3$

경우 3 : $k_1 = 100k_2 = 10{,}000k_3$

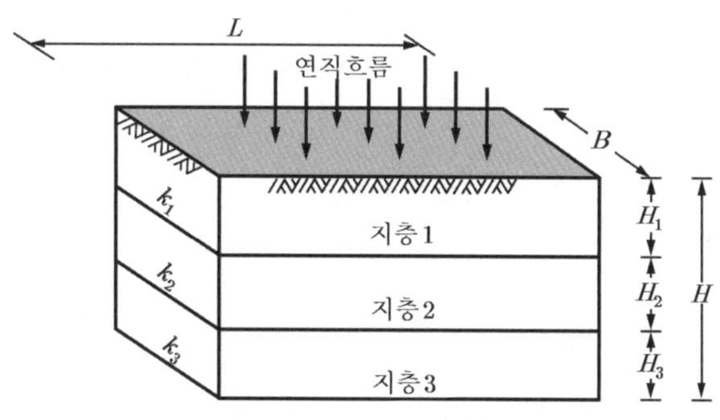

그림 5.30 3 층 지반의 연직침투

표 5.6 투수계수의 상대적인 크기에 따른 수두손실

수두손실 \ 경우		1 (투수계수 2배)	2 (투수계수 10배)	3 (투수계수 100배)
지층 1	$\frac{\Delta h_1}{\Delta h}$	0.143	0.009	0.000
지층 2	$\frac{\Delta h_2}{\Delta h}$	0.286	0.090	0.010
지층 3	$\frac{\Delta h_3}{\Delta h}$	0.571	0.901	0.990

따라서 각 지층의 투수계수가 10배씩만 차이가 나더라도 가장 작은 투수계수를 갖는 지층 3에서 발생되는 수두손실이 전체 수두 손실량의 90% 이상이 되는 것을 알 수 있다.

결국 투수계수가 가장 작은 지층을 기준으로 투수계수를 취해서 계산하면 그 결과가 안전측에 속하게 된다.

【예제】 그림 5.30과 같이 3개 수평지층으로 이루어진 지반이 있다. 지층 1은 두께가 2.0 m, 투수계수 $k_1 = 3.0\times10^{-6}\,m/s$, 지층 2는 두께가 4.0 m, 투수계수 $k_2 = 1.5\times10^{-6}$ m/s이고, 지층 3은 두께가 1.0 m, 투수계수 $k_3 = 3.0\times10^{-5}$ m/s이다. 이 지반의 수평 및 연직방향 등가투수계수를 구하시오.

【풀이】 수평방향 : 식 (5.61)에서

$$k_{bh} = \frac{1}{H}\sum_{j=1}^{3} k_j H_j = \frac{1}{(200+400+100)}\{(3.0\times10^{-6})(200)+(1.5\times10^{-6})(400) + (3.0\times10^{-5})\,(100)\} = 6\times10^{-6}\,[\mathrm{m/s}]$$

연직방향 : 식 (5.67)에서

$$k_{bv} = \frac{H}{\displaystyle\sum_{j=1}^{3}\frac{H_j}{k_j}} = \frac{(200+400+100)}{\dfrac{200}{3.0\times10^{-6}}+\dfrac{400}{1.5\times10^{-6}}+\dfrac{100}{3.0\times10^{-5}}} = 2.08\times10^{-6}\,[\mathrm{m/s}]$$

///

5.4.7 흙댐의 침투

널말뚝이나 콘크리트 댐에서는 하부지반으로만 침투가 발생하므로 하부 지반에 대해서 유선망을 작성하여 침투 문제를 해석한다. 그러나 흙 댐에서는 하부 지반은 물론 댐체의 내부로도 흐르므로 댐체 내 침투를 해석하여 댐 안정성을 검토하고 필터를 설계한다.

흙댐의 내부로 침투할 때에 최상부 경계유선을 **침윤선**(seepage line)이라 하며 여기에 작용하는 압력은 대기압이고 수두는 위치수두 뿐이므로, 높이에 따른 손실수두는 일정하다. 침윤선은 유선이므로 상류측 사면과 필터 또는 댐체의 경계면에 직교한다.

침윤선은 모형실험을 통해 결정할 수 있으며 댐의 구조에 따라 다른 모양을 나타낸다(그림 5.31). 대개 그림 5.32의 Casagrande **침윤선**이 자주 적용된다.

1) Casagrande 침윤선

Casagrande(1937)는 균질한 댐체 내 침윤선의 형상은 필터의 유무에 따라 그림 5.32 및 그림 5.33과 같이 달라지지만 그 기본형상은 기본포물선이 된다고 가정하였다.

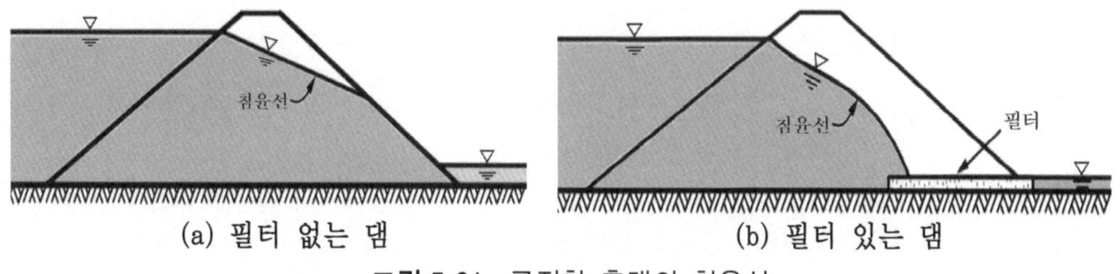

그림 5.31 균질한 흙댐의 침윤선

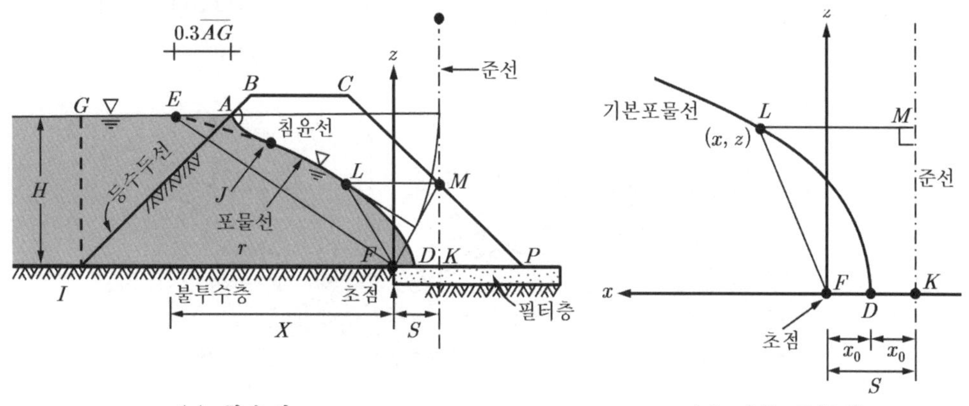

그림 5.32 균질한 흙댐의 Casagrande 침윤선(필터 있는 경우)

(1) 필터 층이 있는 경우

댐체 내에 필터층이 있으면 필터층의 위치나 형상에 따라 침윤선이 달라진다. 먼저 그림 5.32와 같이 댐체 하류측 사면의 선단 아래에 수평 배수필터층이 있는 경우에 침윤선은 AJD 곡선이며 이론적인 포물선이 수면과 만나는 점은 E 점이 되고 댐체 내측 필터 끝점인 F 점이 포물선 초점이 된다. 상류측 수면의 위치를 A 점이라 하고 상류측 사면의 선단 I 에서 연직상향으로 그은 직선과 수면의 교차점을 G 라고 하면, $\overline{AE} = 0.3\,\overline{AG}$ 이 된다. 유선과 등수두선은 직교하므로 침윤선은 등수두선인 상류측 사면 $\overline{AB}$ 와 직교하여 실제의 침윤선은 포물선 EJD 곡선이 아니고 AJD 곡선이 된다.

그런데 상류측의 수위 H 와 포물선의 초점거리 S 를 알고 있으면 포물선의 정의로부터 $\overline{FL} = \overline{LM}$ 이고 $\overline{LM} \perp \overline{MK}$ 이므로 **포물선 식**을 구할 수 있다.

$$\sqrt{x^2+z^2} = x+\mathrm{S} \tag{5.71}$$

$$x = \frac{z^2-\mathrm{S}^2}{2\mathrm{S}} \tag{5.72}$$

포물선의 초점 F 에서 E 점까지의 수평거리 X 를 알고 있으면 식 (5.71) 로부터 초점거리 S 를 구하여 **포물선의 준선**을 결정할 수 있다.

$$S = \sqrt{X^2+\mathrm{H}^2} - X \tag{5.73}$$

포물선의 특성인 $\overline{FD} = x_0$ 관계를 식 (5.72) 에 적용하면 침윤선을 구할 수 있다.

(2) 필터 층이 없는 경우

소형댐에서는 댐체의 하류측에 필터층을 설치하지 않을 때도 많이 있다. 이때 침윤선이 댐체 하류측 사면에서 지표면에 노출되고 그 아래에서는 하류측 사면이 침윤선이 된다. 기본 포물선은 필터층이 있는 경우와 같은 방법으로 구하지만, 하류 측 사면선단 F 점이 초점이다. 기본 포물선은 그림 5.33 과 같이 실제 경계조건에 맞도록 수정·작성한다.

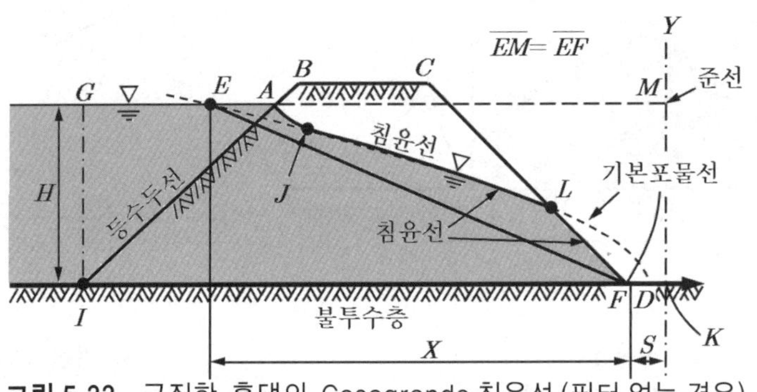

그림 5.33 균질한 흙댐의 Casagrande 침윤선 (필터 없는 경우)

2) 흙댐의 유선망

(1) 균질한 흙댐

균질한 흙댐에서 댐체 내부로 물이 침투할 때에 그 유선망은 필터층의 유무에 따라 그림 5.34 a, b 와 같으며 여기에서 경계조건은 다음과 같다.

- 댐의 상류측 사면은 등수두선이다.
- 댐의 필터층 상부표면은 등수두선이다.
- 댐의 기초부 불투수층 경계면은 최하부 유선이다.
- 침윤선은 최상부 유선이다.

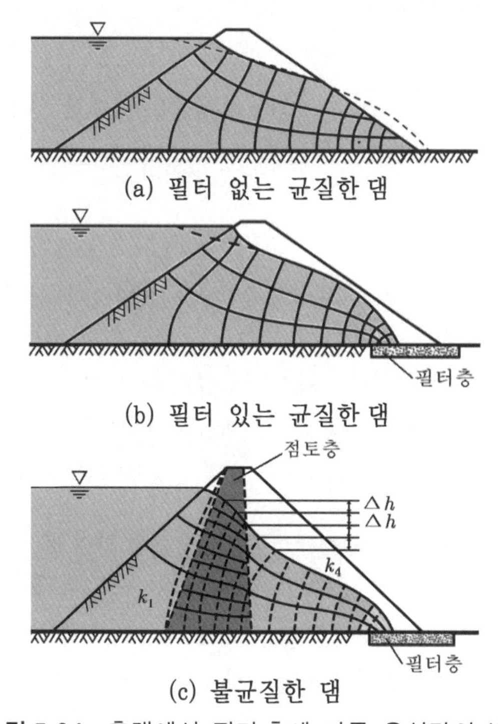

그림 5.34 흙댐에서 필터층에 따른 유선망의 변화

(2) 불균질한 흙 댐

흙 댐에서는 댐체를 통하여 침투가 발생하지만, 댐의 목적상 침투수량을 최소로 할 필요가 있으며, 이를 위해서 댐체 내에 **점토코어**나 **차수벽**을 설치한다. 이와 같이 차수 기능을 증강시킨 흙댐은 불균질하기 때문에 유선망 형상이 점토코어의 형상이나 위치, 불투수층 위치, 하부지층의 형상, 차수벽의 형상이나 설치위치에 따라 다르다. 그림 5.34 c 는 점토코어가 있는 불균질한 흙댐의 유선망을 나타낸다.

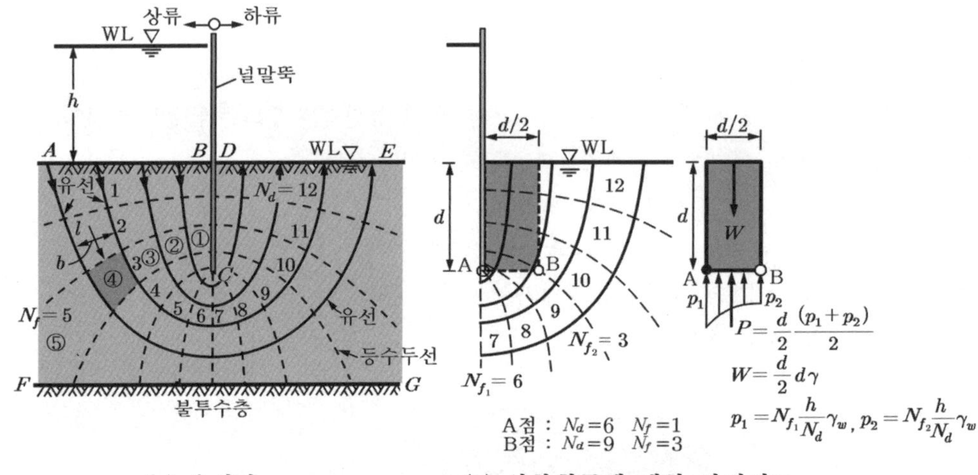

(a) 유선망 (b) 상향침투에 대한 안정검토

그림 5.35 널말뚝 기초지반의 유선망

5.4.8 널말뚝 주변지반의 침투

널말뚝은 다소 연약한 지반에서 지반굴착을 위한 흙막이나 물막이로 설치하는 차수성 벽체이며, 널말뚝벽은 불투수성 벽체로 간주한다. 널말뚝을 지반의 불투수층까지 설치하면 침투되지 않고 정수압만 작용하지만, 최소 근입깊이로 설치할 경우에는 하부지반을 따라 침투가 발생한다. 상류측 하저지반 (AB 면) 과 하류측 하저지반 (DE 면) 은 경계 등수두선이고, 널말뚝 지반 근입부의 표면($\overline{BC}$, $\overline{CD}$) 과 불투수층경계면 (FG 면) 은 유선이다.

이때 유선망의 등수두선과 유선은 직교하고, 등수두선 사이 평균거리 l 과 유선사이 평균거리 b 가 같다 (정사각형). 그림 5.35 의 유선망은 $N_f = 5$ 개 유로와 $N_d = 12$개 등수두 구간으로 구성된다. 각 유로에서 전체유량 q 의 $1/N_f$ 이 흐르며, 한 개 등수두 구간에서 수두손실이 h/N_d 이다. **널말뚝 단위길이 당 유량 q** 는 Darcy 법칙에 유로 폭 b 를 곱한다.

$$q = kib = k\frac{h/N_d}{l}b = k\,h/N_d \tag{5.74}$$

널말뚝 상류 측에서는 하향 침투되어 지반 단위중량이 커져서 토압이 증가한다. 하류 측에서는 상향 침투되며 지반 단위중량이 감소하여 널말뚝 전면 수동토압이 감소되고, 침투압이 수중단위중량과 같아지면 파이핑이 일어나 널말뚝이 불안정해진다. **널말뚝의 침투에 대한 안정**은 폭이 널말뚝 근입깊이 d 의 절반인 직사각형 지반 (그림 5.35 b) 의 수중무게 W 와 **상향침투력 F**를 비교하여 검토한다. **침투압에 대한 안전율 η** 는 다음과 같다 (식 5.48).

$$\eta = \frac{\text{지반의 수중무게}}{\text{상향침투력}} = \frac{W}{F} \tag{5.75}$$

5.5 지하수에 의한 압력

수중이나 지하수면 아래에 있는 구조물에는 물에 의하여 **모세관압력** (5.5.1 절), **양압력** (5.5.2 절), **간극수압** (5.5.3 절), **정수압** (5.5.4 절), **침투압** (5.5.5 절) 등이 작용한다.

지하수위 이하에 있는 구조물은 토압뿐만 아니라 지하수에 의한 수압도 동시에 받게 되며, 지하수압이 가장 불리하게 작용하는 경우를 기준하여 구조물을 설계한다. 지하수가 정체된 경우에는 정수압이 작용하며 (그림 5.36 a), 지하수가 흐르는 경우에는 정수압 외에 추가로 침투압이 작용한다 (그림 5.36 b, c). 불투수층에 근입된 널말뚝에서는 물이 흐르지 않으므로 널말뚝의 선단까지 정수압이 작용한다. 그러나 널말뚝의 주변으로 물이 흐르는 경우에는 널말뚝 주변에서 수압이 변하여 주동영역의 수압은 증가되고 수동영역의 토압은 감소되며 널말뚝 선단에서는 지하수압이 영이 된다.

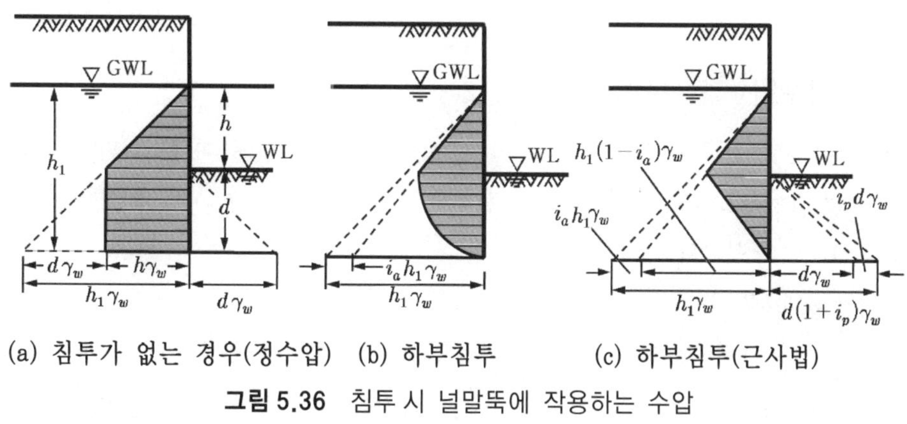

(a) 침투가 없는 경우(정수압) (b) 하부침투 (c) 하부침투(근사법)

그림 5.36 침투 시 널말뚝에 작용하는 수압

댐 하부로 지하수가 침투할 경우에는 지하수압이 상류수면과 하류수면 사이에서 선형적으로 변화한다고 가정한다. 지하수면의 아래에서는 흙의 구조골격에 부력이 작용하므로 지반의 수중단위중량 γ_{sub} 을 적용한다.

5.5.1 모세관 압력

모세관 현상에 의해 물이 지하수면 위로 상승하면 흙의 구조골격에 부압 (負壓) 이 작용하여 지반의 유효응력이 증가되며, 이로 인하여 사질토에서는 **겉보기 점착력**이 발생된다. **모세관 압력**의 크기는 제 5.2 절에 언급되어 있다.

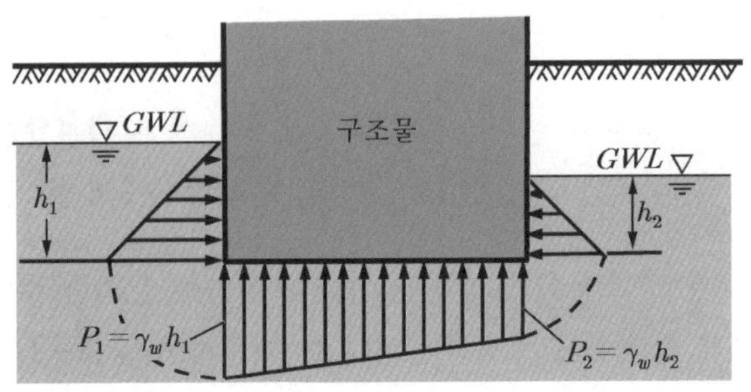

그림 5.37 구조물에 작용하는 양압력

5.5.2 양압력

지하수면 이하에 설치된 구조물 기초는 **부력**에 의한 양압력을 받는다. 양압력은 구조물의 자중과는 별도로 작용하는 외력으로 간주한다. 구조물 양측에서 지하수위가 다를 경우에 바닥면에 작용하는 **양압력**은 직선분포가 된다 (그림 5.37).

5.5.3 간극수압

간극수압은 지반 간극 내에 있는 물에 의한 수압을 말하며, 보통 **피에조미터**로 측정한다 (그림 5.38). 간극수압 u 는 정수압 u_o 와 불포화상태의 간극수압 u_w 및 외력에 의한 과잉 간극수압 Δu 로 구분한다.

$$u = u_o + u_w + \Delta u \tag{5.76}$$

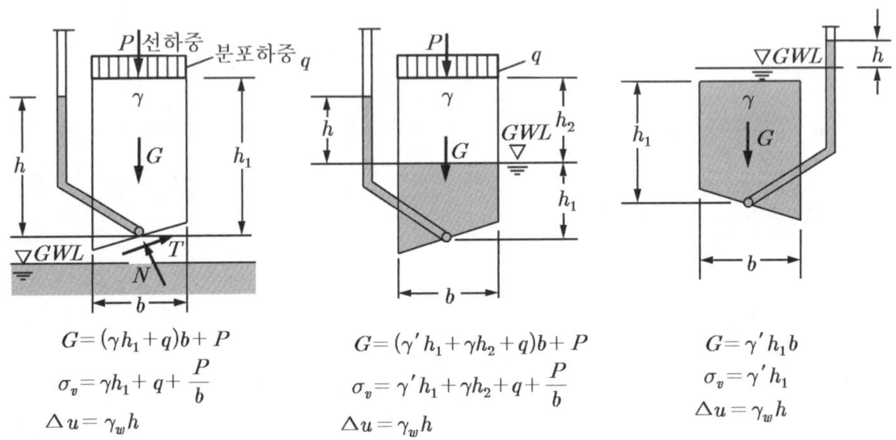

그림 5.38 흙 요소에 작용하는 압력

5.5.4 정수압

정지된 유체의 내부에서는 상대속도가 없으므로 마찰력이 작용하지 않는다. 또한, 물은 표면장력 이외에는 인장력에 대해 지속적으로 저항할 수 없어서 정지된 유체의 내부에서는 결국 압력만이 작용한다. 정지된 물속의 한 점이나 물을 담고 있는 용기의 벽면에 작용하는 압력을 **정수압**(hydruostatic pressre)이라 하고 항상 벽면에 수직으로 작용하고 그 크기 p는 단위면적에 작용하는 수압으로 표시하며, 물의 단위중량 γ_w에 수심 h를 곱한 값이다.

바람이나 결빙 또는 파도나 유속 등에 의해 수위가 변하면 정수압도 변한다.

$$p = \frac{P}{A} = \gamma_w \ h \quad [\mathrm{kN/m^2}] \tag{5.77}$$

여기서 P는 정지된 물속에 있는 면적 A인 평면에 수직으로 균일하게 작용하는 정수압이며, 그 크기는 수심 h에 비례하고 작용선은 평면의 도심을 통과한다. 지하수에 의해서 발생하는 압력은 정수압으로 작용하며 지반의 투수계수와는 무관하다.

$$P = \gamma_w h A \tag{5.78}$$

5.5.5 침투압

1) 흙속의 침투

지반에 물이 침투할 때 흙 입자는 흐름을 방해하게 되어 흐름방향으로 압축력을 받게 되는데 이 힘을 **침투압**(seepage pressure)이라 한다. 그림 5.39와 같이 수심 h_w인 수저 지반 표면으로부터 h만큼 깊은 위치에 있는 지반에서는 물의 흐름에 따라서 흙의 안정 상태가 달라진다. 즉, 물이 흐르지 않으면 정수압 작용상태이며, 물이 흐르면 별도로 침투압이 작용한다.

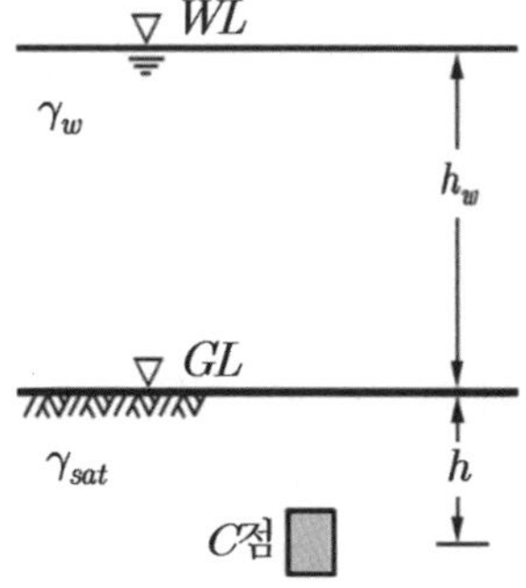

그림 5.39 미소 지반요소의 침투압

(1) **정수압 상태**

지반 내에서 물이 정지상태인 경우에는 지반 내의 C 점은 수면으로부터 깊이가 $(h_w + h)$ 이므로 다음의 크기에 해당하는 **정수압** (즉, 간극수압) 을 받게 된다.

$$u = \gamma_w (h_w + h) \tag{5.79}$$

그런데 C 점에 작용하는 **전응력** σ 는 물의 자중에 의한 압력 $\gamma_w h_w$ 와 흙의 자중에 의한 응력 $\gamma_{sat}\, h$ 의 합이다.

$$\sigma = \gamma_w h_w + \gamma_{sat} h \tag{5.80}$$

결과적으로 C 점에 작용하는 **유효응력** σ' 은 전응력 σ 와 간극수압 u 및 수중단위중량 γ' 로부터 다음과 같이 구할 수 있다.

$$\sigma' = \sigma - u = (\gamma_{sat} - \gamma_w)\, h = \gamma' h \tag{5.81}$$

(2) **하향 침투**

널말뚝 벽체나 흙막이 벽체를 설치하고 지반을 굴착하는 경우에 벽체의 배후지반에서는 지하수위가 지반을 굴착하는 벽체의 전면 보다 더 높을 경우가 많다. 이때에는 벽체의 배후지반에서 지하수가 하향으로 침투하며, 이로 인해 지반 단위중량이 증가하는 효과가 나타난다.

이때에는 침투에 의하여 수두가 Δh 만큼 손실되기 때문에 **간극수압** u 는 $\gamma_w \Delta h$ 만큼 감소한다.

$$u = \gamma_w (h_w + h - \Delta h) \tag{5.82}$$

따라서 **유효응력** σ' 는 식 (5.81) 로부터 계산하며, 간극수압 감소량 $\gamma_w \Delta h$ 만큼 증가한다.

$$\sigma' = \gamma' h + \gamma_w \Delta h \tag{5.83}$$

결과적으로 지반 내에서 **하향침투**가 일어나는 경우에는 유효응력 σ' 가 증가하고, 이로 인해 지반이 압축변형된다.

(3) 상향 침투

물이 **상향침투**되면 지반의 단위중량을 감소시키는 효과가 나타난다. 이때에는 수두가 Δh 만큼 증가하므로 **간극수압 u** 도 $\gamma_w \Delta h$ 만큼 증가된다.

$$u = \gamma_w (h_w + h + \Delta h) \tag{5.84}$$

따라서 **유효응력 σ'** 는 간극수압의 증가량 $\gamma_w \Delta h$ 만큼 감소한다.

$$\sigma' = \gamma' h - \gamma_w \Delta h \tag{5.85}$$

이때에 유효응력이 '**영**'이거나 '**영**'보다 작아지면 (즉, $\sigma' \leqq 0$),

$$\sigma' = \gamma' h - \gamma_w \Delta h \le 0 \tag{5.86}$$

흙 입자의 구속력이 없어지므로 흙 입자가 위치를 이탈하여 구조골격이 흐트러지게 된다. 위 식을 다시 정리하면 다음 식이 된다.

$$\gamma' \le \gamma_w \frac{\Delta h}{h}, \quad \gamma' \le i \gamma_w$$

$$\therefore i \ge \frac{\gamma'}{\gamma_w} \tag{5.87}$$

따라서 $\gamma' < i\gamma_w$ 이면 흙의 수중단위중량 γ' 보다 침투압 $i\gamma_w$ 이 더 크므로 흙 입자는 위치를 이탈하거나 물의 흐름에 휩싸여 불안정해져서 **분사현상**이 일어난다.

그런데 $\gamma' = \dfrac{G_s - 1}{1+e} \gamma_w$ 이기 때문에 식 (5.87) 로부터 흙 입자가 불안정해지기 시작하는 **한계동수경사 i_{cr}** (critical hydraulic gradient) 을 구할 수 있다.

$$i_{cr} \ge \frac{G_s - 1}{1+e} \tag{5.88}$$

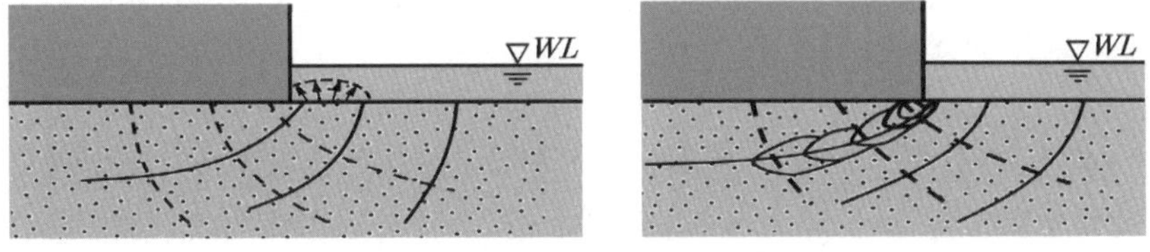

(a) 댐앞부리 유선집중되는 곳에서 보일링 시작 (b) 상류로 진전되는 파이핑 현상

그림 5.40 파이핑 현상

2) 분사현상

흙의 수중단위중량 γ' 와 침투압 $i\gamma_w$ 이 같아지는 한계동수경사 i_{cr} 가 되면 유효응력이 '**영**'(零) 이 되기 때문에 점착력이 없는 모래지반에서는 전단강도가 '**영**'이 되어서 흙 입자가 제 위치를 이탈하여 분출한다. 이런 현상을 **분사현상** (quick sand) 이라 한다. 분사현상에 의해 구조골격이 흐트러져서 붕괴상태가 되면 흙입자가 지하수와 더불어 분출하는 모습이 마치 물이 끓는 모습과 같다하여 **보일링 현상** (boiling) 이라고도 한다.

분사현상에 의해 흙 입자가 이탈되면 그만큼 유로가 단축 되고 이로 인해 동수경사가 증가하므로 다음번 흙 입자가 이탈되고 그 이후 이탈속도는 점점 가속화된다. 특히 유선이 집중되면 국부적으로 분사현상이 일어나고 물은 가장 짧은 유로를 따라 흐르려는 경향이 있으므로 분사현상으로 인해서 흙 입자가 이탈된 위치에는 유량이 집중되므로 흙 입자의 이탈이 더욱 가속화되고, 끝내는 파이프와 같은 공동이 형성된다. 이러한 현상을 **파이핑 현상** (piping) 이라 한다 (그림5.40).

널말뚝 하류면이나 수리구조물의 뒷굽 등과 같이 유선망이 조밀해지는 부근에서 동수경사가 크므로 파이핑 현상이 발생할 가능성이 크다. 따라서 지반내로 물이 침투할 때는 그 영향을 검토해야 하며 특히 상향침투인 경우에는 침투력을 계산하여 지반의 안정성을 확인해야 한다.

보통 **침투력** $\boldsymbol{F}$ (seepage force) 는 단위부피당의 침투수압 f 에 흙의 부피 V 를 곱하여 구하며, 지반의 자중이나 투수계수와는 무관하다 (식 5.48 참조).

$$F = f\,V = i\,\gamma_w\,V \tag{5.89}$$

3) 침투력에 의한 지중응력

지반 내 간극을 통해 지하수가 흐르면 흙입자는 유선의 방향으로 침투력을 받게 된다 (그림 5.41). 침투력은 지반에 외력으로 작용하기 때문에 침투력이 작용하면 지반이 변형하여 지반침하가 발생된다.

그림 5.42 와 같이 투수성이 큰 자갈층 사이에 투수성이 작은 점토층이 분포하면 자갈층에서는 압력수두가 같으나 하부 배수층의 수두를 작게 하면 수두차에 의해 연직하향으로 동수경사가 발생되어서 점토층을 통과하여 하부의 자갈층으로 침투가 발생된다. 이때에 침투압은 점토층을 통과하면서 감소된다.

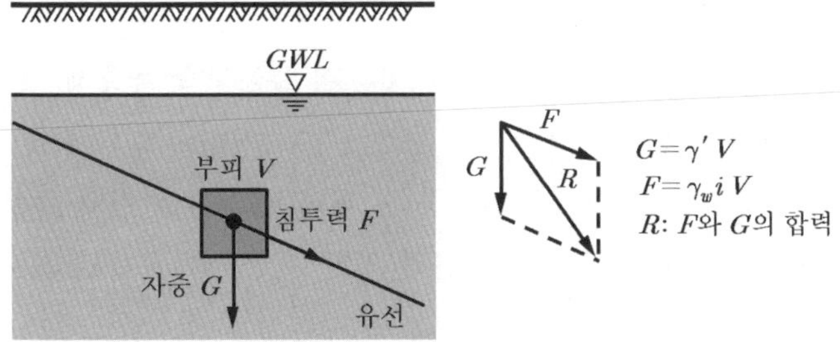

그림 5.41 지반 내 침투력

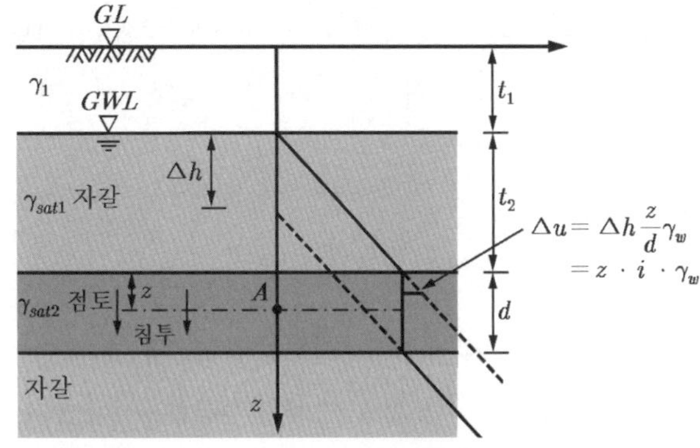

그림 5.42 자갈층 사이에 낀 점토층의 침투

점토층의 상부경계로부터 깊이 z 인 A 점에서 **연직응력** σ_v 와 **간극수압** u 는

$$\begin{aligned} \sigma_v &= \gamma_1 t_1 + \gamma_{\mathrm{sat}_1} t_2 + \gamma_{\mathrm{sat}_2} z = \sigma_{v_0} \\ u &= (t_2 + z)\gamma_w = u_0 \end{aligned} \tag{5.90}$$

이고, **연직유효응력** $\sigma_v{}'$ 는 다음과 같다.

$$\sigma_v{}' = \sigma_v - u = \gamma_1 t_1 + \gamma_1{}' t_2 + \gamma_2{}' z = \sigma_{v_0}{}' \tag{5.91}$$

물이 점토층을 통과하면서 수두가 Δh 만큼 작아지면 점토층에서 연직하향 동수경사는 $i = \Delta h / d$ 가 되어 A 점의 **연직응력** σ_v 와 **간극수압** u 는

$$\begin{aligned} \sigma_v &= \sigma_{v_0} \\ u &= u_0 - \Delta u = u_0 - i\gamma_w z \end{aligned} \tag{5.92}$$

이고, A 점에서 하향침투로 인하여 증가된 **연직유효응력** $\sigma_v{}'$ 를 구할 수 있다.

$$\sigma_v{}' = \sigma_{v_0}{}' + i\gamma_w z = \gamma_1 t_1 + \gamma_1{}' t_2 + (\gamma_2{}' + i\gamma_w) z \tag{5.93}$$

이때에는 하향침투이므로 점토층의 무게가 침투력만큼 증가되어서 A 점의 유효응력이 다음 크기만큼 증가하므로 점토층에서 압밀이 일어나고 결과적으로 침하가 발생된다.

$$\Delta\sigma_v{}' = \sigma_v{}' - \sigma_{v_0}{}' = i\gamma_w z \tag{5.94}$$

4) 등방성 지반의 침투력

균질한 등방성 지반에 널말뚝을 설치하고 지반을 굴착하는 경우에 널말뚝에 작용하는 수압은 유선망으로부터 결정하며 지반이 균질하고 등방성이기 때문에 동수경사 i 는 전체 유로에 대해서 균일하여 일정 ($i = const.$) 하다. 따라서 수두는 전체 유선을 따라서 선형 비례하여 감소하며 **평균동수경사 i_m** 은 다음과 같다.

$$i_m = \frac{H}{H+2t} \tag{5.95}$$

이때에 굴착저면의 널말뚝 뒤쪽에 작용하는 수압 u_1 과 널말뚝 선단 뒤끝에 작용하는 u_2 와 널말뚝 선단 앞 끝에 작용하는 수압 u_3 은 다음과 같이 계산한다 (그림 5.43).

$$\begin{aligned} u_1 &= H(1-i_m)\gamma_w \\ u_2 &= (H+t)(1-i_m)\gamma_w \\ u_3 &= t(1+i_m)\gamma_w \end{aligned} \tag{5.96}$$

그런데 널말뚝 선단에서는 $u_2 = u_3$ 이므로, 지하수압이 '영'이 되어서 **등방성 지반에서 널말뚝에 작용하는 수압의 합력 W** 는 그림 5.43 에서 폭 $H+t$ 이고 높이 u_1 인 삼각형의 면적과 같다.

$$W = 0.5(H+t)u_1 = 0.5(H+t)H(1-i_m)\gamma_w \tag{5.97}$$

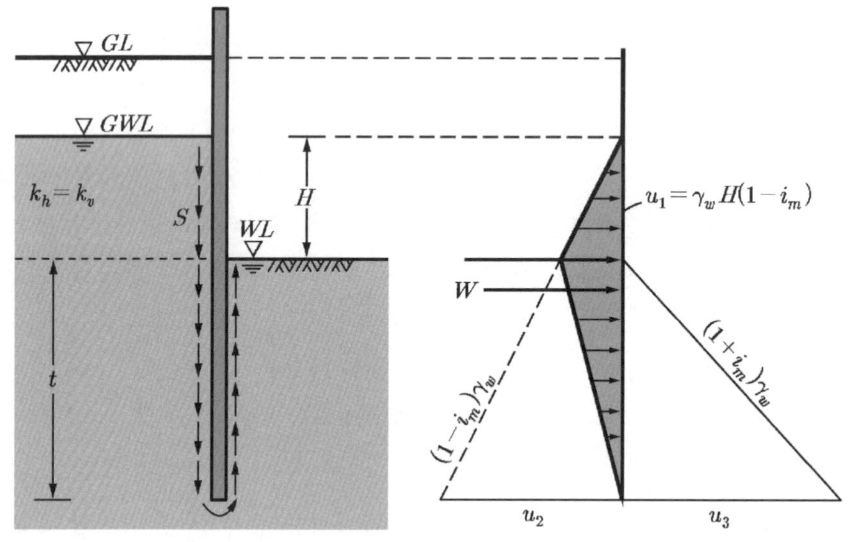

(a) 널말뚝 주변 침투 (b) 널말뚝에 작용하는 침투압

그림 5.43 등방성 지반에서 널말뚝에 작용하는 침투압

【예제】 균질한 사질토 지반에서 지하수위가 지표아래 2.0 m 에 있다. 길이 10 m 의 널말뚝을 지반에 9 m 삽입하고 6.0 m 를 굴착할 때에 침투를 고려하여 널말뚝에 작용하는 수압의 합력을 구하시오.

【풀이】 전체 근입깊이 9.0 m, 지하수면부터 굴착저면까지 높이차 $H=4.0\,\mathrm{m}$, 굴착저면 아래 근입깊이 3.0 m 이므로

· 평균동수경사 : $i_m = \dfrac{H}{H+2t} = \dfrac{4.0}{4.0+(2)(3.0)} = 0.4$ (식 5.95)

· 널말뚝에 작용하는 수압의 합력 : 식 (5.97)

$$W = 0.5\,(H+t)H(1-i_m)\gamma_w$$
$$= (0.5)(4.0+3.0)(4.0)(1-0.4)(10.0) = 84.0\,\mathrm{kN/m}$$

///

5) 비등방성 지반의 침투력

그림 5.44 와 같은 모래질 실트층의 수평방향 투수계수 k_h 가 연직방향의 투수계수 k_v 보다 큰 ($k_h > k_v$) 비등방성인 경우에 널말뚝을 설치하고 지반을 굴착하면 흐름양상이 달라진다. 이때에는 유선을 S'로 가정하는 것이 좋으며, $k_h > k_v$ 이므로 S' 의 수평축을 따라 발생되는 수두감소량이 연직축을 따라 발생되는 수두감소량보다 작기 때문에 피에조미터 수위가 지하수보다 약간 아래 Δh 에 있다. 그러나 Δh 는 크기를 구하기가 매우 어렵기 때문에 보통 $\Delta h = 0$ 으로 하거나 전체 수두차 H 가 S'의 연직축에서 발생된다고 가정한다.

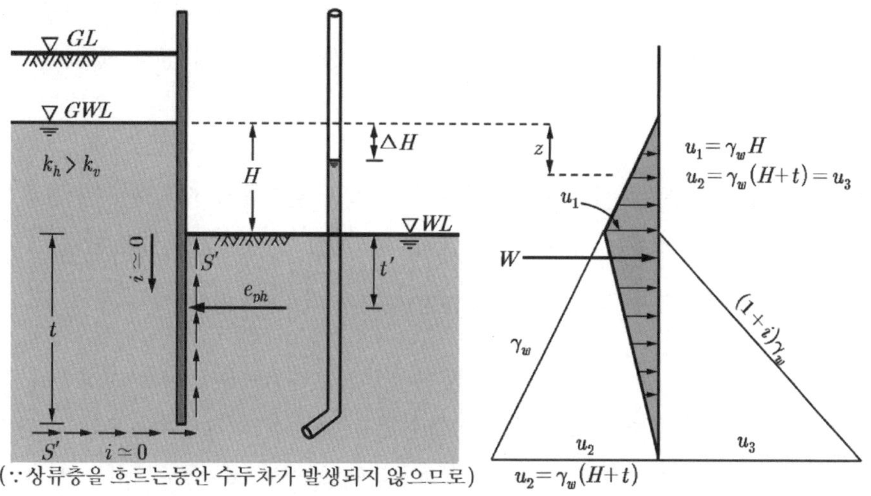

(a) 널말뚝 주변 침투 (b) 널말뚝에 작용하는 침투압

그림 5.44 비등방성 지반에서 널말뚝에 작용하는 침투압

널말뚝 전면에서는 연직상향의 침투가 발생하여 동수경사 i 는 다음과 같다.

$$i \le \frac{H}{t} \tag{5.98}$$

널말뚝 뒤의 지반에서 물은 정체상태가 되어 동수경사가 영 $(i \simeq 0)$ 이므로 간극수압은

$$u = \gamma_w z(1-i) \approx \gamma_w z \tag{5.99}$$

이며, 이때에 굴착바닥면에서의 수압은 $u_1 = \gamma_w H(1-i) = \gamma_w H$ 이다.

따라서 **비등방성 지반에서 널말뚝에 작용하는 수압의 합력 W** 는 다음과 같으며 이는 식 (5.97) 의 등방성 지반의 경우보다 큰 값이다.

$$W = 0.5u_1(H+t) = 0.5\,\gamma_w\,H(H+t) \tag{5.100}$$

널말뚝 전면지반에서는 연직 상향침투가 일어나므로 지반의 유효단위중량 γ_e 이 침투력 $i\gamma_w$ 만큼 감소되어서 $\gamma_e = \gamma' - i\gamma_w$ 가 된다. 따라서 수동토압 $e_{ph} = \gamma_e t' K_{ph}$ 에 직접 영향을 주어서 널말뚝의 안정에 지대한 영향을 미치게 된다.

이상에서 살펴본 바와 같이 비등방성 지반을 등방성으로 가정하면 널말뚝 전면의 수동토압을 실제보다 너무 크게 계산하여 불안전측이 될 가능성이 있다.

【예제】 현장지반이 수평퇴적지층으로 구성되어 있어서 수평방향투수계수 k_h 가 연직방향투수계수 k_v 보다 현저히 크다. 즉, $k_v < < k_h$ 일 때 이러한 경우를 균질한 지반으로 간주하여 널말뚝의 안정해석을 실시할 때 어떤 문제가 있는지 앞의 예제 결과와 비교 설명하시오.

【풀이】 이런 경우는 우선 수평투수계수가 크므로 널말뚝의 배면에서는 침투를 고려하지 않고, 전면에서는 침투를 고려해서 해석해야 한다. 식 (5.100) 에서

$$W = 0.5\gamma_w H(H+t) = (0.5)(10.0)(4.0)(4.0+3.0) = 140.0\ \mathrm{kN/m} \qquad ///$$

따라서 침투를 고려하고 균질한 경우 (8.4 t) 보다 더 큰 수압이 작용한다. 반면에 전면에서는 상향침투가 일어나서 유효단위중량이 감소하여 수동토압이 감소한다. 결론적으로 수평투수계수가 연직투수계수보다 현저히 큰 지반에서는 벽체에 작용하는 토압이 크므로 불안전측 결과가 구해진다. ///

5.6 지하수에 의한 문제

지반 내에 지하수가 존재하면 여러 가지 문제가 발생할 수 있다. 우선 간극수압에 의해 유효응력이 감소되고, 이로 인하여 지반의 전단강도가 저하되어서 지지력문제 등이 발생될 수 있다. 그리고 지하수위가 변동되면서 지반 내의 유효응력이 변화하여 지반침하가 일어날 수 있다. 또한 지하수위의 강하에 의하여 지표오염물질의 지반 내 확산 등의 환경문제도 대두된다.

그 밖에도 지하수의 흐름에 의해 발생되는 침투력은 여러 가지로 지반 안정문제를 야기시킬 수 있고 대형사고의 원인이 되기도 한다. 한편 지하수의 흐름특성을 역으로 이용하여 필터 등을 설계할 수 있다.

여기에서는 지반에서 지하수와 관련되어 나타나는 문제들 중에서 토질역학적으로 접근이 가능하며, 공학적으로 자주 적용되는 내용들을 주로 설명한다.

즉, 침투에 의해 발생되는 **지반침하** (5.6.1 절), **널말뚝 주변지반에서 지하수가 흐르면서 발생되는 침투파괴** (5.6.2 절), 지하수 흐름에 의하여 **지반 내부에서 발생되는 지반침식과 필터** (5.6.3 절), **지반을 안전하게 굴착하기 위해 해결해야할 굴착과 지하수 배제** (5.6.4 절) 등 실무에 절실한 문제들을 주로 설명한다.

5.6.1 침투에 의한 지반침하

그림 5.45 와 같이 투수성이 큰 모래질 자갈층 사이에 투수성이 작은 점토층이 끼어있는 형상의 지반에서 지반을 굴착하거나 지하수를 양수하면, 하부 모래질 자갈층에서 수두가 작아지는데 이로 인해 수두차가 발생되면 이에 의해서 물이 하향침투하여 점토층을 통과하여 흐르게 된다.

이때 점토층을 흐르는 사이에 수두가 Δh 만큼 감소되었다면 점토층 내의 지하수의 흐름길이가 점토층의 두께 d 이므로, 동수경사 i 는 $i = \Delta h/d$ 가 된다.

따라서 점토층 내 하향침투로 인해 점토층 상부경계로부터 깊이 z 인 A 점의 유효응력은 $\Delta\sigma_v{}'$ 만큼 증가하여 점토층에서는 압밀침하가 발생된다.

$$\Delta\sigma_v{}' = \sigma_v{}' - \sigma_{v_0} = i\gamma_w z \tag{5.101}$$

이러한 상황에서 점토층내의 A 점의 침투 전후 연직방향 응력상태는 다음과 같다.

	침 투 전	침 투 중
전응력 σ_v	$\sigma_{v_0} = \gamma_1 t_1 + \gamma_{1sat} t_2 + \gamma_{2sat} z$ (식 5.90)	$\sigma_v = \sigma_{v_0} = \gamma_1 t_1 + \gamma_{1sat} t_2 + \gamma_{2sat} z$ (식 5.90)
간극수압 u	$u_0 = (t_2 + z)\gamma_w$ (식 5.90)	$u = u_0 - \Delta u = u_0 - i\gamma_w z$ (식 5.92)
유효응력 σ_v'	$\sigma_{v_0}' = \sigma_{v_0} - u_0$ (식 5.91) $= \gamma_1 t_1 + \gamma_1' t_2 + \gamma_2' z$	$\sigma_v' = \sigma_v - u$ (식 5.93) $= \sigma_{v_0}' + i\gamma_w z$

【예제】 그림 5.45와 같이 모래질 자갈층 사이에 두께가 $d = 2.0$ m인 점토층이 분포되어 있다. 하부 모래자갈층 아래 지반의 굴착공사로 인해 하향침투가 발생되어서 점토층 상부와 하부경계면의 수두차가 6.0 m 발생하였다. 이로 인해 점토층 중앙부에 있는 A 점의 유효연직응력 변화를 예측하시오.

【풀이】 식 (5.101)에서 하향침투로 인한 유효응력의 증가량을 계산하면

$$\Delta\sigma'_v = i\gamma_w z = \frac{6.0}{2.0}(10)(1.0) \simeq 30\ [\text{kN/m}^2] \qquad ///$$

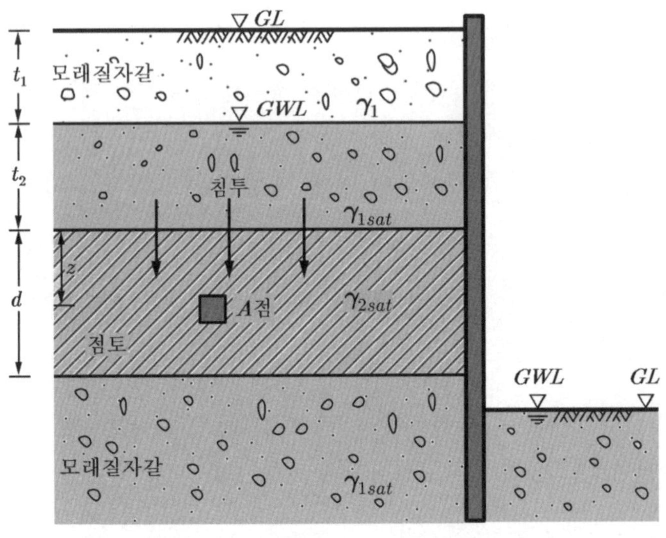

그림 5.45 연직 침투에 의한 지반침하

5.6.2 널말뚝 주변지반의 침투파괴

1) 침투 지반파괴

널말뚝을 설치하고 지하수위 이하로 지반을 굴착하여 널말뚝 앞·뒤의 지반에서 수두차가 발생되면, 널말뚝의 뒤쪽지반의 물이 차수성 벽체인 널말뚝을 우회해서 앞쪽 굴착부로 흘러 들어오며, 이로 인해 널말뚝 뒷부분에서는 연직하향으로 침투되고 앞부분에서는 연직상향으로 침투되어 널말뚝 앞쪽 굴착저면에 있는 흙 요소(자중 G', 부피 V, 수중단위중량 γ')는 연직상향의 침투력 F를 받게 되어 **흙 요소에 작용하는 힘의 합력 R**은 다음이 된다.

$$R = G' - F \tag{5.102}$$

만일 합력이 '**영**'보다 크면($R > 0$) 연직 하향으로 작용하는 흙의 자중 $G'(=\gamma' V)$이 널말뚝 전면의 상향 침투력 $F(= i\gamma_w V)$보다 커서 널말뚝 앞쪽 굴착저면 지반이 안정하다.

계속 굴착하여 수두차가 커지면 동수경사가 커져서 침투력 F가 증가된다. 침투력이 자중 G'과 같아져서 합력이 '**영**'($R = 0$)이 되면, 널말뚝의 전면지반이 이완되고 흙 입자가 분리되는데, 이 순간의 동수경사를 **한계 동수경사 i_{cr}** (critical hydraulic gradient)라고 하며, 흙의 자중 $G' = \gamma' V$과 침투력 $F = i\gamma_w V$를 대입하면 위 식은 다음이 된다.

$$R = G' - F = V\gamma' - i_{cr}\,\gamma_w\, V = 0 \tag{5.103}$$

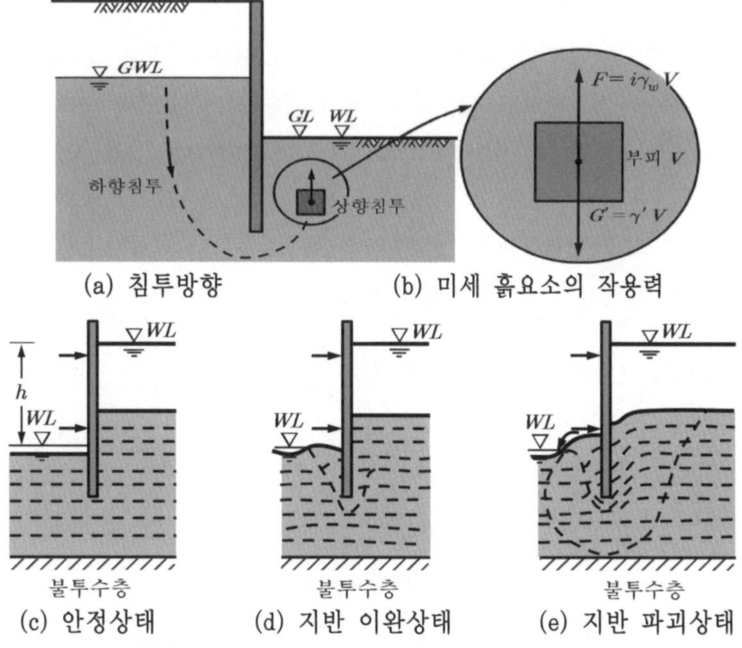

그림 5.46 널말뚝에서 침투에 의한 지반파괴

따라서 **한계동수경사** i_{cr} 은 흙의 수중단위중량 γ' 와 물의 단위중량 γ_w 의 비가 된다.

$$i_{cr} = \frac{\gamma'}{\gamma_w} \tag{5.104}$$

수두차가 더욱 커져서 동수경사 i 가 한계동수경사 i_{cr} 보다 더 커지면 ($i > i_{cr}$), 널말뚝의 전면부에서 지반이 이완되어서 지반의 단위중량과 전단강도가 감소되는데, 이로 인해 널말뚝 전면부 지반의 수동저항력이 급격하게 저하되어서 널말뚝 전면지반이 파괴되는데 이를 **침투지반파괴**라고 한다.

침투력이 자중보다 커져서 합력이 '**영**'보다 작아지면 ($R < 0$), 지반이 이완되고 흙 입자가 분리되어 투수계수가 커지고 침투길이가 짧아져서 침투지반파괴가 급격한 속도로 진전되고 널말뚝과 주변지반이 붕괴된다.

점성토에서는 투수계수가 작기 때문에 흙 입자가 세굴되는 대신에 굴착바닥면 지반이 **융기** (swelling) 된다.

그림 5.46 은 널말뚝에서 침투에 의한 지반파괴 과정을 나타낸다.

【예제】 균질한 수평 모래지반에 물막이 널말뚝을 설치하고자 한다. 상류 측에서 수심을 5.0 m 로 유지하고 침투지반파괴가 일어나지 않도록 하기 위해 널말뚝을 얼마나 깊게 설치해야 하는지 검토하시오. 단, 하류측에서는 수면이 지표면과 일치한다고 가정하고, 침투에 의한 지반파괴만을 생각한다. 흙의 수중단위중량은 $\gamma' = 9\ \mathrm{kN/m^3}$ 이다.

【풀이】 침투에 의한 지반파괴를 방지하려면 동수경사가 한계동수경사 보다 더 작아야 하므로 한계동수경사가 되는 근입깊이를 찾는다.

·동수경사는 근입깊이를 t 라고 하면 $i = \dfrac{5.0}{2t}$

·한계동수경사는 식 (5.104) 에서 $i_{cr} = \dfrac{\gamma'}{\gamma_w} = \dfrac{9}{10} = 0.9$

$i < i_{cr}$ 이면 안전하므로 $\dfrac{5.0}{2t} < 0.9$

$\therefore\ t > \dfrac{(5.0)}{(2)(0.9)} = 2.78\ [\mathrm{m}]$ $\quad \therefore$ 2.8 [m] 이상 근입시킨다. ///

2) 침투 지반파괴에 대한 안전율

침투 지반파괴에 대한 안전율 η는 한계동수경사 i_{cr}와 현재동수경사 i의 비로 정한다.

$$\eta = \frac{i_{cr}}{i} \tag{5.105}$$

현재의 동수경사 i_v를 정할 때 비등방성 지반을 등방성으로 간주하면 안전율이 커지고 반대로 등방성 지반을 수평방향 투수계수 k_h가 연직 방향투수계수 k_v보다 큰 $(k_h > k_v)$ 비등방성으로 가정하면 안전율이 작아진다.

그림 5.47과 같이 투수성이 큰 모래층사이에 투수성이 작은 점토층이 분포할 경우에는 널말뚝 뒷면에서는 침투가 거의 일어나지 않지만, 널말뚝 전면에서는 점토층을 통과하여 상향침투가 발생될 수 있다. 이때에도 피에조미터의 수위는 본래의 지하수위와 큰 차이가 없으며 현장 실측한 자료가 없는 경우에는 수두차가 없는 것으로 $(\Delta h = 0)$ 할 수 있다.

그림 5.47의 단위 폭을 갖는 무게 G'인 흙 요소에 **연직방향 힘의 평형**을 생각하면,

$$d(\gamma' - i\gamma_w) + \text{상재하중} = 0 \tag{5.106}$$

이고, 상재하중이 흙 요소 상부덮개지반의 무게 $\gamma_1 t_1 + \gamma_1' t_2$이면 위 식은 다음이 된다.

$$d(\gamma'_2 - \eta\, i\, \gamma_w) + \gamma_1 t_1 + \gamma'_1 t_2 \geq 0 \tag{5.107}$$

그런데 기존 동수경사가 $i = H/d$이므로 **안전율 η**는 다음과 같다.

$$\eta \geq \frac{\gamma_1 t_1 + \gamma'_1 t_2 + \gamma'_2 d}{H\gamma_w} = \frac{G'}{A} \tag{5.108}$$

여기서 A는 점토층저면에 작용하는 **부력** (buoyancy) 이다.

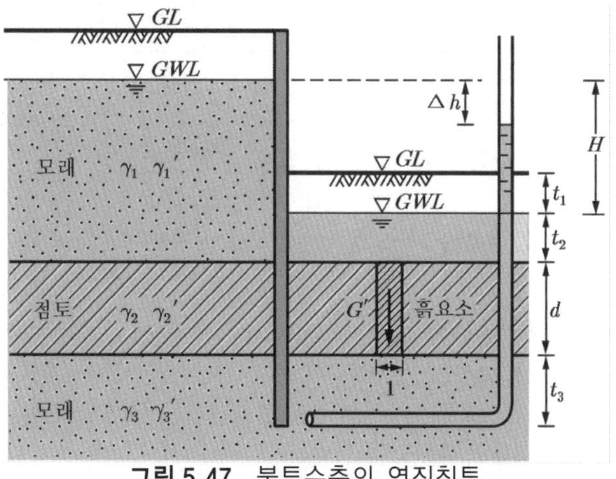

그림 5.47 불투수층의 연직침투

위 식에서 점토층 하부 근입깊이 t_3는 침투파괴에 대한 안전율 η에 아무 영향을 미치지 않음을 알 수 있다. 즉, t_3가 커도 안전율이 증가되지 않으며, 지하수위가 굴착저면 아래에 있으면($t_1 > 0$), 지하수위 상부 지층(두께 t_1)에서는 침투력을 생각하지 않는다.

점토층을 굴착할 때 투수성이 좋은 자갈이나 모래층이 굴착저면 아래에 있으면 침투에 의하여 지반이 불안정해질 수 있다. 일반적으로 동수경사에는 지반의 종류 지층형상 및 비등방성은 물론 투수성이 고려되어 있지 않기 때문에 안전율만으로 침투지반파괴에 대한 안정성을 확신할 수 없다. 따라서 안전율과는 별도로 **침투지반파괴에 대한 안정성**을 확인해야 한다.

그림 5.48은 지층성상이 서로 다른 지반에 각각 같은 깊이로 널말뚝을 설치하고 역시 같은 깊이로 지반을 굴착하는 경우를 나타낸다. 그림 5.48a에서는 널말뚝아래에 투수성이 큰 자갈질 모래층이 있어서 피압상태일 가능성이 크며, 이로 인해서 침투지반파괴가 일어날 위험성이 있다. 그러나 그림 5.48b에서는 투수계수가 작은 점토층에 널말뚝이 설치되어 있어서 침투지반파괴에 대해 안정할 수 있다.

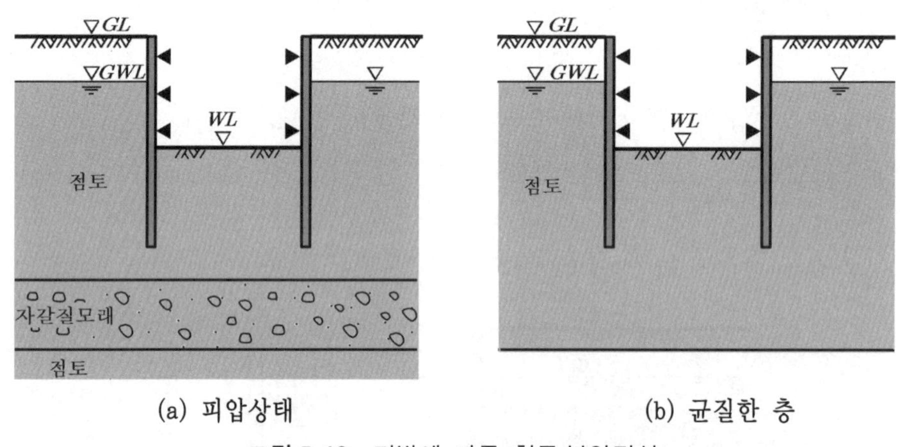

(a) 피압상태 (b) 균질한 층

그림 5.48 지반에 따른 침투 불안정성

침투지반파괴에 대한 안전율 η는 보통 $\eta = 1.5$를 적용하며, 다음 경우가 아니면 안전율을 상향조정해야 한다.

① 지반상태와 지하수 흐름이 완전히 파악되어 설계에 고려된 경우
② 지반의 비등방성이 완전히 고려된 경우
③ 지반이 침투지반파괴에 민감한 미세한 모래나 실트가 아닌 경우
④ 기타 지반파괴위험성이 작은 경우

그 밖에도 굴착저면 아래 지반의 지하수 압력을 측정하였거나 유사시 지하수압 감압 등의 즉각적인 조치가 가능하고 그 효과를 볼 수 있는 경우에는 안전율 $\eta = 1.5$ 를 적용할 수 있다. 실제로 안전율 $\eta > 1.5$ 이어도 위험한 경우가 있을 수 있다.

【예제】 균질한 모래지반의 지표 아래 1.0 m 에 지하수위가 존재한다. 여기에 널말뚝을 깊이 12.0 m 근입시킨 후 한쪽을 굴착한다. 굴착 중에 지하수는 계속 배수하여 항상 굴착저면과 일치한다. 지반의 수중단위중량은 9 kN/m^3 이다. 다음을 구하시오.

① 지표로부터 5.0 m 굴착했을 때 침투지반파괴에 대한 안전율을 구하시오.

② 몇 m 이상 굴착하면 침투지반파괴가 일어나는지 구하시오.

【풀이】 ① 한계동수경사 식 (5.104) 에서 $i_{cr} = \dfrac{\gamma_{sub}}{\gamma_w} = \dfrac{9}{10} = 0.9$

·동수경사 $i = \dfrac{4.0}{11+5} = 0.25$

·침투지반파괴에 대한 안전율은 식 (5.105) 로부터

$$\eta = \frac{i_{cr}}{i} = \frac{0.9}{0.25} = 3.6 > 1.5$$

② 지표아래 H 만큼 굴착하면 한계동수경사 i_{cr} 이 된다.

동수경사 $i = \dfrac{H-1}{11+(12-H)} = \dfrac{H-1}{23-H} = 0.9 = i_{cr}$

$\therefore\ H = 11.42\ [m]$ ///

3) 침투지반파괴에 대한 안정검토

널말뚝의 하류측에서 유선망이 조밀하면 동수경사가 커서 침투지반파괴가 일어날 수 있다. **침투지반파괴에 대한 안전율 η** 는 **동수경사** (한계 동수경사 i_{cr} 와 기존 동수경사 i 의 비) 또는 하류 측 수리기초 파괴체에 대한 **연직방향 힘의 평형** (부력을 고려한 파괴체 자중 $G_{br} = \gamma' V$ 과 침투력의 연직성분 $F_{sv} = f_s V$ 의 비) 으로부터 구한다.

(1) 동수경사에 대한 안전율

널말뚝의 침투지반파괴에 대한 안전율 η 는 한계 동수경사 i_{cr} 과 기존 동수경사 i 의 비이다.

$$\eta = i_{cr}/i \ \geq 1.5 \tag{5.109}$$

① 한계동수경사 결정

위 식 (5.109)에서 분자의 **한계 동수경사 i_{cr}** 은 흙의 수중단위중량 γ' 와 물의 단위중량 γ_w 의 비 (식 5.104) 이다.

② 기존 동수경사 결정

위 식 (5.109) 에서 분모의 **기존 동수경사** i 는 i) **유선망**에서 구하거나, ii) 지하수 흐름이 (흙으로 채운 관내 물의 흐름처럼) **평행흐름**이고 수압이 침투거리에 선형비례한다고 가정하고 구하거나, iii) **근사식**으로 구한다.

i) **기존 동수경사** i 는 대상영역에 대한 유선망에서 등수두선의 개수 m 과 적용위치 h_b 및 인접등수두선 사이 손실수두 Δh 로부터 구하며 이는 정밀해이다.

$$i = m\,\Delta h / h_b \qquad (5.110)$$

흙은 연직방향 침투에 의해 단위중량이 침투압만큼 변하므로 ($\Delta\gamma = f = i\,\gamma_w$), 위 식에서 적용위치 h_b 의 연직응력은 $\Delta\gamma h_b = i\,\gamma_w h_b = m\,\Delta h\,\gamma_w$ 만큼 변한다.

ii) 지하수 유선이 평행이고 수압이 침투거리에 선형비례하여 변하면, **기존 동수경사** i 는 수두차이 h 와 침투거리 l 로부터 구할 수 있다 (Hansen/Lundgren, 1960).

$$i = h/l \qquad (5.111)$$

iii) 널말뚝 (근입깊이 d) 의 전후 수두차가 h 이고, 배면침투길이가 h_1 일 때 EAU (2004) 에서는 **주동 및 수동측 평균동수경사** i_a 및 i_p 로 다음 **근사식**을 제안하였다 (Lackner, 1985).

$$\text{주동 측} : i_a = \frac{0.7h}{h_1 + \sqrt{h_1 d}} \qquad (5.112)$$

$$\text{수동 측} : i_p = \frac{0.7h}{d + \sqrt{h_1 d}}$$

(2) 하류측 파괴체의 힘의 평형에 대한 안전율

침투지반파괴에 대한 안전율 η 는 널말뚝의 하단 하류 측에서 발생되는 수리 기초파괴 형상을 가정하고 파괴체의 자중 G_{br} (다음 ①) 과 연직 침투력 F_{sv} (다음 ②) 을 구하고 그 비(다음 ③) 로부터 구한다.

$$\eta = G_{br} / F_{sv} \ \geq 1.5 \qquad (5.113)$$

① 수리 기초파괴체 자중

위 식 (5.113) 에서 분자 즉, 수리 기초 파괴체의 자중 G_{br} 은 파괴체의 (부력을 고려한) 수중무게이며, 파괴체의 형상에 따라서 다르다. 파괴체는 보통 폭이 널말뚝 근입깊이 d 의 절반크기 즉, $d/2$ 인 **직사각형** (그림 5.49a, Terzaghi) 이나 **곡선 경계형** (그림 5.49b, EAU 의 E115) 으로 가정한다. 또한, 근사적으로 폭이 좁은 파괴체를 가정할 수도 있다.

$$G_{br} \ = \gamma' V \qquad (5.114)$$

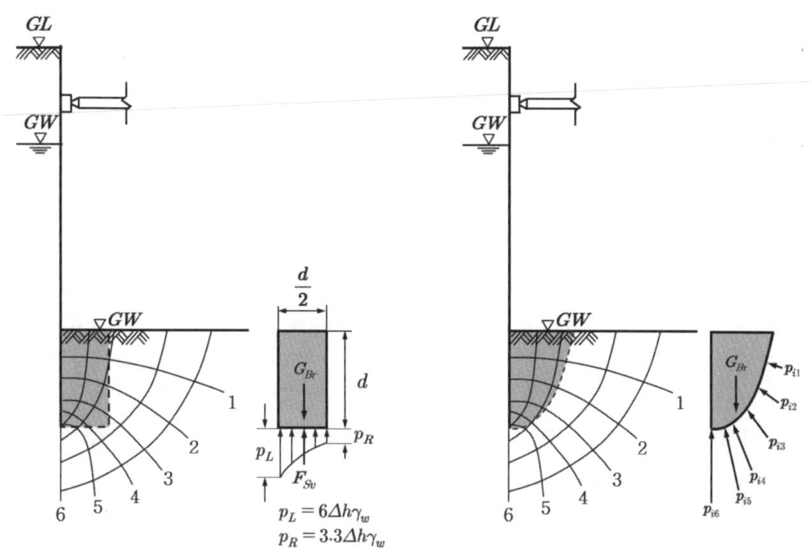

(a) 직사각형 파괴체 (Terzaghi) (b) 대수나선형 파괴체 (EAU E115)

그림 5.49 수리 기초 다각형 파괴체 모델

② 침투력의 연직성분 F_{sv}

침투력 연직성분 F_{sv} (식 5.113 의 분모) 는 연직 침투압 f_{sv} 에 체적 V를 곱한 크기이며,

$$F_{sv} = f_{sv} V \tag{5.115}$$

연직 침투압 f_{sv} 는 *i*) **다각형 파괴체**를 가정하고 그 하부경계에 유선망에서 구한 압력수두를 적용하여 구하거나 (그림 5.49), *ii*) **좁은 파괴체** (약 0.01 m 정도) 를 가정하고 그 하부의 경계에 널말뚝 선단의 압력수두 h_r 에 대한 근사식 (지하수의 평행흐름식이나 Brinch-Hansen 식 또는 Schultze/Kastner 식) 을 적용하여 구할 수 있다.

i) 다각형 파괴체 모델

다각형 파괴체에서 하부경계 임의 위치 h_b 에 작용하는 **연직침투압 f_{sv}** 는 유선망에서 지하수 유출구까지 등수두선 개수 m 과 인접 등수두선 간 수두차 Δh 를 적용하여 구한다.

$$f_{sv} = i\gamma_w = m\frac{\Delta h}{h_b}\gamma_w \tag{5.116}$$

파괴체 하부경계가 다수 등수두선과 만날 때 (그림 5.49b) 하부경계 임의 위치에 작용하는 연직침투압 f_{sv} 는 수압 p_i 의 연직분력 p_{iv} 로부터 계산한다.

Terzaghi는 직사각형 파괴체(근입깊이 d, 폭 $d/2$)의 하부경계에 평균수두 h_m을 적용하여 **연직침투압**을 계산하였다(그림 5.49).

$$f_{sv} = i\gamma_w = \frac{h_m}{d}\gamma_w \tag{5.117a}$$

ii) 폭이 좁은 파괴체 모델

연직 침투압 f_{sv}는 폭이 아주 좁은(약 0.01 m 정도) 직사각형 파괴체를 가정하고 하부경계에 널말뚝 선단의 압력수두 h_r을 적용하여 (유선망을 그리지 않고도) 구할 수 있다.

$$f_{sv} = h_r\gamma_w \tag{5.117b}$$

이때 **널말뚝 선단의 압력수두 h_r**은 평행흐름식이나 Brinch-Hansen 식 또는 Schultze/Kastner 식을 적용하여 개략적으로 구할 수 있다.

* **평행흐름 식** : 지하수가 평행흐름이면 침투거리에 따라 압력수두는 균일 비율로 감소.

$$h_r = \frac{h}{l}d = \frac{h}{h+2d}d \tag{5.118}$$

* **Brinch-Hansen 식** : 주동 및 수동 측 동수경사 i_a와 i_p가 일정하다고 가정.

$$h_r = h_1(1-i_a) - d(1+i_p) \tag{5.119}$$

* **Schultze/Kastner 식** : 다음 식으로 계산하였다.

$$h_r = \frac{h}{1+\sqrt[3]{h/d+1}} \tag{5.120}$$

③ 침투지반파괴에 대한 안전율

침투지반파괴에 대한 안전율 η는 널말뚝 하단에서 하류측으로 생기는 수리기초 파괴형상을 가정하고, 연직침투력 F_{sv}와 파괴체 무게 G_{br} (부력 고려)을 구해 식 (5.113)로 계산한다.

Terzaghi의 직사각형 파괴체일 때 **침투지반파괴에 대한 안전율 η_H**는 다음과 같다.

$$\eta_H = \frac{G_{br}}{F_{sv}} = \frac{(1/2)\gamma' d^2}{(1/2)\gamma_w\, d\, h_m} = \frac{d\,\gamma'}{h_m\gamma_w} = \frac{i_{cr}}{i_m} \geq 1.5 \tag{5.121}$$

그런데 위 식의 분모는 불변하는 값이므로 안전율은 분자를 증가시켜야 커진다. 따라서 널말뚝의 침투지반파괴에 대한 안전율은 근입깊이 d를 깊게 하거나 흙의 수중단위중량 γ'을 증가시키거나 상재하중을 재하해야 안전율이 커진다.

【예제】 지하수위가 지표하부 1.0 m 에 위치하는 균질한 모래지반에 널말뚝을 12.0 m 근입하고 전면지반을 깊이 9.0 m 로 굴착하였고, 굴착부 지하수위는 굴착저면과 일치하였다. 지반 간극률은 $n = 0.4$ 이고, 단위중량은 18.0 kN/m^3 이며, 수중단위중량은 10.0 kN/m^3 $\mathrm{kN/m^3}$ 이고, 투수계수는 $k = 1.2 \times 10^{-2}\ m/s$ 이다.

유선망은 7 개 유로와 16 개 등수두 간격으로 구성되었다. 지하수의 유출구로부터 6 번째의 등수두선이 널말뚝 연장선과 일치하였고 널말뚝 배후 지하수면은 16 번째 등수두선이었다. 다음을 구하시오.

1) 침투유량
2) 침투지반파괴에 대한 안전율

【풀이】 널말뚝 : 전후지반 수위차 $h = 9.0 - 1.0 = 8.0\ m$,

근입깊이 $d = 12.0 - 9.0 = 3.0\ m$

유선망 : 등수두선 개수 $N_d = 16$, 유로 개수 $N_f = 7$

등수두선 개당 수두차 : $\Delta h = h/N_d = 8.0/16 = 0.5\ m$

1) 침투유량 :

$q = N_f k \Delta h = (7.0)(1.2 \times 10^{-2})(0.5)(1.0) = 4.2 \times 10^{-2}\ m^3/s$

2) 침투지반파괴에 대한 안정

i) Terzaghi 의 방법 (그림 5.49a) : 하부경계우측 $m = 3.5$, 하부경계좌측 $m = 6.0$

파괴체 : 깊이 : $d = 3.0\ m$,

폭 : $d/2 = 3.0/2 = 1.5\ m$

자중 : $G_{br} = \gamma' V = (10.0)(3.0)(1.5)(1.0) = 45.0\ kN/m$

침투압 : $p_L = m \Delta h \gamma_w = (6)(0.50)(10.0) = 30.0\ kN/m^2$

$p_R = m \Delta h \gamma_w = (3.5)(0.50)(10.0) = 17.5\ kN/m^2$

$p_m = (p_L + p_R)/2 = (30.0 + 17.5)/2 = 23.75\ kN/m$

침투력 : $F_{sv} = p_m A = (23.75)(1.5)(1.0) = 35.625\ kN/m$

안전율 : $\eta = G_{br}/F_{sv} = 45.0/35.625 = 1.26 < 1.5 \quad \therefore NG$

ii) **근사식** : 폭 0.01 m 로 가정

파괴체 자중 G_{br} : $G_{br} = \gamma' V = (10.0)(3.0)(0.01)(1.0) = 0.30\ kN/m$

널말뚝 선단 압력수두 h_r : 배면침투거리 $h_1 = 12.0 - 1.0 = 11.0\ m$,

굴착저면상부 배면침투거리 : $h' = h_1 - d = 11.0 - 3.0 = 8.0\ m$

평행흐름 : $h_r = \dfrac{h}{l}d = \dfrac{h}{h+2d}d = \dfrac{8.0}{8.0+(2)(3.0)}(3.0) = 1.714\ m$

Schultze/Kastner 식 : $h_r = \dfrac{h}{1+\sqrt[3]{h'/d+1}} = \dfrac{8.0}{1+\sqrt[3]{8.0/3.0+1}} = 3.147\ m$

Brinch-Hansen 식 :

주동측 평균동수경사 : $i_a = \dfrac{0.7h}{h_1+\sqrt{h_1 d}} = \dfrac{(0.7)(8.0)}{11.0+\sqrt{(11.0)(3.0)}} = 0.334$

수동측 평균동수경사 : $i_p = \dfrac{0.7h}{d+\sqrt{h_1 d}} = \dfrac{(0.7)(8.0)}{3.0+\sqrt{(11.0)(3.0)}} = 0.64$

$h_r = h_1(1-i_a) - d(1+i_p) = (11.0)(1-0.334) - (3.0)(1+0.64) = 2.406\ m$

침투압 : $f_{sv} = p_m = \dfrac{h_r}{d}\gamma_w$

평행흐름 : $f_{sv} = (h_r/d)\gamma_w = (1.714/3.0)(10.0) = 17.14\ kN/m^2$

Schultze/Kastner 식 : $f_{sv} = (h_r/d)\gamma_w = (3.147/3.0)(10.0) = 31.47\ kN/m^2$

Brinch-Hansen 식 : $f_{sv} = (h_r/d)\gamma_w = (2.406/3.0)(10.0) = 24.06\ kN/m^2$

침투력 : $F_{sv} = f_{sv}A = (h_r/d)\gamma_w A$

평행흐름 : $F_{sv} = f_{sv}A = (17.14/3.0)(0.01)(1.0) = 0.171\ kN/m$

Schultze/Kastner 식 : $F_{sv} = f_{sv}A = (31.47/3.0)(0.01)(1.0) = 0.315\ kN/m$

Brinch-Hansen 식 : $F_{sv} = f_{sv}A = (24.06/3.0)(0.01)(1.0) = 0.241\ kN/m$

안전율 : $\eta = G_{br}/F_{sv}$

평행흐름식 : $\eta = G_{br}/F_{sv} = 0.30/0.171 = 1.754 \quad \therefore\ OK$

Schultze/Kastner 식 : $\eta = G_{br}/F_{sv} = 0.30/0.315 = 0.952 \quad \therefore\ NG$

Brinch-Hansen 식 : $\eta = G_{br}/F_{sv} = 0.30/0.241 = 1.245 \quad \therefore\ OK$

따라서 안전율은 평행흐름을 가정할 때 가장 크고, Schultze/Kastner 식을 적용할 때에 가장 작으며, Brinch-hansen 식을 적용할 때에 중간 값이 구해진다. ///

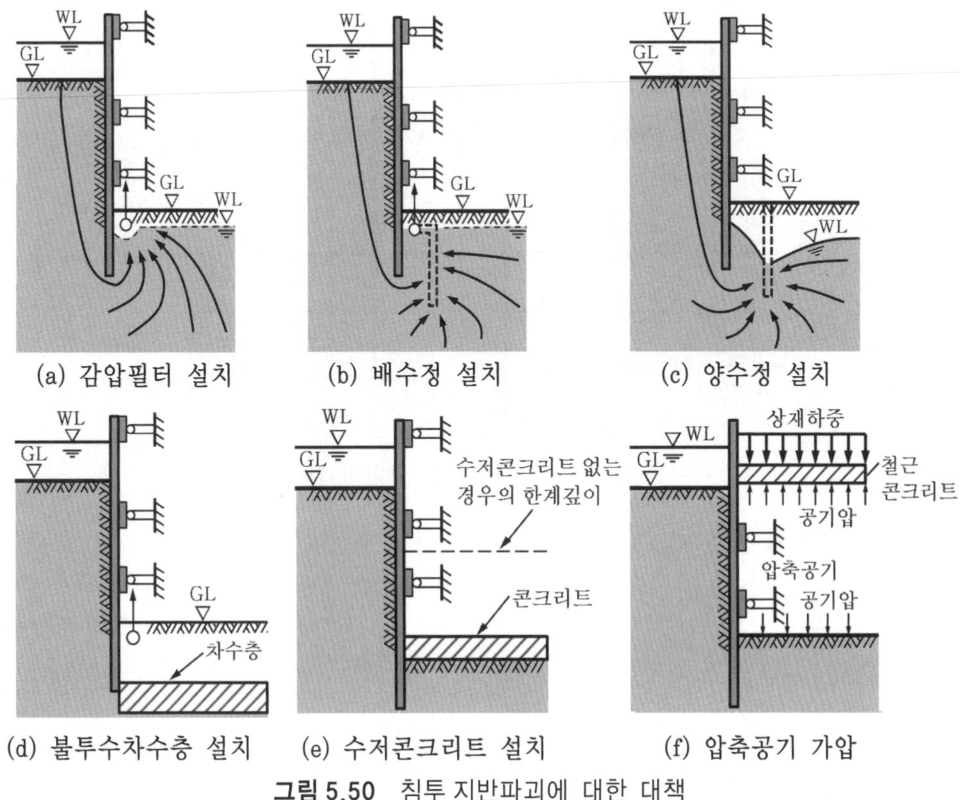

(a) 감압필터 설치 (b) 배수정 설치 (c) 양수정 설치

(d) 불투수차수층 설치 (e) 수저콘크리트 설치 (f) 압축공기 가압

그림 5.50 침투 지반파괴에 대한 대책

4) 지하수압의 감압대책

굴착 폭이 좁으면 지하수가 양측으로부터 침투되기 때문에 유선망이 조밀해져서 침투지반파괴 위험성이 커진다. 널말뚝에서 침투지반파괴에 대해 불안정한 경우에 그림 5.50의 방법을 적용하여 안전율을 증가시킬 수 있다.

① 감압필터설치 (**침투압 절감**, 자중증가)
② 배수정설치 (침투압절감, 자중증가)
③ 양수정설치 (침투압절감)
④ 지반내에 차수층설치 (**침투방지**)
⑤ 굴착저면에 콘크리트 바닥타설 (침투방지)
⑥ 압축공기를 가하여 배수억제 (침투방지)

그림 5.51과 같이 모래층 사이에 점토층이 있고 하부모래층 하단에 다시 점토층이 연속되어서 침투지반파괴에 대해 불안정한 경우에는, **지하수압 감압대책**으로 널말뚝을 하부점토층까지 설치하거나, 우물을 설치하여 하부모래층의 지하수를 배수하여 점토층 하부층 경계에 작용하는 부력이나 하부모래층의 간극수압을 감소시킬 수 있다.

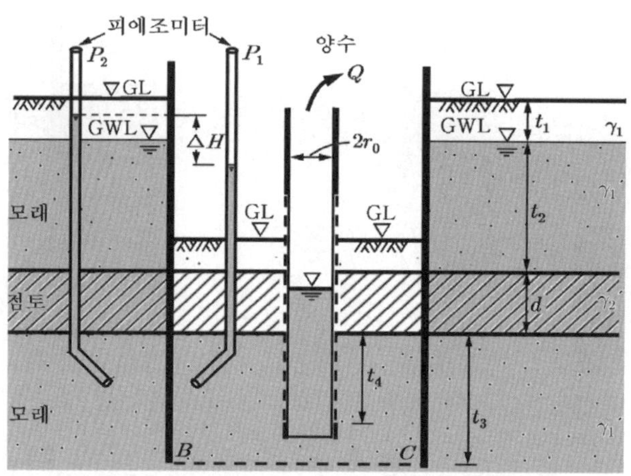

그림 5.51 지하수압 감압대책

하부 모래층에서 지하수를 배출시키되 모래층의 투수성에 따라 최대유량으로 배수하지 않고 소요감압의 크기를 유지할 수 있을 만큼만 지하수를 배출시킨다. 그러나 굴착지반에서 장기적으로 많은 양의 지하수가 발생할 수 있으므로 문제가 될 수 있다. 하부 모래층이 비등방성 $(k_h > k_v)$ 일 때 널말뚝이 **감압우물**보다 깊으면 우물의 수위조절이 용이하다.

최소 감압량은 그림 5.51 에서 ΔH 이며 다음 식으로 계산할 수가 있다 (식 5.108 참조). 여기에서 η_{He} 는 소요 안전율이다.

$$\Delta H = H - \frac{t_1\gamma_1 + t_2\gamma_1{}' + d\gamma_2{}'}{\gamma_w \eta_{He}} \tag{5.122}$$

최소 감압량 도달여부는 점토층의 하부경계면 부근에 피에조미터를 설치해서 확인할 수 있다. 주변경계조건을 정확히 알아야 감압우물 갯수를 결정할 수 있다. 감압우물은 최소 2 개 필요하다. 피에조미터로 측정하면서 관리하면 필요한 감압우물 갯수를 계산할 수 있다.

필요한 우물 갯수는 단면 B-C (면적 A) 를 통해서 **유출된 수량 Q_1** 과 용량 q 인 우물이 n 개가 있다고 가정하여 계산할 수 있다. 이때 $n\,q \geq Q_1$ 이어야 한다. 그런데 유출수량은 모래층의 연직방향 투수계수 k_v 를 이용하여 다음과 같이 결정할 수 있다.

$$Q_1 = k\ i\ A \simeq k_v \frac{\Delta H}{t_3 - 0.5t_4} A \tag{5.123}$$

우물 용량 q 는 Sichardt (1927) 에 의해 다음과 같이 계산하며, k_h 는 모래지반의 **수평투수계수**이고 단위는 [m/s]이다.

$$q \simeq \frac{2\pi}{15} \gamma_o\, t_4 \sqrt{k_h}\ [\mathrm{m^3/s}] \tag{5.124}$$

5.6.3 지반 내부침식과 필터

1) 필터조건

투수계수가 작은 지층에서 투수계수가 큰 지층으로 지하수가 흐르면 침투력에 의해서 미세 흙입자가 투수계수가 작은 지층에서 큰 지층의 간극사이로 이동한다. 이런 현상을 **내부침식**(또는, 流砂) 이라 하며 인접한 지층간 투수계수의 차이가 큰 경우에(대개 100 배 이상) 발생된다. 내부침식은 물이 고이거나 침투수가 지표면으로 흘러나올 때도 발생되며, 미세입자를(미세한 모래 또는 실트) 비교적 많이 포함하는 흙에서 일어날 가능성이 크다.

내부침식이 일어나면 지반이 이완되어 변형되거나 배수관이 막힌다. 내부침식에 의한 지반 유실은 투수성과 간극이 작은 **모래필터**나 토목섬유를 설치하여 방지한다(**침식방지조건**).

필터를 설치하면 내부침식을 방지할 수 있고 침투수의 유로가 되어 침투가 쉽게 배수될 수 있다(**배수조건**). 필터층의 투수성과 간극의 크기 및 두께는 너무 작지 않아야 한다.

2) 필터법칙

지반의 내부 침식을 방지하기 위한 필터는 다음의 기본적인 **필터조건**을 갖추어야 한다(NAVFAC DM7, 1971).

- **침식방지조건** : 투수성과 간극이 너무 크지 않아야 한다($D_{15f} < 5D_{85s}$).
- **배수조건** : 투수성과 간극이 너무 작지 않아야 한다($4D_{15s} < D_{15f} < 20D_{15s}$).

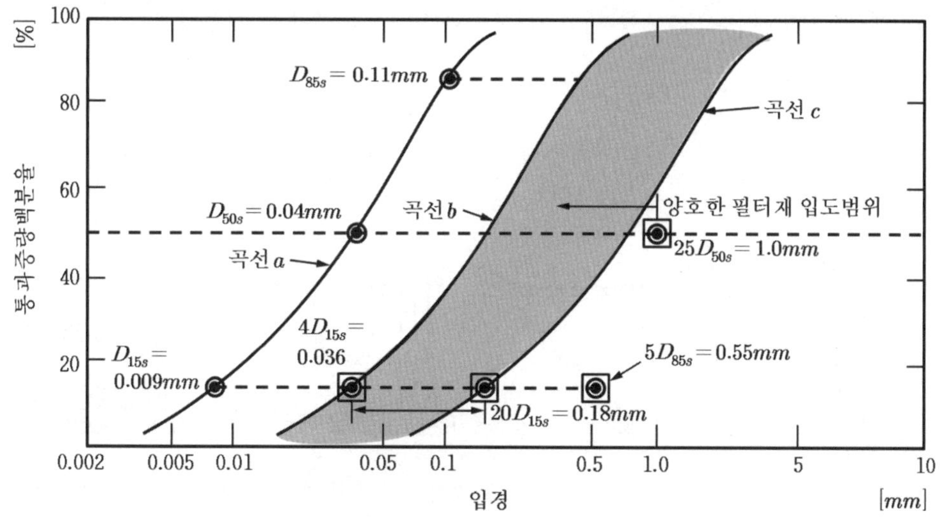

그림 5.52 필터재의 입도분포 결정

여기에서 D_{15f} ,D_{50f} 는 각각 필터재의 15 %, 50 % 통과입경이며, D_{15s} , D_{50s} , D_{85s} 는 현장지반의 15 %, 50 %, 85 % 통과입경이다. 또한, 필터재료와 주변지반의 입도분포곡선 (그림 5.52 a,b,c 곡선)은 서로 평행해야 좋고 입자크기의 차이가 너무 크지 않아야 한다. 이에 대한 조건으로 $D_{15f} < 25\,D_{50s}$ 이 있다.

Terzaghi/Peck (1967) 는 상반되는 조건을 동시에 만족하기 위해 **필터법칙** (Terzaghi filter rule) 을 제시하였고 이로부터 현장지반에 적합한 **필터재 입도분포**를 구할 수 있다.

$$4 < \frac{D_{15f}}{D_{15s}} < 20 \;,\; \frac{D_{15f}}{D_{85s}} < 5 \;,\; \frac{D_{50f}}{D_{50s}} < 25 \qquad (5.125)$$

3) 필터

필터는 투수계수 차가 100 배 이상인 지층이 접해 있거나, 지반의 미세입자가 지표면이나 관로로 흘러갈 위험이 있을 때 설치한다. 필터는 가능한 여러 층으로 설치하며, 층별 분리된 상태로 잘 다지고, 유입된 물은 쉽게 배수되도록 두껍게 (대개 20 cm 정도) 만든다.

필터재는 입경 75 mm 초과 입자가 없어야 되며, 입자분리가 일어날 우려 있는 세립토 (No. 200 체 통과) 는 65 % 미만이어야 한다. 그림 5.52 는 현장지반 (곡선 a) 에 대해 적절한 필터재 (곡선 b와 곡선 c 사이) 의 보기를 나타낸다.

필터조건은 분말형 주입재를 지반에 주입할 때도 적용한다. 즉, 분말형 주입재는 지반의 d_{15s} 가 주입재의 $d_{85\text{주입재}}$ 보다 5~10 배 커야 ($d_{15s} > (5 \sim 10)\,d_{85\text{주입재}}$) 주입이 가능하다. 이로부터 판단하면 보통 시멘트는 깨끗한 자갈질 모래에나 주입할 수 있다.

그밖에 배수형 관로나 슬롯에 대한 NAVFAC (1971) 의 기준은 다음과 같다.

$$\frac{D_{85f}}{D_{\text{슬롯}}} > 1.2 \sim 1.4, \quad \frac{D_{85f}}{D_{\text{관로}}} > 1.0 \sim 1.2 \qquad (5.126)$$

그림 5.53 은 옹벽에 설치하는 필터층의 형태와 위치를 나타내며, 그림 5.54 는 필터설치 우물에서 필터층의 설치 예를 나타낸다.

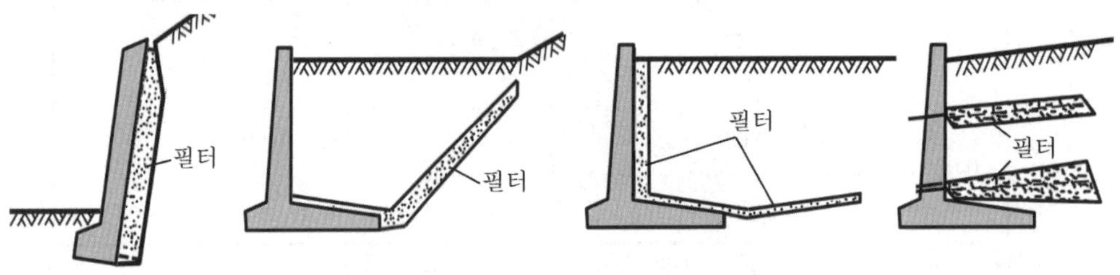

그림 5.53 옹벽의 배수필터 형태

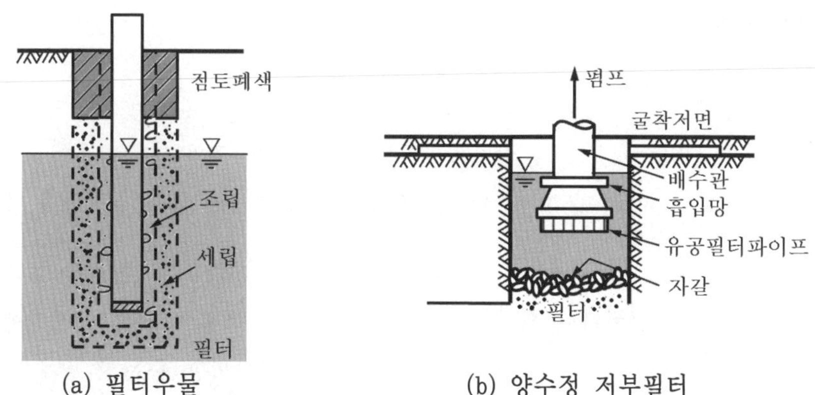

(a) 필터우물 (b) 양수정 저부필터

그림 5.54 필터우물의 필터 배치

5.6.4 지반굴착과 지하수 배제

지반을 굴착할 때 굴착저면을 건조한 상태로 유지하기 위해서는 지하수는 물론 우수 등에 의한 지표수도 양수해야 한다. 지하수량은 굴착저면 지반의 투수성과 굴착지반 주변의 차수벽 등에 의해 영향을 받는다. 따라서 경제성 외에도 환경오염문제나 인접구조물의 영향을 고려하여 지하수 배제 대책을 마련한다. 이러한 대책을 **수동적 지하수 대책**이라고 한다.

수위저하 크기가 작으면 필터우물이나 **웰포인트** 또는 Electro-Osmose **방법** (Smoltczyk, 1962) 으로 배수되는 물을 집수하여 배수하는 **능동적 지하수 대책**을 적용한다.

일반적으로 **필터우물**은 투수계수 k 가 $10^{-3} \sim 10^{-4}$cm/s 일 때에 적용하며, 웰포인트는 $k = 10^{-3} \sim 10^{-5}$cm/s 일 때 적용한다 (그림 5.55). 점토층에서는 배수는 하지 않고 간극수압을 감압하기 위해 웰 포인트를 설치할 수도 있다.

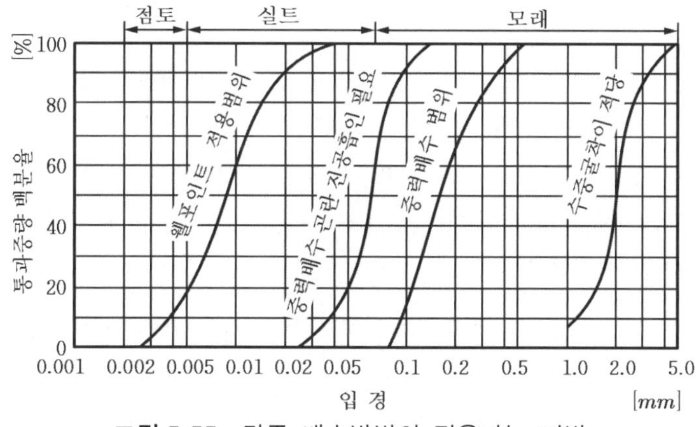

그림 5.55 각종 배수방법의 적용가능 지반

5.7 흙의 동결

흙은 흙 입자와 물 및 공기로 이루어져 있으므로 지반 내 온도가 빙점 이하가 되면 흙 속의 물이 얼어서 고체가 되고 흙 입자를 결합하여 강도가 증가하며 압축성이 감소하고 완전 불투수층이 된다. 이런 동결특성은 사질토보다 세립토에서 더욱 뚜렷하게 나타난다.

건조하거나 물이 거의 없는 흙은 날씨가 아무리 추워도 동결되지 않는다. 흙속에 있는 물은 특별한 성분을 포함하지 않는 한 0℃에서 결빙되며 물속에 함유된 물질에 따라서 그보다 낮은 온도(예를 들어 -4℃)에서 결빙되기도 한다. 또한 좁은 간극에 있는 물은 0℃에서 결빙되지만 넓은 간극에 있는 물은 0℃보다 낮은 온도에서 결빙된다.

기존 간극수의 동결에 의한 흙의 부피팽창은 미약하지만, 주변 지반의 간극 속에 있던 미세한 물방울들이 끌려와 흡착되어 얼음결정의 크기가 성장하는 경우에는 지반의 부피가 크게 팽창한다. 이처럼 간극수가 이동하여 얼음의 결정이 커지므로 **동결된 흙의 특성**은 간극수의 성질뿐만 아니라 지반의 투수성에 의해서도 영향을 받는다.

흙이 동결되면 부피팽창에 의한 지반 내 압력증가와 지반융기가 문제가 되지만 해빙 시의 지반약화에 따른 전단강도감소와 압축성증가문제가 더 심각하다.

지반의 동결문제는 철도, 냉동창고, 액체가스탱크, 냉각 천연가스라인, 도로, 고속도로, 철도노체 등을 건설할 때 반드시 해결해야 하는 과제이다. 호수나 하구 등에 있는 등대, 신호대, 교각, 해양구조물 등은 결빙될 때 수평방향으로 동결압력을 받아 손상될 수 있다.

흙의 동결거동은 최근에 체계적으로 정리되었으며, 여기에서는 주로 Jessberger (1981)와 Phukan (1985)을 주로 인용하였다.

흙의 **동결깊이 (5.7.1 절)**는 기후에 따라 다르며, 사계절이 뚜렷한 온대지역에서는 겨울의 길고 짧음이나 최저온도에 따라서 다르다. 흙 속 한 위치에서 물이 결빙되면 주변 물방울이 끌려와서 흡착되어 얼음이 더 커지고 주변으로부터 물이 지속적으로 유입되고 기온이 서서히 강하되면, 결빙크기가 계속 커져서 지반에 렌즈형 순수 얼음 층이 생성되어 지표가 융기하는 **동상 (5.7.2 절)** 현상이 발생한다.

최근 영구동토지역에서 대규모 자원개발이 이루어지면서 도로나 구조물의 건설사례가 늘고 있고, 흙의 동결지반의 **역학적 특성 (5.7.3 절)**을 각종 공사에 이용하는 **동결공법 (5.7.4 절)**이 각종 공사에 자주 적용되고 있다. 향후 동결공법이 각광을 받을 것으로 예상된다.

5.7.1 동결깊이

흙의 **동결깊이** (frost penetration depth) 는 기후에 따라서 다르며, 사계절이 뚜렷한 온대 지역에서는 겨울의 길고 짧음이나 최저온도에 따라 동결깊이가 다르고 계절에 따라 **동결** (frost) – **융해** (thawing) 가 반복된다.

시베리아, 알래스카, 캐나다 북부, 그린랜드 등 툰드라나 냉대 기후지역에서는 동결깊이가 매우 깊으며, 거의 100 m 에 달하는 경우도 있다. 이러한 지역에서 지하 깊은 곳의 흙은 여름에도 완전히 해빙되지 못하고 다시 겨울을 맞이하여 영원히 동결된 상태 (**영구동토**) 로 남아 있는 경우가 많다.

이러한 과정을 수백 만 년 이전부터 겪어 오는 동안 순수한 얼음 층이 수 m 로 두껍게 형성되고 얼음의 부피가 전체 흙 부피의 80 % 에 달하며 동상의 크기 (융기량) 가 2 m 이상 발달된 경우도 보고되어 있다.

흙 속의 간극에 있는 물이 동결되는 깊이는 기온과 기후 및 주변여건에 따라 다르다. 공사 목적상 **동결깊이 $\boldsymbol{Z}$** 는 주로 다음의 식으로 계산한다.

데라다 공식 : $Z = c\sqrt{F}$ [cm] (5.127a)

Lapkin 공식 : $Z = \dfrac{F}{100}(0.09\,I_f + 70)$ [cm] (5.127b)

러시아 기준 : $Z = 0.23\sqrt{S_f + 2}$ [cm] (5.127c)

여기에서 C : 정수 (c = 3~5)

F : $F =$ 기온×일수 (0℃ 이하 기온).

I_f : Lapkin 의 동결지수 (점토 0.75, 자갈과 모래 1.33)

S_f : 1 일 평균기온의 1 개월간 합이다.

5.7.2 동상

1) 동상현상

흙의 동결은 간극수의 결빙과 동상의 형태로 일어난다. 물은 결빙되면 부피가 약 9 % 증가되므로 간극비가 $e < 1$ 인 포화된 보통 흙에서는 간극률이 $n = 0.5$ 이어도 전체부피가 $0.5 \times 0.09 = 0.045$ (약 4.5 %) 팽창된다. 따라서 기존 **간극수의 결빙에 의한 부피팽창**은 5 % 미만이다. 그런데 **흙의 동결에 의한 부피팽창**은 이보다는 더 크게 일어난다.

흙 속의 한 위치에서 물이 결빙되면 주변의 크고 작은 간극 속에 있던 물방울들이 끌려오거나 지하수면으로부터 발생한 수증기 상태의 미세 물방울들이 끌려와서 흡착되어 얼음이 더 커지므로, 지반의 함수비는 동결 후에 커진다. 주변 흙입자나 간극으로부터 물이 분리되어 결빙된 위치로 지속적으로 유입될 수 있는 조건에서 기온이 서서히 강하되면, 결빙크기가 계속 커져서 지반에 렌즈형 순수 얼음층 즉, **아이스렌즈** (ice lens) 가 생성되면 이로 인해 지표가 융기하는데 이 현상을 **동상** (frost heave) 이라고 한다.

동결되었던 지반이 해빙되면 흙의 함수비가 증가한다. 이때에 배수가 불량한 지반이면, 해빙된 물이 하부지반으로 흘러나가지 못하고 그 위치나 주변지반에 잔류하여 지반이 약화되는데 이런 현상을 **연화현상** (frost boil) 이라 한다. 실제로 동결상태 지반은 강도가 크고 압축성이 작아서 큰 문제가 되지 않는다. 그러나 지반이 해빙되어 연화되면 지반이 국지적으로 액체상태가 되거나 전단강도가 급격하게 감소되고 압축성이 증가하여 지지력이 부족하게 되므로 도로가 파괴되거나 구조물이 침하에 의해 손상된다.

동상에 의한 피해는 결빙에 따른 압력에 의해서도 발생되지만 주로 해빙과정에 나타나는 지반의 연화에 의해 발생된다. 그밖에 지표수가 침입하거나 지하수위가 상승되어 지반의 함수비가 급격히 증가되는 경우에도 연화현상이 일어난다. 동상은 지반온도에 따라 다르므로 구조물이 밀집되어 지열이 높아져서 온도가 빙점이하로 내려가는 일이 많지 않은 도시지역보다는 시외지역에서 발생가능성이 크다.

냉동창고는 저온상태가 지속되므로 그 하부지반의 동결심도가 깊을 수 있고, 지하수위가 높으면 지하수면 상부지반의 함수비가 증가하고 동상이 발생될 수 있다.

2) 동상 메커니즘

동상은 대개 두 단계로 일어난다. 즉, 먼저 얼음결정이 생기고 (**얼음결정단계**) 커져서 아이스렌즈가 되고 계속 성장한다 (**동결집중단계**). 공기중에 있는 수증기가 얼어서 냉장고에 서리가 생기는 것처럼 아이스렌즈가 형성되어 성장하는 데는 지하수면으로부터 상승하는 수증기의 역할도 크다.

얼음결정과 작은 물방울의 사이에는 인력과 배척력이 동시에 작용하며, 인력에 의하여 주변에 있는 작은 물방울들이 얼음결정의 주변으로 끌어당겨지고, 배척력에 의하여 끌어당겨진 작은 물방울들과 얼음결정사이의 간격이 일정하게 유지된다. 대개 인력이 배척력보다 커서 동결점 (얼음결정) 의 하부지층으로부터 물이 끌어 올려지기 때문에 아이스렌즈는 주로 연직방향으로 커지고 인력의 크기에 따라 얼음결정의 크기가 다르다.

3) 흙 입자 크기의 영향

흙 지반의 동결에 의한 피해는 간극에 있는 물의 단순한 결빙에 의한 것보다, 주변지반으로부터 분리된 물이 결빙된 간극으로 지속적으로 유입되어 아이스렌즈가 성장하는 경우에 훨씬 더 크다.

물방울이 흙입자로부터 쉽게 분리되고(흙입자 크기) 간극을 통해 이동하기가 쉬워야 (흙의 투수계수) 아이스렌즈가 생성되어 성장한다. 조립토에서는 투수계수가 크므로 물이 흙 입자로부터 쉽게 분리되지 않고 배수가 양호하고 간극이 커서 주변의 물방울이 끌려오지 않는다.

반면에 투수계수가 작은 점토에서는 주변지반의 물방울이 이동하는데 너무 많은 시간이 소요된다. 따라서 조립토와 점토에서는 아이스렌즈가 원활하게 형성되지 않아서 동상이 발생되지 않는다. 동결에 의한 피해가 가장 심한 지반은 실트질 모래이다.

Casagrande는 동상 위험성이 예상되는(즉, 물이 쉽게 분리되는) **흙의 동결한계입경**을 0.02 mm로 보았다. 0.02 mm보다 작은 입자를 1%미만 포함하면 동상이 일어나지 않지만 불균등한 지반($C_u > 15$)에서는 3% 이상, 균등한 지반($C_u < 5$)에서는 10% 이상 포함하면 동상이 크게 발생된다. 그러나 거친 모래에서 동상이 발생된 일도 있다.

4) 동상조건과 방지대책

동상이 크게 발생될 **동상발생조건**은 대체로 다음과 같다.

① 주변에 유입될 수 있는 물의 공급원이 있는 경우(함수비가 크거나 지하수위가 높은 경우). 물방울이나 수증기는 빙점보다 낮은 온도에서도 아이스렌즈의 주변으로 유입될 수 있다.

② 지하수위 상부의 흙이 지하수면으로부터 물을 끌어 올릴 수 있을 만큼 모관고가 큰(즉, 충분한 세립분을 함유하는) 경우

③ 지하수면과 상부지층사이에 차단층이 없고 서로 통해 있어 투수성이 좋은 경우

④ 낮은 온도(0℃ 이하)가 오랫동안 지속되는 경우. 낮은 온도가 지속되는 시간이 길수록 동상이 크게 발생된다.

⑤ 온도가 서서히 강하하는 경우. 온도가 급강하하여 간극의 물이 급격히 동결되면 오히려 물이나 수증기의 유입을 차단하므로 동상이 일어나지 않는다.

⑥ 소성한계 근처의 자연함수비를 갖는 점토

동상피해를 방지하거나 줄이기 위한 **동상방지대책**을 세우며 중복해서 적용할 수 있다.

① 동상방지층을 설치하여 주변지반으로부터 물이 유입되는 것을 막는다.
② 염화칼슘이나 염화나트륨 등을 중량비 0.5 ~3 % 로 흙과 섞어 빙점을 낮춘다.
③ 동상예상지반의 일부 또는 전체를 동상이 발생되지 않는 지반으로 치환한다.
④ 구조물의 기초를 동결심도보다 깊게 설치한다.
⑤ 콜크 등의 절연층이나 열선을 설치하여 지반을 보온한다.
⑥ 아이스렌즈가 해빙되어 생긴 물을 배수시킨다.
⑦ 지하수위 상부에 배수층을 설치하여 지하수위 상승을 막는다.

5.7.3 동결지반의 역학적 특성

1) 지반의 동결

지반이 동결되면 간극수가 얼어서 흙 입자를 고결시키기 때문에 전단강도와 압축강도가 증가할 뿐만 아니라 동결 전에 기대할 수 없었던 큰 인장강도를 갖게 되어서 공학적으로 매우 유리한 고체재료가 되며, 그 거동은 지반상태 (세립토 함유율, 입도분포, 간극 부피, 포화도, 투수성, 구조골격, 지층형상) 와 얼음의 질 (온도, 동결시간, 결빙안된 물의 양) 에 의해 결정된다.

그런데 고결물질인 얼음이 크립거동을 나타내기 때문에 재하시간과 재하속도에 의한 영향이 커서 일상적인 토목재료와 매우 다르게 거동한다.

동결지반의 강도특성 및 **동결지반의 변형특성**은 비교란 시료를 채취한 후에 일반 토질시험 (일축압축시험, 삼축압축시험 등) 을 수행하여 구하며, 지반이 조립토일수록 취성거동을 나타낸다.

지반이 동결되면 강도 및 변형특성이 다음과 같이 달라진다.

① 전단강도가 증가한다 (내부마찰각은 약간 감소하고 점착력이 크게 증가한다).
② 압축강도가 거의 무근콘크리트만큼 된다.
③ 흙이 동결 전에 갖지 못하던 인장강도 (압축강도의 25~30 %) 를 갖는다.
④ 크립거동이 뚜렷해 진다.
⑤ 강도특성이 온도와 시간에 따라 변한다.

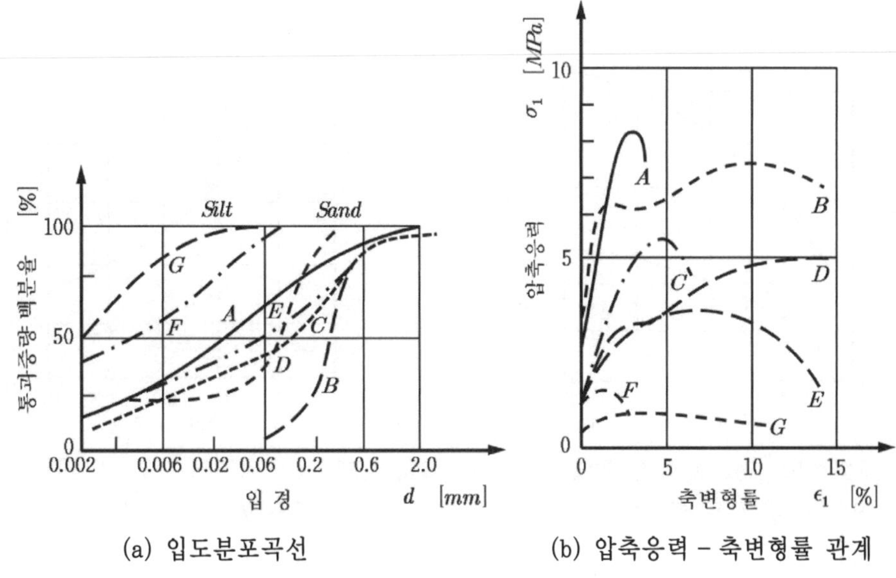

(a) 입도분포곡선 (b) 압축응력 - 축변형률 관계

그림 5.56 입도분포에 따른 동결지반의 응력-변형률 관계 (Jessberger, 1985)

2) 동결지반의 강도

동결지반의 압축강도는 세립분이 적고 온도가 낮으며 포화도가 클수록 증가하고, 시간이 경과될수록 감소한다 (Jessberger/Nussbaumer, 1973).

지반의 입도분포에 따라서 다르며, 세립분이 적을수록 크다 (그림 5.56). 또한, 동결지반의 압축강도는 온도가 낮을수록 크고, 온도에 따른 압축강도 증가 폭은 실트 보다 모래에서 크다 (그림 5.57). 또한 동결지반의 압축강도는 시간이 지날수록 감소하는데 이러한 경향은 조립토에서 더 뚜렷하다 (그림 5.58). 동결지반의 압축강도는 포화도가 클수록 크며 (그림 5.59), 소요 압축강도는 포화도가 최소 0.5~0.7 이상이어야 확보된다 (Borkenstein/Jordan/Schaefers, 1991). 포화도가 이보다 낮으면 포화도를 증가시킨 이후에 동결시킨다.

동결지반의 인장강도는 압축강도의 25~30 % 정도이며 (그림 5.60), 동결온도가 낮을수록 더 커지고 온도가 낮으면 일정한 값에 수렴한다 (Jessberger, 1981).

지반을 동결하면 (내부마찰각은 약간 감소하지만 점착력은 크게 증가하여) 전단강도가 증가한다 (Jessberger, 1981). 점착력은 동결온도가 낮을수록 커지고 -20℃ 이하가 되면 거의 수렴한다 (그림 5.61). 그런데 점착력은 시간경과됨에 따라 감소하므로 (그림 5.62), **동결지반의 전단강도**는 단기 (1 주일 미만) 와 장기 (3 개월 이상) 로 구분하여 적용한다. 그렇지만 파괴에 이르는 축변형률은 동결 전에 비해 감소한다.

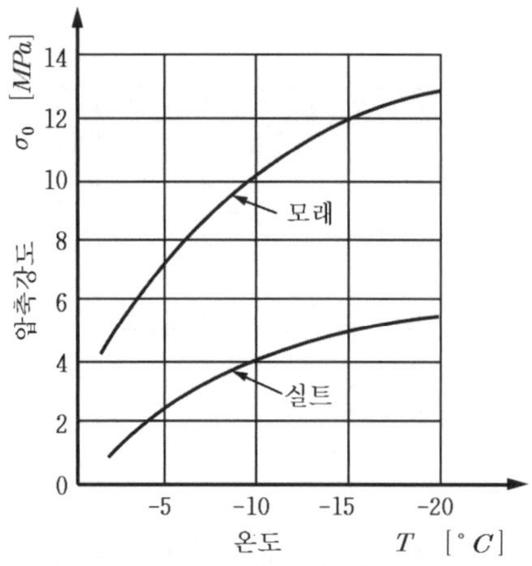

그림 5.57 온도에 따른 압축강도
(Jessberger / Nussbaumer, 1973)

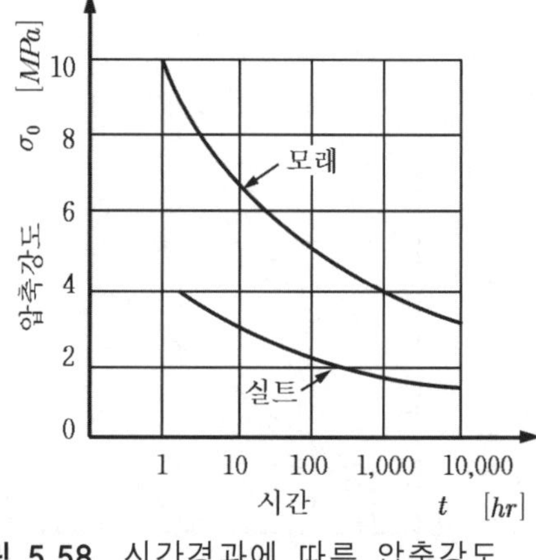

그림 5.58 시간경과에 따른 압축강도
(Jessberger / Nussbaumer, 1973)

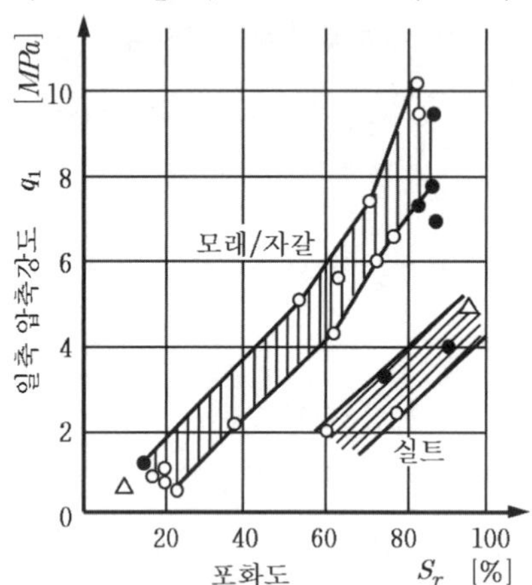

그림 5.59 포화도에 따른 압축강도
(Borkenstein / Jordan / Schaefers, 1991)

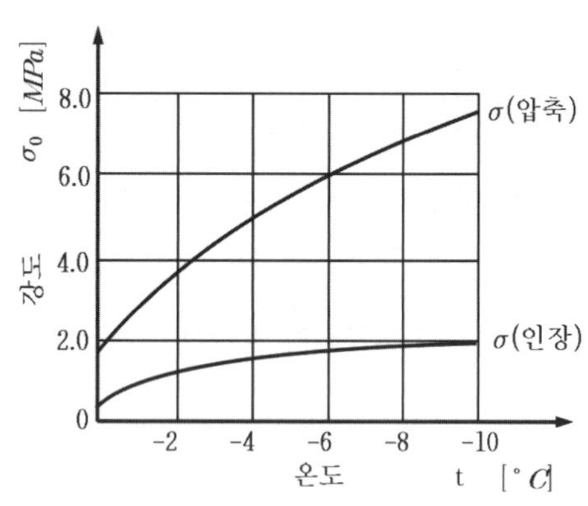

그림 5.60 동결 미세모래의 압축 및 인장강도
(Jessberger,1981)

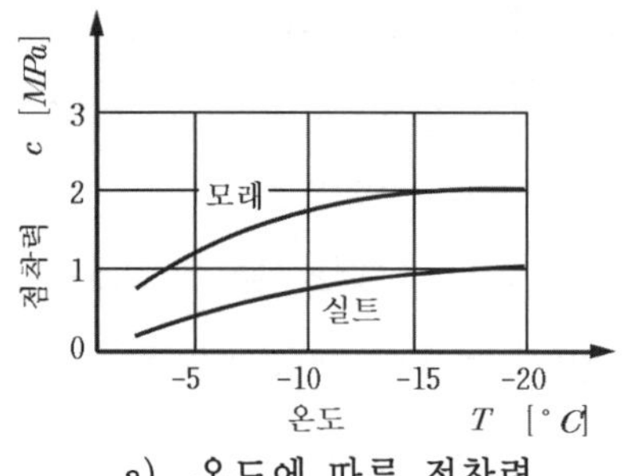

a) 온도에 따른 점착력
(Jessberger,1981)

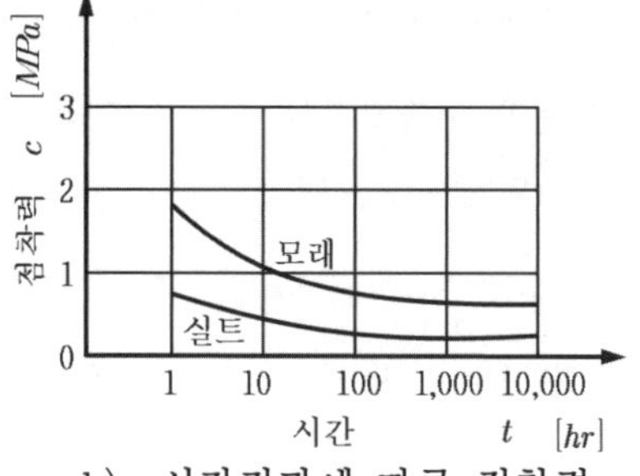

b) 시간경과에 따른 점착력
(Jessberger,1981)

그림 5.61 동결지반의 점착력

3) 동결지반의 크립거동

동결 지반은 크립거동이 뚜렷하며, 세립분이 많을수록 작게 일어난다 (그림 5.63). **동결 지반의 크립거동**은 일축압축강도 절반크기의 하중을 최대주응력으로 가한 상태에서 시간에 따른 축변형률의 변화를 측정해서 확인한다. 그렇지만 실무에서는 발생응력이 **공칭 크립**을 고려한 기준치보다 더 작도록 설계하기 때문에 동결지반의 크립거동은 의미가 별로 없다 (Sayles, 1968).

5.7.4 동결공법

1) 지반의 동결

지반동결공법은 단기간 내에 얕은 심도로 지반을 굴착할 때나 지하수가 많고 연약한 지반에서 수직구를 굴착하거나 지반을 굴착하는 경우 등에 적용하며 (Gudehus/Orth, 1985), 최근에 터널굴착에도 적용하고 있다. 동결공법은 환경오염이 지극히 적고, 동결 장비가 간단하고 규모가 작아서 수송 및 설치가 용이하며 경제성이 우수하여 적용범위가 확대되고 있다.

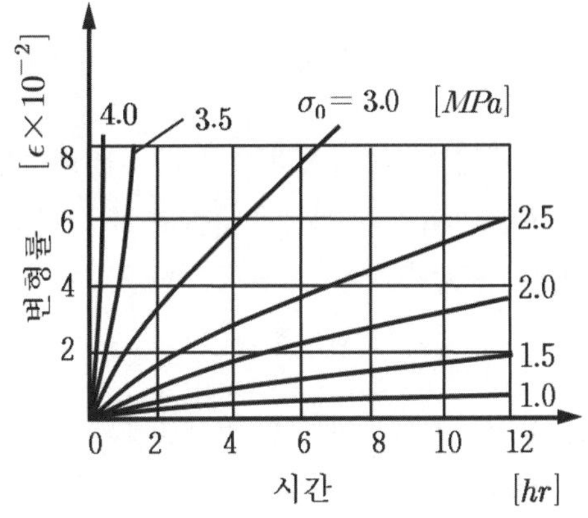

그림 5.62 동결 점토의 크립거동 (Vyalov, 1965)

동결공법에서는 동결관을 지반 내에 삽입하여 설치하고, 동결관에 액체가스 냉매 (탄산가스, 산소, 질소 등) 를 직접 순환시키거나 (**액체가스 동결시스템**), 냉매 (암모니아) 로 냉각시킨 냉각액 (염화칼슘) 을 순환시켜서 (**냉각액 동결시스템**) 지열을 흡수하여 지반을 동결시킨다.

액체가스는 **기화열**이 매우 커서 동결시간이 매우 짧기 때문에 동결체의 형성을 마무리하거나, 지하수 흐름속도가 빠르거나, 누수를 마무리할 때 적합하다.

냉각액 동결시스템은 소량의 냉매를 지속적으로 순환시켜서 지반을 동결시킬 수 있으며, **액체가스 동결시스템** 보다 (암모니아 가스를 액체 암모니아로 바꾸는 컴프레서와 액체상태 암모니아를 기화시켜서 냉각액의 열을 흡수하는 기화기로 구성되는) 냉매 순환계통이 더 추가된다.

동결벽체는 대개 0.8~1.5 m 두께로 설치하고, 구조적으로 유리하도록 원형이나 타원형 또는 정사각형으로 완전히 둘러싸서 일체형으로 조성하며, 앵커나 스트러트를 설치할 수 있다. 벽체는 널말뚝처럼 굴착저면의 하부지반에 근입시키거나 중력식 옹벽처럼 두껍게 설치할 수 있다.

처음에는 동결관 주변지반이 동결되고 동결체가 커져서 벽체가 형성되고 두꺼워지며, 동결벽체가 소요두께로 형성된 후에는 동결유지비용이 크게 증가하지 않는다.

소요두께의 벽체가 정해진 온도로 형성되는데 걸리는 시간은 지반의 종류와 함수비 및 동결체의 소요 온도에 따라 결정된다. 장기간 동결시키는 경우와 크립거동을 관찰할 필요가 있을 때는 온도측정용 보링공을 설치하여 동결체의 형성과정을 관찰할 수 있다.

동결지반은 지반과 물의 상태에 따라 역학적 거동특성이 달라지므로 철저한 지반조사가 필요하다. 지반을 보링·조사하여 지층의 성상과 구조를 확인하고 각 지층의 역학적 특성(투수계수, 상대밀도, 구성광물, 세립토 함유, 유기질 함량)과 지하수 상태(함수비, 지하수 유속, 유량, 흐름방향, 수질)를 정확히 파악한다.

지반의 동결메커니즘과 동결지반의 강도 및 변형특성에 영향을 미치는 인자들은 토질역학시험과 열역학 시험하여 구한다.

2) 지반동결 소요 열량

지반의 동결과정은 2차원 열흐름이고 영향인자들이 많아서 정확히 해석하기가 어렵기 때문에 실무에서는 지반이 균질하고 등방성이며, 지하수는 흐르지 않고, 흙과 물 이외의 열전도체는 없다고 가정하고 해석한다.

단위질량 (1kg) 을 갖는 어떠한 물질의 상태를 변화시키는데 필요한 열량을 **잠열**이라고 하며, 잠열 (즉, **융해열**) 을 흡수해야 물 (액체) 이 얼음 (고체) 으로 변화되고 잠열을 방출해야만 얼음이 물이 된다.

지반을 소요 온도로 동결시키기 위해서는 얼지 않은 지반 (q_s) 과 물 (q_w) 의 열량과 물의 잠열 (q_L) 및 얼음의 열량 (q_i) 을 합한 총열량 (q) 을 흡수해야 한다.

따라서 온도가 T_1℃ 인 단위부피 (1 dm^3) 의 흙을 온도 $-T_2$℃ 로 동결시키는데 필요한 **총열량 q**를 **열용량** (물질의 온도를 1℃올리는데 필요한 열량) 으로 나타내면 다음과 같다.

$$q = (\text{흙 입자 열용량})(T_1 - T_2) + (\text{물 입자 열용량})(T_1) + (\text{물 잠열})(\text{물 질량}) - (\text{얼음 열용량})(T_2)$$

$$q = (q_s)(T_1 - T_2) + (q_w)(T_1) + (q_L) + (q_i)(T_2) \ \ [\text{kcal/dm}^3] \tag{5.128}$$

그런데 **열용량**은 **비열** (단위질량 (1kg) 에 대한 열용량) 에 물체 질량을 곱한 크기가 되기 때문에 흙 입자와 물 및 얼음의 비열과 질량이 각각 C_s, C_w, C_i 와 m_s, m_w, m_i 이라 하면 위 식은 다음이 된다.

$$q = (C_s m_s)(T_1 - T_2) + (C_w m_w)(T_1) + (L\, m_w) + (C_i m_i)(T_2) \ \ [\text{kcal/dm}^3] \tag{5.129}$$

그런데 함수비 w 이고 건조단위중량 γ_d 인 흙에서 단위부피 ($1\ dm^3$) 당 흙 입자 질량은 $m_s = \left(\dfrac{\gamma_d}{g}\right)$ 이고, 물의 질량은 $m_w = \left(\dfrac{w}{100}\right)\left(\dfrac{\gamma_d}{g}\right)$ 이며, 얼음의 질량 m_i 는 물의 질량 m_w 과 같으므로 위 식은 다음이 된다.

$$q = \left(\frac{\gamma_d}{g}\right)\left\{ C_s(T_1 - T_2) + \frac{w}{100}(L + C_w T_1 - C_i T_2)\right\} \ \ [\text{kcal/dm}^3] \tag{5.130}$$

따라서 온도 T_1 ℃ 이고 부피 V [dm^3] 인 흙 지반을 온도 $-T_2$ ℃ 로 동결시키는데 필요한 **총 열량 Q**는 **흙의 비열** ($C_s = 0.17$ kcal/kg) 과 **물의 비열** ($C_w = 1.0$ kcal/kg) 및 **얼음의 비열** ($C_i = 0.5$ kcal/kg) 과 **물의 잠열** ($L = 80$ kcal/kg) 을 위 식 (5.130) 에 적용하고 그 부피 V를 곱하여 계산한다.

$$Q = qV \ \ [\text{kcal}] \tag{5.131}$$

◈ 연 습 문 제 ◈

【문 5.1】 다음을 설명하시오.

① 포화대 ② 불포화 모관대 ③ 지하수 ④ 흡착수 ⑤ 침투수 ⑥ 지층수
⑦ 절리수 ⑧ 침투압 ⑨ 침투력 ⑩ 표면장력 ⑪ 모세관 현상 ⑫ 모관상승고
⑬ 주동모세관현상 ⑭ 주동포화모관상승고 ⑮ 레이놀즈 수 ⑯ 층류 ⑰ 투수계수
⑱ 실내투수시험 ⑲ 현장투수시험 ⑳ Hazen식 ㉑ 연속방정식 ㉒ 침투방정식
㉓ 압력수두 ㉔ 동수경사 ㉕ Laplace 침투방정식 ㉖ 등가투수계수 ㉗ 침윤선
㉘ 침투압 ㉙ 분사현상 ㉚ 파이핑 현상 ㉛ 보일링 현상 ㉜ 침투지반파괴
㉝ 필터법칙 ㉞ 수리기초파괴 ㉟ 웰포인트 공법 ㊱ 필터우물 ㊲ 동결깊이
㊳ 동상현상 ㊴ 잠열 ㊵ 융해열 ㊶ 비열 ㊷ 동수경사에 따른 지하수의 유속
㊸ Darcy의 법칙 ㊹ 모세관현상 ㊺ 투수계수 영향인자 ㊻ 투수계수 결정방법
㊼ 침투방정식 기본가정 ㊽ 유선망 작성방법 ㊾ 유선망에서 구할 수 있는 내용
㊿ 널말뚝의 침투파괴에 대한 대책

【문 5.2】 간극율이 $n = 0.4$ 인 모래지반에서 침투속도가 $v = 2\ \mathrm{cm/s}$ 이다. 실제유속 v 의 최소값과 평균값을 구하시오.

【문 5.3】 우물에서 $q = 10\ \ell/s$ 의 지하수를 양수하는 동안 우물중심에서 거리가 $r_1 = 8.0\ \mathrm{m}$, $r_2 = 20.0\ \mathrm{m}$ 떨어진 관측정 수위가 각각 $h_1 = 12\ \mathrm{m}$, $h_2 = 10.5\ \mathrm{m}$ 인 것이 측정되었다. 그 투수계수를 구하시오.

【문 5.4】 지반을 반경 $r = 12\ \mathrm{m}$ 의 원형단면으로 굴착한다. 굴착전 지하수위가 $h_1 = 10.0\ \mathrm{m}$ 인데 공사를 위해서 $h_0 = 3.0\ \mathrm{m}$ 로 지하수위를 강하시킨다. 지반의 투수계수가 $k = 3.0 \times 10^{-3}\ \mathrm{m/s}$ 이고 간극율이 $n = 0.30$ 일 때에 다음을 구하시오.

① 양수 시작후 $t_1 = 6$ 개월 경과시에 양수유량 Q

② $r_3 = 18.0\ \mathrm{m}$ 떨어진 관측정의 수위 h_3

③ 시간 t_1 에서 지하수위의 경사 dh/dr_0

【문 5.5】 실제 지반은 수평으로 퇴적되어 형성되는 경우가 많으며 이로 인하여 수평방향의 투수계수가 연직방향 투수계수 보다 크다. 실제 문제를 해결하는 경우에 지반을 균질하게 보는 경우와 어떤 차이점이 있는지 설명하시오.

제6장 흙의 변형특성

6.1 개 요

흙의 구조골격은 비압축성 흙입자들이 결합되지 않고 쌓여서 형성되기 때문에 외력에 의해서 쉽게 변형되며, 구조골격이 변형되면 흙의 부피가 변한다. 지반이 무한히 넓어서 횡방향 변형이 억제되면 **구조골격의 변형** (지반의 부피변화) 은 연직방향으로만 일어난다. 흙 구조골격의 압축변형은 **변형계수**를 이용하여 나타낸다.

포화 흙 지반의 구조골격은 간극수가 배수되어야 압축되므로, 비배수 조건에서는 압축되지 않는다. 포화 흙 지반은 간극수가 배수된 만큼 압축 (변형) 되고 변형속도는 지반의 배수특성 (즉, 배수조건과 투수성) 에 의해 결정된다.

불포화 흙 지반은 구조골격이 비배수 조건일 때도 외력에 의해서 압축되며, 간극수압이 포화도와 초기압력에 따라서 다른 크기로 발생되기 때문에 그 변형거동이 매우 복잡하다.

여러 가지 원인에 의해 흙 지반이 변형되면, 지반에 설치한 구조물 또는 지반 내 특정한 지점의 위치가 달라지는데 이를 **지반침하** (settlement) 라고 한다. 최근 구조물이 갈수록 대형화되고 밀집될 뿐만 아니라 기능이 다양해지고 정밀해짐에 따라 점점 더 지반침하에 민감해 지고 있다. 그러나 지반공학이 발달하였기 때문에 실제 상황에 상당히 근접하게 침하를 예측하여 대비할 수 있게 되었다.

지반침하는 여러 가지 요인에 의해 흙 지반이 변형되어서 발생되며, 흙 입자는 비압축성이기 때문에 흙 지반의 변형은 주로 **간극의 부피변화** (6.2 절) 에 기인한다. 지반침하는 외력 재하즉시 지반이 탄성변형되어 발생하는 **즉시침하** (6.3 절) 와 간극수의 배수에 의해 발생되어 결국 흙의 투수성에 따라 시간 의존적으로 일어나는 **압밀침하** (6.4 절) 및 압밀 후에 다양한 원인에 의해 일어나는 **이차압축침하** (6.5 절) 를 합한 값이다.

6.2 흙의 부피변화와 지반침하

무한히 넓은 지반에서는 (횡방향으로 구속되어) 지반의 부피가 변화하면 연직방향으로 변형되어 지반이 침하된다. 흙 입자는 비압축성이기 때문에 흙 지반의 부피는 간극의 부피 변화 만큼 변화된다. 포화 지반의 부피감소는 간극수가 배수되면 발생된다. 그런데 불포화 지반의 부피감소는 간극 내 공기의 부피가 감소 (압축되거나 물에 용해되거나 압출) 되거나 간극 내 물 (비압축성 유동체) 이 유출되면 발생된다.

흙지반의 변형은 **흙의 부피변화** (6.2.1 절) 에 의하여 일어난다. 외력에 의한 흙의 변형 즉, 부피변화는 시간에 따라서 변화하며, 변형속도는 흙 지반의 투수성에 따라 달라진다. 흙 지반의 변형에 의한 **지반침하** (6.2.2 절) 는 다양한 원인에 의해 일어난다.

6.2.1 흙의 부피변화

흙 지반은 다음의 여러 가지 요인에 의하여 부피가 변하여 침하가 발생된다.

- 외력작용 (구조물하중, 지하수위 강하)
- 흙의 구조적 특성
- 지반함침
- 온도변화
- 지반의 동결
- 지반의 함수비 변화 (점성토의 건조수축)
- 구성광물의 용해

1) 외력에 의한 흙의 부피변화

포화지반에 외력이 작용하면 외력의 크기만큼 과잉간극수압 (압력수두) 이 발생되므로 수두가 커져서 비압축성 유동체인 물이 빠져나가고 배수된 간극수 부피만큼 흙의 부피가 변화한다. 따라서 외력에 의한 포화지반의 압축거동특성은 배수조건과 지반의 투수성에 의하여 결정된다.

사질토는 투수성이 커서 재하 즉시 간극수가 배수된다. 따라서 사질토는 외력의 재하 즉시 크게 압축되고, 흙 입자 재배열에 따른 압축은 그 크기가 미미하고 완만한 속도로 일어난다.

반면 점성토는 투수성이 작으므로 재하된 직후에는 간극수가 배수되지 않아서 부피가 변화하지 않고 간극수가 오랜 시간동안 서서히 배수되면서 압축된다. 배수후의 침하량과 침하소요시간은 Terzaghi 압밀이론으로부터 구할 수 있다.

불포화 지반은 간극에 간극수 외에 간극공기가 포함되어 있어서 포화지반에 비해 그 부피변화가 매우 복잡하다. 즉, 외력이 작용하면 불포화 지반 내 간극수는 유출되어 부피가 변화되고, 간극공기는 압축되거나 물에 용해되거나 유출되어 부피가 변하며, 불포화 지반의 부피변화는 이들의 합이다. 불포화 지반에 발생되는 간극수압은 제 3.3.3 절에서 설명하였다.

(1) 포화 사질토

사질토는 흙 입자가 서로 접촉되어 구조골격을 이루고 있으므로 투수성이 크고 외력이 작용하면 입자간 접촉점에 마찰력이 작용하여 어느 정도는 저항한다. 그러나 외력이 마찰저항능력 보다 커지면 입자가 재배열 되고 순간적으로 미끄러지면서 간극수가 급속히 빠져나가고 새롭게 안정한 상태로 옮아간다. 따라서 **포화 사질토**에 외력이 작용하면 재하직후에 대부분의 침하가 발생되고 그 이후에는 침하가 느린 속도로 진전된다 (그림 6.1).

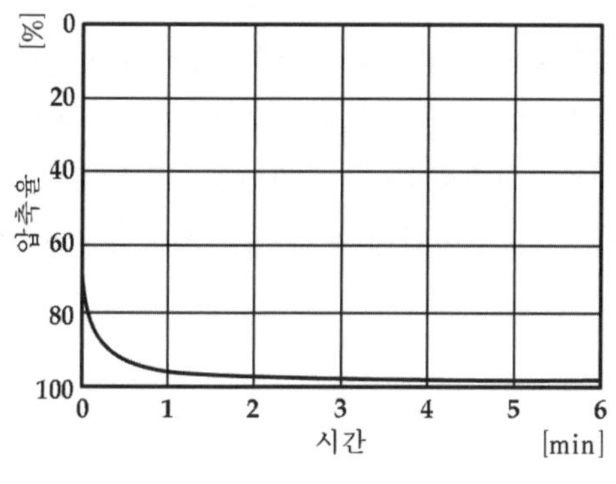

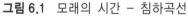

그림 6.1 모래의 시간 - 침하곡선

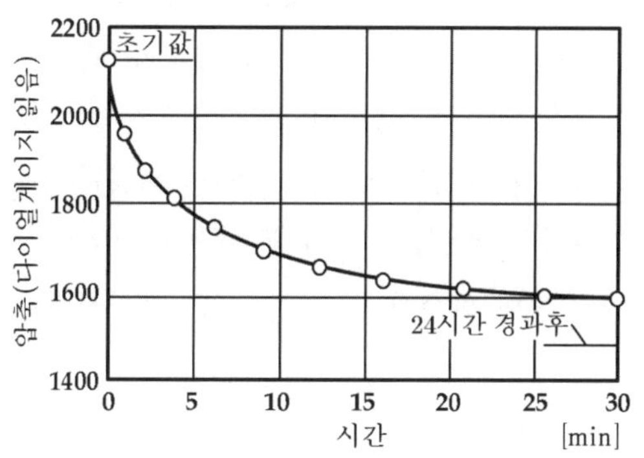

그림 6.2 점토의 시간 - 침하곡선

(2) 포화 점성토

투수계수가 작은 **포화 점성토**에 외력이 작용하여 지중응력이 증가되면 즉시 배수되지 않고 증가된 지중응력 만큼 과잉간극수압이 증가된다. 시간이 경과되어 간극수가 서서히 빠져나가면 과잉간극수압이 소산되고 침하가 발생된다. 점성토는 투수성이 작기 때문에 많은 시간이 걸려야 완전히 배수되어 침하가 완료된다 (Bjerrum, 1973). 포화 점성토에 외력이 작용할 때 시간에 따른 침하관계는 그림 6.2 와 같다.

2) 흙의 구조적 팽창에 의한 부피변화

흙 (특히 점성토) 은 함수비가 커지면 그 부피가 팽창하며, **흙의 팽창거동**은 작용압력과 흙의 구조골격에 따라서 다르고, **팽창량**은 대기압하에서 가장 크다. 흙의 팽창으로 인해 발생되는 압력을 **팽창압** (swelling pressure) 이라 하고 흙의 팽창성이 클수록 크다. 몬트모릴로 나이트, 일라이트, 카올리나이트 등 **점토광물**로 이루어진 흙은 팽창성이 있다.

흙의 팽창거동은 **압밀시험기**로 측정하여 그 결과를 그림 6.3 처럼 나타낸다. 공시체에 하중을 가하여 A → B 로 압축된 후에 하중을 제거하면 B → C 로 팽창하며, 물을 가하면 C → D 로 팽창한다. 이때 원래 위치로 (D → C) 환원하려면 압력을 가해야 되는데 이를 팽창압이라 하고 그 크기는 **팽창변형**이 억제될수록 커진다 (그림 6.4). 이러한 지반팽창은 대기압에서 가장 크고 제거된 하중이 클수록, 그리고 활성도 I_A 가 클수록 크다. 인력에 의해서 물 분자가 흙 입자 표면에 흡착되어 발생되는 모세관현상에 의해서는 흙의 부피가 변화 (즉, 팽창) 되지 않는다.

대기압에서 물을 흡수하여 팽창된 부피를 **흙의 친수성 (흡수성)** 이라 한다. 흙의 흡수성은 von Soos (1980) 의 기구로 (그림 6.5) 측정한다. 즉, 입경 0.42 mm 미만의 노건조 시료 약 20 g 을 유리깔때기로 기구에 넣고 뚜껑을 덮은 후 메스 피페트를 이용하여 시간에 따른 흡수량을 측정하며 흡수가 중단될 때까지 시험을 계속한다. 시험시간이 1 시간 이상 지속될 것으로 예상되면 같은 종류의 시험기로 공기중에서 흡수된 수량을 별도로 측정하여 보정한다. 흙의 친수성은 흙의 소성지수, 최적함수비, 다짐밀도, 투수성, 압밀변형계수 E_s 등에 영향을 미친다. Neumann (1957) 은 지반이 물을 흡수하여 도달할 수 있는 **최대 함수비** $w_{\max}$ 를 다음 경험식으로 나타내었다.

$$w_{\max} = w_L + 15 \quad [\%] \tag{6.1}$$

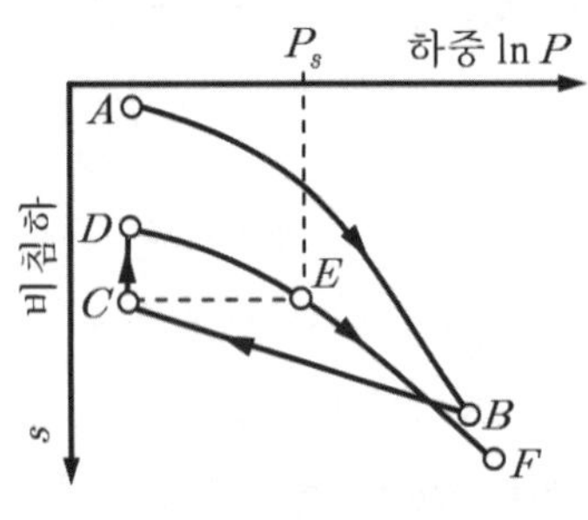

그림 6.3 지반의 압축·팽창거동

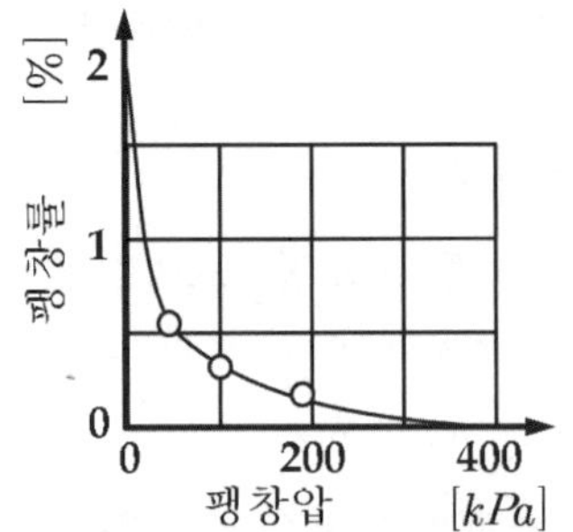

그림 6.4 팽창압과 부피팽창

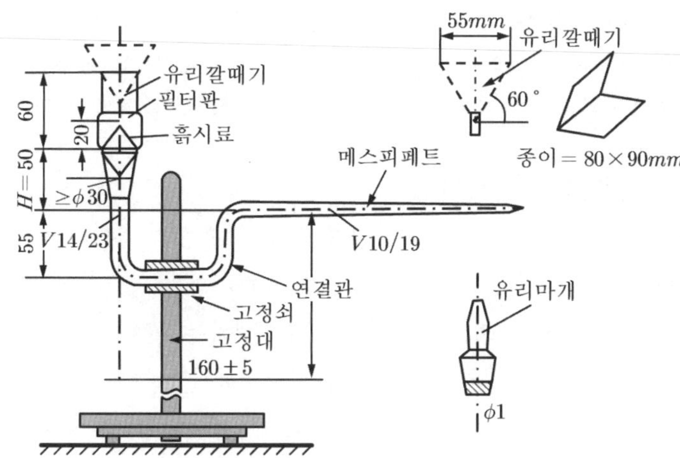

그림 6.5 지반의 흡수성 시험장치 (von Soos, 1980)

3) 지반함침에 의한 흙의 부피변화

입자배열 (구조골격) 이 불안정한 흙에서는 외력이 작용하면 흙입자가 급격하게 촘촘한 상태로 재배열되면서 부피가 감소되어 지반이 함몰되는데 이를 **지반함침**이라 한다. 지반함침은 겉보기 점착력에 의해 불안정한 구조골격이 형성된 모래에 동적하중이 가해질 때 또는 건조되거나 포화되어 갑자기 **겉보기 점착력**이 소멸될 때에 발생된다. 그 밖에 여러 가지 원인에 의하여 화학적 점성결합이 소멸되는 경우에도 발생된다. 모래는 물을 뿌려서 포화시키거나 건조시키면 겉보기 점착력이 소멸되어 지반함침을 방지할 수 있다.

지반함침은 대개 갑작스럽게 일어나며 작은 공동이 많이 있는 지반일수록 발생 가능성이 크다 (그림 6.6).

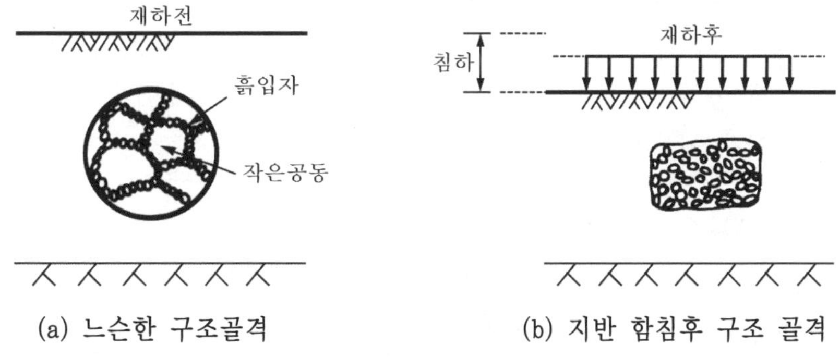

그림 6.6 지반함침

이러한 흙의 현장단위중량은 실험실에서 구한 최소단위중량보다 작으므로 지반함침이 일어날 가능성은 현장에서 단위중량을 측정하여 쉽게 확인할 수 있다. 지반함침에 의한 지반침하는 이론적으로는 구하기가 어렵고 현장재하시험 등을 통해서 구할 수 있다.

4) 온도변화에 의한 흙의 부피변화

지반은 흙입자와 간극으로 이루어지고 간극은 물과 공기로 채워져 있어서 지반온도가 변하면 흙입자와 물 및 공기의 부피가 변화하고 지하수의 흐름특성이 달라진다. 그러나 지반의 온도변화 폭은 크지 않으므로 흙입자의 부피변화는 무시할 수 있을 정도로 작다. 또한, 물과 공기는 **온도변화에 의한 부피변화**가 뚜렷하지만 간극 내에서 변하므로 흙의 구조골격에는 영향을 미치지 못한다. 따라서 지반에서 물이 동결되지 않는 한 흙의 온도변화에 의한 부피변화는 매우 작으므로 대개 무시한다.

5) 지반동결에 의한 흙의 부피변화

지반의 온도가 영하로 내려가면 간극수가 얼어서 부피가 팽창하며, 팽창정도는 흙의 포화도와 구조골격에 따라 다르다. 특히 **동상** (frost heaving) 이 일어날 때는 지하수의 공급원과 온도에 따라서 다른 크기로 **아이스렌즈**가 형성되어서 지반이 국부적으로 팽창되지만, 단순히 흙속의 물이 결빙되는 것만으로는 부피가 약간만 증가할 뿐이다.

물은 동결되면서 부피가 9% 팽창되므로, 간극률이 $n = 0.5$ (보통 $n < 0.5$) 인 포화흙에서 **물의 결빙에 의한 지반의 부피팽창**은 $\Delta V = n \times 0.09 = 0.5 \times 0.09 = 0.045$ 이다. 따라서 지반 내 간극수가 모두 결빙되어도 부피는 약 4.5%가 팽창되며, 이는 전체적 지반거동에 큰 영향을 미치지 못한다. 따라서 동상이 일어나지 않고 단순하게 간극수가 결빙되는 경우에는 **지반의 동결에 의한 부피팽창**은 아주 작다.

6) 함수비 변화에 의한 흙의 부피변화

점성토는 함수비에 따라 컨시스턴시는 물론 부피가 달라진다. 점성토는 함수비가 작아지면 부피가 감소하며, 일정한 함수비 (즉, **수축한계**) 부터는 함수비가 감소하여도 부피가변하지 않는다 (고체상태). **흙의 팽창가능성**은 함수비가 클수록 작다 (그림 6.7).

7) 구성광물 용해에 의한 흙의 부피변화

물에 용해되는 성분이 포함된 구성광물을 갖고 있는 흙은 구성광물이 오랜 기간 동안 서서히 용해되면서 지반의 부피가 감소되거나 지반 내에 공동이 형성되어 지지력이 감소되고 압축성이 커진다.

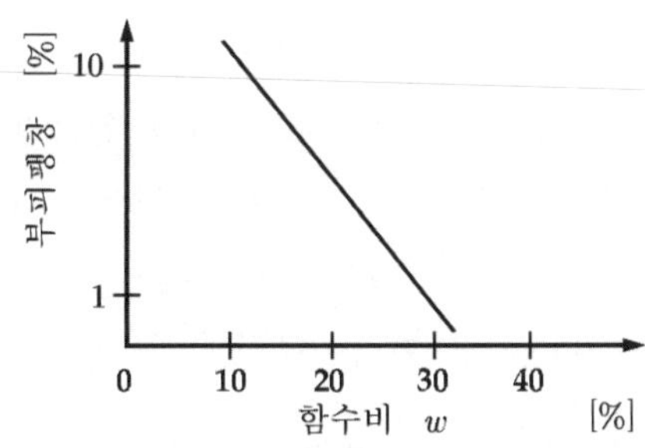

그림 6.7 함수비에 따른 부피변화

석회암 지역에서는 석회성분이 지하수에 의해서 용해되어 동굴이 형성되거나 간극이 커져서 지반이 느슨해짐에 따라서 오래된 구조물이 침하되는 등 문제가 발생되고 있다. 최근에는 대기오염에 의해 산성비가 내려서 지하수에 유입되고 있으므로 **흙의 구성광물의 용해에 따른 부피변화**문제가 더욱 많이 발생될 것으로 예상된다.

6.2.2 지반침하

지반에 외력이 작용하면 지반 내 응력이 증가하여 흙의 구조골격이 압축되거나 과잉간극수압이 발생되어 간극수가 배수됨에 따라 지반이 압축되어서 지반의 연직이나 수평위치가 달라지는데 이를 **지반침하**(settlement)라 한다. 지반침하는 흙의 구조골격 특성(재하와 제하시 변형특성), 투수특성, 재하속도 등에 관련된 요소에 의해 영향을 받는다.

조립토에서는 지진이나 기계진동 및 흡수나 침수에 의해 입자가 재배치되어 지반침하가 일어날 수 있다. 점토가 압축거동할 경우에는 Hooke의 법칙이 근사적으로 맞는다.

지반의 변형에 의한 침하는 주로 다음 원인에 의해 발생된다.

- 외부하중에 의한 지반의 압축(지반의 탄소성변형)
- 지하수위 강하에 의해 지반의 유효응력이 증가하여 발생하는 압축
- 점성토지반의 건조에 의한 건조수축
- 지하수의 배수에 의한 지반의 부피변화(압밀)
- 함수비의 증가로 인해 지반의 지지력이 부분적으로 약화되어 발생하는 지반변형
- 기초파괴에 의한 지반의 변형
- 지하매설관등 지중공간의 압축이나 붕괴
- 동상후의 연화작용으로 지지력이 약화되어 발생되는 지반변형
- 지반의 특정성분이 용해됨에 따른 압축성 증가로 인한 지반의 압축

1) 지반침하의 종류

지반에 외력이 작용하면 지반의 구조골격이 순간적(탄성적)으로 압축되어 **즉시침하 S_i** (immediate settlement)가 일어나고, 시간이 지남에 따라서 **과잉간극수압** (excess pore water pressure)이 소산되면서 (간극수의 유출로 인해) 간극 부피가 감소하여 **압밀침하 S_c** (consolidation settlement)가 일어나며, 압밀이 완료된 후에는 **이차압축침하 S_s** (secondary compression)가 발생된다 (그림 6.8).

따라서 전체 지반침하는 다음 크기가 된다.

$$S = S_i + S_c + S_s \tag{6.2}$$

엄밀히 말하면 지반의 하중-침하거동은 선형 탄성관계가 아니어서 실제로는 위와 같은 겹침의 원리가 적용되지 않으나 겹쳐서 계산해도 결과는 실제와 근사하다.

즉시침하는 재하즉시 발생하고 지반의 형상변화에 기인하는 경우가 많으며, 포화도가 낮거나 점성이 없는 흙에서는 전체침하량의 대부분을 차지한다.

즉시침하는 재하즉시 ($t = 0$ 에서) 발생하는 탄성침하 (6.3.1 절)이며, 지반을 탄성체로 간주하고 지반의 **변형률을 직접 적분**하여 구하거나, 탄성이론식과 유사한 **지중응력 분포 함수**를 가정하고 간접적으로 계산한다.

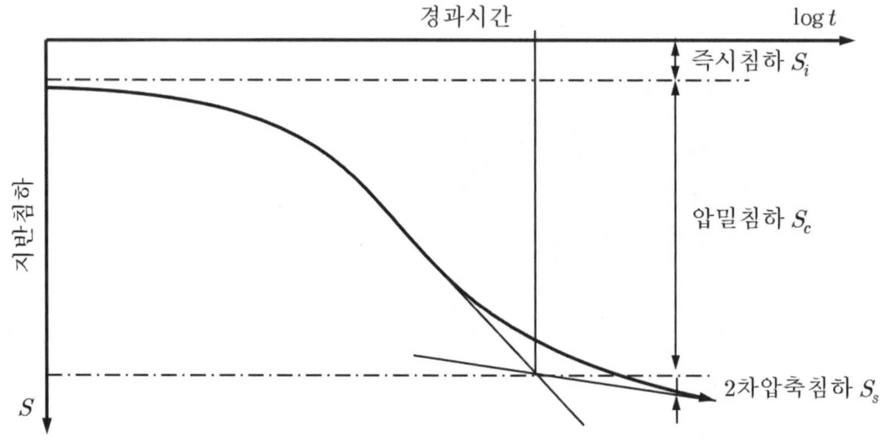

그림 6.8 시간경과에 따른 지반침하

압밀침하는 외력에 의한 과잉간극수압에 의해 수두차가 생겨서 간극의 물이 배수되어서 일어난다. 따라서 **압밀침하의 속도**는 **지반의 배수가능성**에 의해 좌우된다. 투수계수가 큰 조립토에서는 간극수가 쉽게 빠져나가므로 재하 직후에 압밀침하가 완료된다. **압밀침하 (6.4.3 절)** 는 압밀지층을 여러 개의 미세지층으로 분할하고 각 미세지층에 대해 중간 깊이의 유효연직응력증가량을 적용하여 압밀침하량을 계산해서 합한다. 하중을 가하기 전에 자중에 의한 압밀은 완료된 것으로 간주하고 하중에 의한 압밀침하만 계산한다.

이차압축침하는 일차압밀 완료 후에 일어나며, 흙 입자 휨 등에 의한 파괴, 흙 입자의 압축 또는 재배열, 압축에 의한 흡착수의 찌그러짐 등에 의해서 일어난다. 이차압축은 유기질을 많이 함유하거나 소성성이 큰 점성토에서 크게 일어나고, Terzaghi 압밀이론을 따르지 않고, 그 정확한 거동이 아직 완전하게 밝혀져 있지 않다. 압밀침하에서 이차압축침하로 변하는 시간은 보통 과잉간극수압이 '**영**'(0)이 되는 시점을 기준으로 한다. 이차압축이 일어나면, 선행재하효과가 발생되므로 시간이 지남에 따라 지반의 강도가 증가된다.

이차압축 침하 (6.5.3 절) 는 일차압밀이 완료된 이후에 재하를 지속해서 이차압축변형과 시간의 관계 즉, $\log t - s$ 곡선의 기울기 즉, 이차압축지수를 이용하여 계산한다.

2) 지반침하의 시간에 따른 변화

포화지반에 외력이 작용하면 과잉간극수압이 발생되어 간극수가 유출됨에 따라 지반침하가 일어난다.

사질토는 투수성이 커서 간극수가 쉽게 유출되어 지반침하가 재하 즉시 일어난다. 그림 6.9 a 는 모래 압축특성을 나타내며, 재하 후 1분 이내에 95 % 정도 압축되고 그 후에는 입자 간의 마찰 때문에 서서히 압축된다. 깨끗한 조립모래는 포화되거나 건조되어도 거동이 거의 같으며 재하 후에 응력상태가 전체 시료 내에서 균일하지 않고 부분적으로 집중되어 입자들끼리 치밀하게 맞물렸다가 갑자기 미끄러지고 구르면서 재배열되어 균일 상태로 옮아간다.

점성토는 투수계수가 작아서 외력이 작용하면 초기에는 간극수가 배수되지 않고 과잉간극수압이 발생되어 외력을 지지하며, 시간이 지남에 따라 배수가 서서히 진행되면서 유효응력이 증가된다. 따라서 침하는 시간이 지남에 따라 완만하게 증가하며 많은 시간이 경과되어야 완료되고, **침하속도**는 지반의 투수성이 작을수록, 지층이 두꺼울수록 느리다.

시간에 따른 침하와 투수계수는 최소한 2 개 이상의 하중단계에 대해 시간 - 침하관계곡선 (그림 6.9 b) 을 구해야 예측할 수 있다.

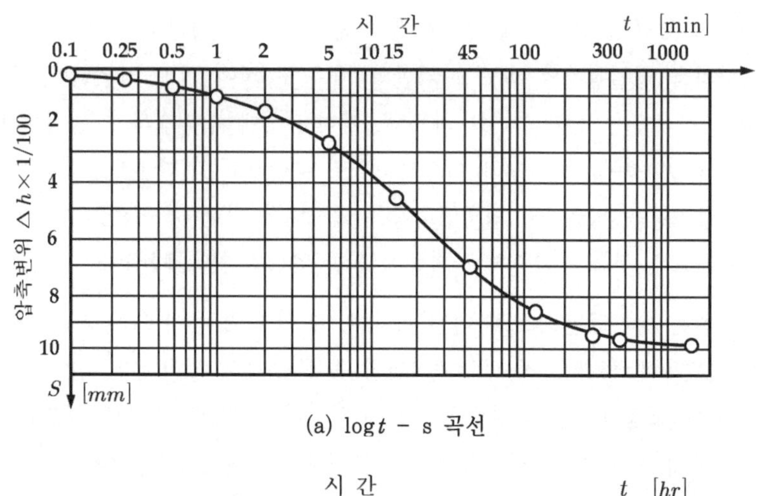

(a) $\log t$ - s 곡선

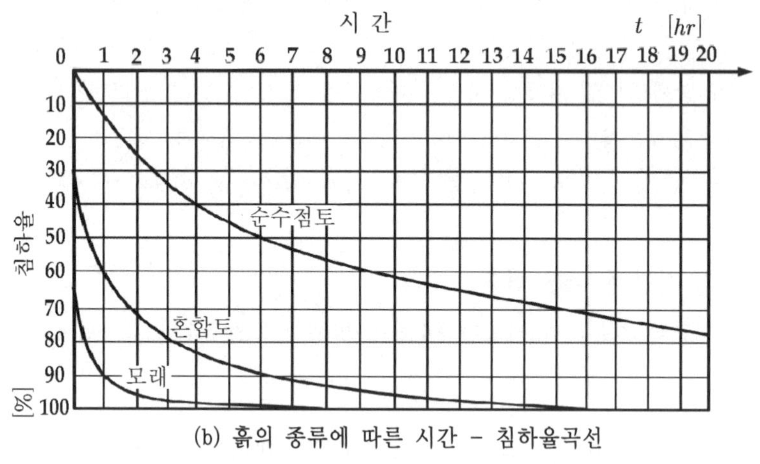

(b) 흙의 종류에 따른 시간 - 침하율곡선

그림 6.9 지반의 시간 - 침하관계

침하시간 t 와 압축지층 두께 h 에 대한 시험결과(침하시간 t_1, 공시체 두께 h_1)와 현장 실측치(실제 침하시간 t_2, 실제 지반두께 h_2) 사이에는 대체로 다음 관계가 성립한다.

$$t_1 : t_2 = h_1^2 : h_2^2 \tag{6.3}$$

【예제】 $h_1 = 3.0$ cm 인 시료에 대한 시험에서 67 % 침하되는데 2 시간이 걸렸다면 두께 300 cm 인 지반이 67 % 침하되는데 걸리는 시간을 구하시오.

【풀이】 $t_2 = t_1 \dfrac{h_2^2}{h_1^2} = 2\dfrac{300^2}{3^2} = 20{,}000$ 시간 $= 833$일 ≒ 28개월

6.3 흙의 탄성변형

흙지반은 균질하지 않고, 비등방성이며, 탄소성 거동하므로, 회복 가능한 **탄성변형**과 잔류하는 **소성변형**이 동시에 발생한다. 흙지반의 압축성은 지반의 구조골격, 상대밀도, 외력의 크기, 지반 내 하중확산 형태, Poisson 비 등의 여러 가지 요인에 의하여 영향을 받는다.

지반 내 연직응력은 지반의 자중과 외력에 의한 응력의 합이며, 외력에 의한 지반침하는 지반의 자중에 의한 침하가 완료된 것으로 간주하고 계산한다.

구조물 하중에 의한 지반의 침하는 다음 내용을 고려하여 계산한다.

① 구조물 : 구조물의 종류, 크기 및 기초의 깊이 등
② 지반의 형상과 구성 : 지반의 종류, 보링 및 사운딩의 결과
③ 지반의 물성치 : 입도분포, 컨시스턴시, 상대밀도 등
④ 지반의 압축특성 : 일축압축시험, 평판재하시험 및 기타 현장시험의 결과

외력의 재하와 동시에 일어나는 지반의 탄성변형에 의한 **탄성침하** (6.3.1 절) 는 기초의 하중 제거 시 회복이 가능한 **탄성침하** (elastic settlement) 와 회복이 불가능한 **소성침하** (plastic settlement) 의 합이다.

그러나 실무에서는 지반을 탄성체로 가정하고 탄성침하만 계산해도 충분할 때가 많다. 지반의 탄성변형은 경계조건에 적합한 **흙의 변형계수 (6.3.2 절)** 를 Hooke 법칙에 적용하여 계산한다. Poisson 비는 대개 $\nu = 1/3$ 을 적용하며, 편의상 $\nu = 0$ 을 적용하는 경우도 있다.

6.3.1 탄성침하

지반의 탄성침하량은 지반을 탄성체로 간주하고 지반의 변형률을 적분하여 계산하거나 (**직접침하계산법**) 아니면 탄성이론식과 유사한 지중응력분포함수를 가정하여 간접적으로 계산한다 (**간접침하계산법**).

1) 직접 침하계산법

등방탄성지반의 탄성침하량은 연직변형률 ε_z 를 적분하여 구할 수 있고, 이 침하계산법을 **직접 침하계산법** (direct calculation method for ground settlement) 이라 한다.

$$s = \int_0^\infty \epsilon_z dz = \int_0^\infty \frac{1}{E}\{\sigma_z - \nu(\sigma_x + \sigma_y)\}dz \tag{6.4}$$

2) 간접 침하계산법

지반 내 연직응력분포가 지반 종류에 상관없이 선형 탄성이론식과 같은 유형의 분포함수에 따른다 가정하고 침하를 계산하는 방법을 **간접 침하계산법** (indirect calculation method for settlement) 이라고 한다.

실제 지반의 응력 - 침하거동은 비선형관계이지만, 지반 내 연직응력이 구성방정식에 거의 무관하기 때문에 간접침하계산법에 의한 결과는 실제와 매우 근사하다. 간접 침하계산법에서는 지반의 비선형 응력 - 침하 관계를 근사적으로 고려하며, 압밀시험이나 평판재하시험 또는 실제 구조물에서 침하를 측정하여 그 결과를 이용할 수가 있다. 그러나 이런 침하계산법은 경계조건이 시험조건과 같을 때만 허용된다.

지반 내에서 총 연직응력은 지반의 자중에 의한 응력 σ_{zg} 와 외력에 의한 응력 σ_{zp} 의 합 ($\sigma_{zgp} = \sigma_{zg} + \sigma_{zp}$) 이므로 (그림 6.10), 침하량을 계산할 때는 총 연직응력 σ_{zgp} 에 대한 변형계수 E_s 를 적용한다.

침하를 계산하려는 압축성 지반을 두께 Δz 인 미세지층으로 나누고, 각각의 침하량 Δs 를 구하여 합하면 총 침하량 $s = \sum \Delta s$ 가 되며 지반을 많은 수의 미세지층으로 나눌수록 정확한 값이 계산된다.

미세지층의 침하량 Δs 는 지반의 응력-비침하 곡선이나 침하계산식을 이용하여 구한다. **비침하 s'** (specific settlement) 는 압밀시험이나 재하시험에서 측정한 침하량 s 를 지층두께 H 로 나눈 값 ($s' = s/H$) 즉, 지반 단위두께 당 침하량을 말한다.

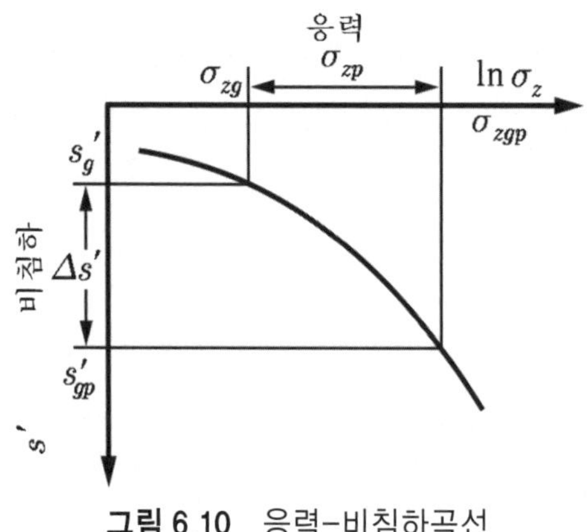

그림 6.10 응력-비침하곡선

(1) 지반의 응력-비침하곡선 이용

지반의 응력 - 비침하 곡선상에서 자중에 의한 응력 σ_{zg}에 대한 비침하 s_g' 와 총응력 σ_{zgp} 에 해당하는 비침하 s_{gp}' 로부터 비침하 증분 $\Delta s' = s_{gp}' - s_g'$ 를 구하여 두께 Δz 인 지층의 침하량 Δs 를 계산할 수 있다.

$$\Delta s = \Delta s' \Delta z \tag{6.5}$$

(2) 침하계산식을 이용

두께 Δz 인 **미세지층의 침하 Δs** 는 Hooke 의 법칙을 적용하여 현장 응력수준에 해당하는 변형계수 E_s 값을 선택하여 계산한다. 과압밀 지반에서는 변형계수 E_s 의 선택에 유의해야 한다.

$$\Delta s = \sigma_{zp} \Delta z / E_s \tag{6.6}$$

이 식에서 우측항의 분자 $\sigma_{zp}\Delta z$ 는 상재하중에 의한 지반내 응력분포곡선(즉, $\sigma_{zp} - z$ 곡선)의 면적이다. 따라서 지반 내 응력분포곡선의 면적을 구하여 변형계수로 나누면 곧 침하량이 된다.

3) 제하-재재하의 영향

초기에 자중만 작용하는 상태에서 구조물을 설치하기 위하여 지반을 굴착하면 하중이 제거되어 **제하** (unloading) 상태가 되었다가, 구조물을 설치하면 구조물하중이 작용하여 **재재하** (reloading) 상태가 되며, 이때 최종침하량은 제하과정에서 발생되는 지반의 융기를 고려해서 구한다.

(1) 지반응력

외력재하 후 **하부지반의 응력상태 σ_{z2}** 는 다음과 같고,

$$\sigma_{z2} = \sigma_{z0} - \Delta\sigma_{zg} + \Delta\sigma_{zp} \tag{6.7}$$

σ_{z0} 는 굴착전 응력, $\Delta\sigma_{zg}$ 는 굴착에 의한 응력감소, $\Delta\sigma_{zp}$ 는 외력에 의한 응력이다.

(2) 침하량

외력재하에 따른 지반침하량 Δs 는 초기재하와 재재하에 의한 침하의 합이다.

$$\Delta s = \frac{\Delta\sigma_{zg}\Delta z}{E_{sr}} + \frac{(\Delta\sigma_{zp} - \Delta\sigma_{zg})\Delta z}{E_{si}} \tag{6.8}$$

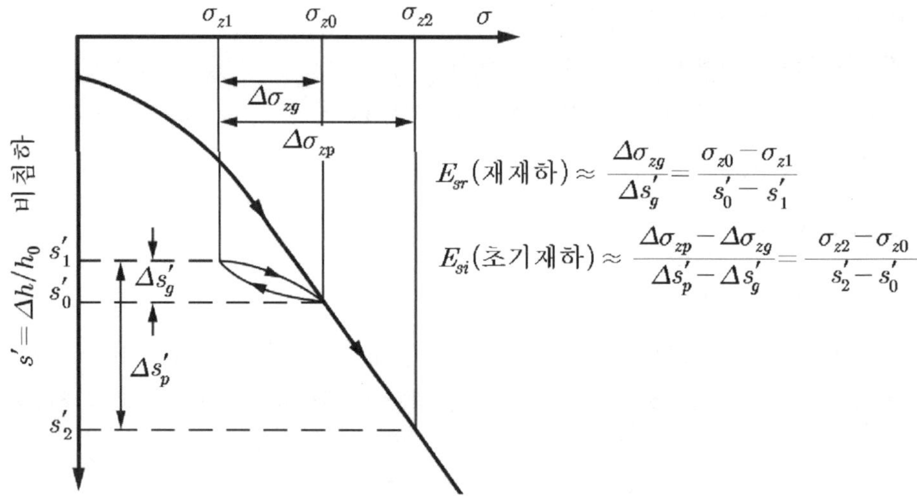

그림 6.11 구조물 설치 전후의 하중-침하 관계

여기에서 E_{sr} 는 재재하시, E_{si} 는 초기재하시의 **압축 변형계수**이다 (그림 6.11).

$$E_{sr} \simeq \frac{\Delta\sigma_{zg}}{\Delta\epsilon_g} = \frac{\sigma_{zo} - \sigma_{z1}}{\Delta\epsilon_g} \tag{6.9}$$

$$E_{si} \simeq \frac{\Delta\sigma_{zp} - \Delta\sigma_{zg}}{\Delta\epsilon_p - \Delta\epsilon_g} = \frac{\sigma_{z2} - \sigma_{z0}}{\epsilon_2 - \epsilon_0}$$

굴착에 의한 지반응력감소량 $\Delta\sigma_{zg}$ 가 외력에 의한 응력증가량 $\Delta\sigma_{zp}$ 보다 크지 않으면 재재하에 의한 침하를 무시할 수가 있으므로 **외력재하에 따른 침하량** Δs 는 식 (6.8) 로부터 다음과 같다.

$$\Delta s \simeq \frac{(\Delta\sigma_{zp} - \Delta\sigma_{zg})\Delta z}{E_{si}} = \frac{\Delta\sigma_z \Delta z}{E_{si}} \tag{6.10}$$

굴착한 지반의 자중보다 외력이 크면 그 차이 하중 (즉, $\Delta\sigma_z = \Delta\sigma_{zp} - \Delta\sigma_{zg}$) 에 의해 침하가 발생되며, 이는 초기재하에 속하므로 재재하시보다 압축량이 커진다. 이때 응력의 변화량 $\Delta\sigma_z$ 는 **순재하하중** (pure loading) 이라고 한다.

$$\Delta\sigma_z = \Delta\sigma_{zp} - \Delta\sigma_{zg} = \left[\frac{W}{BL} - (t_1\gamma + t_2\gamma') - t_2\gamma_w\right] J \tag{6.11}$$

근입깊이를 적절히 조절하여 순재하 하중의 크기 $\Delta\sigma_z$ 가 '**영**'이 되거나 '**영**'보다 작게 하면($\Delta\sigma_z \le 0$) 구조물에 의한 지중응력 보다 제거된 응력이 더 커서 ($\Delta\sigma_{zg} \ge \Delta\sigma_{zp}$) 재재하에 의한 변위만 발생되기 때문에 침하량은 무시할 만큼 작거나 허용범위 이내에 있게 된다. 이런 상태를 '**하중평형**'이라 한다. 하중이 큰 구조물을 건설할 때에는 하중평형을 이루기 위해 지하실을 여러 층 건설하며, 지반을 깊게 굴착할수록 부력에 의한 문제가 발생된다. 지하수위의 변화가 심할 때나 변형성이 비교적 큰 지반에서는 재재하시에 하중평형상태를 이루기가 어려울 수 있다.

6.3.2 흙의 변형계수

지반의 변형은 여러 가지 시험을 실시하여 구한 응력 - 변형율 관계곡선의 기울기 즉, 변형계수로 나타낼 수 있으나 각 시험에 따라서 구속조건이 다르므로, 변형계산 대상의 구속조건에 적합한 변형계수를 적용해야 한다. 지반공학에서는 시험의 구속조건에 따라 여러 가지 **변형계수**를 정의하고 있다. 이들 변형계수들은 **접선계수** (tangent modulus) 나 **할선계수** (secant modulus) 로 정의하며 (그림 6.15) 실무에서는 할선계수를 주로 적용한다.

- 탄성계수 E (Young's modulus) : 일축압축시험
- 압밀변형계수 E_s : 압밀시험
- 평판변형계수 E_v : 평판재하시험
- 실측변형계수 E_m : 실측값

1) 탄성계수 E

탄성계수 E (Young's modulus) 는 측방향이 구속되지 않은 일축재하상태에서 구한 응력 -변형률 관계곡선의 기울기이며 지반의 즉시침하계산에 적용한다.

이때는 축방향으로만 힘이 작용하여 공시체에는 연직응력만 작용한다. 측압 $\sigma_2 = \sigma_3$ 을 가한 상태로 축방향 재하하는 삼축압축시험에서 구한 응력-변형율 곡선의 기울기는 구속응력을 가하지 않은 채 (즉, $\sigma_2 = \sigma_3 = 0$) 일축재하해서 구하는 Young 율과 다르다.

탄성계수 E 는 일축압축시험에서 (그림 6.12) 축방향 응력 σ_z와 변형률 ϵ_z로부터 구한다.

$$E = \frac{\sigma_z}{\epsilon_z} \tag{6.12}$$

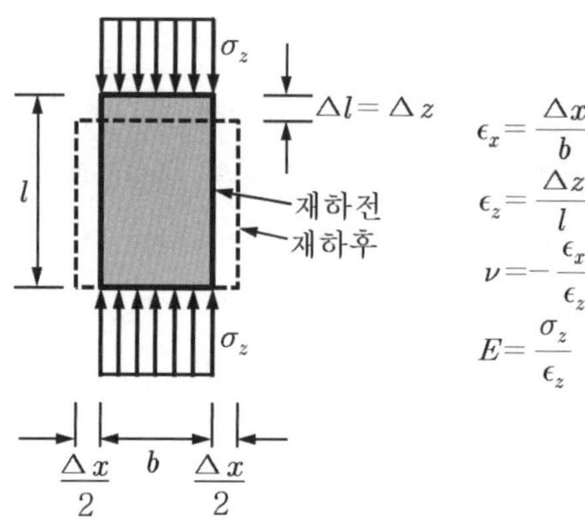

그림 6.12 일축압축시험 응력상태

2) 압밀변형계수 E_s

압밀변형계수 E_s 는 측방변위가 억제된 상태 ($\epsilon_x = \epsilon_y = 0$) 로 축방향으로 압축재하하여 공시체가 재하방향으로만 변형할 수 있고 재하 중 단면이 변하지 않는 압밀시험 (6.4.3 절) 으로부터 구한다.

압밀시험에서는 하중을 단계적으로 가하며, 최종단계 하중의 크기는 현장예상하중이나 구조물에 의한 압력의 1.5 배로 하고 최소한 선행하중보다 커야만 한다. 압밀시험결과는 하중단계별로 압력 - 침하율로 나타내며 압축량 Δh 를 초기의 높이 h_o 로 나눈 침하율 $\Delta h/h_o$은 백분율로 나타내면 **비침하 s'** (specific settlement) 가 된다.

압력 - 비침하 관계는 직선이 아니고 곡선 (그림 6.14) 이므로 현장의 압력수준에 대한 기울기를 적용한다.

따라서 구조물에 의한 **비침하 변화 $\Delta s'$** 는

$$\Delta s' = \Delta\,(\Delta h / h_o) = s'_2 - s'_1 \qquad (6.13)$$

이며, 이는 구조물 축조로 인해 지반이 전체 두께의 $\Delta s'$ % 만큼 침하됨을 나타낸다.

따라서 지층의 두께와 비침하를 알면 침하량을 계산할 수가 있다. 초기두께 $h_o = 1.0$ m 인 지반에서 구조물을 축조한 후에 발생된 비침하가 $\Delta s' = 5$ % 일 경우에, 이로부터 침하량을 계산하면 $\Delta h = \Delta s' h_o = (0.05)(100) = 5$ [cm] 이다.

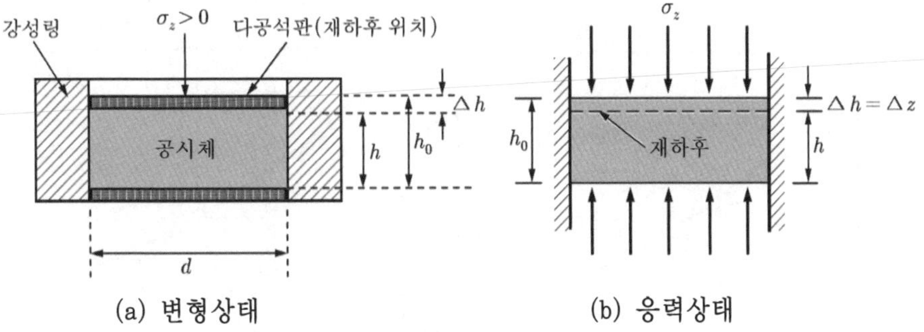

그림 6.13 압밀시험의 응력 및 변형상태

작용압력 σ 와 비침하 s' 의 관계를 표시하면 그림 6.14 와 같은 곡선이 되며 그 기울기를 **압밀변형계수** E_s (deformation modulus) 라고 한다.

$$E_s = \frac{d\sigma}{d\,(\Delta h / h_o)} = \frac{d\sigma}{d\epsilon} \tag{6.14}$$

압밀변형계수는 접선계수나 할선계수로 정의하며 할선계수를 많이 사용한다 (그림 6.15).

$$\text{접선계수 : } E_s = \frac{d\sigma}{ds'} \tag{6.15}$$

$$\text{할선계수 : } E_s = \frac{\Delta\sigma}{\Delta s'} = \frac{\sigma_2 - \sigma_1}{s_2' - s_1'} \tag{6.16}$$

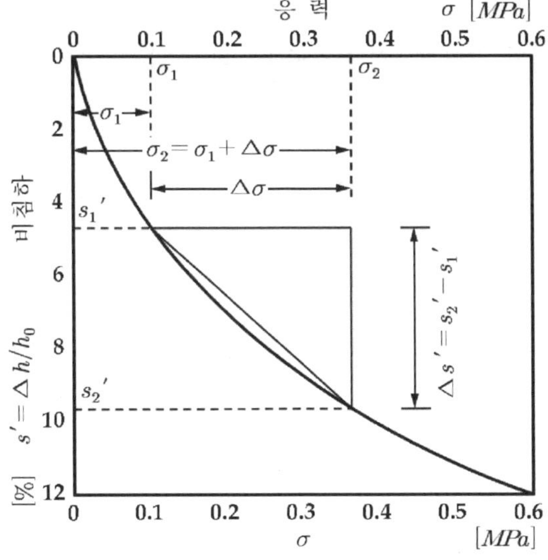

그림 6.14 응력 – 비침하 관계곡선

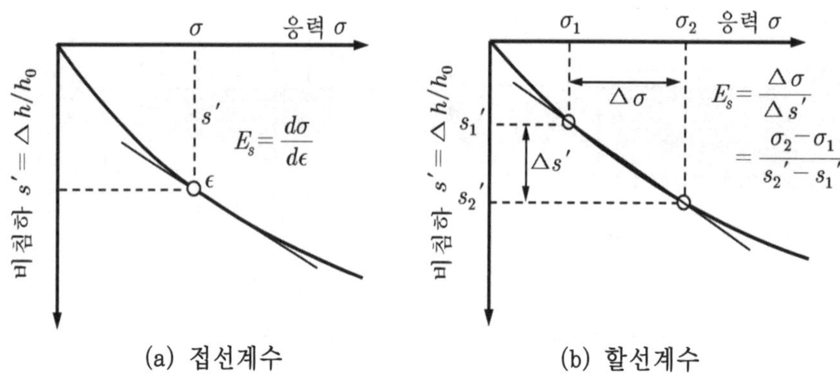

그림 6.15 압밀변형계수 결정

할선계수로 나타낸 압밀변형계수 E_s 를 비침하로 표시하면 다음과 같다.

$$E_s = \frac{\Delta\sigma}{\Delta(\Delta h/h_o)} = \frac{\Delta\sigma}{\Delta s'/100} \tag{6.17}$$

탄성체에서 압밀변형계수 E_s 를 탄성계수 E 와 Poisson 비 ν 로 표시하면 다음이 되며,

$$\epsilon_z = \frac{\sigma_z(1+\nu)(1-2\nu)}{E(1-\nu)} = \frac{\sigma_z}{E_s}$$

$$\therefore\ E_s = \frac{1-\nu}{(1+\nu)(1-2\nu)}E \tag{6.18}$$

지반에 따른 대표적인 압밀변형계수는 표 6.1 과 같다.

표 6.1 지반에 따른 압밀변형계수 (Lackner, 1975) [단위 : MPa]

지반	비점성토							점성토						
	모래					자갈	전석	점토			롬		실트	피트
	느슨		중간		조밀									
	둥근	모난	둥근	모난				반고체	0.75<IP<1	0.5<IP<0.75	반고체	0.5<IP<0.75		
압밀변형계수	20 ~ 50	40 ~ 80	50 ~ 100	80 ~ 150	150 ~ 250	100 ~ 200	150 ~ 200	5 ~ 10	2 ~ 5	1 ~ 2.5	5 ~ 20	4 ~ 8	3 ~ 10	0.4 ~ 1.0

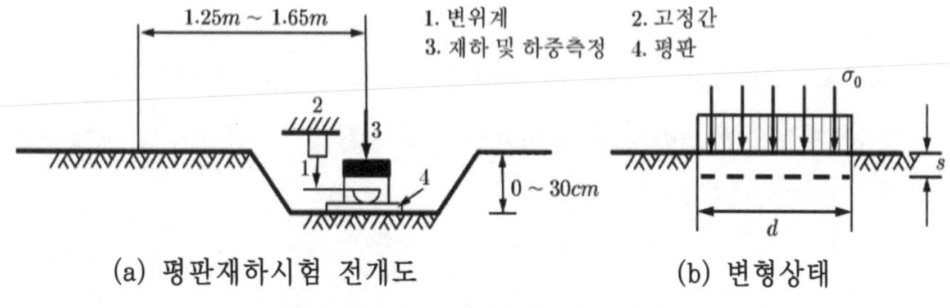

그림 6.16 평판재하시험과 변형상태

3) 평판변형계수 E_v

평판재하시험에서는 지표면에 원형 재하판을 설치하고 재하시험해서 (그림 6.16) 평균압력 - 침하 관계를 구하며, 이 곡선에서 기울기를 **평판변형계수 E_v** (deformation modulus) 라 한다. 그러나 평판재하시험은 재하면적이 좁아서 그 영향권이 한정되므로 (그림 4.11), 그 결과를 침하계산에 직접 적용하기는 어렵다.

평판변형계수 E_v 는 대개 평균압력 - 침하 관계곡선에서 **할선계수**로 정의한다 (그림 6.17).

$$E_v = \frac{\pi}{4}\frac{\Delta\sigma}{\Delta s}d \ \fallingdotseq \ \frac{\Delta\sigma}{\Delta s}d \qquad (6.19)$$

평판변형계수를 탄성계수 E (Young 률) 와 Poisson 비 ν 로 표시하면 다음과 같다.

$$\frac{\sigma}{E}(1-\nu^2)d = \frac{\sigma}{E_v}d$$

$$\therefore \ E_v = \frac{1}{1-\nu^2}E \qquad (6.20)$$

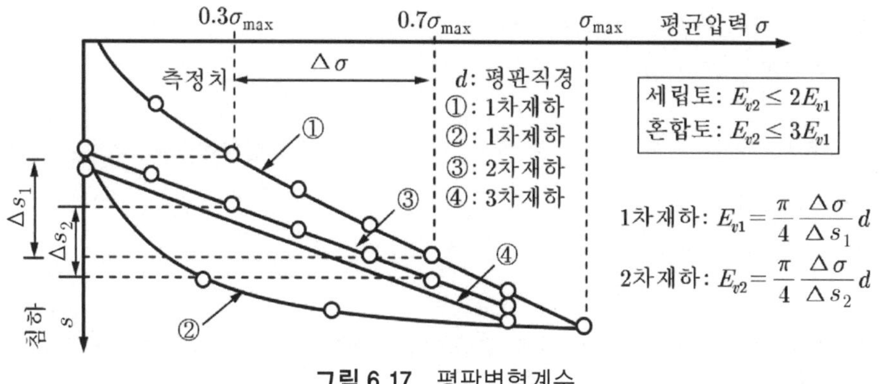

그림 6.17 평판변형계수

4) 실측변형계수 E_m

실제 구조물 (평균압력 σ_o, 크기 b) 의 침하량을 측정하여 구한 평균압력 - 침하량 곡선의 기울기가 **실측변형계수 E_m** (deformation modulus) 이다. 압축성 지층의 두께와 Poisson 비 ν 등의 영향은 침하계수 f 에서 고려한다.

$$E_m = \frac{\sigma_o b}{S} f \tag{6.21}$$

이때에 실측한 침하량 S 는 즉시침하 S_i 와 압밀침하 S_c 및 이차압축침하 S_s 를 다 합한 침하량이다. 실측변형계수는 일정하지 않고 응력에 따라 값이 다르다. 따라서 응력변화량 $\Delta\sigma$ 뿐만 아니라 초기응력상태 σ_1을 알아야 정확한 값을 구할 수 있다.

5) 변형계수의 상호 관계

압밀변형계수 E_s 와 탄성계수 E, 평판변형계수 E_v 등은 지반이 완전 탄소성 (elastio - plastic)일 경우에는 다음 관계가 성립되므로 서로 환산할 수 있다.

$$E = \frac{1-\nu-2\nu^2}{1-\nu} E_s \tag{6.22}$$

$$E_v = \frac{1-\nu-2\nu^2}{(1-\nu)(1-\nu^2)} E_s$$

측방향 변형이 일어나지 않는 경우에는 $\nu = 0$ 이므로 탄성계수는 평판변형계수 및 압밀변형계수와 크기가 같다 ($E = E_v = E_s$).

탄성 및 소성 재료에서는 $0 < \nu \leq 0.5$ 이므로 탄성계수 〈 평판변형계수 〈 압밀변형계수의 순서로 크다 ($E < E_v < E_s$) .

흙의 Poisson 비는 대체로 $\nu = 0.17 \sim 0.33$ 이므로 **평판변형계수 E_v** 와 **압밀변형계수 E_s 의 관계**는 다음과 같다.

$$E_v = (0.75 \sim 0.96) E_s \tag{6.23}$$

평판재하시험에서 전단변형이 크게 발생될 경우에는 압축변형계수의 의미가 없으므로 이 관계를 적용할 수 없다.

6.4 흙의 압밀

흙 입자는 비압축성 고체이고, 간극 내 물은 비압축성 유동체이며 공기는 물에 용해되는 압축성 유동체이다. 따라서 외력이 작용하면 간극 내의 물이 압출되거나 간극내 공기가 압축되거나 용해 또는 압출됨에 따라 간극의 부피가 감소하여 흙이 압축된다.

간극에 공기(**간극공기**)와 물(**간극수**)이 공존하는 불포화지반에 외력이 작용하면 공기는 압축되거나 물에 용해되거나 압출되며, 간극수는 일부가 압출되어 부피가 감소되어서 흙이 압축된다. 그러나 그 압축거동은 매우 복잡하여 아직 일반이론으로 정립되어 있지 않다.

포화지반에서는 외력이 작용하면 간극수가 압출되면서 지반이 압축되므로 비교적 분명하게 흙의 압축거동을 파악할 수가 있다. **외력에 의한 포화지반의 압축거동**은 Terzaghi (1925)에 의하여 압밀이론으로 정리되어 있다.

Terzaghi의 **일차원 압밀이론(6.4.1절)**의 개념과 기본방정식을 적용하면 경계조건에 따른 압밀거동을 구할 수가 있고 이에 필요한 값들은 **압밀시험(6.4.2절)**에서 구한 흙의 하중-침하곡선과 시간-침하 곡선에서 구할 수 있다. 압밀이론을 응용하면 **압밀침하량과 소요시간(6.4.3절)**을 계산하고 **압밀촉진공법(6.4.4절)**을 개발할 수 있다. Terzaghi의 일차원 압밀조건이 만족되지 않는 경우에는 **다차원 압밀이론(6.4.5절)**을 적용한다. 교란지반이나 층상지반 또는 점증하중 등 **특수한 경우의 압밀(6.4.6절)**은 Terzaghi의 압밀이론을 수정하여 적용한다.

6.4.1 일차원 압밀이론

1) 압밀의 개념

포화상태 지반에 외력이 작용하면 **과잉간극수압**(excess pore- water pressure)이 발생되고 그 압력수두만큼 외부와 수두차가 생겨서 배수경계에서 물이 유출되면서 지반 부피가 감소되는데 이러한 현상을 **압밀**(consolidation)이라고 한다. 점성토는 투수계수가 작으므로 간극수가 배출되어서 과잉간극수압이 소산되는데(즉, 압밀이 완료되는데) 많은 시간이 소요된다. 그러나 사질토는 투수계수가 커서 순간적으로 간극수가 배출되어서 과잉간극수압이 소산되므로 순식간에 압밀이 완료된다.

이와 같은 압밀과정은 그림 6.18과 같은 **Terzaghi 압밀모델**로 설명할 수 있다. 여기에서 스프링은 흙의 구조골격, 그리고 물은 간극수를 나타내며 배수구멍 크기는 흙의 투수계수를 나타낸다. 또한 피스톤의 변위는 지반의 침하량을 나타낸다.

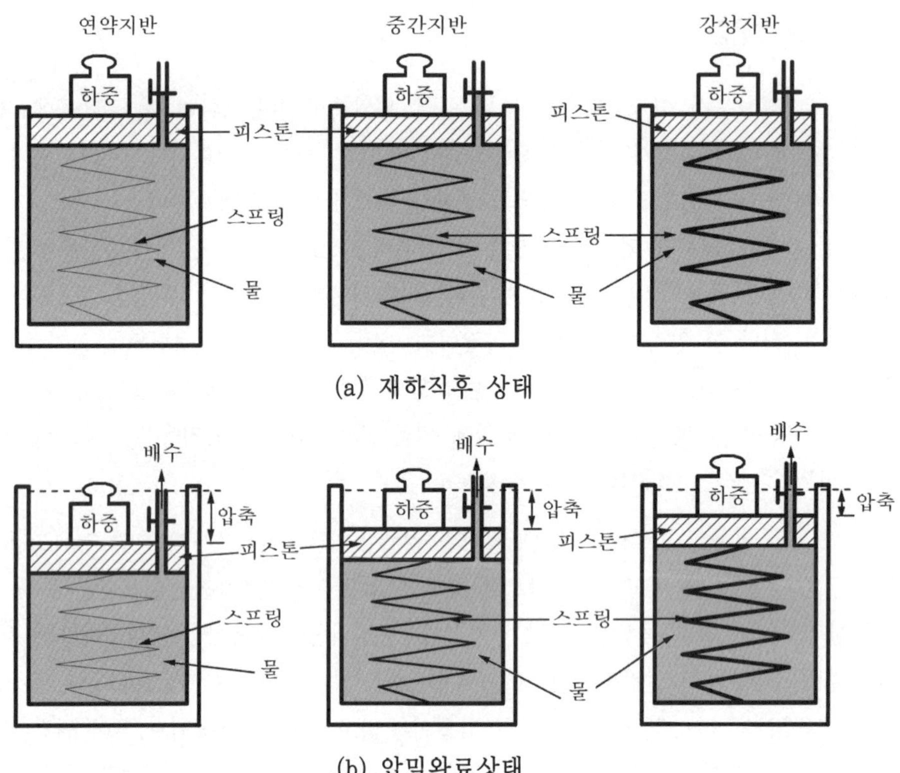

그림 6.18 Terzaghi의 지반에 따른 압밀 모델

배수구멍을 막고 외력을 가하면 물(간극수)이 외력을 지지하여 물의 압력(**간극수압**)이 외력의 크기와 같고 스프링(**흙 구조골격**)은 아무런 힘도 받지 않아서 스프링은 압축되지 않고 물은 압축되거나 배수되지 않으므로 피스톤의 변위(지반침하)는 일어나지 않는다(그림 6.18a). 이는 점성토에 하중이 작용한 직후의 상태와 같다.

배수밸브를 열면 물이 유출되면서 스프링이 압축되어 피스톤이 변위를 일으키며, 시간이 경과되어 물이 충분히 배수되면 피스톤 변위가 정지되고 물은 더 이상 흘러나오지 않는 상태(즉, 압밀완료 상태)가 된다(그림 6.18b). 이때에는 스프링이 외력을 모두 지지하고 물은 압력을 받지 않는다. 이 상태에서 외력이 증가되면 그 만큼 스프링이 추가 압축된다. 배수구멍 크기(**투수계수**)가 작으면 유출수량이 작아서 물이 유출(압밀이 진행)되고 스프링이 압축되는데 긴 시간이 소요된다. 스프링의강성도(흙의 압축성)를 다르게 하면 배수가 완료(압밀완료)되었을 때 피스톤 변위(압밀침하량)도 달라진다. 이상에서 압밀에 영향을 미치는 주요소는 흙의 투수계수(배수구멍의 크기)와 흙의 압축성(스프링 강성도)인 것을 알 수 있다.

2) 1차원 압밀 방정식

(1) 1차원 압밀 기본방정식의 유도

Terzaghi (1925) 가 압밀이론을 제시함으로써 토질역학이 태동되었을 만큼, 압밀이론은 토질역학에서 중요한 이론이며, 이로부터 하중을 재하한 후에 시간에 따른 압밀과정과 지반의 변형 및 강성변화를 예측할 수 있게 되었다.

Terzaghi 는 1차원 압밀이론을 전개하기 위해 제시한 **Terzaghi 의 1차원 압밀이론의 기본가정**은 다음과 같다.

① 흙은 균질하다.
② 흙은 완전히 포화되어 있다.
③ 흙 입자와 물은 비압축성이다.
④ 물의 이동은 Darcy 법칙을 따른다.
⑤ 흙의 변형률은 작다.
⑥ 투수계수와 부피변화율은 일정하다.
⑦ 횡방향 변위는 구속되고 연직변위만 발생한다.
⑧ 물의 흐름은 연직으로만 일어난다.
⑨ 간극비와 유효응력의 관계는 시간에 관계없이 선형적 반비례 관계이다.

그림 6.19 와 같이 모래층 하부에 투수계수가 매우 작은 포화점토층이 불투수층 위에 분포되어 있는 경우에는 상부 모래층으로만 배수되며, 상재하중 재하로 인한 압밀과정은 다음과 같으며, 지중응력상태는 표 6.2 와 같이 정리된다.

i) **재하 전** $(t < 0)$

초기응력이 σ_o 이고 간극수압이 u_o 이어서 유효응력은 $\sigma_o{}' = \sigma_0 - u_o$ 이다.

ii) **재하순간** $(t = 0)$

상재하중 $\Delta\sigma$ 가 가해지면 같은 크기로 과잉간극수압 $\Delta u = \Delta\sigma$ 가 발생되기 때문에 그 만큼 간극수압이 증가 (즉, $u = u_o + \Delta u$) 된다.

iii) **재하 후** $(0 < t < \infty)$

시간이 지나면서 배수가 진행되면 과잉간극수압 Δu 가 소산되어 상재하중 $\Delta\sigma$ 보다 작아진다 (즉, $\Delta u < \Delta\sigma$).

iv) **무한히 긴 시간 후** $(t = \infty)$

무한히 긴 시간 경과 후 과잉간극수압이 완전 소산 $(\Delta u = 0)$ 되면 간극수압은 초기값으로 회복되고 $(u = u_0)$ 유효응력은 상재하중 $\Delta\sigma$ 만큼 증가되어 $\sigma' = \sigma_0{}' + \Delta\sigma$ 이 된다.

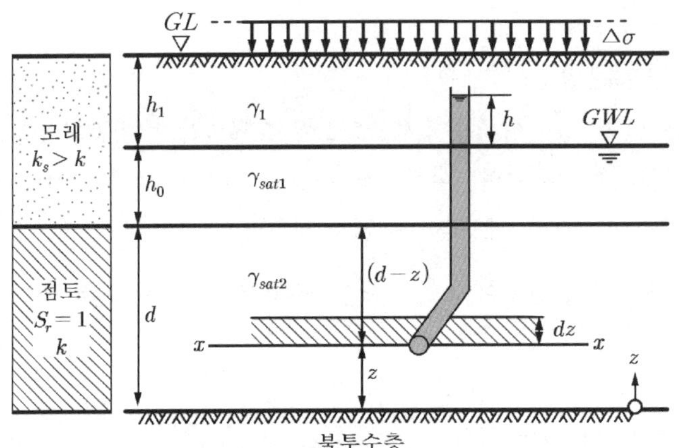

그림 6.19 이상적 현장압밀조건

표 6.2 압밀진행에 따른 지중응력과 간극수압

단 계	전 응 력	간극수압	유효응력
재 하 전 $(t<0)$	$\sigma_0 = \gamma_1 h_1 + \gamma_{sat1} h_o + \gamma_{sat2}(d-z)$	$u_0 = (h_o + d - z)\gamma_w$ $u = u_0$	$\sigma_0{}' = \sigma_0 - u_0$ $= \gamma_1 h + \gamma_1{}' h_o + \gamma_2{}'(d-z)$
재하직후 $(t=0)$	$\sigma = \sigma_o + \Delta\sigma$	$u = u_0 + \Delta u$ $(\Delta u = \Delta\sigma)$	$\sigma' = \sigma - u$ $= \sigma_0 - u_0$
재 하 후 $(0<t<\infty)$	$\sigma = \sigma_o + \Delta\sigma$	$u(t) = u_0 + \Delta u(t)$ $= u_0 + \gamma_w h(t)$	$\sigma'(t) = \sigma - u(t)$ $= \sigma_0{}' + \Delta\sigma - \gamma_w h(t)$
압밀완료 후 $(t=\infty)$	$\sigma = \sigma_o + \Delta\sigma$	$u = u_0$	$\sigma' = \sigma_0{}' + \Delta\sigma$

두께 d 인 포화 점토지반에 외력이 작용할 때 점토층내의 수평단면 $x-x$ 에서 외력에 의한 전응력의 증가분은 항상 $\Delta\sigma = \Delta\sigma' + \Delta u$ 로 일정하다.

시간이 지남에 따라서 배수가 진행되면 과잉간극수압이 감소하고 그만큼 유효응력은 증가하여 흙의 구조골격이 압축되므로 시간에 따른 **과잉간극수압 변화율** $(\partial\,\Delta u/\partial\,t)$ 과 **유효응력 증가분의 변화율** $(\partial\,\Delta\sigma'/\partial\,t)$ 은 같다. 이때에 과잉간극수압이 감소하면 유효응력이 증가하므로 '−'부호가 된다.

$$\frac{\partial\,\Delta u}{\partial\,t} = -\frac{\partial\,\Delta\sigma'}{\partial\,t} \tag{6.24}$$

그런데 유효응력 증가분 $\Delta\sigma'$ 는 압밀변형계수 E_s 와 비침하 $\Delta s'$ 를 이용하여 나타내면 $\Delta\sigma' = E_s\,\Delta s'$ 이므로

$$\frac{\partial\,\Delta\sigma'}{\partial\,t} = -E_s\frac{\partial\,\Delta s'}{\partial\,t} \tag{6.25}$$

이고, 이 관계를 식 (6.24) 에 대입하면 비침하 s'와 과잉간극수압 u 의 관계식이 된다.

$$\frac{\partial\,\Delta s'}{\partial\,t} = \frac{1}{E_s}\frac{\partial\,\Delta u}{\partial\,t} \tag{6.26}$$

지반이 완전 포화상태 $(S_r = 1)$ 이면 물은 비압축성이므로 밖으로 유출되고 위 식은 $x-x$ 단면에서 단위면적을 통해 단위시간에 유출된 유량을 나타낸다.

따라서 두께 dz 인 단위면적의 흙 요소에서 **단위시간당 유출수량**은 다음과 같다.

$$\frac{\partial\,\Delta s'}{\partial\,t}dz = \frac{1}{E_s}\frac{\partial\,\Delta u}{\partial\,t}dz \tag{6.27}$$

그런데 그림 6.19 의 단면 $x-x$ 에서 dz 만큼 떨어진 곳에서 침투속도 v 의 변화량 $\left(\frac{\partial v}{\partial z}dz\right)$ 은 단위시간당 유출수량과 같으므로

$$\frac{\partial\,v}{\partial\,z}dz = -\frac{\partial\,\Delta s'}{\partial\,t}dz = -\frac{1}{E_s}\frac{\partial\,\Delta u}{\partial\,t}dz \tag{6.28}$$

이고, 여기에서 압밀에 의해 점토층의 두께가 감소하므로 '-' 부호이다.

동수경사 i 는 정의에 의하여

$$i = -\frac{\partial h}{\partial z} = -\frac{1}{\gamma_w}\frac{\partial\Delta u}{\partial z} \tag{6.29}$$

이고, 이를 Darcy **의 법칙**에 대입하면

$$v = ki = -\frac{k}{\gamma_w}\frac{\partial\Delta u}{\partial z} \tag{6.30}$$

이며, 이 식을 z 에 대해 미분하면 연직방향의 **투수속도의 변화 $\partial v/\partial z$** 가 구해진다.

$$\frac{\partial v}{\partial z} = -\frac{k}{\gamma_w}\frac{\partial^2\Delta u}{\partial z^2} \tag{6.31}$$

따라서 이 식을 식(6.28)에 대입하면 수평지층의 **연직방향 압밀속도**를 나타내는 식이 된다.

$$\frac{\partial \Delta u}{\partial t} = \frac{kE_s}{\gamma_w}\frac{\partial^2 \Delta u}{\partial z^2} = C_v \frac{\partial^2 \Delta u}{\partial z^2} \tag{6.32}$$

이 식을 **Terzaghi 의 압밀기본방정식**(Terzaghi's equation of consolidation)이라 한다. 여기에서 C_v 는 **압밀계수**(coefficient of consolidation)라 한다.

$$C_v = \frac{k\,E_s}{\gamma_w} \tag{6.33}$$

압밀계수 C_v 의 단위는 $[\mathrm{cm}^2/\mathrm{s}]$이며, 비교란상태 연약(정규압밀) 점성토 시료에서는 액성한계 w_L 과 관계가 있다(표 6.3).

표 6.3 액성한계에 따른 압밀계수

액성한계 w_L [%]	30	60	100
압밀계수 C_v [cm²/s]	5.0×10^{-3}	1.0×10^{-3}	2.0×10^{-4}

(2) 1차원 압밀 기본방정식의 해

압밀기본방정식(식 6.32)을 풀기 위하여 그림 6.19의 경계조건을 생각하면 다음과 같다.

i) 재하순간($t=0$)에서 과잉간극수압은 z 에 무관하게 $\Delta u = \Delta\sigma$ 이다.

$t=0,\ 0 \leqq z \leqq d$ 에서 $\Delta u = \Delta\sigma$

ii) 점토층의 상부경계($z=d$)에서 과잉간극수압은 항상 '**영**'($\Delta u = 0$)이다.

$0 < t \leqq \infty,\ z = d$ 에서 $\Delta u = 0$

iii) 압밀완료 후($t=\infty$) 과잉간극수압은 z 에 무관하며 '**영**'($\Delta u = 0$)이다.

$t=\infty,\ 0 \leqq z \leqq d$ 에서 $\Delta u = 0$

iv) 점토층 하부경계($z=0$)에서 하부 불투수층으로부터 유입되는 물이 없으므로 **투수속도**는 '**영**'($v=0$)이다.

$0 \leqq t \leqq \infty,\ z=0$ 에서 $\dfrac{\partial\,\Delta u}{\partial\,z} = 0$

위의 경계조건을 고려하여 풀면 **압밀기본방정식의 해**는 다음과 같다.

$$t = T_v\frac{H^2}{C_v} = T_v\frac{H^2\gamma_w}{kE_s} \tag{6.34}$$

여기에서 H는 **최대 배수거리**이고 일면 배수조건에서는 시료의 전체 두께이고, 양면 배수조건에서 시료의 절반 두께이다. T_v는 **시간계수**(time factor)이며 무차원수이고 배수경계 조건과 압밀의 진행정도에 따라 다른 값을 갖는다.

이론적으로는 하중은 순간재하되고 시간이 무한히 경과되면($t=\infty$) 과잉간극수압이 완전히 소산된다. 그러나 실제 점토에서는 동수경사가 특정한 값 i_G 보다 작아지면 (즉, $i < i_G$) 물이 흐르지 않아서 과잉간극수압은 완전히 소산되지 않고 일부가 잔류(잔류 과잉간극수압)하여 유효응력 증가량 $\Delta\sigma'$는 상재하중 $\Delta\sigma$ 보다 작다 (즉, $\Delta\sigma' < \Delta\sigma$). 따라서 실제변형은 계산값 보다 작다. **잔류과잉간극수압**(residual excess pore water pressure)의 크기와 특성은 아직 완전히 규명되어 있지 않다.

【예제】 다음에서 압밀의 속도를 지배하는 요인이 아닌 것을 구하시오.
① 배수거리 ② 배수경계조건 ③ 흙의 전단강도 ④ 흙의 압축계수

【풀이】 ③ 흙의 전단강도는 아무런 역할을 못한다.

【예제】 다음의 압밀에 대한 설명중 잘못된 것을 구하시오.
① 압밀완료시 간극수압은 영이다.
② 압밀시험으로부터 투수계수를 구할 수 있다.
③ 모래에서 압밀은 긴 시간이 걸린다.
④ 압밀계수 C_v는 액성한계와 관계가 있다.

【풀이】 ③ 모래에서 압밀은 순식간에 일어난다.

3) 압밀도 U

임의시간 경과 후 지반 내 임의점에 대해 압밀의 진행정도(과잉간극수압의 소산정도)를 **압밀도 U**(degree of consolidation)라고 하며, 시간이 지남에 따라 변화하고 점성토의 안정문제에 적용된다.

(1) 압밀도 U

투수계수가 작은 포화 세립토에 상재하중 $\Delta\sigma$를 가하면 재하순간($t=0$)에는 상재하중과 같은 크기의 과잉간극수압 Δu_0이 발생되나 ($\Delta u_0 = \Delta\sigma$), 시간이 지남에 따라 배수되면서 소산되어 그림 6.20과 같이 그 분포가 변한다.

재하 후에 시간 t 경과 시 과잉간극수압이 Δu_t 일 때 압밀도 $U(t)$는 다음과 같이 정의하며 $0 \leq U \leq 1$의 값을 갖는다.

$$U(t) = \frac{\Delta u_0 - \Delta u_t}{\Delta u_0} = 1 - \frac{\Delta u_t}{\Delta u_0} \tag{6.35}$$

압밀도가 '0'인 경우 ($U = 0$)는 하중 $\Delta\sigma$에 의해 침하가 발생되기 시작하고 **초기 과잉간극수압 Δu_0** (initial excess pore water pressure)가 감소하기 시작한 상태(하중을 가한 직후의 상태)이다. 반면에 압밀도가 '1'인 경우($U = 1$)는 압밀이 완전히 종결되고 과잉간극수압 Δu_t 가 완전 소산된 ($\Delta u_t = 0$) 상태이며 이론적으로 $t = \infty$ 인 경우이다. 압밀도 U는 지층 내에서 위치에 따라서 다르며, **평균압밀도 U_m**(average degree of consolidation)은 전체 지층에 대한 압밀도 평균치를 의미한다.

그림 6.20에서 깊이가 z 인 $Z-Z$ 단면의 압밀도는 U_z 이며 그 분포는 위치에 따라서 다르다. 곡선 2는 위치에 따른 과잉간극수압 Δu_z의 분포도이며, 곡선 3은 평균 과잉간극수압 Δu_m을 나타낸다. 지반의 평균압밀도 U_m에 따른 시간계수 T_v는 표 6.4와 같으며, 대개 $U_m = 50\,\%$ ($T_v = 0.197$)와 $90\,\%$($T_v = 0.848$)에 대한 값이 자주 이용된다.

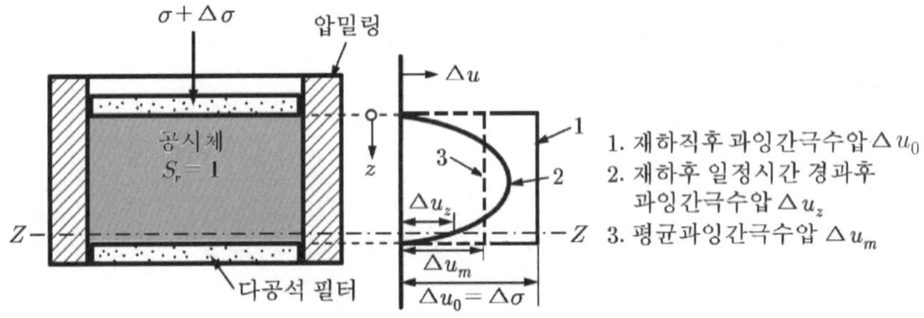

그림 6.20 압밀공시체 내 과잉간극수압 분포

【예제】 피에조미터를 설치하고 연약지반에서 공사를 진행한다. 구조물 축조 직후에 과잉간극수압이 100 kPa 이었는데 5년이 경과한 현재에 과잉간극수압이 30 kPa 가 측정되었다. 현재의 압밀도를 구하시오.

【풀이】 식 (6.35)에서

$$U = 1 - \frac{\Delta u_t}{\Delta u_0} = 1 - \frac{30}{100} = 0.7 \qquad \therefore U = 0.7$$ ///

(2) 평균압밀도 - 시간계수 관계

① 아이소크론

압밀층 내에서 초기과잉간극수압 Δu_0 의 분포를 그림 6.21a 와 같이 배수조건에 따라 여러 가지 형태로 가정할 때 평균압밀도 U_m과 시간계수 T_v 의 관계는 각각 그림 6.21b 와 같다. 압밀도 U를 시간계수 T_v 에 따라서 나타낸 곡선을 **아이소크론**(isochrones)이라 하며 초기과잉간극수압 Δu_0 의 형태에 따라 그 모양이 다르다.

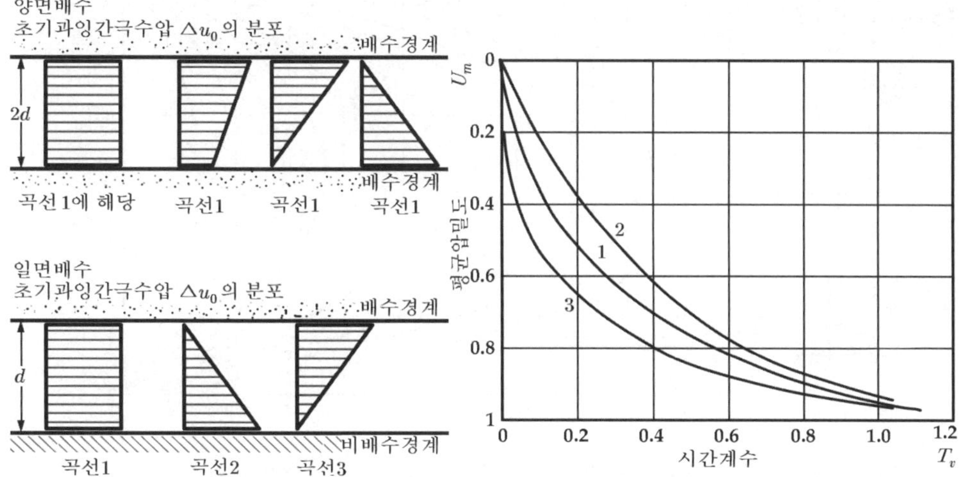

(a) 배수조건에 따른 초기과잉간극수압의 분포형태 (b) 평균압밀도와 시간계수 관계

그림 6.21 초기과잉간극수압 분포와 평균압밀도 및 시간계수 관계

표 6.4 평균압밀도에 따른 시간계수

평균압밀도 U_m [%]	시간계수 T_v	평균압밀도 U_m [%]	시간계수 T_v
0	0	55	0.238
5	0.002	60	0.287
10	0.008	65	0.342
15	0.018	70	0.403
20	0.031	75	0.477
25	0.049	80	0.567
30	0.071	85	0.684
35	0.096	90	0.848
40	0.126	95	1.129
45	0.160	100	∞
50	0.197		

그림 6.22 는 초기과잉간극수압 Δu_o가 지층 내에서 등분포인 경우 시간 (시간계수 T_v) 에 따른 압밀층 내 과잉간극수압 분포를 나타낸다. 과잉간극수압의 분포는 초기과잉간극수압의 분포와 배수조건에 따라서 결정된다. 압밀층이 **양면배수조건**일 경우에 과잉간극수압의 분포는 압밀층 중앙에 대해 대칭이며 (그림 6.22), **일면배수조건**일 경우에는 양면배수조건일 경우의 절반 분포와 같다.

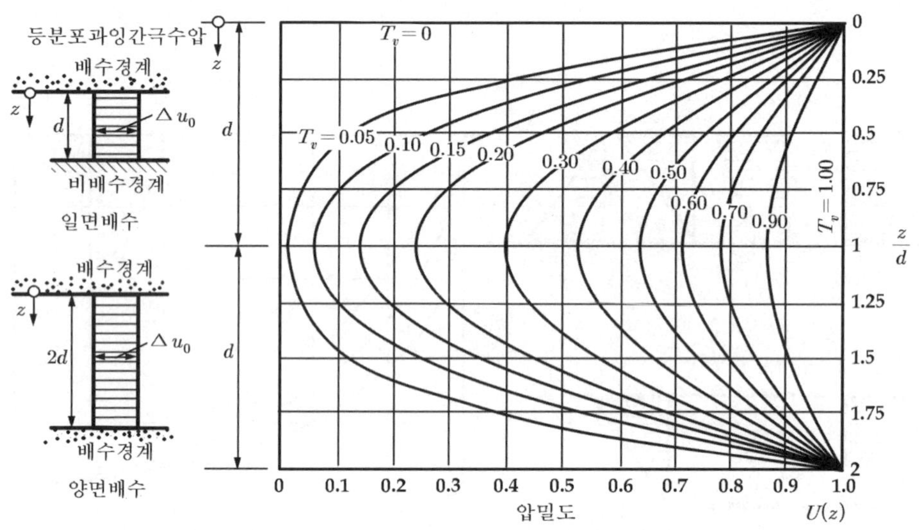

그림 6.22 등 (사각형) 분포 과잉간극수압에 대한 아이소크론 (isochrones)

그림 6.23 은 초기 과잉간극수압 Δu_o 가 삼각형분포인 경우에 양면배수조건에서 시간에 따른 압밀층 내 과잉간극수압 분포이다. 상부에서만 배수되어서 초기과잉간극수압 Δu_0 의 분포를 역삼각형으로 가정하면 (그림 6.24) 압밀층 하부에서 $T_v = 0.1$ 까지는 과잉간극수압이 증가하여 지반이 압축되지 않고 부피가 증가되는 현상이 일어난다.

② 포화점토의 투수계수 k 결정

투수계수가 워낙 작아서 보통 정도 수두차에서 투수계수를 측정하기 어려운 지반에서는 압밀이론을 적용하여 간접적으로 투수계수를 구할 수가 있다. 즉, 압밀 시험을 실시하고 압밀변형계수 E_s 와 압밀이 50 % 진행되는데 소요되는 시간 t_{50} 을 구하여 식 (6.34) 로부터 투수계수를 구할 수가 있다. 평균 압밀도 50 % 일 경우에 시간계수는 $T_v = 0.197$ 이므로 **투수계수 k** 는 다음과 같다.

$$k = T_v \frac{H^2 \gamma_w}{t_{50} E_s} = 0.197 \frac{H^2 \gamma_w}{t_{50} E_s} \tag{6.36}$$

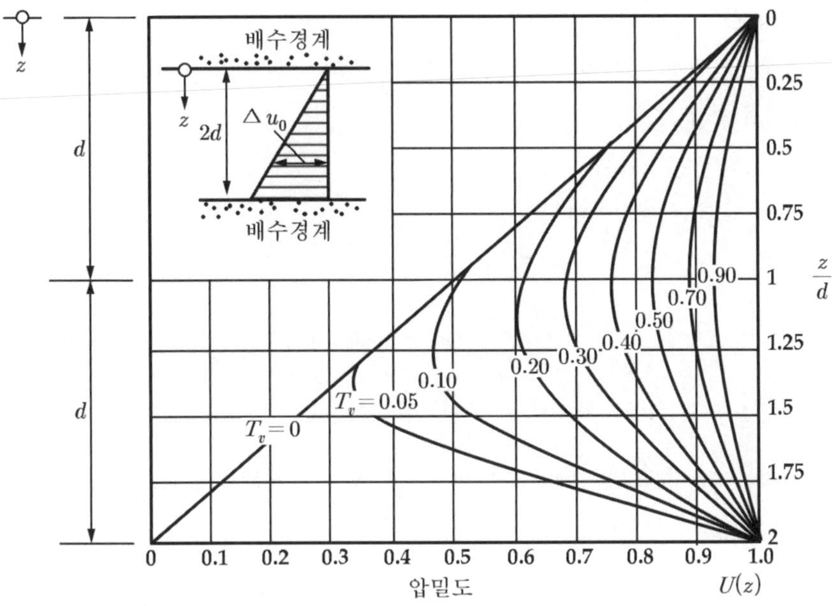

그림 6.23 삼각형 분포 과잉간극수압에 대한 아이소크론 (isochrones)

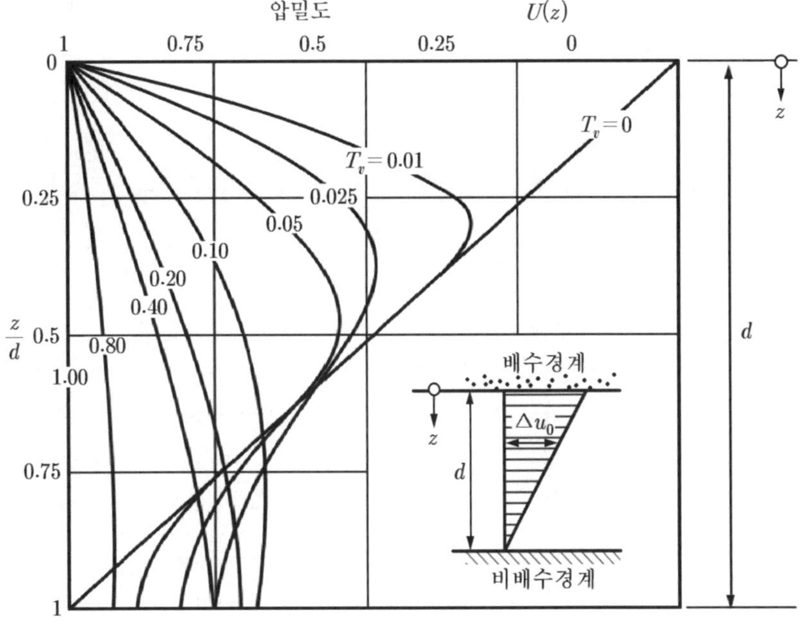

그림 6.24 역삼각형 분포 과잉간극수압에 대한 아이소크론 (isochrones)

4) 임의 경계조건에 대한 압밀

임의 경계조건에서 압밀기본방정식을 직접 적분할 수가 없는 경우에는 **유한차분법**을 적용하면 해결할 수 있다.

$$\frac{\partial u}{\partial t} = C_v \frac{\partial^2 u}{\partial z^2} \tag{6.37}$$

$$\frac{\Delta u}{\Delta t} = \frac{C_v}{\Delta z^2}\left(u_{(z=i-1)} - 2u_{(z=i)} + u_{(z=i+1)}\right) \tag{6.38}$$

과잉간극수압 Δu 는 특정 점 O 에서 시간 t 일 때 과잉간극수압 $u_{o,t}$ 및 시간 $t+\Delta t$ 일 때 과잉간극수압 $u_{o,t}+\Delta t$ 의 차이로 간주할 수 있으며, 만일 $M = \dfrac{\Delta t\, C_v}{\Delta z^2}$ 인 무차원수를 정의하면 위의 식은 다음과 같이 되고 $M < 0.5$ 에서 수렴하게 된다.

$$u_{(z=i),t+\Delta t} = M\left[u_{(z=i-1)} - 2u_{(z=i)} + u_{(z=i+1)}\right]_t + u_{(z=i),t} \tag{6.39}$$

따라서 압밀계수 C_v 및 배수거리 H 를 알고 있으면 임의 M 값과 위 식으로부터 합당한 Δt 와 Δz 를 구할 수 있다.

배수경계에서는 시간에 무관하게 간극수압이 '**영**' $(u=0)$ 이지만, 비배수 경계에서는 물이 흐르지 않아서 유량이 영이므로,

$$Q = vA = kiA = k\frac{\partial u}{\partial z \gamma_w}A = 0 \tag{6.40}$$

$\partial u / \partial z = 0$ 이며, 불투수층내 점 $z = n$ 에서 유한차분식으로 표시하면 다음과 같다.

$$\frac{u_{(z=n-1)} - u_{(z=n)}}{\Delta z} = \frac{-u_{(z=n)} + u_{(z=n+1)}}{\Delta z} = \frac{u_{(z=n-1)} - u_{(z=n+1)}}{\Delta z} = 0 \tag{6.41}$$

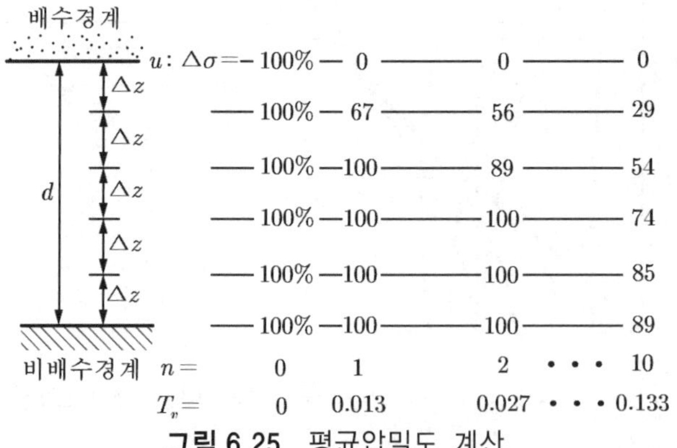

그림 6.25 평균압밀도 계산

6.4.2 압밀시험

1) 압밀시험

흙 지반이 완전히 포화되어 있으면 압축은 유동성인 물이 유출되어서 발생한다. 이때의 흙 지반의 압축속도는 간극수의 유출속도에 달려있고, 간극수의 유출속도는 투수계수에 의해 결정된다. 점성토는 투수계수가 작아서 물이 유출되는데에 많은 시간이 소요되어 압축속도가 느리다.

압밀현상을 실내에서 실험적으로 구하는 시험을 **압밀시험** (consolidation test) 이라고 하고 Terzaghi 의 1 차원 압밀이론에 근거를 두고 있다.

압밀시험을 통해 **압밀정수** (압축지수, 선행압밀압력, 체적압축계수, 압밀계수) 를 구할 수 있고, 이로부터 점성지반이 하중을 받아서 지반전체가 압축되는 경우 발생되는 침하 특성 (침하량, 침하속도) 을 밝힐 수 있다.

Terzaghi 의 압밀이론은 불포화상태이고 투수계수와 지반상태가 불균질하며 온도가 변하는 실제지반에서는 오차가 발생할 수 있다.

2) 시험 방법

압밀시험은 Terzaghi (1925) 가 고안한 그림 6.26 의 **압밀시험기**를 이용하여 실시한다.

압밀시험에서는 직경 6 cm, 높이 2.0 cm 의 원판형의 시료를 표준으로 하며, 시료의 상하표면에 다공석판으로 배수층을 설치하고 양면 또는 일면배수조건으로 설정하고 압밀링의 벽에서 마찰, 시료표면 요철, 시료장착불량 등에 의한 오차가 생기지 않도록 유의하여 대개 **응력제어** (stress control) 방식으로 단계별로 하중을 가한다.

압밀시험에서는 $10 \sim 1600\ kPa$ 의 압력을 표준으로 하중 증분비를 1로 하여 8 단계 (예, 10, 20, 40, 80, 160, 320, 640, 1280 kPa) 로 재하하며, 각 재하단계마다 재하 후에 정해진 시간 (예, 한국산업규격 KS F 2316 에서는 3초, 6초, 9초, 12초, 18초, 30초, 1분, 1.5분, 2분, 3분, 5분, 7분, 10분, 15분, 20분, 30분, 40분, 1시간, 1.5시간, 2시간, 3시간, 6시간, 12시간, 24시간) 에 변위를 측정한다.

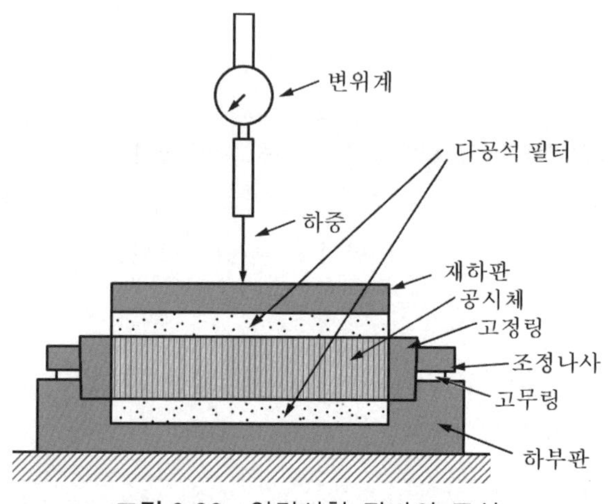

그림 6.26 압밀시험 장비의 구성

각 재하 단계별로 **하중 - 침하 관계**와 시간을 분(min) 단위로 $\sqrt{t}$ 나 $\log t$ 로 표시한 **시간 - 침하관계** ($\sqrt{t}-s$ 나 $\log t-s$)를 구하여 압밀침하와 이차압축침하 등 흙 지반의 압축침하특성을 알 수 있다. 또한 각 재하단계별 최종압밀침하량으로부터 응력 - 침하 곡선(또는 응력 - 비침하 곡선)을 그려서 지반의 압축특성과 선행압밀압력을 구할 수 있다. 각 재하단계별로 제하(팽창) 및 재재하를 실시하여 초기재하, 제하(팽창), 재재하시 응력 - 침하관계를 구한다.

압밀시험은 **변형률 제어방식**(CSR, Constant Strain Rate Test)으로 수행할 수가 있다. 이때는 일정한 변형률로 공시체를 압축하면서 간극수압 변화를 측정하여 지반의 압축특성을 구하며(Steinmann, 1985), 이 방법은 Terzaghi가 제안하였으나 최근에 이르러 본격적인 연구가 진행되어 일반화되었다. 기존 응력제어방식에 비해 시험시간을 대폭 줄일 수 있으므로 이미 전통적 방식과 함께 적용되고 있다.

3) 하중-침하곡선

압밀시험에서는 하중을 8단계로 나누어 재하하며, 하중을 대수(그림 6.28) 또는 자연수(그림 6.27)로 표시하고 침하는 비침하 $s' = \Delta h/h_o$ 나 간극비 e 로 표시하여 하중 - 침하관계 즉, 압축곡선을 그리면, 이로부터 흙의 압축특성을 알 수 있고, 압축지수 C_c 나 압축계수 a_v 를 구하여 지반의 압밀침하량을 계산할 수가 있다. 또한, 재하단계별 압밀압력과 간극비 관계로부터 **선행압밀압력**을 구할 수 있다.

(1) 압축곡선

지반의 압축은 흙 구조골격이 압축되어 일어나므로 유효응력 $\log\sigma'$ 또는 σ'로 표시해야 하지만 보통 $\log\sigma$ 또는 σ로 단순하게 표시한다. 반대수로 표시한 응력 - 변형 ($\log\sigma - e$) 그래프 (그림 6.28) 는 초기에는 완만하게 비선형적으로 증가되고 어느 한계 (점 D) 부터 직선이 된다. 그렇지만 예민한 구조골격을 갖는 지반이나 예민한 점토 또는 유기질토에서는 이 같은 직선관계가 나타나지 않을 수 있다.

하중을 일정한 크기 σ_1 까지 가했다가 제하하면 **제하곡선** (unloading curve) $A \rightarrow B$가 구해지고, 하중을 σ_1 까지 다시 재하하면 **재재하곡선** (reloading curve) $B \rightarrow C$ 가 구해진다.

일차 재하시 하중이 $0 \rightarrow \sigma_1$ 으로 커지면 비침하는 s_1'로 크지만 제하시에는 변위가 매우 작게 s'' 만큼 회복된다. 따라서 발생 변위는 회복 가능한 변위 s'' (탄성변위) 와 잔류변위 s' (소성변위) 로 구분된다. 일차재하 시 재하곡선은 재재하시 곡선보다 매우 가파르며 대개 그 기울기가 8~10 배이다.

(2) 압축계수 a_v 와 압축지수 C_c

포화지반의 응력 - 지반 압축량의 관계를 나타내는 $\sigma - e$ 곡선 (그림 6.27) 의 초기 압축 재하단계 기울기는 **압축계수 a_v** (coefficient of compressibility) 로 정의한다.

$$a_v = -\frac{\Delta e}{\Delta\sigma} \tag{6.42a}$$

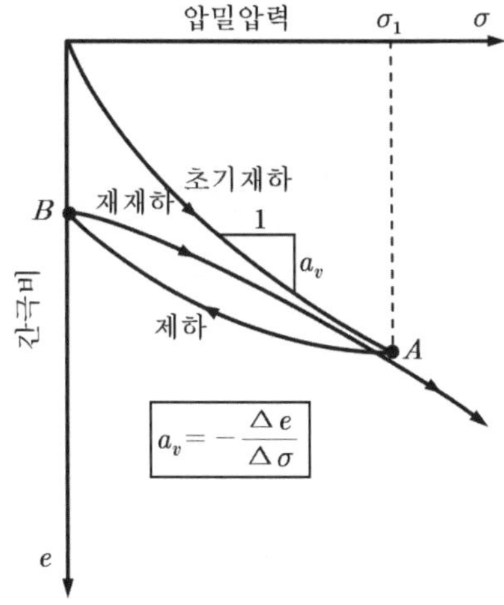

그림 6.27 압축계수 a_v 의 정의

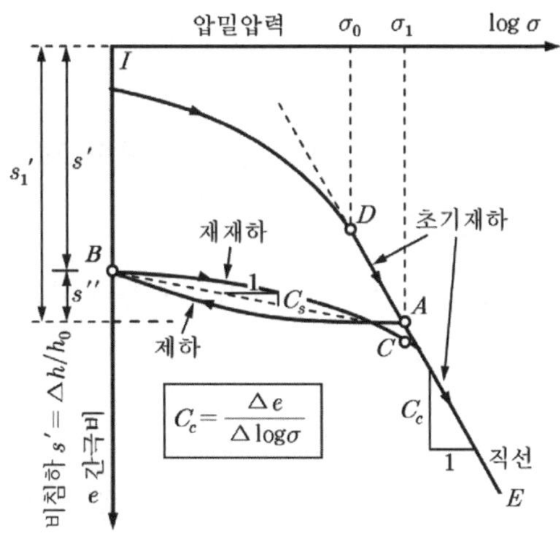

그림 6.28 압축지수 C_c 와 팽창지수 C_s 정의

반면에 $\log\sigma - e$곡선(그림 6.28)에서 초기 압축재하 단계일 때 곡선기울기는 **압축지수 C_c** (compression index)라 정의하고 제하 및 재재하 단계일 때 기울기를 **팽창지수 C_s** (swelling index)로 정의한다.

지반의 압축변형계수는 응력수준에 따라 다르며, 그림 6.28과 같이 일차재하 시에만 $\log\sigma - e$ 관계곡선이 직선이 되어 상수가 된다. 보통 이 직선부분의 기울기가 압축지수 C_c이며 압밀침하를 계산할 때에 적용한다.

$$C_c = \frac{\Delta e}{\Delta \log\sigma} = \frac{e_2 - e_3}{\log\frac{\sigma_3}{\sigma_2}} \tag{6.42b}$$

압축지수는 압밀시험에서 구하므로 시간과 비용이 많이 소요된다. 따라서 보다 쉽게 구할 수 있는 여러 가지 간략한 방법들이 제안되어 있다. Skempton(1944)은 (교란 또는 비교란 상태) 정규압밀점토에서 액성한계 w_L로부터 **압축지수 C_c**를 구하는 경험식을 제시하였다.

$$\begin{aligned} &\text{비교란 점토}: C_c = 0.009(w_L - 10) \\ &\text{교란 점토}: C_c = 0.007(w_L - 10) \end{aligned} \tag{6.43}$$

(3) 압밀변형계수 E_s

압밀시험도중에는 공시체 단면적이 변하지 않으므로 공시체의 부피변화 ΔV(간극변화 Δe)는 높이변화 Δh로 표시할 수 있다.

그런데 **높이 변화율**(즉, 비침하 $s' = \Delta h / h_0$)의 변화량이

$$\Delta s' = \frac{\Delta e}{1 + e_0} \tag{6.44}$$

이므로, 이식을 변형하여 **간극의 변화량 Δe**에 대한 식으로 나타내면 다음과 같다.

$$\Delta e = e_2 - e_3 = \Delta s'(1 + e_0) \tag{6.45}$$

이 관계를 식(6.42)에 대입하면 다음이 되고,

$$C_c = \Delta s'(1 + e_0)\frac{1}{\log\frac{\sigma_3}{\sigma_2}} \tag{6.46}$$

이를 압밀변형계수 E_s 식에 대입하면 압밀변형계수 E_s와 압축지수 C_c의 관계를 구할 수 있다.

압밀변형계수 E_s 를 **할선계수** (secant modulus) 로 정의하여 위 식을 대입하면 다음 관계가 성립된다.

$$E_s = \frac{\Delta\sigma}{\Delta s'} = \frac{1+e_0}{C_c}\frac{\Delta\sigma}{\log\frac{\sigma_3}{\sigma_2}} \quad (6.47)$$

반면에 압밀변형계수 E_s 를 그림 6.28 의 직선부분 임의 응력 σ_m 에 대한 **접선계수** (tangent modulus) 로 정의하여 위 식에 대입하면 다음 관계가 된다.

$$E_s = \frac{d\sigma}{d\epsilon} = 2.3\,(1+e_0)\,\frac{\sigma_m}{C_c} \quad (6.48)$$

압밀변형계수 E_s 는 모든 범위의 응력에 대해 적용되지만 압축지수 C_c 는 그림 6.28 의 $\log\sigma - \epsilon$ 곡선에서 직선부분, 즉 일차재하에서만 $(\sigma > \sigma_1)$ 유효하다.

(4) 선행압밀압력

현장에서 채취한 비교란 시료에 대해 압밀시험을 실시한 후에 각 재하단계별 압밀압력 $(\sigma_1, \sigma_2, \cdots, \sigma_8)$ 과 간극비 관계를 나타내면 그림 6.29 와 같은 곡선이 되며, 이 곡선에서 그 시료가 과거에 부담했던 **선행압밀압력 σ_c** (preconsolidation pressure) 을 Casagrande (1936) 방법으로 결정할 수 있다.

선행압밀압력 σ_c 가 현재 압력보다 작으면 **정규압밀** (normally consolidated) 상태라 하고 반대로 크면 **과압밀** (overconsolidated) 상태라 한다. 선행압밀압력과 현재상태 압력의 비를 **과압밀비** (OCR, overconsolidation ratio) 라고 한다.

선행압밀압력은 현상태 과압밀비를 구하거나 지반의 생성연령 등을 측정할 때 이용할 수 있으며, 다음 순서로 결정한다.

i) $\log\sigma - e$ 곡선을 그린다.
ii) 직선 부분 (D 점부터) 을 연장하여 LD 직선을 구한다.
iii) 곡률이 최대인 점 K 를 찾는다.
iv) 점 K 에서 수평한 선 ① 을 그린다.
v) 점 K 의 접선 ② 를 그린다.
vi) ① 과 ② 의 사잇각의 2 등분선 ③ 을 그린다.
vii) LD 직선과 ③ 이 만나는 점의 응력 상태 σ_c 를 구하면 곧, 선행압밀압력이다.

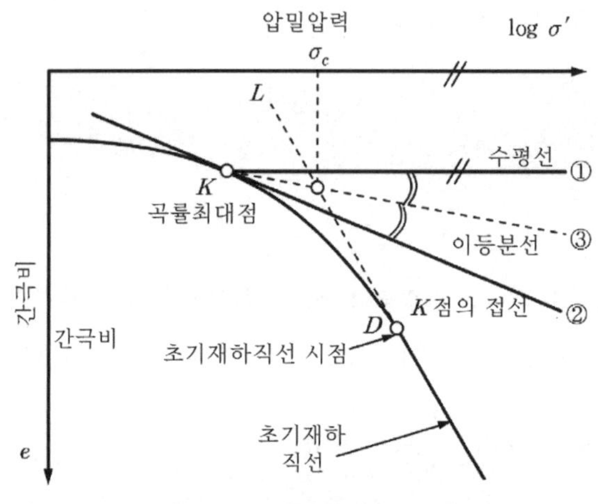

그림 6.29 선행압밀압력 결정

4) 시간-침하곡선

압밀시험에서 각 재하단계마다 재하 후 정해진 시간(예 3초, 6초, 9초, 12초, 18초, 30초, 42초, 1분, 1.5분, 2분, 3분, 5분, 7분, 10분, 15분, 20분, 30분, 40분, 1시간, 1.5시간, 2시간, 3시간, 6시간, 12시간, 24시간)에 측정한 변위로부터 시간을 분(min) 단위로 $\sqrt{t}$ 나 $\log t$ 로 표시하여 시간 - 침하곡선을 작도하면 재하단계별로 시간에 따른 흙의 침하특성을 알 수 있고, **압밀계수 C_v** 와 **일차 압밀비**를 구할 수 있으며, 이로부터 **압밀소요시간**을 계산할 수 있다.

(1) 압밀계수

압밀시험 후 시간을 $\sqrt{t}$ 나 $\log t$ 로 표시하여 **재하단계별 시간 - 침하곡선**을 그리면 **압밀계수 C_v** (coefficient of consolidation)를 구할 수 있고, 이로부터 흙의 투수계수와 압밀속도를 결정할 수 있다.

① $\sqrt{t}$ 법 (Taylor's method)

시간을 $\sqrt{t}$ 로 하여 시간 - 침하거동을 표시하면 초기부터 압밀도 약 60 % 때 까지는 거의 직선이 되는 특성을 이용하여 다음 순서로 **압밀도 90 % 에 대한 압밀계수**를 정한다 (Taylor, 1942).

i) 시간 - 침하곡선을 그린다.

ii) 초기직선부분을 연장하여 직선을 그리고 세로축에 대한 각도 α 를 구한다.

iii) 직선이 세로축과 만나는 점이 초기보정치 d_o(수정영점) 이다.

iv) 수정 영점 d_o에서 $1.15\tan\alpha$ 기울기로 직선을 긋는다.

v) 새로운 직선이 시간-침하곡선과 만나는 점이 90 % 압밀된 점이며, 그때의 시간과 침하량이 t_{90} 과 d_{90} 이다.

vi) 압밀도 90 % 에 대한 시간계수 $T_v = 0.848$ 를 식 (6.33)에 적용해서 압밀계수를 구한다.

$$C_v = \frac{T_v\ H^2}{t_{90}} = \frac{0.848H^2}{t_{90}} \qquad (6.49a)$$

압밀계수는 San Fransisco bay mud (Holtz/Kovacs, 1981) 에서 $C_v = 6 \times 10^{-4}\ cm^2/s$, Chicago clay 에서는 $C_v = 18.55 \times 10^{-4} cm^2/s$, 모래성 실트질 점토 (Lambe, 1951) 에서 $C_v = 0.34 \times 10^{-4} cm^2/s$ 로 알려져 있다.

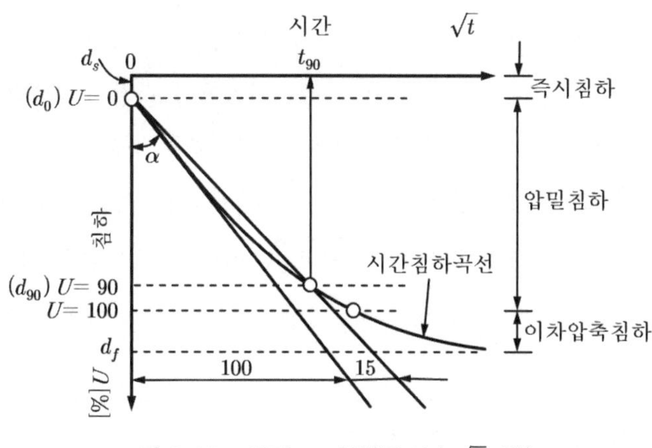

그림 6.30 시간 - 침하곡선 ($\sqrt{t}$ 법)

② $\log t$ 법 (Casagrande's method)

시간을 $\log t$ 로 하여 반대수 그래프에 표시하면 점토나 점토질 실트에서는 그림 6.31 과 같은 시간 - 침하곡선이 되지만 (Casagrande, 1936), 투수성이 큰 지반에서는 이러한 형상이 되지 않는다. 반대수 시간-침하곡선은 대체로 3 부분으로 구성된다.

- **즉시침하** : 재하 즉시 발생되며 탄성침하이다.
- **일차압밀침하** : 시간에 따른 침하거동은 압밀이론으로 설명할 수 있고, 거동 특성은 투수계수와 배수조건에 따라 달라진다.

- **이차압축침하** : 재하에 의한 과잉간극수압이 영 ($\Delta u = 0$) 인데도 계속하여 발생된 침하이다. 압밀시험은 이차압축곡선이 뚜렷한 직선양상을 보일 때까지 계속한다.

이런 특성을 이용하여 다음과 같이 **압밀도 50 % 에 대한 압밀계수**를 구할 수 있다.

i) 시간 - 침하곡선을 반대수 용지에 그린다.

ii) 초기 침하후에 일차압밀침하의 시작점을 구한다. 즉, $\log t - \Delta h$ 곡선의 초기 부분을 이차포물선으로 간주할 수 있고, 이때에는 $t_1 = 15\,\text{sec}$사이에 발생된 침하 α 와 그 후 $4t_1 = 1\,\text{min}$이 될 때 까지 발생된 침하량이 같게 된다.

iii) 초기측정치 d_s 가 초기의 보정치 d_0 보다 작으면 ($d_s < d_0$) 기준점을 $t_1 = 15\,\text{sec}$ 보다 작게 잡고, 크면 ($d_s > d_0$) $t_1 = 15\,\text{sec}$ 보다 크게 잡는다.

iv) 중간부분 접선과 후반부분 접선을 연결하여 만나는 점에 해당되는 침하량 d_{100} 이 일차압밀 완료시기이다. 이차압축침하가 일어나기 시작하는 시간은 곡선모양을 보면 알 수가 있다. 즉, 일차압밀 곡선의 접선과 이차압축곡선의 접선이 만나는 점에 해당하는 침하가 일어났을 때를 압밀영역으로 간주한다.

v) 압밀도 50% 인 점을 구한다. 즉, $d_{50} = (d_o + d_{100})/2$ 에 해당하는 t_{50} 을 구하고 t_{50} 이 곡선의 중앙 직선부 (또는 거의 직선부) 에 있는지 확인한다.

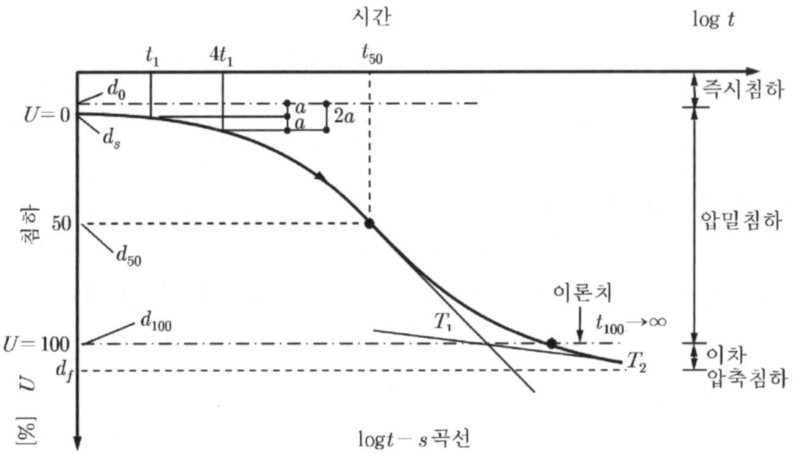

그림 6.31 시간 - 침하곡선 ($\log t$ 법)

iv) 압밀도 50 % 에 대한 시간계수 $T_v = 0.197$ 를 적용하여 식 6.33 에서 압밀계수를 계산한다.

$$C_v = \frac{T_v H^2}{t_{50}} = \frac{0.197 H^2}{t_{50}} \tag{6.49b}$$

(2) **일차압밀비**

일차 압밀비 (primary consolidation ratio) 는 전체 압축량에서 일차 압밀량 (즉, $U = 100\%$) 이 차지하는 비율이며 시간 - 침하 관계곡선에 따라 다음과 같이 정의한다.

$$\sqrt{t} \text{ 법 } : \frac{\frac{10}{9}(d_0 - d_{90})}{d_s - d_f} \tag{6.50}$$

$$\log t \text{ 법 } : \frac{d_0 - d_{100}}{d_s - d_f} \tag{6.51}$$

여기서 d_s 는 재하시작 그리고 d_f 는 종료시의 연직변위측정치이다.

6.4.3 압밀침하와 압밀소요시간

Terzaghi 압밀이론을 적용하면 지반의 압밀침하량과 압밀소요시간을 계산할 수 있다.

1) 정규압밀과 과압밀

퇴적 생성된 후 현재 덮개토압 ($\sigma_o = \gamma z$) 보다 큰 하중을 받은 적이 없어서 형성초기의 구조골격을 그대로 유지하고 있는 흙을 **정규압밀 흙** (NC : Normally Consolidated soil) 이라 한다. 반면 덮개지층이 침식되어 없어지거나 지하수위가 변동되면 현재 덮개토압이 선행압밀압력 보다 작다. 이때는 하중이 제거된 현재에도 흙의 생성초기상태 구조골격이 교란되지 않고 간극비만 변화되어 있다.

이러한 흙을 **과압밀 흙** (OC : Overconsolidated soil) 이라 하며, 과압밀 정도는 과거에 하중의 현 덮개토압에 대한 비 즉, **과압밀비** (OCR : overconsolidation ratio) 로 나타낸다.

지반이 과압밀상태가 되는 원인은 다음과 같은 것들이 있다.

- 전응력의 변화 : 상재하중의 제거, 빙하의 후퇴, 과거에 존재했던 구조물의 제거
- 간극수압의 변화 : 지하수위의 변화, 피압, 양수, 증발 등
- 흙구조의 변화 : 이차압축

- 환경의 변화 : 간극수의 pH, 온도, 이온농도
- 화학적 변화 : 풍화작용, 이온교환
- 재하 시 변형률의 변화 : 변형속도의 차이

현재 깊이 z 인 지점에서 채취한 정규압밀 흙에서는 덮개토압이 $\sigma_D = \gamma z$ 이다. 그러나 흙 시료를 채취할 때 응력이 해방되기 때문에, $\log\sigma - e$ 곡선의 초기에는 과압밀 흙으로 거동한다. 압밀시험결과로부터 선행압밀압력 σ_c 를 구하여 현재 덮개토압 σ_D 와 비교해서 $\sigma_c \leqq \sigma_D$ 이면 정규압밀 흙이고, $\sigma_c > \sigma_D$ 이면 과압밀 흙이다. 응력이 덮개토압보다 더 작을 때 ($\sigma \leqq \sigma_D$) 는 과압밀 흙으로 거동하다가, 응력이 덮개토압보다 클 때 ($\sigma > \sigma_D$) 는 정규압밀 흙으로 거동한다. OCR 〈 2 인 흙은 정규압밀 흙과 거의 같이 거동하고 대개 OCR 〉 2 인 흙에서만 뚜렷한 과압밀 거동을 보인다.

2) 압밀침하량

압밀침하량 S_c 는 압밀층을 여러 개 미세지층으로 분할하여 각 미세지층의 압밀침하량 Δs_{ci} 를 계산하고 합해서 구한다. 외력에 의한 지반 내 유효연직응력증가량 $\Delta\sigma_v$ 는 깊이에 따라 비선형적으로 증가하므로, 각 미세지층 중간깊이의 유효연직응력증가량을 적용하여 미세지층의 압밀침하량 ΔS_{ci} 를 계산한다. 하중을 가하기 전에 이미 자중에 의한 압밀은 완료된 것으로 간주하고 하중에 의한 압밀침하만 계산한다.

(1) 정규압밀 점토의 침하량

흙 요소가 연직방향으로만 압밀된다 가정하면 **압밀침하량 S_c** 는 **압축지수 C_c** 나 **압축계수 a_v** 또는 **체적변화계수 m_v** 를 적용하여 계산할 수 있다.

① 압축지수 C_c

압축지수 C_c (compression index) 는 압밀시험 결과로부터 구하며, 근사적으로 액성한계 w_L 로부터 구할 수도 있다 (식 6.43).

압밀시험에서 구한 침하율은 $\dfrac{\Delta H}{H_0} = \dfrac{\Delta e}{1+e_0}$ 이므로, 침하량 ΔH 는 다음이 된다.

$$\Delta H = \frac{\Delta e}{1+e_0} H_0 \tag{6.52}$$

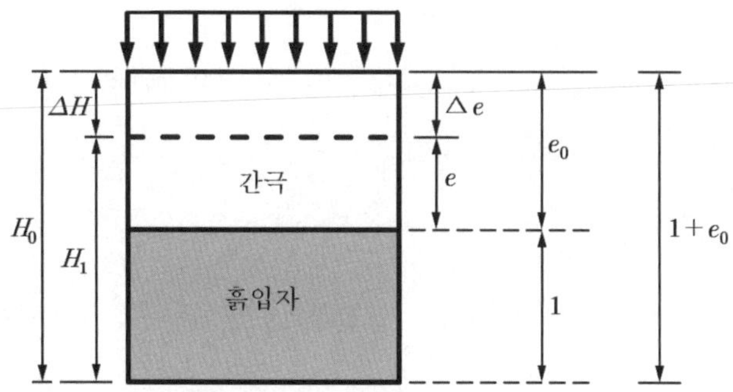

그림 6.32 흙 요소의 일차원 압축

그런데 $\log\sigma' - e$ 곡선에서 **압축지수 C_c** 는 다음과 같이 정의하므로

$$C_c = \frac{\Delta e}{\Delta \log_{10}\sigma'} \tag{6.53}$$

이 식을 식 (6.57) 에 대입하여 정리하면 **압밀침하량 S_c** 의 계산식이 된다.

$$S_c = \Delta H = \frac{C_c}{1+e_0} H_0 \log_{10} \frac{\sigma_{vo}' + \Delta\sigma_v'}{\sigma_{v_0}'} \tag{6.54}$$

여기서 σ_{v_0}' : 외력이 작용하기 전 미세지층 중간부분의 유효연직응력

$\Delta\sigma_v'$: 외력에 의한 미세지층 중간부분의 유효연직응력 증가량

e_0 와 σ_{vo}' : 미세지층 중간부분의 초기간극비와 초기유효응력

외력에 의한 지반 내의 유효연직응력증가량 $\Delta\sigma_v'$ 는 깊이에 따라서 비선형적으로 증가하므로, 압밀지층을 두께 Δh 인 여러 개 미세지층으로 분할하고 각각의 미세지층에 대한 압밀침하량 ΔS_{ci} 를 계산하여 합하면, **전체 압밀침하량 S_c** 가 된다.

$$S_c = \sum \Delta S_{ci} = \sum \frac{C_{ci}}{1+e_{oi}} \Delta h_i \log_{10} \frac{\sigma_{v_{0i}}' + \Delta\sigma_{v_i}'}{\sigma_{v_{oi}}'} \tag{6.55}$$

여기에서, $\sigma_{v_{oi}}'$, e_{oi}, C_{ci} 는 각 미세지층 중간부분의 유효 연직증가응력, 초기 유효연직응력, 초기 간극비, 압축지수이다.

② **압축계수 a_v**

압축계수 a_v (coefficient of compressibility)는 압밀시험에서 구한 $\sigma' - e$ 곡선의 기울기로 정의하며 (그림 6.27)

$$a_v = -\frac{\Delta e}{\Delta \sigma_v'} \tag{6.56}$$

이고, 이 식을 식 (6.52)에 대입하면 **압밀침하량 S_c**를 구할 수 있다.

$$S_c = \Delta H = \frac{a_v}{1+e_0} H_0 \Delta \sigma_v' \tag{6.57}$$

③ **체적변화계수 m_v**

체적변화계수 m_v (vertical coefficient of volume compressibility)는 $m_v = \dfrac{a_v}{1+e_0}$ 이므로 식 (6.57)는 다음과 같이 다시 쓸 수 있다.

$$S_c = \Delta H = m_v\, H_0\, \Delta \sigma_v' \tag{6.58}$$

전체 **압밀침하량 S_c**는 지반의 체적압축계수 m_v에 미세지층의 두께 Δh_i와 미세지층 중간부 연직응력 증가량 $\Delta \sigma_z$를 곱해서 ($\Delta s_i = m_v\, \Delta h_i\, \Delta \sigma_z$) 각 **미세지층의 압밀침하량 ΔS_{ci}**를 구하여 합한 값이다.

$$S_c = \sum \Delta S_{ci} = \sum m_{vi}\, \Delta h_i\, \Delta \sigma_{vi}' \tag{6.59}$$

여기서 m_{vi}는 각 미세지층의 중간부분의 체적변화 계수이다.

【예제】 두께5.0 m의 점토층 시료를 채취하여 실험한 결과 1.6 kgf/cm^2에서 3.2 kgf/cm^2로 하중단계를 높이자 간극비가 1.92에서 1.60으로 감소되었다. 압밀침하량을 구하시오.

【풀이】 압축계수 식 (6.56)에서 $a_v = -\dfrac{1.60-1.92}{3.2-1.6} = \dfrac{0.32}{1.6} = 0.2\ [\mathrm{cm^2/kg}]$

압밀침하량은 식 (6.57)에서

$$\Delta H = \frac{a_v}{1+e_o} H_0 \Delta \sigma_v' = \frac{0.2}{1+1.92}(3.2-1.6)500 = 54.8\ [\mathrm{cm}]$$ ///

【예제】 두께 5.0 m 인 정규압밀 점토층이 있다. 이 흙의 액성한계가 50 % 이고 초기 간극비는 1.5 이다. 상재하중을 현재 100 kPa 에서 200 kPa로 늘릴 경우에 발생되는 압밀침하량을 구하시오.

【풀이】 Skempton 에 의하여 식 (6.43) 에서 $C_c = 0.009(50-10) = 0.36$

식 (6.54)에서 $\Delta H = \dfrac{C_c}{1+e_0} H \log_{10} \dfrac{P_2}{P_1}$

$$\Delta H = \frac{0.36}{1+1.5} log_{10} \frac{200}{100} \times 5.0 = 0.217\ [\text{m}] = 21.7\ [\text{cm}] \qquad ///$$

(2) 과압밀 점토의 침하량

과압밀 점토에서는 선행압밀압력 σ_c 보다 작은 하중과 큰 하중에서 $\log\sigma' - e$ 그래프의 기울기가 다르므로 이를 고려하여 침하량을 계산한다.

① 선행압밀압력보다 작은 하중 ($\sigma_{v_o}{}' + \Delta\sigma_v{}' < \sigma_c$) 인 경우

현재 하중이 선행압밀하중 보다 작으면 재재하 상태이므로, 재재하 부분 곡선의 기울기 즉, **팽창지수 C_s** 를 식 (6.54) 에 적용하여 침하량을 계산한다.

$$S_c = \frac{C_s}{1+e_0} H_0 \log \frac{\sigma_{v_0}{}' + \Delta\sigma_v{}'}{\sigma_{v_0}{}'} \tag{6.60}$$

② 선행압밀압력보다 큰 하중 ($\sigma_{v_o}{}' + \Delta\sigma_v{}' > \sigma_c$) 인 경우

하중이 선행압밀하중 보다 크면 선행압밀압력 전에는 재재하상태이고 그 이후에는 초기재하상태이므로, 전체 침하량은 **재재하에 의한 침하량 S_{c1}** (식 6.60) 과 **초기재하에 의한 침하량 S_{c2}** (식 6.54) 의 합이다.

$$S_c = S_{c1} + S_{c2} = \frac{H_0}{1+e_0}\left[C_s \log \frac{\sigma_c{}'}{\sigma_{v_0}{}'} + C_c \log \frac{\sigma_{v_0}{}' + \Delta\sigma_v{}'}{\sigma_c{}'} \right] \tag{6.61}$$

3) 압밀소요시간

Terzeghi 의 압밀이론을 적용하면 압밀에 소요되는 시간 t 를 계산할 수 있으며, 역으로 주어진 시간에 압밀을 종료시키기 위한 경계조건을 구할 수도 있다.

압밀이 완료되는 데에 필요한 **압밀소요시간 t** 는 압밀계수 C_v 와 배수거리 H, 그리고 시간계수 T_v 를 알면 식 (6.34) 로부터 구할 수 있다.

$$t = \frac{T_v H^2}{C_v} \tag{6.62}$$

【예제】 양면배수조건에서 어떤 압밀도에 도달되는데 2 년이 걸렸다. 같은 두께 지층에서 일면배수조건에서의 같은 압밀도에 도달되는데 걸리는 예상시간을 구하시오.

【풀이】 $H_2^2 : t_2 = H_1^2 : t_1 \rightarrow \left(\frac{H}{2}\right)^2 : 2\text{년} = H^2 : t\text{년} \qquad \therefore t = 8\text{년}$ ///

【예제】 양면배수조건인 두께 5.0 m 의 점토층의 압밀계수가 $C_v = 3.2 \times 10^{-3} \text{cm}^2/\text{s}$ 일 때에 압밀도 50 %에 도달하는데 걸리는 시간을 구하시오.

【풀이】 식 (6.49b) 에서

$$t_{50} = \frac{0.197 H^2}{C_v} = \frac{0.197 \times \left(\frac{500}{2}\right)^2}{3.2 \times 10^{-3} \times 60 \times 60 \times 24} = 44.5\ [\text{일}]$$

///

6.4.4 압밀촉진공법

Terzaghi 의 압밀이론을 응용하여 **압밀촉진공법**을 개발할 수 있다.

1) 압밀촉진공법

수평 퇴적지반에서는 대체로 수평투수계수가 연직투수계수보다 크므로 ($k_h > k_v$) 수평으로 배수를 유도하는 것이 유리하다. 따라서 지반에 연직 배수층을 촘촘하게 설치하여 수평배수를 유도하고 배수거리를 짧게 하면 압밀을 촉진시킬 수 있다. 이때에 미세입자 등에 의해 배수공이 막혀서 배수기능이 떨어지지 않도록 주의해야 한다.

(1) 과재하

지지력이 부족한 지반을 구조물 하중과 같은 크기의 하중으로 **선행재하** (preloading) 하여 침하를 사전에 발생시켜서 개량한 후에 하중을 제거하고 구조물을 축조하면, 지중응력이 변하지 않으므로 구조물에 의한 침하가 거의 발생되지를 않는다 (Casagrande, 1964). 선행재하는 여분의 흙을 쌓아 그 자중을 선행하중으로 이용하는 경우가 많다.

포화상태의 연약한 세립지반은 투수계수가 작으므로 사전에 선행하중 작용시간을 결정하고, 재하중에 의한 지반의 활동파괴에 대한 안정을 검토해야 한다.

선행하중을 크게 하면 침하속도가 빨라져서 압밀시간을 줄일 수 있고, 구조물보다 넓은 면적에 하중을 가하면 하중의 영향범위가 깊어져서 넓은 영역의 지반을 조기에 개량할 수 있다.

과재하 (overloading) 란 지반안정 문제가 발생되지 않는 한도 내에서 가장 큰 하중을 재하하여 (그림 6.33) 허용침하분을 제외한 나머지 침하가 신속히 발생하도록 유도하여 지반을 개량하는 방법이다.

상태가 양호하여 지반 안정문제가 발생되지 않는 지반일수록 과재하에 의한 효과가 뚜렷하다. 현장에서는 압밀경계조건 (배수조건, 투수계수의 크기, 비등방성 등)이 분명하지 않을 경우가 있으므로 사전에 실대형 시험을 수행하거나 시공 중에 계측을 실시해서 확인한다. 이때에 시간 - 침하관계 이외에도 간극수압의 변화를 측정한다. 현장에 적용할 간극수압 측정시스템은 기능성을 확인하고 선택하며, 기준시간 선택이 중요하다. 과재하 시 지반의 침하거동은 10.3.6 절에서 다룬다.

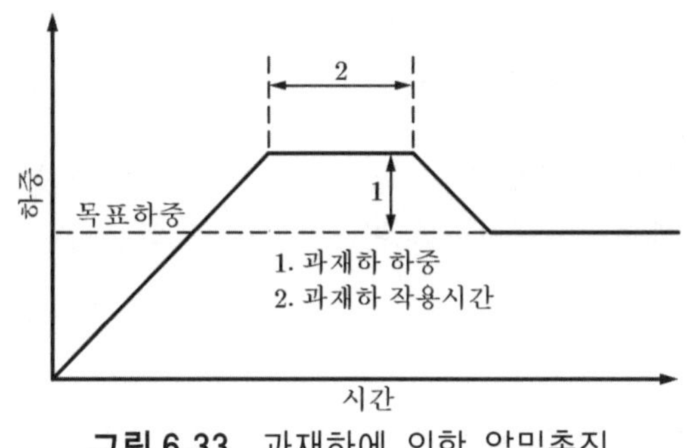

그림 6.33 과재하에 의한 압밀촉진

(2) 연직배수

투수성이 작은 점성토에서는 압밀속도가 매우 느리기 때문에 (투수계수 $k = 1.0 \times 10^{-6}$ cm/s 인 지반에서서 배수속도는 약 $30\,cm/year$) 압밀을 촉진시키기 위해 여러 가지 방안을 생각할 수가 있다. 압밀 소요시간을 단축하기 위해서는 배수거리를 짧게 하는 것이 가장 효과적이므로 **예정 압밀시간** t 에 맞게 배수거리 H 를 계산하여 배수층을 설치한다.

$$t = \frac{T_v\, H^2}{C_v} \tag{6.63}$$

수평으로 퇴적되어 형성된 지층에서는 수평방향 투수성이 연직방향 투수성 보다 크기 때문에 압밀은 주로 수평배수에 의해 일어난다. 연직방향으로 **인공 배수층**을 설치하면 (수평방향의 인공배수층은 설치가 거의 불가) 압밀지층에서 수평으로 배수되고, 배수된 물을 신속히 배출시킬 수 있다. 이때에 상재하중을 가하여 수두차를 크게 하면 압밀을 촉진시킬 수 있다 (그림 6.34). 수평으로 퇴적지층에서는 연직보다 수평방향 투수계수가 크기 때문에 실제의 압밀속도는 균질한 지반에 대해 계산한 속도보다 훨씬 빠르다.

연직배수로는 직경이 200~400 mm 로 지반을 보링하고 모래로 채운 모래기둥이나 (샌드 드레인 공법) 드레인 보드를 설치하여 만든다. 연직배수로는 예정압밀시간에 맞춰 간격을 결정하고 정삼각형이나 정사각형으로 배치한다 (그림 6.35). 미세입자가 이동하여 연직배수로가 막히거나, 설치 중에 지반이 교란되어서 압밀계수 C_v 가 작아지면 압밀소요 시간이 길어지는데 이러한 현상을 **스미어 현상** (smear) 이라고 한다. 이에 대비하여 수평방향 압밀계수 C_{vh} 를 감소하여 적용하거나 연직배수간격을 감소시킨다. 연직배수로는 직경을 크게 하면 지반 내 연직응력의 증분이 감소되고 과잉간극수압이 작아져서 압밀침하를 감소시킬 수가 있으나 경제성과 시공성이 문제가 된다. 연직배수로를 설치하면 수평으로 배수되기 때문에 **삼차원 압밀이론식** (3-Dim. consolidation theory) 을 적용해야 한다. 즉,

$$\frac{\partial u}{\partial t} = C_{vh}\left(\frac{\partial^2 u}{\partial r^2} + \frac{1}{r}\frac{\partial u}{\partial r}\right) + C_{vv}\frac{\partial^2 u}{\partial z^2} \tag{6.64}$$

연직배수로 주변 흙을 그림 6.35 와 같이 반경 R 인 **등가원통**으로 대체하여 위 식의 해를 구하면 연직과 반경 (수평) 방향의 평균압밀도 U_v 와 U_r 는 다음과 같다.

$$\begin{aligned} &\text{연직방향} : U_v = f\,(T_v) \\ &\text{반경방향} : U_r = f\,(T_r) \end{aligned} \tag{6.65}$$

여기에서 $\boldsymbol{T_v}$ 와 $\boldsymbol{T_r}$ 은 각각 **연직 및 수평방향에 대한 시간계수**이다.

$$T_v = \frac{C_{vv}\,t}{d^2}, \qquad T_r = \frac{C_{vh}\,t}{4R^2} \tag{6.66}$$

이 식의 수평방향에 대한 해는 그림 6.36 에 있고, $U - T_r$ 의 관계는 $n = R/r_d$ 에 따라 달라진다. 이때 R 은 배수영역에 대한 등가원통의 반경이고 r_d 는 연직배수로 (즉, 샌드 드레인) 의 반경을 나타낸다.

수평과 연직배수를 고려한 종합적인 **압밀도 $\boldsymbol{U}$** 는 다음과 같다.

$$(1-U) = (1-U_v)(1-U_r) \tag{6.67}$$

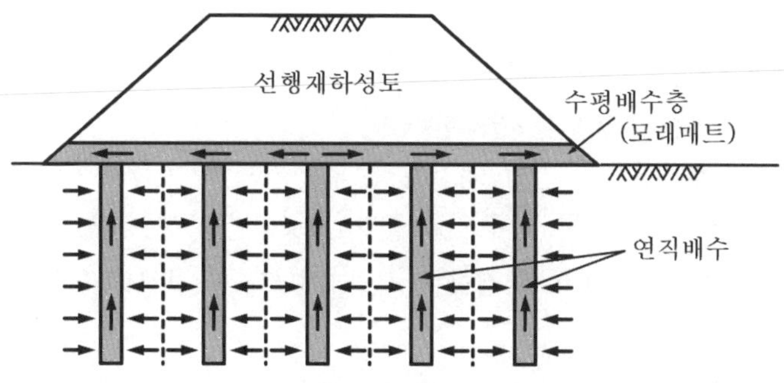

그림 6.34 연직 드레인

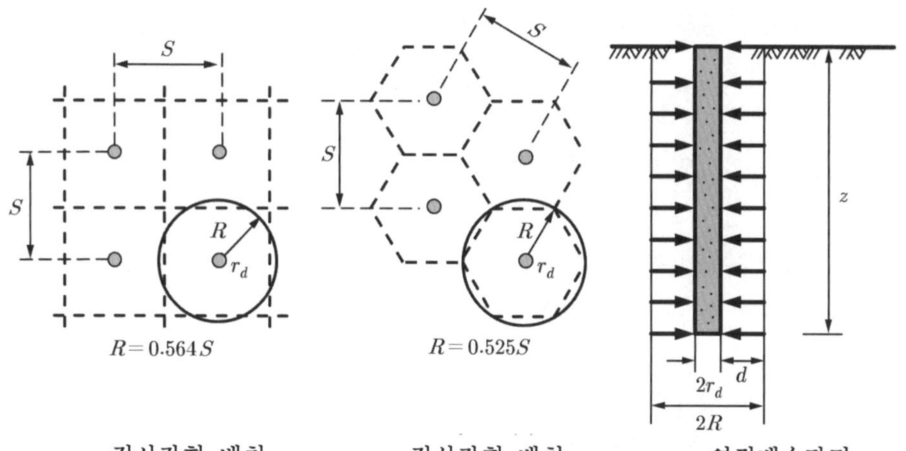

그림 6.35 연직 드레인공법의 해석(원통형 블록)

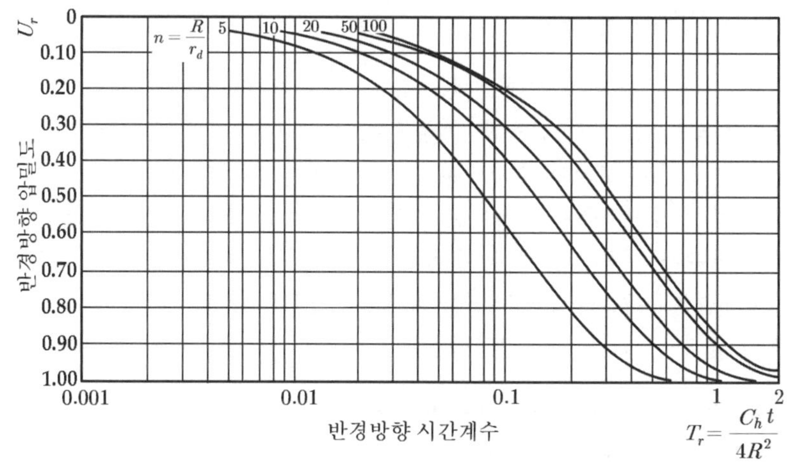

그림 6.36 반경방향 압밀에 대한 압밀방정식의 해

연직배수로를 설치할 때에는 다음 순서에 맞추어 설계한다.

① 최종 압밀침하량을 계산한다(식 6.54).

② 설계기간에 대한 압밀도를 결정한다.

③ 연직배수로 배치방식을 결정(정사각형, 정삼각형)한다.

④ 연직배수로의 반경 r_d를 기준으로 등가원통의 반경 $R=nr_d$을 잠정 결정한다.

⑤ 현장배수조건을 고려하여 연직방향 시간계수 T_v를 결정한다 (식 6.66).

$$d = R - r_d$$

$$T_v = \frac{C_{vv}\,t}{d^2}$$

⑥ **등가원통**의 반경 R을 대입하여 수평방향 압밀계수 T_r를 계산한다(식 6.66).

$$T_r = \frac{C_{vh}\,t}{4R^2} = \frac{C_{vh}\ t}{4\ n^2\ r_d^2} = m\ \frac{1}{n^2}$$

⑦ 수평방향 압밀도 U_r을 결정한다.

⑧ 수평방향 압밀도 U_r에 대한 수평방향 시간계수 T_r을 결정한다(그림 6.36).

⑨ 시산법으로 n을 결정한다.

⑩ 등가원통반경 R을 결정한다.

$$R = n\ r_d \tag{6.68}$$

⑪ 연직배수로 간격을 결정한다.

정사각형 : $S = R/0.564$ (6.69)

정삼각형 : $S = R/0.525$ (6.70)

6.4.5 다차원 압밀이론

Terzaghi 압밀이론은 일차원 이론이다. 즉, 외력 $\Delta\sigma$에 의해서 발생된 과잉간극수압 Δu는 간극수가 연직 상하방향으로만 배출되어 소산된다. 이런 일차원 압밀조건은 수평 압밀층이 넓은 지역에 분포되어 있고, 분포면적에 비하여 압밀층의 두께가 매우 작으며, 무한히 넓은 등분포 상재하중이 작용하고 있는 경우에 해당된다. 이러한 조건이 만족되지 않는 경우에는 배수가 연직방향 뿐만 아니라 수평방향으로도 발생되어(그림 6.37) 압밀은 이차원이나 삼차원으로 일어나고 압밀시간이 많이 단축되며, 지반이 비등방성이어서 수평방향 투수계수 k_h가 연직방향 투수계수 k_v보다 커서($k_h > k_v$) 더욱 뚜렷하다.

3차원 압밀방정식(3-Dim. equation of consolidation)은 다음과 같다.

$$\frac{\partial \Delta u}{\partial t} = C_v \left(\frac{\partial^2 \Delta u}{\partial x^2} + \frac{\partial^2 \Delta u}{\partial y^2} + \frac{\partial^2 \Delta u}{\partial z^2} \right) = C_v \nabla^2 \Delta u \tag{6.71}$$

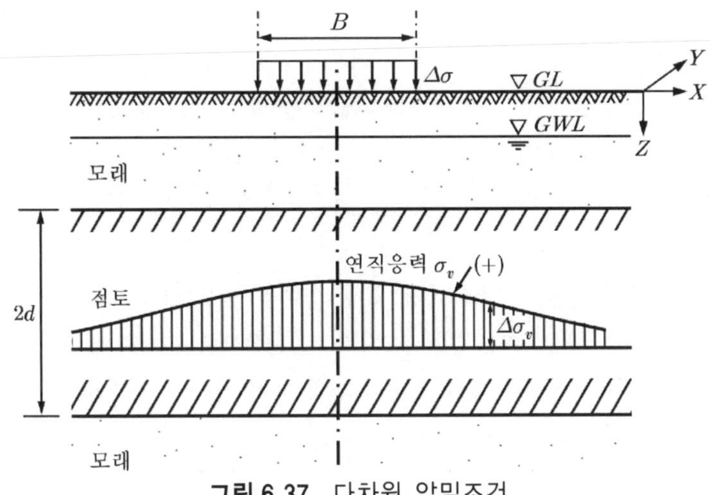

그림 6.37 다차원 압밀조건

이때에 **압밀계수** C_v 는 다음과 같다.

$$C_v = \frac{k}{\gamma_w f(x,y,z)} \tag{6.72}$$

여기서 $f\,(x,y,z) = \dfrac{\partial \epsilon_v}{\partial \sigma_x} + \dfrac{\partial \epsilon_v}{\partial \sigma_y} + \dfrac{\partial \epsilon_v}{\partial \sigma_z} = \dfrac{1}{K}$ 이고 K 는 체적압축계수이다.

① XZ 평면에 평행한 흐름만 있는 특수한 경우 :

$$\frac{\partial \Delta u}{\partial t} = C_v \left(\frac{\partial^2 \Delta u}{\partial x^2} + \frac{\partial^2 \Delta u}{\partial z^2} \right) \tag{6.73}$$

② 축대칭인 경우 : (연직 Z, 반경 r)

$$\frac{\partial \Delta u}{\partial t} = C_v \left(\frac{\partial^2 \Delta u}{\partial r^2} + \frac{1}{r} \frac{\partial \Delta u}{\partial r} \right) \tag{6.74}$$

이 관계는 수평 및 연직방향으로 투수계수가 동일한 경우 $(k_h = k_v)$ 에 한해 적용되며, 만일 $k_h = n k_v$ 이어서 $C_{vr} = C_{vh} = n C_{vv}$ 이면 다음 식이 된다.

$$\frac{\partial\, \Delta u}{\partial\, t} = C_{vr} \left(\frac{\partial\, ^2 \Delta u}{\partial\, r^2} + \frac{1}{r} \frac{\partial\, \Delta u}{\partial\, r} \right) + C_{vv} \frac{\partial\, ^2 \Delta u}{\partial\, z^2} \tag{6.75}$$

다차원 압밀방정식은 유한차분법으로 풀 수 있고, 수평 및 연직방향 투수계수 $(k_h$ 와 $k_v)$ 는 일상시험으로는 정확히 측정하기가 어려워서 대형시험을 수행하거나 현장에서 실측한다.

6.4.6 특수한 경우의 압밀

Terzaghi 의 일차원 압밀이론은 여러 가지 기본가정을 전제로 하고 있으므로 조건이 이들과 다른 교란시료나 층상지반의 압밀 및 점증하중에 의한 압밀 등의 문제는 기본이론을 수정하여 해결한다.

1) 교란시료의 압밀

흙지반의 압축특성은 흙의 구조골격에 의해 영향을 받으므로 **비교란 시료** (undisturbed soil) 에 대한 압밀시험결과만 이론 치와 흡사하다. 현장시료는 채취 및 운반과정 또는 실내 시료를 준비하는 과정에서 온도변화나 함수비 변화 등에 의하여 불가피하게 교란되므로 실내 실험결과가 이론치와 차이가 날 수 있다.

따라서 이를 고려하여 교란에 의한 영향을 보정해서 적용해야 한다. **교란시료** (disturbed soil) 에 대한 압밀곡선은 비교란 시료에 대한 압밀곡선보다 경사가 완만하여 실제보다 작은 압축지수 C_c 가 구해지므로 이를 그대로 적용하면 실제보다 작은 침하가 계산된다. 따라서 Schmertmann (1953) 이 수정방법을 제안하였다 (그림 6.38).

(1) 정규압밀점토

압밀시험에서 구한 $\log\sigma' - e$ 곡선에서 초기간극비 e_0 의 42 % 되는 점 ($0.42\,e_0$) 에 해당하는 점 F 에서 초기 재하곡선을 연장하여 선행 압밀압력 $\sigma_c{}'$ 와 만나는 점 E 를 연결하고 다시 점 E 에서 초기간극비 e_0 를 연결하면 **수정압밀곡선** (HEF 곡선) 이 된다 (그림 6.38a).

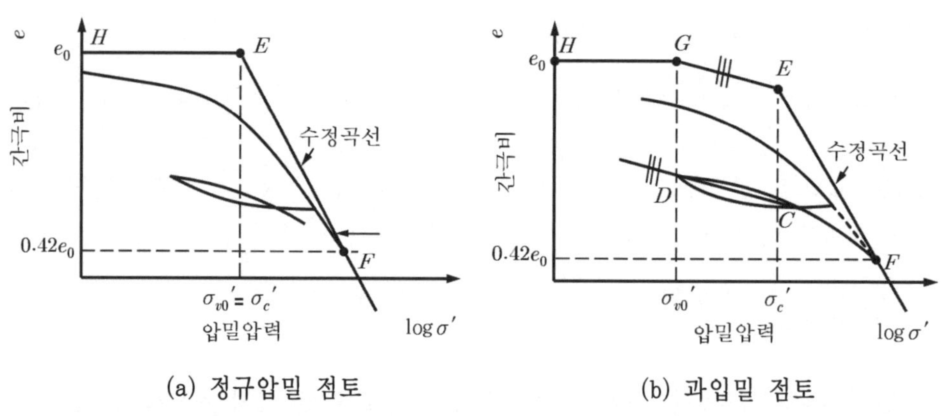

그림 6.38 교란시료의 수정압밀곡선 (Schmertmann, 1953)

(2) 과압밀점토

정규압밀점토에서 처럼 수정압밀곡선 EF를 구한 후 E점에서 압밀시험의 제하 - 재재하 곡선 $\overline{CD}$에 평행하게 선을 그어 직선 $\overline{EG}$를 그리고 G점에서 초기간극비 e_0를 연결하면 ($HGEF$곡선) **과입밀 점토의 수정압밀곡선**이 된다 (그림 6.38b).

2) 층상지반의 압밀

자연 지반은 성질이 다른 다수의 지층으로 구성된 경우가 많고, 상하에 인접한 지층의 압밀계수 C_v가 기준 지층의 압밀계수보다 20 배 이상 크면, 두 층은 독립 적으로 압밀거동한다고 생각한다. **층상지반의 압밀거동**은 지층의 경계면에서 침투가 연속성이 있다고 가정하고 유한차분법을 적용하여 풀 수 있다.

투수계수 k_1, 압밀계수 C_{v1}인 지층 1 과 투수계수 k_2, 압밀계수 C_{v2}인 지층 2 의 경계면에서 압밀거동은 다음과 같다.

$$u_{t+\Delta t},(z=i) = \frac{1+\dfrac{k_1}{k_2}}{1+\dfrac{C_{v2}\,k_1}{C_{v1}\,k_2}} \, \frac{\Delta t\, C_{v2}}{\Delta z^2}\left[\frac{2k_1}{k_1+k_2}u,(z=i-1) - 2u(z=i)+\frac{2k_2}{k_1+k_2}u(z=i+1)\right]_t + u_t,(z=i) \tag{6.76}$$

그림 6.39 는 하부지층 투수계수가 상부지층의 투수계수보다 10 배 큰 경우이며, 시간계수는 같을 때에 하부지층에서 압밀이 빨리 진행되는 것을 알 수 있다. 반면에 그림 6.40 은 반대의 경우로 상부지층에서 압밀이 빨리 진행된다. 압밀계수가 같다고 압밀거동이 같은 것은 아니며, 투수계수 k와 압밀변형계수 E_s가 모두 같아야 동일한 압밀거동을 나타낸다.

3) 점증하중에 의한 압밀

지금까지 하중 $\Delta\sigma$는 순간적으로 재하되는 것으로 가정하였다. 그러나 실제의 구조물을 건설할 때에는 하중이 순간적으로 재하되지 않고 단계적으로 재하되며, 재하 후 압밀이 완료되지 않은 상태에서 다음 단계를 재하하여 **점증재하조건**이 되는 경우가 많다.

실제 단계적인 재하상태를 시간 $t=0$에 시작하여 t_1까지 선형으로 증가한다고 가정할 수 있는 경우에 평균 압밀도를 이용하여 압밀거동을 표현하면 그림 6.41 에서 ②가 된다. 반면에 순간재하할 경우는 ①에 해당된다. 그림 6.42 에서 평균 압밀도를 보면 하중을 단계별 재하할 경우와 순간재하할 경우에 압밀거동이 서로 다른 것을 알 수 있다.

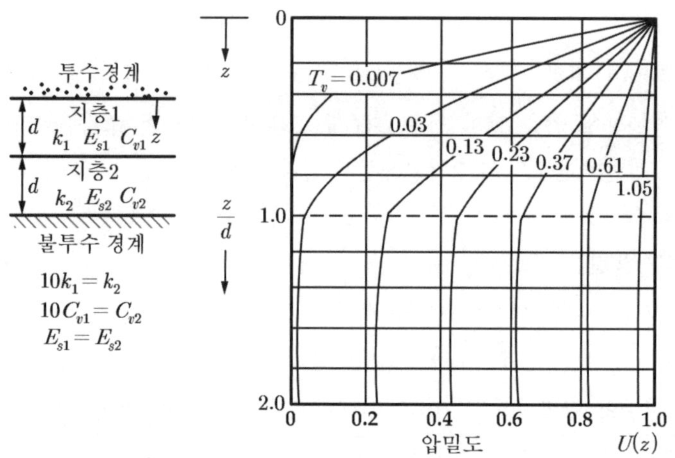

그림 6.39 2 층 지반의 압밀 ($k_2 > k_1$ 인 경우)

(1) 압밀 방정식

점증재하시 압밀방정식은 Terzaghi **일차압밀방정식** (식 6.32) 과 같은 방법으로 유도하며,

$$\frac{k}{\gamma_w}\frac{\partial^2 u_e}{\partial z^2} = -\frac{1}{E_s}\frac{\partial \Delta\sigma'}{\partial t} = -\frac{1}{E_s}\frac{\partial(\sigma - u_e)}{\partial t} \tag{6.77}$$

작용하중이 순간하중이면 $\dfrac{\partial\sigma}{\partial t} = 0$ 이므로 위 식은 다음과 같이 된다.

$$C_v\frac{\partial^2 u_e}{\partial z^2} = \frac{\partial u_e}{\partial t} \tag{6.78}$$

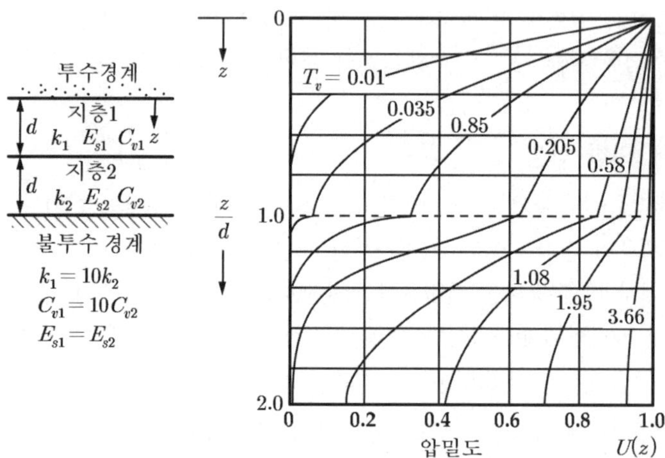

그림 6.40 2 층 지반의 압밀 ($k_2 < k_1$ 인 경우)

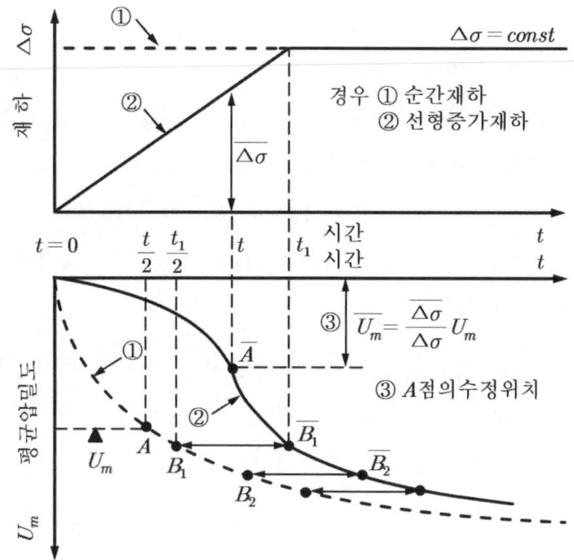

그림 6.41 점증재하 시 시간에 따른 평균 압밀도

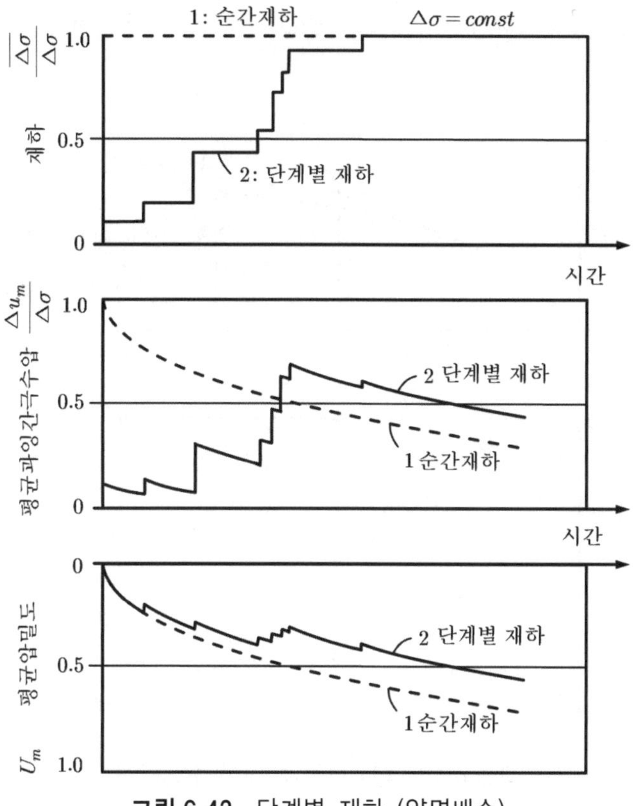

그림 6.42 단계별 재하 (양면배수)

(2) 수정 곡선

점증하중에 대한 압밀방정식의 해는 재하속도를 고려하여 구하기가 매우 어려우므로 현장에서는 그림 6.43과 같이 순간하중에 대한 압밀침하 곡선을 Terzaghi가 제안한 경험적 방법으로 수정한 **수정압밀침하곡선**을 적용한다.

실제 재하곡선을 bi-linear 직선 즉, $\overline{AB}$와 $\overline{BG}$로 단순화 하고, B점 까지는 점증재하되고 그 후에는 하중이 일정하게 유지된다고 가정한다. 따라서 B점 후에는 시간 - 침하곡선의 순간재하상태와 같아진다.

① 굴착에 의해 감소된 흙과 같은 무게의 구조물을 설치할 때를 원점으로 한다.
② 하중 P'가 순간 재하된 것으로 간주하여 압밀침하량 - 시간 곡선 α를 그린다.
③ 점증재하시 시간 t_1의 압밀도와 순간재하시 시간 $t_1/2$의 압밀도가 같다고 하고 순간재하 $t_1/2$의 침하량(C점)으로부터 점증재하 t_1의 침하량(E점)을 결정한다.
④ 시간 t의 침하량(H점)은 $t/2$의 순간재하 침하량 KF에 t/t_1배 곱한 값이다.
⑤ ④의 방법으로 여러 점을 구하여 연결하면 점증재하에 대한 수정곡선 β가 된다.
⑥ E점 이후의 수정곡선 β 곡선은 순산재하곡선 α를 $t_1/2$만큼 오른쪽으로 평행이동 시켜서 그린다.

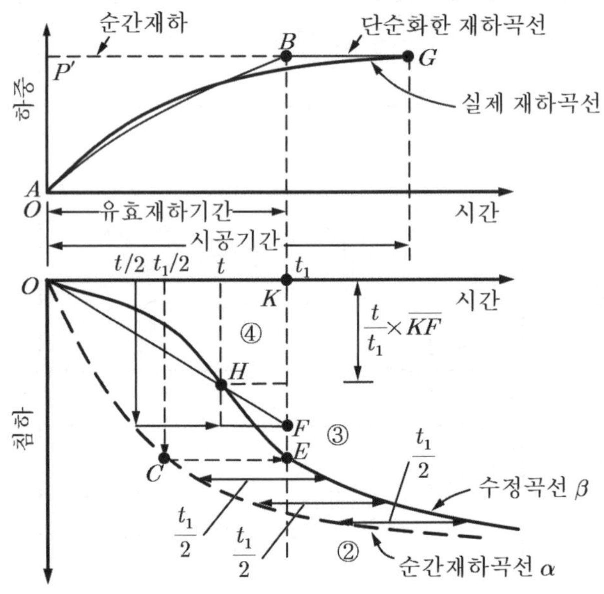

그림 6.43 점증하중에 대한 수정곡선

6.5 흙의 이차압축

점성토에서 외력재하에 의한 과잉간극수압이 완전히 소산된 후에도 지반압축이 완만한 속도로 오래 지속되는데 일차압밀이 완료된 이후이므로 이런 현상을 **이차압축** (6.5.1 절)이라 한다. 이런 이차압축은 Terzaghi 압밀이론을 따르지 않고, 흙의 상태에 따라 다르고, 그 정확한 거동이 아직 완전히 밝혀져 있지 않다. $\log t - s$ 곡선의 기울기 즉, **이차압축 지수** (6.5.2 절)를 이용하여 **이차압축에 의한 침하** (6.5.3 절)를 계산한다.

6.5.1 이차압축

일차압밀 (primary consolidation)이 완료된 후에 지반 압축이 완만한 속도 (매우 작은 침하율과 침하속도)로 오래 계속되는 현상을 **이차압축** (secondary compression)이라 한다. 압밀이 종료된 이후이므로 이론적으로 과잉간극수압이 존재하지 않지만, 실제로는 배수가 진행되기 때문에 측정하기 어려울 만큼 작은 과잉간극수압이 존재한다고 추정할 수 있다. **이차압축 침하량**은 일차압밀 종료 후에도 하중을 지속적으로 가하고 이차압축변형과 시간의 관계를 측정해서 구할 수 있다.

이차압축은 흙 입자 휨 등에 의한 파괴, 흙 입자의 압축 또는 재배열, 흡착수의 압축에 의한 찌그러짐 등에 의해 일어난다. 이차압축은 Terzaghi 의 압밀이론을 따르지 않으며, 흙의 상태에 따라 다르고, 그 정확한 거동이 아직 완전히 밝혀져 있지 않다. 이차압축에 의한 침하는 $\log t - s$ 곡선의 기울기 즉, 이차압축지수를 이용하여 계산한다.

이차압축은 지반에 따라 다르게 발생되며 유기질을 많이 함유하거나 소성성이 큰 점성토에서 크게 일어난다. 이차압축이 일어나면, 선행재하효과가 발생되므로 시간이 지남에 따라 지반의 강도가 증가된다. 현장에서 실제로 일차압밀침하나 이차압축침하가 명확하게 구분되지 않고 동시에 진행되므로 실측한 지반침하는 이들을 합한 값이다 (그림 6.44).

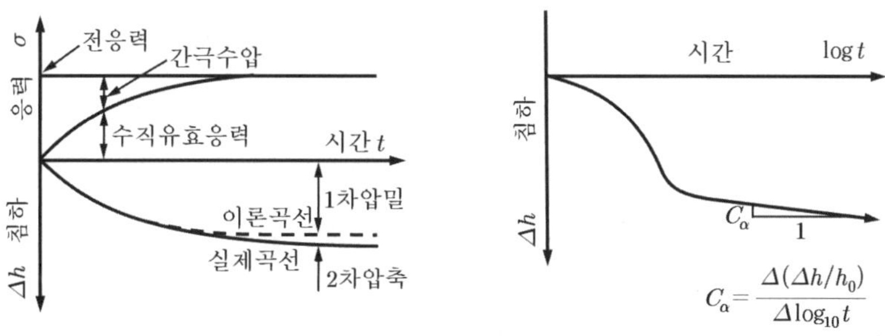

그림 6.44 이차압축의 진전

6.5.2 이차압축지수

지반의 이차압축침하는 일차압밀이 완료된 후에도 지속되기 때문에 다음 단계 하중이 재하되면 지반이 과압밀된 지반인 것처럼 거동하게 된다.

그림 6.45와 같이 응력 $\sigma_o{}'$가 가해진 상태로 오랜 시간(즉, x year)이 경과되면, 이차압축침하량이 커져서 압축변형이 ϵ_1에서 $\Delta\epsilon$만큼 증가하기 때문에 전체 변형의 크기는 $\epsilon_2 = \epsilon_1 + \Delta\epsilon$이 된다.

이러한 상태의 지반에 하중을 재하하면 응력-침하곡선 ②는 다시 원래의 곡선 ①로 복귀되어 초기재하곡선을 따른다. 이 과정에서 응력-침하곡선의 모양이 그림 6.45 곡선과 같이 과압밀 흙 지반의 전형적인 응력-침하곡선과 유사한 형상이 된다.

따라서 이런 상태의 지반은 응력-침하곡선만 놓고 판정하면 과압밀 지반으로 오판할 가능성이 매우 크다. 그렇지만 그 거동은 아직 완전히 해명되지 않은 상황이다.

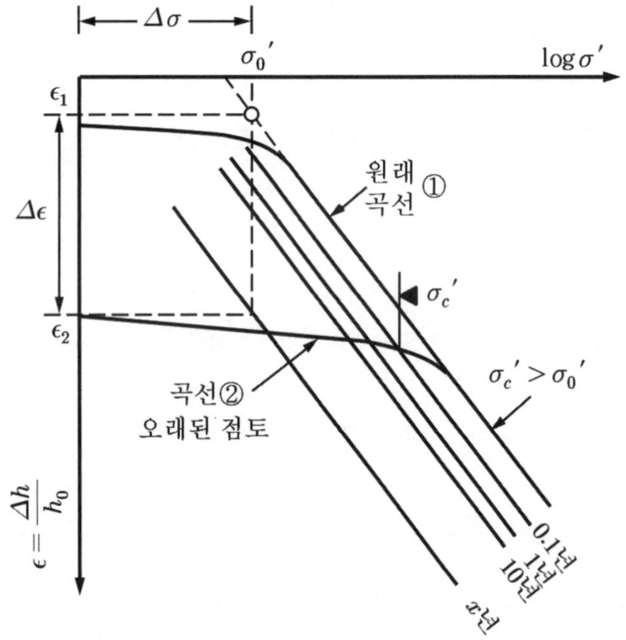

그림 6.45 점토의 이차압축에 따른 강성 증가

이차압축침하는 $\log t - s$ 그래프에서 거의 직선을 나타나며, 그 기울기를 **이차압축지수** C_α (secondary compression index) 라고 한다. 여기에서 h_0 와 Δh 는 초기 즉, 1차압밀 종료 당시 시료의 높이와 변형량이다.

$$C_\alpha = \frac{\Delta \frac{\Delta h}{h_0}}{\Delta \log t} \tag{6.79}$$

이차압축지수 C_α 는 지반의 소성성이 클수록 또한, **유기질의 함유량**이 많을수록 크며 하중변화나 과재하중 등의 영향을 받는 것으로 알려져 있다.

이차압축지수는 대체로 정규압밀점토에서 $C_\alpha = 0.005 \sim 0.02$ 이고 과압밀 점토에서 (OCR 〉2) 는 $C_\alpha ≒ 0.001$ 가 된다. 소성성이 매우 크거나 유기질 함유량이 많은 지반은 $C_\alpha = 0.03$ 이 될 수도 있다.

이차압축지수 C_α 는 지반에 따라 대개 다음 값을 갖는다 (Skempton, 1944).

과압밀 점토 : 0.0005 - 0.0015
정규압밀 점토 : 0.005 - 0.03
유기질토, 피트 : 0.04 - 0.1

지반은 물이 유입되어서 함수비가 증가되면, 팽창되어서 부피가 증가되고 느슨해지며, 팽창을 억제하면 팽창압이 작용한다. 심하게 과압밀된 흙이나 경석고 또는 점토가 굳어서 생성된 점판암등에서는 팽창거동이 문제가 될 수 있다. 상대밀도가 낮은 불포화 실트 혹은 미세한 모래는 포화시에 갑작스럽게 부피가 감소한다.

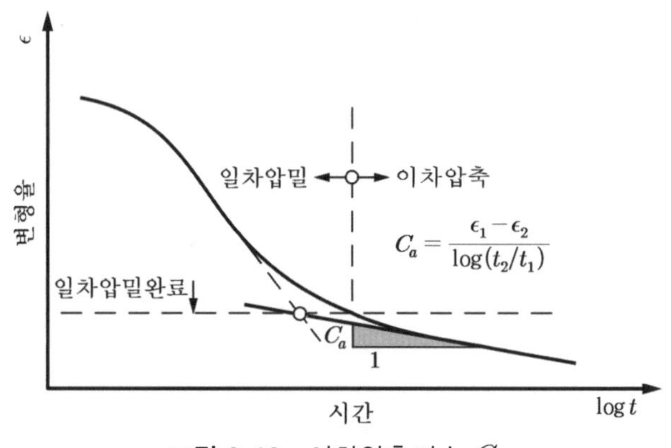

그림 6.46 이차압축지수 C_α

6.5.3 이차압축침하

지반의 **이차압축에 의한 침하 S_s** 는 이차압축지수 C_α 를 이용하여 계산한다.

$$S_s = \Delta H = C_a H_p \Delta \log \frac{t_1 + \Delta t}{t_1} \tag{6.80}$$

여기서, H_p : 일차압밀 종료 후 시료의 두께 [cm]

$\Delta \log t$: 일차압밀 종료시간 t_1 에서 임의의 시간 t_2 사이의 시간간격 [m]

【예제】 다음은 이차압축에 관한 설명이다. 틀린 것을 구하시오.

① 이차압축의 크기는 지층이 두꺼울수록 크다.

② 이차압축은 과잉간극수압이 완전히 소산된 후에 일어난다.

③ 유기질이고 소성성이 큰 흙일수록 많이 일어난다.

④ 보통의 흙일 경우 그 양이 매우 적다.

【풀이】 전부 옳음 ///

【예제】 이차압축지수가 $C_\alpha = 0.01$ 인 정규압밀된 점토지반 (두께 $H = 10\,m$) 의 지표상에 건물을 축조한 후 10 년이 경과해서 일차압밀이 완료된 상태이다. 향후 90년 후 이 건물이 경험하게 될 추가 침하량을 구하시오. 단, 압밀 종료 후 시료두께는 $10\,m$ 이다.

【풀이】 앞으로 90 년 동안 발생될 이차 압축침하량을 구하면 된다.

식 (6.80) 에서 $S_s = H C_\alpha \log \frac{t_1 + \Delta t}{t_1}$

$$= (10)(0.01) \log \frac{(10)(365)(24)(60) + (90)(365)(24)(60)}{(10)(365)(24)(60)}$$

$$= (10)(0.01) \log \frac{100}{10} = 0.10m = 10cm$$ ///

◈ 연 습 문 제 ◈

【문 6.1】 다음의 용어를 설명하시오.

(1) 지반침하 (2)지반함침 (3) 동상현상 (4) 과잉간극수압 (5) 흙의 압밀침하
(6) 이차압축침하 (7) 비침하 (8) 소성침하 (9) 지반의 변형계수 (10) 할선계수
(11) 압밀변형계수 (12) 평판변형계수 (13) 탄성계수 (14) 압밀 (15) 압밀계수
(16) 실측변형계수 (17) 시간계수 (18) 배수거리 (19) 압밀도 (20) 평균압밀도
(21) 즉시침하 (22) 변형률제어시험 (23) 압축계수 (24) 압축지수 (25) 과압밀
(26) 팽창지수 (27) 선행압밀압력 (28) 정규압밀 (29) 과압밀비 (30) 선행재하
(31) 체적변화계수 (32) 압밀촉진공법 (33) 과재하 (34) 스미어현상 (35) 교란시료
(36) 압밀방정식 (37) 수정압밀곡선 (38) 이차압축 (39) 이차압축지수 (40)
(41) 응력제어시험 (42) 과재하공법

【문 6.2】 흙의 부피변화가 발생하는 요인을 설명하시오.

【문 6.3】 지반침하의 시간에 따른 변화를 설명하시오

【문 6.4】 지반의 탄성침하를 계산하는 간접계산법을 설명하시오

【문 6.5】 지반의 탄성변형과 소성변형을 설명하시오.

【문 6.6】 Terzaghi 압밀이론의 기본가정을 설명하시오.

【문 6.7】 Terzaghi 의 압밀기본방정식을 유도하시오.

【문 6.8】 다음 압밀시험방법을 설명하시오.

(1) 응력제어시험 (2) 변형률제어시험

【문 6.9】 포화된 점토질 실트층 ($\gamma_s = 27\ \mathrm{kN/m^3}$) 에서 초기두께가 $d_0 = 1.4\ \mathrm{m}$ 이고, 단위중량이 $\gamma_o = 19\mathrm{kN/m^3}$이었다. 외부하중에 의해 d = 1.3 m 로 압축되었을 경우에 압축전후의 간극비를 구하시오.

【문 6.10】 포화된 점토시료 ($\gamma_s = 27.5$ kN/m^3, $w_p = 25$ %, $w_L = 45$ %) 에서 컨시스턴시 지수가 $I_c = 0.5$, 초기두께가 2 cm 이었다. 어느 정도 압축이 발생하면 컨시스턴시 지수가 $I_c = 0.7$ 이 되는지 예측하시오.

【문 6.11】 포화된 비교란시료를 단면적 $A = 35$ cm^2, 두께 $d_0 = 1.5$ cm 되는 공시체로 만들어서 압밀시험을 수행한 경우에 다음을 구하시오. 여러 가지 하중단계를 재하하여 단계별 재하중 F와 침하량 S는 다음과 같다. 단, 흙은 $\gamma_s = 27$ kN/m^3, 초기 함수비 $w_0 = 34$ % 이다.

① 압축지수 ② 팽창지수 ③ 선행재하하중

단 계	1	2	3	4	5	6	7	8
F (kN)	0.175	0.350	0.525	0.700	1.050	1.400	1.750	0.175
S (mm)	0.01	0.19	0.43	0.97	1.98	2.67	3.14	2.60

【문 6.12】 함수비 $w_a = 49$ % 인 죽상태의 포화된 점토질 실트를 $\sigma_a' = 10$ kN/m^2 로 압축하여 공시체를 준비한 후에 $\sigma_b' = 100$ kN/m^2 로 재하한 결과 함수비가 $w_b =$ 43 % 되었다. 이 흙에 어떤 압력을 가해야 컨시스턴시 지수가 $I_c = 0.7$ 이 되는지 답하시오. (단, 이 흙입자의 단위중량은 $\gamma_s = 27$ kN/m^3, 액성한계 $w_L = 45$ %, 소성한계 $w_P = 28$ % 이다.)

【문 6.13】 두께가 6.0 m 인 호수 하저지반이 점토지반이며 함수비 $w = 42$ % 이고 흙입자 단위중량이 $\gamma_s = 27$ kN/m^3 이다. 이 흙은 교란상태에서 함수비 45 %, $\sigma_0' = 10$ kN/m^2, 압축지수 $C_c = 0.15$ 이었다. 정규압밀점토의 이론적 깊이를 결정하시오.

【문 6.14】 과압밀된 지층의 초기 간극비가 $e_0 = 1.1$ 이고, 초기응력이 $\sigma_0 = 10$ kN/m^2, 압축지수 $C_c = 0.15$, 팽창지수 $C_s = 0.02$, 흙입자 단위중량이 $\gamma_s = 27$ kN/m^3 이다. 시료채취 즉시 팽창하거나 수축하지 않은 상태 함수비가 $w = 18$ % 이었으며, 시료채취 지점의 유효응력이 $\sigma' = 120$ kN/m^2 이다. 그 선행하중 σ_c' 와 등가응력 σ_e 를 구하시오.

제7장 흙의 전단강도

7.1 개 요

모든 재료는 힘을 가하면 변형되고, 힘을 제거하면 변형이 회복되는데, 변형이 완전히 회복되어 재료형상이 원래의 상태로 되돌아가는 재료가 있고 (**탄성변형**), 일부 변형이 잔류하여 재료형상이 왜곡 (**소성변형**) 되는 재료가 있다. 흙 지반은 탄성변형과 소성변형이 동시에 일어나고, 시간에 따라 응력-변형률거동이 달라지는 재료이지만, 응력 - 변형 - 시간거동을 완전히 표시할 수 있는 식이 아직 없다.

흙은 입자들이 쌓여서 구조골격을 이루지만, 결합되지 않은 상태이기 때문에 입자간의 접촉점에서는 압축력과 전단력은 전달되지만 인장력은 전달되지가 않는다. 따라서 흙은 인장력을 지탱하지 못한다. 흙 지반은 외력이 작용하면 흙 입자가 압축파괴되기 전에 배열이 흐트러지며, 축차응력이 한계에 도달되면 전단변형이 커져서 입자배열 (구조골격) 이 과도하게 흐트러지므로 (재배열되므로) **전단파괴** (shear failure) 가 일어난다.

따라서 흙의 강도는 **전단강도** (shear strength) 를 의미하며, 입자가 파쇄되거나 입자의 결합이 떨어지는 한계응력을 말하기도 한다. 여기에서 **강도** (strength) 는 어떤 재료가 소성파괴되거나 유동되지 않고 감당할 수 있는 최대응력을 말한다.

흙에서 여러 가지 원인에 의해 전단변형이 과도하거나 전단응력이 전단강도를 초과하면 흙 입자배열이 흐트러지는 전단파괴가 일어난다. **흙의 전단강도** (7.2 절) 는 Mohr-Coulomb 의 파괴이론에 의한 **강도정수** (7.3 절) 로 표현하고 경계조건에 따라서 변하며, 구조골격과 응력이력 및 구속조건에 따라서 전단특성 (7.4 절) 이 달라지고, 실내 및 **현장시험을 통해 측정** (7.5 절) 한다.

7.2 흙의 강도

흙 지반은 흙 입자가 외력에 의해서 파쇄되거나 물리화학적 요인에 의해 흙입자 강도가 저하되거나 응력이 어느 한계를 초과하여 전단변형이 과도하게 발생되면 **파괴** (failure) 된다.

그런데 현실적으로 흙입자가 파쇄될 만큼 큰 **등방압력** (isotropic pressure) 은 거의 발생되지 않으므로 **흙 입자 파쇄**는 생각하지 않는다. 또한, 물리화학적 요인에 의한 **강도저하**는 충분히 안정된 분자구조를 갖고 있는 보통 흙 입자에서는 일어나지 않고 특수한 광물로 이루어진 흙 입자에서만 일어나므로 보통 흙에서는 강도저하에 의한 흙 입자 파괴는 염두에 두지 않는다. 따라서 흙에서는 **축차응력**이 한계에 도달되어 발생되는 과도한 전단변형에 의하여 입자배열 즉, 구조골격이 흐트러지는 **전단파괴** (7.2.1 절) 만을 생각하며, **흙의 전단저항** (7.2.2 절) 은 흙 입자 간 접촉면의 표면마찰과 회전마찰은 물론 구조적 저항에 의해 유발된다.

7.2.1 흙의 전단파괴

흙 지반에 외력이 가해지면 흙 입자는 파괴되지 않고 배열만 흐트러지는데 이런 상태를 **전단파괴**라고 한다. 흙이 전단파괴 되지 않고서 지탱할 수 있는 최대전단저항력을 **흙의 전단강도**라고 하며, 모든 **지반안정문제** (사면안정, 기초지지력, 토압론) 에서 가장 핵심이 되는 개념이다. 전단강도는 흙의 고유 값이 아니라 경계조건에 따라서 변하는 값이며, 그 크기와 특성은 실내 또는 현장에서 역학적 시험을 실시하여 구한다.

흙지반의 전단파괴는 두 가지 형태로 일어난다. 즉, 전단변형이 집중되어 형성된 얇은 **전단파괴면** (즉, 활동면) 을 따라서 흙덩어리가 활동하는 **선형파괴** (linear failure) 와 활동면으로 둘러싸인 흙덩어리의 일부 또는 전체 공간에서 연속적인 전단변형이 일어나서 파괴되는 **영역파괴** (zone failure) 가 그것이다 (그림 7.1). 이 때 파괴체는 **소성평형상태**에 있다.

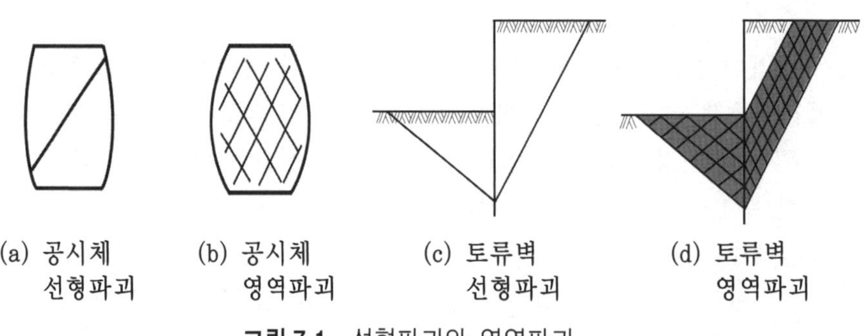

그림 7.1 선형파괴와 영역파괴

7.2.2 전단에 대한 흙의 저항거동

흙 지반은 흙 입자와 물 및 공기로 구성되고 흙 입자들이 결합되어 있지 않기 때문에 전단에 대해 민감하다.

흙 입자 간 전단저항(shear resistance)은 입자간 접촉면에서 발생되는 표면마찰과 회전마찰은 물론 구조적 저항에 의해서 유발되는데 이를 포괄적으로 **내부마찰**(internal friction)이라고 한다.

1) 표면마찰

두 개 고체가 접촉한 상태에서 접촉면의 방향으로 상대적으로 운동하면 접촉면에 마찰 저항력이 작용하며 그 크기는 접촉면의 거칠기와 접촉면에 작용하는 수직력에 비례하여 커진다(Lambe/Whitman, 1982).

조립토는 입자들이 결합되어 있지 않고 작은 면에 접촉된 채 쌓여 있는 **입적체**이므로 외력에 의해 흙입자가 상대변위를 일으키면 접촉면에 마찰 저항력이 발생된다.

그런데 흙 입자 표면은 완전한 구면(球面)이 아니고 울퉁불퉁하기 때문에 흙 입자들은 몇 개의 면이나 점에서만 접촉되어 있고 **접촉점**이 서로 맞물림 역할을 하게 되며 수직력이 클수록 그 역할이 커진다.

접촉면적이 작아서 수직응력이 가장 크게 집중되는 접촉점에서 압축파괴가 일어나면 접촉점과 접촉면이 새로 생기고 새로운 평형상태로 옮아가기 위해 미끄러지며 이에 저항하여 표면 마찰력이 작용한다.

흙 입자가 접촉면에서 압축파괴되려면 매우 큰 압력(석영에서 110×10^4 MPa 정도)이 필요하다(Brace, 1963).

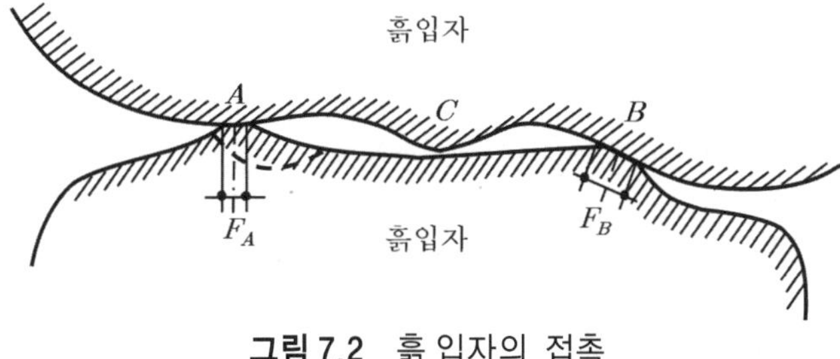

그림 7.2 흙 입자의 접촉

따라서 **표면마찰**(skin friction)은 수직력 크기와 접촉상태 및 접촉부(즉, 흙입자)의 압축강도에 따라 결정된다. 접촉면에 석회 등 이물질이 묻어 있으면 표면마찰이 직접적으로 영향 받는다.

연마한 석영편을 화학세척하여 진공상태에서 **표면마찰계수**(coefficient of skin friction)를 측정하면, 연마하거나 세척하지 않고 자연상태로 공기 중에서 측정한 것보다 큰 값이 구해진다.

그림 7.2에서 A, B점은 두 흙 입자의 접촉점이고 C점은 접촉되지 않은 점을 나타낸다. 접촉면적이 작은 A점에서 응력이 집중되어 압축파괴 되면 접촉면적이 넓은 B점은 소성상태에 도달되고 이어서 새로운 접촉점 C가 발생된다.

새로운 평형상태는 접촉점 숫자가 아니고 지지해야 할 합력에 따라 결정되기 때문에 이러한 과정은 두 흙입자의 기하학적 형상과는 무관하다.

2) 회전마찰

흙지반이 전단파괴될 때 전단파괴면에 있는 흙입자는 그 무게중심을 축으로 회전하게 되고, 이때에 발생되는 **회전마찰**(rolling friction)에 의하여 에너지가 소모된다. 이러한 회전마찰은 표면의 미끄럼 마찰과는 다르다.

즉, 표면의 미끄럼 마찰은 접촉면에 작용하는 수직력에 비례하지만 회전마찰은 수직력과 무관하다.

반면에 회전마찰은 입경에 의해 영향을 받으므로 입경이 클수록 흙 입자 돌출부의 입경에 대한 상대적 크기는 작고 모멘트 효과는 커져서 입자가 쉽게 회전하려는 경향이 있고 회전마찰이 커진다(Rowe, 1962 ; Lambe/Whitman, 1969).

3) 구조적 저항

흙 지반이 전단파괴될 때에 흙 입자의 맞물림에 기인한 **쐐기효과**(interlocking)에 의해 흙 입자의 상대적 위치이동에 대한 저항이 크게 유발된다. 이때에는 입자들이 파괴되거나 상하로 움직여서 재배열되어야 활동평면이 형성된다.

이런 쐐기효과는 흙의 구조골격에 기인하므로 이를 **구조적 저항**(structural resistance)이라고 한다.

7.3 흙의 파괴이론과 강도정수

흙은 전단파괴 되며, **흙의 전단파괴**는 2개의 주응력축 즉, 최대 및 최소주응력축으로 이루어지는 평면에서 일어나므로 파괴시 응력상태를 **Mohr 응력원** (7.3.1 절) 으로 나타낼 수 있다. 흙의 **파괴조건식** (7.3.2 절) 은 여러 가지가 제시되어 있으나 Mohr - Coulomb 파괴조건식이 가장 보편적이다. 파괴 시 응력상태를 나타내는 Mohr 응력원의 포락선이 Mohr - Coulomb 파괴조건이며, 이로부터 **강도정수** (7.3.3 절) 를 구할 수 있다. 흙의 전단중 응력변화를 $p-q$ 평면에 나타내면 응력궤적 즉, **응력경로** (7.3.4 절) 가 구해진다. 흙에 외력이 작용하여 부피가 변화하면 과잉간극수압이 발생하는데 그 특성과 크기는 하중형태 (등방압축, 축차응력) 및 최대 주응력 방향에 따라 다른 **간극수압계수** (7.3.5 절) 로 나타낸다.

7.3.1 Mohr 응력원

평형상태인 흙 지반의 응력을 수직응력 - 전단응력 평면상에서 주응력 (principal stress) 으로 표시하면 원의 식이며 (Mohr, 1882), 이를 **Mohr 응력원**이라고 한다 (그림 7.3).

1) Mohr 응력원의 작도

Mohr 의 응력원으로부터 주응력상태에 있는 2 차원 미소 흙 요소에서 **최대 주응력면**에 대해 θ 만큼 경사진 AA' 평면에 작용하는 수직응력 σ 와 전단응력 τ 를 구할 수 있다.

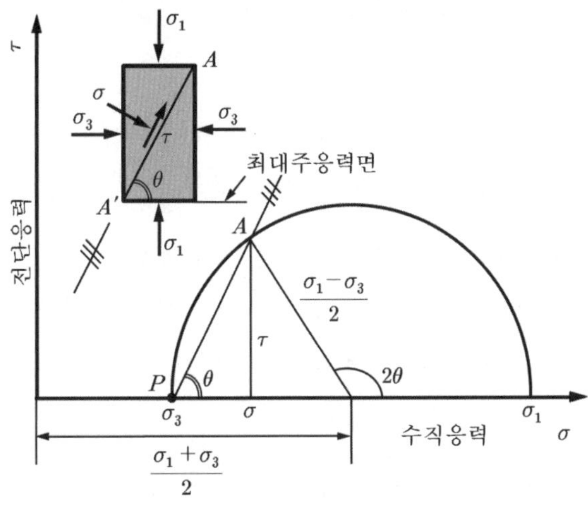

그림 7.3 Mohr 의 응력원

$$\sigma = \frac{\sigma_1 + \sigma_3}{2} + \frac{\sigma_1 - \sigma_3}{2} \cos 2\theta$$

$$\tau = \frac{\sigma_1 - \sigma_3}{2} \sin 2\theta \tag{7.1}$$

식 (7.1)의 양변을 제곱하여 정리하면

$$\left[\sigma - \frac{\sigma_1 + \sigma_3}{2}\right]^2 + \tau^2 = \left(\frac{\sigma_1 - \sigma_3}{2}\right)^2 \tag{7.2}$$

이고, 이 식은 $\sigma - \tau$ 평면에서 중심이 $\left((\sigma_1 + \sigma_3)/2, 0\right)$ 이고 반경이 $(\sigma_1 - \sigma_3)/2$ 인 원의 방정식이므로 이 원을 **Mohr 의 응력원**이라고 한다. AA' 평면에 작용하는 응력은 그림 7.3 에서 Mohr 응력원상의 A 점이 된다.

Mohr 의 응력원은 한 가지 주응력상태를 나타내며, 주응력이 변하면 원의 크기와 위치가 달라진다.

2) Mohr 응력원의 활용

Mohr 응력원을 이용하면 **임의 평면에 작용하는 응력, 주응력의 크기, 최대 전단응력의 크기, Mohr 파괴포락선** 등을 구할 수 있다.

(1) 임의 평면에 작용하는 응력

주응력을 알거나 또는 주응력이 아니더라도 2 개 이상의 평면에 작용하는 응력을 알면 임의 평면 (예, 파괴면등) 에 작용하는 응력을 구할 수 있다.

① 주응력을 알고 있는 경우

주응력의 크기와 작용방향을 알고 있는 경우에는 최대주응력면과 각 θ 를 이루는 임의평면에 작용하는 응력을 식 (7.1) 로부터 계산할 수 있다.

② 2 개 이상의 평면에 작용하는 응력을 알고 있는 경우

주어진 응력이 주응력이 아니더라도 2 개 이상의 평면에 작용하는 응력 (σ_{a1}, τ_{a1}), (σ_{a2}, τ_{a2}) 을 알면 이 응력들을 $\sigma - \tau$ 평면에 표시하여 Mohr 의 응력원을 작도할 수가 있다.

Mohr 응력원이 수직응력 σ 축과 교차하는 점이 주응력이 되므로, 이 값들을 ① 의 방법에 적용하여 임의 평면에 작용하는 응력을 구할 수 있다.

(2) 주응력의 크기

2 개 이상의 평면에 작용하는 응력 (σ_{a1}, τ_{a1}), (σ_{a2}, τ_{a2}) 을 알면, 이 응력들을 $\sigma-\tau$ 평면에 표시하여 Mohr 응력원을 작도할 수 있고, Mohr 응력원이 수직응력축과 교차하는 점이 주응력이 된다. 이때 큰 쪽이 최대주응력 σ_1 이고 작은 쪽이 최소주응력 σ_3 이다.

(3) 최대전단응력 τ_{max} 의 크기

Mohr 응력원의 반경이 **최대전단응력 τ_{max}** (maximum shear stress) 이다.

(4) Mohr 파괴포락선

파괴 시 즉, 한계평형상태의 응력을 나타내는 Mohr 의 응력원을 3 개 이상 그려서 그 외접선을 구하면 **Mohr 파괴포락선** (Mohr's failure envelope) 이 된다.

3) Mohr 응력원의 극점

Mohr 응력원을 그리면 주어진 주응력 상태에서 모든 방향의 응력을 구할 수 있는 점이 Mohr 응력원상에 존재하는데 이 점을 **극점** (pole) 이라 한다. 극점은 요소 내 모든 평면상 응력을 구할 수 있는 중요한 점으로 한 주응력 상태에서 단 한 개의 극점만이 존재한다.

이 극점에서 응력상태를 알고자하는 평면에 평행선을 그어 Mohr 응력원과 만나는 점을 찾으면 그 점의 좌표 (σ, τ) 가 그 평면의 응력상태이다. 따라서 Mohr 의 응력원을 그리고 극점을 구하면 모든 평면의 응력상태를 구할 수 있다.

역으로 어떤 평면의 응력상태를 알고 있으면 극점을 구할 수 있다. 즉, Mohr 원상에서 그 응력을 나타내는 점을 구하고, 그 점에서 평면에 평행한 선을 그어 Mohr 원과 만나는 점이 바로 극점이다. 그림 7.3 의 Mohr 응력원에서 AA' 평면의 응력상태 (σ_A, τ_A)를 나타내는 점 A 를 구하고 이 점에서 이 응력이 작용하고 있는 AA' 면과 평행한 직선을 그어 Mohr 응력원과 만나는 점 P 를 찾으면 이 점이 극점이다.

또한, 주응력을 모르더라도 그림 7.4 와 같이 두 개의 임의평면 α 와 β 의 응력상태 $(\sigma_\alpha, \tau_\alpha)$ 와 $(\sigma_\beta, \tau_\beta)$ 를 알고 있으면 $\sigma-\tau$ 평면에서 그 응력상태를 표시하는 두 점 D 와 E 를 구하여 이 두 점을 포함하는 Mohr 응력원을 완성할 수 있다. 이 Mohr 응력원상의 두 점 D 와 E 에서 각각의 평면에 평행한 선을 그려서 Mohr 의 응력원과 만나는 점을 구하면 이 점이 바로 **극점**이다.

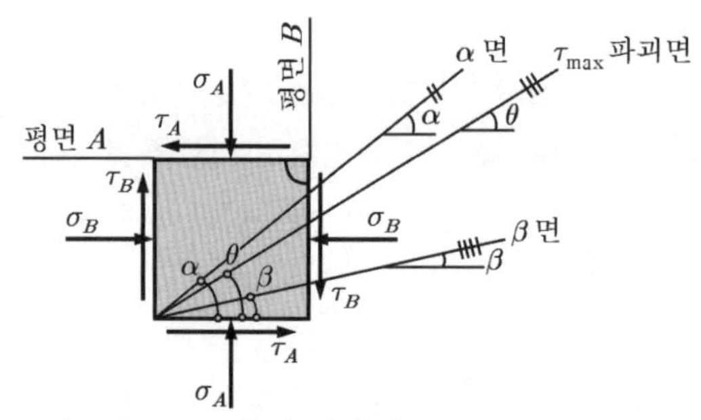

(a) 흙 요소의 응력상태

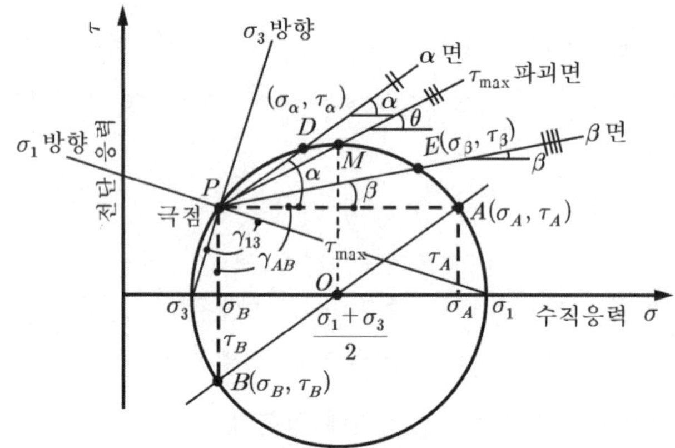

(b) 흙요소 응력에 대한 Mohr 응력원

그림 7.4 미소 흙 요소의 응력상태

그 밖에도 극점을 구하여 최대 및 최소주응력 σ_1 과 σ_3 의 작용방향과 두 개의 평면이 이루는 각도와 최대전단응력 τ_{max} 의 방향을 알 수 있다. 즉, 최대 및 최소주응력은 Mohr 응력원이 수직응력 σ 축과 만나는 점이고, 그 작용방향은 극점에서 $(\sigma_1, 0)$ 점과 $(\sigma_3, 0)$ 점을 연결한 선의 방향이며, 이 두 직선의 사잇각은 주응력이 이루는 각도 γ_{13} 이다.

그림 7.4 에서 두 개 평면 A 와 B 가 이루는 각도는 극점 P 와 두 평면의 응력상태를 나타내는 점 A 와 B 를 연결한 두 직선이 이루는 사잇각 γ_{AB} 이다.

또한, 최대전단응력 τ_{max} 는 Mohr 응력원의 중심을 통과하는 연직선이 Mohr 응력원과 만나는 점 M 의 전단응력이며 해석적으로 Mohr 응력원의 반경에 해당된다. 최대전단응력이 작용하는 평면은 극점 P 에서 M 에 그은 직선 PM (수평에 대해 각도 θ) 에 평행하다.

【예제】 그림 7.4와 같이 정사각형의 미소 흙요소가 평형상태에 있을 때 다음을 구하시오.

- Mohr 응력원
- 최대 및 최소주응력
- 극점
- 각도 α 인 평면 D의 응력상태

【풀이】 **i) Mohr 응력원의 결정**

정사각형 흙요소가 평형상태이면, 2개의 평면 A와 B에 작용하는 응력 (σ_A, τ_A), (σ_B, τ_B)는 Mohr 응력원의 원주상에 있게 되며, Mohr 응력원 중심은 $\left(\dfrac{\sigma_A+\sigma_B}{2}, 0\right)$이고 반경은 $\dfrac{\sqrt{(\sigma_A-\sigma_B)^2+(\tau_A-\tau_B)^2}}{2}$이 된다. 두 점 A와 B를 잇는 직선의 수직이등분선이 σ 축과 만나는 0점이 Mohr 응력원의 중심이고 중심으로부터 A 또는 B 점까지의 거리가 원의 반경이 된다.

ii) 최대 및 최소주응력

최대주응력 σ_1과 최소주응력 σ_3는 다음과 같다.

$$\sigma_1 = \frac{\sigma_A+\sigma_B}{2} + \frac{\sqrt{(\sigma_A-\sigma_B)^2+(\tau_A-\tau_B)^2}}{2}$$

$$\sigma_3 = \frac{\sigma_A+\sigma_B}{2} - \frac{\sqrt{(\sigma_A-\sigma_B)^2+(\tau_A-\tau_B)^2}}{2}$$

iii) 극점의 결정

정사각형 흙요소의 2개 평면 A와 B에 작용하는 응력으로부터 극점을 결정할 수 있다.

A면 : ① $\sigma-\tau$ 면에서 A면의 응력상태인 A점 (σ_A, τ_A)을 정한다.
② A점에서 A면과 평행한 선을 그어 Mohr 응력원과 만나는 점 P를 찾는다.
③ P점이 극점이다.

B면 : ① $\sigma-\tau$ 면에서 B면의 응력상태인 B점 (σ_B, τ_B)을 정한다.
② B점에서 B면과 평행한 선을 그어 Mohr 응력원과 만나는 점 P를 찾는다.
③ P점이 극점이다.

iv) 각도 α 인 평면 D의 응력상태

임의 각도 α 인 평면 D에 작용하는 응력은 극점 P에서 평면 D에 평행한 선을 그어서 Mohr 응력원과 만나는 D점의 응력 $(\sigma_\alpha, \tau_\alpha)$이다. ///

【예제】 다음은 Mohr 응력원에 관한 설명이다. 틀린 것을 찾으시오.

① Mohr 의 반경은 최대주응력 σ_1 과 최소주응력 σ_3 의 차이다.

② 중간주응력을 고려안한 2차원상태를 주로 표현한다.

③ 평면응력상태를 알아내는데 중요하다.

【풀이】 ① Mohr 원의 반경은 $(\sigma_1 - \sigma_3)/2$ 이다. ///

【예제】 다음에서 Mohr 응력원에서 구할 수 있는 값이 아닌 것을 찾으시오.

① 임의 평면에 작용하는 응력

② 주응력의 크기와 그 작용면

③ 최대전단응력 τ_{max} 의 크기와 작용방향

④ Mohr 파괴포락선

⑤ 파괴면과 최대 주응력면이 이루는 각도

【풀이】 해당 없음 ///

7.3.2 흙의 파괴조건식

1) Mohr - Coulomb 파괴조건식

물체가 외력에 의하여 파괴되는 상태를 응력이나 변형으로 나타낸 기준을 **파괴기준** (failure criterion) 이라 하고 이를 나타내는 식을 **파괴식**이라고 한다.

지금까지 지반에 대해 많은 파괴식이 제시되었으나 파괴면의 마찰(점착력은 고려안함)만으로 강도를 표시한 Mohr - Coulomb 파괴식이 가장 성공적이다.

Coulomb (1773) 은 파괴 시까지 지반 내 임의 평면 {n}에 작용하는 전단응력 τ_n 과 수직응력 σ_n 사이에 선형비례관계 (즉, 직선관계) 가 성립하며, 전단응력이 수직응력의 일정한 함수에 도달될 때 파괴된다고 가정하였는데 이를 **Coulomb 의 파괴조건**이라고 한다.

$$\tau_{nf} = c + \sigma_{nf} \tan\phi \tag{7.3}$$

이는 흙의 전단저항력을 수직응력과 관계가 없는 성분 (첫째 항) 과 수직응력과 관계가 있는 성분 (둘째 항) 으로 구분하여 표시한 직선식이며, 이 직선이 수직응력 σ 축과 이루는 각도를 **내부마찰각 ϕ** (internal friction angle) 라고 하고, 전단응력 τ 축 절편을 **점착력 c** (cohesion) 라 하며, 이들 (즉, ϕ 와 c) 을 **전단강도정수** (shear strength parameter) 라 한다. 여기에서 첨자 f 는 파괴상태를 의미한다. 이 식은 엄밀히 말하면 임의 평면 {n}에 국한된 식이며 일반식은 아니다.

Mohr (1882) 는 식 (7.3) 을 주응력관계로 표현하여 (Mohr 응력원을 그려서) 일반화시켰다. 즉, 여러 개의 주응력에 대해 그린 Mohr 응력원들의 외접선은 주어진 수직응력에 대한 전단응력의 한계를 나타내는 곡선이 되는데, 이 외접선을 **Mohr 파괴포락선** (Mohr failure envelope) 이라고 한다.

그런데 흙 지반에서는 응력수준 (stress level) 이 매우 낮으므로 Mohr 의 파괴포락선을 직선으로 표시하면 실용상 편리하다. 이것이 **Mohr - Coulomb 파괴조건** (Mohr-Coulomb failure criterion) 이며 평면변형상태에서 다음과 같다.

$$\left\{\frac{\sigma_1}{\sigma_3}\right\}_f = \frac{1+\sin\phi}{1-\sin\phi} + \frac{2c\ \cos\phi}{\sigma_3(1-\sin\phi)} \tag{7.4}$$

또한, 이를 σ 축에 대칭인 식으로 표현할 수 있다.

$$F = (\sigma_1 - \sigma_3)^2 - \sin^2\phi\ (\sigma_1 + \sigma_3 + 2c\ \cot\phi)^2 = 0 \tag{7.5}$$

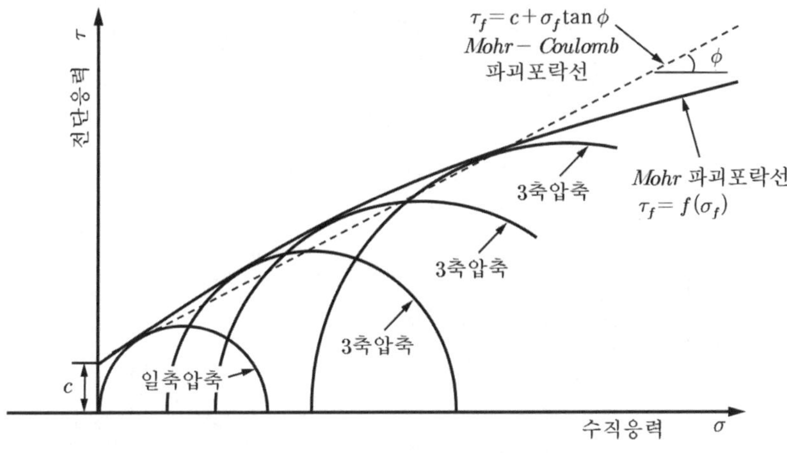

그림 7.5 Mohr–Coulomb 파괴포락선

흙의 전단강도정수는 동일한 종류의 시료에 대해 응력상태를 3 가지 이상 변화시키면서 전단시험을 실시하여 파괴시 응력상태 (σ_f 와 τ_f) 를 구한 후에 이에 대한 Mohr 응력원을 그리고 그들의 외접선 즉, **파괴포락선**을 구하여 결정한다.

흙 지반에서는 보통 응력수준에서 파괴포락선이 뚜렷한 직선을 나타낸다. 다만 매우 큰 수직응력상태 (약 2MPa 이상) 에서는 흙 입자들 접촉면에서 접촉응력이 커서 흙 입자들이 부스러지기 때문에 흙 입자 구성광물의 특성과 풍화정도에 따라 완만한 곡선이 된다.

2) 3차원 파괴조건식

3차원 상태에서는 3개의 주응력 $\sigma_1 > \sigma_2 > \sigma_3$ 이 이루는 3개의 주응력면($\sigma_1 - \sigma_3$ 면, $\sigma_2 - \sigma_3$ 면, $\sigma_1 - \sigma_2$ 면)이 존재하며 이중에서 어떤 주응력면이 지반의 파괴에 가장 주된 역할을 하는가는 아직 잘 알려져 있지 않다.

이들 3개 주응력을 나타내는 **Mohr의 응력원**(그림 7.6a)은 언제나 파괴포락선 내부에 위치해야 하고, 등방성 재료일 경우에는 3차원 파괴식이 주응력방향에 대해서 항상 대칭이어야 한다.

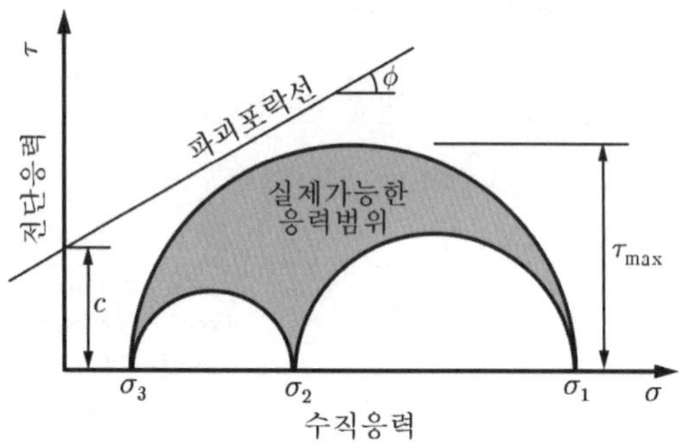

(a) 3차원 Mohr 응력원

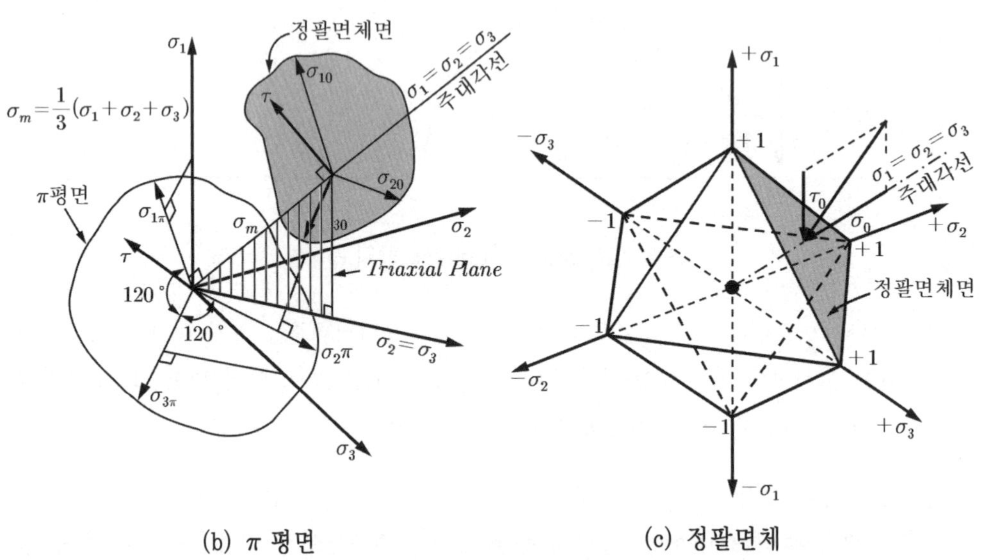

(b) π 평면 (c) 정팔면체

그림 7.6 3차원 파괴조건

3 차원 파괴조건은 3 개 주응력으로 표시되며 그림 7.6 b 와 같이 주대각선상 평균주응력 $\sigma_m = (\sigma_1 + \sigma_2 + \sigma_3)/3$ 과 주대각선에 수직인 평면 (**π 평면**) 상의 전단응력 τ 로 나타낸다. 이때 평균주응력 σ_m 은 등방압력을 나타내고, 지반의 파괴 (전단파괴) 에 주역할을 하는 전단응력 τ 는 π 평면상에 표시된다. 따라서 파괴조건식은 π 평면상 전단응력 τ 의 분포경계를 나타낸다. π 평면은 3 차원 응력상태에서 8 개이며 그림 7.6c 와 같은 **정팔면체면** (octahedral plane) 중 하나이다. **3 차원 파괴조건**은 π 평면상에서 원 (von Mises, 1913) 이나 정육각형 (Tresca, 1864) 또는 육각형 (Mohr–Coulomb) 으로 단순화시킬 수 있다 (Kirkpatrick, 1957).

3 차원 Mohr – Coulomb 파괴조건은 6 각형이며 (그림 7.7a) 다음 식이 된다.

$$F = \left\{(\sigma_1 - \sigma_2)^2 - \sin^2\phi(\sigma_1 + \sigma_2)^2\right\}\left\{(\sigma_2 - \sigma_3)^2 - \sin^2\phi(\sigma_2 + \sigma_3)^2\right\}$$
$$\left\{(\sigma_3 - \sigma_1)^2 - \sin^2\phi(\sigma_3 + \sigma_1)^2\right\} = 0 \tag{7.6}$$

그런데 이 관계식은 3 개 주응력 방향에 대해 대칭이므로 결국 π 평면 (그림 7.7b) 상에서 각도 60° 인 한 개의 sector 즉, **π** - secter 에서 표현해도 무방하다.

그림 7.7b 는 **π - sector** 에서 실험값과 Mohr–Coulomb 이론값의 관계를 나타낸 것이다. 여러 가지 시험과 식 (7.6)은 모래와 점토에서도 성립된다 (Roscoe/Burland, 1968). 다만 2 개 주응력이 같아지는 부분 (6 각형의 모서리 부분) 에서는 이론식 (식 7.6) 과 달리 약간 완만한 곡선형태가 된다 (Bishop, 1971).

수직응력이 매우 큰 경우 ($\sigma > 1$ MPa) 에는 **중간주응력** (intermediate principal stress) 이 파괴조건에 미치는 영향이 뚜렷하며 파괴조건식 형상이 원형에 가까워진다.

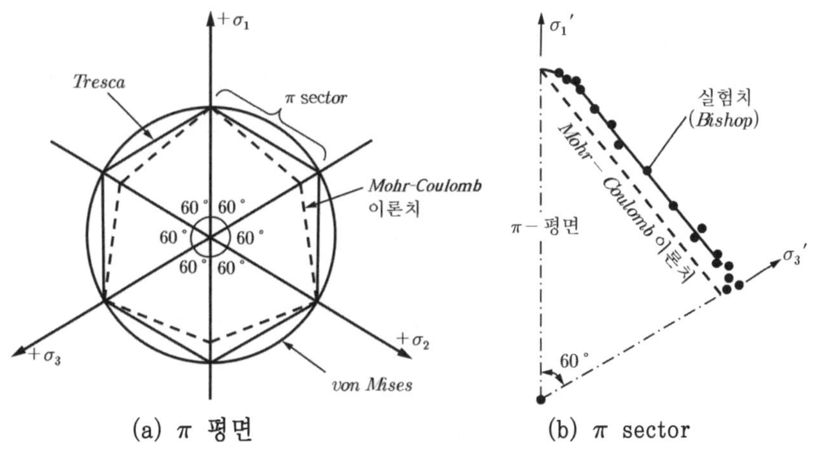

그림 7.7 π 평면상의 파괴조건

이때는 **취성파괴거동** (brittle failure mechanism) 에서 **연성파괴거동** (ductile failure mechanism) 으로 전환되고 구조골격의 이완에 의해 발생되는 전단변형은 감소하고 입자파쇄로 인한 전단변형이 증가한다.

모래에서는 압축응력이 크면 쐐기효과가 커져서 입자회전이 억지되므로 하중을 제거해도 수직응력이 잔류하는 경향을 보인다. 따라서 압축력이 클 때에는 건조한 모래라도 **겉보기 점착력** (apparent cohesion) 을 가질 수 있다. 흙 입자가 균일할수록 (즉, 균등계수가 작을수록) 입자간 접촉면적이 넓기 때문에 접촉응력이 작아서 입자파쇄가 적게 일어난다.

7.3.3 흙의 강도정수

흙 지반은 압축에 의해서는 파괴되지 않고 인장이나 전단에 의해서만 파괴된다. 흙의 전단파괴 시 응력상태를 나타내는 3 개 이상의 Mohr 응력원들의 외접선은 낮은 응력수준에서는 직선이고 응력수준이 높아지면 완만한 곡선이 된다. 그런데 흙의 응력수준은 대개 낮으므로 흙 지반의 Mohr – Coulomb 파괴포락선은 직선으로 간주 할 수 있으며 그 절편을 **점착력** c (cohesion), 경사각을 **내부마찰각** ϕ (internal friction angle) 라고 하고, 이들을 **전단강도정수** (shear strength parameter) 라고 한다. 전단강도정수를 알고 있으면 임의 응력상태에서 그 지반의 전단강도를 구할 수 있다.

근래에는 전단강도정수가 흙의 고유한 값이 아니고 전단방법과 배수조건에 따라 달라진다는 학설이 대두되어서 c 를 **점착절편** (cohesion intercept), ϕ 를 **전단저항각** (angle of shearing resistance) 이라 하기도 한다. 지반의 전단강도정수는 지하수에 무관하므로 지하수면의 상부나 하부에서 크기가 같다.

지반의 내부마찰각은 대체로 지반의 안식각과 비슷하기 때문에 현장에서 건조한 상태로 안식각을 측정하여 대신할 수 있으나 정확한 값은 전단시험을 실시하여 결정해야 한다. 사질토는 상대밀도나 입도분포에 따라 점성토는 정규압밀, 과압밀상태, 배수조건, 포화도 등에 따라 그 전단거동특성이 달라진다.

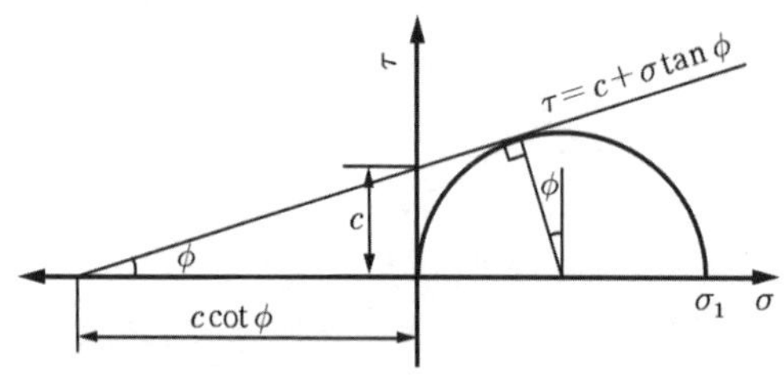

그림 7.8 흙의 전단강도정수

1) 전단강도정수의 구분

지반의 전단강도정수(점착력 c 와 내부마찰각 ϕ)는 응력상태에 따라 유효전단강도정수 c', ϕ' 와 비배수전단강도정수 c_u, ϕ_u 로 구분하며, 또한 보정전단강도정수 c'_c, ϕ'_c 가 있다.

(1) 유효 전단강도정수 c', ϕ'

흙의 전단강도는 흙 입자를 통해 전달되는 유효응력에 의해서 결정되므로, 흙의 전단강도를 유효수직응력의 함수로 표시할 수 있다.

$$\tau = c' + \sigma' \tan\phi' \tag{7.7}$$

유효응력으로 표시한 c' 와 ϕ' 를 **유효 전단강도정수**(effective shear strength parameter)라고 하고 압밀완료 후의 장기안정문제를 계산할 때 적용하며 비배수 전단시험(CU)에서 간극수압을 측정하여 간접적으로 구한 유효 응력이나 배수전단시험(CD)에서 직접 측정한 유효응력으로부터 결정한다(Bjerrum, 1961).

(2) 비배수 전단강도정수 c_u, ϕ_u

비배수 전단강도정수 c_u 와 ϕ_u (undrained shear strength parameter)는 비배수 시험(UU)에서 결정하며, 재하도중에 발생되는 안정문제와 제방이나 구조물 건설 직후 및 초기 안정계산에 적용된다.

(3) 보정 전단강도정수 c'_c, ϕ'_c, c_{uc}, ϕ_{uc}

실험실에서 구한 강도정수는 크기가 작은 공시체를 사용하여 어느 정도 교란이 불가피한 상태에서 시험한 결과이므로 지반상태가 다양한 현장에서 그대로 적용하기 불안하다. 따라서 실험실에서 구한 강도정수를 보정한 **보정 전단강도정수 c'_c, ϕ'_c** (calibrated shear strength parameter)를 적용하는 것이 안전하다. 참고로 DIN 1055 에서는 다음과 같이 보정하고 있다.

$$c'_c = c'/1.3\,, \quad c_{uc} = c_u/1.3\,,$$
$$\phi'_c = \arctan(\tan\phi'/1.1)\,, \quad \phi_{uc} = \arctan(\tan\phi_u/1.1) \tag{7.8a}$$

2) 점착력 c

점착력(cohesion)은 역학적으로 수직응력이 '**영**'($\sigma = 0$)일 때에 지반의 전단강도로 정의하며, 이는 지반을 연직으로 굴착할 수 있는 능력으로 이해할 수 있다.

즉, 연직으로 굴착할 수 있는 지반은 점착력을 갖고 있다. 점착력은 흙입자를 둘러싸고 있는 흡착수의 표면장력과 입자간의 인력에 의해 발생되며 그 크기는 점토광물의 함량과 선행하중에 의하여 결정된다. 따라서 점착력은 지반의 함수비가 증가할수록 작아진다. 액체상태에서는 표면장력이 소멸되고 입자간 거리가 멀어져서 인력이 더 이상 작용하지 않기 때문에 점착력이 영이 된다. 점착력은 전단시험을 수행하지 않고도 현장에서 직접 구할 수 있다. 즉, 연직으로 h만큼 굴착할 수 있는 지반의 **점착력** c는 지반의 단위중량 γ와 내부마찰각 ϕ로부터 다음과 같이 계산할 수 있다.

$$c = \frac{\gamma h}{4}\tan\left(45° - \frac{\phi}{2}\right) \tag{7.8}$$

사질토에서 모세관현상 등에 의하여 지하수위면보다 상부에 있는 간극 속에 있는 물(모관수)은 부압상태이며 이로 인해 점착력이 발생되는데 이를 **겉보기 점착력**(apparent cohesion)이라고 한다. 겉보기 점착력은 지반이 완전히 건조되거나 포화되어서 모관수가 없어지면 소멸되므로 일상적인 지반안정 계산에서는 고려하지 않는다.

【예제】 어떤 흙시료에 대해 전단시험을 실시한 결과 수직응력이 $60.0\,kPa$일 때에 전단강도가 $40.0\,kPa$로 측정되었다. 이 흙시료의 점착력이 $20.0\,kPa$일 때 내부마찰각을 구하시오.

【풀이】 식 (7.3)에서 $\tau_f = c + \sigma_f \tan\phi$

$$\therefore \phi = \tan^{-1}\frac{\tau_f - c}{\sigma_f} = \tan^{-1}\frac{40.0-20.0}{60.0} = 18.4^o \qquad ///$$

7.3.4 응력경로

지반의 파괴조건은 3개 이상의 전단시험을 실시하고 각각의 파괴 시 응력에 대한 Mohr 응력원에 외접하는 파괴포락선으로부터 구한다. 그러나 Mohr 응력원이 파괴포락선에 접하는 점(Mohr 응력원의 외접점)의 전단응력은 Mohr 응력원의 정점(최대전단응력 τ_{max})이 아니며 명확하게 정하기가 쉽지 않다.

파괴상태의 응력을 나타내는 Mohr 응력원의 정점의 응력상태는 $(\sigma = p = (\sigma_1 + \sigma_3)/2,\ \tau = q = (\sigma_1 - \sigma_3)/2)$이다. 여기에서 p는 **Mohr 응력원 중심의 수직응력**(최대주응력과 최소주응력의 평균값), 그리고 q는 **Mohr 응력원의 반경**을 나타낸다.

1) p－q 다이어그램

Mohr 응력원 정점의 응력을 재하초기부터 $p-q$ 평면에 표시하여 연결하면 그림 7.9와 같이 응력상태가 변하는 과정(즉, 응력궤적)을 볼 수가 있는데 이를 **응력경로**(stress path) 또는 $\boldsymbol{p-q}$ **다이어그램**($p-q$ diagram)이라고 한다.

p와 q를 유효 주응력으로 표시하면 다음과 같다.

$$p' = \frac{\sigma'_1 + \sigma'_3}{2} \qquad (7.9)$$

$$q' = \frac{\sigma'_1 - \sigma'_3}{2}$$

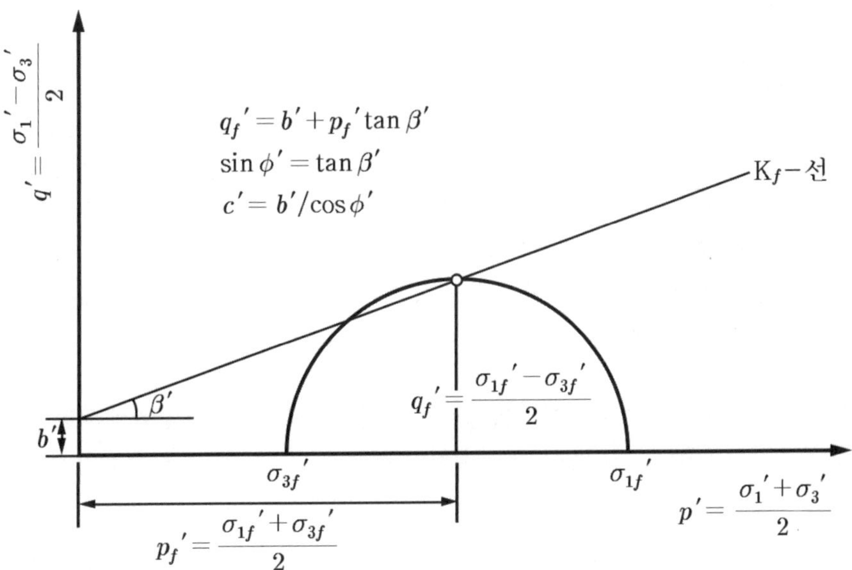

그림 7.9 p － q 다이어그램

흙 지반에서 파괴 시 응력을 나타내는 Mohr 응력원의 외접선인 파괴포락선은 직선이므로 $p-q$ 다이어그램에서 Mohr 응력원의 정점들을 연결하면 역시 직선이 된다. 이 직선을 $\boldsymbol{K_f}$ **－ 선**(K_f － line)이라고 하고 그 기울기 β'와 절편 b'로부터 파괴포락선 기울기인 내부마찰각 ϕ'와 절편인 점착력 c'를 환산할 수 있다.

$$\phi' = \sin^{-1}(\tan\beta') \qquad (7.10)$$

$$c' = \frac{b'}{\cos\phi}$$

【예제】 삼축압축시험 결과를 $p-q$ 다이어그램에서 정리한 결과 $b = 19.0\,kPa$ 이고 $\beta = 26.5^o$ 이다. 이 시료의 전단강도정수를 구하시오.

【풀이】 식 (7.10)에서 $\phi = \sin^{-1}(\tan\beta) = \sin^{-1}(\tan 26.5^o) = 30^o$

$c = b/\cos\phi = 19.0/\cos 30^o = 22.0\,kPa$ ///

2) 응력경로

전단시험 중 응력변화를 $p-q$ 평면에 나타낸 응력궤적을 **응력경로** (stress path) 라 하고 전응력으로 표시한 것을 **전응력경로** (TSP, Total Stress Path), 유효응력으로 표시한 것을 **유효응력경로** (ESP, Effective Stress Path) 라 한다.

흙 지반에서 **유효응력 σ'** 는 배수시험에서 직접 구하거나 비배수시험에서 간극수압 u 를 측정하여 간접적으로 구한다.

$$\sigma' = \sigma - u - u_L \tag{7.11}$$

여기에서 u_L 은 불포화시료의 **간극공기압** (pore air pressure) 을 나타내며 시험 중에 측정하기가 매우 어렵기 때문에 일상적 시험에서는 **백프레셔** (back pressure)를 가하여 시료를 포화시켜서 공기를 제거하고 (즉, $u_L = 0$) 시험한다.

그림 7.10 은 정규압밀점토와 과압밀점토에서 압밀비배수 (CUB) 시험의 응력경로를 나타낸다. 전응력경로 (TSP) 는 P 축에 대해 경사가 일정한 직선이지만 유효응력경로 (ESP) 는 간극수압이 **'양'** (+) 인 정규압밀 점토에서는 좌측으로 (그림 7.10a) 간극수압이 **'음'** (-) 인 과압밀 점토에서는 우측으로 오목한 곡선 (그림 7.10b) 이다. 유효응력경로의 종점은 K_f 선 상에 있고, 그곳부터 우측으로 간극수압 u_f 떨어진 곳에 전응력경로 종점이 위치한다.

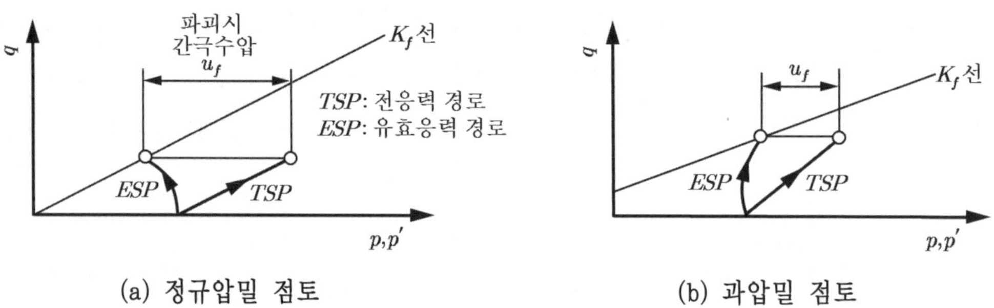

(a) **정규압밀 점토** (b) **과압밀 점토**

그림 7.10 압밀 비배수 (CUB) 시험의 응력경로

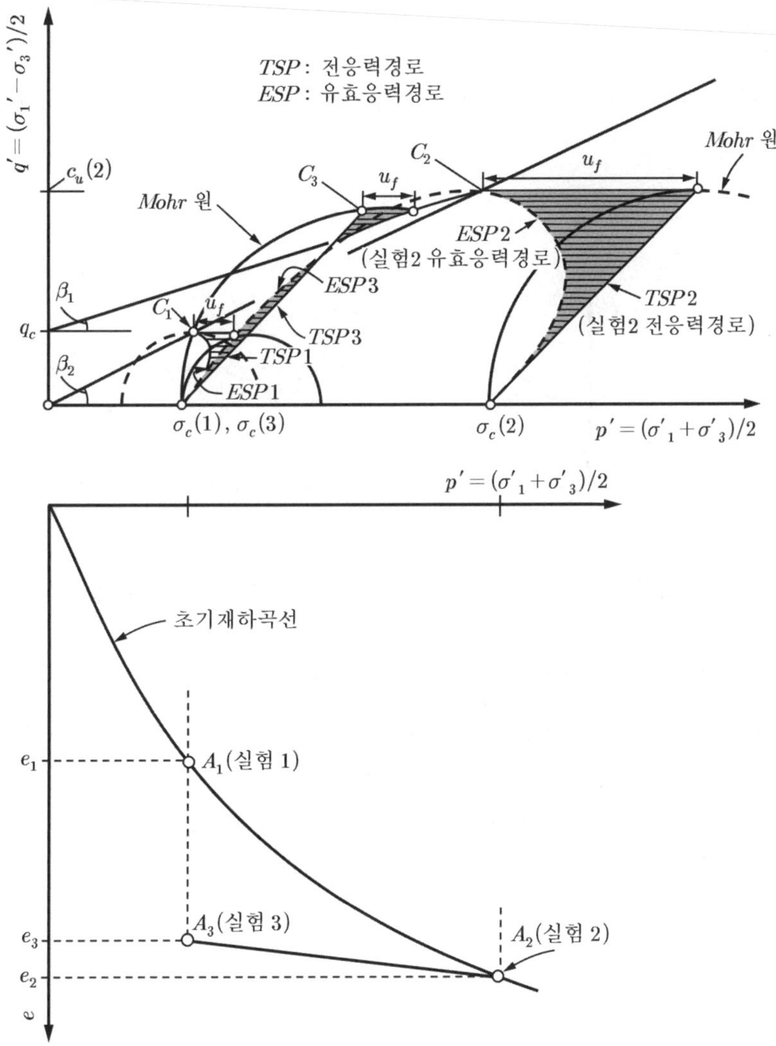

그림 7.11 압밀 비배수 (CU) 시험의 응력경로와 재하곡선

그림 7.11 는 3 개 **압밀 비배수 (CUB) 시험의 응력경로**를 나타내며, 여기에서 C_1 과 C_2는 정규압밀상태의 시료에 대한 응력경로이고 C_3 는 과압밀 상태의 응력경로를 나타낸다.

과압밀상태 지반에서는 전단 시에 부(負) 의 간극수압이 발생되기 때문에 응력경로가 K_f 선보다 위쪽을 지날 수 있고 유효점착력 c' 가 영이 되지 않는다. 정규압밀 점토에서는 유효점착력 c' 는 '**영**'이 된다.

압밀되지 않은 포화지반은 비배수상태에서 내부마찰각이 '**영**' ($\phi_u = 0$) 이 되고 지반의 단위중량이 변하지 않으므로 **비배수전단강도 c_u** 는 수직응력의 크기에 상관없이 일정한 값을 유지한다. **비배수전단강도 c_u** 와 **유효강도정수 c', ϕ** 사이에는 다음 관계가 성립된다 (Smoltczyk, 1993).

$$c_u = c' \cos\phi' + \sin\phi' \left(\frac{\sigma_1 + \sigma_3}{2} - u \right) \tag{7.12}$$

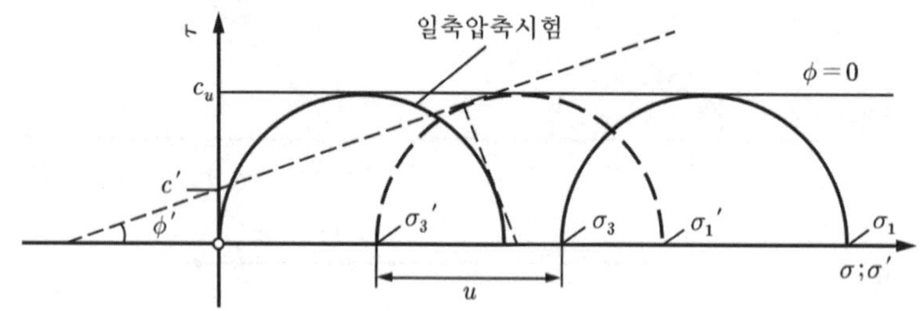

그림 7.12 비배수 전단강도 c_u 와 유효강도정수의 관계

【예제】 다음의 응력경로에 대한 설명 중에서 옳지 않은 것을 고르시오.

① 응력경로는 각 Mohr 원의 중심위치와 반경의 크기를 연결하는 선이다.
② 응력경로는 시료가 받는 응력의 변화과정을 연속적으로 살필 수 있는 방법이다.
③ 응력경로는 전응력경로와 유효응력경로로 나타낼 수 있다.
④ 측압을 고정하고 축력만을 증가시키는 경우의 응력 경로는 σ_3 와 Mohr 응력원의 정점을 연결하는 직선이 된다.

【풀이】 해당 없음

7.3.5 간극수압계수

1) 유효응력

지반공학에서 **전응력** (total stress) 은 전체하중을 작용면적으로 나눈 값이며, **유효응력** (effective stress) 은 흙 구조골격이 실제로 받는 응력을 나타내고, 전응력에서 **간극수압** (pore water pressure) 을 뺀 값이다. 간극수압은 간극수의 압력을 말하며 정수압적으로 작용한다. 따라서 압밀완료 즉, 과잉간극수압이 소산된 상태에서는 유효응력이 전응력과 같고 간극수압이 부압상태이면 유효응력은 전응력보다 커진다.

불포화 지반에서는 간극이 물과 공기로 채워져 있어서 간극수압과 간극공기압을 구분하며 현장에서는 **피에조미터** (piezometer) 등으로 측정한다. 현장에서 압밀이 완료된 지반의 간극수압은 그 지점에서 정수압과 같다. 지반에 상재하중이 작용하면 간극의 부피가 감소하고, 비압축성 유동체인 물은 유출된다. 간극수가 유출될 수 없거나 유출속도가 느리면 간극수압이 정수압보다 커지는데 이를 **과잉간극수압** (excess pore water pressure) 이라고 한다.

투수계수가 작은 점성토에서 재하 직후에는 간극수가 거의 배수되지 않아서 과잉간극수압이 발생되고 그 크기가 하중 크기에 상당하는 응력과 같아져서 유효응력은 '**영**' (0) 이 된다. 하중이 제거되거나 사질토가 느슨해지는 등 여러 가지 요인으로 인해 지반 간극이 커지면 간극수압이 감소되어 **부** (-) 의 간극수압이 되며 이로 인해 유효응력이 증가되어 전응력보다 커진다.

2) 간극수압계수

서로 결합되지 않은 입자들이 쌓여있는 (즉, 입적체인) 흙지반은 외력에 의하여 부피 (즉, 간극의 부피) 가 변하기 때문에 과잉간극수압이 발생되며 그 정도는 초기상대밀도와 변위에 따라 다르다. 흙 지반의 **간극수압** $\boldsymbol{u}$ (pore water pressure) 는 물의 자중에 의한 수압 u_g 와 외력에 의한 수압 u_p 로 구분되며 경계조건에 따라 결정된다.

$$u = u_g + u_p \qquad (7.13)$$

물의 자중에 의한 수압은 수면으로부터 깊이 z 와 물의 단위중량 γ_w 을 알면 ($u_g = \gamma_w z$) 구할 수 있으며 일정한 온도와 수위만 유지하면 변하지 않는다.

투수계수가 커서 배수가 잘되는 지반 (조립토) 에서는 외력이 작용하면 간극수가 즉시 배수되어 흙의 구조골격이 외력을 전부 부담하기 때문에, 외력에 의한 수압 (즉, 과잉간극수압) 이 발생하지 않고 정수압만 작용한다.

그러나 투수계수가 작아서 배수되는데 많은 시간이 필요한 세립토에서는 재하 직후에는 간극수가 외력을 전부 부담하고 시간이 지나 간극수가 서서히 배수되면 (압밀이 일어나면) 간극수가 부담하는 몫이 줄고 구조골격이 부담하는 몫이 서서히 커진다. 따라서 이 경우에는 외력에 의한 간극수압이 초기에 크게 발생되었다가 압밀이 진행됨에 따라 감소되어 압밀완료 시에는 외력에 의한 수압은 없고 ($u_p = 0$) **정수압**만 작용한다. 또한, 간극수가 배수되지 않는 환경에서는 외력을 간극수가 전부 부담하므로 흙의 구조골격이 압축되지 않아서 흙 지반의 부피가 변하지 않는다.

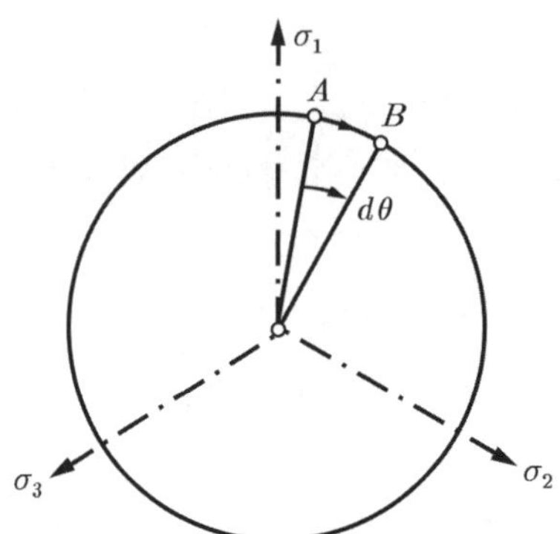

그림 7.13 최대 주응력의 방향변화에 따른 간극수압

외력에 의한 지반응력은 **등방압력**(isotropic pressure)과 **축차응력**(deviatoric stress)으로 구분되며, 각 응력상태에 따라 간극수압이 다른 형태로 발생된다. 또한, 일정 응력상태에서 최대 주응력의 작용방향이 변화하는 경우에도 간극수압이 변할 수 있다.

따라서 외력에 의한 **간극수압 변화 du**는 등방압력 σ_m과 축차응력 τ_{oc} 및 최대주응력의 방향 θ의 변화로부터 다음 식으로 나타낼 수 있다.

$$du = \frac{\partial u}{\partial \tau_{oc}} d\tau_{oc} + \frac{\partial u}{\partial \sigma_m} d\sigma_m + \frac{\partial u}{\partial \theta} d\theta \tag{7.14}$$

$$= A_1 d\tau_{oc} + B_1 d\sigma_m + C_1 d\theta$$

여기서 A_1, B_1, C_1은 **간극수압계수**이며, 첫째 항을 축차응력 τ_{oc}, 둘째 항은 등방압력 σ_m을 나타내고, 셋째 항은 최대 주응력 방향 θ의 변화에 따른 간극수압을 나타낸다.

그런데 최대주응력의 방향변화에 의한 **간극수압의 변화 du** (그림 7.13)는 아직까지 많이 알려져 있지 않으므로 이를 제외하면 식 (7.14)는 다음과 같고,

$$du = A_1 d\tau_{oc} + B_1 d\sigma_m \tag{7.15}$$

3차원 상태에서 **축차응력 τ_{oc}**와 **등방압력 σ_m**은 다음과 같다.

$$\tau_{oc} = \frac{1}{3}\sqrt{(\sigma_1 - \sigma_3)^2 + (\sigma_2 - \sigma_3)^2 + (\sigma_3 - \sigma_1)^2}$$

$$\sigma_m = \frac{1}{3}(\sigma_1 + \sigma_2 + \sigma_3) \tag{7.16}$$

3) 등방압축에 의한 간극수압

흙의 한 요소 (부피 V_0)에 등방구속압력 $\Delta\sigma_m$ 을 가하면 간극수압이 Δu 만큼 증가하고 유효응력은 $\Delta\sigma_m{}' = \Delta\sigma_m - \Delta u$ 만큼 감소한다.

간극수압이 Δu 만큼 변화되면 **간극의 부피변화 ΔV_w** 는 간극율 n 과 간극 내의 물과 공기의 **체적변화계수 m_w** (coefficient of volume change) 로부터 계산할 수 있다 (제 3 장 3.3.2 절에서 지반의 구조골격과 물의 체적압축계수를 각각 K 와 K_w 로 나타냈다).

$$\Delta V_w = m_w n V_0 \Delta u \tag{7.17}$$

또한, **흙 구조골격의 압축에 의한 부피변화 ΔV_v** 는 유효응력의 변화 (즉, $\Delta\sigma'_m = \Delta\sigma_m - \Delta u$) 에 의해 발생되며 흙의 구조골격의 체적변화계수 m_v 로부터 계산한다.

$$\Delta V_v = m_v V_0 \Delta\sigma_m{}' = m_v V_0 (\Delta\sigma_m - \Delta u) \tag{7.18}$$

그런데 흙 입자는 압축되지 않기 때문에 **흙 구조골격의 압축에 의한 부피변화 ΔV_v** 는 **간극수의 부피변화 ΔV_w** 와 같다 (즉, $\Delta V_v = \Delta V_w$).

$$\Delta V_w = m_w n V_0 \Delta u = m_v V_0 (\Delta\sigma_m - \Delta u) = \Delta V_v \tag{7.19}$$

따라서 구속압력의 변화 $\Delta\sigma_m = \Delta\sigma_3$ 에 의해서 발생되는 **간극수압의 변화 Δu** 를 구할 수 있다.

$$\Delta u = \frac{1}{1 + n\dfrac{m_w}{m_v}} \Delta\sigma_m = B\Delta\sigma_m = B\Delta\sigma_3 \tag{7.20}$$

위 식에서 **B 는 등방압력에 대한 간극수압계수** (pore pressure parameter for isotropic pressure) 이며, 삼축압축시험에서 구속압이 $\Delta\sigma_m = \Delta\sigma_3$ 일 때에 다음과 같이 된다.

$$B = \frac{1}{1 + n\dfrac{m_w}{m_v}} = \frac{\Delta u}{\Delta\sigma_3} \tag{7.21}$$

그런데 포화지반에서는 대체로 $m_v ≒ 30 m_w$ 이므로 위 식에서 $\dfrac{m_w}{m_v} \simeq 0$ 이고 $B ≒ 1$ 이 되어 위 식은 다음과 같이 된다.

$$\Delta u \simeq \Delta\sigma_3 \tag{7.22}$$

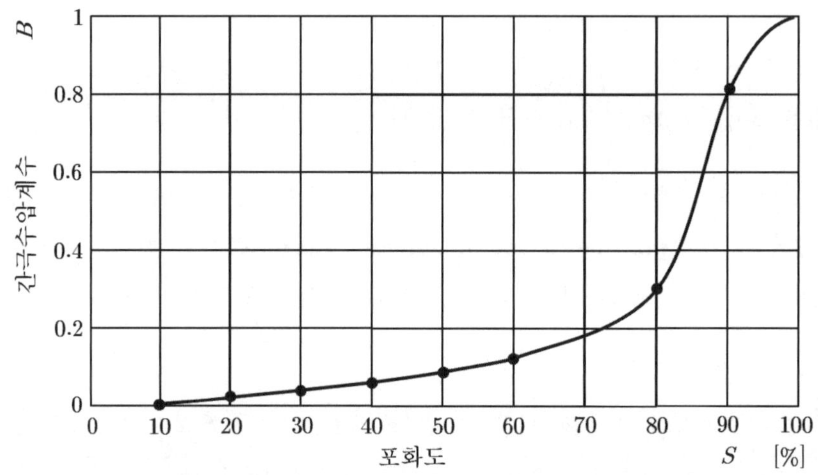

그림 7.14 포화도와 과잉간극수압계수 B 의 관계

따라서 등방압축상태 간극수압계수 B는 흙이 완전히 포화되면 등방압력이 증가된 만큼 과잉간극수압이 커진다. 반대로 완전히 건조되면 $B=0$ 이고 불포화 상태에서는 $0 < B < 1$ 이다. 간극수압계수 B는 포화도에 따라 그림 7.14와 같이 변한다.

4) 일축압축에 의한 간극수압

일축압축 재하상태에서는 구속압력이 없고 축응력만 가해지므로 횡방향으로는 팽창하여 '부'(-)의 과잉간극수압이 발생하고, **횡방향 유효응력 $\Delta\sigma_2'$** 와 **$\Delta\sigma_3'$** 는 다음과 같다.

$$\Delta\sigma_2' = \Delta\sigma_3' = -\Delta u \tag{7.23}$$

축방향으로 과잉간극수압이 Δu 만큼 증가하므로 **축방향 유효응력 $\Delta\sigma_1'$** 는 다음과 같다.

$$\Delta\sigma_1' = \Delta\sigma_1 - \Delta u \tag{7.24}$$

일축압축 재하상태에서는 축방향으로는 압축되고 횡방향으로는 팽창되기 때문에 **흙의 구조골격의 부피변화 ΔV_v** 는,

$$\Delta V_v = m_v V_0(\Delta\sigma_1 - \Delta u) + 2m_e V_0(-\Delta u) \tag{7.25}$$

이고, 여기에서 m_v 는 **축방향 체적변화계수**이고 m_e 는 **횡방향 체적팽창계수**이다.

또한, 간극수압이 Δu 만큼 변할 때 **간극의 부피변화 ΔV_w** 는 다음과 같다.

$$\Delta V_w = n V_0 m_w \Delta u \tag{7.26}$$

흙 입자의 압축을 무시하면 흙 요소의 부피변화는 구조골격의 부피변화 ΔV_v 이고, 이는 간극의 부피변화 ΔV_w 와 같으므로 ($\Delta V_v = \Delta V_w$), **간극수압의 변화 Δu** 는 다음 같다.

$$\Delta u = \frac{m_v}{m_v + 2m_e + nm_w}\Delta\sigma_1 = \frac{1}{1+2\frac{m_e}{m_v}+n\frac{m_w}{m_v}}\Delta\sigma_1 = D\Delta\sigma_1 \quad (7.27)$$

여기에서 D 는 **일축압축상태 간극수압계수**이다.

$$D = \frac{1}{1+2\frac{m_e}{m_v}+n\frac{m_w}{m_v}} = \frac{\Delta u}{\Delta\sigma_1} \quad (7.28)$$

5) 삼축압축에 의한 간극수압

삼축압축시험 ($\sigma_2 = \sigma_3$) 에서는 **축차응력 τ_{oc}**와 **등방압력 σ_m**은 식 (7.16) 에서

$$\tau_{oc} = \frac{\sqrt{2}}{3}(\sigma_1 - \sigma_3) \quad (7.29)$$
$$\sigma_m = \frac{1}{3}(\sigma_1 + 2\sigma_3)$$

이며, 이들을 식 (7.15) 에 대입하여 정리하면 **간극수압의 변화 Δu** 는

$$\begin{aligned}\Delta u &= A_1\frac{\sqrt{2}}{3}(\Delta\sigma_1 - \Delta\sigma_3) + B_1\frac{1}{3}(\Delta\sigma_1 + 2\Delta\sigma_3) \\ &= B_1\left[\Delta\sigma_3 + \frac{1}{3}\left(1+\sqrt{2}\frac{A_1}{B_1}\right)(\Delta\sigma_1 - \Delta\sigma_3)\right]\end{aligned} \quad (7.30)$$

이고, 이를 다시 쓰면 **삼축압축시험의 간극수압**을 나타내는 Skempton (1954) 식이 된다.

$$\Delta u = B\ [\Delta\sigma_3 + A(\Delta\sigma_1 - \Delta\sigma_3)] \quad (7.31)$$

여기에서 B 는 **등방압력상태 간극수압계수**이고 $B = B_1$, $A = \frac{1}{3}\left(1+\sqrt{2}\frac{A_1}{B_1}\right)$ 이다.

삼축압축상태 간극수압계수 A 는 삼축압축시험에서 포화된 시료 (즉, $B=1$) 에 대해 구속압력을 일정하게 유지하고 (즉, $\Delta\sigma_3 = 0$) 간극수압을 측정하여 위의 식 (7.31) 에서 계산할 수 있다.

$$A = \frac{\Delta u - \Delta\sigma_3}{\Delta\sigma_1 - \Delta\sigma_3} \quad (7.32)$$

포화상태에서 ($B=1$) 구속압력이 변하지 않으면 ($\Delta\sigma_3=0$) 위 식은 다음이 된다.

$$A=\frac{\Delta u}{\Delta\sigma_1} \tag{7.33}$$

간극수압계수 A 는 수직응력의 함수이며 (그림 7.15a), 정규압밀과 과압밀상태 실트질 점토에서 전단변위와 과압밀비에 따라 변한다 (그림 7.15b). 특히 **파괴상태 간극수압계수 A_f** 는 과압밀비에 따라 그림 7.15b 와 같이 일정한 경향으로 변한다 (Blight, 1965).

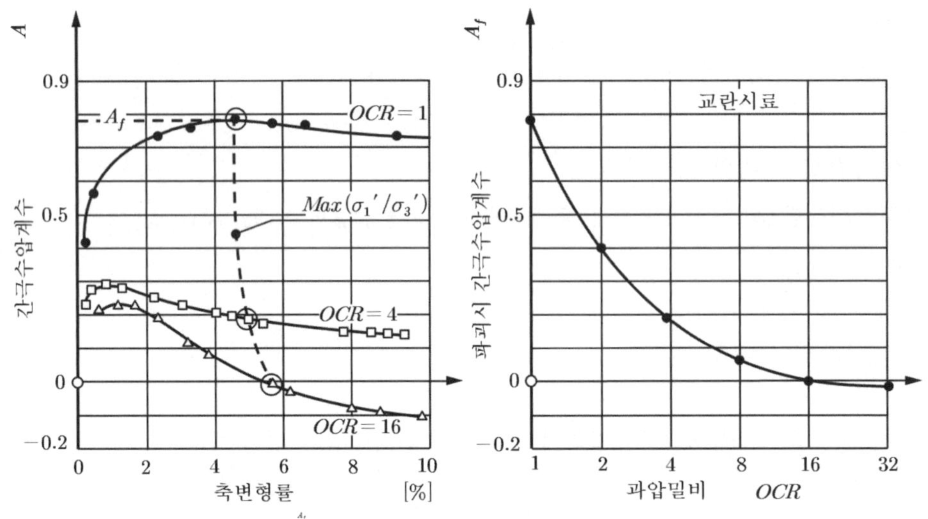

(a) **축변형률에 따른 간극수압계수** A (b) **과압밀비에 따른 파괴시간극수압계수** A_f

그림 7.15 과압밀 흙의 간극수압계수 (Blight, 1965)

삼축압축 시 하중은 등방압축과 일축압축을 합한 것이므로, 간극수압 변화 또한 각각의 합이 된다. 이때의 일축압축응력은 축차응력 (즉, $\Delta\sigma_1-\Delta\sigma_3$) 이 된다.

따라서 간극수압의 변화 Δu는 식 (7.20) 과 식 (7.27) 을 합하면

$$\Delta u=B\Delta\sigma_3+D(\Delta\sigma_1-\Delta\sigma_3) \tag{7.34}$$

이고, 이를 바꿔 쓰면 Skempton (1954) 이 제안한 식 (7.31) 이 된다.

$$\Delta u=B\left[\Delta\sigma_3+\frac{D}{B}(\Delta\sigma_1-\Delta\sigma_3)\right]=B[\Delta\sigma_3+A(\Delta\sigma_1-\Delta\sigma_3)] \tag{7.35}$$

여기서 **삼축압축상태 간극수압계수 A는 일축압축상태 간극수압계수 D** 와 **등방압축상태 간극수압계수 B** 의 비 (즉, $A=D/B$) 인 것을 알 수 있다.

7.4 흙의 전단특성

흙의 전단특성은 흙 입자들이 서로 접촉되어 있는 **사질토** (7.4.1 절) 와 흙 입자가 흡착수에 둘러싸여 있어서 직접 접촉되어 있지 않은 **점성토** (7.4.2 절) 에서 서로 다르며, 구조골격의 **교란** (7.4.3 절) 이나 **응력이력** (7.4.4 절) 에 의해 영향을 받는다. 또한 **변형구속조건** (7.4.5 절)에 의해 전단거동이 달라져서 실험방법에 따라 결과가 다르다. 흙의 비배수 전단거동은 응력수준에 무관하게 **소성체적유동** (7.4.6 절) 하기 때문에 등체적 전단상태의 유효응력경로 즉, 유동곡선으로부터 응력 - 변형률 관계를 예측 할 수 있다.

7.4.1 사질토의 전단특성

1) 사질토의 전단

사질토는 대체로 단립구조이며, 외력에 대한 전단저항은 입자간 접촉점에서의 마찰에 의해 발생한다. 따라서 입자간 접촉점에 수직압축응력이 작용해야 전단응력이 존재한다. 사질토를 직경이 같은 구의 집합체로 간주하면 입도분포곡선은 연직직선이고 균등계수는 $C_u = 1$ 이 되며 그림 7.16 과 같이 입자의 배열상태에 따라 가장 조밀하거나 가장 느슨한 상태가 된다.

가장 조밀한 상태 : $n_{min} = 0.259$, $e_{min} = 0.35$

가장 느슨한 상태 : $n_{max} = 0.479$, $e_{max} = 0.91$

조밀한 사질토는 입자가 파손되거나 **다일러턴시** (dilatancy) 에 의해 느슨해져야 (즉, 상대밀도가 작아져야) 전단파괴가 일어날 수가 있고, 부피팽창을 억제하면 전단강도가 증가한다.

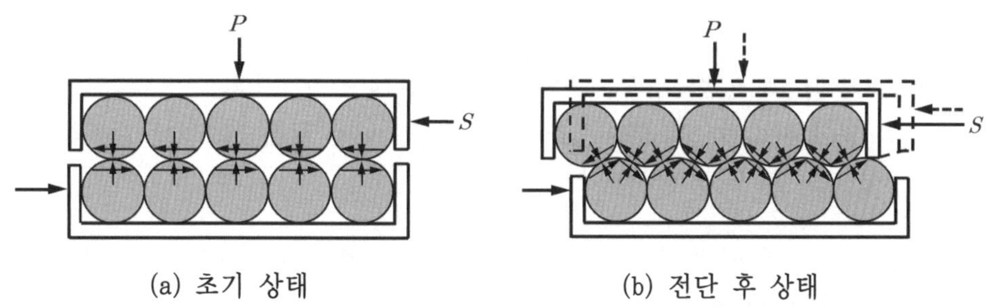

(a) 초기 상태 (b) 전단 후 상태

그림 7.16 느슨한 상태 균등한 입자의 상대밀도에 따른 전단거동

일반적으로 사질토 전단거동은 입자의 형상과 입도분포 및 상대밀도에 따라 영향을 받는다. 조밀한 사질토는 일반적인 응력범위에서 입자간 맞물림에 의해 전단강도가 증가하여 과압밀점토와 유사한 전단거동을 보이며 응력이 아주 커지면 그 영향이 줄어든다. 반면에 느슨한 사질토는 정규압밀점토와 유사한 전단거동을 나타낸다.

2) 사질토의 전단거동

사질토에서는 점착력이 없으므로 Mohr-Coulomb 파괴식은 원점을 지나는 직선이 된다.

$$\tau_f = \sigma_f \tan\phi \tag{7.36}$$

사질토는 시료의 조밀한 정도에 따라서 그림 7.17 과 같이 전단거동이 달라진다.

느슨한 사질토에서 전단변형초기에는 입자가 미끄러지고 재배열되면서 간극이 줄어들어서 전체부피가 감소하고 전단저항이 증가한다. 그러나 전단변형이 계속되어 전단저항력이 최대가 된 이후에는 간극은 더 이상 줄어들지 않고 입자들이 회전하거나 접촉점에서 미끄러지면서 마찰저항하기 때문에 전단저항력이 일정한 값 즉, **궁극전단강도** (ultimate shear strength)를 유지한다.

조밀한 사질토에서는 입자들이 서로 치밀하게 맞물려 있기 때문에 (interlocking) 전단변형 초기에는 맞물림이 더욱 치밀해지면서 간극이 줄어서 전체부피가 약간 감소한다. 그렇지만 전단변형이 계속되면 흙입자간의 맞물림이 해소되어 흙 입자가 인접한 다른 흙 입자를 타고 넘어야 하기 때문에 부피가 팽창 즉, **다일러턴시** (dilatancy) 가 발생한다.

지반의 부피가 증가하면 측방압력이 발생되어 에너지가 소모되므로 전단강도가 증가하고, 전단저항력이 최대치 (peak) 가 될 때의 전단응력을 **최대 전단강도** τ_f (peak shear strength)라고 한다. 이 상태가 지나면 전단저항력이 감소하며, 계속해서 전단변형이 진행되면 입자간 맞물림이 흐트러지고 입자들이 미끄러지거나 회전하면서 부피가 변하지 않고 전단저항력이 일정한 값을 유지하게 된다.

따라서 **조밀한 사질토의 전단강도**는 전단초기에는 급격히 증가하여 최대치 (최대전단강도) 에 도달되고, 그 이후에는 전단저항력이 감소하여 일정한 값 (궁극전단강도) 에 수렴하며 이런 경향은 지반이 조밀할수록 뚜렷하다.

사질토에서 초기 조밀한 정도에 상관없이 전단변형이 아주 커지면 일정한 크기의 전단강도에 도달되는데 이를 **궁극전단강도** τ_u 라 한다. 사질토의 궁극전단강도는 구조골격의 상태에 민감한 점성토의 **잔류강도** (residual shear strength) 와 같은 개념이다.

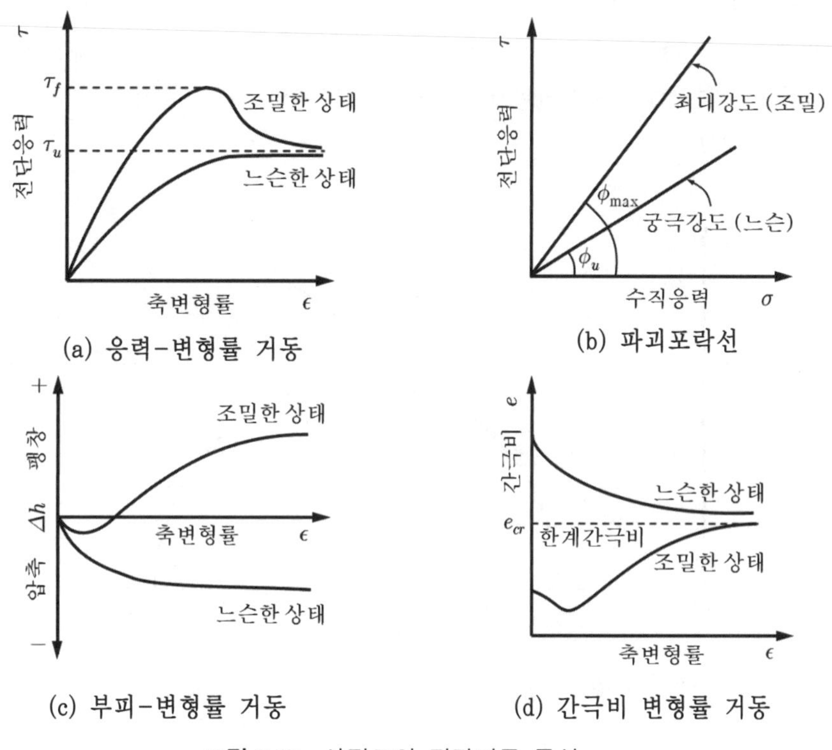

그림 7.17 사질토의 전단거동 특성

느슨한 사질토의 전단강도는 입자간의 회전이나 미끄러짐에 의한 마찰저항력 즉, 궁극전단강도 τ_u 이다. 그러나 조밀한 사질토의 전단강도는 입자사이 회전이나 미끄러짐에 대한 마찰저항력 외에 입자간 맞물림 해소에 대한 저항력을 추가한 최대전단강도 τ_f 이며 전단변형이 계속되어 입자간 맞물림이 해소되고나면 마찰저항력만 남아서 궁극전단강도 τ_u 로 떨어진다.

이와 같이 사질토에서 조밀한 정도에 상관없이 전단저항력과 부피가 일정한 값에 수렴할 때의 간극비를 **한계간극비** e_{cr} (critical void ratio) 라고 한다. 사질토에서 전단변형에 따른 전단응력과 부피 및 간극비의 변화는 그림 7.19 와 같다.

조밀한 사질토에서는 그림 7.18 과 같이 최대전단강도 τ_f 와 궁극전단강도 τ_u 에 대한 파괴포락선을 별도로 그려서 각각 다른 강도정수 ϕ'_f 와 ϕ'_u 를 구하며, 전단변형이 작게 일어날 경우에 대한 안정해석에서는 **최대 전단강도** τ_f 를 적용하고, 전단변형이 비교적 크게 일어나는 경우에 대해 안정해석하거나 구조물과 사질토의 마찰저항을 구하는 경우에는 **궁극전단강도** τ_u 를 적용한다.

사질토의 내부마찰각은 일반적으로 표 7.1과 같으며, 문헌에 따라 대상지반이 다르므로 편차가 있다. 사질토는 비교란 상태로 시료를 채취하기 어렵기 때문에 사질토 전단강도를 실내실험으로 결정하기가 어려워서 현장에서 표준관입시험을 실시하여서 결정하는 일이 많다 (그림 7.20).

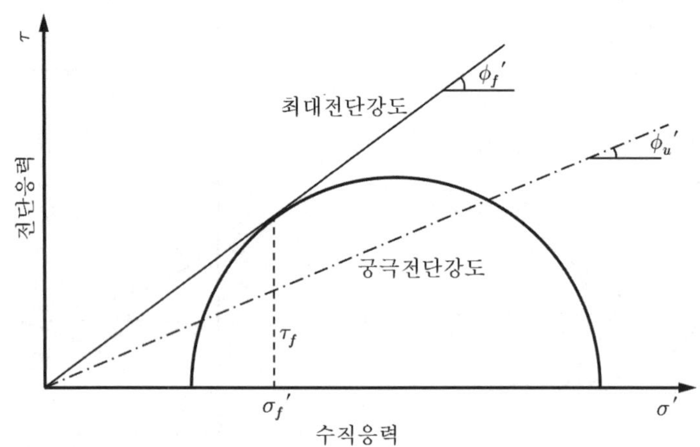

그림 7.18 조밀한 사질토의 Mohr-Coulomb 파괴포락선

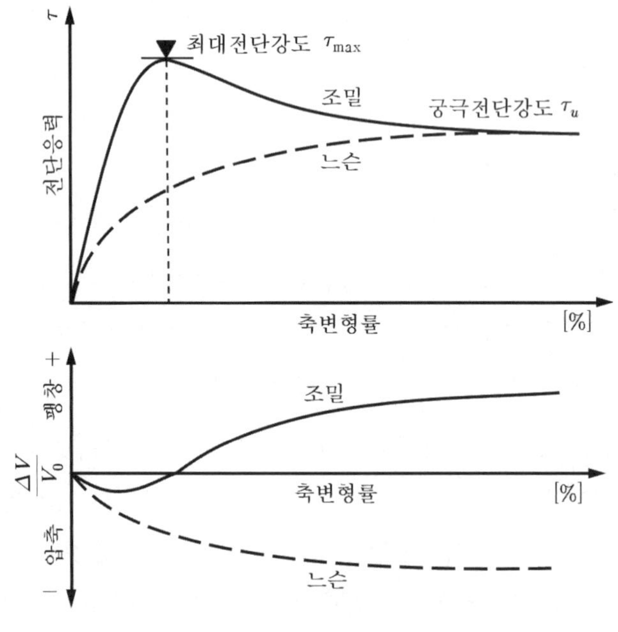

그림 7.19 사질토의 전단거동

표 7.1 사질토의 내부마찰각 (단위 : deg)

입자의 형상	Sowers/Sowers (1970)		Terzaghi/Peck (1967)	
	느슨한	조밀한	느슨한	조밀한
둥글고 입도분포 균등	30	37	27.5	34
둥글고 입도분포 양호	34	40	—	—
모나고 입도분포 균등	35	43	—	—
모나고 입도분포 양호	39	45	33	45
모래질 자갈	—	—	35	50
실트질 모래	—	—	27~30	30~34
비유기질 실트	—	—	27~37	30~35

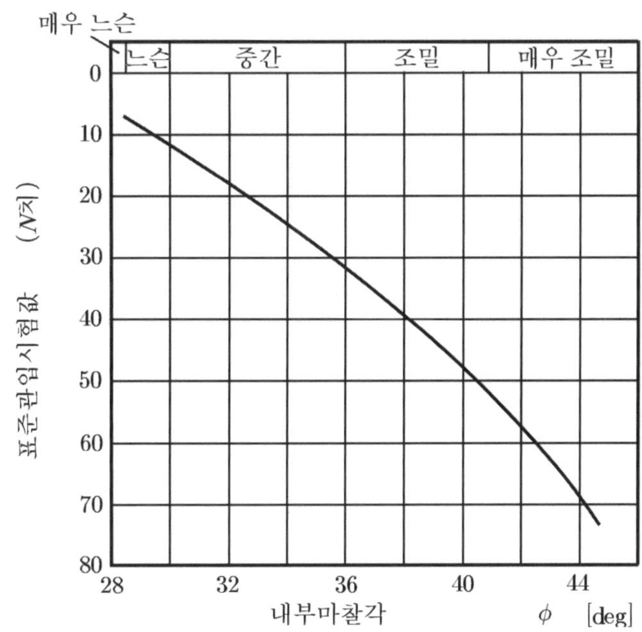

그림 7.20 표준관입시험결과와 사질토의 전단강도 (Peck/Hansen/Thornburn, 1974)

흙 지반에서 전단 중에 체적이 변하는 현상을 다일러턴시 (dilatancy) 라고 하고, 사질토에서는 다일러턴시가 일어나지 않는 한계간극비가 존재한다.

정규압밀 점토와 느슨한 사질토는 '**부**' (−) 의 다일러턴시가 일어난다. 조밀한 사질토와 과압밀 점토는 '**정**' (+) 의 다일러턴시가 일어난다.

3) 사질토의 전단거동에 영향을 미치는 요소

사질토의 전단거동은 주로 입자의 형상, 입도분포, 상대밀도, 함수비, 구속응력 등에 의해 영향을 받는다. 그러나 간극비가 동일하면 입자의 크기에 의한 영향은 거의 없다.

(1) 입자의 형상

사질토는 입자들이 서로 접촉되어 있기 때문에 외력에 의해 입자간의 회전이나 미끄러짐에 의한 마찰저항과 구조적 저항으로 대항하기 때문에 흙입자의 형상에 따라 전단강도가 달라진다. 즉, 간극비가 같을 때는 입자가 모가 날수록 전단강도가 커지며 이런 현상은 입자가 작을수록 두드러진다.

(2) 입도분포

사질토는 입도분포가 양호할수록 (균등계수 C_u 가 클수록) 큰 입자 사이 간극이 작은 입자로 채워져서 아주 조밀한 상태로 존재할 수 있으며, 이로 인해 내부마찰각이 증가하고 전단강도가 증가한다.

(3) 상대밀도

상대밀도는 사질토의 전단강도에 큰 영향을 미친다. 상대밀도가 크면 (간극비가 작으면) 전단저항각이 커진다. 사질토의 내부마찰각 ϕ 는 간극비 e 가 특정한 값보다 크면 상대밀도에 선형비례하여 증가한다. 대개 간극률이 1 % 작아지면 내부마찰각이 1° 정도 증가하는 것으로 알려져 있다 (그림 7.21).

Schulze (1968) 는 모래에서 간극비 e 와 내부마찰각 ϕ 간의 관계를 다음과 같이 제시하였고, 이는 **사질토의 전단강도**를 구하는데 매우 유용하게 적용할 수 있다.

$$e \tan\phi' = \text{constant} \tag{7.37}$$

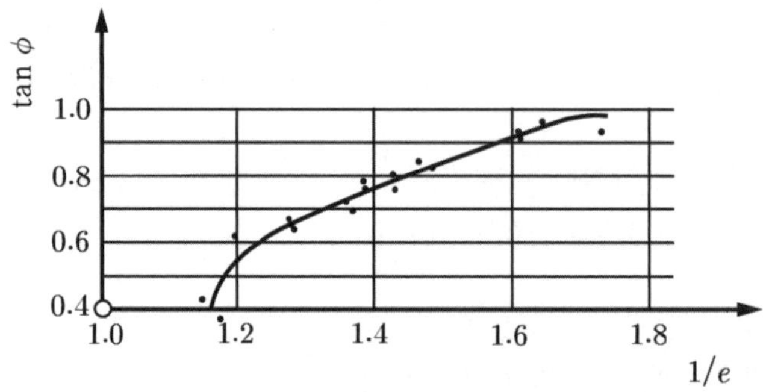

그림 7.21 모래의 간극비에 따른 전단강도 (Schulze, 1968)

사질토는 지하수위의 아래에서 비교란 상태로 시료를 채취하기가 거의 불가능하기 때문에 현장의 비교란 상태의 내부마찰각을 구하기가 매우 어렵다.

이러한 경우에 현장에서 비교란 상태의 현장 간극비를 구하고 교란시료를 채취하여 실험실에서 임의 상대밀도로 시험하여 간극비와 내부마찰각의 관계를 구한 후에 위의 식을 적용하면 현장의 간극비에 대한 (즉, 현장의 비교란 지반에 대한) 내부 마찰각을 구할 수 있다.

(4) **함수비**

입자간 미끄럼 마찰은 함수비에 무관하고, 물은 윤활효과는 있지만 입자의 활동이나 회전 등의 움직임이나 전단에 대해서 저항할 수 없다. 따라서 함수비는 내부마찰각에 거의 영향을 미치지 못한다.

불포화 상태에서는 모관수의 표면장력에 의해 약간의 점착력 (**겉보기 점착력**) 을 나타낼 수 있으나, 이러한 현상은 지반이 완전 포화되거나 건조되면 없어지므로 일상적인 계산에서는 고려하지 않는다.

(5) **구속응력**

구속응력이 커지면 입자 간의 접촉응력이 커지며, 접촉응력이 압축강도를 초과하면 접촉점에서 파괴되어 **연성파괴거동** (ductile failure) 을 보인다 (Chandler, 1972). 따라서 파괴포락선은 구속응력이 작을 때에는 직선이지만 구속응력이 커지면 아래로 쳐지는 곡선이 되어서 전단저항각이 작아진다.

4) 액상화현상

포화되어 있는 느슨하고 가는 모래가 지진이나 발파 또는 기타 진동으로 인해 충격을 받으면, 모래 입자들이 재배열되어 약간 수축되면서 **과잉간극수압**이 유발된다.

이로 인해서 유효응력이 감소되면 전단강도 (지지력)가 감소되어 그 상부의 구조물이 급격하게 침하된다. 이를 **액상화 현상** (Liquefaction) 이라고 한다.

지반의 액상화 현상은 입자가 둥글고 실트 크기 입자를 약간 포함하고 **유효입경**이 $D_{10} < 0.1mm$ 이고, 균등계수가 $C_u < 5$ 이며, 간극률이 $n \geq 0.44$ 인 조건에서 발생하고, 이를 방지하려면 간극비를 **한계간극비** 보다 더 작게 하는 것이 중요하다.

【예제】 액상화 현상이 일어나는 조건이 아닌 것을 찾으시오.

① 입자가 둥근 경우 ② 실트크기의 입자를 약간포함

③ 균등계수가 $C_u < 5$ ④ 간극율 $n \geq 0.44$

⑤ 유효입경 $D_{10} < 0.1\text{mm}$ ⑥ 상대밀도 $D_r > 80$

【풀이】 ⑥ 중간이상 조밀한 지반에서는 액상화 현상이 발생되지 않는다. ///

7.4.2 점성토의 전단특성

1) 정규압밀과 과압밀

점성토는 투수계수가 매우 작아서 외력 재하직후에는 간극수가 배수되지 않기 때문에 전체 외력을 간극수가 부담하여 과잉간극수압이 발생되고, 흙의 구조골격이 부담하는 유효응력은 증가되지 않는다 (그림 7.22). 그러나 시간이 지나 간극수가 배수되면 과잉간극수압이 감소되고, 그 만큼 유효응력이 증가되어서 지반이 압축되고 전단강도가 증가된다.

재하 후 배수가 완료되기 전까지 중간과정에서는 지반의 전단강도는 지반의 투수계수와 지반의 압축성 및 배수거리 제곱의 함수가 된다. 재하 후 긴 시간이 흘러서 배수가 완료 (과잉간극수압이 완전히 소산) 된 상태에서는 작용외력은 흙의 구조골격이 전부 부담한다.

정규압밀점토 (NC clay, normally consolidated clay) 의 전단거동은 느슨한 모래의 전단거동과 유사하며, 지표로부터 깊이 z 에서 $p_0{}' = \gamma' z$ 의 연직압력을 받고 **비배수전단강도 S_u** 는 깊이에 따라 직선적으로 증가한다. 대기에 노출된 지표부근 지층은 건조되어 어느 정도 강도를 갖지만 부피가 수축되면서 미세 균열이 발생되면 전단강도가 급격히 감소한다.

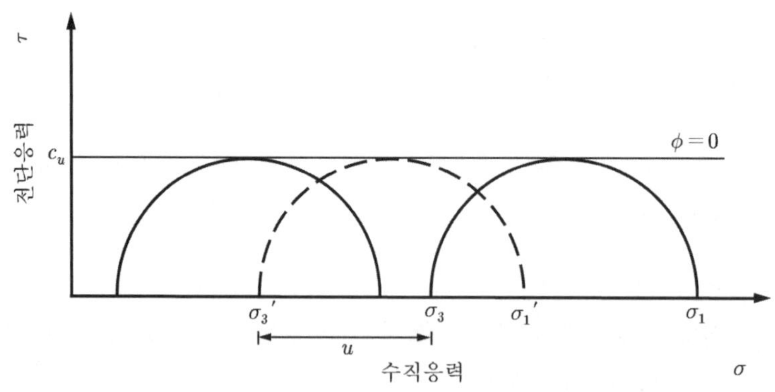

그림 7.22 포화점성토의 비배수 거동 (UU)

과압밀점토 (OC clay, overconsolidated clay) 는 현재에 받고 있는 연직압력 p_0' 보다 큰 선행하중 σ_c ($\sigma_c > p_0'$) 를 과거에 받아 압밀되어서 전단강도가 증가된 상태이므로 비배수 전단강도 S_u 는 과거의 덮개에 해당하는 **등가깊이** t' 로 대체하여 계산한다. 과압밀 점토의 전단거동은 조밀한 모래의 전단거동과 유사하다.

점성토에서 이차압축에 의한 변형이 전단강도에 미치는 영향은 **비배수 전단강도** S_u 를 측정하면 분명하게 알 수 있다. 즉, 오래된 정규압밀 점토는 신선한 정규압밀 점토 보다 비배수 전단강도 S_u 가 더 크다. 이러한 현상 때문에 정규압밀 점토를 과압밀 상태로 오인할 수 있다.

2) 점토의 전단거동에 영향을 미치는 요소

점성토는 크기가 작은 흙 입자를 흡착수가 둘러싸고 있으므로 입자들이 서로 직접 접촉되어 있지 않고 전기적 힘이 작용하여 전단거동이 사질토와 다르다. 점성토의 전단거동은 과거의 **응력이력** (stress history) 과 배수특성에 의하여 영향을 크게 받는다.

(1) 응력이력

점토의 전단거동은 정규압밀 점토와 과압밀 점토에서 다르다. **정규압밀점토의 전단거동**은 느슨한 사질토와 유사하다. 즉, 전단변형이 진행됨에 따라서 전단저항이 완만하게 증가하여 일정한 크기의 전단강도 (사질토에서 궁극전단강도) 에 도달된다.

반면에 간극비는 전단변형이 진행됨에 따라 서서히 감소하여 어느 한계부터는 일정한 값 즉, **한계 간극비**에 수렴한다.

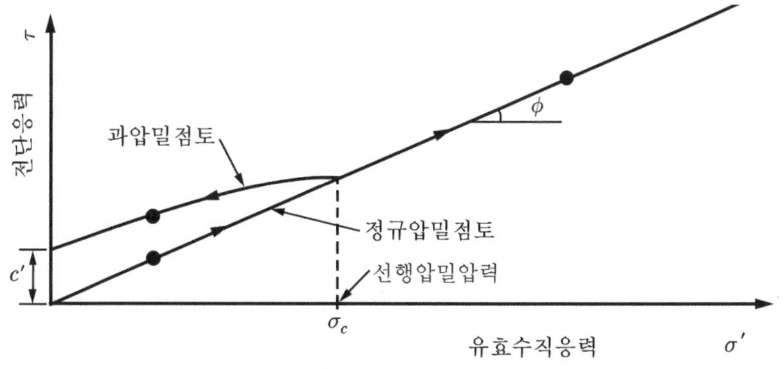

그림 7.23 정규압밀과 과압밀 점토의 파괴포락선

과압밀 점토에서는 과거에 경험한 최대 연직압력 (즉, **선행압밀압력**)이 현재상태의 연직압력보다 크며, 과거 연직압력과 현재 연직압력의 비를 **과압밀비** (OCR, overconsolidated ratio) 로 정의하여 과압밀 정도를 나타낸다.

과압밀 점토는 과압밀 비가 클수록 즉, 과거에 경험한 압력이 현재 압력에 비해 상대적으로 클수록 작은 전단변형에서 전단저항이 급격히 증가하여 흙의 구조골격이 부담할 수 있는 최대 전단저항력에 도달하고, 전단변형이 커지면 흙의 구조골격이 흐트러지고 전단저항력이 작아져서 일정한 크기의 잔류전단강도에 도달된다.

과압밀 점토의 파괴포락선은 단일직선이 아니며 그림 7.23 와 같이 **선행압밀압력** σ_c 전후의 기울기가 다르다.

(2) **배수특성**

점성토는 투수계수가 작아 간극수가 쉽게 배수되지 못하므로 과잉간극수압의 소산에 많은 시간이 소요되어서 재하 직후에는 거의 비배수상태로 거동한다. 따라서 재하 직후의 안정은 **비배수강도**를 적용하여 해석한다.

그러나 시간이 지남에 따라 압밀이 진행되고 압밀완료 후에는 배수거동하기 때문에 장기적인 안정은 **배수강도**를 적용하여 해석한다.

점성토에 대한 전단시험은 압밀조건과 배수조건에 따라 다음의 형태로 실시한다.

- **비압밀 비배수** (UU : Unconsolidated Undrained) 시험
- **압밀 비배수** (CU : Consolidated Undrained) 시험
- **압밀 배수** (CD : Consolidated Drained) 시험

3) 포화점성토의 거동

포화점성토는 투수성이 낮아서 간극수가 쉽게 빠져나가지 못하므로 외력 재하직후에는 비배수상태가 되어 부피가 변하지 않고, 외력 크기만큼 과잉간극수압이 발생된다. 이때는 유효응력이 변하지 않으므로 전단저항력은 구속응력의 크기와 무관하게 일정하다.

그러나 시간이 지남에 따라서 간극수가 서서히 배수되어 과잉간극수압이 소산되면서 압밀이 진행되면 지반의 부피가 감소한다. 이때 전응력은 변하지 않고 흙의 구조골격이 부담하는 유효응력이 소산된 과잉간극수압만큼 증가된다.

표 7.2 점성토의 비배수 전단강도

점성토 상태	비배수 전단강도[kPa]
매 우 단 단 한	150 〈
단 단 한	150 ~ 100
매 우 견 고 한	100 ~ 75
견 고 한	75 ~ 50
약 간 견 고 한	50 ~ 40
연 약 한	40 ~ 20
매 우 연 약 한	〈 20

많은 시간이 경과하여 과잉간극수압이 전부 소산(즉, 압밀이 완료)되면 전체 외력을 흙의 구조골격이 부담하게 되어 유효응력의 크기가 외력과 같아진다.

점성토의 전단강도는 배수조건에 따라 다음과 같이 구분된다.

· **비배수 전단강도** (undrained shear strength) : 비배수상태 전단강도를 나타내며 비압밀비배수(UU)시험에서 측정한다.

· **유효 전단강도** (effective shear strength) : 압밀이 완료된 상태 전단강도이며, 압밀비배수시험에서 간극수압을 측정하여 유효응력을 구하거나(CU시험), 압밀배수시험(CD 시험)에서 측정한다.

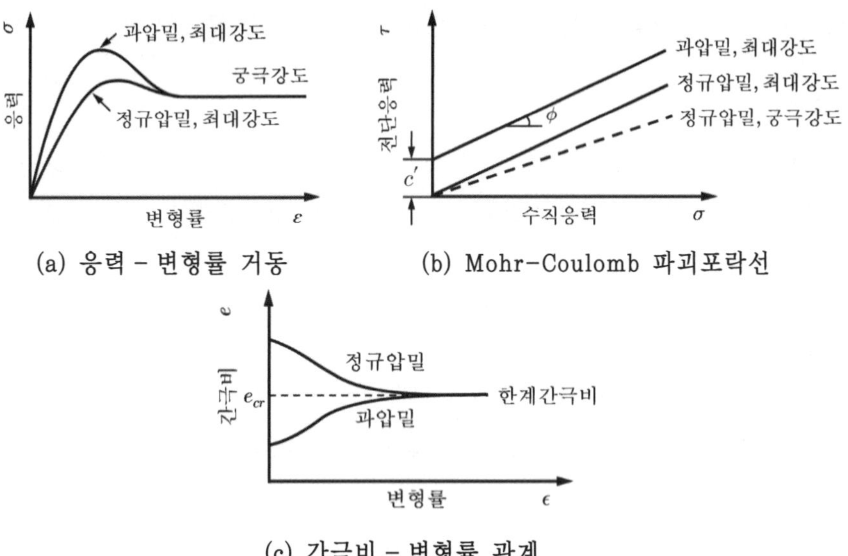

(a) 응력 - 변형률 거동 (b) Mohr-Coulomb 파괴포락선

(c) 간극비 - 변형률 관계

그림 7.24 포화점성토의 배수 전단거동

Skempton (1964) 은 영국, 노르웨이, 덴마크, 브라질 등의 점토에 대해서 시험결과를 종합하여 **비배수전단강도** S_u 와 **선행압밀압력** p_0 의 관계를 나타내는 경험식을 제안하였다.

$$\frac{S_u}{p_0} = 0.11 + 0.0037 I_p \tag{7.38}$$

여기에서 I_P [%] 는 **소성지수** (plastic index)를 나타낸다. 포화 점성토의 배수전단거동 특성은 그림 7.24 와 같으며 일반적인 점성토의 비배수전단강도는 표 7.2 와 같다.

【예제】 다음은 점성토의 비배수전단강도에 대한 설명이다. 옳지 않은 것을 찾으시오.

① 수직하중이나 전단력이 작용할 때 과잉간극수압이 존재한다.
② 완전포화점성토에서는 구속응력만큼 간극수압이 증가한다.
③ 축차응력은 구속응력에 상관없이 일정하다.
④ 구조물의 안정은 $\phi = 0$ 해석한다.
⑤ 과잉간극수압 소산속도보다 재하속도가 빠른 경우에 적용한다.

【풀이】 해당 없음 ///

7.4.3 교란된 흙의 전단특성

흙 지반은 교란되면 그 구조골격이 흐트러지므로 전단강도가 저하되고 연성파괴거동이 일어난다. 그러나 점성토는 교란이 중지되면 전단강도가 일부 회복된다.

1) 전단강도의 저하

사질토가 교란되면 점착력 c 가 거의 없어지고 ($c \to 0$), 내부마찰각 ϕ 는 최대전단강도 τ_f 에 대한 내부마찰각 ϕ_f 보다 작아지므로 ($\phi < \phi_f$) 전단강도가 궁극전단강도 τ_u 로 떨어진다. 교란지반의 전단강도저하는 교란지수나 예민비로 나타낸다.

(1) 교란지수

Bishop (1967) 은 흙 지반의 교란정도를 나타내기 위해서 **비교란 상태 최대전단강도** τ_f (peak shear strength) 와 **교란상태 궁극전단강도** τ_u (ultimate shear strength) 로부터 **교란지수** I_B (disturbance number) 를 정의하였다.

$$I_B = \frac{\tau_f - \tau_u}{\tau_f} \tag{7.39}$$

여기에서 교란지수가 작을수록 교란에 의한 영향이 작은 지반이며, 교란지수가 '**영**' (즉, $I_B = 0$) 이면 교란에 의해 전단강도가 저하되지 않는 지반이고, 교란지수가 '1' (즉, $I_B = 1$)이면 교란에 의해 전단강도를 상실하는 지반이다.

그림 7.25 는 카올리나이트와 몬트 모릴로나이트에 대해서 교란 전과 후의 강도변화를 나타낸다. 여기에서 교란에 의해 강도가 크게 저하되는 것을 알 수 있다.

흙 지반의 점착력은 입자간의 인력과 배척력이 평형을 유지하려고 하는 현상이나 흙 입자간의 맞물림 현상에 의하여 발생된다. 따라서 흙 지반이 교란되어서 그 입자배열이 흐트러지면 특히 점착력이 감소하며, 함수비나 **점토 함유율** (활성도) 이 클수록 감소량이 커진다.

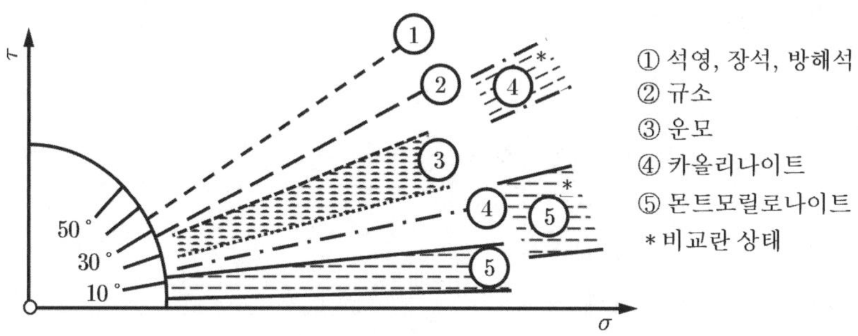

그림 7.25 교란에 따른 전단강도 변화 (Kenney, 1967)

(2) 예민비

Terzaghi (1944) 는 흙의 교란에 따른 전단강도 저하를 비교란 시료의 일축압축강도 q_u 와 교란시료의 일축압축강도 q_{ud} 의 비, 즉 **예민비** S_t (sensitivity ratio) 로 나타내었다.

$$S_t = \frac{q_u}{q_{ud}} \tag{7.40}$$

예민비가 $S_t \le 1$ 이면 **비예민 점토**이라 하고, 8~64 이면 **예민 점토** (quick clay) 라 하며, 64 이상이 되면 **초예민 점토** (extra quick clay) 라고 한다. 보통 점토는 1~8 정도의 예민비를 나타낸다.

함수비가 큰 상태에서 예민비가 큰 ($S_t \rightarrow \infty$) 점토광물은 슬러리 상태가 되고, 충격에 의하여 구조골격이 급격히 흐트러져서 액체상태가 된다. 액성지수 I_L 과 예민비는 그림 7.26 과 같이 비례한다.

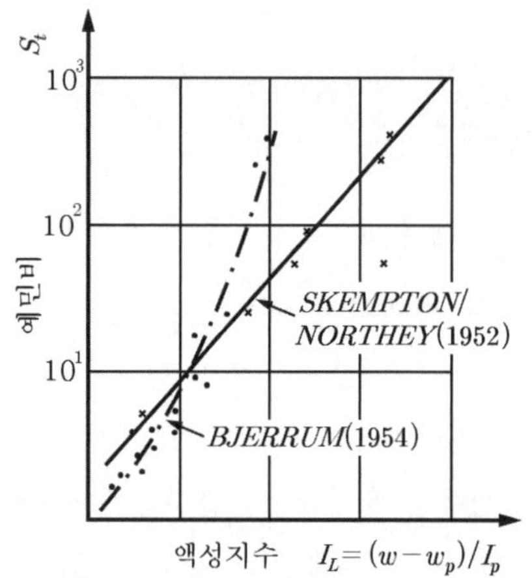

그림 7.26 활성도가 큰 순수점토의 예민비 (Smoltczyk, 1993)

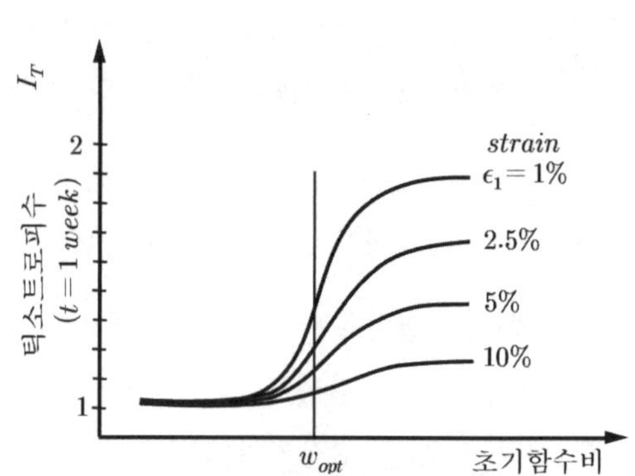

그림 7.27 틱소트로피수와 함수비 관계 (7일 기준) (Smol tczyk, 1993)

【예제】 예민비가 큰 점토의 특성을 찾으시오.

① 다시 반죽했을 때 강도가 증가하는 점토
② 입자모양이 날카로운 점토
③ 다시 이겼을 때 강도가 감소하는 점토
④ 입자가 가늘고 긴 형태의 점토

【풀이】 ③ 다시 반죽했을 때 강도가 감소하는 점토 ///

【예제】 비교란 점토시료의 일축압축강도가 48.0 kPa 이고, 이를 재성형하여 시험한 결과 일축압축강도가 12.0 kPa 이다. 원래 점토의 점착력과 예민비를 구하시오.

【풀이】 식 (7.40) 에서 $S_t = \dfrac{48.0}{12.0} = 4.0$

원래의 점착력 $c = q_u/2 = 48.0/2 = 24.0\,kPa$ ///

2) 강도회복

점성토는 교란(즉, 에너지 추가)이 중단되면, 흙입자들이 **점성유동** (viscous flow) 에 의하여 적정위치로 이동하여 안정상태를 유지하므로 전단강도가 회복된다. 점성유동에는 간극수가 필요하기 때문에 함수비가 큰 흙일수록 강도는 더 많이 회복된다.

슬러리 상태의 점토는 교란되기 전의 전단강도를 완전히 회복한다. 그러나 다른 흙들은 잃어버린 강도 중에서 일부분만 회복한다.

이렇게 교란되어서 저하되었던 강도가 회복되는 현상을 **틱소트로피 현상**(thixotropy)이라 하며 초기구조골격과 초기함수비에 의해 영향 받는다. 강도회복율을 **틱소트로피 수** I_T (thixotropy number) 라고 말한다. 틱소트로피수는 함수비가 클수록 증가하지만 선형비례하지 않고 최적함수비 w_{opt} 부근에서 급변한다 (그림 7.27). 강도가 회복되더라도 지반변형이 발생되면 다시 흐트러진다 (Mitchell, 1960). 전단변형이 커진다면 지반이 재성형되기 때문에 변형률이 커지면 틱소트로피 수는 감소된다.

3) 연성파괴거동

흙 지반은 흙 입자들이 결합되지 않은 상태로 쌓여서 좁은 면에 접촉되어 있는 입적체이므로 수직응력이 작을 때는 접촉응력이 작아서 과압밀비가 큰 점토나 조밀한 사질토와 같은 파괴거동을 나타낸다. 그러나 수직응력이 증가할수록 접촉응력이 커져서 응력집중이 매우 커진 접촉점에서부터 파쇄되는 경향이 있기 때문에 정규압밀점토와 같은 **연성파괴거동** (ductile failure) 을 나타낸다 (Chandler, 1967). 그림 7.28 에서 구속응력이 클수록 연성파괴거동을 하는 것을 알 수 있다.

풍화작용이 진행중인 흙에서도 이 같은 파괴양상이 나타난다. 흙 입자가 산화되면서 화학적 풍화작용이 일어나는 경우에는 흙의 강도가 증가하며 (그림 7.29) 이로 인해 표면에 균열이 발생된다. 그러나 자연상태 지반에서는 풍화가 진행되는 동안에 강우 등에 의하여 함수비가 증가하는 경우가 많으며, 이때에는 흙의 전단강도가 감소한다 (Chandler, 1972).

풍화의 진행에 따른 전단강도의 변화는 구속압력과 함수비에 따라 그림 7.29 와 같다. 여기에서 A 는 신선한 상태의 전단강도이고 풍화가 진행됨에 따라 전단강도가 감소하여 B 상태에 이른다. 지반 내부마찰각은 풍화가 진행될수록 뚜렷하게 감소하며 점토는 응력수준이 떨어지면 연성파괴거동을 나타낸다 (Skempton, 1964).

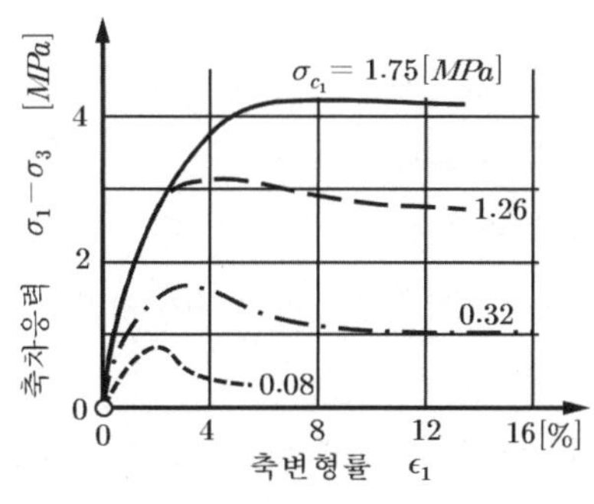

(a) 축차응력-변형률 관계

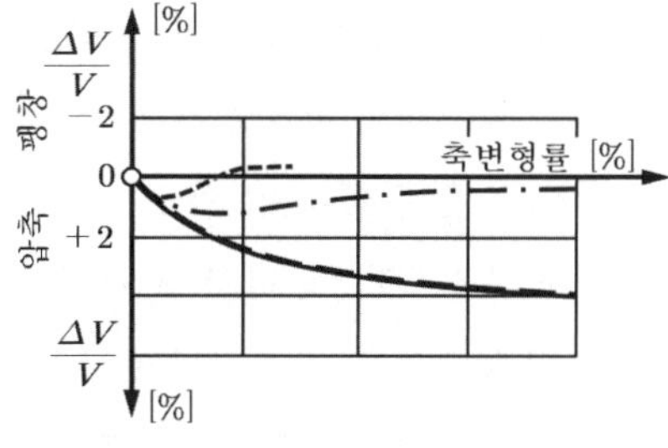

(b) 부피-변형률 관계

그림 7.28 구속응력에 따른 연성파괴 거동 (Chandler, 1967)

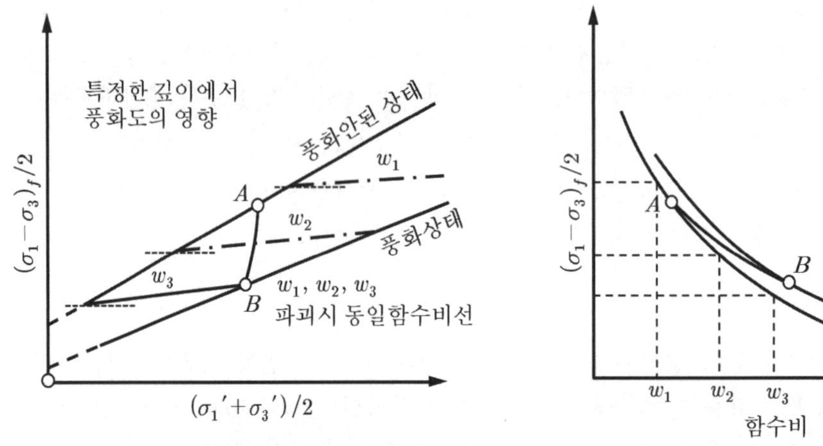

(a) 풍화에 의한 전단강도 변화 (b) 함수비에 따른 전단강도 변화

그림 7.29 풍화도에 따른 전단강도 (Chandler, 1972)

4) 불규칙한 응력이력에 따른 전단특성

보통 전단시험에서는 전단변형이나 전단응력을 점증시켜서 공시체를 전단 파괴시킨다. 그러나 실제에서는 재하 및 제하 등이 반복되어 일어나고 이로 인해 지반의 응력-변형률 거동이 달라진다.

그림 7.30 은 모래지반에 대해서 동일한 초기하중상태 A 에서 출발하여 5 가지 서로 다른 응력경로 (그림 7.30a) 를 거쳐서 다같이 최종하중상태 B (구속응력 0.25 MPa, 축차응력 0.25 MPa) 에 이르게 전단시키는 경우이다.

축 인장시험 (그림 7.30b) 과 축 압축시험 (그림 7.30c) 에 대한 응력 - 변형률 관계로부터 **응력경로**에 따라 전단거동이 다른 것을 알 수 있다.

경로 ① : 최소주응력과 최대주응력의 비가 $\sigma_3/\sigma_1 = 0.5$ 로 일정하게 증가

경로 ② : 구속응력과 축차응력을 4 단계로 나누어 교대로 증가

경로 ③ : 구속응력을 0.25 MPa 가한 상태에서 축차응력을 증가

경로 ④ : 구속응력을 0.33 MPa 가한 상태에서 일정 주응력비 $\sigma_3/\sigma_1 = 0.33$ 로 구속 응력은 감소시키고 축차응력은 증가

경로 ⑤ : 구속응력을 0.50 MPa 가한 상태에서 일정 주응력비 $\sigma_3/\sigma_1 = 1.0$ 로 구속응력은 감소시키고 축차응력은 증가

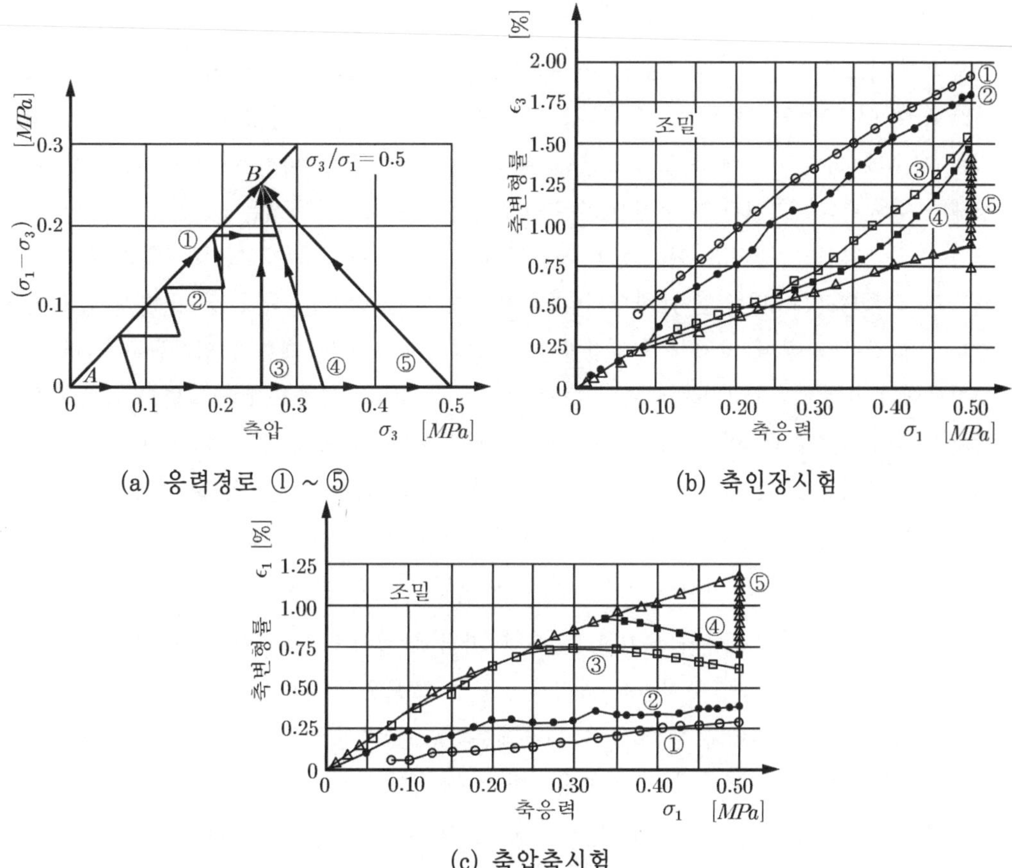

그림 7.30 응력경로에 따른 모래의 전단거동 (Breth/Chambosse, 1978)

일반적으로 **응력경로에 따른 지반의 전단거동**은 다음과 같이 알려져 있다.

ⓐ 조립토에서는 축차응력을 가하기전의 초기등방 구속응력이 클수록 변형률이 작다 (Breth/Chambosse, 1978).

ⓑ 동일한 초기응력상태에서 출발하여 여러 가지 다른 응력경로를 거쳐 동일한 최종 응력상태에 도달되더라도 변형률은 응력경로에 상관없이 유사하다.

ⓒ 조립토에서 내부마찰각 ϕ는 보통의 응력이력에서는 응력경로에 의해 무시할 수 있을 만큼 매우 적은 영향을 받는다.

ⓓ 유효점착력 c'은 응력이력에 의해 영향을 받고 점토함량이 많을수록 (즉, 활성도가 클수록) 영향이 크다.

7.4.4 변형구속조건에 따른 전단특성

입적체 재료의 전단거동은 **Rheology 모델**로 설명할 수 있다 (Smoltczyk, 1968). 즉, 그림 7.31과 같이 크기와 무게가 동일한 강성입자들이 일직선상에 일정한 간격으로 나열되어 있는 경우에 외력이 작용하지 않으면 ($P=0$) 입자들은 원래 위치에서 자중에 의한 평형상태를 유지한다. 그러나 한쪽에서 수평력 P가 작용하면 처음에는 첫 번째 입자의 바닥에서 마찰저항이 발생되고 이보다 더 큰 외력이 작용하면 첫번째 입자는 밀려서 두 번째 입자와 접촉되고 첫 번째 입자 바닥의 마찰저항력 만큼 감소된 힘이 두 번째 입자에 작용한다. 이 같은 과정에 의해 작용외력과 마찰저항력이 같아질 때까지 입자들이 밀려 힘의 평형상태가 된다. 그러나 작용외력이 입자 전체의 총 마찰저항력보다 커지면 전체 입자들이 일체가 되어 밀리는데 이를 **파괴** (failure) 되었다 하며, 처음에 입자가 밀린 상태가 이미 파괴된 상태이므로 파괴는 점진적으로 전파되어서 일어나는 것을 알 수 있다. 이와 같이 점진적으로 파괴가 일어나는 현상을 **진행성파괴** (progressive failure) 라 한다. 각 입자에 작용하는 탄성 복원력은 변위가 증가하여 많이 밀릴수록 감소한다 (그림 7.32).

구조적 저항과 전단변형은 초기상대밀도에 따라서 결정되며, 이것은 모래에 대한 시험으로 확인할 수 있다. 즉, 부피변화 측정결과를 보면 보통 처음에는 다져져서 부피가 감소하다가 전단응력이 최대 값에 도달된 이후에는 구조골격이 흐트러져서 부피가 증가하는 것을 알 수 있다. 전단변위에 대한 **주응력비** σ_1/σ_3 (principal stress ratio) 를 표시하면 지반이 조밀할수록 전단강도가 최대인 점 (**peak 점**) 이 뚜렷하게 나타나며 이와 같이 가장 느슨한 상태와 가장 조밀한 상태의 그래프가 차이를 보이는 것은 구조적 저항에 의하여 행해진 일 때문이다 (Bishop, 1967).

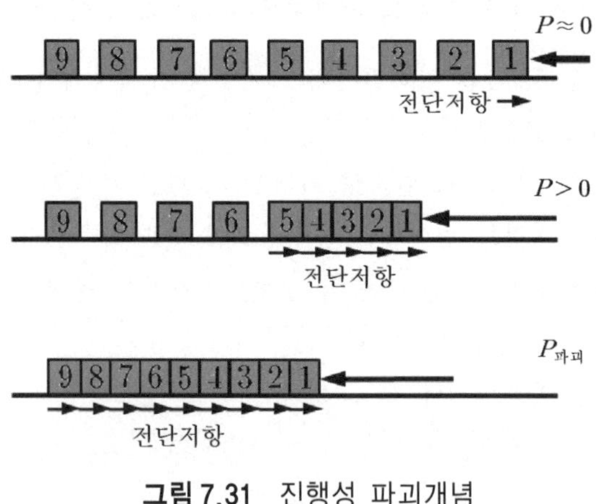

그림 7.31 진행성 파괴개념

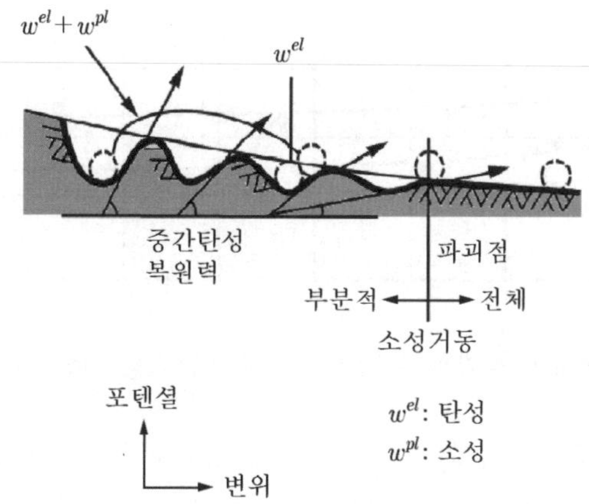

그림 7.32 응력이완에 따른 비선형 탄성거동

흙 지반은 구조골격이 흐트러지면서 부피가 팽창되고 전단파괴가 발생되며, 흙 지반의 부피팽창을 억제하면 흙 구조골격의 구조적 저항이 증가하므로 결국 전단강도가 증가된다. 6 개 자유도를 가지는 **축대칭 변형상태** (통상 삼축시험) 에서 구한 전단강도보다 한 방향만으로 전단이 일어나는 상태 (평면전단시험) 에서 구한 전단강도가 더 크며, 지반이 조밀할수록 다일러턴시의 영향이 커져서 전단강도 차가 뚜렷해진다.

그림 7.33 은 **평면변형률상태**와 **축대칭상태**에 대해 초기 간극률에 따른 내부마찰각의 차이를 나타내며 (Cornforth, 1964), 축대칭 상태보다 평면변형률상태에서 내부마찰각이 더 크게 측정되는 것을 알 수 있다. 그 차이는 흙이 조밀할수록 (즉, 초기간극률이 작을수록) 크다.

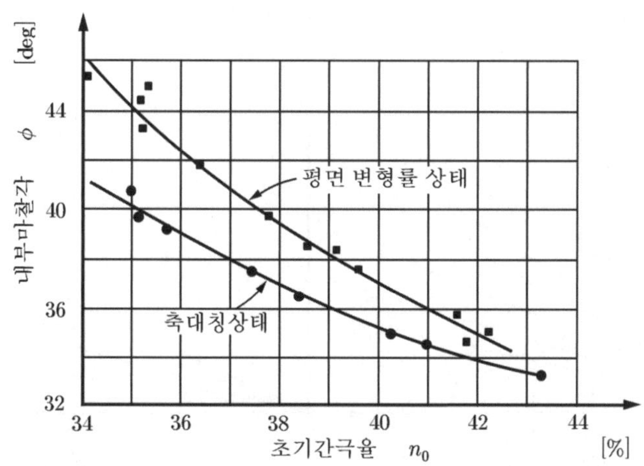

그림 7.33 평면변형률상태와 축대칭 상태에 따른 내부마찰각 (Cornforth, 1964)

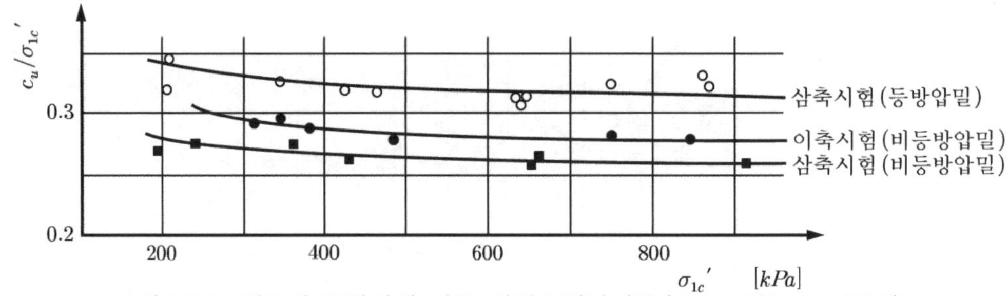

그림 7.34 점토의 등방성에 따른 비배수전단거동 (Henkel/Wade, 1966)

그림 7.34는 정사각형 단면의 점토시료에 대해 비배수상태로 실험한 결과이며 삼축상태에서 보다 이축상태에서, 그리고 비등방압밀된 경우보다 등방압밀된 경우에 전단강도가 더 큰 것을 알 수 있다.

그런데 파괴 시 간극수압계수 A_f는 구속조건에 의해 받는 영향이 매우 적으므로 이와 같은 강도차이는 간극수압의 영향이 아니고 순전히 전단강도의 차이 때문이다. 과잉간극수압이 최대가 되는 변위는 평면변형상태보다 축대칭상태에서 크다.

7.4.5 흙의 소성체적유동

전단 중에 부피가 변하지 않는 압밀비배수(CUB) 시험에서 하중이 증가하는 경우에 대해 유효응력경로를 표시하면 등체적 전단을 나타내는 곡선이 구해지는데 이를 역학적인 관점에서 **유동곡선**(flow curve)이라고 하며 **소성체적유동**(plastic volumetric flow)의 한계조건을 나타낸다. 유동곡선은 대개 $p-q$ 좌표축으로 나타내며 $(\sigma'_1+\sigma'_3)-(\sigma'_1-\sigma'_3)$를 좌표축으로 나타내기도 한다.

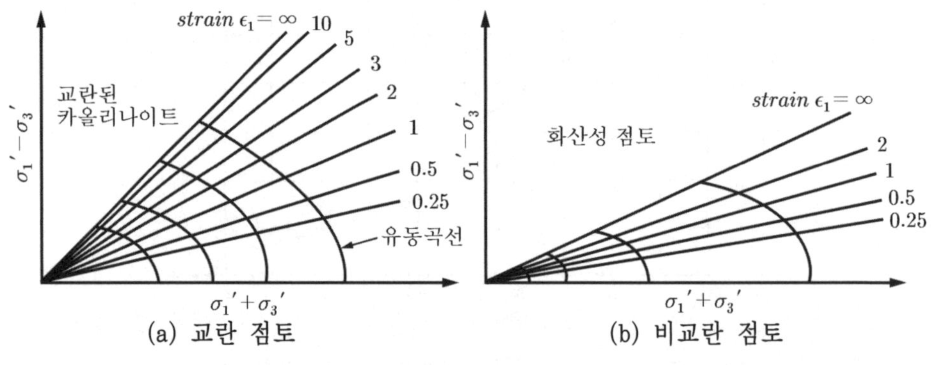

그림 7.35 지반의 유동곡선 (Lee, 1968)

그림 7.35 는 교란점토와 비교란점토에 대한 유동곡선이며, 응력수준이 다르더라도 서로 닮은꼴임을 알 수 있다. 낮은 응력수준의 유동곡선에서 높은 응력수준의 유동곡선으로의 전이는 곧, **지반의 경화** (hardening) 를 의미한다.

여러 가지 응력수준에 대한 유동곡선들은 서로 닮은 형상을 나타내므로 가로축을 정규화 (normalize) 즉, 무차원화하면 한 개 곡선에 거의 일치된다. 따라서 응력수준에 상관없이 응력-변형률 ($\sigma - \epsilon$) 관계를 예측할 수 있다.

유동곡선의 형상은 등방 또는 비등방압밀이 되었는가에 따라서 다소 다르며 (Burland, 1971) 과압밀된 흙에서는 과압밀비에 따라 다르게 '부' (-)의 간극수압이 발생되므로 유동곡선의 형상이 그림 7.37 과 같이 된다.

3 차원 응력상태일 때에는 유동곡선이 유동곡면의 형태가 되며 (그림 7.36), 유동곡선과 파괴곡선의 교차점 외곽에서는 지반의 경화가 일어나지 않는 한 **소성유동** (plastic flow) 이 일어나지 않아서 재료가 불안정한 상태로 되기 때문에 이 교차점이 재료의 절대강도를 나타낸다.

유동곡선과 파괴곡선이 교차하는 점 (그림 7.37 의 C 점) 을 특별하게 **임계점** (Critical State Point) 이라 하며, 선행하중은 물론 과압밀비와도 상관이 없다 (Roscoe/Schofield/Wroth, 1958).

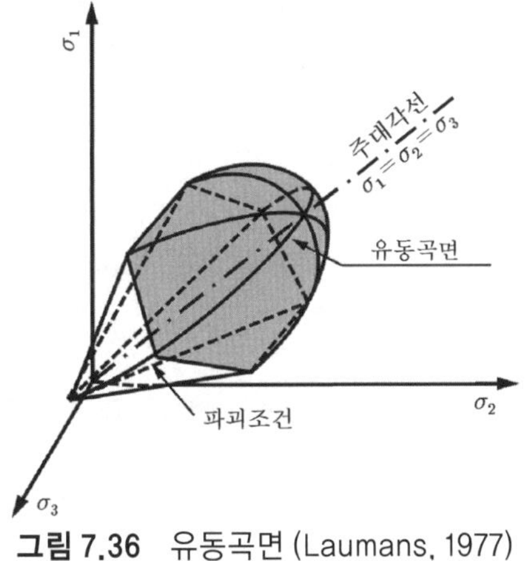

그림 7.36 유동곡면 (Laumans, 1977)

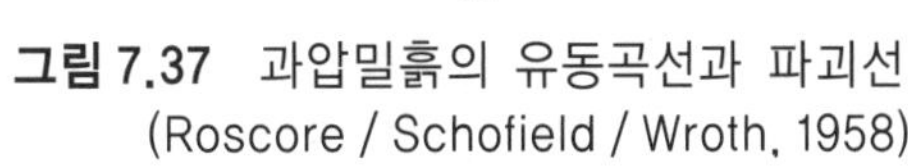

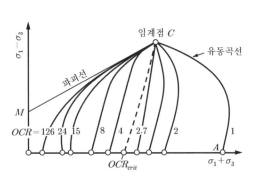

그림 7.37 과압밀흙의 유동곡선과 파괴선 (Roscore / Schofield / Wroth, 1958)

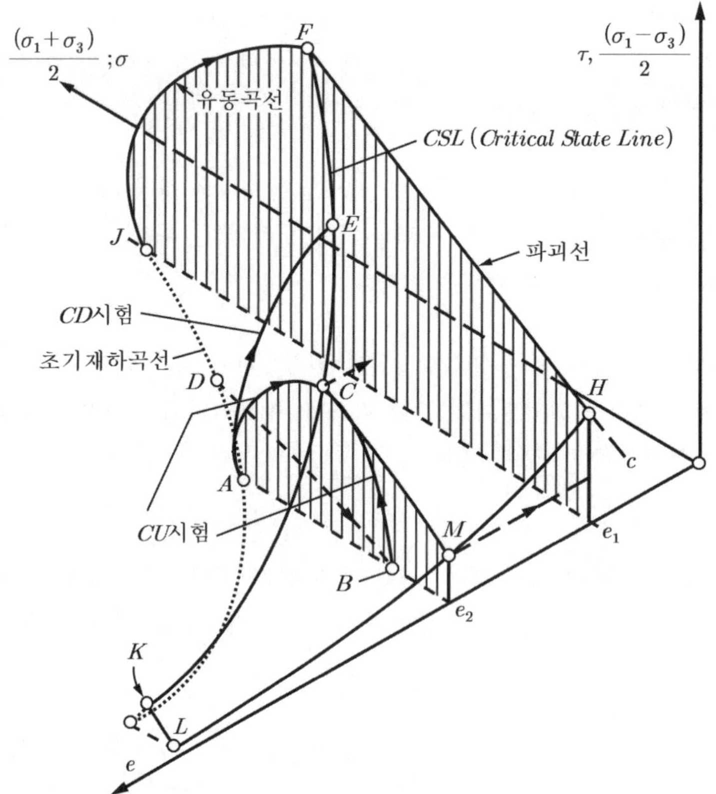

그림 7.38 유동곡선과 파괴곡선 (Hvorslev, 1937)

Hvorslev (1937) 는 흙 지반의 간극비 e 와 유동곡선을 관련지어서 그림 7.38 과 같이 3 차원으로 나타내었다. 이때 FHLK 면은 파괴조건을 나타내고, K → F 곡선은 간극비 e 에 따른 임계점 (그림 7.37 의 C 점) 의 궤적을 나타내는데, 이를 **임계상태곡선** (Critical State Line) 이라고 한다 (Hvorslev, 1960).

부피가 변하지 않는 즉, 간극비가 일정한 크기의 상수 (e = const.) 인 평면 (그림 7.38 에서 빗금 친 부분)은 삼축시험으로는 실현할 수가 없다.

삼축시험에서는 제하 (unloading) 중에 간극비 e 가 변하므로, 그림 7.38 의 D → B 경로를 따라 변한다.

그런데 K-F 곡선을 $\tau - e$ 평면에 투영하면 L-H 곡선이 되는데, 이는 완전 포화토에서 전응력으로 나타낸 전단강도 τ 와 간극비 e 의 관계를 나타낸다.

7.5 흙의 전단강도 측정

흙 지반의 전단강도는 지반의 구조골격에 의해 큰 영향을 받으므로 교란되지 않은 원래 지반으로 시험을 수행하여 결정해야 한다(Haefeli, 1950). 전단강도를 구하려는 시료는 현장지반을 대표할 수 있는 것이어야 하며, 현장지반의 응력이력에 따라 시험해야 하고, 구조물의 건설공정에 따른 응력변화를 포함할 수 있어야 한다.

지반의 전단강도를 구할 수 있는 실내 또는 현장시험 방법(Schulze/Muhs, 1967) 들이 다수 고안되어 있으나 다음 시험들이 주로 행해진다.

여기에서는 대표적 **실내전단시험**에 대해서만 언급하며, 각 시험방법들과 기타 시험방법들에 대한 상세한 내용들은 토질시험법(이 상덕, 2014) 을 참조한다.

실무에서 일상적으로 수행하고 있는 실내 토질시험 방법으로는 **직접전단시험(7.5.1 절), 일축 압축시험(7.5.2 절), 삼축 압축시험(7.5.3 절), 베인시험(7.5.4 절),** 단순전단시험 등이 있다. 또한, **현장 시험방법으로는** 표준 관입시험, 콘 관입시험, 현장 베인시험, 프레셔 미터 시험 등이 있다.

7.5.1 직접전단시험

직접전단시험(direct shear test) 은 상하로 분리된 전단상자의 내부에 공시체를 위치시키고 수직하중을 재하한 상태에서 수평력을 가하여 전단상자 상하부의 분리면을 따라 강제로 파괴를 일으켜서 지반의 강도정수를 결정하는 시험이며, 한국산업규격 KS F 2343에 규정되어 있다.

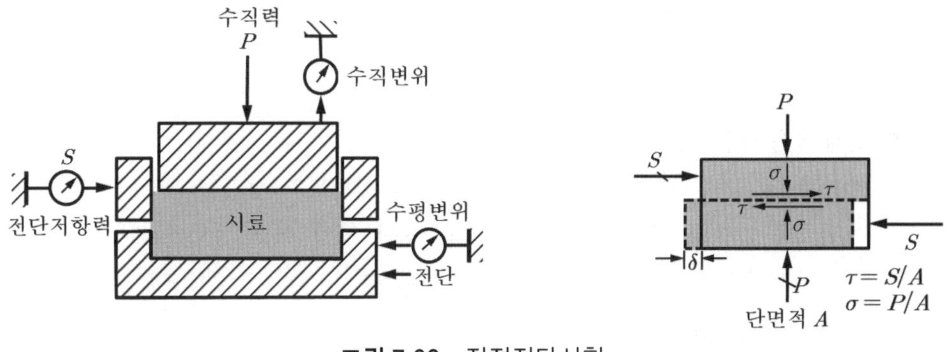

그림 7.39 직접전단시험

직접전단시험은 전단파괴면이 미리 정해져 있으며 배수조건 조절이 어렵고 전단중에 주응력의 방향이 변하고, 공시체내 응력이 전체단면에 골고루 분포하지 않고 시료의 경계에 집중되어 불균일하기 때문에 학술적 의미가 적은 시험이다.

그러나 직접전단시험은 시험이 간편하고 비용이 적게 들며 그 결과가 정밀한 삼축시험 결과와 크게 차이가 발생하지 않고 결과를 신속하게 얻을 수 있는 장점이 있으므로 실무에 자주 이용된다.

직접전단시험에서는 전단면의 전체에서 수직응력이 등분포 된다고 가정한다. 공시체가 너무 두꺼우면 수직응력 분포가 부등할 수 있고, 전단중에 시료가 휘어지기 때문에 전단상자의 벽과 공시체가 밀착하지 않을 수 있다.

따라서 큰 단면의 특수전단시험에서도 공시체 두께는 수 cm 정도로 작아야 한다. 공시체 단면은 원형이나 정사각형이며 대개 원형단면을 많이 사용한다.

수직하중을 3, 4회 다른 크기로 변화시키면서 각 수직응력에 대한 전단응력 - 전단변형률 관계와 높이변화 - 전단변형률 관계를 측정하고, 최대 전단응력을 구해 전단응력-수직응력 ($\tau-\sigma$)관계를 표시하면 Coulomb 파괴선이 되며, 이로부터 점착력 c와 전단저항각 ϕ를 결정한다 (그림 7.40).

직접전단시험은 재하속도와 배수조건에 따라서 **급속 직접전단시험**, **압밀급속 직접전단시험**, **압밀 완속 직접전단시험**으로 분류한다.

◆ **급속 직접전단시험** (quick test, Q 시험)

수직하중을 가하고 압밀이 진행되기 전에 전단시킨다. 포화상태 점성토이면 과잉간극수압이 발생한다. 삼축시험의 UU (비압밀비배수) 시험과 유사하나, 전단시에 배수되는 점이 다르다.

◆ **압밀 급속 직접전단시험** (consolidated-quick test, Qc 시험)

수직하중을 가한 후에 압밀이 완료되어서 수직변위가 정지할 때까지 기다린 후에 전단력을 가하여 급속하게 전단시킨다. 전단 중에 어느 정도의 과잉 간극수압이 발생되기 때문에 삼축시험의 CU (압밀-비배수) 시험과 CD (압밀-배수) 시험의 중간이라고 볼 수 있다.

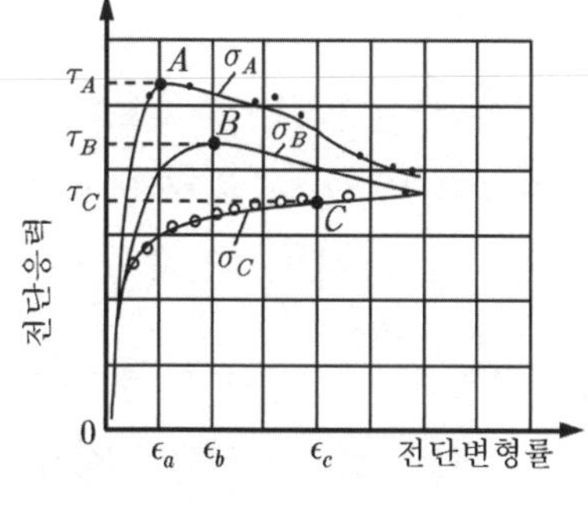

(a) 전단응력-전단변형률 관계

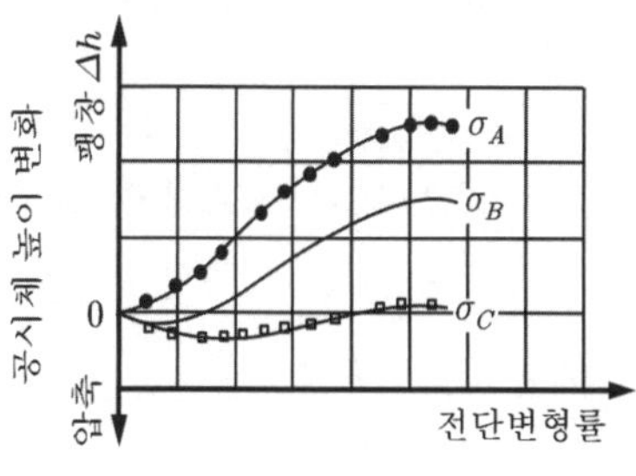

(b) 수직변위-전단변형률 관계

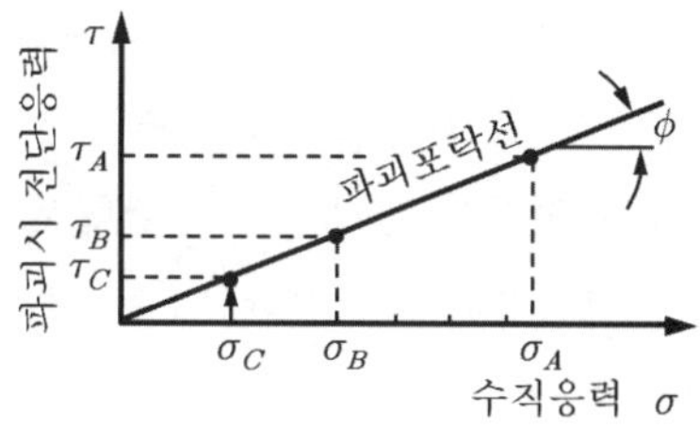

(c) 파괴포락선

그림 7.40 직접전단시험 결과 표시

◆ **압밀 완속 직접전단시험** (consolidated-slow test, S시험)
수직하중을 가하고 압밀이 완료되어 수직변위가 정지할 때까지 기다린 후 과잉 간극수압이 발생되지 않을 만큼 천천히 전단시킨다. 이 시험은 삼축시험의 CD(압밀 배수) 시험과 유사하다.

사질토에서는 시료 포화정도에 무관하게 위의 세 가지 시험법의 결과가 거의 같아진다. 그러나 점성토에서는 시험법과 포화도에 따라서 시험결과가 현저히 달라지고, 배수조건의 조절이 어려우므로 점성토에 대한 전단시험으로서는 부적절하다. **배수시험**에서는 다공석을 시료의 상하단에 놓고 시험을 실시한다.

구조물의 장기안정을 검토하는 경우에는 구조물의 하부에 있는 점성토에 대해 압밀·배수 상태에서 시험한다. 그리고 구조물의 건설 직후나 흙 댐에서 수위 급강하시에 대한 안정을 검토할 경우에는 비배수상태에서 시험한다. 그러나 실제 현장상태는 대부분 이 두 시험조건의 사이에 있다.

7.5.2 흙의 일축압축시험

일축압축시험 (unconfined compression test) 은 점착력이 존재하는 흙 시료를 원주형의 공시체로 만들어서 측압을 가하지 않는 상태 ($\sigma_2 = \sigma_3 = 0$)로 축하중을 가하여 전단파괴 시켜서 전단강도를 결정하는 방법이며 한국산업규격 KS F 2314 에 규정되어 있다.

점착력이 없는 흙은 공시체가 성형되지 않으므로 일축압축시험을 수행할 수 없다. 일축압축시험은 실제 현장조건과 정확히 부합되지는 않지만 시험방법이 간단하고 결과를 빨리 알 수 있는 장점이 있다. 이 시험에서 구하는 전단강도정수는 사면의 안정해석이나 하부구조물의 시공직후 안정계산, 또는 비배수 조건일 때에 기초의 지지력을 계산하는 경우에 적용된다.

이 시험방법은 전단저항각이 '**영**' (0) 에 가깝고 균열이 없으며 거의 포화된 점성토에서 좋은 결과를 얻을 수 있다. 따라서 소성지수가 $I_p \geq 30$ 인 흙에서는 일축압축시험 결과를 $\phi_u = 0$ 해석에 적용할 수 있으나 $I_p < 10$ 인 경우에는 적용할 수 없다.

일축시험에서 측정된 극한 축하중을 **일축압축강도 q_u** (Unconfined compressive strength) 라 한다 (그림 7.41 c). 물체가 전단파괴될 때 파괴면은 최대주응력면과 $45^o + \phi/2$ 의 각도를 이루므로 전단파괴된 공시체에서 파괴면의 주응력면 (수평면)과 이루는 각도 θ 를 측정하면 (그림 7.41 a) 내부마찰각 ϕ 를 결정할 수가 있다. 그러나 비교적 단단한 점토를 제외하고는 영역파괴가 일어나서 파괴면이 명확하지 않으므로 파괴면 각도를 측정하기가 어렵다.

점착력 c 는 파괴면의 형상에 영향을 미치지 않으며 일축압축강도와 내부마찰각으로부터 다음과 같이 결정한다.

$$c = \frac{q_u}{2} \tan\left(45^o - \frac{\phi}{2}\right) \tag{7.41}$$

내부 마찰각이 '**영**' ($\phi_u = 0$) 이면 Mohr - Coulomb 파괴포락선 (그림 7.41b) 은 가로 축에 대해 평행하므로 점착력은 $c_u = q_u/2$ 로 나타낼 수 있다.

비교란 시료의 일축압축강도 q_u 와 함수비가 변하지 않은 상태로 반죽하여 성형한 **교란 시료의 일축압축강도 q_{ud}** 의 비 즉, **예민비 S_t** (sensitivity) 를 구할 수 있다.

$$S_t = \frac{q_u}{q_{ud}} \tag{7.42}$$

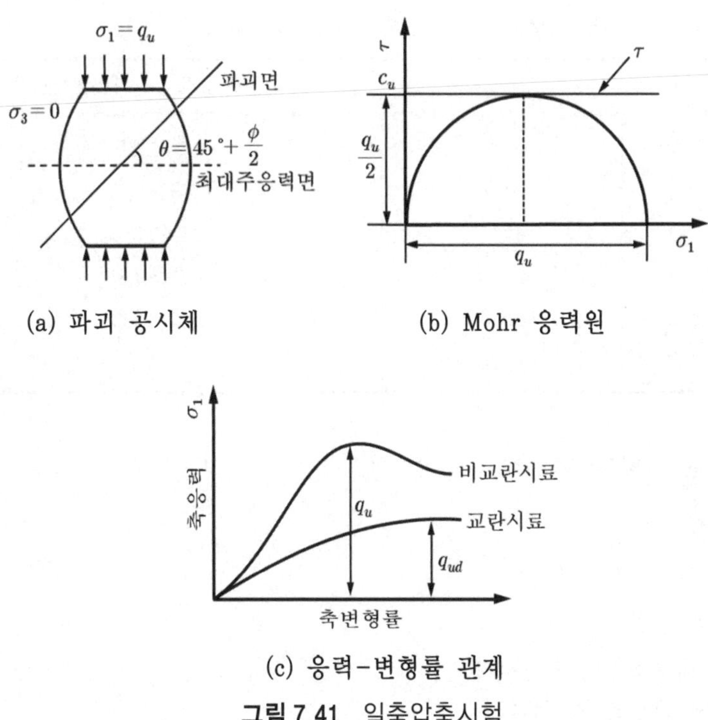

(c) 응력-변형률 관계

그림 7.41 일축압축시험

예민비는 보통 1.5 에서 100 까지 넓은 범위를 가지며, 예민비가 클수록 교란으로 인한 강도저하가 큰 흙이다. 이 같이 흙이 교란되면 전단강도가 감소되는 것은 흙의 구조배열이 달라지기 때문이다. 특히 해저에서 퇴적되어 면모구조를 갖는 점성토가 융기되어 육상에 노출된 후 담수로 인해 염류가 세척된 경우에 예민비가 크다 (Skempton/Northey, 1952).

$\phi_u \neq 0$ 인 흙에서는 일축시험결과에서 **비배수 전단강도 S_u** (undrained shear strength) 를 구할 수 있다.

$$S_u = \frac{1}{2} q_u \cos\phi_u \tag{7.43}$$

시험 중에는 시료의 부분적인 교란이 불가피하므로 실제보다 약간 작은 안전측 강도가 구해지며, 대단히 견고한 지반이나 불포화 지반에서는 강도가 과소평가되는 경우가 많다. 따라서 흙의 정확한 전단강도는 삼축시험을 실시해서 구해야 한다.

점토에서 일축압축강도는 점토의 **컨시스턴시** (consistency) 를 결정하는 하나의 지표로 삼을 수 있다. 컨시스턴시와 일축압축강도와의 관계는 표 7.3 과 같다.

표 7.3 점토의 컨시스턴시와 N치 및 일축압축 강도와의 관계

컨시스턴시	N 치	일축압축강도, q_u [kgf/cm^2]
대단히 연약	〈 2	〈 0.25
연 약	2~4	0.25~0.5
중 간	4~8	0.5~1.0
견 고	8~15	1.0~2.0
대단히 견고	15~30	2.0~4.0
고 결	〉 30	〉 4.0

【예제】 다음은 일축압축시험의 장점이다. 틀린 것을 찾으시오.

① 시험이 간단하다.
② 점성토에서 편리하다.
③ 예민비를 구할 수 있다.
④ 전단시 배수조건이 가능하다.
⑤ 사질토에 적용할 수 있다.
⑥ 공시체의 축방향으로 재하한다.
⑦ 탄성계수를 구할 수 있다.

【풀이】 ④ 배수조건이 불가능하다.
⑤ 점착력이 있는 흙에만 적용가능하다. ///

【예제】 일축압축시험결과 20.0 kPa 에서 전단파괴 되었으며, 파괴면이 최대주응력면과 60° 각을 이루었다. 이 시료의 강도정수를 구하시오.

【풀이】 $\theta = 45^o + \phi/2$ 에서 $\phi = 2(60-45) = 30^o$

식 (7.41) 에서

$$c_u = \frac{1}{2}\, q_u \tan\left(45^o - \frac{\phi}{2}\right)$$
$$= \frac{1}{2}(20.0)\tan\left(45^o - \frac{30}{2}\right) = 5.770\ kPa$$

///

7.5.3 흙의 삼축압축시험

1) 삼축압축시험

삼축압축시험(triaxial compression test)은 측압을 가할 수 있는 압력셀 안에 원주형 공시체를 설치한 후 구속응력 σ_3 (최소주응력)를 일정하게 가하고, 축방향으로 최대주응력 σ_1을 가하여 축대칭응력상태에서 전단파괴시켜 흙지반의 전단강도를 측정하는 시험이며(Bishop/Henkel, 1962), 한국산업규격 KS F 2346에 규정되어 있다.

공시체는 멤브레인으로 씌워서 압력셀 내 물과 분리시키고 상단과 하단은 다공석판으로 덮어서 재하중에 간극수가 배수될 수 있도록 하므로 배수시험에서는 부피변화를, 그리고 비배수 시험에서는 간극수압을 측정할 수가 있다. 전단강도정수 c'와 ϕ'는 측압 σ_3를 다르게 가하여 3개 이상의 시험을 실시하여 구한다.

고전 삼축압축시험(CTC : Conventional Triaxial Compression Test)은 **원주형 공시체**에 측압을 가하므로 중간주응력 σ_2와 최소주응력 σ_3가 같다($\sigma_2 = \sigma_3$). 따라서 엄밀한 의미로 삼축시험이 아닌 축대칭 시험이다. 최근 **정육면체형 공시체**에 3방향 주응력을 각각 다르게 ($\sigma_1 \neq \sigma_2 \neq \sigma_3$)가할 수 있는 **진삼축압축시험**(TTC : True Triaxial Compression Test) 장치가 개발되어서 엄밀한 의미의 삼축시험을 할 수 있게 되었다(Lade, 1979).

재하중 축방향 변위 Δh와 부피변화 ΔV 및 간극수압 u를 측정(CUB 시험)할 수 있고 **응력제어방식**(stress control)이나 **변형률제어방식**(strain control)으로 재하할 수 있다.

변형률 제어시에는 과잉간극수압이 발생되지 않거나(CD 시험) 시료 내의 간극수압이 평형이 되도록(CU 시험) 표 7.4와 같이 충분히 작은 속도로 재하해야 한다. 이때 **삼축압축시험의 최대재하속도**는 시료의 소성지수와 공시체의 높이를 고려하여 결정한다.

표 7.4 시험조건에 따른 재하속도

시 험	UU	CU	CUB	CD
분당 재하속도	공시체 높이의 1.0 %	공시체 높이의 1.0 %	공시체 높이의 1.0 %	공시체 높이의 0.1 ~ 1.0 %

표 7.5 소성지수에 따른 CD 시험의 재하속도

소성지수 I_P	$0<I_P<10$	$10<I_P<25$	$25<I_P<50$	$50<I_P$
최대 재하속도 [mm/min]	0.010	0.005	0.002	0.001

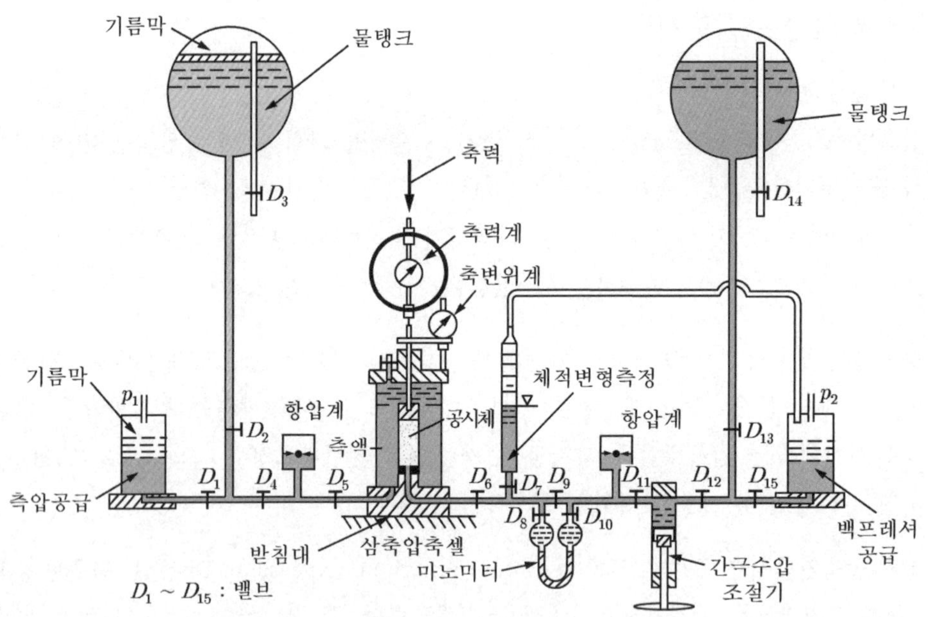

(a) 삼축압축시험기 계통도

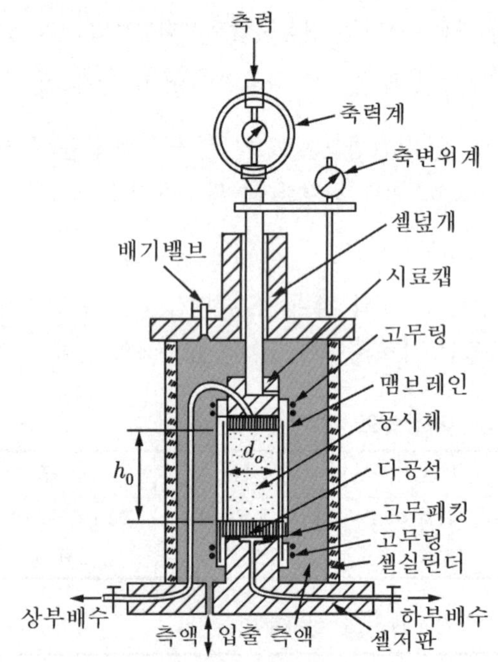

(b) 삼축압축셀과 공시체

그림 7.42 삼축압축시험기 구조

2) 삼축압축시험의 특성

삼축시험은 장치가 복잡하여 조작이 어렵고 고도의 기술과 숙련이 필요하며 시험시간과 비용이 많이 들지만, 다음과 같은 특징이 있고 신뢰도가 큰 시험결과를 얻을 수 있어서 활용도가 높은 시험이다.

- 현장조건에 맞추어 주응력상태에서 시료를 전단시킬 수 있다.
- 전단파괴면이 아무런 구속없이 형성된다.
- 공시체내의 응력과 변형율의 분포가 균등하다.
- 공시체의 응력조건(구속압력, 압밀압력)을 임의 또는 현장조건에 맞게 조절할 수 있다.
- 공시체의 배수조건을 현장조건에 맞게 조절할 수 있다.
- 현장지반의 응력상태와 응력이력을 거의 완벽하게 재현할 수 있다.
- 재하중에 부피변화와 간극수압을 측정할 수 있다.
- 백프레셔(back pressure)를 가하여 시료를 완전 포화시켜서 시험할 수 있다.
- 자연상태와 흡사하게 파괴면이 형성된다.
- 측압과 축력의 크기를 조절하면 인장시험도 가능하다.
- 시료를 등방 또는 비등방으로 압밀시킬 수 있다.

3) 삼축압축시험의 응력상태

삼축압축시험에서는 일정한 크기의 **측압 σ_3** (cell pressure)을 가한 상태에서 축차응력 $\Delta\sigma$를 증가시켜서 공시체를 전단파괴시킨다. 이때에 최대주응력 σ_1은 측압 σ_3에 축차응력 $\Delta\sigma$를 합한 값($\sigma_1 = \sigma_3 + \Delta\sigma$)이 된다. 그밖에 최대주응력 σ_1을 일정한 크기로 유지한 채로 측압 σ_3를 감소시켜 축차응력 $\Delta\sigma$를 증가시켜서 전단파괴시킬 수도 있다.

수평면에 대해 각도 α 인 임의 면에 작용하는 수직응력 σ와 전단응력 τ는 다음과 같고

$$\sigma = \sigma_1\cos^2\alpha + \sigma_3\sin^2\alpha = \frac{\sigma_1+\sigma_3}{2} + \frac{\sigma_1-\sigma_3}{2}cos2\alpha$$

$$\tau = \frac{\sigma_1-\sigma_3}{2}\sin2\alpha \qquad (7.44)$$

이 식들을 정리하면 원의 방정식이 된다.

$$\left(\sigma - \frac{\sigma_1+\sigma_3}{2}\right)^2 + \tau^2 = \left(\frac{\sigma_1-\sigma_3}{2}\right)^2 \qquad (7.45)$$

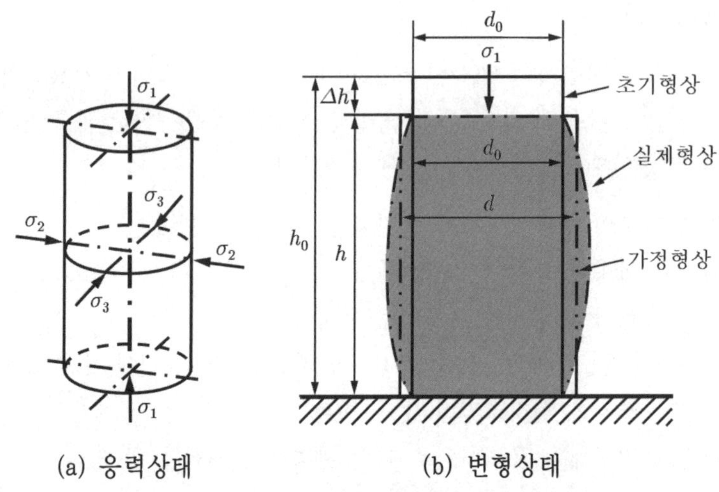

그림 7.43 삼축압축시험의 공시체 상태

공시체는 흙의 종류와 선행재하상태에 따라 취성 또는 소성파괴되고, 소성유동도 일어난다(그림 7.44). 파괴 시 응력상태는 그림 7.45와 같이 전응력이나 유효응력상태에 대한 Mohr의 응력원으로 나타낼 수 있으며, 그 **최대 및 최소 유효주응력** σ_{1f} 및 σ_{3f}는 다음과 같다.

$$\begin{aligned} \sigma_{1f}{}' &= \sigma_{1f} - u_f \\ \sigma_{3f}{}' &= \sigma_{3f} - u_f \end{aligned} \tag{7.46}$$

양의 간극수압이 발생되면 유효응력은 감소하므로 Mohr 응력원은 간극수압의 크기만큼 원점 쪽으로 이동한다. 그러나 전단강도는 간극수압의 영향을 받지 않는다.

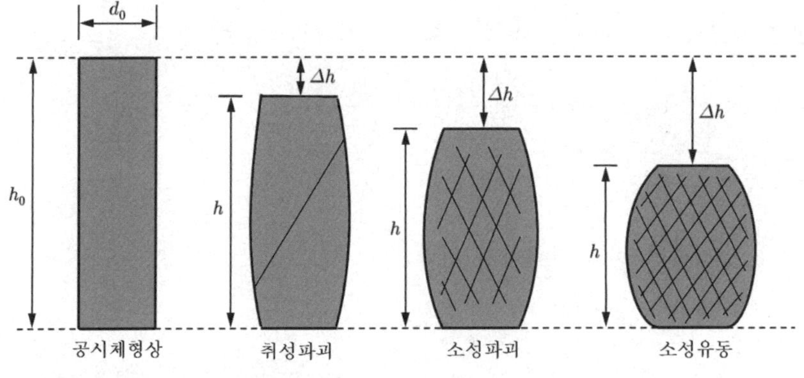

그림 7.44 공시체 파괴형태

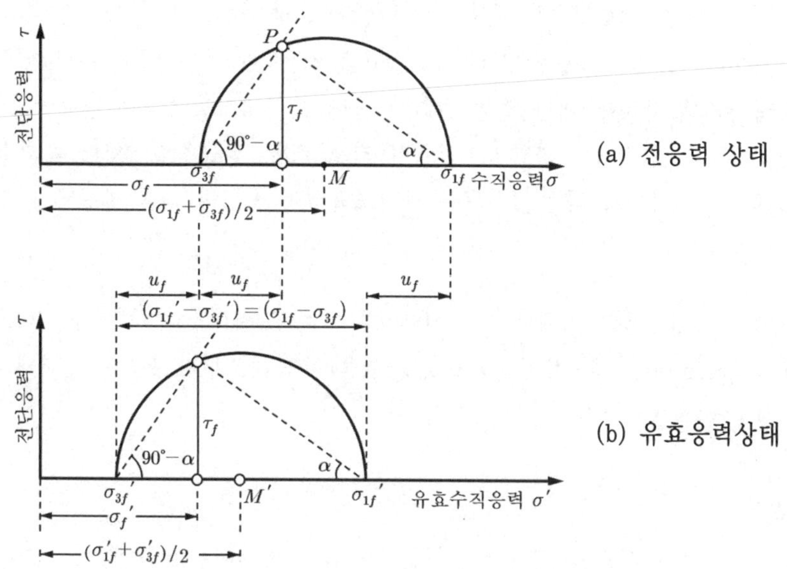

그림 7.45 삼축압축시험 공시체 파괴 시 응력상태

4) 강도정수의 결정

흙 시료의 역학적 거동특성과 강도정수를 구하기 위해서는 최소 3개 이상의 공시체를 제작하여 현장조건과 일치하는 크기로 측압을 가하고 시험한다. 압력실내의 압력 σ_3를 다르게 하여 3개 이상 실험을 실시하여 파괴시 응력상태를 Mohr 응력원으로 표시하고 이 원들의 공통접선(파괴포락선)을 구하면(그림 7.46a) 그 기울기가 내부마찰각 ϕ이고 그 절편이 점착력 c이다. 실제로 Mohr 응력원의 파괴포락선과 Coulomb의 파괴포락선은 약간의 차이가 있지만 무시할 수 있는 정도이다. 파괴포락선은 사질토에서 거의 완전한 직선이지만 구속압력이 클 경우에나 점성토에서는 완만한 곡선이 된다.

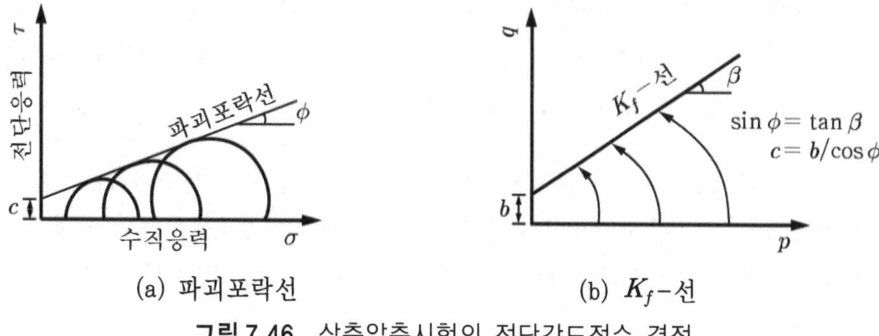

그림 7.46 삼축압축시험의 전단강도정수 결정

삼축압축시험 결과를 $p-q$ 평면에 표시하면 파괴상태를 나타내는 K_f 곡선 (K_f line) 이 구해지며 (그림 7.46b) 그 절편과 기울기로부터 식 (7.10) 을 적용하여 강도정수를 구할 수 있다.

과압밀상태 비교란시료에 대한 압밀비배수시험에서는 과압밀영역과 정규압밀영역에서 강도정수가 다를 수 있으므로 과압밀영역에서 최소 2 개, 정규압밀영역에서 최소 2 개의 시험이 필요하다. 포화도가 낮은 점성토는 파괴포락선이 곡선이 되기 때문에 시험 갯수를 늘리는 것이 좋다.

삼축시험에서 파괴상태는 **축차응력** (deviator stress) 이 최대 $(\sigma_1-\sigma_3)_{max}$ 또는 **주응력비** (principal stress ratio) 가 최대 $(\sigma_1/\sigma_3)_{max}$ 가 되는 상태로부터 구하며, 대개 주응력비로 구하는 것이 안전측이다.

5) 시험조건

삼축압축시험에서는 시료를 전단파괴시키기 전에 등방 또는 비등방으로 압밀시킬 수 있으며 재하중에 시료내 과잉간극수압을 소산시키는 **배수시험** 뿐만 아니라 **비배수 시험**을 실시할 수 있다.

삼축압축시험의 시험조건은 압밀방법과 배수방법에 따라 다음의 4 가지로 시행한다.

- **UU 시험** (비압밀 비배수, Unconsolidated Undrained Test)
- **CD 시험** (압밀배수, Consolidated Drained Test)
- **CU 시험** (압밀 비배수, 간극수압 측정안함, Consolidated Undrained Test)
- **CUB 시험** (압밀 비배수, 간극수압측정, Consolidated Undrained Test)

(1) 비압밀 비배수 시험(UU시험)

비압밀 비배수시험에서는 포화공시체를 압밀시키지 않고 측압을 일정하게 유지하며, 비배수 상태에서 축방향 재하하여 전단파괴시킨다. 시험방법이 간단하고 빨리 끝낼 수 있으므로 **급속 직접전단시험** (quick test) 이라고도 말하며, **비배수 전단강도 정수** c_u, ϕ_u (undrained shear strength parameter) 가 구해진다.

시공속도가 과잉간극수압 소산속도보다 빠를 때 점성토의 안정과 지지력 등을 구하는 단기적 설계 등에 적용된다. UU 시험에서 구한 비배수 전단강도를 포화지반에 적용하는 경우를 **$\phi=0$ 해석** ($\phi-0$ analysis) 이라 한다. 그림 7.47 은 UU 시험한 결과중 하나의 예를 나타낸다.

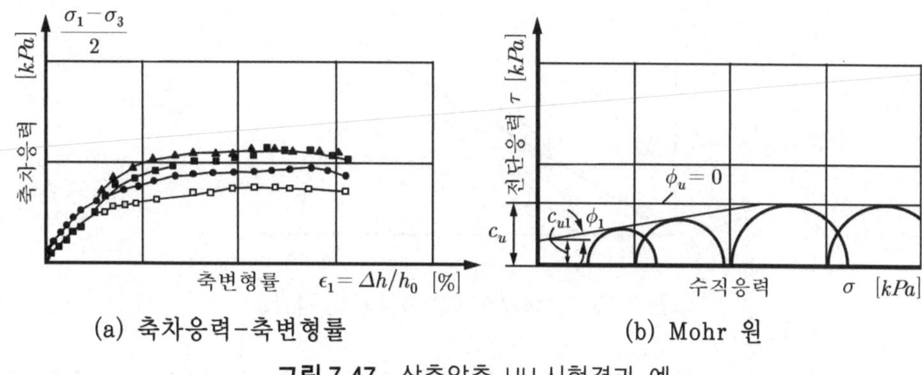

그림 7.47 삼축압축 UU 시험결과 예

(2) 압밀배수 시험(CD시험)

압밀배수시험에서는 공시체를 등방 또는 비등방 압밀시킨 후 배수상태로 축방향 재하하여 전단파괴시킨다. 시료 내 과잉간극수압이 발생되지 않을 만큼 느린 속도로 재하한다. 그 결과는 사질토의 지지력과 안정 또는 점성토의 장기적 안정 등에 적용할 수 있지만, 점성토에서는 배수에 너무 많은 시간이 소요되어 실용성이 적다.

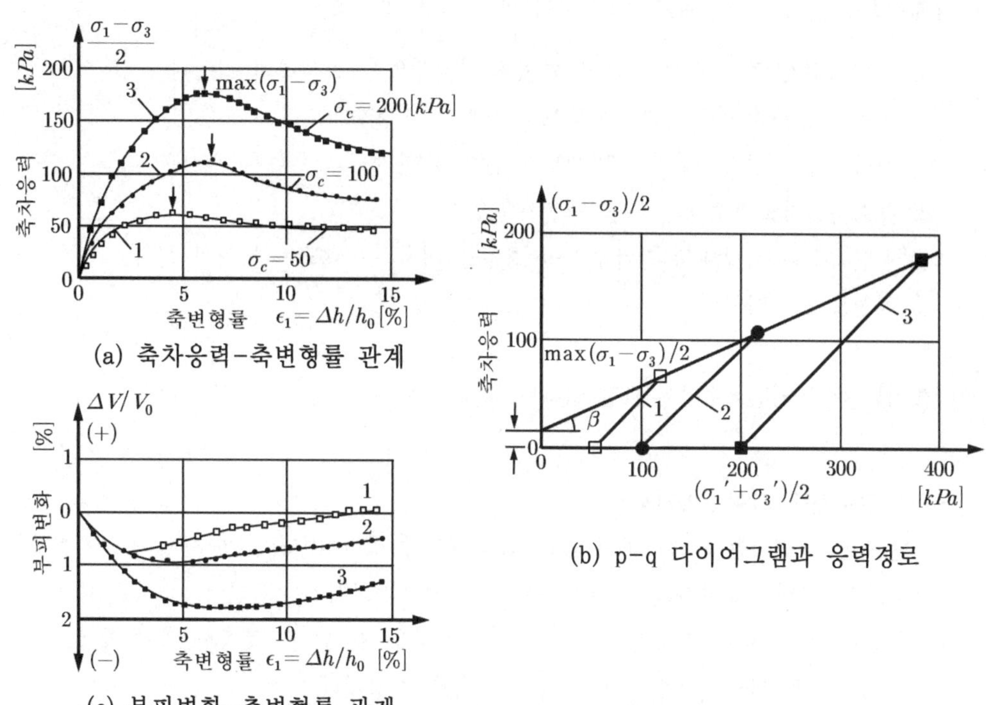

그림 7.48 삼축압축 CD 시험결과 예

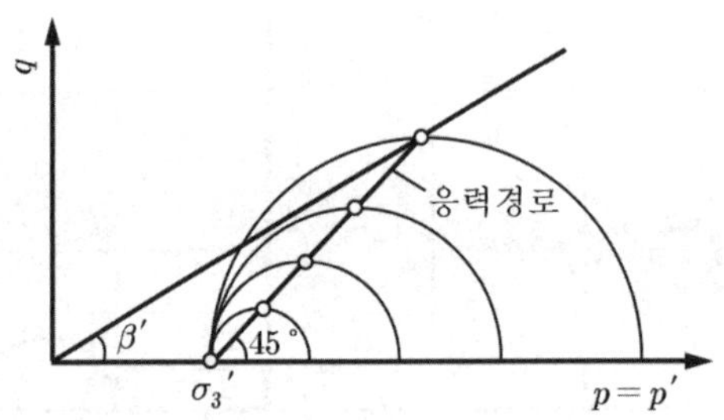

그림 7.49 삼축압축 CD 시험의 응력경로

CU 시험에서 간극수압을 측정하면 (CUB 시험) 같은 결과가 구해지므로 **유효전단강도 정수 c', ϕ'** (effective shear strength parameter) 가 구해진다. 그래서 CD 시험은 대개 **CUB 시험**으로 대체한다.

그림 7.48 은 CD 시험결과 예를 나타낸다. CD 시험의 응력경로는 수평에 대해서 45° 의 경사를 가지며 전응력상태의 응력경로와 같다 (그림 7.49).

【예제】 배수전단강도에 대한 설명이 아닌 것을 찾으시오.

① 투수계수가 큰 모래는 부피가 변해도 간극수압은 발생하지 않는다.
② 점토층은 배수속도가 재하속도보다 클때에 적용한다.
③ 재하중에 과잉간극수압이 발생되지 않아야 한다.
④ 유효전단강도정수 c', ϕ' 를 구할 수 있다.
⑤ 전단속도는 시료내의 간극수압이 평형을 이룰 수 있도록 느려야 한다.
⑥ 점성토에 적합하다.

【풀이】 ⑥ 과잉간극수압이 완전소산되기 위해서는 투수계수가 큰 사질토에 적합하다.

///

(3) 압밀비배수 시험 (CU시험)

전단 중에 간극수압을 측정하지 않는 압밀 비배수 시험 (CU시험) 에서는 공시체를 먼저 압밀시킨 후 비배수 상태에서 축방향 재하하여 전단파괴시키는 시험이다. 시료 내의 과잉간극수압이 등방압력이 되도록 충분히 느린 속도로 재하한다. 축방향 재하 시에는 배수시키지 않으므로 **과잉간극수압 u** 가 다음 크기로 발생된다.

$$u = BA(\sigma_1 - \sigma_3) \tag{7.47}$$

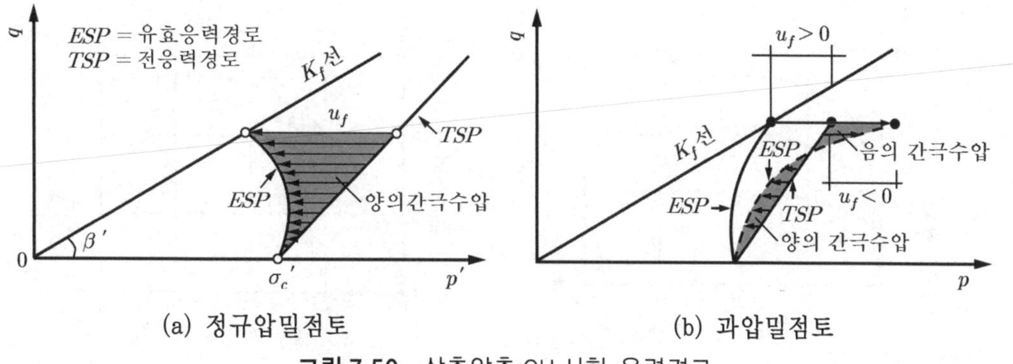

(a) 정규압밀점토 (b) 과압밀점토

그림 7.50 삼축압축 CU 시험 응력경로

시료가 포화되어 있으면 간극수압계수 $B=1$ 이므로 위의 식은 다음이 된다.

$$u = A(\sigma_1 - \sigma_3) \tag{7.48}$$

전단시 **최대주응력** σ_1 과 **최소주응력** σ_3 는 전응력 상태에서 다음이 되므로, 구속압력을 3 개 이상 다르게 하여 강도정수 c_{cu}, ϕ_{cu} 를 구할 수 있다.

$$\sigma_1 = \sigma_3 + (\sigma_1 - \sigma_3)$$
$$\sigma_3 = \sigma_3 \tag{7.49}$$

CU 시험에서는 전단 중에 배수가 허용되지 않아서 느슨한 모래나 정규압밀점토에서는 (전단중 부피감소) '**정**'(+)의 간극수압이 발생되고 조밀한 모래나 과압밀 점토에서는 초기에 '**정**'(+)의 간극수압이 발생되고 전단파괴에 가까워지면 '**부**'(-)의 간극수압이 발생된다. 압밀된 지반에서 추가하중에 의해 일어나는 강도증가를 예측하기 위해서 실시하는 CU 시험의 응력경로는 그림 7.50 의 **전응력경로** (Total Stress Path) 이다.

(4) 압밀비배수 시험 (CUB 시험) : 간극수압 측정

전단 중에 간극수압을 측정하는 압밀비배수 시험 (CUB 시험) 은 CU 시험과 같은 방법으로 수행하지만 축방향 재하 중에 간극수압을 측정하는 것만이 다르다. 전단시의 응력상태를 과잉간극수압 Δu 를 고려하여 유효응력으로 표시하면 최대 및 최소 유효주응력 σ_1' 와 σ_3' 는 다음과 같고,

$$\sigma_1' = \sigma_1 - u$$
$$\sigma_3' = \sigma_3 - u \tag{7.50}$$

이로부터 유효전단강도정수 c', ϕ' 를 구하고, 그 결과를 이용하여 샌드드레인공법 등에서 압밀 후 지반강도를 예측할 수 있다. 그림 7.51 은 CUB 시험한 예이다.

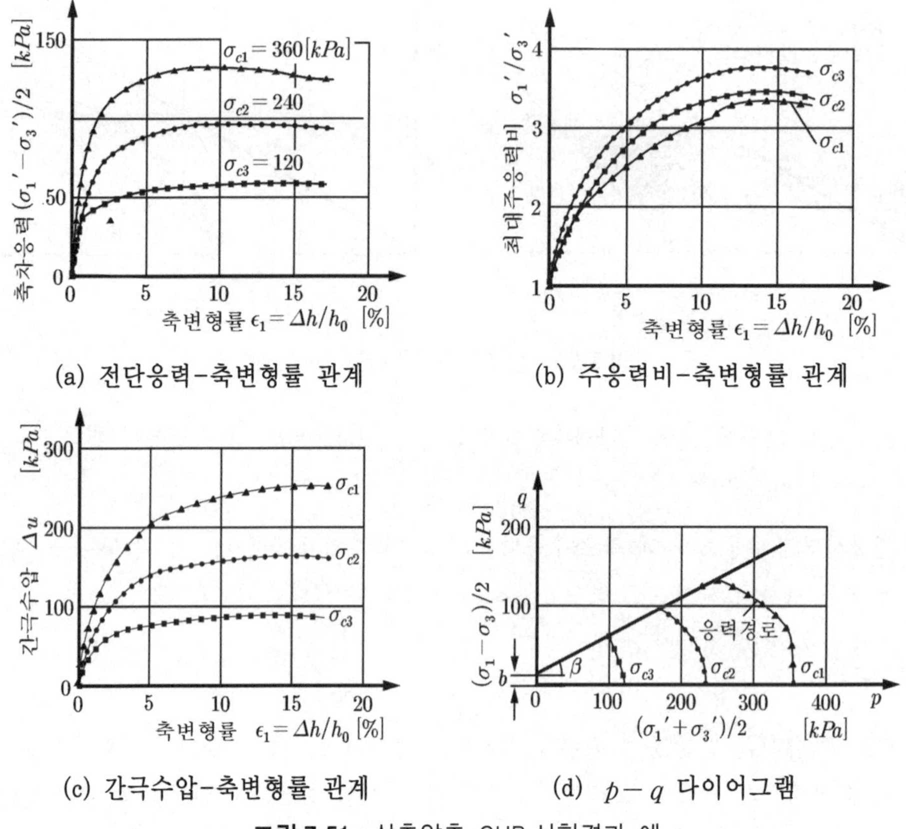

그림 7.51 삼축압축 CUB 시험결과 예

CUB 시험에서 유효응력의 응력경로는 그림 7.51d 과 같이 **전응력 경로** (TSP, total stress path)를 수평으로 간극수압 u 만큼 평행 이동시킨 모양이 된다. 즉, **유효응력경로** (ESP, effective stress path)는 간극수압 u 가 '**양**' (+) 이면, 원점 방향으로, u 가 '**음**' (-) 이면 원점의 반대방향으로 이동한다.

6) 축차응력에 의한 간극수압

간극수압이 시료의 부피변화에 미치는 영향은 축차응력에 대한 Skempton (1954) 의 **간극수압계수** A (coefficient of pore water pressure) 로 표현할 수 있다.

$$A = \frac{u}{\sigma_1 - \sigma_3} \tag{7.51}$$

'**양**' (+) 의 간극수압 (A>0)이 발생하면 구조골격이 압축되며, '**음**' (-) 의 간극수압 (즉, A<0) 에서는 구조골격이 팽창된다.

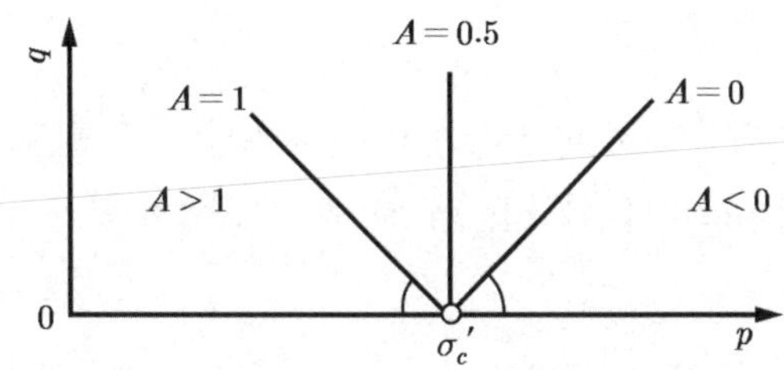

그림 7.52 간극수압계수 A에 따른 전응력 경로

간극수압계수가 '**영**'(즉, $A=0$)이면 간극수압이 '**영**'(즉, $u=0$)이고, 간극수압계수가 1(즉, $A=1$)이면, $u=\sigma_1-\sigma_3$인 상태이다. 간극 수압계수에 따른 응력경로는 그림 7.52와 같다.

간극수압계수 A의 변화량 ΔA로부터 유효응력경로 ESP의 접선 곧, 파괴상태를 알 수 있다. 간극수압계수의 변화량 ΔA가 '**영**'($\Delta A=0$)이면 간극수압이 최대치 $u_{\max}$에 도달된 상태이고, $\Delta A<0$이면 최대치 $u_{\max}$를 초과한 상태이다. 또한, $\Delta A>1$이면 흙의 구조골격이 파괴되어 더 이상의 축차응력 $\Delta(\sigma_1-\sigma_3)$를 지지하지 못하는 상태이다.

축차응력에 대한 간극수압계수 A는 시료의 부피변화거동을 나타내고 **등방압력에 대한 간극수압계수 B**는 지반의 포화도에 의해 영향 받는다.

【예제】 다음은 삼축압축시험의 장점들이다. 틀린 것을 찾으시오.

① 모든 종류의 흙에 적용할 수 있다.
② 간극수압을 측정할 수 있다.
③ 전단 중 배수조건을 조절할 수 있다.
④ 실제지반의 응력상태를 그대로 재현할 수 있다.
⑤ 실제의 응력이력을 재현할 수 있다.
⑥ 백프레셔를 가할 수 있다.
⑦ 조작이 용이하다.
⑧ UU 시험에서 간극수압을 측정한다.
⑨ CU 시험에서 간극수압을 측정한다.

【풀이】 ⑦ 조작이 어렵다.
⑧ UU 시험에서 간극수압을 측정하지 않는다.
⑨ CU 시험에서 간극수압을 측정하지 않는다. ///

7.5.4 베인시험(KS F 2342)

점성토 전단강도는 원위치에서 비교란 상태로 채취한 시료를 이용하여 실내에서 전단시험을 실시하여 구한다. 그러나 연약한 점성토는 샘플링이나 공시체의 성형이 어렵거나 불가능한 경우가 많다.

베인시험은 이와 같은 문제를 해결하기 위하여 시료를 채취하지 않고 십자형 날개가 달린 베인을 지표에서 관입하고 회전저항력을 측정하여 연약한 지반의 원위치전단강도를 현장에서 직접 구하는 시험이다.

따라서 샘플링에서 공시체 성형에 이르기까지 시험과정에서 발생되는 시료교란과 시험오차의 발생문제를 제거할 수가 있다. 그러나 지층의 판별이 어렵고 견고한 지층에서는 관입이 불가능하다는 단점이 있다.

베인시험은 비배수조건의 사면안정이나 구조물의 지지력을 산정하는데 필요한 자료를 얻을 수 있는 비배수 전단강도시험이다.

1) 측정방법

베인시험은 측정방법에 따라 변형률 제어방법과 응력 제어방법으로 구분한다.

(1) **변형률 제어방법** (strain control method)

회전 각속도를 일정하게 유지하면서 지반을 전단시켜서 이에 대응하는 저항력을 측정하는 방식이다. 현재 사용하고 있는 대부분의 장치는 이 형식에 속하며 기어식, 수동 레버식, 토크렌치식 등이 있다.

(2) **응력 제어방법** (stress control method)

일정 회전력을 단계적으로 베인에 가하고 이에 대응하는 회전각을 측정하는 방식이다. 분동재하식이 주가 된다.

2) 압입방법

베인시험은 보링공 내에서 시험하거나, 지표에서 직접 관입하여 시험한다.

(1) **보링공을 이용하는 방법 :**

먼저 보링하고 케이싱을 설치한 후에 보링공 바닥을 청소하고 로드(단관)의 선단에 장치한 베인을 내려서 교란되지 않은 보링공 바닥의 흙속에 압입하여 시험한다. 소요 깊이까지 보링하면서 측정하며 지층형상과 공학적자료를 동시에 얻을 수 있다.

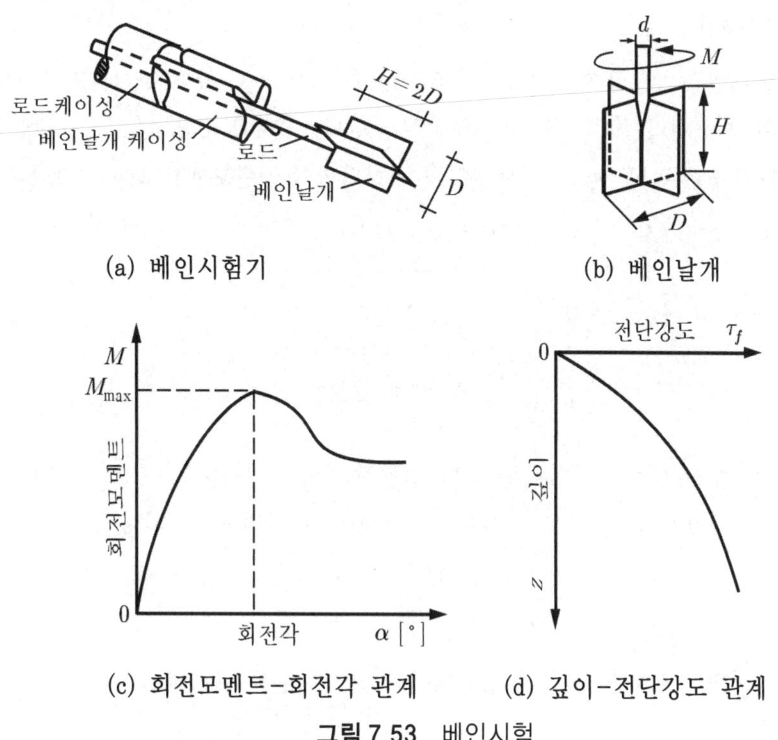

그림 7.53 베인시험

(2) **직접 관입하는 방법 :**

로드 케이싱과 베인날개 케이싱이 있는 2중 구조로 된 베인시험기를 이용한다. 외관 로드의 선단에 부착된 보호 슈(베인날개 케이싱) 속에 베인을 넣은 채 지면으로부터 직접 소요깊이까지 관입시키고 측정한다.

측정할 때에는 베인을 슈로부터 밀어내어 지반에 압입하며, 측정 후에는 다시 슈에 회수하여 다음 측정깊이까지 관입시킬 수 있기 때문에 능률적으로 측정할 수 있다.

3) 베인날개 치수

베인날개 치수의 적합성은 단면적비로 관리하며, **단면적비**는 직경이 D 이고 날개두께가 T 인 베인의 축직경이 d 일 때에 다음과 같이 계산하고, 12% 이하이어야 한다.

$$\text{단면적비} = \frac{\text{날개와 축의 단면적}}{\text{전단면의 단면적}} \times 100$$

$$= \frac{8T(D-d)+\pi d^2}{\pi D^2} \times 100 \le 12\,[\%] \tag{7.52}$$

4) 전단강도 계산

시험위치에 베인을 압입한 후 초당 0.1^o $(0.1\,\text{deg}/s)$ 의 각속도로 회전시키면서 1° 회전할 때마다 토크와 회전각을 측정하여 최대토크를 구한다. **최대 모멘트 M_{max}** 는 원통형 전단 파괴체에서 **파괴체 주면의 전단모멘트 M_s** 와 **상하단면의 전단모멘트 M_e** 의 합이다.

$$M_{\max} = M_s + M_e = \tau_f\,\pi\,(D^2H/2 + D^3/6) \tag{7.53}$$

여기에서, $M_s = \tau_f\,\pi\,D\,H\,\dfrac{D}{2} = \tau_f\,\pi\,D^2\,H/2$

$$M_e = 2\tau_f\,\pi\left(\frac{D}{2}\right)^2\frac{2}{3}\,\frac{D}{2} = \tau_f\,\pi\,D^3/6$$

그런데 베인치수가 $H = 2D$ 이므로 **지반 전단강도 τ_f** 는 위 식으로부터 다음과 같으며, 점토에서는 내부마찰각이 '**영**'이므로 이는 곧, **비배수 점착력 c_u** 가 된다.

$$\tau_f = c_u = \frac{M_{\max}}{\pi(D^2H/2 + D^3/6)} = \frac{6}{7}\,\frac{M_{\max}}{\pi D^3} \tag{7.54}$$

그런데 컨시스턴시 지수가 낮은 점성토에서는 소성지수를 고려하여 위 값을 교정한다 (Bjerrum, 1973).

【예제】 다음은 베인시험의 특징이다. 틀린 것을 찾으시오.

① 시험이 간단하다.
② 점성토에서 편리하다.
③ 강성 점토에 적용할 수 있다.
④ 배수조건의 사면안정 검토에 필요한 자료를 얻을 수 있다.

【풀이】 ③ 연약점토에 적용할 수 있다.
④ 베인시험은 비배수 전단강도시험이다. ///

【예제】 직경 5 cm, 높이 10 cm 의 베인을 가지고 현장시험한 결과 회전저항모멘트가 120 kg·cm 이었다. 이 점토의 점착력을 구하시오.

【풀이】 식 (7.54) 에서

$$\tau_f = c_u = \frac{M_{\max}}{\pi D^2 (H/2 + D/6)} = \frac{120}{\pi 5^2 (10/2 + 5/6)} = 0.26\ [\text{kg/cm}^2]$$ ///

◈ 연 습 문 제 ◈

【문 7.1】 다음의 용어를 설명하시오.

(1) 최대전단저항력 (2) 전단파괴 (3) 전단강도 (4) 평면파괴 (5) 영역파괴 (6) 등방압력 (7) 축차응력 (8) 주응력 (9) 최대주응력 (10) 중간주응력 (11) 최소 주응력 (12) 최대 주응력면 (13) 파괴포락선 (14) 극점 (15) 전단강도 정수 (16) Mohr-Coulomb 파괴조건 (17) 취성파괴 (18) 연성파괴 (19) 유효강도 정수 (20) 비배수 전단강도 (21) 점착력 (22) 겉보기 점착력 (23) K_f-선 (24) 응력경로 (25) 백프레셔 (26) 유효응력 (27) 전응력 (28) 간극수압 (29) 과잉간극수압 (30) 간극수압계수

【문 7.2】 흙 지반의 강도개념을 설명하시오.

【문 7.3】 점착력의 의미를 설명하시오.

【문 7.4】 Mohr-Coulomb 파괴이론을 설명하시오.

【문 7.5】 Mohr 응력원의 식을 유도하시오.

【문 7.6】 Mohr 응력원에서 다음을 구하는 방법을 설명하시오.

① 최대주응력과 작용방향 ② 최대전단응력과 작용방향 ③ Pole ④ 파괴면의 각도

【문 7.7】 베인시험에서 흙의 전단강도를 구하는 식 (7.54) 를 유도하시오.

【문 7.8】 직접 전단시험의 공시체 두께가 두꺼우면 안되는 이유를 설명하시오.

【문 7.9】 사질토의 전단거동 특성을 설명하시오.

【문 7.10】 점성토의 전단거동 특성을 설명하시오.

【문 7.11】 교란된 흙의 전단특성을 3가지 택하여 설명하시오.

【문 7.12】 Skempton 의 간극수압계수를 유도하시오.

【문 7.13】 과압밀 흙의 간극수압계수 A를 구하시오.

【문 7.14】 흙의 최대전단강도와 궁극전단강도를 비교 설명하시오.

【문 7.15】 한계상태선(CSL)을 설명하시오.

【문 7.16】 삼축압축시험에서 시료전단속도 결정시에 고려해야 할 인자를 열거하고 그 이유를 설명하시오.

【문 7.17】 삼축압축시험에서 공시체가 항아리형상으로 변형되는 이유를 설명하고 그 영향을 피할 수 있는 대책을 마련하시오.

【문 7.18】 다음의 시험에 대하여 응력경로를 설명하시오.

① UU시험 ② CU시험 ③ CUB시험 ④ CD시험 ⑤ 과압밀점토에 대한 CUB시험

연직하중 $[kgf]$	10.0	20.0	30.0	40.0
전단력 $[kgf]$	13.5	17.5	22.0	25.0

【문 7.19】 압밀 후 축차응력을 가하여 파괴시키는 시험에서 다음의 경우에 대한 응력경로를 설명하시오.

① 등방압밀하는 경우 ② 비등방압밀 $K=0.8$

③ 비등방압밀 $K=0.5$ ④ 비등방압밀 $K=0.3$

【문 7.20】 다음은 포화점토에 대한 CUB 삼축시험 결과이다. 측압이 400 kPa 이었을 경우에 응력경로를 그리고 파괴시의 간극수압계수 A_f 를 구하시오.

【문 7.21】 다음은 직접전단시험한 결과이다. 시료 단면적이 16 cm^2 일 때에 내부마찰각 ϕ 와 점착력 c 를 구하시오.

시험	축차응력 $(\sigma_1 - \sigma_3, kPa)$	간극수압 (u, kPa)	시험	축차응력 $(\sigma_1 - \sigma_3, kPa)$	간극수압 (u, kPa)
V_1	0	0	V_4	215.0	115.0
V_2	80.0	25.0	V_5	280.0	190.0
V_3	160.0	70.0	V_6	320.0	220.0

제8장 흙의 다짐

8.1 개 요

다짐 (compaction) 은 지반의 함수비와 입도분포를 그대로 유지한 상태로 외부에너지를 가하여 간극 내의 공기를 배출시켜서 입자간 거리를 가깝게 하고 (즉, 간극을 감소시키고) 입자의 접촉을 좋게 하여 지반의 성질을 개선시키는 일련의 작업을 말하며, 성토재료나 기초지반으로 이용할 수 있을 만큼 지반을 개량하기 위해 수행하며, 흙댐, 제방, 도로 등의 건설에서 가장 중요한 작업이다.

지반을 다짐하면, 압축성과 투수성이 감소하고, 전단강도가 증가하며, 지반을 균질화할 수 있고, 바람직하지 못한 부피변화가 억제된다.

사질토는 입자간 마찰을 순간적으로 감소시켜서 입자들이 더 조밀한 상태로 쉽게 이동하도록 하기 위해 진동이나 충격 등 동적 에너지를 가하여 다진다. 반면에 **점성토**는 동적 에너지를 가하면 오히려 구조골격이 흐트러지므로 정적 에너지를 가하여 다진다.

완전히 건조된 흙, 덩어리 흙, 포화된 흙, 죽상태 흙 등은 다짐효과가 거의 없다. 또한, 세립토가 섞이지 않은 깨끗한 모래 (SW, SP) 또는 자갈 (GW, GP) 은 완전히 포화되거나 건조된 상태에서 오히려 더 조밀한 상태가 되므로 다짐하지 않는다.

지반을 다져서 개량하는 일은 Proctor (1933) 가 체계화하였고, 그 후 Bjerrum (1952), Voss/Floss (1968), Huder (1971) 등이 더욱 발전시켰다.

흙의 다짐특성 (8.2 절)은 다짐곡선으로부터 판정하고, 지반종류, 큰입자 포함정도, 함수비에 따라 다르며, 다짐효과와 최적다짐조건은 **다짐시험** (8.3 절) 을 통해 구하고 **다진 흙의 특성** (8.4 절) 즉, 투수계수, 전단강도, 압축성, 팽창성 등은 함수비 등에 의해 크게 영향을 받는다. **다짐에 의해 지중응력** (8.5 절) 이 증가되며, 층별 다짐할 경우 최상부 3 개 층까지 다짐압력이 존재한다. 현장 흙의 최대입경과 소요 다짐상태 및 다짐 장비를 고려하여 다짐층의 두께를 결정해서 **현장다짐** (8.6 절) 하고 관리한다.

8.2 흙의 다짐 특성

사질토는 입자간 마찰을 순간적으로 감소시켜 입자들이 더 조밀한 상태로 쉽게 이동할 수 있도록 동적에너지 (진동이나 충격) 을 가하여 다지고, 점성토는 정적에너지를 가해 다진다.

흙의 다짐상태는 다짐곡선 (8.2.1 절) 으로부터 판단할 수가 있으며, 간극공기량과 세립분의 함량 및 함수비에 따라 다짐효과 (8.2.2 절) 가 다르다. 흙은 일정한 다짐에너지 (8.2.3 절) 로 다지고, 다진 흙의 특성은 지반 종류 (8.2.4 절), 큰입자 포함정도 (8.2.5 절), 함수비 (8.2.6 절) 에 따라 다르다. 흙을 석회로 안정 (8.2.7 절) 시키고 다지면 다진 흙의 특성이 개선된다.

8.2.1 다짐곡선

지반의 다짐상태는 건조단위중량 γ_d (dry unit weight) 로 표현하며 건조단위중량은 함수비 w 와 포화도 S_r 및 흙입자 비중 Gs 로 나타낸다.

$$\gamma_d = \frac{G_s}{1+e}\gamma_w = \frac{G_s}{1+G_s w/S_r}\gamma_w \tag{8.1}$$

흙의 간극은 물과 공기로 채워져 있고, 에너지를 가해서 흙을 다지면 간극내의 공기가 배출되거나 물에 용해되거나 압축되어 간극이 감소된다. 이상적으로 완전다짐하면 간극에 공기가 전혀 없이 (zero air) 물로 포화된 상태가 되며, 이런 상태를 나타내는 곡선은 식 (8.1) 에서 완전 포화된 (포화도 $S_r = 1$) 곡선이며, 이를 영공기간극곡선 (zero air voids curve) 이라 한다.

그런데 지반을 제아무리 잘 다진다고 해도 이 같이 완전한 다짐(공기를 완전히 축출)은 현실적으로 불가능하므로 실제의 다짐곡선은 항상 영공기 간극곡선 아래에 있게 된다. 위 식 (8.1) 에 포화도 $S_r = 1.0,\ 0.9,\ 0.8,\ 0.7\ \cdots$ 을 대입하여 정리하면 영공기 간극곡선에 평행한 **일정 포화도곡선**이 구해진다 (그림 8.1).

지반 함수비를 변화시키면서 동일한 에너지로 다짐하여 함수비 w 에 대한 건조단위중량 γ_d 을 구하여 표시하면 그림 8.2 와 같이 완만한 산마루형태 곡선이 되는데 이를 **다짐곡선** (compaction curve) 이라고 하고, 그 정점 즉, **최대건조단위중량** γ_{dmax} (maximum dry unit weight) 는 흙 지반이 가장 잘 다져진 상태를 나타내며, 이에 대한 함수비를 **최적함수비** w_{opt} (OMC, Optimum Moisture Content) 라고 한다.

다짐곡선은 Proctor (1933) 가 제시하여 **Proctor 곡선** (Proctor curve) 이라고도 한다.

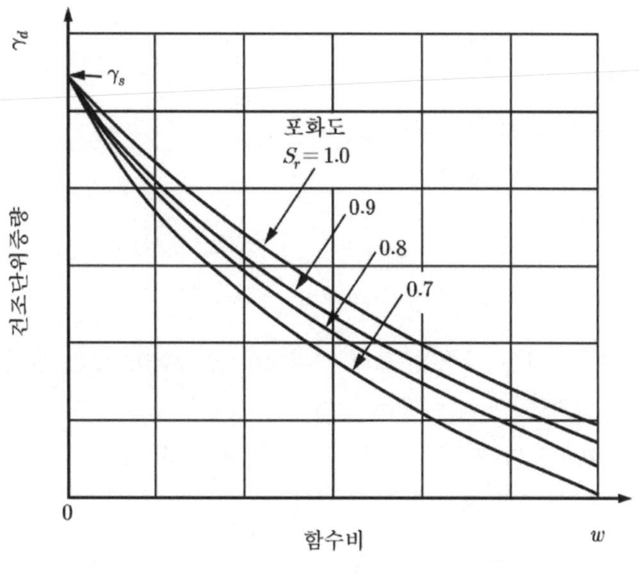

그림 8.1 일정 포화도곡선

다짐곡선 모양은 입자가 크고 입도가 양호한 사질토일수록 정점부가 뾰족하고 세립토일수록 완만한 형태이다. 그리고 최대건조단위중량이 클수록 최적함수비는 작다. 그러나 **입도가 균등한 사질토의 다짐곡선**은 평평한 모양을 나타내고 최대치 즉, 정점부가 불분명하다.

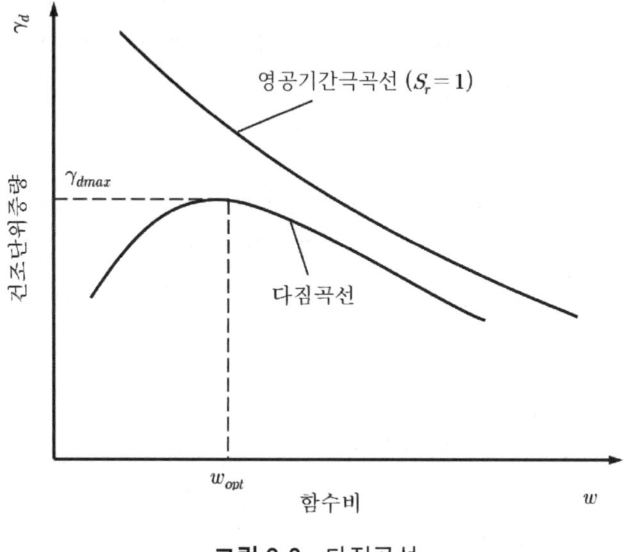

그림 8.2 다짐곡선

8.2.2 다짐효과

흙 지반을 다지면 지반의 성질이 다음과 같이 개선된다.

- 지반의 압축성 (침하) → 감소
- 전단강도 (지지력) → 증가
- 투수성 → 감소
- 지반의 균질화 (상대밀도, 구조)
- 동상·수축 등 바람직하지 못한 부피변화 억제

완전히 건조되거나 포화된 깨끗한 모래나 자갈은 점착력이 없기 때문에 외부에너지를 가하면, 흙의 구조 골격을 이루고 있는 입자간의 마찰이나 전단저항에 의하여 지지되고 에너지를 제거하면 대부분의 에너지는 소산되고 극히 일부 에너지만 지반내에 잔류한다. 따라서 이러한 지반은 다짐의 효과가 거의 없다.

반면에 점착력이 있는 지반에서는 점착력이 힘에 대하여 저항하는 방향으로 작용하여 외부에너지를 가했다 제거하더라도 지반의 이완이 저지되므로 많은 양의 에너지가 지반 내에 잔류한다. 따라서 **흙 지반은 점착력을 가지고 있어야 다질 수 있다.**

세립분이 많을수록 점착력은 크지만 투수계수가 작아지므로, 세립분이 너무 많은 흙은 다질 때에 간극내 공기의 유출이 어려워서 다짐효과가 적다. 따라서 **세립분을 약간 포함하고 있어서 어느 정도의 점착력이 있는 조립토에서만 다짐효과를 크게 기대할 수 있다.**

함수비가 작을 때는 함수비가 증가할수록 배출될 간극공기량이 적고 점착력이 커져서 **다짐효과** (건조단위중량) 가 증가한다. 그러나 함수비가 특정치 (최적함수비) 보다 클 때는 간극수가 간극공기 배출을 방해하여 과잉간극수압이 발생되어 지반이 다짐에 대해 탄성적으로 반응하기 때문에 다짐효과가 적다.

함수비가 최적함수비보다 클수록 다짐효과가 적고 입자간 거리가 멀기 때문에 건조단위중량이 작아져서 다짐곡선은 영공기 간극곡선에 평행한 내리막곡선이 된다. 이때 간극공기가 배출되지 못하고 지반에 잔류하므로 식 (8.1) 은 간극공기량 A에 따라 다음과 같이 된다.

$$\gamma_d = \frac{(1-A)\,\gamma_s}{1 + w\,\gamma_s/\gamma_w} \tag{8.2}$$

따라서 다짐곡선은 **간극공기량**에 따라 영공기간극곡선에 평행한 형태가 된다.

간극에 공기를 많이 함유하면 구조골격이 불안정하여 다짐작업이 어렵다. 일반적으로 **간극공기량이 12 % 미만이어야 다져진다.**

8.2.3 다짐에너지

다짐작업은 시료 내의 건조단위중량이 균등한 값이 되도록 충분히 큰 에너지를 가해서 수행해야 하며, 반면에 경제적인 측면에서는 소요 건조단위중량을 얻기 위해 필요한 최소 에너지를 가해서 수행해야 한다. 다짐에너지가 클수록 최대 건조단위중량은 커지고 최적 함수비는 작아진다. 함수비가 작은 지반을 다질 때에는 큰 에너지가 필요하다.

다짐에너지 $\boldsymbol{E_c}$ (compaction energy)는 단위 부피당 에너지로 정의하며 램머 무게 W와 낙하고 h, 다짐층수 N_d 및 층당 낙하횟수 N_h 에 따라 다음과 같이 된다.

$$E_c = \frac{W\,h\,N_d\,N_h}{V_m} \ (\mathrm{MN \cdot m\,/m^3}) \tag{8.3}$$

여기에서, V_m [m^3]은 몰드의 부피이다.

가장 기본적인 **표준다짐에너지** (standard compaction energy)는 $\boldsymbol{E_c \fallingdotseq 0.56\ \mathrm{MN\,m/m^3}}$ 이며, 이 조건을 만족시키도록 **실내표준다짐시험** (standard compaction test)이 규정되어 있다. 한국산업규격 KS F 2312 에서는 다음과 같은 실내표준다짐시험을 규정하고 있다.

다짐에너지 E_c : 0.56 MN·m/m^3

몰드 : 직경 $D = 10.0$ cm, 높이 $H = 127.3$ mm, 부피 $V = 1000$ cm^3

다짐방법 : 3 층, 각층 25 회, 추무게 2.5 kg 낙하고 30 cm, 최대입경 19 mm

표준다짐에너지를 가해 구할 수 있는 최대건조단위중량은 지반에 따라 그 크기가 한정된다. 따라서 공사목적상 큰 건조단위중량이 필요한 경우에는 표준다짐의 최적함수비보다 작은 함수상태에서 표준다짐의 4.5 배 정도로 큰 에너지 ($E_c \cong 2.53$ MN·m/m^3)를 가하여 지반을 다지며, 이를 위한 **수정다짐시험**이 규정되어 있다. 그렇지만 이렇게 큰 에너지를 가하여 다짐하더라도 건조단위중량은 기껏해야 5~10 % 증가될 뿐이어서 표준다짐에 비해 비경제적이므로, 큰 건조단위중량이 필요한 경우에만 수정다짐을 실시한다.

동일시료에 대해 세 가지 다른 에너지 ($E_c = 0.3,\ 0.56,\ 2.53$ MN·m/m^3)로 다짐시험을 실시하여 결과를 정리하면 그림 8.3 과 같이 다짐곡선들이 하나의 곡선 (**일정포화도곡선**) 에 합쳐진다. 여기에서 다짐에너지가 클수록 다짐곡선의 모양은 가파른 산 모양이 되고 최적 함수비가 작으며, 다짐에너지가 작을수록 다짐곡선은 완만한 산 모양이고 최적 함수비가 큰 것을 알 수 있다.

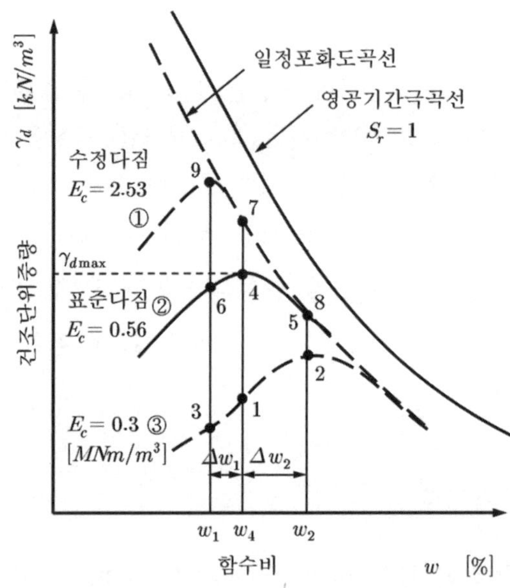

그림 8.3 다짐에너지에 따른 다짐곡선

다짐에너지와 건조단위중량의 관계를 보기 위해 가장 큰 에너지로 다진 그림 8.3 의 ① 곡선의 최적함수비 w_1 에 대한 각 다짐곡선의 건조단위중량 γ_{d9}, γ_{d6}, γ_{d3} 을 구하여 다짐에너지-건조단위중량 관계를 그리면 그림 8.4 의 곡선 Ⓐ 가 된다. 같은 방법으로 표준다짐에너지로 다진 ② 곡선의 최적함수비 w_4 및 낮은 에너지로 다진 ③ 곡선 최적함수비 w_2 에 대한다짐에너지 - 건조 단위중량 관계곡선 Ⓑ 와 Ⓒ 가 구해진다. 여기에서 다짐에너지가 커질수록 지반의 건조단위중량이 증가하지만 다짐에너지가 어느 정도 커지면 건조단위중량은 더 이상 커지지 않고 일정한 값에 수렴하는 것을 알 수 있다. 함수비가 작은 지반에서 큰 건조단위중량을 취득하기 위해서는 큰 다짐에너지가 필요하며 (그림 8.4 Ⓐ 곡선), 반대로 함수비가 큰 지반에서는 작은 에너지에서 최대건조단위중량에 수렴한다 (그림 8.4 Ⓒ 곡선).

8.2.4 흙의 종류에 따른 다짐특성

다짐곡선의 모양은 그림 8.5 와 같이 흙의 종류에 따라 다르다. 세립토가 적을수록 최대건조단위중량 γ_{dmax} 가 커지며 다짐곡선 기울기가 급해진다. 세립토를 많이 함유하거나 소성성이 클수록 최대건조단위중량이 작고 함수비의 영향이 작아져서 다짐곡선은 완만한 산 모양을 나타낸다. 동일 에너지로 다지는 경우에 세립토 보다 조립토에서 최대건조단위중량은 크고 최적함수비는 작다. 일반적으로 **지반의 입도분포가 양호할수록 다짐성이 좋다.**

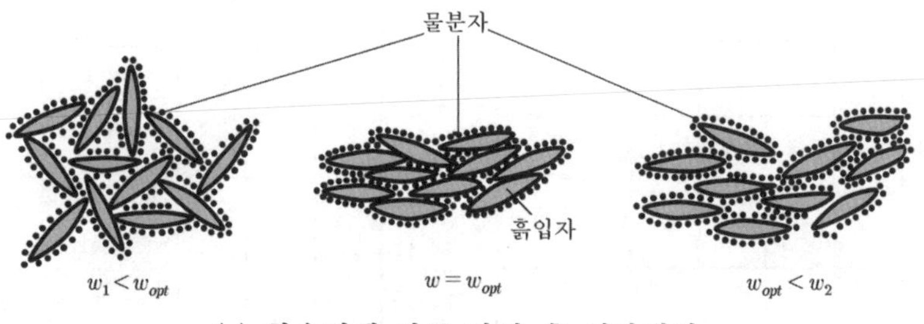

(a) 함수비에 따른 다진 후 입자배열

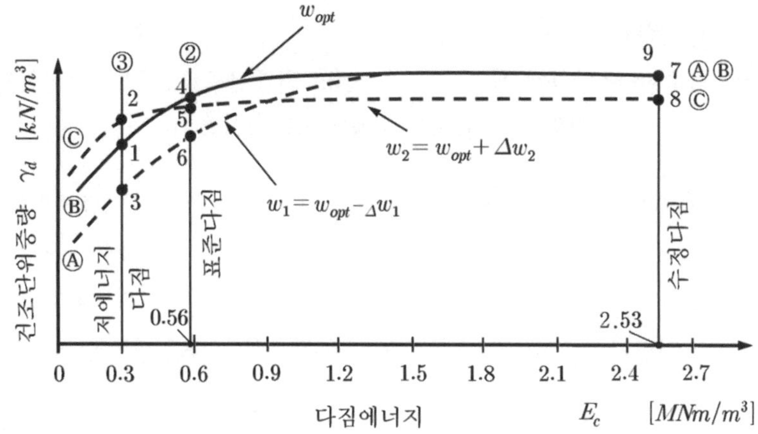

(b) 함수비에 따른 건조단위 중량과 다짐에너지 관계

그림 8.4 다짐에너지에 따른 건조단위중량 (Lang/Huder, 1990)

깨끗한 모래나 자갈은 투수계수가 커서 지반의 물이 빠르게 이동하므로 다짐곡선은 산 모양이 아니고 그림 8.6 과 같이 포화상태에서 최대건조단위중량 γ_{dmax} 에 도달되므로 최적 함수비가 무의미하다. 따라서 이러한 지반은 **물다짐** 하는 편이 좋다.

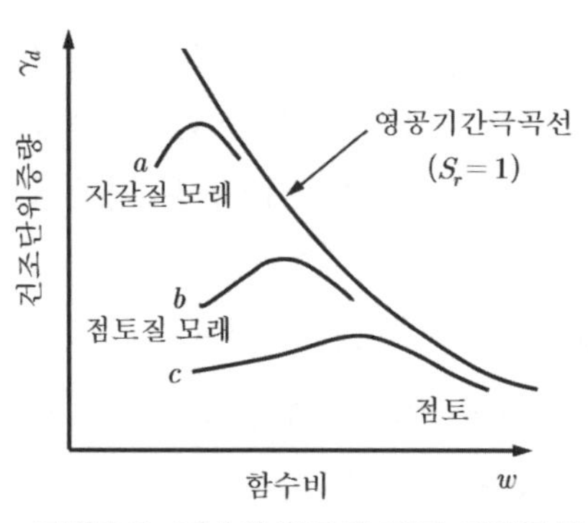

그림 8.5 지반의 종류에 따른 다짐곡선

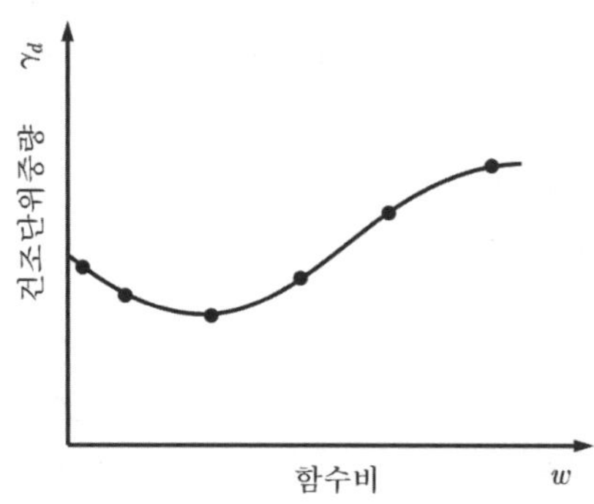

그림 8.6 깨끗한 모래나 자갈의 다짐곡선

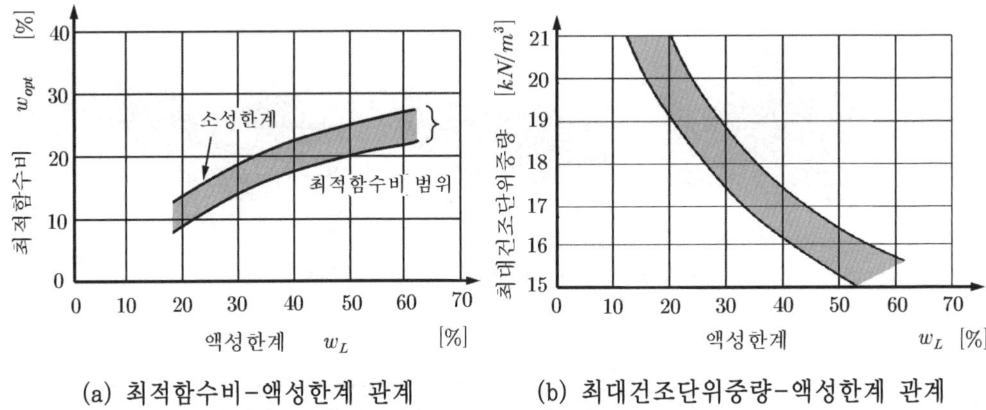

(a) 최적함수비-액성한계 관계 (b) 최대건조단위중량-액성한계 관계

그림 8.7 점토의 소성특성과 다짐특성

점성토의 최적함수비는 그 소성특성으로부터 예측할 수가 있다. 그림 8.7 은 보통 점토에서 **액성한계와 다짐특성** (최적함수비와 최대건조단위중량) 의 관계를 나타내는데, 액성한계가 커지면 최대 건조단위중량이 급격히 감소하는 경향을 보인다. 최적함수비 w_{opt} 는 액성한계 w_L 과 소성한계 w_P 로부터 개략적으로 유추할 수 있음을 알 수 있다.

$$w_{opt} \fallingdotseq \frac{w_L}{2}$$
$$w_{opt} \fallingdotseq w_P - (2 \sim 4)\,\% \qquad (8.4)$$

즉, 최적함수비는 액성한계의 절반 또는 소성한계 w_P 보다 2~4 % 작은 값이다. 그러나 아터버그 시험은 입경 0.42 mm 미만의 흙으로 실시하므로 실제 지반의 최대입경이 여기에 해당될 때에만 소성성으로부터 최적함수비를 유추할 수 있다. 점성토에서는 최적함수비가 대개 소성지수보다 작거나 약간 크고 액성한계보다는 작다.

지반에 석회를 가하면 석회가 간극수와 반응하여 액성한계와 최적함수비가 증가하므로, 함수비가 최적함수비 보다 큰 흙은 석회와 혼합하여 다지면 효과적이다. 간극에 공기가 많이 함유되면 구조골격이 불안정해서 다짐작업이 어려우므로 다짐 흙은 **간극 공기량**이 **12 % 미만**이어야 한다.

점성토를 최적함수비보다 작은 함수비로 다지면, 다짐하는데 긴 시간이 소요되고 투수계수가 커지며 사용하중상태에서 부피변화가 크게 일어나지만 전단변형은 작게 일어난다. 반면 점성토를 최적함수비보다 큰 함수비로 다지면, 다짐하는데 긴 시간이 소요되고 투수계수가 작아지며 사용하중 상태에서 부피변화가 작아지지만 전단변형은 커진다.

8.2.5 큰 입자를 포함하는 흙의 다짐특성

다짐시험은 규정된 **다짐 몰드** (직경 100 mm, 150 mm) 에서 수행하므로 몰드직경의 약 1/10 보다 큰 입자가 있으면 다짐결과에 영향을 미친다. 따라서 다짐시험에서는 **허용최대 입경**을 규정하고 있다. 그러나 큰 입자가 많을수록 건조단위중량이 커져서 경제적일 수 있다.

흙의 다짐특성은 큰 입자 포함여부에 따라 다르므로 (Floss, 1970), 큰 입자를 제거한 상태에서 실시하는 표준다짐시험결과 (최적함수비 w_{opt} 와 최대건조단위중량 $\gamma_{d\max}$) 를 큰 입자를 포함하는 현장지반에 적용하기 위해서는 **큰 입자 함유율 p** 를 고려하여 보정한다 (표 8.1).

큰 입자를 제거하지 않은 자연상태의 지반 (큰 입자 함유율 p) 을 표준 다짐시험결과 (즉, γ_{dmax} 와 w_{opt})에 맞추어 다짐한 지반의 건조무게 W_s는 큰 입자 무게 $p\,W_s$ 와 가는 입자 무게 $(1-p)\,W_s$ 및 물의 무게 $W_{wn} = w_{opt}\,W_s\,(1-p)$ 의 합이다.

$$W_s = p\,W_s + (1-p)\,W_s + w_{opt}\,W_s\,(1-p) \tag{8.5}$$

표 8.1 큰 입자 포함하는 흙의 다짐

전체시료	건조무게	$W_s = p\,W_s + (1-p)\,W_s + W_{wn}$ (식8.5)
	부피	$V_n = V_c + V_f$ (식8.7)
큰 입자	건조단위중량	γ_s
	함유율	p
	건조무게	$p\,W_s$
	부피 V_c	$p\,W_s/\gamma_s$
가는입자	건조단위중량	$\gamma_{d\max}$
	건조무게	$(1-p)\,W_s$
	부피 V_f	$(1-p)\,W_s/\gamma_{d\max}$
물	함수비	w_{opt}
	무게 W_n	$w_{opt}(1-p)\,W_s$
최대건조단위중량 $\gamma_{d\max n}$		$\dfrac{W_s}{V_n} = \dfrac{W_s}{W_s\left(\dfrac{1-p}{\gamma_{d\max}} + \dfrac{p}{\gamma_s}\right)} = \dfrac{\gamma_{d\max}}{1-p\left(1-\dfrac{\gamma_{d\max}}{\gamma_s}\right)}$ (식8.8)
최적함수비 $w_{opt\,n}$		$\dfrac{W_{wn}}{W_s} = \dfrac{w_{opt}(1-p)\,W_s}{W_s} = w_{opt}\,(1-p)$ (식8.9)

큰 입자의 부피 V_c 와 **작은 입자의 부피 V_f** 는 큰 입자의 단위중량이 γ_s 이면

$$V_c = p\,W_s / \gamma_s$$
$$V_f = W_s(1-p)/\gamma_{dmax} \tag{8.6}$$

이므로, 큰 입자를 포함하는 **현장다짐지반의 전체 부피 V_n** 은 다음과 같다.

$$V_n = V_c + V_f = p\,W_s/\gamma_s + W_s(1-p)/\gamma_{d\max} = W_s\left(\frac{p}{\gamma_s} + \frac{1-p}{\gamma_{d\max}}\right) \tag{8.7}$$

자연상태 지반의 최대건조단위중량 $\gamma_{d\max n}$ 과 **최적함수비 $w_{opt\,n}$** 은 정의에 의해 다음과 같다.

$$\gamma_{dmax\,n} = \frac{W_s}{V_n} = \frac{W_s}{W_s\left(\frac{1-p}{\gamma_{dmax}} + \frac{p}{\gamma_s}\right)} = \frac{\gamma_{dmax}}{1-p\left(1-\frac{\gamma_{dmax}}{\gamma_s}\right)} \tag{8.8}$$

$$w_{opt\,n} = \frac{W_{wn}}{W_s} = \frac{W_w}{W_s} = \frac{w_{opt}\,W_s(1-p)}{W_s} = w_{opt}(1-p) \tag{8.9}$$

따라서 큰 흙 입자를 함유하는 자연지반의 최적함수비 $w_{opt\,n}$와 건조단위중량 $\gamma_{dmax\,n}$ 을 큰 입자를 골라내고 수행한 **표준다짐시험결과** (w_{opt} , $\gamma_{d\max}$) 로부터 구할 수 있다.

그러나 **큰 입자 함유율 p** 가 커질수록 이러한 환산결과가 부정확해진다. 즉, 자연상태 지반의 최대건조단위중량 $\gamma_{d\max n}$ 이 과대 산출되어 결과가 불안전측에 속한다.

따라서 다음과 같이 보정한다.

$$\gamma_{dmax\,n} \simeq \gamma_{dmax}(1-p) + 0.9\gamma_s p \tag{8.10}$$

다짐의 품질관리를 할 때에는 다음과 같이 환산할 수 있다 (Gibbs, 1950).

$$\gamma_{dmax} = \gamma_{dmax\,n}\frac{1-p}{1-p\frac{\gamma_{dmax\,n}}{\gamma_s}} \tag{8.11}$$

따라서 **큰 입자를 함유하는** (즉, $p > 0$ 인) **자연상태 지반의 최대 건조단위중량 $\gamma_{d\max n}$ 이 표준 다짐시험에서 구한 최대 건조단위중량 $\gamma_{d\max}$ 보다 항상 크다** ($\gamma_{d\max} < \gamma_{d\max n}$).

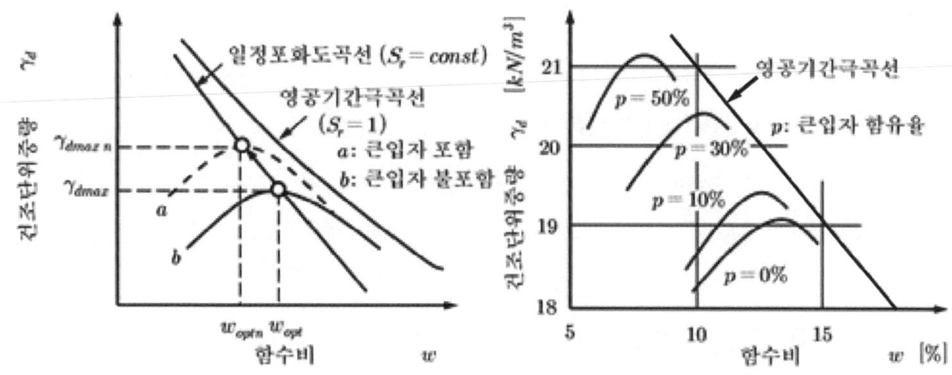

그림 8.8 큰 입자 함유지반의 다짐곡선 **그림 8.9** 큰 입자 함유율에 따른 다짐곡선

큰 입자를 함유하는 지반에서는 큰 입자가 없을 때보다 작은 함수비에서 최대건조단위중량에 도달되므로 다짐곡선이 그림 8.8과 같이 좌상으로 이동하며 큰 입자의 함유율이 높을수록 다짐곡선의 좌상이동폭이 커진다. 즉, **큰 입자함유율이 높을수록 최적함수비는 작아지고 최대건조단위중량은 커진다** (그림 8.9).

【예제】 큰 입자 (단위중량$\gamma_s = 27\,\mathrm{kN/m^3}$)를 골라낸 지반을 기준으로 97 % 다짐이 요구되어 소요 건조단위중량이 $\gamma_{de} = 0.97$, $\gamma_{d\max} = 20.4\,\mathrm{kN/m^3}$인 경우에 현장지반의 큰 입자 함유율이 $p = 28\,\%$이라면, 현장지반을 다져서 건조단위중량이 소요값 보다 큰 $\gamma_{d\max n} = 21.3\,\mathrm{kN/m^3}$이 되었을 때에 다짐이 적합한지 여부를 판정하시오.

【풀이】 현장다짐지반의 건조단위중량 $\gamma_{dmax\,n}$을 식 (8.11)을 적용하여, 표준다짐시의 건조단위중량 $\gamma_{d\max}$로 환산하면

$$\gamma_{d\max} = \gamma_{d\max n}\frac{1-p}{1-p\,\dfrac{\gamma_{d\max n}}{\gamma_s}} = (21.3)\,\frac{1-0.28}{1-0.28\,\dfrac{21.3}{27}} = 19.7\,[\,\mathrm{kN/m^3}]$$

그런데 $\gamma_{d\max} = 19.7\,\mathrm{kN/m^3}$은 소요건조단위중량 $\gamma_{de} = 20.4\,\mathrm{kN/m^3}$ 보다 더 작다. 따라서 다짐작업이 불충분한 것으로 판정된다. ///

8.2.6 함수비에 따른 다짐특성

다짐은 외부에너지를 가하여 흙 입자들을 근접시켜 즉, 간극을 감소시켜 조밀한 상태로 만드는 작업이므로 지반의 다짐특성은 함수비에 의하여 영향을 받는다.

투수성이 아주 좋은 지반에서는 **과잉간극수압**이 발생하지 않으므로 함수비가 다짐에 아무런 영향도 미치지를 못한다. 그러나 투수성이 좋지 않은 지반에서는 과잉간극수압이 발생하여 좋은 다짐효과를 기대하기 어렵다.

지반을 다질 때에는 **최적함수비** 근처에서 다져야만 소정의 다짐효과를 얻을 수 있다. 함수비가 최적함수비보다 작은 건조한 흙은 물을 추가하여 비교적 용이하게 최적함수비로 만들 수가 있으나 함수비를 균일하게 맞추기가 쉽지 않다. 최적함수비보다 함수비가 큰 흙은 햇빛이나 바람에 노출시켜 말릴 수 있으나 넓은 면적의 대지가 필요하고 건조 중에 흙을 뒤집기가 어려울 수 있다. 이때는 건조한 흙을 혼합하거나 안정제를 혼합하여 다진다. 안정제로 흙 입자를 접착시켜서 강성을 증가시킬 수 있는 석회나 시멘트 등을 사용한다.

8.2.7 석회 안정화 지반의 다짐특성

점토는 종종 석회를 사용하여 안정시키며 (**석회 안정화 지반**), 석회는 사용량을 단계적으로 높여 가면서 골고루 혼합한다. 석회와 점토를 혼합하면 다음 두 가지 효과가 있다.

첫째, 흙 지반을 석회와 혼합하고 다지기 전에 공기를 소통시키면 발생열에 의해 물이 증발하여 함수비가 작아진다. 따라서 점토를 석회로 안정시키는 작업은 맑고 건조한 날에 실시해야 한다.

둘째, 흙 지반과 석회를 혼합하면 석회가 점토광물의 친수성을 변화시켜서 지반의 소성 특성이 달라져서 성질이 다른 새로운 지반이 된다 (그림 8.10). 즉, 석회를 혼합하면 최적 함수비가 증가하고 최대 건조단위중량이 작아져서 $w \fallingdotseq w_{opt}$ 가 되어 다진 지반의 재료적 특성이 개선된다. 석회함량이 많아지면 소성한계가 커지므로, 컨시스턴시가 작은 흙에서는 석회를 추가하면 컨시스턴시가 커져서 안정화된다.

그러나 빗물 등 지표수가 안정된 지반에 스며들지 않도록 지반의 표면은 매끄럽게 다지고 일정한 경사를 유지해야 한다. **석회 안정화 점토지반의 소성한계 w_P^***는 본래 소성한계 w_P와 소성지수 I_P로부터 대략 다음과 같으나 정확한 값은 실험을 통해서 구해야 한다.

$$w_P^* \fallingdotseq \left(1 + \frac{I_P}{50}\right) w_P \tag{8.12}$$

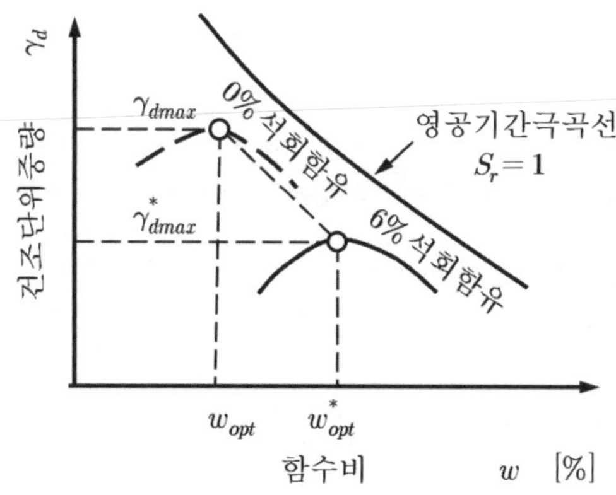

(a) 석회 혼합지반의 다짐곡선

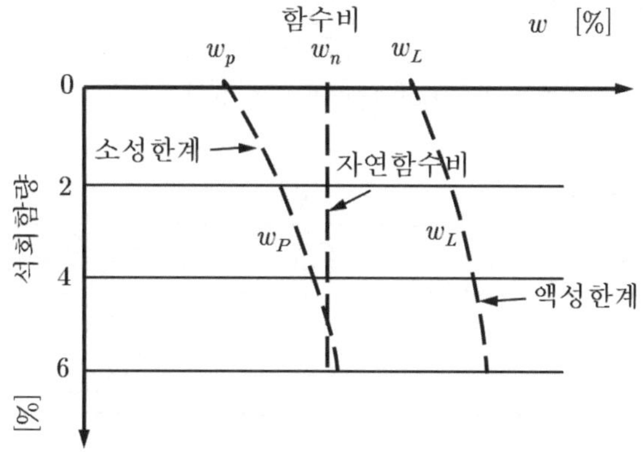

(b) 석회혼합에 따른 아터버그 한계의 변화

그림 8.10 석회혼합 지반의 다짐특성 (Lang/Huder, 1990)

【예제】 소성지수가 $I_P = 15\,\%$, 소성한계 $w_P = 10\,\%$ 인 지반을 석회안정시킨 후에는 소성한계와 소성지수가 어떻게 변하는지 구하시오. 액성한계는 일정하다고 가정한다.

【풀이】 식 (8.12)에서

$$w^*_P = \left(1 + \frac{15}{50}\right)10 = 13\,\% \quad (\text{소성한계 } 3\,\% \text{ 증가})$$

$$I^*_P = w_L - w^*_P = w_L - (w_P + 3) = w_L - w_P - 3 = I_P - 3$$

$$= 12\,\% \,(\text{소성지수 } 3\,\% \text{ 감소})$$

///

8.3 흙의 다짐시험

흙의 다짐시험은 실내와 현장에서 수행한다. **실내 다짐시험** (8.3.1 절) 은 최적 단위중량을 예상해서 다짐상태의 관리기준을 마련하기 위해서 수행한다.

다짐상태 관리 (8.3.2 절) 는 최적 함수비와 최대 건조단위중량으로 하고, **성토재 적합성은** 다짐곡선으로부터 **판정** (8.3.3 절) 한다.

8.3.1 실내 다짐시험

실내다짐시험에서는 흙에 가해지는 단위부피당 에너지를 일정하게 유지하기 위해 일정한 부피의 다짐몰드에 흙을 몇 개의 층으로 나누어 넣고 무게가 일정한 다짐 램머로 낙하횟수와 낙하고를 일정하게 유지하여 다진다. 현장에서는 실내다짐시험에서 구한 최대건조단위중량 $\gamma_{d\max}$ 를 기준으로 어느 비율 (다짐도) 이상의 다짐을 요구하고 있다.

표 8.2 다짐몰드의 칫수

몰드의 종류	내 경 [mm]	높 이 [mm]	칼라높이 [mm]	체적 [cm³]
100 mm	100±0.4	127.3	약 50	1000±10
150 mm	150±0.6	125.0	약 50	2209±26

Proctor (1933) 가 제안한 **Proctor 다짐**은 내경 100 mm, 높이 127.3 mm의 강재 몰드에 3 층으로 나누어 각 층마다 2.5 kgf 램머로 300 mm 높이에서 25 회 낙하시켜서 다진다. 이것이 **표준다짐시험** (standard Proctor test) 이고, 표준다짐시험의 다짐에너지는 약 0.56 MN·m/m³ 이다.

비행장 등 사용하중이 큰 경우에는 표준다짐시험에서 가한 에너지 보다 큰 에너지를 가하여 다짐시험 한다.

한국 산업규격 (KS F 2312, 표 8.3) 에서는 **표준다짐에너지** 0.56 MN m/m³ 를 가하는 시험 (100 mm 몰드를 사용하는 **A 다짐**시험, 150 mm 몰드를 사용하는 **B 다짐**시험) 과 표준다짐에너지의 4.5 배 에너지 (2.53 MN m/m³)를 가하는 시험 (100 mm 몰드를 사용하는 **C 다짐** 시험과 150 mm 몰드를 사용하는 **D 다짐** 및 **E 다짐**시험) 으로 구분한다. 시료 **최대입경**은 100 *mm* 몰드에서는 19.0 *mm*, 150 *mm* 몰드에서는 37.5 *mm* 를 허용한다.

표 8.3 다짐방법의 종류 (KS F 2312, 1995년)

다 짐 방 법	램머무게 W [kgf]	낙 하 고 h [cm]	몰드내경 [cm]	다짐층수 Nd	층당다짐 횟수 Nh	허용최대입경 [mm]	다짐에너지 [MN·m /m^3]
A	2.5±0.01	30±0.15	10±0.04	3	25	19.0	0.56
B	2.5±0.01	30±0.15	15±0.06	3	55	37.5	0.56
C	4.5±0.02	45±0.25	10±0.04	5	25	19.0	2.53
D	4.5±0.02	45±0.25	15±0.06	5	55	37.5	2.52
E	4.5±0.02	45±0.25	15±0.06	3	92	37.5	2.53

【예제】 다음 다짐시험에서 다짐에너지를 구하시오.

1) 표준다짐 2) D 다짐

【풀이】 식 (8.3) 에 의하여

1) 표준다짐 : $E_c = \dfrac{(2.5)(30)(3)(25)}{\pi(10)^2\,(12.73)/4} = 5.62\ [\mathrm{kgf\,cm/cm^3}] = 0.56\ \mathrm{MN\,m/m^3}$

2) D 다짐 : $E_c = \dfrac{(4.5)(45)(5)(55)}{\pi(15)^2(12.5)/4} = 25.3\ [\mathrm{kgf\,cm/cm^3}] = 2.53\ [\mathrm{MN\,m/m^3}]$ ///

8.3.2 현장 다짐관리

다짐곡선으로부터 지반의 조밀상태와 다짐특성을 알 수 있다. 자연상태의 건조단위중량 γ_d 가 최대건조단위중량 γ_{dmax} 보다 크면 ($\gamma_d > \gamma_{dmax}$) 지반은 조밀내지 매우 조밀한 상태이다. 다짐곡선의 경사가 급하면 지반이 함수비의 변화에 비교적 민감하게 거동하며 다짐작업에 따라 상대밀도가 급히 변하는 지반이다.

소요 다짐정도는 구조물의 종류와 등급에 따라 다르다. 도로공사 등에서는 건조단위중량 γ_d 가 표준다짐시험으로 구한 최대 건조단위중량 γ_{dmax} 를 기준으로 하여 일정한 비율 이상으로 ($\gamma_d \geq (0.97 \sim 1.00)\gamma_{dmax}$) 다짐하거나 또는 함수비를 기준으로 최적함수비 w_{opt} 와 일정한 편차 ($w_{opt} - \Delta w < w < w_{opt} + \Delta w$) 를 유지하게끔 규정되어져 있다. 따라서 다짐곡선이 가파르면 건조단위중량을 기준하고, 완만하면 함수비가 다짐작업의 판정기준이 된다.

예를 들어, 그림 8.11 과 같은 경우에는 건조단위중량이 허용치 γ_{da} 보다 더 커야 되므로 지반은 함수비 w 가 $w_1 < w < w_2$ 인 범위에서 다져야 한다. 현장지반상태가 P_2 인 경우에는 건조단위중량이 소요 건조단위중량보다 작지만, 함수비가 너무 작아서 ($w < w_1$) 다짐곡선보다 위에 있으므로 **소요건조단위중량**으로 다질 수 없다.

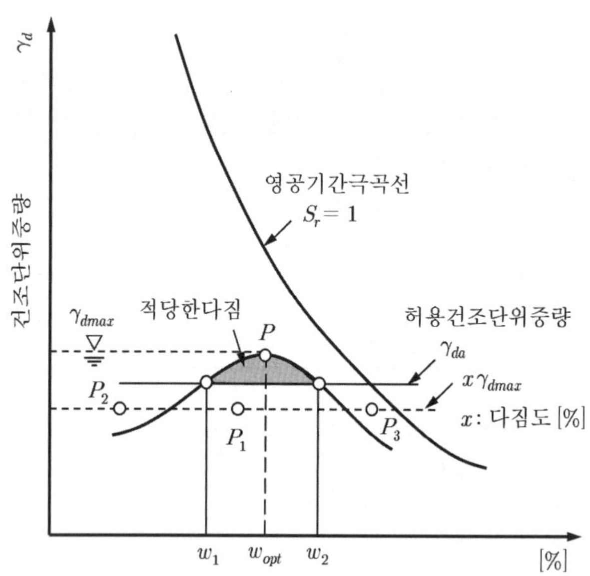

그림 8.11 표준다짐곡선을 이용한 다짐관리

반면에 현장의 지반상태가 P_3 인 경우에는 함수비가 너무나 커서 ($w_2 < w$) 아무리 큰 에너지로 다져도 소요 건조단위중량 γ_{da} 를 구할 수 없기 때문에 흙을 건조시켜서 함수비를 낮춘 후에 다져야 하는 경우이다. P_1 은 함수비는 적당하나 ($w_1 < w < w_2$) 다짐에너지가 너무 작은 경우이다. 큰 입자를 포함하는 지반의 다짐상태는 다짐곡선으로 판정할 수 없다.

8.3.3 다짐재의 적합 판정

흙 지반이 큰 입자를 포함하지 않으면 다짐곡선으로부터 **성토재의 적합성**을 판정할 수 있다. 즉, 토취장에서 시료를 채취하여 분류하면 지반이 유기질을 포함하거나 소성성이 높은지를 알 수 있고 다짐곡선으로부터 자연함수비 w_n 상태에서 소요 건조단위중량 γ_{da} 가 구해질 수 있는지 알 수 있어서 지반이 성토재로 적합한지를 판정할 수 있다. 만일 현장 함수비 w_n 이 허용함수비 ($w_{opt} \pm 2\,\%$) 이내이면 소요건조단위중량을 얻는데 문제가 없으므로 현장 흙을 사용하여 즉시 다질 수가 있다.

현장 흙이 최적함수비보다 마른 상태 ($w_n < w_{opt}$)이면 물을 추가하여 함수비를 높여서 다지고, 반대로 최적함수비 보다 젖은 상태 ($w_n > w_{opt}$)이면 흙을 말리거나 안정처리 한 후에 다진다. 그러나 현장 흙이 큰 입자를 포함하고 있으면 적합판정에 주의해야 한다.

8.4 다진 흙의 특성

지반을 다지면 흙 입자간 접촉점이 증가하고 접촉상태가 좋아지기 때문에 전단강도와 지지력이 증가하고 압축성과 투수성이 개선된다. 다짐 후에는 다져진 지반이 공사목적에 적합한지를 검사해야 하며, **다진 흙의 품질**은 현장에서 단위중량을 측정하거나 평판재하 시험이나 CBR 시험을 실시하여 확인할 수 있다.

다진 흙의 특성은 **다짐함수비의 영향** (8.4.1 절) 을 받기 때문에, 최적함수비의 건조 측 또는 습윤측에서 다지느냐에 따라 다르다. 흙을 다지면 **투수계수** (8.4.2 절), **전단강도** (8.4.3 절), **압축성** (8.4.4 절), **팽창성** (8.4.5 절) 등이 개선된다.

8.4.1 다짐 함수비의 영향

지반을 최적함수비로 다지면 건조단위중량은 물론 지반의 전단강도나 지지력이 최대가 된다. 그러나 현장에서 최적 함수비를 정확하게 맞추기가 어렵기 때문에 약간의 오차가 있을 수 있고 이에 의해서 지반특성이 목적한 바와 달라질 수 있다.

최적함수비보다 작은 함수비로 다진 즉, **건조측 다짐**한 지반은 공기함량이 많으므로 구조골격이 불안정하다. 반면에 최적 함수비 보다 큰 함수비로 다지면 즉, **습윤측 다짐**하면 다짐에너지를 가할 때 과잉간극수압이 발생되어 (그림 8.12) 다짐에 저항하므로 잘 다져지지 않고, 포화도가 커질수록 간극수압계수 ($B = \Delta u / \Delta\sigma$) 가 증가한다. 최적함수비 보다 큰 함수비로 다진 지반은 압축성이 크다 (그림 8.13). 지반은 **건조 측 다짐**할수록 잘 다져지고 압축성이 적어서 유리하지만 다짐에 큰 에너지를 필요로 하므로 비경제적이다.

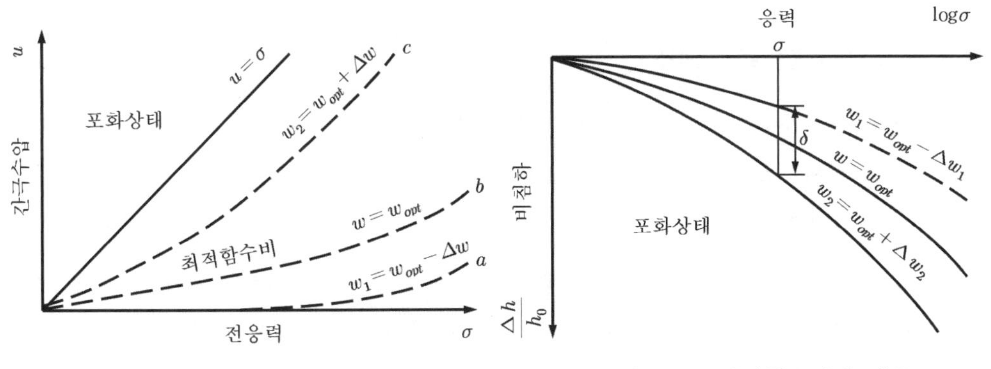

그림 8.12 다짐시 함수비에 따른 간극수압

그림 8.13 다짐함수비에 따른 지반의 압축성

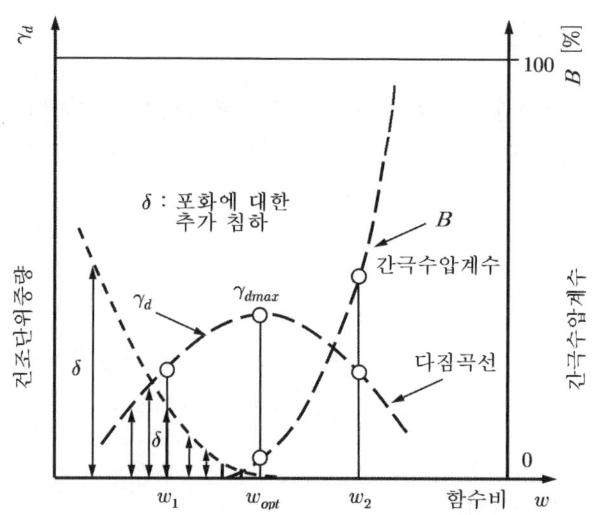

그림 8.14 다짐함수비에 따른 건조단위중량 γ_d 와 간극수압계수 B (Lang/Huder, 1990)

다짐에 의한 과잉간극수압은 최적함수비일 때에 약간 발생 (그림 8.14 곡선 B) 되었다가 함수비가 최적함수비보다 커지면 급격히 증가된다. 따라서 함수비가 큰 상태에서는 다짐 에너지를 가해도 다짐에 저항하는 과잉간극수압만 증가될 뿐이다.

다짐한 시료를 포화시키면 압축변형이 일어나며 건조측에서 다짐한 시료일수록 크게 일어난다 (그림 8.14 δ 곡선). 압축변형은 함수비가 최적함수비보다 더 크면 발생되지 않고 최적함수비로 다진 지반에서도 거의 일어나지 않는다. 포화되면서 급격하게 압축변형이 일어나는 현상을 **포화쇼크** (saturation shock) 라고 하며, 최적함수비보다 작은 함수비 (즉, 건조측) 로 다질 때에 일어날 가능성이 있으며 이는 그림 8.14 에서 쉽게 알 수 있다.

8.4.2 다진 흙의 투수계수

다진 흙의 투수계수는 다짐함수비에 따라 다르다. 즉, 건조측에서 최적함수비에 근접할수록 감소되고, 최적함수비보다 약간 큰 함수비에서 최소값을 보이며, 함수비가 최적함수비보다 크면 완만하게 증가한다.

다진 흙시료를 이용하여 투수시험한 후 함수비를 측정하면, **건조측 다짐**한 지반에서는 함수비가 일정 포화도곡선에 도달할 때까지 크게 증가하지만 **습윤측 다짐**한 지반에서는 함수비가 이미 일정 포화도 곡선에 거의 도달되어 있기 때문에 함수비가 별로 증가하지 않는다 (그림 8.15).

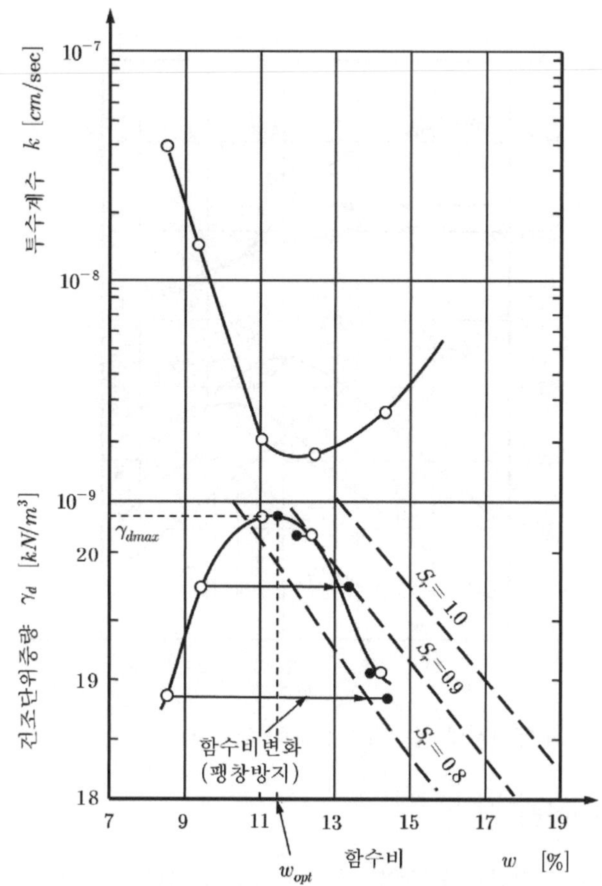

그림 8.15 다짐함수비에 따른 투수성의 변화 (Lambe, 1958)

8.4.3 다진 흙의 전단강도

다진 흙의 전단강도는 초기함수비에 따라 다르다. 그림 8.16은 여러 가지 함수비에서 에너지를 다르게 하여 다진 후에 다진 Boston blue clay의 비배수 전단강도를 **콘지수**(cone index)로 나타낸 것이다.

건조 측에서 다질 때는 다짐에너지가 클수록 강도는 증가한다. 반면 습윤측에서 다지면 다짐에너지에 상관없이 강도가 거의 변하지 않는다. 동일 에너지로 다진 경우에도 **건조측 다짐**한 흙이 **습윤 측 다짐**한 흙보다 강도가 더 크다. 그러나 다짐 후 포화시켜서 함수비가 커질 경우에는 건조측과 습윤측의 강도차이가 뚜렷하지 않다. 다만 팽창이 억제될 때는 건조 측에서 다진 흙의 강도가 약간 크고, 팽창이 허용된 경우에는 습윤 측에서 다진 흙의 강도가 약간 크다.

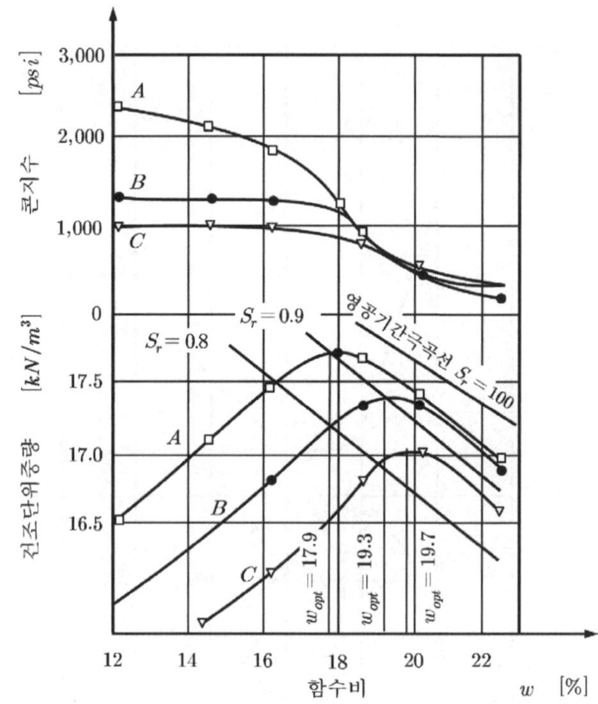

그림 8.16 다짐에너지와 함수비의 변화에 따른 강도의 변화 (Lambe, 1958)

8.4.4 다진 흙의 압축성

다진 흙의 압축성은 압밀압력과 초기함수비에 따라 다르다. 최적함수비보다 건조측 (작은 함수비) 에서 다진 흙과 습윤측 (큰 함수비) 에서 다진 흙의 압축특성은 다짐 후에 완전히 포화시키고 압밀시험하여 확인할 수 있다 (그림 8.17). 압밀압력이 낮을 때는 건조측에서 다진 흙의 압축성이 훨씬 작고 더 빨리 압축된다. 그러나 높은 압밀압력하에서는 건조측에서 다진 흙의 압축이 더 커진다.

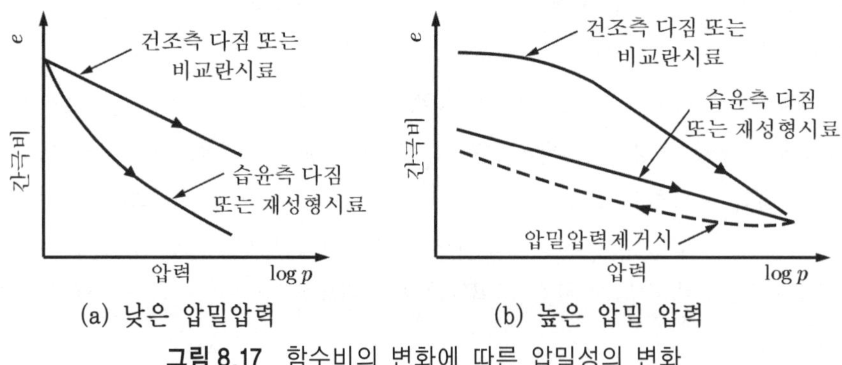

그림 8.17 함수비의 변화에 따른 압밀성의 변화

8.4.5 다진 흙의 팽창성

다진 흙의 팽창성은 팽창성 구속조건과 초기함수비에 따라 다르다. 다짐한 흙이 물을 충분히 흡수할 수 있는 여건이면 물을 흡수하여 포화되며 함수비의 변화는 초기함수비와 허용팽창성에 따라서 다르다. 다진 흙은 팽창이 억제되는 경우에도 간극이 크고 포화도가 낮기 때문에 물을 많이 흡수하며, 팽창이 허용되면 간극비가 더욱 커짐에 따라 더 많은 물을 흡수하여 팽창된다. 함수비 증가량과 팽창성은 건조측에서 더 크다. 그러나 최적함수비에 근접할수록 이런 경향은 급격히 감소하고 최적함수비보다 큰 함수비(습윤측)에서는 함수비 증가와 팽창성이 크지 않다. 흙은 최적함수비에서 다질 때에 팽창성 구속여부에 상관없이 가장 적게 팽창되며, 포화 후 최종함수비도 가장 작다. 그림 8.18은 흙이 물을 충분히 흡수할 수 있는 여건에서 팽창성 구속조건에 따른 포화후 최종함수비를 나타낸다.

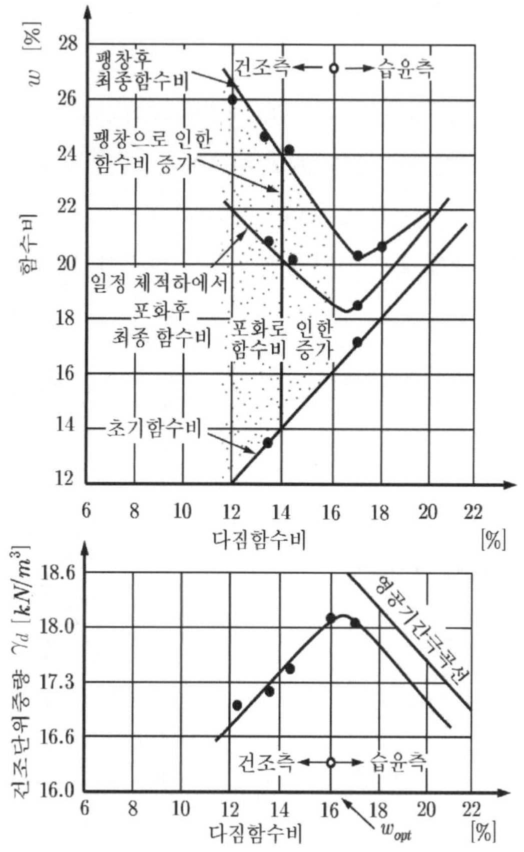

그림 8.18 사질점토의 팽창성에 대한 다짐함수비와 흙 구조의 영향 (Seed and Chan, 1959)

8.5 다짐에 의한 지반응력

에너지를 가해 지반을 다지면, 다짐에너지에 의해 **지반응력이 증가** (8.5.1 절) 되며, 응력상태는 다짐과정에 따라 변한다. 층별다짐하여 뒷채움할 때 **다짐에 의한 지반응력** (8.5.2 절) 은 다짐층수가 많을수록 다짐에너지에 의한 잔류수평응력이 지반자중에 의한 수평응력과 같거나 작아져서 다짐영향이 없어지므로, 최상부 3 개 다짐층까지만 다짐압력이 존재한다.

8.5.1 다짐에 의한 지반응력 증가

지반의 자중에 의해 지반에 발생되는 연직 및 수평방향의 초기지중응력은 $\sigma_v = \gamma z$ $\sigma_h = K_0 \sigma_v = K_0 \gamma z$ 이다. 지반 표면에서 롤러 등을 이용하여 지반을 다질 때 **다짐에 의한 지반응력상태**는 다짐하는 과정에 따라서 변하며 그림 8.19 와 같이 **다짐응력경로**를 표시할 수 있다.

지반 (초기응력상태가 A 점) 을 다지면 연직응력이 $\Delta\sigma_v$ 만큼 증가하고 수평응력도 $K_0 \Delta\sigma_v$ 만큼 증가하여 지반응력상태가 B 점이 된다 (A→B). 이때 다짐깊이 z 는 다짐장비의 영향깊이에 비하여 작다고 가정한다. 다짐 후 장비가 이동하면 가해졌던 연직응력은 제거되지만 수평응력은 잔류하게 되어 지반응력상태가 C 점이 되고 (B→C), 이로 인하여 탄성변위만 일어난다.

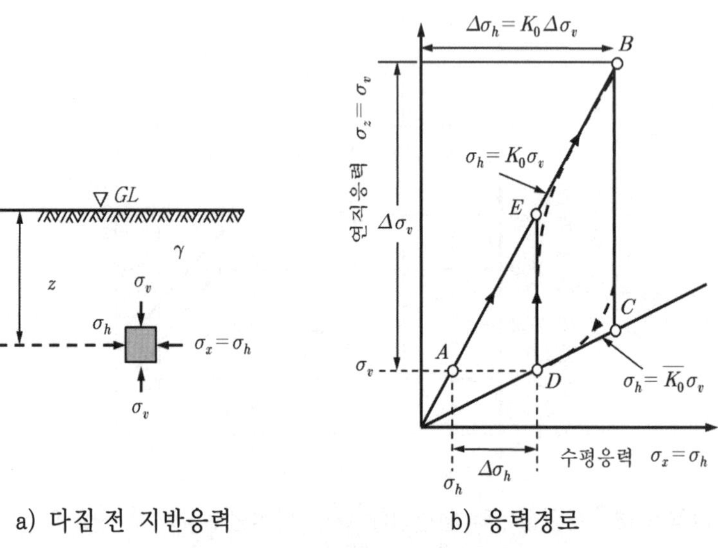

그림 8.19 다짐에 의한 지반응력

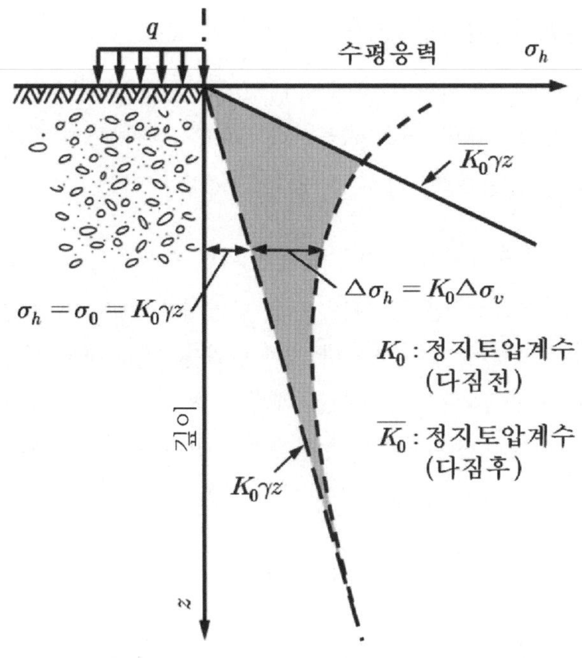

그림 8.20 다짐에 의한 수평응력의 증가

표면 다짐하기 때문에 **덮개압력**(overburden pressure)이 응력이완에 저항할 수 있을 만큼 크지 않기 때문에 시간이 지나면서 지반이 이완되어 연직응력이 다짐 전의 연직응력 σ_v 가 되어 지반응력상태가 D 점이 된다(C→D).

이때 수평토압 계수는 $\overline{K_0}$ 로 수평변위가 일어나지 않은 정지토압상태와 유사하다.

따라서 다지기 전(A 점)과 다진 후(D 점)에 지반의 연직응력은 같지만 수평응력은 다진 후의 지반에서 크다. 다시 재다짐하면 응력상태는 D→E→B→C→D 의 경로를 따르며 이 과정을 반복하게 된다.

실제 다짐장비는 칫수가 작기 때문에 **다짐 영향깊이**가 제한적이고, 다짐에 의해서 추가되는 수평토압(수평응력)은 Boussinesq 의 식을 적용하여 다음과 같이 계산할 수 있다(그림 8.20).

$$\Delta\sigma_v = Jq$$

$$\Delta\sigma_h = K_0 \Delta\sigma_v \qquad (8.13)$$

여기에서 J 는 **다짐영향계수**이며 다짐장비의 접촉면의 형상에 따라 결정된다.

8.5.2 층별 다짐에 의한 지반응력 증가

지반을 **층별다짐**하여 성토하면 벽체변위가 일어나지 않는 경우에는 다짐에너지에 의한 수평응력은 그림 8.21a 와 같이 계속 잔류한다. 여기서 날카롭게 돌출되는 부분이 있으나 이는 그림 8.21b 와 같이 단순화시킬 수가 있다 (Spotka, 1977).

따라서 뒷채움하는 옹벽 등에서는 지반 자중에 의한 수평응력 $\sigma_h = K_0 \gamma_z$ 이외에도 다짐에 의한 **다짐토압**이 작용하므로 설계시에는 이를 반영해야 한다. 수평변위가 고정된 벽체를 뒷채움할 때에는 다짐압력이 매우 커지며 벽체 변위를 어느 정도 허용해 주면 다짐토압을 줄일 수 있다. 따라서 벽체 뒤를 뒷채움할 때에는 벽체로부터 약 1 m 정도의 거리는 다짐하지 않는다. 성토사면에서 선단부분은 수평응력이 작용하지 않기 때문에 사면이 붕괴되어 다질 수가 없고 일정한 거리만큼 떨어져야 다질 수가 있다.

그림 8.21 과 같이 다짐층수가 올라가면 잔류 다짐압력이 지반의 자중에 의한 수평응력과 같아지거나 작아져서 다짐에 의한 영향이 없어진다.

흙지반에서 정지토압계수 K_0 의 크기로 볼 때에 대체로 다짐층 두께의 3 배 거리에 해당하는 깊이 z_t 까지는 **다짐압력**이 존재한다.

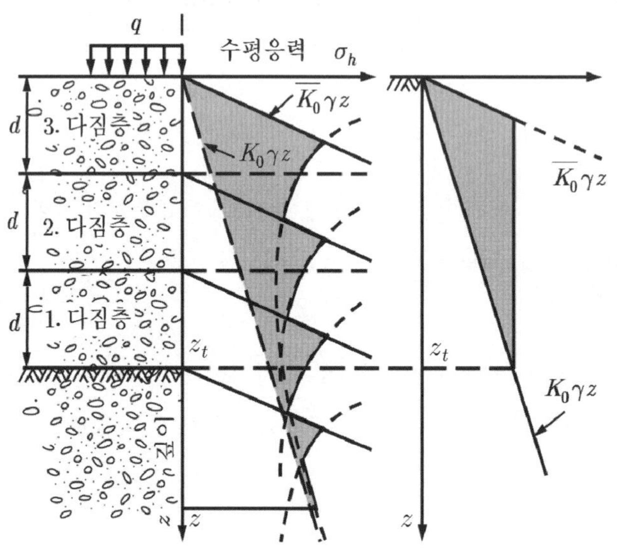

(a) 다짐에 의한 수평응력 (b) 단순화한 수평응력

그림 8.21 층별 다짐에 의한 지반응력의 증가

8.6 현장다짐

현장 일기변화 등에 의한 함수비 변동을 고려하여 현장다짐곡선을 정해서 **현장다짐** (8.6.1 절) 하며, **장비다짐** (8.6.2 절) 할 때 다짐층 두께는 지반의 최대입경과 소요다짐상태 및 다짐장비를 고려하여 결정하고 다짐장비의 다짐효과는 현장시험하여 확인한다.

8.6.1 현장다짐

다짐은 흙의 공학적 성질을 개선하기 위하여 실시하며 다짐곡선이 완만할 때에는 최적 함수비의 건조측과 습윤측에서 다짐에 따라 다진 흙의 거동이 달라지므로 건조단위중량에 대한 요구조건만 충족시키는 일이 없게 해야 한다. 흙 댐의 코어 (core) 처럼 **차수 목적다짐** 할 때는 습윤측에서 다지는 것이 투수계수가 작아져서 유리하다. 반면 **전단강도 증대목적 다짐**할 때에는 건조 측에서 다지는 것이 강도가 더욱 크다. 큰 다짐에너지로 습윤 측에서 다지면 오히려 강도가 감소한다.

따라서 다짐장비의 무게와 종류, 다짐장비의 통행횟수, 포설두께, 최대입경의 허용치수 등은 **현장시험다짐**을 통해 확인하는 것이 좋다.

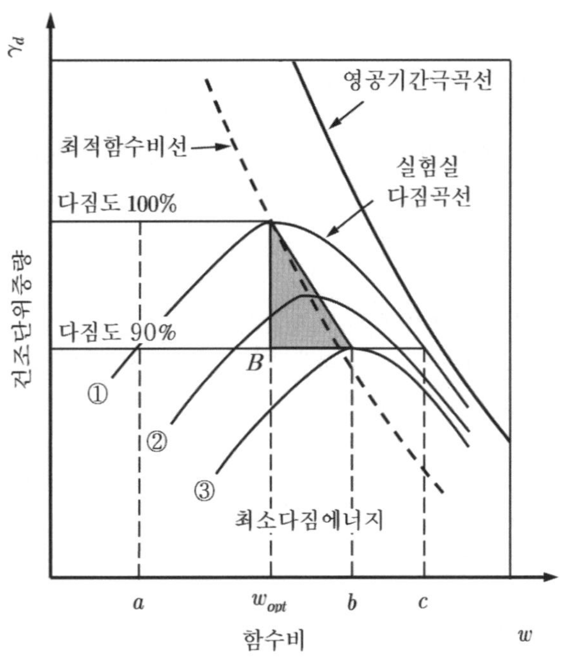

그림 8.22 층별 다짐에 의한 지중응력의 증가

현장 다짐곡선은 먼저 **실험실 다짐곡선**(그림 8.22의 ① 곡선)으로부터 허용함수비를 구하고 그 범위 내에서 현장의 일기변화로 인한 함수비 변동을 고려하여 정한다. 그림 8.22에서 곡선 ③은 다짐에너지가 최소이어서 가장 경제적일 수 있으나 현장여건이 변화하면 위험할 수 있다. 따라서 곡선 ②와 같이 함수비와 건조단위중량이 빗금 친 부분에 있게 되도록 현장다짐곡선을 정하고 다지는 것이 가장 경제적이다.

8.6.2 장비다짐

다짐목적과 대상지반에 따라서 다양한 **다짐장비**가 개발되어 현장에 적용되고 있으며, 일반적으로 다짐장비는 크기와 기능이 다양하나 대개 다음의 3가지 장비로 분류할 수 있다.

- **가압하고 이기는 다짐장비** : 롤러(평면, 그리드, 양족, 공기) 등이 여기에 속하며 주로 장비의 무게에 해당하는 하중을 정적으로 가하여 지반을 다지는 장비이다. 접촉면적을 전체로 하지 않고 부분적으로 하여 흙을 이기는 효과를 발생시켜 다짐효과를 증대시킬 수 있다.
- **탬핑장비** : 짧은 주기로 햄머를 낙하시켜서 좁은 면적을 탬핑하여 지반을 다지는 장비이다. 탬핑 플레이트, 바이브로 탬퍼, 폭발탬퍼 등이 있다.
- **진동장비** : 한 개 또는 여러 개 다짐판을 진동시켜서 지반을 다지는 장비이다. 주로 사질토를 다지는데 사용하며 점성토에서는 효과가 적다.

표면다짐현장에서는 다짐의 영향이 미치는 깊이가 한정되기 때문에 1회 다짐층 두께를 제한해서 흙을 층별로 쌓고 고르게 편 후 장비를 이용하여 표면에서 다진다. 깊은 심도를 동시에 다질 때에는 **바이브로 플로테이션**(vibroflotation)으로 동다짐 한다.

다짐 층의 두께는 다음의 3가지 요인에 따라서 조절한다.

- **다짐장비의 다짐깊이** : 다짐깊이는 다짐영향이 충분히 큰 깊이이며 장비의 크기와 무게에 따라 다르다.
- **지반의 최대 입경** : 다짐층의 두께는 최대입경의 2배 보다 작지 않아야 한다.
- **지반의 소요 다짐상태** : 공사목적에 따라서 다른 다짐상태를 필요로 하며, 다짐층의 두께를 작게 할수록 높은 정도의 다짐상태를 구할 수 있다.

장비를 이용하여 지반을 다질 때 다짐장비의 다짐효과는 지반의 종류와 함수비에 따라 다르므로 현장에서 시험을 통하여 다짐횟수를 결정한다.

【예제】 다음은 다짐에 관한 설명이다. 잘못된 것을 찾으시오.

1) 일반적으로 같은 조건에서 조립토가 세립토보다 더 높은 건조단위중량으로 다져진다.
2) 자연함수비가 최적함수비보다 작으면 물을 뿌리면서 다진다.
3) 최대건조단위중량이 큰 흙일수록 최적함수비는 작다.
4) 조립토일수록 평탄하고 세립토일수록 급한 다짐곡선이 구해진다.
5) 자연함수비가 최적함수비보다 작을 때 다짐횟수를 증가시키면 다짐효과가 좋다.
6) 다짐을 하면 건조단위중량은 증가하고 압축성은 감소한다.
7) 영공기곡선은 항상 다짐곡선 아래쪽에 있다.
8) 세립토의 최적함수비는 사질토의 최적함수비보다 크다.
9) 최적함수비로 흙을 다지면 건조단위중량이 가장 커진다.
10) 다짐을 하면 전단강도가 증가하고 투수성이 감소한다.
11) 다짐에너지를 증가시키면 최적함수비도 증가한다.
12) 다짐에너지가 증가되면 최대건조단위중량이 감소한다.
13) 다짐정도는 흙의 종류, 함수비 다짐방법, 다짐에너지 등에 따라 다르다.
14) 흙의 전단강도는 최적함수비보다 약간 건조측에서 최대값을 갖는다.
15) 간극비는 최적함수비보다 약간 습윤측에서 최소가 된다.
16) 다짐에너지를 크게 해도 다짐곡선은 영공기간극곡선 아래에 온다.
17) 최대건조단위중량을 나타내는 함수비는 최대습윤단위중량을 나타내는 함수비보다 크다.
18) 사질토지반은 진동롤러로 다지는 것이 유리하다.
19) 실험실에서 구한 최대건조단위중량에 대한 밀도의 백분율을 다짐도라고 한다.
20) 다짐곡선은 습윤측으로 갈수록 영공기간극곡선에 접근한다.
21) 보통시공함수비는 대개 표준다짐의 95 % 다짐도에 해당되는 함수비로 하고 있다.
22) 실내다짐은 시료를 노건조하여 실시한다.

【풀이】 4) 조립토는 급하고 세질토는 평탄한 다짐곡선이 된다.

7) 영공기곡선은 항상 다짐곡선 위에 있다.
11) 다짐에너지가 증가하면 최적함수비는 감소한다.
12) 다짐에너지가 증가하면 최대건조단위중량이 증가한다.
17) 최대건조단위중량을 나타내는 함수비는 최대습윤단위중량을 나타내는 함수비보다 작다.
22) 실내다짐시험은 시료를 공기건조하여 실시한다. ///

◈ 연 습 문 제 ◈

【문 8.1】 영공기 간극곡선을 유도하시오.

【문 8.2】 다짐시험방법(A, B, C, D, E)에 따라 다짐에너지를 계산하여 다짐에너지가 가장 큰 시험방법을 고르시오.

【문 8.3】 다짐의 목적과 지반의 특성에 따른 다짐곡선의 특징을 설명하시오.

【문 8.4】 현장에서 다짐한 지반의 단위중량을 구하는 방법을 설명하시오.

【문 8.5】 다짐시험상의 문제점과 유기질토의 다짐특성을 설명하시오.

【문 8.6】 현장 다짐시공시 다음 내용을 관리하기 위해 행해지는 시험을 언급하시오.
① 건조단위중량 ② 포화도 ③ 전단강도 ④ 함수비

함수비 [%]	13.5	17.2	20.5	24.5	27.0	29.8
습윤무게 [g]	3770	3910	4050	4150	4150	4110

【문 8.7】 다짐하여 조성한 노반 및 노상의 안정처리공법 중 다음 내용을 설명하시오.
① 기계적 안정처리 ② 시멘트사용 안정처리 ③ 양입도 개량
④ 석회, 염화칼슘, 규산소다, 수지사용 ⑤ 결합제 사용

【문 8.8】 현장시료를 채취하여 다짐시험한 결과 다음의 결과를 얻었다. 다음의 물음에 답하시오. (단, 흙의 비중은 2.65, 몰드의 체적은 1000 cm^3 몰드무게 2258 g)
① 함수비-건조단위중량 곡선을 그리고 최적함수비와 최대건조단위중량을 구하시오.
② 영공기간극곡선, 포화도 90, 80 % 곡선을 구하시오.

【문 8.9】 흙을 다질 때 함수비 변화에 따라서 다음의 단계로 구분할 수 있다.
수화단계 → 윤활단계 → 팽창단계 → 포화단계
최적함수비가 나타나는 단계를 제시하고 그 이유를 설명하시오.

【문 8.10】 다음은 약소성 점토에 대해서 표준다짐시험을 실시한 결과이다. 다짐몰드의 부피가 $V = 950\ cm^3$ 일 때 물음에 답하시오.
① 다짐곡선을 그리고, 최적함수비와 최대건조단위중량을 구하시오.
② 비중이 2.77 일 때에 포화곡선(영공기간극곡선)을 구하시오.
③ 다짐도 98 %에 대한 함수비 범위를 구하시오.

시 료 번 호	1	2	3	4	5
습 윤 무 게 [g]	1610.0	1770.0	1861.0	1925.0	1892.0
건 조 무 게 [g]	1464.0	1574.0	1624.0	1594.0	1524.0

제9장 토 압

9.1 개 요

지반을 급경사로 굴착하거나 성토해서 생긴 흙벽을 지지하기 위해 필요한 수평방향 힘을 고전적 의미로 **토압**(earth pressure)이라고 하며, 그 밖에 지반 내의 요소에서 힘의 평형을 이루기 위해 가해야 하는 힘을 **토압**이라고 정의하기도 한다. 토압은 지반에 작용하는 **압력**(earth pressure) 또는 그 **합력**(earth pressure resultant)을 모두 일컫는 말이다.

토압은 수중에 작용하는 **수압**에 대비되는 개념이다. 그런데 수압은 수직압력이고, 모든 방향에서 같은 크기로 작용하므로 수중에서는 전단응력이 발생하지 않는다. 그러나 지반에서는 압력이 흙 입자 간의 접촉부에서 압축과 전단에 의해서 전달되기 때문에 토압은 흙 입자 간 접촉면의 마찰과 미세입자에 의한 블로킹 작용 등에 의해 크기가 결정된다. 따라서 토압은 흙 입자의 모양과 배열상태 및 입도분포 등에 의해 영향을 받는다.

토압에 관한 이론적 배경과 적용에 대해 Kezdi (1962) 와 Striegler (1975) 등이 체계적으로 정리하였다.

토압의 형태(9.2 절)는 지반의 변형조건에 따라 **주동상태 토압**과 **수동상태 토압** 및 **정지토압**이 있다. 지반응력은 방향에 따라서 그 크기와 작용방향이 다르기 때문에 최대 및 최소 주응력으로 일반화하여 나타낼 때가 많고, 이때 최소 주응력과 최대 주응력의 비 (**토압계수**)를 사용하면 편리하다. 연직벽체에 작용하는 **수평토압의 분포와 크기**는 벽체변위의 형태 (수평이동, 하단중심 상단회전, 상단 중심 하단의 회전 등) 와 크기에 따라 다르다.

토압은 지반의 **자중**이나 **상재하중**에 의해 **발생**(9.3 절) 된다. 따라서 토압은 지반의 자중에 의한 토압과 상재하중에 의한 토압을 각각 구하여 중첩한다.

극한토압 (9.4 절) 은 **주동토압** (주동상태 토압 극한치) 과 **수동토압** (수동상태 토압 극한치) 이 있고, 구조물의 안정을 검토할 때 적용한다.

지반 내 전단응력이 전당강도를 초과하거나 전단변형이 그 한계치 (한계변위) 를 초과하면 지반이 전단파괴 되어 소성상태가 되며, 이때의 토압을 **극한토압**이라 한다. 극한토압은 파괴 상태 지반의 내부나 경계부에 작용하고, 벽체 등 경계조건과 지반 상태에 의해 영향을 받으며, 이론적으로 해석하거나 도해법으로 구한다.

탄성상태 지반에서 사용하중에 의한 구조물의 균열이나 처짐 등의 발생가능성은 주동상태 토압 또는 수동상태 토압을 적용하여 검토한다. 그러나 구조물이나 지반의 안정은 극한토압 (주동토압 및 수동토압) 을 적용하여 검토한다.

지반의 점착력에 의해 활동파괴선의 형상은 영향을 받지 않으나 활동 파괴선에서는 활동 저항력이 발생하여 지반의 극한토압이 점착 저항력의 크기만큼 감소 (주동토압) 하거나 증가 (수동토압) 한다. 점착성 지반에서 **점착력의 영향을 받는 극한토압**은 해석적 방법이나 도해법으로 구할 수 있다. 점착성 지반은 **점착고**까지 연직으로 굴착할 수 있고, 점착고의 중간 높이까지 지반에 균열이 발생한다.

극한토압은 지반이나 지하수 및 벽체의 조건 등 **특수한 조건 (9.5 절)** 을 고려하여 계산한다. 즉, 벽체에 작용하는 토압은 **지층 조건**이나 **지표면 형상** (지표 경사, 굴곡, 계단형상 등) 등의 지반조건과 벽체 조건 (**벽마찰**, **배면 형상**, **수평선반의 설치**, **벽체변위** 등) 을 고려하여 산정한다. 벽체에 작용하는 극한토압은 지하수의 영향을 받아 증가하거나 감소하며, **지하수가 흐르지 않을 때**는 정수압만 작용하고, **지하수가 흐를 때**는 정수압 외에 침투압이 추가로 작용하여 토압이 증가하거나 감소한다.

하부 구조물을 건설할 때에 고려해야 할 **특수 토압 (9.6 절)** 으로는 배후지반을 다짐할 때 발생되는 **다짐토압**, 토압 작용면의 치수가 한정될 때 발현되는 **아칭토압**, 이격 폭이 작고 평행한 (조건이 같은) 2 개의 연직강성벽체에 작용하는 **사일로 토압**, (주동쐐기가 완전한 크기로 생성되지 못할 만큼) 강성벽체에 근접한 옹벽에 작용하는 **좁은 공간 되메움에 의한 토압** 등이 있다.

폭과 높이가 한정된 실제 구조물에는 **3 차원 극한토압 (9.7 절)** 즉, 3 차원 주동토압과 수동토압이 작용한다. 한정된 길이와 깊이로 지반을 굴착하는 슬러리 월에는 (2 차원 주동토압보다 작은) **3 차원 주동토압**이 작용하며, 이는 슬러리 월의 치수와 지반상태에 의해 영향을 받는다. 또한, 수평력을 받는 말뚝이나 엄지말뚝 또는 폭이 좁은 벽의 수평저항력은 (3 차원 효과로 인해 2 차원 수동토압보다 큰) **3 차원 수동토압**이다.

9.2 토압의 형태

토압은 지반을 급경사로 굴착하거나 성토해서 생긴 흙벽을 지지하기 위해서 필요한 힘을 말하며, 흙 입자 간 접촉면의 마찰과 미세입자에 의한 **블로킹작용** 등에 의해 그 크기가 결정되고, 흙 입자의 모양과 배열상태 및 입도분포 등에 의해 큰 영향을 받는다.

토압은 지반의 변형조건에 따라 3가지 **형태** (9.2.1 절) 즉, 주동상태 토압과 수동상태 토압 및 정지토압으로 구분한다. 지반응력은 방향에 따라서 크기가 다르므로 지반 내 응력상태는 최대 및 최소 주응력을 사용하여 일반식으로 나타내는 경우가 많다. 이때에 미소 흙 요소에 작용하는 최소 주응력과 최대 주응력의 비를 **토압계수** (9.2.2 절) 라 한다.

변위가 억제되고 강성이 큰 박스형 구조물이나 부벽식 옹벽은 변위가 거의 발생하지 않기 때문에 부재는 정지토압으로 설계하고, 전체 구조체 안전성은 주동토압으로 검토한다. 토압의 **분포와 크기 및 벽체변위의 관계** (9.2.3 절) 는 벽체의 변위형태와 크기에 따라 다르다.

9.2.1 토압의 형태

연직벽체에 작용하는 토압은 벽체와 지반의 변위형상에 따라 다음의 세 가지 형태로 구분하며 (그림 9.1), 주동상태토압 E_{ea} 〈정지토압 E_o 〈수동상태토압 E_{ep} 의 순서대로 크다.

1) 주동상태 토압 (active state earth pressure)

벽체가 배후 지반과 분리되지 않은 채 지반에서 떨어져 나가면 지반이 변형되면서 벽체를 가압하는데 이런 지반상태를 **주동상태** (active state) 라 하며, 이때 압력이 **주동상태 토압**이고, 벽체 변위가 한계변위 이상 커지면 배후지반이 쐐기모양으로 파괴되어서 미끄러져 내리는데 이때의 토압 즉, **극한토압**을 **주동토압 E_a** 라 한다 (그림 9.1a).

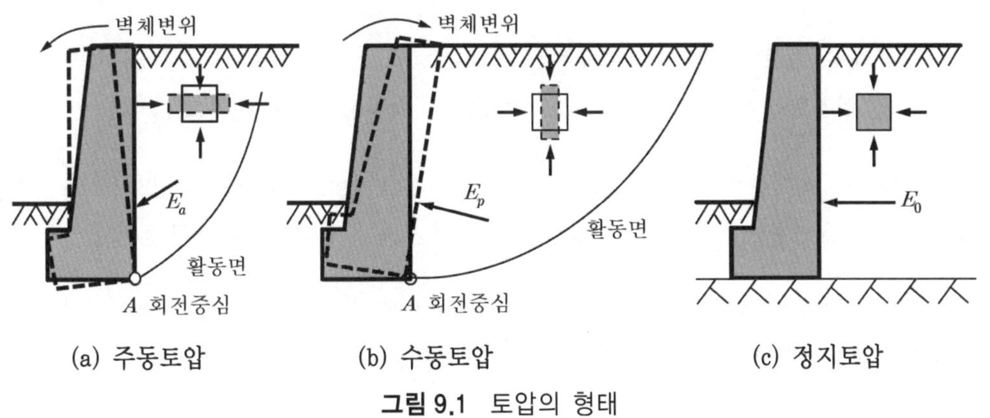

(a) 주동토압 (b) 수동토압 (c) 정지토압

그림 9.1 토압의 형태

2) **수동상태 토압** (passive state earth pressure)

벽체가 배후지반과 분리되지 않은 채로 지반 쪽으로 밀리면 지반이 변형되면서 벽체를 가압하는데 이런 지반상태를 **수동상태** (passive state) 라고 하며, 이때 압력이 **수동상태 토압**이고, 벽체 변위가 한계변위 이상으로 커지면 배후지반이 쐐기모양으로 파괴되어 밀려 올라가는데 이때의 토압 즉, **극한토압**을 **수동토압 E_p** 라 한다 (그림 9.1b).

3) **정지토압** (earth pressure at rest)

벽체가 변위를 일으키지 않고 (정지상태) 그 배후지반이 변형되지 않더라도 벽체에 압력이 작용하는데, 이러한 지반상태를 **정지상태**라 하고 이때의 토압을 **정지토압 E_o** 라 한다 (그림 9.1c).

9.2.2 토압계수

유체 내 임의 점에서는 유체압력이 모든 방향에서 같은 크기로 작용하므로 전단응력이 발생하지 않는나. 반면 지반 내에서는 임의 점에 작용하는 지반압력의 크기가 방향에 따라 달라서 **전단응력이 발생**한다. 지반 내 응력상태는 최대 (연직방향) 및 최소 (수평방향) 주응력을 적용하여 일반식으로 나타낼 경우가 많다.

지반 내 미소 흙 요소에 작용하는 최소 주응력 σ_3 와 최대 주응력 σ_1 의 비를 **토압계수 K** (coefficient of earth pressure) 라 한다. 그런데 자중만 작용하는 수평지반에서는 연직응력 σ_v 가 최대주응력이고 수평응력 σ_h 가 최소주응력이므로, 토압계수 K 는 수평응력 σ_h 와 연직응력 σ_v 의 비가 된다.

$$K = \frac{\sigma_3}{\sigma_1} = \frac{\sigma_h}{\sigma_v} \tag{9.1}$$

토압계수 K 를 알면 연직응력 σ_v 로부터 수평응력 σ_h 를 구할 수 있다. 정지상태에서 작용하는 토압을 **정지토압 E_o** 라 하고, 그 때 토압계수를 **정지토압계수 K_o** 라고 한다.

정지상태에서 연직응력이 증가하거나 수평응력이 감소하여 흙 요소가 그림 9.1 a 와 같이 변형 ('음'의 수평변위 $-s$) 될 경우 (**주동상태**) 에는 벽체에 **주동상태 토압**이 작용한다.

수평응력이 더욱 감소하거나 수평변위가 더욱 증가하여 **한계주동변위 s_a** 가 되어서 토압이 **주동토압 E_a** 이 되면, 토압계수는 최소치 즉, **주동토압계수 K_a** 가 된다.

정지상태에서 수평응력이 증가하거나 연직응력이 감소하여 흙 요소가 그림 9.1 b 와 같이 변형 ('**양**'의 수평변위 $+s$) 되는 경우 (**수동상태**) 에 벽체에는 **수동상태토압**이 작용한다. 수평응력이나 수평변위가 더욱 증가하여 **한계수동변위** s_p 가 되어 **지반이 파괴**될 때 토압이 수동토압 E_p 이고, 토압계수는 최대치 즉, **수동토압계수** K_p 가 된다.

9.2.3 벽체변위와 토압

정지상태 지반 내에서 움직이지 않는 연직 벽체에는 **정지토압**이 작용한다. 그림 9.2 와 같이 수평지반에 설치한 연직벽체가 (지반에서 멀어지는 쪽이나 지반 쪽으로) 하단을 중심으로 회전하여 상단이 **한계변위**에 도달되면, 배후의 일정 영역 내 지반은 주응력방향이 변하지 않고, 일시에 한계상태가 되며, 토압이 감소하거나 증가해서 **극한토압**이 된다. 극한토압은 하한 값이 **주동토압**이고 상한 값이 **수동토압**이다.

1) 정지토압

변위가 억제된 강성 벽체 (암반에 설치한 중력식 옹벽, 라이닝이 두꺼운 복개터널, 속채움한 박스 구조물, 부벽식 옹벽 등) 는 변형되지 않으면 정지토압이 작용하기 때문에, 박스 구조물과 부벽식 옹벽에서 구조부재는 정지토압으로 설계하고, 안정성은 주동토압을 적용하여 검토한다. **정지토압**은 지표경사 β 와 벽면각도 α 및 벽마찰각 δ 에 따라 결정된다 (Franke, 1974).

사질토 내 연직 $(\alpha = 0)$ 벽에서 **지표경사에 따른 정지토압계수** K_o 는 지표경사가 수평일 $(\beta = 0)$ 때의 $K_o(0)$ 와 내부마찰각을 $(\beta = \phi')$ 때의 $K_o(\phi')$ 를 기준으로 하면 다음이 된다.

$$K_o(0) = 1 - \sin\phi' \qquad : \ (\beta = 0) \quad : \text{Jaky 식 (1944)} \tag{9.2a}$$

$$K_o(\phi') = \cos\phi' \qquad : \ (\beta = \phi') \tag{9.2b}$$

연직벽체 배후지반의 지표가 임의 각도로 경사질 때 $(0 \leq \beta \leq \phi')$, **정지토압계수** $K_o(\beta)$ 가 지표경사 β 에 선형비례 증가한다면, $K_o(\beta)$ 는 $K_o(0)$ 와 $K_o(\phi')$ 로부터 산정할 수 있다.

$$\begin{aligned} K_o(\beta) &= K_o(0) + \{K_o(\phi') - K_o(0)\}\beta/\phi' \\ &= 1 - \sin\phi' + \{\cos\phi' - (1 - \sin\phi')\}\beta/\phi' \end{aligned} \tag{9.3}$$

연직 벽체에서는 배후지반을 다지고 채우는 과정에서 마찰이 발생하여 벽체변위가 없어도 벽마찰력이 작용할 수 있다. 벽체배면이 연직이 아니거나 $(\alpha \neq 0)$ 배후지반의 지표가 수평이 아닌 경우 $(\beta \neq 0)$ 에 대해서 여러 가지 식들이 제안되어 있으나 서로 차이가 심하기 때문에 상호 비교하기가 쉽지 않다.

표 9.1 정지토압계수 (Weissenbach, 1976)

지 반		정 지 토 압 계 수
모래, 자갈	조 밀	0.35 ~ 0.40
	중간조밀	0.40 ~ 0.45
	느 슨	0.45 ~ 0.50
롬 흙		0.50 ~ 0.55
실 트		0.55 ~ 0.60
점토질 흙		0.60 ~ 0.65
점 토		0.65 ~ 0.70

정지토압계수는 지반에 따라 표 9.1 의 값을 갖는다 (Weissenbach, 1976).

지반을 반무한 등방 탄성체로 간주하면, 정지상태에서는 수평 변형률이 '**영**' 인 조건과 Hooke 의 탄성식을 적용하여 **정지토압계수 K_o** 는 Poisson 의 비 ν 로 나타낼 수 있다.

$$K_o = \frac{\nu}{1-\nu} \tag{9.4}$$

이상과 같이 정지토압계수는 내부마찰각 (식 9.3) 또는 Poisson 의 비 (식 9.4) 로 나타낼 수 있으나, 두 식의 상호관계가 아직도 밝혀져 있지 않아서 혼란스러울 때가 많다. **비배수 상태 점토**에서는 $\phi' = 0$, $\nu = 0.5$ 이므로 $K_o = 1.0$ 이 되어 식 (9.3) 과 (9.4) 가 일치한다.

정지상태는 흙 지반의 구조골격에 대한 개념이므로 정지토압계수 K_o 는 유효응력으로 정의 한다. 그런데 점착력은 고려되지 않기 때문에 식 (9.3b) 에 $\phi' \to 0$ 을 대입하여 간접적으로 나타낼 수밖에 없다.

큰 수평압력이 작용하여 생성된 **변성암**에서는 **구조지질 힘** (tectonic stress) 이 잔류하기 때문에 수평압력이 연직압력보다 더 커서 정지토압계수가 1.0 보다 큰 경우가 많다 ($K_o > 1$). 수평방향 변위가 억제된 상태에서 조성된 옹벽의 뒷채움 지반에서는 다짐에 의한 토압이 추가되므로 수평토압이 **Jaky 의 정지토압** (식 9.2a) 보다 훨씬 더 크다.

표 9.2 한계상태 벽체변위 ($\Delta x / h$) (Δx : 수평변위, h : 벽체높이)

지반상태	주동토압	수동토압
느슨한 모래	0.004~0.005	0.07
중간 모래	0.002~0.004	
조밀한 모래	0.001	0.02

2) 한계변위

정지상태 지반에서 연직벽체가 하단을 중심으로 상단이 회전하여 지반에서 떨어지는 방향으로 움직이면 (주응력의 방향은 변화하지가 않지만) 벽체에 가해지는 수평응력이 감소하여 주동상태가 되고, 변위가 **한계주동변위** 이상으로 커지면 수평응력이 **하한 극한값 (주동토압)** 에 수렴한다.

벽체가 하단을 중심으로 상단이 회전하여 지반 쪽으로 움직이면 수동상태가 되고 변위가 **한계수동변위**이상으로 커지면 수평응력이 **상한 극한값 (수동토압)** 에 수렴한다.

이처럼 주동 및 수동상태에서 극한 값에 도달한 상태를 **한계상태**라 하고, 이때 지반은 파괴되어서 **소성상태**이므로 벽체변위가 커져도 토압은 일정한 값 즉, **극한토압**을 유지하며, 지반의 전단 저항각이 최대 값 (즉, **내부마찰각**) 이 된다.

벽체가 하단을 중심으로 상단이 회전하여 지반이 **한계상태**가 되려면, 벽체변위의 크기가 표 9.2 의 한계변위가 되어야 한다. 한계 수동상태 (수동토압) 가 되는 **한계 수동변위** s_p 는 한계 주동상태 (주동토압) 가 되는 **한계 주동변위** s_a 보다 훨씬 더 크다 ($|s_a| << |s_p|$, 그림 9.2).

한계변위는 지반의 종류와 상대밀도에 따라 다르며, 사질 지반에서 **한계주동변위** s_a 는 벽체높이의 약 0.1 ~ 0.5 % 이고, **한계수동변위** s_p 는 벽체높이의 약 2 ~ 7 % 이다.

주동 및 수동 토압은 구조물에 직접 작용하므로 구조물의 안전성을 검토할 때에는 작용력으로 간주하고, 활동 파괴체에서 토압을 구할 때는 활동 저항력으로 간주한다.

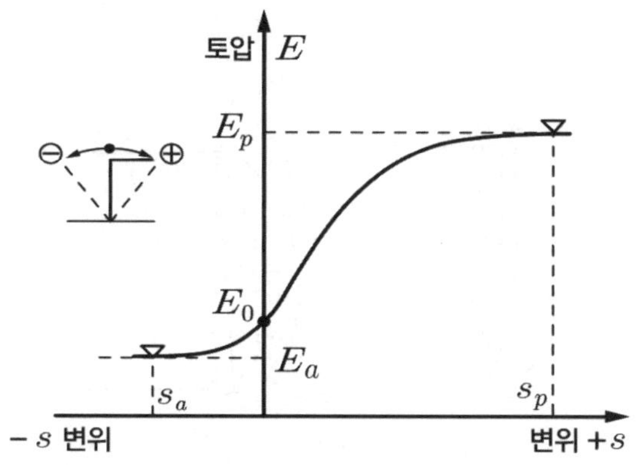

그림 9.2 벽체 변위와 토압의 관계

3) 극한토압

수평토압 e 는 지반 내 수평압력 σ_h 이며, 연직토압 σ_v 와 수평토압계수 K 로부터 결정된다.

$$e = \sigma_h = K\sigma_v = K\gamma z \tag{9.5}$$

그런데 연직토압은 $\sigma_v = \gamma z$ 이고, 단위중량 γ 와 수평토압계수 K 는 상수이므로, 수평토압 e 는 깊이 z 의 함수 ($e = f(z) = K\gamma z$) 이다. 따라서 최대주응력의 방향이 변하지 않으면 수평토압 σ_h 은 깊이 z 에 선형 비례 증가하여 분포형상이 삼각형이 되며, 기울기는 $K\gamma$ 이다.

지표가 수평이고 최대 주응력방향이 변하지 않는 안정 상태 지반에 설치된 높이 H 인 연직 벽체의 양측면에는 정지토압 e_o (합력 E) 가 작용한다.

$$e_o = K_o\gamma z$$

$$E = E_o = \int_o^H e_o\,dz = \int_o^H \gamma z K_o dz \tag{9.6}$$

연직벽체가 수평이동하면, 수평토압이 배면에서는 감소 (주동상태 토압) 하고 전면에서는 증가 (수동상태 토압) 한다. 수평변위가 더욱 커져서 한계변위에 도달되면, 벽체 양측 지반이 모두 파괴 (소성상태) 되고 벽체에는 **극한토압**이 작용하며, 배면토압은 **주동토압** e_a 이고 그 합력이 주동토압합력 E_a 이며 전면토압은 **수동토압** e_p 이고 그 합력은 수동토압합력 E_p 이다.

$$e_a = K_a\gamma z \qquad E_a = \frac{1}{2}K_a\gamma H^2$$

$$e_p = K_p\gamma z \qquad E_p = \frac{1}{2}K_p\gamma H^2 \tag{9.7}$$

벽면에서 토압의 분포와 크기는 벽체의 변위형태 (수평이동, 하단중심 상단 회전, 상단중심 하단 회전) 와 변위크기에 따라 다르다 (그림 9.3).

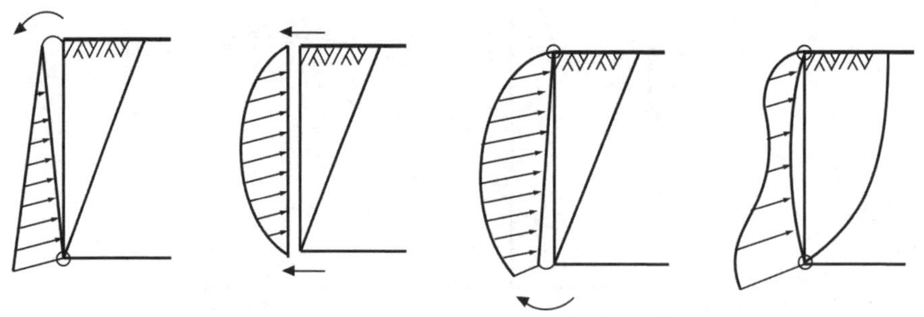

(a) 하단중심 회전 (b) 수평이동 (c) 상단중심 회전 (d) 중앙부 변위

그림 9.3 벽체의 변위와 주동토압의 분포 (Ohde, 1938)

【예제】 다음은 정지토압에 관한 설명이다. 잘못된 것을 찾으시오.

① 정지토압계수 K_o 는 조립토보다 세립토에서 크다.
② 정지토압계수 K_o 는 지반이 조밀할수록 크다.
③ 정지토압계수 K_o 는 상재하중의 증가와 더불어 증가한다.
④ 보통 모래에서 정지토압계수는 0.4~0.6 사이에 있다.

【풀이】 ② 정지토압계수는 지반이 느슨할수록 크다.

【예제】 내부 마찰각이 $\phi' = 30^o$ 인 사질토로 뒷채움한 연직 벽체에서 정지토압계수를 다음의 뒷채움 경사에 따라 구하시오. 단, 점착력은 없다.

① 수평 ② $\beta = 10^o$ ③ $\beta = 20^o$ ④ $\beta = 30^o$

【풀이】 ① 식 (9.2a) 에서 $K_o = K_o(0) = 1 - \sin\phi' = 1 - 0.5 = 0.5$
② 식 (9.3) 에서 $K_o = K_o(0) + \{K_o(\phi) - K_o(0)\}\ \beta/\phi'$
$= 0.5 + (0.866 - 0.5)\ 10/30 = 0.622$
③ 식 (9.3) 에서 $K_o = 0.5 + (0.866 - 0.5)\ 20/30 = 0.744$
④ 식 (9.2b) 에서 $K_o = K_o(\phi) = \cos\phi' = \cos 30 = 0.866$

【예제】 다음은 Rankine 토압의 가정이다. 잘못된 것을 찾으시오.

① 토압은 지표에 평행하게 작용하고 지표하중은 등분포하중이다.
② 흙은 균질하고 흙입자는 압축성이다.
③ 흙은 입자간 마찰력만으로 평형을 유지한다.
④ 지표는 무한히 넓은 평면이다.
⑤ 토압의 합력의 작용점은 저면에서 벽체높이의 1/3 지점이다.
⑥ 주동파괴면은 수평면과 $45^o - \phi/2$ 이다.
⑦ 수동파괴면은 수평면과 $45^o - \phi/2$ 이다.
⑧ 벽체는 하단을 중심으로 회전한다.
⑨ 지반내 임의의 미소요소가 소성평형상태에 있다.
⑩ 토압은 벽면의 마찰각 δ 에 유관하다.

【풀이】 ② 흙입자는 비압축성이다.
⑥ 주동 활동파괴면은 수평면과 $45^o + \phi/2$ 를 이룬다.
⑩ 토압은 벽면마찰각 δ 에 무관하다. ///

9.3 토압의 발생

흙 지반은 결합되지 않은 흙 입자(고체) 들이 쌓여 있고, 흙 입자 사이의 공간(**간극**) 이 물(액체) 이나 공기(기체) 로 채워져 있는 입적체이므로, 외력은 입자 간 접촉력과 간극 내 수압에 의해 지지된다. 따라서 지반(흙 구조골격과 간극수) 은 압축력만 지지할 수 있고 인장력은 지지할 수 없다. 지반공학에서는 압축력을 **양**(+)으로 인장력을 **음**(-) 으로 나타낸다.

지반응력(즉, **토압**) 은 지반의 **자중**이나 **상재하중**에 의해 발생되므로, **자중에 의한 지반응력**(9.3.1 **절**) 과 **상재하중에 의한 지반응력**(9.3.2 **절**) **을** 각각 별도로 계산하여 중첩한다.

토압 $\boldsymbol{E}$는 지반 자중에 의한 토압 E_g와 상재하중에 의한 토압 E_L의 합이다. 이때 지반의 자중에 의한 토압 E_g는 **마찰력**에 의한 토압 E_ϕ와 **점착력**에 의한 토압 E_c의 합이고, 상재하중에 의한 토압 E_L은 **등분포 상재하중**에 의한 토압 E_q와 **절점 하중, 선하중, 띠하중, 독립 기초 하중** 등에 의한 토압 $\boldsymbol{E_l}$ 및 **수평하중**에 의한 토압 $\boldsymbol{E_d}$의 합이다.

$$
\begin{aligned}
E &= E_g + E_L \\
E_g &= E_\phi + E_c \qquad (9.8) \\
E_L &= E_q + E_l + E_d
\end{aligned}
$$

9.3.1 자중에 의한 지반응력

자중에 의한 지반응력은 지반을 균질한 반무한 등방 탄성체로 간주하고 구한다. 무한히 넓은 수평지반에서 깊이 z인 지반 내 한 점의 **연직응력** $\boldsymbol{\sigma_z}$는 덮개 흙의 자중으로 생각할 수 있고, 특별히 큰 외력이 작용하지 않는 한 자중에 의한 연직응력이 최대주응력 σ_1이 되고, 수평응력($\sigma_x = \sigma_y$) 이 중간 및 최소 주응력 σ_2 및 σ_3가 된다. 지반의 자중에 의한 지반응력에 대해서는 제 3 장에서 언급하였다.

무한히 넓은 수평지반 내의 한 점에서 수평응력(**수평토압** $\boldsymbol{\sigma_h}$) 은 덮개 흙의 자중(연직압력 σ_v) 에 토압계수 K를 곱한 값이다. 지표에 등분포 연직하중이 작용하면 수평응력이 연직하중 q에 토압계수 K를 곱한 크기만큼 증가한다. **지반 내 임의 점의 응력**(수직응력과 전단응력) 은 힘의 평형으로 부터 구한다.

지표면에 무한히 넓은 면적에서 등분포 연직상재하중 q가 작용하면 **지반 내 연직응력** σ_z는 q만큼 증가하고, **지반 내 수평응력** σ_x는 $K_o\, q$ 만큼 증가한다(제 3 장의 그림 3.2).

$$
\begin{aligned}
\sigma_z &= \gamma z + q \\
\sigma_x &= K_o \sigma_z = K_o(\gamma z + q) \qquad (9.9)
\end{aligned}
$$

9.3.2 외력에 의한 지반응력

모든 작용력이 힘의 평형을 이루고 있어서 변형이 정지된 상태의 지반에 구조물 기초 등을 통해 외력이 가해지면 지반응력이 증가되고 이로 인해 지반이 변형되어 침하된다.

이때 외력이 크지 않으면 **탄성평형상태** (elastic equilibrium state) 가 된다. 그런데 하중이 커져서 크기가 어느 한계치 (극한하중) 에 도달되면 외력에 의한 지반응력이 더 이상 증가하지 않거나 변형이 급격히 증가 (지반이 전단파괴) 하는 **극한평형상태** (limit equilibrium state) 가 되는데, 이때의 하중을 **극한하중** (ultimate load) 이라 하고, 이 하중을 안전율로 나누어 기초의 **설계하중** (design load) 으로 한다.

지반응력이 증가되면 지반이 변형되어 **침하**된다. 이때 외력에 의한 지반응력은 깊이별로 다르므로 지반 변형은 깊이별로 다르다. 지표침하는 외력에 의해 증가된 지중응력으로 인해 각 하부지층에서 발생되는 압축변형의 총 합이다.

지반응력은 지반의 자중은 물론 외력에 의해서도 발생된다. **자중에 의한 지반응력**은 깊이에 선형적으로 비례하여 증가한다. **외력에 의한 지반응력**은 매우 복잡하게 발생하여 탄성체 모델이나 입적체 모델 또는 경험치나 수치해석 결과로부터 구한다.

외력에 의한 지반응력을 계산할 때 지반은 탄성체로 간주한다. **등분포 하중**에 의한 지반응력은 깊이에 무관하게 일정한 크기로 발생한다. **절점 하중**에 의해서 발생되는 지반 내 응력은 Boussinesq (1885) 나 Cerruti (1888) 의 이론으로 계산한다.

국한된 면적에 작용하는 상재하중 (**선하중**, **띠하중**, **단면하중** 등) 에 의한 지반응력은 지반 내 일부 영역에 집중되어 발생되고, **활동파괴선**의 형성에도 영향을 미치며, 절점하중에 의한 지반응력을 경계조건에 맞게 적분하여 구한다.

지반이 느슨할수록 내부 마찰각이 작으므로 토압계수가 커지고, 지반응력이 상재하중 등에 의해 더 많은 영향을 받는다.

1) 무한히 넓은 등분포 연직하중에 의한 지반응력

무한히 넓은 수평지반 내 한 점 (깊이 h) 에는 **자중에 의해 지반응력** 즉, 연직응력 $\sigma_{vo} = \gamma h$ 와 수평응력 $\sigma_{ho} = K\gamma h$ 가 발생한다.

지표면에 **상재하중**이 작용하면, 지반응력은 연직 및 수평방향으로 $\Delta\sigma_v{}'$ 및 $\Delta\sigma_h$ 만큼 증가한다. 연직응력 증가분 $\Delta\sigma_v{}'$ 은 Boussinesq 이론으로 계산하고, 토압계수 K 를 곱하면 수평응력 증가분 $\Delta\sigma_h{}' = K\Delta\sigma_v{}'$ 이 된다.

지표에 **등분포 연직하중 q** 가 작용하면, 깊이에 무관하게 지반 내의 연직응력이 연직하중의 크기 ($\Delta\sigma_v{}' = q$) 만큼 증가하며, 수평응력은 $\Delta\sigma_h{}' = qK$ 만큼 추가된다.

$$\sigma_v = \sigma_{vo} + \Delta\sigma_v{}' = \sigma_{vo} + q$$
$$\sigma_h = \sigma_{ho} + \Delta\sigma_h{}' = \sigma_{ho} + Kq \qquad (9.10)$$

지표면의 등분포 연직하중 q 를 **지반의 자중으로 대체**해서 지반응력을 구할 수 있다. 즉, 등분포 연직하중 q 를 그에 상당하는 지층 (두께 $h' = q/\gamma$) 으로 대체하고 그 가상지표면에 대해 지반응력을 계산한다. 이때 가상지표 높이는 실제보다 h' 만큼 높아진 $h + h'$ 이다. 따라서 등분포 연직하중에 의해 지표면이 h' 만큼 높아진 것과 같아서 연직응력은 $\Delta\sigma_v{}' = \gamma h'$ 만큼, 수평응력은 $\Delta\sigma_h{}' = K\Delta\sigma_v{}' = K\gamma h'$ 만큼 커져서, 지반응력은 다음이 된다 (식 9.10).

$$\sigma_v = \sigma_{vo} + \Delta\sigma_v = \gamma(h + h')$$
$$\sigma_h = \sigma_{ho} + \Delta\sigma_h = K\gamma(h + h') \qquad (9.11)$$

등분포 연직 지표하중에 의한 지반응력은 가상 지표면의 높이 $h + h'$ 에 대해 도해법 등을 적용하여 구할 수 있다.

2) 절점하중에 의한 지반응력

연직 절점하중에 의한 지반응력은 Boussinesq (1885) 가 구했고, **수평 절점하중에 의한 지반응력**은 Cerruti (1888) 가 구하였다. 절점하중에 의한 토압은 제 4.4 절을 참조한다.

(1) 연직 절점하중에 의한 지반응력

Boussinesq (1885) 는 지표면에 작용하는 연직 절점하중에 의하여 발생되는 지반응력을 구하는 식을 제시하였으며, 이는 제 4.4.1 절에서 언급하였다.

지표면애 작용하는 연직 절점하중에 의한 지반 내 연직응력의 증가량 (제 4 장의 식 4.7) 은 깊이 z 의 제곱에 반비례하고, 하중의 중심에서 멀어질수록 (r/z 이 클수록) 감소하기 때문에, 하중의 중심선에서 가장 크고, 깊이가 깊어지거나 거리가 멀어질수록 감소하여, 일정 깊이 또는 거리 이상 이격되면 지표하중 영향이 거의 없어진다.

연직 절점하중에 의해 발생되는 지반 내 **압력구근**은 제 4 장의 그림 4.6 과 같고, 절점하중의 작용면에 발생되는 수평응력과 수평면에 발생되는 연직응력 분포는 제 4 장 그림 4.7 과 같다.

(2) 수평 절점하중에 의한 지반응력

반무한 탄성지반에서 지표에 **수평 절점하중 H** 가 작용하면 (제 4 장의 그림 4.8), 지반 내의 응력이 증가 하며, 이로 인해 발행되는 지반 내 연직응력 σ_z 는 Cerruti (1888) 가 구하였다. 이는 제 4.4.1 절에서 언급하였다.

3) 선하중에 의한 지반응력

수평지표에 작용하는 연직 선하중 (4.5.1 절) 이나 **수평 선하중** (4.5.2 절) 에 의한 지반응력은 연직 또는 수평 절점하중에 의한 지반응력을 선하중 길이에 대해 적분하여 구할 수 있다.

(1) 연직 선하중에 의한 지반응력

연직 선하중에 의한 지반응력은 Boussinesq 식을 적분하여 구하고, 연직 선하중을 삼각형 분포하중으로 대체하여 구하며 (Jenne. 1973), 도해법 (Culmann, 1866; 9.4.3 절) 으로도 구한다.

① Boussinesq 식의 적분

무한히 긴 연직 선하중 q 에 의한 지반응력은 연직 절점하중 P 에 의한 지반응력을 선하중 길이에 대해 적분하여 구한다. 이에 대해서는 제 4.5.1 절에서 상세히 언급하였다.

② 삼각형 대체하중

연직 선 하중에 의한 지반응력은 선 하중을 삼각형 분포 하중으로 대체하여 (개략적으로) 구할 수 있다 (Jenne, 1973). 연직 선하중은 지반에서 수평에 대해서 각도 ϕ 로 확산된다고 가정하고 선 하중을 삼각형 분포하중으로 대체하여 지반응력을 구할 수 있다.

그림 9.4 와 같이 벽체에서 a 만큼 이격된 **연직 선하중 P** 를 이등변 삼각형 토체 (폭 $2a$, 높이 h_1) 의 자중으로 대체하며, 이등변 삼각형 분포형 대체하중은 **가상 수평지표면** (깊이 $d = a\tan\phi$) 에 작용한다고 가정한다.

$$P = \gamma a h_1 \tag{9.12}$$

가상 수평 지표면의 깊이와 동일한 높이를 갖는 **기준 삼각형 대체하중** (그림 9.4a) 을 결정한다. 연직 선하중 P 가 기준 삼각형 대체하중 보다 크면 **작거나 멀리 떨어진 선 하중** (그림 9.4b) 으로 간주하고, 기준 삼각형 대체하중 보다 더 작으면 **크거나 근접한 선하중** (그림 9.4c) 으로 구분한다.

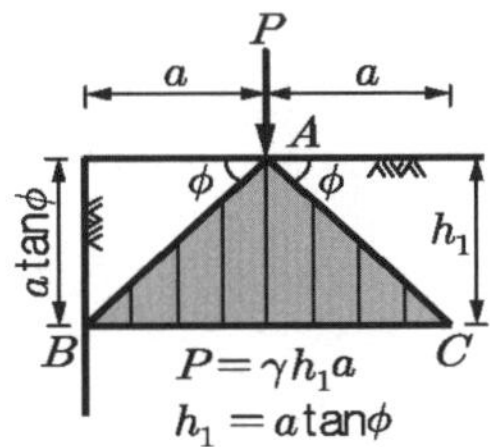

a) 기준 삼각형 대체하중

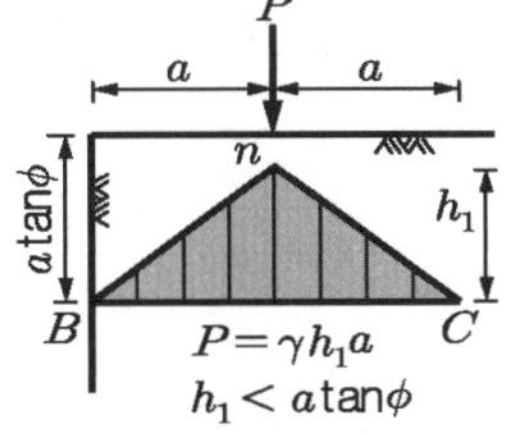

b) 작거나 먼 선하중

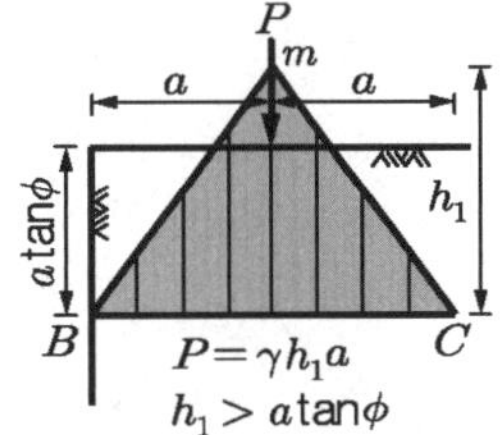

c) 크거나 가까운 선하중

그림 9.4 선하중을 대체하는 이등변 삼각형 하중

a) 작거나 멀리 떨어진 선하중

선하중 P 의 크기가 작거나 벽체에서 멀리 떨어져 작용하면, 선하중 P 의 삼각형 대체하중 (그림 9.4b 의 ΔnBC) 이 기준 삼각형 대체하중 (그림 9.4a 의 ΔABC) 보다 작다. 따라서 선 하중 P 는 가상 수평 지표에 작용하는 이등변 삼각형 분포하중 (높이 $h_1 = P/a\gamma$, 폭 $b_1 = 2a$, 경사 $\beta_1 = atan(h_1/a)$) 으로 대체하여 수평토압을 계산한다 (그림 9.5).

이때 이등변 삼각형 분포 대체하중은 다음 3 개 직선으로 이루어진 삼각형의 면적이며,

$$\beta_1 = 0 \text{ 에 대한 응력분포} \quad : \sigma_h = \gamma h K_{ah(0)}$$
$$\beta_1 = +\beta_1 \text{ 에 대한 응력분포} \quad : \sigma_h = \gamma h K_{ah(+\beta_1)}$$
$$\beta_1 = -\beta_1 \text{ 에 대한 응력분포} \quad : \sigma_h = \gamma h K_{ah(-\beta_1)} \tag{9.13}$$

따라서 선하중 P 에 의한 **수평력 E_{ah}** 는 다음이 된다.

$$E_{ah} = \frac{1}{2}\Delta e_{ah} h_4 \tag{9.14}$$

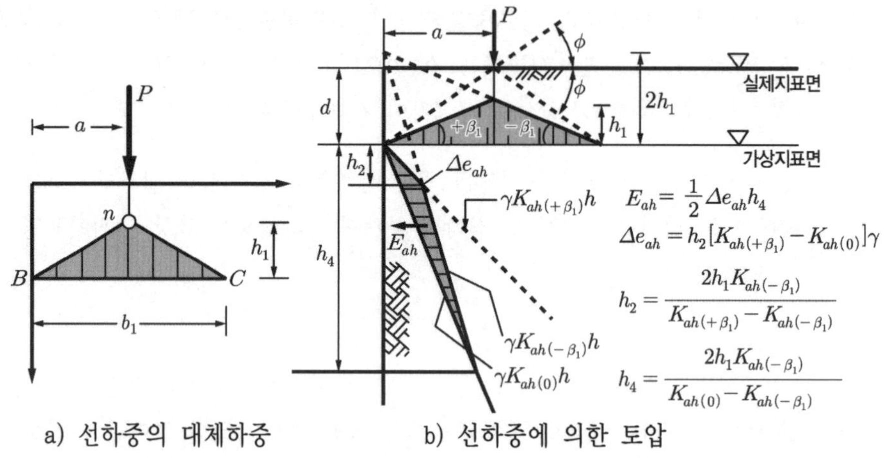

그림 9.5 작거나 멀리 떨어진 선하중에 의한 토압 (Jenne, 1973)

여기서 Δe_{ah} 와 h_4 및 h_2 는 다음 식으로 계산하고, 이로부터 계산한 수평력 E_{ah} 는 안전측으로 약 15 % 할증 (즉, $1.15E_{alh}$) 하여 적용한다.

$$\Delta e_{ah} = \gamma h_2 (K_{ah(+\beta_1)} - K_{ah(0)}) \tag{9.15}$$
$$h_2 = \frac{2h_1 K_{ah(-\beta_1)}}{K_{ah(+\beta_1)} - K_{ah(-\beta_1)}}$$
$$h_4 = \frac{2h_1 K_{ah(-\beta_1)}}{K_{ah(0)} - K_{ah(-\beta_1)}}$$

b) 크거나 가까운 선하중

선하중 P가 크거나 벽에 가까워서 **대체하중**(그림 9.4c 의 ΔmBC)이 **기준 삼각형 대체하중**(그림 9.4a ΔABC) 보다 크면, 선하중 P를 **기준 삼각형 대체하중 P_1**과 **등분포 대체 띠하중 P_2**로 대체하고, 수평토압 E_{a1} 과 E_{a2} 를 중첩하여, 수평하중 E_{ah} 를 구한다. **기준 삼각형 대체하중** $P_1 = a^2\gamma\tan\phi$ 에 의한 수평력 E_{a1} (식 9.14) 은 다음이 되고,

$$E_{a1} = \frac{1}{2} h_4 \Delta e_{ah} \tag{9.16}$$

등분포 대체 띠하중 P_2 (폭 $2a$) 는 선하중 P 에서 기준 대체하중 P_2를 제한 크기이다.

$$P_2 = P - P_1 = \frac{1}{2a}\left(P - a^2\gamma\tan\phi\right) \tag{9.17}$$

등분포 대체하중 P_2 에 의한 수평응력 Δe_{a2} 는 가상 지표 하부 깊이 $2a$ 까지 같고, 그 하부는 깊이에 선형 비례 감소하여 깊이 $h_5 = 2a\tan\theta_a$ 에서 '영'이 되는 사다리꼴 분포이며, 그 면적이 등분포 대체 띠 하중 P_2 에 의한 수평력 E_{a2} 이다 (그림 9.6c).

$$\Delta e_{a2} = P_2 K_{ah(\beta_1 = 0)}$$
$$E_{a2} = \{2a + 0.5(h_5 - 2a)\}\Delta e_{a2} = (a + 0.5h_5)\Delta e_{a2} \tag{9.18}$$

따라서 선하중 P에 의한 **전체 수평력 E_{ah}** 는 다음이 된다.

$$E_{ah} = E_{a1} + E_{a2} \tag{9.19}$$

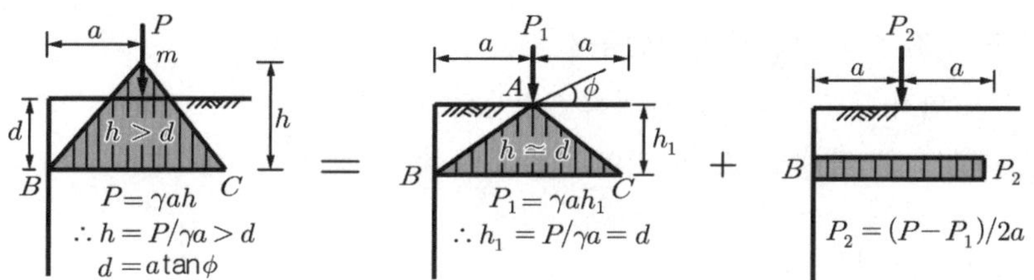

a) 선하중 P 의 대체하중 (= 기준 삼각형 대체하중 P_1 + 등분포 대체 띠하중 P_2)

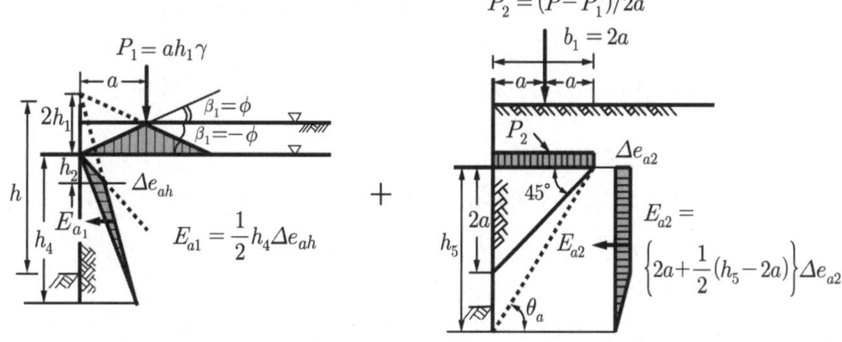

b) 기준 삼각형 대체하중 P_1 에 의한 토압 c) 등분포 대체 띠하중에 의한 토압

그림 9.6 크거나 인접한 선하중에 의한 수평토압 (Jenne, 1973)

(2) **수평 선하중에 의한 지반응력**

지표에 작용하는 **수평 선하중**(제 4 장의 그림 4.10) **에 의한 지반응력**은 Cerruti (1888) 의 수평 절점하중에 의한 지반응력을 적분한 제 4 장의 식 (4.13) 으로 계산할 수가 있다. 이에 대해서는 제 4.5.2 절에서 상세히 언급하였다.

수평하중의 전방에 있는 지반은 압축상하이어서 압축응력이 발생하고, 후방에 있는 지반은 인장상태이어서 인장응력이 발생된다. 지표면에서 x 축의 '**양**'의 방향으로 작용하는 수평 선하중 w 에 의한 수평 및 연직 응력의 분포는 제 4 장의 그림 4.11 과 같다.

4) 띠하중에 의한 지반응력

폭이 일정하고 무한히 긴 띠형 단면에 작용하는 **연직 띠하중** 또는 **수평 띠하중**에 의해서 발생되는 지반응력은 연직 선 하중이나 수평 선 하중에 의한 지반응력을 띠형 단면의 폭에 대해 적분하여 구할 수 있다.

(1) **연직 띠하중에 의한 지반응력**

연직 띠하중에 의한 지반응력은 연직 띠하중이 **등분포**이거나 **삼각형 분포** 또는 **사다리꼴 분포**일 경우에는 용이하게 구할 수 있다. 이는 제 4.6.1 절에서 언급하였다.

① **등분포 연직 띠하중에 의한 지반응력**

무한히 긴 연직 등분포 띠하중에 의해서 발생되는 지반응력은 Boussinesq 식을 직접 적분하여 구하거나 개략적 방법 (Jenne, 1973) 으로 구할 수 있다.

a) Boussinesq 식의 적분

연직 등분포 띠하중 (폭 B, 크기 q) 에 의해 발생되는 지반응력은 연직 선하중에 의한 지반응력 (제 4 장 식 4.11) 을 폭 B 에 대해서 적분한 제 4 장의 식 (4.14) 로 구할 수 있다. 외력에 의한 지반응력은 **압력구근** (pressure bulb) 으로 나타내며, 띠 하중의 폭이 클수록 영향권이 깊어져서 압력구근이 크게 형성된다. 이는 제 4.6.1 절에서 언급하였다.

b) **개략적 방법 (Jenne 의 방법)**

등분포 연직 띠하중이 지표에 작용하면, 인접한 연직벽체에서는 한정된 범위에서 수평 지반응력이 증가한다. 폭이 좁은 띠하중은 선하중으로 대체하여 지반응력을 계산할 수 있다. 폭이 넓은 띠 하중에 의한 지반응력은 선하중에 의한 지반응력을 띠하중 폭에 대해 적분하여 구할 수 있으나, **Jenne 의 방법** (그림 9.7) 등 개략적 방법으로 산정할 수도 있다.

연직 벽체에서 a 만큼 이격된 지표에 작용하는 연직 띠 하중 (폭B) 에 의해 연직벽체에 작용하는 수평 지반응력은 지표 하부로 깊이 $d = a\tan\phi$ 에서 시작하여 깊이에 선형 비례 증가하며, 깊이 $h_2 = a\tan\theta_a$ 에서 $\Delta\sigma_{ah} = pK_{ah}$ 이고, 그 하부 깊이 $h_3 = (a+B)\tan\theta_a$ 까지는 그 크기가 $\Delta\sigma_{ah} = pK_{ah}$ 로 일정하게 유지된다.

따라서 수평 지반응력 $\Delta\sigma_{ah}$ 의 분포는 사다리꼴이 되며, 그 합력 E_{alh} 는 다음과 같다.

$$\begin{aligned} E_{alh} &= \Delta\sigma_{ah}[h_3 - h_2 + 0.5\,(h_2 - d\,)] \\ &= \Delta\sigma_{ah}[B\tan\theta_a + 0.5a\,(\tan\theta_a - \tan\phi)] \end{aligned} \tag{9.20}$$

이상에서 활동파괴선의 각도는 간략하게 $\theta_a = 45^o + \phi/2$ 로 가정한다.

띠하중의 영향이 미치는 범위는 띠하중 선단에서 내부마찰각 ϕ 만큼 경사진 선이 벽체와 만나는 점에서부터 시작하며, 띠 하중의 후단에서 활동 파괴선의 각도 θ_a 만큼 경사진 선이 벽체와 만나는 점 (깊이 h_3) 에서 끝난다.

굴착면이 깊은 ($h_3 < h$) 경우 (그림 9.7a) 와 얕은 ($h_3 > h$) 경우 (그림 9.7b) 를 막론하고, 띠 하중 후단에서 **활동파괴선** θ_a 와 **강제 활동파괴선** θ_z 를 긋고 수평토압의 합력이 큰 쪽을 찾는다. 활동 파괴선은 띠하중 후단에서 각도 $\theta_a = 45^o + \phi/2$ 인 선이고, 강제 활동 파괴선은 선하중 후단과 굴착저면의 연결선으로 경사가 $\tan\theta_z = h/(a+B)$ 이다.

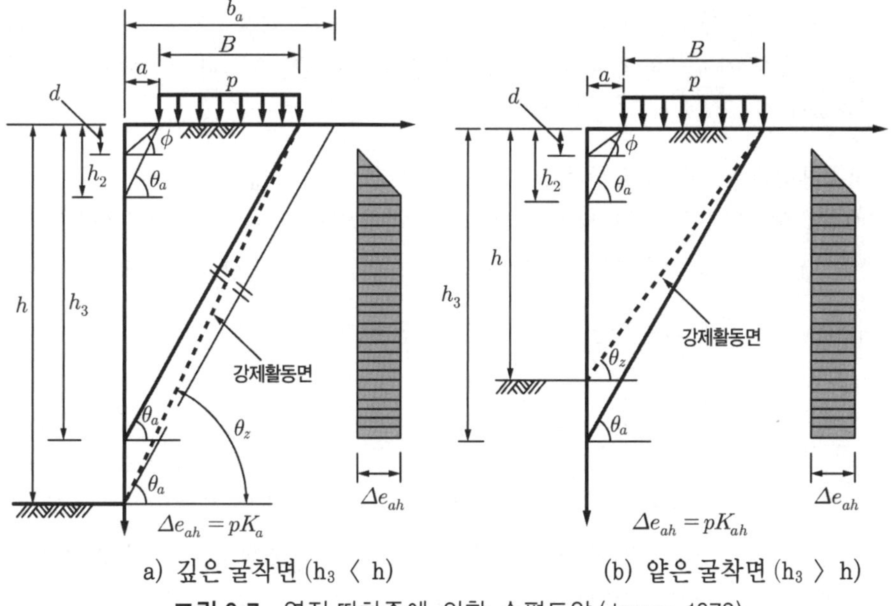

a) 깊은 굴착면 (h₃ 〈 h)　　(b) 얕은 굴착면 (h₃ 〉 h)

그림 9.7 연직 띠하중에 의한 수평토압 (Jenne, 1973)

② **삼각형분포 연직 띠하중에 의한 지반응력**

수평지표에 작용하고 폭이 한정된 **삼각형 분포 연직 띠 하중에 의한 지반응력**은 Boussinesq 식을 적분하여 구하거나 간략해법으로 구할 수 있다.

띠 형상 단면 (폭 a) 에 크기가 '**영**' 부터 p_o 까지 **직각 삼각형**으로 분포하는 연직 띠 하중 (제 4 장의 그림 4.14a) 에 의한 지반응력은 Jumikis (1968) 가 구하였다.

폭 $2a$ 인 **이등변 삼각형 분포** 연직 띠 하중 (제 4 장 그림 4.14b) 일 때에는 폭이 a 인 직각 삼각형 분포 연직 띠하중에 의한 지반응력을 중첩해서 적용한 식으로 계산할 수 있다.

좌우 비대칭 삼각형 분포 연직 띠하중일 때는 삼각형 분포하중을 삼각형 토체로 대체하여, 수평지표에 삼각형 토체를 올려 놓은 형태의 굴절 형상 지표에 대해서 **개략적 방법**으로 지반응력을 계산할 수 있다.

a) **직각 삼각형분포 연직 띠하중**

띠형상 단면 (폭 a) 에 '**영**' 부터 크기 p_o 까지 선형비례증가 분포하는 **직각 삼각형 분포 연직 띠하중** (제 4 장 그림 4.14a) 에 의해서 발생되는 지반응력은 제 4 장의 식 (4.18) 로 계산할 수 있다 (Jumikis, 1968). 이는 제 4.6.1 절에서 상세히 언급하였다.

b) **이등변 삼각형분포 연직 띠하중**

띠형 단면 (폭 $2a$) 에 작용하는 **이등변 삼각형 분포 연직 띠하중** (제 4 장의 그림 4.14b) 에 의한 지반응력은 제 4 장 식 (4.19) 로 계산하거나, 폭 a 인 직각 삼각형 분포 연직 띠하중에 의한 지반응력 (제 4 장의 식 4.18) 을 중첩 적용해서 계산할 수 있다. 이는 제 4.6.1 절에서 언급하였다.

c) **비대칭 삼각형분포 연직 띠하중에 의한 수평토압 개략해법**

비대칭 삼각형 분포 연직 띠 하중 (폭 $a+b$, 정점하중 p_o) 에 의한 지반응력은 연직 띠 하중을 삼각형 토체로 대체하여 구할 수 있다. 이때 대체 삼각형 토체의 정점은 벽체에서 거리 a 이고 높이가 $h_o = \dfrac{p_o}{\gamma(a+b)}$ 이다. 이때 지표는 경사 $\beta = \beta_1$ 과 $\beta = \beta_2$ 및 $\beta = 0$ 로 3 회 굴절형상이다 (그림 9.8).

대체 삼각형 분포하중은 3 개 응력분포선 즉, $\beta = 0$ 에 대한 직선 ($\sigma_h = \gamma h K_{ah(0)}$) 과 $\beta = +\beta_1$ 에 대한 직선 ($\sigma_h = \gamma h K_{ah(+\beta_1)}$) 및 $\beta = -\beta_2$ 에 대한 직선 ($\sigma_h = \gamma h K_{ah(-\beta_2)}$) 으로 이루어지는 삼각형의 면적이다. 대체하중에 의한 **수평력 $\boldsymbol{E_{ah}}$** 는 식 (9.14) 와 같고, 수평토압 Δe_{ah} 와 토압분포 변화지점 h_4 및 h_2 는 식 (9.15) 로 계산한다.

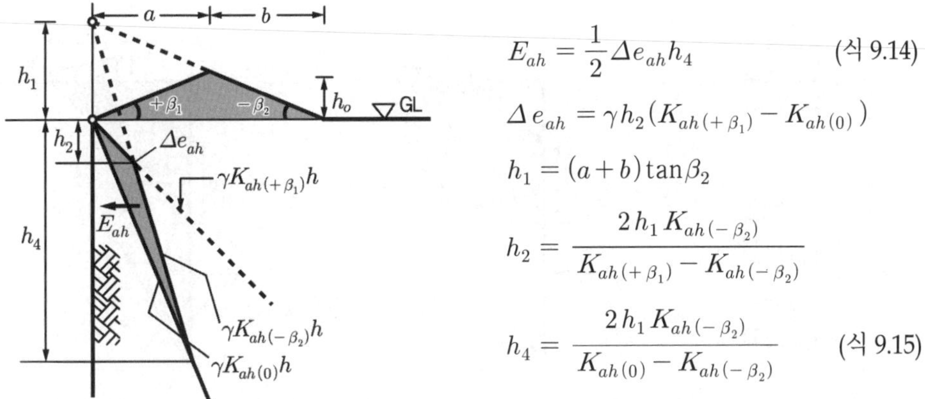

그림 9.8 삼각형 분포 연직 띠하중에 의한 수평토압 (Jenne, 1973)

③ 사다리꼴분포 연직 띠하중에 의한 지반응력

제방이나 흙 댐 등과 같은 **사다리꼴 분포 연직 띠하중**은 이등변 삼각형 분포 연직 띠하중을 적용하거나, 직각 삼각형 분포 연직 띠하중을 이중으로 적용하여 나타낼 수 있다. 이에 대해 제 4.6.1 절에서 언급하였다.

(2) 수평 띠하중에 의한 지반응력

폭이 한정되고 무한히 긴 연속기초의 바닥면에 작용하는 전단응력 등과 같은 **수평 띠 하중**이 등분포이거나 사다리꼴 분포이면 이에 의해 발생되는 지반응력을 계산할 수 있다.

① 등분포 수평 띠하중에 의한 지반응력

폭이 B 이고 무한히 긴 **등분포 수평 띠하중**에 의한 지반응력은 (등분포 연직 띠하중의 경우와 마찬가지로) 수평 선하중에 의한 지반응력을 띠하중 폭 B 에 대해 적분하여 구할 수 있다. 이때 지반 내 연직응력 σ_z 는 제 4 장의 식 (4.21) 과 같다. 이는 제 4.6.2 절에서 언급하였다.

연직 벽체에 인접한 지표에 수평하중 (바닥의 전단력 등) 이 작용해도 벽체에 수평응력이 증가한다. 그러나 수평하중은 연직하중의 20 % 를 초과 ($H > 0.2\,V$) 할 경우에만 고려한다.

② 사다리꼴 분포 수평 띠하중에 의한 지반응력

벽체에 인접한 연속기초에 경사하중 (연직력 V 와 수평력 H) 이 작용하면, 연속기초 바닥에서는 경사하중의 수평력 때문에 수직 및 전단응력이 모두 사다리꼴 형태로 발생된다.

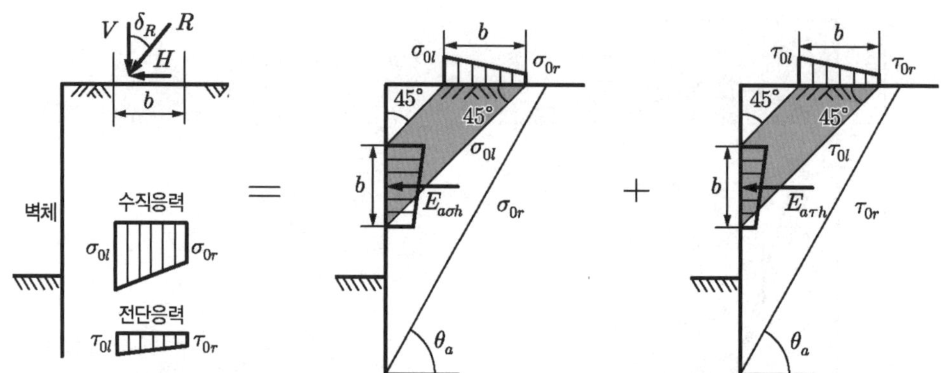

a) 수직 및 전단응력 b) 수직 띠하중에 의한 수평토압 c) 수평 띠하중에 의한 수평토압

그림 9.9 수직 및 수평 띠하중에 의한 수평토압 (Jenne, 1973)

연속기초 바닥면에서 부착력과 마찰에 의해서 발생되는 전단응력은 연속기초와 동일한 폭을 갖는 수평 띠하중이 되며, 이로 인하여 유발된 **사다리꼴 분포 수평 띠 하중**에 의해서 벽체에 작용하는 지반응력은 개략적 방법 (Jenne, 1973) 으로 구할 수 있다.

사다리꼴 분포 수직응력 및 전단응력이 벽체에 가까운 쪽의 모서리에서 각각 σ_{0l} 및 τ_{0l} 이고, 먼 쪽 모서리에서 σ_{0r} 및 τ_{0r} 이면 (그림 9.9a), 기초의 바닥면에 작용하는 **연직력 V** 와 **수평력 H** 는,

$$V = \frac{1}{2}(\sigma_{0l} + \sigma_{0r})b$$

$$H = \frac{1}{2}(\tau_{0l} + \tau_{0r})b \qquad (9.21)$$

이고, **기초양단의 전단응력** τ_{0l} 과 τ_{0r} 은 기초 바닥면의 마찰각 δ_R 로부터 구할 수 있다.

$$\tan\delta_R = \frac{H}{V}$$

$$\tau_{0l} = \sigma_{0l}\tan\delta_R$$

$$\tau_{0r} = \sigma_{0r}\tan\delta_R \qquad (9.22)$$

결국 **수평하중에 의한 토압 $E_{a\tau h}$** 는 다음이 된다.

$$E_{a\tau h} = \frac{1}{2}(\tau_{0l} + \tau_{0r})b \qquad (9.23)$$

벽체에 작용하는 전체토압 E_a 는 지반 자중에 의한 토압 E_{ag} 와 사다리꼴 분포 연직하중에 의한 토압 $E_{a\sigma h}$ (그림 9.9b) 및 수평하중에 의한 토압 $E_{a\tau h}$ (그림 9.9c) 의 합이다.

$$E_a = E_{ag} + E_{a\sigma h} + E_{a\tau h} \tag{9.24}$$

위 식에서 각각의 토압은 힘의 다각형에서 구한다 ($G = \frac{1}{2}\frac{\gamma h^2}{\tan\theta_a}$).

$$E_{ag} = \frac{1}{2}\frac{\gamma h^2}{\tan\theta_a}\frac{\sin(\theta_a - \phi)}{\cos(\theta_a - \phi - \delta_a + \alpha)} \tag{9.25a}$$

$$E_{a\sigma h} = V\frac{\sin(\theta_a - \phi)}{\cos(\theta_a - \phi - \delta_a)} \qquad \left(V = \frac{1}{2}(\sigma_{0l} + \sigma_{0r})b\right) \tag{9.25b}$$

$$E_{a\tau h} = H\frac{\cos(\theta_a - \phi)}{\cos(\theta_a - \phi - \delta_a + \alpha)} \qquad \left(H = \frac{1}{2}(\tau_{0l} + \tau_{0r})b\right) \tag{9.25c}$$

5) 단면하중에 의한 지반응력

제한된 크기의 단면 즉, **원형 (4.7.1 절)** 과 **직사각형 (4.7.2 절)** 및 **임의 형상 (4.7.3 절)** 의 단면에 작용하는 분포하중에 의해 발생되는 지반응력은 Boussinesq 식을 적분하여 구한다.

(1) 원형 단면하중에 의한 지반응력

원형 단면에 작용하는 등분포 또는 삼각형 분포 연직하중에 의해 발생되는 지반응력은 Boussinesq 식을 적분하여 구할 수 있다.

① 등분포 원형 단면하중에 의한 지반응력

원형단면 (반경 R) 에 작용하는 등분포 연직하중 q 에 의해서 지반 내 깊이 z 인 점에 발생되는 지반응력 (제 4 장 그림 4.16) 은 크기가 q 인 연직 절점하중에 의한 지반응력 (제 4 장 식 4.8) 을 (길이 R, 360° 회전) 이중으로 적분한 제 4 장의 식 (4.22) 로 구할 수 있다. 이는 제 4.7.1 절에서 언급하였다.

② 삼각형 분포 원형 단면하중에 의한 지반응력

원형 단면에 작용하는 삼각형 분포 연직하중의 경우 (제 4 장의 그림 4.18) 에 원형 단면의 양쪽 가장자리 즉, A 점과 B 점 하부지반에 발생되는 연직지반응력은 Lorenz/Neumeuer (1953) 가 **삼각형분포 원형 단면하중의 하중 영향계수 I** 를 적용하여 구했다 (제 4.7.1 절).

$$\sigma_p = Iq \tag{9.26}$$

(2) 직사각형 단면하중에 의한 지반응력

직사각형 단면에 작용하는 등분포 또는 삼각형 분포 연직하중에 의해 발생되는 지반응력은 Boussinesq 식을 적분하여 구할 수 있다.

① 등분포 직사각형 단면하중에 의한 지반응력

직사각형 단면에 작용하는 등분포 연직하중에 의한 지반응력은 Love 가 Boussineq 식을 적분하여 구했고, Steinbrenner (1934) 는 이를 도식화하였다. 이는 제 4.7.2 절에서 언급하였다.

a) Love 의 해

제 4 장의 그림 4.19 와 같이 폭이 B 이고 길이가 L 인 직사각형 단면에 작용하는 등분포 연직하중 q 에 의해 발생되는 지반응력 σ_p 는 Love (1928) 의 제 4 장의 식 (4.25) 로부터 구할 수 있다. 이는 제 4.7.2 절에서 언급하였다.

b) Steinbrenner 의 해

Steinbrenner (1934) 는 직사각형의 한 모서리의 아래에서 깊이 z 인 지점의 지반응력 상태에 대한 Love (1928) 의 해로부터 직사각형 기초의 임의 위치에 대한 지반응력을 쉽게 구할 수 있는 그래프 (제 4 장 그림 4.20) 를 제시하였고, 제 4.7.2 절에서 언급하였다.

c) **직사각형 단면하중에 의해 인접한 연직벽체에 작용하는 수평토압**

벽체에 인접한 직사각형 독립기초 (폭 a', 길이 b) 에 등분포 연직하중 q 가 작용하면 인접 벽체에서는 수평 및 연직방향으로 한정된 영역에서 토압이 증가된다.

직사각형 독립기초의 수평방향 영향권은 기초의 후단에서 45° 로 확산되어 벽체에서 길이 $2a+b$ 이다 (그림 9.10a). 또한, 연직방향의 영향권은 기초 선단에서 수평에 대해 각도 ϕ 인 경사선이 벽체와 만나는 상부 점 ($h_2=(a-b')\tan\phi$) 과 기초 후단에서 각도 θ_a 인 경사선이 벽체와 만나는 하부점 ($h_4=a\tan\theta_a$) 의 사이 영역이다 (그림 9.10b).

직사각형 독립기초 (폭 a', 길이 b) 의 연직하중에 의해서 벽체에 증가된 토압은 직각사각형 기초를 긴 직사각형 기초 (폭 a', 길이 $2a+b$) 로 간주하고 구한다. 이때 기초하중의 합력은 변하지 않으므로 긴 직사각형 기초의 평균하중 p' 은 원래 기초하중 q 로부터 구할 수 있다.

긴 직사각형 기초의 하중 p' 은 다음이 된다.

$$p'=\frac{qb}{2a+b} \tag{9.27}$$

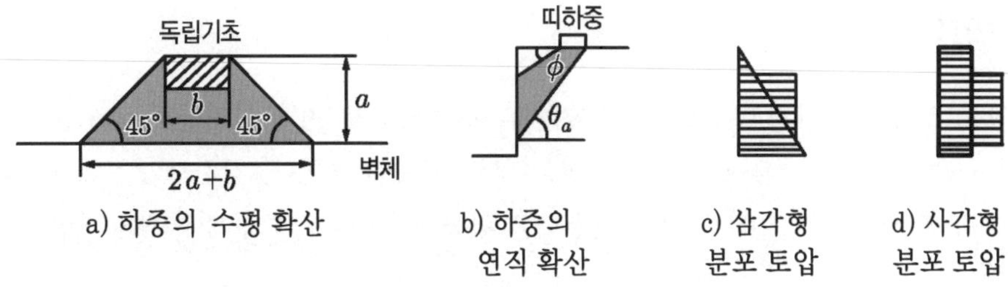

a) 하중의 수평 확산　b) 하중의 연직 확산　c) 삼각형 분포 토압　d) 사각형 분포 토압

그림 9.10 독립기초하중에 의한 수평토압의 증가

연직벽체에는 기초하중 영향이 국부적으로 나타나고, 자중과 상재하중에 의한 토압의 분포는 동일한 형상으로 가정한다. 즉, 자중에 의한 토압을 삼각형(또는 사각형) 분포로 가정하면 상재하중에 의한 토압분포 또한 삼각형(또는 사각형) 분포로 가정한다(그림 9.10c, 그림 9.10d).

활동 파괴선의 수평에 대한 각도 θ_a는 근사적으로 Coulomb 흙쐐기 각도로 가정할 수 있고, 이때에는 상재하중 p' 에 의한 토압 E_{ap} 는 힘의 다각형으로부터 구할 수 있다.

$$E_{ap} = p' \frac{\sin(\theta_a - \phi)}{\cos(\theta_a - \phi - \delta + \alpha)} \tag{9.28}$$

② 삼각형 분포 직사각형 단면하중에 의한 지반응력

직사각형 단면에 작용하는 삼각형 분포 연직하중(제 4 장의 그림 4.22)에 의해 지반 내에 발생되는 연직응력을 구하는 식은 Kezdi (1962)가 유도하였고, Jelinek (1949)의 **하중 영향 계수 i_D**를 적용하여 구할 수 있다. 이는 제 4.7.2 절에서 언급하였다.

6) 임의 형상 단면하중에 의한 지반응력

임의 형상의 단면에서도 작용하는 하중이 등분포이면 지반 내의 응력을 구할 수 있다. 지표면상 임의 형상의 단면에(제 4 장의 그림 4.23) 작용하는 등분포 하중에 의한 지반 내 응력은 지표 위의 미소 면적요소 dA 에 작용하는 하중 $dp = q dA$ 에 의한 지반응력을 구한 후에 전체 면적에 대하여 적분한다.

Newmark (1935, 1942)은 불규칙 형상 단면을 여러 개 미소 요소로 나누고 각 미소 요소의 작용하중에 의한 지반응력을 구한 후 합하여 불규칙 단면하중에 의한 지반응력을 구하였다. 실제에서는 불규칙 단면을 **원형**이나 **직사각형**으로 단순화시켜서 지반응력을 구하는 개략적 방법을 적용할 때가 많다. 이에 대해서는 제 4.7.3 절에서 언급하였다.

9.4 극한토압

외력 등의 영향으로 파괴된 (소성상태) 지반의 내부나 외부 경계에 작용하는 토압을 **극한토압**이라 하며, 지반의 파괴에 대한 안정성을 구할 때에 적용한다. **극한토압**은 활동파괴선(또는 파괴영역)에 지반의 파괴조건을 적용하고 활동파괴선 상부의 토체에 힘의 평형을 적용하여 구할 수 있다.

지반 내의 전단응력이나 전단변형이 일정한 곡선에 집중되면 지반이 **선형파괴**(line rupture) 되고, 이런 경우에는 **흙 쐐기**(Coulomb 이론, Fellenius 이론, Rendulic 이론) 또는 **띠형 지반요소**(Terzaghi 이론, Walz 이론)에 힘의 평형식을 적용해서 **극한토압**을 구한다. 또한, 전단응력이나 전단변형이 일정 영역에 고른 분포로 집중되면 지반이 **영역파괴**(zone rupture) 되며, 이 경우에는 **미소 지반요소**(Rankine 이론)에 힘의 평형식을 적용하여 **극한토압**을 구한다.

선형파괴된 지반에서 활동 파괴선에 파괴조건을 적용하고 활동 파괴선 상부의 활동파괴체에 힘 또는 모멘트의 평형을 적용하면, 활동 파괴체 경계에 작용하는 토압의 합력을 구할 수 있다(이때 토압분포는 구할 수 없다). 지반이 **영역파괴**되면 무수하게 많은 선형파괴가 발생된 것과 유사하며, 한계 평형식을 적용하여 파괴영역 내의 토압과 분포를 구할 수 있고, 이를 적분하면 토압 합력이 된다.

선형파괴와 영역파괴가 합성된 형태의 **복합파괴**에 대해서는 아직도 연구가 부족하여 적합한 토압이론이 아직까지 없다. 다만, 운동요소법(Kinematical Element Method)은 원리적으로 요소를 적절히 분할하고 적용하면 해석할 수 있는 가능성이 있다.

지반이 (파괴되어) 소성상태일 때의 토압 즉, **극한토압(9.4.1절, 주동토압과 수동토압)**을 구하기 위해서 **흙 쐐기**나 **미소 정사각형 흙 요소** 또는 **띠형 지반요소**에 **힘의 극한평형조건**을 적용한 **극한토압 이론(9.4.2절)**들이 유도되었으며, 그 후에 다양한 이론으로 확장되었다.

연직벽체에 작용하는 토압의 작용선이 배후지반 지표면에 평행한 경우 즉, **Rankine 상태(9.4.3절)**일 때는 Rankine 이론으로 계산한 토압과 Coulomb 이론으로 계산한 토압이 일치하므로, 결과가 **정밀해**(exact solution)이다.

지반의 **점착력을 고려한 극한토압(9.4.4절)**은 해석적 방법이나 도해법으로 구할 수 있다. 점착성 지반에서는 수평주동토압의 합력이 '**영**'이 되는 높이 즉, **점착고**까지 연직으로 굴착할 수 있고, 수평주동토압이 '**음**'인 깊이 즉, 지표로부터 점착고 중간정도 높이까지 **균열이 발생**한다.

9.4.1 극한토압의 정의

지반 내에서 전단응력이 전단강도를 초과하거나, (전단응력에 의한) 전단변형이 한계치(즉, 한계변위)를 초과하면, 지반이 전단파괴 되는데, 이때의 토압을 **극한토압**이라 한다.

극한토압의 크기는 활동 파괴선에 파괴 조건을 적용하고, 활동파괴선 상부의 지반 요소에 힘의 평형을 적용하여 **해석적 방법**으로 구하며, 벽체(경사, 거칠기, 형상)와 배후지반의 상태(지반 종류, 지표경사, 토질정수)에 의해 **영향**을 받는다. 극한토압은 **도해법**으로 구할 수도 있다.

1) 극한토압

극한토압으로는 주동토압과 수동토압이 있고, **주동토압 E_a** 〈 **정지토압 E_o** 〈 **수동토압 E_p** 의 순서로 크다.

(1) 주동토압

정지상태 지반에서 연직압력이 증가하거나 수평압력이 감소하거나 또는 벽체가 지반에서 멀어지는 변위를 일으키면, 지반이 그림 9.1a 와 같이 변형되어서 **음**(-)의 수평변위가 발생되는 **주동상태**(active state)가 되며, 이때의 토압을 **주동상태토압 E_{ea}** 라고 한다.

수평변위가 더욱 커지면, 벽체 배후 지반이 쐐기모양으로 파괴되어 미끄러지면서 벽체를 가압하는데 그 토압을 **주동토압 E_a** (주동상태토압 E_{ea} 의 극한값) 라고 하고, 그 수평변위를 **한계주동변위 s_a** 라고 한다. 이때에 토압계수는 최소 값 즉, **주동토압계수 K_a** (coefficient of active earth pressure)가 된다.

(2) 수동토압

정지상태인 지반에서 연직압력이 감소하거나 수평압력이 증가하거나 또는 벽체가 지반 쪽으로 밀리면 벽체의 배후지반은 그림 9.1b 와 같이 변형되어 **양**(+)의 수평변위가 발생되는 **수동상태**(passive state)가 되며, 이때의 토압을 **수동상태토압 E_{ep}** 이라 한다.

수평변위가 더욱 더 증가하면 배후지반이 쐐기모양으로 파괴되어 밀려 올라가면서 벽체를 가압하는데, 그 토압을 **수동토압 E_p** (수동상태토압 E_{ep} 의 극한값) 라 하며, 그 때 수평변위를 **한계수동변위 s_p** 라 한다. 이때에 토압계수는 최대치 즉, **수동토압계수 K_p** (coefficient of passive earth pressure)가 된다.

2) 극한토압 결정방법

극한토압의 크기 및 그때의 활동 파괴선은 해석적 방법이나 도해법으로 결정할 수가 있다. **해석적 방법**에서는 활동파괴선상의 변수와 동일한 개수로 식 (평형식 포함) 을 구축하여 활동파괴선과 토압의 크기를 결정한다. **도해법**을 적용하면, 해석적 방법을 적용하기 어렵거나 Coulomb 토압식을 적용할 수 없는 경우에도 극한토압을 구할 수 있다.

활동파괴선은 파괴선상 응력분포를 알지 못해도 평형식을 수립할 수 있는 형상이어야 하며, 대수나선이 여기에 속한다. 활동파괴선이 대수나선이면 (활동파괴선상 응력분포를 알지 못해도) pole 을 중심으로 모멘트 평형을 취해 해를 구할 수 있다. 원호와 직선은 특수 대수나선이므로, 해를 구할 수 있다. 원은 $\phi = 0$ 인 대수나선이고, 직선은 곡률반경이 무한히 큰 원이다.

영역파괴 되는 경우에는 벽체배면을 지나는 모든 활동 파괴선이 벽체 최하단을 지나는 활동파괴선에 평행하다고 가정하고 토압의 분포와 작용점을 계산한다. 비점착성 지반이나 초연약 점착성 지반은 주로 영역파괴 되고, 점착성 지반은 대개 선형파괴 된다.

(1) 해석적 방법

해석적 방법에서는 활동파괴선상의 변수와 같은 개수로 해석식 (평형식 포함) 을 구축한다. 그러나 토압의 방향과 작용점은 가정해야 하므로 정역학적으로 부정정이며, 지반의 내부와 활동파괴선 상 응력은 구할 수 없고 경계부와 활동파괴선 상 토압의 합력만을 구할 수 있다. 토압계산에서는 극한값 조건은 물론 평형조건을 충족해야 하므로 아직도 완전한 계산방법이 없다. 따라서 문제별로 가장 적합한 해를 구할 수 있는 방법을 찾는 것이 더 중요하다.

Coulomb (1776) 은 벽체 뒷면 하단 모서리를 지나는 직선 활동파괴선을 가정하였다. 이는 비점착성 지반에서 벽체가 뒷면 하단 중심으로 회전해서 벽체 배후지반 내 최대 주응력방향이 변하지 않고 지반이 균등하게 팽창·변형될 경우에 발생될 수 있는 활동파괴형상이다.
벽면 접촉부 지반은 벽마찰에 의해 교란되어 활동파괴선 형상이 직선에서 벗어나지만 대개 직선으로 가정하며, 이로 인한 오차는 전단강도정수의 부정확성에 의한 오차 보다 작다.

Coulomb 토압이론은 역학적 관점 (마찰법칙) 을 근거로 토압을 계산한 최초의 이론이며, 일정한 조건의 사질토에서 근사해를 구할 때에 주로 사용된다. 본래 Coulomb 의 토압이론은 마찰이 없는 연직 벽체와 수평지표에서 **직선 활동파괴선**이 생성될 경우에 대한 것이었으나, 후세에 (마찰이 있는) 경사진 벽체와 경사지표는 물론 곡선 (원호와 대수나선형) 활동 파괴선에도 적용할 수 있도록 확장되었고, 그 방법이 단순하고 명료하여 널리 이용된다.

Fellenius (1927)는 벽체배면 하단 모서리를 지나는 **원호 활동 파괴선**을 가정하였고, 이런 형태의 파괴는 점토에서 벽체변위가 특정한 형태로 일어날 때 발생되며, 활동 파괴체는 강체처럼 거동하고, 체적이 변하지 않는다. Fellenius 방법은 점토($\phi = 0$)에 적용되며, $\phi > 0$ 지반에 적용(원호파괴를 전제)하려면 실제 상황에 맞추기 위한 가정이 더 필요하다.

Rendulic (1940)은 벽체배면 하단 모서리를 지나는 **대수나선형 활동 파괴선**을 가정하였다. 대수나선형 활동 파괴선은 영역파괴와 선형파괴에 모두 적용할 수가 있고, 그 형상은 활동 파괴체의 운동중심과는 무관하다. 활동 파괴선상에서 응력분포는 모르지만, 보통 지반 ($c \neq 0$, $\phi \neq 0$)에 적용할 수 있고, 활동파괴선의 위치와 형상이 근사적으로 알려져 있을 때 적용성이 좋다.

(2) 도해법

극한토압은 **도해법**으로 구할 수 있다. 도해법은 외력이 작용하거나 (지표나 벽체의 경계조건이 복잡하여) 과도하게 단순화 하지 않으면 해석적 방법을 적용할 수 없는 경우에 적합하다. 또한, 점착력의 영향 으로 지표경사 β가 내부마찰각 ϕ보다 커서 ($\beta > \phi$) Coulomb의 토압식을 적용할 수 없는 경우에 극한토압을 구할 수 있는 방법이다.

다양한 도해법이 제안되었지만, Coulomb 토압이론을 바탕으로 극한토압을 직접 구하거나 (Poncelet, 1840), 벽체 배후지반을 다수 흙쐐기로 분할하고 각각에 대해 Coulomb 토압이론에 따른 힘의 다각형을 그려서 구하거나 (Engesser, 1880), 벽체 배후지반 내 임의 직선 활동 파괴선과 자연사면선 위에 Coulomb 토압이론에 따른 힘의 다각형을 겹쳐 그려서 (자연사면선 상에 흙 쐐기 자중과 외력을 위치시킴) 구하는 방법 (Culmann, 1866) 등이 적용할 만하다. Culmann 도해법은 지표형상이 복잡하거나 상재하중이나 점착력 등 적용범위가 넓다.

3) 극한토압의 영향요소

토압은 벽체조건(배면경사 α, 벽마찰각 δ) 및 지반조건(벽 배후지반의 지표경사 β, 지반 정수 등)에 따라 다르다. α와 β 및 δ의 부호는 그림 9.11과 같이 정의한다.

벽체배면의 경사 α가 클수록 (즉, 배면이 뒤로 누울수록) 주동토압은 작아지고 수동토압은 커지며, 이러한 경향은 내부마찰각이 클수록 뚜렷하다.

벽체배면이 경사지면 ($\alpha \neq 0$), 연직성분 토압이 발생하여 주동 및 수동 토압의 작용방향이 수평에서 벗어나므로, **수평주동토압 E_{ah}**와 **수평수동토압 E_{ph}**를 적용한다.

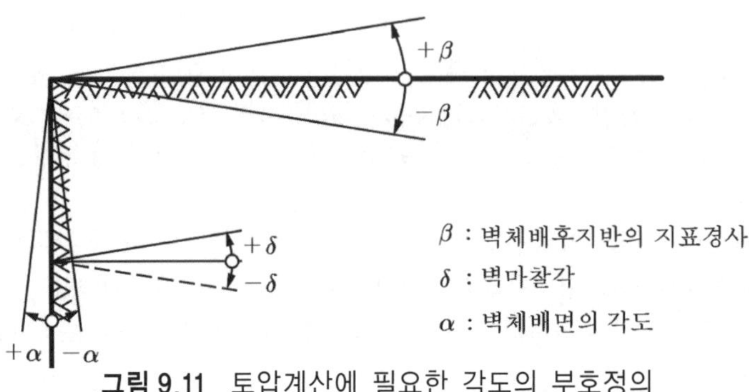

그림 9.11 토압계산에 필요한 각도의 부호정의

벽체 배후지반의 지표경사 β 가 클수록 주동토압은 커지고 수동토압은 작아지며, 이러한 경향은 내부마찰각이 작을수록 뚜렷하다.

벽면마찰이 있으면 $(0 \le \delta \le \phi)$, 토압은 벽면의 법선에 대해서 벽마찰각 δ 만큼 경사져서 작용하며, 벽면에는 전단응력이 발생되고, 연직분력에 의해서 벽체가 침하되거나 변형될 수 있다. 벽면이 매끄러우면 벽마찰각은 '**영**' $(\delta = 0)$ 이고, 완전히 거칠면 지반의 내부마찰각과 같다 $(\delta = \phi)$.

벽마찰각이 클수록 주동토압은 작고 수동토압은 크며, 이 경향은 내부마찰각 ϕ 가 작을수록 뚜렷하다. 직선 활동파괴선은 벽면 마찰이 있어도 유지된다.

토질정수는 토압의 크기에 직접 영향을 미치므로 그 값은 불리한 상황을 모두 포함하는 것이어야 한다.

단위중량 γ 가 크면 주동 및 수동토압이 커지며, 지하수위 하부에서는 부력을 고려한 수중단위중량 γ_{sub} 를 적용한다. **내부 마찰각 ϕ 와 점착력 c 가 크면 주동토압은 작고 수동토압은 크다**. 점착력은 안정되고 형상이 변하지 않는 지반에서만 고려한다.

벽면 부착력 c_a 는 벽면이 마찰이 없으면 '**영**' $(c_a = 0)$ 이고, 벽면이 완전히 거칠면 점착력 c 와 같다 $(c_a = c)$. Tomlinson (1957) 은 지반의 점착력이 $c = 0 \sim 37\ kPa$ 일 때 콘크리트 말뚝표면의 부착력을 조사한 결과 $c_a = 0 \sim 34\ kPa$ 이었다.

활동파괴선 각도 θ 는 일정한 크기 즉, 주동 및 활동파괴선 각도 θ_a 및 θ_p 가 되면 극한토압이 된다.

9.4.2 극한토압 이론

극한토압 이론은 원래 **흙 쐐기**나 **미소 흙 요소**에 작용하는 힘의 **극한평형조건**을 바탕으로 유도되었고, 후에 띠형 흙 요소를 이용하는 이론들도 제시되었다 (그림 9.12).

고전 토압이론 (즉, 극한토압에 대한 고전이론) 은 (영역파괴 된 미소 지반요소에 대한) Rankine **이론**과 (선형파괴로 인해서 발생된 흙 쐐기에 대한) Coulomb **이론**이 대표적이다. 그 후에 곡선형태로 선형파괴 된 활동파괴체에 대해서 Coulomb 이론을 개념적으로 확장한 **극한토압 확장이론**이 제안되었다.

극한토압은 **도해법**으로 구할 수 있으며, Culmann (1866) 의 방법이 지반상태나 지표 형상 및 외력 등 다양하거나 복잡한 경계조건을 고려하기에 적합하여 널리 적용된다.

활동파괴선 형상은 주동상태에서는 직선이거나 직선에서 크게 벗어나지 않지만, 수동상태에서는 곡선이 된다.

1) 고전 토압이론 (직선 활동파괴)

극한토압은 직선 활동파괴선을 가정하고 그림 9.12 와 같은 상부 **흙 쐐기** (Coulomb, 1776) 나 **미소 흙 요소** (Rankine, 1857) 또는 **띠형 지반요소** (Terzaghi, 1936 ; Walz, 1977) 에 **힘의 극한 평형조건**을 적용하여 해석적으로 구할 수 있다.

선형파괴 되어 생긴 흙 쐐기에 대한 **Coulomb 이론과** 영역파괴 되어 생긴 미소지반요소에 대한 Rankine **이론**을 **고전 토압이론**이라 한다.

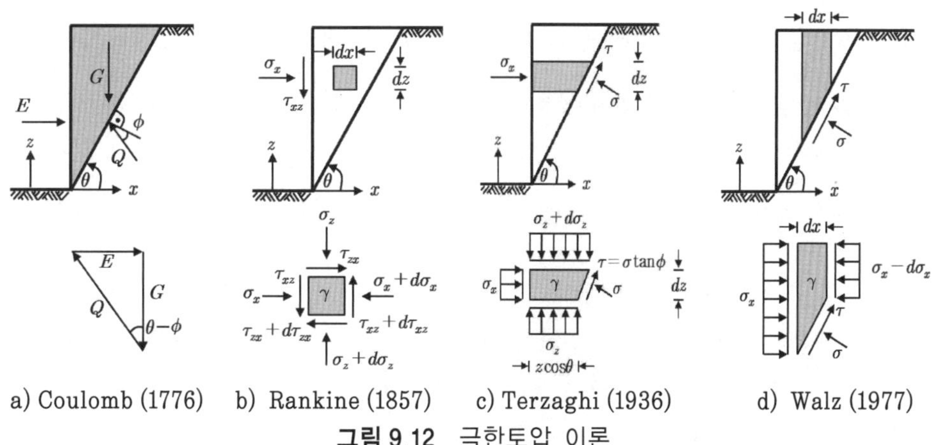

a) Coulomb (1776) b) Rankine (1857) c) Terzaghi (1936) d) Walz (1977)

그림 9.12 극한토압 이론

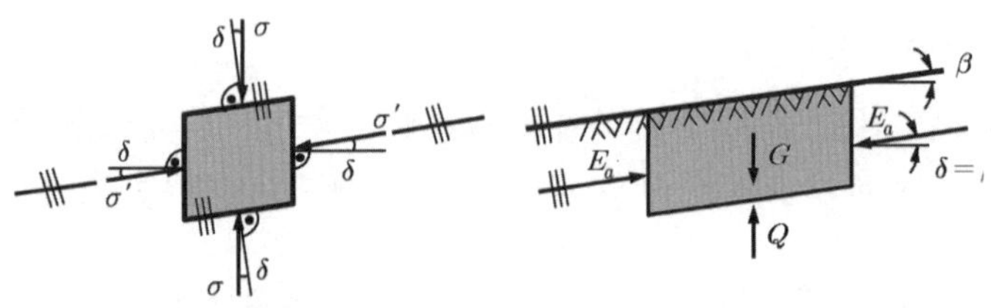

a) 미세 흙 지반요소 b) 무한사면의 흙 지반요소

그림 9.13 흙 지반의 공액요소

(1) Rankine **토압이론**

Rankine (1857) 은 무한 토체에서 (지표에 평행한) 상하면과 좌우 연직면으로 구성된 사각형 미소 흙 요소 (그림 9.12b) 의 응력상태로부터 토압을 구했다. 흙 요소에 작용하는 모든 힘은 평형을 이루고 있으므로, 흙 요소 상하면에 작용하는 힘은 동일 연직선상에 작용하고, 좌우 연직면에 작용하는 힘 (그림 9.13) 은 지표면에 평행 ($\delta = \beta$) 한 동일 선상에 작용해야 한다. **Rankine 토압이론**은 벽체조건 (경사, 벽마찰) 이나 재하조건 (하중경사, 하중분포) 등에 따라 좌우 연직면 압력의 작용선이 지표면에 평행한 동일 직선이 아니면 적용할 수 없다. Rankine 이론은 **Rankine 상태**나 캔틸레버 옹벽에서 토압을 간략하게 계산할 때 적용한다.

직선 활동파괴선상 토압은 깊이에 선형 비례하여 증가하므로, 토압의 합력 E_a 는 벽체 하부 1/3 점에 작용하고, 3 개의 힘 (활동파괴선 저항력 Q, 토압 E_a, 자중 G) 의 작용선은 활동파괴선상 한 점에서 만난다. 그렇지 않으면 흙 요소가 회전하여 활동파괴선이 곡선이 된다.

① **주동토압**

그림 9.14a 와 같이 벽체 배후지반의 지표면 (경사각 β) 과 토압의 작용방향이 평행할 때는 Rankine 토압이론으로 주동토압을 구할 수 있다.

평행사변형 미소 흙 요소 $HIJK$ (그림 9.14b) 에서 상 하면 (HK 면과 IJ 면) 에는 연직응력 σ_v 가 작용하고, 측면 (HI 면과 JK 면) 에는 지표면과 평행한 응력 σ_a 가 작용한다.

지표로부터 깊이 z 인 HK 면에 작용하는 연직응력 σ_v 는,

$$\sigma_v = \gamma z \cos\beta \tag{9.29}$$

이고, 이를 HK 면에 대한 수직응력 σ_n 과 접선응력 τ_n 으로 분력하면 다음이 된다.

$$\sigma_n = \sigma_v \cos\beta = \gamma z \cos^2\beta$$
$$\tau_n = \sigma_v \sin\beta = \gamma z \cos\beta \sin\beta \tag{9.30}$$

그런데 Mohr 응력원 (그림 9.14c) 에서 A 점은 미소 흙 요소에서 상부 면 ($HIJK$ 의 HK 면) 이므로, 연직응력 σ_v 와 수직응력 σ_n 및 접선응력 τ_n 은 각각 다음이 된다.

$$\sigma_v = \overline{OA}\ ,\ \sigma_n = \overline{Om}\ ,\ \tau_n = \overline{mA} \tag{9.31}$$

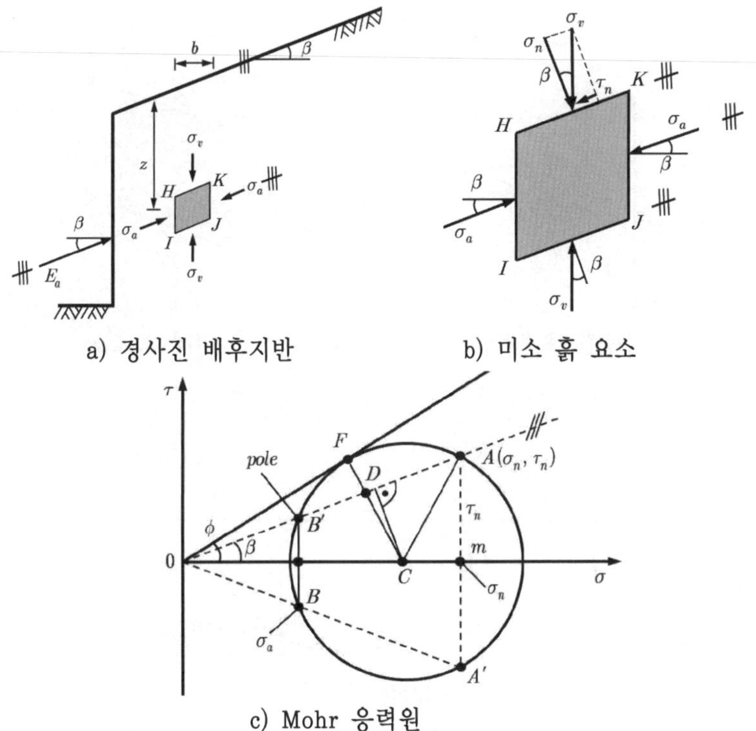

그림 9.14 지표면이 경사진 경우의 Rainkine 주동토압

주동토압 σ_a 는 미소 흙요소의 우측 KJ 면에 작용하는 압력이고, 이는 **극점**(pole)에서 KJ 면에 평행선(연직선)을 그어 Mohr 응력원과 만나는 B 점의 응력상태이다. 즉,

$$\sigma_a = K_a \sigma_v = \overline{OB} \tag{9.32}$$

그런데 Mohr 응력원에서 $\overline{DA} = \sqrt{(\overline{OC}\sin\phi)^2 - (\overline{OC}\sin\beta)^2} = \overline{OC}\sqrt{\cos^2\beta - \cos^2\phi}$ 이며, $\overline{OD} = \overline{OC}\cos\beta$ 이므로, 위 식에서 **Rankine 의 주동토압계수** K_a 를 구할 수 있고,

$$K_a = \frac{\sigma_a}{\sigma_v} = \frac{\overline{OB}}{\overline{OA}} = \frac{\overline{OD} - \overline{DA}}{\overline{OD} + \overline{DA}} = \frac{\cos\beta - \sqrt{\cos^2\beta - \cos^2\phi}}{\cos\beta + \sqrt{\cos^2\beta - \cos^2\phi}} \tag{9.33}$$

지표가 수평($\beta = 0$)이면, **Rankine 주동토압계수** K_a 는 다음이 된다.

$$K_a = \frac{1 - \sin\phi}{1 + \sin\phi} \tag{9.34}$$

따라서 **Rankine 의 주동토압** σ_a 는 식(9.32)에 식(9.29)를 대입한 값이다.

$$\sigma_a = K_a \sigma_v = K_a \gamma z \cos\beta \tag{9.35}$$

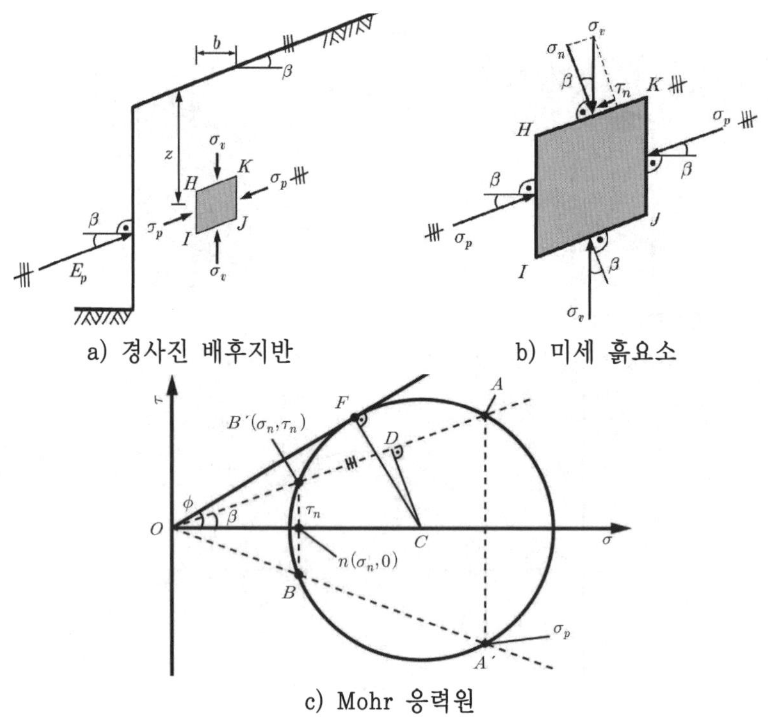

그림 9.15 지표면이 경사진 경우 Rankine 의 수동토압

② 수동토압

벽체 배후지반 지표와 토압 작용방향이 평행하면, Rankine 이론으로 **수동토압**을 구할 수 있다.

미소요소 상부 HK 면 (그림 9.15b) 의 응력상태 (그림 9.15c B'점, **극점**) 와 연직측면 KJ 면 응력상태 (A' 점) 가 $\sigma_v = \overline{OB'}$, $\sigma_n = \overline{On}$, $\tau_n = \overline{nB'}$ 이므로, **수동토압 σ_p** 는 다음이 된다.

$$\sigma_p = K_p \sigma_v = \overline{OA'} \tag{9.36}$$

Mohr 응력원에서 $\overline{OD} = \overline{OC}\cos\beta$ 와 $\overline{DA} = \overline{OC}\sqrt{\cos^2\beta - \cos^2\phi}$ 이므로, 이를 적용하면, **Rankine 수동토압계수 K_p**를 구할 수 있고, 주동토압계수 K_a (식 9.34) 의 역수이다.

$$K_p = \frac{\sigma_p}{\sigma_v} = \frac{\overline{OA'}}{\overline{OB'}} = \frac{\overline{OD} + \overline{DA}}{\overline{OD} - \overline{DA}} = \frac{\cos\beta + \sqrt{\cos^2\beta - \cos^2\phi}}{\cos\beta - \sqrt{\cos^2\beta - \cos^2\phi}} = \frac{1}{K_a} \tag{9.37}$$

지표가 수평 ($\beta = 0$) 이면, **Rankine 의 수동토압계수 K_p** 는 다음이 된다.

$$K_p = \frac{1 + \sin\phi}{1 - \sin\phi} \tag{9.38}$$

따라서 **Rankine 의 수동토압 σ_p** 는 식 (9.32) 에 식 (9.29) 를 대입한 값이다.

$$\sigma_p = K_p \sigma_v = K_p \gamma z \cos\beta \tag{9.39}$$

(2) Coulomb 토압이론

외력이 작용하지 않는 균질한 사질지반에서 벽체가 뒷면 하단을 중심으로 크게 회전하면, 배후지반이 선형파괴 되어 흙 쐐기가 생겨 선형 파괴선을 따라 활동한다. Coulomb (1776) 은 흙 쐐기가 활동파괴선상 전단저항력과 토압에 의해서 지지되고, 흙 쐐기에 작용하는 힘들이 평형을 이루고 있다고 생각하고 벽체에 작용하는 토압을 구하였다.

토압은 여러 가지의 **토압 영향요소** (벽체 배면경사, 벽체 배후지반의 지표경사, 벽마찰각, 벽면 부착력, 토질정수 등) 에 의해 영향을 받는다.

토압의 극대치는 활동파괴선과 벽체배면에서 전단 저항력이 최대일 때 발생된다. 지반이 주동 한계상태가 되면 직선 활동파괴선이 형성되며, 그 한계토압이 **주동토압**이다. 벽마찰이 있거나, 주동토압의 작용방향이 수평이 아니면 연직성분의 토압이 발생한다.

수동토압은 수동 한계상태일 때 토압이며, 지반이 느슨할수록 소요되는 한계변위가 크다. 벽 마찰각이 크거나 내부마찰각 $\phi > 30°$ 인 지반에서는 수동활동파괴선이 대개 곡선형상이 되며, 이런 지반에 Coulomb 토압이론 (즉, 직선 활동파괴선) 을 적용하고 수동토압을 산정할 경우에는 안전측으로 벽마찰각을 '**영**'으로 한다.

① Coulomb 토압이론의 조건

Coulomb **토압이론**은 다음 조건을 전제로 한다.

① 지반은 **사질토**이다 (점착력은 나중에 고려한다).
② 벽체가 뒷굽 하단 중심으로 회전하면 **흙쐐기**가 생성되어 활동 파괴선을 따라 활동한다.
③ 활동파괴선은 **직선**이다. 일반적으로 주동토압은 직선 활동파괴선을 가정하고 구해도 오차가 크지 않다. 그러나 수동 활동파괴선은 곡선으로 생성되므로, 직선 활동파괴선으로 가정하고 수동토압을 구하면 실제와 차이가 크다.
④ 벽체와 지반 사이의 마찰각 (**벽마찰각**) 의 크기는 알려져 있다.
⑤ 활동파괴선에서는 마찰이 완전한 크기로 작용하며, **활동저항력** Q 는 활동파괴선 법선에 대해 내부마찰각 ϕ 만큼 기울어서 작용한다.
⑥ 상재하중이 없고 균질한 지반에서는 토압이 삼각형분포이다.

Coulomb **토압이론**은 원래 단순 조건 (마찰이 없는 연직 벽체, 비점착성 지반, 수평지표, 직선 활동파괴선) 에 대해 수립되었으나, 후세에 마찰 있는 경사벽체나 경사 지표와 점착성 지반은 물론 활동파괴선이 곡선 (원호나 대수나선) 일 때도 적용할 수 있도록 확장되었다 (그림 9.18).

벽체배면이 경사지거나 ($\alpha \neq 0$) 지표경사가 벽마찰각과 다른 경우 ($\beta \neq \delta$) 에 대한 극한 토압은 (Rankine 이론으로는 구할 수 없고) 확장된 Coulomb 이론으로만 구할 수 있다.

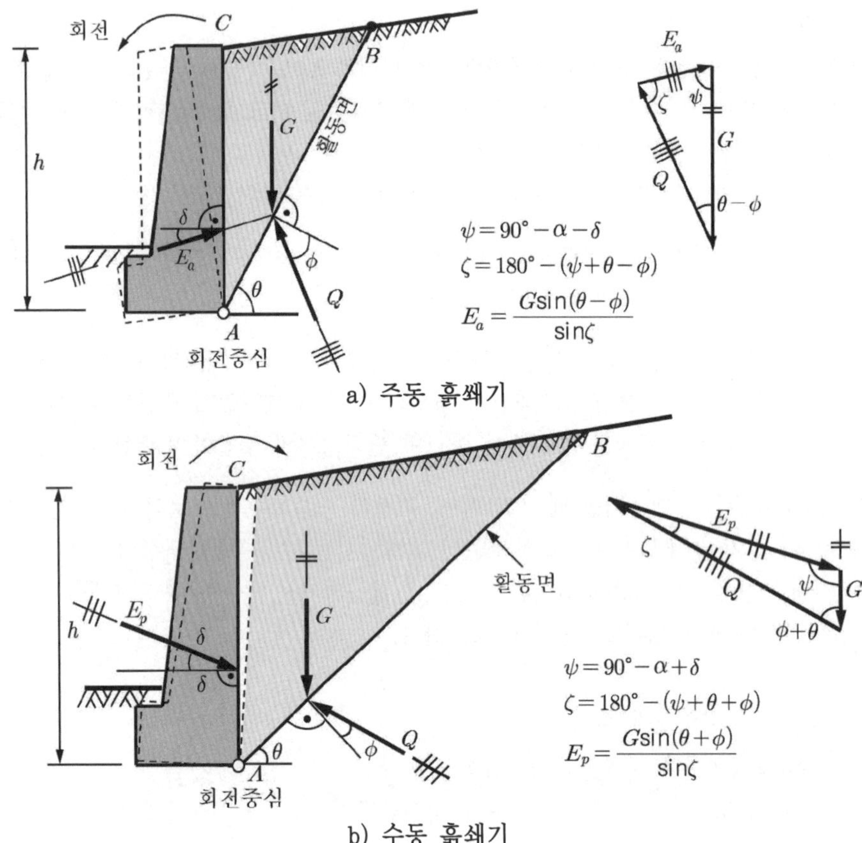

그림 9.16 확장된 Coulomb 토압이론

Coulomb **토압이론**에서는 주동 및 수동토압을 직선 활동파괴선을 가정하고 구한다. 그런데 (주동 활동파괴선은 대개 직선이지만) 수동 활동파괴선은 내부마찰각이나 벽마찰각이 클 때는 곡선이 되기 때문에, Coulomb **토압이론**으로 직선 수동 활동파괴선을 가정하므로 수동토압을 계산하는 경우에는 (안전 측으로) 벽마찰을 무시하는 경우가 많다.

② Coulomb 의 흙쐐기

Coulomb (1776) 은 벽체가 뒷면의 하단을 중심으로 크게 회전하면, 배후지반이 선형파괴 되어 흙 쐐기 (그림 9.16a 의 ΔABC) 가 생성되어 직선 활동파괴선 (그림 9.16 의 AB 면) 을 따라서 움직이며, 흙 쐐기는 토압 E와 활동파괴선상 활동저항력 Q에 의해 지지된다고 생각하고, 힘의 극한평형식을 적용하여 토압의 합력 E를 구하였다.

흙 쐐기 자중 G는 크기와 작용방향을 알고, **토압 합력** E와 활동파괴선상 **전단저항력** Q는 크기는 모르지만 그 작용방향을 알고 있다.

즉, **주동토압 합력** $\boldsymbol{E_a}$ 는 그림 9.16a 와 같이 벽면의 법선에 대해 아래로 δ 만큼 기울어 작용하고 ($\delta > 0$), **활동저항력** $\boldsymbol{Q}$ 는 활동파괴선의 법선에 대해 아래로 ϕ 만큼 기울어서 작용한다 ($\phi > 0$). **수동토압**은 작용방향이 주동토압일 때와 반대이다 (그림 9.16b, $\delta < 0$, $\phi < 0$).

극한토압 즉, **주동토압** $\boldsymbol{E_a}$ (주동상태 토압 최대치) 및 **수동토압** $\boldsymbol{E_p}$ (수동상태 토압 최소치)은 해석적 방법이나 도해법으로 구한다. Coulomb 이론을 적용한 도해법이 많이 개발되었다.

③ 주동토압

주동 흙쐐기가 활동파괴면을 따라 미끄러져 내리면, **주동토압의 합력** $\boldsymbol{E_a}$ 는 벽면의 법선에 대해 아래로 δ 만큼 경사지고 ($\delta > 0$), **활동 저항력** $\boldsymbol{Q}$ 는 활동파괴선의 법선에 대해 아래로 ϕ 만큼 기울어서 작용한다 ($\phi > 0$).

따라서 **주동상태토압** $\boldsymbol{E}$ 는 그림 9.16a 의 힘의 다각형에서 구할 수 있다.

$$E = G\frac{\sin(\theta-\phi)}{\cos(\theta-\phi+\delta-\alpha)} \tag{9.40}$$

만일 ϕ, δ, α 가 상수이면 토압 E_a 는 θ 만의 함수이기 때문에, 최대토압은 위 식의 θ 에 대한 도함수가 '**영**' ($dE/d\theta = 0$) 일 때에 발생한다.

이 값이 Coulomb 의 **주동토압** $\boldsymbol{E_a}$ 이다.

$$\begin{aligned} E_a &= \frac{1}{2}\gamma h^2 \left[\frac{\cos^2(\phi+\alpha)}{\cos^2\alpha\cos(\delta-\alpha)\left[1+\sqrt{\dfrac{\sin(\phi+\delta)\sin(\phi-\beta)}{\cos(\alpha-\delta)\cos(\alpha+\beta)}}\right]^2} \right] \\ &= \frac{1}{2}\gamma h^2 K_a \end{aligned} \tag{9.41}$$

위 식에서 $\boldsymbol{K_a}$ 는 Coulomb 의 **주동토압계수**이다.

$$K_a = \frac{\cos^2(\phi+\alpha)}{\cos^2\alpha\cos(\delta-\alpha)\left[1+\sqrt{\dfrac{\sin(\phi+\delta)\sin(\phi-\beta)}{\cos(\alpha-\delta)\cos(\alpha+\beta)}}\right]^2} \tag{9.42}$$

위 식은 Rankine **상태** ($\alpha = 0$, $\beta = \delta = 0$) 일 때에는, 다음이 되어 Rankine **주동토압 계수** (식 9.34) 와 일치한다.

$$K_a = \tan^2\left(45° - \frac{\phi}{2}\right) = \frac{1-\sin\phi}{1+\sin\phi} \tag{9.43}$$

지표 경사 β 가 내부마찰각 ϕ 보다 크면 ($\beta > \phi$), $\sin(\phi-\beta) < 0$ 이 되므로, 위 식 (9.42) 가 성립되지 않는다. 이때는 도해법으로 주동토압을 구한다.

벽체 배면이 연직이 아니거나 ($\alpha \neq 0$) 벽마찰이 있으면 ($\delta \neq 0$) 주동토압 E_a 가 경사지게 작용하므로 연직성분 E_{av} 와 수평성분 E_{ah} 로 분력하여 적용한다 (그림 9.10b).

$$E_{ah} = E_a \cos(\delta - \alpha) = \frac{1}{2}\gamma h^2 K_a \cos(\delta - \alpha) = \frac{1}{2}\gamma h^2 K_{ah}$$

$$E_{av} = E_a \sin(\delta - \alpha) = E_{ah} \tan(\delta - \alpha) \tag{9.44}$$

따라서 **수평 주동토압계수 K_{ah}** (coefficient of horizontal active earth pressure) 는 다음과 같고,

$$K_{ah} = K_a \cos(\delta - \alpha) \tag{9.45}$$

$$= \frac{\cos^2(\phi + \alpha)}{\cos^2\alpha\left[1 + \sqrt{\dfrac{\sin(\phi+\delta)\sin(\phi-\beta)}{\cos(\alpha-\delta)\cos(\alpha+\beta)}}\right]^2}$$

주동활동파괴선의 경사 θ_a 는 다음이 된다 (단, $\lambda = \phi - \beta$, $\mu = \phi + \alpha, \nu = \delta - \alpha$).

$$\theta_a = \epsilon_a + \phi$$

$$\tan\epsilon_a = \frac{\sqrt{\tan\lambda(\tan\lambda + \cot\mu)(1 + \tan\nu\cot\mu)} - \tan\lambda}{1 + \tan\nu(\tan\lambda + \cot\mu)} \tag{9.46}$$

위 식에서 $\lambda = \phi - \beta$ 이고, $\mu = \phi + \alpha$ 이며, $\nu = \delta - \alpha$ 이다.

따라서 주동 활동파괴선의 (수평에 대한) 각도 θ_a 는 내부 마찰각 ϕ 가 클수록 커지고, 벽체 배후지반의 경사 β 와 벽체배면의 각도 α 및 벽마찰각 δ 가 작을수록 커진다.

토압이 **극한주동토압 E_a** 즉, 극한상태 토압의 최대치가 되는 **흙쐐기**는 **활동파괴선 각도 θ_a** 일 때 발생된다 (그림 9.17a).

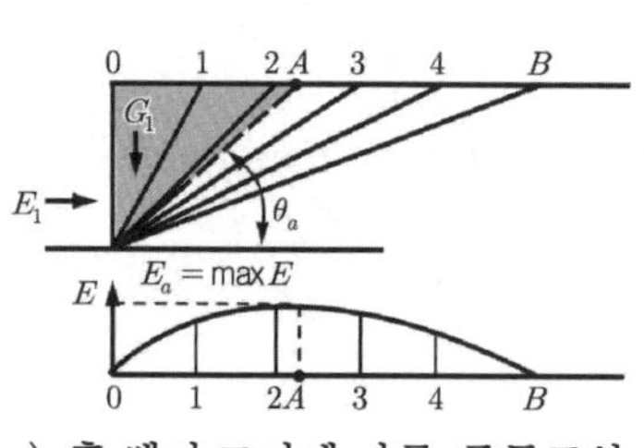

a) 흙 쐐기 크기에 따른 주동토압

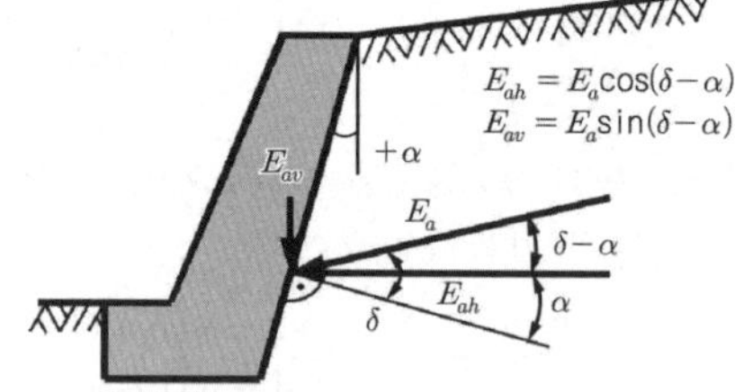

b) 주동토압 수평 및 연직성분

그림 9.17 주동토압

④ 수동토압

수동 흙쐐기가 활동파괴선을 따라 위로 밀려 올라가면, **수동토압 합력 E_p** 는 벽면의 법선에 대해 위로 δ 만큼 기울어 작용하고 ($\delta < 0$), **활동저항력** Q 는 활동파괴선의 법선에 대해서 위로 ϕ 만큼 기울어 ($\phi < 0$) 작용하여 그림 9.17b 와 같은 힘의 다각형이 성립된다.

따라서 **수동상태 토압 E** 는 그림 9.17b 의 힘의 다각형에서 구할 수 있다.

$$E = G\frac{\sin(\theta+\phi)}{\cos(\theta+\phi+\delta-\alpha)} \tag{9.47}$$

위 식에서 θ, δ, α 가 상수이면, 토압 E 는 활동파괴선 각도 θ 에 따라 달라지고 θ 에 대한 도함수가 '영' ($dE/d\theta = 0$) 일 때 최소값이 되며, 이 값이 Coulomb **수동토압 E_p** 이다.

$$E_p = \frac{1}{2}\gamma h^2\left[\frac{\cos^2(\phi-\alpha)}{\cos^2\alpha\cos(\delta-\alpha)\left[1-\sqrt{\frac{\sin(\phi-\delta)\sin(\phi+\beta)}{\cos(\delta-\alpha)\cos(\alpha+\beta)}}\right]^2}\right] = \frac{1}{2}\gamma h^2 K_p \tag{9.48}$$

여기에서 K_p 는 Coulomb **의 수동토압계수**이고,

$$K_p = \frac{\cos^2(\phi-\alpha)}{\cos^2\alpha\cos(\delta-\alpha)\left[1-\sqrt{\frac{\sin(\phi-\delta)\sin(\phi+\beta)}{\cos(\delta-\alpha)\cos(\alpha+\beta)}}\right]^2} \tag{9.49}$$

Rankine **상태** ($\alpha = 0, \beta = \delta = 0$) 이면, Rankine **수동토압계수** (식 9.37) 와 일치한다.

$$K_p = \tan^2\left(45° + \frac{\phi}{2}\right) = \frac{1+\sin\phi}{1-\sin\phi} \tag{9.50}$$

벽체 배면이 경사지고 ($\alpha \neq 0$) 벽마찰이 있으면 ($\delta \neq 0$), 수동토압 E_p 가 경사지게 작용하므로 연직성분 E_{pv} 와 수평성분 E_{ph} 로 분력해서 적용하며,

$$\begin{aligned} E_{ph} &= E_p\cos(\delta-\alpha) = \frac{1}{2}\gamma h^2 K_p\cos(\delta-\alpha) = \frac{1}{2}\gamma h^2 K_{ph} \\ E_{pv} &= E_p\sin(\delta-\alpha) = E_{ph}\tan(\delta-\alpha) \end{aligned} \tag{9.51}$$

수평수동토압계수 K_{ph} 는 위 식 (9.49) 로부터 다음이 되고,

$$K_{ph} = K_p\cos(\delta-\alpha) = \frac{\cos^2(\phi-\alpha)}{\cos^2\alpha\left[1-\sqrt{\frac{\sin(\phi-\delta)\sin(\phi+\beta)}{\cos(\delta-\alpha)\cos(\alpha+\beta)}}\right]^2} \tag{9.52}$$

수동 활동파괴선의 경사 θ_p 는 다음이 된다 (단, $\lambda = \phi+\beta$, $\mu = \phi-\alpha$, $\nu = \delta+\alpha$).

$$\begin{aligned} \theta_p &= \epsilon_p - \phi \\ \tan\epsilon_p &= \frac{\sqrt{\tan\lambda + (\tan\lambda+\cot\mu)(1+\tan\nu\cot\mu)} + \tan\lambda}{1+\tan\nu(\tan\lambda+\cot\mu)} \end{aligned} \tag{9.53}$$

2) 곡선활동파괴선에 의한 극한토압

극한토압 고전이론들은 시대에 따라 개선되거나 개념적으로 확장되었다. 특히 Coulomb 이론은 **직선 활동 파괴선**을 기본으로 개발되었으나, 후에 **원호 활동 파괴선**과 **대수나선 활동 파괴선**을 적용할 수 있도록 확장되었다 (그림 9.18).

(1) 원호 활동파괴선

Fellenius (1927) 는 점토에서 **원호 활동파괴**를 가정하고 극한토압을 구했다. Coulomb 처럼 토압의 작용위치를 벽체배면의 하부 1/3 지점으로 간주하고 활동파괴선상에 극한조건을 적용하고 상부토체에 모멘트 평형조건을 적용하여 원호 활동파괴선의 중심과 토압을 계산하였다.

원호 활동 파괴선에서는 모든 변수를 Fellenius 의 식으로 계산할 수 있다. Brinch Hansen (1953) 은 점토 ($\phi = 0$) 에서 원호 모양으로 선형파괴 되어서, **원호 활동파괴선**으로 해석한 결과가 합당함을 확인하고 그 활용방법에 대해 상세히 언급하였다.

① 주동토압

연직 벽체는 마찰 없고, 지표는 수평이며, 활동파괴선은 벽체 하단 A 점을 지나는 원호일 경우 (그림 9.19) 에 원호 (반경 $R = h/(2\sin\theta\,\sin\alpha)$) 의 중심 O 점의 위치는 각도 θ 와 α 로 나타낼 수 있고 벽체와 수평거리는 $x = h\sin(\alpha - \theta)/(2\sin\theta\,\sin\alpha)$ 이다.

원호 활동파괴될 때 (그림 9.19) 주동토압은 중심 O 점에 대해 모멘트를 취해서 구할 수 있다.

$$E = \frac{1}{2}\gamma h^2 + ph - chf(\theta, \alpha) \tag{9.54}$$

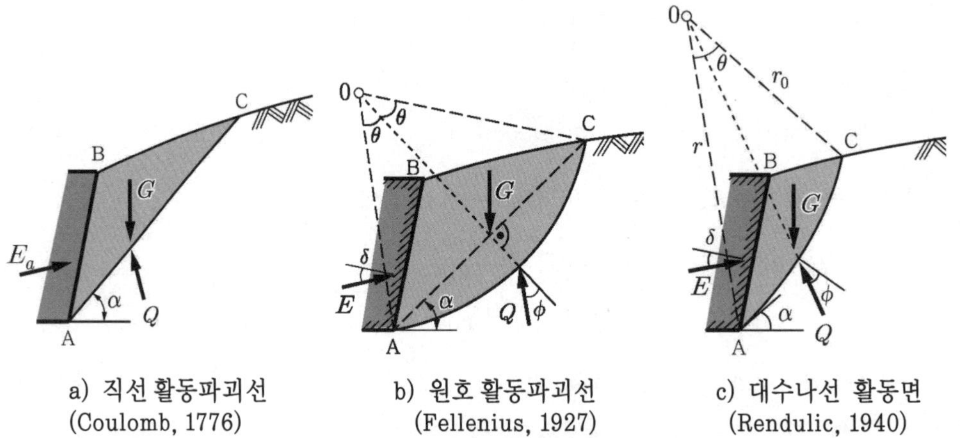

a) 직선 활동파괴선 (Coulomb, 1776) b) 원호 활동파괴선 (Fellenius, 1927) c) 대수나선 활동면 (Rendulic, 1940)

그림 9.18 극한법의 개념

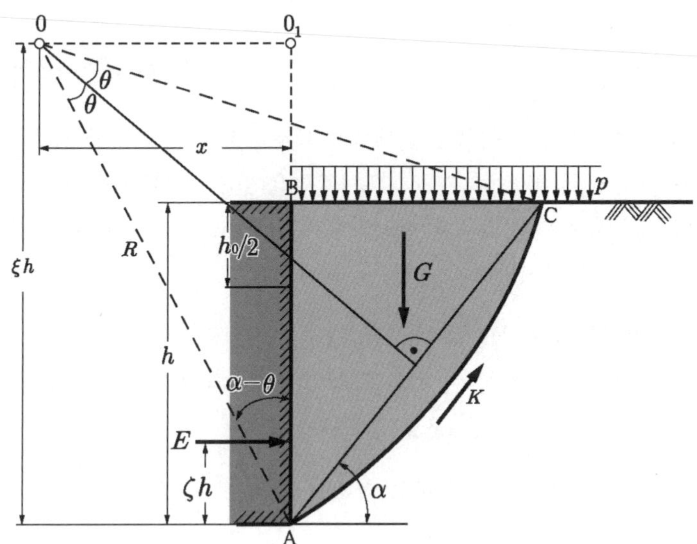

그림 9.19 Fellenius 의 토압계산법 (원호 활동파괴)

이고, 여기에서 $f(\theta, \alpha)$ 는 다음이 된다.

$$f(\theta, \alpha) = \frac{\theta(1 + \cot^2\theta)(1 + \cot^2\alpha)}{\cot\theta\,\cot\alpha + 1 - 2\zeta} \tag{9.55}$$

식 (9.54) 의 극한치는 θ 와 α 에 대한 도함수를 '**영**' ($\partial f/\partial\theta = 0$, $\partial f/\partial\alpha = 0$) 으로 하면 구할 수 있다.

$$\begin{aligned} \theta\cot\alpha(1 + \cot^2\theta) &= (2\theta\cot\theta - 1)(\cot\theta\cot\alpha - 1)(\cot\theta\cot\alpha + 1 - 2\zeta) \\ \cot\theta(1 + \cot\alpha) &= 2\cot\alpha(\cot\theta\cot\alpha + 1 - 2\zeta) \end{aligned} \tag{9.56}$$

회전 중심 즉, 원의 중심 O 의 그 위치는 ξ 로 나타낼 수 있다.

$$\xi = \frac{R}{h}\cos(\alpha - \theta) = \frac{1}{h}(1 + \cot\theta\,\cot\alpha) \tag{9.57}$$

원호 활동파괴선은 운동학적으로 합당하다는 장점이 있으나, 토압 분포를 구할 수 없고, 합력의 작용위치만 구할 수 있다. 토압의 합력은 Coulomb 의 토압과 차이가 크지 않다.

② 수동토압

수동상태에서는 회전방향이 주동상태와 반대방향 (반시계 방향) 이므로 점착력 c 의 작용 방향만 다르고 $f(\theta, \alpha)$ 는 그대로이다. 따라서 수동토압은 점착력 c 의 부호만 다르게 바꾸어 식 (9.54) 로 계산할 수 있다.

(2) 대수나선형 활동파괴선

마찰지반에서는 곡선 활동 파괴선은 대수나선형으로 보고 극한토압이론을 적용할 수 있다.

대수나선형 활동파괴선에는 (법선에 대해서 내부마찰각 만큼 경사진) 하중이 작용하고 그 작용선은 대수나선의 극점 (pole) 을 지난다 (그림 9.20). 대수나선을 적용하는 토압이론들은 Coulomb 토압이론의 특수한 경우에 해당되며, Rendulic (1940) 이 제시했으므로 **Rendulic 의 방법**이라고 하고 마찰지반에 적용할 수 있다.

Rendulic 의 방법을 적용하면 특수 조건 (강성, 연직, 부마찰력, 수평지표) 일 때 작용하는 토압의 크기와 작용점을 계산할 수 있다. 강성벽체 배면의 토압분포와 회전중심은 가정하고, 토압의 작용점을 알면 그 크기를 구할 수 있다.

Rendulic 의 방법은 계산이 복잡하고 참조할 수 있는 도표나 그래프가 많지 않기 때문에 실무에서는 적용하는 경우가 드물다.

Rendulic 의 방법에 대한 상세한 내용은 Rendulic (1940) 또는 Brinch Hansen (1953) 을 참조한다. 이하에서는 Rendulic 방법의 개념을 간단히 소개한다.

토압 작용방향에 평행한 직선상에서 2 개 점 (그림 9.21a 의 점 1 과 점 2) 을 선택하여 극점 (pole) 으로 간주하고 대수나선형 활동파괴선 K_1, K_2 를 그려서 토압을 구한다. 지반 파괴식은 활동파괴선에서만 충족된다. 활동파괴선상에서 작용하는 합응력의 수직에 대한 각도는 내부마찰각 보다 크지 않다.

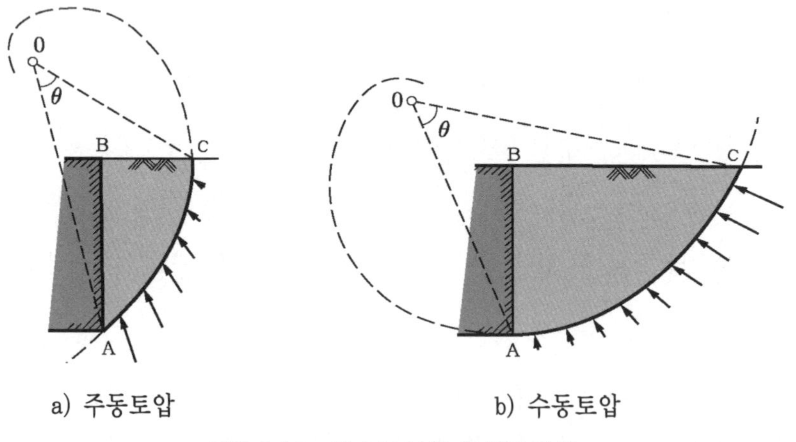

a) 주동토압 b) 수동토압

그림 9.20 대수나선형 활동파괴선

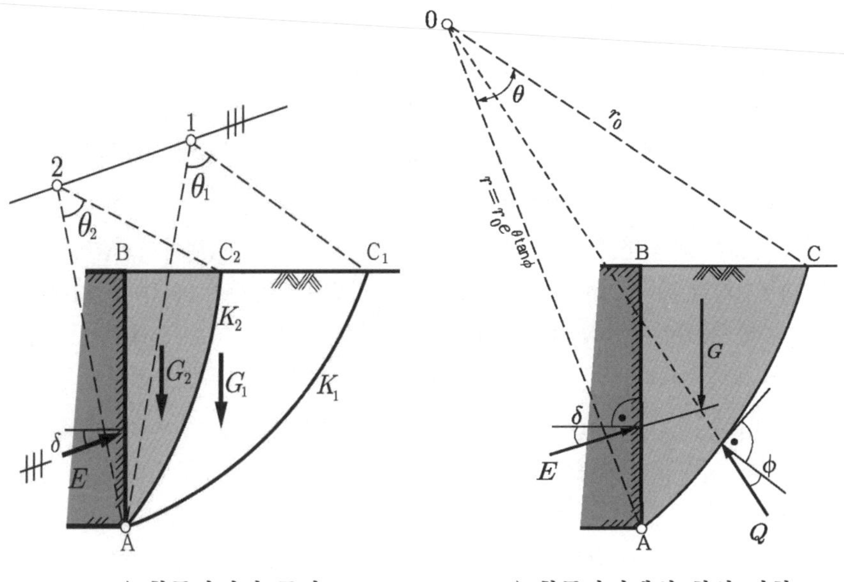

a) 활동파괴선 극점 b) 활동파괴체의 힘의 평형

그림 9.21 대수나선 극점과 활동 파괴체의 힘의 평형

그림 9.21b 의 흙쐐기 ABC 에서 토압 작용점과 벽 마찰각을 알면 미지수가 3 개 (토압 E 와 대수나선의 기하학적 변수 즉, 반경 r 과 사잇각 θ) 이다. 식이 2 개가 더 있으면 이 변수에 대한 토압의 합력 E 의 부분도함수가 '**영**'이라 하고 미지수를 구할 수 있다.

그런데 위의 해석식들은 매우 복잡해서, 계산하는데 노력과 시간이 많이 소요되므로 간편하게 도해법으로 토압을 구하고 최적 대수나선은 시행착오법으로 구하는 경우가 많다.

Rendulic 은 이 계산을 수행하여 (대수나선 활동파괴선의 극점 위치를 나타내는) **극점곡선** (pole curve) 과 (토압에 의한 모멘트가 최대가 되는 극점에 대한 모멘트를 나타내는) **극점 모멘트 곡선** (pole moment cuve) 을 구하고, 주어진 작용점에 대해 대수나선의 위치와 극한 토압 크기를 구할 수 있는 그래프를 제시하였다.

극점곡선은 2 개의 축과 공통 점근선으로 구성되고, 점근선 방향은 활동 파괴선상 반력의 작용방향이다. 극점은 토압의 작용방향에 평행한 직선상에 있다. **극점 모멘트 곡선**은 여러 개 대수나선에 대해서 극점 모멘트를 구한 후에 극점위치에 나타낸 곡선이다. 극점 모멘트 곡선은 2 개의 축과 극점 모멘트 곡선의 점근선으로 구성된다.

Rendulic 은 이상의 과정을 수동토압에도 적용하였고, 이에 대한 상세한 내용은 Rendulic (1940) 또는 Brinch Hansen (1953) 을 참조한다.

3) Culmann 도해법에 의한 극한토압

극한토압은 계산식이 복잡한 해석적인 방법으로 구하려면 시간과 노력이 많이 소요되므로, 실무에서는 대체로 도표를 이용하거나 도해법을 적용하여 간편하게 구한다. 따라서 지표경사나 벽면경사, 벽마찰각 및 내부마찰각을 고려할 수 있는 도표들이 제시되어 있다 (Türke, 1990).

도해법은 **외력**이 작용하거나 지표나 벽체의 **경계조건**이 복잡하여, 과도하게 단순화를 하지 않으면 해석적 방법을 적용할 수 없는 경우에 극한토압을 구하는 방법이며, 점착력으로 인해 **지표경사**가 내부마찰각 보다 커서 ($\beta > \phi$) Coulomb 식으로 토압을 구할 수 없을 때에도 적용할 수 있다. 컴퓨터 등 계산수단이 발달되기 전에는 극한토압을 구하는 **도해법**이 성행하였고, Poncelet (1840), Engesser (1880), Culmann (1866) 등의 방법이 아직 인용된다.

Poncelet (1840) 는 Coulomb 토압이론을 바탕으로 토압의 극한 값 (주동토압과 수동토압) 을 직접 구할 수 있는 도해법을 개발하였다. 이에 대한 상세한 내용은 Das (1987) 를 참조한다.

Engesser (1880) 는 배후지반을 다수 흙쐐기로 분할하고, 각각에 대해 Coulomb 토압이론에 따른 힘의 다각형을 연속해서 작도하면 일정한 곡선 (Engesser curve) 에 접하는 특성을 이용하여 극한토압을 구했으며 이 방법은 보조선 없이 명확한 토압을 구할 수 있다는 장점이 있다.

Culmann (1866) 은 임의 직선 활동파괴선에 대해 자연사면선을 그리고, 그 위에 Coulomb 의 토압이론에 따른 힘의 다각형을 겹쳐 그려서 토압의 극한값 (주동 및 수동토압) 을 구했다. **Culmann 도해법**은 지반상태나 지표형상 및 상재하중이나 점착력이 있을 때 유용하다.

(1) 도해법의 이론적 배경

토압 E는 대개 Coulomb 의 토압이론을 기본으로 직선 활동파괴선 (수평에 대한 각도 θ) 에 대한 힘의 다각형 (그림 9.22c) 에 sine 법칙을 적용하고 계산할 수 있다 (식 9.40).

$$E = G\frac{\sin(\theta - \phi)}{\cos(\theta - \phi - \delta - \alpha)} \tag{9.58}$$

경사가 다른 여러 개 활동파괴선에 대해 토압을 구하고, 그 중 극대치 (극한토압) 을 찾는다.

(2) Culmann 도해법

Culmann 의 도해법은 지반상태나 지표형상 및 외력 등을 쉽게 고려할 수 있도록 확장되어 있어서 지금도 자주 적용된다.

① 주동토압

흙 쐐기에 작용하는 흙 쐐기 자중 G는 크기와 작용방향을 알고, 주동상태 토압 E와 활동저항력 Q는 작용방향을 알고 있어서 힘의 다각형 (그림 9.22c) 이 성립된다. 토압 E는 벽면의 법선 아래로 벽마찰각 만큼 경사지고, 활동저항력 Q는 활동파괴선 법선에 대해 아래로 내부마찰각 만큼 경사지게 작용한다.

힘의 다각형에서 활동 저항력 Q와 흙 쐐기의 자중 G는 각도 $\theta - \phi$를 이루므로 (θ는 가상 활동파괴선 각도), 벽체배면 하단 점에서 자연사면선 (각도 ϕ) 을 그리고 그 위에 흙 쐐기의 자중 G를 겹치면 활동저항력 Q는 가상 활동파괴선 위에 놓이며, 토압 E는 벽체 배면과 $\delta + \phi$의 각도를 이룬다. 흙 쐐기 자중 G의 끝점에서 (벽체 배면과 각도 $\delta + \phi$ 인) 보조선에 평행선을 그리면 가상 활동 파괴선과 만나는 길이가 토압 E에 해당된다 (그림 9.22).

Culmann 의 도해법은 다음 순서로 적용한다.

① 벽체와 배후 지반상태 및 경계조건을 일정한 축척으로 그린다.
② 벽체배면 하단 A 점을 지나서 수평에 대해 상향으로 경사 ϕ 인 **자연사면선**을 그린다.
③ 벽체 배면 하단 A 점에서 벽체배면 좌측위로 각 $\delta + \phi$ 인 **보조선** (토압방향) 을 그린다.
④ 가상 활동 파괴선을 4 ~ 5 개 그려 **활동쐐기** 면적을 정하고 자중 G를 구한다. 지표면이 평면일 때 길이 l을 같게 하면 (그림 9.22a) 흙쐐기 크기가 같아져서 편리하다.
⑤ 힘의 다각형의 **축척**을 정하여 자중 G와 작용 외력 P의 길이를 정한다.
⑥ 벽면 하단 A 점에서 시작하여 자연사면선상에 **각 흙쐐기 자중** G와 **외력** P를 표시한다.
⑦ 자중 G의 끝점에서 보조선에 평행선을 그려서 활동 파괴선과 만나는 **교차점** M을 찾는다. 흙쐐기의 개수만큼 교차점이 구해진다.
⑧ 모든 교차점을 연결한 곡선에 접선 (자연 사면선에 평행선) 을 그려 **접점**을 찾는다.
⑨ 위 접점과 벽면 하단 A 점의 연결 선이 **한계 활동파괴선** (주동 활동파괴선) 이고, 위의 접점에서 보조선에 평행선을 그려서 자연사면선과 교차점까지 길이가 **주동토압**이다.
⑩ 힘의 다각형 축척을 적용하여 **주동토압** E_a의 크기를 환산한다. 주동토압은 벽체의 하부 ⅓ 점에서 벽체배면의 법선에 대해 벽마찰각 δ 만큼 경사진 방향으로 작용한다.

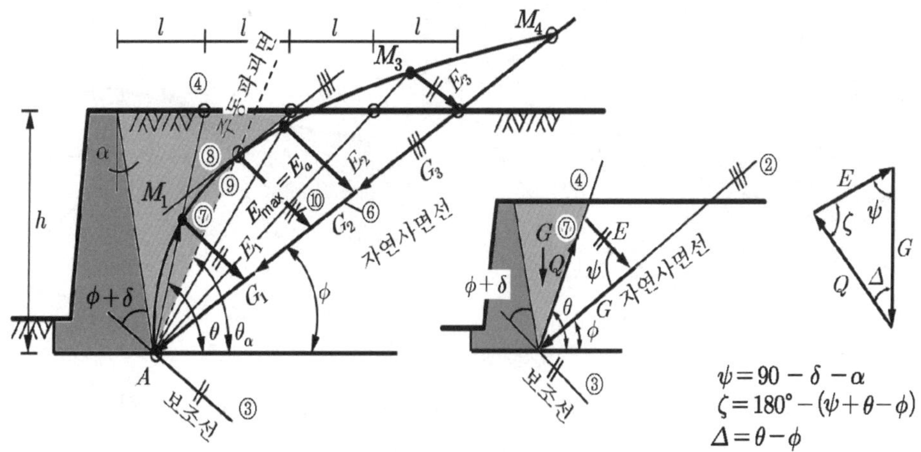

a) Culmann 의 도해법 b) Culmann 도해법의 개요 c) 힘의 다각형

그림 9.22 Culmann 의 도해법에 의한 주동토압계산

② 수동토압

수동상태에서는 활동저항력 Q 의 작용방향과 벽마찰각 δ 의 부호가 주동상태와 반대이고, 흙 쐐기 자중 G 와 활동파괴선 저항력 Q 가 이루는 각도가 $\phi+\theta$ 이어서, 힘의 다각형 모양이 주동상태와 다르다. 따라서 자연사면선과 보조선 위치와 방향을 주동상태와 다르게 작도한다.

수동상태일 때는 그림 9.23 과 같이 **자연 사면선** (주동상태일 때의 ②) 을 벽체 배면의 하단 A 점에서 수평선 아래 방향으로 경사 ϕ 로 작도하고, 토압의 작용방향을 나타내는 **보조선** (주동상태일 때 ③) 은 벽체배면상단 B 점에서 벽체배면 좌측 아래방향으로 각도 $\phi+\delta$ 이다.

수동상태에서 Culmann 도해법은 주동상태일 때의 ①~⑩ 단계를 동일하게 적용한다. 다만, 수동상태에서는 모든 교차점을 연결한 **토압곡선** (주동상태일 때의 ⑧) 이 아래로 볼록한 모양이므로 여기에 접하는 접선 (자연사면선의 평행선) 을 곡선 아래쪽에 그려서 접점을 찾는다.

수동 활동파괴선 (주동상태일 때의 ⑨) 은 주동상태와 마찬가지로 주동상태일 때의 ⑧ 단계에서 구한 접점과 벽체 배면의 하단 A 점을 연결한 직선 (각도 θ_p) 이다 (그림 9.23 의 점선).

수동토압 E_p (주동상태일 때의 ⑩) 는 접점으로부터 보조선에 평행선을 그어 자연사면선과 만나는 점까지의 길이에 힘의 다각형의 축척을 곱한 값이다 (그림 9.23 의 점선).

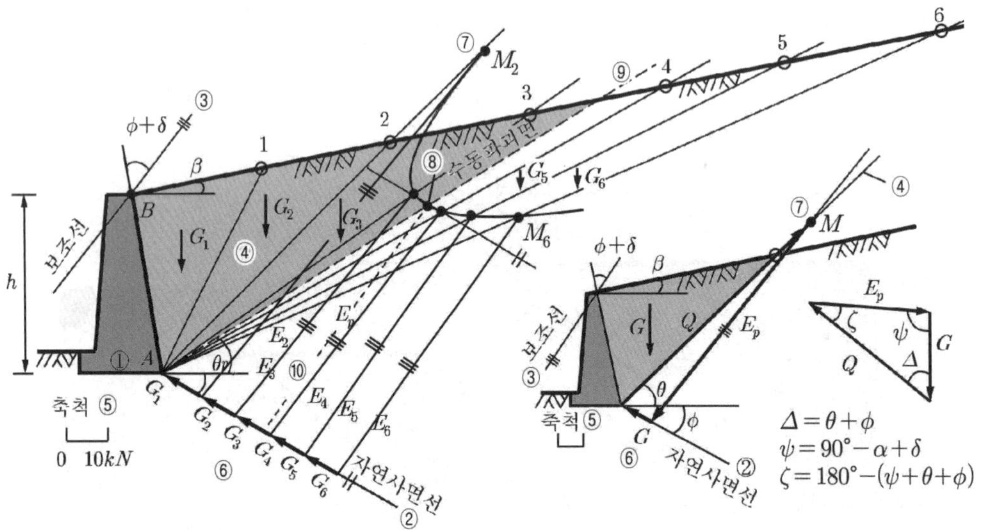

a) 수동토압 Culmann 도해법 b) Culmann 도해법 개요 (c) 힘의 다각형

그림 9.23 Culmann 도해법에 의한 수동토압

③ 연직 선하중에 의한 극한토압

연직 선하중에 의해 벽체에 작용하는 수평토압은 Culmann 의 도해법으로 구할 수 있고, 그림 9.24c 는 Culmann 도해법의 개요도이다. 벽체 배면이 경사지거나 지표가 굴절된 형상이거나 지표에 분포하중이나 연직 선하중 등 외력이 작용할 때는 경계를 단순화하지 않으면 해석적 방법을 적용하기가 어렵다. 그러나 Culmann 도해법은 경계를 있는 그대로 적용하고, 지표 굴절부나 상재하중 작용점을 경계삼아 요소를 분할하여 풀 수 있다 (그림 9.24d).

선하중의 영향은 선하중 작용위치에서 수평에 대해 각도 ϕ 와 θ 인 선이 벽체와 만나는 점 사이의 범위 (그림 9.24a 의 h_2) 에 국한되므로 선하중에 의한 토압분포는 높이 h_2 인 역삼각형으로 가정한다. 토압의 합력 E_{apg} 는 자중 및 선하중에 의한 토압합력 E_{ag} 및 E_{ap} 의 합이다 (그림 9.24b). Culmann 의 방법에서는 지반 내의 하중확산을 고려할 수 없기 때문에 결과가 (다른 방법보다) 불안전측에 속할 수 있다.

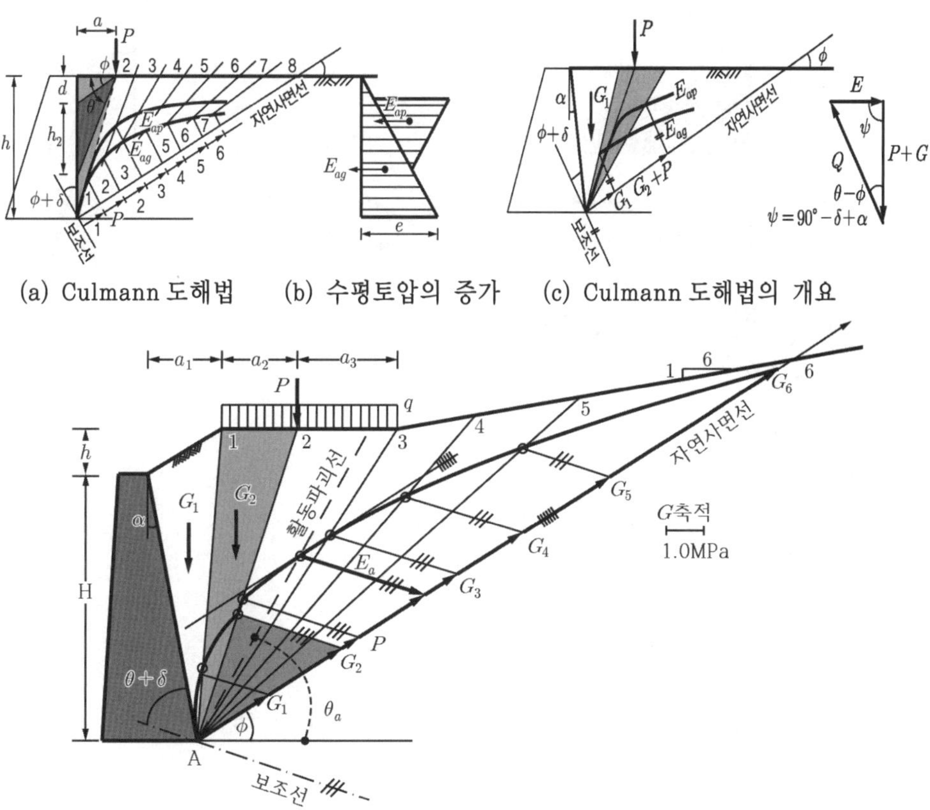

(a) Culmann 도해법 (b) 수평토압의 증가 (c) Culmann 도해법의 개요

(d) Culmann 도해법

그림 9.24 연직선하중에 의한 토압 (Culmann 의 도해법)

④ 사다리꼴 분포 띠하중에 의한 극한토압

기초 바닥면 등에는 수직응력이나 전단응력이 사다리꼴 분포 띠하중으로 작용할 수 있고, 이로 인한 토압은 Culmann **도해법**을 다음 순서로 적용하여 구할 수 있다 (그림 9.25).

① 벽체와 지반상태를 작도하고 그 위에 **자연사면**과 **보조선**을 그려 넣는다.
② 4~5 개 **가상 활동파괴선**에 대해 자중 G, 수직응력 σ_{ol}, σ_{or}, 전단응력 τ_{ol}, τ_{or} 을 구한다.
③ 활동쐐기의 **자중 G**와 활동쐐기에 작용하는 상재하중의 **합력 P**를 자연사면선상에 기록하고 그 종점에서 **수평력 H**를 자연 사면선의 수직방향으로 그려 넣는다.
④ 수평하중 H 벡터 종점에서 그린 보조선의 평행선과 활동파괴선의 **교차점**을 구한다.
⑤ 모든 교차점을 연결하고 **최대토압**과 그 **활동파괴선**을 구한다.
⑥ 계산된 활동파괴면의 경사각을 적용하여 Coulomb 이론으로 토압을 계산하고 도해법의 결과와 비교하여 도해법의 적합성을 확인한다.

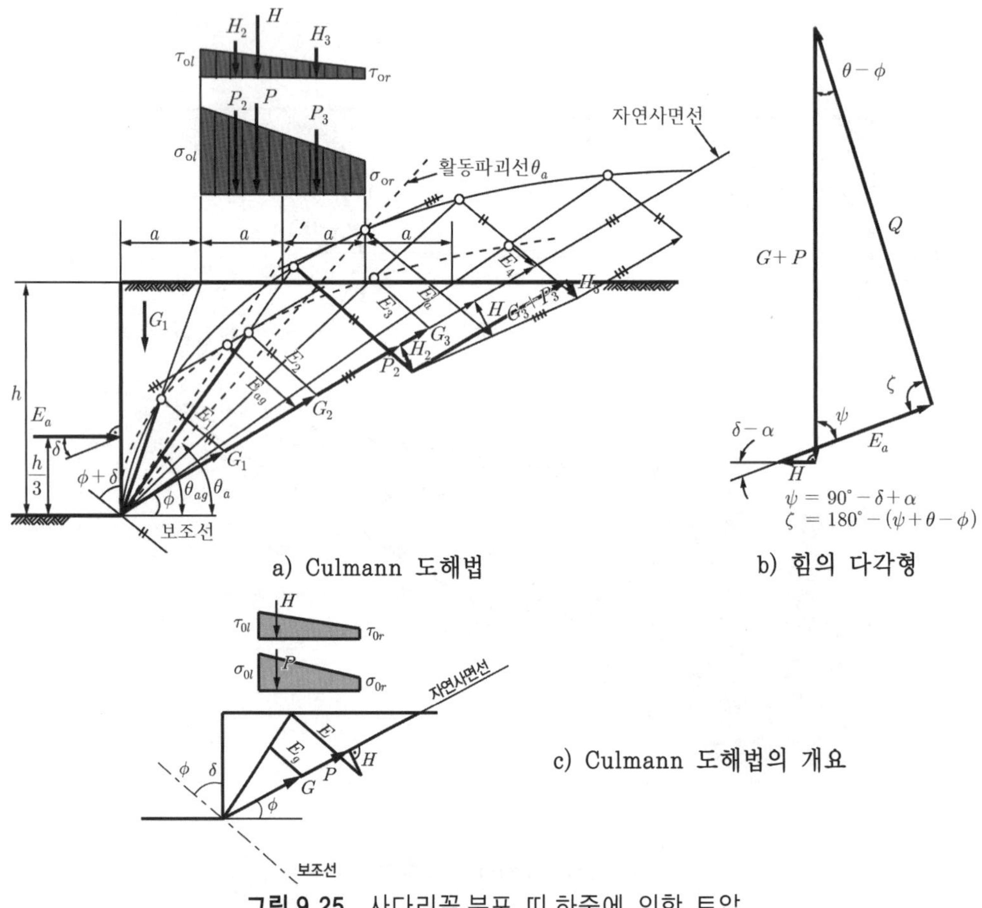

그림 9.25 사다리꼴 분포 띠 하중에 의한 토압

4) 활동파괴선 형상

활동 파괴선은 주동 상태일 때에는 직선이거나 직선에서 약간 벗어나는 형상이지만, 수동 상태일 때에는 직선에서 크게 벗어난다.

(1) 주동상태

주동 상태 지반에서는 점착력이 있어도 활동파괴선이 (직선에서 크게 벗어나지 않으므로) 직선이라고 간주하여도 오차가 작다. 극한 활동파괴선의 각도 θ_a 는 식 (9.46) 으로 계산하고, 내부마찰각이나 배후지반의 지표경사나 벽체 배면의 각도 및 벽 마찰각이 클수록 커진다.

(2) 수동상태

수평외력에 의해 벽체가 지반으로 밀려 들어가면 벽체의 배후지반은 **수동상태**가 되고 그 극한값이 **수동토압**이다. 지반이 느슨할수록 수동토압에 도달되는 변위가 크다.

수동파괴될 때 벽마찰각이 '**영**'이 아니면, 토압 작용선이 자중이나 활동저항력의 작용선과 일치하지 않기 때문에 모멘트가 발생하여 활동파괴선이 곡선이 된다. 수동토압의 크기 (수평수동토압계수 K_{ph}) 는 그림 9.27 과 같이 가정한 활동 파괴선 형상에 따라 큰 차이를 보인다. 수동 활동파괴선을 직선으로 가정할 때는 안전측으로 벽마찰각을 '**영**' ($\delta_p = 0$) 으로 한다.

Coulomb (그림 9.27a) 이나 Rankine 방법에서는 직선 활동파괴선을 가정하므로 수동토압이 비현실적으로 계산될 수 있다.

수동 활동파괴선은 내부 마찰각이 크거나 ($\phi > 33°$), 벽마찰이 큰 ($|\delta| \geq 0.5\phi$) 경우에는 완연한 곡선이 되며, 그림 9.26 과 같이 곡선의 끝에서 직선으로 이어지는 복합형상으로 될 수도 있다. 이때 곡선의 방향은 벽마찰각의 부호에 따라서 다르다. 즉, $\delta_p < 0$ 이면 아래로 볼록한 곡선 (그림 9.26a) 이 되고, $\delta_p > 0$ 이면, 위로 볼록한 곡선 (그림 9.26b) 이 된다.

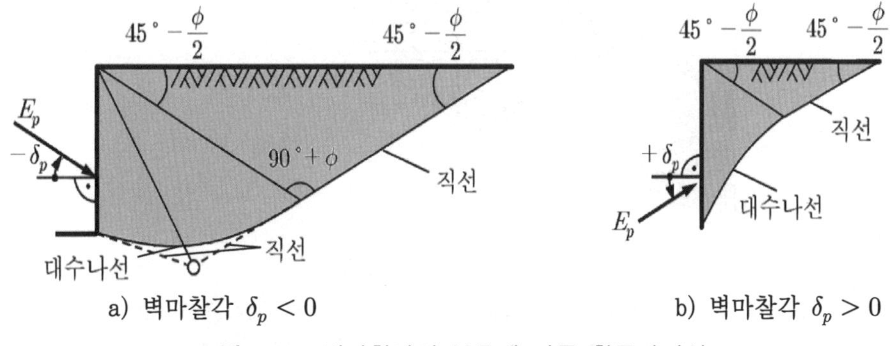

a) 벽마찰각 $\delta_p < 0$ b) 벽마찰각 $\delta_p > 0$

그림 9.26 벽마찰각의 부호에 따른 활동파괴선

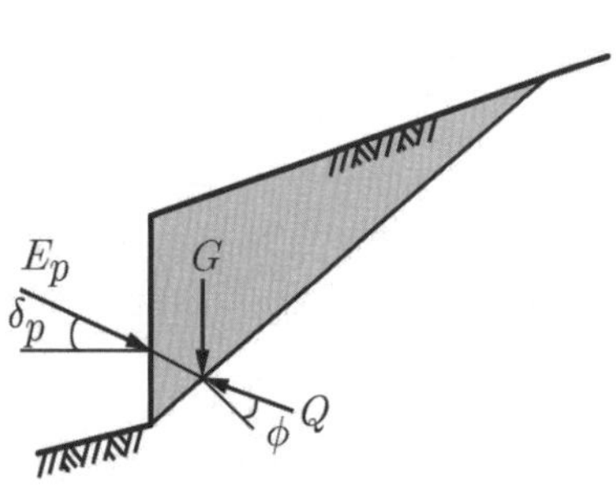

a) Coulomb(1776, 직선)

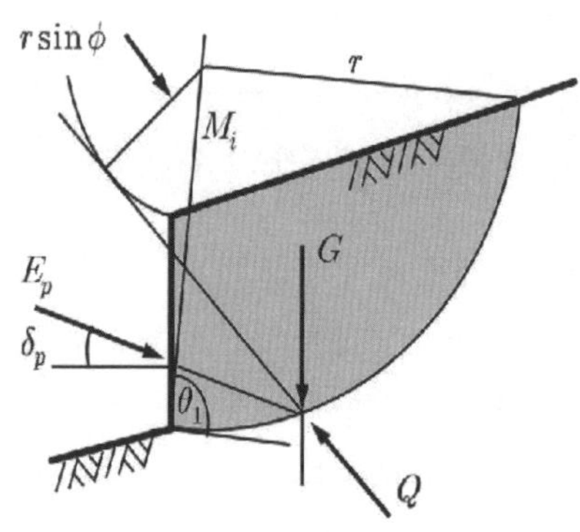

b) Krey (1934, 원호)

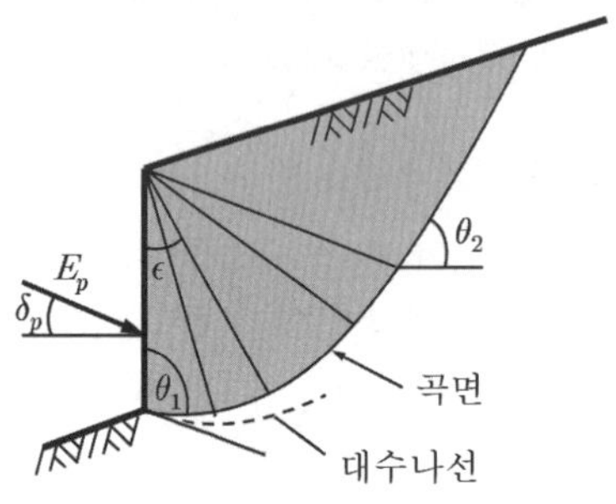

c) Caquot/Kerisel (1948, 곡선)

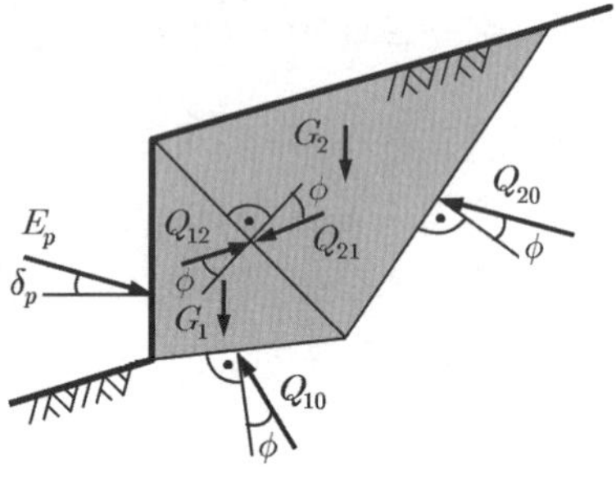

d) Goldscheider/Gudehus (1974, 직선)

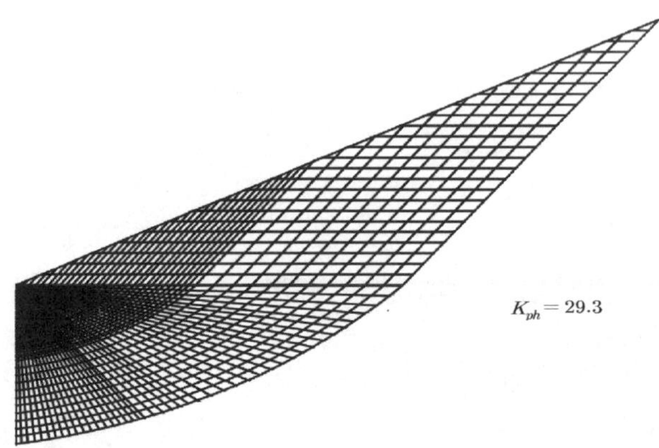

e) Sokolovskii (1960)

그림 9.27 수동토압이론과 수평토압계수 K_{ph} 계산 예 (Weissenbach, 1982)
(단, $c = 0$, $\phi = 40°$, $\alpha = 0$, $\beta = 20°$, $\delta = -27.5°$)

복합 활동파괴선은 대수나선과 직선이 복합된 형상(Ohde, 1938) 또는 대수나선의 시점과 종점에서 그은 두 개 접선의 형상으로 할 수 있다(그림 9.26a). 그밖에 원호(Krey, 1934, 그림 9.27b)나 대수나선형 보다 작은 곡선(Caguot/Kėrisel, 1948, 그림 9.27c) 또는 2개의 직선(Goldscheider/Gudehus, 1974, 그림 9.26d)으로 구성된 활동 파괴선을 가정하기도 한다. 복합 활동 파괴선에서는 수동토압 작용점을 벽체 하부 1/3로 하고 모멘트 평형식으로 계산한다.

Sokolovskii (1960)는 직선 활동파괴선을 경계로 미소 파괴체에 힘의 평형을 생각하고 (**slip line method**) 계산하여 실제에 매우 근접한 파괴형상과 안전측의 토압을 구하였다(그림 9.27e).

Gussmann (1986)은 활동파괴선 형상을 가정하지 않고 직접 계산하였다. 즉, 벽체 배후지반을 다수의 **운동요소**(Kinematical Element)로 분할하고 **최적화 기법**(optimization method)을 적용하여 운동요소의 크기를 변화시키면서 최적수동토압의 크기와 최적 활동 파괴선의 형상을 계산하였으며 그 결과 실제에 근접한 곡선형 수동 활동파괴선이 계산되었다(그림 9.28).

Gussmann (1986)은 운동요소법을 적용하여 활동파괴선 형상에 의한 영향을 확인하였다. 즉, 한 개의 운동요소로 계산하면 Coulomb 수동활동쐐기가 되며, 운동요소 개수가 많을수록 더 부드러운 곡선이 되고 현실적 토압이 구해졌다. 10개 요소를 적용할 때 Sokolovskii (1960)의 결과와 거의 같았고, 운동요소가 1개일 때는 Sokolovskii 결과보다 2배 이상 큰 값이 구해졌다.

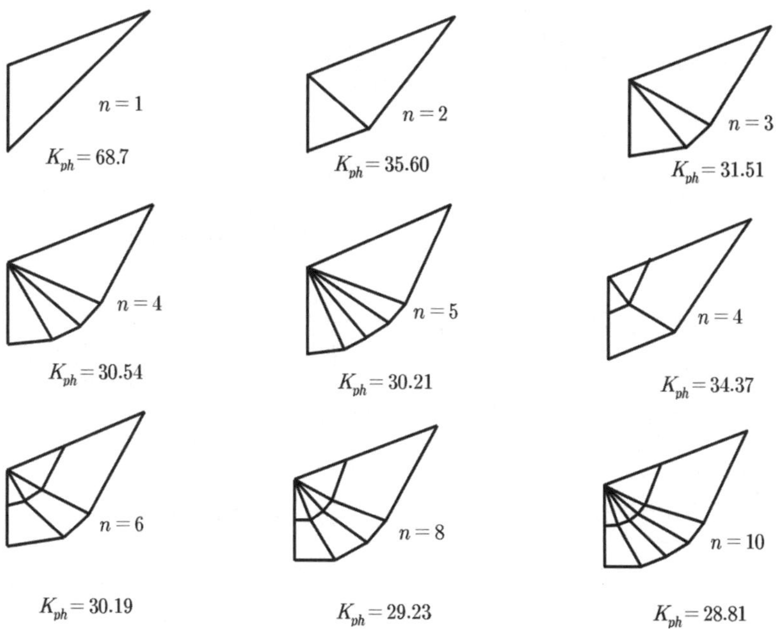

그림 9.28 수동활동파괴선의 곡선화에 따른 수평수동토압계수 K_{ph} (Gußmann, 1986)
(단, $c=0$, $\phi=40°$, $\alpha=0$, $\beta=20°$, $\delta=-27.5°$)

9.4.3 Rankine 상태 지반의 극한토압

벽체의 뒷면이 연직 ($\alpha = 0$) 이고, 배후지반 지표경사가 벽마찰각과 같은 상태 ($\beta = \delta$) 를 특별히 **Rankine 상태** (Rankine state) 라 하는데, **지반공학의 일반해**가 존재하는 즉, Coulomb 이론과 Rankine 이론이 일치하는 토압의 **정밀해** (absolute solution) 가 존재하는 희귀한 경우이다. 벽체가 하단을 중심으로 회전하면 벽체 배후지반에서 최대 주응력 방향이 변하지 않고 지반 내 변형률이 일률적으로 거의 같다.

벽체 배후 지반이 쐐기형태로 활동파괴될 때 흙쐐기에 작용하는 모든 힘 즉, 쐐기의 자중 G 와 활동면의 저항력 Q 및 토압 E 는 서로 **한계평형** (limit equilibrium) 을 이룬다.

1) 주동토압

주동 활동파괴선은 단순한 경계조건에서는 대체로 직선이며, 주동토압 E_a 는 흙쐐기 크기 (활동파괴선 각도 θ) 에 따라 다르다 (그림 9.29a).

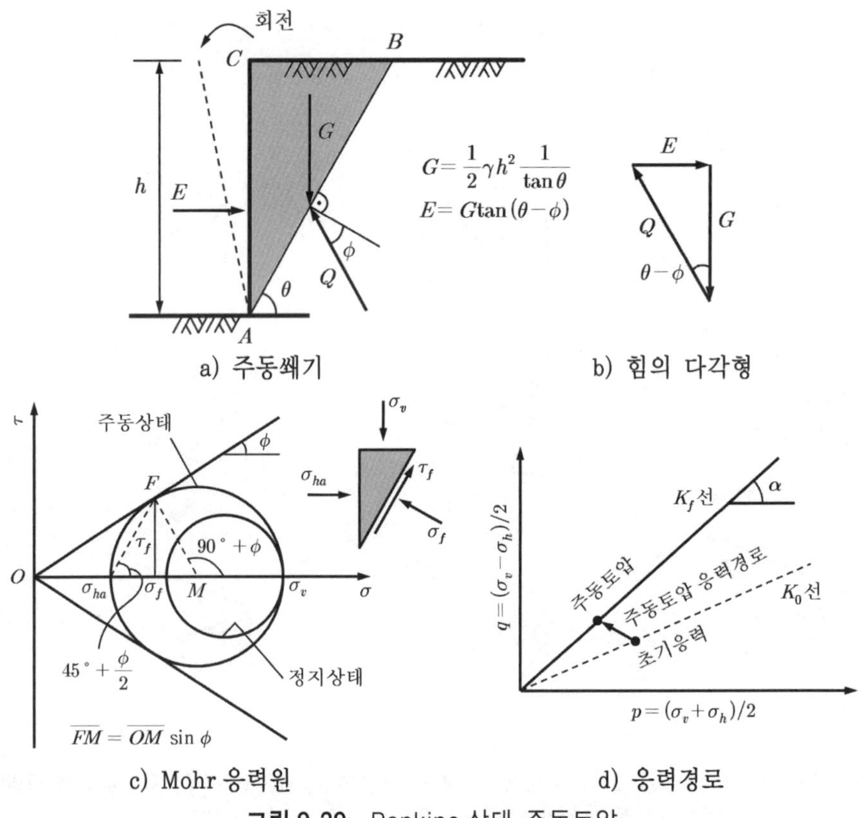

그림 9.29 Rankine 상태 주동토압

Rankine 상태 ($\alpha=0,\ \beta=\delta$) 일 때의 주동토압은 한계 평형상태인 미소 흙 요소나 주동 흙 쐐기에 힘의 평형식을 적용하여 구할 수 있다. 즉, 활동파괴선 각도 θ 를 변화시키면서 미소 흙 요소나 흙 쐐기에 힘의 평형식을 적용하여 구한 토압 중에서 최대 값이 주동토압이다.

Rankine 상태 ($\alpha=0,\ \beta=\delta$) 일 때에 흙 쐐기의 자중 G 는 크기와 작용방향을 모두 알고 있고, 주동토압 E_a 와 활동파괴선 저항력 Q 는 작용방향을 알고 있으므로 힘의 다각형이 성립된다.

연직 벽면이 매끄러운 상태이면 ($\alpha=0,\ \beta=\delta=0$) 주동토압 E 는 힘의 다각형 (그림 9.29b) 으로부터 다음의 식이 되고, Coulomb 의 주동토압에 대한 식 (9.40) 및 식 (9.58) 에 $\alpha=\delta=0$ 를 대입한 것과 같다.

$$G=\frac{1}{2}\gamma h^2/\tan\theta$$

$$E=G\tan(\theta-\phi)=\frac{1}{2}\gamma h^2\frac{\tan(\theta-\phi)}{\tan\theta} \tag{9.59}$$

그런데 토압 E 는 θ 의 함수이므로 위 식을 θ 에 대해 미분하면,

$$\frac{dE}{d\theta}=\frac{1}{2}\gamma h^2\frac{\frac{1}{\cos^2(\theta-\phi)}\tan\theta-\frac{1}{\cos^2\theta}\tan(\theta-\phi)}{\tan^2\theta} \tag{9.60}$$

이고, $dE/d\theta=0$ 일 때 토압이 극대 값 (주동토압 E_a) 이 되고, 그때 활동파괴선 각도 θ_a 는 다음이 된다.

$$\theta_a=45°+\phi/2 \tag{9.61}$$

주동토압 E_a 는 위 식의 θ_a 를 식 (9.59) 에 대입한 값이다.

$$E_a=\frac{1}{2}\gamma h^2\frac{\tan(45°-\phi/2)}{\tan(45°+\phi/2)}=\frac{1}{2}\gamma h^2\tan^2(45°-\phi/2)$$
$$=\frac{1}{2}\gamma h^2K_a \tag{9.62}$$

위 식의 주동토압계수 K_a 는 **Coulomb 의 주동토압계수** (식 9.42) 에 $\beta=\delta=0$ 와 $\alpha=0$ 을 대입하여 구하며, 이는 **Rankine 의 주동토압계수** (식 9.34) 와 일치하고, Mohr 응력원 (그림 9.29c 에서 $\overline{FM}=\overline{OM}\sin\phi$) 에서 구한 값과 일치한다.

$$K_a=\tan^2(45°-\phi/2)=\frac{1-\sin\phi}{1+\sin\phi} \tag{9.63}$$

2) 수동토압

Rankine 상태 ($\alpha = 0$, $\beta = \delta$) 에서 수동토압은 한계평형상태 **수동 흙 쐐기** (Coulomb 이론) 나 **미소 흙 요소** (Rankine 이론) 에 힘의 평형을 적용하거나, 도해법으로 구할 수 있다. 벽면이 매끄러우면 ($\delta = 0$), 수동상태 토압은 수동활동쐐기에 대한 힘의 다각형 (그림 9.30b) 으로부터 계산하고, 이는 식 (9.47) 에 $\alpha = \delta = 0$ 을 대입한 것과 같다.

$$E = G\tan(\theta + \phi) = \frac{1}{2}\gamma h^2 \tan(\theta + \phi)/\tan\theta \tag{9.64}$$

위 식의 토압 E 는 $dE/d\theta = 0$ 이면, 극소 값 (수동토압 E_p) 이고, 각도 θ_p 는 다음과 같다.

$$\theta_p = 45° - \phi/2 \tag{9.65}$$

수동토압 E_p 는 위 식의 θ_p 를 식 (9.64) 에 대입한 값이다.

$$E_p = \frac{1}{2}\gamma h^2 \frac{\tan^2(45^o + \phi/2)}{\tan^2(45^o - \phi/2)} = \frac{1}{2}\gamma h^2 \tan^2\left(45° + \frac{\phi}{2}\right) = \frac{1}{2}\gamma h^2 K_p \tag{9.66}$$

위 식의 K_p 는 **Coulomb 의 수동토압계수** (식 9.49) 에 $\beta = \delta = \alpha = 0$ 을 대입하여 구하며, 이는 **Rankine 수동토압계수** (식 9.38) 와 일치하고, Mohr 응력원 (그림 9.30c 의 $\overline{FM} = \overline{OM}\sin\phi$) 에서 구한 값과 일치하며, 주동토압계수 K_a (식 9.63) 의 역수이다.

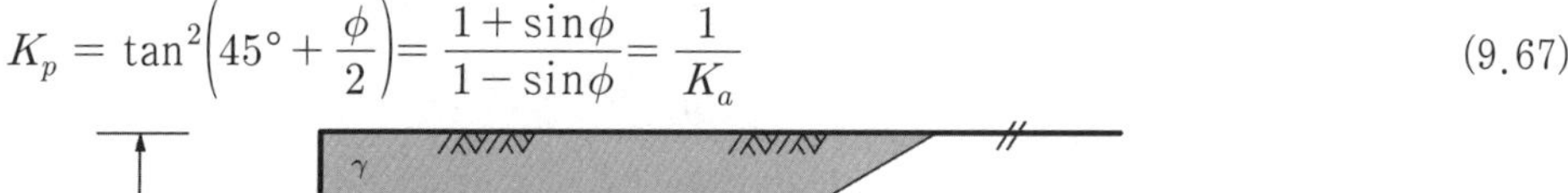

$$K_p = \tan^2\left(45° + \frac{\phi}{2}\right) = \frac{1 + \sin\phi}{1 - \sin\phi} = \frac{1}{K_a} \tag{9.67}$$

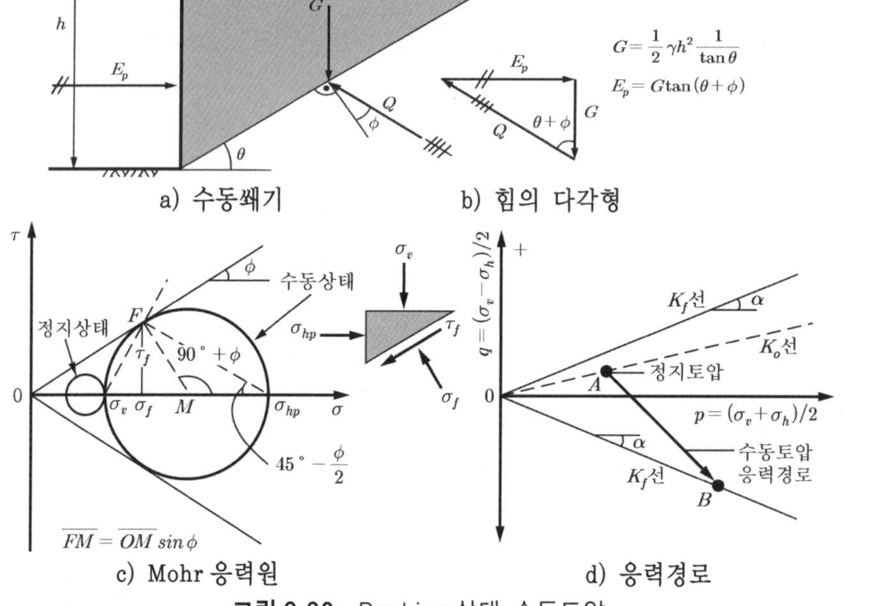

그림 9.30 Rankine 상태 수동토압

9.4.4 점착성 지반의 극한토압

점착성 지반의 활동 파괴선에는 마찰 저항력 외에 점착 저항력이 추가로 작용한다. 점착력은 활동에 저항하는 방향으로 작용하기 때문에, 점착력이 있으면 주동토압은 작아지고 수동토압은 커진다. 활동파괴선 형상은 점착력에 의해 영향을 받지 않는다.

점착성 지반의 극한토압은 **해석적 방법**이나 **도해법**으로 풀 수 있으나 지반조건 (내부마찰각, 지표경사) 과 벽체조건 (배면경사와 벽마찰) 에 따라 매우 복잡하게 변할 수 있다.

점착성 지반이 Rankine **상태**이면 지반 및 벽체조건에 의한 영향이 없기 때문에 점착력에 의한 주동 및 수동토압계수 K_{ac} 및 K_{pc} 를 적용하여 해석적 방법으로 극한토압을 구할 수가 있다. **보통상태 점착성 지반**에서는 극한토압이 지반 및 벽체조건에 의해 영향을 받아서 매우 복잡하게 변하므로, 일반적인 **해석식**은 없고 특수경우에 국한된 **근사식**만 있어서 여러 가지 방법으로 해석한 후에 극소 값을 취하거나 **도해법**으로 구한다.

점토에서는 **점착고**까지 연직으로 굴착할 수 있고, 지표면에서부터 점착고의 절반 깊이까지 인장균열이 발생된다. 점착력을 고려한 극한토압은 Culmann **도해법**으로 구할 수 있다.

1) Rankine 상태 점착성 지반

마찰 없는 연직 벽체의 배후에 있는 점착성 지반의 지표면이 수평일 때 ($\alpha = 0,\ \beta = \delta$) 즉, Rankine **상태**일 때 극한토압 크기는 자중에 의한 극한토압에 점착력에 의한 토압을 추가한 값이다. 이때 흙쐐기는 활동파괴선 (각도 θ) 을 따라 활동한다고 (그림 9.31) 가정한다.

흙쐐기 자중 G 와 활동파괴선에 작용하는 **점착력의 합력** C 는 각각,

$$G = \frac{1}{2}\frac{\gamma h^2}{\tan\theta}$$

$$C = cl = \frac{ch}{\sin\theta} \tag{9.68}$$

이고, **주동활동파괴선의 경사** θ_a 및 **수동활동파괴선의 경사** θ_p 는 각각,

$$\theta_a = 45^o + \phi/2$$

$$\theta_p = 45^o - \phi/2 \tag{9.69}$$

이며, **자중에 의한 주동토압** E_{ag} 와 **수동토압** E_{pg} 는 각각 다음이 된다.

$$E_{ag} = G\tan(\theta_a - \phi) = \frac{1}{2}\gamma h^2 \frac{\tan(45^o - \phi/2)}{\tan(45^o + \phi/2)} = \frac{1}{2}\gamma h^2 K_a$$

$$E_{pg} = G\tan(\theta_p + \phi) = \frac{1}{2}\gamma h^2 \frac{\tan(45^o + \phi/2)}{\tan(45^o - \phi/2)} = \frac{1}{2}\gamma h^2 K_p \tag{9.70}$$

위 식에서 **주동토압계수 K_a** 와 **수동토압계수 K_p** 는 각각 다음이 된다.

$$K_a = \tan^2(45^o - \phi/2) = \frac{\tan(45^o - \phi/2)}{\tan(45^o + \phi/2)}$$
$$K_p = \tan^2(45^o + \phi/2) = \frac{\tan(45^o + \phi/2)}{\tan(45^o - \phi/2)} \tag{9.71}$$

점착력에 의한 주동토압 E_{ac} 와 **수동토압 E_{pc}** 는 점착력 C의 주동 및 수동토압방향 분력이고,

$$E_{ac} = 2C\cos\theta_a = 2ch/\tan\theta_a = 2ch\tan(45^o - \phi/2) = 2ch\sqrt{K_a}$$
$$E_{pc} = 2C\cos\theta_p = 2ch/\tan\theta_p = 2ch\tan(45^o + \phi/2) = 2ch\sqrt{K_p} \tag{9.72}$$

점착력에 의한 주동 및 수동 토압계수 K_{ac} 와 **K_{pc}** 를 다음처럼 정의하여,

$$K_{ac} = 2\sqrt{K_a} = 2\tan(45° - \phi/2)$$
$$K_{pc} = 2\sqrt{K_p} = 2\tan(45° + \phi/2) \tag{9.73}$$

식 (3.72) 에 대입하면 **점착력에 의한 주동 및 수동토압 변화량 E_{ac}** 와 **E_{pc}** 는 다음이 된다.

$$E_{ac} = 2ch\sqrt{K_a} = ch\,K_{ac}$$
$$E_{pc} = 2ch\sqrt{K_p} = ch\,K_{pc} \tag{9.74}$$

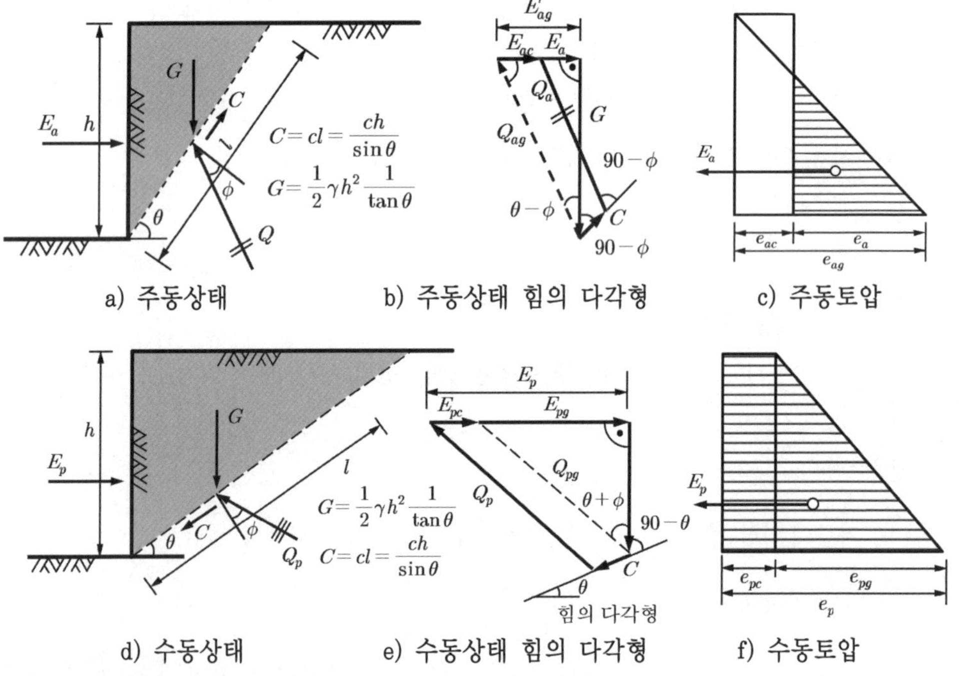

그림 9.31 점착성 지반의 흙쐐기에 작용하는 힘 (Rankine 상태)

점착성 지반에서 주동토압 E_a 는 자중에 의한 주동토압 E_{ag} 에 비해 점착력에 의한 주동토압 E_{ac} 만큼 작아지고, 수동토압 E_p 는 자중에 의한 주동토압 E_{pg} 에 비해 점착력에 의한 수동토압 E_{pc} 만큼 커진다.

따라서 **점착성 지반의 주동 및 수동 토압 E_a 및 E_p** 는,

$$E_a = E_{ag} - E_{ac}$$
$$E_p = E_{pg} + E_{pc} \tag{9.75}$$

이고, 위 식에 식 (9.70) 와 (9.73) 을 대입하면 다음이 된다.

$$E_a = E_{ag} - E_{ac} = \frac{1}{2}\gamma h^2 K_a - ch K_{ac}$$
$$E_p = E_{pg} + E_{pc} = \frac{1}{2}\gamma h^2 K_p + chK_{pc} \tag{9.76}$$

점토 ($\phi = 0$) 가 Rankine 상태인 경우에 활동 파괴선의 경사 θ 는 점착력에 무관하고, 주동 및 수동 상태에서 식 (9.46) 과 식 (9.53) 으로부터 $\theta_a = 45^o = \theta_p$ 로 같고, $\sin 2\theta = 1$ 이다.

결국 점토에서는 **주동 및 수동 토압계수 K_a 와 K_p** 가 모두 1.0 이고, **점착력에 의한 주동 및 수동 토압계수 K_{ac} 와 K_{pc}** 가 모두 2.0 이 된다.

$$K_a = \tan(45° - \phi/2) = 1.0, \quad K_p = \tan(45° + \phi/2) = 1.0$$
$$K_{ac} = 2\sqrt{K_a} = 2.0, \quad K_{pc} = 2\sqrt{K_p} = 2.0 \tag{9.77}$$

따라서 **주동 및 수동토압 E_a 및 E_p** 는 식 (9.76) 로부터 다음이 된다.

$$E_a = \frac{1}{2}\gamma h^2 K_a - ch K_{ac} = \frac{1}{2}\gamma h^2 - 2ch$$
$$E_p = \frac{1}{2}\gamma h^2 K_p + ch K_{pc} = \frac{1}{2}\gamma h^2 + 2ch \tag{9.78}$$

2) 보통상태 점착성 지반

보통 상태 ($\alpha \neq 0, \beta \neq 0, \delta \neq 0$) 의 점착성 지반에서는 점착력에 의한 주동 및 수동 토압계수 K_{ac} 및 K_{pc} 는 내부마찰각 뿐만 아니라 벽체 배면경사 α 와 배후지반 경사 β 및 벽마찰각 δ 에 의해 영향을 받아서 매우 복잡하게 변한다.

따라서 보통 상태 점착성 지반에 대해서는 일반적 계산식이 없고 특수한 경우에 한해 적용할 수 있는 근사식이 제시되어 있다. 보통 상태 점착성 지반에서는 여러 가지 방법으로 토압을 계산한 후에 최소값을 취하거나 도해법으로 구한다.

(1) **연직 벽체 : $\alpha = 0$**

배면이 **연직** ($\alpha = 0$) 인 널말뚝 벽에서 벽마찰이 있고 ($\delta \neq 0$), 배후지반이 지표가 경사진 ($\beta \neq 0$) 점착성 지반일 때 **점착력에 의한 수평 주동토압계수 K_{ach}** 와 **수평 수동토압계수 K_{pch}** 는 Gantke (1970) 의 식으로 계산할 수 있다.

$$K_{ach} = 2\sqrt{K_{ah}}\cos\delta$$
$$K_{pch} = 2\sqrt{K_{ph}}\cos\delta \qquad (9.79)$$

(2) **경사 벽체 : $\alpha \neq 0$**

배면이 **경사진** ($\alpha \neq 0$) 널말뚝 벽체에서 **점착력에 의한 수평 주동토압계수 K_{ach}** 와 **수평 수동토압계수 K_{pch}** 는 Ohde (1938) 의 식으로 계산할 수 있다.

$$K_{ach} = \frac{2(1-\tan\alpha\tan\beta)\cos\phi\cos(\delta_a - \alpha)\cos\beta}{1+\sin(\phi+\delta_a-\alpha-\beta)}$$
$$K_{pch} = \frac{2(1-\tan\alpha\tan\beta)\cos\phi\cos(\delta_a - \alpha)\cos\beta}{1-\sin(\phi-\delta_p+\alpha+\beta)} \qquad (9.80)$$

3) 점착고

점착성 지반에서 주동토압의 합력이 '**영**' ($E_a = 0$) 이 되는 깊이까지는 지반이 압축상태를 유지하기 때문에 지반을 연직으로 굴착할 수 있다. 이와 같이 주동토압 합력이 '**영**' 이 되어서 연직으로 굴착할 수 있는 깊이를 **점착고**라고 한다. 결국 점착고는 안전율이 '1.0' ($\eta = 1.0$) 이 되는 연직사면의 높이를 의미한다.

점토에서는 **내부마찰각**이 '**영**' ($\phi = 0$) 이어서 토압계수가 $K_a = K_p = 1$ 이고, 주동토압의 합력은 식 (9.78) 이 된다. **주동토압의 합력**이 '**영**' 이 되는 깊이 즉, **점착고 h_c** 는 식 (9.78) 에서 $E_a = 0$ 인 조건 즉, $E_a = (1/2)\gamma h^2 - 2ch = 0$ 인 조건에서 구할 수 있다.

$$h = h_c = \frac{4c}{\gamma} \qquad (9.81)$$

그런데 지표부터 점착고의 절반 깊이까지는 인장응력상태 ($e_a < 0$) 이고, 그 하부로 점착고까지는 압축응력상태 ($e_a > 0$) 이므로 점착고까지 토압의 합력은 '**영**'이 된다.

지반은 입장응력을 지지하지 못해서 인장응력상태가 되면 균열이 발생되므로, 지반균열은 점착고 h_c 의 절반 깊이까지 발생되고, 이 깊이를 **균열발생깊이 h_{cr}** 이라고 한다.

$$h_{cr} = \frac{1}{2}h_c \qquad (9.82)$$

4) 점착성 지반에 대한 Culmann 의 도해법

Culmann 의 도해법은 애초에 점착력이 없는 사질토에 대해 개발되었으나, 후에 Schmidt (1966) 에 의해 점착력을 고려할 수 있도록 확장되었다. 즉, 활동파괴선 길이로부터 점착력의 합력을 계산하고 이를 추가한 힘의 다각형을 구성하면 점착력을 고려한 토압을 구할 수 있다.

점착력은 활동파괴선상에서 활동 저항력으로 작용하지만, 활동파괴선의 형상에는 영향을 미치지 않는다. 따라서 점착력이 있으면 주동토압은 감소하고 ($E_a = E_{ag} - E_{ac}$) 수동토압은 증가한다 ($E_p = E_{pg} + E_{pc}$).

먼저 점착력을 고려하지 않고 Culmann 도해법 (제 9.3.2 절 3) 항) 으로 활동파괴선은 물론 자중에 의한 토압 (주동 및 수동토압 E_{ag} 및 E_{pg}) 을 구한다. 그런 후에 점착력에 의한 영향 (주동 및 수동토압 E_{ac} 및 E_{pc}) 을 추가하여 최종토압 (주동토압 $E_a = E_{ag} - E_{ac}$ 및 수동토압 $E_p = E_{pg} + E_{pc}$) 을 구한다.

(1) 주동토압

점착성 지반에서 점착력을 고려한 **주동토압**은 (주동토압과 같이) Culmann 의 도해법으로 구할 수 있다.

Culmann 의 도해법에서 점착성 지반의 주동상태에 대한 **자연 사면선** (벽체 배면 하단 A 점에서 수평선 상향으로 ϕ 만큼 경사진 직선) 과 토압의 작용방향을 나타내는 **보조선** (벽체 배면의 하단 A 점에서 벽체 배면에 대해서 좌측 상향으로 각도 $\phi + \delta$ 만큼 경사진 직선) 은 비점착성 지반의 주동상태에 대한 것과 동일하다 (그림 9.32).

점착성 지반에서 주동토압을 구할 때에 Culmann 의 도해법 (그림 9.32) 은 다음 순서대로 적용한다.

① 활동파괴선과 자중에 의한 주동토압 E_{ag} 를 구한다. 이때 점착력 없는 지반으로 간주하고 Culmann 도해법을 적용하며, 이 과정은 제 9.3.2 절 3) 항과 동일하다.

② 각 활동파괴선의 길이 l_i 를 구하여 **점착력의 합력** $C_i = cl_i$ 를 계산한다.

③ 점착력의 합력 C_i 는 벽체 배면 하단 A 점에서 시작되고, 활동파괴선 법선에서 내부마찰각 ϕ 를 뺀 각도 즉, 각도 $90° - \phi$ 만큼 하향 으로 그려 넣는다.

④ 점착력의 합력 C_i 의 끝점에서 활동 파괴선에 평행하게 직선을 긋고 토압선과 만나는 점 D_i 를 구한다.

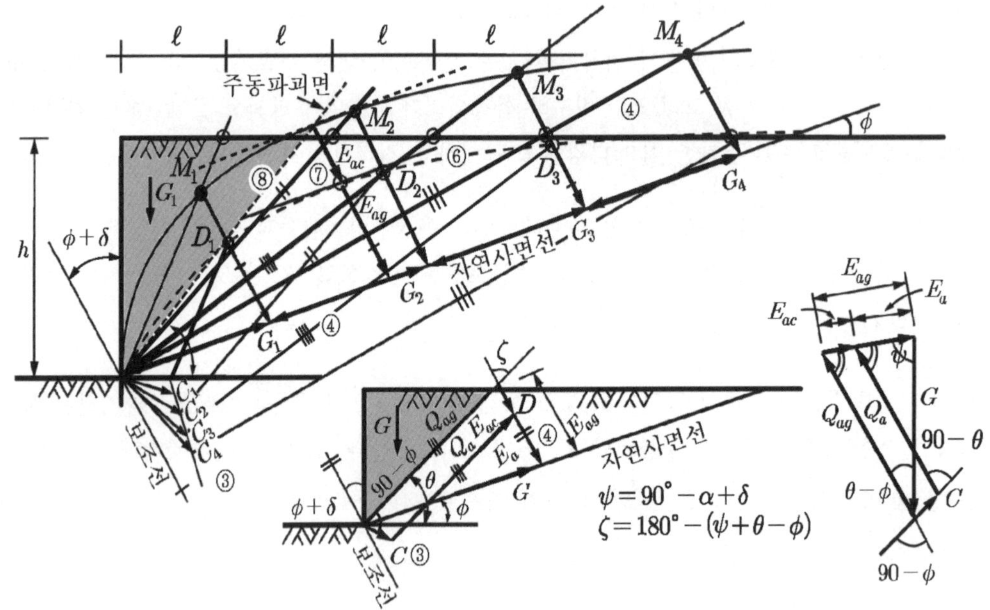

a) Culmann 도해법　　b) Culmann 도해법의 개요　　c) 힘의 다각형

그림 9.32 점착력을 고려한 주동토압 (Culmann 의 도해법)

⑤ ②~④ 과정을 반복하여 활동파괴선과 동일한 개수의 D 점을 구한다.

⑥ 앞의 D 점들을 연결하여 토압곡선 (그림 9.32 의 점선) 을 그린다.

⑦ 자연 사면선에 평행하고 위 곡선과 접하는 접선을 그려서 **접점** (최소점) 을 찾는다.

⑧ 위 접점을 지나는 활동파괴선 (각도 θ_a) 이 **주동 활동파괴선**이다.

⑨ ⑦ 의 접점으로부터 접선과 자연사면선의 교차점까지의 길이가 곧, 점착력을 고려한 **주동토압** E_a 이고, 자중에 의한 주동토압 E_{ag} 와 차이를 구하면 점착력에 의한 주동토압 감소량 E_{ac} 이다.

⑩ 힘의 다각형 축척을 적용하여 E_{ac} 와 E_a 의 크기를 환산한다.

(2) 수동토압

점착성 지반에서 점착력을 고려한 **수동토압**은 주동토압과 마찬가지로 Culmann 의 도해법으로 구할 수 있다. 그런데 수동상태에서는 점착력 C가 작용하기 때문에 힘의 다각형 모양 (흙 쐐기의 자중 G 와 활동파괴선상의 활동저항력 Q가 이루는 각도가 $\phi+\theta$) 과 마찰력의 작용방향 및 벽마찰각 δ 의 부호가 주동상태와 다르다.

점착성 지반의 수동상태에 대한 Culmann 도해법은 비점착성 지반 (그림 9.23) 과 비교하면 **자연사면선은 같고 보조선은 위치가 다르다**. 수동상태에서 점착력이 있으면 보조선은 벽체 배면하단을 지나는 하향 직선이고, 점착력이 없으면 배면상단을 지나는 하향 직선이다.

점착성 지반에서 수동상태에 대한 Culmann 의 도해법은 주동상태일 때와 동일한 순서로 적용한다. 다만 **자연 사면선**은 벽체 배면 하단 A 점에서 수평선 아래로 각도 ϕ 인 직선이고, **보조선**은 벽체 배면의 하단 A 점에서 벽체 배면에 대해 좌측 아래 방향으로 각도 $\phi+\delta$ 인 직선이다 (그림 9.33).

수동상태에서는 ⑥ 단계 (모든 교차점을 연결하는) 토압곡선이 아래로 볼록한 모양이므로 여기에 접하는 접선 (자연 사면선의 평행선) 이 이 곡선의 아래에 위치한다.

⑧ 단계에서 **수동활동파괴선**은 ⑦ 단계에서 구한 접점을 지나는 활동파괴선 (각도 θ_p) 이다. ⑨ 단계에서 **수동토압** E_p 는 점착력을 고려한 수동토압이고, 자중에 의한 주동토압 E_{pg} 와의 차이 즉, $E_p - E_{pg} = E_{pc}$ 가 점착력에 의한 주동토압 감소량 E_{pc} 이 된다. 이때 토압은 힘의 다각형의 축척을 적용하여 환산한다.

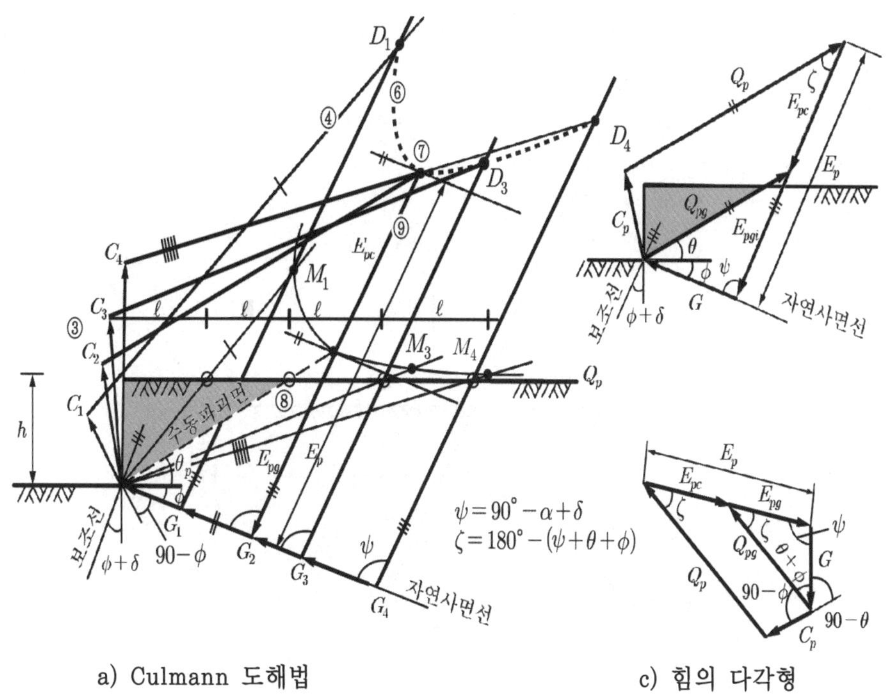

a) Culmann 도해법　　　c) 힘의 다각형

그림 9.33 점착력을 고려한 수동토압 (Culmann 의 도해법)

9.5 특수 조건의 토압

벽체배면의 토압은 지반의 **층상구조**나 **지표면 형상** (지표경사, 굴곡, 계단형상 등) 에 의해 영향을 받고, 지하수 영향으로 인해 커지거나 감소한다. **지하수가 흐르지 않으면** 정수압이 작용하고 **지하수가 흐르면** 정수압 외에 침투압이 더 작용하며, 벽체조건 (**벽마찰, 배면형상, 수평선반, 벽체변위** 등) 에 의해 영향을 받는다. 토압에 영향을 미치는 특수조건은 **지반조건** (9.5.1 절) 이나 **지하수 조건** (9.5.2 절) 및 **벽체조건** (9.5.3 절) 이 있다.

9.5.1 지반조건

벽체 배후지반이 **층상구조**일 때 상부 지층은 상재하중으로 간주하며, **지표 경사**와 **지표면 형상** (굴곡, 계단형상 등) 등의 영향을 고려하여 토압의 크기와 분포를 산정한다.

1) 층상구조 지반

층상지반의 상부지층은 상재하중으로 간주하고 토압의 크기와 분포를 구한다. 균질한 지층에서는 토압이 깊이에 선형비례분포 (기울기는 지반 단위중량) 하고, 수평토압분포는 지층경계에서 급격히 변한다. 그림 9.34 와 같이 3 개 층으로 구성된 (지하수위가 중간층 가운데) 경우를 생각한다. 내부마찰각이 작은 상부층과 큰 하부층의 경계 (지층 1 과 2 의 경계) 에서는 토압이 급격히 커지며, 반대일 때 (지층 2 와 3 의 경계) 에는 급격히 감소한다 . 지하수위의 상 · 하에서 단위중량 (토압분포기울기) 이 다르므로 수평토압 분포가 지하수위면에서 꺾인 모양이 된다.

$$e_{a1} = \gamma_1 t_1 K_{a1} \;,\quad e_{a2} = \gamma_1 t_1 K_{a2} \;(K_{a2} > K_{a1},\ \because \phi_2 < \phi_1)$$
$$e_{a3} = e_{a2} + \gamma_2 t_2 K_{a2} \;,\quad e_{a4} = e_{a2} + \gamma_2{}' t_3 K_{a2}$$
$$e_{a5} = e_{a4} + K_{a3}/K_{a2} \;,\quad e_{a6} = e_{a5} = \gamma_3{}' t_4 K_{a3} \tag{9.83}$$

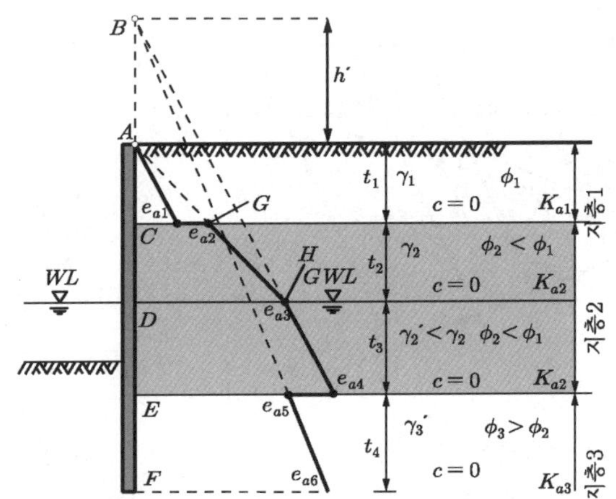

그림 9.34 다층 사질지반의 수평주동토압분포, 벽마찰 $\delta = 2\phi/3$

2) 지표면 형상

벽체 배후지반의 지표면이 평면이면 지표면 경사를 고려하여 토압을 산정하며, 지표면이 굴곡이나 굴절이 있을 때에는 이를 평면화한 지표경사를 적용해서 토압을 구한다.

지표면이 굴절된 경우에는 우선 지표면을 연장하여 벽체 배면(또는 연장선)과 만나는 점을 **가상 벽체 상단**으로 간주하고, 가상 벽체상단으로부터 선형 비례 증가하는 토압분포를 구한다. 이 방법은 벽체가 높지 않은 경우에만 적용할 수 있다.

결국 벽체 배후의 지표면이 굴절된 형상일 때는 수평토압분포가 지표면 형상변화구간 즉, 굴절 개수만큼 꺾인 선 모양이 된다.

그림 9.35a 는 지표면이 3 개 기울기를 갖는 계단형인 경우를 나타낸다. 우선 벽체에 접한 지표면(그림 9.35a 의 직선 1) 에 대한 토압 분포선은 **직선 1'** 이다. 두 번째 경사지표면(그림 9.35a 의 직선 2) 에서는 그 연장선이 벽체와 만나는 점 ② 가 가상 벽체 상단이고, 이때의 토압 분포선은 **직선 2'** 이다. 세 번째의 지표면(그림 9.35a 의 직선 3) 에서는 그 연장선이 벽체 배면 연장선과 만나는 점 ③ 이 가상 벽체의 상단이고, 이때의 토압 분포선은 **직선 3'** 이다.

벽체 배후지반의 일부 구간에서 지표경사가 지반의 자연사면각도(내부마찰각) 보다 더 큰 급경사일 때는 자연사면각도로 대체하며, 이때는 그림 9.35b 와 같이 $A_1\gamma_1 = A_2\gamma_2$ 로 한다.

지표의 형상이 복잡하여 이상의 방법으로 해결하기가 어려울 때는 Culmann 의 도해법을 적용하면 해결할 수 있다.

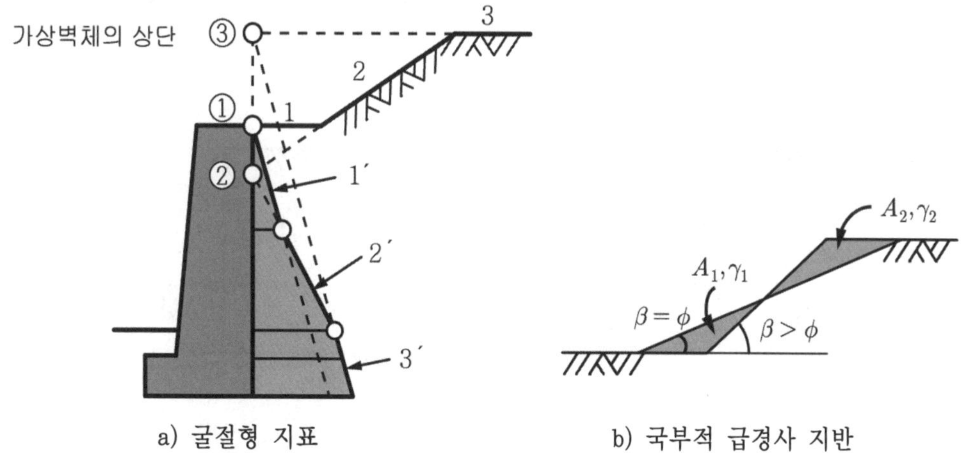

그림 9.35 굴절형 지표로 구성된 배후 지반에 의한 토압

9.5.2 지하수 조건

지중벽체에 작용하는 토압의 크기는 지하수 영향을 받아서 증가하거나 감소한다. **지하수가 흐르지 않을 때**에는 정수압이 작용하고, **지하수가 흐를 때**에는 정수압 외에도 침투압이 더 작용한다.

1) 지하수가 흐르지 않는 경우

지반 내 벽체 양측면의 지하수위가 같은 경우나, 차수성 벽체가 하부 불투수층에 관입된 경우에는 지하수가 하부지반을 흐를 수 없기 때문에 침투압은 작용하지 않고, 벽체 양측면에는 **정수압**(hydrostatic pressure)만 작용한다. 지하수가 흐르더라도 수두차가 작은 벽체는 이런 경우로 간주한다.

지하수위가 지표면에 위치하고 정수압이 작용할 때 토압 P_{ah}는 **유효단위중량** γ'를 적용하여 구하고, 수압 P_w은 따로 계산하여 합한다.

$$P_{ah} = \frac{1}{2} K_{ah} \gamma' h^2$$

$$P_w = \frac{1}{2} \gamma_w h^2 \qquad (9.84)$$

지하수가 흐르지 않는 상태에서 벽체양측 지하수위가 다른 경우(그림 9.36a)는 지하수위가 낮은 측의 수압만큼 상쇄된 정수압이 지하수위가 높은 상류 측에 작용한다.

지하수위가 벽체 양측에서 동일하여 (즉, 수두차가 없어서) 지하수가 흐르지 않는 경우(그림 9.36b)에는 벽체양측에서 수압의 영향이 상쇄되어 유효단위중량 γ'에 의한 토압만 작용한다.

$$P_{ah} = \frac{1}{2} K_{ah} \gamma' h^2 \qquad (9.85)$$

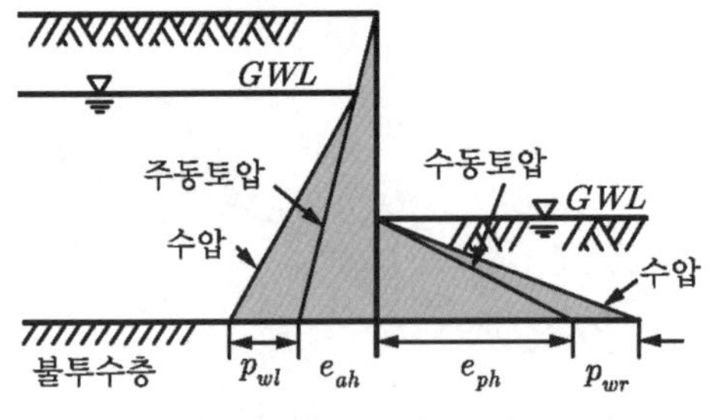

a) 벽체 양측 지하수위가 다른 경우

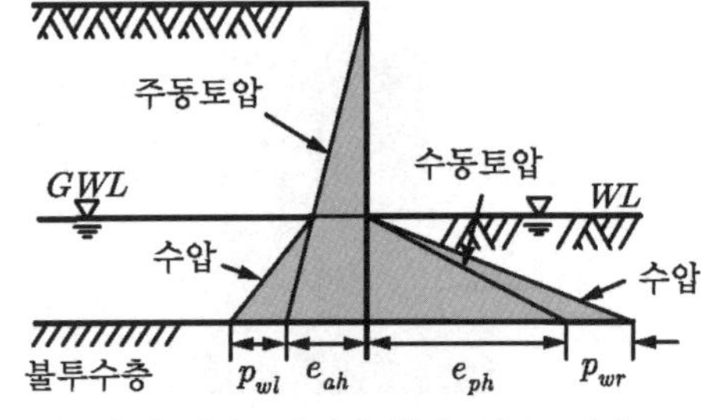

b) 벽체 양측 지하수위가 같은 경우

그림 9.36 지하수가 흐르지 않는 널말뚝 벽에 작용하는 토압과 수압

2) 지하수가 흐르는 경우

지중벽체 양측의 지하수위가 다르고 벽체 하부 지층이 투수성이면, 지하수는 수위가 낮은 쪽으로 흐른다. 지하수위 하부의 지반을 굴착하고 설치한 **널말뚝 벽체**에서는 양측 수두차로 인해서 지하수가 흐르면서 정수압 외에도 침투압이 추가로 발생한다. 바닥면이 배후지반의 지하수위 보다 낮은 **옹벽**에서는 배면에 수압이 작용하지 않도록 배수층을 설치한다.

(1) 널말뚝 벽체

널말뚝 벽체 배면에 큰 수두가 걸려서 굴착공간 내로 지하수가 유입될 때는 지하수 흐름에 의해 침투압이 작용하여 벽체의 전면과 배면에서 수압과 지반 단위중량의 크기가 달라진다.

벽체의 배면에서는 지하수가 하향으로 흘러서 **하향침투력** (downward seepage force) 이 작용하여 수압은 감소하지만 지반의 단위중량과 토압은 커진다. 반면에 벽체의 전면에서는 지하수가 상향으로 흘러서 수압이 증가하고 지반의 단위중량과 토압은 감소하며 **상향침투력** (upward seepage force) 이 발생한다 (그림 9.37).

널말뚝 벽의 안정은 **유선망**에서 구하거나, **평균동수경사**로부터 근사적으로 구할 수 있다.

① 유선망을 이용한 계산

해당지점이 지하수면 하부로 깊이 h 이고, 등수두선의 갯수가 n 개이며 등수두선 1 개당의 수두변화가 Δh 일 때에 유선망을 이용하면 수압과 수평토압을 구할 수 있다.

(a) 수압

벽체배면 : $P_l = \gamma_w h - n\,\Delta h\,\gamma_w$

벽체전면 : $P_l = \gamma_w d + n\,\Delta h\,\gamma_w$ (9.86)

(b) 수평토압

벽체배면 추가 하향력 : $\Delta g = n \Delta h \gamma_w$

수평토압의 증가 : $\Delta e_{ah} = \Delta g K_{ah} = n \Delta h \gamma_w K_{ah}$

수평주동토압 : $e_{ah}{}' = e_{ah} + \Delta e_{ah} = e_{ah} + n\Delta\, h \gamma_w K_{ah}$ (9.87)

벽체전면 추가 상향력 : $\Delta g = -n\,\Delta h\,\gamma_w$

수평토압의 감소 : $\Delta e_{ph} = -\Delta g K_{ph} = -n\,\Delta h\,\gamma_w K_{ph}$

수평수동토압 : $e_{ph}{}' = e_{ph} + \Delta e_{ph} = e_{ph} - n\,\Delta\,h\,\gamma_w K_{ph}$ (9.88)

② 평균 동수경사를 이용한 근사계산

동수경사가 일정할 때에는 수압은 직선적으로 변화하므로 주동 및 수동 상태에 대한 **평균 동수경사** i_a 와 i_p 를 적용하여 수압 및 토압의 근사 값을 계산할 수 있다.

(a) 수압

벽체배면 : $p = \gamma_w h - i_a \gamma_w h$

벽체전면 : $p = \gamma_w h + i_p \gamma_w h$ (9.89)

(b) 토압

벽체배면 단위중량의 증가 : $\Delta\gamma = i_a \gamma_w$

수평토압의 증가 : $\Delta e_{ah} = \Delta\gamma h K_{ah} = i_a \gamma_w h K_{ah}$

수평주동토압 : $e_{eh}{}' = e_{ah} + \Delta e_{ah} = e_{ah} + i_a \gamma_w h K_{ah}$ (9.90)

벽체전면 단위중량의 감소 : $\Delta\gamma = - i_p \gamma_w$

수평토압의 감소 : $\Delta e_{ph} = \Delta\gamma h K_{ph} = - i_a \gamma_w h K_{ph}$

수평수동토압 : $e_{ph}{}' = e_{ph} - \Delta e_{ph} = e_{ph} - i_a \gamma_w h K_{ph}$ (9.91)

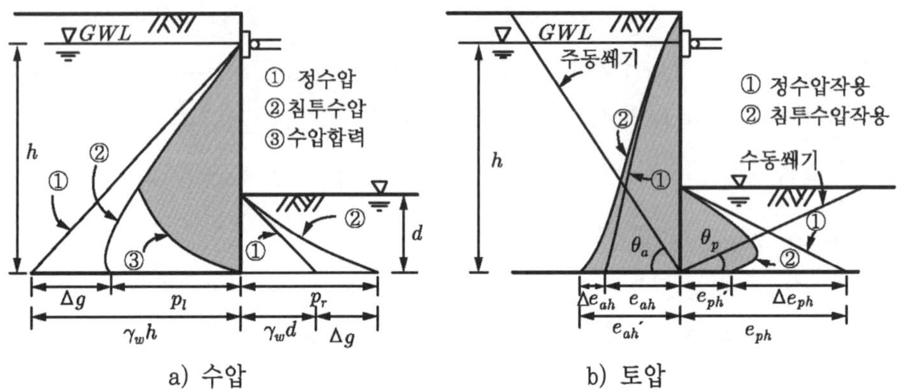

그림 9.37 지하수면 하부에 관입된 벽체에 작용하는 수평토압

(2) 옹벽

옹벽은 수압이 작용하면 활동파괴 될 위험성이 높다. 따라서 옹벽에서는 배면에 수압이 작용하지 않도록 배후지반에 **배수층**을 경사지게 또는 연직으로 설치한다 (그림 9.38). 이때 배수층의 위치에 따라 옹벽에 작용하는 토압이 다를 수 있다.

① 하부 배수층을 설치한 옹벽

옹벽 배후지반에서 예상 활동파괴선 하부에 **경사 배수층**을 설치하면 (그림 9.38a), 지하수가 **경사 배수층**을 향해 연직하향으로 흐르므로 지하수위가 지표면까지 상승되더라도 옹벽에는 수압이 작용하지 않고 (수압은 '**영**') 토압만 작용한다.

$$P_{ah} = \frac{1}{2} K_{ah} \gamma_{sat} h^2 \tag{9.92}$$

경사 배수층을 활동파괴선 보다 위 쪽에 설치하면 옹벽에 수압이 작용한다.

② **벽체 배면에 연직 배수층을 설치한 옹벽**

옹벽 배면에 바로 붙여서 **연직 배수층**을 설치한 경우 (그림 9.38b의 AB 면) 에 배후지반의 지하수 흐름은 **연직 배수층**을 등간격 Δh 로 나누고 각 절점에서 시작하는 등수두선을 포함하는 유선망을 그려서 해석할 수 있다. 또한, 활동 파괴선에 작용하는 수압의 분포는 **유선망**으로부터 구할 수 있다 (그림 9.38b 의 점선).

이때 연직 배수층에는 수압이 작용하지 않지만 **가상 활동파괴면** (그림 9.38b 의 BC 면) 에는 수압이 작용하므로 옹벽에는 수압이 작용하게 된다.

주동토압 P_a 는 활동쐐기의 무게 W 와 경계면 (활동파괴면) 에 작용하는 수압 합력 U 및 유효 전단저항력 Q 에 힘의 평형을 적용하여 계산한다.

이때 경계면 (BC 면) 에 작용하는 수압 합력 U 와 활동쐐기 무게 W 는 크기와 작용방향을 알고, 경계면의 저항력 Q 와 주동토압 P_a 는 작용방향을 알고 있어서 힘의 다각형 (평형) 이 성립되므로, 주동토압 P_a 를 구할 수 있다.

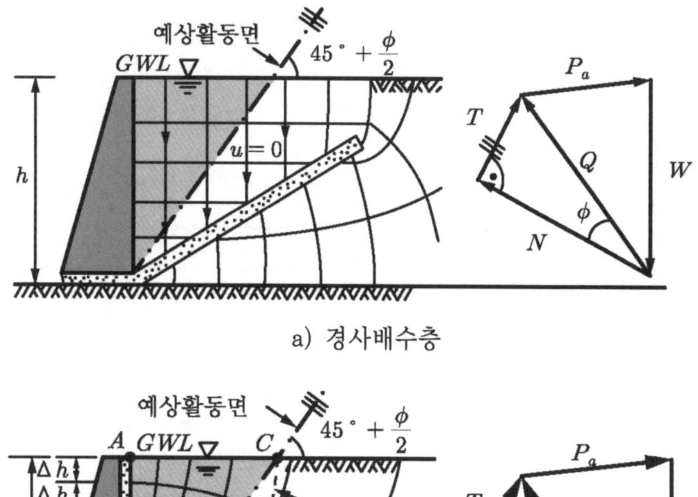

a) 경사배수층

b) 연직배수층

그림 9.38 옹벽배면의 배수층

9.5.3 벽체조건

벽체에 작용하는 토압은 벽체 조건 즉, **벽마찰**과 **벽체의 배면 형상** 및 **수평선반의 설치**는 물론 **벽체변위**에 의해 영향을 받는다.

1) 벽마찰

벽마찰은 벽체와 지반의 상대변위에 의해 발생되며, 주동 및 수동토압은 벽체의 수직(법선) 방향에 대해 벽마찰각 만큼 경사지게 작용한다. 벽마찰각 부호는 그림 9.39 와 같이 지반은 하향으로 벽체는 상향으로 움직이는 경우에 **양**(+)이 된다. 이때에 벽마찰각은 작용토압과 벽면상태에 따라 표 9.3 의 값을 적용한다.

벽마찰각 δ 는 주로 다음에 의해 결정된다.

- 지반의 전단강도
- 벽면상태(거칠기, 벽체 재료)
- 적용 토압(주동, 수동, 정지)
- 벽체와 지반의 상대변위
- 지반내 활동파괴선의 형상

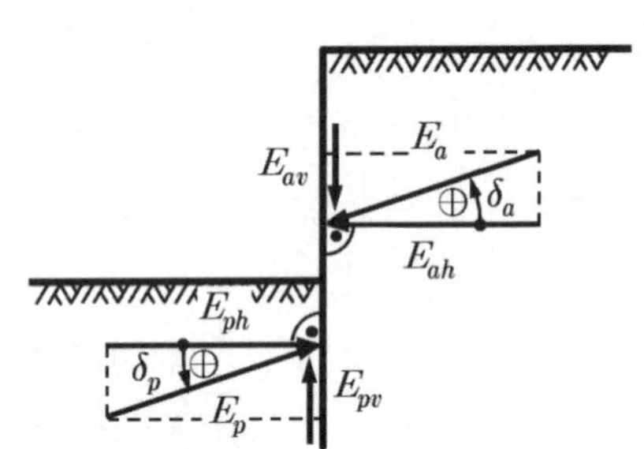

그림 9.39 벽마찰의 부호 정의

표 9.3 작용토압과 벽면상태에 따른 벽마찰각

작용토압	벽마찰각	벽면상태
주동상태	0	매끄러운 벽체, 유동성 큰 뒷채움지반
	$\phi/3$	약간 거친 벽체
	$2\phi/3$	널말뚝, 거친 벽체
수동상태	0	매끄러운 벽체
	$-2\phi/3$	직선 활동파괴선
	$-\phi$	곡선 활동파괴선
정지상태	0	수평뒷채움
	β	경사 β 뒷채움

연약한 정규압밀 점토에서는 벽마찰 대신에 **부착력** c_a 를 **비배수 전단강도** S_u 의 절반 크기 (즉, $c_a = 0.5\,S_u$) 로 적용할 수 있다.

벽 마찰각은 표면 거칠기와 활동파괴선의 형상에 따라 표 9.4 의 값을 적용한다.

표 9.4 최대 벽마찰각(DIN 4085) (단위 : °)

표면거칠기	직선 활동파괴선	곡선 활동파괴선
매우 거침	ϕ'	ϕ'
거 침	$\frac{2}{3}\phi'$	$27.5 \geq \delta \geq \phi' - 2.5$
약간 거침	$\frac{1}{3}\phi'$	$\frac{1}{2}\phi'$
매끄러움	0	0

Coulomb 토압이론에서는 임의 크기의 벽마찰각을 고려할 수 있지만, Rankine 토압이론은 벽마찰각이 배후지반 경사와 같을 때에만 고려할 수 있다. 벽 마찰각이 커질수록 주동토압은 작아지고 수동토압은 커지며, 수동 활동파괴선은 곡선에 가까워진다.

2) 옹벽의 배면형상

배면이 다수의 경사진 평면으로 구성된 형상의 옹벽에 작용하는 토압은 각 평면별로 벽체 배면경사와 벽마찰각 및 지표면 경사를 고려하여 구한 토압을 모두 합하여 구한다.

그림 9.40 은 배면이 2 개의 경사평면으로 이루어진 옹벽이며, 옹벽에 작용하는 전체토압 III 은 평면 I 과 평면 II 에 대해 구한 토압 즉, 토압 I 과 토압 II 를 합한 값이다.

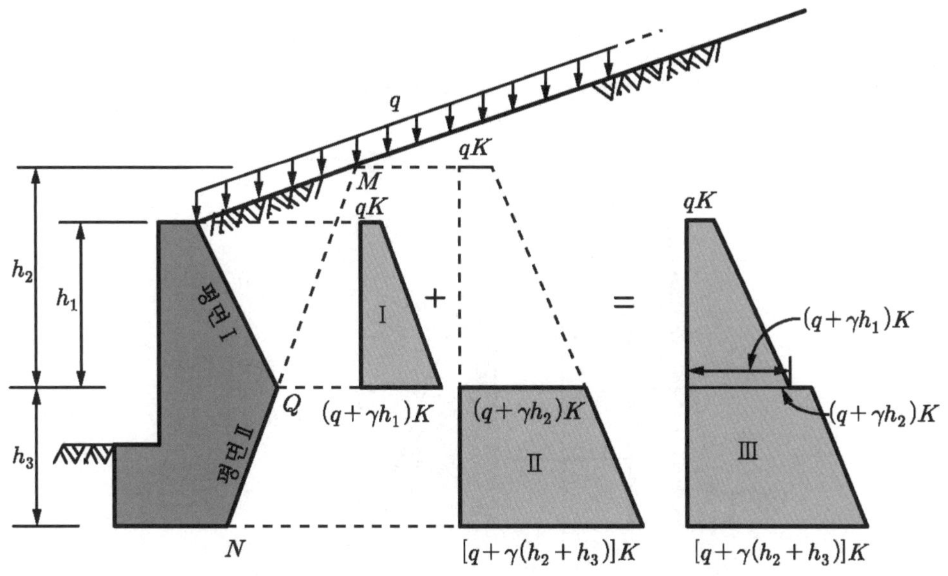

그림 9.40 벽체뒷면이 평면이 아닌 경우의 수평토압

평면 I 에 대한 토압은 Q점 상부의 값 (토압 I) 만을 취하고, 평면 II 에 대한 토압은 Q점 하부 값 (토압 II) 만 취한다. 평면 II 에 대한 토압은 Q점에서 평면 II 를 연장하여 지표면과 만나는 점 M을 가상의 벽체 배면 상단점으로 가정하고 배면이 $\overline{NM}$인 가상의 벽체에 대해 구한 토압 중에서 Q점 하부의 토압 II 만 취한다.

결국 구하고자 하는 전체 토압 III 은 Q점의 상부평면 I 에 대한 토압 I 과 Q점의 하부평면 II 에 대한 토압 II 를 합한 값이다.

3) 옹벽 배면의 수평선반

옹벽 배면 수평선반 (그림 9.41) 의 바로 아래에서 수평토압의 합력이 감소하고, 옹벽 자중이 증가하므로 옹벽의 안정에 유리하다. 옹벽의 자중은 선반 위 토체의 무게와 선반의 무게만큼 증가하므로 옹벽 배면에 수평선반을 설치하면 옹벽바닥면의 저항력이 커진다.

옹벽에 작용하는 **수평토압**은 수평선반 아랫면 (① 점) 에서 '**영**'이고, 이곳부터 깊이에 선형 비례하여 증가한다. 선반 영향은 뒷굽 하단의 자연사면선 (수평각도 ϕ) 과 옹벽의 교차점 (② 점) 에서 시작되어, 뒷굽 하단의 주동 활동파괴선 (수평각도 $\theta_a = 45° + \phi/2$) 과 옹벽의 교차점 (③ 점) 에서 끝나며, 그 하부에서는 원래 토압분포선 (선반 상부 토압분포선) 에 복귀한다.

토압은 선반 상부지반의 지표부터 선형비례 증가하고, 선반아래 면 (① 점) 에서 '**영**'이 되며, 그 하부에서 다시 선형비례하여 증가하고, **수평선반 영향권**의 시점 (② 점) 과 종점 (③ 점) 에서 그 기울기가 변하며, 영향권 하부의 분포는 선반과 무관하다. 결국 토압분포는 그림 9.41 과 같다.

이때에 선반의 끝을 지나는 연직단면 $a-a'$ 의 안전을 별도로 검토해야 한다.

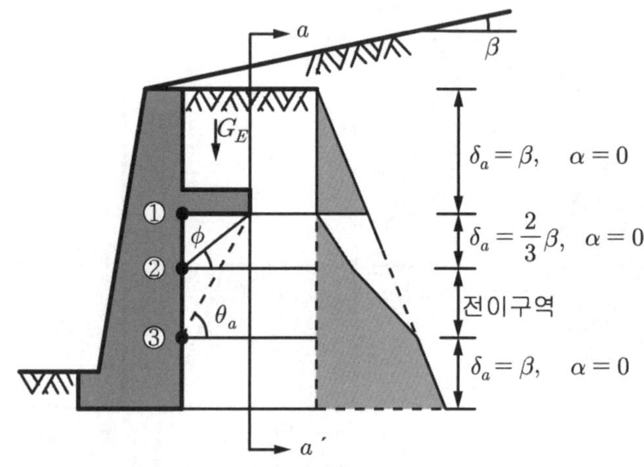

그림 9.41 수평선반에 의한 수평토압분포

4) 벽체의 변위

흙막이 벽에 작용하는 토압은 벽체의 변위조건에 따라서 고전토압이론과 다를 수가 있다. 흙막이 벽을 스트러트나 앵커로 지지하면 토압이 연직방향으로 전이되어 토압이 재배치되는데 이를 **전이토압**이라 한다. 벽체의 변위가 (한계상태가 될 만큼) 충분하게 크지 않으면 토압은 주동토압보다 크고 정지토압보다 작은 주동상태토압이며, 이를 **증가토압**이라 한다.

(1) 전이토압

삼각형 토압분포는 벽체가 배면하단을 중심으로 회전하는 경우 (그림 9.42a) 에 한해 적용된다. 지금까지 흙막이 벽 등에 작용하는 토압분포에 대해 많은 연구가 이루어져서 여러 가지 계산모델이 제시되었으나 그 적합성과 적용한계성이 각기 다르므로, 이를 알고 적용해야 한다.

일반적으로 시공되는 흙막이 벽은 강성벽체가 아니므로 굴착심도가 깊으면 스트러트나 앵커 등을 설치하여 지지해야 하며, 이로 인해서 토압이 연직방향으로 전이되어서 고전토압이론의 삼각형 분포와 다르다. 이와 같이 재배치된 토압을 **전이토압** (apparent earth pressure) 이라 하며 전이된 토압분포에 대해서는 그림 9.42 및 그림 9.43 과 같이 여러 가지 형태가 제안되어 있다. 상재하중에 의한 토압은 계산의 편의를 위해서 직선이나 계단 형의 토압분포를 많이 적용한다.

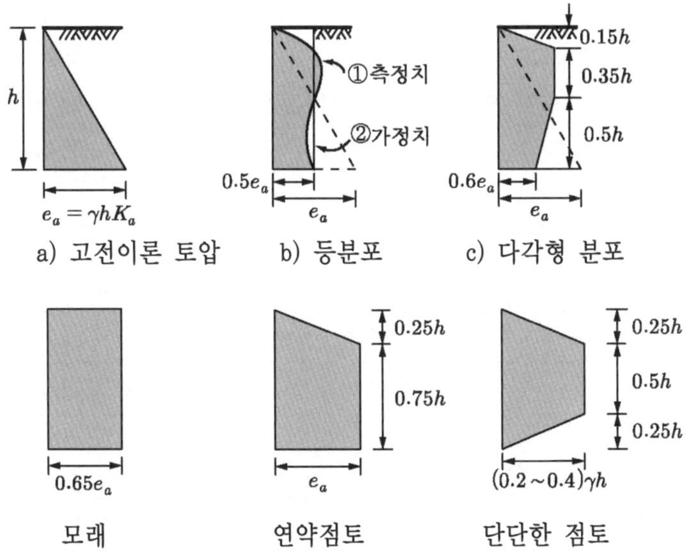

그림 9.42 굴착 후 설치한 토류벽의 전이토압분포

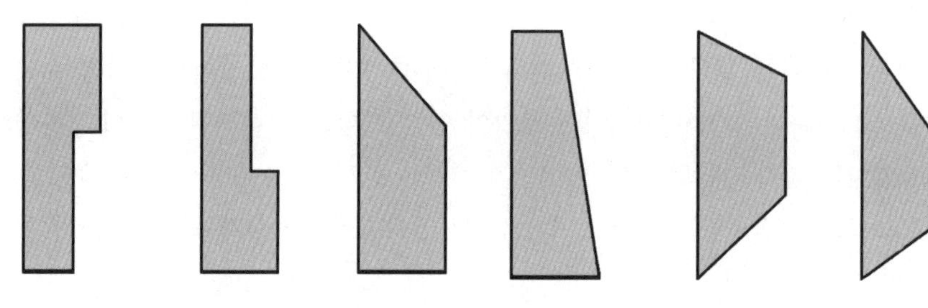

그림 9.43 여러 가지 전이토압 분포 (Weissenbach, 1976)

(2) **증가토압**

벽체변위가 한계상태가 될 만큼 충분히 크지 않으면 작용토압은 주동토압보다 크고 정지토압보다는 작은 주동상태 토압이 된다. 이런 토압을 **증가토압** E_e 이라 하며, 침하에 민감한 주변 구조물을 보호하거나 벽체 변위를 강력히 억제할 때 적용된다.

이때에는 증가토압에 대응할 수 있도록 구조물 벽체를 두껍게 하거나, 스트러트나 앵커를 설치하거나, 구조물 기초의 크기를 크게 한다.

Weissenbach (1976) 는 벽체 변위 s 의 크기에 따라 주동상태 토압을 다르게 적용할 것을 제안하였다 (그림 9.43). 수평방향 증가토압 E_{ah} 는 주변여건에 따라 표 9.5 를 적용한다.

주동 및 수동토압의 크기는 한계평형상태에서 정의한 흙의 강도정수 (c, ϕ) 를 적용해서 구한다. 이때에 벽체변위는 주동토압에 도달되는 벽체변위 s_a 에 대한 벽체변위 s 의 비 즉, s/s_a 로 나타냈다.

표 9.5 벽체변위에 따른 증가 토압

벽체변위관리	변위의 크기 s/s_a	적용토압 *
변 위 허 용	0.50 ~ 1.00	E_a
약 간 억 제	0.30 ~ 0.50	$(3E_a + E_o)/4$
보 통 억 제	0.15 ~ 0.30	$(2E_a + 2E_o)/4$
강 력 억 제	0.05 ~0.15	$(E_a + 3E_o)/4$
변 위 불 허	0 ~ 0.05	E_o

* 단, E_a 는 주동토압, E_o 는 정지토압이다.

9.6 특수 토압

고전토압이론을 적용하기가 곤란한 특수한 조건인 경우에도 토압을 구해야할 경우가 있다.

지반을 다짐하면 **다짐토압** (9.6.1 절) 이 발생되며, 토압이 작용하는 벽면 크기가 한정되면 수평 및 연직방향으로 **아칭에 의한 토압** (9.6.2 절) 이 발생한다. 사일로는 대체로 폭이 제한되고 평행한 2 개의 강성벽체로 간주하고 **사일로 토압** (9.6.3 절) 을 계산한다. 주동쐐기가 완전한 크기로 형성되지 못할 만큼 강성벽체에 가까운 옹벽에는 **좁은 뒤채움 옹벽배면 토압** (9.6.4 절) 이 작용하여 사이 지반이 측면마찰로 지지되므로 사일로와 유사하게 산정한다.

9.6.1 다짐토압

옹벽 배후를 채울 때 다짐이 강력하면 **다짐토압** e_{vd} 가 발생되어서 (Broms, 1971 ; Spotka, 1977) 전체 토압 e_v 는 다짐토압 e_{vd} 만큼 증가된다. 암반에 설치한 중력식 옹벽이나, 라이닝이 두꺼운 개착터널이나, 박스형 지지구조물이나, 부벽식 옹벽은 다짐상태가 양호할 때는 정지토압에 다짐토압을 더한 토압 ($E_{vd}+E_0$) 으로 부재를 설계한다 (그림 9.44 의 ⓐ). 구조물의 안정은 주동토압에 다짐토압을 더한 토압 ($E_{vd}+E_a$) 으로 검토한다 (그림 9.44 의 ⓑ).

Weissenbach (1976) 는 **다짐토압** e_{vd} 를 계산하는 다음 식을 제시하였다 (d_v 는 다짐층 깊이).

$$e_v = e_0 + e_{vd} = K_0 \gamma h + (K_{vd} - 0.5\,K_0)\gamma d_v \tag{9.93}$$

여기에서 **다짐토압계수** K_{vd} 는 다짐정도에 따라 표 9.6 의 값을 적용한다.

벽체배후의 채움할 공간이 넓으면 전체 다짐토압이 굴착저면까지 작용하고, 채움할 공간이 좁으면 **사일로 작용**으로 인해 다짐토압은 작아지고 영향범위는 벽체상부의 일정영역에 한정된다. Petersen/Schmidt (1974) 의 연구에서 폭이 0.5~1.0 m 이면 깊이 15 m 까지 다짐토압 e_{vd} 가 40 kN/m^2 를 초과하지 않았다.

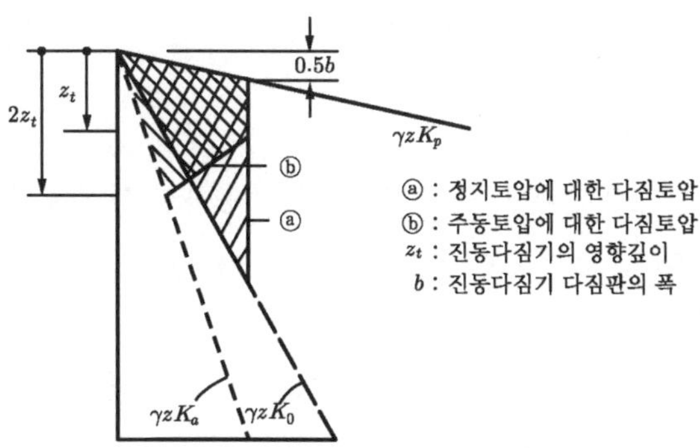

그림 9.44 다짐에 의한 토압 (Spotka, 1977)

표 9.6 다짐토압계수 K_{vd} (Weissenbach, 1976)

다짐상태	다짐토압계수 K_{vd}
중간다짐	0.4 ~ 0.6
강력다짐	0.6 ~ 0.8
매우 강력다짐	0.8 ~ 1.0

9.6.2 아칭에 의한 토압

높이에 비해 길이가 긴 (폭이 넓은) 흙막이 벽은 2 차원 상태로 간주할 수 있지만 굴착면의 길이가 제한된 수직구나 슬러리 월 등에서는 굴착면이 변형되면, 흙막이 벽의 변위에 의해 연직 및 수평방향 **아칭효과** (arching effect) 가 나타나서 (2 차원 토압에 비해) 주동토압은 감소되고 수동토압은 증가된다.

슬러리 월이나 수직구에서는 굴착이 진행되면 벽면의 크기가 달라져서 시공단계별로 수평 및 연직방향 아칭효과가 다르게 나타난다 (이상덕 등, 2015). 주동상태에서는 연직 및 수평방향의 주동토압이 깊이에 따라 완만하게 비선형 비례하여 증가한다.

1) 아칭에 의한 연직토압

등분포 하중 q 가 작용하는 지표로부터 깊이 z 인 미소 흙요소 (그림 9.45a) 에 대한 힘의 평형으로부터 연직토압 σ_v 를 구할 수 있다. 미소 흙 요소 (폭 $2B$, 두께 dz, 무게 $dG = 2\gamma B\,dz$) 의 상부 면에 수직응력 σ_z 가 작용하고, 측면에 수직응력 (수평응력 σ_x) 과 전단응력 τ 가 작용한다.

$$\sigma_x = K\sigma_z$$
$$\tau = c + \sigma_x \tan\phi = c + K\sigma_z \tan\phi \tag{9.94}$$

흙 요소에 연직방향 힘의 평형을 적용하면,

$$dG + 2B\sigma_z = 2B(\sigma_z + d\sigma_z) + 2\tau\,dz \tag{9.95}$$

이고, 이 식을 정리하면 다음 미분방정식이 된다.

$$\frac{d\sigma_z}{dz} = \gamma - \frac{c}{B} - K\sigma_z \frac{\tan\phi}{B} \tag{9.96}$$

위 식을 적분하고 지표에서 $q = \sigma_z$ 인 경계조건을 적용하면 **아칭에 의한 연직토압** $\boldsymbol{\sigma_z}$ 는,

$$\sigma_z = \frac{B(\gamma - c/B)}{K\tan\phi}\left[1 - e^{-K\tan\phi\left(\frac{z}{B}\right)}\right] + q\,e^{-K\tan\phi\left(\frac{z}{B}\right)} \tag{9.97}$$

이고, 상재하중이 작용하지 않는 모래지반 ($c = 0$, $q = 0$) 이면 다음이 된다.

$$\sigma_z = \frac{\gamma B}{K\tan\phi}\left[1 - e^{-K\tan\phi\left(\frac{z}{B}\right)}\right] \quad : \tag{9.98}$$

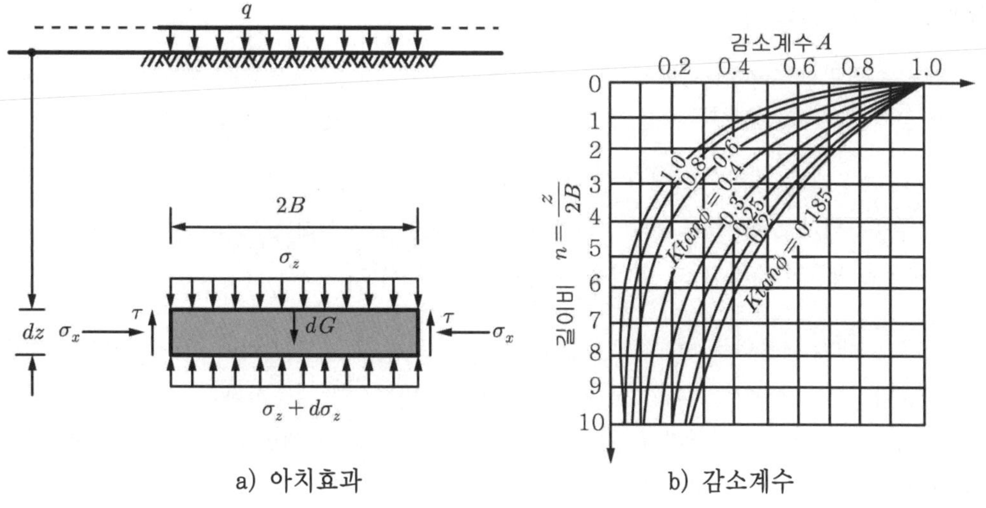

a) 아치효과 b) 감소계수

그림 9.45 지반 내 아칭효과

2) 아칭에 의한 수평토압

폭 $2B$ 인 미소 흙요소에서 **수평토압 σ_x 는 아칭에 의해 감소되며**, 연직응력 σ_z 에 토압계수 K 를 곱하여 구하고, 그 크기는 무한히 긴 흙막이 벽의 수평토압 $\sigma_x^\infty = K\gamma z$ 보다 작다.

$$\sigma_x = K\sigma_z \tag{9.99}$$

무한히 긴 흙막이 벽의 수평토압 $\sigma_x^\infty = K\gamma z$ 에 대한 감소정도를 나타내는 **감소계수** A 는,

$$A = \sigma_x / \sigma_x^\infty \tag{9.100}$$

이고, 상재하중이 작용하지 않는 사질토 ($c = 0,\ q = 0$) 에서는 $n = \dfrac{z}{2B}$ 이면, n 과 토압계수 K 로 나타낼 수 있으며, 그림 9.45b 에서 구할 수 있다.

$$A = \frac{1 - e^{-2Kn\tan\phi}}{2Kn\tan\phi} \tag{9.101}$$

여기에서 토압계수 K 는 구조물의 강성도와 지반의 상대밀도에 의해서 결정되며, 조밀한 흙에서는 K 를 1 까지도 가정할 수 있다.

채움할 공간이 폭에 비해 깊으면 $n \rightarrow \infty$ 이 되므로, **아칭에 의한 수평토압 σ_x** 는 다음과 같이 단순하게 된다.

$$\sigma_x = A\,\sigma_x^\infty = \frac{B\gamma}{\tan\phi} \tag{9.102}$$

9.6.3 사일로 압력

사일로는 단면이 대개 원형이고 벽의 폭이 제한되며 내부를 입상체로 채우는 구조체인데, 횡방향 변위가 일어나지 않으므로 평행한 2 개의 강성 연직벽으로 간주하고 해석할 수 있다.

벽면과 채움재가 접촉된 면에서 상대변위가 일어나면 마찰력이 유발되어 연직응력이 감소(이를 **주동상태**라고 함, 그림 9.46a) 되거나, 증가 (이를 **수동상태**라고 함, 그림 9.46b) 되는데 이를 **사일로 작용**이라 하고 그 토압을 **사일로 압력**이라 한다.

사일로 내벽에 작용하는 연직 및 수평압력은 그림 9.47 과 같이 깊이에 따라 비선형 비례증가하고, 일정한 깊이에서 최대가 되며, 그 후에는 깊어질수록 감소하다가 특정 깊이가 되면 연직압력과 수평압력이 같아진다. 따라서 사일로 내벽에서는 연직압력이 수평압력보다 훨씬 더 많이 즉, 큰 폭으로 변화한다.

건조상태 입상체가 담겨진 사일로의 내벽에 작용하는 연직 및 수평방향의 압력은 Janssen (1895) 과 Koenen (1896) 의 사일로 이론으로 계산할 수 있다 (Jaky, 1948).

사일로에 입상체를 채우면 입상체 자중에 의해 내벽에 연직압력과 수평압력이 작용하며, 수평압력에 의해 사일로 내벽에 마찰력이 발생된다. 사일로 내벽에 작용하는 수평압력 σ_x 와 연직압력 σ_z 의 비 σ_x/σ_z 가 파괴 시 주응력의 비와 같다고 가정하면 (이 가정은 σ_x 와 σ_z 가 주응력이 아니므로 부당하다), σ_x/σ_z 가 깊이와 무관해지므로 σ_x 와 σ_z 를 구할 수 있다.

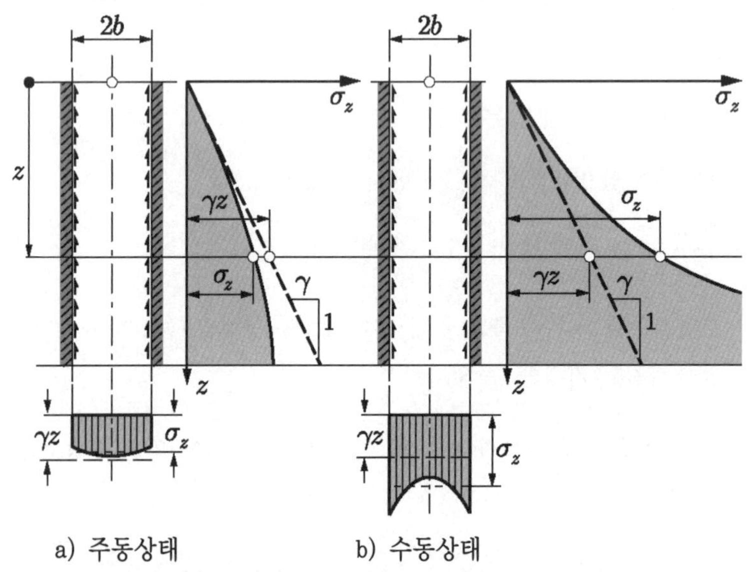

a) 주동상태 b) 수동상태

그림 9.46 평행한 강성연직벽체의 토압분포

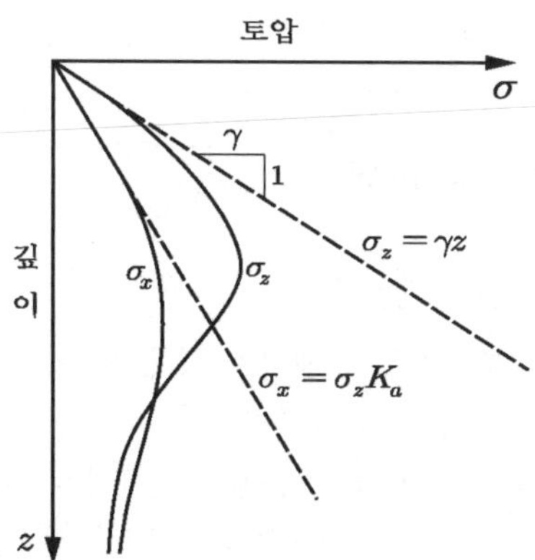

그림 9.47 사일로내벽의 연직압 및 측압 분포

1) 사일로 벽면토압

사일로의 내벽에 작용하는 연직 및 수평압력 σ_z 및 σ_x 는 **연직방향 힘의 평형조건**으로부터 구할 수 있다(F는 사일로 내부 횡단면적, U는 사일로 내벽의 주변길이).

$$F\sigma_z + F\gamma\, dz - (\sigma_z + d\sigma_z)F - \tau U dz = 0 \tag{9.103}$$

그런데 σ_x/σ_z 가 파괴 시 주응력의 비와 같으면 $\sigma_x/\sigma_z = \tan^2(45^o - \phi/2) = K_a$ 이고, $\tau/\sigma_x = \tan\delta$ 이므로 위 식은 다음이 된다.

$$d\sigma_z/dz + K_a \tan\delta\, \sigma_z = \gamma \tag{9.104}$$

이고, 위 **평형식의 해**는 다음이 된다.

$$\sigma_z = \frac{F}{U}\frac{\gamma}{K_a \tan\delta}\left(1 - e^{-\frac{U}{F}K_a z \tan\delta}\right)$$

$$\sigma_x = \frac{F}{U}\frac{\gamma}{\tan\delta}\left(1 - e^{-\frac{U}{F}K_a z \tan\delta}\right) \tag{9.105}$$

그러나 σ_x/σ_z 가 파괴 시 주응력의 비와 다르므로(그림 9.48), 위 해는 합당하지 않다.

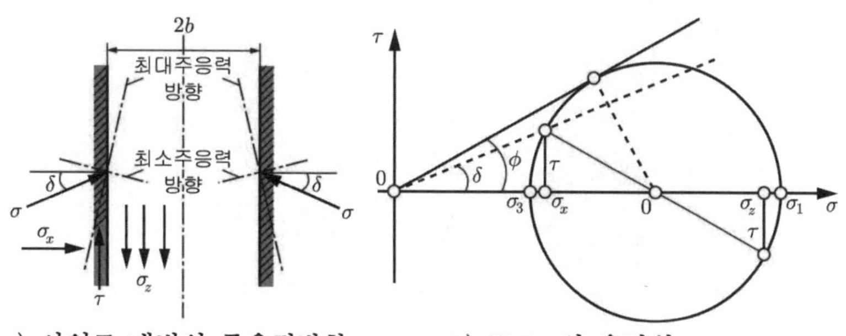

그림 9.48 사일로 내벽면의 응력상태

Jakobson (1958) 은 K_a 대신 σ_x/σ_z 를 대입하고, δ 를 $a\tan\delta$ 로 대체하여 위 식을 수정했다.

$$\frac{\sigma_x}{\sigma_z}=\frac{1+\sin^2\phi-2\sqrt{\sin^2\phi-\tan^2\delta\cos^2\phi}}{\cos^2\phi+4\tan^2\delta}=a \tag{9.106}$$

2) 사일로 충진 및 배출 시 벽면압력

위 식은 실무에 자주 이용되고, 진동이 생기지 않게 천천히 사일로를 채울 때는 실험결과와 잘 일치한다. **사일로 손상**은 항상 배출과정에서 발생되고, **배출 토압**은 배출구 각도 등에 의해 영향을 받는다. Caquot (1957) 는 사일로에서 배출시 측압을 구하는 식을 제시하였다.

$$\sigma_x=\left[\gamma(h_1-h)+\gamma\frac{R}{2K_p-2}\left\{1-\left(\frac{R_b}{h_o}\right)^{2K_p-2}\right\}\right]\frac{1-\cos^2\lambda\sin\phi}{1-\sin\phi} \tag{9.107}$$

여기에서 h_o, h_1, h, λ 는 그림 9.49 와 같고, K_p 는 수동토압계수이다.

Caquot 는 사일로 채움 시 **압력분포곡선의 수렴값** $\sigma_{x,\max}$ 을 구하고, 그로부터 그 사이 응력 σ_x 를 구하였다 (사일로계수 κ 는 표 9.7 과 같고, $b_1=\gamma K_{p(\delta)}\sin2\delta$). Caquot 가 밀을 채운 사일로를 계산한 결과 배출시 측압이 채움 시의 2 배정도로 컸고, 상부에서 컸다 (그림 9.49a).

$$\sigma_{x,\max}=\frac{1}{2}\gamma r\cot\delta\left(1-e^{-h/b_1}\right) \tag{9.108}$$

$$\sigma_x=\kappa\sigma_{x,\max}$$

표 9.7 사일로 계수 κ

h/b_1	0	0.2	0.5	1.0	2.0	3.0	4.0	5.0
κ	0	0.1813	0.3935	0.6321	0.8647	0.9502	0.9077	0.9933

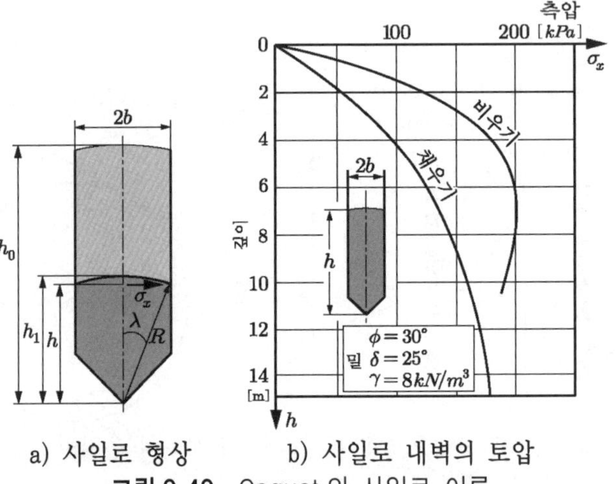

a) 사일로 형상 b) 사일로 내벽의 토압

그림 9.49 Caquot 의 사일로 이론

9.6.4 좁은 뒤채움 옹벽 배면토압

강성벽체 (그림 9.50a) 에 근접해서 평행한 옹벽을 설치할 때에 사이 지반의 폭이 좁으면, 주동 흙 쐐기가 완전한 크기로 형성되지 못한다. 이때 측면마찰력은 깊을수록 커지고, 일정한 깊이가 되면 수평지반요소를 지지할 수 있을 만큼 커져서 옹벽에 작용하는 수평토압이 거의 증가하지 않는다 (그림 9.50c). 이상덕 등 (1997, 2011) 은 좁은 공간 메움 시 수평토압의 크기와 분포는 물론 되메움 공간의 그리드 보강효과를 측정하였다.

미소지반요소 (그림 9.50b, 폭 b, 높이 Δh) 의 무게 ΔG 와 측면마찰력 ΔR 은 다음 같고, 여기에서 δ_f 는 벽마찰각이고, K_{fh} 는 **좁은 뒤채움 수평토압계수**이다.

$$\Delta G = \gamma A \ \Delta h = \gamma b \Delta h$$
$$\Delta R = \gamma h K_{fh} \ 2 \Delta h \tan \delta_f = 2 \gamma h K_{fh} \ \Delta h \tan \delta_f \tag{9.109}$$

수평토압계수 K_{fh} 는 벽체가 휨성이면 수평 주동토압계수 K_{ah} 와 같고 ($K_{fh} = K_{ah}$), 벽체가 강성이면 수평 정지토압계수 K_{0h} 와 같다 ($K_{fh} = K_{0h}$).

측면마찰력은 깊을수록 크고, **깊이 h_0** 에서 지반요소의 자중과 크기가 같아져서 ($\Delta G = \Delta R$) 지반을 지지하므로, 그 보다 더 깊어지면 토압이 거의 증가하지 않는다.

$$h_0 = \frac{b}{2 K_{fh} \tan \delta_f} \tag{9.110}$$

따라서 수평토압은 그림 9.50c 와 같이 지표부근에서는 깊이에 선형적으로 비례증가하며, 깊이 h_0 에서 최대 값 $e_{fh,\max}$ 가 되고, 그 하부 ($h > h_0$) 에서는 크기가 일정하게 유지된다. 따라서 수평토압분포를 2 개의 직선으로 근사화하여 근사토압을 구할 수 있다.

$$e_{fh,} \max = \gamma h_0 K_{fh} = \frac{\gamma b}{2 \tan \delta_f} \tag{9.111}$$

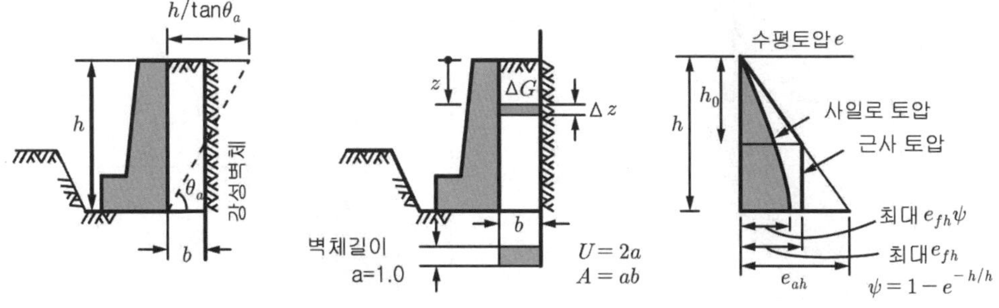

a) 강성벽체 근접한 옹벽 b) 길이 $a = 1.0m$ 미세요소 c) 토압의 분포

그림 9.50 좁은 뒤채움 옹벽에 작용하는 토압

9.7 3차원 토압

고전 토압이론은 2차원상태(즉, 무한히 긴) 벽체에 대한 것이다. 그런데 실제의 구조물은 길이가 제한되어 3차원 주동토압 또는 3차원 수동토압을 적용해야할 때가 많다.

한정된 길이와 깊이로 지반을 굴착하는 슬러리 월에서는 연직 및 수평 방향으로 아칭효과가 발현되어 고전토압이론 보다 작은 **3차원 주동토압(9.7.1절)**이 작용하고, 그 크기는 벽체의 길이와 깊이 및 지반상태에 따라 다르다. 말뚝이나 엄지말뚝 또는 폭이 좁은 벽체에서는 3차원 효과로 인해 수평저항력이 2차원 수동토압보다 큰 **3차원 수동토압(9.7.2절)**이 된다.

9.7.1 3차원 주동토압

굴착공간을 안정액으로 지지하고 지반을 굴착하는 슬러리 월에서 지반을 굴착하는 동안에 굴착한 흙벽의 외적 안정을 검토하기 위해 1980년대 중부유럽에서 **3차원 주동토압**이 중점적으로 연구되었다. Pulsfort(1986)와 Lee(1987)는 슬러리 월에서 지반의 자중은 물론 독립기초의 하중이 주변지반에 3차원적으로 전이되어 발생하는 수평토압의 증가를 연구하였다.

3차원 주동토압은 대체로 3차원 파괴체에 정역학적 평형식을 적용(**정역학 모델**)하거나 모형시험에서 구한 파괴형상에 극한 평형식을 적용(**단일파괴체 모델**)하여 구할 수 있다.

1) 정역학 모델

Huder(1972)와 Schneebeli(1964)는 평판형 지반요소를 기본으로 **정역학적 3차원 토압 계산모델**을 개발하여 3차원 토압을 구했으며, 실제 파괴형상을 고려할 수 없는 단점이 있다.

$$E_{ah3D} = \sigma_z K_{ah} \left\{ \frac{b}{z} \frac{1 - e^{-2K_y \tan\phi\,(z/b)}}{2K_y \tan\phi} \right\} \quad (\text{단, } K_y = 1 - \sin\phi) \tag{9.112}$$

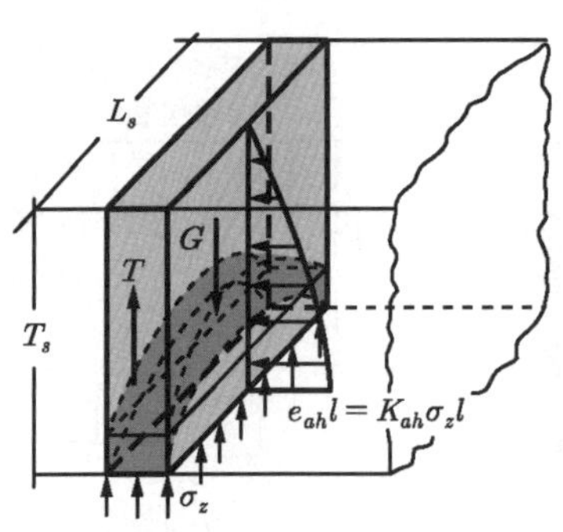

a) Huder 모델(1972)

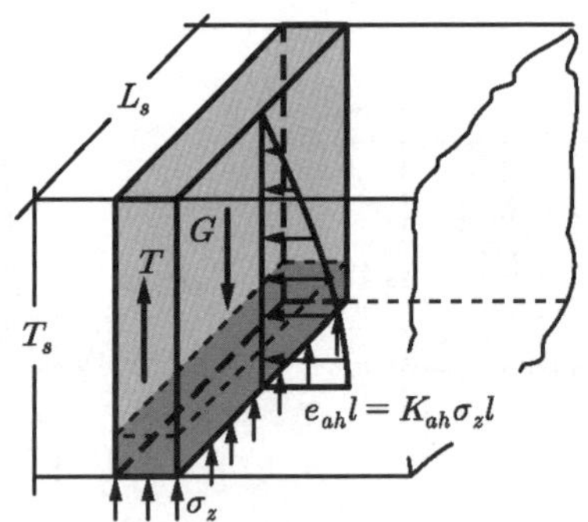

b) Schneebeli 모델(1964)

그림 9.51 3차원 주동토압 정역학 모델(평판요소의 연직응력 감소)

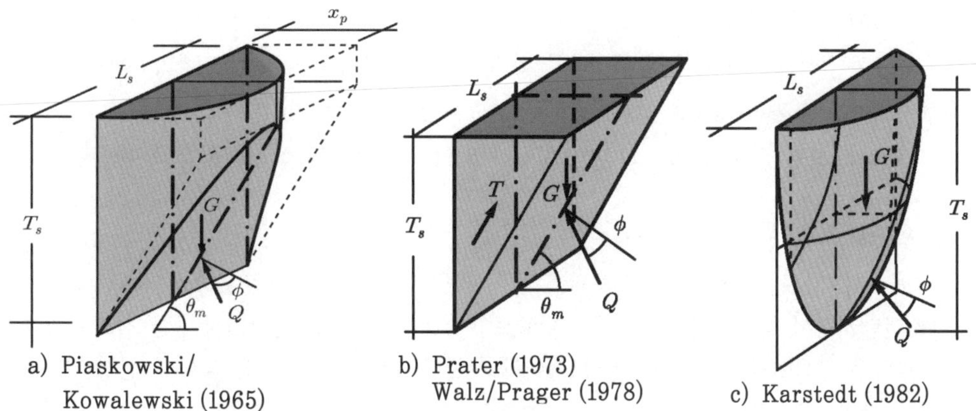

그림 9.52 단일 파괴체형 3 차원 주동토압 모델

2) 단일 파괴체 모델

3 차원 주동토압은 단일 파괴체 (즉, 3 차원 흙쐐기) 모델 (그림 9.52b) 이나 3 차원 파괴모델 (그림 9.52a, 그림 9.52c) 에 한계 평형식을 적용하여 구할 수 있다.

Prater (1973), Gussmann/Lutz (1981), Walz/Prager (1978) 등은 2 차원 흙 쐐기 이론을 확장한 3 차원 흙 쐐기에 대해서 3 차원 주동토압을 구하였다. 즉, **3 차원 흙쐐기**를 생각하고 양쪽 측면에 전단저항력을 적용하여 3차원 효과 즉, **토압감소효과**를 나타내었다.

Piaskowski/Kowalewski (1965) 와 Karstedt (1982) 는 모형시험을 실시해서 구한 **3 차원 파괴체를 단순화한 모델**에 한계 평형식을 적용하여 3 차원 토압을 구했다. **토압감소효과**는 파괴체를 2 차원 흙 쐐기 보다 크기 (자중) 가 작게 적용하여 나타내었다.

등분포 상재하중에 의한 3 차원 토압은 **3 차원 흙쐐기 모델** (Prater, 1973 ; Gussmann/Lutz, 1981 ; Walz/Prager, 1978) 을 이용하여 쉽게 구할 수 있다. 길이가 **긴 연직 띠하중에 의한 토압은** Walz (1977) 의 2 차원 흙쐐기 이론 (연직 띠요소 적용) 을 확장한 3 차원 쐐기모델 (Walz/Prager, 1978) 을 적용하여 구할 수 있다. 크기가 한정된 **독립기초 하중에 의한 토압**은 Pulsfort (1986) 는 Walz 의 2 차원 흙쐐기 이론을 확장하여 계산하였으며, Lee (1987) 는 3 차원 운동요소법 (3-Dim. Kinematical Element Method) 을 적용하여 계산하였다.

3 차원 흙 쐐기 모델에서는 (측면 저항력의 크기가 3 차원 흙 쐐기의 길이에 무관하게 일정하므로) 흙 쐐기의 길이에 따라 3 차원 효과가 다르다. 따라서 **3 차원 파괴모델** (Piaskowski/Kowalewski 모델 등) 에서 구한 토압이 3 차원 흙쐐기 모델 (Prater 모델 등) 에서 구한 토압 보다 비교적 실제에 더 잘 부합한다.

(1) 3차원 흙쐐기 모델

3차원 주동토압은 3차원 흙쐐기 양·측면에 전단저항력을 추가하고 힘의 평형식을 적용하여 구한다. 흙쐐기 양·측면에 작용하는 전단저항력은 흙쐐기 길이에 무관하고 Coulomb 이론(**Prater 모델**) 이나 Terzaghi 의 2차원 토압이론(**Walz/Prager 모델**) 으로 계산한다.

① Prater 모델

Prater (1973) 는 Coulomb 의 2차원 흙쐐기 이론을 확장하여 3차원 흙쐐기 양측면에 활동에 대한 전단저항이 작용한다고 보고, 2차원 토압에 비해 양측면 전단저항 만큼 감소된 3차원 주동토압을 구하였다. 이를 **Prater 모델**이라고 한다. 측면 수평토압은 깊이에 선형비례 증가한다고 가정하고, 측면 전단저항력을 구하였다. Gussmann/Lutz (1981) 는 3차원 흙쐐기의 무게를 측면 전단저항력의 연직성분만큼 감소시켜서 계산하였다.

그림 9.53 과 같은 3차원 흙쐐기의 측면에 작용하는 전단저항력 T 는 수직력 N (수평토압 합력) 에 의해 결정된다. 3차원 흙쐐기 측면에 작용하는 수직응력(수평토압) 이 깊이에 따라 선형비례 분포하는 경우에, 그 합력 N과 전단저항력 T 및 흙쐐기 자중 G는 다음과 같다.

$$N = \int \sigma_y dA = \int K_y \sigma_z dA = K_y \gamma \int z dA = \frac{1}{6} K_y \gamma T_s^3 \frac{1}{\tan\theta} \qquad (9.113)$$

$$T = N \tan\phi$$

$$G = \frac{1}{2} \gamma T_s^2 L_s \frac{1}{\tan\theta}$$

위 식의 토압계수 K_y 는 $K_a \leqq K_y \leqq K_0$ 이고, 쐐기측면에 대해 수직방향(쐐기길이방향) 으로는 변위가 일어나지 않으므로 정지토압계수 K_0 를 적용할 경우가 많다.

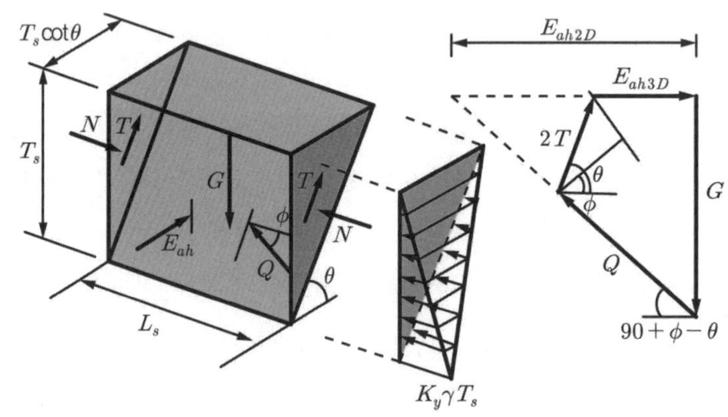

a) 3차원 흙쐐기　　b) 측면토압　　c) 힘의 다각형

그림 9.53 3차원 흙쐐기 모델 (Prater,1973 ; Gussmann / Lutz, 1981)

흙쐐기 (길이 L_s , 깊이 T_s) 에 작용하는 **3 차원 수평주동토압 $E_{ah\,3D}$** 는 활동 파괴면의 반력 Q 의 수직방향으로 힘의 평형식을 적용하면 구할 수 있다 ($x = \tan\theta$, $a = \tan\phi$).

$$E_{ah\,3D} = G\frac{x-a}{1+ax} - 2T\frac{1+x^2}{(1+ax)\sqrt{1+x^2}} \tag{9.114}$$

Gussmann/Lutz (1981) 는 3 차원 흙 쐐기의 무게 G 를 흙 쐐기 측면의 전단 저항력 $2T$ 의 연직성분 ($2Tcos\theta$) 만큼 감소시켜서 적용하였다.

$$E_{ah\,3D} = \frac{1}{2}\gamma T_s^2 L_s \left\{ \frac{x-a}{x+ax^2} - \frac{2KaT_s(1+x^2)}{3L_s x(1+ax)\left(\sqrt{1+x^2} + \frac{2}{3}Ka\frac{T}{L_s}x\right)} \right\} \tag{9.115}$$

활동파괴면 각도 θ 는 위 식을 미분하여 $dE_{ah\,3D}/d\theta = 0$ 로부터 구할 수 있다.

활동 파괴면에 작용하는 점착저항력 C 와 쐐기측면에 작용하는 전단저항력 T 및 쐐기의 자중 G 는 다음이 된다.

$$C = c\,T_s L_s / \sin\theta$$
$$T = c\,T_s^2 \cot\theta$$
$$G = \frac{1}{2}\gamma\,T_s^2 L_s \cot\theta \tag{9.116}$$

활동파괴면 방향 힘의 평형을 적용하면 **3 차원 수평토압 $E_{ah\,3D}$** 를 구할 수 있다.

$$E_{ah3D} = \frac{1}{2}\gamma T_s^2 L_s - 2\frac{cT_s L_s}{\cos 2\theta} - \frac{cT_s^2}{\sin\theta} \tag{9.117}$$

② Walz/Prager 모델

Walz/Prager (1978) 는 3 차원 흙쐐기의 양 쪽 측면에 작용하는 전단저항력을 **Terzaghi 의 silo이론**으로 계산하여 3 차원 주동토압을 구하였다.

흙쐐기의 자중 G 와 **활동파괴면의 점착저항력 C** 는 다음과 같고,

$$C = c\,T_s L_s / \sin\theta$$
$$G = \frac{1}{2}\gamma\,T_s^2 L_s \cot\theta \tag{9.118}$$

흙쐐기 측면에서 수직응력 σ_z 는 **Terzaghi 의 silo 이론**으로 구하면 다음이 된다 (식 9.97).

$$\sigma_z = \frac{1}{2}\frac{L_s}{K_y \tan\phi}\left(\frac{\gamma}{\sin\theta} - \frac{2c}{L_s}\right)\left(1 - e^{-z/K}\right) \tag{9.119a}$$

$$K = \frac{1}{2}\frac{L_s}{K_y \tan\phi \sin\theta} \tag{9.119b}$$

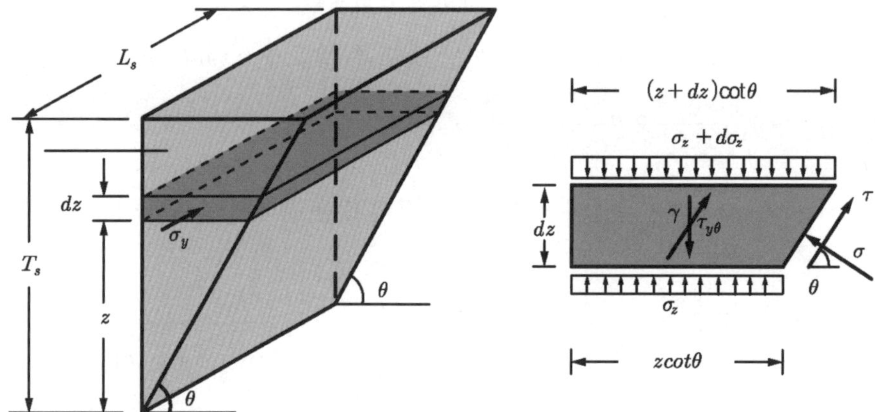

a) Walz/Prager 모델

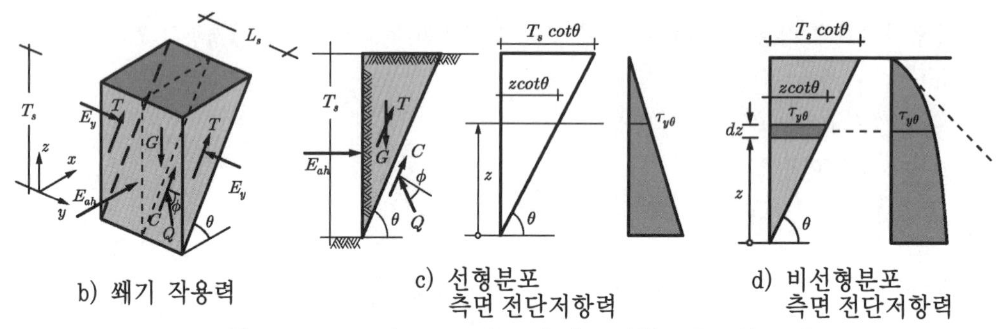

b) 쐐기 작용력

c) 선형분포 측면 전단저항력

d) 비선형분포 측면 전단저항력

그림 9.54 Walz / Prager (1978) 의 3 차원 주동토압 모델

활동파괴체 측면의 전단저항응력 $\tau_{y\theta}$ 는 위 식 (9.119a) 를 Mohr-Coulomb 파괴식에 대입하여 구할 수 있다.

$$\begin{aligned}\tau_{y\theta} &= \sigma_y \tan\phi + c = K_y \sigma_z \tan\phi + c \\ &= \frac{L_s}{2}\left(\frac{\gamma}{\sin\theta} - \frac{2c}{L_s}\right)\left(1 - e^{-z/K}\right) + c \end{aligned} \tag{9.120}$$

활동파괴체 측면의 전단저항력 T 는 다음 식으로 계산한다.

$$T = \int \tau_{y\theta}\, dA = \cot\theta \int_0^{T_s} (T_s - z)\, \tau_{y\theta}\, dz \tag{9.121}$$

위 식에 활동파괴체 측면의 전단저항응력 $\tau_{y\theta}$ 를 대입하면 다음이 된다.

$$T = \frac{1}{2} L_s \cot\theta \left[\left(\frac{\gamma}{\sin\theta} - \frac{2c}{L_s}\right)\left\{\frac{1}{2} T_s^2 + K^2\left(1 - e^{-T_s/K}\right) - K T_s\right\}\right] + \frac{1}{2} c\, T_s^2 \cot\theta \tag{9.122}$$

3차원 **수평주동토압** $E_{ah\,3D}$는 활동파괴면 방향으로 힘의 평형식을 적용하여 구한다. 이때, G와 C 및 T는 식(9.120)과 식(9.122)에서 구한다.

$$E_{ah\,3D} = \frac{G(\sin\theta - \cos\theta\tan\phi) - 2T - C}{\sin\theta\tan\phi + \cos\theta} \tag{9.123}$$

지표에 **등분포 상재하중** p가 작용하면, 이에 의해 연직력이 ΔV_p 만큼 증가하고 측면의 전단저항력은 ΔT_p 만큼 증가하므로, 위 식에 연직력 $G+\Delta V_p$를 적용하고, 측면의 전단저항력 $T+\Delta T_p$를 적용하여 3차원 수평토압 $E_{ah\,3D}$를 계산한다.

이때 상재하중에 의해 증가되는 연직력 ΔV_p와 전단저항력 ΔT_p는 다음과 같다.

$$\Delta V_p = p L_s T_s \cot\theta$$

$$\Delta T_p = L_s \cot\theta \frac{p}{\sin\theta}\left\{T_s - K\left(1 - e^{-T_s/K}\right)\right\} \tag{9.124}$$

(2) **3차원 파괴체 모델**

3차원 토압은 현장관찰이나 모형시험 등을 통해 실제 파괴형상을 파악하고 이에 근거한 **3차원 파괴체 모델**에 한계평형식을 적용하여 구할 수 있다.

Piaskowski/Kowalewski (1965)는 활동 파괴면에 의해서 절단된 타원형 단면의 기둥모양 파괴체 모델을 적용하였고, 파괴체 형상이 실제와 차이가 나지만 감소계수를 구하여 3차원 토압을 쉽게 구할 수가 있다.

Karstedt (1982)는 가로 및 세로 방향으로 모두 다 대수나선형인 조개모양 파괴체 모델을 적용하였으나, Karstedt 모델은 실제에 매우 근접한 파괴형상이지만 계산이 매우 복잡하기 때문에 실무에 적용하려면 많은 노력이 필요하다.

① **Piaskowski/Kowalewski 모델**

Piaskowski/Kowalewski (1965)는 그림 9.55와 같은 타원형 단면의 기둥이 수평에 대해 각도 θ인 활동파괴면을 따라 활동하며 기둥 측면에는 힘이 작용하지 않는다고 가정하였다. 활동력은 파괴체 자중이고, 활동 저항력은 파괴체의 바닥(활동파괴면)에만 존재한다. 활동 파괴체의 자중은 파괴체 부피와 지반 단위중량으로부터 계산할 수 있다.

파괴체의 단면은 벽체의 길이 L_s에 의해 결정되고, 3차원 파괴체의 형상은 벽체의 깊이 T_s에 의해 결정된다.

$$x = \frac{x_p}{a^2} y^2 \ , \ x_p = \frac{1}{2} L_s \cot\phi \tag{9.125}$$

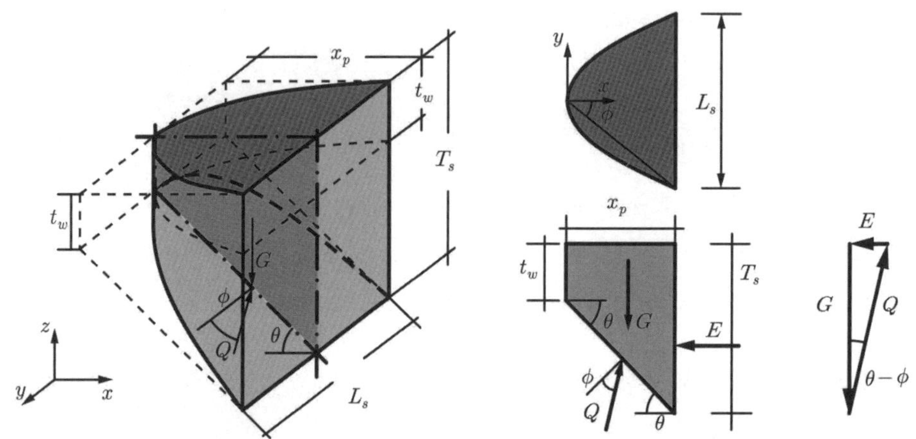

그림 9.55 Piaskowski / Kowalewski 의 3 차원 주동토압 모델

3 차원 파괴체가 2 차원 흙쐐기 보다 크기가 작아서 활동력이 작기 때문에 **3 차원 토압 $E_{ah\,3D}$** 는 2 차원 토압 $E_{ah\,2D}$ 보다 작다.

3 차원 토압은 2 차원 토압에 대한 **감소계수 α** 를 그림 9.56 에서 찾아서 구할 수 있으며, 감소계수 α 는 벽체의 길이 L_s 와 깊이 T_s 에 따라 다르다.

$$E_{ah\,3D} = \alpha\, E_{ah\,2D} \tag{9.126}$$

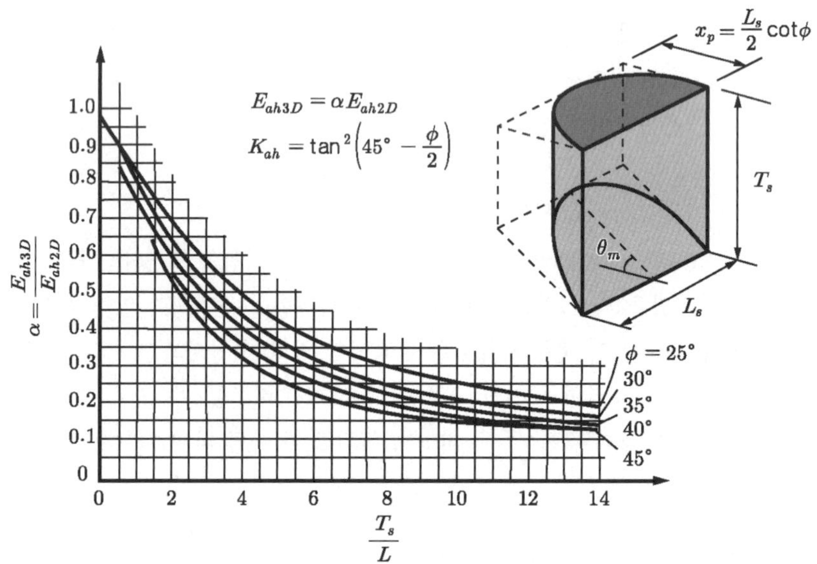

그림 9.56 Piaskowski / Kowalewski 의 3 차원 주동토압

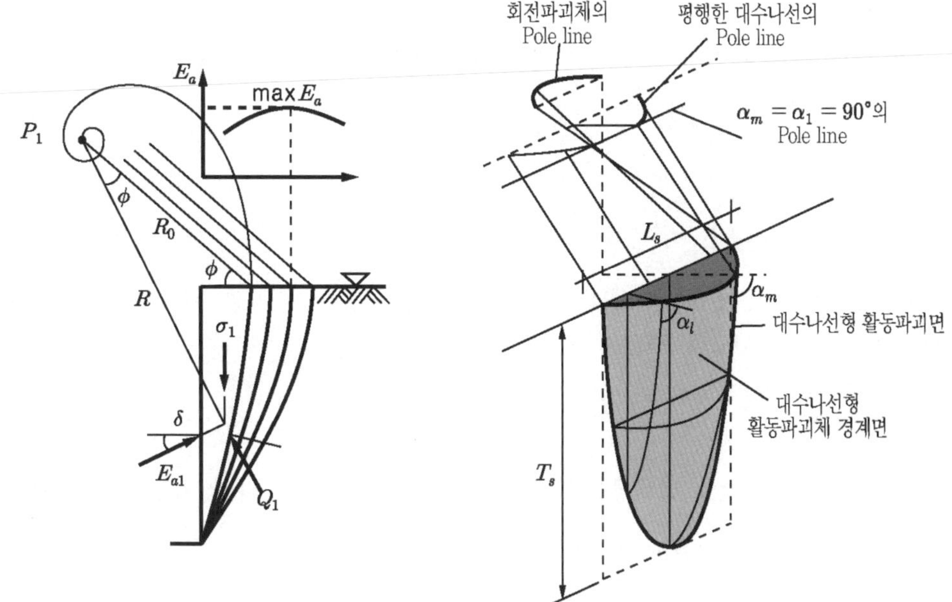

그림 9.57 대수나선형 토압 계산모델 (General Wedge Theory)

그림 9.58 Karstedt 의 3 차원 주동토압 모델 (대수나선형 3 차원 단일파괴체 모델)

② Karstedt 모델

Karstedt (1977, 1982) 는 모형시험에서 구한 실제의 파괴형상에 근거하여 그림 9.58 과 같이 가로 및 세로 방향으로 모두 다 대수나선형인 **조개껍질 모양 3 차원 파괴체 모델**을 제시하였고, 한계 평형식을 적용하여 3 차원 토압을 구하였다.

3 차원 파괴형상은 모형시험에서 구한 3 차원 파괴체를 화학약품으로 고결시킨 후 단면별로 절단하여 확인하였다. 그 결과 가로 및 세로 방향으로 모두 대수나선형인 조개껍질 모양 3 차원 파괴체 (그림 9.57) 를 확인하고, 이를 바탕으로 해서 3 차원 토압계산식을 제시하였다.

Karstedt 모델은 파괴형상이 실제에 근접한 형상이나, 계산이 복잡하여 적용하기가 어렵다.

9.7.2 3 차원 수동토압

지반에 근입된 말뚝이나 엄지말뚝 또는 폭이 좁은 벽체의 수평 지지력은 지반의 수평 저항력 (즉, 수동토압) 에 의해 유발되며, 말뚝의 직경 (폭) 이나 벽체의 폭이 벽 높이에 비하여 무한히 크지 않으면 3 차원 효과가 발생되어 수평저항력이 2 차원 수동토압 보다 커진다.

3 차원 수동토압은 3 차원 흙쐐기 측면에 전단력을 고려하는 정도로 나타내기는 어렵고 **3 차원 벽체 형상계수** (Weissenbach, 1962) 또는 **3 차원 운동요소법**을 적용하여 (Gussmann, 1986) 구하며, 그밖에 **개략 계산모델**로 구할 수도 있다.

1) 3차원 벽체형상계수

높이 H에 비해 폭 B가 크지 않은 벽체에서 **3차원 수평 수동토압 E_{ph3D}**는,

$$E_{ph\,3D} = \frac{1}{2}\gamma H^2 K_{ph3D} \tag{9.127}$$

이고, 2차원 수평수동토압 E_{ph2D}와 다음 관계로 나타낼 수 있다.

$$E_{ph\,3D} = \zeta B E_{ph2D} = \frac{1}{2}\zeta B \gamma H^2 K_{ph2D} \tag{9.128}$$

위 2개 식 즉, 식(9.127)과 (9.128)로부터 **벽체형상계수** ζ (3차원 수평 수동토압과 2차원 수평수동토압계수의 비)를 구할 수 있다.

$$\zeta = \frac{1}{B}\frac{K_{ph3D}}{K_{ph2D}} \tag{9.129}$$

Weissenbach (1962)는 **벽체형상계수 ζ**를 벽체의 폭과 높이의 비 B/H로 나타내었다.

$$\begin{aligned}\zeta &= \sqrt{\frac{B}{0.3H}} \times (0.3H + 0.6\,H\tan\phi) \quad (B/H \le 0.3) \\ &= B + 0.6H\tan\phi \qquad\qquad\qquad\quad (B/H > 0.3)\end{aligned} \tag{9.130}$$

2) 3차원 운동요소법(3D-KEM 모델)

Gussmann (1986)은 **3차원 운동요소법**(3D-KEM : 3-Dimensional Kinematical Element Method)을 적용하여 3차원 수평수동토압을 계산하였다. 운동요소법에서는 요소들의 운동에 의해서 발생되는 요소 간 상대변위와 그에 따른 에너지 손실을 계산하여 목적함수를 계산하며, 최적화 기법을 적용하여 최적 목적함수(즉, 최소 수동토압)를 찾는다.

그림 9.59a는 3개의 **3차원 운동요소**로 구성된 3차원 3D-KEM 모델이며, 좌우 대칭이므로 절반만 계산한다. 그림 9.59의 b)와 c)는 운동하기 전과 후 3차원 운동요소 상태를 나타낸다.

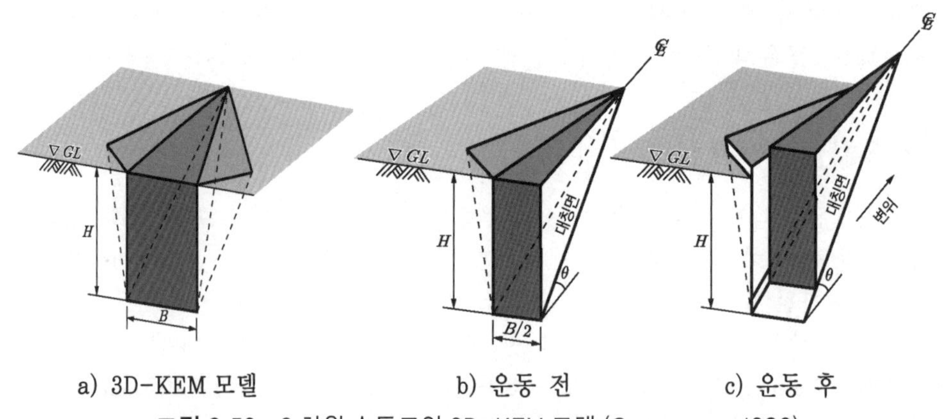

그림 9.59 3차원 수동토압 3D-KEM 모델 (Gussmann, 1986)

표 9.8 은 지표가 수평인 사질토에 설치된 연직 벽체에서 3 차원 수평 수동토압계수 K_{ph3D} 와 3 차원과 2 차원 수평 수동토압계수의 비 ζ 를 Gussmann 의 3D-KEM 및 Weissenbach 의 방법으로 계산한 결과이다 (Gussmann, 1986).

벽체 폭과 높이의 비 B/H 가 20 이면 거의 2 차원 상태를 나타내고, B/H 가 작아질수록 벽체의 폭과 높이의 비에 따른 차이 (3 차원 효과) 가 더 뚜렷하여 커지며, Gussmann 의 3D-KEM 해석 결과가 Weissenbach 의 결과보다 약간 더 크고 것을 알 수 있다.

표 9.8 3 차원 수평수동 토압계수 ($c = 0,\ \phi = 30^o,\ \delta = 20^o,\ K_{ph2D} = 5.74$)

B/H		0.5	2.0	20
K_{ph3D}		11.34	7.13	5.75
ζ	Gussmann	1.98	1.24	1.002
	Weissenbach	1.69	1.17	1.02

3) 개략 계산모델

높이에 비해 폭이 좁은 엄지말뚝 근입부에는 3 차원 수평수동토압이 작용하며, 그 크기는 2 차원 수평 수동토압식으로 개략계산할 수 있다. 즉, **3 차원 수평수동토압**을 식 (9.127) 로 직접 계산하는 대신 유효 폭 B' 을 적용하고 2 차원 토압식으로 계산할 수 있다.

$$E_{ph\,3D} = \frac{1}{2}\gamma H^2 B' K_{ph2D} \tag{9.131}$$

유효폭은 엄지말뚝의 근입깊이가 작아서 높이 H 에 비하여 폭 B 가 지나치게 작지 않으면 ($B \geqq 0.3H$) $B' = 3B$ 을 적용할 수 있고 (그림 9.60), 근입부의 깊이가 커지면 유효 폭은 내부마찰각에 의존하여 달라진다.

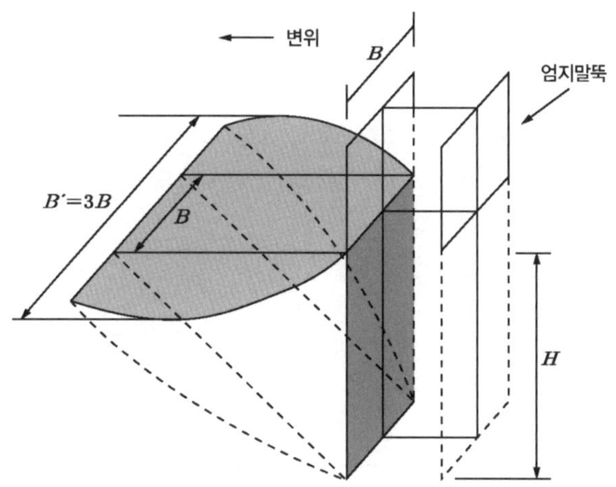

그림 9.60 엄지말뚝 근입부의 3 차원 수동파괴

◈ 연 습 문 제 ◈

【문 9.1】 Rankine 의 주동 및 수동토압계수를 Mohr 응력원을 이용하여 유도하시오.

【문 9.2】 Coulomb 토압이론의 기본적인 가정을 열거하고 논평하시오.

【문 9.3】 점착력이 주동 및 수동토압에 미치는 영향에 대해 설명하시오.

【문 9.4】 벽마찰이 주동 및 수동토압의 작용방향 및 크기에 미치는 영향을 설명하시오.

【문 9.5】 지반의 아칭효과에 대해 설명하시오.

【문 9.6】 포화된 NC 점토를 비배수 상태에서 삼축시험을 실시하였다. 한계상태에서 최대주응력이 $\sigma_1 = 75\,kPa$, 최소주응력이 $\sigma_2 = 16kPa$, 간극수압이 $u = 22\,kPa$ 이다. 파괴면의 각도를 구하시오.

【문 9.7】 강성점토지반에 폭 5 m 토피 2.0 m로 직사각형 단면으로 터널을 굴착하였다. 지표면에 등분포 상재하중이 $p = 15$kPa 크기로 작용할 때 이 지반의 점착력 c_u 를 구하시오 (단, 지반의 단위중량은 $\gamma = 20$kN/m^3 이다).

【문 9.8】 $\gamma = 17$kN/m^3 인 건조한 모래 지반에 폭 0.6 m 이고, 길이 10 m 인 강재 띠가 3 m 깊이에 수평으로 매설되어 있다. 강재 띠의 인발저항력이 $T = 285$ kN 일 때에 강재 띠와 지반간의 마찰각을 결정하시오.

【문 9.9】 단위중량이 $\gamma = 17$kN/m^3, 비배수점착력이 $c_u = 22$kN/m^3 인 포화 NC 점토 지반을 연직으로 굴착한다. 지하수위가 지표아래 2.0 m 에 있는 경우에 굴착가능한 깊이는 몇 m 인가? (단, 지표는 수평이다.)

【문 9.10】 높이 5 m 의 벽체 뒤를 단위중량 $\gamma = 17$kN/m^3 인 모래로 뒷채움하였다. 이 벽체가 지표가 수평인 상태에서 $E_g = 560$kN/m 인 수평력을 지탱해야 한다. 예상 활동파괴면의 각도를 $\theta = 20^o$, 25°, 30°, 35°, 40° 로 할 때에 다음을 구하시오.

a) 뒷채움 지반의 내부마찰각이 $\phi = 32^o$ 일 때 수동토압

b) $\Phi = 32^o$ 인 경우의 안전율

c) $\Phi = 35^o$ 인 경우의 안전율

【문 9.11】 높이 $h = 3$ m 인 연직벽체의 배면이 매끄러운 상태에서 하단을 중심으로 회전할 때에 이를 지지하기 위해 필요한 수평력을 구하시오 (단, 뒷채움 지반의 단위중량은 $\gamma = 17$kN/m^3, 내부마찰각은 $\phi = 35^o$ 이다).

습윤단위중량 [kN/m^3]	포화단위중량 [kN/m^3]	내부마찰각 [^{o}]	점착력 [kN/m^2]
18.0	10.0	28	10.0

제10장 얕은기초의 지지력과 침하

10.1 개 요

기초 (foundation) 는 상부 구조물 하중을 지반에 전달하기 위해, 상부구조와 일체로 지표나 얕은 지반 내 (얕은 기초) 또는 깊은 지반 내 (깊은 기초) 에 설치하는 구조체를 말한다.

기초는 다음조건을 구비해야 한다.

① 기초는 정역학적으로 안정해야 한다.
② 기초는 최소 근입깊이를 확보하여 지반의 습윤팽창, 건조수축, 동결, 온도변화, 지하수위 변동, 인접공사 등의 영향을 받지 않아야 한다.
③ 기초의 위치변화 (침하, 부등침하, 수평이동, 회전) 가 허용한계 이내이어야 한다.
④ 기초는 다음에 대해 충분한 안전율을 유지해야 한다.
- 지반의 전단파괴 (지지력)
- 구조물-지반 시스템의 안정
- 기초바닥면의 활동
- 전도에 의한 파괴
- 부력의 영향

⑤ 기초는 기술적으로 시공가능하고, 경제적이며, 인접 구조물에 피해가 없어야 한다.

얕은 기초 (10.2 **절**) 는 상부구조물의 하중을 기초슬래브의 접지압으로 지반에 전달하는 구조물이며, 그 거동은 설치조건, 기초종류, 근입깊이, 접지압, 안전율 등에 따라 결정된다. 지반이 전단파괴 되지 않고 지지할 수 있는 최대하중을 **얕은 기초의 지지력** (10.3 **절**) 이라 하며, 구조물 하중을 지탱할 수 있을 만큼 커야 한다. (지반응력 증가에 따른) 지반압축에 의한 **얕은 기초의 침하거동** (10.4 **절**) 은 다양한 인자에 의해 영향을 받는다. 지반의 **시간에 따른 얕은 기초의 침하거동** (10.5 **절**) 은 투수계수에 의해 결정된다. 얕은 기초의 침하는 상부구조물에 불리하지 않고, 침하량이 **허용침하량** (10.6 **절**) 을 초과하지 말아야 한다.

10.2 얕은 기초

얕은 기초는 상부 구조물의 하중을 기초 슬래브의 접지압으로 지반에 직접 전달시키는 구조체를 말한다.

얕은 기초와 깊은 기초는 지지거동 차이로 구분하여 **정의** (10.2.1 **절**) 하며, 기초의 기능을 유지할 수 있도록 지지력과 침하에 대해 안정하고 주변 경계조건에 맞게 **설치** (10.2.2 **절**) 한다. 얕은 기초는 기둥 (또는 벽) 의 기초슬래브 접속상태에 따라 여러 **종류** (10.2.3 **절**) 로 구분하며, 날씨나 지표지질의 변화에 의한 영향을 받지 않게 일정한 **근입깊이** (10.2.4 **절**) 로 설치한다. 얕은 기초는 상부구조물의 하중을 **접지압** (10.2.5 **절**) 으로 지반에 전달하며, 접지압의 크기와 분포형태는 기초와 지반의 상대강성에 따라 다르다. 얕은 기초는 구조물 중요도와 작용하중의 형태에 따라 다른 **안전율** (10.2.6 **절**) 을 적용해서 설계한다.

10.2.1 얕은 기초의 정의

기초 (foundation) 는 독립기초나 연속기초처럼 상부구조와 일체로 지표 또는 지반 내에 얕게 설치하는 슬래브 형태 **얕은 기초** (shallow foundation) 와 말뚝이나 피어 또는 케이슨처럼 지반 내에 깊게 설치하는 **깊은 기초** (deep foundation) 로 구별한다. 그렇지만 얕은 기초와 깊은 기초를 엄밀히 구별하기는 어렵다.

얕은 기초와 깊은 기초는 다음과 같은 종류가 있다.

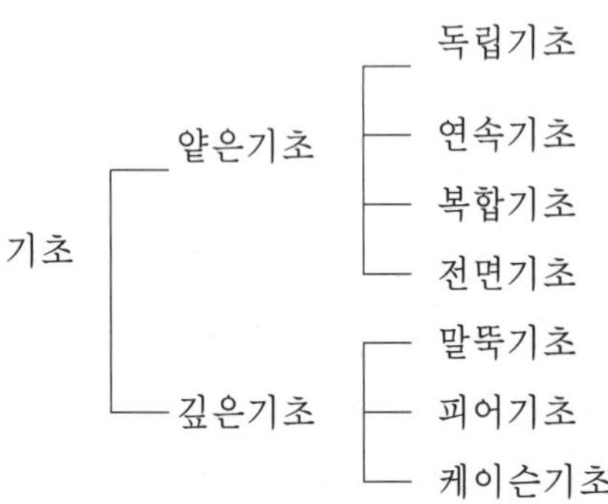

얕은 기초는 상부구조물의 하중을 기초슬래브를 통해서 지반에 직접 전달시키는 형태의 기초 즉, 구조물 하중을 접지압으로 지지하는 기초를 말한다. 또한 단순하게 **근입깊이** D_f (penetration depth) 가 기초의 최소 폭 B 또는 일정 깊이 (예를 들어 기초 폭의 8 배) 보다 깊지 않은 기초를 **얕은 기초**라고 말하기도 한다.

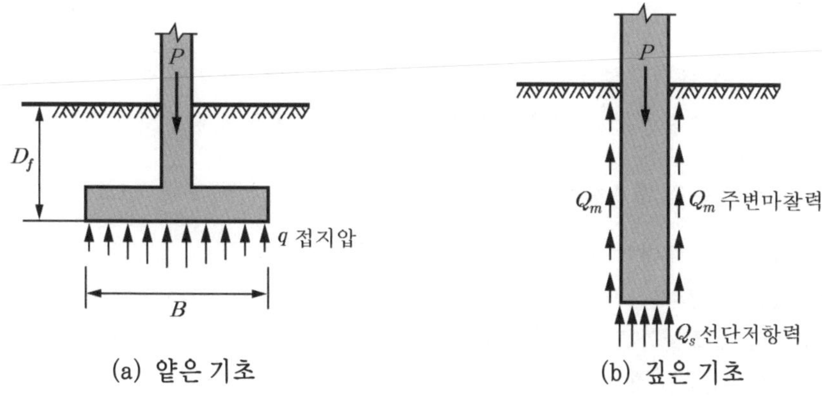

(a) 얕은 기초 (b) 깊은 기초

그림 10.1 기초의 형태에 따른 지지원리

반면 **깊은 기초**는 구조물 하중을 선단지지력과 주변마찰력으로 지지하는 형태의 기초를 말한다.

얕은 기초는 상부구조물 하중이 비교적 크지 않은 경우에, 양호한 (지지력이 큰) 지반이 지표에 가까이 있는 경우에 선택하며, 상부구조물 하중을 지반에 직접 전달시키므로 **직접 기초** (direct foundation) 라 하고, 그 모양이 기둥 하단을 확대시킨 형태이므로 **확대기초** (footing, spread foundation) 라고도 한다 (그림 10.1).

상부구조물의 하중이 기초를 통해 지반에 전달되면 지반 내 응력이 증가되고, 이로 인해 흙의 구조골격이 압축되면 기초가 침하된다. 기초의 침하량은 지반 내 응력과 변형계수로부터 계산할 수 있다.

지반 내 응력이 증가하면 지반의 압축변형 외에 전단변형이 발생되는데 그 크기는 변형계수 E_s 나 압축지수 C_c 값으로는 계산할 수 없다.

기초를 통해 전달된 하중에 의해 지반 내에 발생된 전단응력이 그 지반의 전단강도에 도달 (즉, 지반이 전단파괴) 되어 전단변형이 과도하게 일어나기 시작할 때 하중을 **지반의 지지력**이라고 말한다.

실무에서는 3 차원 지지력 문제를 풀기 위하여 평면상태에 대한 지지력공식을 적용한 후에 보정한다. 지지력 공식은 사용한계를 벗어나게 적용하여 안전율을 틀리게 계산할 수 있는 위험이 있다.

10.2.2 얕은 기초의 설치조건

얕은 기초의 하부지반은 상부하중을 지지할 수가 있어야 하고 (지지력), 상부구조물이 기울어지거나 균열이 생길 만큼 변형되지 않아야 한다 (허용 침하량).

얕은 기초는 다음을 충족해야 하며, 아니면 깊은 기초로 변경하거나 지반을 개량한다.

① 구조물하중에 대해서 지반의 지지력이 충분해야 한다.
② 구조물을 포함하는 지반전체가 안정되어야 한다 (사면에 있는 구조물의 경우 등).
③ 침하량이 구조물의 허용침하 이내이어야 한다.
④ 구조물에 의한 수평하중을 지반으로 전달할 수 있어야 한다.

10.2.3 얕은 기초의 종류

얕은 기초는 상부구조물 하중을 기초슬래브를 통해 지반에 직접 전달시키는 구조체이며, 기초 슬래브와 기둥 및 벽체의 접속방식과 형태에 따라 독립기초, 연속기초, 복합기초, 전면기초로 구분한다 (그림 10.2).

① **독립기초** (individual footing foundation) : **그림** 10.2 a

독립기초는 한 기초 슬래브가 기둥 하나를 지지하는 형태이며, 정사각형 및 원형 독립기초는 정사각형 및 원형기둥, 직사각형 독립기초는 벽이나 직사각형 기둥에 적합하다.

② **복합기초** (combined foundation) : **그림** 10.2 b

복합기초는 2 개 이상의 기둥이 서로 근접해 있어서 기초 슬래브를 따로 설치하기가 곤란하거나 편심이 우려될 경우에 적용하고 한 기초 슬래브가 2 개 이상 기둥을 지지하는 형식이다. 연결보를 크게 하여 깊은 위치에 시공할 때에 경제적이다.

③ **연속기초** (strip foundation) : **그림** 10.2 c

연속기초는 벽체 또는 2 개 이상의 기둥을 하나의 기초슬래브로 지지하는 띠모양으로 긴 형태의 기초를 말하며, 줄기초나 띠기초 또는 대상기초라고도 한다.

④ **전면기초** (mat foundation) : **그림** 10.2 d

전면기초는 여러 개 기둥을 하나의 큰 기초슬래브에 연결하여 평균압력을 감소시킨 형태의 기초이며, 단위면적당 작용하중은 감소하지만 절대 침하량이 커지는 문제가 있다. 기초의 전체면적이 시공면적의 ⅔이상일 때 경제적이다. 사일로나 굴뚝의 기초는 대개 전면기초이다.

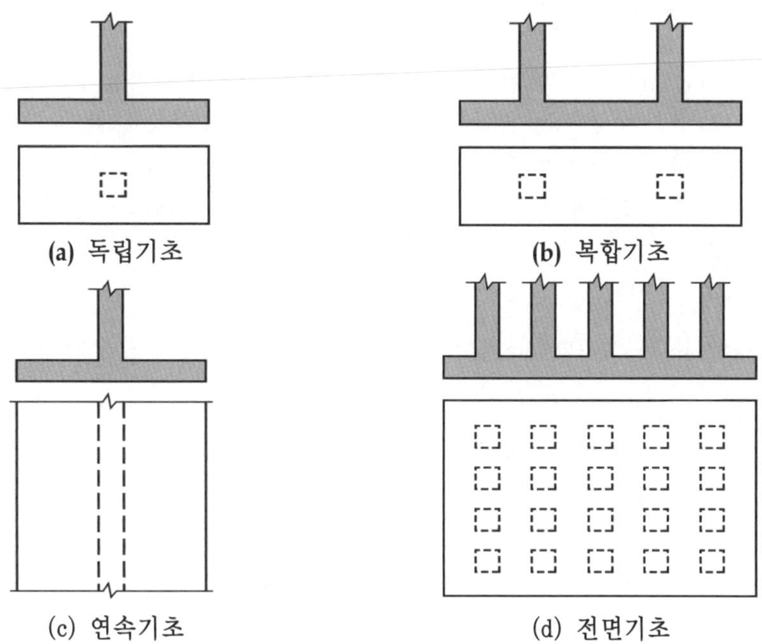

그림 10.2 얕은 기초의 종류

10.2.4 얕은 기초의 근입깊이

지표부근의 지반은 건조수축, 습윤팽창, 지하수위 변동, 지반의 동결이나 풍화 등 영향을 받아 부피가 변하여 지반 내 각 지점의 위치가 달라진다. 따라서 얕은 기초는 이 영향을 받지 않도록 충분히 깊게 설치하며, 이 깊이를 **근입깊이 D_f** (penetration depth) 라고 한다.

얕은 기초는 다음 원칙에 따라 결정한다.

① 지반 지지력이 충분히 크지 않을 경우에는 기초하중을 지반에 균등하게 분포시킬 수 있는 면적으로 기초의 폭에 해당하는 깊이까지 지반을 굴착하여 모래나 자갈로 치환하고 충분히 다지거나 빈배합(버림) 콘크리트를 타설한 후에 기초를 설치한다.

② 지반의 건조수축에 의한 침하와 습윤팽창 및 동결에 의한 융기를 방지하기 위해서 **함수비 변화선**과 **동결선** 아래 일정한 깊이에 기초를 설치한다. 세립토 함유율이 3% 미만인 굵은 모래나 자갈 등 조립토는 지하수면 상부에서는 물을 보유할 수 없으므로 동결작용이 일어나지 않는다.

③ 지반풍화의 영향을 받지 않게 기초를 충분히 깊게 (평지에서는 1.2 m, 경사지에서는 0.6~1.0 m 이상) 설치한다.

④ 인접한 기초는 응력이 중첩되지 않도록 기초 간의 고저차를 제한한다.

10.2.5 얕은 기초의 접지압

지반과 접촉하는 얕은 기초의 바닥면에서 압력분포를 **기초의 접지압** (contact pressure) 이라고 하며 그 크기와 분포는 지반과 기초구조물의 상대적 강성에 따라 다르다. 기초의 접지압 분포를 알아야 기초 바닥에 작용하는 모멘트와 전단력을 계산할 수 있다. 접지압을 등분포로 가정하면 사질토에서는 안전측이지만 점성토에서는 불안전측일 수가 있다. 전면기초와 같이 넓은 기초는 과다 또는 과소설계가 되지 않게 접지압 분포를 (즉, 불균일성) 고려해서 설계해야 한다.

접지압의 크기와 분포는 다음과 같은 지반 및 구조물의 특성에 의해 영향을 받는다.

① 지반의 종류 (점성토/사질토) 와 지층상태 및 역학적 거동특성 (탄성거동/소성거동)
② 지반의 압축특성 및 압축특성의 시간적 변화
③ 사질토의 상대밀도
④ 구조물과 지반의 상대적 휨강성도
⑤ 구조물의 크기와 기초의 길이, 폭 및 근입깊이
⑥ 작용하중의 크기 및 형태

1) 기초의 상대강성도

기초 접지압은 기초구조물과 지반의 상대적 휨강성도 즉, **강성도비 K** (rigidity ratio) 에 따라 달라진다. 폭이 B 이고 길이가 L 인 기초의 강성도비 K 는 다음과 같이 정의한다 (Sommer, 1965).

$$K = \frac{E_c I}{E_s B^3 L} \tag{10.1}$$

위에서 E_s 는 지반의 변형계수이고, E_c 는 기초 (콘크리트) 의 탄성계수이며, I 는 기초의 단면 2 차 모멘트이다. 기초 두께 d 를 고려하여 단위길이 기초에 대한 강성도비를 구하면 기초의 모양에 따라 다음과 같다.

기초의 강성도는 구조물 기초와 지반의 강성도비 K 에 따라서 다음과 같이 판정한다.

$K = 0$: 연성기초 또는 무한 강성지반 (암반)
$K = \infty$: 강성기초 또는 무한 연성지반
$0 < K < \infty$: 보통의 기초

완전한 의미의 연성기초나 강성기초는 실제로 존재할 수 없으나 실무에서는 $K > 0.5$ 이면 강성기초로, $0 < K < 0.5$ 이면 **탄성기초**로 간주할 수 있다 (Sherif/König, 1975).

직사각형 기초 (폭 B, 길이 L) :

$$K = \frac{E_c}{12E_s}\left(\frac{d}{B}\right)^3 \qquad (10.2)$$

원형 기초 (직경 D) :

$$K = \frac{E_c}{12E_s}\left(\frac{d}{D}\right)^3 \qquad (10.3)$$

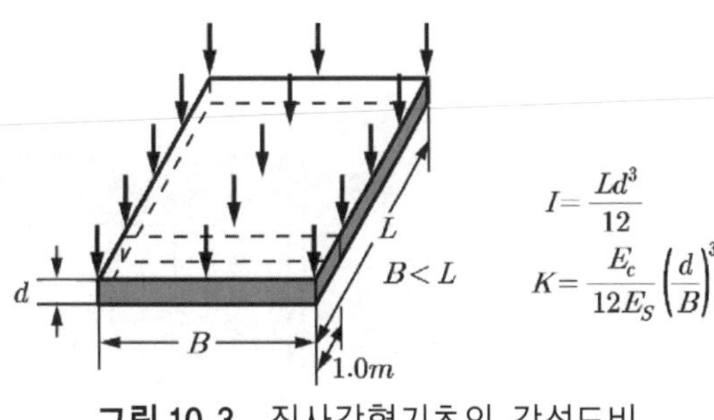

그림 10.3 직사각형기초의 강성도비

【예제】 폭 2.0 m, 길이 3.0 m, 두께 50 cm 인 직사각형 콘크리트 기초의 강성도비를 구하시오. 단, 콘크리트 탄성계수는 $E_c = 2\times10^4$ MPa 이고 지반의 변형계수는 $E_s = 100$ MPa이다.

【풀이】 직사각형 기초이므로 식 (10.2) 를 적용하여 계산한다.

$$K = \frac{E_c}{12E_s}\left(\frac{d}{B}\right)^3 = \frac{1}{12}\,\frac{E_c}{E_s}\left(\frac{0.5}{2.0}\right)^3 = \frac{1}{12}\,\frac{20,000,000}{100,000}\left(\frac{0.5}{2.0}\right)^3 = 0.26$$

따라서 탄성기초 이다.

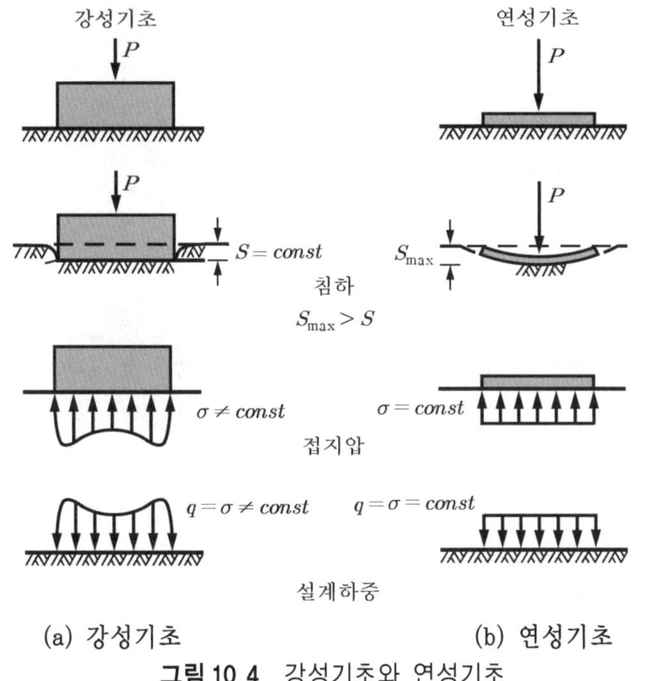

그림 10.4 강성기초와 연성기초

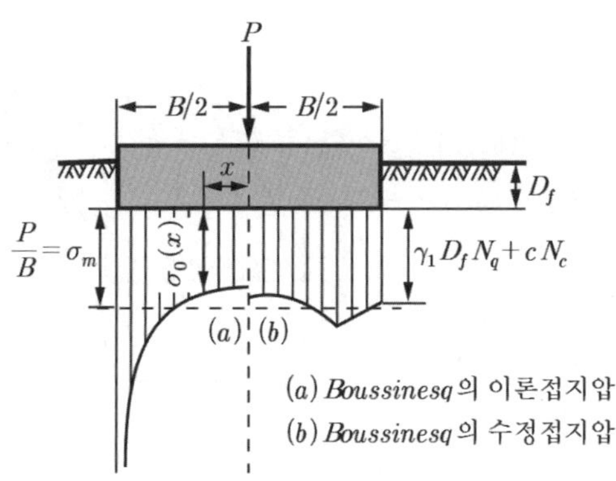

그림 10.5 강성기초의 Boussinesq 접지압

2) 강성기초의 접지압

강성기초 (rigid foundation) 의 중심부에 하중이 작용하면 침하가 발생하며, 침하량은 기초 전체면적에서 균일하고 **접지압** (contact pressure) 은 기초의 중앙보다 가장자리에서 더 크다 (그림 10.4a). 그러나 작용하중이 작을수록 또한, 근입깊이가 증가할수록 등분포에 가까워진다.

기초의 가장자리에서는 Boussinesq **이론**에 의한 접지압이 극한지지력보다도 더 커지는 모순이 생기기 때문에 (그림 10.5 a), 그림 10.5 b 와 같은 **수정 접지압** (modified contact pressure)을 적용한다.

강성기초의 접지압 분포는 지반 종류와 작용하중의 크기에 따라 달라진다. 그림 10.6 의 실선은 파괴상태에 도달하지 않은 상태의 접지압을 나타내며, 하중이 증가하여 파괴상태에 도달하면 점선으로 표시한 접지압 분포로 된다.

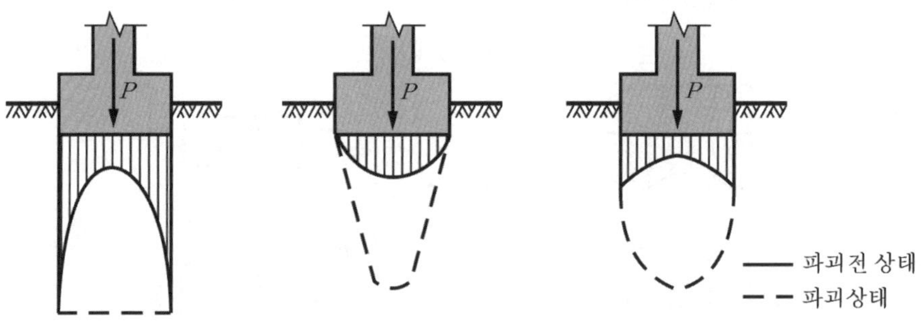

그림 10.6 지반의 종류에 따른 강성기초의 접지압 분포

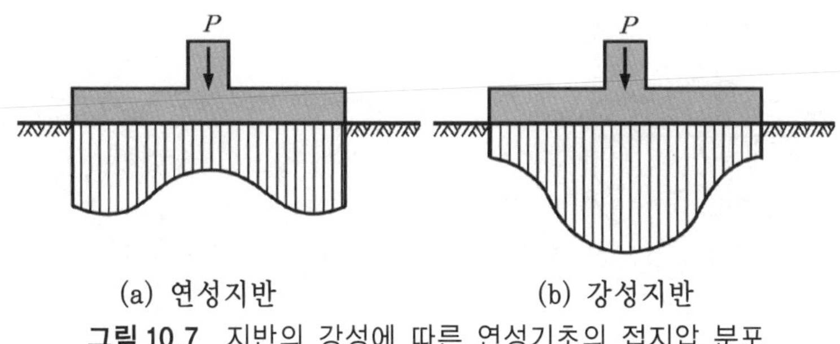

그림 10.7 지반의 강성에 따른 연성기초의 접지압 분포

3) 연성기초의 접지압

연성기초 (flexible foundation) 의 중심에 하중이 작용하면 접지압은 기초의 전체면적에서 균등한 분포를 나타내며 침하형상은 가운데가 오목한 형상이고, 지반과 기초가 동반변형하여 침하구덩이가 재하면적보다 더 크게 생긴다 (그림 10.4b).

콘크리트 타설 직후 또는 목재나 골재 또는 강재를 야적하면 연성기초와 유사한 상태가 된다. 연속기초의 접지압은 지반의 강성도에 따라서 다르다 (그림 10.7). 즉, 연성지반에서는 중앙에서 작고 가장자리에서 크며, 강성지반에서는 중앙에서 크고 가장자리에서 작은 분포이다.

4) 하중의 크기에 따른 접지압의 변화

접지압의 분포 (distribution of contact pressure) 는 작용하중의 크기에 따라 달라진다. 그림 10.8 은 중간 정도로 조밀한 (상대밀도) 사질토에서 재하 시험한 경우에 하중증가에 따른 접지압을 나타낸다 (Leussink 등, 1966).

하중 단계별 (그림 10.8 a) 거동을 보면 다음과 같다.

① **단계** : 사용하중단계이며 침하는 하중에 거의 비례한다. 접지압은 기초의 중앙보다 가장자리에서 크지만 그림 10.5 의 Boussinesq 의 분포에 비해 상당히 작다. 이것은 하중의 증가로 접지압이 이미 전이되기 시작했음을 나타낸다.

② **단계** : 하중-침하곡선이 직선관계에서 벗어나서 휘어지기 시작한다 (그림 10.8c). 최대 접지압의 위치가 기초의 가운데 방향으로 이동하며 중앙부의 접지압이 크게 증가한다. 최대주응력의 방향이 기초 외곽으로 향하기 시작한다 (그림 10.8d).

③ **단계** : 지반 내에서 정역학적으로 가능한 응력의 전이가 끝난 **한계상태** (critical state) 이다. 이때에 최대주응력은 기초의 외곽을 향한다.

④ **단계** : 기초파괴상태로 기초바닥의 하부지반에 생긴 지반파괴체는 불안정하여 그림 10.8 b 와 같이 전단면을 따라 활동한다. 지반강성이 클수록 큰 파괴체가 형성된다.

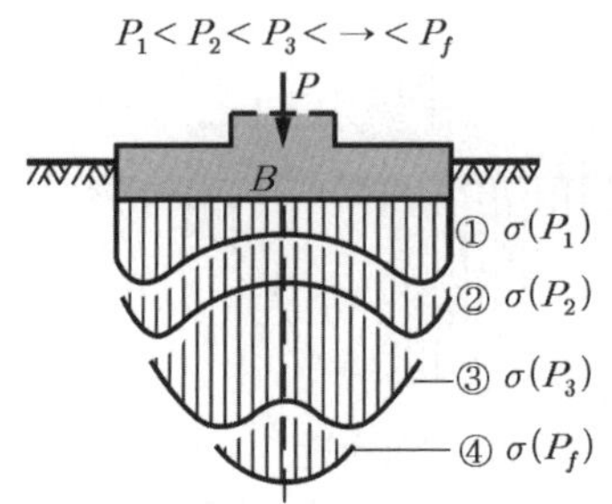

(a) 작용하중의 크기에 따른 접지압

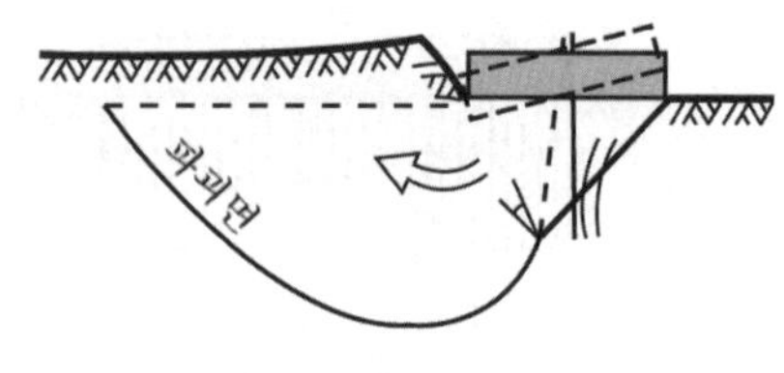

(b) 기초지반의 파괴 형태

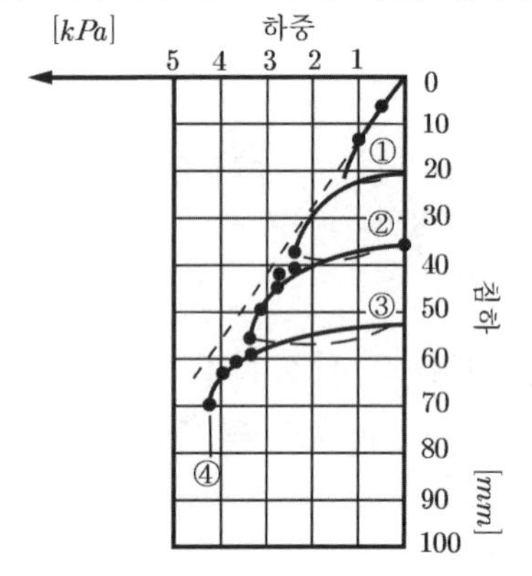

(c) 재하단계에 따른 지반의 침하

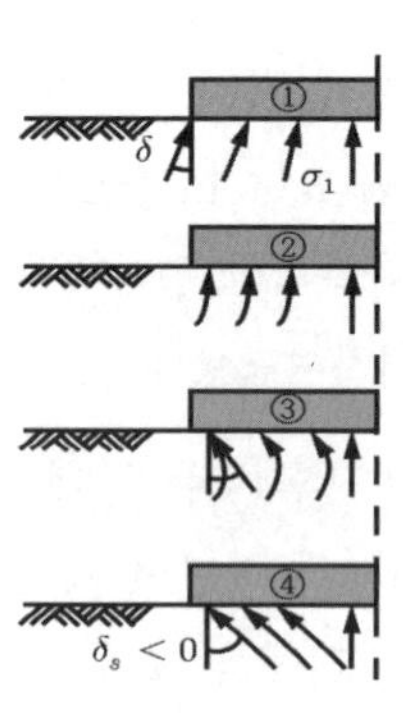

(d) 최대 주응력방향

그림 10.8 하중 크기에 따른 기초의 거동과 접지압 (중간정도 상대밀도)

5) 설계 접지압

기초저면의 접지압은 여러 가지 요인들의 복합적이고 상대적인 거동에 의해 결정되어서 그 분포를 정확하게 구하기가 매우 어렵기 때문에 실무에서는 설계목적에 따라서 접지압 분포를 다음과 같이 단순화시켜서 적용한다.

① 등분포 접지압 : 지반의 허용응력, 지지력계산

② 직선형 분포 접지압 : 기초의 단면력, 침하계산

③ 이형분포 접지압 : 휨성 기초판, 슬래브 계산

(1) 등분포 접지압 (uniform contact pressure)

등분포 접지압은 지반의 허용응력이나 기초의 지지력을 구할 때에 적용한다. 하중이 편심으로 작용하는 경우에도 기초저면 접지압은 항상 등분포이고 하중 합력의 작용점이 항상 기초의 중심이 된다고 가정한다. 그림 10.9 의 빗금 친 부분은 하중 합력의 작용점이 그 중심인 유효기초 (폭 B_x' , 길이 B_y') 를 나타낸다.

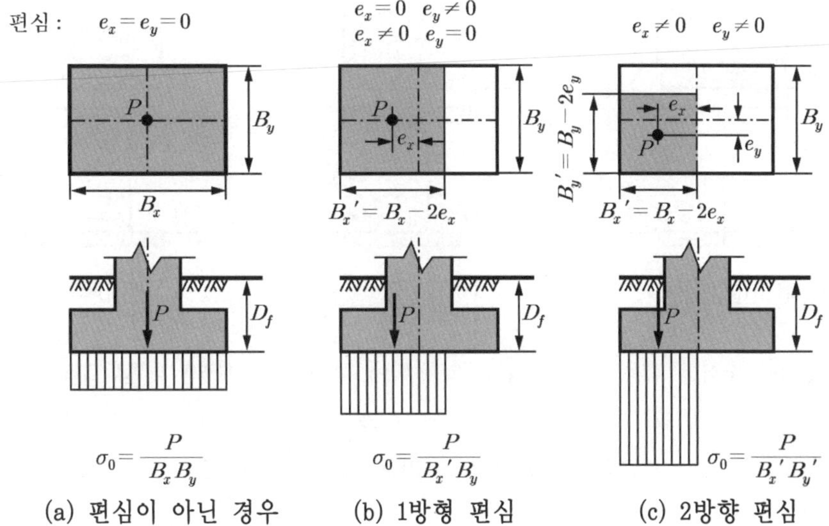

(a) 편심이 아닌 경우 (b) 1방형 편심 (c) 2방향 편심

그림 10.9 편심에 따른 등분포 접지압

(2) **직선형 분포 접지압** (linear variable contact pressure)

기초의 단면력이나 침하량을 계산할 때는 **직선형 분포 접지압**을 가정하며, 합력의 작용위치에 따라 등분포나 사다리꼴분포 및 삼각형분포 하중이 된다.

① 합력이 기초의 중심에 작용하면 접지압 σ_0는 등분포가 된다 (그림 10.10a).

$$\sigma_0 = \frac{P}{A} = \frac{P}{B_x B_y} \tag{10.4}$$

② 합력이 편심으로 작용하면 휨모멘트가 유발되며, 편심의 크기가 $e < B/6$이면 즉,합력이 내핵에 작용하면, 접지압은 사다리꼴 분포가 된다 (그림 10.10b).

$$\sigma_{01/2} = \frac{P}{A} \pm \frac{M}{W} = \frac{P}{B_x B_y} \pm \frac{P e_x 6}{B_x^2 \, B_y} \tag{10.5}$$

③ 편심크기가 $e = B_x / 6$이면 한쪽 모서리의 접지압이 영이 되어 삼각형분포가 된다.

$$\sigma_{01} = \frac{2P}{B_x B_y}, \ \sigma_{02} = 0 \tag{10.5a}$$

④ 편심이 더 커져서 $B/3 > e > B/6$이면 즉, 합력이 내핵과 외핵사이에 작용하면, 기초의 끝 쪽에 부(負)의 접지압이 발생하여 기초저면과 지반이 분리된다. 그러나 아직까지 접지압의 합력은 0보다 커서 지반은 압축상태이다 (그림 10.10c).

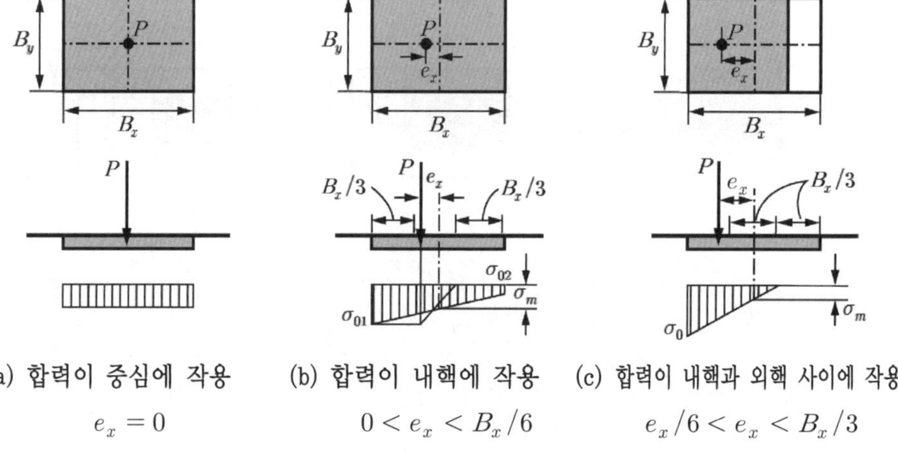

(a) 합력이 중심에 작용 $e_x = 0$

(b) 합력이 내핵에 작용 $0 < e_x < B_x/6$

(c) 합력이 내핵과 외핵 사이에 작용 $e_x/6 < e_x < B_x/3$

그림 10.10 편심에 따른 직선분포 접지압

⑤ 만일 편심이 $e > B/3$ 이면 즉, 합력이 외핵을 벗어나서 작용하면, 접지압 합력이 '0' 보다 작아져서 기초는 더 이상 안정 상태로 있지 못하고 전도 (overturning) 된다.

⑥ 편심이 x, y 양방향으로 걸리는 경우의 접지압은 다음과 같이 된다.

$$\sigma_{0\ 1/2} = \frac{P}{A} \pm \frac{M_x}{W_x} \pm \frac{M_y}{W_y} \tag{10.6}$$

(3) 이형분포 접지압

이형분포 접지압은 휨성 기초판이나 기초 슬래브에 적용하며 기초 바닥의 위치에 따라 다른 크기의 접지압을 적용한다. 접지압 크기는 강성기초에서는 일정한 수식으로 주어지고 탄성 기초에서는 기초의 연직변위에 의하여 결정된다.

가. 강성기초

강성기초는 강성도비 (식 10.1) 가 $K > 0.5$ 인 경우이며 그 접지압 분포는 지반이 기초의 폭 보다 두껍고 압축성이며 변형계수가 일정하면 Boussinesq 의 식으로 표현할 수 있다.

① **강성연속기초** (Borowicka, 1943)

강성 연속기초 (폭 B) 중심에 집중하중 P 가 편심 e 로 작용하면 평균압력은 $\sigma_{0m} = P/B$ 이며, 중심에서 x 만큼 떨어진 곳 $(x \le B/2)$ 의 **접지압** σ_0 는 다음과 같다.

$$\sigma_0 = \frac{2\sigma_{0m}}{\pi^2} \frac{1}{\sqrt{(1-\zeta^2)}} \left(1 + 4\zeta \frac{e}{B}\right) \tag{10.7}$$

단, 여기에서 $\zeta = 2x/B$ 이고 e 는 편심이다 $(e \le B/4)$.

② **강성직사각형기초** (Borowicka, 1943)

폭 B 이고 길이 $L(B \le L)$ 인 **강성 직사각형기초**의 중심에서 x 방향 편심 e 로 집중하중 P 가 작용하면 평균압력은 $\sigma_{0m} = P/BL$ 이며, 중심에서 x, y 만큼 떨어진 위치 (단, $x \le B/2$, $y \le L/2$) 의 **접지압** $\boldsymbol{\sigma_{0(x,y)}}$ 은 다음과 같다.

$$\sigma_{0(x,y)} = \frac{4\sigma_{0m}}{\pi^2} \cdot \frac{1}{\sqrt{(1-\zeta^2)(1-\eta^2)}}\left(1 + \zeta\frac{e_x}{B}\right) \tag{10.8}$$

여기서, $\zeta = \dfrac{x}{B/2}$, $\eta = \dfrac{y}{L/2}$ 이다.

③ **강성원형기초**

반경 R 인 **강성 원형기초** 중심에 집중하중 P 가 작용하면 평균압력은 $\sigma_{0m} = P/\pi R^2$ 이며, 중심에서 r 만큼 떨어진 위치 ($r \le R$) 의 **접지압** $\boldsymbol{\sigma_0(r)}$ 은 다음과 같다.

$$\sigma_0(r) = \sigma_{0m}\frac{1}{2\sqrt{1-\left(\dfrac{r}{R}\right)^2}} \tag{10.9}$$

나. 탄성기초

탄성기초는 강성도비 (식 10.1) 가 $0.5 > K > 0$ 인 경우이며 그 접지압이 하중작용점 즉, 기둥이나 벽체 바로 아래에 집중되고 그 집중된 정도는 지반의 변형이 작을수록 크다 (그림 10.11a). 따라서 암반 등의 강성이 큰 지반에서는 응력이 크게 집중되고 연약지반에서는 응력이 거의 등분포를 나타낸다. 탄성기초의 접지압은 일정한 형상으로 가정하거나 (그림 10.11 b, c), 기초의 변위로부터 계산한다 (그림 10.11 d, e).

① **일정 형상의 접지압분포 가정**

크기가 작은 하중이 작용하는 탄성기초에서 접지압은 하중 작용선 사이에서는 등분포로 가정하고, 하중이 집중되는 곳은 더 크게 가정하여 (그림 10.11c) 모멘트가 과다계산되지 않게 한다. 그 밖에 하중작용점 사이에서 직선분포 (그림 10.11b) 로 가정할 수 도 있다.

② **기초변위에 따른 접지압분포 계산**

지반의 변위를 구하고 탄성식을 적용해서 접지압 크기를 계산할 수 있고, 이때는 지반을 스프링 (그림 10.11d, **연성법**) 이나 구의 집합체 (그림 10.11e, **강성법**) 로 모델링하여 계산하며 지반의 침하형상과 기초의 휨 형상이 일치할 때에 바닥면의 압력을 기초의 접지압으로 간주한다.

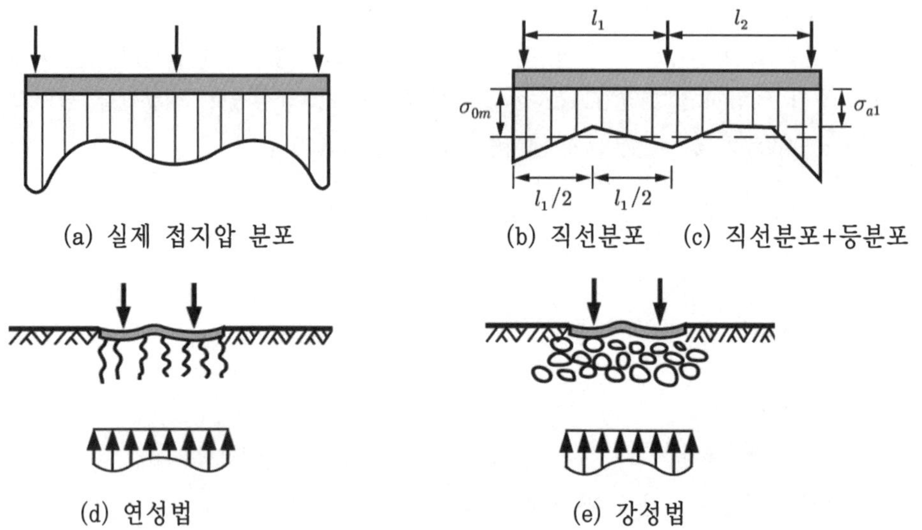

그림 10.11 탄성기초의 이형분포 접지압

10.2.6 얕은 기초의 안전율

1) 얕은 기초의 활동

기초가 기능을 유지하기 위해서는 다음에 대해서 충분한 **얕은 기초 안전율**(safety factor)을 확보해야 한다.

① 수평하중에 의한 기초의 미끄럼활동
② 기초의 전도
③ 지반의 전단파괴(지지력)
④ 구조물-지반 시스템의 안정
⑤ 부력

기초의 안전율은 작용하중의 형태에 따라서 대개 표10.1의 크기로 주어지며, 구조물의 중요도나 시방규정에 따라 다소 차이가 있을 수 있다.

표 10.1 얕은 기초의 안전율

안 전 율	사하중, 지속하중, 규칙적인 하중	불규칙하중	충격하중
활 동 η_g	1.50	1.35	1.20
전단파괴 η_s	2.00	1.50	1.30
부 력 η_a	1.10	1.10	1.05

2) 기초의 활동에 대한 안전

(1) 기초의 활동파괴

기초에 작용하는 수평하중이 기초의 수평저항력보다 크면 기초가 **활동파괴**(sliding failure) 된다. 기초의 활동파괴는 그림 10.12와 같이 두 가지 형태가 있다.

① 기초와 지반의 접촉면 즉, 기초바닥면을 따라 활동하는 경우(그림 10.12 a)
② 기초와 하부지반이 일체로 활동하는 경우(그림 10.12 b)

기초의 활동파괴에 대해 저항하는 힘은 기초바닥면의 마찰저항 R과 기초전면의 수동토압 E_P가 있다. 기초전면의 수동토압 E_P는 작용하는 수평력이 영구적이고 기초의 수평변위가 일어날 수 있는 조건에서 적용한다.

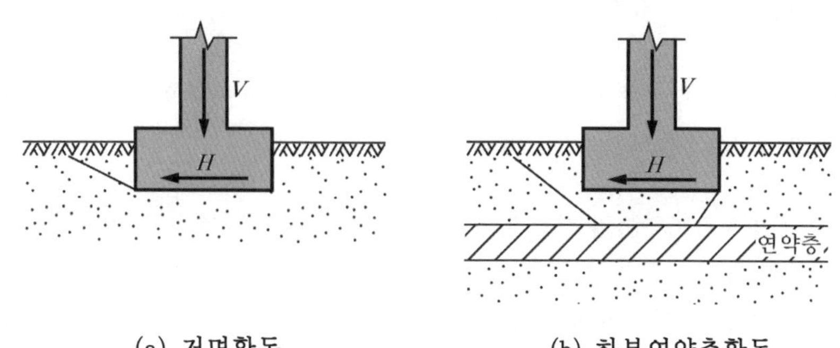

(a) 저면활동 (b) 하부연약층활동

그림 10.12 기초의 활동파괴

기초의 바닥면이 수평인 경우에 작용하중의 연직분력이 V일 때에 마찰저항력 R은 $V\tan\delta$ 이며, **활동파괴에 대한 안전율** η_g는 다음과 같다.

$$H \le \frac{1}{\eta_g} V\tan\delta \tag{10.10}$$

여기에서 δ는 기초와 지반간의 마찰각이며 대개 $\delta=(2/3\sim1)\phi$로 가정한다.

기초를 현장타설 콘크리트로 건설할 때는 바닥면 마찰각 δ의 크기를 내부마찰각 ϕ와 같다고 할 수 있다. 기초의 바닥이 지하수위보다 아래일 때에는 부력을 고려할 수 있다. 기초의 활동파괴에 대한 안전율 η_g는 표 10.1과 같이 하중형태에 따라 다르게 적용한다.

(2) **수동토압의 고려**

기초가 충분히 깊게 설치된 경우에는 기초바닥의 마찰저항 R 외에도 기초전면의 수동토압 E_P 가 활동에 대한 저항력으로 작용한다 (그림 10.13). 바닥면이 하중방향에 대해서 불리하게 경사진 경우에는 수동토압 E_P 에 의한 저항을 고려하지는 않는다.

기초가 수평력을 받아 수평변위를 일으킬 때 기초바닥면의 마찰저항은 작은 변위에서 극대치 R 에 도달하지만 기초 전면의 수동저항은 변위가 상당히 크게 일어나야 극대치 (수동토압 E_P) 가 된다. 기초 바닥의 마찰저항이 극대치 R 이 되는 수평변위 크기 d_r 은 기초전면의 수동저항이 수동토압 E_P 가 되는 수평변위 d_p 보다 작다 ($d_r < d_p$).

기초바닥면의 마찰저항이 극대치 R 이 될 때 (수평변위 d_r) **기초전면의 수동저항력**의 크기는 수동토압 E_p 의 절반정도 크기 밖에 안된다.

따라서 기초전면의 수동저항력은 **감소수동토압 E_{pr}** (reduced passive earth pressure) 즉, 수동토압 E_p 의 절반 크기 ($E_{pr} = 0.5E_p$) 를 택한다.

기초의 수평변위가 크게 일어난 후에는 기초바닥면의 마찰저항은 일정한 크기를 유지하고 기초 전면에서 수동저항이 주저항력으로 작용한다. 독립기초에서 3 차원 효과 즉, 기초의 측면저항은 고려하지 않으며, 이는 안전측이다.

따라서 기초의 **활동에 대한 안전율 η_g** (safty factor for sliding) 는 기초 전면에서 감소수동토압 E_{pr} 과 기초바닥면의 마찰저항 $R = V\tan\delta$ 을 적용하여 다음과 같다.

$$\eta_g = \frac{V\tan\delta + E_{pr}}{H} = \frac{V\tan\delta + 0.5E_p}{H} \tag{10.11}$$

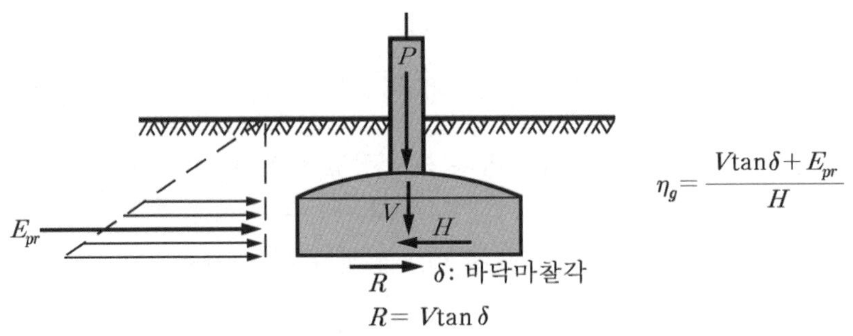

그림 10.13 기초의 활동에 대한 안전율

【예제】 연직하중 1000 kPa 와 수평하중 100 kN/m 가 작용하는 기초가 2 m 만큼 근입되어 설치되어 있다. 지반은 내부마찰각 $\phi = 30^o$ 이고 점착력이 없는 단위중량 20 kN/m^3 인 사질토이며 기초바닥은 매우 거칠다. 활동에 대한 안전율을 구하시오.

【풀이】 수동토압 : 수동토압계수 $K_p = \tan^2\left(45^o + \frac{\phi}{2}\right) = 3.0$

$$\text{수동토압}\ E_p = \frac{1}{2}\gamma h^2 K_p = \frac{1}{2}(20)(2)^2(3) = 120\,\text{kN/m}$$

$$\text{감소수동토압}\ E_{pr} = 0.5E_p = 60\,\text{kN/m}$$

활동에 대한 안전율 : 식 (10.11) 에서

$$\eta_g = \frac{V\tan\delta + E_{pr}}{H} = \frac{(1000)\tan 30^\circ + 60}{100} = 6.4 > 1.5 \qquad ///$$

(3) **경사진 기초저면**

한 방향으로 지속적인 수평력이 작용하는 경우에는 (그림 10.14) 기초 바닥면을 경사지게 시공하여 활동에 대한 안전율을 높일 수 있다.

이러한 **기초의 안전성**은 대개 다음과 같이 근사적인 방법으로 검토할 수 있다.

① 활동파괴에 대한 안전성은 경사진 기초 저면 $\overline{BC}$ 를 따라서 활동한다고 가정하고 검토한다. 이때에는 기초선단의 전면 BG 에서 수동토압을 적용한다.

② 지반의 전단파괴 (지지력) 에 대한 안전성은 가상의 기초저면 (경사진 기초저면의 수평투영면 $\overline{HC}$) 을 생각하여 검토한다. 이때의 근입깊이는 $\overline{FH}$ 가 된다.

그밖에 $A-B-C-D$ 를 따라 전반파괴되는 것으로 가정하여 안전을 검토할 수도 있다.

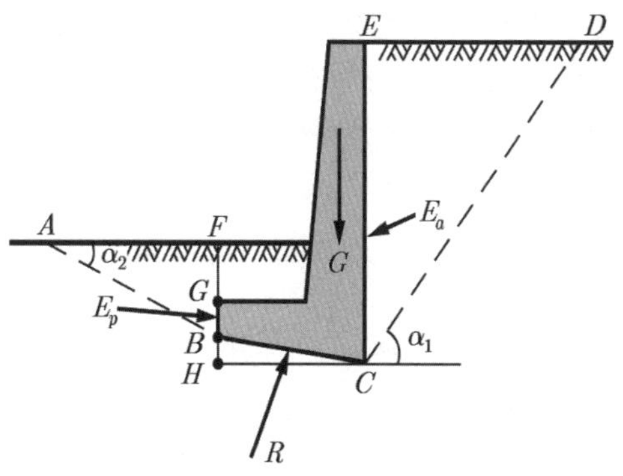

그림 10.14 저면이 경사진 기초의 활동에 대한 안정검토

3) 기초의 전도에 대한 안전

기초에 작용하는 하중의 합력이 편심으로 작용할 때에는 전도에 대한 안전성을 검토해야 한다. 기초의 전도는 **전도모멘트** (overturning moment) 가 **저항모멘트** (resisting moment) 보다 커지거나, 접지압의 합력이 0 보다 작아지는 경우에 일어난다. 따라서 기초의 전도에 대한 안전성은 첫째, 기초의 저면선단을 중심으로 전도모멘트와 저항모멘트를 구하여 비교하거나, 둘째, 기초에 작용하는 합력의 작용점 (즉, 편심) 을 구하여 기초저면에서 접지압의 합력이 0 보다 작아져서 비현실적인 상황이 되는 위치인지 확인하여 검토한다.

사소한 경계조건의 변화에 의해서도 전도에 대한 안전율이 급격하게 변하는 높은 구조물, 교대, 교각, 또는 저면의 지하수압이 급변할 수 있는 높은 옹벽 등의 경우에는 두 가지 방법을 적용하여 기초의 **전도에 대한 안전율** (safety factor for overturning) 을 검토한다.

기초에 수평하중이 작용하지 않고 연직하중만 편심으로 작용하는 경우에는 첫째 방법은 전도에 대한 안전을 검토할 수 없는 불완전한 방법이므로, 두 번째 방법을 적용하여 기초의 내핵과 외핵의 개념으로 전도에 대한 안전을 검토하는 것이 좋다 (DIN 1054).

(1) 내핵 (internal core)

기초에서 접지압을 직선분포로 가정할 때에는 기초에 작용하는 하중의 합력의 작용점이 기초의 일정영역 (**내핵**) 내부에 있으면 접지압은 기초바닥의 모든 위치에서 항상 압축력이 되어서 전도가 일어나지 않는다. 내핵의 모양 (그림 10.15 의 빗금친 부분)은 직사각형 기초에서는 마름모꼴이고, 반경 R 인 원형 기초에서는 반경이 R/3 인 원형이다. 사하중 같이 지속적 하중이나 규칙적인 하중의 합력의 작용점은 내핵 안에 있도록 한다.

(2) 외핵 (external core)

기초에 작용하는 하중 합력의 작용점이 기초의 내핵을 벗어나더라도 **외핵** 안에 있으면 기초바닥 일부에 부 (負) 의 접지압이 발생하지만 접지압 합력은 영 (0) 보다 크므로 전도가 일어나지 않는다. 기초에 작용하는 지속적 하중과 불규칙하중 및 사고하중을 포함하여 모든 하중의 합력은 외핵 안에 있도록 한다. 외핵의 모양은 직사각형 기초에서는 타원형이고 원형기초에서는 원형이며 (그림 10.15), 그 외부경계는 다음 식으로 정의한다.

직사각형기초 : $(e_x/B_x)^2 + (e_y/B_y)^2 = (1/3)^2$ (10.12a)

원 형 기 초 : $e/R = 0.59$ (10.12b)

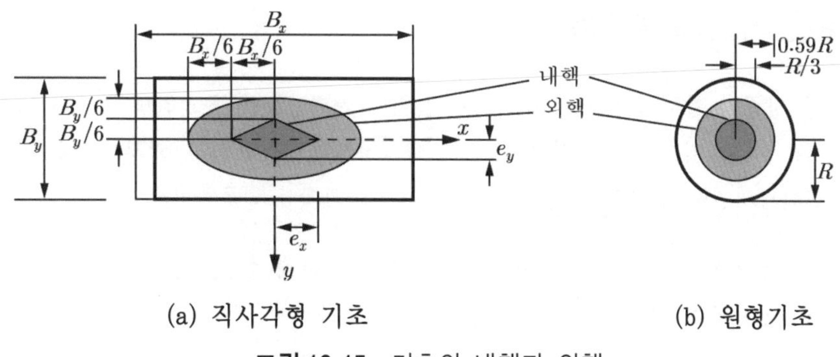

(a) 직사각형 기초 (b) 원형기초

그림 10.15 기초의 내핵과 외핵

4) 기초지반의 전단파괴(지지력)에 대한 안전

지반의 극한하중보다 더 큰 하중이 기초에 작용하면 하부지반이 전단파괴를 일으킨다. 일반적으로 기초의 전단파괴는 지반의 조밀한 상태와 근입깊이에 따라 다른 형태로 일어나며, 기초지반의 붕괴가 아니라 침하의 급격한 증가 현상으로 나타난다.

기초의 전단파괴에 대한 안전율 η_s는 기초의 극한하중과 현재하중의 비로 정의한다.

$$\eta_s = \frac{\text{극한하중}}{\text{현재하중}} \geq 2.0 \tag{10.13}$$

이때 극한하중은 기초지반의 지지력뿐만 아니라 허용침하를 고려한 하중이어야 한다.

5) 구조물-지반 시스템의 활동파괴에 대한 안전

경사지에 설치한 기초나 옹벽등과 같이 기초 구조물에서 양편 지반고가 다른 경우에는 **구조물 - 지반 시스템의 활동파괴에 대해 안정**해야 한다(그림 10.16). 이때에는 대개 사면안정해석방법으로 안정성을 검토하며 사면의 안전율을 적용한다.

$$\eta_g = \frac{\text{활동저항력}}{\text{활동력}} \geq 1.5 \tag{10.14}$$

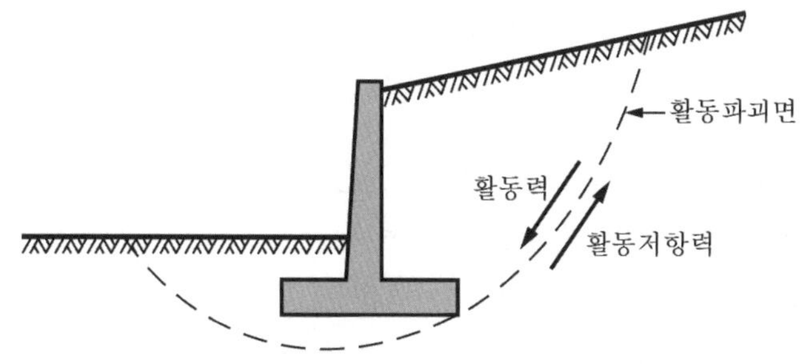

그림 10.16 구조물 - 지반 시스템의 활동파괴

10.3 얕은 기초의 지지력

기초에 큰 하중이 가해져서 지반 내의 전단응력이 전단강도를 초과하면 기초하부의 지반이 전단파괴된다. 이때 기초의 하부지반 전체가 파괴상태가 되지 않고 일부지반에 전단변형이 집중되어 전단파괴면이 형성되고 이 면을 따라 상부파괴체가 활동한다.

수평지반에 설치한 연속기초 (폭 B) 에서는 기초저면 아래 1.5 B, 그리고, 전면기초 (폭 B) 에서는 기초저면아래 2 B 의 범위내에 있는 지반이 기초의 지지력에 주된 역할을 한다.

지지력 (bearing capacity) 은 지반이 전단파괴 되지 않고 지지할 수 있는 최대 하중을 말하며, 2 차원 상태에 대한 **극한지지력이론 (10.3.1 절)** 을 기본으로 하고, 기초의 형상과 근입깊이 및 하중경사 등을 고려하는 **일반지지력공식 (10.3.2 절)** 을 적용하여 계산한다. 기초는 극한지지력을 안전율로 나누어서 구한 **허용지지력 (10.3.3 절)** 을 적용하여 설계한다.

중요도가 떨어지는 구조물의 기초는 널리 통용되는 대표적 지반에 대한 기준지지력을 참조하거나 표준관입시험이나 평판재하시험 등 현장시험 결과를 이용하여 **기타 방법**으로 **지지력 (10.3.4 절)** 을 예측할 수 있다. 층상지반, 편심하중 및 경사하중, 또는 배수조건 등 **특수조건의 지지력 (10.3.5 절)** 은 기본이론을 확장하여 적용한다.

10.3.1 극한 지지력

1) 기초의 지지력

기초의 지지력은 기초에 가해진 하중에 의해 기초하부지반이 극한평형상태에 있다고 가정하고 이론적으로 계산할 수 있다. 기초 지지력에 대한 이론들은 대개 기초지반의 전단파괴가 기초바닥면을 포함한 형태로 한정된 깊이에서 일어난다고 전제하고 있다.

그러나 기초에 인접해서 굴착공간이 있으면 기초바닥면 일부에 국한된 부분파괴가 일어날 수 있고, 연약한 점토나 느슨한 사질토에서는 파괴면이 국부적으로만 발생되어서 큰 변형이 일어날 수도 있다. **국부적 전단파괴**는 특히 말뚝기초에서 자주 나타난다.

기초 판이 비교적 연성인 독립기초, 연속기초, 큰 탱크기초 또는 강성이 작은 댐 등과 같이 파괴가 양측에 대칭으로 동시에 일어날 수 있는 경우에는 부분적 파괴를 가정하거나 기초의 폭을 약 절반정도 (즉, $b^* \simeq b/2$) 줄여서 지지력을 계산한다.

2) 기초지반의 파괴형태

기초에 가해진 과다하중으로 인한 지반의 전단파괴는 지반의 강성도와 기초의 근입깊이에 따라 다음의 세 가지 형태로 일어난다 (그림 10.17).

(1) 전반 전단파괴 (general shear failure) : 그림 10.17a

전반 전단파괴는 조밀한 모래나 굳은 점토에서 일어나며, 일정한 하중 q_u 보다 큰 하중이 가해지면 침하가 급격하고 크게 일어나고 주위 지반이 융기하고 지표에 균열이 생긴다. 이때 하중 q_u 를 **기초의 극한지지력** (ultimate bearing capacity) 이라 하며, 이후는 그 이상 큰 하중을 지탱하지 못하고 감소하므로 하중-침하곡선에서 최대점 (peak) 이 뚜렷하다.

(2) 국부 전단파괴 (local shear failure) : 그림 10.17b

모래지반이나 연약한 점성토에서는 하중이 증가해도 명확한 활동면이 생성되지 않고, 파괴가 국부적으로 발생하여 점차 확대되어 지반이 전단파괴 된다. 이와 같이 **국부전단 파괴될** 때에는 하중-침하곡선에서 최대점이 뚜렷하지 않고 하중이 증가할수록 침하가 크다. 하중-침하곡선의 경사가 급해져서 직선으로 변화하기 시작하는 하중 q_u 가 극한 지지력이다.

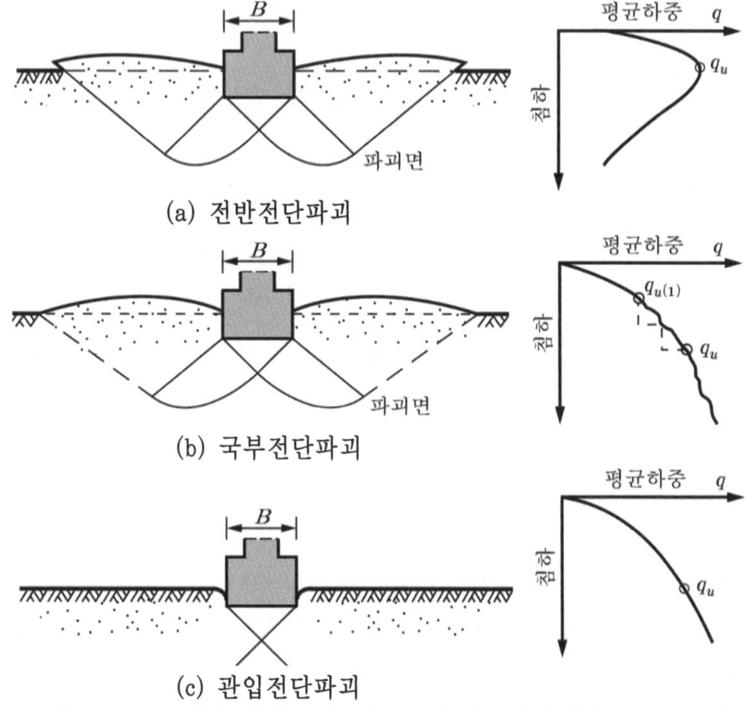

그림 10.17 지반의 강성도에 따른 기초파괴의 형상 (Vesic, 1975)

(3) **관입 전단파괴** (punching shear failure) : **그림** 10.17c

아주 느슨한 지반에서는 기초가 지반에 관입되며 **관입전단파괴**가 일어날 때 주변지반이 융기되지 않고 기초를 따라 침하된다. 기초아래 지반은 기초가 침하할수록 다져지므로 침하가 커질수록 하중은 증가한다. 하중-침하곡선에서는 최대점이 나타나지 않기 때문에 곡률이 최대가 되는 하중을 극한 지지력으로 한다.

사질토에서는 근입 깊이가 얕고 상대밀도가 클수록 『관입전단』 → 『국부전단』 → 『전반전단』 형태로 파괴된다. 따라서 기초의 전단파괴 형상은 근입깊이와 상대밀도의 영향을 동시에 받아서 결정된다.

그림 10.18 을 보면 상대밀도가 같더라도 근입깊이에 따라 모든 형태의 파괴가 일어날 수 있음을 알 수가 있다. 즉, 상대밀도가 0.85 인 지반에서 원형기초가 지표위에 있으면 전반전단파괴가 일어나지만 근입깊이가 $3.5B$ 이상 깊게 설치되면 국부전단파괴 그리고 $4.5B$ 이상이면 관입전단파괴가 일어나는 것을 알 수 있다.

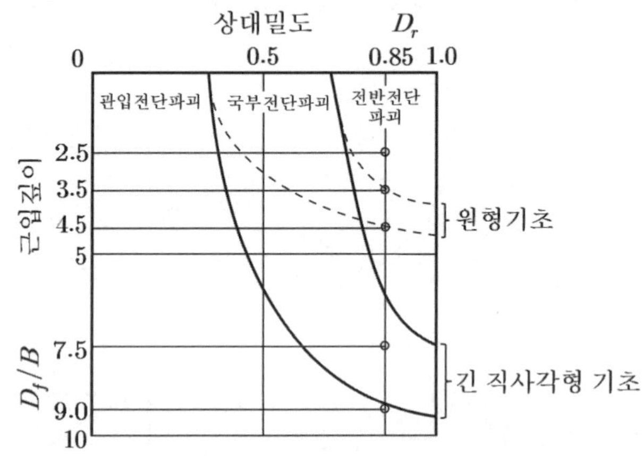

그림 10.18 사질토 상대밀도에 따른 기초의 파괴형상 (Vesic, 1975)

3) Terzaghi 의 극한지지력 이론

Terzaghi 는 기초에 의한 지반파괴 형상을 그림 10.19 와 같이 직선과 대수나선의 결합으로 보고, 기초의 바닥면보다 위쪽에 있는 지반의 자중을 고려할 수 있도록 Prandtl (1921) 의 개념을 확장하여 **극한 지지력공식** (ultimate bearing capacity formula) 을 유도하였다. 기초 바닥면보다 위쪽에 있는 지반의 (그림 10.19 의 JH 면과 GI 면) 전단저항은 무시하고 지반의 자중 $\gamma_1 D_f$ 만을 등분포 상재하중 q 로 간주한다.

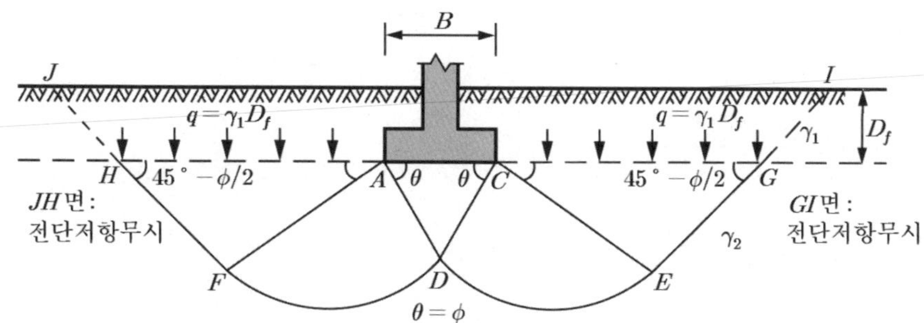

그림 10.19 강성연속기초 하부지반의 전반전단파괴 메커니즘 (Terzaghi, 1925)

Terzaghi **지지력공식**은 수평기초에 한하며, 경사하중이나 편심하중에 의하여 모멘트가 작용하거나 경사기초 등에는 부적합하다. 또한 안전측이며, 점착력이 큰 점토에 자주 적용하고, 계산이나 도표의 이용이 용이하여 널리 이용된다.

Terzaghi 가 제시한 기초의 지지력공식은 다음 가정이 필요하며, 이 가정에서 벗어나는 경우 (즉, 경사하중이나 기초의 길이가 한정된 경우 등) 에 대해서는 지지력을 보정한다.

- 지반은 균질하고 등방성이며, 지표면은 수평이다.
- 기초바닥은 수평이고 거칠다.
- 기초는 무한히 길다 (평면문제).
- 하중은 기초의 중심에 연직으로 작용한다.
- 기초의 근입깊이 D_f 는 기초의 폭 B 보다 작다 ($D_f < B$).

(1) **전반 전단파괴**(general shear failure)

기초가 **전반 전단파괴**될 경우에 극한지지력 q_u 공식은 3 개 항으로 구성되며 첫째항은 지반 점착력, 둘째 항은 기초 폭, 셋째 항은 근입깊이의 영향을 나타낸다.

$$q_u = \alpha c N_c + \beta \gamma_2 B N_\gamma + \gamma_1 D_f N_q \tag{10.15}$$

여기에서 c : 지반의 점착력 (kN/m^2)

γ_1 / γ_2 : 기초바닥면 상/하부에 있는 지반의 단위중량 (kN/m^3)

N_c, N_r, N_q : **지지력계수** (coefficient of bearing capacity)

α, β : **형상계수** (shape factor) 이다 (표 10.2).

표 10.2 기초형상계수 (Terzaghi, 1925)

형상계수	연속기초	원형기초	정사각형기초	직사각형기초
α	1.0	1.3	1.3	1 + 0.3 B/L
β	0.5	0.3	0.4	0.5 − 0.1 B/L

Terzaghi 의 **얕은 기초 지지력계수**는 내부마찰각 ϕ 의 지수함수이고 다음 식으로 계산하거나, 그림 10.20 의 그래프 또는 표 10.3 으로부터 구한다.

$$N_c = \cot\phi\left[\frac{e^{2(3\pi/4-\phi/2)\tan\phi}}{2\cos^2(45+\phi/2)} - 1\right] = \cot\phi(N_q - 1)$$

$$N_q = \frac{e^{2(3\pi/4-\phi/2)\tan\phi}}{2\cos^2(45+\phi/2)} \qquad (10.16)$$

$$N_r = \frac{1}{2}\left[\frac{K_{pr}}{\cos^2\phi} - 1\right]\tan\phi$$

점착력 영향계수 N_c 와 덮개하중의 영향계수 N_q 는 Prandtl 과 Reissner 식을 계승하였고 쉽게 계산된다. 반면 기초 폭의 영향계수 N_r 는 극한지지력에 대한 기여가 실제로 그렇게 크지 않으나, 하부지반의 자중에 의해 영향을 받으므로 기초하부 쐐기형 파괴체의 크기에 따라 다르다.

따라서 N_r 식은 쐐기형 파괴체 △ACD의 각도 θ 에 따라 여러 가지가 있으며, Terzaghi ($\theta = \phi$) 와 다르게 $\theta = \pi/4 + \phi/2$ 로 하는 것이 많다. N_r 식은 특히 $\phi > 40^o$ 일 때에 차이가 크고, Brinch Hansen 식 (1970) 은 하한 값이며, Chen 식 (1975) 은 $\phi < 40$ 에서 더 잘 맞고, Ingra/Baecher 식 (1983) 은 $\phi < 50^o$ 에서 Chen 식 보다 항상 더 크게 계산된다.

$$N_\gamma = 2(1+N_q)\tan\phi\tan(45+\phi/2),\ \ N_q = e^{\pi\tan\phi}\tan^2(\pi/4+\phi/2) \quad \text{Chen (1975)}$$

$$N_\gamma = 1.5(N_q - 1)\tan\phi \quad \text{Brinch Hansen (1970)}$$

$$N_\gamma = e^{(0.173\phi - 1.646)} \quad \text{Ingra/Baecher (1983)} \qquad (10.17)$$

식 (10.16) 의 N_r 식에서 보이는 K_{pr} 은 수동토압계수와 유사하지만 그 자체는 아니며, Terzaghi 가 확실히 정의하지 않았고 N_r 에 대한 그래프와 표만 제시하였기 때문에 K_{pr} 의 식을 찾기가 어렵다. 후세에 Terzaghi 의 N_r 에 근접하기 위하여 K_{pr} 에 대해 다음과 같은 형태의 식이 다수 제시되었다 (Cernica, 1995).

$$K_{pr} = 3\tan^2[45^o + (\phi + 33^o)/2] \qquad (10.18)$$

기초의 극한지지력은 근입깊이가 깊어질수록 커지며, 사질토에서는 기초 크기 (기초의 폭) 에 정비례하여 증가한다. 순수한 점토지반에서 지표에 있는 연속기초의 지지력은 $q_u = cN_c$ 가 되어 기초의 크기에 무관하게 일정하다.

【예제】 폭 3.0 m 인 연속기초가 단위중량 $\gamma = 18\text{kN/m}^3$이고 내부마찰각 $\phi = 30^o$ 인 모래지반의 표면에 설치되어 있다. 이 기초의 극한지지력을 구하시오.

【풀이】 형상계수 : 연속기초 $\alpha = 1.0$, $\beta = 0.5$

지지력계수 : 표 10.3 에서 $\phi = 30^o$ 이면, $N_c = 37.2$, $N_r = 19.7$, $N_q = 22.5$

극한지지력 : 식 (10.15) 에서

$$q_u = \alpha c N_c + \beta \gamma B N_r + \gamma D_f N_q$$
$$= (1.0)(0)(37.2) + (0.5)(18)(3.0)(19.7) + (18)(0)(22.5) = 531.9\ [kPa] \quad ///$$

(2) **국부 전단파괴** (local shear failure)

국부전단파괴가 일어날 때는 별도로 지지력 이론이 제시되어 있지 않으므로 점착력과 내부마찰각을 감소시켜 전반전단파괴에 대한 지지력계수 N_c, N_q, N_r 에 대한 식 (10.17a) 에 적용하여 지지력을 계산한다.

$$c_r = \tfrac{2}{3}\, c$$
$$\phi_r = \tan^{-1}\left(\tfrac{2}{3}\tan\phi\right) \tag{10.19}$$

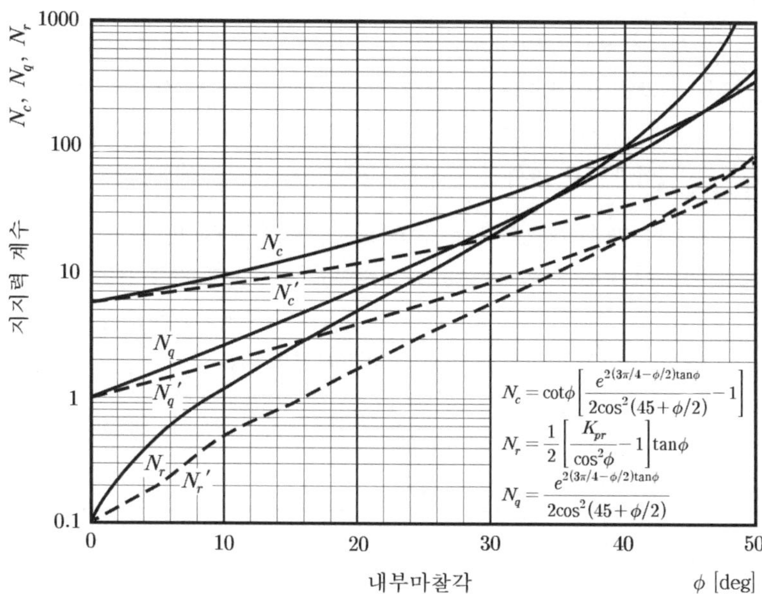

그림 10.20 Terzaghi 의 얕은기초 지지력 계수

표 10.3 Terzaghi 의 지지력계수 (전반전단파괴/국부전단파괴)

내부마찰각[°]	N_c / N_c'	N_r / N_r'	N_q / N_q'
0	5.7/5.7	0.0/0.0	1.0/1.0
5	7.3/6.7	0.5/0.2	1.6/1.4
10	9.6/8.0	1.2/0.5	2.7/1.9
15	12.9/9.7	2.5/0.9	4.4/2.7
20	17.7/11.8	5.0/1.7	7.4/3.9
25	25.1/14.8	9.7/3.2	12.7/5.6
30	37.2/19.0	19.7/5.7	22.5/8.3
35	57.8/25.1	42.5/10.1	41.4/12.7
40	95.7/34.5	100.4/18.8	81.3/20.2
45	172.3/49.8	297.5/37.7	173.3/33.8
48	258.3/63.9	780.1/60.4	287.9/47.5
50	347.5/76.5	1153.2/87.1	415.1/60.5

그림 10.20 과 표 10.3 에서 **국부 전단파괴에 대한 지지력계수** N_c', N_r', N_q' 는 **감소강도 정수** c_r , ϕ_r 에 대한 지지력계수를 원래의 강도정수 c,ϕ 로 표시한 것이다.

Terzaghi 의 공식에서는 지지력계수가 전반 전단파괴 시와 국부 전단파괴 시에 다르게 주어져 있으나, 실제의 파괴가 내부마찰각 크기에 따라 어느 형태로 일어나는지는 예측하기가 어렵다. 즉, 내부마찰각이 몇 도에서는 전반전단파괴가 일어나고 몇 도일 때에는 국부전단파괴가 일어나는지 명확히 구분할 수 없다.

따라서 두 가지의 파괴형태를 모두 수용할 수 있도록 내부마찰각이 특정 값보다 작을 때는 국부전단파괴에 대한 식을 적용하고 내부마찰각이 특정 값 이상이면 전반전단파괴식을 적용할 수 있도록 합성한 실용적 식이 **Terzaghi 의 수정지지력공식** (modified formula of bearing capacity) 이다. **Terzaghi 의 수정지지력계수** N_c'', N_r'', N_q'' 는 그림 10.21 및 표 10.4 와 같다.

표 10.4 Terzaghi 의 수정지지력계수

내부마찰각[°]	0	5	10	15	20	25	28	30	32	36	40이상
N_c''	5.3	5.3	5.3	6.5	7.9	9.9	11.4	16.2	20.9	42.2	95.7
N_r''	0	0	0	1.2	2.0	3.3	4.4	7.5	10.6	30.5	114.0
N_q''	1.0	1.4	1.9	2.7	3.9	5.6	7.1	10.6	14.1	31.6	81.2

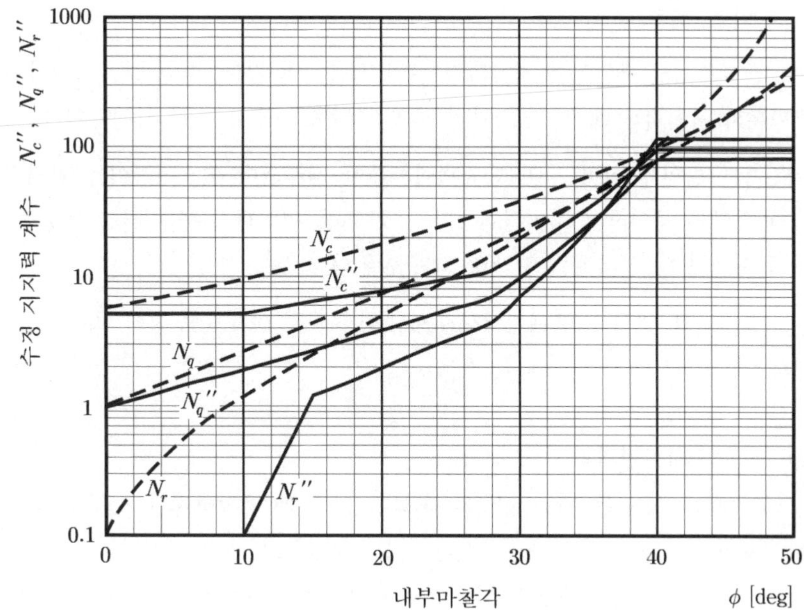

그림 10.21 얕은 기초에 대한 Terzaghi 의 수정지지력계수

【예제】 다음에서 Terzaghi 지지력공식에 관한 설명 중 틀린 것을 찾으시오.

① 지지력계수 N_c, N_q, N_r 는 내부마찰각의 함수이다.

② α, β 는 형상계수이며, 기초모양에 따라 표 10.2 와 같다.

③ 근입깊이 D_f 가 클수록 극한지지력이 감소한다.

④ 극한지지력을 안전율로 나누면 허용지지력이 된다.

⑤ 점토지반에서 지표에 설치한 기초의 허용지지력은 대략 일축압축강도와 같다.

⑥ 연속기초의 형상계수는 $\alpha = 1.0$, $\beta = 0.5$ 이다.

⑦ 정사각형기초의 형상계수는 $\alpha = 1.3$, $\beta = 0.4$ 이다.

⑧ 직사각형기초 (폭 B, 길이 L) 형상계수는 $\alpha = 1 + 0.3B/L$, $\beta = 0.5 - 0.1B/L$ 이다.

⑨ 원형기초의 형상계수는 $\alpha = 1.3$, $\beta = 0.6$ 이다.

⑩ 국부전단파괴시의 극한지지력은 전반전단파괴시의 극한지지력보다 작다.

【풀이】 ③ 근입깊이가 클수록 지지력은 증가한다.

⑨ 형상계수는 원형에서 $\alpha = 1.3$, $\beta = 0.3$ 이다. ///

4) 기타 지지력 이론

Terzaghi 공식은 안전측이어서 지금까지 널리 사용되어 왔다. 특히 내부마찰각이 클 때는 Terzaghi 이론의 지지력과 모형시험결과의 차이가 더욱 커지고 너무 안전측이다.

Terzaghi 이론 이외에 여러 가지 지지력이론들이 제시되어 있으며, 이들 지지력이론들은 모두가 식의 모양이 동일하며 지지력계수만 서로 다를 뿐이다. 토압이론을 적용하여 유도한 지지력공식들도 있으나 실무에는 잘 적용되지 않는다.

수많은 현장시험과 경험을 통해서 **Meyerhof 이론식**과 **DIN 4017 식**이 적용할만한 것으로 알려져 있다.

(1) Meyerhof 의 극한지지력

Meyerhof (1951, 1963) 는 Terzaghi 의 파괴메커니즘과 유사하지만, 기초바닥 바로 아래 쐐기형 파괴체의 각도가 다르고 대수나선과 직선으로 지표면까지 연장되는 파괴형상을 가정하여 극한지지력공식을 유도하였다. 즉, 기초하부에 형성되는 쐐기형 파괴체 △ABC 의 각도(그림 10.22a)를 Terzaghi 는 $\theta = \phi$ 로 하였으나 Meyerhof 는 $\theta = 45 + \phi/2$ 로 하였다.

또한, Terzaghi 는 기초바닥면 보다 위쪽 지반의 전단저항을 무시하고 단순히 상재하중으로 처리하여 지지력 공식을 유도하였으나 Meyerhof 는 기초 바닥면보다 위쪽 지반의 전단저항을 고려하였다. 그림 10.22a 에서 $\overline{BE}$ 면의 전단응력은 $\tau_0 = m(c + \sigma_0 \tan\phi)$ 가 되며, m 은 **전단강도의 활용도** (degree of mobilization of shear strength) 이고, $0 \le m \le 1$ 이다. 각도 μ 와 ξ 는 m 에 따라 결정되어, $m = 0$ 이면 $\mu = 45^o - \phi/2$, $\xi = 90^o + \beta$ 이며, $m = 1$ 이면 $\mu = 0$ 이고, $\xi = 135^o + \beta - \phi/2$ 이다. 각도 β 는 임의의 가정하는 값이다.

Meyerhof 의 얕은 기초 극한지지력 공식은 연속기초에서는 Terzaghi 식과 같은 모양이며 다만 지지력계수 N_c, N_q, N_r 만 다를 뿐이다.

$$q_u = cN_c + \frac{1}{2}\gamma_2 B N_r + \gamma_1 D_f N_q \tag{10.20}$$

Terzaghi 조건 (즉, $m = 0$, $\beta = 0$ 경우) 에서 **Meyerhof 의 얕은 기초 지지력계수** N_c, N_q, N_r 는 다음 식으로 계산하거나 그림 10.22b 및 표 10.5 에서 구할 수 있다.

$$\begin{aligned} N_q &= e^{\pi \tan\phi} \tan^2(45^o + \phi/2) \\ N_c &= (N_q - 1)\cot\phi \\ N_r &= (N_q - 1)\tan(1.4\phi) \end{aligned} \tag{10.21}$$

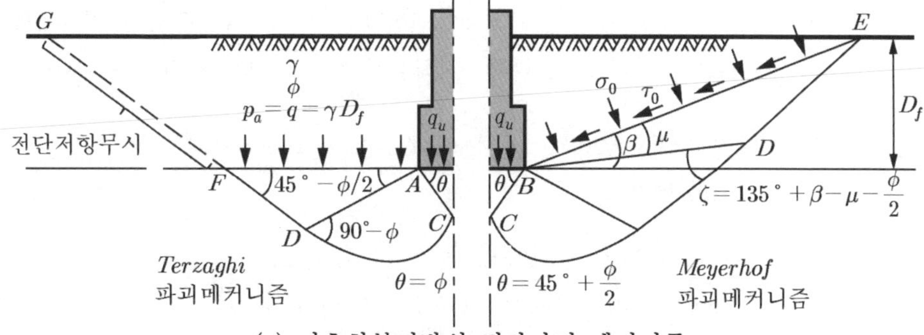

(a) 기초하부지반의 전단파괴 메커니즘

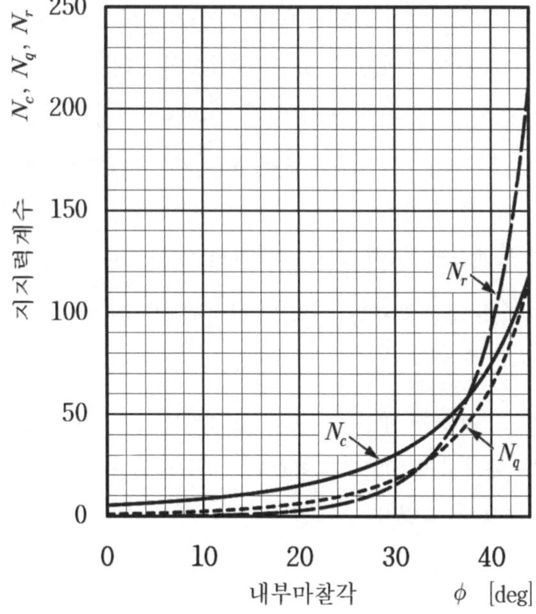

(b) 지지력 계수(단, $m=0$, $\beta=0$)

그림 10.22 Meyerhof의 파괴메커니즘과 지지력계수

표 10.5 Meyerhof 의 지지력계수 (단 $m=0$, $\beta=0$)

내부마찰각(°)	0	5	10	15	20	25	30	35	40	45
N_c	5.1	6.5	8.3	11.0	14.8	20.7	30.1	46.1	75.3	133.9
N_r	0.0	0.1	0.4	1.1	2.9	6.8	15.7	37.1	93.7	262.7
N_q	1.0	1.6	2.5	3.9	6.4	10.7	18.4	33.3	64.2	134.9

【예제】 내부마찰각이 '**영**' 이고 단위중량이 18.0kN/m^3 인 모래지반의 지표면에 폭 3.0 m 의 연속기초를 설치할 때 극한지지력을 구하시오. 단, 점착력은 없다.

【풀이】 지지력계수 : $N_c = 30.1$, $N_r = 15.7$, $N_q = 18.4$ (표 10.5)

지지력 : 식 (10.19) 에서

$$q_u = cN_c + \frac{1}{2}\gamma_2 BN_r + \gamma_1 D_f N_q$$
$$= (0)(30.1) + (0.5)(18)(3.0)(15.7) + (18)(0)(18.4) = 423.9 \text{ [kPa]}$$ ///

(2) DIN 4017 의 극한지지력

Terzaghi 파괴메커니즘은 대체로 타당한 것으로 인정되고 있으나, 그 후에 많은 연구를 통해 기초저면 아래 쐐기형 파괴체의 모양이 실제와 다른(그림 10.19 의 각도 θ 는 ϕ 가 아니라 $45^o + \phi/2$ 에 근접값) 것이 판명되었다. DIN 4017 에서는 Prandtl 파괴메커니즘을 취하여 기초저면 아래 쐐기형 파괴체 각도를 $\theta = 45^o + \phi/2$ 로 하고, Terzaghi 와 동일한 맥락으로 기초 저면 위쪽 지반은 상재 하중으로만 작용한다고 가정하고 그림 10.23a 의 C 점을 중심으로 모멘트를 취하여 극한지지력을 산정하였다.

DIN 4017 의 **얕은 기초 극한지지력 공식**은 다음과 같다.

$$q_u = cN_c + \gamma_2 BN_r + \gamma_1 D_f N_q \tag{10.22}$$

여기서 두 번째 항의 계수가 Terzaghi 식 (식 10.15) 과 Meyerhof 식 (식 10.20) 에서는 1/2 이지만 DIN 4017 식에서 1.0 이다. 이것은 DIN 4017 에서는 기초파괴가 한 방향으로만 일어난다고 가정하기 때문이다.

DIN 4017 의 **얕은 기초 지지력계수** N_c, N_q, N_r 에 대한 식은 다음과 같고, 그림 10.23 b 나 표 10.6 에서 구할 수 있다.

$$\begin{aligned} N_q &= \tan^2(45^\circ + \phi/2)e^{\pi\tan\phi} = K_p e^{\pi\tan\phi} \\ N_c &= (N_q - 1)\cot\phi \\ N_r &= (N_q - 1)\tan\phi \end{aligned} \tag{10.23}$$

【예제】 내부마찰각이 $\phi = 30^o$ 이고 단위중량이 18.0kN/m^3 인 모래지반의 지표면에 폭 3.0 m 의 연속기초를 설치할 때 그 극한지지력을 구하시오. 단, 점착력은 없다.

【풀이】 지지력계수 : 표 10.6 에서 $N_c = 30$, $N_r = 10$, $N_q = 18$

지지력 : $q_u = cN_c + \gamma_2 BN_r + \gamma_1 D_f N_g$ (식 10.22)

$$= (0)(30) + (18)(3.0)(10) + (18)(0)(18) = 540 \text{ [kPa]}$$ ///

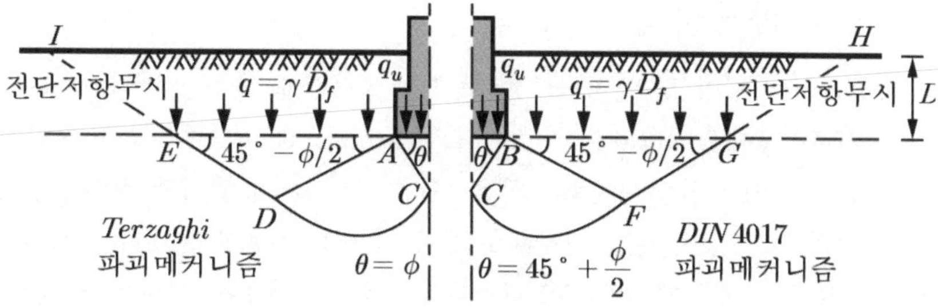

(a) 기초하부 지반의 전단파괴메커니즘 (DIN 4017)

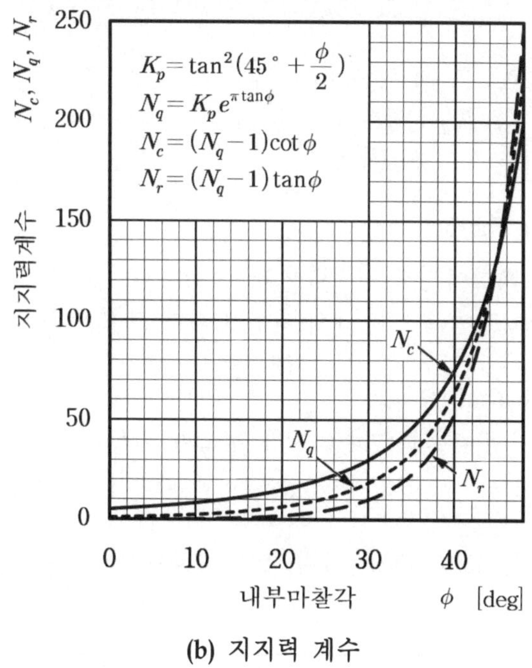

(b) 지지력 계수

그림 10.23 DIN 4017 의 파괴메커니즘과 지지력계수

표 10.6 DIN 4017 의 지지력계수

지지력 계수	내 부 마 찰 각 φ (°)														
	0	5.0	10.0	15.0	20.0	22.5	25.0	27.5	30.0	32.5	35.0	37.5	40.0	42.5	45.0
N_c	5.0	6.5	8.5	11.0	15.0	17.5	20.5	25.0	30.0	37.0	46.0	58.0	75.0	99.0	134.0
N_r	0.0	0.0	0.5	1.0	2.0	3.0	4.5	7.0	10.0	15.0	23.0	34.0	53.0	83.0	134.0
N_q	1.0	1.5	2.5	4.0	6.5	8.0	10.5	14.0	18.0	25.0	33.0	46.0	64.0	92.0	135.0

10.3.2 일반 지지력공식

기초의 형상과 근입깊이 및 경사하중을 동시에 고려해야 하는 일반적인 경우에 대해서 기초의 **일반 지지력공식** (general formula of bearing capacity)을 많이 사용하고 있다 (Brinch-Hansen, 1961). 일반 지지력 공식은 여러 가지 이론이 있지만 식이 동일하며, 다만 이론에 따라 형상계수, 깊이계수, 경사계수 등을 추가로 적용할 뿐이다. Terzaghi 지지력 공식에서는 표 10.2의 형상계수만을 고려했다. 그런데 DIN 4017에서는 깊이계수를 고려하지 않고 지지력 계수 N_γ는 2배한 값을 적용해야 한다 [식 (10.22) 참조].

$$q_u = F_{cs} F_{cd} F_{ci}\, cN_c + \frac{1}{2} F_{rs} F_{rd} F_{ri} \gamma_2 BN_r + F_{qs} F_{qd} F_{qi} \gamma_1 D_f N_q \qquad (10.24)$$

여기에서, F_{cs}, F_{qs}, F_{rs} : 형상계수

F_{cd}, F_{qd}, F_{rd} : 깊이계수

F_{ci}, F_{qi}, F_{ri} : 경사계수

1) 형상계수 (shape factor)

형상계수는 기초의 형상에 따른 지지력 변화를 나타내는 값이며 (De Beer, 1961) 기초가 직사각형인 경우에 폭/길이 (즉, B/L)의 관계에 따라 표 10.7과 같다.

2) 깊이계수 (depth factor)

기초의 지지력은 근입깊이의 영향을 크게 받으며 이를 고려할 수 있는 방안이 **깊이계수 F_{cd}, F_{qd}, F_{rd}** 이다. 즉, 기초지지력을 깊이에 따라서 보정하는 값이다.

대표적인 깊이계수는 표 10.8과 같으며, DIN 4017에서는 전부 1을 적용한다.

표 10.7 형상계수

형상계수	Terzaghi (1925)	Meyerhof (1963)	DIN 4017 (1990) (원형과 정사각형은 같음)	Hansen (1970)
F_{cs}	$1+0.3\frac{B}{L}$ (직사각형) 1.3 (원형)	$1+0.2\frac{B}{L}\tan^2\left(45+\frac{\phi}{2}\right)$	$\frac{F_{qs}N_q-1}{N_q-1}$ $(\phi>0)$ $1+0.2\frac{B}{L}$ $(\phi=0)$	$0.2\frac{B}{L}$
F_{qs}	1	1 $(\phi=0)$ $1+0.1\frac{B}{L}tan^2(45^\circ+\frac{\phi}{2})$ $(\phi\geq 10)$	$1+\frac{B}{L}\sin\phi$	$1+\frac{B}{L}\sin\phi$
F_{rs}	$0.5-0.1\frac{B}{L}$(직사각형) 0.3 (원형)	1 $(\phi=0)$ $1+0.1\frac{B}{L}tan^2(45^\circ+\frac{\phi}{2})$ $(\phi\geq 10)$	$1-0.3\frac{B}{L}$	$1-0.4\frac{B}{L}$

표 10.8 깊이계수

깊이 계수	Terzaghi (1925)	Meyerhof (1963)	DIN 4017	Hansen (1970)
F_{cd}	1	$1+0.2\dfrac{D_f}{B}\tan\left(45+\dfrac{\phi}{2}\right)$	1	$1+0.4(D_f/B)$ $(D_f \le B)$ $1+0.4\tan^{-1}(D_f/B)$ $(D_f > B)$
F_{qd}	1	1 $(\phi=0)$ $1+0.1\dfrac{D_f}{B}\tan\left(45+\dfrac{\phi}{2}\right)$ $(\phi \ge 0)$	1	$1+2\tan\phi(1-\sin\phi)^2\dfrac{D_f}{B}$ $(D_f \le B)$ $1+2\tan\phi(1-\sin\phi)^2\tan^{-1}\left(\dfrac{D_f}{B}\right)$ $(D_f > B)$
F_{rd}	1	1 $(\phi=0)$ $1+0.1\dfrac{D_f}{B}\tan\left(45+\dfrac{\phi}{2}\right)$ $(\phi \ge 0)$	1	1

표 10.9 경사계수 (단, θ : 하중경사, Q_u : 극한하중, η : 안전율)

경사 계수	Terzaghi (1925)	Meyerhof (1963)	DIN 4017 (1990) H는 B에 평행	DIN 4017 (1990) H는 L에 평행 (L≥2B)	Hansen (1970)
F_{ci}	1	$\left(1-\dfrac{\theta}{90}\right)^2$	$F_{qi}-\dfrac{1-F_{qi}}{N_q-1}$ $(\phi\ne0)$ $\dfrac{1}{2}+\dfrac{1}{2}\sqrt{1-\dfrac{\eta H}{BLc_u}}$ $(\phi=0,\ c=c_u)$	$F_{qi}-\dfrac{1-F_{qi}}{N_q-1}$ $(\phi\ne0, c\ne0, D_f=B, D_f=0)$ $\dfrac{1}{2}+\dfrac{1}{2}\sqrt{1-\dfrac{\eta H}{BLc_u}}$ $(\phi=0,\ c=c_u)$ 주*1, 주*2	$F_{qi}-\dfrac{1-F_{qi}}{N_q-1}$
F_{qi}	1	$\left(1-\dfrac{\theta}{90}\right)^2$	$\left(1-0.7\dfrac{\eta H}{\eta V+BLc\cot\phi}\right)^3$ $(\phi\ne0)$ $\left(1-0.7\dfrac{H}{V}\right)^3$ $(\phi\ne0, c=0)$ 1 $(\phi=0, c=c_u)$	$1-\dfrac{\eta H}{\eta V+BLc\cot\phi}$ $(\phi\ne0, c\ne0, D_f=B)$ $\left(1-\dfrac{\eta H}{\eta V+BLc\cot\phi}\right)^2$ $(\phi\ne0, c\ne0, D_f=0)$ 1 $(\phi=0,\ c=c_u)$	$\left(1-\dfrac{0.5H}{V+BLc\cot\phi}\right)^5$
F_{ri}	1	1 $(\phi=0)$ $\left(1-\dfrac{\theta}{\phi}\right)^2$ $(\phi\ge10)$	$\left(1-\dfrac{\eta H}{\eta V+BLc\cot\phi}\right)^3$ $(\phi\ne0)$ $\left(1-\dfrac{H}{V}\right)^3$ $(\phi\ne0, c=0)$	$1-\dfrac{\eta H}{\eta V+BLc\cot\phi}$ $(\phi\ne0, c\ne0, D_f=B)$ $\left(1-\dfrac{\eta H}{\eta V+BLc\cot\phi}\right)^2$ $(\phi\ne0, c\ne0, D_f=0)$ 주*1, 주*2	$\left(1-\dfrac{0.7H}{V+BLc\cot\phi}\right)^5$

주*1 : $0 < D_f/B < 1$ 이면 $D_f = 0$ 와 $D_f = B$ 사이에 보간법 적용
주*2 : $0 < L/B < 1$ 이면 H가 B에 평행한 경우와 H가 L에 평행인 경우의 값 사이에 보간법 적용

3) 경사계수(inclination factor)

연직에 대해 θ 만큼 경사진 하중이 작용하면 수평분력이 발생하여 지지력이 영향을 받는다. 저면이 수평이면 수평방향의 분력은 $H = Q_u \sin\theta$ 이고, 연직방향 분력은 $V = Q_u \cos\theta$ 이다. **경사계수 F_{ci}, F_{qi}, F_{ri}** 는 표 10.9 와 같다.

10.3.3 허용지지력

1) 허용지지력의 평가

기초는 지반의 전단파괴에 대해 안정해야 할 뿐만 아니라 과도한 침하나 부등침하가 일어나지 말아야 하며, 이를 고려한 지지력 허용한계를 **허용지지력** (allowable bearing capacity)이라고 한다.

기초의 허용지지력은 지반과 기초 바닥사이에 작용하는 등분포나 사다리꼴 분포 접지압의 허용치이다. 허용지지력 q_a 는 구조물과 지반의 특성에 따라 영향을 받기 때문에 변형과 안정 및 기타문제에 대한 확신이 있은 후에야 평가할 수 있다.

〈 변형문제 〉

- 구조물의 형식과 사용목적에 따른 침하 및 부등침하의 허용치는 어느 정도인가?
- 구조물에 연결된 각종 배관이나 도관 등의 허용변위는 어느 정도인가?
- 일정시간 경과후의 침하량 및 일정한 크기의 침하발생에 소요시간은 어느 정도인가?

〈 안정문제 〉

- 모든 건설공정과 재하순간에 하중을 지지할 수 있을 만큼 지지력이 충분한가?
- 지지력에 대하여 국지적인 안정은 물론 전체적인 안정이 확보되는가?
- 지반에 수평력을 작용시킬 수 있는가?

〈 기타문제 〉

- 기초가 동결심도보다 깊게 설치되어 있는가?
- 기초의 전도가 일어날 가능성은 없는가?

허용지지력 결정에 어떤 문제가 가장 중요한가는 정하기가 어려우나, 대체로 가장 불리한 조건을 취하는 게 적합하고 변형문제가 판단기준이 될 경우가 많다. 계획된 위치에서 이러한 조건이 맞지 않는다면 기초의 깊이를 깊게 하거나, 구조물의 무게를 조절하거나, 선행재하하여 문제를 해결할 수 있고 경우에 따라 전면기초로 계획할 수 있다. 그 밖에는 깊은 기초로 해야 한다.

기초의 극한지지력 식에서 나타난 바와 같이 점토의 지지력은 기초의 폭에 무관하게 일정하고, 사질토에서는 지지력이 기초의 폭에 비례하여 증가한다.

기초의 침하는 기초 폭이 클수록 커지므로, 침하를 기준으로 지지력을 결정하면 기초 폭이 커질수록 허용 지지력은 감소한다. 결국 허용 지지력은 크기가 작은 기초에서는 기초의 극한지지력에 의해 정해지고, 크기가 큰 기초에서는 기초의 침하량에 의하여 결정된다.

2) 허용지지력

기초의 허용지지력 q_a는 극한지지력 q_u를 안전율 η_s 로 나누어 ($q_a = q_u / \eta_s$) 결정하며, 여기에서 **안전율** η_s (safety factor) 는 전단강도개념을 도입한 **Fellenius 안전율** $\eta = \tau_f / \tau$와 다른 의미이다. 기초지반의 지지력에 대한 안전율 η_s는 대체로 2 보다 커야 한다.

기초의 바닥면보다 상부에 있는 흙의 자중 $\gamma_1 D_f$ 는 단순히 상재하중 q 이므로 이에 대해서 안전율을 적용하지 않는다.

따라서 **안전율** η_s 는

$$\eta_s = \frac{q_u - \gamma_1 D_f}{q_a - \gamma_1 D_f} \tag{10.25}$$

이고, **허용지지력** q_a 에 대해 풀어서 정리하면 다음이 된다.

$$q_a = \frac{1}{\eta_s} (q_u - \gamma_1 D_f) + \gamma_1 D_f = \frac{1}{\eta_s} [q_u + \gamma_1 D_f (\eta_s - 1)] \tag{10.26}$$

여기에 **Terzaghi 의 극한지지력** q_u 를 적용하면 위의 식은 다음과 같이 된다.

$$q_a = \frac{1}{\eta_s} [\alpha c N_c + \beta \gamma_2 B N_r + \gamma_1 D_f (N_q + \eta_s - 1)] \tag{10.27}$$

여기에서 $N_q + \eta_s - 1$ 을 단순히 N_q 로 할 경우도 있다. 지지력 계수 N_c, N_q, N_r 는 동일한 파괴 형상에 대해서 구한 것이 아니며 특히 N_r 는 문헌에 따라 매우 다르다.

위의 식에서 점착력이 없는 사질토의 지지력은 기초 폭과 지반의 단위중량에 따라 변하는 것을 알 수 있다.

따라서 사질토에서 지하수위가 기초의 저면으로부터 기초의 폭에 해당하는 깊이보다 깊지 않으면 지하수에 의한 영향을 받으며, 지하수위가 기초저면보다 위에 있으면 부력 때문에 지반의 수중단위중량 γ_{sub} 을 적용해야 하므로 지지력이 거의 반감된다.

점토에서는 내부마찰각이 '0' 이므로 위의 식 (10.27) 은 점착력에 대한 항만 남는다. 실제지반에서는 점착력이 깊이에 따라 변할 수 있으므로 보통 기초바닥면으로부터 기초폭의 1/3 에 해당되는 깊이의 점착력을 그 지반에 대한 대표점착력으로 한다.

10.3.4 기타 지지력 결정방법

얕은 기초의 허용지지력은 다음처럼 간접적인 방법이나 경험적으로 결정할 수도 있다.

① 기준 지지력표 이용

② 표준관입시험결과 이용

③ 평판재하시험 등 현장시험에서 구한 시험허용지지력

1) 기준 지지력표 이용

기초저면아래에서 기초 폭의 2 배에 해당하는 깊이까지 지반상태가 알려져 있으며 지층이 거의 수평이고, 정적인 하중만 작용하면 기초의 지지력과 침하에 대한 별도의 검토없이도 **기준 지지력표** (standard bearing capacity chart) 의 값을 적용할 수 있다.

그러나 지지력표는 국가 또는 저자별로 다양하므로 전제조건에 유의하여 적용해야 한다.

암반의 지지력은 암반 상태에 따라 다르다. 즉, 풍화가 진행되지 않은 연암이나 경암이 균질하면 지지력은 약 4 MPa 이고, 편마구조나 절 리가 있으면 2 MPa 이지만, 연암과 경암이 균질하더라도 풍화가 진행된 상태이면 1.5 MPa 이고, 편마구조나 절리가 발달되어 있으면 1 MPa 정도가 된다. 그렇지만 암반의 지지력은 편차가 크므로 현장지지력 시험하여 확인해야 한다.

【예제】 다음에서 기초의 허용지지력에 대한 설명 중 옳지 않은 것을 찾으시오.

① 극한지지력에 대해 소정의 안전율을 가지는 하중과 침하량이 허용치 이하가 되는 하중 중에서 큰 값이다.

② 점성토는 기초폭에 무관하여 지지력이 일정하다.

③ 사질토는 기초폭에 비례하여 지지력이 커진다.

④ 점성토는 기초폭에 무관하여 침하량이 일정하다.

⑤ 사질토는 기초폭의 증가에 따라 침하량이 작아진다.

⑥ 작은 기초의 허용지지력은 극한지지력에 의하여 결정된다.

⑦ 큰 기초의 허용지지력은 침하에 의해 결정된다.

【풀이】 ① 허용지지력은 극한지지력 기준과 침하기준을 비교해서 작은 쪽이다. ///

(1) 사질토

다음의 조건에 해당하는 사질지반에 대해서는 표 10.10 및 표 10.11 의 허용지지력을 적용할 수 있다 (DIN 1054). 그 밖의 사질토에서는 다른 방법으로 지지력을 구한다.

① 상대밀도 $D_r \geq 0.3$ 인 경우

· $C_u \leq 3$ 인 조립사질토 (SP, GP)

· $C_u \leq 3$ 이고 입경 0.006 mm 이하 세립이 15 % 미만인 혼합조립토 (GM, GC)

② 상대밀도 $D_r \geq 0.45$ 인 경우

· $C_u > 3$ 인 조립사질토 (SP, SW, GP, GW)

· $C_u > 3$ 이고 입경 0.006 mm 이하 세립이 15 % 미만인 혼합조립토 (SM, GM, GC)

표 10.10 사질토에서 침하에 민감한 연속기초의 허용지지력 (DIN 1054) [kPa]

최소근입깊이 D_f (m)	기초 폭 B (m)						
	0.5	1.0	1.5	2.0	2.5	3.0	5.0
0.5	200	300	330	280	250	220	176
1.0	270	370	360	310	270	240	192
1.5	340	440	390	340	290	260	208
2.0	400	500	420	360	310	280	224
작은 구조물 $D_f < 0.3$ m, $B < 0.3$ m	150						

표 10.11 사질토에서 침하에 민감하지 않은 연속기초의 허용지지력 (DIN 1054) [kPa]

최소 근입깊이 D_f (m)	기초 폭 B (m)					
	0.5	1.0	1.5	2.0	3.0	5.0
0.5	200	300	400	500	5000	500
1.0	270	370	470	570	570	570
1.5	340	440	540	640	640	640
2.0	400	500	600	700	700	700
작은 구조물 $D_f < 0.3$ m, B < 0.3 m	150					

(2) 점성토

점성토지반에 설치된 연속기초에 대해서 공사중 지반이 교란되지 않은 경우, 지반의 종류별로 표 10.12~10.15 의 허용지지력을 적용할 수 있다 (DIN 1054).

표 10.12 순수한 실트 (ML) 지반에서 연속기초의 허용지지력 [kPa]

최소근입깊이 D_f (m)	기초 폭 B (m)							
	I_c 〉 0.75				반 고 체			
	$B \le 2$	$B=3$	$B=4$	$B=5$	$B \le 2$	$B=3$	$B=4$	$B=5$
0.5	130	117	104	91	130	117	104	91
1.0	180	162	144	126	180	162	144	126
1.5	220	198	176	154	220	198	176	154
2.0	250	225	200	175	250	225	200	175

표 10.13 혼합토 (SM, SC, GM, GC) 에서 연속기초의 허용지지력 [kPa]

최소근입깊이 D_f (m)	기초 폭 B (m)											
	I_c 〉 0.75				반 고 체				고 체			
	$B \le 2$	$B=3$	$B=4$	$B=5$	$B \le 2$	$B=3$	$B=4$	$B=5$	$B \le 2$	$B=3$	$B=4$	$B=5$
0.5	150	135	120	105	220	198	176	154	330	297	264	231
1.0	180	162	144	126	280	252	224	196	380	342	304	266
1.5	220	198	176	154	330	297	264	231	440	396	352	308
2.0	250	225	200	175	370	333	296	259	500	450	400	350

표 10.14 점토질 실트 (MH, CL) 지반에서 연속기초의 허용지지력 [kPa]

최소근입깊이 D_f (m)	기초 폭 B (m)											
	I_c 〉 0.75				반 고 체				고 체			
	$B \le 2$	$B=3$	$B=4$	$B=5$	$B \le 2$	$B=3$	$B=4$	$B=5$	$B \le 2$	$B=3$	$B=4$	$B=5$
0.5	120	108	96	84	170	153	136	129	280	252	224	196
1.0	140	126	112	98	210	189	168	147	320	288	256	224
1.5	160	144	128	112	250	225	200	175	360	324	288	252
2.0	180	162	144	126	280	252	224	196	400	360	320	280

표 10.15 순수한 점토 (CH) 지반에서 연속기초의 허용지지력 [kPa]

최소근입깊이 D_f (m)	기초 폭 B (m)											
	I_c 〉 0.75				반 고 체				고 체			
	$B \le 2$	$B=3$	$B=4$	$B=5$	$B \le 2$	$B=3$	$B=4$	$B=5$	$B \le 2$	$B=3$	$B=4$	$B=5$
0.5	90	81	72	63	140	126	112	98	200	180	160	140
1.0	110	99	88	77	180	162	144	126	240	216	192	168
1.5	130	117	104	91	210	189	168	147	270	243	216	189
2.0	150	135	120	105	230	207	184	161	300	270	240	210

2) 표준관입 시험결과를 이용한 기초의 지지력 결정

기초의 허용지지력 q_a 는 **표준관입시험** (SPT, Standard Penetration Test) 의 결과인 N 치로부터 구할 수 있다.

최근에는 간편성과 경제성 때문에 SPT 시험결과의 활용이 확대되어 있으나 시험자의 자질과 숙련도, 지반상태 및 경계조건 등에 따라 편차가 심할 수 있으므로 중요한 구조물에서는 SPT 결과 외에도 광범위한 지반 자료를 확보하여 허용지지력을 판정해야 한다.

(1) 사질토

건조하거나 습윤상태의 사질토지반에서 기초의 지지력은 기초의 폭과 표준관입시험 결과를 이용하여 표 10.16 이나 표 10.17 로부터 직접 구할 수 있다.

일반적으로 $N < 10$ 이면 구조물의 기초지반으로 부적합한 연약지반이다. $N \leq 5$ 이면 지반진동에 의해 **액상화** (liquefaction) 될 가능성이 있으므로 얕은 기초에 적합하지 않은 지반이다. 그러나 $N > 5$ 이면 구조물을 지지할 수 있는 지반이므로 구조물의 최대침하가 허용치를 초과하지 않도록 허용지지력을 정한다.

Terzaghi/Peck (1967) 은 SPT 결과로부터 사질토의 허용지지력을 구하는 방법을 제시하였으나 그 후 너무 안전측인 것으로 확인되었다. Meyerhof (1956, 1974)는 SPT 결과를 이용하여 1 인치 (25.4 mm) 침하를 기준으로 폭이 B 이고 근입깊이 D_f 인 기초의 허용지지력을 구하는 식 (10.28a) 을 제시하였으나 (그림 10.24, 표 10.16) 역시 다소 안전측이므로 Bowles (1988) 가 이를 다시 수정하였다 (식 10.28b).

·Meyerhof (1974)

$$q_a = 12N\left(1+\frac{D_f}{3B}\right) \qquad (B \leq 1.22\text{m}) \quad [\text{kN/m}^2] \tag{10.28a}$$

$$= 8N\left(\frac{B+0.305}{B}\right)^2\left(1+\frac{D_f}{3B}\right) \qquad (B > 1.22\text{m}) \quad [\text{kN/m}^2]$$

·Bowles (1988)

$$q_a = 20N\left(1+\frac{D_f}{3B}\right) \qquad (B \leq 1.22\text{m}) \quad [\text{kN/m}^2] \tag{10.28b}$$

$$= 12.5N\left(\frac{B+0.305}{B}\right)^2\left(1+\frac{D_f}{3B}\right) \qquad (B > 1.22\text{m}) \quad [\text{kN/m}^2]$$

이들은 모래, 실트질 모래, 실트, 모래, 자갈 (25.4 mm 미만) 의 혼합토 등에 적용할 수 있으나 세립토에서는 주의해서 적용해야 한다.

표 10.16 기초의 허용지지력 (Meyerhof, 1974) 25.4 mm 침하기준 [kPa]

N(횟수)	기초 폭 B [m]								
	1.2	**1.8**	**2.4**	**3.0**	**3.6**	**4.2**	**4.8**	**6.0**	**7.2**
5	60	54	51	48	47	46	45	44	44
10	120	109	101	97	94	92	90	88	87
15	180	163	152	145	141	138	135	133	130
20	240	217	202	193	187	183	180	177	174
25	300	272	253	241	234	229	225	221	217
30	360	326	303	290	281	275	270	255	261
35	420	378	354	338	328	321	315	309	304

표 10.17 기초의 허용지지력 (Bowles, 1988) 25.4 mm 침하기준 [kPa]

N(횟수)	기초 폭 B [m]								
	1.2	**1.8**	**2.4**	**3.0**	**3.6**	**4.2**	**4.8**	**6.0**	**7.2**
5	100	86	79	76	74	72	71	69	68
10	200	171	159	152	147	144	141	138	136
15	300	256	238	228	221	216	212	207	204
20	400	342	318	303	294	288	283	276	272
25	500	427	397	379	368	360	354	345	340
30	600	513	476	455	441	431	424	414	407
35	700	598	556	532	515	503	495	483	475

SPT 시험의 스플릿배럴은 내경이 35 mm 이므로 큰 입자 (직경 10 mm 이상) 를 포함하는 지반에서는 자칫하면 N 치가 실제보다 너무 크게 측정되어서 허용지지력을 과대하게 평가할 수 있다.

사질토 지표에 설치된 기초의 25.4 mm 침하기준 허용지지력은 N 치를 알면 그림 10.24 와 표 10.16 과 10.17 로부터 구할 수 있다. 기초 폭이 크면 침하영향이 커져서 더 큰 침하가 유발되므로 허용침하를 25.4 mm 로 가정하면 지지력이 감소된다.

기준 침하량 s_k 가 25.4 mm 가 아니면 허용지지력 q_a 가 침하량에 비례한다고 가정하고 다음과 같이 수정해서 지지력 $q_a{}'$ 를 구한다.

$$q_a{}' = \frac{s_k}{25.4} q_a \tag{10.29}$$

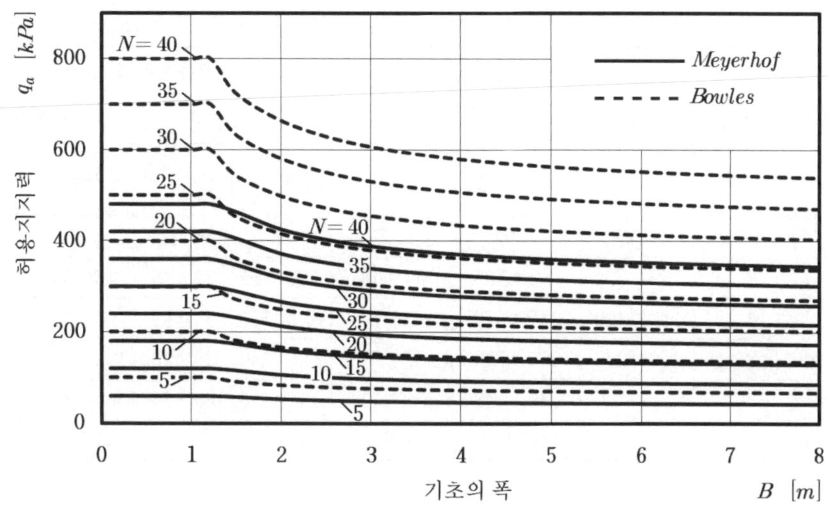

그림 10.24 N 치와 기초의 허용지지력

【예제】 SPT 시험결과 $N=30$ 인 모래지반에 폭이 3.0 m 인 기초를 1.5 m 깊이에 설치하였다. 허용지지력을 구하시오.

【풀이】 Meyerhof 식 (식 10.28a) 에서

$$q_a = 8N\left(\frac{B+0.305}{B}\right)^2\left(1+\frac{D_f}{3B}\right)$$
$$= 8\,(30)\left(\frac{3.0+0.305}{3.0}\right)^2\left(1+\frac{1.5}{(3)(3.0)}\right) = 339.8\ [\text{kPa}]$$

Bowles 식 (식 10.28b)에서

$$q_a = 12.5\,N\left(\frac{B+0.305}{B}\right)^2\left(1+\frac{D_f}{3B}\right)$$
$$= (12.5)\,(30)\left(\frac{3.0+0.305}{3.0}\right)^2\left(1+\frac{1.5}{3(3.0)}\right) = 530.9\ [\text{kPa}]$$

///

(2) **점성토**

점성토에서도 표준관입시험 결과에 따라서 표 10.18 의 허용지지력을 취할 수 있다. 점성토에서는 $N < 4$ 이면 구조물의 기초지반으로 부적합한 연약지반이어서, 구조물을 건설하기 위해서는 개량해야 한다.

점성토에서는 동일한 지반이라도 함수비에 따라 SPT 결과가 다르므로 주의해서 적용해야 한다.

표 10.18 점성토지반에서 표준관입저항치에 의한 허용지지력 예 (Terzaghi/Peck, 1967)

지반의 상 태	표준 관입 저항치 N	일축 압축 강도 (N/m^2)	극한지지력 [kPa]		허용지지력 [kPa]			
					안전율 3		안전율 2	
			직사각형	연속기초	직사각형	연속기초	직사각형	연속기초
매우연약	< 2	< 25	< 92	< 71	< 30	< 22	< 45	< 32
연 약	2~4	25~50	92~185	71~142	30~60	22~45	45~90	32~65
중 간	4~8	50~100	185~370	142~285	60~120	45~90	90~180	65~130
강 성	8~15	100~200	370~740	285~570	120~240	90~180	180~360	130~260
매우 강성	15~30	200~400	740~1480	570~1140	240~480	180~360	360~720	260~520
경 성	30 <	400 <	1480 <	1140 <	480 <	360 <	720 <	520 <

【예제】 다음에서 얕은 기초 지지력을 구하는 방법이 아닌 것을 찾으시오.

① 지지력공식 ② 허용 지지력표 이용 ③ 평판재하시험 ④ 표준관입시험
⑤ 기존의 자료이용

【풀이】 없음 ///

【예제】 다음에서 지반의 지지력에 관한 내용 중 틀린 것은?

① 기초의 지지력은 단위중량, 내부마찰각, 점착력에 관계된다.
② 극한지지력에 안전율을 곱하면 허용지지력이다.
③ 지반의 경사와 깊이는 지지력에 영향을 미친다.
④ 기초의 형상과 두께는 지지력에 영향을 미친다.
⑤ 지하수위가 지표면과 일치하면 지지력은 대략 반감한다.
⑥ 기초바닥이 깊을수록 그리고 기초 폭이 클수록 지지력이 크다.
⑦ 기초가 근접해서 설치되어 있으면 상호 영향으로 지지력이 달라질 수 있다.
⑧ 지반의 압밀시간이 재하속도보다 짧으면 배수조건이라 한다.
⑨ 기초에 편심하중이 작용하면 유효 폭과 길이를 갖는 유효기초로 대체하여 지지력을 계산한다.

【풀이】 ② 극한지지력을 안전율로 나누면 허용지지력이다.
④ 기초의 두께는 지지력에 무관하다. ///

10.3.5 특수조건의 지지력

1) 층상지반의 지지력

기초의 지지력은 대개 기초바닥면 하부 기초 폭 B 의 2 배 이내 (즉, ≤2B) 에 존재하는 지반에 의해 결정된다. 따라서 이 범위 내에 다수의 지층이 분포하는 경우에는 각 지층의 특성을 고려하여 지지력을 계산한다. 두 개의 지층으로 구성된 지반에서는 하부지층이 더 견고하면 지지력이 증가하고 더 연약하면 지지력이 감소한다.

지반이 두 가지 서로 다른 점성토층으로 구성된 경우에는 보통 상부에 있는 점성토층의 점착력을 써서 허용지지력을 계산한다. 일반적으로 점성토가 사질토에 비하여 지지력이 작으므로 두꺼운 점성토층의 하부에 사질토층이 있는 경우에는 점성토만을 생각한다.

반대로 사질토층 하부에 점성토층이 있는 경우에는 지지력이 기초 폭과 사질토층의 두께에 따라 결정된다. 즉, 기초의 저면으로부터 점성토층 상부경계면까지의 깊이 (사질토층 두께) 가 기초 폭의 2 배 이상이면 (그림 10.25a) 점성토층의 영향을 고려하지 않지만, 기초 폭의 2 배 이하이면 (그림 10.25b) 점성토층의 영향을 고려해야 한다.

이때에는 기초의 바닥면에서 하중이 일정한 비율 (1 : 1, 1 : 1.5 등) 로 확산된다고 가정하여 점성토층 상부경계면에 작용하는 하중을 계산하고, 지반을 이런 하중이 작용하는 점성토로 이상화하여 구한 허용지지력과 상부의 사질토층 만을 고려해서 구한 허용지지력을 비교하여 작은 값을 지반의 허용지지력으로 한다.

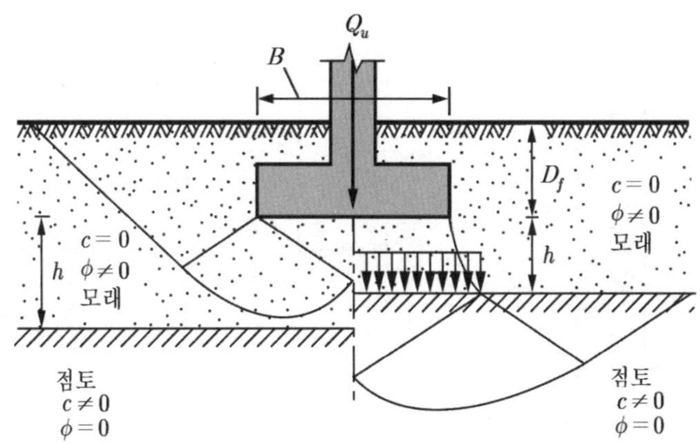

(a) 모래층이 두꺼운 경우(h〉2B) (b) 모래층이 얇은 경우(h〈2B)

그림 10.25 모래층 하부에 있는 점토층의 영향에 따른 파괴메커니즘

점착력과 내부 마찰각을 동시에 갖는 지층($c-\phi$ 흙)이 여러 개 모여 이루어진 지반에서는 다음과 같이 각각의 가중평균강도정수를 적용하여 지지력을 구한다. 이때에는 유효깊이 ($0.5B\tan(45°+\phi/2)$) 이내의 지층만 고려하며 최상부 지층이 이보다 두꺼우면 단일 지층으로 간주한다.

$$c_{av} = \frac{\sum c_i H_i}{\sum H_i}$$

$$\phi_{av} = \tan^{-1}\left(\frac{\sum H_i \tan\phi_i}{\sum H_i}\right) \tag{10.30}$$

여기에서 c_i 와 ϕ_i 및 H_i 는 i 번째 지층의 점착력과 내부마찰각 및 두께를 나타낸다.

2) 편심하중에 대한 지지력 (bearing capacity under excentric load)

기초에 **편심하중**이 작용하는 경우에는 그림 10.26 과 같이 하중 작용점에 대해서 대칭인 부분만을 바닥면으로 갖는 유효기초를 생각한다. 즉, 실제기초를 **유효 폭** (effective width) 이 $B_x' = B_x - 2e_x$ 이고 **유효길이** (effective length) 가 $B_y' = B_y - 2e_y$ 인 **유효기초**로 대체하고 **기초 유효면적** $A' = B_x' B_y' = (B_x - 2e_x)(B_y - 2e_y)$ 의 중심에 하중이 작용하고 접지압을 등분포로 간주하여 극한지지력을 구한다.

이 방법은 기초의 극한지지력이 편심과 더불어 직선적으로 변한다는 가정을 전제로 한 것이며, 이 가정은 실제로 점성토에서는 거의 맞고 사질토에서는 다소 어긋나는 경우가 있다.

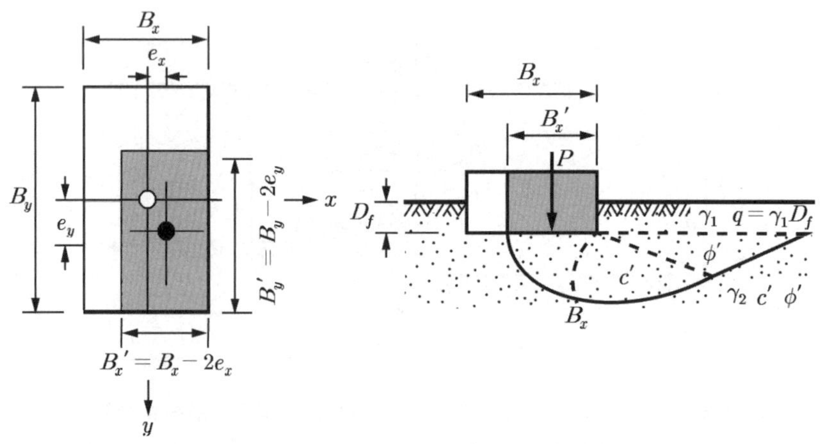

a) 편심하중 작용위치 b) 편심하중에 의한 기초파괴

그림 10.26 편심에 의한 유효면적

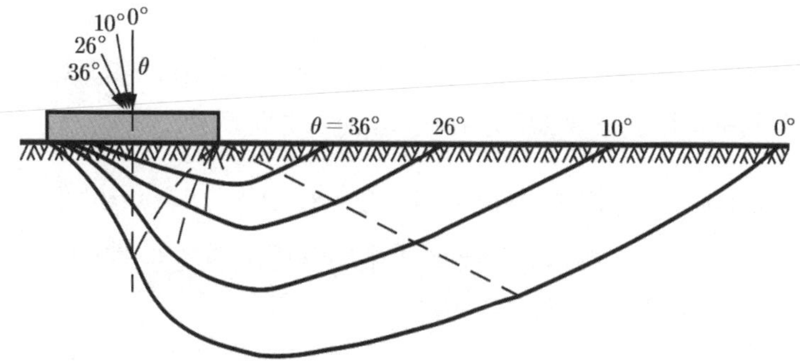

그림 10.27 경사하중에 의한 파괴메커니즘 (Smoltczyk, 1960)

3) 경사하중에 대한 지지력 (bearing capacity under inclined load)

기초에 경사진 하중이 작용하는 경우에 과거에는 **경사하중**을 연직 분력과 수평 분력으로 나누고, 연직하중에 대해서는 기초가 연직하중만 받는다고 생각하여 지지력을 구하고, 수평하중에 대해서는 활동에 대한 안전을 검토하여 양자가 모두 충분한 안전율을 갖는지를 판정하였다.

근래에는 경사하중을 포함할 수 있도록 확장한 지지력 이론들이 제안되어 있다. Smoltczyk (1960) 은 하중의 경사에 따른 기초 파괴메커니즘을 이론적으로 계산하였고 (그림 10.27), 하중의 경사가 클수록 얕은 파괴가 일어나서 지지력이 작아졌다.

Hansen (1970) 은 Terzaghi 지지력 공식을 기초의 형상과 깊이뿐만 아니라 경사하중까지 포함할 수 있는 식으로 확장하였다. 또한, 수평하중을 고려한 지지력계수 N_h 가 도입되어 Terzaghi 이론을 경사하중을 받는 기초에 적용할 수 있도록 확장하였다.

또한, Meyerhof (1951) 는 연직하중이 작용한다고 가정하여 지지력을 구한 후 감소계수를 써서 지지력을 수정하는 방법을 택하였다.

4) 비배수 조건에 대한 지지력

배수조건과 비배수조건은 기초에 하중이 재하되는 속도와 지반에서 과잉간극수압이 소산되는 (배수) 속도를 비교하여 구분한다.

지반의 압밀시간이 재하시간보다 짧으면 (시간계수 $T > 3.0$ 또는 투수계수 $k > 10^{-4}$ cm/s) **배수조건** (drained condition) 이고, 반대로 압밀시간이 재하시간보다 훨씬 길면 (시간계수 $T < 0.01$ 또는 투수계수 $k < 10^{-7}$cm/s) **비배수조건** (undrained condition) 이다.

배수조건과 비배수조건의 중간에 부분적인 배수조건이 있을 수 있다. 모래는 투수성이 좋아서 배수조건이고, 점토는 투수성이 낮아서 비배수 조건이며, 실트는 주변지층에 따라 상대적 즉, 배수조건일 수도 있고 비배수 조건일 수도 있다.

비배수 조건에서 $\phi = 0$ 이면 지지력계수가 $N_q = 1$, $N_r = 0$ 이므로 지지력에 점착력만 고려되며, 기초 폭은 관계가 없으므로 전응력 해석에 대한 기초의 지지력공식은 습윤단위중량 γ_t 를 적용하고 다음과 같이 간단해진다.

$$q_u = cN_c + \gamma_t D_f \tag{10.31}$$

Skempton (1951) 은 $\phi = 0$ 인 흙에서 기초 형상, 폭, 근입깊이 등을 모두 고려한 지지력계수 N_c 를 구할 수 있는 그래프 (그림 10.28) 를 제시하였다. 여기에서 직사각형 기초에 대한 지지력계수 N_c 는 정사각형기초의 값에 $(0.84 + 0.16\,B/L)$ 를 곱한 값이다.

점토의 극한지지력은 폭이 B 인 기초에 의해 지반이 반경 B 인 원호로 전단파괴된다고 가정할 경우에 점토의 전단강도에 의한 저항모멘트와 활동모멘트가 같을 때 (안전율 = 1) 의 하중강도이다.

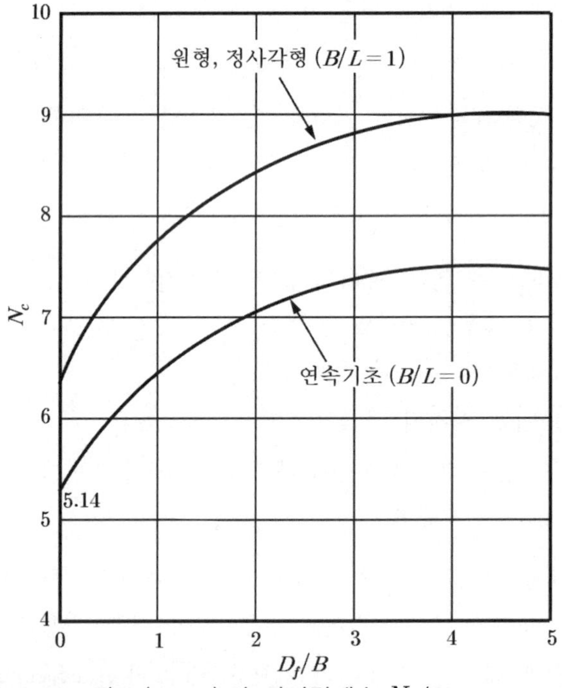

그림 10.28 점토 ($\phi = 0$) 의 지지력계수 N_c (Skempton, 1951)

10.4 얕은 기초의 침하 거동

상부구조물의 하중이 기초를 통해 지반에 전달되면 지반내 응력이 증가되므로, 흙의 구조골격이 압축되거나 과잉간극수압이 발생되어 간극수가 배수됨에 따라 지반이 압축된다.

지반압축으로 인해 구조물 전체 또는 일부가 연직변위를 일으키는데 **침하가 발생**(10.4.1절)되며 이렇게 상부구조물 **영향을 받는 깊이**(10.4.2절)는 기초 폭과 지반에 따라 결정된다. 지반은 소성체이기 때문에 하중을 제거해도 일부변형이 잔류하여 **재하 및 제하 시 침하**(10.4.3절)가 다르다. 그밖에도 지반의 침하거동은 **부력**(10.4.4절), **선행재하**(10.4.5절), **과재하**(10.4.6절) 및 **기초의 강성**(10.4.7절)의 영향을 받는다.

10.4.1 지반침하 발생

상부구조물 하중이 기초를 통해 지반에 전달되면 지중응력이 증가되어 발생되는 구조물의 **침하**(settlement)는 흙의 구조골격 특성(재하 및 제하시의 변형특성), 투수특성, 재하속도 및 구조물의 강성도 등에 관련된 요소에 의해 영향을 받는다.

구조물의 모든 부분에서 침하 크기 즉, 침하량이 같으면 **균등침하**(uniform settlement)라 하고, 구조물의 위치에 따라 침하량이 다르면 **부등침하**(differential settlement)라고 한다. 균등침하가 일어나면 구조물 위치만 달라지고, 부등침하가 일어나면 구조물에 추가응력이 발생되어 균열이 생기거나 구조물이 기울어져 미관을 해치거나 기능을 잃거나 불안정해진다.

구조물의 침하는 하중이 재하되는 순간에 지반이 탄성적으로 압축되어 일어나는 **즉시침하** S_i (immediate settlement)와 시간이 지남에 따라 간극의 물이 빠져나가면서 간극의 부피가 감소하면서 일어나는 **압밀침하** S_c (consolidation settlement)의 합이다. 유기질토나 점성토에서는 여기에 **이차압축침하** S_s (secondary compression)가 추가된다(그림 10.29).

$$S = S_i + S_c + S_s \tag{10.32}$$

구조물의 하중-침하거동은 선형 탄성관계가 아니어서 사실은 위 같은 겹침의 원리가 적용되지 않는다. 그러나 경험적으로 볼 때 겹쳐서 계산해도 실제에 근사한 결과를 얻는다. 엄밀히 말하면 지반의 거동은 탄성거동이 아니지만 점토에서는 Hooke의 법칙이 근사적으로 맞는다. 조립토의 침하는 외력에 의해서 **흙의 구조골격**이 압축되어 일어나며, 지진이나 기계진동 및 흡수나 침수에 의하여 흙입자가 재배치되어서 일어날 때도 있다.

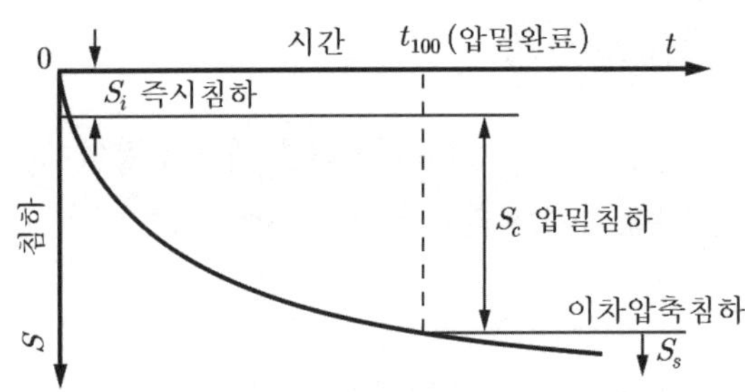

그림 10.29 기초의 시간 - 침하곡선

즉시침하는 재하즉시 발생하고 지반의 형상변화에 기인하는 경우가 많으며, 포화도가 낮거나 점성이 없는 흙에서는 침하의 대부분이 즉시침하이다.

압밀침하는 외력에 의하여 발생된 **과잉간극수압** (excess pore water pressure) 때문에 수두차가 발생되어서 간극의 물이 배수되어 일어난다. 따라서 압밀침하속도는 배수가능성 (지반의 투수성과 경계조건) 에 의해 좌우된다. 투수계수가 큰 조립토에서는 간극의 물이 쉽게 빠져나가므로 압밀침하는 재하직후에 완료된다.

이차압축침하는 흙 구조골격의 압축특성에 따라 결정된다. 압밀침하에서 이차압축침하로 변하는 시간은 보통 과잉간극수압이 영 (0) 이 되는 시점을 기준으로 한다.

즉시침하와 압밀침하 그리고 이차압축침하에 대한 기초이론은 제 6 장에서 상세히 설명하였다. 따라서 여기에서는 지반침하에 영향을 미치는 요소들과 침하량계산방법 및 **허용침하량** (allowable settlement) 을 다룬다.

구조물의 침하는 주로 다음 원인에 의해 지반이 변형될 때에 일어난다.

- 외부하중에 의한 지반의 압축 (지반의 탄소성변형)
- 지하수위 강하에 의해 지반의 자중이 증가하여 발생하는 압축
- 점성토지반의 건조수축
- 지하수의 배수에 의한 지반의 부피변화 (압밀)
- 함수비의 증가로 인한 지반 지지력의 약화
- 기초파괴에 의한 지반변형
- 지하매설관등 지중공간의 압축이나 붕괴
- 동상후의 연화작용으로 지지력이 약화
- 지반의 특정성분이 용해됨에 따른 압축성 증가로 인한 지반의 압축

기초바닥면 아래 지반 내 연직응력 σ_z는 지반의 자중에 의한 응력 σ_{zg}와 구조물의 하중에 의한 응력 σ_{zp}의 합이다.

$$\sigma_z = \sigma_{zg} + \sigma_{zp} \tag{10.33}$$

침하를 계산할 때에는 지반의 자중에 의한 침하는 완료된 것으로 간주하고 구조물의 하중에 의한 침하만 계산한다. 지반침하는 흙의 구조골격특성(재하 및 제하시 변형특성), 투수특성, 재하속도 및 구조물의 강성도 등에 관련된 요소에 의해 영향을 받는다.

10.4.2 외부하중의 영향깊이

압축성 지층이 지표에 가까이 있고 두껍지 않으면 일상적인 방법으로 침하를 계산할 수 있다. 그러나 압축성 지층이 매우 두꺼울 때에는 기초바닥 아래로부터 깊은 곳은 구조물에 의한 영향을 거의 받지 않는다. 따라서 지반의 압축성과 하중의 크기를 고려하여 상재하중의 영향이 일정한 크기(예, DIN 4019에서 20%)가 되는 깊이 이내 지반에 대해서만 침하를 계산한다.

이러한 깊이를 **한계깊이** z_{cr} (critical depth)라고 한다.

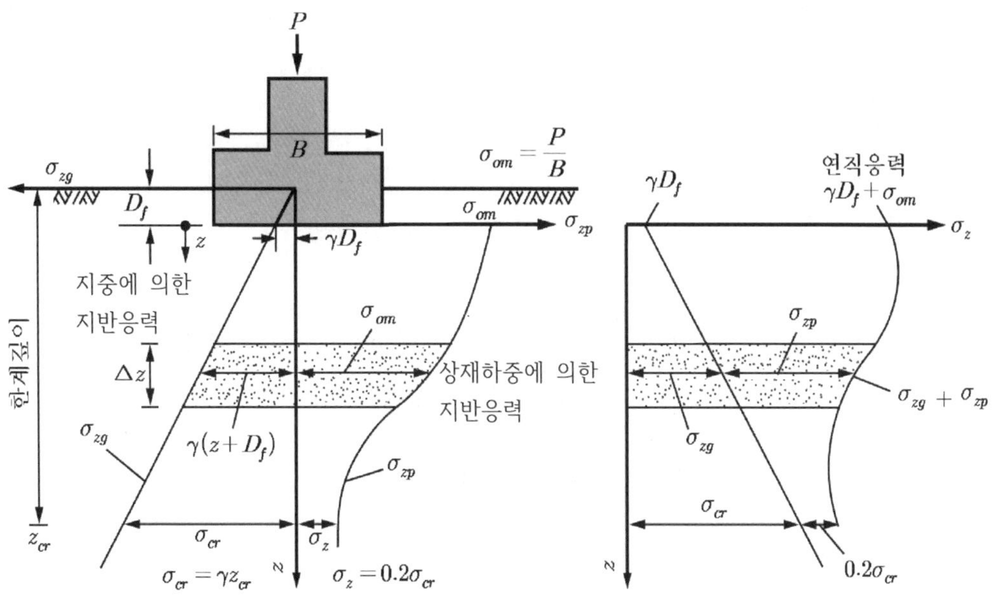

(a) 자중에 의한 연직응력 (b) 상재하중에 의한 연직응력 (c) 지반내 총 연직응력

그림 10.30 지반 내 연직응력과 한계깊이

실제로 한계깊이 하부에 있는 심층 지반은 상재하중의 영향이 매우 작아서, 그 부분의 압축량이 전체의 압축량에서 차지하는 비중이 매우 작다. 상재하중의 영향을 받는 깊이는 기초 크기가 클수록 깊어진다.

폭 B 이고, 길이 L 인 ($B < L$) 직사각형 기초에서 상재하중 영향이 10 % ($\Delta\sigma_z/\Delta\sigma = 10\%$) 인 깊이는 정사각형 기초(즉, $L/B = 1$) 일 때에는 $z \fallingdotseq 1.9B$ 정도이지만 길이가 무한히 길면 ($L/B = \infty$), $z \fallingdotseq 6.2B$ 가 된다. 그러나 지표층보다 심층지반의 압축성이 더 큰 경우에는 응력증가량 $\Delta\sigma_z$ 가 미소하더라도 전체 지표침하에서 하부지층의 침하가 차지하는 비중이 크게 되어 한계깊이의 의미가 적어진다.

10.4.3 재하 및 제하 시 침하

초기에 자중만 재하된 상태의 지반에서 구조물을 설치하기 위해서(그림 10.31a) 지반을 굴착하면 **제하**(unloading) 상태가 되었다가, 구조물을 설치하면 **재재하**(reloading)상태가 된다. 이때에는 제하에 의한 지반의 융기를 고려해야 정확한 침하량을 구할 수 있다.

1) 지반응력

굴착저면으로부터 깊이 z 인 점(그림 10.31a 의 A 점)의 연직응력은 굴착전과 굴착 후 및 구조물 설치 후에 다음과 같다.

$$\text{굴 착 전}: \sigma_{z0} = t_1\gamma + (t_2 + z)\gamma'$$
$$\text{굴 착 후}: \sigma_{z1} = \sigma_{z0} - \Delta\sigma_{zg} = \sigma_{z0} - (t_1\gamma + t_2\gamma')J$$
$$\text{구조물설치후}: \sigma_{z2} = \sigma_{z1} + \Delta\sigma_{zp} = \sigma_{z1} + \left(\frac{W}{BL} - t_2\gamma_w\right)J \tag{10.34}$$

여기에서 W, B, L : 구조물의 무게, 폭, 길이

$\Delta\sigma_{zg}/\Delta\sigma_{zp}$: 지반굴착/구조물 하중재하로 인한 지중응력변화,

J : Boussinesq 의 응력분포에 대한 영향계수이다.

따라서 구조물 설치 후 구조물 하부지반의 응력상태 σ_{z2} 는 다음이 된다.

$$\sigma_{z2} = \sigma_{z0} - \Delta\sigma_{zg} + \Delta\sigma_{zp} \tag{10.35}$$

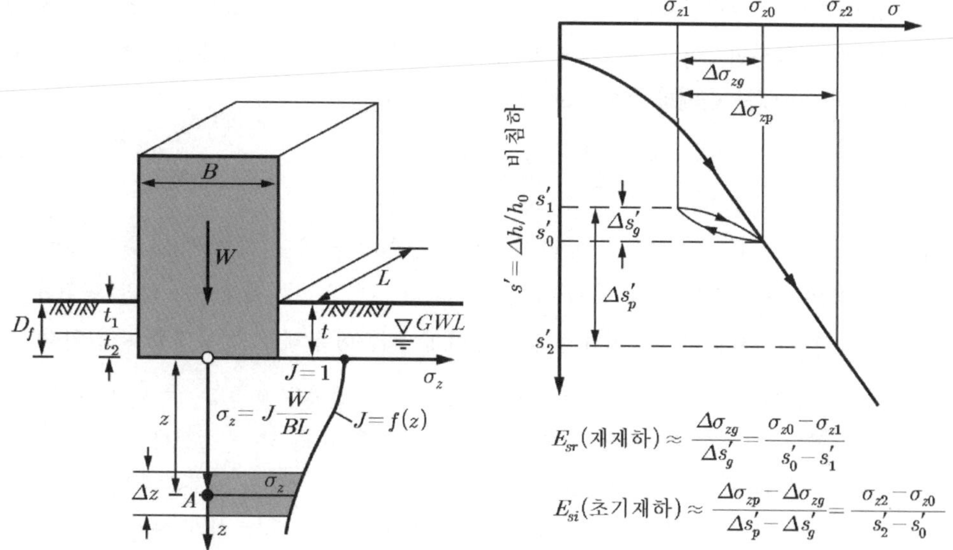

(a) 구조물과 작용하중 (b) 구조물 설치 전후의 하중 침하관계

그림 10.31 지반굴착 후 구조물 건설

2) 침하량

구조물 설치에 따른 하부지반의 침하량 Δs 는 초기재하와 재재하에 의한 침하의 합이다.

$$\Delta s = \frac{\Delta\sigma_{zg}\Delta z}{E_{sr}} + \frac{(\Delta\sigma_{zp} - \Delta\sigma_{zg})\Delta z}{E_{si}} \tag{10.36}$$

여기에서 E_{sr} 와 E_{si} 는 각각 재재하시와 초기 재하 시 **압축변형계수**이다 (그림 10.31b).

$$E_{sr} \simeq \frac{\Delta\sigma_{zg}}{\Delta\epsilon_g} = \frac{\sigma_{zo} - \sigma_{z1}}{\Delta\epsilon_g} \tag{10.37}$$

$$E_{si} \simeq \frac{\Delta\sigma_{zp} - \Delta\sigma_{zg}}{\Delta\epsilon_p - \Delta\epsilon_g} = \frac{\sigma_{z2} - \sigma_{z0}}{\epsilon_2 - \epsilon_0}$$

만일 굴착에 의한 지반 내 응력감소량 $\Delta\sigma_{zg}$ 가 구조물하중에 의한 응력증가량 $\Delta\sigma_{zp}$ 에 비해 크지 않으면 재재하에 의한 침하를 무시할 수 있으므로 구조물 설치에 따른 침하량 Δs 는 식 (10.36) 으로부터 다음과 같다.

$$\Delta s \simeq \frac{(\Delta\sigma_{zp} - \Delta\sigma_{zg})\Delta z}{E_{si}} = \frac{\Delta\sigma_z \Delta z}{E_{si}} \tag{10.38}$$

구조물의 하중이 굴착한 지반의 무게보다 더 크면 그 응력차이($\Delta\sigma_z = \Delta\sigma_{zp} - \Delta\sigma_{zg}$)에 의해 침하가 발생되며, 이는 초기재하에 속하므로 재재하시 보다 압축량이 커진다. 이때에 응력의 변화량 $\Delta\sigma_z$는 **순재하 하중**(pure loading)이라고 한다.

$$\Delta\sigma_z = \Delta\sigma_{zp} - \Delta\sigma_{zg} = \left[\frac{W}{BL} - (t_1\gamma + t_2\gamma') - t_2\gamma_w\right] J \tag{10.39}$$

근입깊이를 적절히 조절하여 순재하 하중의 크기 $\Delta\sigma_z$가 '영'이하로 작게 하면($\Delta\sigma_z \le 0$) 구조물에 의한 응력보다 제거된 응력이 더 커서($\Delta\sigma_{zg} \ge \Delta\sigma_{zp}$) 재재하에 의한 변위만 발생되므로 침하량은 무시할 만큼 작거나 허용범위 이내이다. 이 상태를 '**하중평형**'이라 한다.

지반이 연약하여 전면기초를 설치한 경우에도 이러한 현상을 이용할 수 있다. 하중이 큰 구조물을 건설할 때는 하중평형을 이루기 위해 지하실을 여러 층 건설한다. 그러나 지반을 깊게 굴착할수록 부력 문제가 발생될 수 있으므로 주의해야 한다. 지하수위 변화가 심할 때나 변형성이 비교적 큰 지반에서는 재재하시에 하중평형상태를 이루기가 어려울 수 있다.

10.4.4 부력의 영향

구조물이 지하수위 아래에 놓이게 되면, 지하수에 잠긴 구조물의 부피 V에 해당하는 물의 무게 $\gamma_w V$ 만큼의 **부력** A(buoyancy, $A = \gamma_w V$) 작용한다. 만일 구조물 자중 W보다 부력이 크면 상향으로 큰 변위가 발생되어 구조물이 불안정해진다.

따라서 부력 A에 대해서 안정을 유지하기 위해서는 다음의 관계가 성립되어야 한다.

$$A \le \frac{1}{\eta} W \tag{10.40}$$

부력에 대한 안전율 η는 보통 $\eta > 1.1$을 취한다. 그러나 위 안전율을 적용할 때는 지반과 구조물 외벽사이 마찰력을 고려하지 않는다. 그것은 마찰력이 최대가 되기 위해서는 구조물이 변형을 일으켜야 하는데 이런 변형은 어떤 경우에도 허용되지 않기 때문이다. 구조물의 사용하중을 결정할 때는 영구하중만 고려하고 지하수위의 변동에 관한 다년간의 정확한 자료가 없는 경우에는 가능한 최대의 부력을 적용한다.

10.4.5 선행재하의 영향

지지력이 부족한 지반에 얕은 기초를 설치하기 위해 **선행재하**(preloading)하여 지반을 개량하는 방법이 있다. 즉, 구조물 하중과 같은 크기의 하중으로 선행재하하여 구조물에 의한 지반침하를 사전에 발생시킨 후 선행하중을 제거하고 구조물을 축조하면 지중응력이 변화되지 않으므로 구조물에 의한 침하가 거의 발생되지 않는다.

투수계수가 작은 연약 포화세립지반을 선행재하할 때에는 선행하중의 작용시간을 결정하는 문제와, 하중재하시 지반의 활동파괴에 대한 안정을 검토하는 문제가 대두된다. 선행재하는 대체로 여분의 흙을 쌓아서 흙의 자중을 이용하는 경우가 많다.

10.4.6 과재하의 영향

선행재하 하여 지반을 안정시킬 때에는 선행하중을 크게 하면 침하속도가 빨라져서 압밀시간을 줄일 수 있고, 구조물보다 넓은 면적에 하중을 가하면 하중 영향범위가 깊어지므로 넓은 영역의 지반을 조기에 개량할 수 있다.

과재하(excess loading)는 지반안정 문제가 발생되지 않는 한도 내에서 최대하중을 재하해서 허용 침하분을 제외한 나머지 크기의 침하를 신속히 발생하도록 유도하여 지반을 개량하는 방법으로 오래 전부터 적용되어 왔다. 비배수층의 상태가 양호하여 지반 안정문제가 발생되지 않는 지반일수록 과재하의 효과가 뚜렷하다.

그림 10.32a는 크기가 B×L인 구조물을 설치할 지반이 지표로부터 모래층, 점토층, 불투수암반층으로 구성된 일면 배수조건에서 침하속도를 가속하려고 과재하하는 경우이다. 재하영향범위를 깊게 하기 위해 구조물보다 넓은 면적$(B+2\Delta B)\times(L+2\Delta L)$에 과재하중을 가했다. 그림 10.32b, c, d에서 점선은 실제 구조물 재하상태이고 실선은 과재하중 재하상태이다.

과재하중의 작용시간을 그림 10.32b와 같이 할 때에 점성토층의 압밀에 의한 침하상태는 그림 10.32c와 같고, 과재하로 인해 큰 침하가 발생해서 소요침하량 S_a에 도달하는 시간이 t_0에서 t로 대폭 단축되고, 침하량이 예상 침하량에 도달되는 것을 확인한 후 과재하중을 제거해도 지반융기는 거의 무시할 정도로 작게 발생하는 것을 알 수 있다.

그림 10.32d는 점성토층 상부경계면(a 선)과 중앙(b 선) 및 하부경계면(c 선)에서 과재하와 과재하중 제거에 따른 유효응력 변화를 나타내며, 과재하중에 의한 응력변화가 점토층 상부경계에서는 민감하지만 하부경계에 가까울수록 덜 민감한 것을 알 수 있다.

10.4.7 기초강성의 영향

기초의 휨강성이 없거나 매우 작아서 지반과 같은 형상으로 변형되는 기초를 **연성기초**(flexible foundation)라 하며, 재하면적보다 넓은 침하구덩이가 형성되고 기초의 위치별로 침하량이 다르다(그림 10.33a). **연성기초 접지압**은 등분포이므로 Boussinesq 식을 적분하여 위치별로 침하량을 계산할 수 있다(Steinbrenner, 1934).

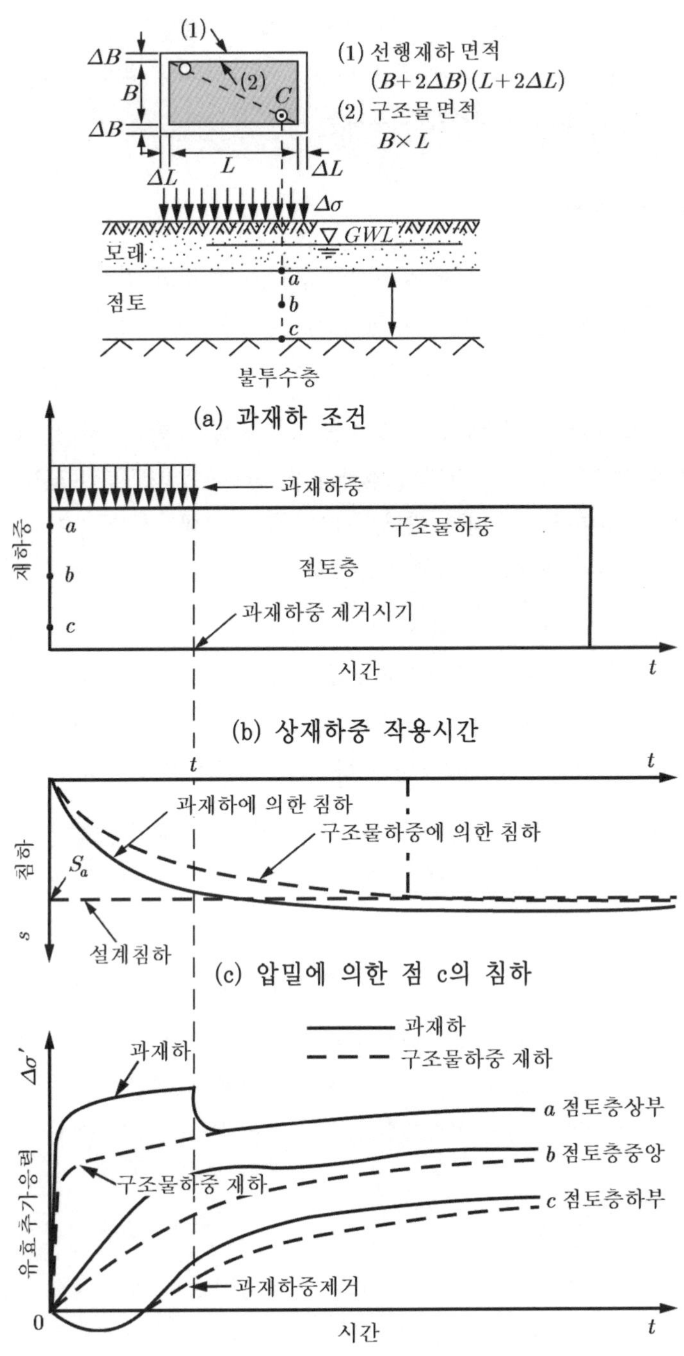

그림 10.32 과재하에 의한 지반의 침하거동

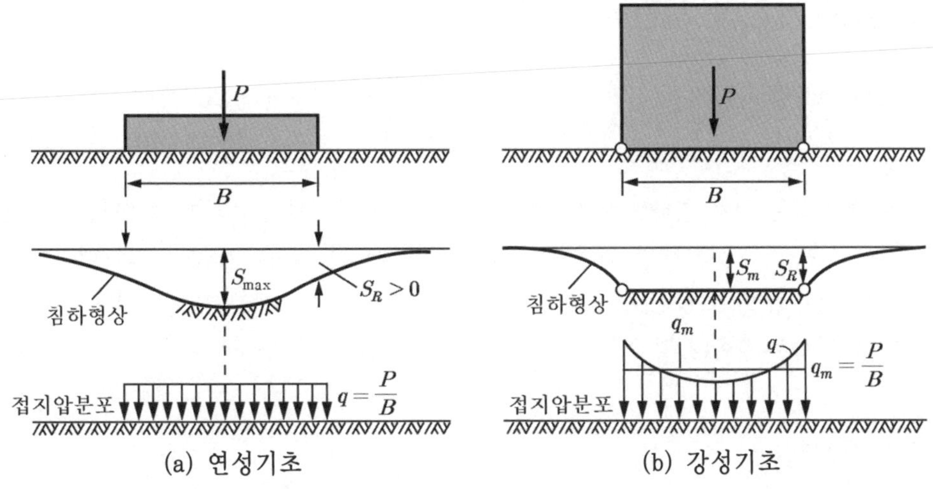

(a) 연성기초 (b) 강성기초

그림 10.33 기초의 침하형태와 접지압

반면에 **강성기초**(rigid foundation)는 기초 형상대로 지반이 변형되어 침하는 기초의 모든 위치에서 균등하게 발생된다(그림 10.33b). 강성기초 모서리부분의 접지압은 이론적으로 무한히 크며, 지반의 극한지지력 보다 클 때에는 지반 내에 소성변형이 발생되고 그 후에는 접지압이 유한한 크기로 감소된다.

강성기초의 접지압은 하중 크기와 지반 상태에 따라 변하여 결정하기가 어렵기 때문에, 강성기초의 침하는 직접 계산할 수 없다. 그러나 기초의 강성에 무관하게 침하량이 같은 점 즉, *C* **점**(Characteristic point)이 존재하므로 강성기초를 연성기초로 간주하여 등분포 접지압 작용상태에서 '*C* 점'의 침하량을 구하면, 곧, 강성기초의 침하량이 된다. *C* 점의 위치는 직사각형 기초와 원형기초에서 그림 10.34와 같다.

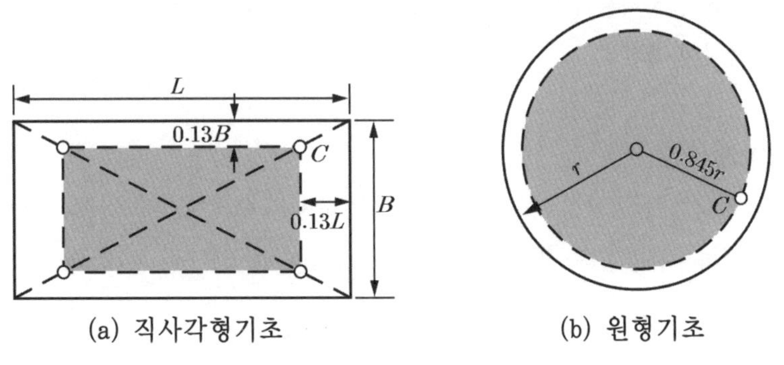

(a) 직사각형기초 (b) 원형기초

그림 10.34 *C* 점의 위치

10.5 얕은 기초의 시간에 따른 침하

지반응력이 증가됨에 따라 지반이 압축되어 일어나는 지반침하는 간극수 배수속도가 지반의 투수계수에 따라 다르므로 시간의존적으로 발생한다.

기초에 발생하는 전체 침하량은 재하순간에 흙의 구조골격이 압축되어 일어나는 **즉시침하량**(10.5.1절)과 재하중에 의한 과잉간극수압이 소산되면서 일어나는(간극수의 배수에 의한 흙의 부피감소) **압밀침하량**(10.5.2절) 및 압밀이 완료된 이후에 발생하는 **이차압축침하량**(10.5.3절)을 합한 값이다.

10.5.1 즉시침하

기초의 재하와 동시에 일어나는 **즉시침하**(immediate settlement)는 기초 하중을 제거할 때 회복 가능한 **탄성침하**(elastic settlement)와 회복이 안되는 **소성침하**(plastic settlement)의 합이다. 그렇지만 실무에서는 지반을 탄성체로 가정하고 탄성침하만을 계산해도 충분한 경우가 많다.

구조물의 하중에 의한 지반의 침하계산에는 다음의 내용이 고려되어야 한다.

① 구조물 : 구조물의 종류, 크기 및 기초의 깊이 등
② 지반의 형상과 구성 : 지반의 종류, 보링 및 사운딩의 결과
③ 지반의 물성치 : 입도분포, 컨시스턴시, 상대밀도 등
④ 지반의 압축특성 : 일축압축시험, 평판재하시험 및 기타 현장시험의 결과

즉시침하는 지반을 탄성체로 간주하고 지반 변형률을 적분하여 침하량을 계산하거나(**직접침하계산법**) 아니면 탄성이론식과 유사한 지반응력의 분포함수를 가정하여 간접적으로 침하량을 계산한다(**간접침하계산법**).

1) 직접 침하계산법

탄성계수가 일정한 등방탄성지반에서 기초의 침하량은 연직변형률 ε_z를 적분하여 구할 수 있고, 이러한 침하계산방법을 **직접침하계산법**(direct method for settlement calculation)이라 한다.

$$s = \int_0^\infty \epsilon_z dz \tag{10.41}$$

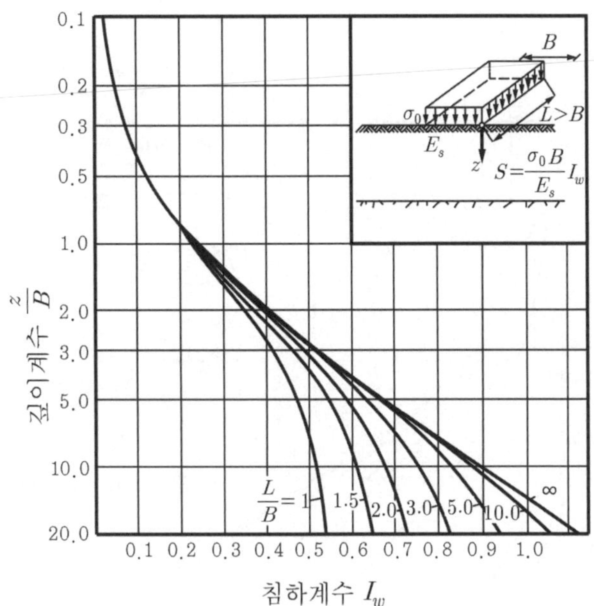

그림 10.35 등분포하중이 작용하는 연성 직사각형기초 모서리의 침하 (Kany, 1974)

(1) **연성기초**

연성기초는 접지압이 등분포이므로 침하량을 직접 계산할 수 있다. 변형계수가 E_s 인 지반에서 등분포하중 σ_0 을 받는 연성직사각형 기초 (폭 B, 길이 L) 모서리 바로 아래에서 침하량은 L≥B 인 경우에 다음과 같다 (Schleicher, 1926).

$$s = \sigma_0 \frac{1-\nu^2}{E_s} \frac{1}{\pi} \left[B \ln\left(\frac{L + \sqrt{B^2 + L^2}}{B} \right) + L \ln\left(B + \frac{\sqrt{B^2 + L^2}}{L} \right) \right] \tag{10.42}$$

위의 식을 변형하면 **침하계수 I_w** 를 구할 수 있다.

$$s = \sigma_0 B \frac{1-\nu^2}{E_s} \frac{1}{\pi} \left[\ln\left(m + \sqrt{1+m^2} \right) + m \ln\left(\frac{1 + \sqrt{1+m^2}}{m} \right) \right] = \sigma_0 B \frac{1-\nu^2}{E_s} I_w \tag{10.43}$$

여기에서 m 은 기초의 길이/폭의 비 즉, $m = L/B > 1$ 이다.

$$I_w = \frac{1}{\pi} \left[\ln\left(m + \sqrt{1+m^2} \right) + m \ln\left(\frac{1 + \sqrt{1+m^2}}{m} \right) \right] \tag{10.44}$$

침하계수 I_w 는 위 식으로 계산하거나 그림 10.35 (Kany, 1974) 로부터 구할 수 있다.

등분포 하중이 작용하는 **연성 원형기초**는 그림 10.36 (Leonhardt, 1963), 삼각형 분포 하중이 작용하는 **연성 직사각형기초**는 그림 10.37 (Schaak, 1972) 에서 침하를 구한다.

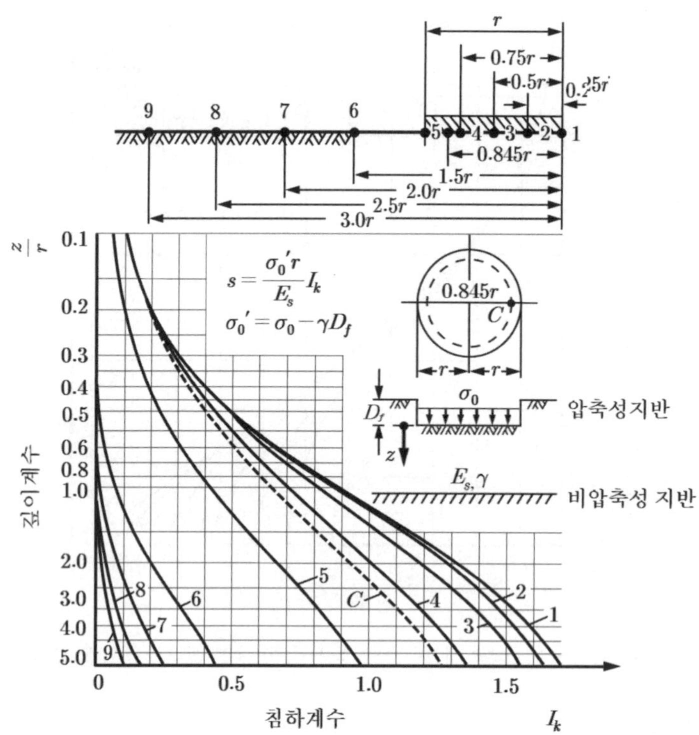

그림 10.36 등분포하중 재하 연성원형기초의 침하 (Leonhardt, 1963)

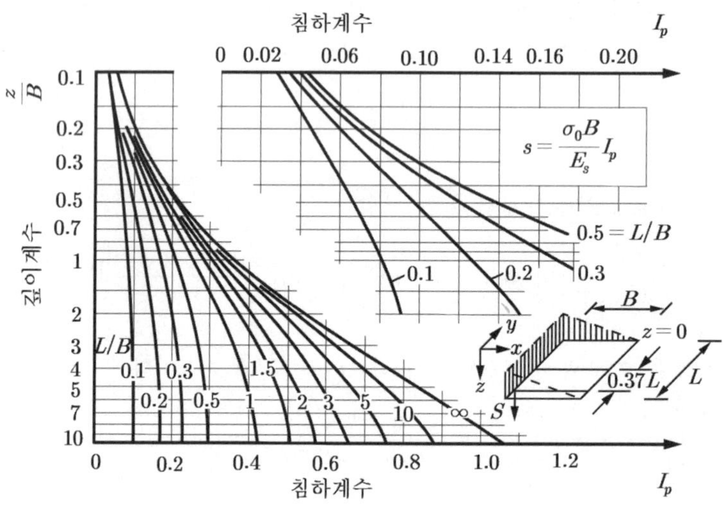

그림 10.37 삼각형분포하중 재하 연성 직사각형기초의 침하
(단, ν=0.5, Schaak, 1972)

(2) 강성기초

강성기초 침하는 전체적으로 균등하게 발생되지만 접지압의 분포가 복잡하여 직접 계산하기 어렵다. 따라서 **강성기초 침하량**(settlement of a rigid foundation)은 간접적으로 즉, 연성기초 중앙의 침하량을 구하여 그 값의 약 75 %를 취하거나, 연성기초 C 점의 침하량을 구한다. 연성직사각형기초의 C 점에 대한 침하량은 그림 10.38 에서 구할 수 있다.

2) 간접 침하계산법

간접침하계산법(indirect method for settlement calculation)에서는 지반 내의 연직응력 분포가 지반 종류에 상관없이 선형탄성이론식과 같은 유형의 분포함수에 따른다고 가정하고 침하를 계산한다. 실제 지반의 응력 - 침하거동은 비선형관계이지만, 지반 내 연직응력이 구성방정식과 거의 무관하기 때문에 (Smoltczyk, 1993) 간접계산법에 의한 결과는 실제와 상당히 근사하다.

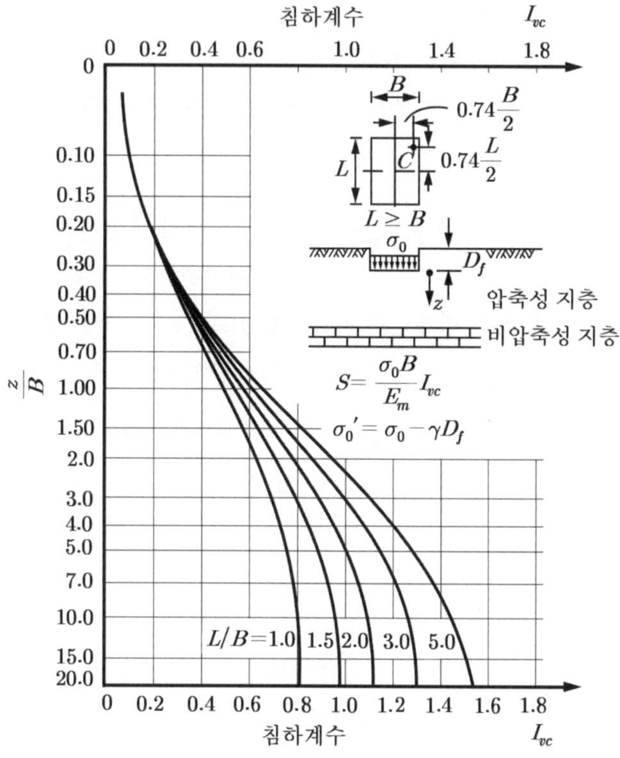

그림 10.38 직사각형 기초 c 점 아래의 침하 (Kany, 1974, ν=0)

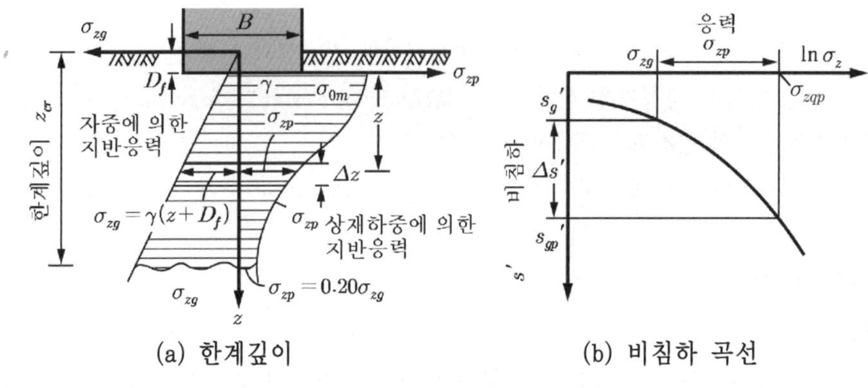

(a) 한계깊이 (b) 비침하 곡선

그림 10.39 한계깊이와 응력-비침하 곡선

간접침하계산법에서는 지반의 비선형 응력-침하관계를 근사적으로 고려하고 있고, 압밀시험의 결과를 이용할 수 있다. 그러나 이런 침하계산법은 1차원 압밀시험조건과 같은 경계조건을 가질 때에만 허용된다.

기초저면하의 지반 내 연직응력은 지반의 자중에 의한 응력 σ_{zg} 와 구조물의 하중에 의한 응력 σ_{zp} 의 합 ($\sigma_{zgp}=\sigma_{zg}+\sigma_{zp}$) 이므로 (그림 10.39b) 총 연직응력 σ_{zgp} 에 대한 변형계수 E_s 를 적용한다.

기초저면 지반을 두께 Δz 인 미세지층으로 나누고, 각각의 침하량 Δs 를 구하여 합하면 총침하량 $s=\sum\Delta s$ 가 되며 지반을 많은 수의 미세지층으로 나눌수록 정확한 값이 계산된다. 지반이 두꺼운 경우에는 **한계깊이** z_{cr} (critical depth) 까지만 침하를 계산한다. 미세지층의 침하량 Δs 는 지반의 응력-비침하곡선이나 침하계산식을 이용하여 구한다.

비침하 s' (specific settlement) 는 재하시험에서 측정한 침하량 s 를 지층의 두께 H 로 나눈 값 ($s'=s/H$) 즉, 지반 단위두께당 침하량을 말한다. 비침하를 압밀시험에서 구할 수도 있다.

(1) 지반의 응력-비침하곡선 이용

지반의 응력-비침하 곡선상에서 자중에 의한 응력 σ_{zg} 에 대한 비침하 $s_g{}'$ 와 총응력 σ_{zgp} 에 해당하는 비침하 $s_{gp}{}'$ 로부터 비침하 증분 $\Delta s'=s_{gp}{}'-s_g{}'$ 를 구하여 두께 Δz 인 지층의 침하량을 계산할 수 있다.

$$\Delta s=\Delta s'\Delta z \tag{10.45}$$

(2) **침하계산식을 이용**

두께 Δz 인 미세지층의 침하 Δs 는 Hooke 법칙을 이용하여 계산할 수 있다. 즉, 현장의 응력수준에 해당하는 변형계수 E_s 값을 선택하여 다음 식으로 침하량을 계산한다. 과압밀 지반에서는 변형계수 E_s 의 선택에 유의해야 한다.

$$\Delta s = \sigma_{zp} \Delta z / E_s \tag{10.46}$$

이 식에서 우측항의 분자 $\sigma_{zp} \Delta z$ 는 상재하중에 의한 지반내 응력분포곡선(즉, $\sigma_{zp} - z$ 곡선)의 면적(그림 10.39a 에서 오른쪽 빗금친 부분)이다. 따라서 지반 내 응력분포곡선의 면적을 구하여 변형계수로 나누면 곧 침하량이 된다.

10.5.2 압밀침하

점성토 지반에서는 기초의 재하에 의해 지중응력이 증가되어 **압밀침하 s_c** (consolidation settlement)가 일어난다. 압밀침하 s_c 는 압밀층을 여러 개의 미세지층으로 분할하고 각각의 압밀침하량 Δs_{ci} 를 구하여 모두 합한 값이다.

1) **체적압축계수 이용**

미세지층 침하량 Δs_i 는 지반의 **체적압축계수 m_v** 에 미세지층의 두께 Δh_i 와 미세지층 중간부분의 연직응력 증가량 $\Delta \sigma_z$ 를 곱하여(즉, $\Delta s_i = m_v \Delta h_i \Delta \sigma_z$) 구한다. 기초 하중이 재하되기 전 자중에 의한 압밀은 완료된 것으로 간주하고 기초하중에 의한 압밀침하만 계산한다.

$$s_c = \Sigma \Delta s_{ci} = \Sigma m_v \Delta h_i \Delta \sigma_z \tag{10.47}$$

2) **압축지수 적용**

압밀침하는 **압축지수 C_c** (compression index)를 적용하여 계산할 수 있다.

$$s_c = \Sigma \Delta s_i = \Sigma \frac{C_c}{1+e_0} \Delta h \log \frac{p_0 + \Delta\sigma_z}{p_0} \tag{10.48}$$

여기서 e_0 와 p_0 는 미세지층의 중간부분에서 초기간극비와 초기유효응력(kg/cm^2)이다. 압축지수 C_c 는 압밀시험에서 구하며, 근사적으로 액성한계 w_L 로부터 구할 수도 있다.

$$C_c = 0.009(w_L - 10) \text{ : 정규압밀점토}$$
$$C_c = 0.007(w_L - 10) \text{ : 과압밀점토} \tag{10.49}$$

일정한 압밀도 U 로 압밀되는데 소요되는 **압밀소요시간 t** 는 **압밀계수 C_v** (coefficient of consolidation) 와 배수거리 D 및 시간계수 T_v 로부터 계산한다.

$$t = \frac{T_v D^2}{C_v} \tag{10.50}$$

시간계수는 압밀도 $U = 50\,\%$ 일 때 $T_v = 0.197$ 이고, $U = 90\,\%$ 일 때 $T_v = 0.848$ 이다.

【예제】 초기유효연직응력이 100 kPa 인 두께 2.0 m의 정규압밀점토지층에 유효연직응력이 20 % 증가하였을 때에 그 압밀침하량을 구하시오. 단, 초기간극비는 $e_0 = 0.6$, 액성한계 $w_L = 50\ \%$ 이다.

【풀이】 정규압밀점토이므로 압축지수는 식 (10.49) 에서 :

$C_c = 0.009(w_L - 10) = 0.009(50 - 10) = 0.36$

압밀침하량은 식 (10.48) 로부터

$$s_c = \frac{C_c}{1+e_0}\Delta h \log\frac{p_0 + \Delta\sigma_z}{p_0}$$

$$= \frac{0.36}{1+0.6}(2.0)\log\frac{100+(100)(0.2)}{100} = 0.0356m = 3.56cm \qquad ///$$

10.5.3 이차압축침하

점토에서는 일차압밀이 완료 후에도 매우 작은 침하율과 침투속도로 오랫동안 침하가 계속되는데 이를 **이차압축침하** (secondary compression) 라고 한다.

압밀이 완료된 상태 이어서 이론적으로는 과잉간극수압이 존재하지 않으나, 실제로는 배수가 진행되므로 측정이 어려울 만큼 작은 과잉간극수압이 존재하는 것으로 추정할 수 있다.

이차압축 침하량은 일차압밀이 완료된 후에도 일정 하중을 가하고 이차압축변형과 시간의 관계를 측정해서 정할 수 있다. 이차압축곡선 (그림 10.40) 은 거의 직선에 가깝고, 그 기울기 즉, **이차압축지수 C_α** (coefficient of secondary compression) 는 다음 식과 같이 정의한다.

$$C_\alpha = \frac{\epsilon_1 - \epsilon_2}{\log(t_2/t_1)} \tag{10.51}$$

여기에서 ϵ_1 과 ϵ_2 는 각각 시간 t_1 과 t_2 일 때의 변형률을 의미한다.

이차압축지수 C_α 는 지반에 따라 대개 다음 값을 갖는다.

과압밀 점토 : 0.0005 - 0.0015

정규압밀 점토 : 0.005 - 0.03

유기질토, 피트 : 0.04 - 0.1

두께 H 인 지층의 **이차압축에 의한 침하** S_s 는 이차압축지수에 대한 식 (10.51) 을 변형하여 다음과 같이 계산한다.

$$S_s = HC_\alpha \log \frac{t_{1+\Delta}t}{t_1} \tag{10.52}$$

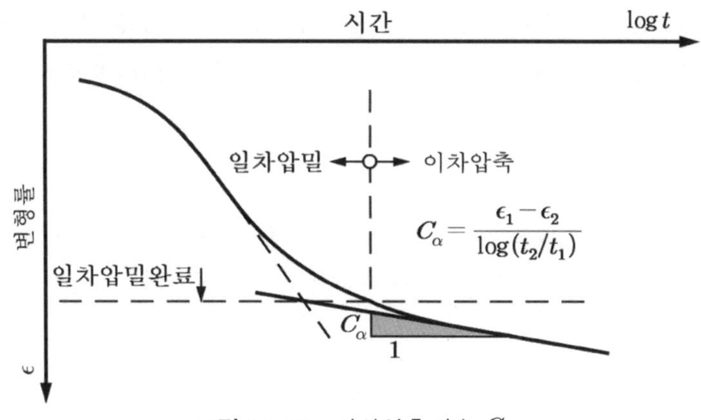

그림 10.40 이차압축지수 C_α

【예제】 이차압축지수가 $C_\alpha = 0.01$ 인 정규압밀 점토지반상에 건물을 축조하여 10 년이 경과해서 일차압밀이 완료된 상태이다. 앞으로 90 년 후에 이 건물이 경험하게 될 추가 침하량을 구하시오.

【풀이】 앞으로 90 년 동안 발생될 이차 압축침하량을 구하면 된다.

식 (10.52) : $S_s = HC_\alpha \log \frac{t_1 + \Delta t}{t_1}$

$$= (10)(0.01)\log \frac{(10)(365)(24)(60) + (90)(365)(24)(60)}{(10)(365)(24)(60)}$$

$$= (10)(0.01)\log \frac{100}{10} = 0.10m = 10cm$$

///

10.6 얕은 기초의 허용침하

구조물의 침하가 균등하게 일어나면 구조물이 손상되기보다는 그 기능이 문제가 된다. 그러나 침하가 균등하지 않으면 이로 인한 추가하중이 구조물에 작용하게 되어 구조물이 손상될 수 있으므로 보통의 구조물에서는 부등침하가 더 문제가 된다.

구조물에 허용되는 침하량은 구조물의 특성과 지반조건 및 구조물과 지반의 상대적인 강성도 등에 의해서 영향을 받으므로 해석적으로 정하기가 어려워서 대체로 경험에 의존하고 있다.

보통 구조물에서는 기능성과 안전성 측면에서 **부등침하** (10.6.1 절) 가 더 큰 문제가 될 수 있고 구조물의 특성과 기능 및 미관에 따라 경험적으로 **허용침하** (10.6.2 절) 를 정하고 있다.

10.6.1 부등침하

구조물 침하가 균등하지 않으면 이로 인한 추가하중이 구조물에 작용하게 되어 구조물이 손상될 수 있으므로 보통의 구조물에서는 부등침하가 더 문제가 된다.

실제 구조물에 허용되는 침하량은 구조물의 특성과 지반조건은 물론 구조물과 지반의 상대적 강성도 등에 의해 영향을 받기 때문에 해석적으로 정하기가 어려워서 대개 경험에 의존한다.

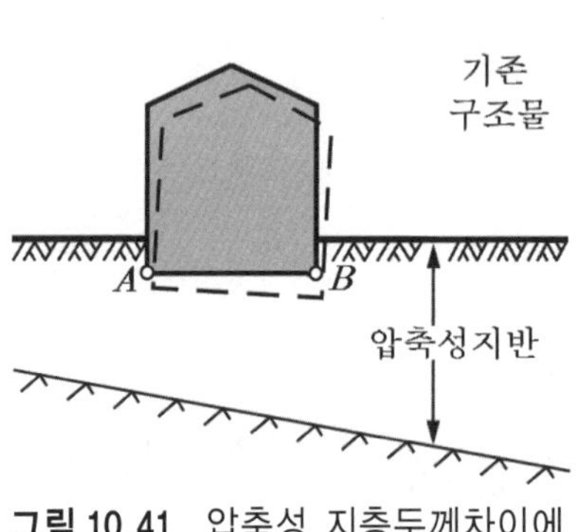

그림 10.41 압축성 지층두께차이에 의한 부등침하

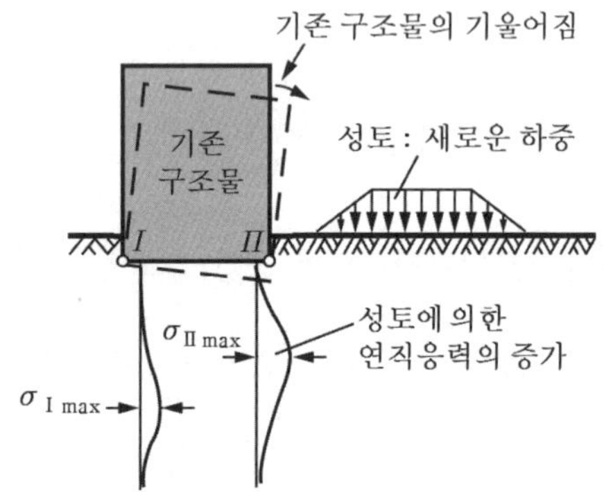

그림 10.42 인접성토에 의한 기존구조물의 기울어짐

구조물에 부등침하(nonuniform settlement)가 일어나면 구조물이 기울어지거나 그 수평위치가 변한다. 구조물에서는 균등한 침하가 허용 값보다 크게 일어나서 생기는 문제보다 구조물의 내부나 인접한 구조물사이의 부등침하에 의해 발생되는 문제가 더 심각한 경우가 많다.

기존 구조물에 인접하여 구조물을 신축할 때 **응력의 상호중첩효과**에 의해 부등침하가 발생하여 구조물이 기울어질 수 있다.

다음 원인들에 의해 발생되는 부등침하는 계산이 가능하다.

- 구조물 하부 압축성지층의 두께가 일정하지 않을 때 (그림 10.41)
- 기초의 크기가 달라서 침하 영향권이 다른 경우
- 기초에 편심이 작용할 때
- 상재하중의 수평분력이 클 때 (그림 10.42)
- 기초가 연성인 경우

지반이 불균질하여 침하량이 지반 내의 위치별로 다른 경우에는 침하예측이 어려우며 특히 연약한 정규압밀점토나 유기질층이 있을 때 이런 현상이 뚜렷하다. 그 밖에 조립토에서 상대밀도 변화가 심할 때에도 이런 현상이 일어날 수 있다.

【예제】 다음에서 부등침하의 발생 원인이 아닌 것을 찾으시오.

① 압축성 지층의 두께가 일정치 않은 경우
② 구조물 기초의 크기가 다른 경우
③ 기초에 상재하중이 클 때
④ 수평 상재하중이 클 때
⑤ 연성기초일 때
⑥ 구조물이 형상이 대칭인 경우

【풀이】 ⑥ 구조물이 형상이 비대칭일때에 부등침하가 발생된다. ///

10.6.2 허용 침하량과 허용 처짐각

구조물에 손상이 발생되는 절대침하량은 정하기가 쉽지 않으므로, 구조물의 **허용침하량**(allowable settlement)은 대체로 구조물의 구조적 특성과 기능 또는 미관에 따라 경험적으로 결정한다.

Skempton (1956)은 독립기초에 대해서 점토에서는 6 cm, 사질토에서는 4 cm를 허용 침하량으로 하였으며, 전면기초에 대해 점토에서는 6~10 cm, 사질토에서는 4~6 cm를 허용 침하랼으로 판정하였다. 그러나 지반의 침하와 함몰은 물론 구조물 변형과 과재하에 의해서도도 구조물에 균열이 발생될 수 있다.
균질한 지반이라도 구조물의 규모가 커서 길이가 길거나 바닥 면적이 넓으면 구조물의 중앙부에 응력이 중첩되어 외곽보다 침하가 크게 일어날 수 있다.

부등침하로 인한 구조물의 손상은 구조물과 지반의 상대강성도에 따라 다르므로 모든 구조물에 일률적으로 적용할 수 있는 허용 침하량 또는 **허용부등침하량**(allowable differential settlement)은 있을 수 없다.

부등침하의 허용치는 구조물의 용도, 구조, 다른 구조물과의 연결상태 및 부속설비 등에 따라서 결정되므로 일반화하여 수치로 나타내기가 어렵기 때문에 대체로 경험적으로 정할 뿐이다. 그런데 부등침하는 지층형상의 다양성과 하중의 부분집중에 의해서도 발생한다.

기초의 크기가 클수록 지반은 균질한 지반과 유사하게 거동하기 때문에 구조물의 독립기초들을 하나의 공동 기초판으로 대체시키면 부등침하를 줄일 수도 있다. 또한 과도한 침하량을 줄이기 위해서 지반을 개량하거나 치환하는 방법도 적용된다. 일반적으로 정정구조물이 부정정구조물 보다 침하에 덜 민감하다.

부등침하의 크기는 대개 부등침하의 절대치보다 부등침하량 Δs와 부재의 길이 l로부터 구한 **처짐각** α ($\tan\alpha = \Delta s/l$)로 많이 표현한다 (그림 10.43).

처짐각이 1/500 미만 ($\Delta s/l < 1/500$)이면 구조물이 손상되지는 않으나, 처짐각이 1/300 이상이면 건물의 기능과 외형에 문제가 생길 수 있고, 처짐각이 1/150 이상이면 구조적 손상이 발생된다 (Briske, 1957).

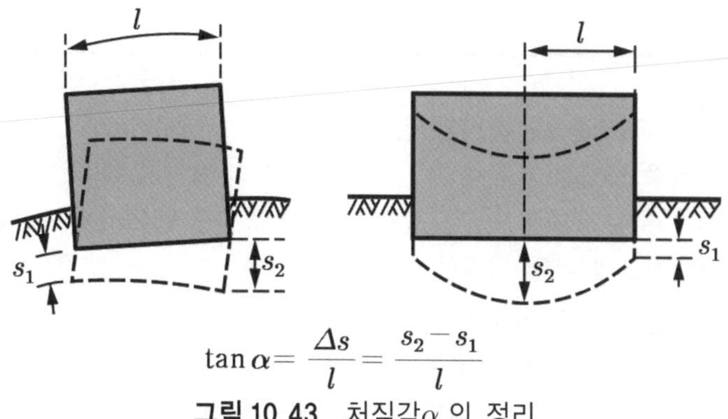

$$\tan\alpha = \frac{\Delta s}{l} = \frac{s_2 - s_1}{l}$$

그림 10.43 처짐각α 의 정리

철근 콘크리트는 처짐각이 1/50 이상이면 균열이 발생된다. 침하에 민감한 기계 등이 설치되어 있는 구조물에서 허용 처짐각은 1 / 750 정도이며, 균열이 발생되어서는 안되는 경우에는 허용 처짐각은 1 / 500 을 한계 값으로 간주한다. 처짐각이 1 / 250 이상일 때에는 고층구조물의 기울어짐을 느낄 수 있다.

일반적으로 통용되는 구조물의 허용처짐각은 다음의 표 10.19~10.22 와 같다.

표 10.19 구조물의 허용 침하량

재　　료	최대 처짐각 (L : 부재길이)
석재, 유리 및 기타 취성재료	L / 360
금속피막 및 유사 파손방지처리	L / 240
강재 및 콘크리트 골조	L / 150 ~ L /180
목재 골조	L / 100
강재 또는 콘크리트 전단벽	설계기준

표 10.20 연속구조물의 허용 처짐각

구　조　물	연속구조의 최대경사
높은 연속 벽돌벽	1/200 ~ 1/100
주거용 벽돌건물	3/1000
기둥간 조적벽	1/100
철근콘크리트 건물골조	1/500 ~ 2/500
철근콘크리트 차폐벽	3/1000
연속 강재골조	1/500
단순지지강재골조	1/200

표 10.21 허용 처짐각 (Bjerrum, 1963)

처 짐 각	허 용 범 위 및 구 조 물
1 / 100	- 정정구조물 및 옹벽의 위험한계
1 / 150	- 정정구조물 및 옹벽의 안전한계 - 오픈된 강재골조, 철근콘크리트 골조, 강재 저장탱크, 높은 강성구조물의 전도에 대한 위험한계
1 / 250	- 오픈된 강재 골조, 철근콘크리트 골조, 강재 저장탱크, 높은 강성구조물의 전도에 대한 안전한계 - 골조건물의 패널벽체와 교대의 전도에 대한 위험한계 - 높은 건물의 기울음이 눈으로 확인되는 상태
1 / 300	- 고공크레인의 문제발생한계
1 / 500	- 골조건물의 패널벽체와 교대의 전도에 대한 안전한계 - 하중을 받는 무근콘크리트 벽체의 중앙부 처짐에 대한 위험한계
1 / 750	- 침하에 민감한 기계의 문제발생한계
1 / 1000	- 하중을 받는 무근콘크리트 벽체의 중앙처짐에 대한 안전한계 - 하중을 받는 무근콘크리트 벽체의 단부처짐에 대한 위험한계
1 / 2000	- 하중을 받는 무근콘크리트 벽체의 단부처짐에 대한 안전한계

표 10.22 얼지 않은 땅의 허용 처짐각 소련 건축규정 (Polshin / Tokar, 1957)

구 조	모래, 단단한 점토	소성점토	평균 최대침하량 [cm]
기중기 레일	0.003	0.003	
강구조, 콘크리트 구조	0.0010	0.0013	10
벽돌조적	0.0007	0.001	15
변형 일어나는 곳	0.005	0.005	
다층 블록조 옹벽			
$L / H \leq 3$	0.003	0.004	8 $L / H \geq 2.5$
$L / H \leq 5$	0.005	0.007	10 $L / H \geq 1.5$
일층 제철소 건물	0.001	0.001	
연돌, 수조탑, 링기초	0.004	0.004	30

* H : 기초위의 벽체의 높이, L : 두점간의 거리

◈ 연 습 문 제 ◈

【문 10.1】 얕은 기초에 대한 다음의 내용을 설명하시오.

1. 얕은 기초의 구비조건
2. 작용하중의 크기에 따른 접지압 분포
3. 얕은 기초의 지지력 결정방안
4. 얕은 기초와 깊은 기초의 역학적 구분
5. 활동파괴에 대한 안정성 검토기준

【문 10.2】 Terzaghi, Meyerhof, DIN 4017 지지력 계산식을 상호 비교하여 설명하시오.

【문 10.3】 실트층 지반에 독립기초를 근입깊이 1.0 m 로 설치하여 연직하중을 $0.22\,MPa$ 를 지지하고자 한다. 부분안전율 $\eta_\phi = 1.8$, $\eta_c = 2.5$ 를 유지하기 위해서 기초의 폭을 얼마로 해야 하는지 답하시오. 단, 실트층의 물성치는 포화단위중량 17.0 kN/m^3 내부마찰각 26°, 점착력 20.0 kPa 이다.

【문 10.4】 길이와 폭의 비가 $L/B = 1.5$ 인 직사각형 기초를 지표로부터 1.0 m 깊이에 설치하여 폭 방향 편심 $e_B = 10$ cm 이고, 길이방향편심 $e_L = 20$ cm 이며 폭방향으로 $\Psi_B = 10°$ 경사진 1.0 MN 의 하중을 지지할려고 한다. 부분안전율 $\eta_\phi = 1.5$, $\eta_c = 2.5$ 를 유지하기 위한 기초의 크기를 계산하시오. 단, 지반의 내부마찰각 $\phi = 30^o$, 포화단위중량 17.0 kN/m^3, 점착력 12.0 kPa 이다.

【문 10.5】 내부마찰각 $\phi = 30°$ 이고 단위중량이 18.0 kN/m^3 인 모래지반의 지표에 폭 5.0 m 직사각형기초가 설치되어 있을 때에 Terzaghi/Meyerhof/DIN 4017 방법으로 지지력을 구하여 비교하시오. 단 점착력은 0 이다.

1. 길이 L=5.0 m, 8.0 m, 10.0 m, 15.0 m, 20.0 m, 50.0 m 및 연속기초
2. 하중이 연직에 대해서 θ = 0°, 5°, 10°, 15°, 20° 경사(단, 연속기초)
3. 근입깊이 0.0 m, 1.0 m, 2.0 m, 3.0 m, 4.0 m, 5.0 m, 10.0 m (단, 연속기초)

【문 10.6】 단위중량이 $\gamma = 18$ kN/m^3 로 일정하고 점착력이 없는 모래지반의 지표에 폭 5.0 m인 연속기초를 설치하였다. 내부마찰각이 $\phi = 5°, 10°, 20°, 30°, 35°$ 40° 일 경우에 Terzaghi/Meyerhof/DIN 4017 방법으로 지지력을 구하여 비교하시오.

【문 10.7】 단위중량이 18.0 kN/m³로 일정하고 내부마찰각이 $\phi = 0$ 인 점토지반 지표에 폭이 5.0 m인 연속기초를 설치하였다. 지반의 점착력이 c = 5, 10, 15, 20, 30, 40, 50 kPa일 때 Terzaghi/Meyerhof/DIN 4017 의 방법으로 지지력을 구하여 비교하시오.

【문 10.8】 얕은 기초의 침하에 대한 다음의 내용을 설명하시오.

1. 즉시침하 발생원인 2. 점토와 모래의 침하거동 차이
3. 구조물의 침하발생원인 4. 침하영향깊이
5. 이차압축침하의 발생원인 6. 강성기초와 연성기초의 구별
7. 얕은 기초에서 C점의 의미 8. 허용침하 결정기준
9. 부등침하 발생원인 10. 부등침하에 의한 구조물 손상의 특징

【문 10.9】 크기가 $B \times L = 3.0$ m×6.0 m 인 연성직사각형 기초를 지표에 설치하여 연직하중 $q = 200$ kPa 를 지지하고자 한다. 기초 중앙에서의 침하량을 구하시오. (단, 지하수위는 지표아래 3.0 m 내에 있고 점토지반상부에 두께 3.0 m 인 모래지반이 있는 상태이고, 그 물성치는 다음과 같다. (또한, 점토층의 선행 압력은 자중에 의한 연직응력에 35 kPa 를 합한 값이다.)

모래지반 : 단위중량 $\gamma = 19.0 \text{kN/m}^3$, 체적압축계수 $m_v = 30.0 \text{m}^2/\text{MN}$

점토지반 : 건조단위중량 $\gamma_d = 14.0 \text{kN/m}^3$, 비중 $G_s = 2.80$,
압축지수 $C_c = 3.0$, 이차압축지수 $C_\alpha = 0.06$

내 용	지표	깊이 3.0 m	깊이 6.0 m	깊이 9.0 m	깊이 12.0 m
자중에 의한 연직응력 [kPa]	0	57.0	84.0	111.0	129.0
점토층 선행하중 [kPa]	0	92.0	119.0	143.0	164.0
상재하중에 의한 연직응력 [kPa]	200.0	96.0	37.6	19.2	12.8
전체 연직응력 [kPa]	200.0	153.0	121.6	130.2	141.8
연직 변형률 ϵ_L	0.0067	0.0032/0.0401	0.0061	0.0021	0.0013

제11장 깊은 기초

11.1 개 요

기초지반이 지지력(bearing capacity)이 충분하지 못하거나 압축성이 커서 과도한 침하(settlement)가 예상되는 경우에는 말뚝, 샤프트, 케이슨 등 **깊은 기초**(deep foundation)를 설치하여 상부 구조물의 하중을 깊은 심도에 위치한 하부의 지지층에 전달하거나 **지반개량**(ground improvement) 후에 얕은 기초를 설치한다.

깊은 기초와 얕은 기초를 기초의 근입깊이로는 구분하기 어렵지만 파괴거동으로는 명확하게 구분할 수 있다. 즉, 기초의 파괴거동이 지표까지 영향을 미쳐서 지표가 융기하거나 침하하는 경우를 **얕은 기초**라 하고 그렇지 않은 경우를 **깊은 기초**라고 한다.

이처럼 얕은 기초와 깊은 기초를 구분하는 경계 깊이는 지반상태에 따라 다르나 사질토에서는 대체로 기초 폭의 6~8배 깊이이다.

현장상황이 다음과 같을 때에는 반드시 깊은 기초를 적용한다.

- 양호한 지지층이 깊게 위치하고 구조물의 자중을 줄일 수 없는 상황에서 지표부근의 연약지층을 개량하는 것이 깊은기초 시공에 비하여 상대적으로 비경제적인 경우
- 지표부근의 지반굴착을 위한 지하수 배제가 어렵거나 불가능한 경우
- 구조물이 침하에 매우 민감하여 압축성이 작은 지층에 기초를 설치해야 하는 경우
- 구조물에 인접하여 장차 지반굴착이나 다른 지하구조물의 설치가 예상되어 이로 부터 구조물을 보호할 필요가 있는 경우

깊은 기초는 말뚝, 샤프트, 케이슨 등이 있으며 다음을 참조하여 그 형식을 결정한다.

- 지층의 성상 및 각 지층의 지지력
- 지하수위, 지하수 배제 및 지하수 흐름
- 인접구조물의 안전성
- 구조물의 침하에 대한 민감성
- 공사기간, 경제성 및 시공성

구조물의 규모, 구조 및 하중의 크기

가장 대표적인 깊은 기초는 **말뚝기초** (11.2 절) 이며 오래전부터 여러 가지 종류의 말뚝이 사용되어 왔고, **단일말뚝** (11.3 절) 이나 **무리말뚝** (11.4 절) 형태로 타입 또는 매입하거나 현장 타설하여 설치한다. 말뚝은 본래 축력을 받는 부재이지만 **수평력** (11.5 절) 이나 **인발력** (11.6 절) 을 지지하기 위하여 설치하는 경우도 있다. 그 밖에 **샤프트 또는 피어** (11.7 절) 나 **케이슨** (11.8 절) 이 깊은 기초로 자주 적용된다.

11.2 말뚝기초

말뚝은 지지층이 깊게 위치한 경우에 상부구조물의 하중을 지지력이 충분한 하부지반에 전달하기 위하여 타입, 삽입, 압입 또는 기타의 방법으로 지반의 내부에 설치하는 길이가 긴 기둥모양의 부재를 말하며, 기초슬래브가 말뚝에 의하여 지지되는 기초를 **말뚝기초**라 하고 가장 중요한 깊은 기초이다.

다음의 경우에는 반드시 말뚝기초를 선택한다.

- 기초저면 아래 지반의 지지력이 충분하지 않으며, 지지층이 깊게 위치한 경우
- 기초저면 아래 지반이 침식, 유실, 또는 활동파괴의 위험이 있는 경우
- 지하수위가 높은 경우
- 구조물의 강성도가 크지 않고 침하에 예민하며 부등침하를 피해야 하는 경우
- 면적이 넓고 여러 가지 다양한 크기의 하중이 작용하는 경우
- 케이슨 등 다른 형식의 깊은기초를 시공하면 지반이 연화되어 인접구조물의 안정에 문제가 발생되는 경우
- 말뚝기초를 적용하면 신속하고 경제적 시공이 가능하고 지지력향상이 뚜렷할 때

말뚝은 설치방법과 기능 또는 재질에 따라 여러 가지로 분류하며, 그 **종류** (11.2.1 절) 와 지반상태 및 상부구조물에 따라 설치방법과 순서 및 간격을 다르게 **시공** (11.2.2 절) 한다.

11.2.1 말뚝의 종류

말뚝은 설치방법과 기능 또는 재질에 따라 여러 가지로 분류한다.

1) 설치방법에 따른 분류

말뚝은 지반조건에 따라서 타입 또는 매입하거나 현장 타설하여 설치한다. 최근에는 기진기(**바이브로 햄머**)를 이용하여 말뚝을 종방향으로 강제로 진동시켜서 지반에 관입시키는 **진동공법**이 자주 사용된다.

(1) 타입공법

타입공법은 말뚝을 타격하거나 진동을 가하여 지반 내에 설치하는 방법이다. 말뚝을 햄머로 타격하여 지반에 근입시킬 때에는(**항타공법**) 말뚝 상단에 캡을 설치하고 말뚝과 캡사이에 쿠션을 두어 햄머의 충격력을 감소시킨다. 무거운 햄머를 끌어 올렸다가 낙하(드롭햄머, 증기햄머, 디젤햄머) 시키거나 바이브로 햄머 등으로 진동을 가하여 근입시키므로(**진동공법**) 소음과 진동이 발생한다. 램을 들어 올리는 에너지가 필요하다(제 11.2.2 절 참조).

진동공법은 진동수와 진폭에 따라 그 능률이 다르다.

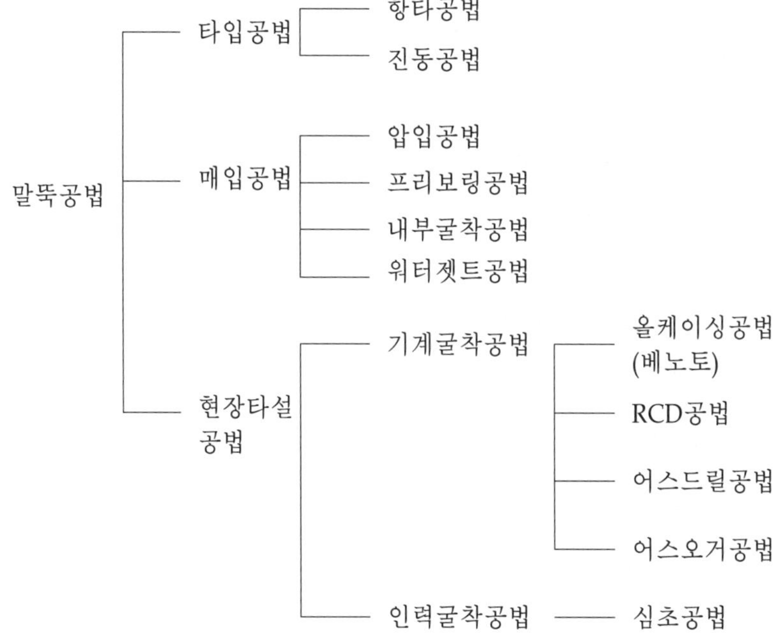

기진력과 자중을 일정하게 하여 진동수를 변화시키면서 말뚝의 관입속도가 최대가 되는 진동수(최적 진동수)를 구하여 적용한다. 포화 조립토(지반에 말뚝을 설치할 때) 나 쉬트 파일 관입에 효과적이다.

(2) 매입공법

말뚝을 타격하거나 진동을 가하여 지반에 설치할 때에 소음과 진동 등 건설공해가 심하게 발생하면 인체나 주변구조물 또는 기설치한 말뚝에 나쁜 영향을 줄 수가 있다. 따라서 최근에는 건설공해가 적게 발생되도록, 압입하거나 프리보링한 후 삽입하거나 가압하면서 내부를 굴착하여 밀어 넣거나(**중공말뚝**) 말뚝선단에서 워터제트를 이용하여 지반을 교란시키면서 말뚝을 설치하는 **매입공법**이 자주 적용되고 있다.

(3) 현장타설공법

현장타설공법은 인력이나 기계로 지반을 굴착하고 나서 그 공간에 콘크리트를 타설하여 말뚝을 설치하는 방법이며, 어스드릴이나 어스오거 등으로 보링하거나 워터제트 등으로 지반에 천공하고 콘크리트를 타설한다(그림 11.4). 콘크리트 타설 후에 케이싱이나 외관을 지반에 남겨두는 **유각 현장타설 콘크리트 말뚝**(cased pile)과 외관을 남겨두지 않는 **무각 현장타설 콘크리트말뚝**(uncased pile)이 있다. 직경이 큰($\phi > 75\,cm$) 현장타설 콘크리트말뚝(베노토, RCD 등)을 **샤프트**(shaft)라 한다.

2) 기능에 따른 분류

(1) 선단지지말뚝 (end bearing pile)

선단지지말뚝은 상부구조물의 하중을 선단의 지지력에 의존하는 말뚝을 말한다. 주변마찰의 영향이 작거나 주변마찰을 기대할 수 없는 경우에 적용한다.

(2) 마찰말뚝 (friction pile)

마찰말뚝은 상부구조물의 하중을 주로 주변마찰력으로 지지하는 말뚝이며, 지지층이 너무 깊게 위치하여 지지층까지 말뚝을 설치할 수 없을 때 적용한다. 지반이 너무 연약하지 않고 어느 정도의 강성도를 가져야 한다.

(3) 보통말뚝 (normal pile)

보통말뚝은 상부구조물의 하중을 말뚝선단의 지지력과 주변마찰 및 부착력으로 지지하는 보통의 말뚝을 말한다.

(4) **다짐말뚝** (compaction pile)

다짐말뚝은 느슨한 상태 사질토를 조밀한 상태로 개량하기 위해서 사용하는 말뚝이며, 지반은 관입된 말뚝의 부피만큼 간극이 감소되어 조밀해진다 (Meyerhof, 1959).

(5) **횡력저항말뚝** (lateral load bearing pile)

횡력저항말뚝은 주로 횡력에 저항하기 위하여 안벽 등에 사용하는 말뚝이다.

(6) **인장말뚝** (tension pile)

인장말뚝은 주로 인발에 저항하게 계획하는 말뚝으로 지지원리는 마찰말뚝과 같으나 힘의 작용방향이 다르다. 말뚝은 인장력을 받으므로 인장에 강한 재질을 사용한다.

(7) **활동억제말뚝** (sliding control pile)

활동억제말뚝은 사면의 활동을 억제하거나 중지시킬 목적으로 유동중인 지반에 설치하는 말뚝으로 충분한 전단강도를 얻기 위해 큰 직경 (대개 2~3 m) 으로 설치한다.

3) 재질에 따른 분류

말뚝은 재질에 따라 나무말뚝, 강재말뚝, 콘크리트말뚝, 합성말뚝으로 구분하며 각각 개략적인 지지력은 그림 11.1 과 같다.

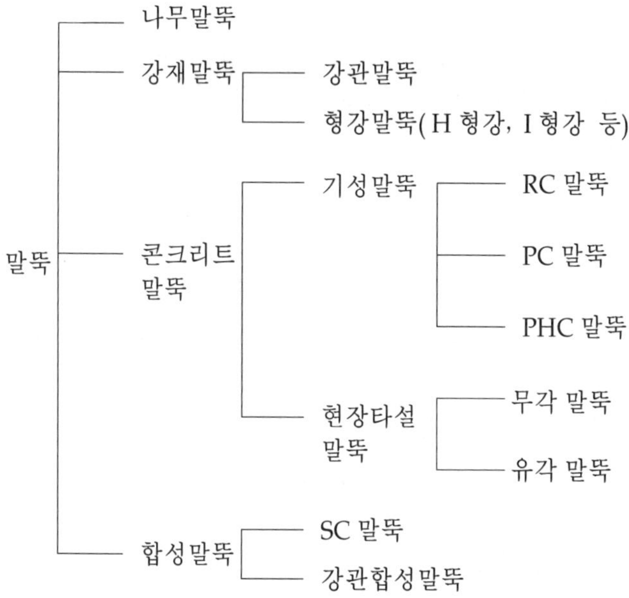

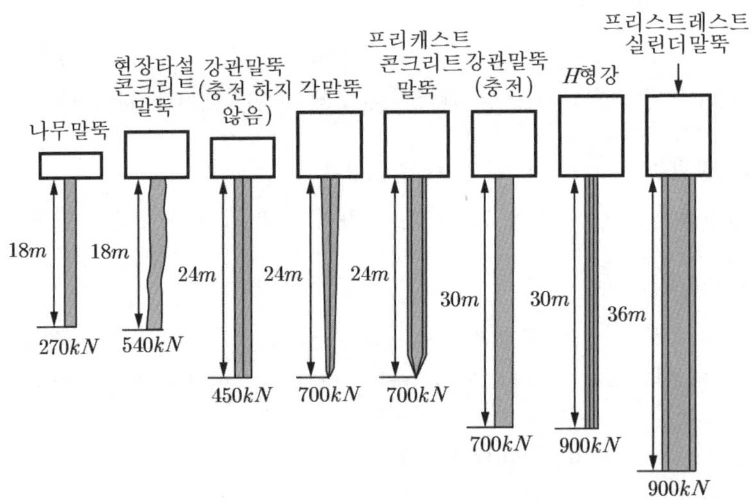

그림 11.1 여러 가지 말뚝의 개략 최대설계하중 (From Bowles,1988)

(1) **나무말뚝**(timber or wood pile)

나무말뚝은 옛날에 가장 많이 적용하던 말뚝이며, 보통 낙엽송이나 미송 등 통나무를 그대로 사용한다. 타입중에 말뚝선단부 손상을 피하고 관입이 용이하도록 선단에 강재 말뚝슈를 설치하고 항타시에 헤드를 보호하기 위해 캡을 씌운다. 대체로 9~18 m 정도 길이로 시공하고 100~600 kN의 지지력 (즉, **기성 콘크리트말뚝**의 절반정도) 을 기대할 수 있다. 나무말뚝은 표 11.1과 같은 장단점을 갖고, 나무말뚝의 허용지지력은 말뚝의 직경과 지지층 관입깊이에 따라 대체로 표 11.2와 같다.

표 11.1 나무말뚝의 장단점

장 점	단 점
- 타입시 지반이 다져진다. - 취급이 용이하고 절단이 쉽다. - 단면이 원형이므로 지지력이 크다. - 값이 비교적 싸다. - 가볍고 수송 및 타입이 쉽다.	- 쉽게 부식되어 지하수위 이하에서만 오래 보존된다. - 단면의 크기와 길이 및 지지력이 한정된다. - 강한 항타에 의하여 손상되는 경우가 있다. - 부재연결이 어렵다.

표 11.2 나무말뚝의 허용지지력 [단위 : kN]

지지층 관입깊이 [m]	나무말뚝의 직경 [cm]				
	15	20	25	30	35
3	100	150	200	300	400
4	150	200	300	400	500
5	–	300	400	500	600

(2) **강재말뚝**(steel pile)

강재말뚝은 다른 종류의 말뚝에 비하여 지지력이 크고 시공능률이 우수하여 최근에 널리 사용되고 있다. 보통 H 형강이나 강관을 사용하며, 그림 11.2 와 같은 단면형태가 많이 쓰이고, 표 11.3 과 같은 장단점을 가지고 있다.

H 형강 말뚝은 강관말뚝에 비해 가격이 싸고 흙의 배제량이 적기 때문에 좁은 곳에 조밀하게 타입할 수 있다.

강관말뚝은 모든 방향으로 강성이 고르며 단위중량당의 단면계수, 외주면적, 선단의 저면적 등이 H 형강 말뚝보다 우수하다. 강관말뚝은 선단부를 폐색한 **폐단말뚝** (closed end pile) 과 폐색하지 않은 **개관말뚝** (open end pile) 이 있다.

표 11.3 강재말뚝의 장단점

장 점	단 점
- 변형량이 적고, 허용지지력이 크다. - 타입시 지반이 다져진다. - 단면 및 길이를 무제한으로 시공할 수 있다. - 재질이 강하여 중간 정도의 상대밀도를 갖는 지반을 관통하여 타입할 수 있고, 개당 100 톤 이상의 큰 지지력을 얻을 수 있다. - 단면의 휨강성이 커서 수평저항력이 크다. - 말뚝의 이음과 절단 등 취급이 용이하다. - 가벼워서 소형의 기계로 빠르고 용이하게 운반하고 타입할 수 있다. - 날개 등을 붙여서 선단의 보강이 가능하다.	- 휨강성이 약한 I 형 단면은 타입 시에 휘어질 가능성이 있다. - 단가가 비싸다. - 부식이 잘 된다.

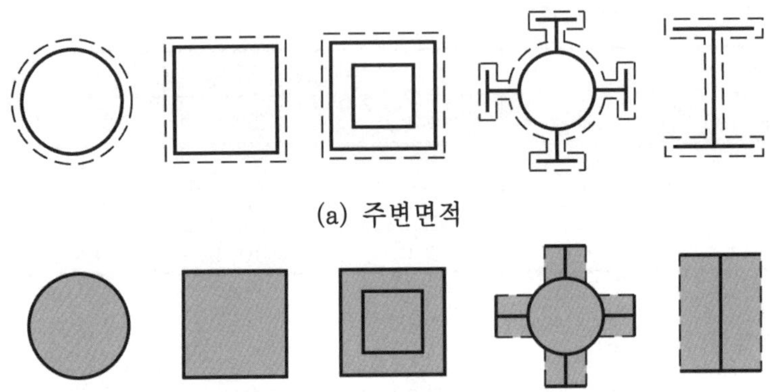

그림 11.2 강재말뚝의 주변면적과 선단 지지단면적

강재말뚝은 재료비가 비싸지만 그 지지력이 크고 시공능률이 우수하여 총공사기간이 많이 단축되므로 대규모 공사에서는 오히려 경제적일 수 있다. 강재말뚝의 설계하중은 대체로 표 11.4 의 허용지지력을 적용한다.

강재말뚝은 수분이나 대기에 노출되면 산화(부식)되어 단면이 감소되므로 지지력이 작아진다. **강재말뚝의 부식**은 비교란 지반에서는 말뚝강도에 영향을 줄 만큼 심각하지는 않으나, 교란되거나 성토한 지반에서는 흙 속에 산소가 많이 있기 때문에 문제가 될 수 있다. pH 4 이하이거나 pH 9.5 이상인 지하수나 해수 및 흐르는 물에서 특히 부식되기 쉽다. 강재말뚝의 부식은 보통 지반에서는 연간 0.05 mm, 해수에 직접 노출되거나 수면 부근에 있는 경우에는 연간 0.1~0.2 mm 정도로 예상하여 설계한다(그림 11.3).

표 11.4 강재말뚝의 허용지지력 [단위 : kN]

지지층 관입깊이 [m]	H 형강		강 관		
	폭 [cm]	높이 [cm]	직경 [cm]		
	30	35	35	40	45
3	–	–	350	450	550
4	–	–	450	600	700
5	450	550	550	700	850
6	550	650	650	800	1000
7	600	750	700	900	1100
8	700	850	800	1000	1200

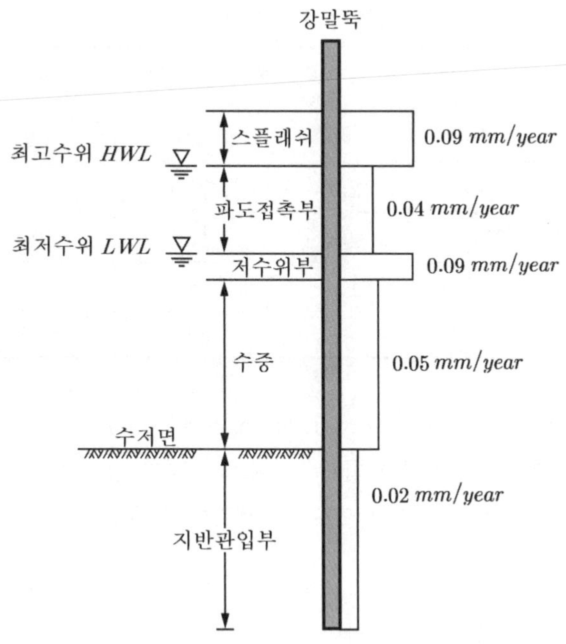

그림 11.3 물과 강말뚝의 부식

강재말뚝은 부식을 방지하거나 부식되더라도 소요단면을 확보 (corrosion margin) 하기 위하여 다음과 같은 **방식대책**을 쓴다.

- **두께증가** : 소요단면보다 두꺼운 부재를 사용하는 방법으로 공사비가 많이 든다.
- **방식도장** : 부식을 방지하기 위하여 표면을 방식도장한다.
- **콘크리트 피복** : 지표면 부근이나 건습이 되풀이 되는 부분 등 부식이 심한 부분을 콘크리트로 피복한다.
- **전기방식** (cathodic protection) : 전기적으로 처리하여 부식을 방지하는 방법이며, 부식량을 1/10 이하로 감소시킬 수 있다.

(3) 콘크리트말뚝 (concrete pile)

콘크리트말뚝은 공장에서 제작한 후 현장으로 운반하여 설치하는 **기성 철근콘크리트말뚝** (precast concrete pile) 과 지반에 구멍을 뚫고서 그 속에 콘크리트를 타설하여 만드는 **현장타설 콘크리트말뚝** (cast-in-place concrete pile) 이 있고, 형상과 단면크기 및 길이를 다양하게 조절할 수 있어서 근래에 많이 사용한다. 콘크리트말뚝은 흙 속의 유기산이나 해수 또는 물의 동결 등에 의해 손상될 수 있다. 기성 또는 프리스트레스트 콘크리트 말뚝은 단면이 정사각형일 경우에 대체로 표 11.5 와 같은 허용지지력을 갖는다.

표 11.5 철근콘크리트 또는 PS 말뚝의 허용지지력 [단위 : kN]

지지층 관입깊이 [m]	정사각형의 한 변의 길이 [cm]				
	20	25	30	35	40
3	200	250	350	450	550
4	250	350	450	600	700
5	–	400	550	700	850
6	–	–	650	800	1000

① 기성 콘크리트말뚝 (precast reinforced concrete pile)

기성 콘크리트말뚝은 공장에서 원심력을 가해서 밀도와 강도가 크도록 제작한 후에 설치 장소로 옮겨서 압입, 타입, 진동관입 또는 선행보링한 공간에 삽입·설치하는 말뚝을 말한다.

대체로 기성 콘크리트말뚝은 구입과 상부구조와 연결하기가 쉽고, 강한 타격에 견디고 부식에 강하며, 상부 구조물과의 결합이 용이하다.

반면에 초기비용이 많이 들고, 절단과 이음이 어려우며, 운반이나 타입방법에 민감하고, 운반하기가 불편하다. 지하에 장애물이 있을 때는 설치에 어려움이 있으며, 길이 조절이 어렵고, 타입시 소음이 많이 나고, 인발이나 횡력에 대한 저항력이 약하다.

따라서 비교적 큰 지지력이 필요할 경우나 지하수위가 깊은 경우에 사용된다.

기성철근콘크리트 말뚝은 철근으로 보강한 **철근콘크리트말뚝** (**RC 말뚝**: reinforced concrete pile) 이나 **프리스트레스트 콘크리트말뚝** (**PC 말뚝** : prestressed concrete pile) 및 **고강도 프리스트레스트 콘크리트말뚝** (**PHC 말뚝**) 등이 있다.

a) 철근콘크리트 말뚝 (RC말뚝, centrifugally compacted reinforced concrete pile)

RC 말뚝은 철근으로 보강한 철근콘크리트말뚝이며, 기성 콘크리트말뚝으로서 가장 많이 사용되고, 제작이나 운반 중에 작용하는 휨응력과 수평하중에 의한 휨모멘트는 물론 항타시 압축 및 인장응력에 견딜 수 있도록 설계해서 제작한다.

최소 철근비는 1 % 이상이고, 콘크리트강도는 40 MPa 정도, 10~15 m 길이로 만든다.

철근콘크리트말뚝은 표 11.6 과 같은 장단점이 있다.

표 11.6 철근콘크리트말뚝의 장단점

장 점	단 점
- 쉽게 구입할 수 있다. - 길이 15 m 이하인 경우에 경제적이다. - 재질이 균질하여 신뢰할 수 있다. - 강도가 커서 지지말뚝으로 적합하다. - 상부구조와의 연결이 용이하다.	- 말뚝이음이 어렵고, 이음이 2 개 이상일 경우에는 신뢰성이 크게 저하된다. - 중간 이상 강성을 갖는 토층 (N 치 > 30) 에서는 타입이 거의 불가능하다. - 무거워서 취급이 어렵다. - 타입시 말뚝 본체에 압축 또는 인장력이 작용하여 균열발생이 쉽고, 균열사이로 수분이 유입되어 철근부식의 우려가 있다.

b) **프리스트레스트 콘크리트말뚝** (PC **말뚝** : Prestressed Concrete pile)

PC **말뚝**은 콘크리트에 프리스트레스를 가해 만든 말뚝이며, 프리스트레스를 가하는 방법에 따라 프리텐션 방식과 포스트텐션 방식이 있다.

- **프리텐션 방식** (pretension) : 강선을 사전에 인장한 상태로 콘크리트를 타설 한 후에, 콘크리트가 경화된 후에 강선의 인장장치를 푸는 방식이다.
- **포스트텐션 방식** (posttension) : 부재에 PC 강선이 들어갈 구멍을 미리 뚫어 놓은 상태로 콘크리트를 타설하고, 콘크리트가 경화되면 구멍 속에 PC 강선이나 강봉을 넣어 인장하여 프리스트레스를 가하고 그 끝을 부재의 단부에 정착하는 방식이다.

PC 말뚝은 다음과 같은 특징이 있다.

- 균열이 잘 생기지 않아서 철근이 부식될 우려가 적고 내구성이 크다.
- 휨이 적게 발생한다.
- 타입시 인장력을 받더라도 프리스트레스가 작용하여 인장파괴 되지 않는다.
- 이음이 쉽고 신뢰성이 있으며 지지력 감소가 매우 적다.
- 길이조절이 쉽고 운반이 용이하다.

c) **고강도 프리스트레스트 콘크리트말뚝**

(PHC**말뚝** : Pretensioned Span High Strength Conerete Piles)

PHC **말뚝**은 압축강도가 80 MPa 을 초과하는 **프리텐션 방식** (pretension) 의 원심력 고강도 프리스트레스트 콘크리트말뚝이며, 고온 고압 증기양생 (Auto-Clave 양생) 에 의한 고강도 PC 말뚝 (AC **말뚝**이라고도 함) 이다. 최근에는 다른 방법으로도 (즉, 고온 고압 증기양생하지 않고도) **고강도 PC 말뚝**의 양생이 가능해졌다.

고강도이므로 내충격성이 우수하며, 종래 PC 말뚝으로 시공이 불가능했던 중간강도 지층의 관통이나 장대말뚝의 시공에 효과적이다.

통상적 PC 말뚝에 사용되는 것과 같은 재료(시멘트, PC 강)를 써서 만들며, 혼화재는 실리카분말, 고성능 감수제, 특수 혼화재 등을 사용한다. PHC 말뚝의 종류, 프리스트레스 크기, 외경, 길이는 PC 말뚝과 거의 같고 두께는 PC 말뚝보다 0~10 mm 얇다.

② 현장타설 콘크리트말뚝 (CIP 말뚝, Cast-In-Place concrete pile)

현장타설 콘크리트 말뚝은 보링하거나 워터제트 등의 방법으로 지반에 구멍을 뚫고 그 속에 콘크리트를 타설하여 만든 말뚝을 말한다(그림 11.4). 필요에 따라 강관이나 철근 등 강재로 보강할 수 있다. 일반적으로 콘크리트를 타설한 후에 케이싱(casing)이나 외관을 지반 내에 남겨두는 **유각 현장타설 콘크리트 말뚝**(cased pile)과 외관을 지반 내에 남겨두지 않는 **무각 현장타설 콘크리트 말뚝**(uncased pile)이 있다.

현장타설 콘크리트 말뚝은 표 11.7과 같은 장단점이 있다.

표 11.7 현장타설 콘크리트 말뚝의 장단점

장 점	단 점
- 운반 및 야적비용이 들지 않는다. - 지지층의 깊이에 따라 길이조절이 가능하다. - 선단부에 구근을 만들어 지지력을 크게 할 수 있다. - 운반이나 취급 중에 손상을 받을 우려가 없다. - 말뚝의 양생기간이 필요하지 않다. - 철근/강재로 강성을 크게할 수 있다.	- 케이싱 등의 타입에 의한 소음이 난다. - 인접말뚝 타입시 진동, 수압, 토압 등을 받아 소정 치수와 품질이 부족할 수 있다. - 말뚝몸체가 지반내에서 형성되므로 품질 관리상 어려움이 있다. - 중간지층이 $N > 30$ 이면 외관 타입이나 회수가 어렵다. - 케이싱이 없는 경우에 지하수 성분 때문에 콘크리트가 잘 경화되지 않을 수 있다

a) 무각 현장타설 콘크리트 말뚝 (uncased cast-in-place concrete piles)

무각 CIP 말뚝은 케이싱을 원하는 깊이까지 타입했다 콘크리트 반죽을 채우며 단계적으로 인발하고 케이싱을 지반에 남겨두지 않는 현장타설 콘크리트말뚝이다. 지반과 접촉이 우수하여 주변마찰저항이 크며, 초기비용이 적게 들고 어느 깊이든지 설치할 수 있다. 반면에 콘크리트를 급하게 타설하면 콘크리트에 공극이 생기고 공벽이 무너질 우려가 있다. 프랭키 말뚝과 페데스탈 말뚝이 가장 대표적이다.

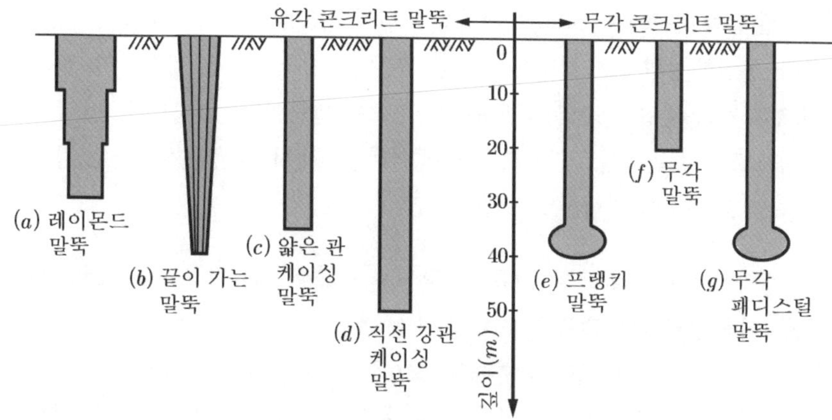

그림 11.4 현장타설 콘크리트말뚝의 형상

- **프랭키 말뚝** (Franki pile) : 콘크리트를 되게 반죽하여 강관 속에 채우고 강관 내에서 콘크리트 반죽을 드롭해머로 타격하면 콘크리트와 강관 내벽 사이의 마찰저항 때문에 강관과 콘크리트가 분리되지 않고 같이 지반에 관입된다. 계획한 지지층에 도달되면 강관을 약간 끌어올려서 지표에 고정시키고 강관 내 콘크리트 반죽에 타격을 가하여 콘크리트가 강관에서 밖으로 밀려 나와 강관선단에 구근이 형성되도록 한다. 이 같은 일을 일정한 간격마다 되풀이하면 혹 같은 돌기를 많이 가지는 말뚝이 형성되고 강관 주변지반이 압축되어서 강도가 증가된다. 강관 내에서 콘크리트 반죽만을 해머로 타격하므로 소음과 진동이 적어서 특히 도심지 시공에 적합하다 (그림 11.5).

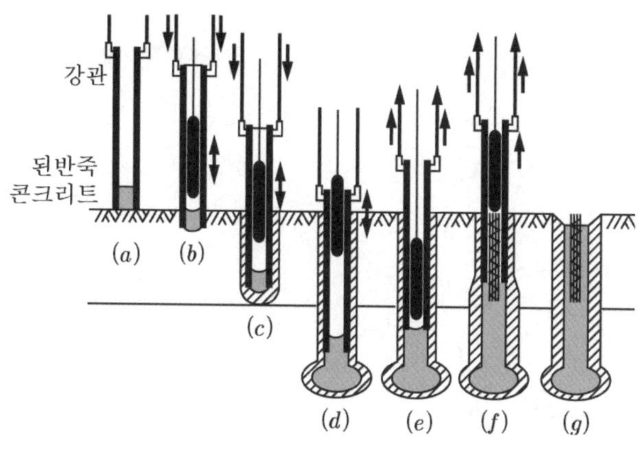

(a) 약 2m 된반죽 콘크리트 채우기
(b) 반죽을 타격
(c) 반죽의 타격으로 강관이 근입
(d) 원하는 위치에서 강관을 고정하고 반죽을 타격
(e) 콘크리트를 채우고 강관을 인발하면서 타격
(f) 철근 삽입후 콘크리트 채우기
(g) (a)~(f)를 반복하여 콘크리트 말뚝 완성

그림 11.5 프랭키 말뚝의 시공

- **페데스탈 말뚝** (pedestal pile) : 케이싱을 직접 타입하여 지지층에 도달시킨 후 프랭키 말뚝과 동일한 방법으로 선단에 구근을 만들고, 콘크리트를 타설하여 케이싱을 뽑아 올리고 다지는 일련의 작업을 반복해서 만드는 말뚝이다. 강성도가 큰 강재 케이싱을 타입하므로 기성 콘크리트 말뚝의 타입이 어려운 지반에 말뚝을 설치하는 경우나 말뚝의 이음을 피할 경우에 적합하다 (그림 11.4g).

b) **유각 현장타설 콘크리트 말뚝 (유각 CIP 말뚝, cased cast-in-place concrete pile)**

유각 현장타설 콘크리트 말뚝은 케이싱 (또는 외관) 과 내관을 동시에 타입한 후 내관만 뽑아내고 케이싱에 콘크리트를 타설하여 설치하는 말뚝이다. 케이싱은 느슨한 사질토나 연약한 점성토인 주변지반이 굴착공간 내로 유입되는 것을 막기 위해 필요하다. 비용이 적게 들고 길이연장이 용이한 장점이 있는 반면에 콘크리트 타설 후에는 이음이 곤란하고, 타입 중에 케이싱이 손상될 수 있다. 가장 대표적인 **레이몬드 말뚝** (Raymond pile) 은 내관만 뽑아 올리기 쉽고 말뚝 주변마찰저항이 크도록 약 30 : 1 의 경사로 선단을 가늘게 한다.

(4) 합성 말뚝

인장강도가 큰 강재와 압축강도가 큰 콘크리트를 합성하여, 재료의 장점을 최대로 이용하고 기능을 향상시킨 말뚝이다. **강관 합성말뚝**과 **강관 콘크리트 복합말뚝** (SC 말뚝, Steel Pipe & Concrete Composit Pile) 이 있고, 최근 SC 말뚝의 적용이 증가하고 있다.

SC 말뚝은 강관 내에 콘크리트를 투입하고 원심력으로 성형하여 제조하는 강관 콘크리트 복합말뚝이며, 압축에 강한 콘크리트와 인장에 강한 강관의 복합체이어서 다른 말뚝에 비해 압축내력과 휨내력이 매우 크다.

특히 종래의 기성 콘크리트말뚝에 비하여 휨강도와 변형능력이 크기 때문에 내휨성 말뚝으로 효과적이다. 축압축력이 큰 범위에서는 강관과 콘크리트의 복합효과가 발휘 되어서 지진 시와 같이 축력변화가 클 경우나 발생휨모멘트가 큰 기초에 적용할 수 있다.

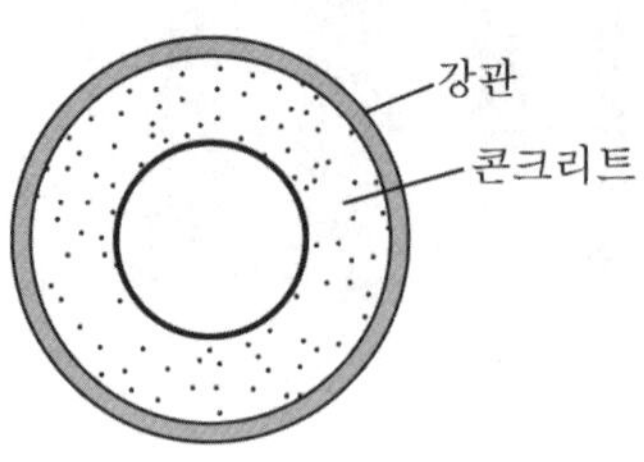

그림 11.6 SC 말뚝의 단면

콘크리트에 철근을 배근하거나 PC 강재를 설치해서 프리스트레스를 가한 것도 있고 팽창성 혼화재를 첨가하여 강관과 콘크리트를 일체화 한 것도 있다. 전체길이에 모두 사용하기 보다 휨모멘트가 큰 윗 말뚝에 사용하고 아랫 말뚝에는 PHC 말뚝을 접합해서 쓰는 경우가 일반적이다. 말뚝 외경과 두께 및 사용하는 콘크리트는 PHC 말뚝의 것과 같다. 시멘트와 골재 및 그 배합은 PHC 말뚝과 같으나 팽창성 혼화재를 사용하는 점이 다르다. 외부 강관의 부식을 고려하여 (부식대 2 mm) 설계한다. 강재 (E_s) 와 콘크리트 (E_c) 의 탄성계수의 비 ($E_s / E_c = 6$) 는 원칙적으로 6 으로 한다.

SC 말뚝은 윗 말뚝으로 많이 사용하므로 아랫 말뚝인 PHC 말뚝과 용접 이음할 때가 많다. 강관에 개구부를 설치해서 용접하거나 개구부가 설치된 이음부재를 강관에 부착하고 용접해서 잇는다.

11.2.2 말뚝의 시공

말뚝은 그 종류와 지반상태 및 상부구조물에 따라서 설치방법과 순서 및 간격을 달리하여 시공한다.

1) 말뚝의 설치

말뚝을 설치할 때에는 항타공법이 가장 보편적으로 적용되며, 최근 건설공해를 줄이기 위하여 소음과 진동이 없거나 아주 적은 압입식이나 워터제트식이 자주 사용된다.

(1) 항타공법 (pile driving with hammer)

항타공법은 말뚝을 햄머로 타격하여 지반에 관입시키는 방법이며, 에너지를 가해 무거운 햄머를 들어 올렸다가 낙하시키기 때문에 소음과 진동이 발생한다. 햄머는 드롭햄머, 증기햄머, 디젤햄머, 바이브로 햄머 등이 사용된다.

① 드롭 햄머(drop hammer)

드롭 햄머는 윈치 등으로 해머를 들어 올렸다가 말뚝상단에 자유낙하 시켜서 말뚝을 관입시키는 장비이다. 타격할 때마다 무거운 추를 들어 올리는 데 시간이 걸려서 시공능률이 나쁘므로 대규모공사에는 사용하지 않지만, 설비가 간단하므로 소규모공사에서 짧은 나무말뚝 등을 타입할 때에 이용된다. 너무 무거운 햄머를 사용하거나 낙하고를 크게 하면 윈치와 비계 등 설비가 커지며 말뚝두부의 파손이 심하고, 너무 작은 햄머를 사용하면 말뚝 상부에만 응력이 발생하여 말뚝이 지반에 관입되지 않는다. 햄머 무게는 보통 말뚝 무게의 3 배 정도로 한다.

② **증기 햄머**(steam hammer)

증기햄머는 증기압을 이용하여 램을 들어 올렸다가 낙하시켜 말뚝을 타입하는 장비이며 실린더, 피스톤, 램 및 자동 증기조종간으로 구성되고, 단동식과 복동식이 있다.

단동식 증기햄머는 피스톤 하부에 증기압이 작용하여 피스톤과 램을 들어 올리고, 다 올라가면 하부증기를 배출시켜서 피스톤과 램을 자중으로 자유낙하시키는 장치이다.

복동식 증기햄머는 램을 들어 올렸던 하부증기를 배출하여 램을 낙하시키고 동시에 새로운 증기를 피스톤 상부에 가하여 피스톤과 램의 낙하를 가속시키는 장치이다. 타격에너지는 램의 낙하 에너지와 증기압력의 합이다.

증기 햄머는 다음과 같은 특성이 있다.

- 단위 시간당 타격수가 많아서 드롭햄머보다 시공능률이 좋다.
- 말뚝 축에 대한 타격이 확실하므로 말뚝의 상단이 적게 파손된다.
- 연속 타격하므로 소음이 많이 나며, 단동식보다 복동식의 소음이 더 크다.
- 소요 시공장비가 커서 소규모현장에서는 부적합하며 긴 말뚝의 타입에 적합하다.

③ **디젤 햄머**(diesel hammer)

디젤햄머는 디젤기관을 사용하여 폭발력으로 램을 밀어 올렸다가 낙하시켜서 말뚝을 타입하는 장치이며, 최근에 가장 많이 사용되는 항타기이다. 램의 낙하시에도 연소폭발시켜서 말뚝에 반력을 가하므로 타격에너지는 램의 낙하에너지와 연소폭발압력의 합이 된다. 연료의 소비량이 적고, 보조 장비가 불필요하며, 경사말뚝 타입에 효율적이다. 중간이상 단단한 지반에 적합하고, 아주 연약한 지반에서는 저항이 적어 연소점화가 어려울 수 있다. 디젤 햄머는 제작사마다 여러 가지 모델들이 있고 제원과 작업능률이 각기 다르므로 현장에 잘 맞는 것을 선택해야 한다.

④ **바이브로 햄머**(vibro hammer)

바이브로 햄머는 진동을 일으키는 기진기를 말뚝상단에 설치하여 말뚝을 종방향으로 강제 진동시켜서 지반에 관입시키는 장치이며 (그림 11.7), 그 능률은 진동수와 진폭에 따라 다르다. 기진력과 자중을 일정하게 하여 진동수를 변화시키면 말뚝의 관입속도가 최대가 되는 특정한 진동수, 즉, 최적 진동수를 구할 수 있다. 포화 조립토 (지반에 말뚝을 설치할 때) 나 쉬트 파일 관입에 효과적이다.

바이브로 햄머는 표 11.8 과 같은 장단점이 있다.

표 11.8 바이브로햄머의 장단점

장 점	단 점
- 말뚝을 능률적으로 타입하고 인발할 수 있다. 특히 인발이 쉬우며 이는 다른 공법에서 볼 수 없는 장점이다. - 주위에 대한 진동의 영향이 다른 공법 보다 적다. - 말뚝 상부가 손상되지 않는다.	- 장애물을 관통하지 못할 수 있다. - 큰 설비가 필요하다. - 진동기-말뚝의 일체화 특수 캡이 필요하다. - 타입시보다 지지력이 작을 수 있다(점토). - 관입속도에 근거하여 극한지지력을 결정할 수 있는 일반적인 방법이 없다.

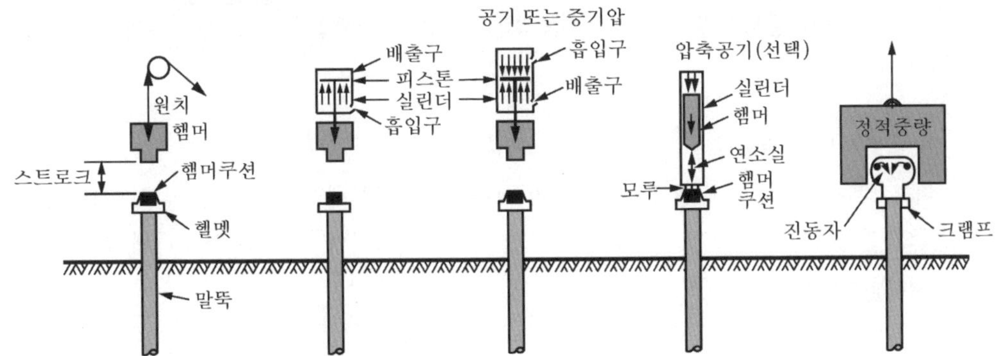

그림 11.7 말뚝 항타장비

(2) **압입공법** (pile jacking method)

압입공법은 **반력하중**(counter weight)을 가하고 오일 잭(oil jack)으로 말뚝을 지반내로 압입시키는 공법이다. 말뚝의 주변이나 선단부 지반을 교란시키지는 않으나, 압입 시에 말뚝 주변에 마찰저항이 작용하므로 이로 인한 압입저항이 크다. 압입기계의 자중은 반력하중이 된다(그림 11.8). $N = 30$ 정도 지반까지는 압입이 가능하며, 압입이 불가능한 지층에서는 **스크류 오거**(screw auger) 또는 **워터 제트**(water jet) 등을 병행 시공한다.

말뚝 압입공법은 표 11.9와 같은 장단점이 있다

표 11.9 말뚝 압입공법의 장단점

장 점	단 점
- 무소음/무진동이다. - 말뚝이 손상되지 않는다. - 오일 잭에 측정기를 설치하여 지층 심도별 압입저항을 알 수 있다.	- 압입시 매우 큰 반력하중이 필요하며 압입기계도 커서 기계의 해체와 운반 및 조립에 많은 시간이 필요하다.

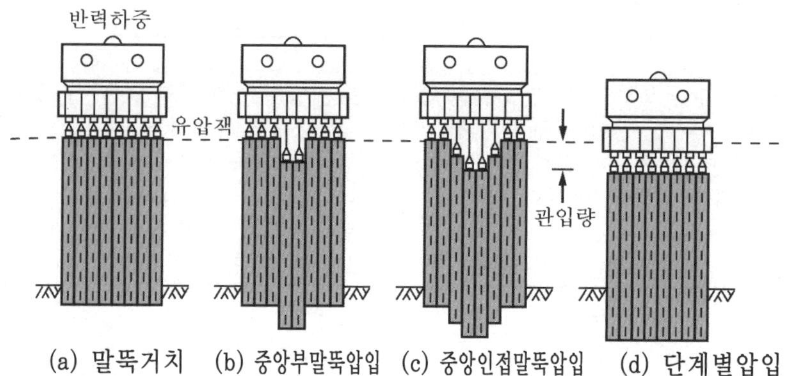

(a) 말뚝거치 (b) 중앙부말뚝압입 (c) 중앙인접말뚝압입 (d) 단계별압입

그림 11.8 말뚝의 압입 시공순서

(3) 워터제트식 관입공법

워터제트식 (water jet) **말뚝관입공법**은 기성말뚝 선단부에서 압력수를 분출시켜 (jetting) 말뚝의 관입저항을 감소시키면서 말뚝을 설치하는 공법이며, 햄머와 병용하면 효과적이다. 점성토에서는 함수비가 변하여 지지력이 떨어지므로 적합하지 않다.

2) 말뚝의 시공순서

다수의 말뚝을 타입할 때 **말뚝의 시공순서**는 시공 난이도, 말뚝기초의 성능, 공정의 속도 등에 큰 영향을 미친다. 중앙부 보다 주변말뚝을 먼저 타입하면 중앙부 지반이 다져져서 후에 말뚝의 타입이 곤란해지지만, 중앙부에서 시작하여 외측으로 차례로 말뚝을 타입하면 주변 지반이 잘 다져지지 않으므로 말뚝을 정확히 타입 할 수 있다 (그림 11.9a).

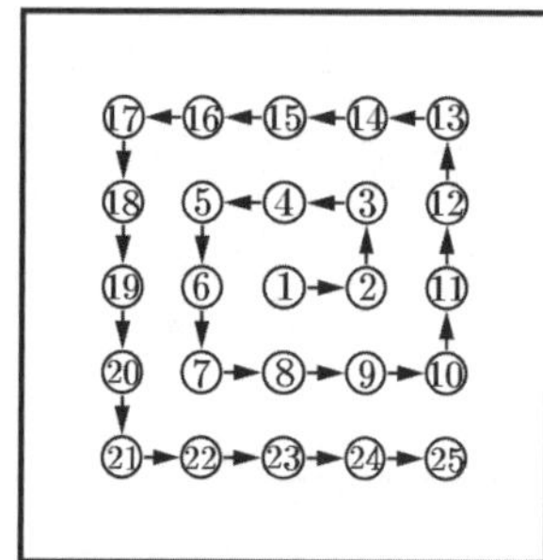

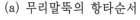

(a) 무리말뚝의 항타순서

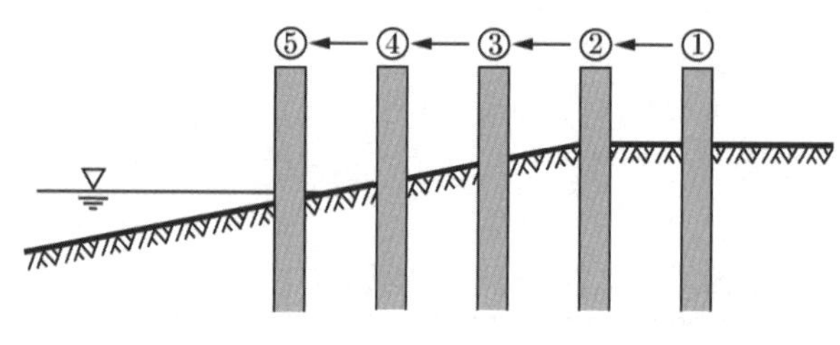

(b) 해안 등 경사지에서 말뚝의 항타순서

그림 11.9 말뚝의 항타순서

잔교나 부두공사에서처럼 경사진 지표에 말뚝을 타입할 때는 낮은 쪽에서 시작하면 말뚝을 타입할 때마다 지반이 낮은 쪽으로 밀려서 먼저 설치한 말뚝이 큰 횡력을 받아 기울어지거나 꺾어지므로, 높은 쪽부터 타입하기 시작하여 낮은 쪽으로 진행한다(그림 11.9b).

3) 말뚝의 시공간격

말뚝의 시공간격은 말뚝의 종류와 지반상태 및 상부구조물에 따라 다르다. 일반적으로 직경의 2.5 배(직사각형 말뚝은 대각선 길이의 1.75 배) 이상 간격으로 설치하며, 간격이 너무 크면(4D 이상) 비경제적이다.

말뚝의 적당한 시공간격은 표 11.10 및 그림 11.10 과 같다.

표 11.10 말뚝의 시공간격

말뚝의 종류	말뚝간격
암반 위의 선단지지말뚝	2.5d
연약한 점토를 관통하여 모래층에 설치한 선단지지말뚝	2.5d
비압축성 층을 관통하여 조밀한 모래층에 설치한 선단지지말뚝	3d
느슨한 모래층에 설치한 마찰말뚝	3d
굳은 점토층에 설치한 마찰말뚝	3~3.5d
연약 점토층에 설치한 마찰말뚝	3~3.5d
나무말뚝	2.5d 및 60 cm 이상
기성 콘크리트 말뚝	2.5d 및 75 cm 이상
현장 콘크리트 말뚝	2.5d 및 90 cm 이상
강말뚝	2.5d 및 90 cm 이상

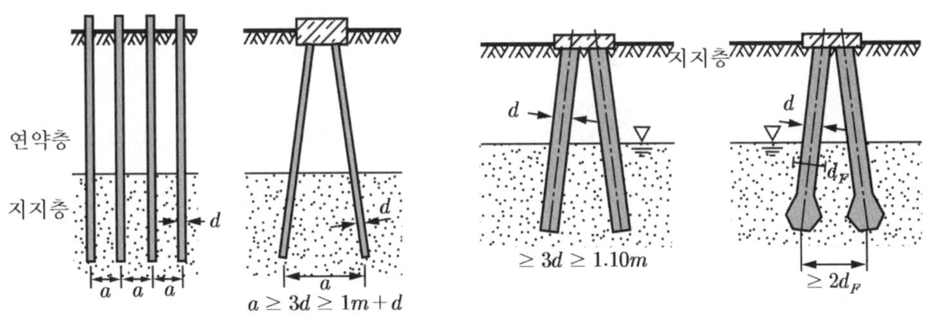

(a) 타입말뚝 (b) 현장타설 말뚝

그림 11.10 말뚝의 시공간격(DIN 4026)

11.3 단일말뚝의 거동

말뚝은 작용하중에 대해서 내적지지력과 외적지지력이 충분히 커야 하며, **선단저항력**과 **주변 마찰저항력**으로 외력에 저항한다. 말뚝을 타입하면 주변 지반이 다져지므로 주변 마찰저항이 크고 (**배토 말뚝**), 천공 후에 삽입하면 주변지반의 응력이 거의 변하지 않아서 주변 마찰저항이 작고 주로 선단저항력으로 지지한다 (**비배토 말뚝**).

말뚝은 **지지거동** (11.3.1 절) 을 정확히 이해한 후 정역학적 공식이나 동역학적공식으로 계산하거나 재하시험을 통하여 **극한지지력** (11.3.2 절) 을 구하며, 극한지지력을 안전율로 나누어서 **허용지지력** (11.3.3 절) 을 결정하고 **침하** (11.3.4 절) 를 검토하여 설계한다. 연약한 점성토에서는 **부마찰력** (11.3.5 절) 의 작용여부를 판단하여 설계에 반영한다.

11.3.1 말뚝의 지지거동

말뚝은 작용하는 하중을 내적 지지력과 외적 지지력으로 지지하며, 강성이 충분한 재료로 된 말뚝을 사용하는 경우에는 **내적 지지력**은 문제가 없는 것으로 간주한다. 이때에는 외적 지지력만 검토하며, **외적 지지력**은 **선단 지지력**과 **주변 마찰 저항력**을 합한 크기이다.

말뚝의 하중 - 침하 거동은 말뚝종류에 따라서 다르다. 즉, **말뚝의 극한 지지력**은 마찰말뚝에서는 작은 침하에서 도달되고, 선단지지 말뚝에서는 침하가 어느 정도 일어난 후에 도달되며, 보통말뚝은 그 중간 형태를 나타낸다.

1) 말뚝의 내적지지력과 외적지지력

말뚝이 그 기능을 발휘하기 위해서는 가해진 하중에 의해 파손되지 말아야 하고 (**내적 지지력**), 주변지반의 강도가 충분히 커서 큰 침하가 일어나지 않고도 말뚝이 하중을 지지할 수가 있어야 한다 (**외적 지지력**).

말뚝의 내적 지지력 (internal bearing capacity of pile) 은 지반상태와 무관하고 말뚝재료의 강도특성에 의해서 결정된다. 따라서 작용하중에 따라 적합한 단면과 형상을 정하면 되므로 지반공학적으로 문제가 되지 않는다.

반면 **말뚝의 외적 지지력** (external bearing capacity of pile) 은 말뚝재료의 특성과 무관하게 말뚝과 지반의 상호거동에 의해 결정되므로 정하기가 어렵다. 따라서 지반공학에서 말뚝의 지지력은 곧, 말뚝의 외적 지지력을 의미한다.

2) 마찰말뚝과 선단지지말뚝

말뚝에 가해진 하중 Q 는 말뚝표면의 **주변마찰저항력** $\boldsymbol{Q_m}$ (side frictional resistance) 과 말뚝 선단의 **선단저항력** $\boldsymbol{Q_s}$ (end bearing resistance) 에 의해 지지된다.

$$Q = Q_m + Q_s \tag{11.1}$$

주변마찰력과 선단지지력이 각각 분담하는 몫은 지반의 종류와 구성상태, 작용하중의 크기 (그림 11.11), 말뚝의 종류와 설치방법 및 근입깊이 등에 따라 결정된다 (표 11.11).

말뚝이 외부하중을 주변마찰저항 위주로 지지하면 **마찰말뚝** (friction pile) 이고 (Chellis, 1948), 주로 선단저항으로 지지하면 **선단지지말뚝** (end bearing pile) 이다. 동일 말뚝이라도 작용하중이 작을 때는 선단까지 전달되는 축력이 작기 때문에 마찰말뚝으로 거동하고 하중이 커지면 선단저항이 차지하는 비율이 커져서 선단지지말뚝으로 거동한다 (그림 11.11).

말뚝선단의 위치가 지지력이 큰 암반이나 조밀한 모래 또는 자갈층 위에 있으면 선단지지말뚝으로 간주하고, 선단에 있는 지반이 충분한 지지력이 없는 경우에는 마찰말뚝으로 간주한다. 그런데 마찰말뚝의 지지거동 및 침하는 정확하게 예측하기가 어려우므로 마찰말뚝은 지지층이 매우 깊더라도 구조물이 비교적 가볍거나 허용 침하량이 크거나 침하에 대한 별다른 대책이 필요 없는 경우에 한하여 적용한다. 말뚝의 선단이 느슨한 모래층이나 점성토에 위치하여 선단지지력을 기대하지 못한 때를 마찰말뚝으로 구별하기도 한다.

지지층이 너무 깊지 않은 경우 (25 m이하) 에는 나무말뚝이나 철근콘크리트 말뚝 등을 선단지지 말뚝으로 사용하지만, 지지층이 깊은 경우 (25 m 이상) 에는 대체로 현장타설 콘크리트 말뚝, 강말뚝, 피어, 케이슨 등을 사용한다.

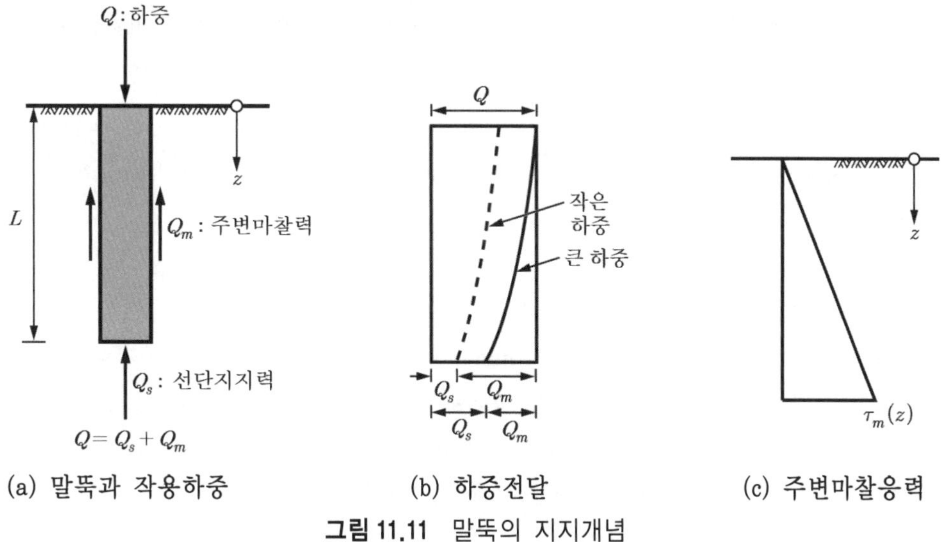

(a) 말뚝과 작용하중 (b) 하중전달 (c) 주변마찰응력

그림 11.11 말뚝의 지지개념

표 11.11 선단지지응력과 평균주변마찰응력 (Franke, 1982)

지반의 종류	지지층내 관입깊이[4] (m)	평균 주변마찰응력 τ_m $[kPa]$				선단지지응력 σ_s $[kPa]$			
		나무 말뚝	철근 콘크리트 말뚝	원형강관, 박스형 개관말뚝	I 형강 말뚝	나무 말뚝	철근콘크리트 말뚝	원형강관[1], 박스형 개관말뚝[2)*]	I 형강[3] 말뚝
사질토	0~5	20~45	20~45	20~35	20~30	2.0~3.5	2.0~5.0	1.5~4.0	1.5~3.0
	5~10	40~65	40~65	35~55	30~50	3.0~7.5	3.5~6.5	3.0~6.0	2.5~5.0
	〉10		60	50~75	40~75	3.0~7.5	4.0~8.0	3.5~7.5	3.0~6.0
점성토	0.5〈Ic〈0.75	5~20				-			
	0.75〈Ic〈1.0	20~45				0~2			
이회토 (반고체 고체)	0~5		50~80	40~70	30~50		2~6	1.5~5	1.5~4.0
	5~10		80~100	60~90	40~70		5~9	4~9	3.0~7.5
	〉 10		80~100	80~100	50~80		8~10	8~10	6.0~9.0

1) : 선단폐쇄 강박스말뚝은 철근콘크리트말뚝 참조

2) : $\phi \le 500$ mm 인 강관이나 한변길이 ≤ 500 mm 인 박스형 말뚝

3) : 플랜지폭 〈 350 mm 인 I 형강, 더 큰 O 형강에서 날개보강

4) : τ_{mf} 에 대해서는 근입깊이. σ_{sf} 에 대해서는 지지층 내 근입깊이(DIN 4026)

3) 배토말뚝과 비배토말뚝

콘크리트말뚝이나 끝이 막힌 강관말뚝 (**폐단말뚝**) 을 타입하면 주변지반이 횡방향으로 이동되어 지반이 다져지는데 이러한 말뚝을 **배토 말뚝** (displacement pile) 이라 하고, 주변마찰저항이 크다. H 형강이나 끝이 열린 강관말뚝 (**개관말뚝**) 은 타입할 때에 주변지반의 횡방향 이동이 적어서 지반이 약간만 다져지므로 **소배토 말뚝** (low displacement pile)이라 한다.

반면에 천공말뚝 (bored pile) 은 말뚝을 설치하더라도 주변지반의 응력이 거의 변하지 않으므로 **비배토 말뚝** (nondisplacement pile) 이라고 하며, 주변마찰저항이 작고 주로 선단저항력으로 지지한다.

4) 말뚝의 하중-침하거동과 극한 지지력

말뚝의 하중 - 침하 거동 (load - settlement behavior) 은 그림 11.12 과 같이 말뚝종류에 따라 다르다. 마찰말뚝에서는 작은 침하에서 극한 지지력에 도달되고, 선단지지말뚝은 어느 정도 침하가 일어난 후에 극한 지지력에 도달되며, 주변마찰력과 선단지지력을 모두 이용하는 보통말뚝에서는 그 중간 형태를 나타낸다.

말뚝의 주변 마찰저항력은 말뚝의 길이와 직경과 거의 무관하게 흙의 강도정수에 따라 5~10 mm 정도 작은 변위에서 최대가 되지만, **선단지지력**은 타입말뚝에서는 직경의 10 %, 천공말뚝에서는 직경의 30 % 정도의 변위에서 최대치가 된다. 따라서 말뚝의 극한지지력은 선단지지력이 극한치에 도달될 만큼 큰 침하가 일어난 후에 도달된다.

만일 안전율을 동일하게 적용하면 주변마찰은 극한치에 도달될 수가 있으나 선단지지력은 일부만 동원될 수 있다. 따라서 선단지지력과 주변마찰에 대해서 안전율을 다르게 적용하여 동일한 침하에 대한 허용지지력을 구하는 경우도 있다.

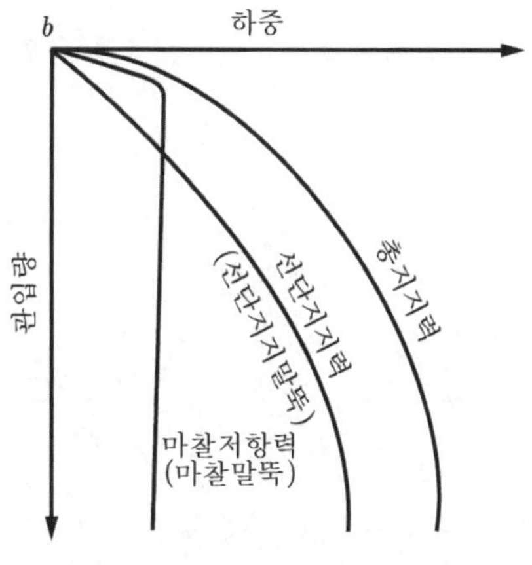

그림 11.12 말뚝의 하중 - 침하거동

말뚝의 극한지지력은 대개 다음 방법으로 구한다. 말뚝의 정확한 극한지지력은 실제규모의 말뚝재하시험에 의하여 구할 수 있지만 이에는 상당한 시일과 비용이 소요된다.

① 흙의 전단강도를 고려한 정역학적 공식
② 말뚝의 동적관입저항성을 고려한 동역학적 공식
③ 실제규모의 말뚝 재하시험
④ 현장경험 및 현장시험

말뚝의 지지력을 수치해석적으로 구하고자 하는 시도가 많이 이루어져 왔으나 말뚝과 지반의 상호거동에 대한 지식이 아직 만족할 만한 수준이 아니므로 항상 검증이 필요하다. 이것은 말뚝을 설치하는 사이에 주변지반이 교란되어 수평토압이 정지토압보다 커지거나 작아질 수 있고, 선단부 응력이 커서 주변지반의 물성이 달라질 수 있고, 말뚝의 재하로 인해 선단응력 σ_s 와 주변마찰력 τ_m 의 활용도 (degree of mobilization) 가 달라지기 때문이다.

5) 말뚝에 의한 주변지반의 연직응력

말뚝에 하중이 가해지면 말뚝의 선단저항력 Q_s 와 주변마찰저항력 τ_m 에 의해 주변지반 내 연직응력이 다음 크기로 증가하며 말뚝 주변지반의 연직응력증가량 $\Delta\sigma_z$ 는 이들의 합이다.

$$\Delta\sigma_z = \Delta\sigma_{zs} + \Delta\sigma_{zm}$$

$$\Delta\sigma_{zs} = \frac{Q_s}{D^2} I_s$$

$$\Delta\sigma_{zm} = \frac{Q_m}{D^2} I_m \qquad (11.2)$$

여기에서 I_s 와 I_m 은 각각 선단저항력과 주변마찰력에 의한 **연직응력증가 영향계수**이다 (그림 11.13).

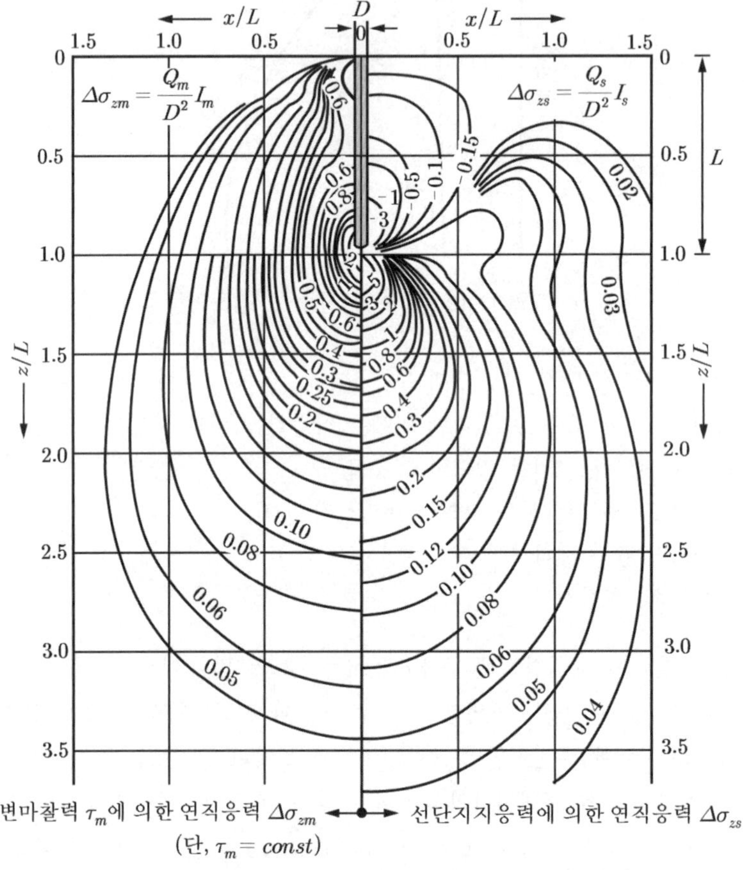

그림 11.13 말뚝주변지반내 연직응력분포 (Grrillo, 1948)

11.3.2 말뚝의 극한지지력

말뚝의 극한 지지력은 정역학적 공식이나 동역학적 공식으로 계산하거나 재하시험 등을 통하여 구한다.

1) 정역학 공식에 의한 말뚝의 극한지지력

말뚝에 작용하는 힘의 정역학적 극한 평형식으로부터 말뚝의 극한지지력을 구하는 식을 **정역학적 극한지지력 공식** (ultimate bearing capacity formula) 이라 하며, 토압론, 얕은 기초이론 (Terzaghi 식), 깊은 기초이론 (Meyerhof 식), 표준관입시험 (Meyerhof 식) 등을 바탕으로 하여 여러 가지 식이 제안되어 있다.

말뚝이 지지할 수 있는 **극한하중 Q_u** 는 말뚝선단의 지지력 Q_s 와 말뚝표면의 마찰저항력 Q_m 의 합이며, W_p 는 말뚝의 무게이다.

$$Q_u + W_p = Q_m + Q_s \tag{11.3}$$

선단지지력 Q_s 는 얕은기초의 지지력 공식으로부터 비교적 간단히 구할 수 있다. 반면에 **주변마찰력 Q_m** 은 말뚝의 크기와 종류, 작용하중, 토질, 지반의 성층상태, 시공방법 및 시간경과에 따라 변하기 때문에 정확히 구하기가 대단히 어렵다. 정역학적 지지력공식은 말뚝설계의 예비적 검토와 시험말뚝의 길이 결정 그리고 재하시험을 수행하지 않고 항타 공식으로 구한 극한지지력을 검토할 때 등에 이용한다.

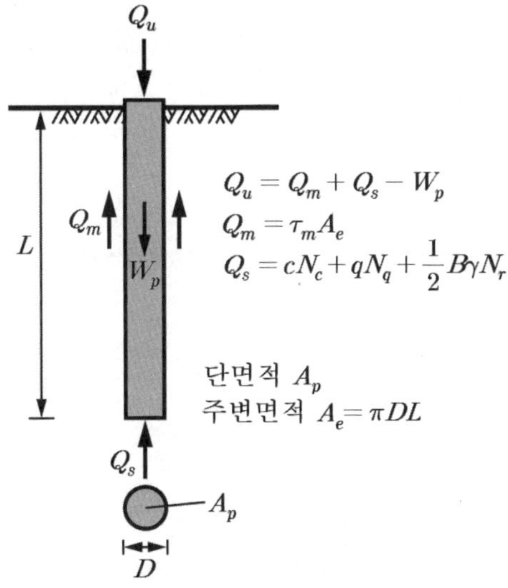

그림 11.14 말뚝의 주변마찰저항과 선단지지

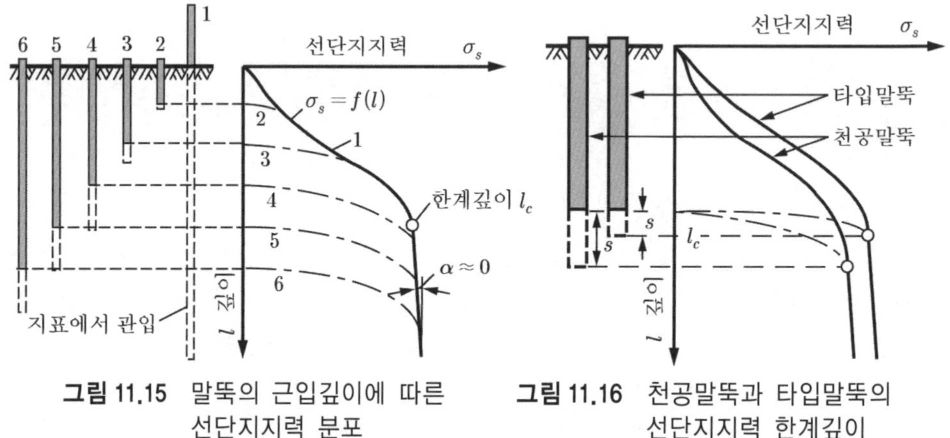

그림 11.15 말뚝의 근입깊이에 따른 선단지지력 분포

그림 11.16 천공말뚝과 타입말뚝의 선단지지력 한계깊이

(1) **말뚝의 선단지지력** (end bearing capacity of a pile)

말뚝의 선단지지력 Q_s 는 말뚝 선단 하부지반의 파괴거동이 얕은기초 하부지반의 파괴거동과 유사하다고 가정하고 얕은기초 지지력공식을 적용하여 구한다.

균질한 모래에서 실시한 말뚝의 지지력 실험 (Vesic, 1967) 에서 선단지지력은 처음에는 관입깊이에 정비례하여 증가하지만 말뚝관입깊이가 어느 한계를 초과하면 (선단지지력은 물론 주변마찰력도) 더 이상은 커지지 않고 일정한 값을 유지한다. 따라서 근입깊이에 따른 **말뚝의 선단지지력 - 침하관계**는 그림 11.15 와 같다. 여기에서 말뚝 1 은 지표에서부터 근입시킨 경우이며 일정한 깊이 (한계깊이, 말뚝 4) 부터는 더 이상 증가하지 않고 일정한 값을 유지하는 것을 알 수 있다. 이를 **한계깊이** l_c 라고 하고 천공말뚝이나 타입말뚝에서 유사하다 (그림 11.16). Vesic 은 이를 아칭현상 (그림 11.17) 에 기인한다고 생각하였다. **덮개압력**도 어느 깊이부터 일정하다 가정하고 계산하면 결과가 실제에 근접한다. **한계깊이**는 Poulos/ Davis (1974, 1980) 나 Meyerhof (1976) 의 방법으로 구할 수 있다.

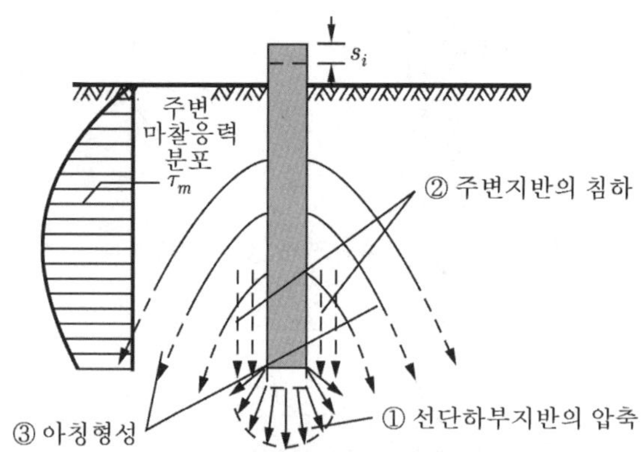

그림 11.17 말뚝주변의 아칭 (Franke, 1982)

말뚝의 선단지지력은 주로 Terzaghi 나 Vesic 또는 Meyerhof 의 얕은 기초 지지력공식을 적용해서 계산한다.

① Terzaghi 방법

그림 11.18 은 말뚝의 선단지지력 계산에 적용하는 파괴메커니즘이며, 말뚝의 선단보다 상부에 위치한 지반에서 그 전단강도는 무시하고 자중을 상재하중으로 취급한다.

말뚝의 선단지지력 Q_s 는 Terzaghi **의 얕은기초 지지력공식**을 적용하여 구할 수 있다.

$$Q_s = \{\alpha c \; N_c + \gamma_1 L \, N_q + \beta \gamma_2 D N_\gamma\} \, A_p \tag{11.4}$$

여기에서, c, γ, ϕ : 지반의 토질정수

D, A_p, L : 말뚝의 직경 (폭) , 단면적, 길이

α, β : 단면형상계수 (원형 : $\alpha = 1.3$, $\beta = 0.3$, 정사각형 : $\alpha = 1.3$, $\beta = 0.4$)

N_c, N_q, N_γ : 얕은기초의 지지력 계수 (표 10.3)

긴 말뚝에서는 길이에 비해 폭이 매우 작으므로 기초 폭의 영향 (위 식의 3 항) 은 무시하고 선단지지력을 계산해도 큰 차이가 나지 않는다.

$$Q_s = q_u A_p = \{\alpha c N_c + \gamma_1 L N_q\} \, A_p \tag{11.5}$$

그런데 얕은 기초에 대한 **Terzaghi 지지력이론의 지지력계수** N_c, N_q, N_γ 는 과소평가되어 있기 때문에 말뚝 선단이 얕은 경우 (짧은 말뚝) 나 표준관입 저항치가 $N \leq 30$ 인 경우에 적용된다.

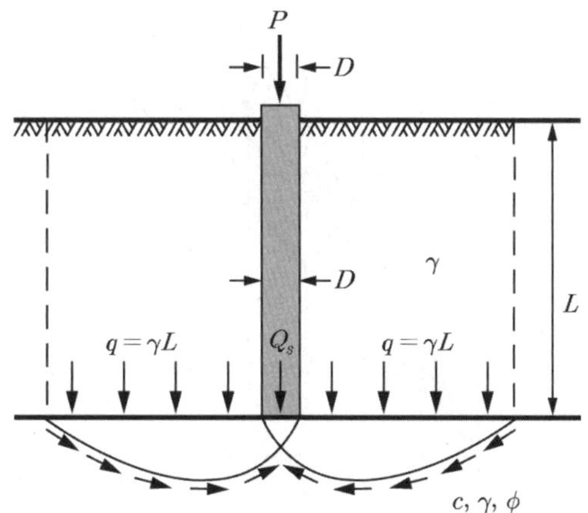

그림 11.18 말뚝의 선단지지개념

② Vesic 방법

Vesic (1977) 은 **공동팽창이론** (expansion of cavity) 을 적용하여 말뚝의 선단지지력을 계산하였다.

$$Q_s = q_s A_p = (cN_c + \sigma_0{}' N_q) A_p \tag{11.6}$$

여기에서 $\sigma_0{}'$ 는 말뚝선단의 평균유효응력 즉, 3 축방향 수직응력 ($\sigma_z = q'$, $\sigma_x = K_0 q'$, $\sigma_y = K_0 q'$) 의 평균값이며, 정지토압계수 K_0 와 토피하중 $q' = \gamma L$ 로부터 계산한다.

$$\sigma_0{}' = \frac{1 + 2K_0}{3} q' \tag{11.7}$$

지지력계수 N_c 는 N_q 로부터 다음 식으로 계산할 수 있다.

$$N_c = (N_q - 1)\cot\phi \tag{11.8}$$

지지력계수 N_q 는 지반의 **감소강성지수** I_{rr} (reduced rigidity index) 와 내부마찰각 ϕ 로부터 결정된다 (그림 11.19).

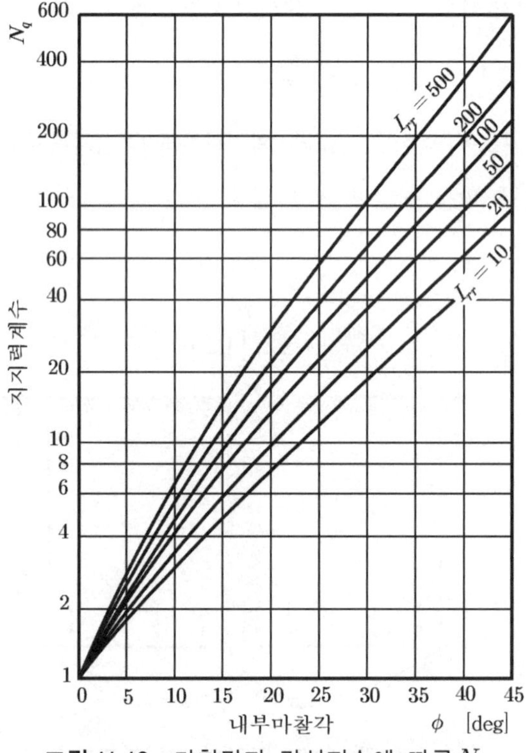

그림 11.19 마찰각과 강성지수에 따른 N_q

감소강성지수 I_{rr} 은 **강성지수 I_r** (rigidity index) 과 말뚝선단아래 소성영역의 평균 체적변형률 Δ 로부터 계산하며,

$$I_{rr} = \frac{I_r}{1 + I_r \Delta} \tag{11.9}$$

강성지수 I_r 은 지반의 탄성계수 E 와 Poisson 비 ν 및 전단탄성계수 G 로부터,

$$I_r = \frac{E}{2(1+\nu)(c + q'\tan\phi)} = \frac{G}{c + q'\tan\phi} \tag{11.10}$$

이며, 지반에 따라 다음 값을 갖는다.

I_r = 70 ~ 150 : 모래

50 ~ 100 : 실트 및 점토 (배수상태)

100 ~ 200 : 점토 (비배수상태)

조밀한 모래나 포화점토는 등체적 변형거동하므로 ($\Delta = 0$), 식 (11.9) 에서 감소강성 지수 I_{rr} 과 강성지수 I_r 이 같아진다.

$$I_r = I_{rr} \tag{11.11}$$

비배수상태의 점토 ($\phi = 0$)에서 지지력계수 N_c 는 다음과 같다.

$$N_c = \frac{4}{3}(\ln I_{rr} + 1) + \frac{\pi}{2} + 1 \tag{11.12}$$

③ Meyerhof 방법

Meyerhof 의 말뚝선단지지력공식은 모래에 설치한 깊은기초의 지지력에 대한 것이지만, 점토에도 적용할 수 있도록 개선되어서 실무에 자주 적용된다. 점착력이 없는 ($c = 0$) 사질토에서 얕은 기초 지지력공식은 식 (11.4) 에서 둘째 항만 남는다.

$$Q_s = \gamma_1 L N_q A_p = q' N_q A_p \tag{11.13}$$

이 식에서 지지력계수 N_q 는 Meyerhof (1976) 가 제안한 것을 많이 적용하고 있다.

말뚝은 대개 타입하거나 (driven pile) 천공하여 (bored pile) 설치하므로 설치 전과 설치 후에 전단 저항각이 변한다. 말뚝을 타입설치하면 주변의 모래가 더 조밀해지고, 천공 후 설치하면 반대로 느슨해진다. 따라서 지지력계수를 구할 때는 말뚝 설치 전의 내부마찰각 ϕ_0' 을 다음 같이 수정하여 (전단저항각 ϕ) 그림 11.20a 와 같이 적용한다.

$$\begin{aligned} \phi &= (\phi_0' + 40^\circ)/2 && \text{(타입말뚝)} \\ &= (\phi_0' - 3) && \text{(천공말뚝)} \end{aligned} \tag{11.14}$$

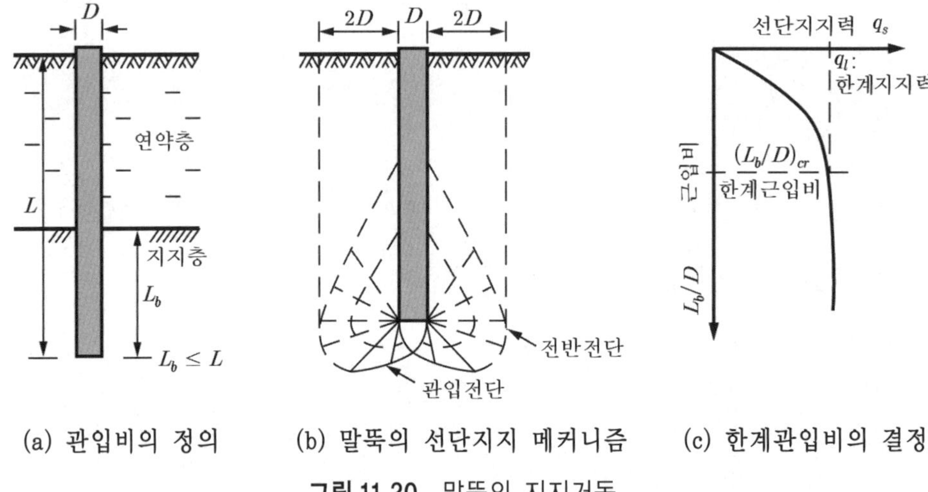

(a) **관입비의 정의** (b) **말뚝의 선단지지 메커니즘** (c) **한계관입비의 결정**

그림 11.20 말뚝의 지지거동

Meyerhof는 말뚝 선단주변의 지지층에 의해 선단지지력이 결정된다고 판단하여 말뚝의 지지층 관입길이 L_b를 말뚝의 폭 D로 나눈 **말뚝 관입비 L_b/D** (penetration ratio)를 정의하였다. 즉, 균질한 지반에 설치한 말뚝에서 지지층 관입길이 L_b는 말뚝의 실제 관입길이 L과 같고 (즉, $L_b = L$), 그림 11.20a와 같이 상부의 연약층을 관통하여 지지층에 관입된 말뚝에서 지지층관입길이 L_b는 실제관입길이 L보다 작다 (즉, $L_b < L$).

말뚝은 선단주변의 지지층에 의해 지지되므로 선단지지력은 관입비가 증가할수록 증가하다가 **한계관입비 $(L_b/D)_{cr}$** 보다 더 깊어지면 일정한 크기 즉, **한계 지지력 q_l**를 유지한다 (그림 11.20c).

그림 11.21에서 점선은 점토에 대한 한계 관입비와 지지력계수 N_c를 나타내고, 실선은 모래에 대한 한계관입비와 지지력계수 N_q를 나타낸다.

말뚝의 선단지지력 q_s는 관입비가 한계관입비보다 작으면 [즉, $(L_b/D) < (L_b/D)_{cr}$]

$$q_s = q' N_q \tag{11.15}$$

이고, 관입비가 한계관입비보다 크면 [즉, $(L_b/D) > (L_b/D)_{cr}$]

$$q_s = q_l = 5 N_q \tan\phi \tag{11.16}$$

이며, 이 값은 **한계 지지력 q_l** 즉, 선단지지력의 한계치를 나타낸다.

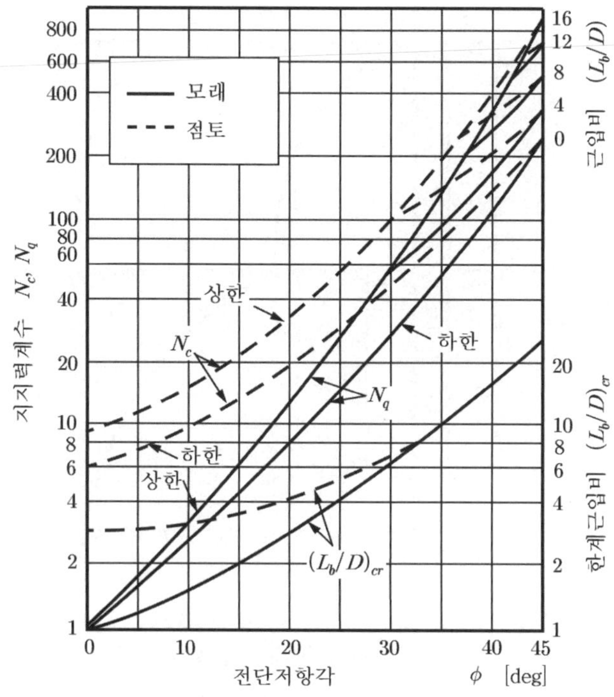

그림 11.21 Meyerhof 의 지지력 계수 (Meyerhof, 1976)

지지력계수 N_c 와 N_q 는 지지층의 전단저항각 ϕ 에 의해 결정되며 관입비 L_b/D 에 따라 증가하고, 관입비가 한계관입비의 절반 $[L_b/D = 0.5\,(L_b/D)_{cr}]$ 일 때 최대가 된다. 따라서 말뚝길이가 한계관입길이 l_c 의 절반보다 크면 $(L > 0.5l_c)$ 지지력계수 상한값을 적용하고, 작으면 $(L < 0.5l_c)$ 상한과 하한에 대해 보간법으로 지지력계수를 정한다. 그림 11.21 에서 지지력계수 상한선은 $\phi > 30^o$에서 관입비에 의존한다. 실무에서는 관입비를 한계관입비의 절반 보다 크게 $[L_b/D > 0.5(L_b/D)_{cr}]$ 설계하므로, 지지력계수는 최대 값을 적용한다.

그림 11.22 와 같이 느슨한 모래층을 관통하여 조밀한 모래층 (지지층) 에 설치된 말뚝의 선단지지력 q_s 는 말뚝의 지지층 관입길이 L_b 에 따라 다음과 같고, 그 한계치는 지지층 (조밀한 모래층) 의 극한선단지지력 q_{l2} 이다.

$$q_s = q_{l1} + (q_{l2} - q_{l1})\frac{L_b}{mD} \le q_{l2} \tag{11.17}$$

위 식에서 q_{l1} 은 상부에 위치한 느슨한 모래층의 극한선단지지력이고, 지지층에서는 선단지지력이 깊이 mD 까지 선형적으로 증가하고 깊이 mD 에서 극한선단지지력 q_{l2} 가 된다고 가정한다. 극한선단지지력 q_{l1} 과 q_{l2} 는 식 (11.16) 으로부터 구한다.

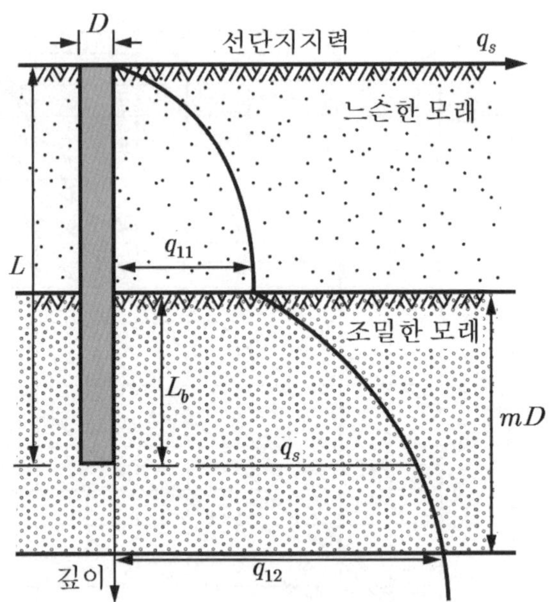

그림 11.22 느슨한 모래층을 관통하여 조밀한 모래층에 설치한 말뚝의 선단지지력

Meyerhof (1956) 는 현장 관측결과로부터 **균질한 사질토의 극한 선단저항력 q_u** 를 말뚝선단부 (선단상부 10 D 에서 선단하부 4 D 까지) 의 **평균 표준관입저항치 N** 으로부터 다음과 같이 구하였다 (Das, 1984).

$$q_u = 40N\frac{L}{D} \le 400N \quad (\mathrm{kN/m}) \tag{11.18}$$

④ **점토의 선단지지력**

지반이 점착력과 내부마찰각을 모두 가질 때에는 지지력계수 N_c 와 N_q 는 사질토일 경우와 같은 방법으로 구한다.

점토에서는 $\phi = 0$ 이므로 Terzaghi 의 얕은 기초 지지력계수는 $N_c = 5.7$, $N_q = 1$, $N_r = 0$ 이 되고, 원형말뚝 (단면적 A_p, 형상계수 $\alpha = 1.3$) 에서는 다음과 같다.

$$Q_s = (9c + \gamma L)A_p \tag{11.19}$$

이때에 지지력계수 N_c 값은 점토의 특성과 예민비 등에 따라서 5 (정규압밀 점토) ~ 10 (과압밀 점토) 까지 변하지만 보통 $N_c = 9$ 를 적용한다.

이 식을 말뚝의 극한하중에 대한 식 (11.3) 에 대입하여 정리하면 다음과 같고,

$$Q_u + W_p = Q_m + (9c + \gamma L) A_p \quad (11.20)$$

말뚝무게가 말뚝이 대체한 흙 무게와 거의 같으므로 ($\gamma L A_p \simeq W_p$) 다음 식이 되고,

$$Q_u = Q_m + 9c A_p = Q_m + Q_s \quad (11.21)$$

점토에서 말뚝의 선단지지력 Q_s 는 말뚝종류에 상관없이 일정하다.

$$Q_s = 9 c A_p \quad (11.22)$$

점토에서는 말뚝 관입 시에 말뚝직경의 0.5 배 범위 내의 주변지반에서 큰 전단변형이 발생되어 교란되고 압축되기 때문에 비배수 강도가 말뚝설치 전보다 작아진다. 따라서 항타 직후에는 지지력이 대단히 작다.

그리고 포화 점토에서는 말뚝을 관입시킬 때에 큰 과잉간극수압이 발생하지만, 시간이 경과되어서 압밀이 진행되면 전단저항력이 점차로 커지고 틱소트로피 현상으로 인해 원래의 지반강도가 회복된다.

따라서 점토에서는 항타 후 일정기간 (최소 2 주일) 동안 방치해서 과잉간극수압이 소산되어 강도가 원래에 가깝게 회복되고 난 후에 말뚝 재하시험을 실시한다.

(2) 말뚝의 주변마찰력

말뚝의 주변마찰응력 τ_m (skin friction) 은 말뚝의 표면에 작용하는 유효수직응력 $\sigma_n{}'$ (effective normal stress) 와 부착력 c_a 및 지반과 말뚝사이 벽마찰각 δ 에 의해 발생된다.

$$\tau_m = \sigma_n{}' \tan\delta + c_a \quad (11.23)$$

수평지반에 설치된 연직말뚝에서는 **말뚝표면의 유효수직응력 $\sigma_n{}'$** 가 **지반의 유효수평응력 $\sigma_h{}'$** (effective horizontal stress) 이다.

유효수평응력 $\sigma_h{}'$ 는 토압계수 K 와 **유효연직응력 $\sigma_v{}'$** (effective vertical stress) 로부터 $\sigma_h{}' = K\sigma_v{}'$ 로 결정된다.

지반 내 유효연직응력 $\sigma_v{}'$ 가 깊이에 대해 직선적으로 변하면 윗 식은 다음과 같다.

$$\tau_m = \sigma_h{}' \tan\delta + c_a = \sigma_v{}' K \tan\delta + c_a \quad (11.24)$$

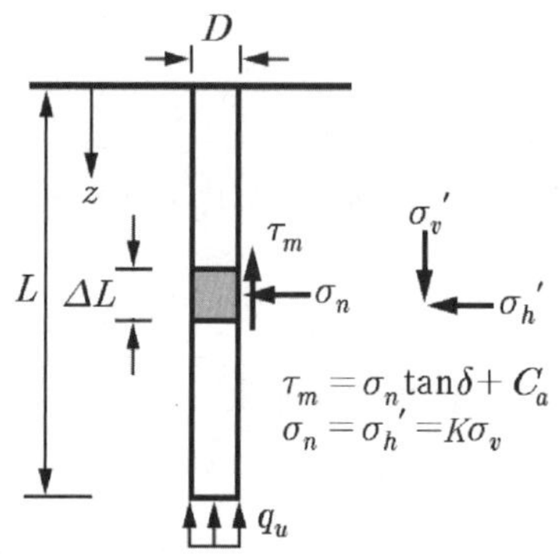

(a) 말뚝의 주변마찰응력

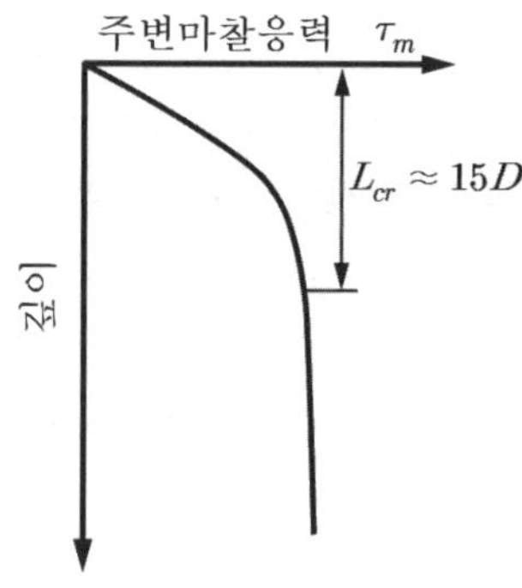

(b) 깊이에 따른 주변마찰응력의 분포

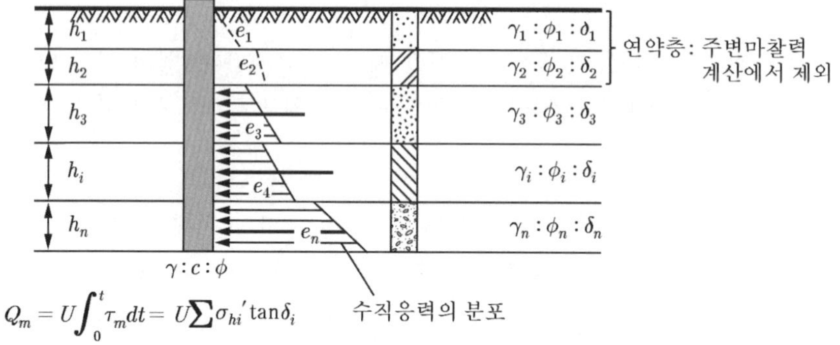

(c) 다층지반의 주변마찰력

그림 11.23 말뚝의 주변 마찰력

지반의 유효연직응력 σ_v' 는 지반 종류에 따라 다르므로 다층지반에서 **말뚝의 주변마찰력 Q_m** 은 그림 11.23 과 같이 각 지층별로 계산한다.

$$Q_m = U\int_0^L \tau_m \, dL = U\Sigma \tau_m \Delta L = U\Sigma\,(\sigma_{hi}'\tan\delta_i + c_{ai})\Delta L_i \tag{11.25}$$

여기서 $\sigma_{hi}, \delta_i, c_{ai}, \Delta L_i$ 는 각각 지층별 유효수평응력, 벽마찰각, 부착력, 말뚝길이이고, U 는 말뚝의 둘레이다.

지표부근 지반은 대개 심하게 교란되고 말뚝선단부근에서는 지반과 말뚝의 상대변위가 매우 작기 때문에 말뚝의 상하부 일정한 깊이 (상부 1.5 m, 하부 1.5 m) 는 주변마찰력의 계산에서 제외할 수 있다.

① 점토의 주변마찰력

점토에 설치된 단면적 A_p 인 **말뚝의 선단지지력 Q_s** 는 식 (11.22) 에서 말뚝 종류에 상관없이 $Q_s = 9cA_p$ 로 일정하므로, 점토에서는 말뚝의 극한지지력 Q_u 를 결정하는 일이 말뚝표면 (주변면적 $A_e = U\Delta L$) 의 **주변마찰저항력 Q_m** 을 구하는 일이 된다.

점토에서는 내부 마찰각이 '**영**' ($\phi = 0$) 이어서 벽 마찰각이 '**영**'($\delta = 0$) 이므로, 주변마찰응력 τ_m 은 식 (11.23) 으로부터 $\tau_m = c_a$ 이다. **말뚝표면의 부착력 c_a** (adhesion) 는 주변지반의 점착력과 관계가 있다 (표 11.12). 점토에서 주변 마찰응력 τ_m 은 비배수 전단강도 S_u 와 지반 내 유효연직응력 $\sigma_v{}'$ 의 함수이며, 이들의 관계를 나타내는 방법에 따라 여러 가지 말뚝지지력 계산법이 파생된다 (표 11.13).

표 11.12 점토의 점착력과 부착력 (Tomlinson, 1957) [단위: kN/m^2]

말뚝의 종류	점착력 c	부착력 c_a
콘크리트말뚝	0 ~ 37	0 ~ 34
나무말뚝	37 ~ 74	34 ~ 49
	74 ~ 147	49 ~ 64
강말뚝	0 ~ 37	0 ~ 34
	37 ~ 74	34 ~ 49
	74 ~ 147	49 ~ 59

i) α 법

주변마찰응력 τ_m 은 점토의 평균 비배수전단강도 $\overline{S}_u$ 의 함수라고 가정하는 방법이다.

$$\tau_m = c_a = f(\overline{S}_u) = \alpha \overline{S}_u = \alpha c_u \tag{11.26}$$

여기서 α 는 **말뚝과 주변지반 사이 부착계수** (adhesion factor) 이며, 지반의 비배수 점착력 c_u 에 따라서 달라지므로 연약한 점토 ($c_u \le 24kPa$) 에서 $\alpha = 1$ 이고, 점착력이 클수록 작아진다 (그림 11.24).

길이가 짧은 타입말뚝에서는 Woodward 가 제안한 값을 사용하고, 굳은 점토나 기타 여러 가지 조건의 점토에 대해서는 Tomlinson (1970) 이나 Hunt (1986) 를 참조한다.

따라서 **주변마찰저항력 Q_m** 은 다음과 같다.

$$Q_m = \Sigma \tau_m U \Delta L \tag{11.27}$$

ii) β 법

말뚝을 관입하는 사이에 주변 지반은 교란되거나 다져져서 성질이 달라지므로, 말뚝을 항타하기 이전 상태 지반의 비배수 전단강도 S_u 를 적용해서 주변 마찰력을 구하는 것이 문제가 될 수 있다. 따라서 **β 법**에서는 말뚝의 주변마찰응력 τ_m 을 재성형점토 (remolded clay) 의 유효강도정수 ϕ' 를 이용하여 구하고 주어진 깊이에서 유효연직응력 $\sigma_v{}'$ 만을 고려하여 **주변마찰력 τ_m** 을 구한다.

$$\tau_m = c_a = f(\overline{\sigma}_v{}') = \beta \sigma_v{}' \tag{11.28}$$

여기에서 계수 β 는 토압계수 K 와 교란상태의 내부마찰각에 ϕ' 의해 결정된다.

$$\beta = K \tan \phi' \tag{11.29}$$

표 11.13 말뚝의 지지력 계산법

지지력 계산법	내 용	참 고 문 헌
α 법	$\tau_m = c_a = f(\overline{S}_u)$	Tomlinson (1957, 1970) Hunt(1986)
β 법	$\tau_m = c_a = f(\sigma_v{}')$	Meyerhof (1976)
λ 법	$\tau_m = c_a = f(\overline{S}_u, \overline{\sigma}_v{}')$	Vijayvergiya & Focht (1972)
c/p 법	$\tau_m = c_a = f(S_u / \sigma_v{}')$	Semple & Rigden (1984) Randolph 등 (1979)

(단, $\overline{S_u}$ 와 $\overline{\sigma_v}{}'$ 는 지반이 균질하지 않을 때 **비배수전단강도 S_u** (undrained shear strength) 와 **유효연직응력 $\sigma_v{}'$** (effective vertical stress) 의 평균값이다.)

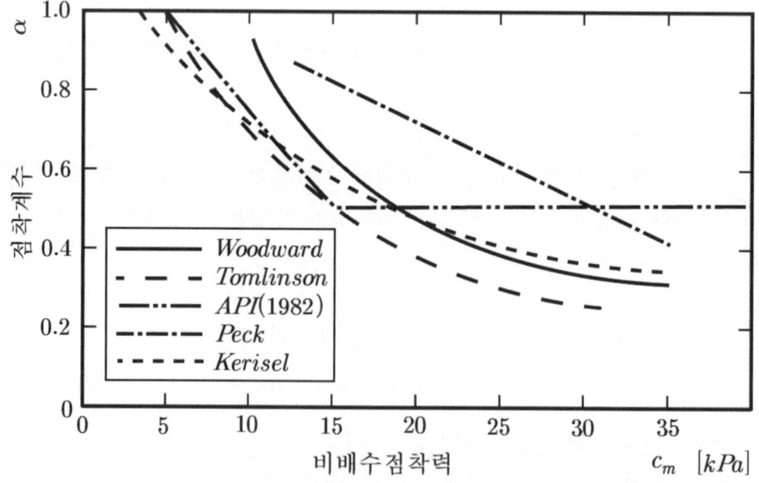

그림 11.24 점토지반에 설치된 타입말뚝에 대한 점착계수 (McClelland, 1974)

이때 토압계수 K 는 대체로 **정지토압계수 K_0** 를 적용한다 (Burland/Wroth, 1974).

$$K_0 = 1 - \sin\phi' \quad (\text{정규압밀점토})$$
$$= (1 - \sin\phi')\sqrt{OCR} \quad (\text{과압밀점토}) \tag{11.30}$$

Meyerhof 는 단단한 점토에 타입한 말뚝에서 토압계수를 $K = 1.5K_0$ 로 적용하고 현장타설 말뚝에서 타입말뚝에 대한 토압계수의 절반정도를 적용할 것을 제안하였다.

따라서 식 (11.29) 과 (11.30) 을 식 (11.28) 에 대입하면 다음과 같고,

$$\tau_m = \sigma_v'(1-\sin\phi')\tan\phi' \quad (\text{정규압밀점토})$$
$$= \sqrt{OCR}\,\sigma_v'(1-\sin\phi')\tan\phi' \quad (\text{과압밀점토}) \tag{11.31}$$

전체 마찰저항력 Q_m 은 아래와 같다.

$$Q_m = \Sigma\tau_m U\Delta L \tag{11.32}$$

iii) λ 방법

λ 방법은 말뚝관입에 의해 주변지반이 수동상태가 된다고 가정하고 주변마찰력 τ_m 을 비배수전단강도 S_u 와 유효연직응력 σ_v' 을 모두 고려하여 구하는 방법이다.

$$\tau_m = c_a = f(\overline{S}_u, \overline{\sigma}_v') = \lambda(\overline{\sigma}_v' + 2\overline{S}_u) \tag{11.33}$$

여기에서 λ 는 말뚝의 관입깊이에 따라 변하는 값이며 Vijayvergiya/Focht (1972) 가 제안한 그래프에서 구한다 (그림 11.25).

층상지반에서는 비배수 전단강도 S_u 와 유효연직응력 σ_v' 의 가중평균값 $\overline{S_u}$ 와 $\overline{\sigma_v}'$ 를 적용한다.

$$\overline{S_u} = \frac{1}{L}\Sigma S_{ui}L_i$$
$$\overline{\sigma_v}' = \frac{1}{L}\Sigma A_i \tag{11.34}$$

여기에서 L_i 는 말뚝의 층별 관입길이이고, A_i 는 유효연직응력도 (유효연직응력 - 깊이 그래프) 의 층별 면적이며, 말뚝의 총 관입길이는 L 이다.

전체 마찰저항력 Q_m 은 다음과 같다.

$$Q_m = \sum\tau_m U\Delta L \tag{11.35}$$

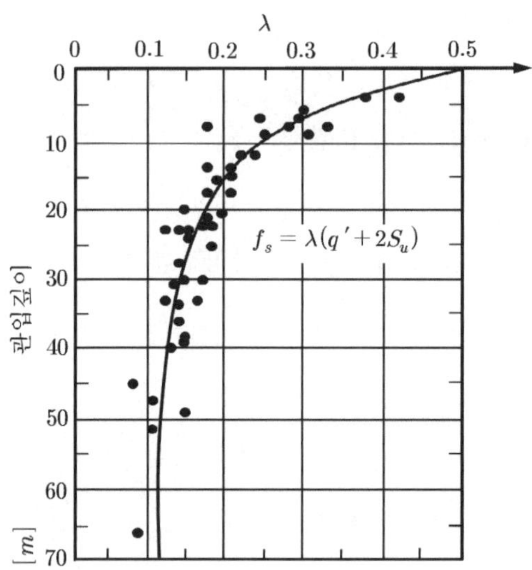

그림 11.25 말뚝 관입깊이에 따른 λ 값의 변화 (Vijayvergiya & Focht, 1972)

② 모래의 주변마찰력

모래에서는 부착력이 없어서 ($c_a = 0$) **주변마찰응력** τ_m (side friction) 은 식 (11.24) 로부터 다음이 된다.

$$\tau_m = K \sigma_v{}' \tan\delta \tag{11.36}$$

여기에서 마찰응력 τ_m 은 수평토압계수 K 와 지반과 말뚝 사이의 마찰각 δ 의 함수 ($\tau_m = f(K)$ 또는 $\tau_m = f(K\tan\delta)$) 이며 지반 내부마찰각 ϕ 에 의해서 결정된다. 내부마찰각 ϕ 는 대개 현장에서 표준관입시험 (SPT) 등을 실시하여 구한다. 개략적으로 계산할 때는 말뚝과 지반사이의 **마찰계수** μ ($\mu = \tan\delta$) 는 대개 조밀한 모래에서는 0.8, 느슨한 모래에서는 0.5 정도를 기준으로 선택해서 사용하면 된다.

깊이 z 에서 유효연직응력 $\sigma_v{}'$ 는 유효토피하중 γz 이므로 지표면에서 깊어질수록 증가하지만 일정한 깊이 (말뚝직경의 약 15 배) 부터는 더 이상 증가하지 않는다 (한계깊이 l_c). 이 깊이는 지반의 내부마찰각과 압축성 및 상대밀도에 따라 달라진다 (Poulos/Davis, 1980).

모래에서는 말뚝의 관입으로 인하여 주변지반이 압축되어 단위중량이 커진다. 따라서 수평토압계수 K 가 정지토압계수 K_o 보다 커지는 (즉, $K > K_o$) 경우도 많다.

근사적으로 말뚝의 상부에서는 Rankine 의 수동토압계수 K_p 와 거의 같고 ($K = K_p$), 말뚝선단에서는 정지토압계수 K_o 보다 작은 값 ($K < K_o$) 이다.

수평토압계수 K 는 말뚝의 설치방법에 따라 대개 다음 값을 적용한다 (Das, 1984).

$$K = K_0 = 1 - \sin\phi \text{ : 굴착말뚝}$$
$$K = (1 \sim 1.4) K_0 \text{ : 소량배토말뚝}$$
$$K = (1 \sim 1.8) K_0 \text{ : 배토말뚝} \quad (11.37)$$

Meyerhof (1976) 는 **주변마찰응력** τ_m 을 **평균 표준관입저항치** $\overline{N}$ 으로부터 구하였다.

$$\tau_m = 2\overline{N} \quad [kN/m] \text{ : 큰 변위타입말뚝 (배토말뚝)}$$
$$= \overline{N} \quad \text{ : 작은 변위타입말뚝 (소량배토말뚝)} \quad (11.38)$$

주변마찰저항력 Q_m 은 주변마찰응력 τ_m 을 식 (11.25) 에 대입하여 구한다.

$$Q_m = U \Sigma \tau_m \Delta L \quad (11.39)$$

2) 동역학 공식에 의한 말뚝의 극한지지력

동역학적 극한지지력 공식 (항타공식) 은 말뚝을 항타할 때 타격에너지와 지반의 변형에 의해 소모된 에너지가 같다고 가정하고, 동적 관입저항에서 정적 저항을 추정하여 말뚝의 지지력을 구하는 방법이다. 따라서 시간적 요소가 강도를 지배하는 지반에 설치한 마찰 말뚝에는 적합하지 않고 모래나 자갈층에 설치한 보통 말뚝에 한해서 적용될 수 있고, 그 신빙성은 동역학적 저항의 정밀도 (에너지 손실을 구하는 방법의 정밀도) 에 따라 결정된다.

항타공식으로 지지력을 산정하는 방법은 시험이 간편한 이점은 있지만 아직 정밀도에 문제점이 많기 때문에 한정된 경우에만 사용된다. 그러나 충분한 갯수의 말뚝에 대해서 재하시험을 실시하고 이들의 결과에 의해 항타공식의 계수를 조절하면 나머지 항타시공을 잘 관리할 수 있으며, 또한 이렇게 구한 극한지지력은 신빙성이 있다.

말뚝의 항타에너지 E_b 는 말뚝이 s 만큼 관입되는 동안 말뚝표면의 마찰에 의한 에너지 E_m 과 말뚝선단 하부지반의 변형에 의한 에너지 E_d , 말뚝의 압축변형에 의한 에너지 E_p 그리고 열이나 소리 및 빛 등 에너지 E_e 로 소모된다. 따라서 말뚝을 항타할 때는 다음과 같은 에너지 평형식이 성립된다.

$$E_b = E_m + E_d + E_p + E_e$$
$$E_m = Q_m s$$
$$E_d = Q_s s \quad (11.40)$$

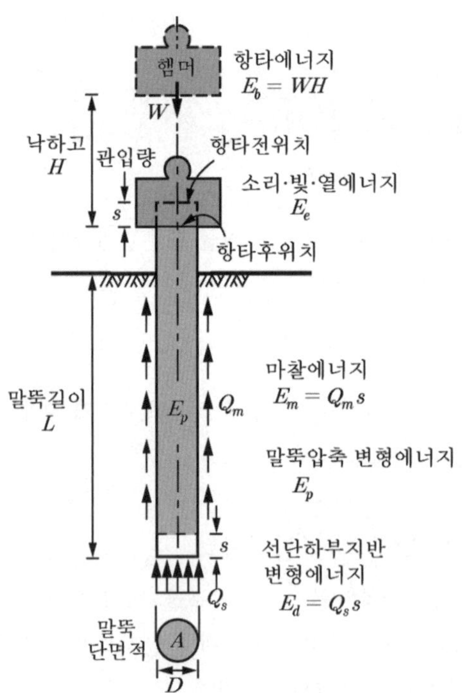

그림 11.26 말뚝의 항타에너지

여기에서 **항타에너지 E_b** 는 주로 햄머의 위치에너지이며, 햄머의 무게 W 와 낙하고 H 로부터 $E_b = WH$ 로 계산된다. 또한, 마찰에너지 E_m 과 선단하부지반의 변형에너지 E_d 는 말뚝이 s 만큼 관입되는 동안에 각각 주변마찰력 Q_m 과 선단지지력 Q_s 가 행한 일이므로 각각 $E_m = Q_m s$ 및 $E_d = Q_s s$ 가 된다. 항타시 말뚝자체의 변형은 거의 탄성변형이므로 항타 후에 거의 회복되고, 소리와 열 및 빛 등에 의한 에너지는 경우에 따라 무시할 수 없을 만큼 커질 수도 있다. 따라서 위 식 (11.40) 는 다시 정리하면 다음 같다.

$$\begin{aligned} E_b &= Q_m s + Q_s s + E_p + E_e \\ &= (Q_m + Q_s)s + E_p + E_e \end{aligned} \tag{11.41}$$

그런데 **말뚝 극한지지력 Q_u** 는 주변마찰력 Q_m 과 선단지지력 Q_s 의 합 $(Q_u = Q_m + Q_s)$ 이므로 식 (11.41) 은 다음과 같이 변환할 수 있다.

$$Q_u = Q_m + Q_s = \frac{E_b - (E_p + E_e)}{s} \tag{11.42}$$

이 식에서 말뚝의 항타에너지 E_b 와 말뚝 압축변형에너지 E_p 및 에너지 손실량 E_e 를 알면, 항타중 관입량 s 로부터 말뚝의 극한 지지력 Q_u 를 구할 수 있다.

따라서 말뚝의 항타에너지로부터 말뚝 극한지지력을 구하고자 하는 시도가 오래 전부터 이루어져서 현재에는 여러 가지 방법들이 제시되어 있고 이들을 말뚝의 **동역학적 지지력 공식**이라 하고 지반 내에서 소산된 에너지를 추적하는 방법에 따라 여러 방법이 파생된다.

자주 이용되는 동역학적 말뚝지지력공식은 Engineering News **항타공식**, Hiley **항타공식**, Weissenbach **항타공식** 등이 있다. 항타공식으로 구한 극한지지력의 신빙성에 대해 논란이 많지만 Hiley 공식이 대체로 합리적인 것으로 인정되고 있다. 모래나 자갈층이 지지층인 경우에는 Hiley 공식의 결과와 재하시험결과가 비교적 잘 일치하지만 일부말뚝에서 재하시험을 실시하여 확인하는 것이 좋다. 항타공식은 최종 관입량 s 가 적어도 5 mm 이상이 되어야 정확하게 적용할 수 있다. 말뚝 최종관입량은 햄머의 무게나 낙하고를 변화시켜서 항타에너지를 조절하여 크게 할 수 있지만 항타에너지를 너무 크게 하면 시공하기가 위험하고 말뚝두부를 손상시킬 위험이 있어서 햄머 무게 W_H 를 말뚝무게의 1.5~2.5 배 정도로 하는 것이 좋다.

말뚝의 관입에 대한 지반의 동적저항은 시간에 따라서 달라진다. 따라서 말뚝항타 중의 동적저항과 항타입한 후 정적저항을 결부시키기가 매우 어렵다. 즉, 세립의 연약한 포화지반에서는 항타 중에 말뚝의 주변지반에서 과잉간극수압이 발생되어서 관입저항이 크다. 그런데 과잉간극수압의 소산속도는 경과시간과 지반상태에 따라서 다르므로 항타 중 과잉간극수압의 영향하에서 측정한 동적저항으로부터, 타입 후 시간이 경과하여 과잉간극수압이 소산된 상태의 정적저항을 예측하기가 매우 어렵다. 반면 투수성이 커서 과잉간극수압이 빨리 소산되는 중간이상 조밀한 모래와 견고한 점토 등에서는 정적저항을 어느 정도 예측할 수 있다.

이런 문제점은 말뚝을 긴 탄성막대로 보고 햄머충격에 의한 압력파의 전파를 나타내는 소위 **파동방정식** (wave equation) 을 풀어서 어느 정도 해결할 수 있다.

(1) 엔지니어링 뉴스 항타공식 (ENR공식 ; Engineering News formula)

엔지니어링 뉴스공식 (**ENR공식** ; Engineering News formula) 은 가장 초기 항타공식이며, 말뚝의 항타 중에 발생된 에너지 손실로 인해 감소된 관입량의 크기가 말뚝의 탄성압축량 C 와 같다고 보고 에너지 평형식을 적용하여 **말뚝의 극한지지력 Q_u** 를 계산한다.

$$Q_u = \frac{W_H\,H}{s + C} \tag{11.43}$$

여기에서 W_H 는 햄머 무게이고, H 는 낙하고이며, s 는 1회 타격당 관입량 (cm) 이다.

경험적으로 말뚝의 탄성 압축량은 드롭햄머로 타입한 말뚝에서 $C = 2.5\text{ cm}$, 스팀햄머로 타입한 말뚝에서는 $C = 0.25\text{ cm}$를 적용하고, 여러 가지 불확실성을 고려하여 안전율 $F_s = 6$을 적용하여 허용지지력 Q_s를 구한다.

이 식은 간편하지만 에너지 손실을 너무나 단순하게 적용하였기 때문에 현장상태와 지질조건에 따라 실제와 큰 차이를 나타내는 경우가 많아서 그 적용성이 제한된다.

ENR **공식**은 여러 차례의 수정을 거쳤으며 최근 **수정** ENR **공식**에서는 다음과 같이 햄머의 타격효율 e_f와 반발계수 e를 고려하고 있다 (Michigan state highway commission, 1965).

$$Q_u = \frac{e_f W_H H}{s + 0.25} \frac{W_H + e^2 W_p}{W_H + W_p} \tag{11.44}$$

여기에서 W_p는 말뚝의 무게이다.

(2) Hiley **항타공식**

Hiley (1930) **의 항타공식**은 햄머 타격효율 e_f와 타격시에 말뚝두부에서 햄머 반발 (반발계수 e)은 물론, 말뚝 (C_1)과 지반 (C_2) 및 캡 쿠션 (C_3)의 탄성 변형량을 고려하여 보다 정밀하게 극한지지력을 구하는 공식이다.

$$Q_u = \frac{e_f W_H H}{s + 0.5(C_1 + C_2 + C_3)} \frac{W_H + e^2 W_p}{W_H + W_p} \tag{11.45}$$

여기서 **햄머효율** e_f는 햄머 종류에 따라 다르고 (**드롭햄머**나 **디젤햄머**에서는 1.0, **증기 햄머**에서는 0.9, **윈치 햄머**에서 0.7), **반발계수** e는 완전 탄성말뚝이면 $e = 1$, 완전 비탄성 말뚝이면 $e = 0$이다 (나무말뚝에서 단동 0.25, 복동 0.4, 강말뚝 0.3~0.5, 콘크리트말뚝 0.25~0.5).

말뚝의 축방향 탄성변형량 C_1과 지반의 탄성변형량 C_2는 항타시험 시 리바운드량을 측정하여 결정한다.

말뚝의 탄성변형량 C_1은 말뚝종류에 따라 표 11.14와 같고, **지반 탄성변형량** C_2는 단면적 A이고 길이 L이며, 탄성계수 E인 재료로 된 말뚝에서는 다음 식으로 계산한다.

$$C_2 = \frac{Q_u L}{AE} \tag{11.46}$$

캡 쿠션의 탄성변형량 C_3는 말뚝선단부 지반응력에 따라 표 11.15에서 값을 선택한다.

표 11.14 말뚝의 탄성변형량 C_1 [단위 : cm]

말 뚝 의 형 상	말뚝두부의 압력 [kPa]			
	3,500	7,000	10,500	14,000
나무말뚝 머리	1.3	2.6	4.0	5.1
기성콘크리트말뚝에 두께 8~10 cm 나무를 대고 타격	2.0	4.0	5.7	7.6
기성콘크리트말뚝에 두께 1.3~2.6 cm 나무를 대고 타격	0.6	1.3	2.0	2.6
콘크리트말뚝에 철제 캡을 씌우고 타격	1.0	2.0	3.0	4.0
철판과 철제 캡 사이에 두께 5 mm 천을 대고 타격	0	0	0	0

표 11.15 캡, 쿠션의 탄성변형량

말뚝선단 작용응력 [kPa]	3500	7,000	10,500	14,000
C_3 [mm]	0.7~2.5	2.5~5.1	2.5~7.1	1.3~5.1

3) 정재하 시험에 의한 말뚝의 극한지지력

말뚝 정재하시험 (static pile loading test) 은 말뚝의 두부에 하중을 재하하면서 하중과 변위량의 관계를 측정하여 가장 신뢰할 만한 말뚝의 극한지지력을 구하는 시험이다. **연직재하시험** (vertical loading test) 과 **수평재하시험** (horizontal loading test) 및 **인발시험** (pull-out test) 등이 있다.

말뚝의 재하시험을 실시하는 목적은 다음과 같다.

- 말뚝의 지지력을 검증하거나 수정
- 공사규모나 현장여건상 최적 말뚝의 갯수를 정하여 경제적 이득 달성
- 특수하거나 익숙하지 않은 말뚝을 사용
- 지지층 하부지반이 압축성지층이거나 예상과 다른 지층일 때

(1) 재하시험

재하시험은 경우에 따라 다를 수 있으나, 대개 동일한 지반에서 최소 3 개 시험말뚝을 설치하여 반드시 2 개 이상을 재하시험하고, 약 $1500\,m^2$ 마다 1 개씩을 시험한다. **말뚝의 축방향 재하시험**은 **말뚝의 하중 – 침하곡선** (loading – settlement curve) 을 구하기 위해 수행한다. 이때 하중은 말뚝의 지지력이 손상되지 않는 범위 이내로 한정하여 재하한다.

재하시험용 말뚝은 그림 11.27a 와 같이 설치하며, 사용하중의 2.2 배 또는 최소한 1.5 배까지 재하한다. 하중은 유압잭으로 가하고 가해진 하중은 말뚝상부에서 측정한다. 말뚝의 변위는 편심하중이 걸리는지 즉시 알기 위해서 3 점에서 측정한다.

말뚝의 재하시험에는 여건에 따라 다음과 같이 여러 가지 재하방법을 적용한다.

① **표준재하시험** (maintained load test, ASTM D3689)

표준재하시험은 현장에서 가장 널리 적용되며, 설계하중의 200 % (또는 파괴 시까지) 하중을 8 단계로 나누어서 (단계별로 25 % 씩 증가) 재하하는 장시간 (70 시간 이상)시험이다. 하중을 가한 상태에서 침하율이 0.25 mm/h 가 되거나 2 시간이 경과하면 다음 단계의 하중을 가하고, 최종 단계 (200 %) 에서는 하중을 24 시간 유지하며 파괴되지 않은 채로 침하율이 0.25 mm/h 이하이면 12 시간동안 하중을 유지한다. **하중의 제하** (unloading) 는 최대하중의 25 % 씩 하며 단계별로 1 시간씩 하중을 유지한다. 세 번 이상 제하 - 재하 (unloading - loading) 를 반복하여 **소성변형곡선**을 결정할 수 있다.

② **급속재하시험** (Quick test, ASTM D1143)

급속재하시험은 총 1~4 시간이 소요되는 전형적 단기시험으로 설계하중의 200 % 나 파괴시까지 10~20 단계로 나누어 재하하며 매 단계마다 2.5~15 분 동안 하중을 유지한다. 설계하중의 결정이나 시공중 지지력확인에 적합하다.

③ **등속관입시험** (constant rate of penetration, ASTM D1143, D3689)

등속관입시험은 점토에서 0.75 mm/min (0.03 in/min), 모래에서 1.5 mm/min (0.06 in/min) 의 등속도로 최대 연직변위가 말뚝 직경의 15 % 가 될 때까지 관입한다. 등속을 유지하려면 변위제어용 특수 재하장비가 필요하다. 점토에 설치한 말뚝이나 극한지지력만 측정하는 말뚝에 적합하며, 마찰말뚝의 거동자료와 설계하중을 확인하기에 알맞다.

④ **등속재하시험**(constant time interval)

등속재하시험은 설계하중의 20 %에 해당하는 하중을 10 등분하여 단계별로 재하하고, 각 단계마다 침하율에 상관없이 1 시간 동안 하중을 유지한다. 대체로 8 단계까지 재하하므로 8 시간이 소요된다.

⑤ **하중평형시험**(equilibrium load test)

하중평형시험은 표준재하시험에 소요되는 시간의 1/3 정도 시간에 표준재하시험과 동일한 하중 - 침하곡선을 구하기 위해 고안 되었으나 아직 ASTM 등에 채택되지 않은 방법이다. 예상 파괴하중을 10 등분한 하중을, 단계별로 재하하여 5~15 분 (낮은 하중단계에서 5 분, 높은 하중단계에서 15 분) 동안 유지하다가 유압잭 밸브를 잠그고 일정해질 때까지 기다린 후에 하중과 침하를 기록하고 다음단계 하중을 가한다.

인발시험으로 말뚝의 파괴하중을 결정할 때는 상향변위가 갑자기 증가하기 시작하는 하중 (하중 - 변위곡선의 피크점)이 곧, **파괴하중**이다. 부마찰 상태에서는 지지층에 포함된 부분의 하중만을 고려한다.

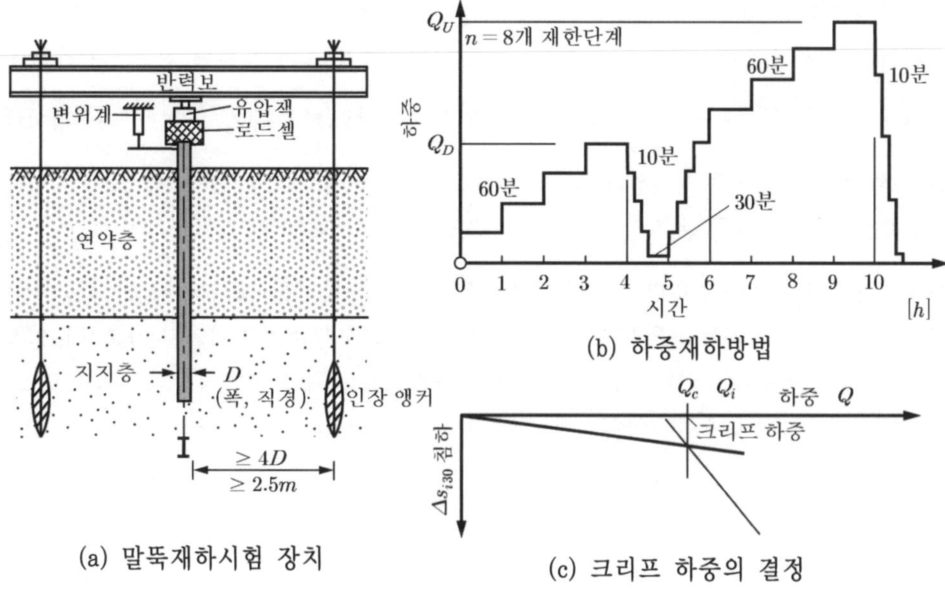

그림 11.27 말뚝의 정재하시험

하중은 그림 11.27b 와 같이 단계별로 재하하며 각 재하단계마다 최종침하량을 측정한다. 그림 11.27c 는 i 번째 재하단계에서 최종 30 분 내에 발생한 침하량 $\Delta s_{i,30}$ 을 세로축으로 하고, 하중 Q 를 가로축으로 하여 시험결과를 나타낸 것이다. 여기서 갑작스럽게 곡률이 변화하는 점 Q_c 가 **말뚝의 크리프 하중**이다.

실제 말뚝보다 직경이 작은 말뚝으로 시험할 경우에는 주변마찰에 대해서만 상사법칙을 적용하여 극한하중을 환산해도 된다. 재하시험에 의해 구한 말뚝의 지지력은 가장 실제에 가까운 값이며 말뚝의 안전율은 대개 표 11.18 의 값을 적용한다.

타입말뚝에서는 주변지반에 과잉간극수압이 발생하여, 말뚝의 지지력이 과소평가될 수 있으므로 타입후에 과잉간극수압이 완전히 소산되어 흙이 최대 전단강도를 회복한 시기 (3~30 일) 에 재하시험을 실시해야 하며, 투수성이 낮은 지반일수록 과잉간극수압의 소산속도 (및 **강도회복속도**) 가 느리다. 포화된 조밀한 세립토나 실트에서는 타입 후에 시간이 경과되면 지반이 이완 (relaxation) 되어 **타입저항** 즉, 지지력이 작아진다.

현장말뚝에 대한 재하시험에서 말뚝의 시험하중은 다음 값을 초과하지 않아야 한다.

- 인장말뚝 : 크리프하중 Q_c 및 사용하중의 1.25 배
- 압축말뚝 : 크리프하중 Q_c 및 사용하중의 1.50 배

(2) **극한하중결정**

말뚝의 재하시험에서는 말뚝이 파괴될 때까지 재하하지 않기 때문에 하중 - 침하곡선 (즉, $s - \log t$, $\frac{ds}{d\log t} - p$, $\log p - \log s$, $\log p - s$, $p - \log s$) 이 대개 뚜렷한 **피크점**이나 **극한점** (말뚝이 급격하게 침하하기 시작하는 하중) 을 나타내지 않는 수가 많으므로, 하중 -침하 곡선에서 **극한하중 Q_u** (ultimate load) 를 결정하기가 매우 어렵다.

하중제거 시 말뚝 탄성침하량을 배제한 **순침하량**이 지반 특성을 잘 나타내므로 순침하량 (관입량) 을 기준으로 하는 경우가 많다. 말뚝의 극한하중은 말뚝이 파괴되는 하중 (예, 인장시험)이나 재하시험에서 가한 최대하중이나 설계하중의 2 배 하중 재하상태 **순침하량** 19 mm (0.75 in) 에 대한 하중이나 **잔류침하** $s = 0.15 + D/120$ (inch) 에 대한 하중으로 정할 수 있다.

말뚝의 극한하중은 원칙적으로 다음 여러 가지 기준을 근거로 하여 결정하며, 각각의 기준에 대해 많은 방법들이 제시되어 있다. Schulze/Muhs (1967) 는 말뚝 극한하중의 결정법을 총 망라하여 그림 11.28 과 같이 나타내었다.

- 하중-전침하곡선의 형태
- 전침하량 기준
- 하중-침하곡선에 대한 지수함수가정
- 잔류침하량 기준
- 탄성침하와 잔류침하관계

① 하중-전침하곡선의 형태 : 그림 11.28a

하중-전침하곡선의 형태로부터 다음 방법으로 극한하중을 결정할 수 있다.

- 초기접선과 후기접선이 만나는 점에 대한 하중 (Mansur/Kaufmann, 1956)
- 기울기가 급변하는 점 또는 후기직선의 시작점에 대한 하중 (Schenck, 1951)
- 접선기울기 (침하증가) 가 최대인 점에 대한 하중 (Vesic, 1963)

② 전침하량기준 : 그림 11.28b

말뚝의 하중-침하곡선이 뚜렷한 파괴양상을 나타내지 않을 때에는 표 11.16 과 같이 전침하량을 기준으로 극한 (또는 허용) 하중을 정하거나, 말뚝 직경이 커질수록 침하가 크게 일어나는 사실을 참조하여 말뚝 직경을 고려한 침하량에 대한 하중을 극한 (또는 허용) 하중으로 정할 수 있다.

표 11.16 전침하량 기준 극한하중 결정방법 (D : 말뚝직경, Schulze/Muhs,(1967))

방 법	기준 전침하량	구분
Mansur/Kaufmann (1956)	0.5 cm	허용하중
Muhs (1959,1963)	2.0 cm	극한하중
New York City Building Law	2.5 cm	극한하중
Terzaghi/Peck (1961)	5.1 cm (2in)	극한하중
Terzaghi (1942)	0.1D	극한하중
Indian Standard 2911 (1964/65)	1.2 cm에 해당하는 하중의 2/3	허용하중
	0.1D에 해당하는 하중의 1/2	허용하중

③ 지수함수 : 그림 11.28c

선단지지말뚝에서 임의 하중 P_c 를 가정하여 $\ln(1-P_s/P_c)$ –침하 s 의 관계를 표시하면, 하중이 작은 재하초기단계 ($P_L > P_c$) 에서는 위로 오목한 곡선이 되다가, 극한하중 P_L 에서는 직선이 되고, 재하후기단계 ($P_L < P_c$) 에는 위로 볼록한 곡선이 된다(Van der Veen, 1953). 따라서 이 특성으로부터 극한하중을 찾을 수 있다.

④ 잔류침하량 기준 : 그림 11.28d

말뚝재하시험에서 측정한 하중–잔류침하량의 관계곡선에서 잔류침하량이 표 11.17 과 같이 일정한 크기가 될 때의 하중을 극한 (또는 허용) 하중으로 할 수가 있다. 구조물과 지반의 특성에 따라 다소 편차를 보일 수 있다.

표 11.17 잔류침하량 기준 극한하중 결정방법 (Schulze/Muhs, 1967)

방 법	기준 잔류침하량	구분
Indian Standard 2911 (1964/65)	0.6 cm에 해당하는 하중의 2/3	허용하중
Bureau Veritas in Paris	0.3 cm	허용하중
	1.0 cm에 해당하는 하중의 2/3	허용하중
	2.0 cm에 해당하는 하중의 1/2	허용하중
DIN 4026	0.025 D	극한하중
USA	0.020 D	극한하중
Magnel (1948)	0.8 cm	극한하중
Stand. Spec. for Highway Bridge (1958)	0.65 cm (0.25in)	극한하중
COE	0.65 cm (0.25in)	극한하중

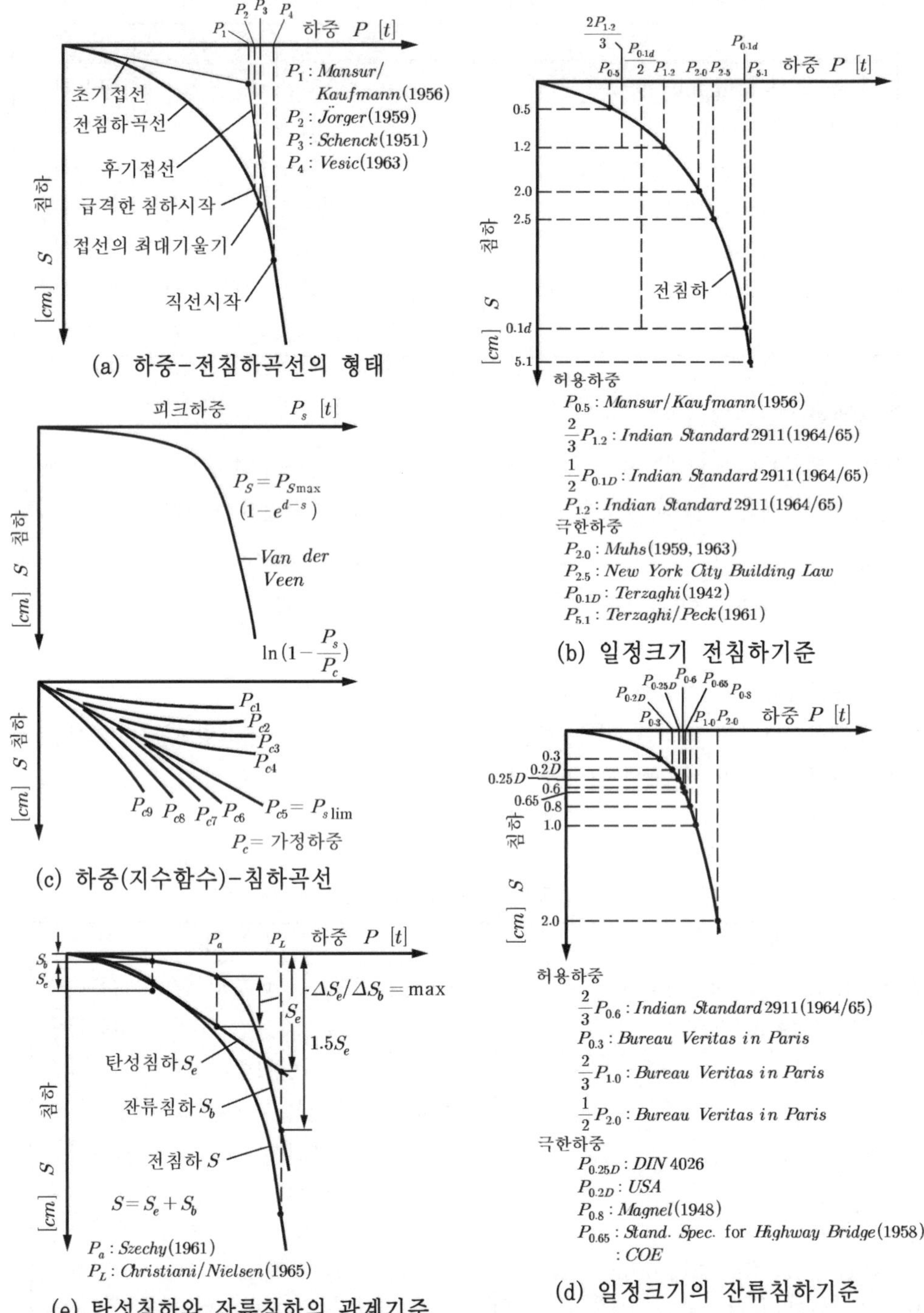

그림 11.28 말뚝의 극한하중 결정방법 (Schule/Muhs, 1967)

⑤ **탄성침하와 잔류침하의 관계 : 그림 11.28e**

말뚝재하시험 결과를 탄성침하와 잔류침하로 구분하고 **하중 – 전침하곡선**과 **하중 – 잔류침하곡선** 및 **하중–탄성침하곡선**을 중첩하여 그리고난 후 그 관계로부터 극한(또는 허용) 하중을 결정할 수 있다.

- Szechy (1965)
  탄성침하의 변화량 ΔS_e 와 잔류침하 변화량 ΔS_b 의 비 즉, $\Delta S_e / \Delta S_b$ 가 최대가 될 때의 하중을 허용하중으로 하였다.

- Christiani/Nielsen (1956)
  잔류침하 S_b 가 탄성침하 S_e 의 1.5 배 즉, $S_b = 1.5 S_e$ 일 때를 극한하중으로 하였다.

11.3.3 말뚝의 허용지지력 (allowable bearing capacity)

말뚝에 적용하는 힘은 일반적으로 압축력이며, 드물게 인장력이 작용하거나 인장력과 압축력이 교차하여 작용한다. 말뚝은 침하(또는 융기) 거동이 선형적 변화에서 벗어나거나 변화가 심할 때를 극한상태로 간주한다. 축력만을 받는 **말뚝의 허용지지력 Q_a** (allowable bearing capacity of pile)는 다음의 사항을 고려하여 결정하며,

- 말뚝재료의 허용하중
- 말뚝이음에 따른 지지력 감소
- 세장비에 따른 지지력
- 부마찰력
- 무리말뚝효과
- 말뚝의 침하량

다음에서 가장 작은 값으로 한다.

① 지반에 따라 결정되는 **말뚝 허용 연직지지력** (allowable ground bearing capacity)
② **말뚝재료의 허용압축응력** (allowable compressive stress of a pile material)
③ **구조물의 허용침하량** (allowable settlement of a structure)에 대한 하중

일반적으로 말뚝의 재료는 지반에 비해 강성이 매우 크므로 위의 ①에 의해 지지력이 결정된다.

표 11.18 말뚝의 안전율 η_s

말뚝의 종류	선단지지말뚝	마찰말뚝	
		양호한 모래 지반	기타 지반
평상시	3	3	4
지진시	2	2	3

축방향 압축력에 대한 **말뚝의 허용지지력** Q_a 는 **말뚝의 극한지지력** Q_u (ultimate bearing capacity of pile) 를 안전율 η_s 로 나눈 값이다.

$$Q_a = \frac{Q_u}{\eta_s} \tag{11.47}$$

말뚝의 극한지지력을 정적재하시험이나 정적지지력공식으로 정할 때는 안전율 η_s (safety factor) 는 $\eta_s = 3$ 을 적용하고, **동적 재하시험**이나 **동적 지지력공식**으로 정할 때는 안전율은 $\eta_s = 3 \sim 8$ 을 적용한다. 대체로 말뚝 안전율은 표 11.18 의 값을 적용한다.

그러나 다음과 같이 불리한 조건일 때는 더 큰 안전율을 적용한다.

- 큰 충격하중이 예상될 때
- 침하량에 제한이 있거나 또는 부등침하를 피하여야 할 때
- 지반의 성질이 시간과 더불어 악화할 우려가 있을 때
- 마찰말뚝으로 된 무리말뚝인데도 단일말뚝에 대해서만 재하시험을 하였을 때
- 마찰말뚝에 가해진 동하중의 재하시간이 정하중과 같은 정도로 길 때. 그렇지만 가설공사나 큰 침하가 허용되는 구조물에서는 작은 안전율을 적용해도 좋다.

11.3.4 말뚝의 침하

단일 말뚝의 침하 (settlement) 는 다음의 3 가지 요인에 의해 발생되며 (그림 11.29),

① 말뚝의 축방향 압축변형에 의한 침하 s_a
② 말뚝선단에 전달된 하중에 의한 선단하부지반의 압축변형에 의한 침하 s_p
③ 말뚝의 주변마찰에 의해 선단하부지반에 전달된 하중에 의한 침하 s_r

전체 침하량 $\boldsymbol{s}$ (total settlement of a pile) 는 위 침하량을 모두 합한 크기이다.

$$s = s_a + s_p + s_r \tag{11.48}$$

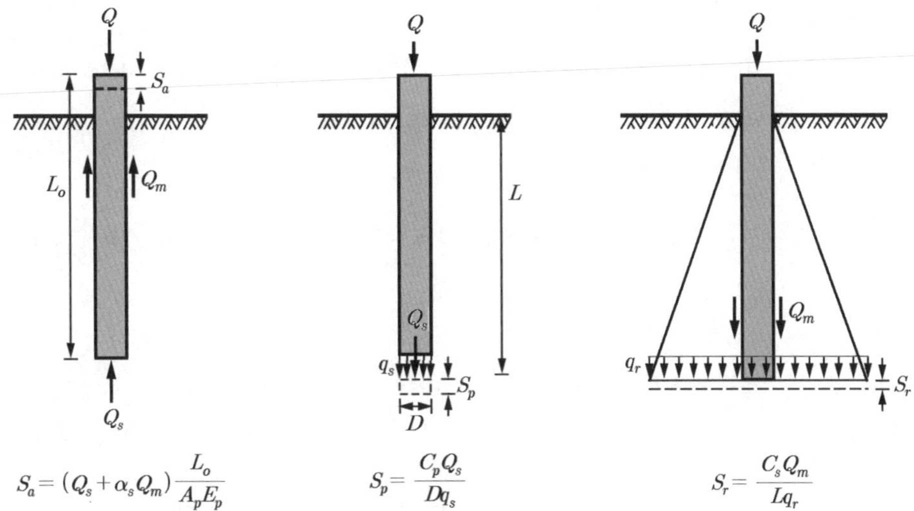

(a) 말뚝의 압축변형 (b) 선단하부지반의 압축변형 (c) 말뚝주변마찰에 의한 주변지반의 압축변형

그림 11.29 말뚝의 침하계산

1) 말뚝의 축방향 압축변형에 의한 침하 s_a

말뚝 (단면적 A_p , 길이 L , 탄성계수 E_p) 은 축방향 하중이 작용하면 탄성적으로 변형 (elastic deformation) 되며 (그림 11.29a), **탄성 압축변형량 s_a** 는 말뚝의 선단에 전달된 축하중 Q_s 와 말뚝 주변마찰력 Q_m 에 의한 압축 변형량의 합이다.

$$s_a = (Q_s + \alpha_s Q_m) \frac{L}{A_p E_p} \tag{11.49}$$

여기에서, α_s 는 주변 마찰력의 분포형태에 따라 다음의 값을 적용한다 (Vesic, 1977).

표 11.19 하중분포형태에 따른 α_s

하 중 분 포 형 태	α_s
포물선 또는 균등분포	0.5
말뚝두부에서 선단까지 삼각형 분포	0.67
말뚝두부에서 선단까지 역삼각형 분포	0.33

2) 말뚝선단 하부지반의 변형에 의한 침하

말뚝선단에서 지반에 전달된 하중 Q_s 에 의해 선단하부지반 (탄성계수 E, Poisson 비 ν) 이 압축변형 되며 (그림 11.29b) 그 크기는 **얕은 기초의 탄성침하계산식** (Schleicher, 1926) 또는 경험식 (Vesic, 1977) 을 적용하여 계산한다.

직경 D 이고 선단지지력이 q_s 인 **말뚝 탄성침하 s_p** 는 다음 식으로 계산한다 (Harr, 1966).

$$s_p = q_s \, D \, \frac{(1-\nu^2)}{E} \, I_{wp} \tag{11.50}$$

여기서 I_{wp} 는 **말뚝의 침하영향계수** (influence factor for pile settlement) 이며, 사질토에서는 그림 11.30 에서 구하고 지반의 탄성계수와 Poisson 비는 표 11.20 값을 적용한다.

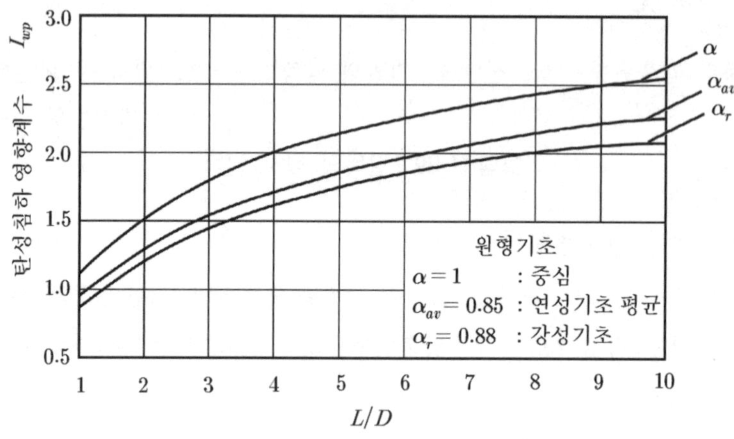

그림 11.30 탄성침하 영향계수

표 11.20 여러 가지 흙의 탄성계수와 Poisson비 (Das, 1984)

흙의 종류		탄성계수 [t/m^2]	Poisson비
모래	느슨한	1000 ~ 2400	0.20 ~ 0.40
	중간조밀한	1700 ~ 2800	0.25 ~ 0.40
	조밀한	3500 ~ 5500	0.30 ~ 0.45
	실트질	1000 ~ 1700	0.20 ~ 0.40
모래와 자갈 혼합		6900 ~ 17200	0.15 ~ 0.35
점토	연약한	200 ~ 500	0.20 ~ 0.50
	중간	500 ~ 1000	
	단단한	1000 ~ 2400	

또한, Vesic (1977) 은 다음 반 경험식을 제안하였다.

$$s_p = \frac{C_p Q_s}{D q_s} \tag{11.51}$$

여기에서 C_p 는 **말뚝의 침하 경험계수**로 흙의 종류와 말뚝의 시공방법에 따라 다르며, 선단하부지반이 연약하지 않고 말뚝직경의 10 배보다 두꺼우면 표 11.21 의 값을 갖는다.

표 11.21 말뚝의 침하 경험계수 C_p

흙의 종류	타입 말뚝	천공 말뚝
모래(조밀~느슨)	0.02~0.04	0.09~0.18
점토(단단~연약)	0.02~0.03	0.03~0.06
실트(조밀~느슨)	0.03~0.05	0.09~0.12

3) 말뚝주변마찰에 의해 선단하부지반에 전달된 하중에 의한 침하

말뚝의 주변마찰에 의하여 주변지반으로 하중이 전달되어 말뚝선단의 하부지반이 가압되어 침하되며 (그림 11.29c), Vesic (1977) 은 다음 이론식과 경험식으로 계산하였다.

말뚝주변마찰에 의한 선단하부지반의 침하 s_r 은 다음과 같고,

$$s_r = \frac{Q_m}{R_p L} \frac{D}{E} (1 - \nu^2) I_{wr} \tag{11.52}$$

위으 식에서 $\frac{Q_m}{R_p L}$ 은 말뚝 (길이 L, 둘레 R_p) 의 주변마찰력 Q_m 의 평균값이고, I_{wr} 은 **주변마찰에 의한 선단하부지반의 침하영향계수**이다.

$$I_{wr} = 2 + 0.35 \sqrt{\frac{L}{R_p}} \tag{11.53}$$

또한, Vesic 은 다음 경험식을 제안하였고,

$$s_r = \frac{C_s Q_m}{L q_r} \tag{11.54}$$

여기에서 C_s 는 **말뚝주변마찰에 의한 선단하부지반의 침하영향계수**이며,

$$C_s = \left(0.93 + 0.16 \sqrt{\frac{L}{D}} \right) C_p \tag{11.55}$$

여기에서 **말뚝의 침하경험계수** C_p 는 표 11.21 의 값을 적용한다.

11.3.5 말뚝의 부마찰력

말뚝이 구조물 하중을 지반에 전달할 때에 지반이 정지상태에 있으면 말뚝은 하향으로 침하거동하므로 주변 마찰력은 상향으로 작용한다 (그림 11.31a).

그러나 말뚝설치 후 발생하는 원지반의 압축이나 압밀 등에 의한 주변지반의 압축량이 말뚝의 침하량보다 크면 지반이 말뚝에 대하여 상대적으로 하향거동하므로 주변마찰력은 하향으로 작용하는데 이를 부마찰 상태 (그림 11.31b) 라고 하고, 이때의 마찰력을 부주변 마찰력 또는 간단히 **부마찰력** (negative skin friction) 이라고 한다. 부마찰력은 말뚝에 하중으로 작용하여 큰 침하를 유발시켜서 말뚝손상의 원인이 되는 경우가 많다.

특히, 경사말뚝이 부마찰 상태이면 말뚝의 상하부에 서로 다른 마찰력이 작용하게 되어 말뚝이 휘어져 손상되거나 그 기능을 상실한다 (그림 11.31c). 따라서 부마찰상태가 예상되는 곳에서는 경사말뚝의 설치를 피하는 게 좋다.

1) 말뚝의 부마찰력

말뚝 주변지반의 침하변위가 말뚝의 하향변위보다 크면 말뚝표면에 하향으로 부마찰력이 작용하며 대체로 상대변위가 15 mm 이상이면 마찰력이 완전한 크기로 발휘된다.

이때 말뚝의 특정한 위치에서는 주변지반과의 상대변위가 '영'이 되는데 (그림 11.32) 이 위치를 특별히 **중립점** (neutral point) 이라고 한다.

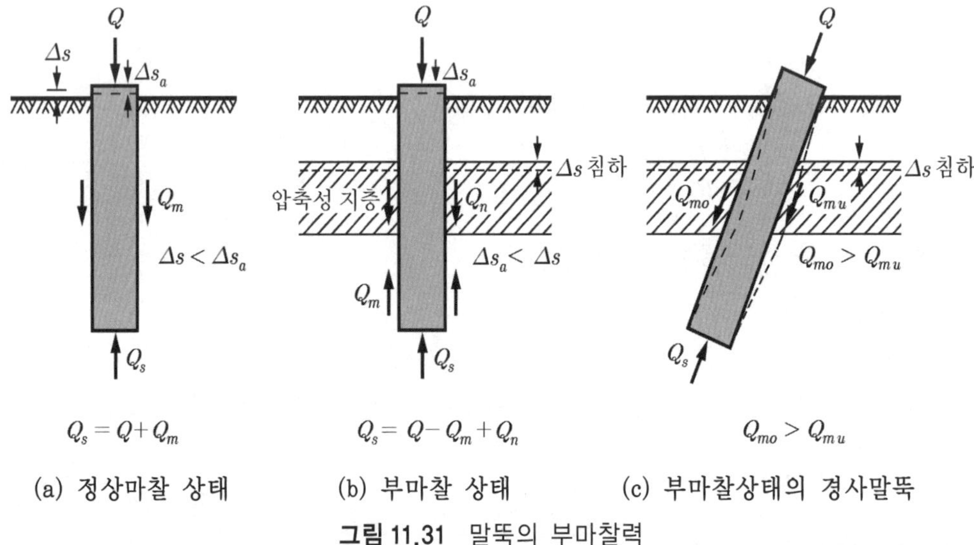

그림 11.31 말뚝의 부마찰력

부마찰력의 크기와 분포는 다음에 따라 달라진다.

- 지반과 말뚝의 상대거동
- 작용하중에 의한 말뚝의 탄성압축거동
- 주변지반의 압밀도

부마찰력의 크기는 말뚝표면에 작용하는 수직응력 σ_0 에 따라서 결정되며, 말뚝표면의 단위면적당 **최대 단위 부마찰력 f_n** (maximum unit negative skin friction)의 크기는 다음과 같다(Johannessen/Bjerrum, 1965).

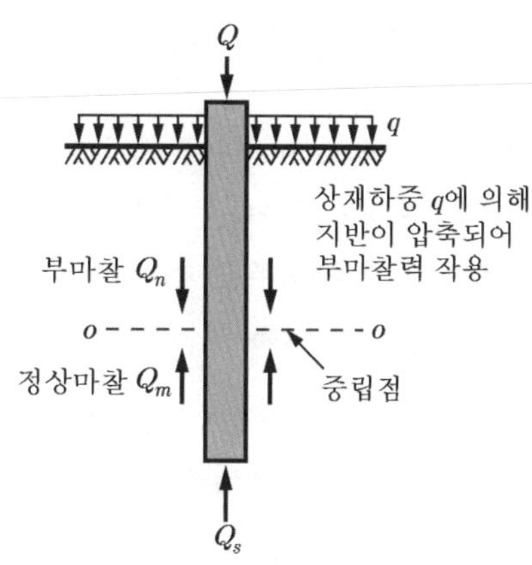

그림 11.32 부마찰 말뚝의 중립점

$$f_n = \beta p_0 \tag{11.56}$$

여기에서 β 는 **경험적 마찰계수**이며 점토에서는 $\beta=0.20\sim0.25$, 실트에서는 $\beta=0.25\sim0.30$, 모래에서는 $\beta=0.30\sim0.50$ 이다. p_o 는 유효 토피하중이다.

부마찰력은 대개 안전측이므로 별도 안전율을 적용하지 않는다(즉, 안전율 $\eta_{sn}=1$ 이다). 따라서 부마찰력 Q_n 을 고려한 **말뚝의 허용하중 Q_a** 는 말뚝의 안전율이 η_{sn} 일 때 다음과 같다.

$$Q_a = \frac{Q_u}{\eta_{sn}} - Q_n \tag{11.57}$$

2) 부마찰력의 저감

말뚝에 부마찰력이 작용하면 말뚝선단에 응력이 집중되어 설계응력상태와 달라지는 등 여러 가지 문제가 야기된다. 따라서 말뚝이 설계기능을 유지하기 위해 다음의 방법으로 **부마찰력을 저감**시킨다.

- 주변면적이 작은 가느다란 말뚝을 사용
- 압축성 지반을 말뚝직경보다 크게 천공하고 안정액으로 채운 후에 말뚝을 설치
- 말뚝 주위에 케이싱이나 슬리브 설치
- 마찰감소를 위해 말뚝샤프트를 코팅
- 깨끗하게 천공

이렇게 하면 그 부분의 마찰저항력을 기대할 수 없으므로 부마찰의 근원인 압축성지층 위치에 한하여 적용하고, 말뚝 선단부(직경의 약 10배 길이)에는 적용하지 않는다.

11.4 무리말뚝의 거동

상재하중이 커서 지지력이 크게 요구될 때에는 말뚝의 직경을 크게 하거나 하나의 기초에 여러 개 말뚝을 설치한다. 그러나 직경이 큰 말뚝은 특수한 공법과 시공장비가 필요하므로 대개 여러 개 작은 말뚝을 캡(cap)으로 묶어서 무리로 작용할 수 있도록 설치한다. 이러한 종류의 말뚝을 **무리말뚝** 또는 **군말뚝**(group pile)이라고 한다.

말뚝을 설치하는 동안에 지반이 교란되는 경우에는 그 영향이 인접한 말뚝에 미치기 때문에 **무리말뚝의 지지력**은 개개 말뚝 지지력의 합보다 작다. 그러나 말뚝을 설치하는 동안에 주변지반이 더욱 조밀해지는 경우에는 무리말뚝의 지지력은 말뚝 개개의 지지력의 합보다 커진다. 무리말뚝의 효과는 동일 지층의 동일 심도에서 단일말뚝 지지력의 합에 대한 무리말뚝 지지력의 비 즉, **무리말뚝 효율**(efficiency of pile group)로 관리한다.

무리말뚝의 선단이 암반에 설치되어 있을 때는 무리말뚝으로 결합된 지반이 불안정한 경사면이나 절리 등의 활동층을 따라 블록파괴를 일으킬 가능성이 있는지 판단하고, 블록파괴 가능성이 없는 경우에는 무리말뚝의 지지력은 말뚝개개의 지지력의 합(말뚝 개개의 지지력에 말뚝의 갯수를 곱한 크기)이다.

특이한 조건이 아니면, 무리말뚝내 모든 말뚝들은 형태가 동일하고 지지력이 같다고 보고 설계한다. 무리말뚝의 지지력은 개개 말뚝지지력의 합과 말뚝무리 전체를 거대한 단일말뚝으로 간주하여 계산한 지지력을 비교하여 작은 값을 취한다.

무리말뚝의 **지지력**(11.4.1절)은 지반의 종류 즉, 점성토와 사질토에 따라서 다르며, 그 **침하**(11.4.2절)는 단일말뚝 침하로부터 계산하거나 경험적으로 구한다. 또한, 무리말뚝에 의해 일체화된 토체에도 **부마찰력**(11.4.3절)이 작용할 수 있고, 이 토체의 자중에 해당하는 크기의 **상향지지력**(11.4.4절)을 갖는다.

11.4.1 무리말뚝의 지지력

1) 점성토에서 무리말뚝의 지지력

점성토는 무리말뚝에 의해 블록화되어 거동하므로, 블록파괴로 간주하여 지지력과 침하거동을 분석한다. 점성토에 짧은 무리말뚝을 설치할 때(**얕은 무리말뚝**, shallow pile group)는 말뚝길이 만큼 근입된 확대기초로 간주하여 지지력을 구하고, 긴 무리말뚝을 설치할 때(**깊은 무리말뚝**, deep pile group)에는 말뚝 지지력 외에 기초판 지지력을 추가한다.

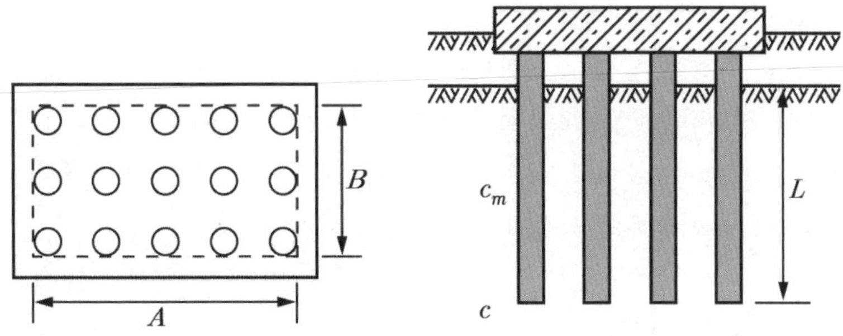

그림 11.33 Terzaghi & Peck 의 무리말뚝지지력

(1) 얕은 무리말뚝의 지지력

① Terzaghi/Peck 의 무리말뚝 지지력

점성토에 얕게 설치된 무리말뚝의 지지력은 무리말뚝에 의해 블록화된 지반을 말뚝의 길이 L 만큼 근입된 확대 기초체로 간주하고 블록 측면에서 전단저항을 고려하여 계산한다 (Terzaghi/Peck, 1967). 즉, 그림 11.33 과 같이 폭 B 이고 길이 A 이며 근입깊이 L 인 확대기초로 간주하며 **무리말뚝의 지지력 Q_g** 는 다음과 같다.

$$Q_g = BAcN_c + 2(B+A)Lc_m \tag{11.58}$$

여기에서 c 는 말뚝선단 하부지반의 점착력이며, c_m 은 말뚝구간 지반의 평균점착력이다. 지지력계수 N_c 는 기초체의 근입깊이와 형상에 따라 (그림 11.34) 결정된다.

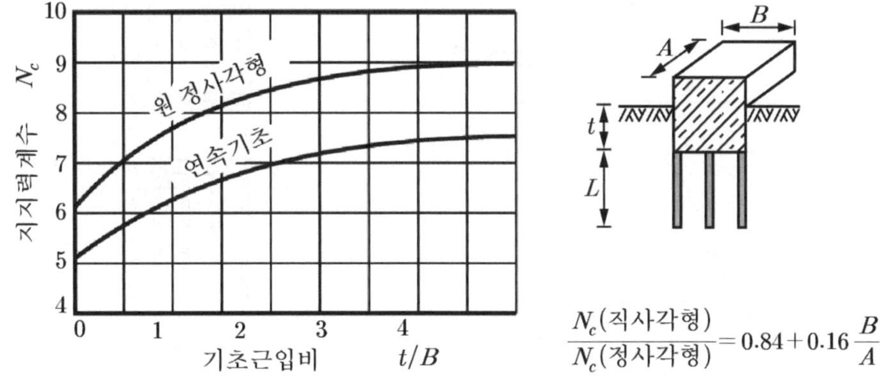

그림 11.34 기초의 깊이와 형상에 따른 지지력계수 N_c

② Whitaker의 무리말뚝 지지력

Whitaker는 시험을 통해 무리말뚝의 파괴메커니즘이 말뚝의 갯수 n 과 간격 a 에 의존하는 것을 발견하고 점성토에 설치한 무리말뚝을 말뚝길이 만큼 근입된 확대기초체로 간주하고 Terzaghi 공식에 의한 지지력 Q_g (식 11.58)와 개개 말뚝의 극한지지력 Q_u 를 고려하여 **무리말뚝의 극한지지력 Q_{ug}** 를 구하였다.

$$\frac{1}{Q_{ug}^2} = \frac{1}{n^2 Q_u^2} + \frac{1}{Q_g^2} \tag{11.59}$$

무리말뚝의 극한지지력 Q_{ug} 는 말뚝의 개별적 극한지지력 Q_u 의 합 nQ_u 보다 작으며 두 값을 비교하여 **무리말뚝의 지지력 감소계수 η** 를 구하면 다음과 같다.

$$\eta = \frac{Q_{ug}}{n\, Q_u} \tag{11.60}$$

따라서 이 관계를 식(11.59)에 대입하면 다음의 식이 성립된다.

$$\frac{1}{\eta^2} = 1 + \frac{n^2 Q_u^2}{Q_g^2} \tag{11.61}$$

경험상 무리말뚝의 지지력은 말뚝 개개의 지지력의 합보다 작으므로 $\eta < 1$ 이다. 그림 11.35는 정사각형으로 배치된 무리말뚝의 지지력과 말뚝 개수의 관계를 나타낸 것이다. 여기에서 말뚝개수가 많아질수록 지지력이 급격히 증가하여 일정한 말뚝 개수(〉80개)부터는 깊은 확대기초의 지지력과 같아지는 것을 알 수 있다.

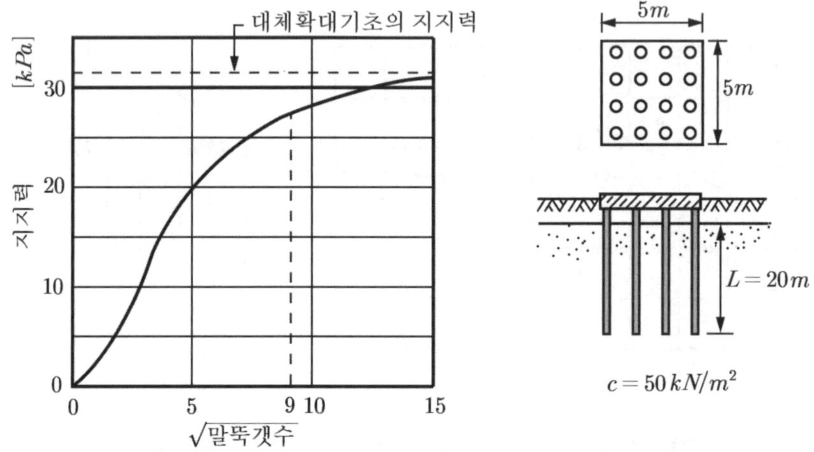

그림 11.35 무리말뚝의 말뚝 갯수와 지지력

(2) 깊은 무리말뚝의 지지력

점성토에 n 개의 긴 말뚝 (직경 d , 단면적 A) 을 이용하여 설치한 깊은 **무리말뚝기초** (폭 B , 길이 A, 그림 11.36) 의 **극한지지력 Q_{ug}** 는 무리말뚝을 구성하는 각 말뚝의 극한지지력 Q_u 의 합에 기초판 지지력을 추가한 값이다. 기초판의 지지력은 전체 면적 BA 에서 n 개 말뚝의 총 단면적 nA_p 를 뺀 유효면적 $(BA-nA_p)$ 으로 계산한다.

$$Q_{ug} = n(c_m \pi d + A_p c_b N_c) + N_{cc} c_c (BA - nA_p) \tag{11.62}$$

여기에서 c_b : 말뚝선단 하부지반의 점착력

c_c : 기초판 하부지반의 점착력

c_m : 말뚝의 전체길이 L 에 대한 평균점착력

N_c : 말뚝선단 하부지반에 대한 얕은기초의 지지력계수

또한, **기초 판의 지지력계수 N_{cc}** 는 기초 판의 형상 (B/A 비) 에 의해 결정된다.

$$N_{cc} = 5.14(1+0.2B/A) \quad (\text{단}, B < A) \tag{11.63}$$

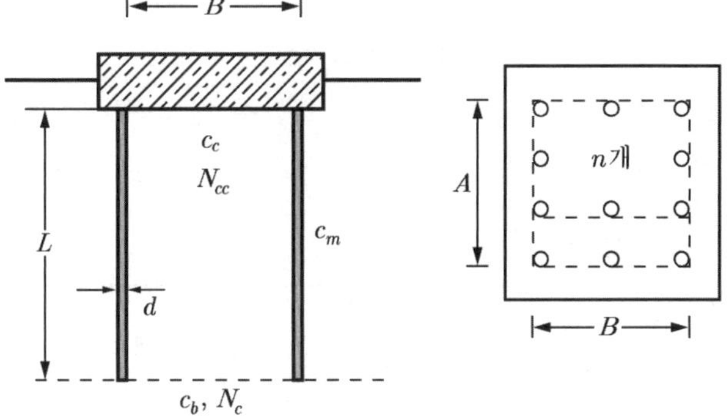

그림 11.36 점토에 설치한 깊은 무리말뚝

2) 사질토에서 무리말뚝의 지지력

사질토에서는 무리말뚝 내 인접말뚝의 중심간 간격이 직경의 2 배 이상이 되어야 하며, 말뚝간격이 직경의 7 배 이상이면 단일말뚝으로 간주한다. 또한 각 말뚝이 지지력파괴에 대해 적절한 안전율을 가지고 있고 사질토 하부에 연약한 지층이 놓여있지 않는 한 무리말뚝으로 결합된 지반이 블록파괴를 일으키지 않는다고 생각한다.

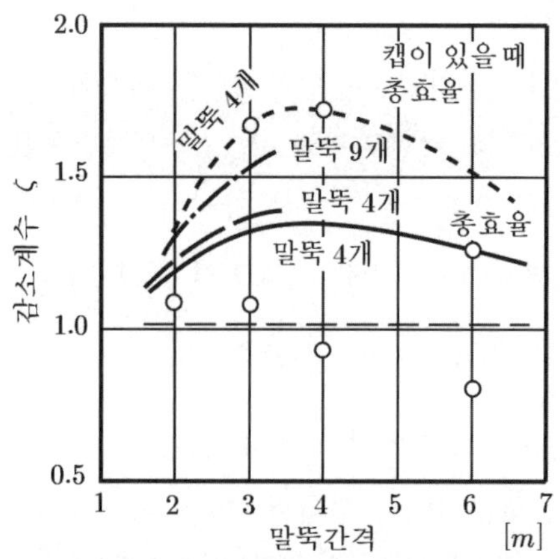

그림 11.37 말뚝의 간격에 따른 무리말뚝의 지지력

사질토 하부지반이 연약지층인 경우에는 단일말뚝 지지력의 합이나 블록파괴를 가정하여 구한 지지력 중에서 작은 값을 극한지지력으로 한다. 사질토에서 때때로 무리말뚝의 지지력이 개개 말뚝지지력의 합보다 커지는 (**감소계수** $\zeta > 1$) 경우도 있다. 대체로 말뚝 간격이 $(2 \sim 3)d$ 일 경우에 무리말뚝 지지력이 최대가 되고 이때 감소계수 ζ 는 $1.3 \sim 2.0$ 의 범위이다 (표 11.22).

느슨한 조립토는 말뚝의 관입에 의해 조밀해지므로 무리말뚝 내 개개 말뚝의 지지력이 단일말뚝 지지력보다 커질 수 있으나, 이러한 효과는 현장조사나 시험에 의해서 입증된 경우에만 설계에 반영한다.

표 11.22 무리말뚝의 지지력

저 자	지 반	말뚝					감소계수
		길이 L [m]	직경d [m]	L/d	개수 n	간격 a	ζ
Cambefort (1955)	부식토 강성점토 모 래 자 갈	2.54	0.05	50	2~7	2	1.39
						3	1.64
						5	1.17
						9	1.07
Kezdi (1975)	습윤모래	2.03	0.1×0.1	20	4 (선형배치)	2	2.1
						3	1.8
						4	1.5
						6	1.05
					4 (정방형배치)	2	2.1
						3	2.0
						4	1.75
						6	1.1

11.4.2 무리말뚝의 침하

무리말뚝의 침하거동 (settlement of pile group) 은 지반상태에 따라서 다르며, 특히 말뚝선단하부에 있는 지층의 압축성에 의해 큰 영향을 받는다.

1) 탄성침하

사질토에서는 무리말뚝을 설치하더라도 지반이 블록화되어 일체로 거동하기보다는 각 말뚝이 개별적으로 거동하므로 다음과 같이 무리말뚝기초의 폭 B_g 와 말뚝의 직경 D 의 상대적 크기를 고려하여 **단일말뚝 탄성침하 s_0** 로부터 **무리말뚝의 탄성침하 s_g** 를 계산하며 (Vesic, 1969), 단일말뚝의 탄성침하 s_0 는 계산하거나 재하시험하여 결정한다.

$$s_g = \sqrt{\frac{B_g}{s_0 D}} \tag{11.64}$$

Meyerhof (1976) 는 **무리말뚝의 탄성침하량 s_g** 를 말뚝선단 하부의 침하영역 (대체로 B_g 깊이) 이내의 수정평균 표준관입저항치 N_{cor} 를 이용해서 경험적으로 산정하였다.

$$s_g = \frac{0.92q\sqrt{B_g}}{N_{cor}} I \qquad [\text{mm}] \tag{11.65}$$

여기에서 $q = \dfrac{Q}{L_g B_g}$ $[\text{kN/m}^2]$

L_g, B_g : 무리말뚝기초의 길이, 폭 $[m]$

I : 영향계수 $= 1 - \dfrac{L}{8B_g} \geq 0.5$

L : 말뚝의 근입깊이

점성토에서 무리말뚝의 탄성침하는 **콘 관입저항력 q_c** 로 부터 계산할 수도 있다.

$$s_g = \frac{q B_g I}{2q_c} \tag{11.66}$$

2) 압밀침하

포화 점성토에서는 무리말뚝이 지반과 일체로 작용하며, 말뚝 길이의 ⅔ 에 해당하는 깊이까지는 비압축성 지반으로 간주하고 그 이하에서 하중이 일정한 폭으로 확산된다고 가정하여 (그림 11.38a) 두께 H 인 하부지층의 압축량 즉, 침하량을 계산한다. 만일 지반이 2 개의 층으로 구성되어 있고 상부층이 연약지층이면 말뚝이 하부의 지지층에만 설치되어 있는 것으로 간주하고 하중의 확산을 생각한다 (그림 11.38b).

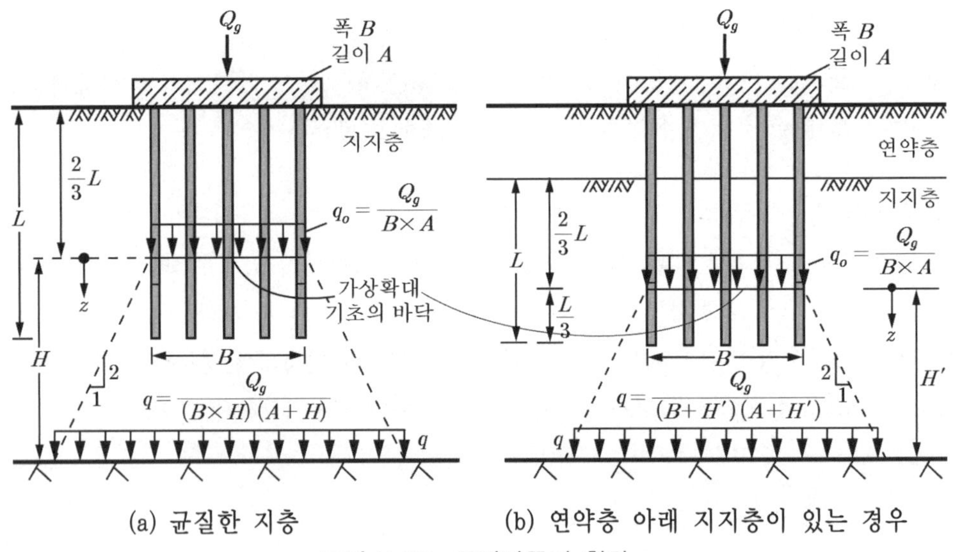

(a) 균질한 지층 (b) 연약층 아래 지지층이 있는 경우

그림 11.38 무리말뚝의 침하

무리말뚝이 점토에 설치되어 있는 경우에는 지지층에 관입된 무리말뚝길이 L 의 하부 ⅓ 지점이 **가상확대기초** 바닥이라 생각하고, **일정 응력분포법** (예, 2 : 1 응력분포법 등) 을 적용하여 압밀침하량을 계산한다.

① 무리말뚝기초에 작용하는 실제하중 Q_g 를 계산한다.

② 하중 Q_g 가 가상확대기초에 작용하고 2 : 1 로 확대된다고 가정한다.

③ 각 지층 i 의 중앙 (가상확대기초바닥부터 깊이 z_i) 에서 응력증분 Δp_i 를 계산한다.

$$\Delta p_i = \frac{Q_g}{(B+z_i)(A+z_i)} \tag{11.67}$$

④ 증가된 응력 Δp_i 에 의해 유발된 각 지층 (두께 H_i)의 압밀침하량 Δs_i 를 계산한다 (e_{0i} 와 Δe_i 는 i 지층이 초기 및 응력증가로 인한 간극비 변화, p_{0i} 는 초기연직응력).

$$\Delta s_i = \frac{\Delta e_i}{1+e_{0i}} H_i = \frac{C_{ci} H_i}{1+e_{0i}} log \frac{p_{oi} + \Delta p_i}{p_{0i}} \tag{11.68}$$

⑤ 전체 압밀침하량 s_g 를 계산한다.

$$s_g = \Sigma \Delta s_i \tag{11.69}$$

3) 경험적 방법

무리말뚝의 침하 (settlement of pile group) 는 근사적으로만 추정이 가능하며 실험을 기초로 한 경험적인 방법으로 구할 수 있다.

폭 B 인 무리말뚝의 침하 s_g 는 단일말뚝의 침하 s_o 에 비하여 말뚝간격 a 가 커질수록 그리고 무리말뚝 기초의 폭 B 와 말뚝 간격 a 의 상대적 크기 B/a 가 커질수록 증가한다. 말뚝간격이 좁으면 지중응력의 확산범위가 한정되어 침하가 줄어든다 (그림 11.39).

위 결과로부터 Meyerhof 는 **무리말뚝의 침하 s_g** 를 근사적으로 구하는 식을 제안하였다.

$$s_g = \frac{x(5 - x/3)}{(1 + 1/m)^2} s_0 \tag{11.70}$$

여기에서 m 은 말뚝열의 수이고, x 는 말뚝간격 a 와 직경 d 의 비 즉, $x = a/d$ 이다.

만일 무리말뚝 선단하부지반의 지중응력 σ 가 단일말뚝의 선단파괴압력 σ_f 의 1/3 보다 작으면 (즉, $\sigma \leq \sigma_f /3$), **단일말뚝의 침하 s_o** 는

$$s_0 = \frac{\sigma d}{30 \sigma_f} \tag{11.71}$$

이므로, 위 식 (11.70) 은 다음이 된다.

$$s_g = \frac{x(5 - x/3)}{(1 + 1/m)^2} \frac{\sigma d}{30 \sigma_f} \tag{11.72}$$

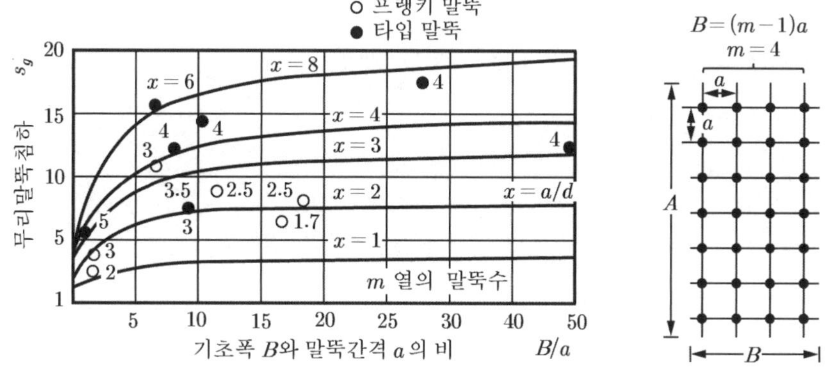

그림 11.39 말뚝의 간격에 따른 무리 말뚝의 침하

11.4.3 무리말뚝의 부마찰력

무리말뚝에서도 성토지반이 압축되거나 성토체 하부 지반이 압축되어 부마찰력이 작용할 수가 있으며, 그 크기는 성토지반이나 압축성지반의 전중량을 초과하지 않는다. 즉, 폭 B 길이 A 인 무리말뚝기초에 하중 Q 가 작용할 때에 **부마찰력의 크기 Q_{ng}** 는 다음과 같다.

$$Q_{ng} \leq Q + BA(\gamma_1 D_1 + \gamma_2 D_2) \tag{11.73}$$

여기에서 γ_1, D_1 과 γ_2, D_2 는 각각 성토지반과 압축성지반의 단위중량과 두께이다.

11.4.4 무리말뚝의 상향지지력

무리말뚝의 상향지지력 (uplift bearing capacity of pile group) 은 각 말뚝 주변마찰력의 합이나 말뚝에 의해 블록화된 지반의 무게 중에서 작은 값을 취하며, 지반에 따라서 그림 11.40 의 형태로 블록화 된다. 블록화된 지반의 무게를 계산할 때 말뚝은 흙으로 간주한다.

1) 사질토

사질토에서는 인발에 대해 그림 11.40a 의 형상으로 블록화 되며, 이때 상향지지력은 다음 중에서 작은 값으로 한다.

① 개개 말뚝의 주변마찰력의 합 :

$$\sum Q_m = n\,Q_m \tag{11.74a}$$

② 말뚝에 의해 블록화된 지반의 무게 :

$$\gamma ABL + BL^2\tan\left(45^\circ - \frac{\phi}{2}\right) + AL^2\tan\left(45^\circ - \frac{\phi}{2}\right) \tag{11.74b}$$

2) 점성토

인발에 대해 그림 11.40b 와 같이 블록화되며, **상향지지력**은 다음 중 작은 값으로 한다.

① 개개 말뚝의 주변마찰력의 합 :

$$\sum Q_m = n\,Q_m \tag{11.75a}$$

② 말뚝에 의해 블록화된 지반의 무게와 블록주변의 점착력 :

$$\gamma ABL + 2(B+A)LS_u \tag{11.75b}$$

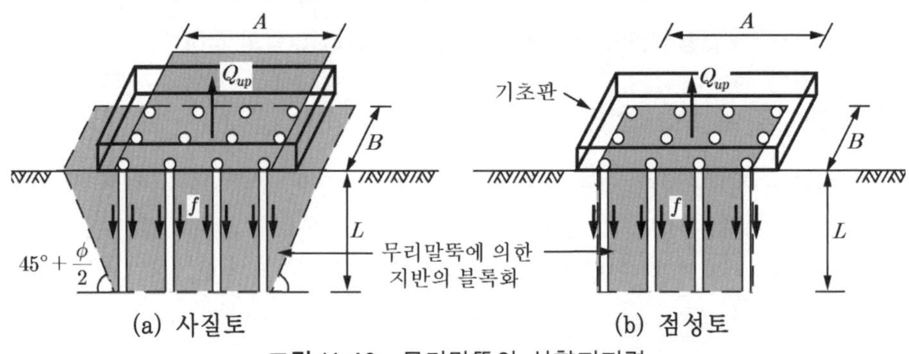

그림 11.40 무리말뚝의 상향지지력

11.5 말뚝의 횡방향 지지력

말뚝에 작용하는 수평력이 너무 커서, 발생된 응력이 말뚝의 강도를 초과하거나 모멘트가 말뚝의 허용모멘트를 초과하면 말뚝이 구조적으로 파괴된다.

따라서 말뚝에 축력의 3%를 초과하는 수평력이 작용하거나 작용할 가능성이 있을 때는 **말뚝의 저항거동** (11.5.1 절) 과 **지반반력** (11.5.2 절) 을 분석하여 안정성을 확인한 후 설계에 반영하여 구조물의 형태를 결정한다. 말뚝의 **수평허용지지력** (11.5.3 절) 은 수평허용변위를 유발하는 수평력으로 한다. 말뚝의 **극한수평지지력** (11.5.4 절) 은 말뚝의 종류나 형상 및 지반에 따라 결정되고, 과도한 수평력이 작용할 때에는 **횡력에 대한 대책** (11.5.5 절) 이 필요하다.

11.5.1 말뚝의 횡방향 저항거동

말뚝은 단면의 크기에 비해 길이가 긴 부재이어서 말뚝의 상부에 연직 편심하중 또는 횡력이 작용하거나 지반이 수평방향으로 유동하면 말뚝에 모멘트가 발생되어 휘어진다. 보통 말뚝은 아주 작은 크기의 횡력 밖에 지지하지 못한다.

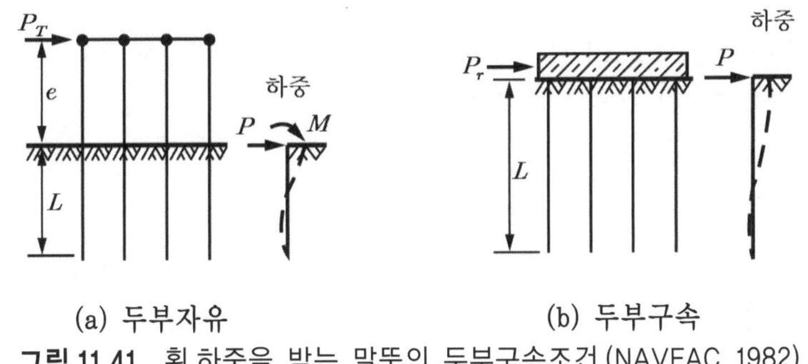

그림 11.41 횡 하중을 받는 말뚝의 두부구속조건 (NAVFAC, 1982)

말뚝의 수평하중 - 변위 관계는 지반상태나 수평지반반력계수, 말뚝의 관입길이, 휨강성, 말뚝두부 구속조건 및 응력 - 변형률 특성에 의해서 영향을 받는다.

말뚝상부에 수평력이나 모멘트가 작용하면 말뚝은 휨변형을 일으키고 이에 대해 주변 지반이 수평방향으로 저항하게 되며, 수평저항력의 크기와 분포는 말뚝두부의 고정상태와 말뚝과 지반의 상대적 강성에 따라 결정된다 (De Beer, 1977).

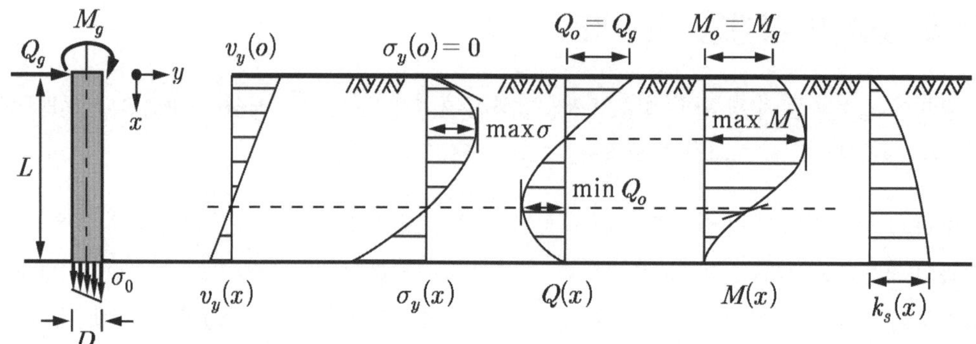

(a) 재하상태 (b) 수평변위 (c) 수평응력 (d) 전단력 (e) 모멘트 (f) 지반반력계수

그림 11.42 수평력을 받는 말뚝의 거동

말뚝의 길이가 짧으면, 횡하중이 작용할 때에 말뚝의 축변형이 거의 발생되지 않는다. 따라서 **짧은 말뚝의 극한 수평저항력은 흙의 전단강도에 의해서 지배된다.**

그러나 말뚝이 길어지면, 횡하중이 작용할 때에 축변형이 발생되기 때문에 **긴 말뚝의 극한 수평저항력은 말뚝의 저항모멘트에 의해 지배된다.**

11.5.2 말뚝의 횡방향 지반반력

말뚝이 지지하고 있는 구조물에 수평토압, 풍압, 파압, 지진하중 등 수평력이 가해지면 말뚝두부에 수평하중과 모멘트가 발생된다.

1) 수평 지반반력계수

수평하중을 받는 연직말뚝의 휨 변형거동은 말뚝의 최대응력(강성)과 말뚝상부의 허용변위 및 주변지반의 수평방향 허용지지력에 따라 결정된다.

따라서 **수평하중을 받는 연직말뚝 휨 변형거동**은 **수평방향지반반력계수 k_h** (coefficient of horizontal subgrade reaction)를 적용하여 해석한다.

수평 지반반력계수는 변위에 의해서 결정되며, 말뚝의 최대 응력(강성)과 지반의 종류에 따라서 다르고, 말뚝 전체길이에 대해서 등분포나 삼각형 분포 또는 곡선 분포를 나타낸다(그림 11.43).

사질토나 약간 과압밀된 점토에서는 **수평지반반력계수** k_h 가 깊이 z 에 따라 선형적으로 증가 (삼각형분포) 한다고 가정하고 (그림 11.43c) 다음의 식으로 나타낸다.

$$k_h = \frac{f\,z}{D} \tag{11.76}$$

여기에서 D 는 재하 폭 (말뚝의 폭 또는 직경)이며, f 는 **수평지반반력 변화계수**이고 깊이에 따른 수평지반반력계수 분포의 기울기를 나타낸다.

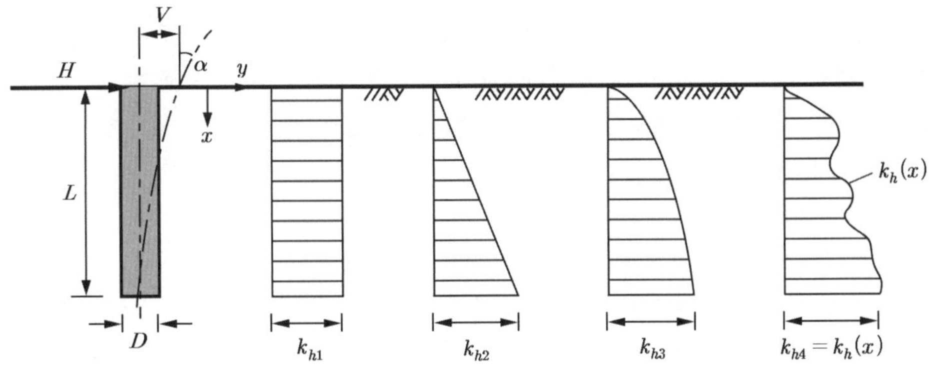

(a) 수평변위 (b) 등분포 (c) 삼각형분포 (d) 곡선분포 (e) 임의곡선분포

그림 11.43 수평방향 지반반력계수의 분포

그러나 심히 과압밀된 점토에서는 **수평 지반반력계수** k_h 가 깊이에 대해 일정하다 (등분포) 고 가정하고 (그림 11.43b), 그 크기는 **비배수전단강도** S_u 에 따라 다음과 같다.

$$k_h = (30 \sim 75)\,S_u \tag{11.77}$$

지반의 수평지반반력계수 k_h 는 반복하중이 작용하면 모래에서는 초기치의 25 %, 조밀한 모래에서는 50 % 정도 감소한다. 장기하중이 작용하는 경우에도 수평 지반반력계수가 연약 점성토에서는 20~30 %, 견고한 점성토에서 20~50 %, 모래에서 80~90 % 정도 감소된다. 수평지반반력계수가 감소하면 말뚝의 수평변위가 증가한다.

말뚝 간격이 말뚝 직경의 6~8 배 보다 작은 말뚝은 무리말뚝으로 거동하기 때문에, 하중방향에 대한 수평 지반반력계수를 말뚝간격을 고려하여 감소시킨다. 말뚝에 작용하는 수평력은 대체로 극한 수평지지력의 1/3 을 초과하지 않도록 하며, 말뚝 수평변위는 6 mm 이내로 한정한다.

2) 수평지반반력의 결정

말뚝이 지지하는 구조물에 수평력이 작용하여 말뚝두부에 수평하중과 모멘트가 발생되는 경우에는 계산하거나 현장에서 수평재하시험을 수행해서 구한 수평지반반력으로부터 말뚝 수평지지력을 계산한다. 수평 지반반력을 계산으로 구할 때는 말뚝의 근입부 지반전체가 소성파괴 된다고 가정하거나 (**소성 지반반력법**, plasticity method), 지반을 탄성체로 가정하거나 (**탄성지반반력법**, elasticity method), 또는 말뚝하부 근입지반은 탄성체이고 말뚝 상부 근입지반은 소성파괴된다고 (**복합지반반력법**, compound method) 가정한다.

극한 지반반력법을 적용하면 말뚝의 변위와 무관한 극한수평지지력을 구할 수 있고, 탄성 지반 반력법에서는 말뚝의 수평허용변위량에 대한 수평허용지지력을 구할 수 있으며, 복합 지반반력법을 적용하면 극한수평지지력과 말뚝의 변위를 모두 구할 수 있다.

(1) 극한지반반력법

극한지반반력법은 **극한평형법**이라고도 한다. 말뚝의 근입부에 해당하는 지반 전체가 극한상태에 도달되며, 그때에 지반반력분포가 등분포나 삼각형 또는 포물선이라고 가정하고 힘의 평형을 적용하여 극한수평지지력을 구한다. 변위와 무관한 형태로 지반반력 분포를 가정하므로 근입길이가 짧은 말뚝에 적용할 수가 있다. Broms (1964a) 의 방법 (그림 11.44) 이 여기에 속한다. **수평지반반력계수** k_h 가 깊이에 따라 직선적으로 증가한다고 가정하면 수평지반반력 곡선의 모양이 2 차 포물선이 된다 (그림 11.45).

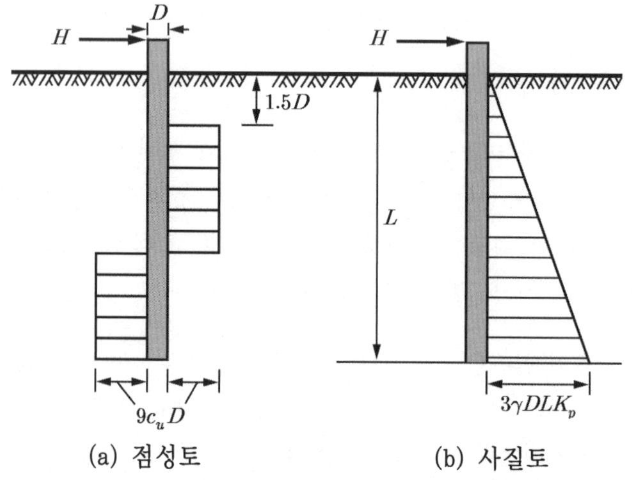

그림 11.44 Broms 의 극한지반반력 (1964a)

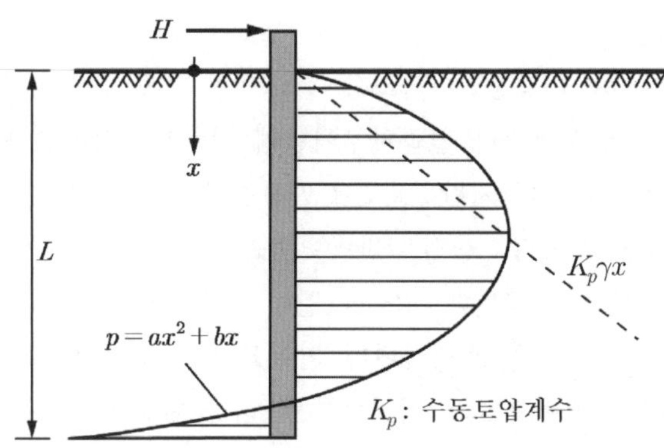

그림 11.45 포물선 분포의 극한지반반력

(2) 탄성 지반반력법

탄성 지반반력법은 지반이 탄성체이고 지반반력이 말뚝의 변위에 대해서 선형적이나 비선형적으로 비례한다고 가정하고 지반반력을 구하는 방법이다(그림 11.46). 지반을 탄성상태로 가정하기 때문에 극한상태의 지반반력 즉, 극한지지력은 구할 수 없으나, 주어진 허용변위량에 대한 허용지지력을 구할 수 있다.

이 방법은 말뚝 근입부 전체에 대해서 지반파괴가 일어나지 않는(즉, 변위가 비교적 크게 허용되는) 말뚝에 적용할 수가 있다. **비선형 탄성 지반반력법**에서는 비선형 미분 방정식을 풀기가 쉽지 않아서 유한차분법 등을 적용하며, 기준 말뚝에 대한 기준곡선으로부터 상사법칙을 적용해서 계산하는 실용적 방법이 적용되고 있다.

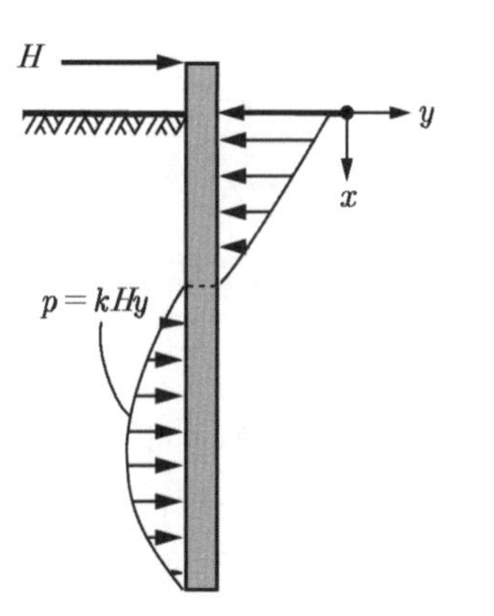

그림 11.46 탄성지반반력법

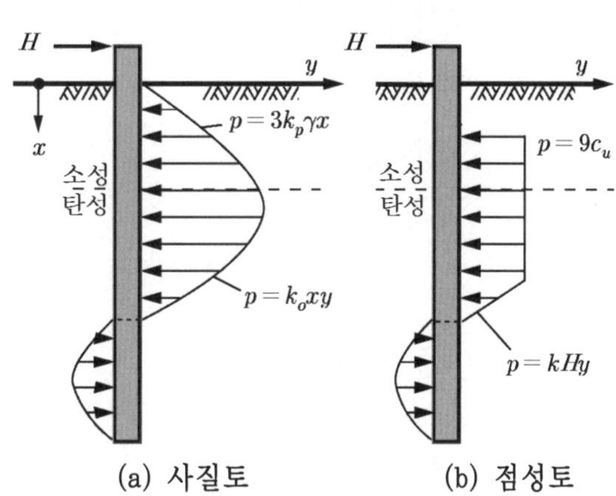

그림 11.47 탄성 지반반력법

(3) 복합지반 반력법

복합 지반반력법은 $p-y$ **곡선법**이라고도 한다. 한 지반에서 탄성상태와 소성상태가 공존한다고 가정하고 탄성상태인 말뚝하부지반에서는 탄성지반반력법을 적용하고 소성상태 말뚝상부지반에서는 극한지반반력법을 적용한다. 따라서 말뚝의 극한수평지지력은 물론 수평변위도 구할 수 있다. 탄성 지반반력법과 극한 지반반력법에 적용하는 모델에 따라 매우 다양한 방법이 파생된다. Broms는 긴 말뚝에서 말뚝의 최대휨모멘트 발생 위치보다 상부에 있는 지반은 소성화된다 가정하고 말뚝 축의 직각방향 극한지지력을 구하였다(그림 11.47). 지반모델의 적정여부에 대한 문제가 있으나 실제 말뚝-지반 거동을 비교적 잘 계산할 수 있는 방법이다.

3) 주동말뚝과 수동말뚝의 지반반력

연직말뚝이 지표면상에서 수평하중을 받아 수평방향으로 변위를 일으키면 주변지반이 이에 저항함에 따라 하중이 지반에 전달된다. 이러한 말뚝을 **주동말뚝**(active pile)이라 하고(그림 11.48a), 말뚝이 움직이는 주체이고 말뚝 변위에 의해 주변지반이 변형된다.

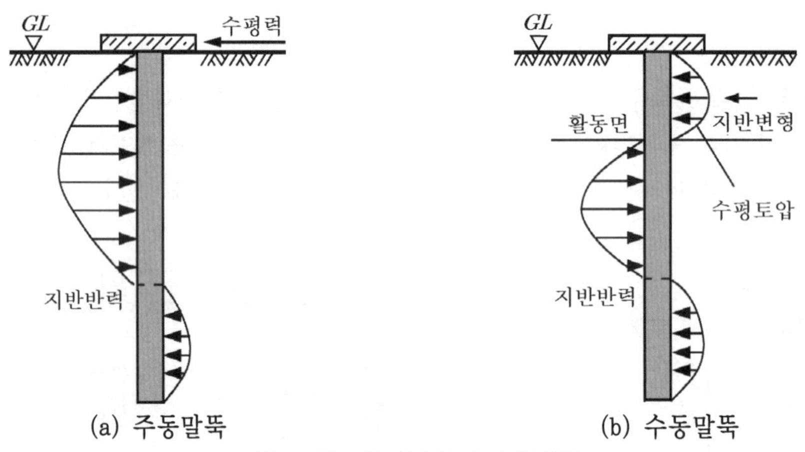

(a) 주동말뚝 (b) 수동말뚝

그림 11.48 주동말뚝과 수동말뚝

반면에 말뚝의 주변지반이 변위를 일으키면, 말뚝이 이에 저항함에 따라 말뚝에 수평토압이 작용하는 경우가 있다. 이러한 말뚝을 **수동말뚝**(passive pile)이라 하고(그림 11.48b), 성토 등의 상재하중에 의해서 수평변형이 발생되는(연약지반 내에 설치한) 말뚝이나(사면파괴나) **측방유동 억제말뚝** 등이 여기에 속한다. 주변지반이 움직이는 주체이고 주변지반의 변위에 의해 말뚝이 변형된다.

11.5.3 말뚝의 횡방향 허용 지지력

수평방향 지반반력계수가 말뚝의 전체길이에서 등분포이거나 삼각형분포일 때에 말뚝(길이 L , 폭이나 직경 D) 의 **탄성길이 L^e** (Elastic length) 또는 **특성길이** (characteristic length) 는 말뚝의 휨강성 EI 로부터 다음 식으로 계산한다.

$$L^e = \sqrt[4]{\frac{EI}{Dk_h}} \quad \text{(등분포인 경우)} \qquad : \text{점토}$$

$$L^e = \sqrt[5]{\frac{EI}{Dk_h}} \quad \text{(삼각형분포인 경우)} \quad : \text{모래} \tag{11.78}$$

말뚝이 수평력을 안정하게 지지하기 위해서는 탄성길이의 2 배 ($L = 2L^e$) 정도를 지지층에 관입시켜야 한다 (Schiel, 1970). 말뚝관입장이 탄성길이의 2 배 보다 짧으면 ($L < 2L^e$) **강성말뚝** (rigid pile) 으로 거동하고 (짧은 말뚝), 탄성길이의 4 배 보다 더 길면 ($L \geq 4L^e$) 무한히 긴 말뚝으로 거동한다. 말뚝이 휨변형될 때는 말뚝전면의 지반은 수동파괴 되지 않는다고 가정한다.

말뚝두부에 축의 직각방향으로 수평력 Q_g 와 모멘트 M_g 가 작용할 때에 지중부 (길이 dx) 의 응력상태 (그림11.49a) 는 탄성지반에 대한 **보의 휨이론** (theory of beams on elastic foundation) 과 힘의 평형조건에서 구할 수 있다.

$$EI\frac{d^4 y}{dx^4} + p = 0 \tag{11.79}$$

여기에서 휨강성 EI 는 말뚝재질과 단면의 형상과 크기에 따라 결정되고, x 는 말뚝의 머리로부터 축방향거리이고 y 는 축직각방향 거리이다.

지반반력 p 를 **지반반력계수 k_h** 로 나타내면 (Winkler, 1867),

$$p = k_h\, y \tag{11.80}$$

이므로, 식 (11.79) 는 다음 식이 된다.

$$EI\frac{d^4 y}{dx^4} + k_h\, y = 0 \tag{11.81}$$

따라서 수평지반반력계수 k_h 를 알면 연직말뚝의 수평거동을 해석할 수 있다.

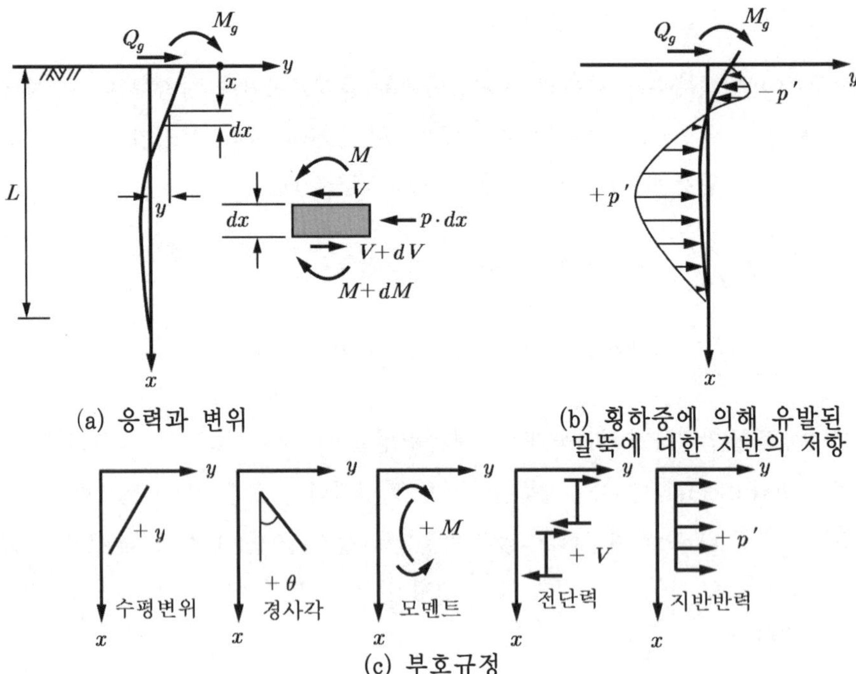

그림 11.49 축 직각방향력과 모멘트가 작용하는 말뚝의 응력과 변위

1) 사질토

지표면의 말뚝두부에서 말뚝 축의 직각방향으로 수평하중 Q_g 와 모멘트 M_g 가 작용하는 길이 L 인 연직말뚝에서 (그림 11.49) 임의 깊이 x 에 대해서 그림 11.49c 의 부호규정에 의거하여 위 식의 해를 구하면 다음과 같다 (Matlock/Reese, 1960).

- 수평처짐 $y_x(x)$

$$y_x(x) = A_y \frac{Q_g L^{e^3}}{EI} + B_y \frac{M_g L^{e^2}}{EI} \tag{11.82a}$$

- 경사각 $\theta_x(x)$

$$\theta_x(x) = A_\theta \frac{Q_g L^{e^2}}{EI} + B_\theta \frac{M_g L^e}{EI} \tag{11.82b}$$

- 모멘트 $M_x(x)$

$$M_x(x) = A_m Q_g L^e + B_m M_g \tag{11.82c}$$

- 전단력 $V_x(x)$

$$V_x(x) = A_v Q_g + B_v \frac{M_g}{L^e} \tag{11.82d}$$

- 지반반력 $p_x(x)$

$$p_x(x) = A_p \frac{Q_g}{L^e} + B_p \frac{M_g}{L^{e2}} \tag{11.82e}$$

여기에서 A_y, A_θ, A_m, A_v, A_p, B_y, B_θ, B_m, B_v, B_p 는 계수이며, 탄성길이의 5 배보다 긴 ($L > 5L^e$) 긴 말뚝 (long pile) 에 대한 값들이 표 11.23 에 주어져 있다.

표 11.23 사질토에 설치된 긴 말뚝에 대한 계수 $k_x = k_h x$ (단, $X = x/L^e$)

X	A_y	A_θ	A_m	A_v	A_p	B_y	B_θ	B_m	B_v	B_p
0.0	2.435	−1.623	0.000	1.000	0.000	1.623	−1.750	1.000	0.000	0.000
0.1	2.273	−1.618	0.100	0.989	−0.277	1.453	−1.650	1.000	−0.007	−0.154
0.2	2.112	−1.603	0.198	0.956	−0.422	1.293	−1.550	0.999	−0.028	−0.259
0.3	1.952	−1.578	0.291	0.906	−0.586	1.143	−1.450	0.994	−0.058	−0.343
0.4	1.796	−1.545	0.379	0.840	−0.718	1.003	−1.351	0.987	−0.095	−0.401
0.5	1.644	−1.503	0.459	0.764	−0.822	0.873	−1.253	0.976	−0.137	−0.436
0.6	1.496	−1.454	0.532	0.677	−0.897	0.752	−1.156	0.960	−0.181	−0.451
0.7	1.353	−1.397	0.595	0.585	−0.947	0.642	−1.061	0.939	−0.226	−0.449
0.8	1.216	−1.335	0.649	0.489	−0.973	0.540	−0.968	0.914	−0.270	−0.432
0.9	1.086	−1.268	0.693	0.392	−0.977	0.448	−0.878	0.885	−0.312	−0.403
1.0	0.962	−1.197	0.727	0.295	−0.962	0.364	−0.792	0.852	−0.350	−0.364
1.2	0.738	−1.047	0.767	0.109	−0.885	0.223	−0.629	0.775	−0.414	−0.268
1.4	0.544	−0.893	0.772	−0.056	−0.761	0.112	−0.482	0.688	−0.456	−0.157
1.6	0.381	−0.741	0.746	−0.193	−0.609	0.029	−0.354	0.594	−0.477	−0.047
1.8	0.247	−0.596	0.696	−0.298	−0.445	−0.030	−0.245	0.498	−0.476	0.054
2.0	0.142	−0.464	0.628	−0.371	−0.283	−0.070	−0.155	0.404	−0.456	0.140
3.0	−0.075	−0.040	0.225	−0.349	0.226	−0.039	0.057	0.059	−0.213	0.268
4.0	−0.050	0.052	0.000	−0.106	0.201	−0.028	0.049	−0.042	0.017	0.112
5.0	−0.009	0.025	−0.033	0.015	0.046	0.000	−0.011	−0.026	0.029	−0.002

사질토에서는 지반반력계수가 깊이에 선형 비례하기 때문에 탄성길이 L^e 는 식 (11.78) 의 삼각형분포인 경우이며, 수평지반반력계수 k_h 는 표 11.24 와 같이 가정한다.

표 11.24 일반적인 수평지반반력계수 k_h

지반의 종류		k_h [kPa]
건조 또는 습윤모래	느슨	1,800 ~ 2,200
	중간	5,500 ~ 7,000
	조밀	15,000 ~ 18,000
수중모래	느슨	1,000 ~ 1,400
	중간	3,500 ~ 4,500
	조밀	9,000 ~ 12,000

사질토에 설치되고 탄성길이 5배보다 작은 ($L \langle 5L^e$) **짧은 말뚝** (short rigid pile)에 대한 A_y, A_m, B_y, B_m 의 값은 그림 11.50에 주어져 있다.

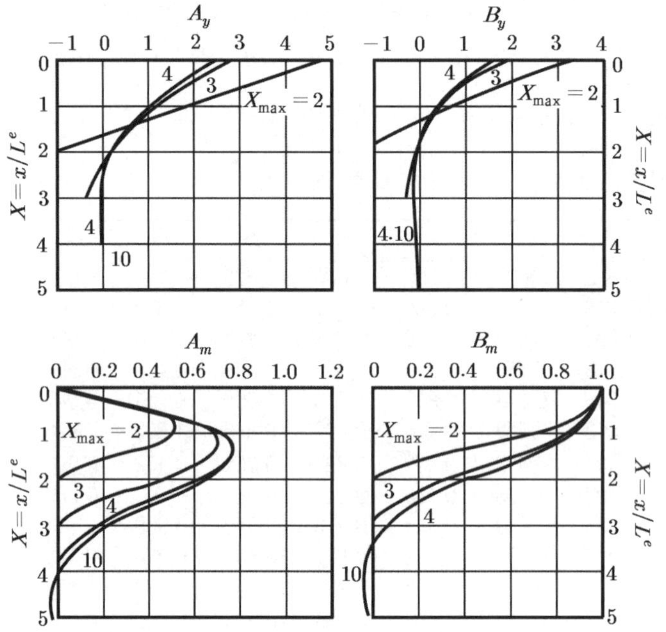

그림 11.50 사질토에 설치된 짧은말뚝에 대한 계수 A_y, B_y, A_m, B_m

2) 점토

점토에 관입된 말뚝에 대한 식 (11.81)의 해는 다음과 같다 (Davidson/Gill, 1963).

- 수평처짐 $y_x(x)$

$$y_x(x) = A_y{}' \frac{Q_g L^{e^3}}{EI} + B_y{}' \frac{M_g L^{e^2}}{EI} \tag{11.83a}$$

- 모멘트 $M_x(x)$

$$M_x(x) = A_m{}' Q_g L^e + B_m{}' M_g \tag{11.83b}$$

여기에서 계수 $A_y{}'$, $B_y{}'$, $A_m{}'$, $B_m{}'$는 그림 11.51에서 주어져 있다. 점토에서 수평 지반반력계수 k_h 는 깊이에 대해서 일정(등분포)하므로 탄성길이 L^e 는 식 (11.78)의 등분포인 경우에 대한 값이다.

점토의 수평지반반력계수 k_h는 Vesic (1961)에 의하여 다음과 같이 계산한다.

$$k_h = 0.65 \sqrt[12]{\frac{E_s D^4}{EI}} \frac{E_s}{1-\nu^2} \tag{11.84}$$

여기에서 D 는 말뚝의 폭 (또는 직경)이고, E_s 는 지반의 압밀변형계수이다.

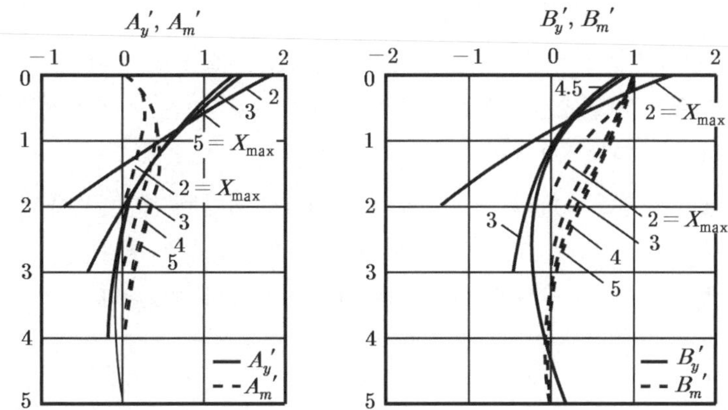

그림 11.51 점토에서 A_y', B_y', A_m', B_m'의 분포(Davidson/Gill, 1963)

점토의 **압밀변형계수** E_s는 다음의 식으로 계산하거나 압밀시험으로부터 구한다.

$$E_s = \frac{3(1-\nu)}{m_v} \tag{11.85a}$$

여기에서 m_v 는 **체적변형계수**이며, 점토의 Poisson 비는 $\nu = 0.3 \sim 0.4$ 이다.

$$m_v = \frac{\Delta e}{\Delta p(1+e_{av})} \tag{11.85b}$$

11.5.4 말뚝의 횡방향 극한 지지력

수평력을 받는 말뚝은 두부의 고정상태와 말뚝의 길이 그리고 말뚝-지반의 상대적 강성에 따라 거동이 달라진다.

말뚝 두부가 힌지(hinge) 처럼 거동하는 경우를 **두부자유**(free head) 라 하고, 고정단(fixed end) 처럼 거동하는 경우를 **두부구속**(fixed head) 이라 한다.

짧은 말뚝(short pile) 은 두부자유이면 지표지반의 저항외에도 회전(rotation) 으로 인해 선단부에 수동저항이 유발되고, 두부와 선단부 수동저항이 너무 크면 회전에 의해 파괴된다. 짧은 말뚝이 말뚝 캡이나 브레이싱에 의해 두부구속상태이면 수평이동(translation) 에 의해 파괴된다. **짧은 말뚝의 횡방향 지지력**은 수평지반반력에 의해 정해진다.

긴 말뚝(long pile) 은 하부에서 수동저항이 매우 커서 회전하지 않고 연직상태를 유지하며, 휨모멘트가 최대인 곳에서 항복모멘트를 초과하면 균열이 발생되어 파괴된다. 말뚝캡의 바로 아래에서도 휨모멘트가 크게 발생되어서 균열이 발생될 수 있다. **긴 말뚝의 횡방향 지지력**은 말뚝의 강도에 의해 결정된다.

1) 점토에서 말뚝의 횡방향 지지력

점토지반에 설치된 말뚝이 수평력을 받으면 그림 11.52a 와 같이 수평변위를 일으키고, 이때 수평방향 지반반력은 지표에서는 약 $2c_u D$ 이고 깊이 $3D$ 까지는 대략 직선적으로 증가하며, 그 아래에서는 $(8 \sim 12)c_u D$ 로 일정한 값을 유지한다.

Broms (1964a) 는 이를 단순화하여 지표면에서 $1.5D$ 까지는 지반반력이 작용하지 않고 그 아래에는 $9c_u D$ 로 일정하다 가정하고 (그림 11.53a) 짧은 말뚝의 횡방향 지지력을 구하였다. 긴 말뚝의 횡방향 지지력은 말뚝의 항복모멘트 M_y 에 의하여 결정된다.

(1) 두부자유

두부가 구속되지 않도록 점토지반에 설치한 **짧은 두부자유 말뚝**에서 (그림 11.53a) **최대 휨모멘트 M_{max}** 는 전단응력이 '영'인 위치에서 발생되며, 그 위치와 크기는 다음과 같다.

$$f = \frac{H_u}{9c_u D} \tag{11.86a}$$

$$\begin{aligned} M_{max} &= H_u(e + 1.5D + f) - f(9c_u D)\frac{f}{2} \\ &= H_u(e + 1.5D + 0.5f) \end{aligned} \tag{11.86b}$$

횡방향 하중 H_u 와 최대모멘트 M_{max} 는 점착력 c_u 와 말뚝의 직경 D 및 말뚝 관입비 L/D 를 고려하여 그림 11.54a 에서 구한다. 최대 모멘트 M_{max} 가 말뚝의 항복모멘트 M_y 보다 작으면 짧은 말뚝으로 거동하고, 크면 긴 말뚝으로 (그림 11.53b) 거동한다. **횡방향의 지지력 H_u** 는 위 식의 최대모멘트 M_{max} 를 항복모멘트 M_y 로 대체하여 계산한다.

$$H_u = \frac{M_y}{e + 1.5D + 0.5f} \tag{11.87}$$

또한, 그림 11.54b 에서 항복모멘트 M_y 에 대한 **극한수평지지력 H_u** 를 구할 수도 있다.

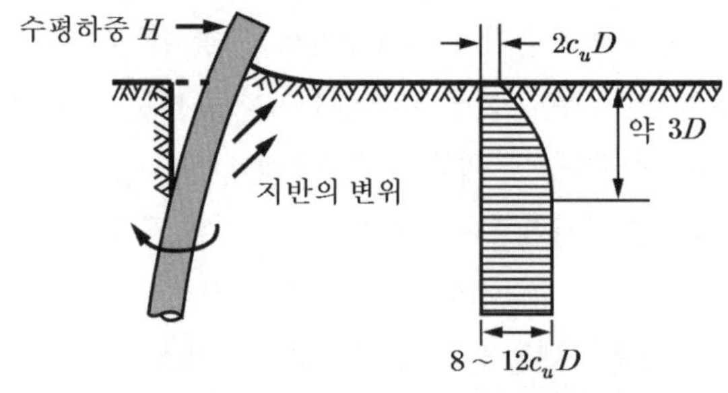

그림 11.52 말뚝의 수평변위와 지반반력의 분포

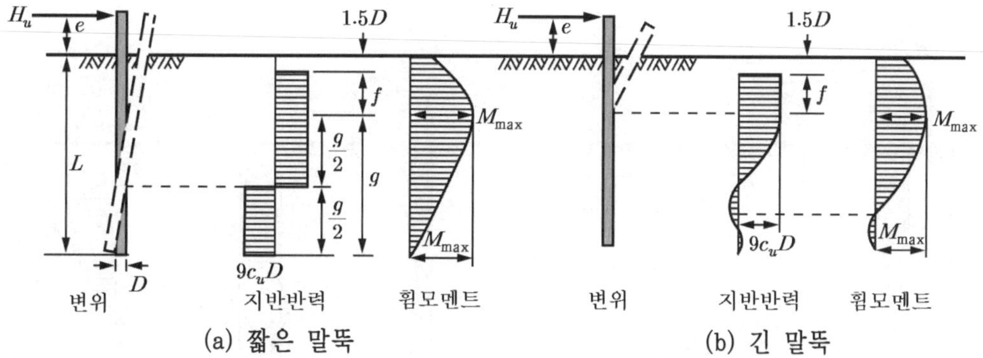

그림 11.53 점토에 설치된 두부자유 말뚝의 파괴 메커니즘 (Broms, 1964a)

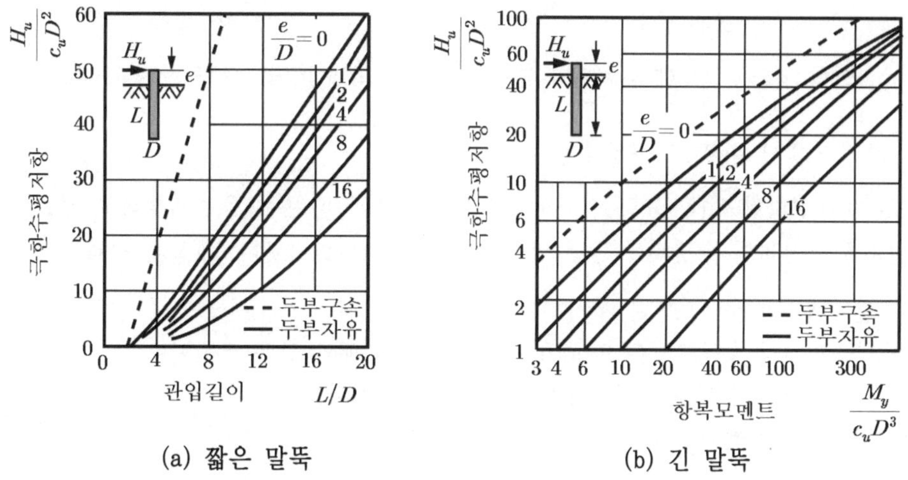

그림 11.54 점토지반에 설치된 말뚝의 극한수평지지력 (Broms, 1964a)

(2) 두부구속

두부 구속말뚝에서 지반반력 분포를 그림 11.55 와 같이 가정하면 두부에 최대모멘트가 발생된다. 짧은 말뚝의 **극한 수평지지력** H_u 와 **최대 휨모멘트** M_{max} 는 다음과 같다.

$$H_u = 9 c_u D (L - 1.5 D) \tag{11.88a}$$

$$M_{max} = H_u (0.5 L + 0.75 D) = 4.5 c_u D (L^2 - 2.25 D) \tag{11.88b}$$

두부에서 발생되는 최대모멘트 M_{max} 가 **말뚝 항복모멘트** M_y 보다 크면 ($M_{max} > M_y$) 긴 말뚝으로 거동하며, 이 때 **극한수평지지력** H_u 는 다음과 같다.

$$H_u = \frac{2 M_y}{1.5 D + 0.5 f} \tag{11.89}$$

또한, 항복모멘트 M_y 에 대한 극한수평지지력 H_u 를 그림 11.54b 에서 구할 수 있다.

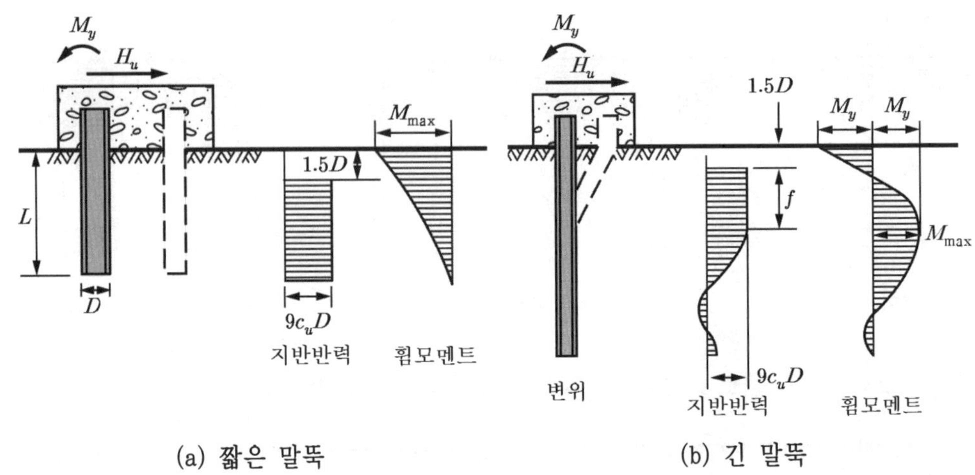

그림 11.55 점토에 설치된 두부구속 말뚝의 파괴 메커니즘 (Broms, 1964a)

2) 사질토에서 말뚝의 극한수평지지력

사질토에 설치된 말뚝 (그림 11.56) 에서 Broms (1964b) 는 다음을 가정하고 짧은 말뚝과 긴 말뚝을 구분하여 수평력을 받는 말뚝의 변위와 지반반력 및 모멘트를 구하였다.

- 말뚝배면의 주동토압은 무시한다.
- 말뚝전면의 수동토압은 Rankine 수동토압의 3 배와 같은 크기이다.
- 말뚝단면의 형상은 수평저항력의 분포와 무관하다.
- 전 수평저항은 고려하는 변위에서 발생된다.

(1) 두부자유

짧은 말뚝 : 사질토에 설치된 **짧은 두부자유 말뚝**에서는 그림 11.56a 의 지반반력분포를 적용하고 말뚝 선단에서 모멘트의 합계를 '**영**'으로 하여 지반의 단위중량, 수동토압계수 K_p , 말뚝의 폭 D , 근입비 L/D 를 고려해서 극한 수평저항력 H_u 를 계산한다.

그 밖에 그림 11.57a 의 도표에서 **극한수평저항력 H_u** 를 구할 수 있다.

$$H_u = \frac{0.5\,\gamma D L^3 K_p}{e + L} \tag{11.90a}$$

말뚝의 **극한수평지지력 H_u** 는 폭 3D 인 벽체의 수동토압과 같다.

$$H_u = \frac{3}{2}\gamma D K_p f^2 \tag{11.90b}$$

이 식을 정리하면 최대모멘트가 발생하는 위치 f 를 구할 수 있다.

$$f = 0.82\left(\frac{H_u}{DK_p\gamma}\right)^{1/2} \tag{11.91a}$$

따라서 최대휨모멘트 $M_{\max}$ 는 다음과 같다.

$$M_{\max} = H_u\left(e + \frac{2}{3}f\right) \tag{11.91b}$$

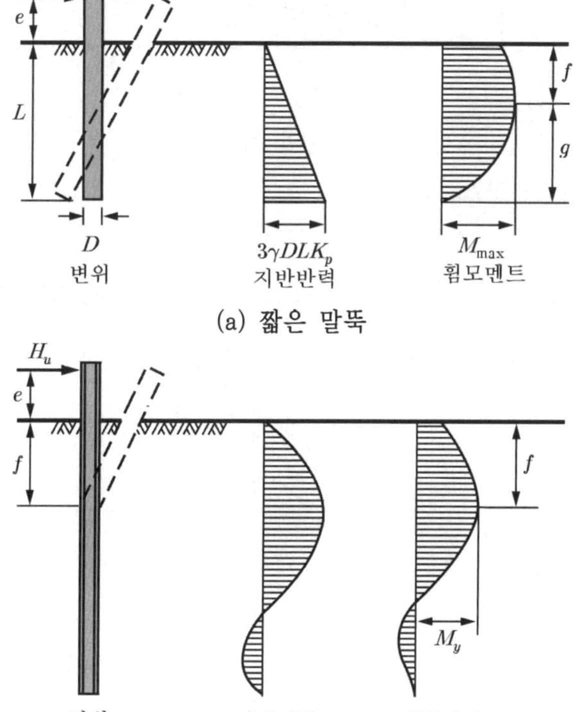

그림 11.56 사질토에 설치한 두부자유 말뚝의 파괴 메커니즘 (Broms, 1964b)

긴말뚝 : 위 식에서 구한 최대휨모멘트가 항복모멘트 M_y 보다 크면 ($M_{\max} > M_y$), 긴 말뚝으로 거동하므로 **극한수평지지력 H_u** 는 다음과 같다.

$$H_u = \frac{M_y}{e + \frac{2}{3}f} = \frac{M_y}{e + \frac{2}{3}\left(\frac{2}{3}\frac{H_u}{\gamma DK_p}\right)^{0.5}} \tag{11.92}$$

그 밖에 그림 11.57b 에서 항복모멘트 M_y 에 대한 극한수평지지력 H_u 를 구할 수 있다.

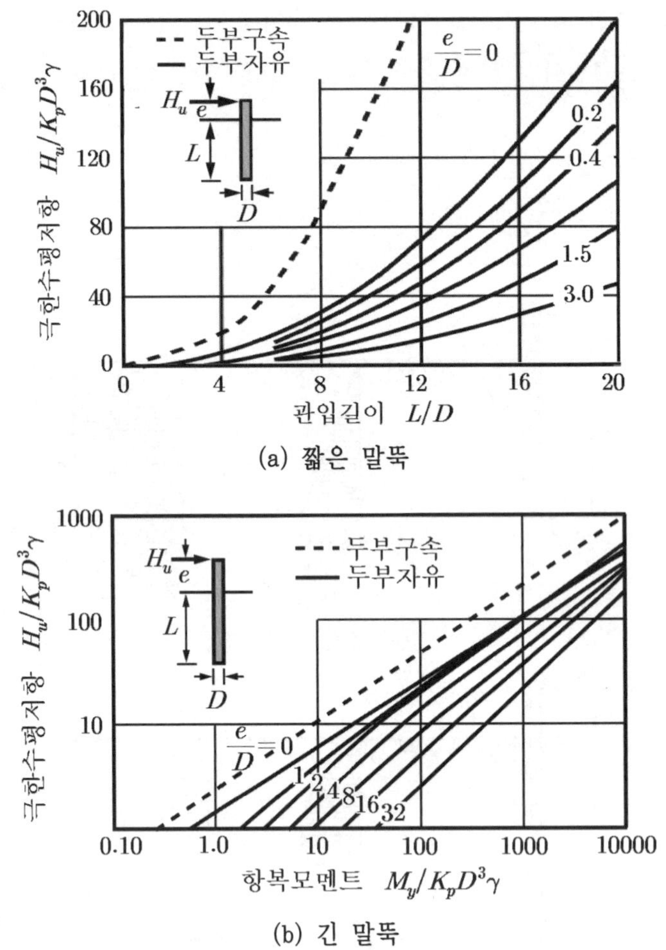

(a) 짧은 말뚝

(b) 긴 말뚝

그림 11.57 사질토에 설치된 말뚝의 극한수평지지력 (Broms, 1964b)

(2) 두부구속

짧은 말뚝 : 두부가 구속된 **짧은 두부 구속 말뚝**의 거동과 지반반력 및 모멘트는 그림 11.58a 와 같으며, **극한수평지지력 H_u** 는 다음의 식으로 계산하거나 그림 11.57a 에서 직접 구한다.

$$H_u = 1.5\gamma L^2 D K_p \tag{11.93a}$$

따라서 **최대휨모멘트 $M_{\max}$** 는 다음과 같다.

$$M_{\max} = \frac{2}{3} H_u L \tag{11.93b}$$

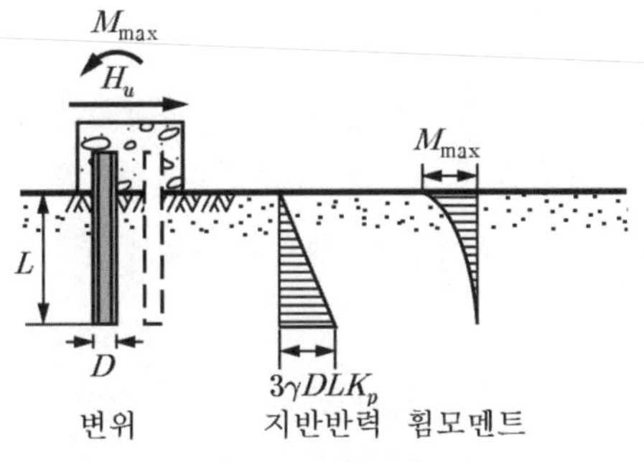

(a) 짧은 말뚝

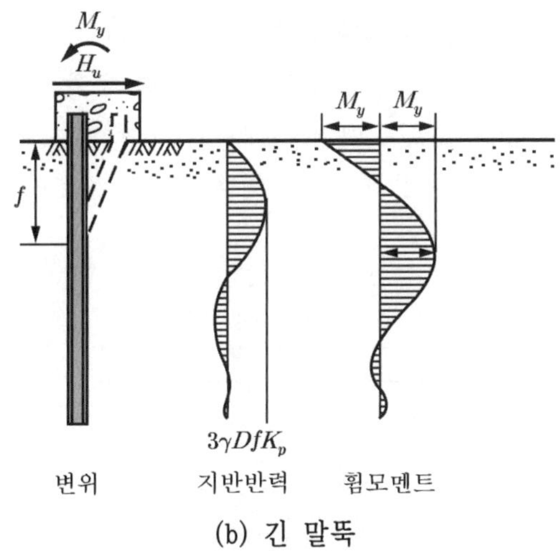

(b) 긴 말뚝

그림 11.58 사질토에 설치된 두부구속 말뚝의 파괴 메커니즘 (Broms, 1964b)

긴 말뚝 : 위 식으로 구한 최대휨모멘트 M_{max} 가 말뚝의 항복모멘트 M_y 를 초과하면 ($M_{max} > M_y$) 긴 말뚝으로 거동한다 (그림 11.58b). 그런데 최대 모멘트가 항복 모멘트에 도달되는 위치가 두 곳 (말뚝 캡 연결부와 f 위치) 이므로 다음의 식이 성립되고,

$$H_u\left(e + \frac{2}{3}f\right) = 2\,M_y \tag{11.94}$$

위 식을 정리하면 **극한수평지지력 H_u** 에 대한 식이 된다.

$$H_u = \frac{2M_y}{e + \dfrac{2}{3}f} = \frac{2M_y}{e + \dfrac{2}{3}\left(\dfrac{2}{3}\dfrac{H_u}{\gamma DK_p}\right)^{0.5}} \tag{11.95}$$

그 밖에 그림 11.57b 에서 항복모멘트 M_y 에 대한 극한수평지지력 H_u 를 구할 수 있다.

11.5.5 말뚝의 횡력에 대한 대책

말뚝은 그 치수나 재료가 한정되어 일정한 크기 이상의 휨모멘트를 지지하지 못하기 때문에 대개 축방향으로만 재하되는 것으로 간주한다. 이 때 말뚝의 휨강도는 안전측에 대한 여유값이 되며, 예상 못했던 편심이나 지반진동 등에 대한 안전대책이 된다.

말뚝의 사용 목적상 횡력을 지지해야 할 경우와 지반의 유동에 의하여 횡력이 작용하는 경우에는 말뚝의 축에 수직방향으로 작용하는 횡력을 고려한다(그림 11.59). 이 같은 현상이 예상되거나 진행중인 경우에는 말뚝의 횡방향 안정을 검토해야 한다.

말뚝에 작용하는 횡력이 지속적이거나 규칙적이고 그 크기가 전체 하중의 3%를 초과하지 않거나, 불규칙적이고 그 크기가 전체 하중의 5%를 초과하지 않으면 별도로 횡력을 고려하지 않아도 된다(Schiel, 1970). 그러나 계선주와 엄지말뚝은 예외이다. 대형말뚝은 단면과 재료강성도가 충분히 크므로 애초에 횡력을 받도록 계획할 수도 있다.

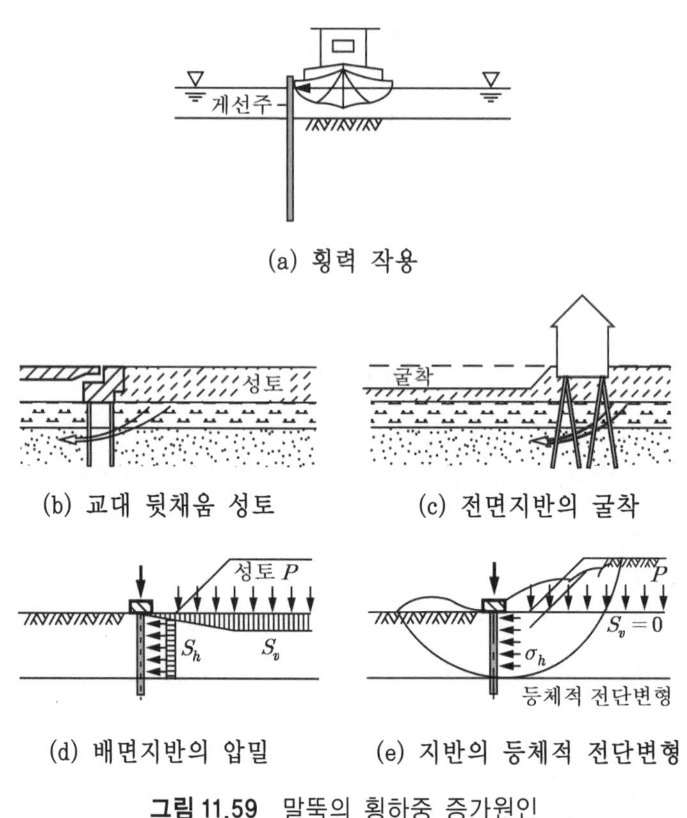

그림 11.59 말뚝의 횡하중 증가원인

말뚝에 그림 11.59와 같은 요인으로 불가피하게 횡력이 작용하는 경우에는 이에 대한 대책이 필요하다. 구조물을 설계할 때 이미 이와 같은 현상을 예견하여 구조물의 형태를 결정하는 것이 바람직하며, 이미 구조물이 설치된 후에 이런 현상이 일어날 때는 대책을 마련해야 한다. 횡력에 대한 가장 보편적인 대책은 다음과 같다.

- 횡력 차단구조물 설치
- 깊은기초를 시공하여 발생되는 횡력을 감소시킴
- 지반개량으로 연직지지력 증가
- 연약지반을 양질지반으로 치환
- 지반의 선행재하

그림 11.60a는 **횡력차단구조물**을 설치하는 경우를 나타내며, 그림 11.60b, c는 적재하중의 중량에 의한 지반의 수평유동을 예견하고 건물 설계시에 이미 지반을 개량하거나 기초의 형태를 깊은 기초로 한 경우이다.

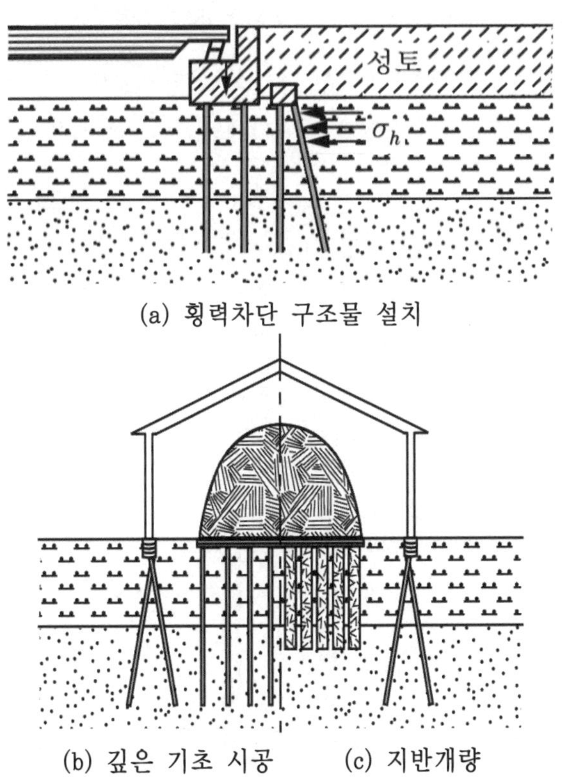

(a) 횡력차단 구조물 설치

(b) 깊은 기초 시공 (c) 지반개량

그림 11.60 말뚝에 작용하는 횡력에 대한 대책

11.6 인장말뚝의 거동

인발력을 지지하기 위하여 설치하는 말뚝 즉, 인장말뚝에서는 주변마찰력만 작용한다고 보고 지지력을 구한다.

그런데 **인장말뚝** (11.6.1 절) 의 주변마찰력이 압축말뚝의 주변마찰력 보다 작기 때문에 **인장말뚝의 인발저항력** (11.6.2 절) 은 말뚝과 지반의 접착상태와 말뚝재료의 인장강도 및 지반의 전단저항으로부터 결정된다.

11.6.1 인장 말뚝

인장말뚝에서는 주변마찰력만 작용하며, 주변마찰력이 압축말뚝보다 작기 때문에 인발시험을 통해 주변마찰을 정하면 안전측에 속한다.

인장말뚝의 파괴는 말뚝과 지반의 접착이 손상되거나, 말뚝 재료가 인장파괴를 일으키거나 그림 11.61 과 같이 지반에 파괴체가 형성되면서 발생된다.

말뚝과 지반의 접착손상에 의한 파괴는 지반의 다일러턴시를 고려하면 역학적 해석이 가능하지만 반드시 현장에서 인발시험으로 확인해야 한다. 말뚝의 인발에 대한 안전율은 보통 1.4 가 적용된다.

말뚝의 인발파괴는 실제로 ⓑ 와 같이 작은 체적으로 일어나지만, 파괴면의 전단저항을 정확히 고려하기가 어렵기 때문에 대개 파괴면을 그림 11.61 의 ⓐ 로 가정하여 파괴면의 전단저항은 무시하고 계산한다. 이렇게 하면 파괴체를 ⓑ 로 가정했을 경우보다 파괴체의 자중이 더 커서 인발저항력이 더 크므로 안전측이다.

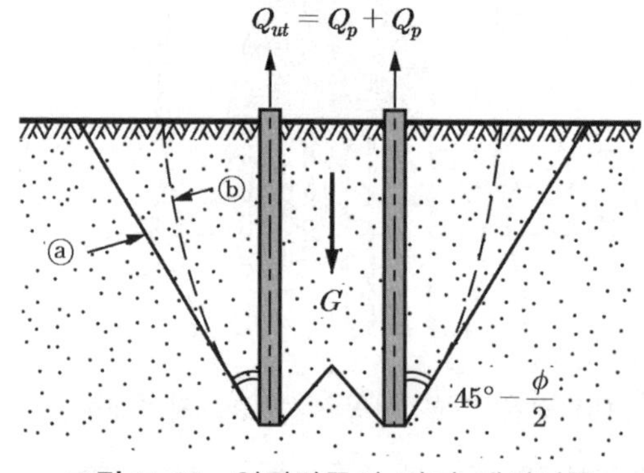

그림 11.61 인장말뚝의 파괴 메커니즘

11.6.2 인장말뚝의 인발 저항력

말뚝의 허용 인발저항력 Q_{at} (allowable pull out resistance of a pile)는 지반과 말뚝 표면의 상향 마찰저항력을 안전율로 나눈 값과 말뚝본체의 허용인장응력(allowable tensile stress) 중에서 작은 값으로 한다.

1) 정역학 공식

점성토에 설치한 **인장 말뚝의 극한 인발저항력 Q_{ut}** (ultimate pull out resistance)는 말뚝주변의 점착저항이므로 둘레 U와 길이 L인 말뚝에서 다음과 같다.

$$Q_{ut} = U L c \tag{11.96}$$

점착력 c는 보통 일축압축강도 q_e의 절반크기($c = q_e/2$)로 적용하지만 그 최대치는 30 kPa로 제한한다.

사질토에서 **인장말뚝의 극한인발저항력 Q_{ut}**는 말뚝 주변마찰력으로부터 계산할 수 있다.

$$Q_{ut} = \frac{1}{2} f K_h \gamma U L^2 \tag{11.97}$$

여기에서, K_h는 수평토압계수이고, 말뚝표면과 흙 사이의 **마찰계수 f**는 지반에 따라 다음 값을 적용한다.

$f = 0.1$: 연약지반
0.3 : 습윤점토, 포화모래, 롬, 점토
0.4 : 습윤모래, 자갈, 건조롬, 점토
$0.5 \sim 0.7$: 건조모래, 자갈

말뚝의 허용인발저항력 Q_{at}는 극한인발저항력 Q_{ut}의 일부(극한인발저항력을 안전율 η로 나눈 크기 Q_{ut}/η_{st})와 부력을 고려한 말뚝의 자중 W_P의 합이다.

$$Q_{at} = W_p + \frac{Q_{ut}}{\eta_{st}} \tag{11.98}$$

2) 인발시험에 의한 방법

말뚝의 허용인발력은 **현장인발시험**에서 구한 극한인발력 Q_{ut}로부터 계산할 수 있다.

$$Q_{at} = W_p + \frac{Q_{ut} - W_p}{\eta_{st}} \tag{11.99}$$

단기간 인발시험에서는 인발저항력이 있다고 인정되더라도 장기간에 걸쳐 서서히 인발될 우려가 있으므로 평상시의 인발저항력은 고려하지 않는 것이 좋다.

11.7 샤프트 기초

피어기초(pier)는 지반을 굴착한 후에 콘크리트를 현장타설하여 설치하는 구조부재이며, 직경이 작은 것을 **현장타설말뚝**이라 하고 직경이 큰 것을 **샤프트**(shaft)라고 한다. 그 밖에 **케이슨**(cassion)이 여기에 속한다.

샤프트는 지반을 사각형이나 타원형 또는 원형단면으로 하고 사람이 들어가서 작업할 수 있을 만큼 충분히 크게(ϕ > 750 mm) 굴착하기 때문에 하부지층의 상태와 역학적 특성을 직접 확인할 수 있다.

샤프트 구조체는 단면이 커서 횡력 등 외력에 대한 저항성이 크며, 필요에 따라서 선단을 확장하여 지지력을 증가시킬 수가 있고, 각종 지반굴착장비를 이용하여 굴착효율을 증대시킬 수 있는 **특성**(11.7.1 **절**)이 있어서 유리하다.

샤프트를 굴착하는 동안 굴착벽은 케이싱을 설치하거나 안정액으로 채워서 지지하고 **건설**(11.7.2 **절**)하며, 케이싱은 콘크리트 타설 후에 제거하거나 남겨둔다. 샤프트는 **지지력**(11.7.3 **절**)이 충분히 크고 **침하**(11.7.4 **절**)가 허용치 이내인 지반까지 굴착하여 설치한다.

11.7.1 샤프트의 특성

샤프트 기초는 표 11.25와 같은 장·단점을 가지고 있으며, **샤프트의 시공** 시에는 다음의 내용에 유의한다.

- 굴착진행에 따라 흙의 종류와 상태를 기록한다.
- 설계위치에 도달되면 장애물이나 공동 또는 측벽 등을 점검한다.
- 콘크리트를 자유낙하시켜 타설할 때에 굴착측벽에 접촉되지 않도록 한다.
- 콘크리트 타설중에 철근이 비틀리거나 좌굴되지 않도록 유의한다.
- 케이싱 인발 중 공극발생여부를 콘크리트 양으로부터 검토한다.
- 콘크리트 충진 전에 케이싱을 인발하지 않는다.
- 바닥의 슬라임을 반드시 제거한다.
- 바닥이 암반이면 샤프트 직경의 1.5배 이상 깊게 보링하여 지반상태를 확인한다
- 바닥의 지층상태, 공동, 파쇄유무 등을 판단하기 위해 육안검사한다.
- 케이싱인발시 콘크리트양이 부족하지 않도록 유동성이 좋은 콘크리트로 충분히 채운다.

표 11.25 샤프트 기초의 장단점

장점	- 직경이 비교적 크므로 지지력이 크고, 횡력에 의한 휨모멘트에 저항할 수 있다. - 인력굴착시에는 선단지반과 콘크리트를 잘 밀착시켜서 선단지지력을 확보할 수 있고, 지지층의 토질상태를 직접 조사하여 지지력을 확인할 수 있다. - 샤프트 직경의 3배 이내에서 선단을 확장하면 큰 양압력을 지탱할 수 있다. - 시공시에 소음이 생기지 않아서 도시내의 공사에 적합하다. - 시공시에 지표의 히빙(heaving)과 지반진동이 일어나지 않는다. - 샤프트는 주위 흙을 배제하지 않으므로(non-displacement pile) 인접한 말뚝이 옆으로 밀리든가 솟아오르는 등의 피해가 생기지 않는다. - 말뚝의 타입이 어려운 조밀한 자갈층이나 모래층에서도 기계를 사용하여 굴착하고 설치할 수 있다. - 일반적으로 공사비가 싸다. - 다양한 지반조건에 적용할 수 있다. - 현장조건에 따라 샤프트의 깊이와 직경을 현장에서 쉽게 변경할 수 있다.
단점	- 좋은 품질을 얻기 위해서는 작업숙련도가 필요하다. - 케이싱을 인발할 때에 콘크리트가 들어 올려져서 공동이 생기거나, 흙이 공벽에서 무너져 내려서 콘크리트와 섞일 위험이 있다. - 연약한 지반에서는 샤프트주위와 선단의 지반을 이완시킬 우려가 크다. - 지하수위 아래의 느슨한 사질토에서는 시공시 파이핑현상 등이 발생될 수 있다. - 사질토에서는 지하수위 아래에서 선단부를 종형으로 확장하기가 어렵다. - 작은 직경에서 지반상태를 확인하기 어렵고 중간이 가늘어지기 쉽다.

11.7.2 샤프트 건설공법

샤프트는 인력(Chicago 공법, Gow 공법 등)이나 장비(Benoto 공법, Calweld 공법, Reverse Circulation 공법 등)로 굴착하며, 최근에는 각종 지반굴착기의 발달에 힘입어서 기계(장비) 굴착공법이 널리 사용되고 있다. 다만 기계굴착하면 인력굴착에 비해서 쉽고 빠르지만 육안으로 직접 굴착공의 내부를 확인하지 못하는 단점이 있다.

1) 인력굴착

(1) 시카고 공법(Chicago method)

시카고공법은 그림 11.62와 같이 판형부재를 연직으로 설치하여 흙막이하면서 굴착하는 공법이며, 굳기가 적어도 중간 정도(굴착한 벽이 수직으로 서 있는 정도) 이상인 점성토에 사용된다.

먼저 원형단면으로 0.6~1.8 m 굴착한 후 흙막이 판으로 지지하고 반원형의 강제 띠 2개를 조합하여 만든 링으로 흙막이 판의 상하를 고정시킨다. 이 같은 작업을 반복하여 하부에 있는 지지층까지 굴착하며 지지층에 도달되면 샤프트 저부를 종(bell) 모양으로 확대하여 지지면적을 크게 한다(그림 11.62).

사람이 들어가서 작업할 수가 있도록 직경을 1.1 m 이상으로 하며, 상부는 지표수가 유입되지 못하도록 지표면보다 높게 돌출시킨다. 이 공법은 지반이 물로 포화된 모래층이나 점성이 없는 연약한 얇은 실트층을 함유하지 않는 한 지하수위 아래에서도 적용할 수 있다. 지반내에 얇은 포화토층이 있는 경우에는 차수해야 하며 이와 같은 경우에는 **고우공법**(Gow method)이 적합하다.

(2) **고우공법**(Gow method)

고우공법은 시카고 공법과 유사하지만 원형강재케이싱을 사용하여 내부의 굴착흙벽을 지지하는 점이 다르다(그림 11.63). 직경이 1.2 m 이상이고 길이 1.8~5 m인 원통형의 강재 케이싱을 지반에 삽입하고 내부 흙을 인력굴착한 후에 다시 다음 번 원통형 강재 케이싱을 삽입하는 작업을 반복한다.

원통케이싱의 직경은 하단으로 갈수록 작게 하며 상하 원통케이싱의 직경은 약 5 cm 정도 차이를 둔다. 각 **원통형 강재케이싱**은 일정한 치수로 겹쳐지도록 하며 겹치는 치수는 지반의 강성도에 따라 다르게 한다. 즉, 케이싱이 겹치는 틈을 통해서 주변지반이 안쪽으로 유동되지 않도록 겹치는 치수를 조절한다. 이 방법으로 30 m 깊이까지 샤프트를 설치할 수 있다. 고우공법은 시카고 공법보다 약간 연약한 지반에 적합하다.

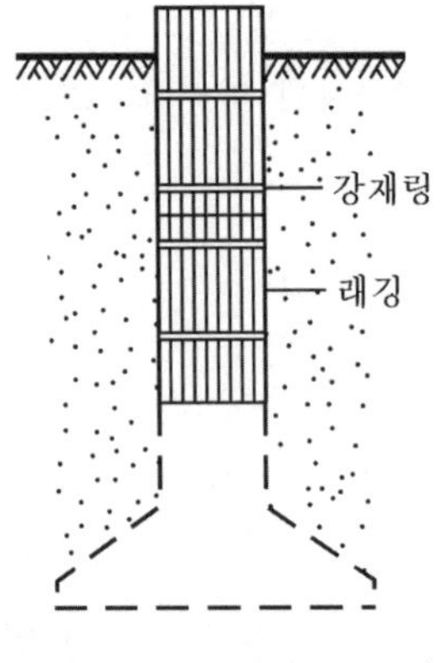

그림 11.62 시카고 공법

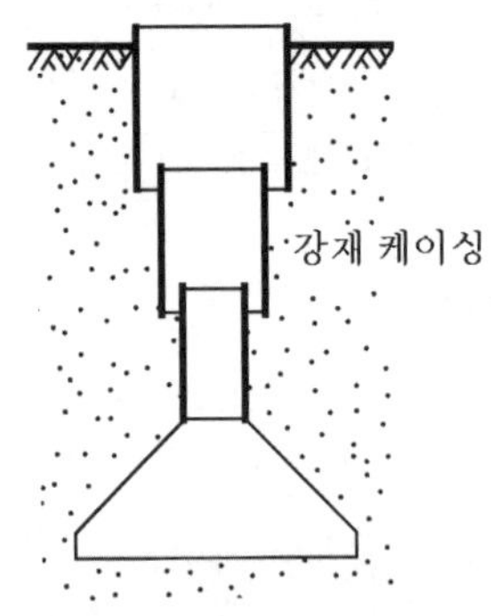

그림 11.63 고우 공법

2) 기계굴착

(1) **베노토 공법** (Benoto method)

베노토사가 고안한 베노토 굴착기를 사용하여 지지층까지 굴착하고 그 속에 콘크리트를 현장타설하여 기둥형 기초를 만드는 공법을 **베노토 공법**이라고 한다. 선단에 컷팅 에지(cutting edge)가 있는 **강재 케이싱**(steel casing)을 반회전 요동시키면서 마찰을 줄여서 지중에 압입시키는 동시에 **해머 그래브**(hammer grab)로 지반을 굴착하고 (그림 11.64) 굴착 공간을 벤토나이트 슬러리로 채우므로 굴착 중에 지중응력의 변화가 거의 일어나지 않는다. 따라서 주변지반을 이완시키지 않고 수직공을 굴착하여 콘크리트를 타설할 수 있다.

콘크리트타설 후 경화되기 전에 트레미를 요동하여 빼올릴 때 콘크리트와 주변지반에 빈틈이 생기지 않고 완전히 밀착되어야 한다.

해머 그래브 선단의 컷팅 에지를 교체할 수 있어서 연약지반부터 강성지반 및 자갈층까지 능률적으로 굴착할 수 있고 선단 지지층을 이완시킬 염려가 없으므로 특히 수중굴착 시에 우수한 공법이다.

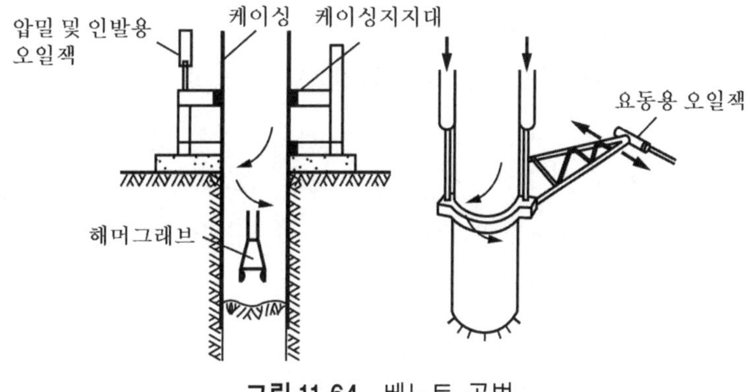

그림 11.64 베노토 공법

(2) **칼웰드 공법** (Calwelde earthdrill method)

칼웰드 공법은 미국의 칼웰드사가 개발한 공법으로, 케이싱 튜브를 사용하지 않는 점이 베노토 공법과 다르다 (그림 11.65). 그러나 연약지반이나 기타의 문제성지반이 중간에 있을 때에는 부분적으로 케이싱을 한다.

회전식 버킷(bucket)으로 굴착하기 때문에 굴착도중과 버킷을 꺼낼 때 지반이 다소 이완되어서 샤프트의 지지력이 베노토 공법으로 굴착했을 때보다 작아진다.

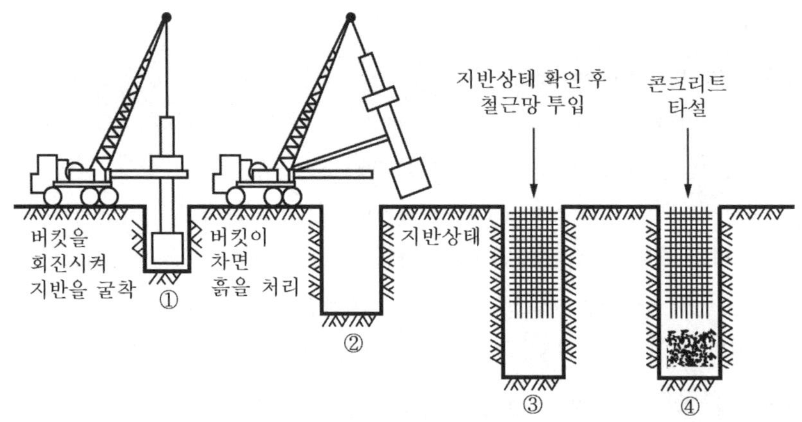

그림 11.65 칼웰드 공법

(3) **리버스 서큘레이션 공법** (RCD공법, Reverse Circulation Drilling method)

독일에서 개발된 **리버스 서큘레이션 공법**은 케이싱을 사용하지 않고, 굴착공과 저수탱크 사이에 물을 환류시켜 지반의 세립자와 물을 혼합하여 슬러리 상태로 만들어서 굴착벽을 지지하도록 하는 공법이다 (그림 11.66). 드릴 파이프 (drill pipe) 의 선단에 설치한 특수한 비트를 회전시켜 지반을 굴착하고, 굴착된 토사는 펌프를 사용하여 드릴 파이프를 통해 물과 함께 지상저수탱크에 배출하며, 토사를 걸러낸 물은 굴착공으로 되돌아가게 한다.

베노토 공법이나 칼웰드 공법과 다르게 그래브나 버킷을 지상으로 인양하는 수고가 없기 때문에 연속굴착이 가능하고 시공능률이 좋다. 수중굴착도 가능하지만 너무 굳은 지반에 부적당하다. 지반에 피압지하수가 있어서 굴착공벽이 무너지면 굴착공 내 수위를 높여야 한다. 굴착저면에 부유 흙 입자가 침전되면 이를 제거하고 콘크리트를 타설한다.

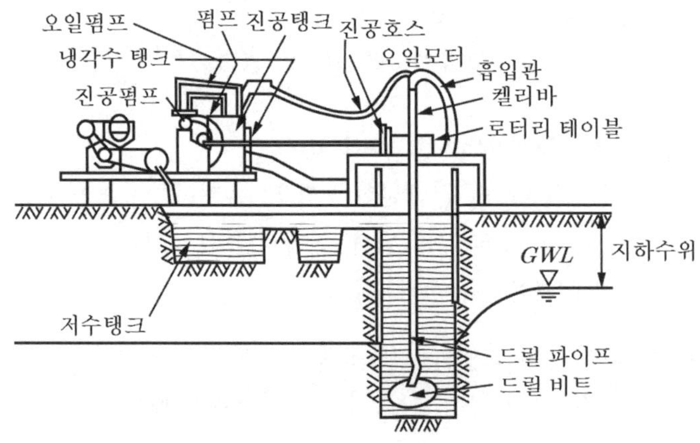

그림 11.66 리버스 서큘레이션 공법

11.7.3 샤프트의 지지력

샤프트는 직경이 큰 현장타설 말뚝이므로 그 지지력과 침하는 단일말뚝과 같은 방법으로 계산한다. 샤프트는 자중이 크고 하부가 확대된 경우가 있는 것이 현장타설 말뚝과 다르며 현장타설말뚝에 비하여 주변마찰의 역할이 상대적으로 작고 선단지지력의 역할이 크다.

샤프트의 극한지지력 Q_u (ultimate bearing capacity of a shaft)는 보통 말뚝에서와 마찬가지로 선단지지력 Q_s 와 주변마찰저항력 Q_m 의 합이다. 즉,

$$Q_u = Q_s + Q_m \tag{11.100}$$

이때에 지반의 강도정수는 대체로 샤프트 바닥의 위로는 몸통직경의 1.0 배, 아래로는 2.5 배 깊이에 대한 평균값을 취한다.

샤프트의 선단지지력 Q_s (end hearing capacity of a shaft)는 얕은기초 지지력공식을 적용하여 계산하되 지지력계수는 Meyerhof 등의 방법으로 구한다. 샤프트의 길이가 길면 기초 폭의 영향을 무시한다. 샤프트는 직경이 크므로 굴착한 흙의 무게를 뺀 순지지력을 채택한다.

단면적 A_p 인 원형샤프트의 선단지지력 Q_s 는 다음과 같다.

$$Q_s = (cN_c + q'N_q - q')A_p = \{cN_c + q'(N_q - 1)\}A_p \tag{11.101}$$

샤프트의 주변마찰저항력 Q_m (side friction of a shaft)은 단일말뚝의 주변마찰저항과 같은 방법으로 구하며, 둘레 U_s 인 샤프트가, 단위마찰저항 τ_m 이고 두께 Δl 인 여러 개의 지층을 관통하여 설치되어 있을 때, 주변 마찰저항력은 다음과 같다.

$$Q_m = \Sigma U_s \tau_m \Delta l \tag{11.102}$$

기둥형 샤프트의 인발 저항력은 인장말뚝과 같이 계산하며, 샤프트는 그 자중과 주변 마찰 저항력의 합에 해당하는 크기의 인발력을 버틸 수 있다. 하부 확장기로 하부를 확대한 종모양 샤프트 (bell type shaft)는 매우 큰 인발저항력을 발휘할 수 있고, 그 인발저항력은 일반적으로 지중에 설치된 앵커판과 같은 방법으로 계산한다.

샤프트의 횡방향 지지력은 말뚝의 횡방향 지지력과 마찬가지로 **탄성보 이론**과 **Winkler 모델** (수평방향지반반력계수 k_h)을 적용하여 계산한다.

1) 사질토에 설치된 샤프트의 지지력

사질토에서 샤프트 선단지지력 Q_s는 사질토에서는 $c = 0$ 이므로 위의 식 (11.102) 에서 다음과 같다.

$$Q_s = q'(N_q - 1)A_p \tag{11.103}$$

주변마찰력 Q_m 은 다음의 **단위마찰저항응력 τ_m** 을 식 (11.97) 에 적용하여 구한다.

$$\tau_m = k_0 q' \tan\delta \tag{11.104}$$

여기에서 k_0 는 정지토압계수이고 q' 는 유효연직응력이며, δ 는 샤프트와 흙의 마찰각이다. 단위마찰저항 τ_m 은 샤프트 직경의 15 배에 해당하는 깊이까지는 증가하고 그 이하에서는 일정하다고 가정한다.

2) 점토에 설치된 샤프트의 지지력

점토에서는 $\phi = 0$ 이므로 식 (11.101) 에서 $N_q = 0$ 가 되어 **점토에서 샤프트의 선단지지력 Q_s** 는 다음과 같다.

$$Q_s = c_u N_c A_p \tag{11.105}$$

점토에 설치된 샤프트의 최대선단지지력은 폭 (또는 직경) 의 10~15 % 크기로 침하될 때 도달되고, 점토에서는 $N_c = 9$ 이므로 윗 식에 대입하면 그 최대값을 구할 수 있다.

주변마찰저항 Q_m 은 샤프트가 폭의 5 % 침하될 때에 최대치에 도달되고 그 이상 침하되면 약간 감소하다가 거의 일정치에 도달되며, 이때는 $\alpha = 0.35 \sim 0.40$ 이다.

$$Q_m = \Sigma \alpha\, c_u\, \Delta l\, A_p \tag{11.106}$$

이때에 α 는 0.15~0.75 로 변하므로, $\alpha = 0.35 \sim 0.40$을 적용하면 안전측이다.

11.7.4 샤프트의 침하

샤프트의 침하 s (settlement of a shaft) 는 샤프트의 축방향변형에 의한 침하 s_a 와 선단하중에 의한 선단하부지반의 침하 s_p 및 주변마찰력에 의해 유발된 주변지반의 침하 s_r 의 합이며, 단일말뚝의 침하와 같은 방법으로 계산한다.

$$s = s_a + s_p + s_r \tag{11.107}$$

이때에 주변마찰에 의해 주위지반에 전달되는 하중은 샤프트의 축하중이나 선단하중에 비하여 매우 작으므로 이에 의한 침하 s_r은 무시할 수도 있다.

11.8 케이슨 기초

케이슨 기초(caisson foundation)는 지하구조물을 지상에서 먼저 만들고, 그 내부의 흙을 굴착하여 계획고까지 침매시켜 설치하는 기초를 말한다. 케이슨은 토사지반에 적용되며 독일의 Kahl이 1854년에 라인강의 Kehl교에서 교각공사에 최초로 적용하였다. 일반적으로 유효깊이가 기초 폭(단변)의 1/2 정도 보다 작은 경우에는 직접기초로 취급하며, 이보다 더 깊거나 본체를 강체로 간주할 수 있는 케이슨은 깊은 기초로 취급한다.

케이슨 기초는 유리한 **특성(11.8.1 절)**이 매우 많은 공법이며, 케이슨은 **지지력(11.8.2 절)**이 충분히 크고 **침하(11.8.3 절)**가 허용치 이내 지반까지 굴착하여 설치하고, 말뚝이나 샤프트의 시공방법과의 차이가 크다. 케이슨은 지지력과 수평저항력이 가장 큰 깊은 기초이며 **오픈 케이슨**(open caisson), **뉴매틱 케이슨**(pneumatic caisson), **박스 케이슨**(box caisson 또는 floating caisson)으로 분류한다(그림 11.67).

11.8.1 케이슨의 특성

케이슨은 수직도를 유지하여 내부 흙을 굴착하여 제자리에 정치시킨후에 콘크리트를 타설하여 바닥을 막는다. 케이슨 선단에 있는 **굴착날**(cutting edge)은 굴착이 용이하도록 안쪽으로 경사져 있고 마찰을 줄이기 위해서 케이슨의 폭을 굴착날의 폭보다 약간 작게 한다.

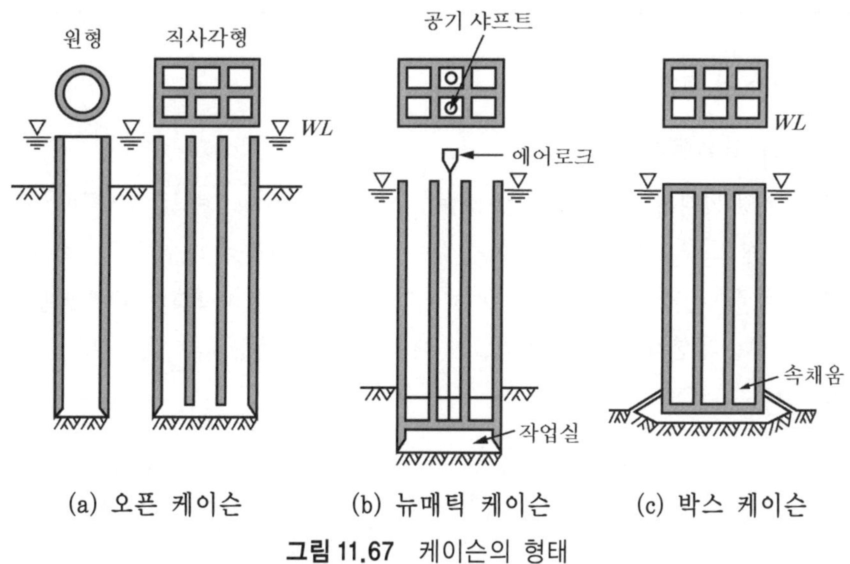

그림 11.67 케이슨의 형태

케이슨 기초는 표 11.26과 같은 장단점이 있다.

표 11.26 케이슨기초의 장단점

장점	- 가설구조 없이 지반굴착이 가능하다. - 지하수위 이하로 굴착이 가능하다. - 수심 25 m 이상인 하상 또는 해상에서 교각기초를 건설할 수 있는 유일한 방법이며, 때에 따라 말뚝기초와 병용할 수 있다. - 케이슨을 계획고까지 침매시킨 후에 굴착 바닥에 콘크리트를 타설하여 지하공간을 확보할 수 있다. - 큰 수평력이 작용하는 경우에도 변위를 최소로하여 시공할 수 있다. - 하상 또는 해상에서 시공할 때에는 케이슨의 일부 또는 전부를 육지에서 미리 제작한 후에 현지로 운반하여 설치할 수 있다. - 케이슨 시공에는 특수장비와 특수기술자가 거의 필요치 않으므로, 이들이 갖춰지지 않은 현장에서 적용하기 쉽다.
단점	- 케이슨 근접지반의 침하를 고려해야 한다. - 시공오차는 높이 10 cm이고 수직도오차는 1% 정도이다. - 시간에 따른 공정의 예측이 어렵다. - 굴착날이 장애물에 도달되면, 잠수부를 동원해서 이를 제거해야 한다. - 유동성 지반에서는 케이슨내로 지반이 유동되어 주변지반파괴가 예상된다. - 경사지에서 시공하면 사면파괴가 일어날 가능성이 있다.

11.8.2 케이슨의 지지력

1) 케이슨의 허용연직지지력

케이슨의 허용 연직지지력 Q_{av} (allowable vertical bearing capacity of a caisson)는 얕은 기초에 대한 식으로 계산한 극한지지력 Q_{uv}를 안전율로 나누어서 구한다. 케이슨 저면상부의 지반은 상재하중으로 간주하고 안전율은 케이슨 바닥의 하부지반에 대해서만 적용한다. **케이슨의 연직방향 안전율 η_{sv}**는 대체로 평상시에는 3.0으로 하고 지진 시에는 2.0으로 한다.

$$Q_{uv} = \alpha c N_c + \beta \gamma_2 B N_r + \gamma_1 D_f N_q \tag{11.108a}$$

$$Q_{av} = \frac{1}{\eta_{sv}}(Q_{uv} - \gamma_1 D_f) + \gamma_1 D_f = \frac{1}{\eta_{sv}} Q_{uv} + (\eta_{sv} - 1)\gamma_1 D_f \frac{1}{\eta_{sv}} \tag{11.108b}$$

2) 케이슨의 허용수평지지력

(1) 수평하중 및 모멘트가 작용할 때

케이슨 허용수평지지력 Q_{ah} (allowable horizontal bearing capacity of a caisson) 는 그 위치 지반에서 수동토압을 극한 수평지지력 Q_{uh} 으로 간주하고 안전율 η_{sh} 로 나눈 값으로 한다.

수평방향 안전율 η_{sh} 는 평상시에는 1.5, 지진시에는 1.1 로 한다.

$$Q_{uh} = \frac{1}{2}\gamma h^2 K_p + h\,c\;2\sqrt{K_p} \tag{11.109a}$$

$$Q_{ah} = Q_{uh}/\eta_{sh} \tag{11.109b}$$

여기에서 K_p 는 Rankine 의 수동토압계수이다.

(2) 케이슨 저면지반의 허용전단저항력 H_a

케이슨 저면과 지반사이의 **허용전단저항력 H_a** 는 **극한전단저항력 H_u** 를 안전율 η_S 로 나누어 정한다. 안전율은 평상시에 1.5 를 적용하고, 지진시에는 1.2 를 적용한다.

케이슨의 극한 전단저항력 H_u 는 저면 (면적 A) 과 지반 사이의 부착력 c_B 와 마찰 (마찰각 ϕ_B) 에 의한 저항력의 합이다.

$$H_u = c_B A + P\tan\phi_B \tag{11.110a}$$

$$H_a = H_u/\eta_s \tag{11.110b}$$

여기에서, P 는 케이슨 저면에 작용하는 연직력이다.

일반적으로 케이슨 저면과 지반 사이의 마찰각은 흙과 콘크리트에서 $\phi_B = \frac{2}{3}\phi$ 로 하고 암반과 콘크리트에서는 $\tan\phi_B = 0.6$ 으로 한다.

(3) 케이슨의 주변마찰력

케이슨의 침매과정에서 발생하는 **주변마찰력** (side friction of a caisson) 은 케이슨에서 외주변과 지반사이 전단저항력이다.

케이슨은 가능하면 무게가 주변 마찰력보다 더 크도록 설계해야 한다. 그렇지 않으면 케이슨을 침매시키기 위해 하중을 추가로 더 가해야 한다.

표 11.27 케이슨의 주변마찰력

지 반 의 종 류	주변 마찰력 f (t/m^2)
실트와 연약점토	0.73～3.0
매우 굳은 점토	5.0～20.0
느슨한 모래	1.25～3.5
치밀한 모래	3.5～7.0
치밀한 자갈	5.0～10.0

Terzaghi & Peck (1967) 은 표 11.27 과 같은 설계용 주변마찰력을 제안하였다.

주위의 지반에 비해 케이슨의 저면 하부의 지지층이 상당히 견고한 경우에는 케이슨 완성 후 시일이 경과함에 따라 주변마찰력은 무시할 수가 있을 정도로 감소하기 때문에 하중의 대부분은 저면에서 지지하게 된다.

따라서 이때에는 연직하중에 대한 선단지지력만을 검토하고 주변마찰력을 무시하는 것이 안전하다.

(4) 부주변마찰력 (negative friction)

압밀지층을 관통하여 지지층에 도달한 케이슨에서는 케이슨 외주면 지층이 압밀되면서 발생하는 케이슨 외주면에 작용하는 **부주변마찰력 Q_{nc}** (negative skinfriction of a caisson) 에 대해 검토하여야 한다.

케이슨 **부주변마찰력 Q_{nc}** 의 계산방법에 대해서는 아직 정설이 없으나 말뚝의 주변장이 U 이고 지표에서 압축층 저면까지 깊이가 H 일 때에 다음과 같이 한다.

$$Q_{nc} = UHF \tag{11.111}$$

여기에서 **케이슨 외주면의 평균 마찰력 F** 는 지반의 일축압축강도 q_u 의 절반 크기 $q_u/2$ 로 보아도 좋다.

이때에 부주변마찰력과 기타 장기하중을 더한 하중의 1.5 배 되는 하중이 케이슨 저면의 극한지지력을 초과하지 않으면 안전하다고 본다.

11.8.3 케이슨의 침하

케이슨에서는 시공 후에 작용하는 하중에 의한 연직침하를 계산해야 하며, 케이슨에 큰 수평하중이나 모멘트가 작용하면 이에 의한 수평변위를 계산한다. 케이슨 저면 하부에서 지반침하는 일반기초의 침하와 동일한 방법으로 계산하며 일반적으로 사질토에서는 탄성 침하를 점성토에서 압밀침하를 계산한다.

케이슨 상단부의 연직침하 s_o (vertical settlement of a caisson)는 케이슨 저면하부에 있는 지반의 침하 s와 케이슨의 탄성변위 Δl을 합한 크기이며,

$$s_0 = s + \Delta l \tag{11.112}$$

케이슨 탄성변위 Δl은 다음 식으로 계산한다.

$$\Delta l = \frac{l}{EA_0}\left[V_0 + \frac{1}{2}w\ l\right] \tag{11.113}$$

위 식에서 l은 케이슨 저면의 길이이고, w는 케이슨의 저면의 단위길이 당 무게이며, E는 **케이슨 탄성계수**이다. 또한, A_o는 케이슨의 중간단면적이고, V_o는 케이슨 상단부에 작용하는 연직하중이다.

1) 점성토

케이슨 저면 하부의 기초지반이 두께 H인 정규압밀 점토일 때 케이슨에 의해 증가된 하중 ΔP에 의한 **케이슨의 압밀침하량** s는 지반의 압축지수 C_c와 초기 간극비 e_o를 적용하여 압밀침하식으로 계산한다. 여기에서, P_0는 초기하중이고 ΔP는 증가하중이다.

$$s = \frac{\Delta e}{1+e_0}H = \frac{C_c}{1+e_0}H\log\frac{P_0+\Delta P}{P_0} \tag{11.114}$$

과압밀 점토에서는 선행하중을 초과한 하중에 대해서만 압밀침하를 계산한다.

2) 사질토

케이슨 저면 하부지반이 사질토인 경우에, 면적 A인 케이슨 바닥에 작용하는 연직하중 V에 의한 사질토층의 **연직방향 탄성침하** s는 사질토층의 **지반반력계수** k_v를 적용하여 다음과 같이 계산한다.

$$s = \frac{V}{k_v\,A} \tag{11.115}$$

◈ 연 습 문 제 ◈

【문 11.1】 말뚝기초의 선택여건을 열거하시오.

【문 11.2】 강말뚝의 장단점을 설명하시오.

【문 11.3】 프랭키말뚝과 페데스탈말뚝의 차이점을 상세히 설명하시오.

【문 11.4】 말뚝재하시험의 재하방법을 설명하고, 상호 비교하시오.

【문 11.5】 말뚝재하시험 후 극한지지력을 결정하는 방법을 설명하고 가장 유리하고, 확실한 방법을 추천하시오.

【문 11.6】 선단지지말뚝과 마찰말뚝에 대해 설명하시오.

【문 11.7】 $N = 30$ 인 사질토지반에서 길이 15 m, 직경 30 cm 인 다음 말뚝을 설치할 때 각각 극한지지력을 결정하시오. 단, 필요한 설계 값은 대표 값을 사용하시오.
① 콘크리트 말뚝 ② 나무말뚝 ③ 강재말뚝

【문 11.8】 느슨한 세립 모래지반에 설치한 말뚝이 지진 시 나타낼 거동을 설명하시오.

【문 11.9】 표준관입시험 자료와 결과를 이용해서 말뚝설계하는 방법을 설명하시오.

【문 11.10】 콘관입시험 결과를 이용해서 말뚝을 설계하는 방법을 설명하시오.

【문 11.11】 항타말뚝과 소구경 피어의 거동을 상호비교하여 설명하시오.

【문 11.12】 말뚝에서 '$\sigma - z$ 곡선' 과 '$p - y$ 곡선' 을 설명하시오.

【문 11.13】 말뚝선단 하부에 두꺼운 연약지층이 있을 때 말뚝 설치개념을 설명하시오.

【문 11.14】 길이 10 m 인 나무말뚝을 느슨한 모래지반 ($N = 30$) 에 설치할 때에 직경을 30 cm 로 하는 것보다 직경을 45 cm 로 하면 지지력이 얼마나 증가하나 ?

【문 11.15】 수평방향지반반력계수를 결정하는 방법을 설명하시오.

【문 11.16】 현장에서 자주 사용하는 H 250 빔을 $N = 20$ 인 점토지반에 어느 깊이 이상 관입시켜야 안정되게 횡력을 지지할 수 있나 ?

제12장 사면의 파괴거동

12.1 개 요

사면 (slope) 은 인공적 행위나 자연현상에 의해서 발생된 경사진 지반을 말하며, 그의 안정성은 작용외력은 물론 사면의 형상과 지반 및 지하수상태 등에 의하여 영향을 받는다.

여러 가지 원인에 의해 작용력 (작용모멘트) 이 저항력 (저항모멘트) 보다 커져서 사면지반 내의 전단응력이 전단강도를 초과하거나, (전단응력이 전단강도보다 작더라도) 전단변형이 누적되어 일정한 크기를 초과하면, 지반에 전단 파괴면이 생성되어 사면이 전단면을 따라 **활동파괴** (sliding failure) 된다.

사면이 사면 내 전단응력이 전단강도를 초과하여 파괴될 때는 활동파괴가 빠른 속도로 일어나며, 누적 전단변형이 과다 (한계 크기를 초과) 하게 일어나서 파괴될 때에는 **활동파괴** **(12.2 절)** 가 느리게 일어난다. **활동파괴에 대한 사면의 안정 (12.3 절)** 은 수치해석하거나 파괴영역에 소성이론을 적용하여 해석하며, 침투파괴와 선단파괴 및 침하도 검토한다.

사면은 강성 활동파괴체가 평면이나 곡면 (원형 또는 대수나선) 활동파괴면을 따라 평행 이동하거나 회전한다고 가정하고 안정해석하며 이를 **단일파괴체법 (12.4 절)** 이라 한다.

또한, 활동파괴체를 여러 개의 절편으로 나누고 각 절편바닥 (즉, 활동파괴면) 의 반력을 활동파괴면상 수직응력분포라고 가정하고 안정해석하는 방법을 **절편법 (12.5 절)** 이라 한다. 그러나 절편법은 식과 미지수의 개수가 다른 불완전한 방법이므로, 이를 보완할 수 있는 **파괴요소법 (12.6 절)** 이 개발되어 있다.

사면 내 **지하수 영향 (12.7 절)** 은 지하수위가 외부수위보다 높으면 지하수가 침투되면서 안정성이 영향을 받고, **지진 시 (12.8 절)** 에는 사면의 안정성이 낮아진다. 실제 현장에서는 **3 차원 사면파괴 (12.9 절)** 가 발생하지만 모두가 공감할 만한 3 차원 해석방법이 아직 없으므로 대개 2 차원 모델을 적용하여 보수적으로 안정해석하고 있다.

12.2 사면의 활동파괴 거동

사면이 전단면을 따라 파괴되는 현상을 활동파괴라고 한다. 사면의 활동파괴는 지반의 전단변형 (12.2.1 절) 이 누적되어서 그 한계치를 초과하거나, 활동력이 활동저항력 (12.2.2 절) 을 초과할 때 또는 여러 가지원인 (12.2.3 절) 에 의해 발생된다.

활동파괴의 형상 (12.2.4 절) 과 속도 (12.2.5 절) 는 경계조건과 지반에 따라서 다양하다. 사면의 활동파괴는 지층형상과 지하수 상태 및 외력 등 특수조건 (12.2.6 절) 에 의해 영향을 받는다. 사면의 변위거동은 경사계 등을 설치해서 측정 (12.2.7 절) 한다.

12.2.1 지반의 전단변형

지반의 전단변형은 **재료적 전단변형**과 운동학적 **활동에 의한 전단변형**으로 구분되며 그 복합형태의 변형도 발생한다.

1) 재료적 변형

외력이 작용하여 지반 내의 응력이 증가되면 **재료적 전단변형**이 발생되며, 전단응력이 전단강도를 초과하면 재료적 전단변형이 과도하게 커져서 지반이 파괴된다. 지반내 전단응력이 지반의 전단강도에 근접하면 파괴전이더라도 상당한 크기의 전단변형이 발생된다.

이때 지반의 파괴거동은 **점성파괴거동** (전단강도가 파괴속도에 의존) 이나 **소성파괴거동** (전단강도가 파괴속도에 무관) 의 형태로 일어난다. 소성파괴거동은 대체로 비점성토에서 그리고 점성파괴거동은 (특히 포화상태) 점성토에서 발생된다.

2) 활동에 의한 운동학적 변형

지반 내 일부 또는 넓은 영역에서 전단응력이 전단강도보다 커지면 지반이 활동파괴되어 **운동학적 변형**이 발생된다. 사면 활동파괴는 Coulomb 토압이론에서와 같이 파괴가 지반 내 극히 한정된 부분 (두께 수 mm 이내) 에서 일어나서 파괴체가 강체처럼 이 부분을 따라 활동하거나 (선형파괴), Rankine 의 토압이론에서와 같이 지반내 일부 또는 전체영역에서 연속적 변위장이 형성되어 넓은 영역으로 확산되어 파괴된다 (영역파괴).

느슨한 모래나 연약한 점토에서 발생되는 **영역파괴** (zone failure) 는 점토나 지표지반의 **유동** (flow) 과 다른 개념이다. 암반의 파괴는 **선형파괴** (linear failure) 의 특수한 예이다.

12.2.2 활동력과 활동저항력

사면에 작용하는 힘은 활동파괴를 일으키는 **활동력**(driving force)과 활동파괴에 저항하는 **활동저항력**(resisting force)이 있고, 서로 힘의 평형을 이루고 있는데, 외력이 작용하여 활동력이 커지거나 주변 환경이 변하여 저항력이 작아져서, 활동력이 활동저항력보다 커지면 사면이 활동파괴 된다.

표 12.1 활동력과 활동저항력

활 동 력	- 활동파괴체와 지보재의 자중 G - 활동파괴체에 불리하게 작용하는 외력 P - 지하수에 의한 정수압이나 침투력 F - 지반진동이나 지진에 의한 힘
활동저항력	- 활동파괴면에 작용하는 전단저항력 T (점착력 C + 마찰저항력R) - 활동파괴체에 유리하게 작용하는 앵커력 A 나 버팀재 저항력 - 활동파괴면에 설치된 지보구조체의 전단저항력

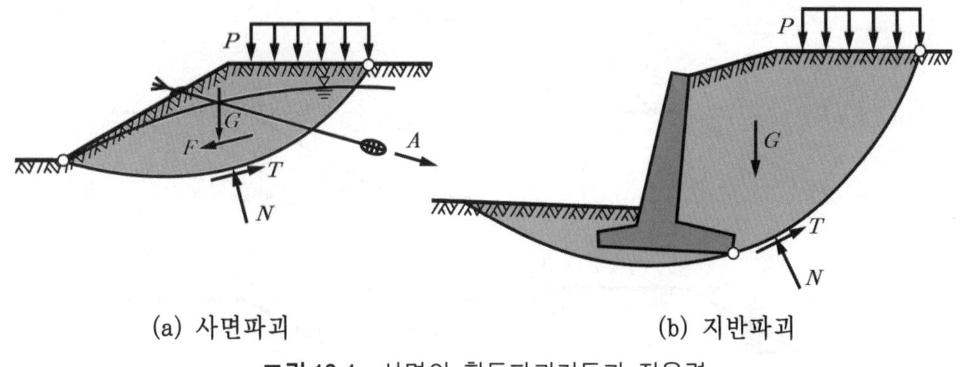

그림 12.1 사면의 활동파괴거동과 작용력

12.2.3 활동파괴 원인

사면의 활동파괴(slope sliding failure)는 다음과 같이 여러 가지 요인에 의해 활동력이 증가되거나 활동저항력이 감소될 때에 일어난다.

1) 활동력 증가요인

사면에 외력(그림 12.2a)이나 동하중(그림 12.2b)이 재하되거나, 상부균열에 유입된 물에 의해 수압(그림 12.2c)이 작용하거나, 지반 함수비가 증가하여 단위중량이 커지면 사면의 활동력이 증가된다.

2) 활동저항력 감소요인

사면의 활동저항력 감소는 사면 선단을 절단하거나 (그림 12.2d), 사면 전면을 굴착하거나 (그림 12.2e), 강우에 의하여 사면이 침식 (그림 12.2f) 또는 유사화 (流砂化) 되거나 (그림 12.2g), 호안이 파도에 침식되거나 (그림 12.2h) 또는 수위가 급강하되거나 (그림 12.2i), 사면이 피압상태에 있으면 (그림 12.2j) 발생된다.

그 밖에 다음의 원인에 의하여 지반의 전단강도가 감소되어도 활동저항력이 감소된다.

· 함수비 증가에 의한 점토의 팽창이완
· 간극수압 증가에 의한 유효응력의 감소
· 동상후의 지반연화
· 불균질한 지반의 국부적 변형

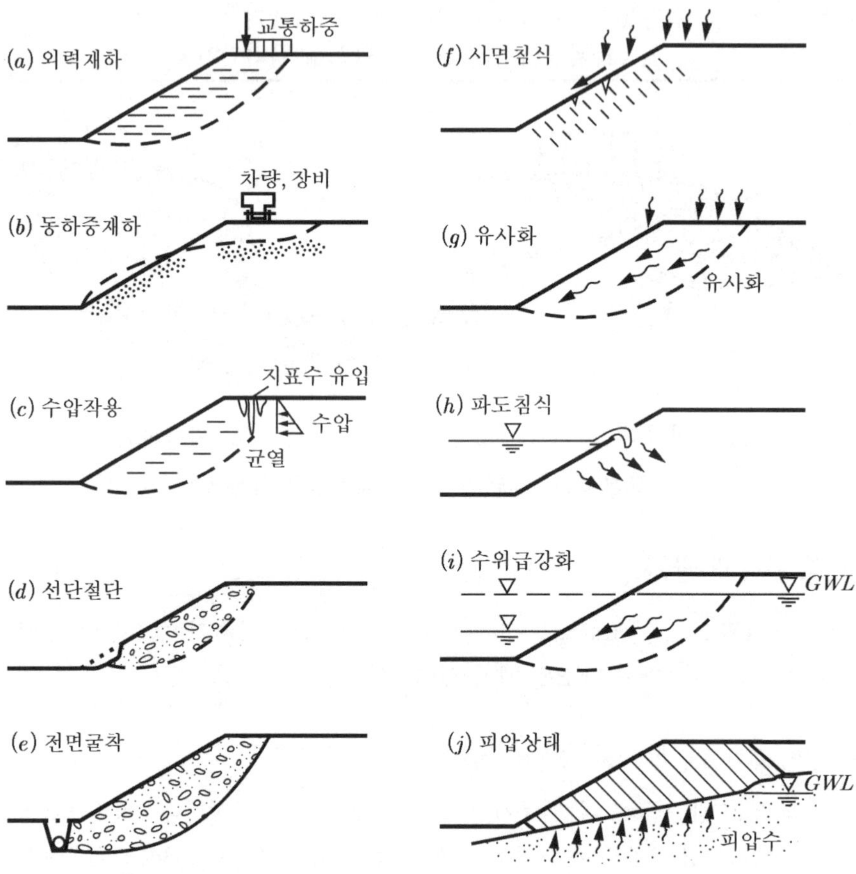

그림 12.2 사면의 활동파괴원인 (Striegler/Werner, 1969)

12.2.4 활동파괴 형상

사면의 **활동파괴면**은 **운동학적 불연속면**(Kinematic discontinuity)이며 경계조건과 지반 상태에 따라 그 형상이 달라진다. **흙사면**은 지반이 균질하고 경계조건이 단순할 때는 대개 단순한 형상으로 활동파괴 되고, 특수한 경계조건에서는 복잡한 형상으로 활동파괴 된다. 반면 **암반사면**은 암반의 절리(joint)나 경사면(dip) 등 **불연속면**(discontinuity)을 따라서 활동파괴 된다.

1) 활동파괴면의 형태

사면의 파괴는 붕락이나 활동 또는 유동의 형태로 일어나며, 사면의 안정해석에서는 주로 활동에 의한 사면파괴를 다룬다.

① 붕락 : 그림 12.3 a

붕락(falls)은 연직사면이나 연직에 가까운 사면이 국부적으로 탈락되거나 굴러 떨어지는 현상이며, 떨어져 나오는 토체와 원지반 사이에는 전단변위가 거의 없고 낙하속도가 빠르다.

② 활동파괴 : 그림 12.3 b,c,d

활동파괴(slides)는 활동력이 활동저항력보다 커서 사면 내에 형성된 전단파괴면을 따라 사면 일부가 미끄러져 내리는 형태의 파괴이다. 이때 활동파괴면의 형상에 따라 **회전활동**(rotational slides)과 **평행이동 활동**(translational slides) 또는 **복합활동**(compound slides)이 일어난다.

사면을 이루는 지반이 균질한 경우에는 원호나 대수나선이나 임의곡선 또는 유사한 형상의 곡면 활동면이 형성되어서 회전활동파괴가 일어난다(그림 12.3 c). 평행이동 활동파괴는 대체로 하부로 갈수록 강도가 커지는 지반에서 평면 활동면을 따라 블록(block slide)이나 슬래브(slab slide)의 형태로 일어나며(그림 12.3 d), 하부에 연약층이 있으면 회전과 평행이동이 동시 발생하는 **복합 활동파괴**(compound slide, 그림 12.3b)가 발생된다.

③ 유동 : 그림 12.3e

유동(flows)은 활동 저항력의 부족이나 활동력 증가에 따른 전단변형에 의해 지반이 파괴되지 않고, 주로 과도한 소성변형에 의해 지반이 파괴되어 흘러내리는 즉, 유동되는 현상을 말한다. 유동은 넓은 영역에서 얕은 깊이로 아래로 흘러내리는(earth flow, mud flow) 특성이 있다.

2) 활동파괴면의 형상

사면 활동파괴면의 형상은 경계조건과 지반상태가 단순한 경우에만 예측할 수가 있다. 활동파괴면은 전단파괴가 일어나서 소성상태가 된 부분이며 두께가 수 mm 이내로 얇기 때문에 발견하기 어렵고 외부지표에서는 활동파괴면의 시작점과 끝점만이 관찰된다.

발생된 활동파괴면은 현장에 경사계 등을 설치하고 계측하면 확인할 수 있다. 사면의 활동 파괴면은 경계조건에 따라 다양한 형상으로 생성되지만 대개 직선, 원호, 대수나선, 임의형상 및 복합형상으로 단순화할 수 있는 경우가 많다.

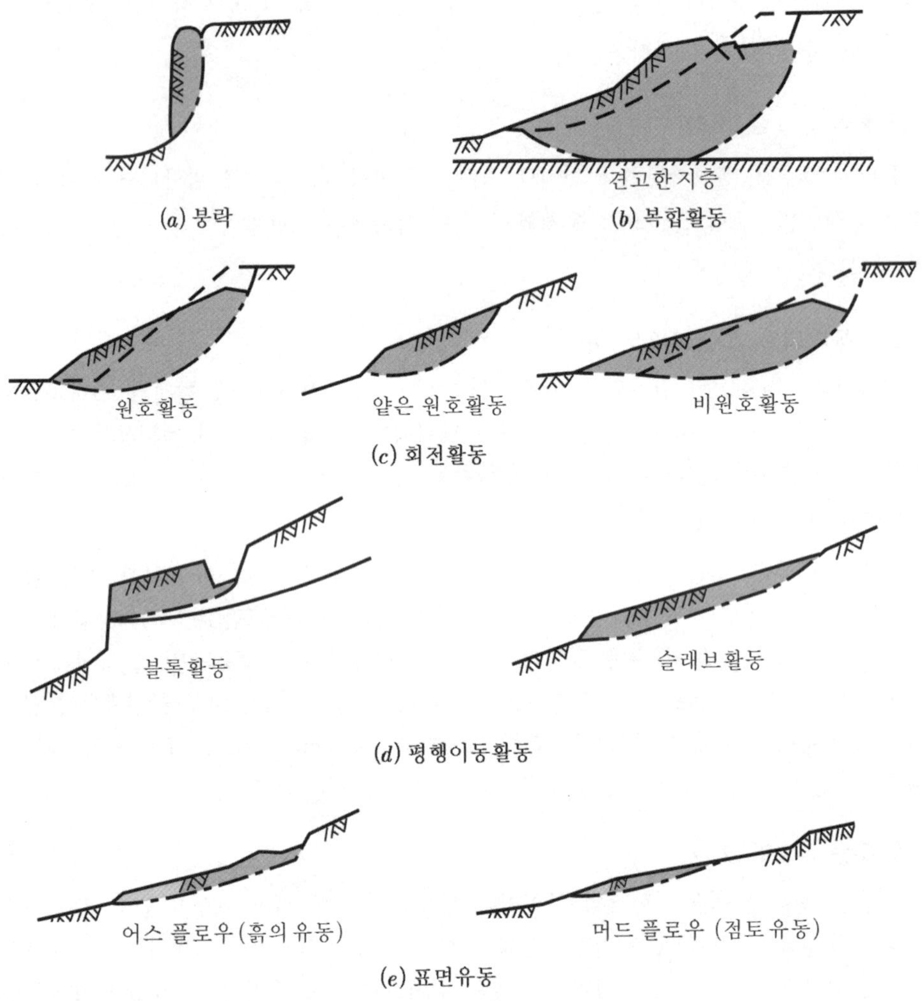

그림 12.3 사면의 파괴형태 (Skempton/Hutchinson, 1969)

(1) **직선파괴** (linear failure) : **그림** 12.4 a

경사가 급한 사질토 사면 또는 절리 등의 불연속면이나 연약지층을 포함하는 사면에서는 대체로 파괴면이 평면으로 생성되어 이를 따라 **직선활동파괴**가 일어난다.

(2) **원호파괴** (circular failure) : **그림** 12.4 b

순수한 점토나 균질하고 연약한 점성토에서는 대개 **원호활동파괴**가 일어난다.

(3) **대수나선 파괴** (logspiral failure) : **그림** 12.4 c

대수나선 파괴는 경사가 급한 사면에서 발생되는 경우가 많고, 활동면에 작용하는 마찰응력의 합력이 대수나선의 pole을 지나므로 회전모멘트가 발생되지 않는다. 그런데 대수나선의 형상이 내부마찰각에 따라 다르므로, 층상지반에서는 pole은 동일하지만 지층별로 다른 형상으로 굴곡된 **대수나선형 활동 파괴면**이 형성된다.

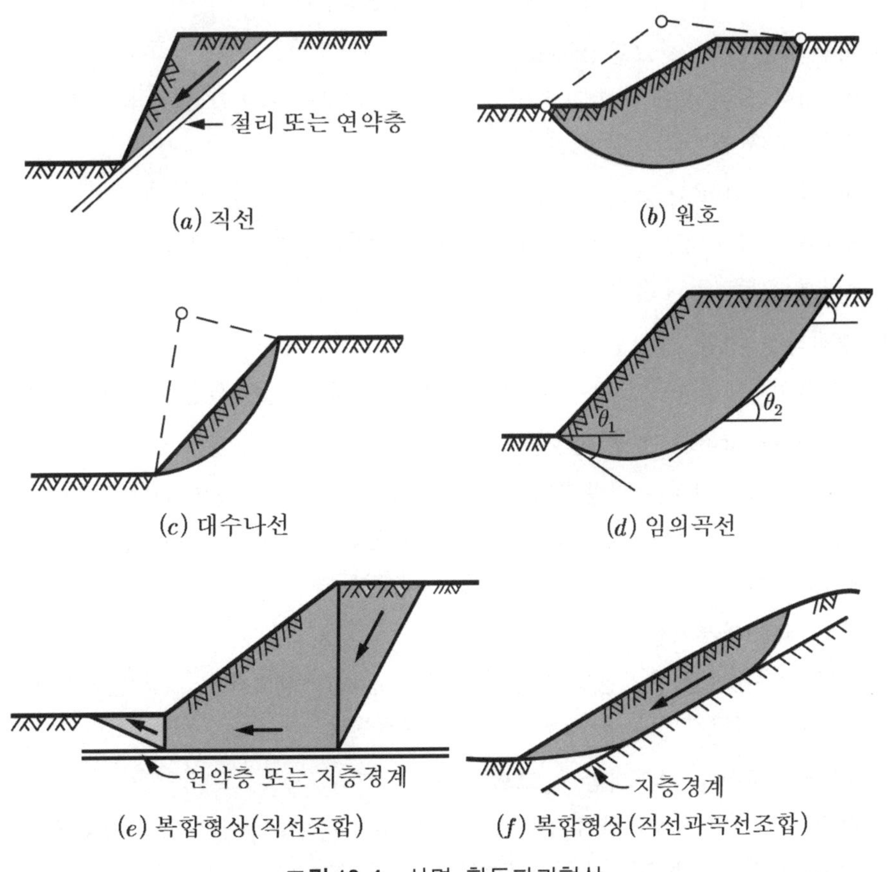

그림 12.4 사면 활동파괴형상

(4) **임의형상파괴**(arbitarily shape failure) : 그림 12.4 d

사면은 경계조건에 따라 **임의형상 활동파괴**가 일어날 수 있고, 발생된 파괴면을 측정하거나 단순화하여 안전율을 계산할 수 있다.

(5) **복합형상파괴**(combined shape failure) : 그림 12.4 e,f

현장조건에 따라 평면과 곡면이 조합된 다양한 형상의 **복합형상 활동파괴**가 일어날 수 있다.

3) 지반조건에 따른 사면의 활동파괴형상

사면의 활동파괴 형상은 지반조건에 따라 다음과 같이 다르게 발생된다.

(1) **지반 내 연약층** : 그림 12.5 a

암반 내 절리, 이암 내 미세균열, 풍화대 등 지반 내에 존재하는 상대적으로 연약한 지층이 있으면 이 층을 따라 활동파괴면이 형성된다.

(2) **비점착성 지반** : 그림 12.5 b

점착력이 없는 모래나 자갈에서는 사면을 따라서 곡률반경이 매우 큰(즉, $r \to \infty$) 형상으로 활동파괴가 일어난다.

(3) **약점착성 지반** : 그림 12.5 c

점착력이 작은 실트질 지반에서는 활동파괴면이 대개 사면에서만 형성되고 사면의 저부로는 확대되지 않는다.

(4) **강점착성 지반** : 그림 12.5 d

점착력이 큰 점성토에서는 사면의 저부를 통과하는 깊은 활동파괴면이 형성된다.

(5) **고소성성 지반** : 그림 12.5 e

몬트모릴로나이트를 다량 함유하여서 소성성이 높은 점성토에서는 넓은 구간에서 완만한 활동파괴면이 형성되어 점진적으로 활동파괴된다. 내부마찰각 ϕ가 $4° \sim 10°$로 작은 경우에는 매끈한 전단파괴면이 형성된다.

(6) **유기질토 저부지반** : 그림 12.5 f

사면 저부지반이 유기질을 다량 함유하여 강도가 상대적으로 작은 경우에는 활동파괴면이 사면의 저부를 깊게 관통하여 형성된다.

(7) **경사진 점착성 저부지반** : 그림 12.5 g

사질토 사면의 저부지반이 점성토인 경우에는 지하수가 점성토층 상부에 집결되어 컨시스턴시가 변하여 지반이 연화되므로 지층경계면을 따라 파괴된다.

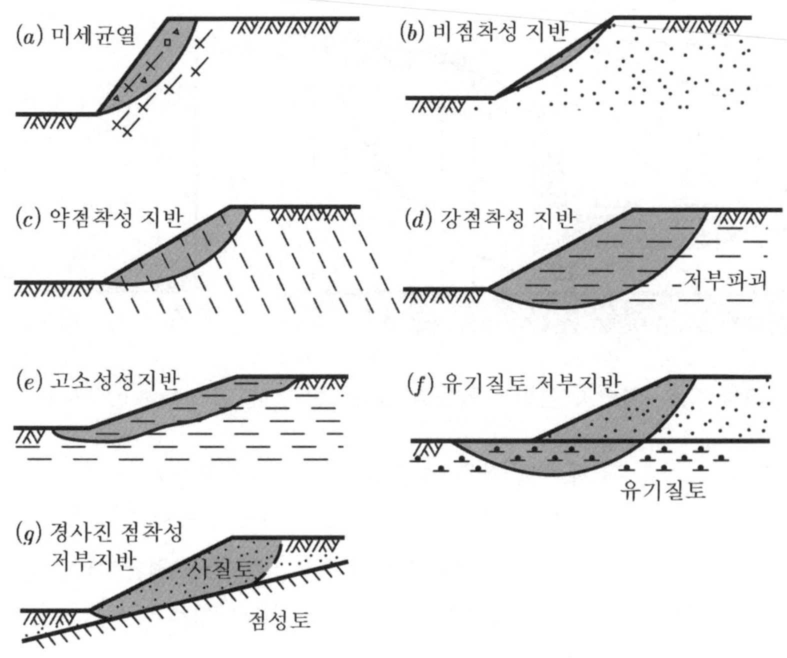

그림 12.5 지반조건에 따른 사면활동파괴형상

12.2.5 활동파괴 속도

사면에서 지반의 전단응력이 전단강도와 같아지거나 또는, 초과하면 사면의 활동파괴는 갑작스럽게 일어난다. 그러나 전단응력이 전단강도보다 작아도 전단변형이 지속적으로 발생되어 누적되면 사면은 **점진적으로 활동파괴** (progressive sliding failure) 된다. 자연상태에서 사면의 활동파괴가 장기간에 걸쳐 매우 느리게 진행된 경우에는 사면에 있는 나무가 활모양으로 휘어지면서 성장한다. 사면 내의 전단응력은 사면 선단부근에서 가장 크므로 사면의 전단파괴는 선단부분에서 제일 먼저 시작되고 그 배후지반으로 점차 전파된다. 사면의 정점부근에 인장응력이 발생되어 지반균열이 발생되면 여기에 지표수가 유입되어 다양한 규모와 형상으로 연못 (pond) 등이 형성되기도 한다. 이 같은 수압이 사면에 수평압력으로 작용하여 사면의 안정에 불리한 활동력이 된다.

사면의 활동속도는 사면의 경사와 전단응력의 크기 (즉, 유효전단강도가 궁극전단강도에 어느 정도 근접되었는가) 에 따라 다르다. **사면활동속도**가 급격히 빨라지면 파괴될 징후이다. 그림 12.6 은 런던점토지반에서 사면활동이 29 년간 지속되다가 결국 파괴된 경우를 나타내며 파괴직전에 사면의 활동속도가 급격히 증가되었다 (Skempton, 1964).

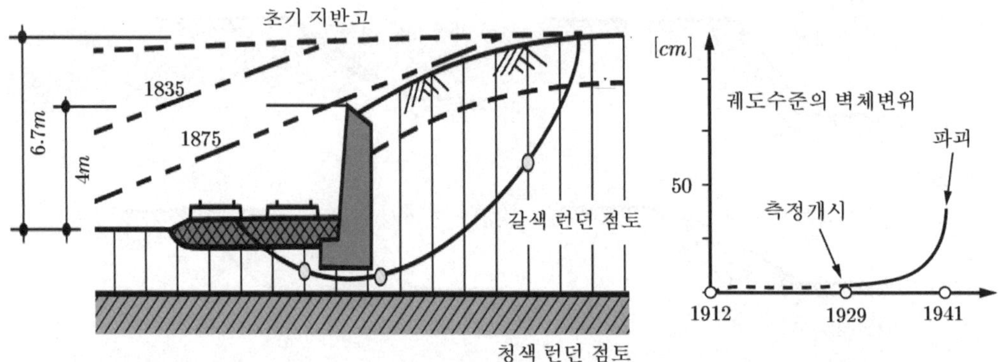

그림 12.6 사면의 점진적 활동파괴거동 실제 예 (Skempton, 1964)

최대응력(즉, peak점)이 뚜렷한 응력-변형률 관계를 보이는 지반에서는 사면활동파괴가 갑작스럽게 일어나거나 응력이 집중되어서 강도에 도달된 곳부터 파괴되기 시작하여 점진적으로 사면전체에 전파된다. 반면에 완만한 응력-변형률 관계를 보이는 지반에서는 전단변형이 누적되어 파괴되므로 활동파괴 이전에 이미 상당한 크기의 변위가 발생된다.

사면에서 일어나는 전단변형은 지반의 크립변형과 활동파괴관련 변형 및 토사류에 의한 변형이 있으며 각각의 형태에 따라 변형속도가 다르다.

① 크립거동

지반의 전단응력이 전단강도에 미달되더라도 전단변형이 지속되면 사면은 지반의 크립거동에 의하여 서서히 등속으로 활동파괴될 수 있다. 이렇게 형성된 활동면은 대체로 곡률이 크다. **사면의 크립거동**은 계절에 따라 차이를 나타낸다.

② 활동파괴거동

점토사면에서는 활동파괴가 점진적으로 일어나므로 최종활동파괴가 일어나기도 전에 이미 전단변위가 상당한 크기로 발생되며, 활동파괴가 시작되면 활동속도가 갑자기 증가한다.

대개의 점토사면에서는 활동면에서 전단저항이 감소되지 않으면 활동이 등속으로 지속된다. 활동면에서 전단저항이 감소될 경우에는 궁극전단강도에 도달할 때까지 **활동파괴속도**가 가속되며, 궁극전단강도에 도달된 이후에도 사면활동이 계속된다. 이러한 경향은 심하게 과압밀된 점토에서 뚜렷하고 궁극전단강도가 계절에 따라 변하면서 변위가 계속된다. 따라서 사면의 활동파괴 여부는 장기간 동안에 규칙적으로 관측하여 알 수 있다.

③ 토사류

소성성이 작은 점성토나 균등하고 미세한 포화모래가 지진 등의 동하중을 받으면 간극수압이 증가하여 유효응력이 감소하므로 지반이 **액상화**(liquefaction) 되어서 유동한다. 따라서 이런 지반에서는 완만한 사면이라도 불안정해진다. 느슨하거나 정규압밀 상태 지반에서 간극수압의 변화를 초래할 수 있는 외력이 작용하는 경우에도 이와 같은 액상화에 의한 **토사류**(또는 **토석류**)가 발생할 가능성이 있다.

12.2.6 특수조건하 사면의 활동파괴

사면이 층상지층으로 이루어 졌거나 사면에 지하수가 존재하거나 또는 사면에 외력이 작용하면 사면의 활동파괴거동이 영향을 받을 수 있다.

1) 층상지층

여러 개의 지층으로 구성된 층상지반에 있는 사면에서 활동파괴면은 각 지층의 상대적 전단강도와 지층두께 등에 의해 영향을 받아 형성된다. 지층의 두께와 전단강도가 극단적 차이를 나타내지 않는 경우에는 절편법으로 계산하거나 층상지반을 균질한 지반으로 가정하고 **가중평균 전단강도정수** c_{mm} 과 ϕ_{mm} 을 적용하여 해석한다.

$$c_{mm} = \frac{\sum c_i \, l_i}{\sum l_i}$$

$$\tan\phi_{mm} = \frac{\sum \sigma_i \, l_i \tan\phi_i}{\sum \sigma_i \, l_i} \qquad (12.1)$$

여기서 c_i 와 ϕ_i 는 i 번째 지층의 점착력과 내부마찰각이고, σ_i 와 l_i 는 지층 i 를 통과하는 활동면에 작용하는 수직응력과 활동면의 길이를 나타낸다(그림 12.7).

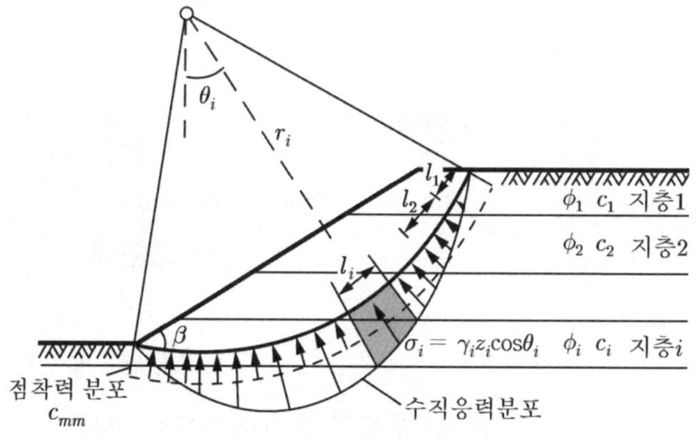

그림 12.7 층상지반의 사면파괴

2) 사면 내 지하수

사면에 지하수가 존재하면 지하수에 의한 수평력이 활동력으로 작용하기 때문에 사면의 안전율이 저하된다. 사면의 내부보다 외부의 지하수위가 낮으면 지하수가 사면의 외부로 흘러 나가고 이에 따라 침투력이 작용한다. 압축성 지반에서 수위가 급격히 강하될 경우에도 지반이 압축되면서 과잉 간극수압이 발생되고 부력이 감소되므로 사면이 불안정해진다. 갑작스런 지하수위 강하의 영향은 침투력을 생각하지 않고도 Bishop (1954) 의 방법으로 과잉간극수압을 고려하여 충분히 정확한 결과를 구할 수 있는 경우가 많다.

3) 외력

사면에는 지반 자중이외에도 앵커, 스트러트, 강성 네일, 말뚝 등에 의한 외력이 작용할 수 있고, 이들이 활동 파괴체의 외부에 작용하면 활동저항력이 된다 (그림 12.8). 그러나 활동 파괴체 내부에 작용하는 힘들은 활동에 저항할 수 없으므로 안정검토 시에 고려하지 않는다 (그림 12.9).

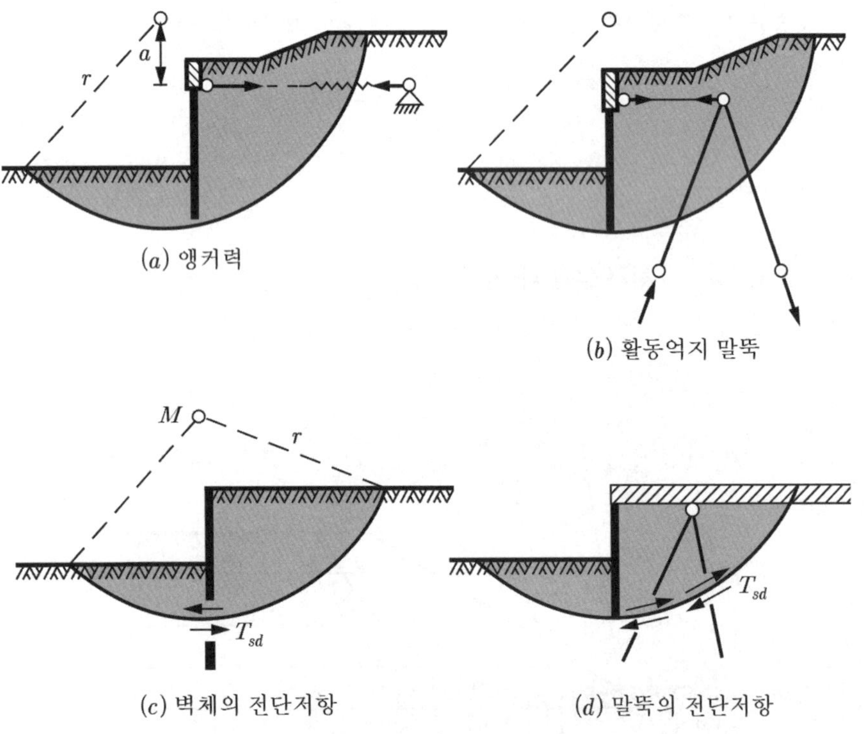

그림 12.8 활동저항성 외력 (Smoltczyk, 1993)

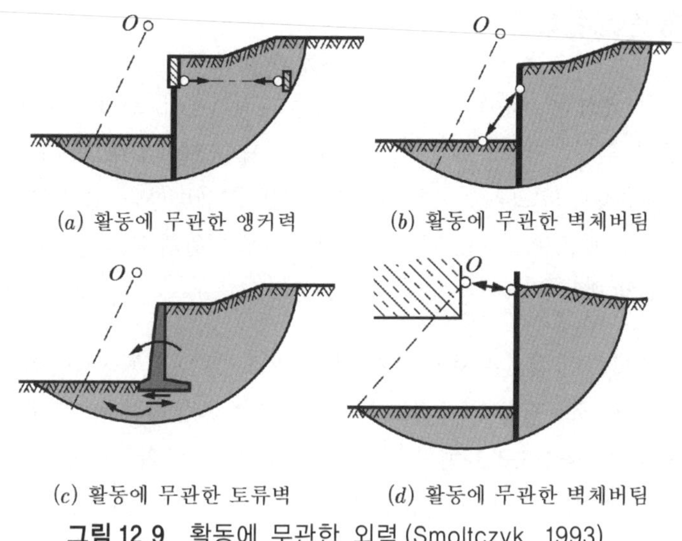

(a) 활동에 무관한 앵커력
(b) 활동에 무관한 벽체버팀
(c) 활동에 무관한 토류벽
(d) 활동에 무관한 벽체버팀

그림 12.9 활동에 무관한 외력 (Smoltczyk, 1993)

12.2.7 변위거동 계측

사면의 변위거동은 일상적 측량 외에 특수한 장비를 사용하여 계측한다. 사면의 변위거동계측에 가장 효과적인 장비는 경사계이며 사면 내에 두 개 이상 매설하여 주기적으로 측정하면 활동 파괴면의 위치 및 각 지층의 수평변위거동특성을 알 수 있다 (그림 12.10).

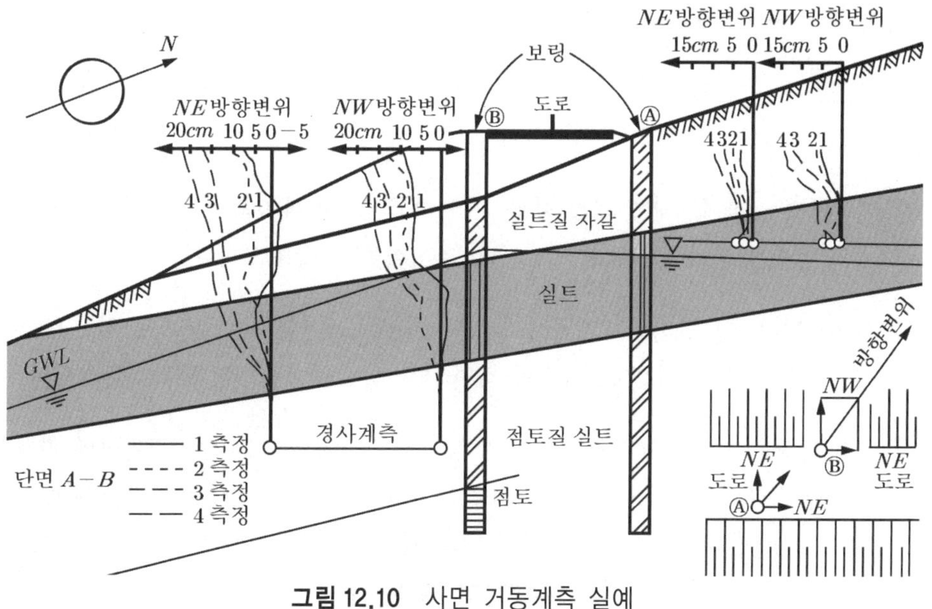

그림 12.10 사면 거동계측 실예

12.3 사면의 안정해석

활동 파괴체에 작용하는 힘이나 모멘트는 활동 파괴면에서 평형을 유지하며, 활동력은 자중과 상재하중이 있고, 활동저항력은 활동면 전단저항력이 있다. 이때에 자중과 상재하중은 크기와 작용방향을 알고, 활동면 전단저항력은 작용방향을 알고 있으므로 연직방향 힘의 평형식이나 모멘트 평형식으로부터 평형을 이루기 위해 필요한 전단저항력을 구하여 최대전단저항력과 비교하여 안정상태를 해석할 수 있다.

사면의 활동파괴에 대한 안정은 여러 가지 **가정** (12.3.1 절) 을 통해 단순화하고 강도정수를 배수조건에 적합하게 적용해서 전응력 해석하거나 유효응력 해석하여 **검토** (12.3.2 절) 하며, 사면의 안정상태는 **안전율** (12.3.3 절) 로 나타낸다. **무한사면의 활동파괴** (12.3.4 절) 는 비교적 얕은 깊이로 사면에 평행하게 일어나고, **유한사면의 활동파괴** (12.3.5 절) 는 깊게 일어난다.

12.3.1 안정해석 기본가정

사면은 지반을 연속체로 보고 수치해석하거나 소성이론을 적용해서 검토한다. 사면내의 지중응력과 변형상태 및 파괴거동을 해석적으로 구하는 일은 현실적으로 거의 불가능하다. 따라서 여러 가지 가정을 통해 단순화시킨 방법으로 검토할 수밖에 없다.

① **활동파괴체** : 활동파괴체는 강체이며 경계면에 작용하는 힘과 모멘트의 크기는 알려져 있고 평형을 이룬다.

② **평면문제** : 사면은 단면이 일정하고 길이가 긴 평면변형률 (plane strain) 상태 구조물이므로 2 차원으로 해석하며 특수한 경우에는 3 차원으로 해석한다.

③ **파괴응력** : 파괴상태에 대해 여러 가지 파괴식들이 제시되어 있으나 적용하기가 쉽고 검증이 많이 된 Mohr-Coulomb 파괴식을 주로 적용한다.

④ **다일러턴시** : **다일러턴시 각** (dilatancy angle) 을 전단시는 **'영'**으로 하고 ($\psi = 0$), 이완 시는 최대값 내부마찰각으로 하며 ($\Psi = \phi$) 등체적 전단된다고 가정한다.

⑤ **초기 안전율과 궁극 안전율** : 사면은 경계조건과 지반상태 및 시간경과에 따라서 안전율이 다르다. 사면의 **초기 안전율** (initial safety factor) 은 대개 **비배수 강도정수** c_u, ϕ_u 를 적용하여 전응력해석하고, **궁극 안전율** (end safety factor) 은 **유효강도정수** c', ϕ' 를 적용 하여 **유효응력 해석**한다.

12.3.2 안정해석 조건

사면의 안정은 현장 배수조건에 따라 합당한 강도정수를 사용해서 검토한다. 점성토의 장기안정이나 배수가 자유로운 사질토의 장단기 안정을 검토할 때는 유효강도정수(배수조건)를 적용하여 **유효응력해석**(effective stress analysis)하고, 점성토 초기 안정이나 시공 중 안정을 검토할 때에는 비배수 강도정수(비배수조건)를 적용하여 **전응력해석**(total stress analysis)한다.

배수조건 또는 비배수 조건은 압밀이론의 **시간계수 T_v** (time factor)로부터 판정하고, 시간계수산정이 불가능할 때에는 **투수계수 k** 로부터 판정한다.

배 수 조 건 : 시간계수 $T_v > 3.0$, 또는 투수계수 $k > 1.0 \times 10^{-4}$ cm/s
비배수 조건 : 시간계수 $T_v < 0.01$, 또는 투수계수 $k < 1.0 \times 10^{-7}$ cm/s

시간계수 T_v 는 압밀계수 c_v 와 배수거리 H 및 시간 t 로부터 계산한다.

$$T_v = \frac{c_v t}{H^2} \tag{12.2}$$

이론적으로는 유효응력해석이나 전응력해석에서 구한 안전율이 같으므로 모든 문제에 적용할 수 있다. 따라서 배수조건에 따라 적용하기가 쉬운 쪽을 택한다.

배수조건은 과잉간극수압이 '영'인 상태이며, 유효응력해석법을 적용하고 배수조건(CD시험)에서 구한 강도정수를 적용한다. 비배수조건은 전응력해석법을 적용하고 비배수조건(CU, UU시험)이나 현장시험에서 구한 강도정수를 적용한다.

전응력해석법에서는 전응력을 적용하기 때문에 간극수압이 불필요하다. 전단강도는 $\tau_f = c_u$ 를 적용하고 전응력과 습윤단위중량 또는 포화단위중량을 사용한다. **$\phi = 0$ 해석법**($\phi = 0$ analysis)이 대표적이고, 단순하고 계산량이 적지만 설계타당성을 검토하기 위해서 시공 중에 정확한 강도측정이 필요하다.

반면에, **유효응력해석법**에서는 유효응력을 적용하므로 간극수압을 고려한 유효전단강도($\tau_f = c' + \sigma' \tan\phi'$)를 적용한다. 그런데 흙의 강도는 유효응력에 의해 지배되기 때문에 설계타당성을 검토하기 위해서 공사중에 정확한 간극수압의 측정이 필요하다.

지반 내 간극수압은 유효응력해석에서만 고려하며, 사면외부에 작용하는 수압은 사면의 힘의 평형에 관여하기 때문에 전응력해석이나 유효응력해석에서 모두 고려한다.

성토사면과 다단 또는 점증재하조건에서는 **양의 과잉간극수압**(positive excess pore pressure)이 발생되기 때문에, 완공 후에 시간이 경과하여 과잉간극수압이 소산되면 유효응력이 증가하므로 완공 직후가 가장 위험하여 단기안정해석이 중요하다. 그러나 굴착사면에서는 굴착이 진행됨에 따라서 **부의 과잉간극수압**(negative excess pore pressure)이 발생되기 때문에 완공 후에 시간이 경과하여 부의 과잉간극수압이 소산되면 유효응력이 감소하므로 장기간이 경과된 후가 가장 위험하므로 장기안정해석이 필요하다.

12.3.3 사면의 안전율

사면의 안정상태는 안전율을 이용하여 나타낸다. **사면의 안전율**은 사면에 관한 자료(지반의 강도, 작용하중, 파괴형상 등)의 불확실성과 기술부족으로 인한 위험성을 덜고 변형을 허용치 이내로 제한하기 위하여 적용하며, 대개 안정과 불안정의 경계를 **극한평형상태**(limit equilibrium state)로 하고 이때 안전율을 1.0 ($\eta = 1.0$)로 한다. 즉, 안전율이 1.0 보다 크면 ($\eta > 1.0$) 사면이 안정하고, 1.0 보다 작으면 ($\eta < 1.0$) 불안정한 상태로 간주한다. **사면의 안전율 η**(safety factor)는 극한평형상태의 전단응력과 활용전단응력의 비(그림 12.11a)나 활동저항력과 활동력의 비(그림 12.11b) 또는 활동 저항모멘트와 활동모멘트의 비(그림 12.11c)로 정의한다.

사면은 여러 가지 원인에 의해 지반내 전단응력 τ 가 증가되거나 지반의 전단강도 τ_f 가 감소되어, 전단응력이 전단강도에 도달하거나 커지는 경우(즉, $\tau \geq \tau_f$)에 불안정하다.

따라서 Fellenius (1927)는 지반의 전단강도 τ_f 와 **활용전단응력** τ_m 의 비로 안전율을 정의하였으며, 이때에 전단강도는 Mohr - Coulomb 파괴조건을 따른다.

$$\tau_f = c + \sigma_f \tan\phi \tag{12.3a}$$

$$\tau_m = c_m + \sigma_m \tan\phi_m \tag{12.3b}$$

$$\eta = \frac{\text{지반의전단강도}}{\text{활용전단응력}} = \frac{\tau_f}{\tau_m} \tag{12.3c}$$

$$\eta_\phi = \frac{\tan\phi}{\tan\phi_m} \tag{12.3d}$$

$$\eta_c = \frac{c}{c_m} \tag{12.3e}$$

여기에서 η_c 와 η_ϕ 는 각각 점착력 c 와 내부마찰각 ϕ 에 대한 **부분안전율**(partial safety factor)이며, 이들은 궁극적으로 사면의 안전율 η 와 같아야 한다. 즉,

$$\eta = \eta_c = \eta_\phi \tag{12.4}$$

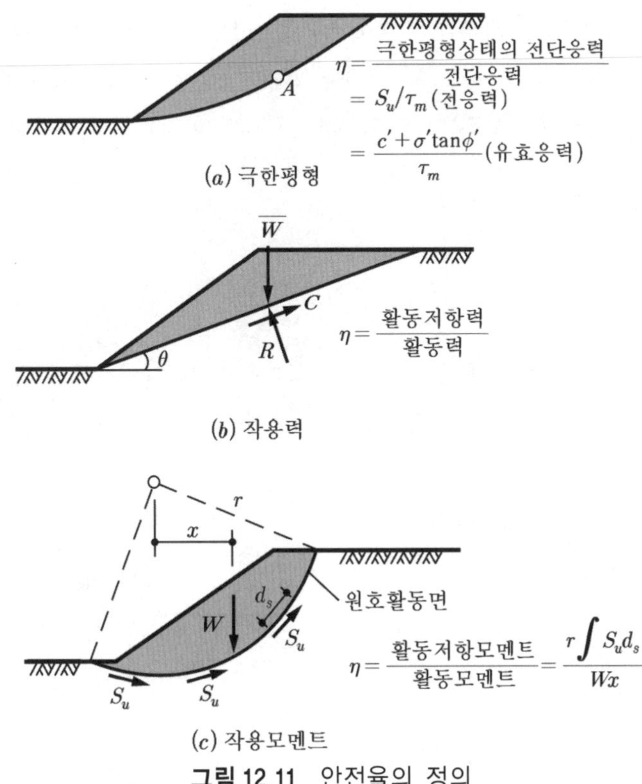

그림 12.11 안전율의 정의

활용전단강도 τ_m (mobilized shear strength)은 그림 12.12에서와 같이 Mohr–Coulomb 파괴포락선에서 구한 전단강도 τ_f를 안전율 η로 나눈 값이며, **활용 점착력** c_m과 **활용 내부마찰각** ϕ_m은 점착력 c와 내부마찰각 ϕ를 각각의 **부분안전율** η_c와 η_ϕ로 나눈 값이다.

$$\tau_m = \tau_f / \eta$$
$$c_m = c/\eta_c$$
$$\tan\phi_m = \tan\phi/\eta_\phi \qquad (12.5)$$

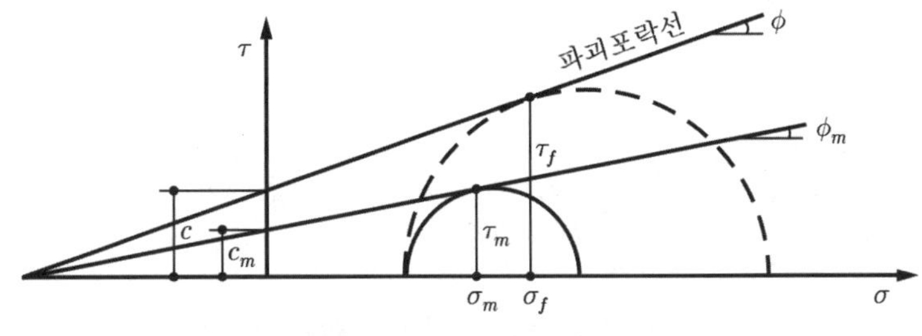

그림 12.12 활용 전단강도 τ_m의 정의

사면이 안정한 상태를 유지하기 위해서 **활동저항력** R (또는 **활동저항모멘트** R_M) 이 **활동력** S (또는 **활동모멘트** S_M) 보다 크거나 ($\Sigma R > \Sigma S$, $\Sigma R_M > \Sigma S_M$), 활동저항력 R (또는 활동 저항 모멘트 R_M) 을 활동력 S (또는 활동모멘트 S_M) 로 나눈 값 (안전율 η) 이 1.0 보다 커야한다.

$$\eta = \frac{\text{활동저항력}}{\text{활동력}} = \frac{\Sigma R}{\Sigma S} > 1$$

$$\eta = \frac{\text{활동저항모멘트}}{\text{활동모멘트}} = \frac{\Sigma R_M}{\Sigma S_M} > 1 \tag{12.6}$$

사면의 안정은 활동파괴이외에 침투파괴, 수평활동파괴, 사면선단파괴, 침하 등에 대해서도 검토 한다 (그림 12.13). 사면의 안전율은 하중에 따라 표 12.2 의 값을 적용한다.

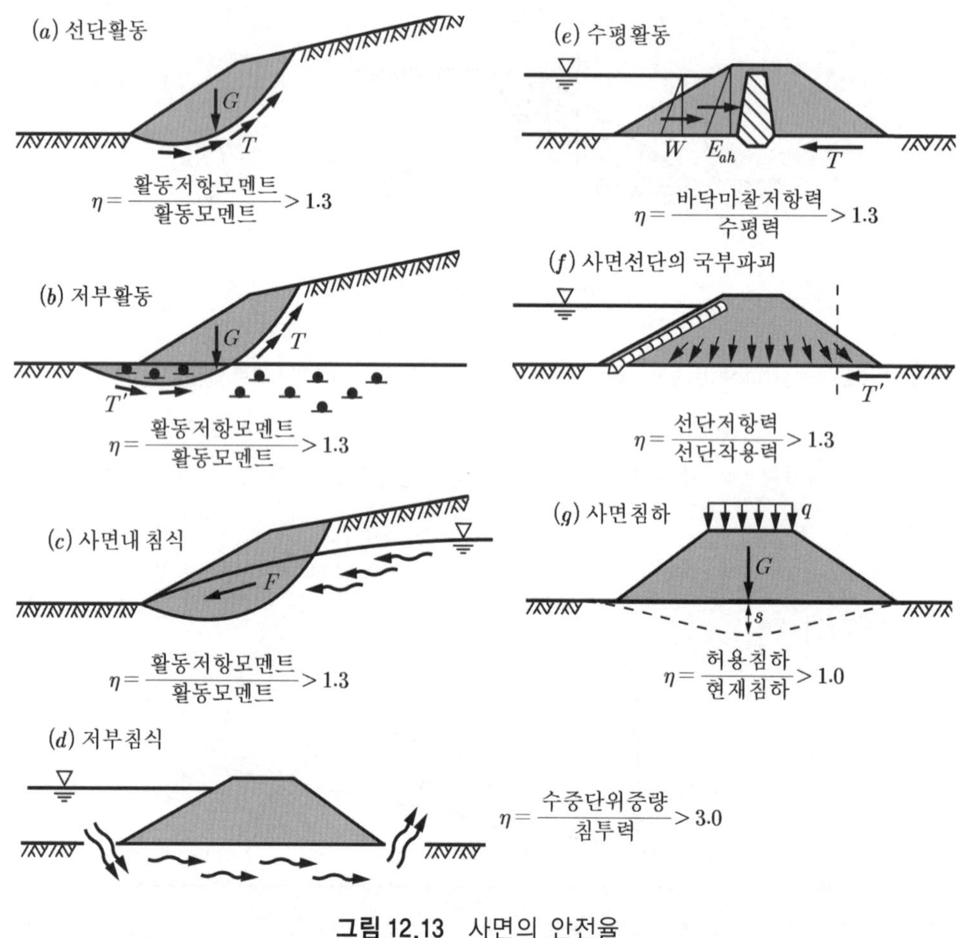

그림 12.13 사면의 안전율

표 12.2 사면의 적용 안전율 (DIN 4084)

하 중	η	η_ϕ	η_c/η_ϕ
지속하중, 규칙하중	1.4	1.3	
불규칙하중	1.3	1.2	0.75
충격·사고하중	1.2	1.1	

사면의 안전율은 활동파괴면의 크기나 위치에 따라 달라지므로 안전율이 최소가 되는 예상 활동파괴면을 찾아야 한다. 이를 위해서 다수의 예상 원호 활동면에 대한 안전율을 구하고 안전율이 같아지는 원의 중심 O를 연결하여 등고선을 그리면 균질한 지반에서는 좁고 긴 타원형이 되며, 그 장축방향은 대개 사면의 중앙에 직교 한다 (그림 12.14).

안전율이 가장 작아지는 예상 활동파괴면은 대개 다음과 같은 특성이 있다.

- 내부마찰각이 $\phi' > 5^o$ 이면 활동파괴면은 대개 사면의 선단을 지난다 (Taylor, 1937).
- 사면상부 지표면과 원호활동면은 예각으로 만난다. 즉, 그림 12.14 에서 $\theta_r \geq 90^o$ 가 된다.
- 사면이 연성지반 ($\phi < 5^o$)에 있고 그 하부에 강성지층이 있으면 대개 지층경계면을 지나는 저부활동파괴가 일어난다.

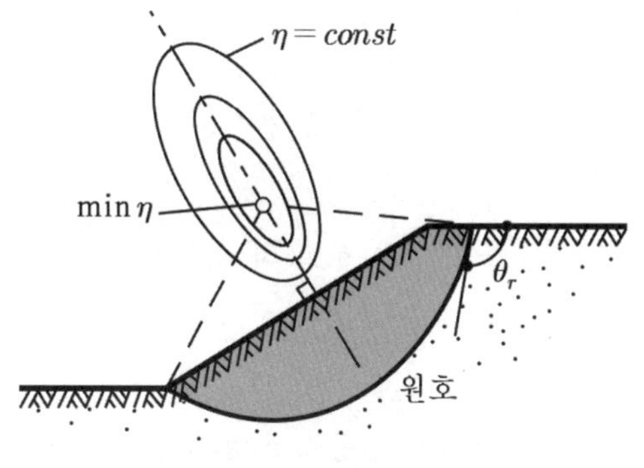

그림 12.14 안전율의 분포

12.3.4 무한사면의 안정해석

길이가 긴 **무한사면** (infinite slopes) 에서는 활동파괴가 비교적 얕은 깊이에서 일어나고 사면에 평행한 활동면을 따라서 활동파괴된다고 가정하고 안정해석 한다. 활동면의 길이가 비교적 긴 경우에는 활동면의 시점과 종점 영향을 무시하고 무한사면으로 해석할 수 있다. 지표에서 깊어질수록 전단강도가 커지는 지반에서는 얇은 두께로 활동파괴된다.

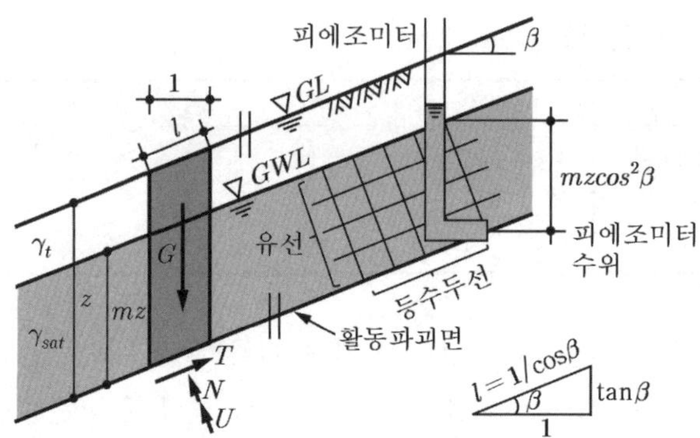

그림 12.15 무한사면의 활동파괴

1) 지하수가 지표에 평행하게 흐르는 경우

무한사면에서 지하수위는 그림 12.15 와 같이 활동면 상부 mz 위치에 있고, 지표 (사면) 에 평행한 방향으로 **정상침투** (steady seepage) 가 일어난다고 가정한다. 이때에 절편에 작용하는 힘은 절편의 측면력을 무시하면 절편 무게 G 와 활동면의 전단저항력 T 및 수직력 N 이다. 따라서 활동면상의 수직응력 σ 와 전단응력 τ 는 다음과 같다.

$$\begin{aligned}\sigma &= N/l = G\cos\beta/l = G\cos^2\beta = \{(1-m)\gamma_t + m\gamma_{sat}\}\, z\cos^2\beta \\ \tau &= T/l = G\sin\beta/l = G\sin\beta\cos\beta = \{(1-m)\gamma_t + m\gamma_{sat}\}\, z\sin\beta\cos\beta \qquad (12.7)\end{aligned}$$

유선망으로부터 절편바닥에 작용하는 간극수압 u 를 구할 수 있다.

$$u = m\, z\,\gamma_w \cos^2\beta \qquad (12.8)$$

그런데 전단강도에 대한 안전율은 Fellenius 의 정의 (식 12.3) 로부터

$$\eta = \frac{\tau_f}{\tau} = \frac{c' + (\sigma - u)\tan\phi'}{\tau} \qquad (12.9)$$

이므로, 식 (12.7) 의 수직응력 σ 와 전단응력 τ 및 수압 u 를 대입하면 다음과 같다.

$$\eta = \frac{c' + (G - mz\gamma_w)\cos\beta\tan\phi'}{G\sin\beta} \qquad (12.10)$$

2) 지하수가 활동면 아래에 있는 모래사면

지하수위가 활동면 아래 쪽에 있으면 $m = 0$ 이고, 모래에서는 $c' = 0$ 이므로 안전율이 활동면의 깊이 z 에 무관하다. 따라서 사면의 경사가 내부마찰각보다 작으면 안정하다.

$$\eta = \frac{\tan\phi}{\tan\beta} \qquad (12.11)$$

3) 지하수가 지표와 일치하는 경우

지하수위가 지표와 일치하면 $m = 1$ 이고, 모래에서는 점착력이 **'영'** ($c' = 0$) 이므로, 자중은 $G = \gamma_{sat} l z$ 이 되어 안전율 η 는 식 (12.10) 으로부터 다음과 같다.

$$\eta = \frac{(\gamma_{sat} - \gamma_w)\cos\beta\tan\phi'}{\gamma_{sat}\ \sin\beta} = \frac{\gamma_{sub}}{\gamma_{sat}}\frac{\tan\phi'}{\tan\beta} \simeq \frac{1}{2}\frac{\tan\phi'}{\tan\beta} \tag{12.12}$$

그런데 $\gamma_{sat} \le 2\gamma_{sub}$ 이므로 위의 식에서 구한 안전율은 식 (12.11) 에서 구한 안전율의 절반정도이다. 즉, 사면에 침투가 일어나거나 포화되면 지하수가 없을 때에 비해 안전율이 절반으로 작아진다.

점착력이 있는 지반 ($c' > 0$) 에 있는 사면에서는 안전율이 깊이 z 에 의존하고 사면경사 β 가 내부마찰각 ϕ' 보다 크더라도 안정한 상태를 유지할 수 있다.

4) 수중 무한사면

무한사면이 수중에 있는 경우에는 **침투력** (seepage force) 이 작용하지 않아서 유효중량 G' 에 의한 힘의 평형을 생각하여 안전율을 구한다. 그런데 유효중량 G' 은,

$$G' = \gamma' z \tag{12.13}$$

이므로, 활동 파괴면에 작용하는 수직응력 σ' 와 전단응력 τ 는 다음과 같다.

$$\sigma' = \frac{G'\cos\beta}{1/\cos\beta} = \frac{\gamma' z\cos\beta}{1/\cos\beta} = \gamma' z\cos^2\beta$$

$$\tau = \frac{G'\sin\beta}{1/\cos\beta} = \gamma' z\cos\beta\sin\beta \tag{12.14}$$

따라서 안전율 η 는 식 (12.9) 로부터

$$\eta = \frac{\tau_f}{\tau} = \frac{c' + \sigma'\tan\phi}{\tau} = \frac{c' + \gamma' z\cos^2\beta\tan\phi'}{\gamma' z\sin\beta\cos\beta} \tag{12.15}$$

이고, 모래지반 ($c = 0$)에서는 (수중 내부마찰각은 건조상태와 동일하므로) 다음 같이 건조한 상태의 안전율과 같다.

$$\tau = \frac{\tan\phi'}{\tan\beta} \tag{12.16}$$

수중에서는 활동 파괴면의 전단강도가 수압의 영향만큼 줄고, 지반의 자중이 유효중량으로 작용하여 활동 파괴면의 전단응력 또한 감소한다. 따라서 안전율에는 변화가 없다.

12.3.5 유한사면의 안정해석

활동파괴가 깊게 일어나는 짧은 사면을 무한사면에 상대적인 개념으로 **유한사면**(finite slope)이라고 한다. 사면 상태를 정량화하여 안정성을 판정하기 위해서 지반을 연속체로 보고 수치해석하거나 소성이론을 적용하여 해석한다. 사면안정해석의 정확도는 해석방법보다 토질정수와 간극수압의 선택에 의해 좌우되므로 해석방법의 선택은 이차적인 문제일 뿐이다.

사면의 안정해석방법은 현장의 지질상태, 기발생 활동면의 존재여부, 안전율 정의, 단기 또는 장기안정 여부(전응력 해석 또는 유효응력 해석), 간극수압 등을 고려해서 선정한다.

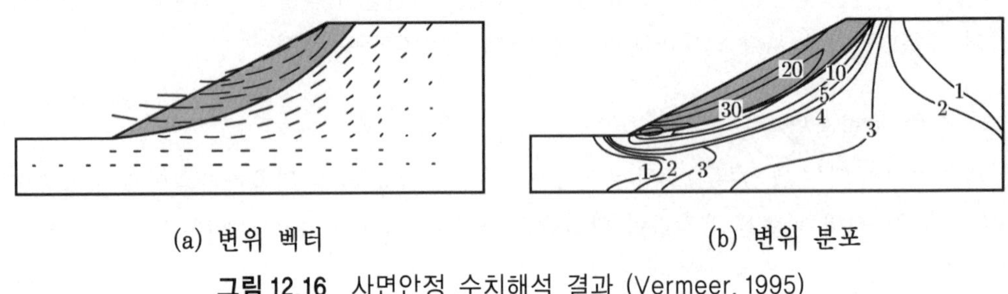

(a) 변위 벡터 (b) 변위 분포

그림 12.16 사면안정 수치해석 결과 (Vermeer, 1995)

1) 연속체법(continuum method)

지반을 연속체로 가정하고 수치 해석법(유한요소법 FEM 또는 유한차분법 FDM)을 적용하여 사면의 안정을 해석할 수 있고(그림 12.16), 정확한 재료모델을 적용하면 좋은 결과를 얻을 수 있다. 그러나 정확한 재료모델을 구하기가 어려우며, 계산시간과 비용이 많이 들고, 파괴상태에 근접하면서 수렴이 어렵거나 불확실할 수 있다. 또한 계산과정에 대한 추적이 어렵다. 따라서 수치해석법은 실무적용에 한계가 있다.

2) 소성이론(plastic theory)

사면의 안정은 파괴영역에 **소성이론**을 적용하고 활동 파괴체가 소성 평형상태에 있다고 간주하여 검토한다. 이때 **정해**(absolute solution)는 다음 3가지 조건을 충족해야 한다.

- 정역학적 조건 : 평형조건(equilibrium)
- 운동학적 조건 : 적합조건(compatibility)
- 응력-변형율 관계조건 : 항복조건(yield criteria)

정역학적 조건을 충족하기 위해서는 대상 지반의 응력장 (stress field) 내의 모든 곳에서 응력이 평형조건을 만족하고 그 경계의 조건을 만족해야 한다.

운동학적 조건을 충족하기 위해서는 파괴메커니즘이 합당하여 지반 (또는 속도장) 내 모든 곳에서 미소변위의 변화가 적합하고 (compatible) **운동학적으로 허용상태**이어야 (kinematically admissible) 한다. 즉, 파괴체가 상호간 또는 경계부에서 벌어지거나 (no gaps) 중첩되지 않고 (no overlaps), 변형률 (strain) 의 방향이 연속 (continuous) 이어야 한다.

그러나 이 조건들을 모두 만족하는 완전한 해석방법이 아직도 없기 때문에 이들을 부분적으로만 만족시키는 극한평형법과 극한해석법이 적용되고 있다. 따라서 기존의 사면안정해석 방법을 적용할 때나 결과를 판정할 때에는 먼저 그 이론적인 배경을 확인해야 한다.

(1) 극한 평형법 (limit equilibrium method)

극한 평형법은 활동파괴체가 활동파괴면상에서 극한평형상태 (활동파괴 되는 순간) 에 있다고 가정하고 안전성을 해석하는 방법이다. 가정한 파괴면에서는 **Mohr - Coulomb 의 파괴식**을 적용하지만 파괴면이 아닌 곳에서는 Mohr - Coulomb 파괴조건의 충족여부를 알 수 없다.

적합조건 (compatibility) 을 충족하지 않고, 응력 - 변형률 조건이 고려되지 않고, 평형조건이 제한적 의미로만 만족된다. 따라서 그 해는 평형조건을 만족하는 여러 해 중 하나일 뿐이고 **유일해** (unique) 여부는 알 수가 없다. Fellenius 의 해가 여기에 속한다. 그 결과가 안전측에 속하며 Sokolovski (1965) 의 해처럼 균질한 사면에 대해 체계적 해석이 가능하여 **안전율표** (safety factor chart) 를 만들 수 있는 장점이 있는 것도 있다.

(2) 극한 해석법 (limit equilibrium analysis)

사면을 단일 파괴체나 다수 파괴체 또는 절편으로 분할하고, 이들이 운동학적으로 불연속 파괴면을 따라서 활동할 때에 **정역학적 허용응력장** (statically admissible stress field) 과 평형을 이루는 하중이나 (lower bound), **운동학적 허용변위장** (kinematically admissible displacement field) 에 대응하는 하중을 구해서 외력에 의한 일률과 내부 에너지 소산율이 같다고 가정하여 (upper bound) 안전율을 구하는 방법이다 (Gudehus, 1972).

상한해 (upper bound solution) 와 **하한해** (lower bound solution) 가 일치하면, 이 해는 유일 (unique) 한 **완전해** (absolute solution) 이다.

극한 해석법에 의한 결과는 불안전측에 속하기 때문에 모형실험이나 현장관측 결과로부터 실제에 가장 근접한 파괴형상을 구한 후 이를 적용하여 해석해야 한다.

① **하한법** (lower bound method)

먼저 **응력장** (stress field) 을 가정하고 응력장내에 있는 모든 위치에서 응력분포가 i) 평형조건 (equilibrium) 과 ii) 경계조건 (boundary condition)을 만족하며, iii) 항복조건 (yield condition) 을 위반하지 않는다는 조건 (정역 허용 응력장) 으로부터 해를 구하는 방법이다. 이렇게 구한 해는 **하한해**이다.

이때에 응력장은 일축압축 (uniaxial compression), 이축압축 (biaxial compression), 정수압 (hydrostatic pressure) 상태 등으로 가정하며 그밖에도 인장응력을 포함하는 등 복잡한 응력상태를 택할 수도 있다. 하한법에서는 응력장을 변화시키면 더 나은 결과를 구할 수 있다.

② **상한법** (upper bound method)

운동학적 경계조건 (kinematical boundary condition) 을 만족하는 파괴메커니즘을 가정하고, 파괴체가 미소변위를 일으킬 때 주변지반 또는 **속도장** (body or velocity field) 내 미소 변위의 변화가 운동학적으로 허용치 이내 (kinematically admissible velocity field) 인 조건에서 **외력 (자중 포함) 이 행한 일률** (rate of external work) 과 소성변형된 영역의 **내부 에너지 소산율** (rate of internal energy dissipation) 이 같다고 가정하고 해를 구하는 방법이다. 이렇게 구한 해는 **상한해**이다.

상한법은 극한평형조건을 만족하지만 극한평형법과 구분해야 한다. 이때에 상한해는 주어진 파괴면에 대한 것이므로 파괴면의 형상과 그 크기를 변화시켜 가면서 최적치를 찾아야 한다.

국부적 소성응력장 (partial plastic stress field) 을 제외한 다른 곳에서는 속도장이 '**영**'이고 운동학적 허용상태이면 **불완전해** (incomplete solution) 이다.

그러나 운동학적 허용상태인 국부적 소성응력장을 전체적으로 확장했을 때 평형조건과 항복조건을 만족하면 (즉, 하한해임이 증명되면) **완전해** (complete solution) 이다. 그런데 미소요소에 대한 평형식을 적분해야 하기 때문에 무게가 없는 점토 등 일부 지반에서만 완전해가 존재한다.

12.4 단일파괴체법

사면은 강성 활동파괴체가 얇은 전단면(활동파괴면)을 따라서 회전 또는 평행이동 활동하는 형태로 **선형파괴** (linear failure) 된다고 가정하고 안전율을 구한다. 일부의 영역에서 **변위장** (displacement field) 이 동일하게 나타나는 **영역파괴** (zone failure) 는 사면상부에서 부분적으로 일어나는 경우가 있으나, 실제로 매우 드물게 발생 된다.

활동파괴체에 작용하는 힘이나 모멘트는 활동파괴면에서 평형상태를 유지하며, 활동력은 자중 G와 상재하중 P가 있고, 활동저항력은 활동면 전단저항력 Q가 있다. 이때에 G와 P는 크기와 작용방향을 알고, Q는 작용방향을 알고 있으므로 연직방향 힘의 평형식이나 모멘트 평형식으로부터 평형을 이루기 위해 필요한 전단저항력 T를 구하여 최대전단저항력 T_{max}와 비교하여 안전율을 구하여 안정을 검토할 수 있다.

단일파괴체를 가정하는 사면안정해석방법들은 대개 파괴면 형상을 **원형** (12.4.1 **절**) 이나 **직선형** (12.4.2 **절**) 또는 **대수나선형** (12.4.3 **절**) 으로 가정한다.

12.4.1 원호 활동파괴

단일파괴체가 원호활동면을 따라 활동파괴된다고 가정하고 사면의 안전율을 주로 다음 3 가지 방법 (즉, 힘의 평형법, 모멘트 평형법, 마찰원법) 으로 계산한다.

1) 힘의 평형법

힘의 평형법 (Taylor, 1937) 은 활동파괴체에 작용하는 활동력과 원호활동면의 활동저항력을 비교하여 안전율을 구하는 방법이다. **활동력** S 는 파괴체 자중 G 와 외력 P 의 합 ($S = G + P$) 이다. **활동저항력** Q 는 활동력 S 와 힘의 평형을 이루며 동일한 작용선상에 있고 그 크기는 두 힘의 교차점 (그림 12.17a 의 M 점) 의 수직력 N 과 각도 δ 에 의하여 결정된다.

최대 활동저항력 Q_{max} 에 의한 최대 전단저항력 $T_{max} = N\tan\phi$ 와 평형을 이루기 위해 필요한 활동저항력 Q 에 의한 전단저항력 $T = N\tan\delta$ 를 비교하여 안전율 η 를 구한다.

$$\eta = \frac{T_{max}}{T} = \frac{Q_{max}\sin\phi}{Q\sin\delta} = \frac{N\tan\phi}{N\tan\delta} = \frac{\tan\phi}{\tan\delta} \tag{12.17}$$

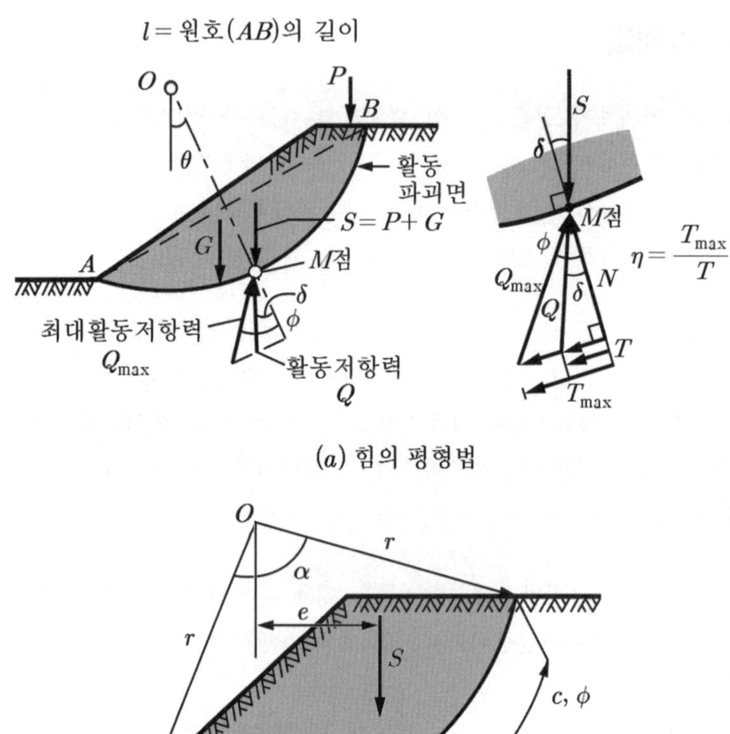

(a) 힘의 평형법

(b) 모멘트 평형법

그림 12.17 원호 단일파괴체

이 방법은 내부마찰각 ϕ가 너무 작지 않고 균질한 지반에만 적용한다. 층상지반에서는 활동 파괴면이 지층에 상관없이 원호이라는 가정이 추가된다. 지반에 점착력이 있으면 수직력을 $\Delta N = c\,l\cot\phi$ 만큼 증가시킨다. 지반의 점착력이 $c > 20\,kPa$로 크면 대체로 점착력을 75 %로 감소시켜서 적용한다.

2) 모멘트 평형법

모멘트 평형법에서는 원호 활동면을 따라 활동하는 단일 파괴체에서 원호의 중심에 대한 **활동 모멘트**와 **활동저항 모멘트**를 비교하여 안전율을 구하며, 비배수 조건에서 전응력 해석 ($\phi = 0$ **해석**) 하기도 한다. 모멘트 평형법을 근거로 여러 가지 안정도표가 제시되어 있다.

(1) **Fröhlich 의 모멘트 평형법** : 그림 12.17b

Fröhlich (1955) 는 활동력 S 에 의한 활동모멘트 ($S_M = Se$) 와 원호활동면의 전단저항력 T 에 의한 활동저항모멘트 ($R_M = Tr$) 를 비교하여 안전율 η 를 구했다.

$$\eta = \frac{R_M}{S_M} = \frac{Tr}{Se} \tag{12.18}$$

(2) $\phi = 0$ **해석법** ($\phi = 0$ **Analysis**)

$\phi = 0$ **해석법**에서는 활동면의 전단저항력 T 에 의한 저항모멘트 R_M 은 활동면 상부의 파괴체를 강체로 간주하고, 활동면에 비배수강도 c_u 를 적용하여 계산한다. 비배수조건에서 전응력 해석하므로 간극수압을 생각할 필요가 없다. 연약점토에 축조한 제방의 단기안정검토에 적합하고, 급격한 하중변화가 일어난 자연상태의 점토사면이나 전단강도가 전체 활동면에서 일정하지 않을 때도 적용가능하다.

원형활동면의 전단저항력 T 는

$$T = c_u l_c = c_u r \alpha \tag{12.19}$$

이므로, 안전율 η 는 위의 식 (12.18) 로부터 다음과 같이 된다.

$$\eta = \frac{c_u r^2 \alpha}{Se} \tag{12.20}$$

(3) **안정도표**

① **점토사면** ($\phi = 0$)

균질한 점토 사면에서 안정수 N_s 를 구하면 안정도표로부터 안전율은 물론 한계높이와 안전한 절취높이를 구할 수 있다.

Taylor (1937) 는 사면의 경사와 지반상태로부터 **안정수** $\boldsymbol{N_s}$ (stability number) 를 구하였고 (단, c_{um} 은 활용점착력),

$$N_s = \frac{c_{um}}{\gamma H} = \frac{1}{\eta}\frac{c_u}{\gamma H} = \frac{c_u}{\gamma H_{cr}} \tag{12.21}$$

안정수를 적용하면 **점토사면의 한계높이** $\boldsymbol{H_{cr}}$ (안전율이 $\eta = 1$ 일 때 사면의 높이) 와 **점토사면의 안전율** $\boldsymbol{\eta}$ 를 구할 수 있다.

$$H_{cr} = \frac{c_u}{\gamma N_s}$$

$$\eta = \frac{c_u}{c_{um}} \tag{12.22}$$

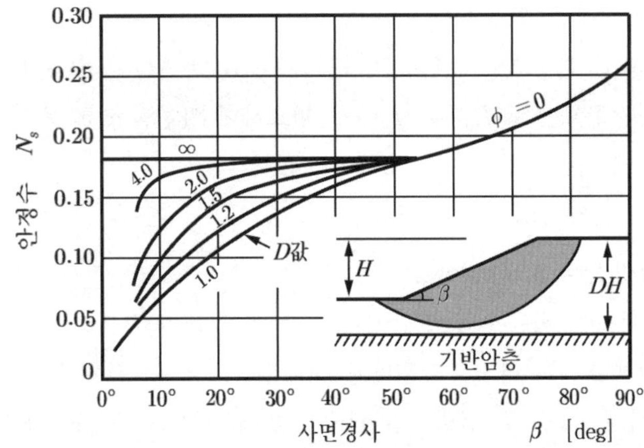

그림 12.18 $\phi_u=0$ 지반사면의 안정수 N_s (Taylor, 1937)

또한, 안정수를 적용하여 **안전율에 따른 절취높이 H_m** 을 구할 수 있다 (그림 12.18).

$$H_m = \frac{c_{um}}{\gamma N_s} = \frac{1}{\eta}\frac{c_u}{\gamma N_s} \tag{12.23}$$

Janbu (1973) 는 균질한 점토 사면에서 인장균열, 상재하중, 침투수, 사면의 외부수압 등을 고려할 수 있는 **안정도표** (그림 12.19) 를 제시하였다.

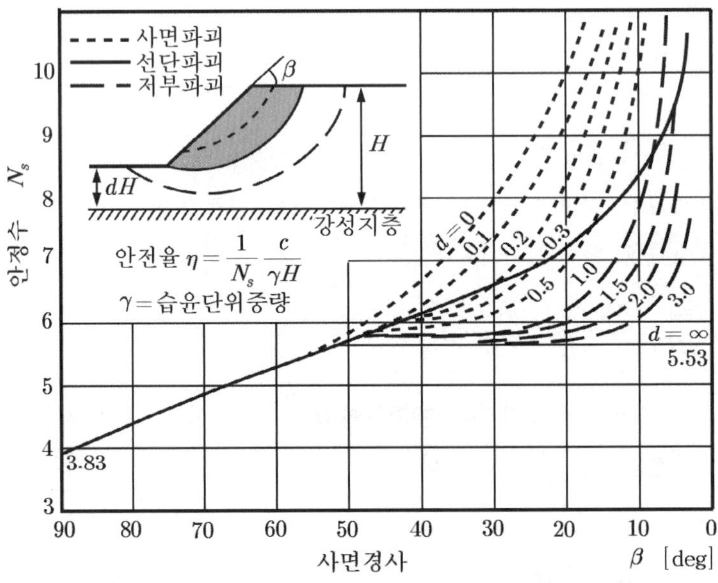

그림 12.19 $\phi=0$ 지반사면의 안정도표 (Janbu, 1968)

Hunter/Schuster (1968) 는 강도가 깊이에 따라서 증가하는 점토 ($\phi=0$) 사면에 대한 **안정도표**를 제시하였다. 그밖에 여러 가지 안정도표나 도해법들이 제시되어 있으나 개념적으로는 큰 차이가 없다 (Bishop/Morgenstern, 1960).

② 혼합토 사면 ($c \neq 0$, $\phi \neq 0$)

점착력과 마찰력을 모두 갖는 지반 ($c \neq 0$, $\phi \neq 0$) 에 대해서 **안정수 N_s** 를 다음 식으로 구하여 경사 β 인 혼합토 사면의 높이 H 를 정할 수 있다 (그림 12.20).

$$N_s = \frac{c_m'}{\gamma H} = f(\beta, \phi_m') \tag{12.24}$$

여기에서 c_m' 와 ϕ_m' 는 활용된 점착력과 내부마찰각이다.

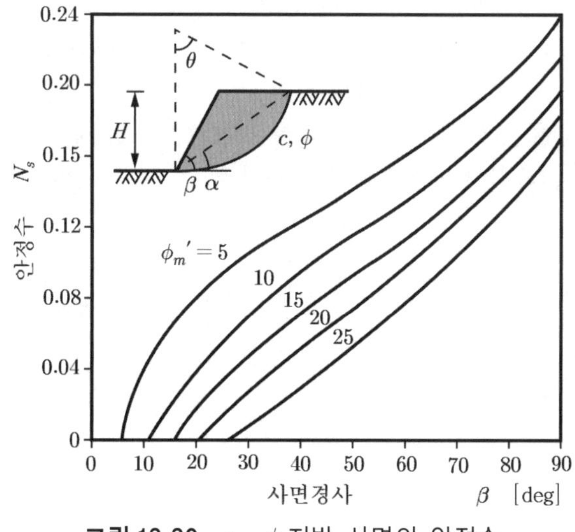

그림 12.20 $c-\phi$ 지반 사면의 안정수

3) 마찰원법

사면이 원호활동파괴될 때 활동면상의 반력 Q 는 활동면의 접선의 수직에 대해 항상 내부마찰각 ϕ 만큼 기울어서 작용하므로 그 작용선은 원호 활동 파괴면과 동심이고 반경 $r \sin \phi$ 인 원에 접하게 된다. 이 원의 크기는 단순하게 지반의 내부마찰각에 의해서 결정되므로 이를 **마찰원** (friction circle) 이라 한다. 이때 활동력은 활동파괴체의 자중 G 이고 활동저항력은 반력 Q 및 점착력 C 가 되며 이들의 작용선은 그림 12.21a 와 같이 한 점 D 에서 만난다. 이와 같은 마찰원을 이용하면 사면 안전율 η 를 구할 수 있는데 이를 **마찰원법** (friction circle method) 이라 한다 (Taylor, 1956).

Fellenius 의 **안전율**은 식 (12.3c) 와 같이 내부마찰각에 대한 **부분 안전율** η_ϕ 와 점착력에 대한 **부분 안전율** η_c 가 서로 다르게 정의되지만 하나의 사면에 대한 궁극적 안전율 η 는 하나 ($\eta = \eta_c = \eta_\phi$) 이다. 그러나 궁극적 안전율 η 를 직접 구할 수가 없기 때문에 먼저 내부마찰각에 대한 안전율 η_ϕ 를 가정하여 점착력에 대한 안전율 η_c 를 구하는 작업을 $\eta_\phi = \eta_c$ 가 될 때까지 반복 수행해서 궁극적인 안전율 η 를 구한다.

마찰원법의 적용과정은 다음과 같다.

① 내부마찰각에 대한 안전율 η_ϕ 를 가정한다.

② 활용내부마찰각 ϕ_m 을 계산한다 (식 12.5).

$$\phi_m = \tan^{-1} \frac{\tan\phi}{\eta_\phi}$$

③ 반경 $r \sin\phi_m$ 인 마찰원을 그린다 (그림 12.21a).

④ 활동파괴체의 자중 G 와 그 작용점 및 작용방향을 구한다.

⑤ 활동파괴면에 작용하는 점착력의 합력 C 의 작용방향 (AB 에 평행) 을 결정한다.

⑥ 점착력의 합력 C 의 작용위치를 정한다. 원의 중심으로부터 C 까지 거리 r_c 는 호의 길이 l_a 와 현의 길이 l_c 로부터 구한다.

$$r\,c\,l_a = r_c\,c\,l_c \qquad \therefore\ r_c = r\,\frac{l_a}{l_c} \tag{12.25}$$

⑦ 반력 Q 의 작용방향 (G 와 C 의 교점에서 마찰원의 접선의 방향) 을 결정한다.

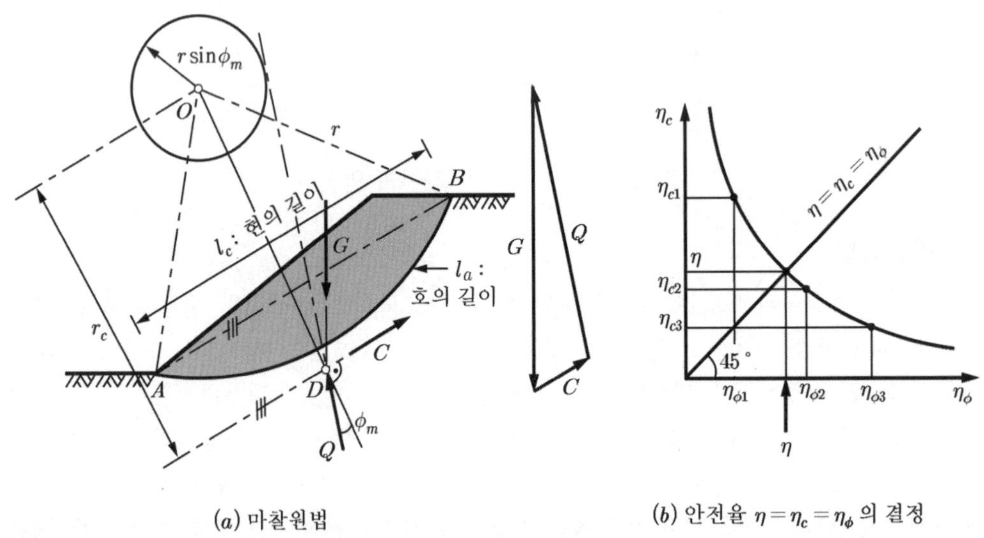

(a) 마찰원법

(b) 안전율 $\eta = \eta_c = \eta_\phi$ 의 결정

그림 12.21 마찰원법

⑧ 점착력의 합력 C의 크기를 결정한다. G는 크기와 작용방향을 알고 Q와 C는 작용 방향을 알고 있으므로 힘의 삼각형으로부터 C의 크기를 구할 수 있다.

⑨ 점착력에 대한 안전율 η_c를 구한다 (식 12.3e).

$$\eta_c = \frac{c\, l_c}{C}$$

⑩ ① 에서 가정한 η_ϕ 와 ⑨ 에서 구한 η_c를 비교한다.

⑪ η_ϕ 와 η_c가 같지 않으면 (즉, $\eta_\phi \neq \eta_c$), η_ϕ를 다시 가정한다.

⑫ ① - ⑨ 과정을 3 회 이상 반복하여 $\eta_c - \eta_\phi$ 관계곡선 (그림 12.21b) 을 그린 후에 원점에서 가로축과 45° 로 그은 직선이 곡선과 만나는 점이 $\eta = \eta_c = \eta_\phi$ 이다.

⑬ 다른 원호활동면을 가정하고 ① - ⑫ 과정을 반복하여 최소안전율 $\eta_{\min}$ 을 정한다.

12.4.2 평면 활동파괴

1) 표면파괴

외력이 작용하지 않는 균질한 사면에서 경사 β가 내부마찰각 ϕ보다 크면 대개 사면에 거의 평행한 평면을 따라 얇은 두께로 활동파괴 되며 (**표면파괴**), 경우에 따라 사면선단에 수동쐐기가 형성된다. 사면 내에 지하수가 없을 때에는 활동력 S와 활동저항력 R로부터 안전율 η는 다음과 같다 (그림 12.22).

$$\eta = \frac{R}{S} = \frac{C + G\cos\beta\tan\phi}{G\sin\beta} \tag{12.26}$$

2) 쐐기파괴

그림 12.23 과 같이 수평에 대해 ϵ 만큼 기울어진 외력 P 가 작용하는 경사 β 인 사면이 단일파괴체 형태로 평면파괴 (각도 θ) 된다고 가정하고 안전율을 구한다 (**쐐기파괴**).

수평에 대해서 α 만큼 경사진 앵커를 설치하고 긴장력 F_A를 가하여 안정시킨 경우에 안전율 η는 활동력 S와 활동저항력 R 로부터 다음과 같다.

$$\eta = \frac{R}{S} = \frac{\{G\cos\theta + P\sin(\epsilon-\theta) + F_A\sin(\alpha+\theta)\}\tan\phi + C}{G\sin\theta + P\cos(\epsilon-\theta) - F_A\cos(\alpha+\theta)} \tag{12.27}$$

3) 흙쐐기법

2 개 이상의 흙쐐기가 평면 경계면 (활동파괴면) 을 따라서 파괴된다고 가정하고 사면의 안전율을 구한다 (**흙쐐기법**). 대체로 미지수 개수가 방정식 개수보다 많으므로 활동면의 경사각 θ를 가정하여 부정정을 극복한다.

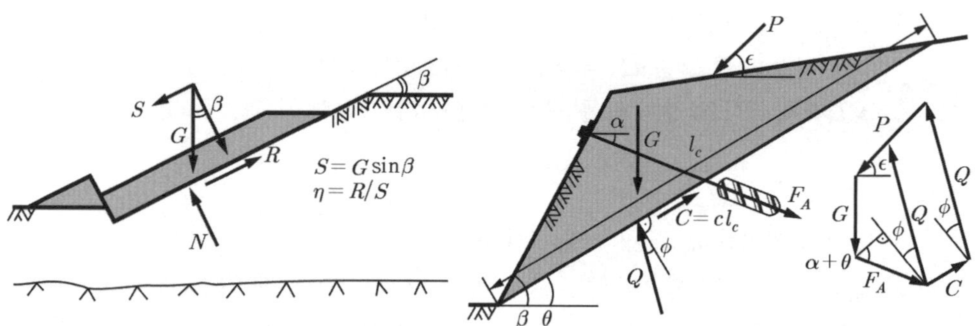

그림 12.22 평면단일파괴체 (표면파괴) **그림 12.23** 평면단일파괴체 (쐐기파괴)

안전율 η 를 가정하고 활용 점착력 $c_m{}'$ 와 활용 내부마찰각 $\phi_m{}'$ 를 구해서

$$c_m{}' = c/\eta$$

$$\phi_m{}' = \tan^{-1}\left(\frac{\tan\phi}{\eta}\right) \tag{12.28}$$

각 파괴체에 작용하는 힘 $(T = c_m l + \sigma' l \tan\phi_m{}')$을 계산한 후 연속해서 힘의 다각형을 그린다.

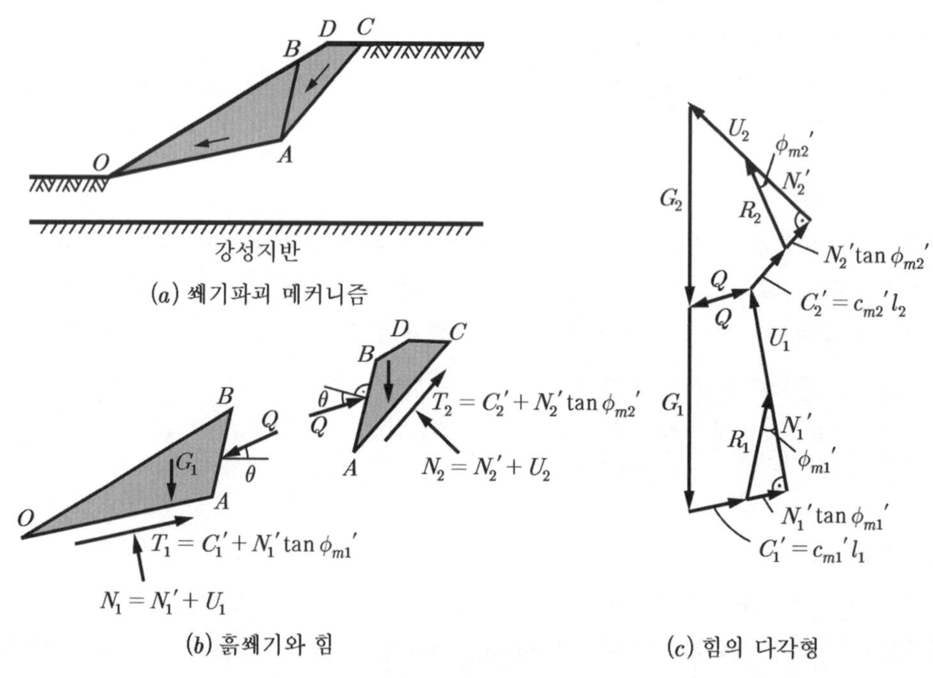

그림 12.24 흙쐐기 예

만일 힘의 다각형이 폐합되지 않으면, 안전율 η 를 다시 가정하고 계산하기를 반복하는 시행착오법 (trial and error) 으로 힘의 다각형을 폐합시킨다. 마지막 흙쐐기가 평형상태 (힘의 다각형이 폐합) 가 되면 가정한 안전율이 정답이 된다. 안전율은 활동면 경사각 θ 에 따라서 매우 예민하게 변하며, 시행착오법을 적용할 때에 초기의 경사각 θ 는 *i*) 사면의 경사 ($\theta = \beta$) 나 *ii*) 활용 내부마찰각 ($\theta = \phi_m{}'$) 또는 *iii*) 경계면 상단의 사면 경사각과 경계면 하단의 활동면 경사각의 평균값으로 가정한다.

이런 방법을 **흙쐐기법** (wedge method) 이라 하며 도해법과 해석법이 모두 가능하다.

12.4.3 대수나선 활동파괴

사면의 파괴형태는 실제로는 대수나선형에 가깝지만 계산이 다소 복잡하여 자주 적용되지는 않는다. **대수나선의 기본 식**은 다음과 같다.

$$r = r_0\, e^{\theta \tan \phi} \tag{12.29}$$

여기서 r_0 는 각 좌표 $\theta = 0$ 일 때의 초기 대수나선반경이다.

대수나선형 파괴면에 대한 안전율은 pole 이나 회전중심으로부터 구할 수 있다.

1) pole 적용 안전율

대수나선형 파괴체의 면적과 무게중심 및 **pole** 의 위치 O 는 그림 12.25 와 같다. 외력의 합력 R 은 pole 로부터 f 만큼 떨어져서 작용하며, 점착력은 크기가 $C = c\,s$ 이고, pole 로부터 r_c 만큼 떨어져 작용한다.

$$r_c = \frac{r_1^2 - r_0^2}{2\,s\,\tan\phi} \tag{12.30}$$

합력 R 과 점착력 C 는 그 크기와 작용방향을 알고 있으며, 이들의 작용선은 A 점에서 만난다. 따라서 힘의 다각형에서 활동저항력 Q 를 구할 수 있고, Q 는 A 점을 지난다.

안전율이 1.0 인 경우에는 Q 는 pole 을 통과한다. 따라서 pole 을 지나고 Q 에 평행한 선을 그어서 점착력 C 의 작용선과 교차하는 점 B 를 구하고 점 B 에서 다시 합력 R 에 평행한 직선을 긋고 R 로부터의 pole 로부터의 거리 e 를 구할 수 있다.

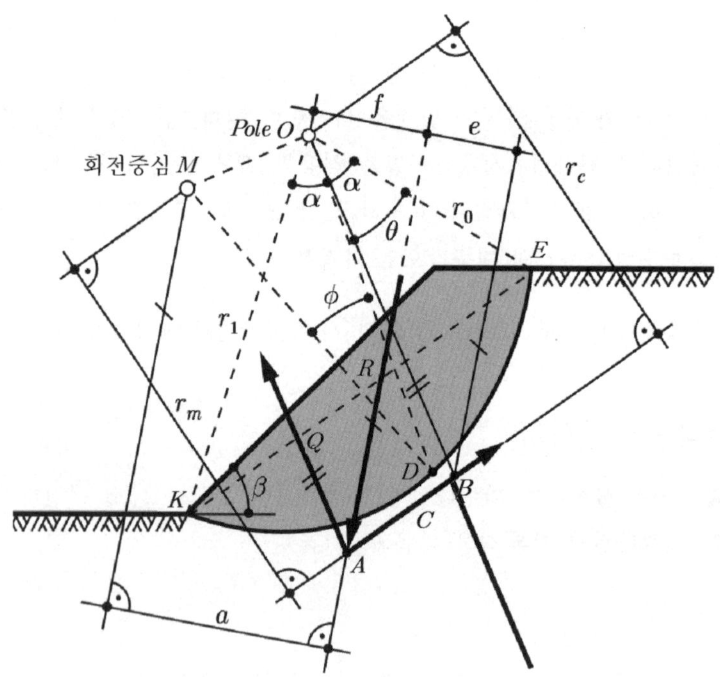

그림 12.25 대수나선형 파괴체 (Jumikis, 1965)

따라서 **안전율** η_m 은 다음과 같다.

$$\eta_m = 1 + \frac{e}{f} \tag{12.31}$$

2) 회전중심적용 안전율

대수나선의 회전중심은 pole 과 일치하지 않는다. 그림 12.25 에서 각 $\angle KOE = 2\alpha$ 의 이등분선이 활동면과 만나는 점 D 를 구하여 pole 과 연결한 선 OD 에서 ϕ 만큼 경사진 직선 DM 과 직선 OD 에 직각인 선 OM 과의 교점이 평균곡률점 M 이며, 회전중심이고 R 로부터 거리가 a 이다.

a 와 e 로부터 다음과 같이 **안전율** η_m 을 구할 수 있고 이렇게 해서 구한 안전율은 pole 로부터 구한 것 (식 12.31) 보다 더 정확하다.

$$\eta_m = 1 + \frac{e}{a} \tag{12.32}$$

12.5 절편법

선형파괴되는 사면에서 활동파괴체 하부경계(활동파괴면상)에 작용하는 응력의 분포를 알면 힘의 평형식을 적용하여 사면의 안정을 검토할 수 있다. 활동면상 응력분포는 활동면이 평면이면 알 수 있지만(직선분포), 곡면이면 특수한 경우를 제외하고는 알 수 없다. 따라서 편법으로 사면 활동 파괴체를 여러 개의 **연직절편**(slice)으로 나누고 각 절편에 대해 연직방향 힘의 평형식을 적용해서 하부경계(활동파괴면)의 반력을 구하여 활동파괴면상 실제 응력으로 간주하고 사면의 안정을 해석하는데 이 방법을 **절편법**(slice method)이라 한다. 이때 구한 안전율은 안전측이고 비교적 실제에 근접한다.

절편법(12.5.1 절)에서는 각 절편과 전체시스템에 대해 평형식을 적용하여 사면의 안정을 검토한다. 그러나 **미지수와 식의 개수**(12.5.2 절)가 일치하지 않아서 여러 가지 가정이 필요하며, 절편에 작용하는 **힘과 평형식**(12.5.3 절)의 종류가 많으므로 수많은 **절편법이 파생**(12.5.4 절)된다. 절편법은 **다양한 형상의 활동파괴면**(12.5.5 절)에 대해 체계적으로 **적용**(12.5.6 절)할 수 있는 방법이어서 전산 프로그램의 코딩이 용이하고 계산이 비교적 간단하며 대체로 안전측이어서 자주 적용된다.

12.5.1 절편법

사면활동파괴체의 하부경계 즉, 활동파괴면이 곡면이면 응력분포는 아주 특수한 경우를 제외하고는 계산하거나 측정할 수 없다. 따라서 활동파괴면이 곡면일 때에는 *i)* 수직응력 분포와 무관한 방법을 적용하거나, *ii)* 수직응력의 분포를 가정하거나, 또는 *iii)* 간접적 방법으로 수직응력의 근사치를 구하여 사면의 안정을 해석한다.

점토사면에서 원호 활동파괴면을 가정하고 모멘트 평형을 적용하면 활동면상의 수직응력 분포와 무관하게 안전율을 구할 수 있다(경우 *i*). 그런데 모든 힘과 모멘트가 평형상태($\Sigma H = 0, \Sigma V = 0, \Sigma M = 0$)가 될 수 있는 수직응력의 분포는 여러 가지 형태가 있을 수 있으므로 단순한 식으로 나타내기가 어렵다(경우 *ii*). 그러나 사면 활동파괴체를 여러 개의 연직절편으로 나누고 하부경계 반력이 활동파괴면상의 실제 응력분포와 같다고 가정하는 **절편법**을 적용하여 사면의 안정을 해석하면(경우 *iii*) 비교적 실제에 근접한 안전율을 계산할 수 있다(그림 12.26). 활동파괴면상 수직응력이 절편바닥의 반력이라는 가정으로 인해 발생하는 오차는 크지 않고, 작용하중이나 지반 강도정수 또는 활동파괴면 등을 가정하는 데에서 오는 오차보다 작다(Breth, 1956; Krey, 1926; Schulze/Muhs, 1967).

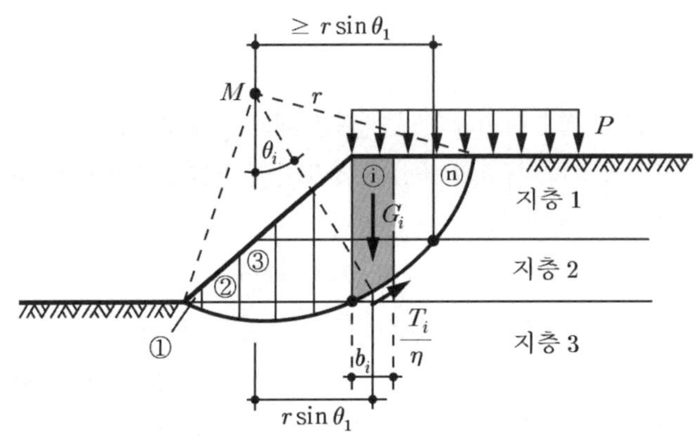

그림 12.26 활동 파괴체의 절편분할

여러 개의 절편으로 이루어진 활동파괴 시스템은 부정정차수가 높기 때문에 정역학적 조건을 충족시키려면 여러 가지 가정이 필요하며 이에 따라tj 수많은 방법들이 파생된다. 이때 외력으로 자중과 정수압만 고려하며(침투압, 지진력, 상재하중은 별도로 고려한다), 안전율은 전체 활동면상에서 일정(어디에서나 하나)하다고 가정한다.

절편 측면경계면은 정역학적 평형을 고려하기 위한 가상 경계면일 뿐이고 활동파괴면이 아니다. 각 절편의 측면에 작용하는 토압으로 인해 새로운 미지수가 추가되며 그 크기와 분포는 각 절편의 모멘트 평형을 만족해야만 구할 수 있다. 그러나 일반 절편법에서는 절편 각각의 모멘트 평형은 고려하지 않고, 전체 활동파괴시스템에 대한 모멘트 평형만을 적용한다. 그것은 이로 인해 발생되는 오차가 무시할만 하고 이렇게 하면 실용적으로 쓸만한 안전율이 구해지며 계산이 간편하기 때문이다.

절편법을 적용할 때는 활동파괴면을 대개 원형이나 평면으로 가정하며, 임의 곡선이나 복합형상으로 가정하는 경우도 있다.

12.5.2 절편법의 미지수와 식의 갯수

절편법에서 절편의 측면경계면은 파괴면이 아니고 가상 단면이므로, 각 측면경계면마다 3개의 미지수(힘의 크기, 작용위치, 작용방향)가 있다. 그리고 절편이 n개이면 경계면은 $n-1$개 이므로 절편경계면의 미지수는 $3(n-1)$개이다. 그런데 절편의 갯수가 많으면 바닥면 폭이 좁아져서 절편바닥에 작용하는 힘의 작용점을 절편 바닥면의 중앙점으로 간주해도 무방하며 이로 인해 각 절편의 바닥면에서 미지수가 1개씩 줄어서(힘의 작용점) 남은 미지수는 2개(힘의 크기, 작용방향)이고, 전체 n개 절편의 바닥면에서 미지수는 $2n$개이다.

표 12.3 절편법의 미지수와 식의 수

미 지 수		식 의 수	
절편경계면	$3(n-1)$	절편의 힘의 평형식	$2n$
바닥면	$2n$	절편의 모멘트 평형식	n
안전율	1	바닥의 파괴조건식	n
Σ	$5n-2$	Σ	$4n$

절편법에서는 각 절편마다 힘의 평형식 2개(수평방향, 연직방향)와 모멘트 평형식 1개 그리고, 바닥 활동 파괴면에서 파괴식 1개를 적용할 수가 있다. 따라서 n개 절편에서 식의 개수는 힘의 평형식 $2n$개, 모멘트 평형식 n개 그리고 바닥면의 파괴식 n개다.

절편법의 미지수와 식의 개수는 표 12.3과 같고, 전체 미지수의 수는 $5n-2$이고 식의 수는 $4n$이 되어서 식의 개수가 미지수의 개수보다 $n-2$개 부족하다. 각 절편의 경계면에서 조건(파괴조건 등)을 추가하여 식의 수를 $5n-1$개로 늘리거나, 각 절편의 경계면에서 힘의 작용방향을 가정하여 미지수를 $4n-1$개로 줄이면 미지수와 식의 개수 차이가 1개로 줄어들지만 항상 식의 개수가 1개 더 많다. 따라서 이를 근사적으로 해결할 수밖에 없어서, 여러 가지 방법이 파생된다.

12.5.3 절편에 작용하는 힘과 평형식

각 절편에 작용하는 힘은 자중 G와 상재하중 P 및 측면력 E와 활동파괴면(즉, 절편 바닥면)의 전단저항력 Q가 있으며 이들은 힘의 평형을 이루고 있다.

이중에서 G와 P는 크기와 작용방향을 알고 있고, Q는 크기는 모르지만 작용방향을 알고 있어서, E의 작용방향을 가정하면 힘의 다각형(평형식)이 성립되므로 Q의 크기를 알 수 있다. 전단저항력 Q는 접선방향 힘 T와 수직력 N으로 분력하여 적용한다. 절편의 바닥은 평면이며 T와 N은 절편바닥의 중앙에 작용한다고 가정한다.

파괴체를 구성하는 각 절편은 물론 전체 시스템이 평형상태이어야 한다. 그러나 절편 중에서 일부 절편이 평형상태가 아니어도 전체적으로 평형을 이루어서 안정상태가 유지되는 경우도 있다.

2차원 상태에서는 전체 절편뿐만 아니라 각 절편에 대해서 **힘의 평형식**(즉, 수평방향 $\Sigma H=0$, 연직방향 $\Sigma V=0$)이 2개가 있고, **모멘트 평형식**이 1개($\Sigma M=0$)가 있다.

1) 전체 절편의 평형

$$\Sigma H = 0 \quad : \Sigma N\sin\theta - \Sigma T\cos\theta = 0 = \Sigma \Delta E_x \tag{12.33a}$$

$$\Sigma V = 0 \quad : -\Sigma N\cos\theta - \Sigma T\sin\theta + \Sigma G = 0 = \Sigma \Delta E_z \tag{12.33b}$$

$\Sigma M_P = 0$ (임의 P점) :

$$\Sigma(N\sin\theta - T\cos\theta)z + \Sigma(N\cos\theta + T\sin\theta - G)x = 0 = \Sigma\Delta E_x z - \Sigma\Delta E_z x \tag{12.33c}$$

(단, 원호파괴면에서는 $\Sigma M_O = 0$ (원의 중심 O점) : $\Sigma G\sin\theta r - \Sigma Tr = 0$) (12.33d)

2) 각 절편의 평형

$$\Sigma H = 0 \quad : N\sin\theta + \Delta E_x - T\cos\theta = 0 \tag{12.34a}$$

$$\Sigma V = 0 \quad : -N\cos\theta + \Delta E_z - T\sin\theta + G = 0 \tag{12.34b}$$

$\Sigma M_d = 0$ (절편 바닥의 중앙 d점) :

$$E_{lx}\left(h_l - \tan\theta\,\frac{b}{2}\right) + E_{lz}\frac{b}{2} - E_{rx}\left(h_r + \tan\theta\,\frac{b}{2}\right) + E_{rz}\,\frac{b}{2} = 0 \tag{12.34c}$$

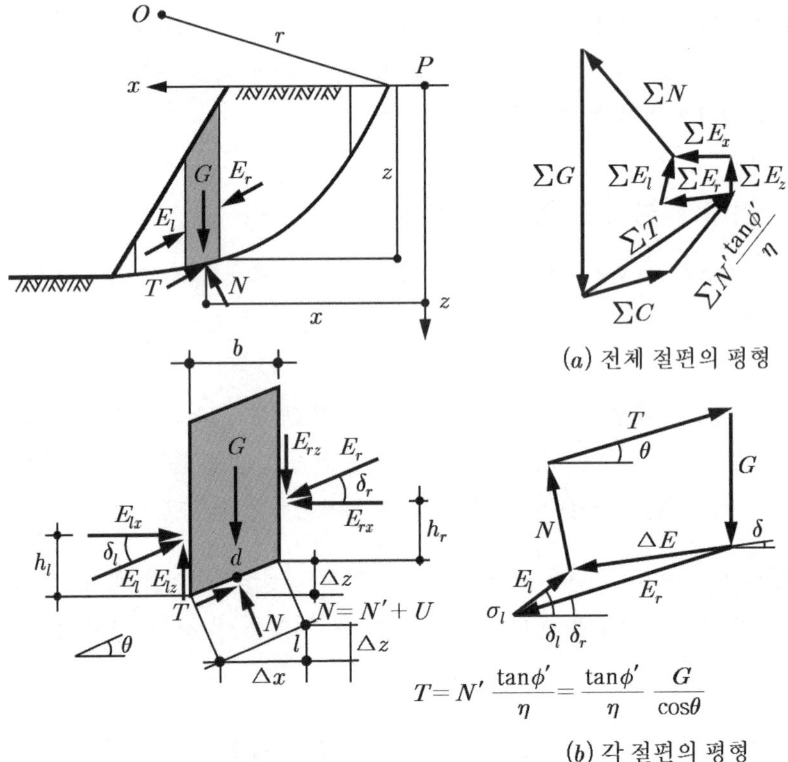

그림 12.27 절편에 작용하는 힘

3) 절편 바닥면에 작용하는 힘

절편바닥면(활동파괴면)에 작용하는 전단저항력 Q는 활동면 법선에 대해 내부마찰각 ϕ 만큼 기울어서 작용하며, 접선방향의 전단력 T 와 수직력 N으로 분력된다.

전단력 T는 Mohr-Coulomb의 파괴기준에 안전율 η를 적용하여 계산하며,

$$T = \frac{T_f}{\eta} = \frac{1}{\eta}(N'\tan\phi' + c'l) \tag{12.35}$$

수직력 N은 유효 수직력 N'와 간극수압 U의 합이다.

$$N = N' + U \tag{12.36}$$

12.5.4 절편법의 파생

절편법은 적용하는 평형식의 종류, 절편 바닥면에 작용하는 전단력 T의 정의와 절편 측면력 E의 가정 및 활동파괴면 형상 등에 따라 여러 가지 종류(표 12.4)가 개발되었으며, Fellenius(1936), Janbu(1957), Bishop(1954), Morgenstern/Price(1965), Spencer(1973, 1981), Nonveiller(1965) 방법 등이 있고, 이로부터 많은 방법들이 파생되어 있다.

여기에서는 여러 가지 절편법들의 발달과정을 제시하였으나, 아무리 완벽하게 개선된다 해도 절편법의 한계를 벗어날 수 없다. 따라서 절편법의 의미와 발달과정을 정확히 이해하는데 도움이 되도록 현재 자주 적용되고 있는 절편법들의 특성을 설명한다.

표 12.4 절편법의 비교

방 법	활동면 형 상	적용 평형식				측면력	활동면의 형상
		모멘트 평형		힘의 평형			
		전체	각절편	수평	연직		
Fellenius	원호	○				$E_z/E_x = \tan\theta$	$\phi = 0$ Soil
Bishop (simplified)	원호	○				$E_{rz} - E_{lz} = 0$ 수평	안전측, 큰 간극수압, 완경사, 매우부정확
Bishop (modified)	원호	○			○	수평	정확, 수치문제
Janbu (simplified)	원호	-		○/○	/○	$E_z = 0$ (수평)	작은 안전율
Janbu (rigorous)	임의	○	○	○	○	작용점 가정 thrust line	수치문제 빈번
Morgenstern/Price	원호 /비원호	○	○	○	○	$E_z/E_x = \lambda f(x)$	$f(x)$변화시 시간 소요
Spencer	원호 /비원호	○	○	○/	○/	$E_z/E_x = \tan\delta$ (평행)	

힘의 평형만을 고려하여 구한 안전율은 절편의 측면력 E의 경사에 예민하게 변하지만, 모멘트 평형을 고려하여 구한 안전율은 측면력의 가정에 대해 둔감하다. 대개 힘의 평형과 모멘트 평형을 모두 고려하고 구한 안전율의 신뢰성이 더 높다.

균질하고 장대한 사면에서 활동면이 지표와 평행하게 형성되면 무한사면으로 해석한다. 활동면이 얕게 형성되고 지표와 평행하지 않으면 **Fellenius 방법**이 타당하고, 활동면이 2~3 개 평면으로 이루어지면 Janbu 의 간편법이 적합하며, 원호활동이 깊지 않으면 Bishop 의 간편법을 적용하고, 임의형상 활동면일 때는 Janbu 의 간편법을 적용하는 경향이 있다.

1) Fellenius 방법

최초 절편법이며 Fellenius (1927, 1936) 가 개발하였고, **스웨덴방법** (Swedish method) 이라고 하고, 원호파괴에 대해 모멘트 평형식을 적용하였다.

(1) 절편에 작용하는 힘

절편의 양측면에 작용하는 측면력은 작용방향이 바닥면과 평행 (즉, $E_z / E_x = \tan\theta$) 하고 합력이 '**영**' (즉, $E_{rx} = E_{lx},\ E_{rz} = E_{lt}$) 이라고 가정한다 (그림 12.34a).

절편의 바닥 (즉, 활동 파괴면) 에 작용하는 전단 저항력 T는 식 (12.35) 를 적용하여 계산하고, 유효수직력 N' 은 (연직방향 힘의 평형식 $\Sigma V = 0$ 을 적용하지 않고) 각 절편무게 G 의 바닥면 법선방향 (N 방향) 성분 ($G\cos\theta$) 에서 바닥면 간극수압 $U = u\,l$ 를 뺀 값이다.

$$N' = N - U = G\cos\theta - U \tag{12.37}$$

(2) 안전율

전체 절편이 원의 중심에 대해 **모멘트 평형** ($\Sigma M_0 = 0$: 식 12.33d) 을 이루고 있다.

$$\Sigma G\sin\theta\, r - \Sigma T r = \Sigma G\sin\theta\, r - \Sigma\frac{1}{\eta}(N'\tan\phi' + c'l)\, r = 0 \tag{12.33d}$$

따라서 **안전율** η 에 대해 정리하면,

$$\eta = \frac{\Sigma N' \tan\phi' + \Sigma c' l}{\Sigma G \sin\theta} \tag{12.38}$$

이고, 식 (12.37) 의 수직력 N' 를 위 식에 대입하면 다음 식이 된다.

$$\eta = \frac{\tan\phi' \Sigma (G\cos\theta - U) + \Sigma c' l}{\Sigma G \sin\theta} \tag{12.39}$$

이 식을 적용하면 절편 측면력에 관한 초기가정에 기인한 오차가 발생하지만 안전율이 과소평가 되므로 결과는 안전측이고, 안전율 η를 시산법을 거치지 않고 직접 계산할 수 있어서 유리하기 때문에 현재까지 사용되고 있다. 균질한 점토에서 $\phi = 0$이고 $c = \text{const.}$ 이므로 위의 식에서 구한 안전율은 정해(正解)가 된다. 전응력해석할 때에는 전응력강도정수 c_u, ϕ_u를 적용하고 간극수압은 고려하지 않는다($u = 0$). 그러나 이로 인해 발생되는 오차는 실용상 허용범위 이내에 있다. 간극수압이 클 때는 유효응력 해석하면 큰 오차가 유발되므로 전응력해석 하는 것이 좋다.

그러나 **Fellenius의 절편법**을 적용할 때는 다음 내용에 주의해야 한다.

- 힘의 평형을 고려하지 않기 때문에 계산한 안전율 η를 식(12.33a)와 (12.33b)에 대입하여 힘의 평형에서 크게 어긋나지 않는지 확인해야 한다.
- 깊게 원호활동파괴되나 원호중심각이 클수록 또는 간극수압이 클수록 오차가 커진다.
- 간극수압이 큰 완만한 사면을 유효응력해석하면 안전율이 과소평가된다.
- 식(12.37)에서 자중 G가 작거나 간극수압 U가 크면, $N' < 0$이 계산되는 수도 있으나 이는 허용될 수 없는 값이다.

2) Janbu의 간편법

Janbu(1957)가 제안한 방법은 비원호 활동파괴에서 주로 적용하며, 간편법과 정밀해법으로 구분된다. **Janbu의 간편법**(Janbu's simplified method)에서는 힘의 평형조건만을 고려하고 절편측면에 작용하는 전단력이 **'영'**($E_{rz} = E_{lz} = 0$)이라 가정한다(그림 12.34b). 대신 절편 간 전단력에 의한 영향을 고려하기 위해 흙의 특성과 사면의 기하학적 조건을 고려한 보정계수 f_0(correction factor)로 안전율을 수정한다.

Janbu의 정밀해법(Janbu's generalized procedure of slice)은 절편법 중에서 최초로 힘의 평형(연직방향과 저면의 접선방향)과 모멘트 평형(절편저면의 중심에 대한)을 모두 고려한 방법이다. 측면력은 연속형상의 작용선(thrust line)에 수평으로 작용한다고 가정하였다. 모멘트평형은 절편력의 작용방향을 조절하여 충족시킨다.

(1) 절편에 작용하는 힘

각 절편에서 연직방향 힘의 평형식($\Sigma V = 0$: 식 12.34b)에 활동면상의 전단저항력 T(식 12.35)와 수직력 N(식 12.36)을 적용하면,

$$-(N' + U)\cos\theta + \Delta E_z - (N' \tan\phi' + c')\frac{1}{\eta}\sin\theta + G = 0 \qquad (12.40)$$

이고, 이 식을 활동파괴면 (절편바닥) 상 유효 수직력 N' 에 대해 정리하면 다음 같다.

$$N' = \frac{G + \Delta E_z - U\cos\theta - l\dfrac{c'}{\eta}\sin\theta}{\cos\theta + \dfrac{\tan\phi'}{\eta}\sin\theta} \tag{12.41}$$

(2) **안전율**

각 절편에 대한 수평 ($\Sigma H = 0$: 식 12.34a) 및 연직방향 ($\Sigma V = 0$: 식 12.34b) 의 힘의 평형식에서 N을 소거하고 절편 측면력의 수평방향 분력 ΔE_x 에 대한 식으로 정리하면,

$$\Delta E_x = -(G + \Delta E_z)\tan\theta + T/\cos\theta \tag{12.42}$$

이고, 전체 절편에 대해서 수평방향 힘의 평형 ($\Sigma H = 0$) 이 성립되면, $\Sigma \Delta E_x = 0$ 이 되므로 활동면의 전단저항력 T 에 식 (12.35) 를 대입하고 **안전율** η 에 대해 정리하면

$$\eta = \frac{\Sigma(N'\tan\phi' + c'l)/\cos\theta}{\Sigma(G + \Delta E_z)\tan\theta} \tag{12.43}$$

이고, 식 (12.40) 을 대입하여 N' 를 소거하면 다음이 된다.

$$\eta = \frac{\sum \dfrac{(G + \Delta E_z - U\cos\theta)\tan\phi' + c'b}{\cos\theta + \dfrac{\tan\phi'}{\eta}\sin\theta}\dfrac{1}{\cos\theta}}{\Sigma(G + \Delta E_z)\tan\theta} \tag{12.44}$$

만일 $\Delta E_z = 0$ (즉, 절편 측면력은 측면에 수직으로 작용하여 $\delta_r = \delta_l = 0$) 이라고 하면 각각은 물론 전체 절편이 평형을 이루므로 위의 식 (12.44) 는 다음이 되며 이를 **Janbu 의 간편법** (Janbu's simplified method) 이라고 한다.

$$\eta = \frac{\sum \dfrac{(G - U\cos\theta)\tan\phi' + c'b}{\cos\theta + \dfrac{\tan\phi'}{\eta}\sin\theta}\dfrac{1}{\cos\theta}}{\Sigma G\tan\theta} \tag{12.45}$$

Janbu 의 간편법으로 계산한 안전율 η 는 **보정계수 f_0** (그림 12.28) 을 이용하여 수정하며, **보정 안전율 η_{cor}** 을 구한다.

$$\eta_{cor} = f_0\eta \tag{12.46}$$

Janbu 의 방법을 이용하여 Purdue University 에서 개발한 컴퓨터 프로그램이 STABL 이라는 이름으로 상용화 되어있다 (Siegel, 1975, Boutrup/Lovell, 1980).

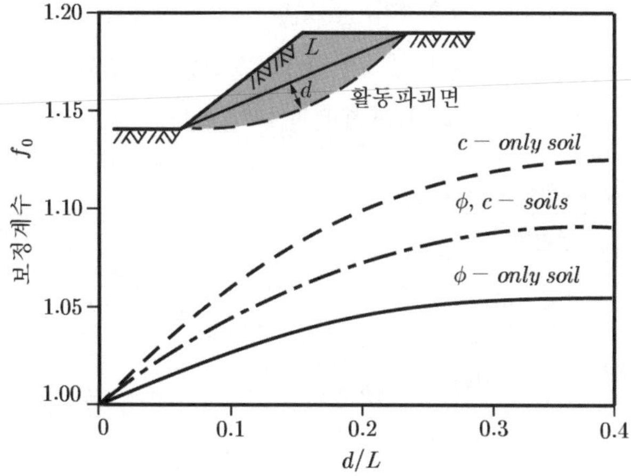

그림 12.28 Janbu 간편법의 안전율 보정계수 f_0

3) Bishop 의 간편법

Bishop (1955) 은 원호파괴에서 원의 중심에 대한 모멘트 평형을 적용하여 안전율을 구했다.

(1) 절편에 작용하는 힘

절편 양측면에서 측면력이 수평방향으로 작용하고 전단력의 합력이 '**영**' ($E_{rz} = E_{lz}$, $E_z = 0$) 이라 가정한다 (그림 12.34b). 절편바닥에 작용하는 전단력 T 는 식 (12.35) 와 같고, 수직력 N' 은 Janbu (1957) 와 같이 각 절편에서 연직방향 힘의 평형식 ($\Sigma V = 0$: 식 12.34b) 을 적용하여 구한다.

$$N' = \frac{G + \Delta E_z - U\cos\theta - l\dfrac{c'}{\eta}\sin\theta}{\cos\theta + \dfrac{\tan\phi'}{\eta}\sin\theta} \qquad (12.47)$$

(2) 안전율

전체절편에서 원의 중심에 대해 모멘트 평형식 ($\Sigma M_0 = 0$: 식 12.33d) 을 적용하면,

$$\Sigma G\sin\theta\, r - \Sigma(N'\tan\phi' + c'l)\frac{1}{\eta}r = 0 \qquad (12.48)$$

이고, 안전율 η 에 관한 식으로 정리하면 다음이 된다.

$$\eta = \frac{\Sigma(N'\tan\phi' + c'l)}{\Sigma G\sin\theta} \qquad (12.49)$$

절편의 측면에는 수평력이 작용하지 않고 수직력만 작용한다고 가정하므로 $(\Delta E_z = 0)$ 전체 절편에서 연직방향 힘의 평형 $(\Sigma V = 0)$ 이 성립된다. 위의 식에서 절편바닥에 작용하는 수직력 N' 를 식 (12.40) 으로 대체하면 다음이 된다.

$$\eta = \frac{\sum \dfrac{(G - U\cos\theta)\tan\phi' + bc'}{\cos\theta + \dfrac{\tan\phi'}{\eta}\sin\theta}}{\Sigma G\sin\theta} = \frac{\Sigma\left\{\dfrac{(G - U\cos\theta)\tan\phi' + bc'}{m_\alpha}\right\}}{\Sigma G\sin\theta} \tag{12.50}$$

여기에서, $m_\alpha = \cos\theta + \dfrac{\tan\phi'}{\eta}\sin\theta$ 이다. (12.50a)

Bishop 방법 또한 초기가정 때문에 정역학적 정해가 될 수 없으나 (안전율이 절편간 작용력에 대한 가정에 둔감한) 모멘트 평형식을 적용하므로 실용상 충분히 정확한 안전율을 구할 수 있고 (신뢰성), 적절한 전산프로그램을 이용하면 안전율을 쉽게 구할 수 있어서 (편리성) 근래에 가장 많이 사용되고 있다. 따라서 사면 선단부에서 활동면의 경사가 매우 급할 때를 제외하고는 원호활동에 대해 이보다 더 복잡한 방법을 적용할 필요가 거의 없다.

(3) 수치적인 문제

Bishop 의 간편법에 의한 결과는 대개 정확하지만 수치적 문제 (numerical problem) 가 발생될 수 있다. 즉, 사면 선단부 활동면의 경사 θ 가 큰 '**음**'의 값이고 (그림 12.29a) 내부 마찰각이 $\phi \neq 0$ 일 때에는 $m_\alpha / \cos\theta$ 가 '**음**'의 값이나 '**영**'이 될 수 있고, 만일 '**영**'에 가까운 값이면 수직력 N' (식 12.41) 가 무한대가 되므로 안전율이 과대평가 된다 (그림 12.29b).

선단부 활동면의 경사가 더욱 급해지면 전단저항력의 방향이 반대가 되어 활동에 대해 저항하므로 (그림 12.29a) 안전율이 오히려 과소평가 된다. 따라서 수직력 N 의 분포가 타당한 것으로 확인되어야 Bishop 방법으로 구한 안전율이 적합하다 (Whitman/Biley, 1967).

동일한 활동파괴 원호에 대해 Bishop 간편법으로 구한 안전율이 Fellenius 방법으로 구한 안전율보다 작으면 이 같은 수치적인 문제가 발생된 것이다. 이때에는 Fellenius 방법으로 구한 안전율이 더 정확하다.

Bishop (1955) 은 절편 간 작용력의 방향을 고려할 수 있는 정밀해도 제안하였으나 계산 비용과 노력에 비해 정확도의 개선이 미미하여 자주 사용되지 않는다.

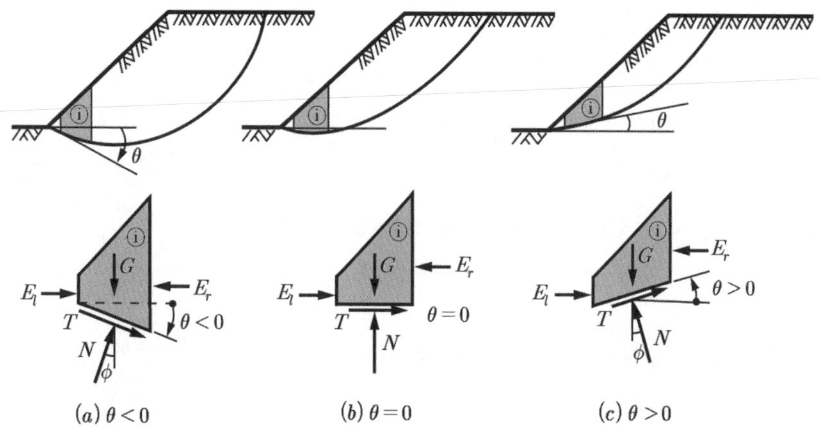

그림 12.29 사면 선단부 활동면 경사와 전단저항력 T 의 작용방향

(4) Bischop **간편법의 적용순서**

Bishop **의 절편법**에 대한 식의 양변에는 안전율이 포함되어 있으므로, 대개 다음 순서에 따라 시산법으로 안전율을 계산한다.

① 중심 M 이고 반경 r 인 원호 활동파괴면을 가정한다.

② 폭 $b = (0.1 \sim 0.2)r$ 이 되게 절편을 나눈다.

③ 각 절편의 폭 b_i 와 활동각 θ_i (활동면의 접선이 수평면과 이루는 각) 를 결정한다.

④ 각 절편의 무게 G_i 와 바닥의 간극수압 U_i 를 구한다.

⑤ 활동모멘트 $(\Sigma S_M = r\Sigma\, G_i \sin\theta_i)$ 를 구한다.

⑥ 안전율 η_1 를 가정하여 활동저항모멘트 (ΣR_M) 를 구한다.

⑦ 안전율 η_2 를 계산한다 (식 12.50).

$$\eta_2 = \frac{\Sigma R_M}{\Sigma S_M}$$

⑧ 계산한 안전율 η_2 와 가정한 안전율 η_1 의 차이가 일정범위 (대체로〈3 %) 이내가 될 때까지 시산법으로 ⑥~⑦ 을 반복수행하며, 보통 수렴속도가 대단히 빠르다.

4) Spencer 의 정밀 절편법

Spencer **의 절편법**은 본래에 원호 활동파괴에 대한 해석방법으로 개발 (spencer, 1967) 되었지만, 가상 회전중심(fictional center of rotation) 을 적용하면 비원호 활동파괴도 해석할 수 있다. 이 방법에서는 절편 측면력을 고려하는 방법이 합리적이고 모멘트평형과 힘의 평형을 모두 만족하므로 **정밀 절편법** (rigorous method of slice) 에 속한다.

(1) **절편에 작용하는 힘**

절편 측면력의 경사 δ는 일정하다 ($\tan\delta = E_z/E_x$) 고 가정한다 (그림 12.34c). 여러 가지 측면력의 경사 δ에 대해 힘의 평형을 적용하여 구한 안전율 η_f와 모멘트 평형을 적용하여 구한 안전율 η_m 을 비교하고, 이들이 서로 동일할 때의 안전율을 **최소 안전율** ($\eta_f = \eta_m = \eta_{\min}$) 로 간주한다. 대체로 모멘트 평형에서 구한 안전율 η_m 보다 힘의 평형에서 구한 안전율 η_f 가 측면력 경사 δ에 대해 더 민감하다 (그림 12.30).

절편 바닥면에 작용하는 수직력 N 은 Janbu 정밀해에서와 같이 각 절편의 연직방향 힘의 평형식 (식 12.41) 에서 구하며,

$$N = \frac{G + (E_r - E_l)\sin\delta - U\cos\theta - l\dfrac{c'}{\eta}\sin\theta}{\cos\theta + \dfrac{\tan\phi'}{\eta}\sin\theta} \tag{12.51}$$

절편의 바닥에 작용하는 접선력 T 와 수직력 N 은 각각 접선방향 ($\Sigma T = 0$) 과 수직방향 ($\Sigma N = 0$) 의 힘의 평형조건으로부터 구한다.

$$T = G\sin\theta + (E_r - E_l)\cos(\delta - \theta) \tag{12.52a}$$

$$N = G\cos\theta + (E_r - E_l)\sin(\delta - \theta) \tag{12.52b}$$

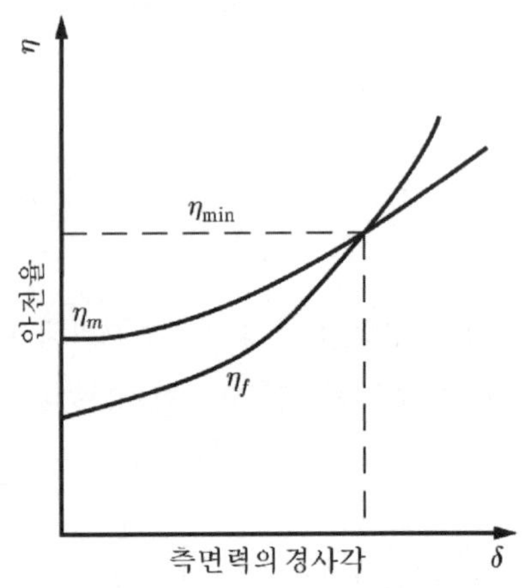

η_f : 힘의 평형에 대한 안전율

η_m : 모멘트 평형에 대한 안전율

그림 12.30 절편력의 경사에 따른 안전율

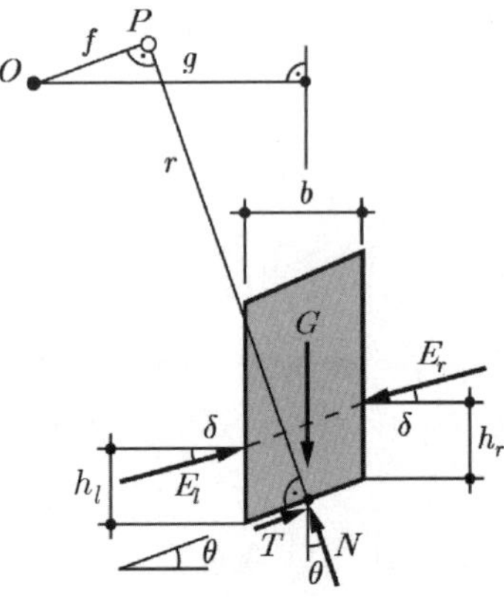

$\Sigma M_0 = 0$; 모멘트 평형

$\Sigma Gg = \Sigma Nf + \Sigma Tr$

그림 12.31 Spencer 절편

(2) 안전율 : 힘의 평형

전체 절편에 대해 수평방향 힘의 평형조건 ($\Sigma H = 0$: 식 12.33a) 을 적용하고,

$$\Sigma(T\cos\theta - N\sin\theta + E_r\cos\delta + E_l\cos\delta) = 0 \tag{12.53}$$

여기에 식 (12.35) 의 접선력 T 를 대입하고 정리하면 다음이 된다.

$$\Sigma(E_r - E_l)\cos\delta = \Sigma\left\{N\sin\theta - \frac{1}{\eta}(N'\tan\phi + c'l)\cos\theta\right\} \tag{12.54}$$

그런데 외력이 작용하지 않고 지반의 자중만 작용하는 경우에는 절편측면력의 합력이 '**영**'이 된다.

$$\Sigma(E_{rx} - E_{lx}) = \Sigma(E_r - E_l)\cos\delta = 0 \tag{12.55}$$

힘의 평형에 대한 안전율 η_F에 대해서 정리하고,

$$\eta_F = \frac{\Sigma(N'\tan\phi' + c'l)\cos\theta}{\Sigma N\sin\theta} \tag{12.56}$$

분모의 수직력 N 에 식 (12.52b) 를 대입하고, 분자의 유효수직력 N' 에 식 (12.51) 을 대입하여 정리하면 다음과 같다.

$$\eta_F = \frac{\displaystyle\sum \frac{\{G + (E_r - E_l)\sin\delta - U\cos\theta\}\tan\phi' + c'b}{\cos\theta + \dfrac{1}{\eta}\tan\phi\sin\theta}}{\Sigma\{G - (E_r + E_l)\sin\delta\tan\theta\}} \tag{12.57}$$

(3) 안전율 : 모멘트평형

전체 절편에 대해 모멘트평형 ($\Sigma M_0 = 0$) 을 적용하고 (그림 12.31).

$$\Sigma Gg - \Sigma Nf - \Sigma Tr = 0 \tag{12.58}$$

접선력 T 에 식 (12.35) 를 대입하고 **모멘트 평형에 따른 안전율 η_M**에 대해 정리하면,

$$\eta_M = \frac{\Sigma\{c'l + N'\tan\phi'\}r}{\Sigma(Gg - Nf)} \tag{12.59}$$

이며, 반경 r 인 원호활동에서는 $f = 0, g = r\sin\theta$ 이므로 위 식은 다음이 된다.

$$\eta_M = \frac{\Sigma\{c'l + N'\tan\phi'\}}{\Sigma G\sin\theta} \tag{12.60}$$

위 식에 식 (12.51) 의 유효 수직력 N' 를 대입하여 정리하면 다음과 같다.

$$\eta_M = \frac{\displaystyle\sum \frac{\{G + (E_r - E_l)\sin\delta - U\cos\theta\}\tan\phi' + c'b}{\cos\theta + \dfrac{1}{\eta}\tan\phi'\sin\theta}}{\Sigma G\sin\theta} \tag{12.61}$$

원호의 접선방향과 측면력 작용방향이 같다고 하고 원호중심 P 에 대해서 (그림 12.31) **전체절편의 모멘트 평형조건** ($\Sigma M_P = 0$) 을 적용해서 **안전율 η_M** 을 구할 수 있다.

$$\eta_M = \frac{\displaystyle\sum \frac{G\cos\delta\tan\phi' + c'b\dfrac{\cos(\theta-\delta)}{\cos\theta}}{\dfrac{1}{\eta}\sin(\theta-\delta)\tan\phi' + \cos(\theta-\delta)}}{\Sigma G\sin\theta} \tag{12.62}$$

(4) 절편 측면력의 작용위치

절편 측면력의 작용위치는 절편바닥의 중앙점에 대해 모멘트 평형식을 적용해서 구할 수 있다 (Spencer, 1978).

먼저 식 (12.35) 의 전단력 T 를 접선방향 평형식 (식 12.52a) 에 대입하면

$$\frac{1}{\eta}(N\tan\phi' + c'l) = G\sin\theta + (E_r - E_l)\cos(\delta - \theta) \tag{12.63}$$

이고, 다시 수직방향의 평형식 (식 12.52b) 을 윗 식에 대입하여 N 을 소거하고 E_r 에 대해 정리하면 다음과 같다.

$$E_r = E_l + \frac{c'l - \eta G\sin\theta + G\cos\theta\tan\phi'}{\cos(\delta-\theta)\{\eta - \tan(\delta-\theta)\tan\phi'\}} \tag{12.64}$$

절편 바닥 중앙점 d 에 대한 모멘트 평형조건 ($\Sigma M_d = 0$) 을 적용하고,

$$E_l\cos\delta\left(h_l - \frac{b}{2}\tan\theta\right) + E_l\sin\delta\,\frac{b}{2} + E_r\sin\delta\,\frac{b}{2} = E_r\cos\delta\left(h_r + \frac{b}{2}\tan\theta\right) \tag{12.65}$$

이 식을 정리하면 절편의 우측면에 작용하는 측면력의 작용위치 h_r 을 정할 수 있다.

$$h_r = \left(\frac{E_l}{E_r}\right)h_l + \frac{b}{2}(\tan\delta - \tan\theta)\left(1 + \frac{E_l}{E_r}\right) \tag{12.66}$$

따라서 절편의 순서대로 계산하면 모든 절편에서 측면력의 작용위치를 알 수 있다.

(5) 절편 측면력의 경사각 δ

측면력의 경사각 δ와 안전율 η는 사면선단부의 첫 번째 절편부터 시작하여 다음 순서대로 시산법을 적용하여 구할 수 있다.

① η와 δ를 가정한다.
② 첫 번째 절편 좌측 경계면의 토압 E_l 과 작용위치 h_l 은 경계조건에서 구하고 이를 적용하여 식 (12.64) 와 식 (12.66) 에서 우측면 토압 E_r 과 작용위치 h_r 을 계산한다.
③ 두번째 절편의 좌측면은 첫번째 절편 우측면이므로 ② 에서 계산한 첫번째 절편의 우측면에 대한 E_r 과 h_r 을 두번째 절편의 좌측면에 대한 E_l 과 h_l 로 설정하여 식 (12.64) 와 (12.66) 을 적용하여 두 번째 절편의 우측면에 대한 E_r 과 h_r 을 계산한다.
④ 같은 방법을 계속하여 마지막 절편의 E_r 과 h_r 을 구한다.
⑤ 마지막 절편에서 계산된 E_r 과 h_r 을 경계조건과 비교한다.
⑥ 이들이 일치할 때까지 η와 δ를 가정하여 ②~⑤를 반복한다.

5) Morgenstern/Price 의 절편법 (1965)

Morgenstern/Price (1965) 의 절편법은 임의 형태 활동면에 대한 가장 일반적인 극한평형 해석법이다. 모든 파괴형상 (원호, 비원호) 에 적용할 수 있고 각각의 절편은 물론 전체 절편에서 모든 평형식 (식 12.33a,b,c 와 식 12.34a,b,c) 이 성립된다. 측면력 방향을 각 절편의 경계면마다 다르다고 (식 12.68) 가정하고, 절편 측면력의 크기와 작용점 및 방향이 인접한 절편에 연관되도록 하고, 각 절편 바닥에서 중앙점의 모멘트를 계산하여 모멘트의 계산점을 변화시킨다.

각 절편에 대해서 절편바닥의 중앙에 대한 모멘트 평형조건 ($\Sigma M_d = 0$) 과 절편바닥의 수직방향 ($\Sigma N = 0$) 및 접선방향 ($\Sigma T = 0$) 에 대한 힘의 평형조건을 적용한다.

$$\Sigma M_d = 0 : E_{lx}\left(h_l - \frac{b}{2}\tan\theta\right) + E_{lz}\frac{b}{2} - E_{rx}\left(h_r + \frac{b}{2}\tan\theta\right) + E_{rz}\frac{b}{2} = 0 \quad (12.67a)$$

$$\Sigma N = 0 \ : N = (G + \Delta E_z)\cos\theta + \Delta E_x \sin\theta \quad (12.67b)$$

$$\Sigma T = 0 \ : T = (G + \Delta E_z)\sin\theta - \Delta E_x \cos\theta \quad (12.67c)$$

모멘트 평형식을 풀기 위해 절편측면에 작용하는 전단력 E_z 와 수직력 E_x 는 다음 관계를 갖는다고 가정한다.

$$\frac{E_z}{E_x} = \lambda f(x) \quad (12.68)$$

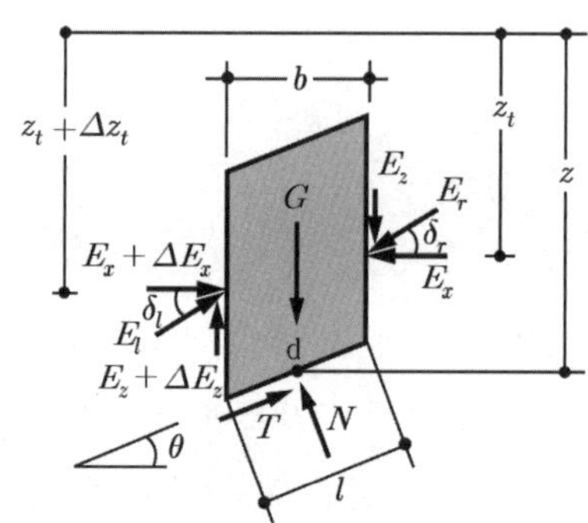

그림 12.32 Morgenstern / Price 절편

여기서 λ는 scaling factor 이다. $f(x)$는 활동면을 따라서 연속적으로 변하는 경사 함수이며, 임의로 절편간에 변할 수 있도록 정할 수가 있고, 여러 가지 형태의 함수(즉, constant, sine 함수, 사다리꼴, 특정한 형태)로 가정(그림 12.33)하지만, 여러 사람들이 확인한 결과 $f(x) = 1$ 로도 그 결과가 충분히 정확하였다.

주어진 함수 $f(x)$에 대해 힘의 평형과 모멘트 평형을 모두 만족하는 λ와 **힘의 평형에 대한 안전율** η_F 와 **모멘트 평형에 대한 안전율** η_M 을 구하여 모두 같아질 때의 안전율을 **최소안전율**로 한다.

$$\eta_M = \frac{\Sigma\{c'l + N'\tan\phi'\}}{\Sigma G\sin\theta} \tag{12.69a}$$

$$\eta_F = \frac{\Sigma\{c'l + N'\tan\phi'\}/\cos\theta}{\Sigma N\sin\theta} \tag{12.69b}$$

여기에서 절편 바닥의 유효수직력 N' 는 각 절편 바닥의 수직방향 힘의 평형조건 ($\Sigma N = 0$: 식 12.67b)을 적용해서 구한 N 에서 간극수압을 뺀 값이다.

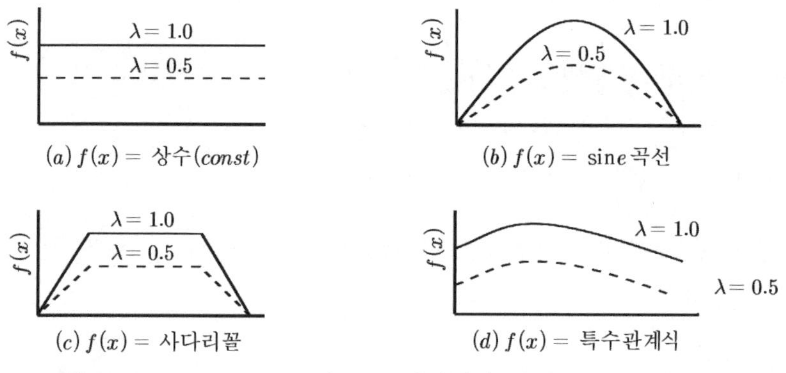

그림 12.33 Morgenstern / Price 방법에서 절편력의 경사함수 f(x)

6) Bishop 절편법의 확장

Bishop 의 절편법은 간편하기 때문에 실무에서 가장 많이 적용되며, 그 취약점을 보완하고 적용성과 정확성을 개선시키기 위해서 많은 사람들에 의한 여러 가지 방법들이 제안되어 있다.

(1) Nonveiller 의 방법

Nonveiller (1965) 는 Bishop 의 절편법을 임의 형상의 활동파괴에 적용할 수 있도록 확장하였다.

즉, 전체 절편에 대해서 임의 P 점에 대한 모멘트 평형식 (식 12.33c) 을 적용할 때에 전단력 T (식 12.35) 와 수직력 N (식 12.36) 을 이용하면,

$$\Sigma\left\{(N'+U)\sin\theta-(N'\tan\phi'+c'l)\frac{1}{\eta}\cos\theta\right\}tz$$
$$=-\Sigma\left\{(N'+U)\cos\theta+(N'\tan\phi'+c'l)\frac{1}{\eta}\sin\theta-G\right\}x \qquad (12.70)$$

이고, 안전율 η 에 대해 정리 할 수 있다.

$$\eta=\frac{\Sigma(N'\tan\phi'+c'l)(-z\cos\theta+x\sin\theta)}{\Sigma-(N'+U)(z\sin\theta+x\cos\theta)+\Sigma Gx} \qquad (12.71)$$

절편 측면력은 수직으로 작용 (즉, $\Delta E_z=0$) 한다고 가정하고, 수직력의 분포 N' 는 Janbu (1954) 와 같은 값 (식 12.41) 을 위식에 대입하면 안전율은 다음이 된다.

$$\eta=\frac{\Sigma\dfrac{(G-U\cos\theta)\tan\phi'+bc'}{\cos\theta+\dfrac{\tan\phi'}{\eta}\sin\theta}(x\sin\theta-z\cos\theta)}{-\Sigma\left(\dfrac{G-U\cos\theta-b\dfrac{c'}{\eta}}{\cos\theta+\dfrac{\tan\phi'}{\eta}\sin\theta}+U\right)(z\sin\theta+x\cos\theta)+\Sigma Gx} \qquad (12.72)$$

이 식에서 안전율 η 는 모멘트 중심의 위치 (즉, x,z) 에 따라 달라질 수 있다.

Bishop 과 Nonveiller 모두 $\Sigma\Delta E_x=0$ (수평력 합력이 '**영**') 이라는 조건을 만족하지 못하므로 절편 측면력에 대해서 가정이 필요하다. 그러나 아직 적절한 방법이 제시되어 있지 않고 있어서 Bishop 의 간편법이 자주 사용되고 있다.

(2) Breth 의 방법

Breth (1956) 는 원호 활동면에 대해서 시산법을 적용하지 않고서도 안전율을 계산할 수 있도록 Bishop 의 식 (12.50) 을 단순화시켰다.

즉, 전체 파괴체에 대한 모멘트 평형만을 고려하여 절편바닥 (즉, 활동면) 에 작용하는 전단력 T 를 안전율로 나누지 않고 직접 적용하여 (식 (12.35) 를 적용하지 않고) 우측의 변에 안전율 η 가 포함되지 않는 (Krey 와 같은 개념을 갖는) 다음 식을 유도하였다.

$$\eta = \frac{\Sigma \dfrac{(G - U\cos\theta)\tan\phi' + bc'}{\cos\theta + \tan\phi'\sin\theta}}{\Sigma G\sin\theta} \tag{12.73}$$

Bishop (식 12.50) 과 Nonveiller (식 12.72) 의 식은 연직방향으로 힘의 평형을 고려하기 때문에 우측 변에 안전율 η 가 포함되어 있다.

7) 절편법의 비교

이상의 방법들을 정리하여 비교하면 다음 그림 12.34 및 표 12.5 와 같다.

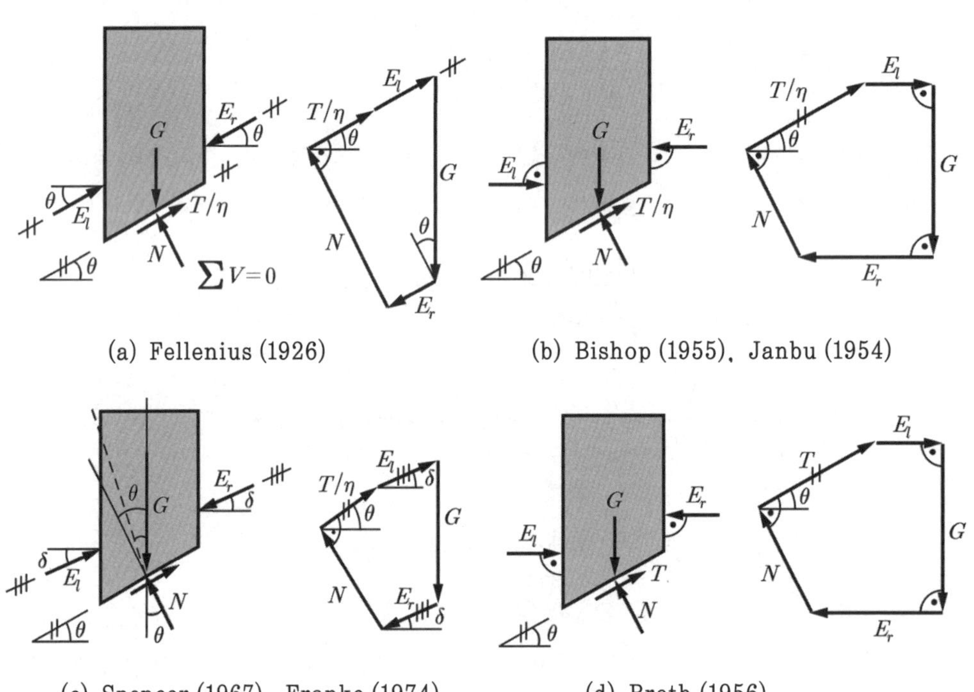

그림 12.34 절편 측면력과 힘의 다각형

표 12.5 절편법의 비교

방법	항목	내용
Fellenius (1926) 원호	측면력	○ 절편 양측에 작용하는 힘 E_l과 E_r은 절편저면과 평행 $(\delta_l = \delta_r = \theta)$
	수직력N	○ 전체 절편에 대해 모멘트평형 (원의중심) $(\Sigma M_o = 0)$
	안전율	○ 절편의 자중만을 고려해서 계산 (즉, $N' = G\cos\theta - U$)
	비고	○ 최초 절편법 ○ 스웨덴 방법 ○ 힘의 평형을 고려 안함 (힘의 다각형 성립안됨)
Janbu (1954,1973) 원호 비원호	측면력	〈간편법〉 ○ 측면에 작용하는 전단력은 영 $(E_{lz} = E_{rz} = 0,$ 즉, $\delta_l = \delta_r = 0)$ (전단력 영향은 흙의 특성과 사면의 기하학적 조건에 따라 보정계수 f_0로 보정) 〈정밀해법〉 ○ 측면의 수직력 E_l과 E_r의 작용위치 가정
	수직력N	○ 각 절편의 연직방향 힘의 평형조건 $(\Sigma V = 0)$에서 계산
	안전율	○ 각 절편에 대해 힘의 평형 $(\Sigma V = 0, \Sigma H = 0)$ 〈정밀해법〉 ○ 모멘트 평형 (절편저면중심) $(\Sigma M_d = 0)$
	비고	○ 연직방향 힘의 평형 $(\Sigma V = 0) \rightarrow$ Bishop 방법에 E_l과 E_r이 포함된 형태 ○ 저면 접선방향 힘의 평형 $(\Sigma T = 0)$ ○ $\Delta E_z \neq 0$
Bishop의 간편법 (1955) 원호	측면력	○ 절편 측면전단력이 동일 $(E_{lz} = E_{rz}\ \Delta E_z = 0)$ 하다 가정하고 수평력만 가정
	수직력N	○ 각 절편의 연직방향 힘의 평형조건 $(\Sigma V = 0)$에서 계산
	안전율	○ 전체 절편에 대해 모멘트 평형 (원의 중심) $(\Sigma M_0 = 0)$
Morgenstern /Price (1965) 원호 비원호	측면력	○ 활동면을 따라 응력이 연속적으로 변함 $E_z = \lambda f(x) E_x$ ○ $\tan\delta = E_z/E_x = \lambda f(x)$에 대해 $\eta_M = \eta_V = \eta$인 상수 λ를 정하여 η_{min} 결정
	수직력N	○ 각 절편 바닥의 수직방향 힘의 평형조건 $(\Sigma N = 0)$에서 계산
	안전율	○ 절편과 전체시스템에 대해 $\Sigma M = 0, \Sigma H = 0, \Sigma V = 0$
	비고	○ 자중에 의한 지중응력, $f(x)$함수, 절편바닥의 경사가 인접한 절편간에 선형적으로 변한다고 가정하여 각 절편에 한 개의 미분방정식 적용 → 계산이 어려움
Spencer (1973,1981) 원호 (비원호)	측면력	○ $\tan\delta = E_z/E_x = const.$
	수직력N	○ 각 절편의 연직방향 힘의 평형조건 $(\Sigma V = 0)$에서 계산
	안전율	○ 전체 절편의 모멘트 평형 (원의중심) $\Sigma M_0 = 0,$ ○ 각 절편의 힘의 평형 $\Sigma T = 0,\ \Sigma N = 0$
	비고	○ 절편바닥중심 모멘트평형 $(\Sigma M_d = 0)$에서 절편측면력 작용위치 결정 ○ $\eta = \eta_M = \eta_V$

12.5.5 활동파괴면의 형상과 절편법

절편법은 모든 형상의 활동 파괴면에 대해서 개발되어 있으나 원호 활동 파괴면과 평면 활동 파괴면이 적용하기가 용이하여 자주 적용되고 있다.

1) 원호 활동파괴에 대한 절편법

원호 활동 파괴면을 가정한 절편법은 Krey (1926) 나 Bishop (1954) 이래 다양한 형태로 개발되어 온 결과 현재에는 절편법의 주종을 이루고 있다. 대개 폭이 반경의 1/10 정도인 연직절편($b = r/10$) 으로 나누어 계산하며, 컴퓨터 프로그램을 이용하는 경우에는 절편의 개수를 늘려 계산할 수 있다.

절편들이 원호 활동 파괴면의 활동저항력에 의해 지지되고 있다고 생각하고 각 절편에 대해 힘의 평형식을 적용하여 활동면상의 수직응력의 분포를 근사적으로 구한다. 대체로 각 절편의 연직방향 힘의 평형 ($\Sigma V = 0$) 과 전체절편의 모멘트 평형 ($\Sigma M = 0$) 을 적용한다. 절편에 대해서 수평방향 힘의 평형을 고려하지 않으면 역학적으로 불완전할 수가 있으나 실용상으로는 큰 문제가 되지 않기 때문에 실무에 자주 적용되고 있다.

안전율은 전체 절편에 대한 저항모멘트와 활동모멘트를 비교하여 구하며, 침투력이나 외력의 작용 등 활동모멘트 증가요인이 발생되면 이로 인한 모멘트 ΣM_{sd} 를 계산하여 다음 식 (12.6) 의 분모 즉, 활동모멘트 ΣS_M 에 추가한다.

$$\eta = \frac{\text{저항모멘트}}{\text{활동모멘트}} = \frac{\sum R_M}{\sum S_M} \tag{12.74}$$

안전율 η 가 양변에 모두 미지수로 들어가므로 처음 η 를 가정하여 안전율을 계산한 후 가정한 안전율과 계산한 안전율을 비교하여 일정한 범위 (즉, 3 %) 이내의 차이를 나타낼 때까지 시산법으로 반복 계산하여 안전율을 결정한다.

2) 평면활동파괴에 대한 절편법

평면 활동 파괴면일 때도 절편법을 적용할 수 있으며, 각 절편에 대해 연직방향 힘의 평형을 적용하여 하부 경계 (활동 파괴면) 에 작용하는 전단력 T_i 를 구하고, 전체 절편에 대해 힘의 평형을 적용하여 안전율을 구한다.

그림 12.35 와 같이 활동 파괴면이 사면에 거의 평행이면 안전율 η는 Janbu (1954) 에 의해 활동저항력 $\sum R$ 과 활동력 $\sum S$ 를 비교하여 식 (12.6) 으로 구할 수 있고,

$$\eta = \frac{\sum R}{\sum S} \tag{12.75}$$

여기서 활동저항력 $\sum R$과 활동력 $\sum S$는 각각 다음과 같고, F_h는 모든 작용외력의 수평성분의 합이다.

$$\sum R = \sum \frac{(G_i + P_i - u_i b_i)\tan\phi_i + c_i b_i}{\cos^2\theta_i (1 + \frac{1}{\eta}\tan\phi_i \tan\theta_i)}$$

$$\sum S = \sum (G_i + P_i)\tan\theta_i + F_h \tag{12.76}$$

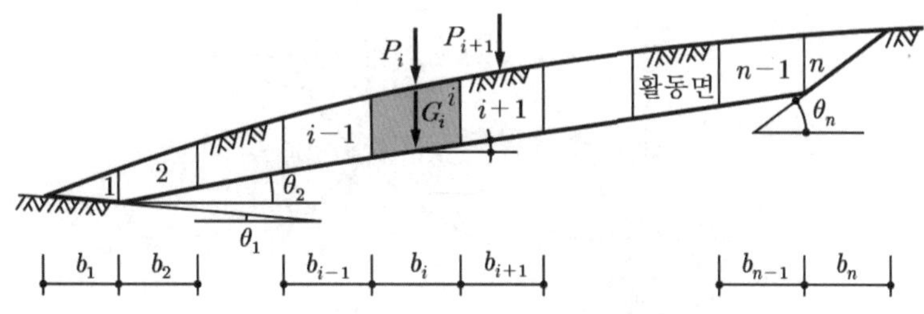

그림 12.35 평면 활동파괴면의 절편법

12.5.6 절편법의 적용단계

절편법은 절편 수가 많아지면 계산이 복잡해지므로 다음과 같이 단계별로 적용하고, 진행 상태를 점검한다. 여기에서는 원호 활동 파괴면을 가정한 Bishop (1955) 간편법을 기준으로 **절편법의 적용단계**를 설명한다.

① 단계 : 활동파괴 형상 결정 및 절편분할

- 원형활동파괴면의 중점 O 와 반경 r 를 선택한다 (그림 12.36a).
- 활동파괴체를 n 개의 연직절편으로 나눈다. 절편의 개수는 지층경계를 고려하여 결정하며 보통 10 개 정도면 충분하다.
- 각 연직절편의 방향각 θ_i (사면쪽으로 "**양**") 와 폭 b_i 를 구한다. 방향각은 절편의 바닥면 중심의 접선이 수평과 이루는 각도이며, 이는 절편 중심점과 원 중심점을 연결한 직선이 연직과 이루는 각도와 같다.

② 단계 : 절편바닥의 전단력 계산

- 임의의 i 번째 **절편의 바닥면**(즉, 활동파괴면)에 작용하는 전단응력 τ_i 와 전단력 T_i 를 Mohr-Coulomb 의 파괴조건을 적용하여 구한다. 파괴시의 전단력 T_{fi} 는 전단응력 τ_i 에 활동파괴면의 면적 $(b_i / \cos\theta_i)$ 을 곱한 값이다. 이때 절편의 폭이 크지 않으므로 절편의 바닥면을 평면으로 가정한다 (식 12.3a).

$$\tau_i = \sigma'_i \tan\phi'_i + c'_i$$

$$T_{fi} = N'_i \tan\phi'_i + \frac{c_i b_i}{\cos\theta_i}$$

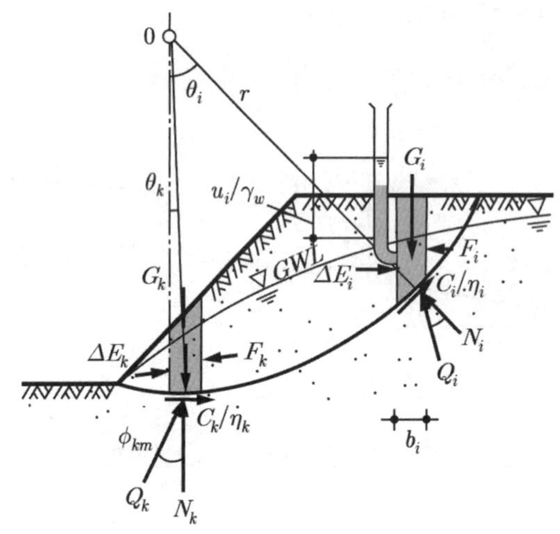

(a) 절편분할

(b) K 절편의 힘의 평형 (c) i절편의 힘의 평형

그림 12.36 절편에 작용하는 힘

- 안전율 η_i 를 가정한다
- **활용 전단력 T_{im}** 을 구한다. 활용 전단력은 파괴시 전단력 T_{fi} 를 안전율 η_i 로 나눈 값이다 (식 12.5).

$$T_{im} = T_{fi}/\eta_i$$

- **활용 전단강도정수 c_{im} , ϕ'_{im}** 을 구한다 (식 12.5).

$$c_{im} = c_i/\eta_i$$
$$\tan\phi'_{im} = \tan\phi'_i/\eta_i$$

③ 단계 : 절편에 작용하는 수압과 침투력 계산 :

- 활동파괴면 즉, 절편의 바닥면에 작용하는 간극수압 u_i 를 구한다.
- 유효 수직력 $N'_i = N_i - U_i$ 를 구한다.
- 침투력 F_i 를 구한다. 침투력은 절편의 지하수면 아랫부분의 부피 V_i 에 침투압을 곱한 크기 (즉, $F_i = i\gamma_w V_i$) 이고 절편중심에서 침윤선에 그은 접선의 방향으로 작용한다. 침투력은 실제로 수직력 N 과 전단력 T 에 모두 영향을 주지만, 대체로 외력으로 간주해서 계산하면 안전측이다.

④ 단계 : 절편바닥면의 활용전단력 계산 :

- 활동파괴면상에서 반력 분포가 결정되지 않을 경우에는, 전단 강도가 모든 점에서 같은 정도로 소요된다. 즉, 모든 점에서 안전율이 같다고 가정한다.

$$\eta_i = \eta = const.$$

- 활동파괴면에 작용하는 활용 전단력 T_{im} 은 다음과 같다 (식 12.35).

$$T_{im} = \frac{1}{\eta}\left(\frac{c_i b_i}{\cos\theta_i} + N'_i \tan\phi_i'\right)$$

⑤ 단계 : 각 절편에 대한 평형조건 적용 :

- 각 절편에 대해서 힘의 다각형을 그린다 (그림 12.36c). 각 절편에 작용하는 자중 G_i (외력 포함) 간극수압 U_i 및 점착력 C_i 는 크기와 작용 방향을 알고, 저항력 Q_i 는 작용방향만이 알려져 있다. 외력은 작용하는 절편에만 영향을 미칠 뿐이고 인접한 절편에서는 아무런 영향도 미치지 않는다고 가정한다. 그렇지만 이것이 절편법의 가장 큰 모순중의 하나이다.

- 절편측면에 작용하는 수평토압 ΔE_i 는 크기와 작용방향 δ_i (수평기준)를 모르므로 우선 작용방향을 가정한다. 보통 δ_i/ϕ_i 를 일정하게 가정한다.

- 연직방향과 활동파괴면(절편 바닥면)의 접선방향에 대해 힘의 평형식을 적용한다.

연직방향 힘의 평형 $(\Sigma V = 0)$: 식 (12.34b)

$$G_i - b_i u_i - \Delta E_i \sin\delta_i - T_{im} \sin\theta_i - N_i' \cos\theta_i = 0$$

접선방향 힘의 평형 $(\Sigma T = 0)$: 식 (12.67)

$$G_i \sin\theta_i - \Delta E_i \sin\delta_i \sin\theta_i - \Delta E_i \cos\delta_i \cos\theta_i - T_{im} = 0$$

- 절편의 측면력 ΔE_i 가 수평으로 작용한다고 가정하면 $(\delta_i = 0)$, ΔE_i 의 연직분력이 없어져서 식이 간단해진다. 이 가정에 의한 영향은 실제로 매우 작다 (식 12.67).

$$\sum V \;:\; G_i - b_i u_i = T_{im} \sin\theta_i + N_i' \cos\theta_i$$
$$\sum T \;:\; G_i \sin\theta_i = T_{im} + \Delta E_i \cos\theta_i$$

식 (12.35) 를 윗 식에 대입하여 T_{im} 을 소거하면 미지수는 N_i' 와 ΔE_i 및 안전율 η 가 된다.

⑥ **단계 : 전체시스템의 모멘트 평형조건 적용 :**

- 이상에서 식이 2 개 $(\Sigma V = 0,\ \Sigma T = 0)$ 이고, 미지수는 3 개 $(N_i',\ \Delta E_i,\ \eta)$ 가 있어서 식이 한 개 부족하다.

따라서 전체 파괴체에 대한 모멘트 평형식을 추가해야 한다 (식 12.48).

$$r\sum G_i \sin\theta_i = \frac{1}{\eta}\, r\sum\left(\frac{c_i' b_i}{\cos\theta_i} + N_i' \tan\phi_i'\right) + \sum r_i\, \Delta E_i \cos\theta_i$$

여기에서 r_i 는 절편의 무게중심과 원의 중심간 거리이다 (그림 12.36a).

- Bishop 은 위 식의 3 번째 항을 '0' 으로 가정하였다. 즉,

$$\sum r_i\, \Delta E_i \cos\theta_i = 0$$

그러나 엄밀히 말하면 이로 인해 내력 ΔE_i 의 벡터 합이 더 이상 '0'이 아니어서 ($\sum \Delta E_i \neq 0$) 결과적으로 다음과 같이 간단해진다 (식 12.46).

$$\sum G_i \sin\theta_i = \frac{1}{\eta}\sum\left(\frac{c_i{}'b_i}{\cos\theta_i} + N_i{}' \tan\phi_i{}'\right)$$

⑦ **단계 : 안전율 계산**

- 식 (12.34b) 의 연직방향 힘의 평형식을 적용하여 위 식에서 $N_i{}'$ 를 소거하고 **안전율** η 에 대해 정리하면 다음과 같다 (식 12.50).

$$\eta = \frac{\sum \dfrac{(G_i - b_i u_i)\tan\phi_i{}' + b_i c'_i}{\cos\theta_i + \dfrac{1}{\eta} sin\theta_i \tan\phi_i{}'}}{\sum G_i \sin\theta_i}$$

- 전응력 해석에서는 위 식에서 ϕ', c' 를 ϕ_u, c_u 로 대신한다. 점토에서는 $\phi_u = 0$ 이므로 위 식은 다음과 같이 간단해진다 (식 12.50).

$$\eta = \frac{\sum c_{ui}\, b_i / \cos\theta_i}{\sum G_i \sin\theta_i}$$

- 식 (12.50) 에서 안전율 η 가 양변에 모두 미지수로 들어가므로 우측항의 안전율을 $\eta_i \geq 1$ 로 가정하고 계산하여 가정 값 η_i 와 계산 값 η_c 의 차이가 일정한 값 Δ 보다 더 작아질 때까지 (즉, $|\eta_i - \eta_c| \leq \Delta$) 반복 계산한다.

  보통 $\Delta = 1.0 \times 10^{-6}$ 정도로 한다.

⑧ **단계 : 활동면의 크기 변화 :**

- 반경 r 을 바꾸어 가면서 가장 작은 안전율 $\eta_{\min}$ 이 구해질 때까지 ① ~ ⑦ 단계를 반복 계산한다.

⑨ **단계 : 활동면의 위치 변화 :**

- 원의 중심 O 를 바꾸어 가면서 최소 안전율 $\eta_{\min}$ 이 구해질 때까지 ① ~ ⑧ 단계를 반복 계산한다.

12.6 파괴 요소법

파괴요소법은 파괴요소에서 바닥은 물론 측면 경계선을 직선 전단파괴면으로 가정하고 파괴조건을 적용하여 지반의 안정을 검토하는 방법이다.

파괴요소법 (12.6.1 절) 은 개념적으로 절편법을 포괄하는 방법이며, Gußmann (1978) 에 의해 **일반화 (12.6.2 절)** 되었다. 오래 전부터 실무에서 적용하던 **블록 파괴법 (12.6.3 절)** 은 파괴요소법의 단순한 형태이다.

Gußmann (1982, 1986) 은 일반 파괴요소법을 더욱 일반화시켜서 운동요소법 KEM (Kinematical Element Method) 을 개발하였다.

12.6.1 파괴 요소법

절편법은 식의 개수가 미지수 개수보다 항상 1 개 더 많으므로 식을 풀려면 가정을 통해 식의 개수를 줄이고 근사적으로 해석할 수밖에 없다. 절편법의 이런 단점은 식과 미지수의 개수가 일치하는 파괴요소법으로 보완할 수 있다.

파괴요소법 (failure element method) 은 파괴요소의 경계선을 직선 전단 파괴면으로 가정하고 흙의 파괴조건을 적용하여 식과 미지수의 개수를 일치시켜서 해석하며, 실제의 곡선 활동 파괴선은 다수 직선 활동파괴선으로 어느 정도 근사하게 대체할 수 있다.

1) 활동면의 형상

곡선 활동파괴선에서는 활동파괴선상 수직응력의 분포를 알 수 없어서 힘의 평형식을 적용하기가 어렵다. 따라서 곡선 활동파괴산상 수직응력의 분포를 구하기 위한 가정이 더 필요하며 이에 따라 여러 가지 방법들이 제시되어 있다.

반면 직선 활동 파괴선에서는 활동 파괴선에 작용하는 합력의 작용방향을 알 수 있어서 힘의 평형식을 적용하여 합력의 크기를 구할 수 있다. 그런데 활동 파괴체는 강체로 간주하고, 그 내부의 재료거동을 고려하지 않기 때문에 직선 활동파괴선을 전제로 하는 파괴 메커니즘에서는 정역학적 정해를 구할 수 있다.

활동파괴체를 여러 개로 분할하면 (파괴요소 크기가 작아지기 때문에) 실제 활동파괴 곡선을 다수의 직선으로 어느 정도 근사하게 대체할 수가 있으며, 그 결과도 큰 차이가 없게 된다. 따라서 직선 활동파괴선을 적용하면 곡선 활동파괴선상의 수직응력분포를 구하기 위한 여러 가지 가정들이 불필요하다.

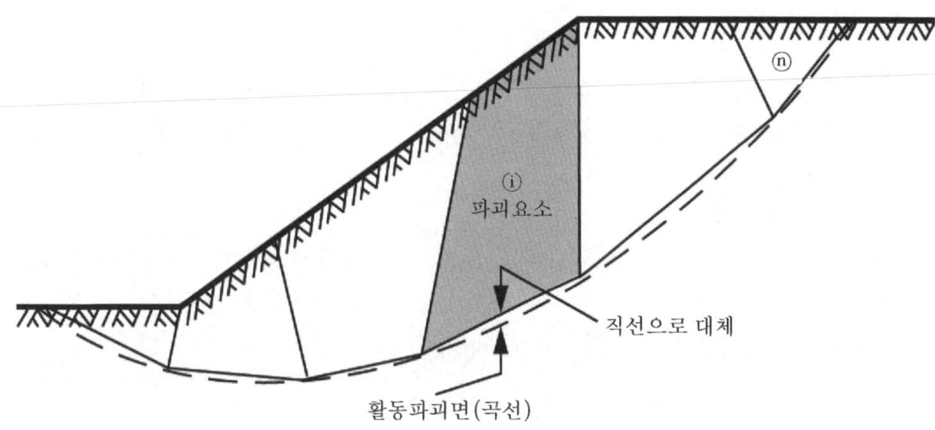

그림 12.37 파괴요소분할

2) 파괴요소법의 미지수와 식

파괴요소법(failure element method)에서는 활동파괴체를 임의 각도를 갖는 여러 개의 파괴요소로 나누고 파괴요소간의 경계면을 전단파괴면으로 가정한다(그림 12.37).

절편법에서는 절편 바닥면에서만 파괴조건을 적용하지만 파괴요소법에서는 파괴요소의 바닥면뿐만 아니라 측면에서도 파괴조건을 적용한다. 따라서 파괴요소법에서는 미지수가 파괴요소 바닥면에서 $3n$ 개와 측면에서 $3(n-1)$개 및 안전율 1개로 전부 $6n-2$ 개이다. 그러나 식의 수는 파괴요소에 작용하는 힘의 평형식 $2n$ 개와 모멘트 평형식 n 개, 그리고 바닥면에서의 파괴식 n 개, 측면에서의 파괴식 $n-1$ 개이므로 전부 $5n-1$개가 된다.

즉, 전체적으로 미지수가 $6n-2$개, 식의 수가 $5n-1$개이므로 식이 $n-1$개 부족하다. 그런데 각 절편의 측면에서 힘의 작용위치를 가정하여 한 개씩 미지수를 줄이면 미지수의 개수가 $5n-1$이 되므로, 식 개수 $5n-1$과 일치하게 된다.

측면에서 힘의 작용위치를 가정하면 바닥면에 작용하는 힘의 작용위치가 영향을 받지만 안전율은 영향을 받지 않는다.

표 12.6 파괴요소법의 미지수와 식

미 지 수		식 의 수	
바닥면	$3n$	힘의 평형	$2n$
측 면	$3(n-1)$	모멘트 평형	n
안전율	1	바닥면 파괴조건	n
		측면 파괴조건	$n-1$
Σ	$6n-2$	Σ	$5n-1$

12.6.2 일반 파괴요소법

일반 파괴요소법을 이용하면 절편법의 어려움 즉, 미지수의 개수와 식의 개수가 일치하지 않아서 나타나는 어려움과 활동파괴면 형상가정에 따른 어려움을 해결할 수 있다.

1) 파괴요소의 일반화

일반 파괴요소법 (general failure element method) 은 실무에 적용하기 쉽도록 Gußmann (1978) 이 일반화시킨 파괴요소법이며, 파괴요소는 (그림 12.38) 절편을 포용할 수 있는 개념이지만 절편법과 구분하기 위해 **파괴요소** (failure element) 라고 한다.

파괴 요소법에서는 다음과 같이 가정한다.

① 파괴요소사이의 경계면은 평면이며 연직면일 뿐만 아니라 경사면일 수도 있다.

② 곡면 파괴면은 다수의 평면으로 대체하며, 대체평면 개수가 많을수록 곡면에 가깝다.

③ 개개파괴요소에는 자중 G_i 외에 지진이나 앵커 등에 의한 수평외력도 작용할 수 있다. 모든 외력의 합력 P_i 는 연직에 대해 각 ω_i 만큼 기울어져서 작용하며, 바닥면에 작용하는 수직력 N_i 와 팔의 길이가 r_{pi} 인 짝힘을 이룬다.

④ 파괴요소 형상은 임의 극좌표 r, ψ 로 표현할 수 있고, 파괴요소 바닥면은 $\psi = 90^o$ 인 평면(대개 수평면)으로부터 α 만큼 기울어져 있다. 중심이 M 인 원에서는 $r_i = r$, $\psi_i = \alpha_i = \theta_i$ 가 된다. θ_i 는 수직력 N_i 가 연직과 이루는 각도이다.

⑤ 측면력 S_i 는 유효 수평토압과 간극수압의 합력이며 파괴요소의 좌·우·측면에 작용하는 측면력의 차이는 ΔS_i 이다. r_{pi} 가 '영'이 아닌 경우 ($r_{pi} \neq 0$) 에는 ΔS_i 가 모멘트를 유발하며 그 때 팔의 길이는 r_{si} 이다.

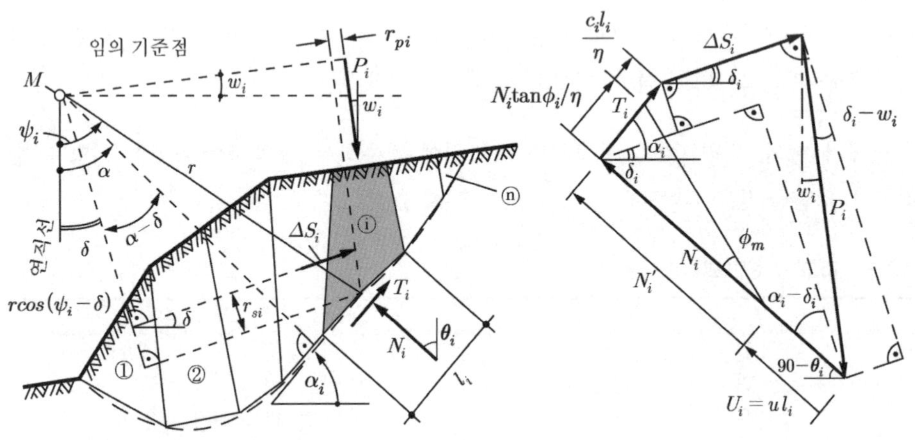

a) 파괴요소에 작용하는 힘 b) 파괴요소의 힘의 형형

그림 12.38 일반 파괴요소법의 힘의 작용위치 및 평형

2) 힘의 평형

각각의 파괴요소에 대해 측면력의 합력 ΔS 방향과 ΔS 의 수직방향으로 힘의 평형식을 적용하면, 파괴요소의 경계면에 작용하는 측면력 S_i 를 다음과 같이 계산할 수 있다.

ΔS 의 수직 방향 힘의 평형 ($\Sigma \perp \Delta S = 0$) :

$$u_i l_i \cos(\alpha_i - \delta_i) + N_i' \cos(\alpha_i - \delta_i) + N_i' \frac{\tan\phi_i}{\eta} \sin(\alpha_i - \delta_i)$$
$$+ \frac{c_i l_i}{\eta} sin(\alpha_i - \delta_i) - P_i \cos(\delta_i - \omega_i) = 0 \tag{12.77}$$

ΔS 방향 힘의 평형 ($\Sigma \Delta S = 0$) :

$$\Delta S_i - P_i \sin(\delta_i - \omega_i) - u_i l_i \sin(\alpha_i - \delta_i) - N_i' \sin(\alpha_i - \delta_i)$$
$$+ N_i' \frac{\tan\phi_i}{\eta} \cos(\alpha_i - \delta_i) - \frac{c_i l_i}{\eta} \cos(\alpha_i - \delta_i) = 0 \tag{12.78}$$

식 (12.77) 을 이용하여 식 (12.78) 에서 N_i' 를 소거하면 다음 식이 된다.

$$\Delta S_i = B_i - \frac{1}{\eta} A_i \tag{12.79}$$

여기에서, A_i 는 ΔS 방향 활동저항력이고 B_i 는 ΔS 방향 활동력의 파괴요소 바닥면에 대한 분력이다.

$$A_i = \frac{[P_i \cos(\alpha_i - \omega_i) - u_i l_i] \tan\phi_i + c_i l_i}{\cos(\alpha_i - \delta_i) + \frac{1}{\eta} \tan\phi_i \sin(\alpha_i - \delta_i)} \tag{12.80a}$$

$$B_i = \frac{P_i \sin(\alpha_i - \omega_i)}{\cos(\alpha_i - \delta_i) + \frac{1}{\eta} tan\,\phi_i \sin(\alpha_i - \delta_i)} \tag{12.80b}$$

3) 모멘트 평형

파괴요소의 바닥면에서 수직력 N_i' 의 작용점에 대해서 모멘트를 취하면 다음과 같으며, 모멘트를 발생시키는 힘은 ΔS_i 와 P_i 가 있다.

$$\Delta S_i r_{si} = - P_i r_\pi \tag{12.81}$$

전체 시스템이 안정되기 위해서는 n 개 모든 파괴요소에서 내부단면력에 의한 수평력과 연직력 및 모멘트가 평형을 이루어야 한다.

$$\sum V = 0 \ : \ \sum \Delta S_i \sin\delta_i = 0 \tag{12.82a}$$

$$\sum H = 0 \ : \ \sum \Delta S_i \cos\delta_i = 0 \tag{12.82b}$$

$$\sum M = 0 \ : \ \sum \Delta S_i [r_i \cos(\psi_i - \delta_i) - r_{si}] = \sum [\Delta S_i r_i \cos(\psi_i - \delta_i) + P_i r_{pi}] = 0 \tag{12.82c}$$

위 식을 안전율 η 에 대해 풀면 수평 (η_H) 및 연직방향 (η_V) 힘의 평형과 모멘트의 평형 (η_M) 에 대한 안전율을 구할 수 있으며 궁극적 안전율은 $\eta = \eta_H = \eta_V = \eta_M$ 이다.

$$\eta_H = \frac{\sum A_i \cos\delta_i}{\sum B_i \cos\delta_i} \tag{12.83a}$$

$$\eta_V = \frac{\sum A_i \sin\delta_i}{\sum B_i \sin\delta_i} \tag{12.83b}$$

$$\eta_M = \frac{\sum A_i r_i \cos(\psi_i - \delta_i)}{\sum [B_i r_i \cos(\psi_i - \delta_i) + p_i r_{pi}]} \tag{12.83c}$$

여기에서 안전율에 대한 식은 모두 A_i 와 B_i 를 포함하고 있으며, 각 파괴요소의 경사각 δ_i 와 외력의 팔의 길이 r_{pi} 는 미지수이다.

4) 연직 파괴요소

파괴요소의 측면이 연직이고 바닥면의 길이가 측면에 비하여 무한히 작지 않은(높이에 비하여 너무 좁지 않은) 연직 파괴요소에서 측면력 S 의 작용방향(기울기)이 일정하다면 전체파괴요소에서 ΔS 의 각도는 일정하므로($\delta_i = \cos t = \delta$) 수평 및 연직방향 힘의 평형식 즉, 식 (12.83a) 및 식 (12.83b) 가 같아진다.

$$\eta_V = \eta_H = \frac{\sum A_i}{\sum B_i} \tag{12.84}$$

모멘트 평형식 식 (12.82c) 와 식 (12.83c) 는 각 파괴요소에 대해서는 물론 전체 파괴요소 시스템에 대해서도 성립되어야 한다. 이를 위해서는 팔의 길이 γ_{pi} 를 합당한 값으로 결정해야 한다.

위의 식 (12.84) 는 활동파괴면의 형상에 무관하게 적용할 수 있다.

5) 특수해

식 (12.76a,b,c) 는 일반해이며 경계조건을 단순화하여 여러 가지 특수해를 구할 수 있다.

(1) 파괴요소 측면력은 항상 측면에 수직 ($\delta = 0$) 으로 작용한다고 가정하면 ($\delta = 0, \omega_i = 0$, $G_i = P_i$, $l_i = b_i/\cos\alpha_i$) 안전측이며, 모멘트 평형에 대한 안전율 (식 12.83c) 은 다음과 같고, 이는 Janbu (1954) 의 해이고, 계산결과는 정역학적 정해이다.

$$\eta = \frac{\sum \dfrac{(G_i - u_i b_i)\tan\phi_i + c_i b_i}{\cos\alpha_i(\cos\alpha_i + \dfrac{1}{\eta} tan\phi_i{}' \sin\alpha_i)}}{\sum G_i \tan\alpha_i} \tag{12.85}$$

(2) 파괴요소의 개수를 많이 늘리면 절편 바닥면의 폭이 좁게 된다. 외력의 팔의 길이가 '**영**'이고 ($r_i = 0$), 원호 활동파괴 ($r_i = r$) 이면 ($\delta = 0, \omega_i = 0$, $G_i = P_i, r_i = r$, $\psi_i = \alpha_i = \delta_i$), 모멘트 평형에 대한 안전율 (식 12.76 c) 은 Krey (1926) 와 Bishop (1954) 의 해가 된다.

$$\eta = \frac{\sum \dfrac{(G_{i-} b_i u_i)\tan\phi'_{i+} b_i c'_i}{\cos\theta_{i+}\dfrac{1}{\eta} sin\theta_i} tan\phi_i}{\sum G_{isin}\theta_i} \tag{12.86}$$

여기서는 수평방향 힘의 평형조건을 만족시키지 못하지만 원호 활동 파괴면을 가정하여 식 (12.85) 를 적용한 경우보다 안전측에 속한다. 식 (12.85) 의 분자는 $\cos\alpha_i$ 로 나누기 때문에 식 (12.85) 에서 구한 안전율은 식 (12.86) 에서 구한 안전율보다 항상 크거나 같다. 따라서 식 (12.86) 에서 구한 안전율은 안전측이다.

(3) 파괴요소 측면에 작용하는 힘의 경사가 파괴요소 바닥면의 방향각과 같고 ($\delta_i = \alpha_i$), 원호 활동파괴를 가정하면 ($\omega_i = 0$, $\delta_i = \alpha i$, $G_i = P_i$, $r_i = r$, $\psi_i = \alpha_i = \theta_i$) 모멘트 평형에 대한 안전율 (식 12.83c) 은 Fellenius (1926) 와 Terzaghi (1950) 의 해와 일치한다. 이때에는 힘의 평형은 성립되지 않는다.

$$\eta = \frac{\sum (G_i \cos\theta_i - \dfrac{u_i b_i}{\cos\theta_i})\tan\phi_i + \dfrac{c_i b_i}{\cos\theta_i}}{\sum G_i \sin\theta_i} \tag{12.87}$$

여기에서 $\delta_i = \alpha_i$ 이면 실제와 일치하는 상황은 아니지만, 안전율을 구하는 식이 단순해진다. 이렇게 구한 안전율은 내부마찰각과 점착력이 매우 큰 경우를 제외하고는 대개 다른 방법들로 구한 안전율보다 작으므로 안전측이다.

(4) 외력 팔의 길이가 '**영**' ($r_{pi} = 0$) 이고, 측면력이 측면에 수직이 아닌 경우 ($\delta \neq 0$) 에는 실제 상황에 상당히 근접하기는 하지만 계산시간이 많이 소요된다. 이 때는 활동면에 작용하는 수직응력의 분포를 구할 수 있으며, Morgenstern/Price (1965), Spencer (1973), Woldt (1977), Gußmann (1978) 등이 여기에 속한다.

이렇게 구한 해는 정역학적 정해이다. 또한, 계산의 수고를 덜기위해 $\delta = \overline{\phi_m}$, $r_{pi} = 0$ 을 식 (12.83c)에 적용할 수 있다.

실제로 $r_{pi} = 0$, $\delta = \phi_m$을 적용하여 식 (12.83c) 에서 안전율 η 를 구하고, 식 (12.84) 에서 구한 안전율 η 와 비교해서 작은 값을 취하는 것이 좋다.

(5) 점토에서는 내부마찰각이 영이므로 ($\phi = 0$) 원형 활동 파괴면을 가정하면 활동파괴면에 작용하는 수직응력은 모두 원의 중심을 향하게 되어서 활동파괴체의 회전활동에 기여하지 못한다.
이 경우에는 수직응력의 분포에 상관없이 점착력만이 회전활동에 저항하므로 정확한 안전율을 쉽게 구할 수 있다.

따라서 $\omega_i = 0$, $G_i = P_i$, $r_{pi} = 0$, $\alpha_i = \psi_i = \theta_i, r_i = r, c_i = c_u$ 이 되어 모멘트 평형 (식 12.83c) 에 대한 안전율 η 는 다음과 같다.

$$\eta = \frac{r\sum c_u\, l_i}{r\sum G_i \sin\theta_i} \tag{12.88}$$

여기에서 G 는 원형활동 파괴체의 자중이며, 단일 파괴체에서는 안전율이 측면력 작용 방향 δ_i 에 무관한 것을 알 수가 있다. 모멘트평형에 대한 안전율 η 는 식 (12.83c) 에서 δ = const 로 하면 다음과 같다.

$$\eta = \frac{r\sum \dfrac{c_u l_i}{\cos(\theta_i - \delta)}}{r\sum \dfrac{G_i \sin\theta_i}{\cos(\theta_i - \delta)}} \tag{12.89}$$

여기서 안전율 η 는 δ 의 함수이므로 이 식에 의한 해는 정역학적 정해에서 벗어나기 때문에 n 이 무한히 큰 경우 (즉, $n \to \infty$) 에는 허용되지 않는 것을 알 수 있다.

12.6.3 블록 파괴법

사면은 경계조건에 따라서 몇 개 블록으로 나뉘어 활동파괴 될 수 있다. 따라서 계산이 복잡한 절편법을 적용하지 않고도 각각의 블록에 대해 힘의 평형식을 적용하여 간단하게 사면의 안전율을 구할 수 있다.

블록파괴법(block failure mechanism)은 단순한 형태의 파괴요소법이며 활동파괴체를 경계면이 연직인 3~5 개의 블록(파괴요소)으로 나누고, 토압의 합력은 경계면 바닥으로부터 1/3 높이에 작용한다고 가정하여 각 블록의 평형으로부터 안전율을 계산한다.

그림 12.39 는 3 개 블록을 적용한 블록파괴법의 보기이며 다음의 순서에 따라 안전율을 구한다. 블록의 개수가 더 많은 경우에도 **블록파괴법의 적용순서**는 차이가 없다.

① 운동학적으로 적합한 파괴메커니즘을 선택한다.
② 활동저항력 Q_i 의 크기와 방향을 구한다.
③ 첫번째 블록 1의 평형을 적용하여 힘의 다각형을 그린다.
④ 블록 2 와 블록 3 의 자중 G_2, G_3 를 구하여 힘의 다각형에 표시한다.
⑤ 블록 3 의 평형식을 적용한다.
⑥ 크기와 방향을 알고 있는 점착력 C_2 와 바닥면의 간극 수압 U_2 를 표시한다.
⑦ 활동 저항력 Q_2 의 작용 방향을 적용하여 평형에 필요한 힘 ΔT 를 구한다.
⑧ 필요한 경우에는 앵커 등을 설치하여 전체적인 힘의 다각형을 완성한다.

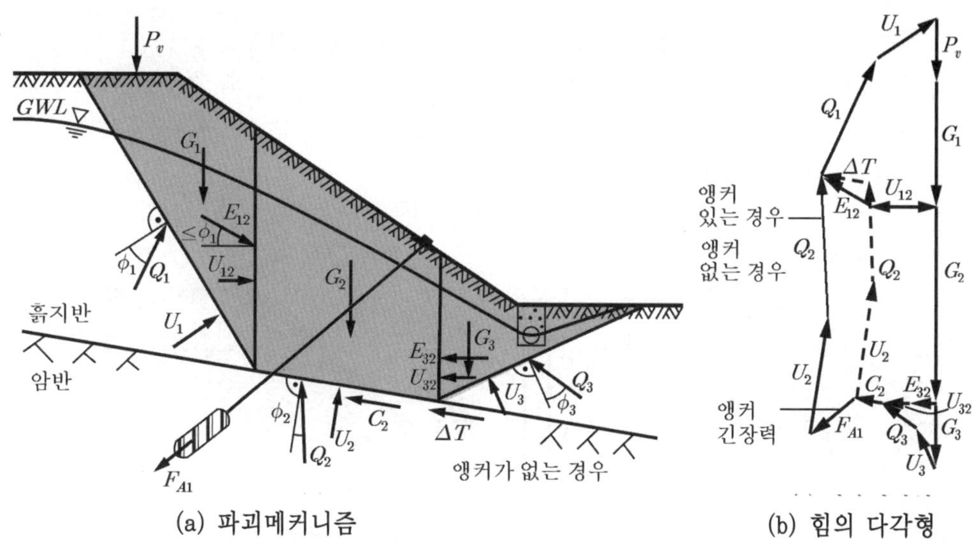

(a) 파괴메커니즘 (b) 힘의 다각형

그림 12.39 블록 파괴법을 이용한 사면안정해석 및 추가요소 앵커력 ΔT 검토

12.7 사면에서의 물

균질한 사면이 완전히 포화되거나 완전히 건조되었을 때에는 안전율이 같다. 사면 내 지하수는 사면 내와 외부의 자유수면의 상대수위에 따라 수압이 활동력으로 작용할 수도 있다. 사면 내에 지하수가 있을 때는 **사면외부와 수위가 같으면** (12.7.1 절) 수압이 활동력으로 작용하지 않으나 **사면외부 수위가 내부 보다 낮으면** (12.7.2 절) 수압이 활동력으로 작용하여 안전율이 저하된다. 사면의 하부지층에 있는 **지하수가 피압상태** (12.7.3 절) 일 때에는 활동파괴면의 불투수층통과여부에 따라 안전율이 달라진다.

12.7.1 사면 내 · 외부의 수위가 같은 경우

사면내 지하수위와 외부의 자유수면의 수위가 같으면 (그림 12.40), 수압이 활동력으로 작용하지 않으므로 사면의 안전율이 저하되지 않으며 지하수면의 위와 아래 지반에 대해 단지 단위중량을 다르게 적용하여 절편법으로 안정해석하면 된다.

이런 조건에서 절편법을 적용하여 사면 안정을 해석할 때는 절편력을 수압까지 포함한 전하중 즉, 『**전중량+경계면수압+경계면의 유효응력**』에 대한 평형조건을 수립한다.

이때 외부의 물은 다음의 방법으로 절편에 포함시켜서 계산하며 절편법의 특성상 물을 고려하기에 가장 편한 방법을 선택해서 적용한다. Fellenius 방법과 Bishop 의 방법에서는 ① 의 방법이 간편하다.

① 원호 활동파괴원을 외부수위까지 연장하고 외부 물을 $\gamma = \gamma_w$, $c = \phi = 0$ 인 흙으로 간주하고 절편으로 분할하여 절편법을 적용한다 (그림 12.42a).

② 활동파괴체의 상부에 있는 물을 $\gamma = \gamma_w$, $c = \phi = 0$ 인 흙으로 간주하여 절편으로 분할하고 사면 선단부 첫번째 절편에 작용하는 수압에 의한 모멘트를 구하여 저항 모멘트에 추가 시킨다 (그림 12.42b).

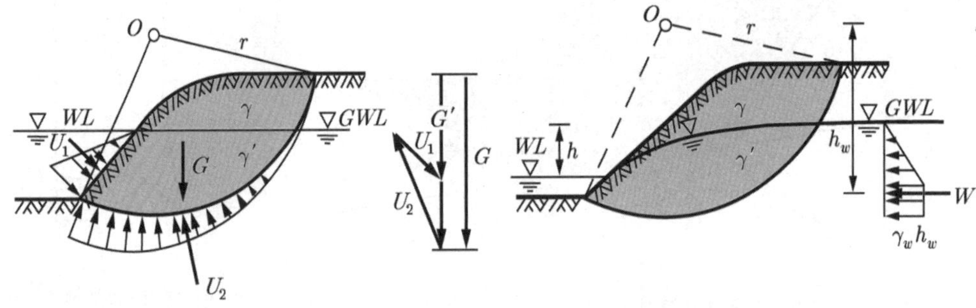

그림 12.40 사면 내·외부수위가 같은 경우 **그림 12.41** 외부가 내부보다 수위가 낮은 경우

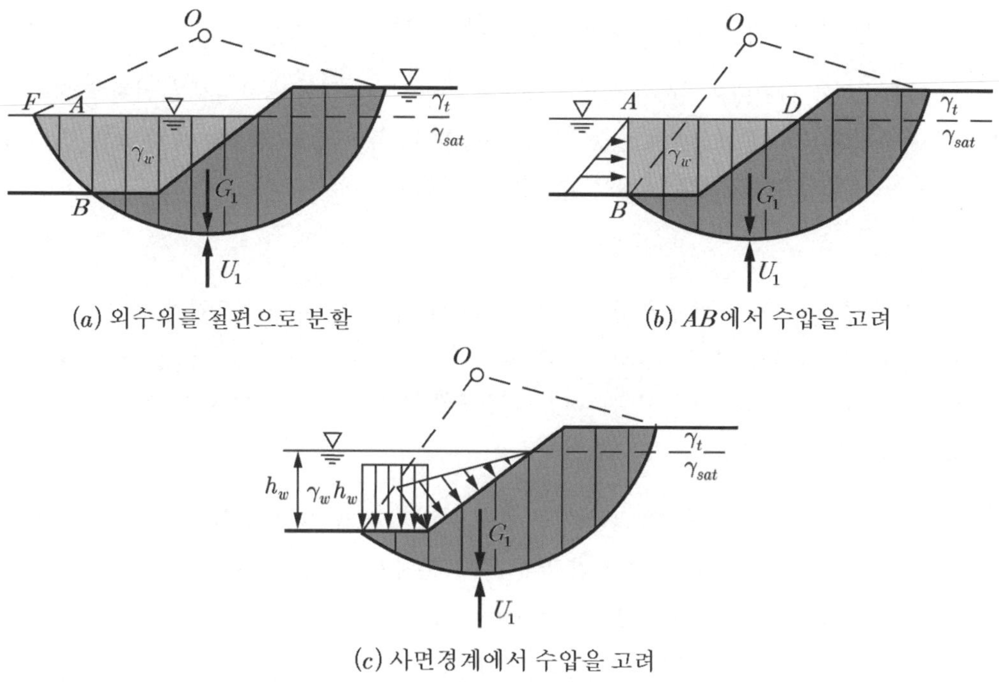

(a) 외수위를 절편으로 분할

(b) AB에서 수압을 고려

(c) 사면경계에서 수압을 고려

그림 12.42 수중사면의 안정해석(전중량 개념)

③ 수중의 경계부에 작용하는 수압에 의한 저항모멘트를 따로 구하여 저항모멘트에 추가 시킨다(그림 12.42c).

그 밖에 **『유효중량+침투수력+경계면의 유효응력』** 에 대한 평형식을 수립하여 그림 12.43과 같이 절편법을 적용하는 경우도 있으나, $\phi = 0$ **해석법**(**전응력 해석법**)에서 적용할 수 없다.

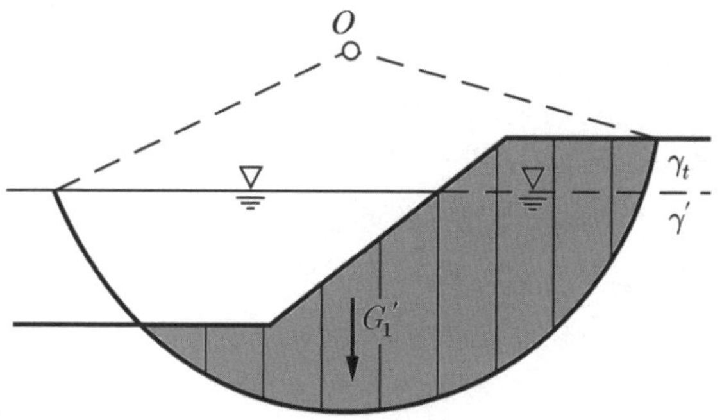

그림 12.43 수중사면의 안정해석(유효중량 개념)

12.7.2 사면 외부의 수위가 내부보다 낮은 경우

사면외부 수위가 사면내부 지하수위보다 낮으면, 지하수가 일정한 동수경사를 가지고 사면의 밖으로 유출되고 침투력이 사면에 활동력으로 작용한다. 특히 댐을 방류할 때와 같이 사면의 외부에서 수위가 급격히 강하되는 경우에는 침투력에 의한 영향이 크다.

1) 침투력

투수성이 중간정도인 지반에서 갑자기 비가 오거나 사면선단 수위가 강하될 때 투수계수가 수위강하속도나 강우속도보다 작으면 사면 내의 지하수위가 외부보다 더 높아서 (그림 12.41) 지하수가 사면의 외부로 유출되면서 사면에 **침투력 F** (seepage force) 가 작용하여 사면이 불안정해진다 (그림 12.44).

침투력은 활동력으로 작용하며 그 크기는 토체 부피 V와 동수경사 i 및 물의 단위중량 γ_w 로부터 $F = Vi\gamma_w$ 이며, 지하수에 잠긴 부분 물의 무게 G_w 와 활동면에 작용하는 수압 합력 U 가 교차하는 점에서 침윤선의 할선에 평행하게 작용한다 (Franke, 1974).

활동저항 모멘트 rT 는 변하지 않고 그대로이지만 활동모멘트 (식 12.18 의 분모) 는 침투력에 의해 M_{SdF} 만큼 증가된다.

$$\eta = \frac{\Sigma R_M}{\Sigma S_M} = \frac{r\,\Sigma T_i}{r\,\Sigma G_i \sin\theta_i + \Sigma M_{SdF}}$$

$$M_{SdF} = Fa = i\gamma_w V a \qquad (12.90)$$

따라서 침투력을 정확히 고려하기 위해서는 원칙적으로 유선망으로부터 동수경사를 구해서 적용해야 한다. 그러나 그 과정이 복잡하기 때문에 간략하거나 근사적으로 침투력을 고려할 수 있는 여러 가지 방법들이 제시되어 있다.

2) 간략 해법

침투력에 의한 활동모멘트 증가효과는 그림 12.41 과 같이 사면내부와 외부의 수위차 h 에 의한 정수압 W 를 활동 파괴체의 경계에 작용하는 외력으로 간주할 수 있다. **정수압에 의한 활동모멘트** $M_{SdF} = Wh_w$ 를 식 (12.18) 의 활동모멘트 항에 추가시켜 계산하면 간편하고 그 결과는 안전측에 속한다.

$$M_{SdF} = Wh_w \qquad (12.91)$$

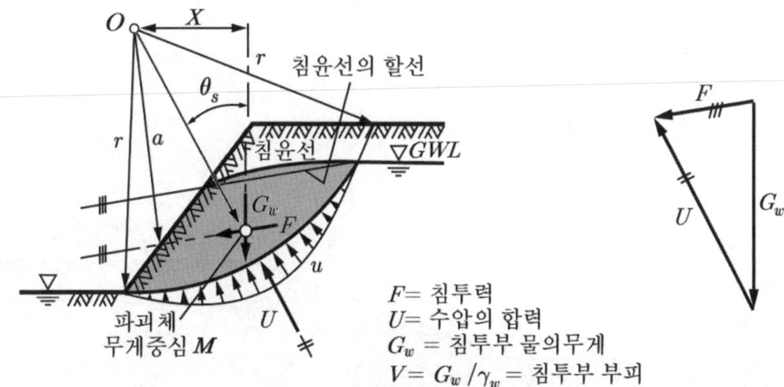

그림 12.44 침투력에 의한 활동 모멘트

3) 근사법

활동 파괴체에 작용하는 침투력의 영향은 그림 12.44 와 같이 활동 파괴체에서 지하수에 잠긴 부분 즉, 침투부분에 해당하는 물덩어리 (음영 부분) 가 사면에 대해 활동력으로 작용한다고 가정하여 고려할 수 있다 (Franke, 1974).

침투력에 의한 모멘트 Fa는 물 자중에 의한 모멘트 $G_w X$와 같다고 보고 근사해석할 수 있다. 이 개념은 침투력이 활동파괴체 침투부분의 무게중심 즉, M점을 지나고 방향각 θ_s 인 반경에 수직방향으로 작용할 경우 (침투력 작용방향이 그림 12.41 의 직선 OM에 수직) 에는 잘 맞는다. 그러나 침투력에 의한 활동파괴면상 반력이 고려되지 않으므로 근사적 방법에 지나지 않는다.

활동파괴체의 침투부분 부피는 V 이고 이 물덩어리의 자중 $G_w = V\gamma_w$ 에 의해 증가된 활동모멘트의 크기 M_{SdF}는 다음과 같다. 여기에서 X는 활동 파괴체의 회전중심 (원호활동파괴에서 원의 중심) 으로부터 침투부분에 해당하는 물덩어리 자중의 작용선까지 거리이다.

$$M_{SdF} = Fa = V\gamma_w X = G_w X \tag{12.92}$$

4) 정밀해법

침투사면에서 침투력 영향은 그림 12.45 와 같이 유선망으로부터 활동파괴체에 작용하는 침투력 F와 활동파괴면에 작용하는 수압 U를 구하여 정확히 고려할 수 있다 (그림 12.45).

침투력은 활동력으로 작용하여 식 (12.18) 의 활동모멘트가 다음의 M_{SdF} 만큼 증가된다.

$$M_{SdF} = i\gamma_w Va \tag{12.93}$$

사면의 유선망은 등수두선이 연직이 아니고 휘어 있으나, 이를 연직선이라고 가정하고 각 절편 바닥 (활동파괴면) 에서 침윤선까지 거리를 수두로 간주하여 정수압을 구할 수 있다.

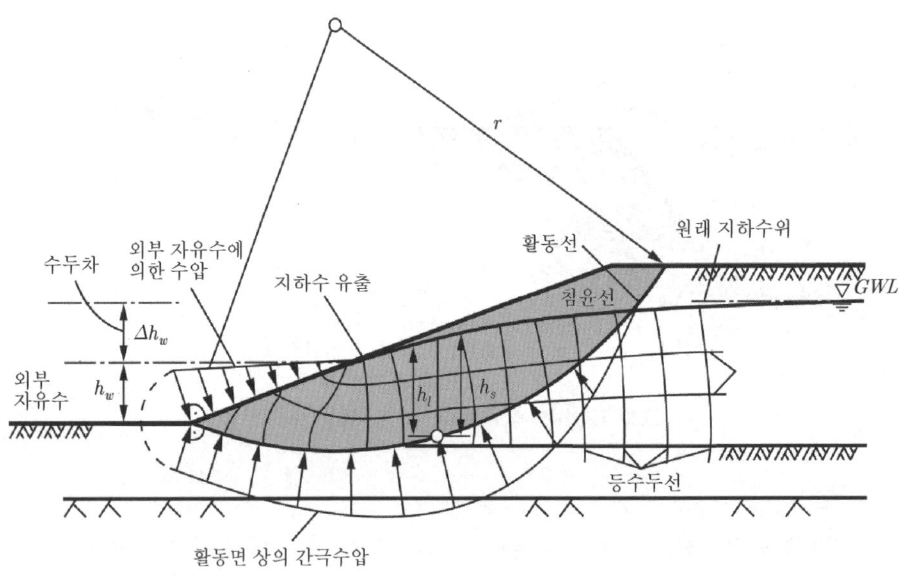

그림 12.45 침투사면의 유선망

활동파괴체 침투부분의 무게는 수중단위중량 γ_{sub} 이 아닌 포화단위중량 γ_{sat} 을 적용하여 계산한다.

$$\gamma_{sat} = \gamma_s(1-n) + n\,\gamma_w \tag{12.94}$$

12.7.3 피압수

지반내에 불투수 지층이 존재하여 그 하부지층에 있는 지하수가 피압상태일 때 (**피압수**)에는 (그림 12.46) 활동파괴면이 불투수층을 통과하는지 여부에 따라 안전율이 달라진다. 보통 불투수층에서 수압은 직선적으로 변한다고 생각한다.

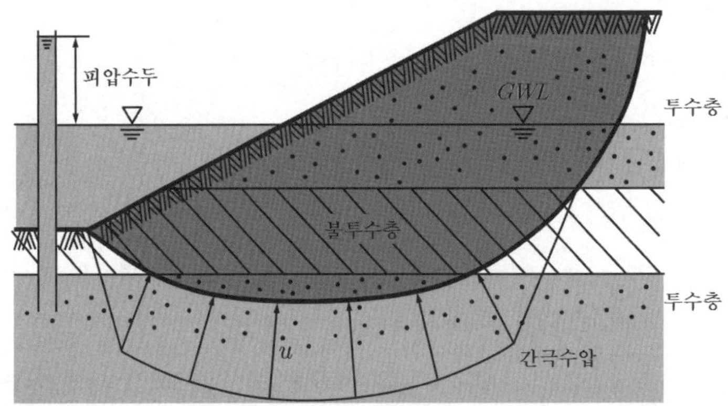

그림 12.46 피압상태의 사면

12.8 사면의 동적안정

지진이나 발파 등에 의해 지반에 동하중이 작용하면 전단파와 압력파가 발생되어 지반이 진동한다.

동하중이 작용할 때 사면의 (동적) 안정은 사면의 **동적거동 (12.8.1 절)** 에 의해 유발되는 지반의 관성력과 동하중의 시간이력을 고려하고 각 시간에 따른 응력과 변형을 동적으로 해석 (dynamic analysis) 하여 검토하거나 (**동적해석, 12.8.2 절**), 동하중을 상응하는 유사 정적하중으로 변환해서 정적초기응력에 추가하여 정적으로 해석 (pseudo-static analysis) 하여 검토한다 (**유사정적해석, 12.8.3 절**).

12.8.1 물체의 동적거동

지진이나 발파 등 동하중에 의해 전단파와 압력파가 발생되고, **전단파 (S 파)**에 의해서는 전단응력이 증가되고, 변형이 누적되어 지반강도가 **최대 강도** (peak strength) 에서 **잔류강도** (residual strength) 로 떨어진다. **압력파 (P 파)** 에 의해 **과잉간극수압**이 발생되어 유효응력이 감소되므로 강도가 저하되거나 유실 (액상화)된다. 따라서 동하중이 작용할 때에는 전단응력증가와 강도저하를 고려하여 안정성을 판단한다.

느슨하거나 중간정도 상대밀도를 갖는 비배수상태의 포화 모래지반에서는 동하중에 의해 과잉간극수압이 발생되어서 지반의 강도가 유실되어 **액상화**되기 쉽다. 사면은 국부적으로 액상화되어도 치명적 피해를 입을 수 있다. 지반의 액상화는 지반의 층상 (geological details) 과 지반의 거동특성 (soil characteristics) 과 지반조건 (site condition) 및 지반운동의 시간이력 (time history) 에 따라 달라진다.

동하중에 의해 물체가 진동할 때는 **관성력** (지진하중) 이 유발되어 변위의 반대방향으로 작용하며, 그 크기는 자중에 진도를 곱한 크기이다. 사면에 동하중이 재하되면 수평방향 및 연직방향 관성력의 합력 (**합진도**) 의 경사각도 만큼 자중이 위험방향으로 기울어서 작용하므로 사면경사가 증가된 효과를 나타내어 안전성이 저하된다.

동하중에 의해 물체가 진동할 때 진동의 강도는 **진도 k** (**진도** 또는 **지진계수**라고도 함, seismic coefficient) 로 나타내며, 진도는 최대가속도 a 의 중력가속도 g 에 대한 비로 정의한다.

진도는 **수평진도 k_h** 와 **연직진도 k_v** 로 구분하며 정의에 의해 수평방향 최대 가속도 a_h 와 연직방향 최대 가속도 a_v 로부터 다음과 같다.

$$k_h = a_h / g \tag{12.95a}$$

$$k_v = a_v / g \tag{12.95b}$$

또한 동하중에 의해 물체가 진동할 때 작용하는 **관성력**(**지진력**이라고도 함)의 크기는 자중 G에 진도 k를 곱한 크기 Gk이고 변위의 반대방향으로 작용한다. 따라서 수평면상에 있는 무게 G인 물체가 하향과 우향으로 변위할 때에 물체에 작용하는 관성력은 그림 12.47 과 같이 좌향으로 Gk_h, 상향으로 Gk_v 이다.

결국 물체에 작용하는 수평력은 좌향으로 Gk_h 이고 연직력은 하향으로 $G - Gk_v$ 이며, 그 합력 R은 다음과 같고,

$$R = G\sqrt{k_h^2 + (1-k_v)^2} \tag{12.96}$$

연직에 대해 β 만큼 기울어서 작용한다.

$$\tan\beta = \frac{Gk_h}{G - Gk_v} = \frac{k_h}{1-k_v} \tag{12.97}$$

이때에 우변을 **합진도**(resultant seismic coefficient) 라고 한다.

일반적으로 수평진도가 연직진도보다 크며, 수평진도가 $k_h < 0.3$ 이고 연직진도가 $k_v < 0.1$ 이면, 합력 R이 자중 G와 거의 같다 ($R \fallingdotseq G$), 수평진도가 $k_h = 0.3$ 이고 연직진도가 $k_v = 0.1$ 이면 합력 R의 경사각은 $\beta \fallingdotseq 18°26'$ 이다.

대체로 수평진도가 $k_h = 0.3$ 이상이고 연직진도가 $k_v = 0.1$ 이상이면 **강진**이라고 한다.

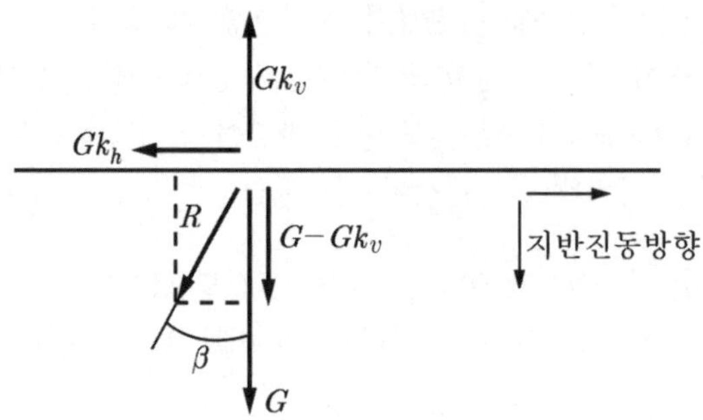

그림 12.47 구조물에 작용하는 지진력

12.8.2 사면의 동적 안정해석

1) 사면의 동적거동

사면에 동하중이 작용하면 자중 G는 연직에 대해서 β만큼 위험방향으로 기울어서 작용한다. 따라서 사면 내 임의 절편 i의 자중 G_i는 지진시에는 그림 12.48a와 같이 연직에 대해 β만큼 위험방향으로 기울어 작용하므로, 활동면에서 지진시의 수직력 N_{ie} (활동저항력)는 평상시 수직력 N_i보다 작아지고 ($N_{ie} < N_i$), 지진 시 전단력 T_{ie} (활동력)는 평상 시 전단력 T_i보다 커진다 ($T_{ie} > T_i$). 원호활동파괴에 대한 평상시 사면 안전율 η에 대한 다음 식에서

$$\eta = \frac{c\,\Sigma l_i + \tan\phi\,\Sigma N_i}{\Sigma T_i} \tag{12.98}$$

이고, 평상시의 수직력 N_i와 전단력 T_i를 지진시의 값 N_{ie}와 T_{ie}로 대체하면,

$$\eta_e = \frac{c\,\Sigma l_i + \tan\phi\,\Sigma N_{ie}}{\Sigma T_{ie}} \tag{12.99}$$

이므로, 결국 지진시에는 원호활동파괴에 대한 안전율이 작아진다 ($\eta > \eta_e$).

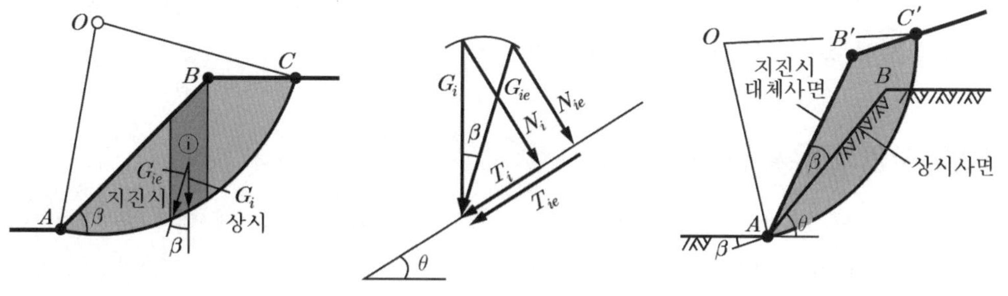

(a) 절편분할 (b) 활동면에 작용하는 힘 (c) 지진 시 대체사면

그림 12.48 지진 시 사면의 안정검토

그런데 지하수가 있는 경우에는 압력파 (P파)에 의해서 간극수압이 평상시보다 커지므로 유효응력이 작아져서 지진시 실제 안전율은 위의 안전율보다 작아진다.

지진 시에는 물체에 작용하는 힘의 합력이 평상시 연직에 대해 순간적으로 β 만큼 기울어지는데 이는 지진 시 중력방향이다. 따라서 지진시에는 사면이 위험방향으로 β 만큼 기울어진다고 생각하면 된다 (그림 12.48c).

2) 사면의 동적 안정해석

동하중이 작용할 때 사면의 (동적) 안정은 동하중에 의해서 유발되는 지반의 관성력과 동하중 시간이력을 고려하여 각 시간에 따른 응력과 변형률을 동적으로 해석 (**동적해석**, dynamic analysis) 하여 검토한다.

사면의 동적안정해석에는 **유한차분법** (Inshizaki/Hatakeyama, 1962) 보다 유한요소법 (Clough/Chopra, 1966 ; Chopra, 1966, 1967) 이 보다 더 많이 적용된다. 현장시험이나 실내시험을 수행해서 구한 동하중 물성치 (전단탄성계수 G 와 감쇄계수 D) 를 적용하고 기본 운동방정식을 이용한 유한요소 기본방정식을 도출해서 임의 지반요소 시간에 따른 가속도, 응력, 변형률 및 지반거동을 해석한다.

이때 설계가속도와 동하중에 의해 유발된 응력 및 변형률을 고려한 동적 강도정수를 적용하므로 복잡한 지진특성과 지반의 동적거동특성을 비교적 적절하게 고려할 수 있다. 또한 복잡한 사면형상과 지반조건을 고려할 수 있고, 각 요소 거동으로부터 소성영역이나 액상화 영역을 예측할 수 있다. 그러나 계산과정이 복잡하여 많은 시간이 소요되고 동적거동특성을 나타내기 위한 지반계수를 얻기가 용이하지 않아서 주로 연구목적 타당성의 검토 등에 이용되고 있다.

규모가 크고 중요한 구조물은 작용하는 동하중의 특성과 지반구조물의 동적거동특성을 고려하기 위해 동적으로 안정해석해야 한다.

12.8.3 사면의 유사 정적 안정해석

동하중에 의해서 지반이 진동할 때에는 그 가속도 성분에 의해 지반에 매우 큰 관성력이 유발되지만 대개 짧은 시간만 작용하고 그 작용방향이 수시로 변하므로 실제의 변형이 매우 작게 발생된다. 따라서 동하중 시간이력을 무시하고 크기만 고려하여 동하중을 상응한 유사 정적하중으로 대체하여 해석할 수 있다. 즉, 진도 k 를 정한 후 동하중에 의한 가속도 kg 에 의해 무게 G 인 지반에 발생하는 지진력 (관성력) $S = Gk$ 를 산정하여 (유사) 정적 하중으로 간주하고, 이를 초기 정적하중에 추가해서 한계평형해석법에 기초한 정적사면 안정해석법을 적용하여 동적하중에 대한 안전율을 구할 수 있다.

동하중에 의해서 과잉간극수압이 발생되지 않는 지반에서는 배수상태의 잔류강도를 적용하고, 동하중 작용빈도에 비해서 상대적으로 투수계수가 작은 지반에서는 과잉 간극수압이 작용하므로 이를 고려한다.

연약 점토에서는 전응력 해석법을 적용해서 동하중에 의한 비배수 전단강도 감소효과만을 고려하여 해석할 수가 있다. 그 밖의 지반에서는 문제가 매우 복잡하므로 전응력 해석법을 단순화하여 적용한다.

동하중을 **유사 정적해석** (pseudo-static analysis) 하면 지반재료의 동적 거동특성을 고려하지 못하고 전체 안전율만 산정하므로 국부적 응력 및 변형률의 변화를 알 수 없지만, 계산 과정이 간단하고 경제적이며 비교적 잘 알려진 물성치를 적용하므로 실무에 자주 이용된다.

유사 정적해석할 때는 다음의 내용에 따라서 안전율의 차이가 크며, 이 차이는 진도 (지진계수) 의 결정방법에서 오는 안전율 차이보다 크다. 따라서 안전율에만 의존하지 말고 경험을 바탕으로 안전성을 판단해야한다.

- 실험방법에 따른 전단강도 차이 (배수/비배수 시험, 삼축/평면변형율 시험, 등방/비등방압밀 시험)
- 파괴기준
- 한계평형해석법 (측면력 고려방법)
- 각절편에서 관성력의 작용위치 (도심/절편저면 등)
- 각 절편저면의 유효수직응력산정시 관성력의 고려여부
- 가상파괴면의 가정 (동적해석과 동일 또는 별도의 파괴면)

1) 진도 (지진계수) k 의 결정

사면의 동적안정을 유사정적안정해석법으로 판정할 때는 동하중 효과를 나타내는 **진도 k** 의 결정과 동하중에 의한 지반 내 응력 및 변형을 고려한 지반의 **강도 산정**이 가장 중요 하며, 적용방법에 따라 안전율의 차이가 크다. 진도 k 는 가상 파괴면이 작을수록 크고, 성토지반에서는 상부 요소일수록 크며, 전단파 속도가 클수록 크고 성토고가 클수록 감소한다.

진도 k 는 **경험**이나 동하중의 **최대가속도**나 **동적해석** 또는 **유한요소해석**하여 결정한다.

(1) 경험적으로 결정

진도 k 는 기존 사면의 동하중에 대한 실제 거동사례를 토대로 경험적으로 결정 (미국 0.1~0.15, 일본 0.15~0.25) 할 수 있고, 이 값들을 적용하면 대개 결과가 안전측이다.

(2) 실제동하중의 최대가속도로부터 결정

지반을 강체로 가정하고 동하중 최대가속도를 기준으로 진도 k 를 정할 수 있다. 그러나 지반이 강체가 아니고 동하중에 의한 관성력은 작용시간이 짧기 때문에 이 방법으로 구한 진도를 적용하면 매우 보수적인 결과가 구해진다.

(3) **동적해석방법**

지반이 무한히 얇은 수평요소로 구성되고 점탄성거동하며 지반운동은 저면에 균등하게 분포한다고 가정하고, 전단스프링과 점성을 가진 감쇄기구로 각 지반요소를 모델링하고 각 깊이별로 진도 k를 구한다. 각 변형형태와 이에 상응한 가속도성분은 동적해석하여 결정하며, 각 변형형태별로 진도를 구하고 그 중 최대치를 택하거나, 각 변형형태별 최대치의 합의 제곱근을 택한다. 이를 바탕으로 절편의 관성력을 계산할 수 있다 (Seed/Martin, 1966).

(4) **유한요소법 적용**

동하중에 의해 임의 시간 t에서 발생되는 요소경계의 수직응력과 전단응력으로부터 각 요소의 수평 및 연직 관성력 $F_h(t)$와 $F_v(t)$를 구하고 이를 자중 G로 나누어 **수평진도 $k_h(t)$**와 **연직진도 $k_v(t)$**를 구하는 방법이다. 이를 위해서는 사면 내 임의의 지반요소에서 응력변화에 대한 시간이력이 필요하다.

$$k_h(t) = F_h(t)/G$$
$$k_v(t) = F_v(t)/G \tag{12.100}$$

2) 유사정적해석법의 파생

유사정적해석법은 적용하기 쉽고 비교적 잘 알려진 물성치를 사용하므로 널리 이용되고 있으나 여러 가지로 오차요인이 있기 때문에 실제에 근접한 결과를 얻기 위하여 여러 가지 방법이 파생되어 있다.

동하중에 의하여 발생되는 과잉간극수압은 예측이 어렵다. Seed (1966)는 초기수직응력 -파괴 시 전단응력관계로부터 구한 파괴기준과 최대관성력을 적용하여 전응력으로 한계평형 해석하여 초기응력상태, 주응력의 변화 및 회전, 동하중에 의한 강도감소, 지진 시 비배수 조건을 고려한 안전율과 성토사면의 변위추정도 가능한 유사 정적해석법을 제안하였으나, 방법자체의 있는 한계성 때문에 작은 규모의 흙댐이나 성토사면에만 적용할 수 있다.

Newmark (1965)은 동하중에 의한 관성력이 지반 전단강도와 같아져서 사면의 안전율이 1이 (파괴) 될 때의 진도 k_1을 파괴유형별 (원호파괴, 수평이동파괴, 평면파괴)로 구하여 동적 지반운동을 포함시킨 유사 정적법을 제안하였다. 따라서 가상의 파괴면에 대해 진도 k'를 가정하고 상응되는 안전율 η'를 산정하면 이들로부터 k_1이 구해지고, 이를 이용하여 변위를 산정할 수 있다. 지진하중이 가해지기 전에 이미 안전율이 1에 근접한 사면에서는 결과가 다소 부정확하다. **Newmark 방법**은 건조한 비점성토 사면의 지진시 변위예측에는 성공적이었으나 과잉간극수압이 유발되는 지반에서는 적용하기가 어렵다.

12.9 사면의 3 차원 거동

실제현장에서 발생하는 사면파괴는 3 차원 형태를 보이는 경우가 많이 있지만, 파괴체의 길이가 길면 대개 2 차원 모델을 적용하여 보수적으로 안전율을 산정한다.

사면의 3 차원 파괴거동 (12.9.1 절) 은 2 차원 절편법을 확장한 **3 차원 절편법** (12.9.2 절) 이나 **3 차원 단일파괴체법** (12.9.3 절) 을 적용하여 해석한다.

12.9.1 사면의 3 차원 파괴거동

사면의 3 차원 해석은 1970 년대부터 시도되었고 (Baligh/Azzouz,1975, Hovland, 1977), 최근 Koerner/Soong (1998), Mitchell (1993), Stark/Eid (1997) 등에 의해 더욱 발전하였다.

사면의 3 차원 거동은 6 개의 평형식과 Mohr-Coulomb 파괴조건식을 적용하여 해석하며, Duncan (1996), Stark/Eid (1997) 등에 의해서 바탕이 마련되었다. 3 차원 사면안정해석을 위해 몇 가지 해석프로그램이 개발되어 있으나 상용화되어 있는 것은 많지 않다.

사면의 3 차원 해석은 2 차원에 비하여 다음과 같은 특징이 있다.

- 3 차원 해석에서 구한 안전율은 2 차원 해석으로 구한 안전율보다 항상 크다.
- 3 차원으로 역해석하면 작은 강도가 산출된다.
- 3 차원 효과는 $c > 0$ 지반에서 두드러지며, $c = 0$ 지반에서는 3 차원 효과가 적다.
- 3 차원 해석에 적용할 수 있는 3 차원 파괴면은 현장에서 구하기가 어렵다.
- 3 차원 지반모델을 개발하고 프로그래밍하기가 어렵다.

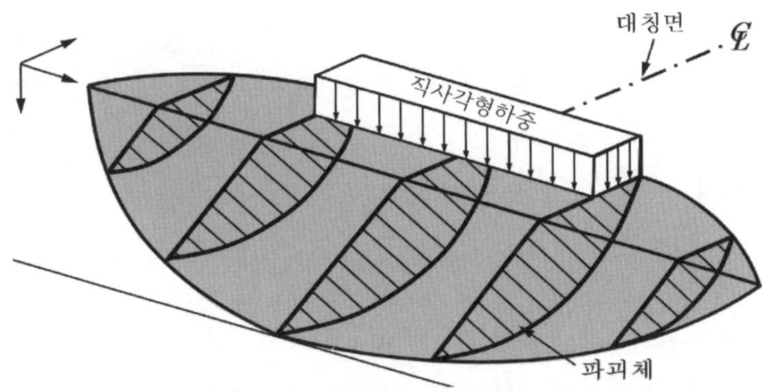

그림 12.49 한정된 면적의 하중에 의한 사면의 3 차원 파괴

3 차원 해석에서는 파괴면을 선정하는 일이 가장 어렵다. 2 차원 절편들은 하향으로 활동하므로 경계면 상대적 운동이 단순하지만, 3 차원 절편 (기둥) 들은 상대적 운동이 매우 복잡하므로 운동학 (Kinematics) 을 고려해서 해석할 필요가 있다. **3D-KEM** (3-Dimensional Kinematical Element Method) 은 힘과 모멘트의 평형 (statics) 과 운동특성 (Kinematics) 을 고려할 수 있어서 사면안정해석의 세대교체를 선도할 것으로 기대된다.

사면위 한정된 면적에 큰 하중이 작용하거나 (그림 12.49), 사면내 지반의 특성 (특히 강도) 이 국부적으로 다르거나 굴착사면의 길이가 길지 않을 때에는 구조물이나 굴착공간의 측면지지 효과 때문에 3 차원 곡면 활동파괴면이 형성되어 사면의 길이방향으로 단면크기가 다른 3차원 파괴체가 형성된다. 이런 경우에는 많은 연구가 진행되어 표나 그래프가 제시되어 있다.

12.9.2 3 차원 절편법

3 차원 절편법은 2 차원 절편법을 확장하여 고안되었으며 3 차원 곡면활동면을 바닥으로 하는 3 차원 절편 (기둥요소) 에 대해 6개의 평형식 (힘의 평형식 3, 모멘트 평형식 3) 을 적용하여 해석한다 (Hovland, 1977, Dennhardt, 1986). 3 차원 절편은 두 가지 즉, 사면주향에 수직한 것과 사면주향에 평행인 형태를 생각할 수 있고, 두 경우 모두 절편 바닥면의 수직응력분포를 가정해야 한다. 파괴체 형상이 단순하면 더 이상의 가정을 추가하지 않고 평형조건을 충족시킬 수 있다.

파괴체가 대칭이면 충족시켜야할 평형조건이 6 개 ($\Sigma X = 0, \Sigma Y = 0, \Sigma Z = 0, \Sigma M_x = 0,$ $\Sigma M_y = 0, \Sigma M_z = 0$) 에서 다음 3 가지로 감소되므로 미지수가 3 개인 경우에는 안정해석이 가능하다.

- x, z 방향 힘의 평형 ($\Sigma X = 0,\ \Sigma Z = 0$)
- y 축 중심 모멘트 평형 ($\Sigma M_y = 0$)

이 때에 미지수는 안전율 η 와 활동면상의 수직응력 σ 의 분포이므로 수직응력의 분포를 다음과 같이 가정하면, 미지수가 안전율 η, k_1, k_2 로 3 개가 되어서 위의 3 개의 평형식을 적용하여 풀 수 있다.

$$\sigma = k_1 f(\eta,\, k_1,\, k_2) \tag{12.101}$$

여기서 함수 f 는 실제사면에 적합해야 하며 활동면을 회전면으로 하여 최소안전율 $\eta_{\min}$ 을 구할 수 있다. 균질한 지반에서는 그림 12.50 의 파괴체를 적용해도 무리가 없다.

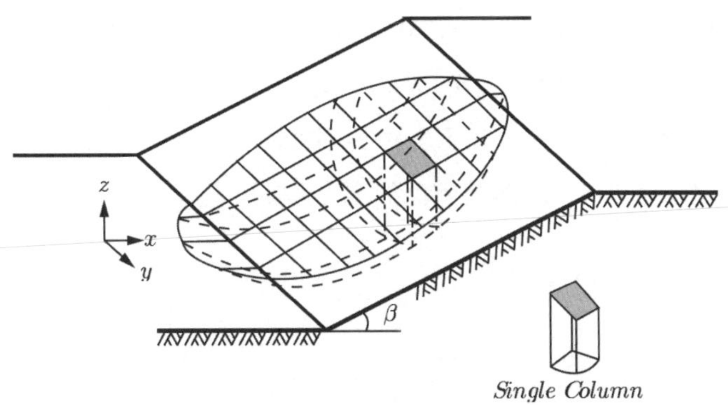

그림 12.50 사면의 3 차원 파괴와 절편

12.9.3 3 차원 단일 파괴체법

사면의 3 차원 안정해석을 위해 그림 12.51 과 같이 여러 형태의 3 차원 단일 파괴체를 생각할 수 있다. 중앙은 실린더이고 양 측면은 원뿔(그림 12.51c) 과 곡선 뿔(그림 12.51d) 로 이루어진 단일 파괴체를 가정하는 경우에는 연직방향 힘의 평형식과 모멘트 평형식을 적용하여 안전율을 계산할 수 있다.

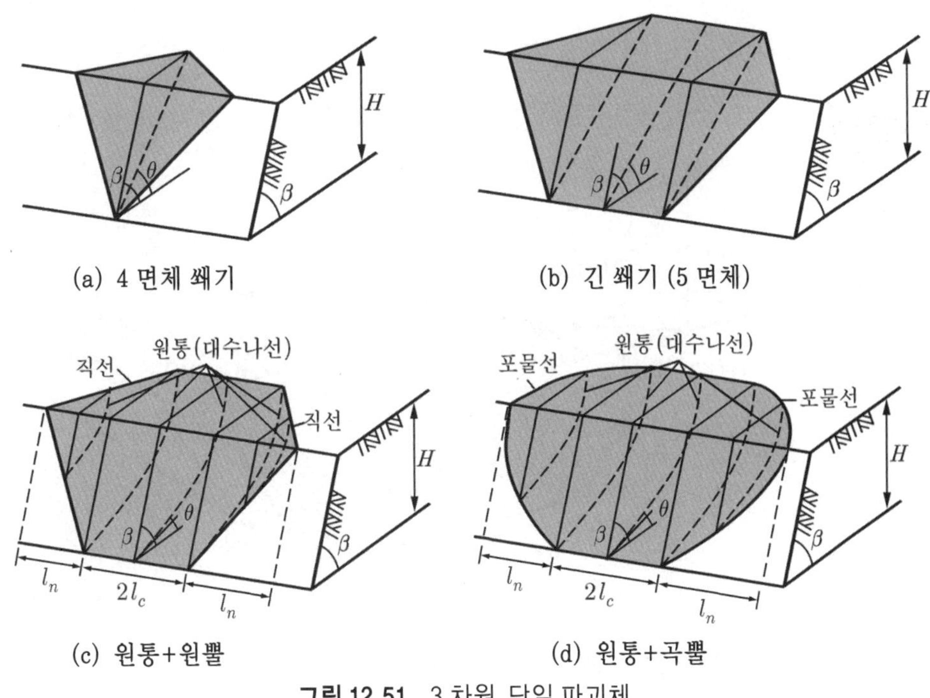

그림 12.51 3 차원 단일 파괴체

3차원 단일 파괴체 (Baligh/Azzouz, 1975) 가 중앙은 길이 $2l_c$ 인 원통이며, 양단은 길이 l_n 인 원뿔이고 서로 회전축이 일치할 경우 (그림 12.52) 에는 하나의 모멘트 평형식을 적용할 수 있기 때문에 평면변형률조건으로 보고 활동면이 원호인 2 차원 단일 파괴체에 대한 Fröhlich (그림 12.53) 식을 적용하여 저항모멘트 R_M 과 활동모멘트 S_M 의 비로부터 안전율을 구할 수 있다.

$$\eta = \frac{R_M}{S_M} = \frac{R_\phi r_\phi + C r_c}{R\,a} = \frac{\frac{1}{2} R\, r \tan\phi' \cos\bar{\delta} \left(1 + \frac{a}{\sin\alpha}\right) + 2c' a\, r^2}{R\,a} \tag{12.102}$$

단, R_ϕ 는 마찰저항력, r_ϕ 는 팔의 길이, C 는 점착력, r_c 는 팔의 길이이다.

$$R_\phi = R \tan\phi' \cos\bar{\delta}$$

$$\mathrm{C} = 2c' r \sin\alpha$$

$$r_c = r \frac{a}{\sin\alpha}$$

$$r_\phi = \frac{1}{2}(r + r_c) = \frac{1}{2} r \left(1 + \frac{a}{\sin\alpha}\right) \tag{12.103}$$

그런데 3 차원 단일 파괴체에서는 R. r, a, $\bar{\delta}$, α 가 사면의 주향 방향으로 단면에 따라서 (좌표 x 에 따라) 변하므로 좌표 x 의 함수이다.

$$R = R(x),\ r = r(x),\ a = a(x),\ \bar{\delta} = \bar{\delta}(x),\ \alpha = \alpha(x) \tag{12.104}$$

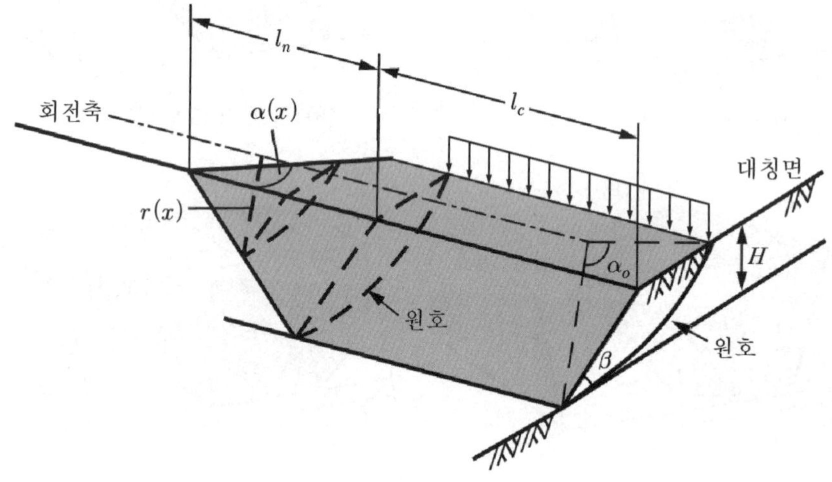

그림 12.52 3 차원 단일파괴체 (Baligh / Azzouz, 1975)

따라서 활동모멘트 $S_M(x)$ 과 저항모멘트 $R_M(x)$ 을 적분하여 안전율을 계산할 수 있다.

$$\eta = \frac{\int_{-l_n}^{l_c} R_M(x)}{\int_{-l_n}^{l_c} S_M(x)} = \frac{\frac{1}{2} tan\phi' \int_{-l_n}^{l_c} Rr\cos\bar{\delta}\left(1+\frac{a}{\sin\alpha}\right)dx + \frac{a}{\int_{-l_n}^{l_c}} a\,r^2\,dx}{\int_{-l_n}^{l_c} R\,a\,dx} \tag{12.105}$$

이 식에서는 파괴체 양단(원뿔)의 x 축에 대한 활동면의 경사를 무시했으나, 그 결과는 안전측인 **하한계** (lower bound) 에 속한다. 회전중심축의 위치 외에도, 실린더의 반경 r_0 와 양측원뿔의 길이 l_n 을 변화시켜서 최소 안전율 $\eta_{\min}$ 을 찾아낼 수 있다. 이러한 방법으로 Baligh, Azzouz, Ladd 등은 한정된 길이의 띠하중에 의한 점성토 사면의 안정을 연구하였다.

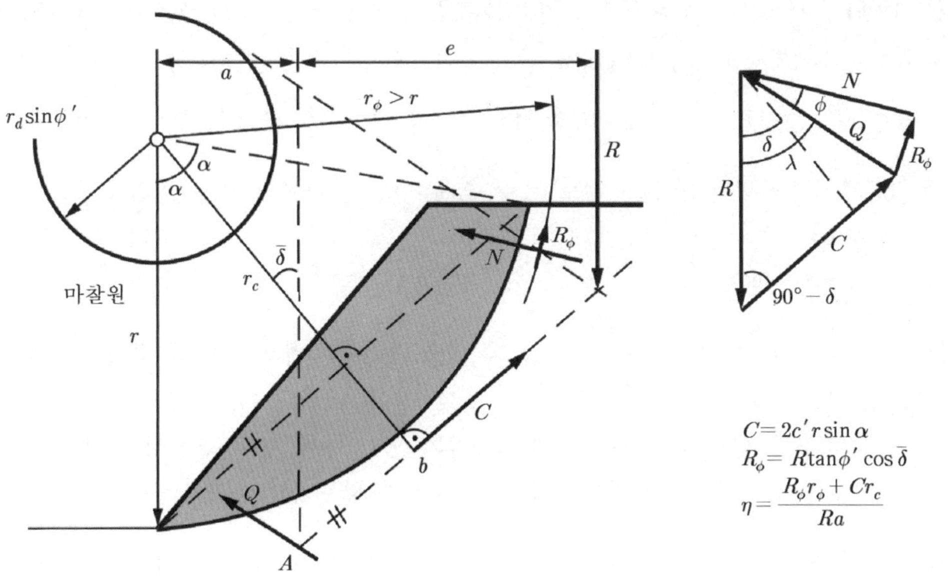

그림 12.53 Fröhlich 의 사면안정해석 (원호 활동파괴)

◈ 연 습 문 제 ◈

【문 12.1】 사면에서 안전율의 개념을 설명하시오.

【문 12.2】 지반에서 침투력을 알 수 있는 방안을 제시하시오.

【문 12.3】 사면파괴 형상의 종류를 지반조건과 결부시켜서 설명하시오.

【문 12.4】 절편법에서 미지수와 식의 개수를 확인하시오.

【문 12.5】 사면안정을 해석할 때에 절편법 적용방법을 설명하시오.

【문 12.6】 Bishop 의 간편법으로 사면안정해석하는 방법을 설명하시오.

【문 12.7】 Fellenius 의 방법으로 사면안정해석하는 방법을 설명하시오.

【문 12.8】 두께 $d_1 = 3m$ 인 포화된 NC 점토지반의 점착력 $c_{u1} = 30\ kPa$ 이다. 그 하부에 두께 $d_2 = 13.8\ m$, $c_{u2} = 15\ kPa$ 인 지층이 있다. 초기안전율이 $\eta_c = 1.5$ 일 때에 $\phi = 30^o$, $\gamma = 17\ \mathrm{kN/m^3}$ 인 지반을 각도 $\beta = 30^o$ 로 성토할 수 있는 높이를 구하시오.

【문 12.9】 직립사면의 안정을 검토할 수 있는 방안을 다음의 내용을 바탕으로 제시하시오.

① 평면활동면으로 간주 ② Fellenius 곡면으로 간주

【문 12.10】 무한사면의 안정을 유지할 수 있도록 다음 경우에 대해 각각 안전유지 조건을 제시하시오.

① 침투류가 없는 비점착성흙 ② 침투류가 있는 경우 ③ 침윤선이 지표와 일치 ④ 침윤선이 지표아래에 있는 경우 ⑤ 침투류가 없는 점착성 흙

【문 12.11】 높이 6.0 m, 경사 45° 인 사면의 안전율을 구하시오. (단, 지반의 습윤단위중량 $\gamma_t = 18\ \mathrm{kN/m^3}$, $c = 20\ kPa$, $\phi = 20^o$이다.)

① 평면파괴면 ② 원호파괴면

【문 12.12】 사면에서 지반의 전단강도를 저하시키는 요인을 조사하고 이를 방지하기 위한 검토방안을 제시하시오.

참고문헌

◈ 공 통 ◈

Arndts W.E.(1985) Theorie und Praxis der Grundwasserabsenkung. Ernst & Sohn

Atkinson J.(1993) An introduction to the mechanics of soils and foundations,

Bowles J.E.(1977) Foundation analysis and design. New York, McGraw-Hill.

Caquot A./Kerisel J.(1966) Grundlagen der Bodenmechanik. Berlin, Springer.

Cernica J.N.(1995) Soil mechanics . John Wiley & Sons

Craig R.F.(1990) Soil mechanics. 4th ed. Chapmen & Hall

Das B.M.(1983) Advanced soil mechanics. McGraw-Hill.

Das B.M.(1991) Principals of geotechnical engineering. McGraw-Hill

DIN-Taschenbuch (1991) Erkundung und Untersuchung des Bagrundes. Beuth.

DIN Taschenbuch 75(1996) Erdarbeiten, Verbauarbeiten Rammarbeiten, Einpressarbeiten, Nassbaggerarbeiten Untertagebauarbeiten, Beuth.

D.M-7.1(1982) Soil Mechanics.

EAB(1988) Empfehlungen des Arbeitskreises "Baugruben" Ernst & Sohn

EAU(2004) Empfehlungen des Arbeitsausschusses "Ufereinfassungen". Ernst & Sohn.

Förster W.(1996) Mechanische Eigenschaften der Lockergesteine. Beuth.

Fredlund D.G./Rahardjo M.(1973). Soil mechanics for unsaturated soils. John Wiley & Sons.

Gudehus G. (1981) Bodenmechanik, Enke Verlag, Stuttgart

Gunn B.(1987) Critical State Soil Mechanics via Finite Element, John Wiley &Sons

Hansen B./Lundgren J.H.(1960) Hauptprobleme der Bodenmechanik. Springer Verlag.

Harr M.E.(1966) Fundamentals of Theoretical Soil Mechanics, McGraw-Hill. New York.

Holtz J.D./Kovacs W.D.(1981) An Introduction to Geotechnical Engineering. Prentice Hall

Jumikis (1965) Theoretical Soil Mechanics. Van Nostrand Reinhold.

Kezdi A.(1964) Bodenmechanik. Berlin, Verlag für Bauwesen.

Krynine D.P.(1947) Soil Mechanics it's Principles and Structural Applications.

Lambe T.W./Whitman R.V.(1982) Soil Mechanics. SI Version, John Wiley & Sons

Lang H.J./Huder J.(1990) Bodenmechanik und Grundbau, Springer Verlag

Mitchell J.K.(1976) Fundamentals of Soil Behavior. New York, John Wiley & Sons.

Ortigao J.A.R(1993) Soil Mechanics in the Light of Critical State Theories, Balkema

Peck R.R./Hansen W.E./Thornburn T.H.(1974) Foundation Engineering, 2nd.ed. Wiley

Perloff W.H./Baron W.(1976) Soil Mechanics Principles and Applications John Wiley& Sons.

Poulos H.G./Davis E.H.(1974) Elastic Solutions for Soil and Rock Mechanics. Wiley

Powers K.(1972) Advanced Soil Physics. John Wiley & Sons.

Powrie W.(1997) Soil Mechanics Concepts and Applications. Champman & Hall

Schmidt H.H.(1996) Grundlagen der Geotechnik, Teubner, Stuttgart

Schultze E./Muhs H.(1967) Bodenuntersuchungen für Ingenieurbauten, 2. Aufl., Springer

Schultze U.E./Simmer K.(1978) Grundbau. Stuttgart, Teubner.

Scott R.F.(1963) Principles of Soil Mechanics. Palo Alto : Addison-Wesley

Simmer K.(1994) Grandbau, Bodenmechanik und Erdstatische Berechnungen. Verlag. Beuth

Smoltczyk U.(1982) Grundbau Taschenbuch 3.Auf. Teil 1.2.3. Ernst & Sohn.

Smoltczyk U.(1993) Bodenmechanik und Grundbau, Verlag. Paul Daver GmbH, Stuttgart

Sokolowski V.V.(1960) Statics of Soil Media, Butterworth, London

Striegler W.(1979) Baugrundlehre für Ingenieure, Werner Verlag.

Tayor D.W.(1956) Fundementals of Soil Mechanics. John Wiley & Sons.

Terzaghi K.(1925) Erdbautechnik auf Bodenphysikalischer Grundlage. Leipzig, Franz Deutike.

Terzaghi K.(1954) Theoretical Soil Mechanics. John Wiley & Sons.

Terzaghi K./Jelinek, R.(1959) Theoretische Bodenmechanik. Springer.

Terzaghi K./Peck R.B.(1961) Die Bodenmechanik in der Baupraxis. Springer, Berlin/Götingen/Heidelberg

Terzaghi K./Peck, R.B.(1967) Soil Mechanics in Engineering Practice. 2nd. ed. Wiley

Terzaghi K./Peck. R.B./Mesri G.(1996) Soil Mechanics in Engineering Practice 3rd. ed. Wiley

Waltham U.C.(1994) Foundation of Engineering Geology, Chapman & Hall.

Wood (1990) Soil Behavior and Critical State Soil Mechanics. Cambridge.

Yong R.Y./Warkentin B.P.(1975) Soil Properties and Behavior. Elsevier.

이상덕 (1995) 전문가를 위한 기초공학, 엔지니어즈

이상덕 (2016) 토질시험-원리와 방법, 2판, 새론

이상덕 (2014) 기초공학, 3판, 씨아이알

이상덕 (2016) 토압론, 씨아이알

◈ 1 장 ◈

Gibbs H.J./Holland W.Y.(1960) Petrographic and Engineering Properties of Löß. Eng. Monograph no.28 U.S. Bureau of Reclamation, Denver, Colo.

Legget R.F.(1976) Glacial Till: An Inter-Disciplinary Study R.Soc.Can.Spec. Publ.no.12, Ottawa

Terzaghi K.(1925) Erdbaumechanik auf bodenphysikalischer Grundlage. Leipzig und Wien

Tounsend F.C.(1985) Geotechnical Characteristics of Residual Soil, ASCE GE vol.III, Jan.

◈ 2 장 ◈

Atterberg A.(1913) Die Plastizität und Bindigkeit liefernde Bestandteile der Tone. Mitteilung Inst. für Bodenkunde.

BS 1377 (1975) Test 1, Test 6

Casagrande A.(1932) Research on the Atterberg limits of soils. Proc. Hwy. Res. Board 11.

Casagrande A.(1947) Classification and Identification of Soils, ASCE GT, Jun.

DIN 18123 T1. T2

Förster W.(1996) Mechanische Eigenschaften der Lockergesteine. Teubner, Stuttgart/Leipzig

Grim R.E.(1966) Clay Mineralogy. New York, McGraw-Hill.

Hazen A.W.(1892) Physical Properties of Sands and Gravels with Reference to Their Use in Filtration. Report Mass. State Board of Health.

Sides G./Barden L.(1971) The Microstructure of Dispersed and Flocculated Samples of Kaolinite, Illinite and Montmorillonite, Can. Geotechn. J. 8. PP.391-399.

Skempton A.W./Northey R. D.(1952) The Sensitivity of Clays. Geotechnique 3 No.1, 30-53.

Skempton A.W.(1953) The Colloidal Activity of Clays. Proc. ICSMFE, Zürich 1953.

Wagner A.A.(1957) The Use of the Unified Soil Classification System by the Bureau of Reclamation, 4th ICSMFE, London, Vol I

Schulze E./Muhs H.(1967) Bodenuntersuchungen für Ingenieurbauten. 2.Aufl. Berlin

이 상덕(2014) 토질시험 2판, 도서출판 씨아이알

◈ 3 장 ◈

Bishop A.W.(1954) The Use of Pore Pressure Coefficient in Practice, Geotechnique, Vol. 4, pp. 148-152.

Bishop A.W.(1960) The Principles of Effective Stress. publ. NGI No. 32.

Schultze E.(1980) Spannungsberechunng. In : H. U. Smoltczyk [Hrsg.] : Grundbautaschenbuch 3. Aufl. (Abschn. 1.8, S. 167-200). - Berlin (Ernst & Sohn)

Skempton A.W.(1954) The Pore Pressure Coefficients A and B. Geotechnique 4 No. 4.

Skempton A.W.(1960) Terzaghi's Discovery of Effective Stress. In From Theory to Practice in Soil Mechanics. New York, Wiley.

Skempton A.W.(1961) Effective Stress in Soils, Concrete and Rocks. Proc. Conf. on Pore Pressure and Suction in Soils. Butterworths, London.

◈ 4 장 ◈

Boussinesq I.(1885) Applications des potentiels a l'etude de l'equilibre et du mouvement des solides elastiques. Paris: Gauthier-Villars.

Cerruti V.(1888) Sulla deformazione di un corpo elastico isotropo per alcune speciali condizioni ai limiti. Matematica Acc. r. de'Lincei, Rom.

Culmann K.(1866) Die Graphische Statik. Zuerich : Meyer und Zeller.

Fadum R.E.(1948) Influence Values for Estimating Stresses in Elastic Foundations. 2nd.ICSMFE

Foster C.R./Ahlvin R.G.(1954) Stresses and Deflections Induced by a Uniform Circular Load. Proc. Highw. Res. Board Vol.33

Fröhlich O.K.(1934) Druckverteilung im Baugrund. Wien, Springer.

Giroud J.P.(1970) Stresses under Linearly Loaded Rectangular Area. ASCE GE. Vol.96 no.SM I

Graßhoff H.(1959) Flächengründungen und Fundamentsetzungen. Ernst u. Sohn.

Jumikis (1965) Theoretical Soil Mechanics. Van Nostrand Reinhold.

Jelinek R.(1949) Setzungsberechnung außermittig belasteter Fundamente. In : Bauplannung und Bautechnik 3, S.115-121

Jenne G.(1973) Erddruck. Betonkalender 1973

Kezdi A(1958) Beitrag zur Berechnung der Spannungsverteilung im Boden. Der Bauingenieur 33, S54-58

Kezdi A.(1964) Bodenmechanik. Berlin, Verlag für Bauwesen.

Kögler A./Scheidig A.(1927/1929) Druckverteilung im Baugrunde. Bautechnik 4 S.418-421/ S.445-447/ Bautechnik 6 S.205-206

Lorenz H./Neumeuer H.(1953) Spannungsberechnung infolge Kreislasten unter Beliebigen Punkten innerhalb und außerhalb der Kreisfläche. Bautechnik 30, S. 127

Love A.E.H.(1928) The Stress Produced in a Semi-infinite Solid by Pressure on Part of the Boundary. Phil. Trans. Royal Soc. London, Ser. A, S. 377-420.

Newmark N.M.(1935) Simplified Computation of Vertical Pressures in Elastic Foundations. Uni. of Illinois Eng. Exp. Stn. Circ. No.24 Vol.33 No.4

Newmark N.M.(1942) Influence Charts for Computation of Stresses in Elastic Foundations. Uni. of Illinois, Eng. Exp. Stat. Bull. 338

Osterberg J.O.(1957) Influence Values for Vertical Stresses in a Semi-infinite Mass due to an Embankment Loading. Proc.4. ICSMFE London I, pp.393-394.

Siemer H.(1971) Spannungen und Setzungen des Halbraumes unter Starrer Grundkörper infolge Waagerechter Beanspruchung. Bautechnik 48, Heft 4.

Skopek J.(1961) The Influence of Foundation Depth on Stress Distribution. 5th ICSMFE, Vol 1.

Steinbrenner W.(1934) Tafeln zur Setzungsberechnung. Die Straße H.1,S. 121-124.

◈ 5 장 ◈

Borkenstein D./Jordan P./Schaefers (1991) Construction of a shallow tunnel under protection of a frozen soil structures. Fahrlachtunnel at Manheim. FRG 6th. International Symposium on groundgreezing. Beijing, China. Sept. 10-12.

Carman P.C.(1956) Flow of Gauss through Porous Media, Academic Press, New York.

Casagrande A.(1937) Seepage through Dams. Boston Soc. of Eng., 1925-1940.

Cedergren, H. R.(1977) Seepage, Drainage and Flow Nets. New York, Wiley.

Darcy H.(1863) Les fontaines publiques de la ville de Dijon. Paris, Dunod.

Das B.M.(1983) Advanced soil mechanics. McGraw-Hill.

Dracos T.(1980) Hydrologie. Wien, Springger.

Dupuit J.(1863) Etudes theoretiques sur le movement des eaux. Paris, Dunod.

Forchheimer P.(1930) Zur Grundwasserbewegung nach Isothermischen Kurvenscharen.

Gudehus G/Orth W.(1985) Unterfangung mit Bodenvereisung. Bautechnik 6.

Hansen J.B./Lundgren H.(1960) Hauptprobleme der Bodenmechanik, Berlin/Göttingen

Harr, M.E.(1962) Groundwater and Seepage. New York, McGraw-Hill.

Hazen A.(1911) Discussion on 'Dams on Sand Foundations' Translation of ASCE Vol. 72

Herth W./Arndts E.(1994) Theorie und Praxis der Grundwasserabsenkung 3. Auf. Ernst&Sohn.

Jessberger H.L.(1981) Mechanisches Verhalten von gefrorenem Boden. Taschenbuch fuer den Tunnelbau, DGEG

Jessberger H.L.(1985) Mechanische Eigenschaften von gefrorenem Gebirge. 1st. Internationales Boleslowa Krupinskiego Symposium. Okt. 8-10, Krakau

Jessberger H.L./Nussbaumer M.(1973) Anwendung des Gefrierverfahrens. Die Bautechnik S.414-420.

Lambe T.W./Whitman R.V.(1982) Soil Mechanics. SI Version, John Wiley & Sons

Kozeny J.(1927) Über Kapillare Leitung des Wassers im Boden. Wien, Akad. Wiss.

Kozeny J.(1953) Hydraulik. Wien, Springer.

Lackner E.(1985) Empfehlungen des Arbeitsausschusses, Ufereinfassung, Berlin

NAVFAC DM-7(1971) Design Manual. Soil Mechanics, Foundations & Earth Structures Dept. of the Navy Naval Facilities Engineering Command

Phukan A.(1985) Frozen Ground Engineering. Prentice Hall, Inc. Englewood Cliffs, NJ

Sayles F.H.(1968) Creep of frozen sands. USA CRREL Tech. Rep. 190

Sichhardt W.(1927) Das Fassungsvermögen von Bohrbrunnen und seine Bedeutung für die Grundwasser- absenkung insbesondere für Groessere Absenktiefe. Diss. TH Berlin.

Simmer K. (1980) Grundbau 1, Bodenmechanik Erdstatische Berechnungen, Teubner, Stuttgart.

Smoltczyk H.U.(1962) Grenzen des elektroosmotischen Verfahrens. Baumaschinen und Bautechnik 9. S.243-247.

Steinfeld K.(1951) Die Entwässerung von Feinböden. Bautechnik 28 S.269

Szechy K.(1959) Beitrag zur Theorie der Grundwasserabsenkungen. Bautechnik 36

Taylor D.W.(1948) Fundamentals of Soil Mechanics John Wiley & Sons, New York

Terzaghi K./Peck, R.B.(1967) Soil Mechanics in Engineering Practice. 2nd. ed. Wiley

Vyalov S.S.(1965) The strength and creep of frozen soils and calculations for ice-soilretaining structures, Izdatel'stvo Akademii Nauk SSSR Moscow(1962), USA CRREL Transl.76

안수한 (1976) 수리학, 동명사

◈ 6 장 ◈

Bjerrum L.(1973) Problems of Soil Mechanics and Construction on Soft Clays and Structurally unstable Soils. General Report, Session 4, Proc. 8th ICSMFE, 3, S.111-159.

Casagrande A.(1936) The Determination of the Pre-consolidation Load and its Practical Significance. Proc. ISCMFE, Harvard.

Casagrande A.(1964) Effect of Preconsolidation on Settlements. ASCE GE Vol.90 Sept.

Holtz J.D./Kovacs W.D.(1981) An Introduction to Geotechnical Engineering. Prentice Hall

Janbu N.(1963) Soil Compressibility as Determined by Oedometer and Triaxial Tests. Europ. CSMFE, Wiesbaden, Bd. 1.

Lackner E.(1975) Empfehlungen des Arbeitsausschusses " Ufereinfassung", Berlin.

Lambe T.W. (1951) Soil Testing for Engineers. John Wiley & Sons, New York

Neumann R.(1957) Die Beeinflussung der Bodenphysikalischer Eigenschaften Bindiger Böden durch die ornfraktion < 0.002mm und Wasseraufnahme. Der Bauingenieur 32, S.6.

Schmertmann J.H.(1953) Estimating the True Consolidation Behavior of Clay from Laboratory Test Results, Proceedings ASCE, Vol. 79.

Skempton A.W.(1944) Notes on the Compressibility of Clays. Quarterly J. Geol.Society 100, London.

Steinmann B.(1985) Zum Verhalten bindiger Böden bei Monotoner Einaxialer Belastung. Diss. Grundbauinstitut Uni. Stuttgart. Mitt. 26.

Taylor D.W.(1942) Research on Consolidation of Clays. Dept. Civ. Saint. Enging. MIT, 82

Terzaghi K.(1925) Erdbautechnik auf Bodenphysikalischer Grundlage. Leipzig Franz Deutike.

Terzaghi K./Froehlich O.K.(1936) Theorie der Setzungen von Tonschichten. Leipzig u. Wien

v. Soos P.(1980) Eigenschafen von Böden und Fels, Grunfbautaschenbuch Teil 1, 4.Auf. Ernst

Wahls H.E.(1962) Analysis of Primary and Secondary Consolidation. ASCE SMFE Vol.86 SM6

◈ 7 장 ◈

Bishop A.W.(1967) Progressive Failure with Special Reference to the Mechanism Causing it. Proc. Geotechn. Conf. Oslo 2, pp.142-150

Bishop A.W.(1971) Shear Strength Parameters for Undisturbed and Remolded Soil Specimens. Proc. Roscoe Memorial Symposium Cambridge pp.3-38

Bishop A.W./Henkel D.J.(1962) The Measurements of Soil Properties in the Triaxial Test. Ed. Edward Arnold Ltd. London.

Bjerrum L.(1961) The Effective Shear Parameters of Sensitive Clays. Proc. 5th ICSMFE, Paris.

Bjerrum L.(1973) Problems of Soil Mechanics and Construction on Soft Clays : State-of-the-art Report. Proc. 8th ICSMFE, Moskau.

Blight G.E.(1965) Shear Strength and Pore Pressure in Triaxial Testing. ASCE 91, S.25-39

Brace W.F.(1963) Behavior of Quartz during Identification, J. of Geology, Vol.71, pp.581-595

Breth H./Chambosse G./Arslan U.(1978) Einfluss des Spannungsweges auf das Verformungsverhalten des Sandes. Geotechnik 1, S, 2 - 20.

Burland J.B.(1971) A Method of Estimating the Pore Pressure and Displacements beneath embankments on Soft, Natural Clay Deposits. Proc. Mem. Symp. Cambridge, S.505-536.

Chandler R.E(1967) The Strength of a Stiff Silty Clay. Proc. Geotechn. Conf. Oslo, S.103-108

Chandler R.E.(1972) Lias Clay : Weathering Processes and Their Effect on Shear Strength. Geotechnique 27. pp.403-431.

Cornforth D.H.(1964) Some Experiments on the Influence of Strain Conditions on the Strength of Sand. Geotechnique 14. pp.143-167.

Coulomb C.A.(1773) Essais sur une application des regles de Mem. Acad. R. pres. p. div. sav. T. VII 1773, paris 1776.

Haefeli R.(1950) Investigation and Measurements of the Shear Strengths of Saturated Cohesive Soils. Geotechnique 2, No. 3.

Henkel D.J./Wade N.H.(1966) Plain Strain Tests on a Saturated Remolded Clay. ASCE SMF vol. 92. pp.67-80.

Hvorslev J.(1937) Über die Festigkeitseigenschaften Gestörter Bindiger Böden. Ingvidensk Skr. A. Nr.45, Kopenhagen.

Hvorslev J.(1960) Physical Components of the Shear Strength of Saturated Clays. Proceed. ASCE Research conference on shear strength of cohesive Soils. Boulder, Colorado

Kenny T.C.(1967) The influence of mineral composition on the residual strength of natural soils. Proc. Geotechn. Conf. Oslo I, p.123-129

Kirkpatrick W.M.(1957) The Condition of Failure of Sands. Proc. 4th ICSMFE, London 1, p.172-178.

Lade P.V.(1979) Cubical Triaxial Apparatus for Soil Testing. Geotechnical Testing Journal 1, S.93-101.

Lambe T.W./Whitman R.V.(1982) Soil Mechanics. SI Version, John Wiley & Sons

Laumans Q.(1977) Verhalten einer Ebenen, in Sand Eingespannten Wand bei Nichtlinearen Stoffeigenschaften des Bodens. Mit. Baugrundinstitut Stuttgart, Nr. 8.

Lee I.K.(1968) Soil Mechanics, Selected Topics. Ed. Butterworths, London.

Mitchell J.K.(1960) Fundamental Aspects of Thixotropy in Soils. ASCE SMF Vol. 86, SM3.

Mohr O.C.(1882) Über die Darstellung des Spannungszustandes und des Deformationszustandes eines Körperelementes und über die Anwendung derselben in der Festigkeitslehre. Der Civilingenieur. Leipzig.

Olson R.E.(1974) Shearing Strength of Kaolinite, Illite, and Montmorillonite. ASCE 100, S. 1215-1229.

Peck R.R./Hanson W.E./Thornburn T.H.(1974) Foundation Engineering, 2nd.ed. Wiley

Rankine W.J.M.(1857) On the Stability of Loose Earth. Trans. Royal Soc. London 147.

Roscoe K.H./Schofield A.N./Wroth C.P.(1958) On the Yielding of Soils, Geotechnique 8, No.1.

Roscoe K.H./Burland J.B.(1968) On the Generalized Stress-strain Behaviour of 'Wet' Clay. In : Engineering Plasticity. Cambridge University Press.

Rowe P.W.(1962) The Stress Dilatancy Relation for Static Equilibrium of an Assembly of Particles in Contact. Proc. Royal Soc. A269, p500-527.

Schulze E./Muhs H.(1967) Bodenuntersuchungen für Ingenieurbautern. 2. Aufl. Springer.

Schulze E.(1968) Der Reibungswinkel nicht Bindiger Böden. Bauingenieur 43 S.313-320

Skempton A.W.(1954) The Pore-Pressure-Coefficient A and B. Geotechnique 4, S. 143-147.

Skempton A.W.(1964) Long-term Stability of Clay Slopes, Geotechnique 14, S. 77-101

Skempton A.W./Northey R.D.(1952) The Sensitivity of Clays. Geotechnique 3, S. 30-53.

Smoltczyk H.-U.(1968) Zum Bodenmechanischen Bergriff der Kohäsion. Veröff. Inst. Bodenm. Felsmech. Univ. Karsruhe Heft 35, S.57-86.

Smoltczyk U.(1993) Bodenmechanik und Grundbau, Verlag. Paul Daver GmbH, Stuttgart

Sowers G.B./Sowers G.F.(1970) Introductory Soil Mechanics and Foundations, Geotechnical Engineering 3rd. ed. Macmillan, New York

Terzaghi K.V.(1944) Ends and Means in Soil Mechanics. Eng. Journ. (Can) 27, S. 608.

Terzaghi K./Peck, R.B.(1967) Soil Mechanics in Engineering Practice. 2nd. ed. Wiley

Tresca H.(1864) M'emoire sur l'ecoulement des corps solides soumis a' de fortes pressions. C.R. Acad. Sci. Paris, vol. 59, p.754

von Mises R.(1913) Mechanik der festen Körper im plastisch deformablen Zustand. Götin. Nachr. Math. Phys. Vol.1. p.582-592

이 상덕 (1992) 토질시험법, 도서출판 새론

◈ 8 장 ◈

Bjerrum L.(1952) Künstliche Verdichtung der Böden. Straße und Verkehr (1952) no. 2, 3, 4 und 5 (=Mitt. 22, Versuchsanstalt für Wasserbau und Erdbau, ETH Zürich)

Floss R.(1970) Vergleich der Verdichtungs- und Verformungseigenschaften Unstetiger und Stetiger Kiessande hinsichtlich ihrer Eignung als Ungebundenes Schuttmaterial im Stassenbau. Berlin, Ernst & Sohn.

Gibbs H.J.(1950) The Effect of Rock Content and Placement Density on Consolidation. Proc. ASTM 50, pp.1343.

Hunder J.(1971) Verdichtung von Steinschuttdammen. Straße und Autobahn 22, Heft 10.

Lambe T.W.(1958) The Engineering Behavior of Compacted Clay. ASCE Vol.84 SM2 p.1655

Lang H.J./Huder J.(1990) Bodenmechanik und Grundbau, Springer.

Proctor R.R.(1933) Fundamental Principles of Soil Compaction. Eng. News Record 3 No. 9-13

Seed H.B./Chan C.K.(1959) Structure and Strength Characters of Compacted Clay. ASCE Oct.

Spotka H.(1977) Einfluß der Bodenverdichtung mittels Oberflächen-Rüttelgeräten auf den Erddruck einer Stützwand bei Sand, Mitt. Baugrundinstitut Stuttgart, Nr. 9, 1977 und Geotechnik 2, 1979.

Voss R./Floss R.(1968) Die Bodenverdichtung im Straßenbau, 5. Aufl. Werner-Verlag

ZTVE-StB: Zusätzliche Techniche Vorschriften und Richtlinien für Erdarbeiten im Straßenbau. Forschungsgesellschaft für das Straßenwesen, Köln.

◈ 9 장 ◈

Boussinesq J.(1885) Application des potentiels a l'Etude de l'Equilibre et du mouvement des Solides Elastiques, Ed. Gauthier-Villard, Paris.

Brinch-Hansen J.(1953) Earth Pressure Calculation. Copenhagen: Danish Technical Press.

Broms B.B.(1971) Lateral Earth Pressure due to Compaction of Cohesionless Soils. Proc. 4th Conf. on Soil Mech., Budapest.

Caquot A./Kerisel J.(1948) Tablau de pousses et butee et de force portante des fondations. Paris: Gauthier-Villars.

Caquot A.(1957) La pression dans les silos. Peoc. 4th. ICSMFE II, London, S.191

Cerruti V.(1888) Sulla deformazione di un corpo elastico isotropo per alcune speciali condizioni ai limiti. R. Academia natzionale dei Lincei, Rend. conf. ser.4 Vol.4 (sem 1), Roma

Coulomb A.C.(1776) 'Essai sur une application des regles des maximis et minimis a guelgues de statique ralatifs a larcitecture', Memoires de mathem et de phy. Presentees a Acadamie Roy. des Sciences per divers savant Vol. Ⅶ. Paris

Culmann K.(1866) Die Graphische Statik. Zuerich : Meyer und Zeller.

Das B.M.(1987) Theoretical Foundation Engineering. Elsevier, Amsterdam.

Engesser F.(1880) Geometrische Erddrucktheorie. Zeitschrift für Bauwesen, XXXX, 189

Fellenius W.(1927) Erdstatische Berechungen mit Reibung und Kohäsion (Adhäsion) und unter Annahme Kreiszylindrischer Gleitfächen. Ernst und Sohn.

Franke E.(1974) Ruhedruck in Kohäsionslosen Böden. Die Bautechnik 51, S.18-24.

Gantke K.(1970) Hoesch-Stahlspundwände bei den Bauwerken des Rollenden Verkehrs, Hoesch Eigen-verlag, Dortmund.

Goldscheider M./Gudehus G.(1974) Verbesserte Standsicherheitsnachweise. Vorträge Baugrundtagung, Frankfurt. S.99-127.

Gußmann P.(1986) Die Kinematische Element Methode. Mit. Heft 25, Uni, Stuttgart.

Gußmann P./Lutz W.(1981) Schlitzwandstabilität bei anstehendem Grundwasser. Geotechnik 4. S.70-81

Huder J.(1972) Stability of Bentonite Slurry Trenches. Proc. 5th Eurp. CSMFE, Vol. 1, Mardrid.

Jaky J.(1944) The Coefficient of Earth Pressure at Rest, Journal of the Society of

Jaky J.(1948) Earth Pressure in Silos. Proc. 2nd. ICSMFE, Rotterdam, Vol 1.

Jakobson B.(1958) On Pressure in Silos. Proc.Brüssels Conf.on Earthpressure Problems1.p.41

Janssen H.A.(1895) Versuche über Getreidedruck in Silozellen, Z. VDI.39

Jelinek R.(1949) Setzungsberechnung ausmittig belasteter Fundamente. Bauplannung und Bautechnik, 3, S.157.

Jenne G.(1973) Erddruck. Betonkalender 1973

Jumikis A.R.(1968) Theoretical Soil Mechanics. van Nostrand Reinhold Comp.

Karstedt J.P.(1977) Einfluß der Eindringung der Bentonitsuspension in das Erdreich auf die äußere Standsicherheit räumlich begrenzter Schlitzwände. Mit. d. Grundbauinstitut der TU Berlin, H1.

Karstedt J.P.(1982) Untersuchung zum aktiven räumlichen Erddruck im rolligen Boden bei hydrolischer Stützung der Erdwand. Mit. d. Grundbauinstitut d. TU Berlin, H.10

Krey D.(1934) Erddruck, Erdwiderstand und Tragfähigkeit des Baugrundes. Ernst & Sohn, Berlin.

Kezdi A.(1962) Erddrucktheorien. Springer, Berlin.

Koenen M.(1896) Berechnung des Seiten- und Bodendruckes in Silozellen. Zentrallblatt der Bauverwaltung 16.

Lee S.D.(1987) Standsicherheit von Schlitzen im Sand neben Einzelfundament. Mitt. H. 27, Grundbauinstitut der Uni. Stuttgart.*

Lorenz H./Neumeuer H.(1953) Spannungsberechnung infolge Kreislasten unter Beliebigen Punkten innerhalb und außerhalb der Kreisfläche. Bautechnik 30, S. 127

Love A.E.H.(1928) The Stress Produced in a Semi-infinite Solid by Pressure on Part of the Boundary. Phil. Trans. Royal Soc. London, Ser. A, S. 377-420.

Newmark N.M.(1935) Simplified Computation of Vertical Pressures in Elastic Foundations. Uni. of Illinois Eng. Exp. Stn. Circ. No.24 Vol.33 No.4

Newmark N.M.(1942) Influence Charts for Computation of Stresses in Elastic Foundations. Uni. of Illinois, Eng. Exp. Stat. Bull. 338

Ohde J.(1938) Zur Theorie des Erddruckes unter besonderer Berücksichtigung der Erddruck-verteilung. Bautechnik S.176.

Petersen G./Schmidt H.(1974) Bodendruckmessungen an Tunnelbauwerken des Hamburger Schnellbahnbaues. Bauingenieur 8.

Piaskowski A./Kowalewski Z.(1965) Application of Thixotropic Clay Suspensions for Stability of Vertical Sides of Deep Trenches without Strut. Proc. 3rd. ICSMFE

Poncelet V.(1840) Mem sur la stabilite des revetements et de lear foundations. Mem. de l'officier du genie 13.

Prater E.G.(1973) Die Gewölbewirkung der Schlitzwände. Bauingenieur 48. S.125-131

Pulsfort M..(1986) Untersuchungen zum Tragverhalten von Einzelfundamenten neben suspensionsgestützten Erwänden begrenzter Länge, Diss. Bergische Univ. Wuppertal, Berecht Nr.4

Rankine W.J.M.(1857) On the Stability of Loose Earth. Trans. p.147, Royal Soc. London.

Rendulic L.(1940) Gleitflächen, Prüffflächen und Erddruck. Die Bautechnik H.13/14

Schmidt H-H.(1981) Beitrag zur Ermittlung des Erddruckes auf Stützwände bei nachgiebigem Baugrund, Mitt. Heft 14, Baugrundinstitut der Uni. Stuttgart.

Schmidt H.(1966) Culmannsche E-Linie bei Ansatz von Reibung und Kohäsion. Bautechnik 43 S.80-82.

Schneebeli G.(1964) La stabilite' des Tranche'es profondes forte'es en presence de boue, La Houille Blance No.7 p.815-820

Sokolovskii V.V.(1960) Staticsof Soil Media. (Ueber. Russ.) Oxford (Pergammon)

Spotka H.(1977) Einfluß der Bodenverdichtung mittels Oberflächen-Rüttelgeräten auf den Erddruck einer Stützwand bei Sand, Mitt. Baugrundinstitut Stuttgart, Nr. 9, 1977 und Geotechnik 2, 1979.

Steinbrenner W.(1934) Tafeln zur Setzungsberechung. - Schriftenreihe der Straße, 4: 121

Striegler W.(1975) Erddrucklehre, Werner Verlag.

Terzaghi K.(1936) Large Retaining Wall Tests. Engineering News Record 112.

Terzaghi K./Peck, R.B.(1967) Soil Mechanics in Engineering Practice. 2nd. ed. Wiley

Tomlinson M.F.(1957) The Adhesion of Piles Driven in Clay Soils. Proc. 4th ICSMFE, London

Türke H.(1990) Statik im Erdbau. 2. Auf. Ernst & Sohn, Berlin

Weissenbach A.(1962) Der Erdwiderstand vor Schmalen Druckflächen. Bautechnik 39 S.204-211

Weißenbach A.(1976) Empfehlungen Gesellschaft für Erd und Grundbau. Bautechnik 53, H9-10

Weißenbach A.(1976) Erleuterungen zum Entwurf DIN 1055 T.2

Weißenbach A.(1982) Beitrag zur Ermittlung des Erdwiderstandes, Bauingenieur s.161-173, Springer Verlag.

Walz B.(1977) Beitrag zur Berechnung der äußeren Standsicherheit suspensionsgestützter Erdwände begrenzter Länge. Mit.d. Grundbauinstitutes d.TU Berlin H.1

Walz B./Prager J.(1978) Der Nachweis der äußeren Standsicherheit suspensionsgestützter Erdwände nach der Elementscheibentheorie. TU Berlin H.4.

VSS(1966), Stützmauern, Bd. I. Zürich.

이상덕/김은섭/문창렬/이종규(1997) 되메움 지반에 의한 수평토압에 관한 연구, 대한토목학회 논문집, 17권 3-3호 pp.285-292

이상덕/김종석/권회인/남창현/최연준(2011) 좁은 지반에 되메움시 그리드 보강에 따른 수평토압에 관한 연구, 한국지반공학회

이상덕/한민곤/권회인(2011) 좁은 폭의 되메움지반에서 지오그리드의 보강효과, 한국지반공학회

이상덕/박병석(2015) 3차원 주동변위에 따른 인접지반으로의 하중전이. 한국지반공학회 논문집 pp.49060.

◈ 10 장 ◈

Bjerrum L.(1963) Allowable Settlement of Structures. Proc. 3rd. ECSMFE, Wiesbaden, S.135.

Borowicka H.(1943) Über die Ausmittig Belastete Starre Platten auf Elastisch-isotropen Baugrund. Ingenieur-Archiv. 14, S.1-8

Bowles J.E.(1988) Foundation Analysis and Design. McGraw-Hill, New York.

Brinch-Hansen J.(1961) A General Formula for Bearing Capacity. Ingeniøren 5, Bull. No.11

Briske R.(1957) Erddruckverlagerung bei Spundwandbauwerken, 2-te Auf. Berlin

Cernica J.N.(1995) Soil Mechanics, John Wiley & Sons.

Chen W.F.(1975) Limit Analysis and Soil Plasticity. Amsterdam, Elsevier

De Beer E.E.(1970) Experimental Determination of the Shape Factors and the Bearing Capacity Factors of Sand. Geotechnique 20. No.4.

Hansen J.Brinch(1961) A General Formula for Bearing Capacity. Dan.Tech.Inst.Bull.No.11

Hansen J.Brinch(1970) A Revised and Extended Formula for Bearing Capacity. Dan. Tech. Inst. Bull. No.28, Copenhagen.

Ho M.M.K./Lopes R.(1969) Contact Pressure of a Rigid Circular Foundation. ASCE GE V.103

Ingra T.S./Baecher G.B.(1983) Uncertainty in Bearing Capacity of Sands. ASCE Journ. of GE 109, No.7 pp.899-914

Kany M.(1974) Berechnung von Flächengründungen. 2. Aufl. Ernst & Sohn.

Leonhardt G.(1963) Setzungen und Setzungseinflüsse Kreisförmiger Lasten. Bau u. Bauindustrie H.19.

Leussink H./Blinde A./Adel P.G.(1966) Versuche über die Sohldruckverteilung unter starren Gründungskörpern auf Kohäsionslonsem Sand, Inst. f. Bodenmechanik, TH Karlsruhe.

Meyerhof G.G.(1951) The Ultimate Bearing Capacity of Foundation. Geotechnique 2, 227-242.

Meyerhof, G.G.(1956) Penetration Tests and Bearing Capacity of Cohesionless Soils. Proc. ASCE, Vol. 82, No. SM1.

Meyerhof G.G.(1963) Some Recent Research on the Bearing Capacity of Foundations. Can. Geotechn. Journal, Vol. 1, No. 1.

Meyerhof G.G.(1974) Ultimate Bearing Capacity of Footings on Sand Layer Overlying Clay, Can. Geotechn. J. Vol.II, No.2

Neuber H.(1961) Setzungen von Bauwerken und ihre Vorhersage, Berichte Bauforschung H.19, Wilhelm Ernst & Sohn, Berlin, Duesseldorf, Muechen.

Polshin D.E./Tokar R.A.(1957) Maximum Allowable Nonuniform Settlement of Structures. Proc. 4th ICSMFE, London, pp.402-406

Prandtl L.(1921) Über die Eindringungsfähigkeit Plastischer Baustoffe und die Festigkeit von Schneiden. Zeitschrift, Angew. Math. Mech., Basel, SchwitzerlandnVol.1, No.1

Schaak H.(1972) Setzung eines Gründungskörpers unter Dreieckförmiger Belastung mit Konstanter, bzw. Schichtweise Konstanter Steifezahl Es. Bauingenieur 47, S.220.

Schleicher F.(1926) Zur Theorie des Baugrundes. Bauingenieur 7. S.931-949.

Sherif G./König G.(1975) Platten und Balken auf Nachgiebigem Untergrund. Springer.

Skempton A.W.(1951) The Bearing Capacity of Clays. Proc. Brit. Bldg. Res. Congr. p.180-189.

Skempton A.W.(1956) Allowable Settlement of Buildings. Proc. ICE. Vol.5

Smoltczyk H.U.(1960) Ermittlung Eingeschrängt Plastischer Verformungen im Sand unter Flach-fundamenten. Ernst & Sohn, Berlin.

Smoltczyk U.(1993) Bodenmechanik und Grundbau, Verlag. Paul Daver GmbH, Stuttgart

Sommer H.(1965) Beitrag zur Berechnung von Gründungsbalken und Einseitig Ausgesteiften Gründungs -platten unter Einbeziehung der Steifigkeit von Rahmenartigen Hochbauten. Forschr. Ber. VDI -z. Reihe 4, Nr.3, Düsseldorf.

Steinbrenner W.(1934) Tafeln zur Setzungsberechung. - Schriftenreihe der Strasse, 4: 121

Terzaghi K.(1925) Erdbautechnik auf Bodenphysikalischer Grundlage. Franz Deutike, Leipzig.

Terzaghi K./Peck, R.B.(1967) Soil Mechanics in Engineering Practice. 2nd.ed. Wiley

Vesic A.S.(1973) Analysis of Ultimate Loads of Shallow Foundations, ASCE, Vol. 99, Jan.

Vesic A.S.(1975) Bearing Capacity of Shallow Foundations. Foundation Engineering Handbook. ed. Winterkorn/Fang, New York.

VSS(1966) Vereinigung schweiz. Straßenfachmänner, Stützmauern, Bd. I. Zürich.

◈ 11 장 ◈

Bowles J.E.(1988) Foundation Analysis and Design. 4th. Ed. McGraw-Hill

Broms B.B.(1964a) Lateral Resistance of Piles in Cohesive Soils. ASCE Vol.90, SM2, p.27-63.

Broms B.B.(1964b) Lateral Resistance of Piles in Cohesive Soils. ASCE Vol.90 SM3 p.123-156

Burland, J.B./Wroth, G.P.(1974) Settlement of Buildings and Associated Damage : State-of-the-art review. Proc. Conf. Settlement of Structures, Cambridge. London: Pentech. press.

Cambefort H.(1955) Forages et sondages.

Christiani Nielsen(1956) reported by Schulze E./Muhs H.(1967) p.219.

Chellis (1948) A Study of Pile Friction Values. Proc. 2nd. ICSMFE Rotterdam, Bd.5, p.142

Das B.M.(1984) Advanced soil mechanics. PWS-Kent, Boston

Davidson M.T./Gill H.L.(1963) Laterally Loaded Piles in a Layered System. ASCE Vol.89. SM3, pp.63-94.

De Beer E.E.(1977) Piles Subjected to Static Lateral Loads. State of the Art Report. Proc. 9th ICSMFE Tokyo, p.1-14

Franke E.(1982) Pfähle. Grundbautaschenbuch 3. Aufl. T2. Ernst & Sohn.

Grillo (1948) Influence scale and influence chart for the computation of stressed due, respectively, to surface point load and pile load. Proc.2nd. ICSMFE, Rotterdam, Bd.6,S.70

Harr M.E.(1966) Fundamentals of Theoretical Soil Mechanics, McGraw-Hill. New York.

Hiley (1930) Pile Driven Calculation with Notes on Driving Forces and Ground Resistances. The Structural Engineer 8.

Hunt R.E.(1986) Geotechnical Engineering Analysis and Evaluation. McGraw-Hill, New York.

Johannessen I.J./Bjerrum L.(1965) Measurement of the Compression of a Steel Pile to Rock due to Settltment of the surrounding Clay. Procd. 6th. ICSMFE, Montreal, Vol.2, p.261-264.

Kezdi A.(1957) The Bearing Capacity of Piles and Pile Groups. Procd. 4th. ICSMFE, Aug. 1957, London, Vol.2, P.46-51

Kezdi A.(1975) Pile Foundations. Foundation Engineering Handbook. 1st.ed. ed.Wintercorn/Fang, Van Nostrand Reinhold, New York.

Magnel (1948) Stabilite des construction, Gent. Bd.III, p.136

Mansur /Kaufmann (1956) Pile Tests, Low-sill Structures, Old River Louisiana, JSMFD, ASCE 82 SM4, p.1079.

Matlock H./Reese L.C.(1960) Generalized Solution for Laterally Loaded Piles, ASCE Vol.86, SM5, pp.63-91.

McClelland B.(1974) Design of Deep Penetration Piles for Ocean Structures. ASCE 100, GT 7, pp.709-747.

Meyerhof G.G.(1956) Penetration Tests and Bearing Capacity of Cohesionless Soils. ASCE Vol.82 SM1, pp.1-19

Meyerhof G.G.(1959) Compaction of Sands and Bearing Capacity of Piles. ASCE Vol.82 SM6

Meyerhof G.G.(1976) Bearing Capacity and Settlement of Pile Foundations. ASCE Vol102 p197

Michigan State Highway Commission (1965) A Performance Investigation of Pile Driven Hammers and Piles, Lansing, Michigan, p.338.

Muhs H.(1963) Grossversuchsprogramm über die Rammen- und Tragfähigkeit von Stahlrammpfählen. Bauingenieur 38. S.448.

Muhs H.(1959) Versuche mit Bohrpfählen. Wiesbaden, Teil 1 und 2.

NAVFAC (1982) Design Manual "Soil Mechanics, Foundations, and Earth Structures" Dept. of the Navy Naval Facilities Engineering Command.

Davis E.H./Poulous H.G.(1974) Rate of Settlement under two- and three-dimensional conditions. Geotechnique 22. pp.95-114

Poulous H.G./Davis E.H.(1974) Elastic Solutions for Soil and Rock Mechanics, John wiley & Sons.

Poulous H.G./Davis E.H.(1980) Pile Foundation Analysis and Design. John wiley & Sons.

Randolph M.F./Wroth C.P.(1985) Recent Developments in Understanding the Axial Bearing Capacity of Piles in Clay. Ground Engineering 15, No.7 p.17-25.

Randolph M.F./Carter J.P./Wroth C.P.(1979) Driven Piles in Clay. The Effects of Installation and Subsequent Consolidation. Geotechnique, Vol.29, No.4, p.361-393.

Schenck W.(1951) Der Rammpfahl. Ernst & Sohn, Berlin.

Schenck W.(1982) Rammen und Ziehen. Grundbautaschenbuch 3.Auf. Ernst & Sohn, Berlin.

Schiel F.(1970) Statik der Pfahlwerke, Springer Verlag, 2.Aufl

Schleicher F.(1926) Zur Theorie des Baugrundes. Bauingenieur 7. S.931-949.

Schulze E./Muhs H.(1967) Bodenuntersuchungen für Ingenieurbauten. 2.Aufl. Berlin

Semple R.M./Rigden W.J.(1984) Shaft Capacity of Driven Pipe Piles in Clay, Analysis and Design of Pile Foundations. ed. Meyer ASCE, New York, p.59-79.

Szechy K.(1965) Der Grundbau. Bd.2, Teil 1, Springer, Wien

Teng W.C.(1962) Foundation Design. Prentice Hall, Englewood Cliffs, NJ.

Terzaghi K.(1942) Liner-plate tunnels on the Boston (III) Subway, Proc. ASCE 68, p.862

Terzaghi K.(1955) Evaluation of Coefficients of Subgrade Reaction. Geotechnique 5 No.4 p.297

Terzaghi K./Peck R.B.(1961) Die Bodenmechanik in der Baupraxis. Springer Verlag, Berlin/Götingen

Terzaghi K./Peck, R.B.(1967) Soil Mechanics in Engineering Practice. 2nd.ed. Wiley

Tomlinson M.F.(1957) The Adhesion of Piles Driven in Clay Soils. Proc. 4th ICSMFE, London

Tomlinson M.F.(1970) Some Effects of Pile Driving on Skin Friction. Proc.on Behavior of Piles ICE, London, pp.59-66.

Van der Veen (1953) The Bearing Capacity of a Pile. Proc. 3rd. ICSMFE Zuerich Bd. II, p.84

Vesic A.S.(1961) Bending of Beams Resting on Isotropic Elastic Solid.ASCE Vol.87. EM2 p.35

Vesic A.S.(1963) Bearing Capacity of Deep Foundations in Sand. Highway Research Record No.39, Washington DC. p.112-153.

Vesic A.S.(1967) Ultimate Loads and Settlements of Deep Foundations in Sand. Symposium on Bearing Capacity and Settlement of Foundations. Duke Uni., Durham, California, p.53

Vesic A.S.(1969) Experiments with Instrumented Pile Groups in Sand. ASTM Special Technical Publication, No.444, pp.177-222.

Vesic A.S.(1977) Design of Pile Foundations. Synthesis of Highw. Practice 42. Transportation Research Board, Washington, D.C.

Vijayvergiya /Focht (1972) A New Way to Predict Capacity of Piles in Clay. 4th. Annual Offshore Technology Conference, Houston, Texas II, p.865.

Winkler (1867) Die Lehre von der Elastizität und Festigkeit. Prag.

◈ 12 장 ◈

Baligh M.M./Azzouz A.S.(1975) End Effects on the Stability of Cohesive Slopes. ASCE J. of GE Div., Nov. s. 1105

Bishop A.W.(1954) The Use of Pore Pressure Coefficient in Practice, Geotechnique, Vol.4, p.148-152.

Bishop A.W.(1955) The Use of the Slip Circle in the Stability Analysys of Earth Slopes, Geotechnique, vol. 5.

Bishop A.W./Morgenstern N.(1960) Stability Coefficients for Earth Slopes, Geotechnique, Vol.10.

Boutrup E./Lovell C.W.(1980) Searching techniques in slope stability Analyses, Engineering Geology, Vol.16, No.1/2, p.51-61

Breth H.(1956) Einige Bemerkungen über die Standsicherheit von Dämmen und Böschungen. Die Bautechnik 33, Heft 1, S.9-12

Chopra A.K.(1966) Earthquake effects on Dams, Ph.D. dissertation, Univ. of California, Berkely

Chopra A.K.(1967) Reservior - Dam Interaction during Earthquake Bull. of SSA. Vol.57, No.4

Clough R.W./Chopra A.K.(1966) Earthquake Stress Analysis in Earth Dams, of ASCE Vol.92, No.EM2

US Corps of Engineers(1980) Slope Stability Manual EM-1110-2-1902, Washington, DC.

Dennhardt M.(1986) Beitrag zur Berechnung der räumlicher Standsicherheiten v. Böschungen, Freiberger Forschungsheft A.731, Deutscher Verlag für Grundstoffindustrie, Leipzig.

Duncan J.M.(1996) State of the Art. Limit equilibrium and finite element analysis of slopes. ASCE J. of GE. 122(7), p.577-596.

Fellenius W.(1926) Erdstatische Berechungen, Berlin, Ernst & Sohn

Fellenius W.(1927) Erdstatische Berechungen mit Reibung und Kohäsion (Adhäsion) und unter Annahme Kreiszylindrischer Gleitfächen. Ernst und Sohn.

Fellenius W.(1936) Calculation of the Stability of Earth Dams, Trans. 2nd. Congress on large Dams, Vol.4, p.445.

Franke E.(1974) Anmerkung zur Anwendung von DIN 4017 u. DIN 4084. Bautechnik 51 S.225

Frohlich O.K.(1955) General Theory of Stability of Slopes, Geotechnique, vol. 5.

Gudehus G.(1972) Lower and Upper Bounds for Stability of Earth Retaining Structures. Proc. 5th ECSMFE Mardrid, 1, 5.21-28.

Gußmann P.(1978) Das Allgemeine Lamellenverfahren unter Besonderer Berücksichtigung von äußeren Kräften. Geotechnik 1, S. 68-74.

Gußmann P.(1982) Kinematical Elements for Soils and Rocks. Proc. 4th IC Numerical Methods in Geomechanics, Edmonton, Canada.

Gußmann P.(1986) Die Methode der Kinematischen Elemente. Mit. 25, IGS Uni. Stuttgart.

Hovland H.J.(1977) Three - dimensional Slope Stability Analysis Method, Proceed. of ASCE Vol.103, No.GT9

Hunter J.H./Schuster R.L.(1968) Stability of Simple Cuttings in Normally Consolidated Clays. Geotechnique 18, No.3 pp.372-378.

Ishizaki H./Hatakeyama N./Serio M.(1962) Numerical Calculation of Two Dimensional Vibration of a Wedge-shaped Structure. 3rd. Symp. of EE.

Janbu N.(1954) Stability Analysis of Slopes with Dimensional Parameters, Harvard Soil Mech. Series, no. 46, Harvard University, Cambridge, Mass., Jan. 1954.

Janbu N.(1954) Application of Composite Slip Surfaces for Stability Analysis. Proc. Europ. Conf. Stability Earth Slopes, Stockholm, 3, S. 43

Janbu N.(1957) Earthpressures and Bearing Capacity Calculations by Generalized Procedure of Slices. Procd. of. 4th ICSMFE Vol. II p.207-212

Janbu N.(1973) Slope Stability Computations in Embankment-Dam Engineering. pp.47-86.

Jumikis (1965) Theoretical Soil Mechanics. Van Nostrand Reinhold.

Kezdi A.(1962) Erddrucktheorien, Springer Verlag, Berlin, 1962.

Körner R.M./Soong T.Y.(1998) Analysis and Design of Veneer Cover Soils, Proc. 6th. IGS Conf. St. Paul MN, IFAI

Krey D.(1926) Erddruck, Erdwiderstand und Tragfähigkeit des Baugrundes, 3 Auf. Ernst&Sohn

Mitchel J.K.(1993) Fundamentals of Soil Behavior. 2nd. ed. Wiley

Morgenstern N.R.(1963) Stability Charts for Earth Slopes during Rapid Drawdown, Geotechnique Vol.13.

Morgenstern N.R./Price V.E.(1965) The Analysis of the Stability of General Slip Surfaces, Geotechnique, Vol.15.

Newmark N.M.(1965) Effects of earthquakes on dams and embankments, Geotechnique Vol.15, No.2, June, p.139-160.

Nonveiller E.(1965) The Stability Analysis of Slopes with a Slip Surface of General Shape. Proceed. 6th. ICSMFE Vol.II, S. 522-525

Schultze E./Muhs H.(1967) Bodenuntersuchungen für Ingenieurbauten, 2. Aufl., Springer

Seed H.B.(1966) A Method for earthquake resistant design of earth dams ASCE JSMFD 92, SM1, p.13-41

Seed H.B./Martin G.R.(1966) The seismic coefficient in earth dam design. ASCE JSMFD 92, SM3, p.25-58

Siegel R.A.(1975) STABL. User Manual Report JHRP-75-9, Perdue Uni, West Lafayette, Indiana

Skempton A.W.(1964) Long-term Stability of Clay Slopes, Geotechnique, Vol. 14, No. 2.

Skempton A.W./Hutchinson N.J.(1969) Stability of Natural Slopes and Embankment Foundations. 7th Int. ICSMFE, Mexicocity, State of the art Vol. pp.291-340.

Smoltczyk U.(1993) Bodenmechanik und Grundbau, Verlag. Paul Daver GmbH, Stuttgart

Sokolowskii V.V.(1965) Statics of Grunular Media (Uebers. a.d. Russ.). Oxford (Pergammon)

Spencer E.(1967) A Method of Analysis of the Stability of Embankments Assuming Parallel Inter-slice Forces, Geotechnique, Vol.17.

Spencer E.(1973) Thrust Line Criterion in Embankment Stability Analysis. Geotechnique 23, No.1, pp.85-100.

Spencer E.(1978) Earth Slope Subject to Lateral Acceleration, ASCE J. Geotech. Eng. Div., Vol.104, Jan. 1978.

Stark T.D./Eid H.T.(1997) Slope Stability Analysis in stiff fissured clay. ASCE J. Geotechnical and environmental Eng. 123, P.335-343

Striegler W./Werner D.(1969) Dammbau in Theorie und Praxis, Wien/New York, Springer

Striegler W.(1979) Baugrundlehre für Ingenieure, Werner Verlag.

Taylor D.W.(1937) Stability of Earth Slopes, J. Boston Soc. Civ. Eng., Vol.24. no.3.

Taylor D.W.(1948)

Terzaghi K.(1950) Mechanism of Landslides, Application of Geology to Engineering Practice. Geolog. Soc. Am., Berkeley Volume, Harvard Soil Mechanics Series, S.83-123.

Vermeer P.A.(1995) Materialmodelle in der Geotechnik und ihre Anwendung. In : Finite Elemente in der Baupraxis. Modelierung, Berechnung und Konstruktion. Beitrag zur Tagung an der Universität Stuttgart. Ernst & Sohn, Stuttgart.

Whitman R.V./Bailey W.A.(1967) Use of Computers for Slope Stability Analysis. Proceed. ASCE, J. of SMFD 93, SM4, S.475-498

Woldt J.(1977) Beritrag zur Standsicherheitsberechnung von Erddämmen. Diss. Uni. Stuttgart.

찾아보기

[ㄱ]

[ㄴ]

[ㄷ]

[ㄹ]

[ㅁ]

[ㅂ]

[ㅅ]

[ㅇ]

[ㅈ]

[ㅊ]

[ㅋ]

[ㅌ]

[ㅍ]

[ㅎ]

[기타]

■ 저자약력

이 상 덕 (李 相德, Lee, Sang Duk)

서울대학교 토목공학과 졸업 (공학사)

서울대학교 대학원 토목공학과 토질전공 (공학석사)

독일 Stuttgart 대학교 토목공학과 지반공학전공 (공학박사)

독일 Stuttgart 대학교 지반공학연구소 (IGS) 선임연구원

미국 UIUC 토목공학과 Visiting Scholar

미국 VT 토목공학과 Visiting Scholar

현 아주대학교 건설시스템공학과 교수

토질역학_제5판

초판발행 1998년 2월 25일(도서출판 새론)
3판 발행 2010년 2월 26일
3판 2쇄 2011년 8월 26일
4판 발행 2014년 3월 06일(도서출판 씨아이알)
5판 발행 2017년 7월 28일

저 자 이상덕
펴 낸 이 김성배
펴 낸 곳 도서출판 씨아이알

책임편집 박영지
디 자 인 김나리, 윤미경
제작책임 이헌상

등록번호 제2-3285호
등 록 일 2001년 3월 19일
주 소 (04626) 서울특별시 중구 필동로8길 43(예장동 1-151)
전화번호 02-2275-8603(대표)
팩스번호 02-2275-8604
홈페이지 www.circom.co.kr

I S B N 979-11-5610-325-7 93530
정 가 30,000원

여러분의 원고를 기다립니다.

도서출판 씨아이알은 좋은 책을 만들기 위해 언제나 최선을 다하고 있습니다.
토목 · 해양 · 환경 · 건축 · 전기 · 전자 · 기계 · 불교 · 철학 분야의 좋은 원고를 집필하고 계시거나 기획하고 계신 분들 그리고 소중한 외서를 소개해주고 싶으신 분들은 언제든 도서출판 씨아이알로 연락 주시기 바랍니다.
도서출판 씨아이알의 문은 날마다 활짝 열려 있습니다.

출판문의처: cool3011@circom.co.kr
02)2275-8603(내선 605)

<<도서출판 씨아이알의 도서소개 >>

※ 한국출판문화산업진흥원의 세종도서로 선정된 도서입니다.
† 대한민국학술원의 우수학술도서로 선정된 도서입니다.
§ 한국과학창의재단 우수과학도서로 선정된 도서입니다.

토목 · 지질

토압론
이상덕 저 / 2016년 12월 / 400쪽(188*257) / 26,000원

토질시험_원리와 방법(제2판)
이상덕 저 / 2014년 9월 / 620쪽(188*257) / 28,000원

기초공학(제3판)
이상덕 저 / 2014년 9월 / 540쪽(188*257) / 28,000원

터널역학
이상덕 저 / 2013년 8월 / 1,184쪽(188*257) / 60,000원

수평하중말뚝_수동말뚝과 주동말뚝
홍원표 저 / 2017년 7월 / 320쪽(188*257) / 22,000원

토목 구조물의 조사와 기능 진단
이나가키 마사하루, 하야미 히로유키, 사이토 유타카 저 / 이성혁, 김성일, 조국환, 박대욱, 김현민, 이성진 역 / 2017년 6월 / 262쪽(155*234) / 20,000원

콘크리트: 7000년의 역사
리즈 팰리(Reese Palley) 저 / 박홍용 역 / 2017년 5월 / 348쪽(188*257) / 20,000원

암발파 이론과 실제
Pijush Pal Roy 저 / 배용철, 배상훈 역 / 2017년 2월 / 430쪽(188*257) / 25,000원

도심 대심도 해저터널 시공
이관영 저 / 2017년 4월 / 556쪽(188*257) / 30,000원

하천공학_제3판
이종석 저 / 2017년 3월 / 764쪽(188*257) / 35,000원

실무지질공학
Steve Hencher 저 / 장보안, 우익, 박혁진 역 / 2017년 3월 / 520쪽(188*247) / 33,000원

철근콘크리트 구조설계
김진근 저 / 2017년 2월 / 896쪽(188*257) / 43,000원

콘크리트구조설계_한계상태설계법(제2판)
박홍용 저 / 2017년 2월 / 804쪽(188*257) / 40,000원

건설계측의 이론과 실무_지하 건설 시설물 편
우종태, 이래철 저 / 2017년 1월 / 424쪽(188*257) / 28,000원

지반지질공학의 기초
John Atkinson 저 / 이철주 역 / 2017년 1월 / 268쪽(188*257) / 20,000원

흙과 기초의 역학 †
John Atkinson 저 / 이철주, 이용주 역 / 2016년 12월 / 624쪽(188*257) / 30,000원

일본 도로교시방서·동해설_내진설계편
공익사단법인 일본도로협회 저 / 한국시설안전공단 시설성능연구소 역 / 2016년 12월 / 372쪽(188*257) / 28,000원

토목공학의 역사_고대부터 근대까지
한스 스트라우브 저 / 김문겸 역 / 310쪽(152*224) / 15,000원

수공설계
이종석 저 / 2016년 9월 / 484쪽(188*257) / 25,000원

철근콘크리트 역학 및 설계(제4판)
윤영수 저 / 2016년 8월 / 600쪽(188*257) / 28,000원

상하수도공학
백경원, 강영복 저 / 2016년 8월 / 368쪽(188*257) / 20,000원

노천광산 개발공학
양형식, 강성승, 선우 춘, 장명환, 정소걸, 조상호 저 / 2016년 7월 / 508쪽(155*234) / 22,000원

터널 변상 메커니즘
일본토목학회(Japan Society of Civil Engineers) 저 / 송기일, 윤지선 역 / 2016년 6월 / 392쪽(188*257) / 28,000원

준설토 및 퇴적물 유효활용 개론
윤길림, 이상혁, 오명학 저 / 2016년 6월 / 120쪽(152*224)

해양구조물 주변에서 파와 지진에 의한 액상화
B. Mutlu Sumer 저 / 강기천, 김도삼, 김태형, 이광호, 이용주, 추연욱 역 / 2016년 5월 / 440쪽(188*257) / 33,000원